AF671849

Technische Elektrodynamik

Von

Franz Ollendorff

Band II

Innere Elektronik

Erster Teil

Elektronik des Einzelelektrons

Wien
Springer-Verlag
1955

Elektronik des Einzelelektrons

Von

Franz Ollendorff

Dr.-Ing., Dipl.-Ing., Member I. E. E., Member A. I. E. E., Senior Member I. R. E.
Professor der Elektrotechnik und Vorstand des Elektrotechnischen
Laboratoriums der Hebräischen Technischen Hochschule Haifa,
Mitglied des wissenschaftlichen Forschungsrates für Israel

Mit 313 Textabbildungen

Wien
Springer-Verlag
1955

ISBN-13: 978-3-7091-5073-3 e-ISBN-13: 978-3-7091-5072-6
DOI: 10.1007/978-3-7091-5072-6

Softcover reprint of the hardcover 1st edition 1955

Meiner Schwester Lotte

zum 60. Geburtstag.

Vorwort.

Die ersten Blätter zu diesem Buche wurden vor nunmehr 25 Jahren geschrieben, in jener so stillen Zeit der geistigen Verinnerlichung, die dem großen Sturm vorausging. Sie bildeten den Grundstock eines umfangreichen Manuskriptes über das Gesamtgebiet der elektrischen Gasentladungen. Denn dieser Gegenstand war das zentrale Thema meiner damaligen Vorlesungen an der Technischen Hochschule *Berlin*, die das stets fördernde, wache und warme Interesse meines unvergeßlichen Lehrers, des Geheimrats Prof. Dr. *Ernst Orlich* fanden. Nach seinem Plan sollten die „Elektrischen Gasentladungen" als Lehrbuch im Rahmen einer von uns gemeinsam herauszugebenden Gesamtdarstellung der Theoretischen Elektrotechnik erscheinen. In der Tat wurde das druckreife Manuskript im Jahre 1934 dem Verleger übergeben, doch mußten die Herstellungsarbeiten bald wieder eingestellt werden; nur die als sozusagen quantitative Einleitung gedachten „Gasentladungstabellen", die vordem in enger Gemeinschaft mit den Herren *Knoll, Rompe* und *Roggendorf* ausgearbeitet worden waren, konnten veröffentlicht werden und fanden ihren Weg in die wissenschaftliche Welt.

Die seither vergangene Zeit ist zur Epoche geworden. Ihr tief schneidender Pflug hat nicht allein das Schicksal der Menschen umgebrochen, sondern auch ihre Technik aufgerissen und zu neuer Saat bereit gemacht. Wer kann hier des *Aietes* vergessen, der Drachenzähne in die eben vom wilden Stierpaar gezogenen Furchen warf — und Riesen wuchsen aus ihnen empor?

Unter diesen gigantischen Gebilden der modernen Technik ist die *Elektronik* das universellste. Vor einem Menschenalter noch ein unbekannter Begriff, hat sie sich aus einem kleinen Teilgebiet der Fernmeldetechnik zu einer mächtigen Disziplin von strenger Eigengesetzlichkeit entwickelt, deren physikalische Grundlagen immer breiter und deren fast märchenhafte Anwendungen von Tag zu Tag vielfältiger werden; ihre schließlichen Grenzen sind unserem zukunftsspähenden Blick noch verhüllt. Es kann deshalb keinem Zweifel unterliegen, daß das Studium der Elektronik im Brennpunkt der modernen elektrotechnischen Lehre und Forschung steht. Ebenso gewiß ist es aber, daß die Darstellung auch nur ihres derzeitigen Standes über das Wissen und Können eines einzelnen Menschen weit hinausgeht, ja daß schon ein solcher Versuch als geradezu vermessen erscheinen muß. Als ich mich daher entschloß, die elektronischen Kapitel der „Elektrischen Gasentladungen" zu einem Lehrbuch ausschließlich der Elektronik auszugestalten, mußten aus seinem Plan von vornherein alle jene Gebiete ausgeschieden werden, in denen ich mich nicht zu Hause fühle. Es sind dies die Anwendungen der Elektronik in ihren tausendfältigen Verzweigungen. Denn deren sachgemäße Darstellung, soll sie nicht eine bloße Kompilation von zweifelhaftem Werte sein, verlangt den lebendigen Kontakt mit der zu Spitzenleistungen hochgezüchteten Elektroindustrie. Diese Welt, von dem Geiste schöpferischer Phantasie belebt und rastlos vorwärtsgetrieben, ist meinem Wesen fremd. Doch stehen ihr glücklicherweise Techniker und Forscher zur Verfügung, welche den Reichtum vollendeten Könnens für dieses Ziel einsetzen; ihrer Feder verdanken wir zahlreiche Bücher, welche die angewandte Elektronik in aller nur wünschenswerten Strenge und Ausführlichkeit behandeln.

Dagegen fehlt es wohl bisher an einer umfassenden Darstellung derjenigen physikalischen Grundlagen, deren Kenntnis zur Erforschung der Dynamik elektronischer Strömungsfelder unentbehrlich ist. Die hier beginnende Arbeit über „Innere Elektronik" versucht, diese Lücke zu schließen. In der Tat erscheint die besondere Pflege dieses Gebietes umso dringlicher, als der Elektroniker in seinem Berufe auf Schritt und Tritt mit Fragen konfrontiert wird, die seinem an der *Faraday-Maxwell*schen Feldtheorie geschulten Denken meist fremd sind: Erst die mächtigen Hilfsmittel der *analytischen Mechanik* ermöglichen die Anpassung der jeweils zuständigen Bewegungsgleichungen an die gestaltenreiche Geometrie der Elektronen-Geräte. Ohne Kenntnis der *geometrischen Optik* kann man keine Elektronenoptik treiben. Auf den Gesetzen der *beschränkten Relativitätstheorie* beruhen die neuzeitlichen Ultrazentrifugen zur Herstellung von Trägern kosmischer Energiebeträge. Die Wechselwirkung zwischen Elektronen unter sich und zwischen ihnen und anderen Elementarteilchen kann nur mittels der modernen *Statistik* im Verein mit der *Wellenmechanik* einwandfrei beschrieben werden.

Diese Sätze, gleich lose aufeinander gefügten Quadersteinen nur durch ihr Gewicht miteinander verbunden, enthalten das Programm der „Inneren Elektronik". Doch ist es immer noch so weit gespannt, daß es den Rahmen eines Einzelbandes von erträglichem Umfange sprengen würde. Bei der Suche nach einer sachgemäßen Unterteilung des gewaltigen Stoffes bin ich von jenen Elektronensystemen ausgegangen, bei denen die gegenseitige Beeinflussung der gleichzeitig bewegten Ladungsträger nur Nebeneffekte zur Folge hat. Man erfaßt daher die Eigenschaften der hierbei auftretenden Strömungsvorgänge schon hinreichend genau durch den allerdings nur ideell möglichen Grenzübergang zum bewegten Einzelelektron. Die hierdurch definierte, sozusagen atomare Elektronik kann ihrer Natur nach auf statistische Überlegungen gänzlich verzichten, und auch die Wellenmechanik wird nur gelegentlich zum Verständnis der kinetischen Vorgänge benötigt; diese „*Innere Elektronik des Einzelelektrons*" bildet den Inhalt des hier vorliegenden *ersten Bandes* der Elektronen-Dynamik, welcher sich sonach im wesentlichen auf die Klassische Physik mit Einschluß der beschränkten Relativitätstheorie stützt; der *zweite Band* wird dagegen die *Elektronik der Kollektive* schildern, in deren Verhalten die Gesetze der modernen Physik entscheidend eingreifen.

Im Einklang mit dem Charakter des Werkes als eines Lehrbuches ist der Stoff so geordnet worden, daß der Leser vom leichteren zum schwereren fortschreitet. Die Auswahl der behandelten Aufgaben erfolgte sowohl im Hinblick auf ihre Bedeutung für den systematischen Aufbau des theoretischen Gedankengebäudes wie auch auf ihre Rolle in den wichtigsten Elektronengeräten. Die bei der Analyse dieser Probleme auftretenden Schwierigkeiten — und deren gibt es auch im Gebiete der Klassischen Physik nicht wenige — habe ich niemals mit glatten Worten zu verbergen gesucht, sondern sie gerade im Gegenteil nachdrücklich hervorgehoben: Ist doch das Ringen um Klarheit das oberste Gebot jeder Wissenschaft, und es darf gewiß nicht auf die Geschwindigkeit ankommen, mit der man ein geistiges Ziel erreicht. Man wird deshalb in der hier gebotenen Fundierung der *analytischen Mechanik*, der *Gauß*schen *Dioptrik*, des *Eikonalbegriffes* und der *relativistischen Elektronik* zusätzliche Elemente finden, die von den traditionellen Darstellungen der genannten Gebiete wesentlich abweichen. Auch habe ich mich nicht vor der mehrfachen Behandlung des gleichen Gegenstandes gescheut, wenn eine solche „Variation des Themas" neue systematische Gesichtspunkte ans Licht brachte. Unter den Aufgaben dieser Art mögen die Theorie des *Ablenk-Kondensators* und der *Ablenk-Spule*, die Passage des Elektrons durch ein *elektrisches Paßfeld*, die *Kepler-Bewegung* elektrischer Ladungsträger, das *Schlitzanoden-Magnetron*, das *Zyklotron* und die Berechnung der *Abbildungsfehler* zentrierter elektronenoptischer Systeme besonders erwähnt werden; mit Überraschung, ja vielleicht mit Erschütterung wird man feststellen, daß der sezierenden Kraft dieses Verfahrens hier und dort Anschauungen zum Opfer fallen, die man vordem keines Nachdenkens mehr für wert hielt.

In seiner nunmehr kristallisierten Form bildete das Buch während vieler Jahre den Leitfaden für die Vorlesungen über Elektronik, die den Studierenden der Elektrotechnik an der Israelischen Technischen Hochschule zu *Haifa* während des dritten Jahreskurses geboten werden. Den Fragen, die sich aus dieser lebendigen Wechselwirkung zwischen Lehrer und Schüler ergaben, habe ich viele wichtige Hinweise zu danken. Das Verlagshaus *Springer* in *Wien* hat es niemals an Geduld fehlen lassen, um meine zahlreichen Wünsche für die Ausstattung des Buches zu erfüllen und, wie stets, die langwierigen Herstellungsarbeiten mit peinlicher Sorgfalt überwacht. Und dennoch: Trotz aller Hingabe bleibt das Buch, wie jedes Menschenwerk, fehlerhaft und unvollkommen, nur ein eng begrenztes und trübes Abbild jener weltweiten Elektronik, die vom Beginn alles Seins den Inbegriff dessen ausmacht, was wir die Natur nennen; war also der Einsatz vergebens?

Da hebt sich der Blick von dem letzten Blatte dieses Buches, das erst 25 Jahre nach dem ersten geschrieben wurde, und umspielt die Herbstsonne, die sich draußen in breitem Strome über die abendliche Landschaft ergießt:

Trinkt, ihr Augen, was die Wimper hält
Von dem goldenen Überfluß der Welt.

Innsbruck, im September 1954,
vor der Heimreise nach Haifa.

Franz Ollendorff.

Inhaltsverzeichnis.

Einleitung.

Erstes Kapitel.

Langsame Bewegung des Elektrons im elektrischen Felde.

Zweites Kapitel.

Langsame Bewegung des Elektrons im elektromagnetischen Felde.

Drittes Kapitel.

Allgemeine klassische Mechanik des Einzelelektrons.

Viertes Kapitel.

Die elektronenoptischen Systeme der Gaußschen Dioptrik.

Fünftes Kapitel.

Einführung in die Theorie der elektronenoptischen Aberration.

Sechstes Kapitel.

Die Grundlagen der relativistischen Elektronik.

Einleitung.

E 1. Definition der Elektronik.

a) Ausgehend vom Aufbau der Atome aus dem Kern und den ihn umkreisenden Elektronen verstehen wir unter einem *freien Elektron* ein solches, das, von den Bindekräften seines Mutteratomes gelöst, dem dynamischen Zwange äußerer Kräfte folgt. Die *Elektronik* beschäftigt sich mit der *Erzeugung* freier Elektronen, ihrer *Bewegung* mittels elektromagnetischer Felder und der *Anwendung* der hierdurch gebildeten *elektrischen Ströme.*

b) Vorbehaltlich der später wesentlich zu vertiefenden und zu verschärfenden Beschreibung des Elektrons begreifen wir es hier im Bilde eines *elektrisch geladenen, starren Körpers,* dessen kinematischer Zustand relativ zum Beobachter in jedem Augenblick nach den Regeln der klassischen Mechanik bestimmt werden kann; die nämliche Vorstellung werde für alle Körper benutzt, mit denen das Elektron in Wechselwirkung tritt.

Wir begleiten ein freies Elektron auf seinem Wege durch das elektromagnetische Feld und messen längs seiner Bahn die Bogenstrecken, welche zwischen je zwei aufeinanderfolgenden Zusammenstößen des Elektrons mit einem materiellen Körper beliebiger Natur liegen; insbesondere kann das getroffene Objekt aus einem einzelnen Molekül bestehen. Die als Durchschnitt aus einer sehr großen Anzahl solcher Versuche resultierende Bogenlänge definiert die *mittlere freie Weglänge* λ des kontrollierten Elektrons; ihre Kenntnis führt innerhalb der Elektronik zu einer grundlegenden Alternative:

1. Falls die Gesamtbogenlängen aller realisierbaren Elektronenbahnen zwischen ihrem Startpunkt und ihrem Ziel klein gegen λ bleiben, sind während der Bewegung der freien Elektronen nur höchst selten Zusammenstöße eines individuellen Elektrons mit einem anderen Körper zu erwarten. Wir schließen jede Möglichkeit eines solchen Zusammenstoßes aus und garantieren hierdurch die Invarianz der Mitgliederzahl jeder in Bewegung befindlichen Gruppe freier Elektronen, indem wir den Grenzübergang $\lambda \to \infty$ ausführen. Dieser allerdings nur ideell mögliche Prozeß definiert die *Elektronik des leeren Raumes,* welche häufig auch als Elektronik schlechthin bezeichnet wird.

2. Finden längs der Elektronenbahnen Zusammenstöße der freien Elektronen mit anderen Körpern, insbesondere mit neutralen Elementarteilchen statt, so können sich diese Elektronen nicht nur selbst in materiebeladene Ionen verwandeln, sondern sogar unter bestimmten Bedingungen neue Ionen beiderlei Vorzeichens erzeugen. Das hierdurch charakterisierte Gebiet der Elektronik kann daher treffend als *Ionik* bezeichnet werden.

Zwischen den genannten Bereichen der Elektronik vermitteln die *Vorgänge an den Elektroden,* welche das Entladungsgebiet der freien Elektronen als solche begrenzen. Unter den dort stattfindenden Prozessen sind gewiß jene der Elektronik des leeren Raumes zuzurechnen, welche zur Erzeugung oder Vernichtung freier Elektronen führen; doch ist ihre strenge Trennung von den entsprechenden Vorgängen der Ionik physikalisch oft schwer durchzuführen.

c) Um die Existenzbedingungen der oben unterschiedenen Teilgebiete der Elektronik zu klären, verschaffen wir uns an Hand einiger Beispiele eine Übersicht über den Wertevorrat der praktisch vorkommenden mittleren freien Weglängen.

1. In *Luft von Atmosphärendruck* [760 torr] halten sich bei der absoluten Temperatur von 273° K je Raumeinheit

$$n = 26{,}9 \cdot 10^{18}\,\mathrm{cm}^{-3} \qquad \text{(E 1, 1)}$$

Moleküle auf [*Loschmidt*sche Zahl]; daraus folgt der mittlere Abstand d von Molekül zu Molekül

$$d = n^{-\frac{1}{3}} = 3{,}33 \cdot 10^{-7}\,\mathrm{cm}. \qquad \text{(E 1, 2)}$$

Indessen ist jedes Einzelmolekül so klein, daß die mittlere freie Weglänge λ der Elektronen

$$\lambda = 3{,}33 \cdot 10^{-5}\,\mathrm{cm} \qquad \text{(E 1, 3)}$$

den mittleren Molekülabstand um das Hundertfache übertrifft. Nichtsdestotrotz bleibt λ im Vergleich zu den Abmessungen der meist üblichen Entladungsstrecken so klein, daß die allenfalls in ihnen statthabenden elektrischen Strömungen der *Ionik* angehören.

2. Im *Kolben einer Entladungslampe*, welche mit gesättigtem Quecksilberdampf bei einer Temperatur von etwa 500° K arbeite, herrscht ein Druck von nahezu 30 torr bei einer Konzentration von rund

$$n = 0{,}9 \cdot 10^{18}\,\mathrm{cm}^{-3} \qquad \text{(E 1, 4)}$$

[einatomigen] Molekülen; die zugehörige mittlere freie Weglänge beträgt etwa

$$\lambda = 10^{-3}\,\mathrm{cm}, \qquad \text{(E 1, 5)}$$

so daß auch die innerhalb der Lampe sich entwickelnden Prozesse das Kennzeichen der *Ionik* offenbaren.

3. Setzt man den Druck in einem Luft enthaltenden Entladungsgefäß auf 10^{-8} torr herab [etwa die Grenze des zur Zeit erreichbaren „*Hochvakuums*"], so befinden sich bei einer Temperatur von 273° K immer noch

$$n = 35{,}5 \cdot 10^{6}\,\mathrm{cm}^{-3} \qquad \text{(E 1, 6)}$$

Moleküle in der Einheit des Entladungsraumes. Trotzdem ist die mittlere freie Weglänge der Elektronen nunmehr auf

$$\lambda = 2{,}55 \cdot 10^{6}\,\mathrm{cm} = 25{,}5\,\mathrm{km} \qquad \text{(E 1, 7)}$$

angewachsen, also als sehr groß im Vergleich zu den linearen Abmessungen der meisten zur Zeit gebauten Geräte zu erachten. Solange die in solchen Geräten erzeugten Elektronenströmungen wesentlich geradlinig verlaufen, haben wir es also mit der Elektronik des leeren Raumes zu tun. Doch hat die moderne Technik Elektronenschleudern entwickelt, in welchen die freien Elektronen Spiralbahnen von einigen tausend Kilometern Länge durchlaufen; bei den dann sicher zu erwartenden Zusammenstößen energiereicher Elektronen mit neutralen Gasmolekülen sind Ionisationsvorgänge unvermeidbar.

4. Die Spektroskopie gewisser Sterne verlangt zur Deutung der in ihren Spektren auftretenden Linien des Kalziums die Annahme überaus

fein verteilter *interstellarer Materie*, welche, bei Mittelung über Räume von kosmischer Ausdehnung, den Druck von nur $3 \cdot 10^{-19}$ torr, jedoch eine absolute Temperatur von rund $10\,000^0$ K aufweist; der zunächst überraschend hohe Temperaturwert entspricht der effektiven Eigengeschwindigkeit der Ca-Moleküle, darf also keineswegs mit der Temperatur eines im Interstellarraum ruhenden, schwarzen Körpers verwechselt werden, welcher sich im thermodynamischen Gleichgewicht mit der Sternstrahlung nur auf etwa 3^0 K „erwärmen" würde. In dem genannten Zustande des Ca-Gases entfällt erst auf ungefähr 100 cm³ ein Molekül:

$$n = 0{,}01\,\mathrm{cm}^{-3}. \qquad \text{(E 1, 8)}$$

Die mittlere freie Weglänge der Elektronen erreicht dann den Wert

$$\lambda = 600 \cdot 10^{18}\,\mathrm{cm} \approx 65 \text{ Lichtjahre}. \qquad \text{(E 1, 9)}$$

Sie ist zwar sehr groß im Vergleich zur linearen Ausdehnung des Sonnensystemes, doch klein gegen den großen Halbmesser des linsenförmig gedachten Milchstraßensystemes und also erst recht gegen den Abstand außergalaktischer Objekte. Diese Erkenntnis ist, im Verein mit der hypothetischen Existenz der interstellaren Materie, von ausschlaggebender Bedeutung für das Problem der *kosmischen Strahlung als Teilgebiet der Elektronik*.

d) In den meisten Arbeitsgebieten der technischen Elektronik erscheint das Strömungsfeld der freien Elektronen als ein in sich konstruktiv abgeschlossenes Gerät: Die *Elektronenröhre* oder, allgemeiner gesprochen, die *Ionenzelle*. Die differentielle Kenntnis der in solchen Geräten verkehrenden freien Elektronenströme bildet den theoretischen Gegenstand der *„inneren" Elektronik*; ihr steht als *„äußere" Elektronik* die Untersuchung der integralen Eigenschaften einer Ionenzelle als Schaltelement eines elektrischen Netzwerkes gegenüber.

In dem vorliegenden Buche beschränken wir uns vorwiegend auf die Probleme der „inneren" Elektronik im Hochvakuum als Grundlage der wissenschaftlichen Elektronik; allerdings ist der Begriff des elektrischen Netzwerkes nur für quasistationäre Felder sinnvoll, während im Falle sehr rascher Feldänderungen alle Aufgaben der Elektronik zu „inneren" Problemen werden. Mit den hierdurch gekennzeichneten Fragen der Elektronik sind jene Aufgaben der Ionenströmung auf das engste verwandt, bei welchen der einzelne Ladungsträger den Interelektrodenraum frei durcheilen kann; sie werden daher im gleichen Rahmen behandelt werden.

E 2. Das Elektron als Korpuskel.

a) Das einzelne Elektron entzieht sich selbst bei Benützung der feinsten Instrumente seiner unmittelbaren Wahrnehmung; doch erscheint seine Existenz durch eine überwältigende Fülle meßbarer Wirkungen als sichergestellt. Die bei solchen Versuchen angewandten Beobachtungsmethoden führen, wie bei jedem materiellen Körper, zu den einander ausschließenden Auffassungen des Elektrons entweder als *Korpuskel* oder als *Welle*.

Obwohl prinzipiell keine dieser komplementären Auffassungen den Vorzug verdient, empfiehlt es sich doch aus methodischen Gründen, die Vorstellungen der Elektronik zunächst mit dem korpuskularen Bilde des Elektrons zu verknüpfen, welches uns in der anschaulichen Terminologie der Klassischen Mechanik eine allerdings nur approximativ gültige, nichtsdestotrotz aber häufig ausreichende Einsicht in die Gesetze der Elektronenbewegung liefert.

b) Die in seinem Namen ausgedrückte Grundeigenschaft des Elektrons ist die ihm untrennbar eingeprägte *elektrische Ladung* e, welche überdies durch keinerlei Mittel geteilt werden kann. Wir behaupten:

Die *Elektronenladung* ist gegen Änderung des Bewegungszustandes des Elektrons relativ zum Beobachter *invariant*.

Zum Beweise dieses fundamentalen Satzes werde ein einzelnes Elektron in das sonst leere Kontrollvolumen T der Elemente dT eingeschlossen, welches von der Hüllfläche S der festen, vektoriellen Elemente dS nach außen begrenzt wird. Innerhalb von T geben wir dem Elektron beliebige Bewegungsfreiheit, während wir seinen Kontakt mit der Hüllfläche verbieten.

Wir orientieren uns an einem relativ zu T ruhenden Bezugssystem, in welchem die laufende Zeit t gezählt wird. Der in einem Punkte von T gemessene Vektor H der magnetischen Feldstärke ist dann mit dem gleichen Ortes auftretenden Vektor D der elektrischen Induktion und dem Vektor j der Konvektionsstromdichte durch die Erste *Maxwell*sche Feldgleichung verbunden

$$\operatorname{rot} H = j + \frac{\partial D}{\partial t}. \qquad \text{(E 2, 1)}$$

Wir wenden auf sie die div-Operation an und gelangen zu der skalaren Aussage

$$\operatorname{div} j = -\operatorname{div} \frac{\partial D}{\partial t} = -\frac{\partial}{\partial t} \operatorname{div} D. \qquad \text{(E 2, 2)}$$

Die Quellendichte der elektrischen Induktion gleicht definitionsgemäß der Dichte ϱ der je Raumeinheit konzentrierten elektrischen Ladung

$$\operatorname{div} D = \varrho. \qquad \text{(E 2, 3)}$$

Daher liefert der *Gauß*sche Integralsatz, angewandt auf T, die Bilanz

$$\iint\limits_{(S)} (j\, dS) = -\iiint\limits_{(T)} \frac{\partial \varrho}{\partial t} dT = -\frac{d}{dt} \iiint\limits_{(T)} \varrho\, dT, \qquad \text{(E 2, 4)}$$

welche die Kontinuität der elektrischen Strömung ausspricht. Zufolge der dem Elektron auferlegten Verbote verschwindet nun die Konvektionsstromdichte j auf den Elementen dS von S zu allen Zeiten. Da andererseits das in (E 2, 4) rechterhand auftretende Volumenintegral der Ladungsdichte gerade die Elektronenladung e mißt, schließen wir aus (E 2, 4), wie behauptet wurde

$$\frac{de}{dt} = 0. \qquad \text{(E 2, 5)}$$

c) Die Invarianz der individuellen Elektronenladung wird durch den experimentellen Befund ihrer Gleichheit von Elektron zu Elektron zum Range eines *universellen Gesetzes* erhoben: Die Elektronenladung repräsentiert das *Atom der Elektrizität.*

Nach Übereinkunft gilt die nunmehr als *Elementarquant* zu bezeichnende Elektronenladung als *negativ*; wir wählen für ihren absoluten Betrag das Symbol q_0, schreiben also

$$e = -q_0. \qquad \text{(E 2, 6)}$$

In einem rationellen, elektronischen Maßsystem sollte man $q_0 = 1$ festsetzen. Um uns jedoch auch in der Elektronik an die konventionellen Einheiten der Elektrotechnik anzuschließen, stützen wir uns auf das *Faraday*sche Grundgesetz der Elektrolyse: Die Abscheidung eines Grammäquivalentes aus einer elektrolytischen Lösung erfordert stets den Transport ein und derselben Elektrizitätsmenge F, deren in *Coulomb* ausgedrückte Größe als *Faradayzahl* bezeichnet wird; ihre Messung liefert

$$\mathrm{F} = (96\,522 \pm 7)\,\mathrm{Cb}. \qquad (\mathrm{E}\ 2,\ 7)$$

Im Verein mit der *Avogadro*schen [oder *Loschmidt*schen] Zahl

$$\mathrm{L} = (602{,}51 \pm 0{,}04)\,10^{21}, \qquad (\mathrm{E}\ 2,\ 8)$$

der in jenem Grammäquivalent enthaltenen Elektrochemischen Valenzen [Ionenzahl mal Wertigkeit] ergibt sich somit für den absoluten Betrag der in Coulomb gemessenen Elektronenladung die universelle Konstante

$$\mathrm{q_0} = \frac{\mathrm{F}}{\mathrm{L}} = \frac{96\,522}{602{,}51 \cdot 10^{21}} = 1{,}602 \cdot 10^{-19}\,\mathrm{Cb}. \qquad (\mathrm{E}\ 2,\ 9)$$

d) Während seiner Bewegung durch das Strömungsgebiet setzt das freie Elektron der an ihm angreifenden Kraft K seinen *Trägheitswiderstand* entgegen; er wird durch die zeitliche Änderungsgeschwindigkeit jenes *Impulsvektors* p gemessen, welcher das Elektron als „materiellen Punkt" auszeichnet

$$\frac{\mathrm{d}p}{\mathrm{dt}} = K. \qquad (\mathrm{E}\ 2,\ 10)$$

Der Impuls p berechnet sich als Produkt des Geschwindigkeitsvektors v mit der trägen Masse m des Elektrons

$$p = \mathrm{m}\,v. \qquad (\mathrm{E}\ 2,\ 11)$$

Als *numerische Geschwindigkeit* β des Elektrons bezeichnen wir den absoluten Betrag v seiner Geschwindigkeit im Verhältnis zur Ausbreitungsgeschwindigkeit c des Lichtes im leeren Raum

$$\beta = \frac{\mathrm{v}}{\mathrm{c}}. \qquad (\mathrm{E}\ 2,\ 12)$$

Bei der Angabe der trägen Elektronenmasse m sind dann — wie für jeden materiellen Massenpunkt — zwei Fälle zu unterscheiden:

1. Die einschränkende Bedingung

$$\beta^2 \ll 1 \qquad (\mathrm{E}\ 2,\ 13)$$

definiert den Gültigkeitsbereich der *Newton*schen Mechanik, innerhalb deren m merklich der „*Ruhmasse*" $\mathrm{m_0}$

$$\mathrm{m_0} = \lim_{\beta \to 0} \mathrm{m} \qquad (\mathrm{E}\ 2,\ 14)$$

gleichgestellt werden darf; die Messungen am Elektron ergaben als Zahlenwert seiner Ruhmasse

$$\mathrm{m_0} = (9{,}1055 \pm 0{,}0012) \cdot 10^{-28}\,\mathrm{g} = (9{,}1055 \pm 0{,}0012) \cdot 10^{-35}\,\mathrm{Joule}\left(\frac{\mathrm{sec}}{\mathrm{cm}}\right)^2. \qquad (\mathrm{E}\ 2,\ 15)$$

2. Falls β^2 nicht mehr gegen 1 vernachlässigt werden darf, muß man der Bewegung des Elektrons die *beschränkte Relativitätstheorie* [Kap. VI] zugrunde legen. In dieser erweist sich die *träge Masse als Funktion der numerischen Geschwindigkeit* [vgl. Abb. E 1]

$$\mathrm{m} = \frac{\mathrm{m_0}}{\sqrt{1 - \beta^2}}, \qquad (\mathrm{E}\ 2,\ 16)$$

so daß der Betrag der Elektronengeschwindigkeit sich jenem der Lichtgeschwindigkeit zwar beliebig nähern, ihn jedoch niemals erreichen kann.

Es ist darauf hinzuweisen, daß hiernach die *träge Masse des Elektrons*, im Gegensatz zu dessen Ladung, *nicht als Invariante* behandelt werden kann. Im dreidimensionalen Raum der Konfigurationskoordinaten enthält dieser Satz eine dynamische Aussage über das Verhalten der trägen Masse als solcher. Dagegen sinkt Gl. (E 2, 16) in der vierdimensionalen Raum-Zeit-Welt *Minkowskis* zu einer lediglich kinematischen Transformation herab: Nachdem man (E 2, 16) mit c erweitert hat, schildert die entstehende Gleichung die jeweils der Geschwindigkeit v entsprechende Projektion des vierdimensionalen Impuls-Energievektors auf die Zeitachse

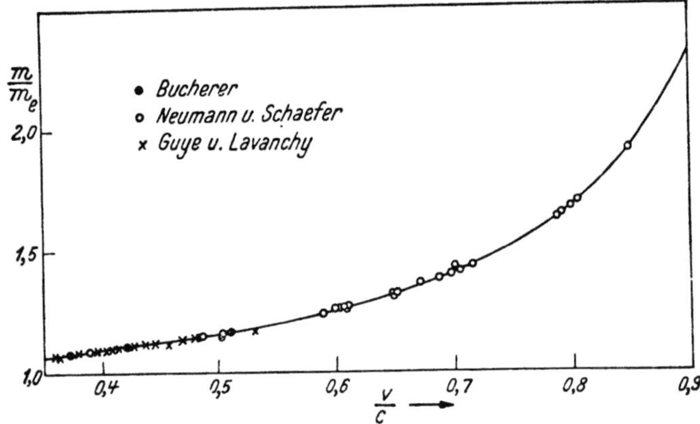

Abb. E 1. Relativistische Abhängigkeit der Elektronenmasse von der Geschwindigkeit nach Theorie [ausgezogene Kurve] und Messung [Punkte].

e) Das *Einstein*sche *Äquivalenzprinzip* von Gravitation und Beschleunigung verlangt die *Identität der trägen Masse des Elektrons mit seiner schweren Masse*. Insbesondere *fällt* daher das freie Elektron im Gravitationsfelde der Erde gleich jedem anderen Körper.

Um diesem Vorgang quantitativ nachzugehen, denken wir uns alle auf das Elektron einwirkenden Kräfte elektromagnetischen Ursprunges horizontal gerichtet, so daß in vertikaler Richtung nur die Schwerkraft verbleibt. Das Elektron möge im Zeitpunkt $t = 0$ seine Bewegung im Ursprung des relativ zum Gravitationsfelde der Erde ruhenden *Kartes*ischen Bezugssystemes x, y, z beginnen, dessen z-Achse vertikal nach unten weist. Bezeichnet also $g \approx 981\,\mathrm{cm/sec^2}$ die Schwerebeschleunigung an einem mittleren Oberflächenort des Geoids, so wird dort der freie Fall des Elektrons durch die Differentialgleichung

$$\frac{d}{dt}\left(m\frac{dz}{dt}\right) = g\,m \qquad \text{(E 2, 17)}$$

im Verein mit den Anfangsbedingungen

$$z = 0; \quad \frac{dz}{dt} = 0 \quad \text{für} \quad t = 0 \qquad \text{(E 2, 18)}$$

beschrieben. Im Rahmen der *Newton*schen Mechanik [Index N] folgt wegen $m \to m_0$ aus (E 2, 17) und (E 2, 18)

$$z_N = \frac{1}{2} g\,t^2. \qquad \text{(E 2, 19)}$$

Dagegen hat man beispielsweise in einer Elektronenschleuder die relativistische Mechanik *Einsteins* [Index E] zu benützen. Der Einfachheit halber sei angenommen, daß die Elektronenmasse während des Schleuderprozesses linear anwachse

$$m = m_0 \left[1 + \frac{t}{T}\right] \qquad \text{(E 2, 20)}$$

[T = Zeitkonstante]. Aus (E 2, 17) und (E, 2, 18) berechnet sich dann durch einmalige Integration

$$\left[1 + \frac{t}{T}\right] \frac{dz_E}{dt} = g \cdot T \cdot \frac{\left(1 + \frac{t}{T}\right)^2 - 1}{2} \qquad \text{(E 2, 21)}$$

und durch nochmalige Integration

$$z_E = \frac{g\,T^2}{2}\left[\frac{\left(1 + \frac{t}{T}\right)^2 - 1}{2} - \ln\left(1 + \frac{t}{T}\right)\right]. \qquad \text{(E 2, 22)}$$

Der Vergleich von (E 2, 19) mit (E 2, 22) liefert

$$\frac{z_E}{z_N} = \left(\frac{T}{t}\right)^2 \left[\frac{\left(1 + \frac{t}{T}\right)^2 - 1}{2} - \ln\left(1 + \frac{t}{T}\right)\right], \qquad \text{(E 2, 23)}$$

so daß gemäß Abb. E 2 der relativistische Fallweg in der Elektronenschleuder stets kleiner als der im gleichen Zeitraum durchlaufene Klassische Fallweg bleibt.

Der quantitative Effekt der geschilderten Fallbewegung hängt hiernach wesentlich von der Verweilzeit des freien Elektrons oder, anders ausgedrückt, von seiner Lebensdauer im Gravitationsfelde ab. Wir dürfen als untere Grenze dieser Epoche etwa 10^{-11} sec, als obere Grenze etwa 10^{-2} sec ansetzen. Im ersten Falle erreicht die in vertikaler Richtung durchlaufene Strecke nur den Wert

$$z_N \approx 5 \cdot 10^{-20}\,\text{cm},$$

welcher sich jeglicher Beobachtung entzieht; im anderen Falle dagegen resultiert

$$z_N \approx 5 \cdot 10^{-2}\,\text{cm},$$

so daß auch z_E eine zwar prinzipiell beobachtbare, im Vergleich zu den konstruktiven Maßen der üblichen Elektronengeräte jedoch nur sehr kleine Strecke darstellt. So lange man also lediglich das irdische Gravitationsfeld in Betracht zieht, darf man es in der Problemstellung der Elektronik in der Regel außer acht lassen.

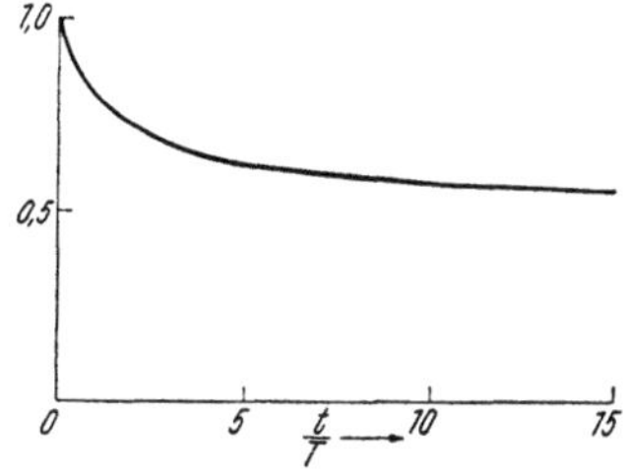

Abb. E 2. Relativistische Korrektur des Fallweges in einer Ionenschleuder.

f) Aus der Masse m des Elektrons berechnet sich seine *Gesamtenergie* W mittels der universell für alle materiellen Körper gültigen Relation

$$W = m\,c^2. \qquad \text{(E 2, 24)}$$

Insbesondere enthält also das ruhende Elektron bereits die Energie

$$W_0 = \lim_{\beta \to 0} W = m_0\,c^2, \qquad \text{(E 2, 25)}$$

so daß die Zusatzenergie der Bewegung durch

$$\varDelta W = W - W_0 = (m - m_0)\,c^2 = m_0\,c^2\left[\frac{1}{\sqrt{1 - \beta^2}} - 1\right] \qquad \text{(E 2, 26)}$$

dargestellt wird. Da nur Bewegungen der Eigenschaft $0 \leqq \beta^2 < 1$ verwirklicht werden können, darf man den Ausdruck (E 2, 26) in die nach Potenzen von β^2 fortschreitende Reihe entwickeln und erhält

$$\Delta W = m_0 c^2 \left[1 + \frac{1}{2}\beta^2 + \frac{3}{8}\beta^4 + \ldots - 1\right] = m_0 c^2 \left[\frac{1}{2}\beta^2 + \frac{3}{8}\beta^4 + \ldots\right]. \qquad \text{(E 2, 27)}$$

Bei Beschränkung auf das in β^2 lineare Glied resultiert somit in

$$\Delta W = m_0 c^2 \cdot \frac{1}{2}\beta^2 = \frac{1}{2} m_0 v^2 \qquad \text{(E 2, 28)}$$

die Definition der kinetischen Energie gemäß der Klassischen Mechanik.

g) Im Lichte der Gl. (E 2, 25) liegt es nahe, die Energie W_0 des ruhenden Elektrons als elektrostatische Feldenergie seiner Ladung $e = -q_0$ zu deuten. Nach dieser Auffassung bildet also das einzelne, freie Elektron die Quelle eines elektrischen Induktionsflusses, dessen Vektorlinien auf einer abschließenden, äußeren Hüllfläche [bei irdischen Versuchen auf den Wänden des Laboratoriums] enden. Doch kann man diesem Felde nur dann eine bestimmte Energie zuweisen, falls man sich das Elektron unter einer streng definierbaren geometrischen Gestalt vorstellt, welche ihrerseits der gesamten Elektronenladung ein eindeutiges Gesetz ihrer räumlichen Verteilung aufprägt. Das wohl einfachste *Elektronenmodell* dieser Art besteht aus einer *starren Kugel* vom Halbmesser a_0, deren Oberfläche sozusagen die innere Belegung eines Kugelkondensators repräsentiert.

Folgt man dem angezeigten Gedankengange, so trifft man im Abstande $r > a_0$ vom Zentrum des Elektrons die radial gegen das Kugelzentrum weisende elektrische Induktion D vom absoluten Betrage

$$D = \frac{|e|}{4\pi r^2}; \qquad e = -q_0 \qquad \text{(E 2, 29)}$$

an; ihr korrespondiert die gleichfalls radial auf das Elektron zu gerichtete elektrische Feldstärke E vom absoluten Betrage

$$E = \frac{D}{\Delta} = \frac{|e|}{4\pi\Delta} \cdot \frac{1}{r^2}, \qquad \text{(E 2, 30)}$$

wobei

$$\Delta = \frac{1}{4\pi \cdot 9 \cdot 10^{11}} \left(\frac{\sec}{\Omega \cdot \mathrm{cm}}\right)$$

die sogenannte *Dielektrizitätskonstante des leeren Raumes* angibt. Wir befreien uns nunmehr von der speziellen Form der Hüllfläche durch den ideellen Grenzübergang zur Hüllkugel $r \to \infty$; die Spannung U der Elektronenoberfläche gegen die Hülle konvergiert dann gegen

$$U = \int_{a_0}^{\infty} E\,dr = \frac{e}{4\pi\Delta} \cdot \frac{1}{a_0}, \qquad \text{(E 2, 31)}$$

so daß für die elektrostatische Feldenergie

$$W_E = \frac{1}{2} e U = \frac{1}{2} \frac{e^2}{4\pi\Delta a_0} = \frac{q_0^2}{8\pi\Delta a_0} \qquad \text{(E 2, 32)}$$

resultiert. Aus der Annahme $W_E = W_0$ folgt also als Halbmesser a_0 des vorgeschlagenen Elektronenmodelles

$$a_0 = \frac{q_0^2}{8\pi\Delta m_0 c^2}. \qquad \text{(E 2, 33)}$$

Mit den früher mitgeteilten Zahlenwerten findet man

$$a_0 = \frac{(1{,}602 \cdot 10^{-19})^2 \cdot 4\pi \cdot 9 \cdot 10^{11}}{8\pi \cdot 9{,}106 \cdot (3 \cdot 10^{10})^2}\,\text{cm} = 1{,}41 \cdot 10^{-13}\,\text{cm}. \qquad \text{(E 2, 34)}$$

Trotz der auf den ersten Blick bestechenden Einfachheit dieser Überlegung ist sie doch schweren *Einwänden grundsätzlicher Art* ausgesetzt:

1. Die Vermessung der geometrischen Form des Elektrons verlangt die Ausführung von Experimenten, welche — nach dem heutigen Stande unseres Wissens — prinzipiell unausführbar sind; sie werden als Mittel der Erkenntnis von der Physik kategorisch abgelehnt.

2. Die Annahme einer gleichmäßig auf der Elektronenoberfläche verteilten Ladung schließt die Vorstellung subelektronischer Ladungen in sich, welche den geometrischen Elementen jener Oberfläche zuzuweisen wären; eine solche Hypothese widerspricht jedoch der Konzeption des Elektrons als Atom der Elektrizität.

3. Die stabile Existenz des Elektrons erfordert die Kompensation der zwischen den subelektronischen Ladungen der geometrischen Elektronenoberfläche wirksamen Abstoßungskräfte durch Anziehungskräfte anderer physikalischer Natur, deren Feldenergie in der Bilanz $W_E = W_0$ fehlt.

Im Lichte dieser dialektischen Kritik müssen wir zugeben, daß der physikalische Wert des vorgeschlagenen Modelles gering zu veranschlagen ist. Seine Konstruktion gehört daher mehr der Psychologie an: Sie befriedigt das unabweisbare Bedürfnis der menschlichen Phantasie, mit einem benannten, materiellen Ding eine greifbare Vorstellung verbinden zu können.

h) Kann man trotz der Unmöglichkeit eines in seinen Einzelheiten festgelegten Elektronenmodelles zu einer Abschätzung der Elektronengröße gelangen?

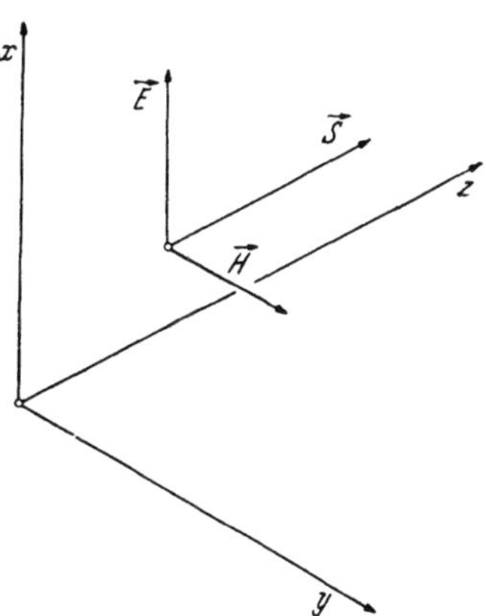

Abb. E 3. Orientierung in der ebenen elektromagnetischen Welle.

Zur Lösung der Aufgabe gehen wir von einer monochromatischen, ebenen Lichtwelle aus, welche längs der z-Achse des rechtsläufigen *Kartes*ischen Koordinatensystemes x, y, z im zunächst leeren Raume fortschreitet. Die Welle wird als geradlinig polarisiert vorausgesetzt: Die elektrische Feldstärke $\vec{E}$ möge dauernd parallel der x-Achse, die magnetische Feldstärke $\vec{H}$ dauernd parallel der y-Achse weisen [Abb. E 3]; beide sind in jedem Augenblick t am gleichen Orte durch die Relation

$$\vec{H}_y(x, y, z, t) = c\,\Delta\,\vec{E}_x(x, y, z, t) \qquad \text{(E 2, 35)}$$

miteinander verknüpft. Sei dort insbesondere

$$\vec{E}_x = \vec{E}_{max} \cdot \sin \omega t, \qquad \text{(E 2, 36)}$$

also

$$\vec{H}_y = \vec{H}_{max} \cdot \sin \omega t; \qquad \vec{H}_{max} = c\,\Delta \cdot \vec{E}_{max}, \qquad \text{(E 2, 37)}$$

so resultiert aus $\vec{E}$ und $\vec{H}$ der in z-Richtung fließende Energiestrom [*Poynting*scher Vektor] $\vec{S}$ der Größe

$$\vec{S}_z = \vec{E}_x\,\vec{H}_y \qquad \text{(E 2, 38)}$$

mit dem zeitlichen Mittelwert

$$\overrightarrow{S}_z = \frac{1}{2} \overrightarrow{E}_{max} \cdot \overrightarrow{H}_{max} = \frac{c\,\Delta}{2} \overrightarrow{E}^2_{max}. \qquad \text{(E 2, 39)}$$

Nun mögen in jeder Raumeinheit des durchstrahlten Gebietes n freie Elektronen eingebracht werden, deren Mikroverteilung indessen dem Spiel des Zufalls überlassen bleibt; ihr mittlerer gegenseitiger Abstand sei so groß, daß sie einander nicht merklich zu beeinflussen vermögen, und es wird vorausgesetzt, daß sie keine einsinnige Translationsgeschwindigkeit relativ zum Bezugssystem aufweisen. Wir zeigen, daß die Gesamtheit dieser Elektronen die Intensität des durchgehenden Lichtes schwächt, wobei wir uns zweier komplementärer Untersuchungsmethoden bedienen:

1. **Wellentheorie der Energiezerstreuung.** Wir richten unsere Aufmerksamkeit vorerst nur auf eines der freien Elektronen, dessen Ruhelage wir mit dem Ursprung des Bezugssystemes identifizieren. Nach passender Wahl des Zeitursprunges darf (E 2, 36) als Ausdruck der elektrischen Feldkraft gelten, welche am kontrollierten Elektron angreift. Lassen wir alle etwa gleichzeitig wirkenden Kräfte anderer Natur geflissentlich außer Betracht, so unterliegt also die parallel der x-Achse erfolgende Verrückung u des Elektrons der Differentialgleichung

$$\frac{d}{dt}\left(m \frac{du}{dt}\right) = -q_0 \overrightarrow{E}_{max} \cdot \sin \omega t. \qquad \text{(E 2, 40)}$$

Der zeitfreie Anteil des Impulses ist für uns weiterhin ohne Interesse; wir dürfen uns vorstellen, daß er im Laufe der Zeit durch hier nicht näher zu beschreibende Sekundärprozesse vernichtet wird. Für den schließlich dann allein verbleibenden, zeitlich veränderlichen Anteil des Impulses findet man aus (E 2, 40) durch einmalige Integration

$$m \frac{du}{dt} = \frac{q_0}{\omega} \overrightarrow{E}_{max} \cdot \cos \omega t. \qquad \text{(E 2, 41)}$$

Sein Betrag kann durch Wahl einer hinreichend hohen Kreisfrequenz ω [kurzwelliges Röntgenlicht] beliebig klein gemacht werden. Wir drücken diese fortan einzuhaltende Vorschrift symbolisch durch

$$\omega \to \infty \qquad \text{(E 2, 42)}$$

aus; daher dürfen wir nunmehr in (E 2, 41) die Elektronenmasse m mit m_0 vertauschen und erhalten für den periodischen Anteil der Verrückung

$$u = \frac{q_0}{m_0\, \omega^2} \overrightarrow{E}_{max} \cdot \sin \omega t. \qquad \text{(E 2, 43)}$$

Dem elektrostatischen Felde (E 2, 30) des Elektrons überlagert sich demnach das elektrodynamische Feld eines parallel der z-Achse orientierten *Hertz*schen Oszillators vom Dipolmoment

$$\mu = -q_0 u = -\mu_{max} \cdot \sin \omega t; \qquad \mu_{max} = \frac{q_0^2 \overrightarrow{E}_{max}}{m_0\, \omega^2} \qquad \text{(E 2, 44)}$$

dessen *Hertz*scher Vektor Z gleichfalls in Richtung der z-Achse weist. Ergänzen wir die *Kartesi*schen Koordinaten des Aufpunktes (x, y, z) durch seine Kugelkoordinaten r [Radialdistanz], ϑ [Polarwinkel] und α [Azimut] mittels der Relationen

$$r = \sqrt{x^2 + y^2 + z^2}; \qquad \vartheta = \arccos \frac{z}{r}; \qquad \alpha = \operatorname{arc\,tg} \frac{y}{x}, \qquad \text{(E 2, 45)}$$

so lauten die *Kartesi*schen Komponenten des *Hertz*schen Vektors

$$Z_x = 0; \qquad Z_y = 0; \qquad Z_z = -\frac{\mu_{\max}}{4\pi\Delta} \cdot \frac{\sin\omega\left(t - \frac{r}{c}\right)}{r}. \tag{E 2, 46}$$

Aus ihnen bilden wir das elektrische Skalarpotential φ

$$\varphi = \operatorname{div} Z = \frac{\partial Z_z}{\partial z} = \frac{\mu_{\max}}{4\pi\Delta}\left[\frac{\omega}{c}\frac{\cos\omega\left(t - \frac{r}{c}\right)}{r} + \frac{\sin\omega\left(t - \frac{r}{c}\right)}{r^2}\right]\cos\vartheta \tag{E 2, 47}$$

und das magnetische Vektorpotential V der *Kartesi*schen Komponenten

$$V_x = 0; \qquad V_y = 0; \qquad V_z = -\frac{1}{c^2}\frac{\partial Z}{\partial t} = \frac{\mu_{\max}}{4\pi\Delta}\frac{\omega}{c^2}\frac{\cos\omega\left(t - \frac{r}{c}\right)}{r}. \tag{E 2, 48}$$

Aus (E 2, 47) und (E 2, 48) ergibt sich die elektrische Feldstärke E des *Hertz*schen Oszillators durch die Differentialoperation

$$E = -\left[\operatorname{grad}\varphi + \frac{\partial V}{\partial t}\right]. \tag{E 2, 49}$$

Wegen (E 2, 42) benötigen wir ihre Kenntnis lediglich in der „Fernzone“

$$r \gg \frac{c}{\omega}. \tag{E 2, 50}$$

Dort reduzieren sich ihre *Kartesi*schen Komponenten, bis auf kleine Glieder höherer Ordnung, auf

$$E_x = -\frac{\mu_{\max}}{4\pi\Delta}\left(\frac{\omega}{c}\right)^2 \frac{\sin\omega\left(t - \frac{r}{c}\right)}{r}\cos\vartheta\sin\vartheta\cos\alpha, \tag{E 2, 51}$$

$$E_y = -\frac{\mu_{\max}}{4\pi\Delta}\cdot\left(\frac{\omega}{c}\right)^2 \frac{\sin\omega\left(t - \frac{r}{c}\right)}{r}\cos\vartheta\sin\vartheta\sin\alpha, \tag{E 2, 52}$$

$$E_z = +\frac{\mu_{\max}}{4\pi\Delta}\cdot\left(\frac{\omega}{c}\right)^2 \frac{\sin\omega\left(t - \frac{r}{c}\right)}{r}\sin^2\vartheta. \tag{E 2, 53}$$

Demnach liegt E in jedem Augenblick in der Meridianebene durch den Aufpunkt und steht dort senkrecht auf dem vom Ursprung zum Aufpunkt weisenden Radiusvektor [Abb. E 4], wobei

$$E_{\max} = \frac{\mu_{\max}}{4\pi\Delta}\left(\frac{\omega}{c}\right)^2 \frac{\sin\vartheta}{r} \tag{E 2, 54}$$

ihre Amplitude mißt.

Die magnetische Feldstärke H des *Hertz*schen Oszillators geht aus dem Vektorpotential V durch die Differentialoperation

$$H = c^2\Delta \operatorname{rot} V \tag{E 2, 55}$$

hervor; daher berechnen sich mittels (E 2, 48) die *Kartesi*schen Komponenten dieses Feldes zu

$$H_x = c^2\Delta\frac{\partial V_z}{\partial y}; \qquad H_y = -c^2\Delta\frac{\partial V_z}{\partial x}; \qquad H_z = 0. \tag{E 2, 56}$$

Sie reduzieren sich in der Fernzone, bei Vernachlässigung kleiner Glieder höherer Ordnung, auf

$$H_x = + \frac{\mu_{max}}{4\pi} \cdot \frac{\omega^2}{c} \cdot \frac{\sin \omega \left(t - \frac{r}{c}\right)}{r} \sin \vartheta \sin \alpha, \qquad (E\ 2,\ 57)$$

$$H_y = - \frac{\mu_{max}}{4\pi} \cdot \frac{\omega^2}{c} \cdot \frac{\sin \omega \left(t - \frac{r}{c}\right)}{r} \sin \vartheta \cos \alpha, \qquad (E\ 2,\ 58)$$

$$H_z = 0. \qquad (E\ 2,\ 59)$$

Nach Abb. E 4 liegt somit der Vektor H in der Ebene $z = \text{const.}$ durch den Aufpunkt und tangiert dort den durch den Aufpunkt verlaufenden Breitenkreis $\varrho = \sqrt{x^2 + y^2} = \text{const.}$, während

$$H_{max} = \frac{\mu_{max}}{4\pi} \cdot \frac{\omega^2}{c} \cdot \frac{\sin \vartheta}{r} = \varDelta\, c\, E_{max} \qquad (E\ 2,\ 60)$$

die dort auftretende Amplitude der magnetischen Feldstärke angibt. Demnach weist der Vektor S des vom *Hertz*schen Oszillator erregten Energiestromes in der Fernzone radial nach außen; im Aufpunkte mißt

$$\overline{\vec{S}} = \frac{1}{2} E_{max} \cdot H_{max} = \frac{\varDelta\, c}{2} \left(\frac{\mu_{max}}{4\pi\varDelta}\right)^2 \left(\frac{\omega}{c}\right)^4 \frac{\sin^2 \vartheta}{r^2} \qquad (E\ 2,\ 61)$$

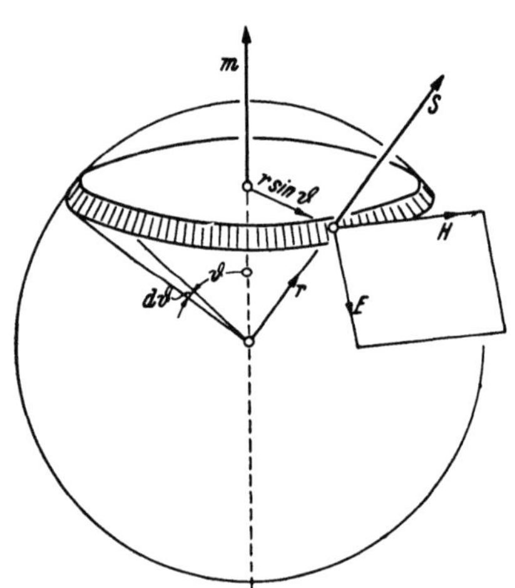

Abb. E 4. Feld des *Hertz*schen Oszillators in der Fernzone.

den zeitlichen Mittelwert seines Betrages. Durch Integration über die Fläche der Kugel $r = \text{const.}$ finden wir somit die insgesamt vom Oszillator ausgestrahlte Leistung

$$\overline{N}_{str} = \int_{\vartheta=0}^{\pi} \overline{\vec{S}}\, 2\pi r^2 \sin \vartheta \, d\vartheta =$$

$$= \frac{\varDelta\, c}{2} \cdot \frac{8\pi}{3} \cdot \left(\frac{\mu_{max}}{4\pi\varDelta}\right)^2 \cdot \left(\frac{\omega}{c}\right)^4 \qquad (E\ 2,\ 62)$$

und weiter, mit Rücksicht auf (E 2, 39) und (E 2, 44)

$$\overline{N}_{str} = \frac{8\pi}{3} \left(\frac{q_0^2}{4\pi\varDelta\, m_0 c^2}\right)^2 \cdot \overline{\vec{S}}. \qquad (E\ 2,\ 63)$$

Wir kehren jetzt zur primären Lichtwelle zurück und begleiten eine ihrer Wellenflächen längs des infinitesimalen Weges $\varDelta z$, wobei jede Einheit dieser Fläche $n \varDelta z$ freie Elektronen überschreitet. Zufolge der ungeordneten Mikroverteilung dieser Elektronen ist auch die Phasendifferenz ihrer Dipolmomente vom Zufall bestimmt. Daher addieren sich ihre Einzelstrahlungen *algebraisch* zu der von ihnen insgesamt zerstreuten Leistung

$$\varDelta \overline{N} = (n \varDelta z) \overline{N}_{str} \qquad (E\ 2,\ 64)$$

welche dem Energiestrom der Primärwelle entzogen wird: Aus (E 2, 63) und (E 2, 64) entspringt die Energiebilanz

$$\varDelta \overline{\vec{S}} = -(n \varDelta z) \overline{N}_{str} = -n \cdot \frac{8\pi}{3} \left(\frac{q_0^2}{4\pi\varDelta\, m_0 c^2}\right)^2 \cdot \overline{\vec{S}}\, \varDelta z. \qquad (E\ 2,\ 65)$$

Sie liefert durch Integration das Schwächungsgesetz

$$\vec{S} = \vec{S}_0 \, e^{-n \frac{8\pi}{3} \left(\frac{q_0^2}{4\pi \Delta m_0 c^2} \right)^2 z}, \qquad \text{(E 2, 66)}$$

in welchem $\vec{S}_0$ den zeitlichen Mittelwert des primären Energiestromes in der Ebene $z = 0$ bezeichnet.

2. **Korpuskulartheorie der Energieabsorption.** Wir fassen das einfallende Licht als Photonenstrom auf, dessen Korpuskeln je mit der Energie

$$W = h \frac{\omega}{2\pi} \qquad \text{(E 2, 67)}$$

[h = *Planck*sches Wirkungsquantum = $6{,}623 \cdot 10^{-34}$ Joule sec] ausgestattet sind und mit der Geschwindigkeit c in der Konzentration

$$p = \frac{\vec{S}}{W \cdot c} = \frac{2\pi}{\omega} \cdot \frac{\vec{S}}{h c} \qquad \text{(E 2, 68)}$$

parallel der z-Achse vorwärts eilen. In diesem Bilde repräsentiert jedes freie Elektron einen Körper, der durch einen gewissen *Wirkungsquerschnitt* zu charakterisieren ist. Wählen wir als solchen einen Kreis vom „*Wirkungshalbmesser*" a, so bilden die längs der infinitesimalen Strecke Δz je Einheitsquerschnitt des Photonenstromes entfallenden $n \Delta z$ Elektronen die zerstreuende Fläche $n \Delta z \cdot \pi a^2$. Daher erscheint die Energiebilanz des primären Photonenstromes in Gestalt der kinematischen Aussage

$$\Delta \vec{S} = -n \pi a^2 \vec{S} \Delta z, \qquad \text{(E 2, 69)}$$

welche durch Integration auf

$$\vec{S} = \vec{S}_0 \, e^{-n \pi a^2 z} \qquad \text{(E 2, 70)}$$

führt. Verlangen wir jetzt die inhaltliche Identität der wellentheoretischen mit der korpuskularen Auffassung des lichtschwächenden Prozesses, so schließen wir aus (E 2, 66) und (E 2, 70) auf den Wirkungshalbmesser

$$a = \sqrt{\frac{8}{3}} \, \frac{q_0^2}{4 \pi \Delta m_0 c^2} = 4{,}62 \cdot 10^{-13} \, \text{cm}. \qquad \text{(E 2, 71)}$$

Damit ist das Ziel erreicht: Der Wirkungshalbmesser liefert ein Maß für die Größe des Elektrons, welches an keine bestimmte Modellvorstellung gebunden ist; er erweist sich im Verhältnis $2\sqrt{8/3}$ größer als der Halbmesser a_0 jenes starren Kugelmodelles, welches wir wegen der in ihm enthaltenen inneren Widersprüche ablehnen mußten.

E 3. Das Elektron als Welle.

a) Die dualistische Natur des Lichtes als Korpuskel und Welle wird in der Konzeption des Photons erfaßt: Zusammen mit der unveränderlichen Fortpflanzungsgeschwindigkeit c des Lichtes im leeren Raume bestimmt die Energie W des Photons als gemeinsamer Oberbegriff letzthin transzendenten Charakters die realen Erscheinungsformen des Photons in seiner trägen Masse m nach (E 2, 24) und seiner Farbe [Kreisfrequenz ω] nach (E 2, 67)

$$m c^2 = W = h \frac{\omega}{2\pi}. \qquad \text{(E 3, 1)}$$

Diese *Planck-Einstein*sche Lichtquantengleichung wurde durch *L. de Broglie* auf die Gesamtheit aller materiellen Punkte übertragen, welche sich relativ zum Beobachter mit der Geschwindigkeit $v < c$ bewegen, indem er, durch einen Schritt von epochemachender Bedeutung, die Photonenmasse durch die träge Masse des materiellen Punktes ersetzte. Insbesondere entsteht durch Verbindung von (E 2, 16) mit (E 3, 1) für das Elektron die fundamentale Gleichung

$$m c^2 = \frac{m_0 c^2}{\sqrt{1-\beta^2}} = W = h \frac{\omega}{2\pi}; \qquad \beta = \frac{v}{c}, \tag{E 3, 2}$$

welche vermöge des universellen Charakters der Größen c, m_0 und h jedem Bewegungszustande β des Elektrons eine bestimmte *de Broglie*sche Kreisfrequenz ω sozusagen als „*Elektronenfarbe*" zuordnet; dabei entspricht dem Ruhezustande des Elektrons die Ruhe-Kreisfrequenz

$$\omega_0 = \frac{2\pi}{h} W_0 = \frac{2\pi}{h} m_0 c^2 \tag{E 3, 3}$$

vom Zahlenwerte

$$\omega_0 = 2\pi f_0; \qquad f_0 = \frac{m_0 c^2}{h} =$$

$$= \frac{9{,}106 \cdot 10^{-35} \cdot 9 \cdot 10^{20}}{6{,}623 \cdot 10^{-34}} \text{ Hz} = 124 \cdot 10^{18} \text{ Hz} \tag{E 3, 4}$$

mit deren Hilfe man für ω die Darstellung

$$\frac{\omega}{\omega_0} = \frac{1}{\sqrt{1-\beta^2}} \tag{E 3, 5}$$

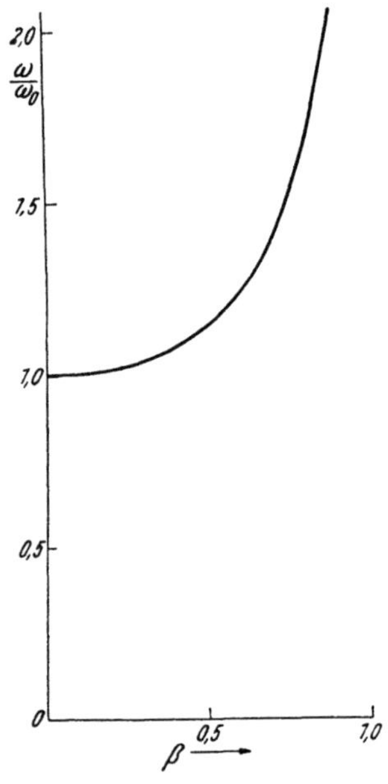

Abb. E 5. Elektronenfarbe der *de Broglie*-Wellen in Abhängigkeit vom Verhältnis β der Elektronengeschwindigkeit zur Lichtgeschwindigkeit.

entsprechend Abb. E 5 findet. Ist umgekehrt die Elektronenfarbe vorgegeben, so berechnet sich die [numerische] Korpuskulargeschwindigkeit β des Elektrons aus der Relation

$$\beta = \sqrt{1 - \left(\frac{\omega_0}{\omega}\right)^2}. \tag{E 3, 6}$$

b) Die gedankliche Verknüpfung der mittels (E 3, 2) und (E 3, 5) vorerst formal eingeführten *Kreisfrequenz* ω mit einem *einsinnigen mechanischen Bewegungsvorgange* wird durch die *Kinematik einer fortschreitenden Welle* hergestellt, welche in jedem Aufpunkte ihres Existenzbereiches zeitlich harmonisch pulsiert; wir ergänzen diese Konzeption durch die Vorschrift, daß im Grenzfalle verschwindender Korpuskulargeschwindigkeit die zugeordnete Welle zu einer stehenden Welle degeneriere.

Wir setzen zunächst voraus, daß sich das kontrollierte Elektron in einem kräftefreien Konfigurationsraum aufhalte; fassen wir es als materiellen Punkt auf, so wird demnach seine Dynamik vom Trägheitsgesetze beherrscht. Wir identifizieren die hieraus resultierende, geradlinige Elektronenbahn mit der x-Achse eines relativ zum Beobachter ruhenden Bezugssystemes der rechtsläufigen, *Kartesi*schen Koordinaten x, y, z, in welchem die laufende Zeit t gemessen wird. Nach Wahl einer vorerst beliebigen komplexen Amplitude A und der von ω abhängigen Wellenzahl

$$k = k(\omega) \qquad (E\ 3,\ 7)$$

der Eigenschaft

$$k(\omega_0) = 0 \qquad (E\ 3,\ 8)$$

wird dann eine längs der x-Achse fortschreitende, gemäß der Kreisfrequenz ω „monochromatische" Welle der oben verlangten Eigenschaften durch den Ansatz

$$\psi = \psi(t, x) = A\, e^{-i[\omega t - k(\omega) x]}; \qquad i = \sqrt{-1} \qquad (E\ 3,\ 9)$$

dargestellt. Die Phase dieser *de Broglie*-Welle

$$\varphi = \varphi(t, x) = \omega t - k(\omega) x \qquad (E\ 3,\ 10)$$

ändert sich längs des infinitesimal kurzen Achsenabschnittes dx während der infinitesimal kleinen Zeitspanne dt um

$$d\varphi = \omega\, dt - k(\omega)\, dx. \qquad (E\ 3,\ 11)$$

Richten wir nun unsere Aufmerksamkeit auf eine *feste* Phase

$$\varphi = \varphi_0 = \text{const.}, \qquad (E\ 3,\ 12)$$

so schreitet sie nach (E 3, 11) wegen $d\varphi = 0$ mit der gleichförmigen „*Phasengeschwindigkeit*"

$$v_{ph}(\omega) = \left(\frac{dx}{dt}\right)_{\varphi=\varphi_0} = \frac{\omega}{k(\omega)} \qquad (E\ 3,\ 13)$$

längs der x-Achse voran.

c) Der Wellenansatz (E 3, 9) offenbart für alle Zeiten t an allen Orten x der Elektronenbahn den nämlichen absoluten Betrag $|A|$; er ermangelt daher jeder bündigen Angabe über denjenigen Platz x, an welchem wir das kontrollierte Elektron im Augenblick t zu suchen haben, läßt uns also gerade über die für den Elektrizitätsträger als materiellen Punkt wesentlichen Bestimmungsstücke seiner Bewegung völlig im dunkeln. Um diese Unbestimmtheit zu beseitigen, müssen wir die Beschreibung des kontrollierten Elektrons durch die streng monochromatische *de Broglie*-Welle (E 3, 9) aufgeben; statt ihr versuchen wir den untersuchten Vorgang mittels einer *Wellengruppe* darzustellen, welche den schmalen Bereich aller zwischen $(\omega - \varepsilon)$ und $(\omega + \varepsilon)$ enthaltenen Elektronenfarben

$$\Omega = \omega + \Delta\omega; \qquad 0 \leqq |\Delta\omega| \leqq \varepsilon \ll \omega \qquad (E\ 3,\ 14)$$

umfaßt: Wir setzen

$$\psi = \psi(t, x) = \int_{\Omega=\omega-\varepsilon}^{\omega+\varepsilon} A'(\Omega)\, e^{-i[\Omega t - k(\Omega) x]}\, d\Omega. \qquad (E\ 3,\ 15)$$

Hierin ist die *komplexe Amplitudendichte* $A'(\Omega)$ so zu wählen, daß die Teilwellen je der infinitesimalen Amplituden $A'(\Omega)\, d\Omega$ einander zu einem am Orte des Elektrons konzentrierten „*Wellenpaket*" ergänzen, während sie sich außerhalb desselben durch Interferenz gegenseitig vernichten.

In der Umgebung der Kreisfrequenz ω gilt nun für die Wellenzahl $k(\Omega)$ die *Taylor*sche Entwicklung

$$k(\Omega) = k(\omega) + \frac{\Delta\omega}{1!}\left(\frac{dk}{d\Omega}\right)_{\omega} + \ldots. \qquad (E\ 3,\ 16)$$

Mit Rücksicht auf die einschränkende Voraussetzung (E 3, 14) dürfen wir uns bei der Berechnung der Wellengruppe (E 3, 15) mit den in (E 3, 16) explizit angegebenen Gliedern begnügen und erhalten in der hierdurch angezeigten Genauigkeit

$$\psi = \overline{\mathrm{A}}\, \mathrm{e}^{-\mathrm{i}[\omega \mathrm{t} - \mathrm{k}(\omega)\mathrm{x}]}; \qquad \overline{\mathrm{A}} = \int_{-\varepsilon}^{\varepsilon} \mathrm{A}'(\omega + \Delta\,\omega)\, \mathrm{e}^{-\mathrm{i}\Delta\omega\left[\mathrm{t} - \left(\frac{\mathrm{d\,k}}{\mathrm{d}\Omega}\right)_\omega \mathrm{x}\right]} \mathrm{d}\Delta\,\omega. \tag{E 3, 17}$$

Diese Gleichung schildert eine *de Broglie*-Welle der Kreisfrequenz ω, deren Phase φ dem Ausdrucke (E 3, 10) gleicht, während ihre komplexe Amplitude $\overline{\mathrm{A}}$ durch das bestimmte Integral (E 3, 17) gemessen wird. Demnach bleibt $\overline{\mathrm{A}}$ unverändert erhalten, falls wir nach Wahl eines festen Zeitpunktes t_0 die Variablen x und t der bindenden Vorschrift

$$\mathrm{t} - \left(\frac{\mathrm{dk}}{\mathrm{d}\Omega}\right)_\omega \mathrm{x} = \mathrm{t}_0 \tag{E 3, 18}$$

unterwerfen. Sie zieht die Relation

$$\mathrm{dt} - \left(\frac{\mathrm{dk}}{\mathrm{d}\Omega}\right)_\omega \mathrm{dx} = 0 \tag{E 3, 19}$$

nach sich, welche in dem Differentialquotienten

$$\left(\frac{\mathrm{dx}}{\mathrm{dt}}\right)_{\mathrm{t}=\mathrm{t}_0} = \frac{1}{\left(\frac{\mathrm{dk}}{\mathrm{d}\Omega}\right)_\omega} = \mathrm{v_{gr}} \tag{E 3, 20}$$

zur Definition der *Gruppengeschwindigkeit* $\mathrm{v_{gr}}$ der *de Broglie*-Welle (E 3, 15) führt.

d) Wir identifizieren die Bahngeschwindigkeit v des korpuskular aufgefaßten Elektrons mit der Gruppengeschwindigkeit $\mathrm{v_{gr}}$ seiner äquivalenten Welle und erhalten durch Vergleich von (E 3, 6) und (E 3, 20) für die Wellenzahl die Differentialgleichung

$$\frac{\mathrm{dk}}{\mathrm{d}\omega} = \frac{1}{\mathrm{v_{gr}}} = \frac{1}{\mathrm{v}} = \frac{1}{\mathrm{c}\,\beta} = \frac{1}{\mathrm{c}\sqrt{1 - \left(\frac{\omega_0}{\omega}\right)^2}}. \tag{E 3, 21}$$

Mit Rücksicht auf (E 3, 8) lautet ihr Integral

$$\mathrm{k} = \frac{1}{\mathrm{c}} \int_{\omega_0}^{\omega} \frac{\mathrm{d}\Omega}{\sqrt{1 - \left(\frac{\omega_0}{\Omega}\right)^2}} = \frac{\omega_0}{\mathrm{c}} \sqrt{\left(\frac{\omega}{\omega_0}\right)^2 - 1} = \frac{\omega\,\beta}{\mathrm{c}}. \tag{E 3, 22}$$

Daher liefert (E 3, 13) für die Phasengeschwindigkeit den einfachen Ausdruck

$$\mathrm{v_{ph}} = \frac{\mathrm{c}}{\beta} = \frac{\mathrm{c}^2}{\mathrm{v}}. \tag{E 3, 23}$$

Die hieraus folgende Eigenschaft der Phasengeschwindigkeit

$$\mathrm{v_{ph}} > \mathrm{c} \tag{E 3, 24}$$

scheint der *Relativitätstheorie* zu widersprechen, welche für alle physikalisch realisierbaren Transportvorgänge die Beschränkung auf Unterlichtgeschwindigkeit verlangt; doch bezieht sich dieses Postulat lediglich auf die *Signalgeschwindigkeit* am Kopfe einer sich ausbreitenden, also sozusagen noch im Entstehen begriffenen Welle, während der Begriff der Phasengeschwindigkeit die Kinematik räumlich unbegrenzter, „eingeschwungener" Wellen beschreibt, welche als solche nicht zur Signalübermittlung taugen.

e) Durch Kombination der Phasengeschwindigkeit mit der Kreisfrequenz bilden wir die *de Broglie* Wellenlänge

$$\lambda = 2\pi \frac{v_{ph}}{\omega} \qquad \text{(E 3, 25)}$$

und finden mit Rücksicht auf (E 3, 2)

$$\lambda = \frac{h}{v\,m} = \lambda_0 \frac{\sqrt{1-\beta^2}}{\beta}; \qquad \lambda_0 = \frac{h}{c\,m_0}, \qquad \text{(E 3, 26)}$$

wobei zahlenmäßig

$$\lambda_0 = \frac{6{,}632 \cdot 10^{-34}}{3 \cdot 10^{10} \cdot 9{,}1 \cdot 10^{-28} \cdot 10^{-7}} = 2{,}44 \cdot 10^{10}\,\text{cm} \qquad \text{(E 3, 27)}$$

resultiert. Nach Abb. E 6 kann also die *de Broglie*-Wellenlänge des Elektrons von hinreichend großer numerischer Geschwindigkeit erheblich kürzer als die jener Lichtwellen gemacht werden, welche dem sichtbaren Spektralbereiche angehören; diese Erkenntnis bildet die Grundlage der *Elektronen-Mikroskopie.*

f) Wir vertauschen die bisher untersuchte Elektronenbewegung längs der x-Achse des Bezugssystemes x, y, z mit einer ebensolchen Bewegung längs der x'-Achse eines im gleichen Ursprung zentrierten gestrichenen Bezugssystemes x', y', z' derselben Metrik, so daß die Welle (E 3, 9) durch

$$\psi(t, x') = A\,e^{-i[\omega t - k(\omega) x']} \qquad \text{(E 3, 28)}$$

zu ersetzen ist. Seien nun α, β, γ die beziehentlich zwischen den Achsen x, y, z und x' gemessenen Richtungskosinus $[\alpha^2 + \beta^2 + \gamma^2 = 1]$, so besteht die geometrische Relation

$$x' = \alpha x + \beta y + \gamma z. \qquad \text{(E 3, 29)}$$

Mit ihrer Hilfe geht Gl. (E 3, 28) in die Gestalt

$$\psi = \psi(t, x, y, z) = u(x, y, z)\,e^{-i\omega t} \qquad \text{(E 3, 30)}$$

über, deren zeitfreie Amplitudenfunktion

$$u = A\,e^{i\{\alpha x + \beta y + \gamma z\} k(\omega)} \qquad \text{(E 3, 31)}$$

wegen $\alpha^2 + \beta^2 + \gamma^2 = 1$ der partiellen Differentialgleichung

$$\frac{\partial^2 u}{\partial x^2} + \frac{\partial^2 u}{\partial y^2} + \frac{\partial^2 u}{\partial z^2} + k^2(\omega)\,u = 0 \qquad \text{(E 3, 32)}$$

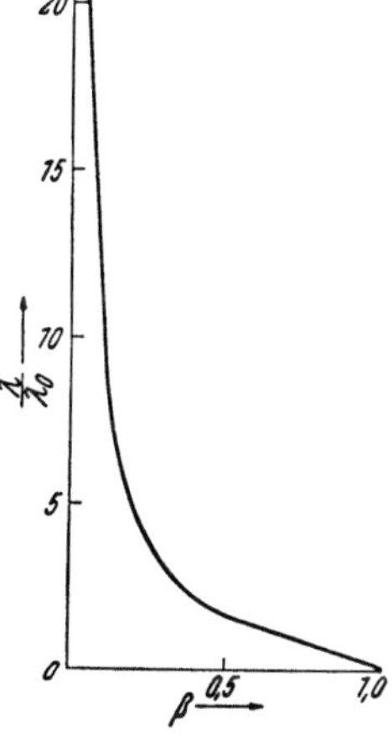

Abb. E 6. *De Broglie*-Wellenlänge der Elektronen in Abhängigkeit vom Verhältnis β der Elektronengeschwindigkeit zur Lichtgeschwindigkeit.

genügt. Nun gilt nach (E 3, 13) und (E 3, 23) mit Rücksicht auf (E 3,2), (E 3, 3) und (E 3, 5)

$$k^2(\omega) = \frac{\omega^2}{v_{ph}^2} = \frac{\omega^2 \beta^2}{c^2} = \frac{\omega^2 - \omega_0^2}{c^2} = \frac{4\pi^2}{h^2}\frac{W^2 - W_0^2}{c^2}. \qquad \text{(E 3, 33)}$$

Im Falle hinreichend langsamer Elektronenbewegung $[\beta^2 \ll 1]$ folgt aus (E 2, 25)

$$\frac{W^2 - W_0^2}{c^2} = \frac{(W + W_0)(W - W_0)}{c^2} \approx 2\,m_0 (W - W_0), \qquad \text{(E 3, 34)}$$

während die der Elektronenbewegung genetisch verbundene Zusatzenergie $\Delta W = W - W_0$ gemäß (E 2, 28) der Differenz seiner klassischen Gesamtenergie E und seiner potentiellen Energie V gleicht

$$\Delta W = E - V. \tag{E 3, 35}$$

Durch Substitution von (E 3, 33), (E 3, 34) und (E 3, 35) in (E 3, 32) entsteht die Gleichung

$$\frac{\partial^2 u}{\partial x^2} + \frac{\partial^2 u}{\partial y^2} + \frac{\partial^2 u}{\partial z^2} + \frac{8\pi^2 m_0}{h^2}(E - V)\,u = 0. \tag{E 3, 36}$$

In ihrer bisherigen Form, welche sich zufolge der Annahme des kräftefreien Konfigurationsraumes auf einen konstanten und daher nur konventionellen Wert der potentiellen Energie V bezieht, geht diese Gleichung inhaltlich nicht über die Aussagen (E 3, 30), (E 3, 31) hinaus. Verlangt man jedoch ihre Gültigkeit auch für beliebig ortsveränderliche konservative Felder $V = V(x, y, z)$, so gelangt man zur *Schrödinger-Gleichung* des Elektrons, welche sich als Grundlage für dessen Wellenmechanik im Bereiche hinreichend kleiner Korpuskelgeschwindigkeiten stets bewährt hat.

g) Es kann gewiß nicht Aufgabe dieser einleitenden Sätze sein, den gegebenen, ersten Einblick in die Ideenwelt der Quantentheorie so zu vertiefen, wie es der systematische Aufbau dieser Lehre als Kernstück der modernen Physik gebieterisch erfordert. Vielmehr begnügen wir uns hier mit dem Hinweis auf die von *M. Born* herrührende *statistische Deutung* der *de Broglie*-Wellen: Das Produkt der Funktion ψ mit ihrer konjugiert-komplexen Ergänzung ψ^* soll die *Anwesenheits-Wahrscheinlichkeit* des Elektrons je Einheit des ihm zur Verfügung gestellten Konfigurationsraumes T messen; schließen wir dessen Hüllfläche S vom Existenzgebiet der Elektronenbewegung aus und bezeichnen durch dT die infinitesimalen Elemente von T, so sind also ψ, ψ^* und u, u* den Vorschriften

$$\psi = \psi^* = 0; \qquad u = u^* = 0 \quad \text{auf } S \tag{E 3, 37}$$

und

$$\iiint\limits_{(T)} \psi\,\psi^*\,dT = \iiint\limits_{(T)} u\,u^*\,dT = 1 \tag{E 3, 38}$$

zu unterwerfen. Diese Auffassung stellt die Möglichkeit einer im klassischen Sinne strengen Definition des zum Zeitpunkt t vom Elektron eingenommenen Ortes (x, y, z) und seiner gleichzeitigen achsenparallelen Geschwindigkeitskomponenten v_x, v_y, v_z oder der ihnen entsprechenden Impulskomponenten $p_x = m\,v_x$; $p_y = m\,v_y$; $p_z = m\,v_z$ in Abrede: Wir haben uns mit den *Erwartungswerten* dieser Größen zu begnügen, welche ihrerseits je mit einer gewissen *statistischen Streuung* behaftet sind.

Wir erläutern diesen Sachverhalt am Beispiel eines Elektrons, welches durch quasielastische Kräfte hier nicht näher interessierender Natur an den Ursprung des Bezugssystemes gefesselt ist. Nach Einführung dreier „Federkonstanten“ c_x, c_y, c_z kann dann die potentielle Energie V des in (x, y, z) gedachten Elektrons durch

$$V = \frac{c_x}{2}x^2 + \frac{c_y}{2}y^2 + \frac{c_z}{2}z^2 \tag{E 3, 39}$$

dargestellt werden, so daß die Klassische Mechanik seine Bewegung durch die drei Differentialgleichungen

$$m_0 \frac{d^2x}{dt^2} = -\frac{\partial V}{\partial x} = -c_x x, \tag{E 3, 40}$$

$$m_0 \frac{d^2y}{dt^2} = -\frac{\partial V}{\partial y} = -c_y y, \tag{E 3, 41}$$

$$m_0 \frac{d^2z}{dt^2} = -\frac{\partial V}{\partial z} = -c_z z \tag{E 3, 42}$$

beschreibt; sie schildern je eine *einfach-harmonische Schwingung* beziehentlich der Frequenzen

$$f_x = \frac{1}{2\pi}\sqrt{\frac{c_x}{m_0}}; \qquad f_y = \frac{1}{2\pi}\sqrt{\frac{c_y}{m_0}}; \qquad f_z = \frac{1}{2\pi}\sqrt{\frac{c_z}{m_0}}, \tag{E 3, 43}$$

mit deren Hilfe man (E 3, 39) in die Form

$$V = 2\pi^2 m_0 \{f_x^2 x^2 + f_y^2 y^2 + f_z^2 z^2\} \tag{E 3, 44}$$

bringen kann. Durch Substitution dieses Ausdruckes in (E 3, 36) resultiert für die Schwingungsamplitude u der für den „*harmonischen Oszillator*“ zuständigen *de Broglie* Welle die *Schrödinger*-Gleichung

$$\frac{\partial^2 u}{\partial x^2} + \frac{\partial^2 u}{\partial y^2} + \frac{\partial^2 u}{\partial z^2} + \frac{8\pi^2 m_0}{h^2}(E - 2\pi^2 m_0 \{f_x^2 x^2 + f_y^2 y^2 + f_z^2 z^2\})\, u = 0. \tag{E 3, 45}$$

Der Produktansatz

$$u = X(x) \cdot Y(y) \cdot Z(z) \tag{E 3, 46}$$

liefert mittels der Aufspaltung

$$E = E_x + E_y + E_z \tag{E 3, 47}$$

für die Faktorfunktionen X, Y, Z die linearen Differentialgleichungen zweiter Ordnung

$$\frac{d^2X}{dx^2} + \frac{8\pi^2 m_0}{h^2}(E_x - 2\pi^2 m_0 f_x^2 x^2)\, X = 0, \tag{E 3, 48}$$

$$\frac{d^2Y}{dy^2} + \frac{8\pi^2 m_0}{h^2}(E_y - 2\pi^2 m_0 f_y^2 y^2)\, Y = 0, \tag{E 3, 49}$$

$$\frac{d^2Z}{dz^2} + \frac{8\pi^2 m_0}{h^2}(E_z - 2\pi^2 m_0 f_z^2 z^2)\, Z = 0. \tag{E 3, 50}$$

Auf Grund ihrer mathematischen Identität dürfen wir die analytische Untersuchung etwa auf die Gleichung für X beschränken. Sie geht mittels der Substitutionen

$$x = \frac{1}{2\pi}\sqrt{\frac{h}{2 m_0 f_x}}\,\xi; \qquad E_x = h f_x\left(n + \frac{1}{2}\right) \tag{E 3, 51}$$

in die Differentialgleichung der *Funktionen* $\Pi_n(\xi)$ *des parabolischen Zylinders*[1] über

$$\frac{d^2\Pi_n}{d\xi^2} + \left(n + \frac{1}{2} - \frac{\xi^2}{4}\right)\Pi_n = 0. \tag{E 3, 52}$$

Die in (E 3, 37) geforderte Eigenschaft ist nur mit *ganzzahligen Werten* von $n \geqq 0$ vereinbar; die dann der Normierungsvorschrift (E 3, 38) angepaßten Lösungen lauten [Abb. E 7]

[1] *Jahnke-Emde*, Funktionentafeln. 2. Aufl. S. 105. Leipzig, Teubner 1933.

$$\Pi_n(\xi) = \frac{e^{-\frac{\xi^2}{4}}}{\sqrt{n!\,\sqrt{2\pi}}} H_n(\xi), \qquad \text{(E 3, 53)}$$

wobei die *Hermite*schen Polynome n-ter Ordnung durch die Gleichungen

$$H_n(\xi) = e^{\frac{\xi^2}{2}} \left(-\frac{d}{d\xi}\right)^n e^{-\frac{\xi^2}{2}}$$

$$H_0 = 1; \quad H_1 = \xi; \quad H_2 = \xi^2 - 1; \quad H_3 = \xi^3 - 3\,\xi;$$
$$H_4 = \xi^4 - 6\,\xi^2 + 9; \ \ldots \qquad \text{(E 3, 54)}$$

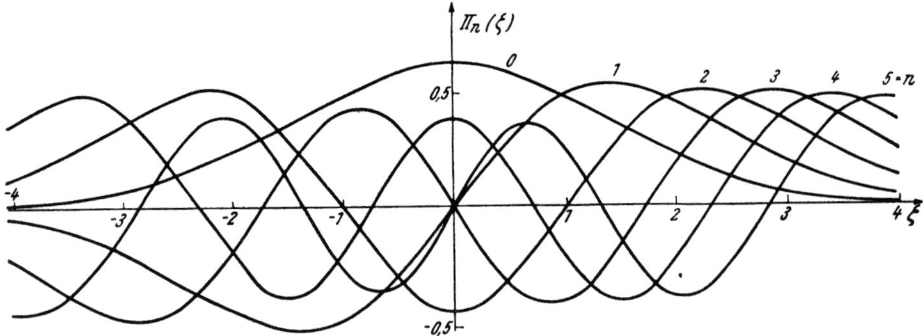

Abb. E 7. Die normierten Funktionen Π_n (ξ) des parabolischen Zylinders.

definiert sind: gemäß (E 3, 51) folgt somit die Mindestenergie [n = 0] des Elektrons zu

$$E_{min} = E_{x,0} + E_{y,0} + E_{z,0} = \frac{h\,f_x}{2} + \frac{h\,f_y}{2} + \frac{h\,f_z}{2}, \qquad \text{(E 3, 55)}$$

während die zugehörige *de Broglie*-Welle gemäß (E 3, 46) durch

$$u = \frac{1}{(2\pi)^{3/4}}\, e^{-\frac{2\pi^2 m_0}{h}(f_x x^2 + f_y y^2 + f_z z^2)} \qquad \text{(E 3, 56)}$$

dargestellt wird. Hieraus folgt die kleinstmögliche Streuung der x-Koordinate zu

$$\overline{x^2} = \int_{-\infty}^{\infty}\int_{-\infty}^{\infty}\int_{-\infty}^{\infty} x^2\, u\, u^*\, dx\, dy\, dz = \frac{h}{8\pi^2 m_0 f_x} \qquad \text{(E 3, 57)}$$

nebst analog gebauten Ausdrücken für $\overline{y^2}$ und $\overline{z^2}$. Nach (E 3, 44) berechnet sich somit der Erwartungswert $\overline{V_x}$ der auf die x-Achse entfallenden potentiellen Energie zu

$$\overline{V_x} = 2\pi^2 m_0 f_x^2\, \overline{x^2} = \frac{1}{2} E_{x,0}, \qquad \text{(E 3, 58)}$$

so daß der nämliche Betrag den Erwartungswert der zugehörigen kinetischen Energie mißt

$$\frac{m_0}{2} \overline{v_x^2} = E_{x,0} - \overline{V_x} = \frac{1}{2} E_{x,0}. \qquad \text{(E 3, 59)}$$

Man entnimmt dieser Gleichung die Streuung der zur x-Achse parallelen Impulskomponente p_x

$$\overline{p_x^2} = \overline{(m_0 v_x)^2} = m_0 E_{x,0} = \frac{m_0 h f_x}{2} \qquad \text{(E 3, 60)}$$

und ähnliche Ausdrücke resultieren für $\overline{p_y^2}$ und $\overline{p_z^2}$: Der klassische Begriff der *Ruhe* ist der Wellenauffassung des Elektrons fremd; in ewiger Unrast schwingt es selbst im Zustande seiner niedersten Energie um den ihm zugewiesenen Platz. Man muß sich deshalb bei der Angabe der Elektronen-Koordinaten je mit einer Ungenauigkeit $\Delta x, \Delta y, \Delta z$ abfinden, die man etwa durch

$$\Delta x = \sqrt{2\overline{x^2}}; \quad \Delta y = \sqrt{2\overline{y^2}}; \quad \Delta z = \sqrt{2\overline{z^2}} \qquad \text{(E 3, 61)}$$

definieren mag; ebenso kann man die Impulskomponenten nur mit der Ungenauigkeit

$$\Delta p_x = \sqrt{2\overline{p_x^2}}; \quad \Delta p_y = \sqrt{2\overline{p_y^2}}; \quad \Delta p_z = \sqrt{2\overline{p_z^2}} \qquad \text{(E 3, 62)}$$

ermitteln. Vermöge des Minimalcharakters von $E_{x,0}$; $E_{y,0}$; $E_{z,0}$ schließt man also auf die *Heisenberg*schen *Ungenauigkeitsrelationen*

$$\Delta x \, \Delta p_x \geqq \frac{h}{2\pi}; \quad \Delta y \, \Delta p_y \geqq \frac{h}{2\pi}; \quad \Delta z \, \Delta p_z \geqq \frac{h}{2\pi}. \qquad \text{(E 3, 63)}$$

Wie aus ihrer Formulierung hervorgeht, ziehen sie eine *Revision* auch des *korpuskularen Elektronenbildes* nach sich; sie wird von der *Quantenmechanik* geleistet, welche ebenfalls von *Heisenberg* entwickelt wurde.

h) Die theoretische Auffassung des Elektrons als Welle wird durch das Phänomen der *Elektronendiffraktion* auf das Eindrucksvollste bestätigt: *Davisson* und *Germer* fanden erstmalig im Jahre 1927 bei der Untersuchung der Elektronenreflexion an der Oberfläche von Einkristallen Richtungseffekte, welche sich nur aus der Annahme von *Elektronen-Interferenzen* erklären lassen. Für die angewandte Elektronik sind die Diffraktionserscheinungen beim Durchgang der Kathodenstrahlen durch polykristalline Stoffe nach dem Verfahren von *G. P. Thomson* besonders wichtig geworden, welches der *Debye-Scherrer* Methode der *Kristallpulver-Analyse mit Röntgenstrahlen* nachgebildet ist: Gemäß Abb. E 8 durchtritt ein von A kommender, monochromatischer Elektronenstrahl bei B einen dünnen Metallfilm, dessen Mikro-Kristallgitter relativ zum einfallenden Strahl regellos orientiert sind. Ihre Netzebenen reflektieren die auf sie treffenden *de Broglie*-Wellen nach dem *Braggschen Gesetz*: Der Gangunterschied je zweier von benachbarten Netzebenen reflektierten Wellen muß einem ganzen Vielfachen der Wellenlänge λ gleichen. Sei also d der Abstand benachbarter Netzebenen, β der Reflexionswinkel und $k \geqq 1$ eine ganze Zahl [„Ordnungszahl"], so resultiert gemäß Abb. E 9 nur in denjenigen Richtungen $\beta = \beta_k$ gegen die Einfallsachse eine merkliche Intensität der abgebeugten *de Broglie*-Wellen, für welche die Gleichung

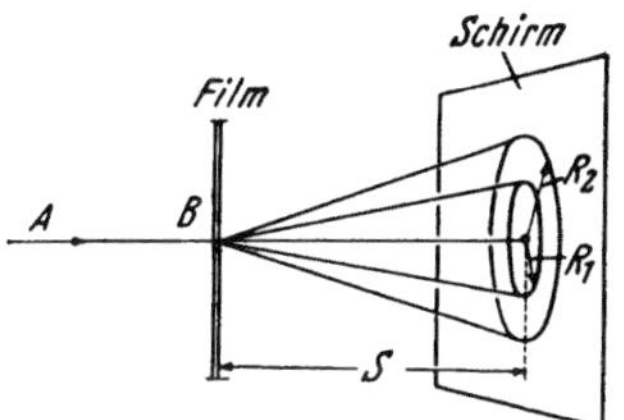

Abb. E 8. Schema der Elektronendiffraktion nach *G. P. Thomson.*

$$2\,d \sin\frac{\beta_k}{2} = k\,\lambda \qquad \text{(E 3, 64)}$$

erfüllt ist. Ordnet man nun im Abstand S vom durchstrahlten Film einen senkrecht zur Einfallsrichtung des Kathodenstrahles justierten photographischen Schirm an, so erscheinen auf ihm nach der Entwicklung konzentrische Schwärzungskreise je vom Halbmesser

$$R_k = S \operatorname{tg} \beta_k. \qquad \text{(E 3, 65)}$$

Bei Beschränkung auf hinreichend kleine Reflexionswinkel reduziert sich diese Relation auf die Gleichung

$$R_k \approx S \sin \beta_k \approx S \frac{k \lambda}{d}, \qquad \text{(E 3, 66)}$$

welche in einem weiten Bereich *de Broglie*scher Elektronenwellenlängen oder, in korpuskularer Terminologie, in einem großen Intervall veränderlicher Einfallsgeschwindigkeit der Elektronenstrahlen die Versuchsergebnisse in hoher Genauigkeit wiedergibt.

i) Ungeachtet der „Umwertung aller Werte" unserer physikalischen und erkenntnistheoretischen Grundbegriffe durch die Quantentheorie weichen doch deren Aussagen über die Dynamik des Elektrons von jenen der klassischen Punktmechanik nur im Bereiche solcher Mikrofelder deutlich ab, welche sich innerhalb der Größenordnung eines Atomes merklich ändern; ein schlagendes Beispiel hierfür bildet die vordem geschilderte Elektronendiffraktion, deren Herd im Kristallgitter konzentriert ist, während sich außerhalb dessen die Elektronen wie Korpuskeln verhalten.

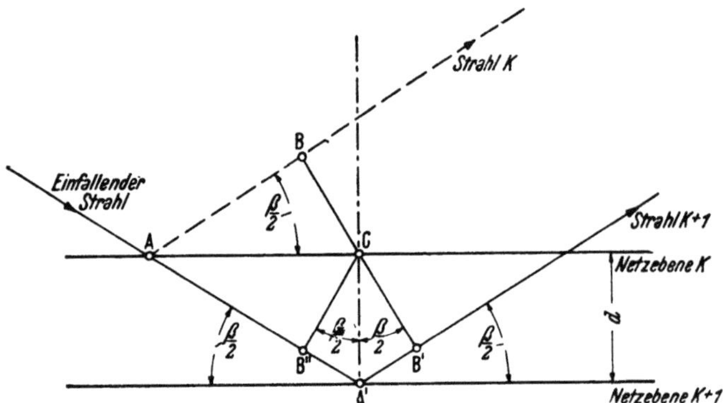

Abb. E 9. Zum *Bragg*schen Gesetz der Wellenreflexion an den Netzebenen eines Kristalles.

Da nun Mikrofelder der genannten Art definitionsgemäß vom Existenzgebiet des freien Elektrons ausgeschlossen sind — denn andernfalls ist eben das Elektron nicht „frei" —, so wird dessen Bewegung in der Regel hinreichend genau durch die klassische Punktmechanik beschrieben. Diesen Standpunkt werden wir vornehmlich in jenen Teilen der Elektronik vertreten, welche sich mit den *Bahneigenschaften* der Elektronen befassen; in ihnen sinkt die Beziehung zur Wellenmechanik wesentlich zu einer Terminologie herab. Dagegen lassen sich die Probleme der *Grenzflächenprozesse* im allgemeinen erst durch den vollen Einsatz quantentheoretischer Begriffe und Methoden bewältigen.

Erstes Kapitel.

Langsame Bewegung des Elektrons im elektrischen Felde.

I 1. Arbeit und Elektronenenergie im elektrischen Felde.

a) Gegeben sei ein System gegeneinander isolierter Elektroden, welche in den leeren Raum eingelagert seien; ihre Form und ihre gegenseitige Lage wird als unveränderlich vorausgesetzt.

Nach Wahl eines Fixpunktes wird jeder Elektrode eine sie kennzeichnende, zeitlich konstante Spannung gegen jenen Fixpunkt aufgedrückt. Im Interelektrodenbereich tritt dann ein elektrostatisches Feld auf, welches als *Primärfeld* [Index p] bezeichnet sei; in ihm orientieren wir uns mittels des Systemes der rechtsläufigen *Kartesi*schen Koordinaten x, y, z, welches relativ zu den Elektroden ruht.

Wir definieren den Existenzbereich des genannten Primärfeldes als das Innere einer geschlossenen Hüllfläche von so hoher elektrischer Leitfähigkeit, daß elektrodynamische Felder äußerer Herkunft diesen Panzer nicht in merklicher Stärke durchdringen können; etwa gleichzeitig wirksame magnetostatische Felder seien mittels passend angeordneter permanenter Magnete zur Gänze kompensiert. Von der Gravitation werde ebenso wie von Kräften anderer Natur abgesehen.

b) Durch einen hier nicht näher beschriebenen Prozeß werde von außen her ein Elektron in das Innere der Hülle eingebracht und dann dem Spiel der elektrischen Feldkräfte überlassen. Den Augenblick der Freigabe wählen wir zum Ursprung der laufenden Zeit t. Gefragt wird nach dem weiteren Schicksal des als materieller Punkt aufgefaßten Elektrons, also nach den Koordinaten x, y, z seines Schwerpunktes je als Funktion der Zeiten $t \geqq 0$.

Wir folgen den Vorstellungen der Klassischen Mechanik. Dann definiert der Mechanismus der Freigabe neben den Startkoordinaten des Elektrons

$$x = x_0; \qquad y = y_0; \qquad z = z_0 \qquad \text{für} \qquad t = 0 \qquad \text{(I 1, 1)}$$

in völliger Genauigkeit die drei achsenparallelen Komponenten v_x, v_y, v_z seiner vektoriellen Geschwindigkeit v

$$v_x = v_{x0}; \qquad v_y = v_{y0}; \qquad v_z = v_{z0} \qquad \text{für} \qquad t = 0. \qquad \text{(I 1, 2)}$$

Der Betrag v der Geschwindigkeit werde als so klein im Verhältnis zur Ausbreitungsgeschwindigkeit c des Lichtes im leeren Raume vorausgesetzt, daß die träge Masse m des Elektrons gemäß Gl. (E 2, 14) merklich seiner Ruhmasse m_0 gleicht. Sei dann K der Vektor der am Elektron angreifenden Kraft mit den achsenparallelen Komponenten K_x, K_y, K_z, so führt das Grundgesetz der Dynamik in seiner *Newton*schen Form auf die Bewegungsgleichungen

$$m_0 \frac{d^2x}{dt^2} = K_x, \qquad \text{(I 1, 3)}$$

$$m_0 \frac{d^2y}{dt^2} = K_y, \qquad \text{(I 1, 4)}$$

$$m_0 \frac{d^2z}{dt^2} = K_z. \qquad \text{(I 1, 5)}$$

c) Welches ist die Größe der Kraftkomponenten?

Wir denken uns vorübergehend das kontrollierte Elektron zur Zeit t in $P = (x, y, z)$ durch dort plötzlich einsetzende Zwangskräfte nicht elektrischer Natur festgehalten. Durch diesen methodischen Kunstgriff wird das zufolge der Elektronenbewegung in Wahrheit elektrodynamische Feld auf ein statisches Ersatzfeld abgebildet, welches als solches durch ein zeitfreies elektrisches Skalarpotential φ beschrieben werden kann; wir zerlegen es in zwei Anteile:

1. Das *Primärpotential* φ_P. Es schildert das Feld, welches sich vor dem Einbringen des Elektrons in das Innere der abschließenden Hüllfläche zwischen den Elektroden entwickelt.

2. Das *Sekundärfeld* φ_s wird als dasjenige Zusatzfeld definiert, welches der Wirkung des eingebrachten Elektrons zuzuschreiben ist, falls jedes der Elektrodenpotentiale auf seinem primär diktierten Werte festgehalten wird.

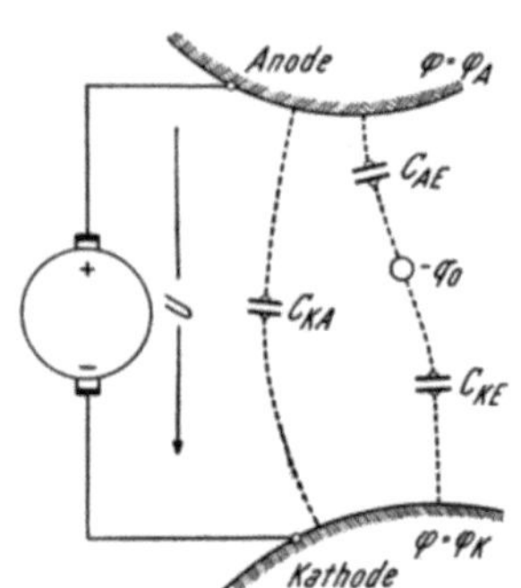

Abb. I 10. Kapazitätsschema zur Ermittelung der am Elektron angreifenden Kräfte.

Es genügt für unsere Zwecke, diese Analyse an einem Zweielektroden-Systeme nach Abb. I 10 durchzuführen. Zwischen seinen Elektroden werde durch einen hierzu geeigneten Generator die zeitfreie Spannung U aufrecht erhalten. Die negative Elektrode wird als Kathode bezeichnet; ihr Potential φ_K wird als Basis gewählt:

$$\varphi_K = 0. \qquad \text{(I 1, 6)}$$

Die positive Elektrode heißt Anode; zufolge (I 1, 6) wird ihr Potential φ_A mit U identisch

$$\varphi_A = U. \qquad \text{(I 1, 7)}$$

Bei sonst beliebiger Gestalt der Elektroden möge ihr kleinster Abstand noch immer als sehr groß gegen den Modellhalbmesser a_0 des Elektrons nach Ziffer E 2 gelten.

Seiner Definition nach genügt das Primärpotential innerhalb seines Existenzbereiches ausnahmslos der *Laplace*schen Gleichung unter den Randbedingungen (I 1, 6) und (I 1, 7), welche durch eine Angabe über das Potential der Hüllfläche zu ergänzen sind. Wir denken uns die hierdurch bestimmte Aufgabe der Potentialtheorie gelöst, sehen also

$$\varphi_P = \varphi_P(x, y, z) \qquad \text{(I 1, 8)}$$

als bekannte Ortsfunktion an.

Das Sekundärpotential φ_s gehorcht der *Laplace*schen Gleichung im gesamten von der Hülle umschlossenen Interelektrodengebiet mit Ausnahme des vom erregenden Elektron selbst eingenommenen Mikrobereiches, welcher eine Quelle von der Ergiebigkeit der Elektronenladung bildet; wir denken sie uns vorübergehend in einen Quellpunkt zusammengezogen, welcher mit dem Schwerpunkt des Elektrons koinzidiert. Dann verschwindet das Sekundärpotential sowohl auf den beiden Elektroden wie auf der Hüllfläche; dagegen wächst sein absoluter Betrag bei der Annäherung bis zum Abstand r vom Quellpunkt mit $r \to 0$ wie

$$\varphi_s = -\frac{q_0}{4\pi\Delta r} + \varphi_s'(x, y, z) \tag{I 1, 9}$$

über alle Grenzen an, während φ_s' auch im Quellpunkte selbst endlich und stetig bleibt. Kehren wir daher zum kugelförmigen Elektronenmodell des endlichen, wenn auch überaus kleinen Halbmessers a_0 zurück, so darf das Potential der leitend gedachten Kugeloberfläche hinreichend genau durch

$$\varphi_E = \varphi_P(x, y, z) + \varphi_s'(x, y, z) - \frac{q_0}{4\pi\Delta a_0} \tag{I 1, 10}$$

beschrieben werden.

Bei hinreichend weit von den Elektroden entfernter Hülle berechnet sich die elektrostatische Feldenergie W des Systemes aus dem Anodenpotential φ_A und der Anodenladung Q_A einerseits, dem Potential φ_E der Oberfläche des Elektrons und dessen Ladung $(-q_0)$ andererseits nach der Vorschrift

$$W = \frac{1}{2}\left[\varphi_A Q_A - \varphi_E q_0\right]. \tag{I 1, 11}$$

Im Einklang mit der Struktur des Potentiales zerlegen wir die Anodenladung in ihren Primäranteil $Q_{A,p}$ und ihren Sekundäranteil $Q_{A,s}$; daher resultiert aus (I 1, 11) im Verein mit (I 1, 7) und (I 1, 10)

$$W = \frac{1}{2}\left[U(Q_{Ap} + Q_{As}) - \left\{\varphi_P(x, y, z) + \varphi_s'(x, y, z) - \frac{q_0}{4\pi\Delta a_0}\right\} q_0\right]. \tag{I 1, 12}$$

Nunmehr werde das in (x, y, z) befindliche Elektron um den infinitesimal kleinen, virtuellen Vektor δs der achsenparallelen Komponenten δx, δy, δz im Felde verschoben. Zufolge des vorausgesetzten Gleichgewichtszustandes ist zu verlangen, daß die bei der Verrückung des Elektrons von den Zwangskräften nicht elektrischer Natur geleistete virtuelle Arbeit δA die Arbeit $(K\,\delta s)$ der Feldkräfte genau aufhebt

$$\delta A + (K\,\delta s) = 0. \tag{I 1, 13}$$

Während dieses Prozesses soll nun die Anodenspannung U so geregelt werden, daß ungeachtet der Lagenänderung des Elektrons die Ladung der Anode konstant bleibt

$$\delta(Q_{Ap} + Q_{As}) = 0. \tag{I 1, 14}$$

Bei Innehaltung dieser Vorschrift sind wir sicher, daß dem Generator während der Verrückung des Elektrons kein Strom entnommen wird. Daher bleibt der Generator bei den mit dem Prozeß verknüpften Energiewandlungen unbeteiligt, so daß das Energieprinzip die Bilanz

$$\delta A = \delta W \tag{I 1, 15}$$

liefert; auf Grund von (I 1, 13) sind somit die achsenparallelen Komponenten der gesuchten Feldkraft aus

$$K_x = -\frac{\partial W}{\partial x}; \quad K_y = -\frac{\partial W}{\partial y}; \quad K_z = -\frac{\partial W}{\partial z} \tag{I 1, 16}$$

zu berechnen. Mit Rücksicht auf (I 1, 14) folgt hierbei für δ W aus (I 1, 12)

$$\delta W = \frac{1}{2}\left[\delta U (Q_{Ap} + Q_{As}) - (\delta \varphi_{\varrho} + \delta \varphi_s{}') q_0\right]. \qquad (I\ 1,\ 17)$$

Dieser Ausdruck läßt sich an Hand eines Kapazitätsschemas erheblich vereinfachen. Im Anschluß an Abb. I 10 bezeichnen wir durch C_{KE} die Teilkapazität zwischen der Kathode und dem Elektron, durch C_{AE} die Teilkapazität zwischen der Anode und dem Elektron und durch C_{KA} die Teilkapazität zwischen Kathode und Anode. Die genannten Teilkapazitäten hängen einzeln je von der Lage des Elektrons ab; dagegen definiert, da der Halbmesser des Elektronenmodelles nach Voraussetzung selbst gegen den kleinsten Elektrodenabstand vernachlässigt werden darf, die resultierende Kapazität

$$C = \frac{C_{KE} \cdot C_{AE}}{C_{KE} + C_{AE}} + C_{KA}, \qquad (I\ 1,\ 18)$$

die vom Orte des Elektrons unabhängige Gesamtkapazität des „leeren“ Elektrodensystemes allein. Man findet somit

$$Q_{Ap} = U C; \qquad Q_{As} = q_0 \frac{C_{AE}}{C_{KE} + C_{AE}}, \qquad (I\ 1,\ 19)$$

also bei der virtuellen Verrückung

$$\delta Q_{Ap} = \delta U \cdot C; \qquad \delta Q_{As} = q_0\, \delta \left(\frac{C_{AE}}{C_{KE} + C_{AE}}\right), \qquad (I\ 1,\ 20)$$

so daß wegen (I 1, 14)

$$\delta U = -\frac{q_0}{C}\, \delta \left(\frac{C_{AE}}{C_{KE} + C_{AE}}\right) \qquad (I\ 1,\ 21)$$

resultiert. Weiter folgt aus

$$\varphi_p = U \cdot \frac{C_{AE}}{C_{KE} + C_{AE}} \qquad (I\ 1,\ 22)$$

bei der virtuellen Verrückung des Elektrons

$$\delta \varphi_p = \delta U \frac{C_{AE}}{C_{KE} + C_{AE}} + U\, \delta \left(\frac{C_{AE}}{C_{KE} + C_{AE}}\right) =$$

$$= -\frac{q_0}{C} \frac{C_{AE}}{C_{KE} + C_{AE}}\, \delta \left(\frac{C_{AE}}{C_{KE} + C_{AE}}\right) + U\, \delta \left(\frac{C_{AE}}{C_{KE} + C_{AE}}\right). \qquad (I\ 1,\ 23)$$

Durch Substitution von (I 1, 19), (I 1, 21) und (I 1, 23) in (I 1, 17) finden wir

$$\delta W = -q_0 \left[U \cdot \delta \left(\frac{C_{AE}}{C_{KE} + C_{AE}}\right) + \frac{1}{2}\, \delta \varphi_s{}'\right]. \qquad (I\ 1,\ 24)$$

Mit Rücksicht auf (I 1, 22) ist nun die elektrische Feldstärke E_p des Primärfeldes durch

$$-(E_p \delta s) = U\, \delta \left(\frac{C_{AE}}{C_{KE} + C_{AE}}\right) \qquad (I\ 1,\ 25)$$

definiert. Daher führen die Gln. (I 1, 16) zu der vektoriellen Aussage

$$K = -q_0 \left(E_p - \frac{1}{2} \operatorname{grad} \varphi_s{}'\right), \qquad (I\ 1,\ 26)$$

welche die Feldkraft als Resultante zweier Komponenten darstellt: Der Anteil

$$K_p = -q_0 E_p \qquad (I\ 1,\ 27)$$

schildert die *primäre Feldkraft*, der Anteil

$$K_s = -q_0\left(-\frac{1}{2}\operatorname{grad}\varphi_s'\right) \qquad \text{(I 1, 28)}$$

die *sekundäre Feldkraft*. Nach Gl. (I 1, 9) konvergiert nun die Sekundärfeldstärke gegen Null, falls man den Abstand der Elektroden vom Schwerpunkt P = (x, y, z) des Elektrons über jedes Maß vergrößert. Läßt man gleichzeitig die Elektrodenspannung U so wachsen, daß die Primärfeldstärke E_p in P konstant bleibt, so reduziert sich also schließlich die dort wirksame Feldkraft K auf K_p.

e) In der Regel ist der absolute Betrag jeder der Elektrodenladungen sehr groß gegen den absoluten Betrag der Elektronenladung. Auf Grund dieses Sachverhaltes könnte man zu der Meinung gelangen, daß auch in einem realen System, dessen Elektroden sich in einem notwendigen stets endlichen Abstand vom Elektron befinden, die an diesem angreifende mechanische Kraft in hinreichender Genauigkeit der primären Feldkraft allein gleichgestellt werden darf. Um die Berechtigung dieses Schlusses zu prüfen, führen wir die im vorigen Abschnitt entwickelten potentialtheoretischen Überlegungen am Beispiel der Elektronen-Dynamik im planparallelen Plattenkondensator explizit durch.

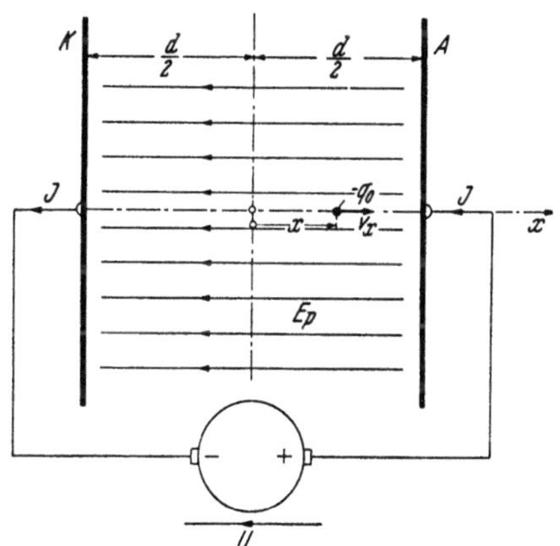

Abb. I 11. Elektron im planparallelen Plattenkondensator.

Abb. I 11 zeigt das Schema der Anordnung. Wir nennen den Plattenabstand d und beschreiben den Elektronenort durch die Abszisse x seines Schwerpunktes, welche längs einer senkrecht zu den Platten orientierten Achse von der den Platten planparallelen Symmetrie-Ebene aus in Richtung Kathode-Anode positiv gezählt wird. Daher weist die elektrische Primärfeldstärke E_p antiparallel der x-Achse, und das Verhältnis

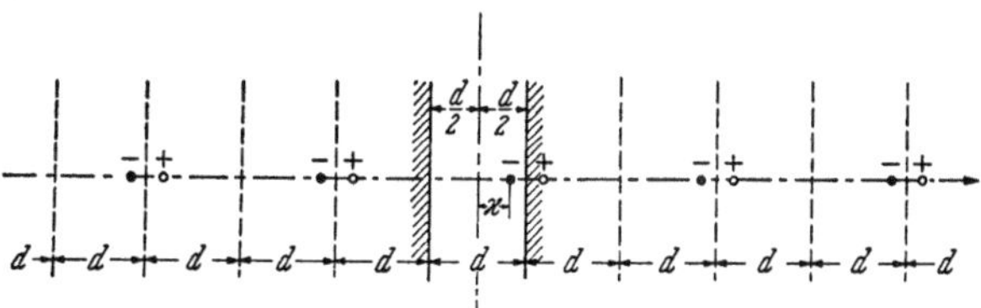

Abb. I 12. Spiegelung des Elektrons an den Plattenelektroden.

$$E_p = \frac{U}{d} \qquad \text{(I 1, 29)}$$

mißt ihren absoluten Betrag. Für die von der Kathode zur Anode gerichtete Komponente K_x der am Elektron angreifenden mechanischen Kraft resultiert somit aus (I 1, 26) der Ausdruck

$$K_x = q_0\left(\frac{U}{d} + \frac{1}{2}\frac{\partial\varphi_s'}{\partial x}\right). \qquad \text{(I 1, 30)}$$

Zur Berechnung des Potentiales φ_s' bedienen wir uns des *Thomson*schen Bilderverfahrens, welches auf die Elektroden $x = \mp 1/2\,d$ anzuwenden ist. Das Elektron werde, wie früher, durch eine in seinem Schwerpunkt konzentrierte Quelle der Ergiebigkeit ($-q_0$) dargestellt, deren Ort wir ohne Beschränkung der Allgemeinheit mit einem Punkt $(-1/2\,d) < x < 1/2\,d$ der Abszissenachse identifizieren dürfen. Die Rückwirkung der von dieser Quelle auf den Platten influenzierten Ladungen kann dann für den Kontrollbereich $(-1/2\,d) < x < 1/2\,d$ durch eine beiderseits in das Unendliche fortgesetzte Reihe gespiegelter Punktladungen $\pm q_0$ gleichwertig ersetzt werden. Gemäß Abb. I 12 liegen sie sämtlich auf der Abszissenachse, wobei die dem Elektron gleichpolaren Quellpunkte in

$$x_+ = x + 2\,k\,d; \qquad -\infty < k < \infty \tag{I 1, 31}$$

die antipolaren Quellpunkte hingegen in

$$x_- = -x + (2\,k - 1)\,d; \qquad -\infty < k < \infty \tag{I 1, 32}$$

anzuordnen sind; ihre Einzelpotentiale fassen wir zu zwei Gruppen zusammen:

1. Die Rückwirkung der Anode $[x = 1/2\,d]$ auf das Elektron gleicht dem resultierenden Potential aller im Halbraum $x > 1/2\,d$ befindlichen Punktladungen

$$\varphi_{s_+}' = -\frac{q_0}{4\pi\Delta}\left[\left\{\frac{1}{2\,d} - \frac{1}{d - 2\,x}\right\} + \left\{\frac{1}{4\,d} - \frac{1}{3\,d - 2\,x}\right\} + \left\{\frac{1}{6\,d} - \frac{1}{5\,d - 2\,x}\right\} + \dots\right] = -\frac{q_0}{4\pi\Delta d}\cdot\frac{1}{2}\left[\left\{\frac{1}{1} - \frac{1}{1 - \left(\frac{1}{2} + \frac{x}{d}\right)}\right\} + \left\{\frac{1}{2} - \frac{1}{2 - \left(\frac{1}{2} + \frac{x}{d}\right)}\right\} + \left\{\frac{1}{3} - \frac{1}{3 - \left(\frac{1}{2} + \frac{x}{d}\right)}\right\} + \dots\right] \tag{I 1, 33}$$

2. Die Rückwirkung der Kathode $[x = -1/2\,d]$ auf das Elektron gleicht dem resultierenden Potential aller im Halbraum $x < -1/2\,d$ befindlichen Punktladungen

$$\varphi_{s_-}' = -\frac{q_0}{4\pi\Delta}\left[\left\{\frac{1}{2\,d} - \frac{1}{d + 2\,x}\right\} + \left\{\frac{1}{4\,d} - \frac{1}{3\,d + 2\,x}\right\} + \left\{\frac{1}{6\,d} - \frac{1}{5\,d + 2\,x}\right\} + \dots\right] = -\frac{q_0}{4\pi\Delta d}\cdot\frac{1}{2}\left[\left\{\frac{1}{1} - \frac{1}{1 - \left(\frac{1}{2} - \frac{x}{d}\right)}\right\} + \left\{\frac{1}{2} - \frac{1}{2 - \left(\frac{1}{2} - \frac{x}{d}\right)}\right\} + \left\{\frac{1}{3} - \frac{1}{3 - \left(\frac{1}{2} - \frac{x}{d}\right)}\right\} + \dots\right] \tag{I 1, 34}$$

Die in (I 1, 33), (I 1, 34) auftretenden Reihen sind bekannt und tabuliert[1]: Es ist

$$\Psi(z) = \frac{d}{dz}(\ln z!) = -C + \sum_{\nu=1}^{\infty}\left(\frac{1}{\nu} - \frac{1}{\nu + z}\right); \qquad C = 0{,}5772 \tag{I 1, 35}$$

und wir merken uns die Formel

$$\Psi(z - 1) = \Psi(z) - \frac{1}{z} \tag{I 1, 36}$$

an.

[1] *Jahnke-Emde*, Funktionentafeln, 2. Aufl. S. 92. Leipzig, Teubner 1933.

Mit Benützung der Funktion Ψ folgt aus (I 1, 33) und (I 1, 34)

$$\varphi_s' = \varphi_{s+}' + \varphi_{s-}' = -\frac{q_0}{4\pi\Delta d}\frac{1}{2}\left[2\,C + \Psi\left(-\left\{\frac{1}{2}+\frac{x}{d}\right\}\right) + \Psi\left(-\left\{\frac{1}{2}-\frac{d}{x}\right\}\right)\right]. \qquad \text{(I 1, 37)}$$

Zur numerischen Berechnung dieses Ausdruckes genügt mit Rücksicht auf (I 1, 36) die Kenntnis der Funktion $\Psi\,(1/2 + x/d)$ im Bereiche $(-1/2) < x/d < 1/2$ nach Abb. I 13; das hiermit gebildete Potential φ_s' wird in seiner Abhängigkeit vom Elektronenorte durch Abb. I 14 veranschaulicht.

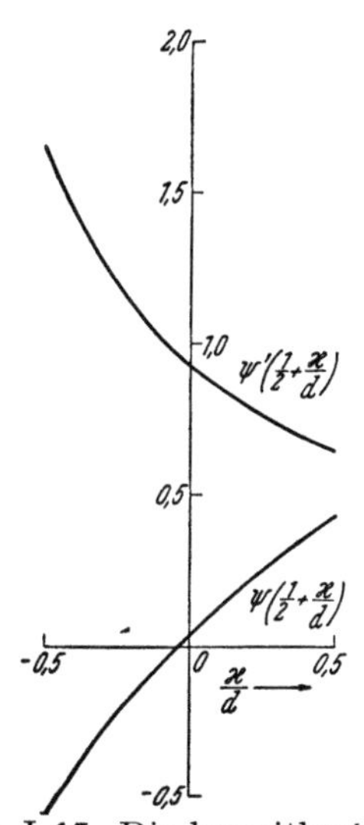

Abb. I 13. Die logarithmische Ableitung der Γ-Funktion.

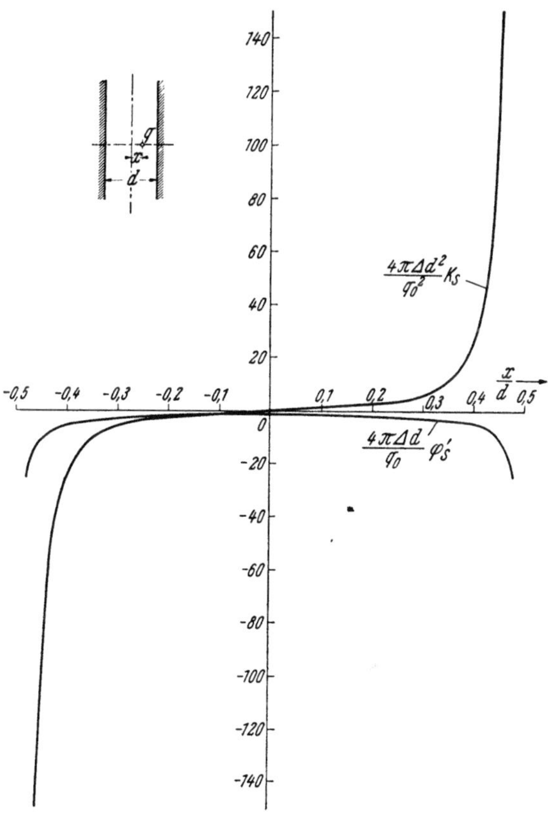

Abb. I 14. Eigenpotential und Sekundär-Feldkraft des Elektrons im Plattenkondensator.

Nach Gl. (I 1, 30) wirkt in Richtung der positiven x-Achse die sekundäre Feldkraft

$$K_s = q_0\frac{1}{2}\frac{d\varphi_s'}{dx} = -\frac{q_0^2}{4\pi\Delta d^2}\cdot\frac{1}{4}\left[-\Psi'\left(-\left\{\frac{1}{2}+\frac{x}{d}\right\}\right) + \Psi'\left(-\left\{\frac{1}{2}-\frac{x}{d}\right\}\right)\right], \qquad \text{(I 1, 38)}$$

wobei $\Psi' = d\Psi/dz$ gesetzt ist. Mittels der aus (I 1, 36) fließenden Relation

$$\Psi'(z-1) = \Psi'(z) + \frac{1}{z^2} \qquad \text{(I 1, 39)}$$

kann man die in K_s eingehenden Funktionen auf die Größe von $\Psi'\,(1/2 + x/d)$ im Bereiche $(-1/2) < x/d < 1/2$ zurückführen [Abb. I 13]. Der hiernach berechnete räumliche Verlauf der sekundären Feldkraft offenbart gemäß Abb. I 14 in der Umgebung der Elektroden eine jeweils von diesen ausgehende Anziehung; dagegen verschwindet die sekundäre Feldkraft in der Mitte des Plattenkondensators.

Über diesen einleuchtenden Sachverhalt hinaus enthüllt indes das Ergebnis der Rechnung eine Schwierigkeit von grundsätzlicher Bedeutung: Bei der Annäherung des Elektrons an eine der beiden Elektroden $[|x/d| \to 1/2]$ wächst der absolute Betrag der sekundären Feldkraft über alles Maß an; es erscheint hiernach unmöglich, unter Aufwand einer endlichen primären Feldkraft eines der zunächst im Innern der Elektroden befindlichen Elektronen in den Interelektrodenraum zu überführen. Diese Folgerung steht nun in krassem Widerspruche zur Erfahrung: In jeder Hochvakuum-Elektronenröhre wird der Stromtransport von Elektronen besorgt, welche der Kathode entnommen werden.

Wie klärt sich das scheinbare Paradoxon?

Da die potentialtheoretische Rechnung als solche nicht angezweifelt werden kann, ist die physikalische Konzeption des parallelebenen Plattenkondensators der Kritik zu unterwerfen: Die Darstellung der Elektrodenoberflächen durch leitende Ebenen, welche dem vordem benutzten *Thomson*schen Bilderverfahren zugrunde liegt, ist nur solange statthaft, als man sich in hinreichend großem Abstande von diesen Oberflächen hält; begibt man sich jedoch in die Nachbarschaft der Elektroden, so muß man deren Raumgitter-Struktur in Rechnung stellen. Auf Grund dieser Einsicht kann man das Existenzgebiet der interelektrodischen Elektronenbewegung schematisch in folgende Bereiche unterschiedlicher Kraftwirkung aufspalten:

1. Jede Elektrodenoberfläche ist von dem „*Atomkraftbereich*" umgeben; er spielt die Rolle einer Grenzschicht, deren Dicke größenordnungsmäßig dem Abstand benachbarter Atome im Raumgitter des jeweiligen Elektrodenmateriales gleichzustellen ist. Der Atomkraftbereich ist dem *Thomson*schen Verfahren der makroskopischen Elektrostatik verschlossen: Im Gegensatz zu deren Aussagen bleibt die sekundäre Feldkraft auch im Atomkraftbereich stets endlich.

2. Zwischen den grenzschichtartigen Atomkraftbereichen der einzelnen Elektroden breitet sich der „*Feldkraftbereich*" aus, innerhalb dessen die mechanische Kraft auf das Elektron hinreichend genau durch Gl. (I 1, 26) geschildert wird; insbesondere ist also nur hier die oben angezeigte Vernachlässigung der sekundären Feldkraft zulässig.

f) Wir sehen die für den *Gleichgewichtsfall* des Elektrons berechnete Feldkraft auch für dessen *Bewegung* als maßgeblich an. Allerdings bleibt bei dieser Extrapolation jenes elektrodynamische Feld außer Betracht, welches als *Strahlung* mit der Elektronenbewegung genetisch verknüpft ist; durch diesen prinzipiell wesentlichen Verzicht schließen wir insbesondere die Dynamik des stark beschleunigten oder verzögerten Elektrons von der sachgemäßen Behandlung aus.

In der vorstehend definierten Approximation untersuchen wir die Energetik des Elektrons bei seinem Antrieb durch das zeitfreie Primärfeld der Elektrodenspannung U. Im Gegensatz zu der *virtuellen* Verrückung δs des Elektrons, welcher wir die Bedingung (I 1, 14) auferlegen durften, zieht seine infinitesimal kleine Translation ds während der infinitesimal kurzen Zeitspanne dt der *wirklichen* Bewegung im allgemeinen eine Änderung der Elektrodenladungen nach sich; dieser Influenzprozeß wird in den äußeren Verbindungen des Generators mit den Elektroden als Leitungsstrom der Stärke J manifest, welcher konventionell als positiv gerechnet wird, falls er in die Anode eintretend die Elektronenröhre durch die

Kathode wieder verläßt. Demzufolge leistet der Generator während der Epoche dt die elektrische Arbeit

$$dA = U\,J\,dt. \tag{I 1, 40}$$

Auf Grund des Energieprinzipes muß sie sich teils als mechanische Arbeit $(K\,ds)$ der Feldkraft, teils als Änderung dW der Feldenergie wieder finden:

$$U\,J\,dt = (K\,ds) + dW. \tag{I 1, 41}$$

Da gleichzeitig mit U auch Q_{Ap} konstant bleibt, folgt nun aus (I 1, 12) im Verein mit (I 1, 19) und (I 1, 22)

$$dW = \frac{1}{2}\left[U\,dQ_{As} - \{d\varphi_p + d\varphi_s'\}\,q_0\right] =$$

$$= \frac{1}{2}\left[U\,q_0\,d\left(\frac{C_{AE}}{C_{KE}+C_{AE}}\right) - \left\{U\,d\left(\frac{C_{AE}}{C_{KE}+C_{AE}}\right) + d\varphi_s'\right\}q_0\right] = -\frac{1}{2}\,q_0\,d\varphi_s' \tag{I 1, 42}$$

und aus (I 1, 26)

$$(K\,ds) = q_0\left(d\varphi_p + \frac{1}{2}\,d\varphi_s'\right). \tag{I 1, 43}$$

Mit Rücksicht auf (I 1, 42) und (I 1, 43) reduziert sich (I 1, 41) auf die Aussage

$$U\,J\,dt = q_0\,d\varphi_p = -\,q_0\,(E_p\,ds). \tag{I 1, 44}$$

Da nun der Differentialquotient

$$v = \frac{ds}{dt} \tag{I 1, 45}$$

die vektorielle Geschwindigkeit des Elektrons definiert, resultiert für den äußeren Leitungsstrom J die Relation

$$J = -\,q_0\,\frac{(E_p\,v)}{U}. \tag{I 1, 46}$$

Obwohl in ihr die sekundäre Feldkraft nicht explizit auftritt, beeinflußt diese doch die Größe des Stromes implizit durch dessen Abhängigkeit von der Geschwindigkeit v, welche ja ihrerseits von der *gesamten* Feldkraft [und nicht nur von deren Primäranteil] diktiert wird.

Wie nun im einzelnen auch die Struktur der elektrischen Primärfeldstärke E_p und der zeitliche Gang der Elektronengeschwindigkeit v beschaffen seien: In der Regel lehrt (I 1, 46) die Existenz eines endlichen Leitungsstromes J auch dann, wenn zwischen dem Elektron und den Elektroden kein Kontakt besteht. Die Übersetzung des in der Elektronenbewegung als Ladungstransport definierten „Korpuskularstromes" in den Leitungsstrom J wird durch den *Maxwell*schen Verschiebungsstrom des Interelektrodenraumes besorgt, welcher also den relativ zu den Elektroden zunächst unterschiedlich wirksamen und unstetigen Korpuskularstrom in einen einheitlichen und stetigen Strom verwandelt.

g) Wir schreiben Gl. (I 1, 26) in der Form

$$K = q_0\,\mathrm{grad}\left(\varphi_p + \frac{1}{2}\,\varphi_s'\right) \tag{I 1, 47}$$

und fassen sie mit (I 1, 3), (I 1, 4), (I 1, 5) zu der Vektorgleichung

$$m_0\,\frac{dv}{dt} = q_0\,\mathrm{grad}\left(\varphi_p + \frac{1}{2}\,\varphi_s'\right) \tag{I 1, 48}$$

zusammen. Durch ihre skalare Multiplikation mit ds entsteht die Relation

$$m_0\left(\frac{dv}{dt}\,ds\right) \equiv \frac{m_0}{2}\,d\,(v^2) = q_0\,d\left(\varphi_P + \frac{1}{2}\varphi_s{}'\right). \qquad (I\ 1,\ 49)$$

Wir integrieren sie zwischen dem Startpunkt $P_0 = (x_0, y_0, z_0)$ des Elektrons $[\varphi_P = \varphi_{P_0};\ \varphi_s{}' = \varphi_{s_0}{}']$ und dem Orte $P = (x, y, z)$ der Elektronenbahn und finden die *Energiebilanz*

$$\frac{1}{2}\,m_0\,v^2 - \frac{1}{2}\,m_0\,v_0{}^2 = q_0\left[(\varphi_P - \varphi_{P_0}) + \frac{1}{2}\,(\varphi_s{}' - \varphi_{s_0}{}')\right], \qquad (I\ 1,\ 50)$$

in welcher also die Form der Elektronenbahn nicht explizit auftritt.

Wir verzichten auf die Analyse der Elektronenbewegung im Atomkraftbereich. In der Regel darf dann das Potential $1/2\ \varphi_s{}'$ gegenüber φ_P vernachlässigt werden, so daß sich in der hierdurch angezeigten Genauigkeit Gl. (I 1, 48) mit Rücksicht auf (I 1, 45) zu

$$m_0\,\frac{d^2 s}{dt^2} = m_0\,\frac{dv}{dt} = q_0\,\mathrm{grad}\,\varphi_P = -\,q_0\,E_P \qquad (I\ 1,\ 51)$$

und ebenso Gl. (I 1, 50) zu

$$\frac{1}{2}\,m_0\,v^2 - \frac{1}{2}\,m_0\,v_0{}^2 = q_0\left\{(\varphi_P - \varphi_{P_0}) - \frac{1}{2}\,\varphi_{s_0}{}'\right\} \qquad (I\ 1,\ 52)$$

vereinfacht.

Von nun an werde P_0 mit einem Punkte der Kathodenoberfläche identifiziert. Bezeichnen wir dann die aus der Mikrostruktur des Atomkraft-Bereiches zu berechnende, endliche Größe

$$A_K = q_0\,\frac{1}{2}\,\varphi_{s_0}{}' \qquad (I\ 1,\ 53)$$

als die *Kathoden-Austrittsarbeit,* so liefert (I 1, 52) mit Rücksicht auf die Übereinkunft (I 1, 6) die Gleichung

$$\frac{m_0}{2}\,v^2 = \left(\frac{m_0}{2}\,v_0{}^2 - A_K\right) + q_0\,\varphi_P \qquad (I\ 1,\ 54)$$

Bei Ausschluß übermäßig großer Primärfeldstärken in der Größenordnung inneratomischer elektrischer Felder darf das Primärpotential des kathodenbenachbarten Atomkraftbereiches merklich jenem der Kathodenoberfläche gleichgestellt werden. Durch den Grenzübergang zu $\varphi_P \to \varphi_K = 0$ definieren wir nunmehr die *„freie" Elektronenpassage* durch den genannten Atomkraftbereich. Sie ist vermöge (I 1, 53) an die Bedingung

$$\frac{m_0}{2}\,v_0{}^2 \geqq A_K \qquad (I\ 1,\ 55)$$

gebunden, in welcher sich das Gleichheitszeichen auf den günstigsten Durchtritt des Elektrons bezieht; setzen wir daher

$$\frac{m_0}{2}\,v_0{}^2 - A_K = \frac{m_0}{2}\,v_{(0)}{}^2, \qquad (I\ 1,\ 56)$$

so mißt $v_{(0)}$ den Betrag der Elektronengeschwindigkeit bei dessen Eintritt in den Feldkraftbereich.

Um diese Überlegungen auch für die Energetik des Elektrons im Felde eines endlichen Primärpotentiales nutzbar zu machen, ersetzen wir schließlich die kathodenbenachbarte Atomkraft-Grenzschicht durch eine elektrische Doppelschicht gleicher Durchtrittsarbeit. Nach Substitution von (I 1, 56) in (I 1, 53) folgt dann die fundamentale Gleichung

$$\frac{m_0}{2} v^2 - \frac{m_0}{2} v_{(0)}{}^2 = q_0 \varphi_P, \qquad \text{(I 1, 57)}$$

welche sich im Falle des günstigsten Elektronendurchtrittes auf

$$\frac{m_0}{2} v^2 = q_0 \varphi_P \qquad \text{(I 1, 58)}$$

reduziert. Man gelangt formal zu den nämlichen Ergebnissen, indem man in (I 1, 49) das Potential φ_s' der Elektrodenrückwirkung auf das Elektron streicht und diesem gleichzeitig bei seinem Start an der Kathodenoberfläche die Anfangsgeschwindigkeit $v_{(0)}$ zuerkennt; doch geht man auf diesem Wege der Einsicht in den Emissionsmechanismus verlustig.

h) Da der Betrag q_0 der Elektronenladung eine universelle Konstante darstellt, darf man auf Grund der Gl. (I 1, 58) die vom anfangs ruhenden Elektron durchlaufene Potentialdifferenz φ_P als Maß seiner kinetischen Energie einführen. Sie wird als *Voltenergie* bezeichnet, und ihre Einheit heißt das *Elektron-Volt* [Symbol: 1 eV]; zwischen dem Elektron-Volt und dem *Joule* besteht somit die Zahlenrelation

$$1\,\text{eV} = 1.602 \cdot 10^{-19}\,\text{Joule}. \qquad \text{(I 1, 59)}$$

Aus (I 1, 58) schließen wir auf die Gleichung

$$v = \sqrt{2 \frac{q_0}{m_0}} \sqrt{\varphi_P}, \qquad \text{(I 1, 60)}$$

welcher wir folgende Sätze entnehmen:

1. Neben q_0 repräsentiert auch m_0 eine universelle Konstante; daher vermittelt (I 1, 60) eine ein für allemal gültige Beziehung zwischen der [im Verhältnis zur Lichtgeschwindigkeit langsamen] Geschwindigkeit v des Elektrons und der von ihm durchlaufenen Potentialdifferenz φ_P, welche in diesem Sinne geradezu als *Voltgeschwindigkeit* bezeichnet wird; zahlenmäßig ergibt sich mit Hilfe der früher mitgeteilten numerischen Werte von q_0 und m_0 die Relation

$$v = \sqrt{2 \frac{1{,}602 \cdot 10^{-19}}{9{,}106 \cdot 10^{-35}}} \sqrt{\varphi_{P\,(\text{Volt})}}\,\frac{\text{cm}}{\text{sec}} = 593{,}2 \sqrt{\varphi_{P\,(\text{Volt})}}\,\frac{\text{km}}{\text{sec}} \approx 600 \sqrt{\varphi_{P\,(\text{Volt})}}\,\frac{\text{km}}{\text{sec}}. \qquad \text{(I 1, 61)}$$

2. Nur für positive Werte von φ_P fällt die Geschwindigkeit v reell aus. Daher unterliegt die Kinematik des Elektrons folgender Alternative:

α) Es existieren im Interelektrodenraum Gebiete, in welchen das Primärpotential vom Startpunkt des Elektrons aus ansteigt; dorthin, und nur dorthin strebt das Elektron.

β) Das Primärpotential fällt im Interelektrodenraum vom Orte des Elektrons aus nach allen Seiten ab; das Elektron bleibt an seinem Platz gefesselt.

Falls zwischen diesen beiden Möglichkeiten ein periodischer Wechsel von so langsamem Rhythmus stattfindet, daß das Feld in jedem Augenblicke merklich die Eigenschaften eines statischen Feldes offenbart, alternieren im Entladungsgefäß Epochen des Elektronentransportes mit solchen der erzwungenen Ruhe: Das Gerät arbeitet als *Gleichrichter*.

Um diese Schlüsse auf den Fall einer endlichen Startgeschwindigkeit $v_{(0)}$ zu verallgemeinern, ordnen wir ihr gemäß (I 1, 58) mittels der Definition

$$\frac{1}{2} m_0 v_{(0)}^2 = q_0 U_{(0)} \tag{I 1, 62}$$

die ideelle „Startspannung" $U_{(0)}$ zu; damit nimmt (I 1, 57) die Gestalt

$$\frac{m_0}{2} v^2 = q_0 (\varphi_P + U_{(0)}) \tag{I 1, 63}$$

an; demnach wird die gewünschte Verallgemeinerung mittels Ersatz des Primärpotential φ_P durch das „modifizierte" Primärpotential

$$\varphi_P^* = \varphi_P + U_{(0)} \tag{I 1, 64}$$

formal geleistet.

i) Wir ergänzen die vorstehend entwickelten theoretischen Überlegungen durch einige Zahlenbeispiele.

1. In der Umgebung der Glühkathode einer Radioröhre verhalten sich die eben emittierten Elektronen nach Passage des benachbarten Atomkraftbereiches wie die Moleküle eines idealen Gases, welches mit der Kathode im thermodynamischen Gleichgewicht steht. Bei der Kathodentemperatur $T_K = 1600^0$ K ergibt sich somit unter Vermittlung der *Boltzmann*schen Konstanten [$k = 1{,}381 \cdot 10^{-23}$ Joule/^{0}K] die mittlere kinetische Voltenergie $U_{(0)}$ der Elektronen zu

$$U_{(0)} = \frac{3}{2} \frac{k\,T_K}{q_0} = \frac{3}{2} \cdot \frac{1{,}381 \cdot 10^{-23} \cdot 1600}{1{,}602 \cdot 10^{-19}} \text{ eV} = 0{,}206 \text{ eV},$$

so daß sie sich mit der mittleren Anfangsgeschwindigkeit

$$v_{(0)} = 600 \sqrt{0{,}206}\, \frac{\text{km}}{\text{sec}} \approx 275 \frac{\text{km}}{\text{sec}}$$

schwarmartig durcheinander bewegen.

2. Ein Hochvakuum-Gleichrichter werde mit der Anodenspannung $U_A = 100$ V betrieben, so daß die aus der Kathode emittierten Elektronen mit einer Zusatzenergie von 100 eV an die Anode gelangen; sie ist, wie aus dem voranstehenden Beispiel hervorgeht, so groß im Vergleich zur mittleren kinetischen Voltenergie der an der Kathode startenden Elektronen, daß die letztgenannte keinen merklichen Einfluß auf die Ankunftsgeschwindigkeit v_A der Elektronen an der Anode ausübt: Man erhält aus (I 1, 61) nach Ersatz von φ_P durch U_A

$$v_A = 600 \sqrt{100}\, \frac{\text{km}}{\text{sec}} = 6000 \frac{\text{km}}{\text{sec}}.$$

Ungeachtet ihres im Maßstabe der üblichen Kinematik materieller Körper hohen Betrages bleibt sie doch noch immer klein gegen die Lichtgeschwindigkeit

$$\beta_A = \frac{6000}{300\,000} = \frac{1}{50}.$$

Daher macht der gemäß (E 2, 16) zu berechnende Massenzuwachs Δ m im Verhältnis zur Ruhmasse m_0 des Elektrons nur

$$\frac{\Delta m}{m_0} = \frac{1}{\sqrt{1 - \left(\frac{1}{50}\right)^2}} - 1 = 0{,}2^0/_{00}$$

aus, darf also gewiß vernachlässigt werden.

3. Eine für sogenannte Grenzstrahlen bestimmte Röntgenröhre arbeite mit einer Anodenspannung von $U_A = 10$ kV. Aus den am vorigen Beispiel erläuterten Gründen lassen wir bei der Berechnung der Geschwindigkeit v_A, mit welcher die Elektronen die Anode erreichen, die anfängliche Elektronen-Voltenergie außer Betracht, so daß wir

$$v_A = 600 \sqrt{10\,000}\,\frac{\text{km}}{\text{sec}} = 60\,000\,\frac{\text{km}}{\text{sec}}$$

finden; bei der Ankunft der Elektronen an der Anode ist somit ihre Geschwindigkeit auf den Bruchteil

$$\beta_A = \frac{60\,000}{300\,000} = \frac{1}{5}$$

der Lichtgeschwindigkeit angewachsen. Ist unter solchen Umständen die *Newton*sche Mechanik als Grundlage der durchgeführten kinetischen Analyse noch sinnvoll?

Bei dem untersuchten Prozeß beträgt der relative Massenzuwachs

$$\frac{\Delta m}{m_0} = \frac{1}{\sqrt{1 - \left(\frac{1}{5}\right)^2}} - 1 = 2\%$$

und von derselben Größenordnung ist der Fehler der Klassischen Geschwindigkeitsberechnung im Vergleich zur strengen Aussage der Relativitätstheorie; sieht man ihn als äußerstes Maß einer eben noch annehmbaren Ungenauigkeit an, so mag man also in der Dynamik des freien Elektrons eine Voltenergie von etwa 10 keV als obere Grenze für die Zulässigkeit der *Newton*schen Mechanik gelten lassen.

4. Bei kritikloser Anwendung der Geschwindigkeitsformel (I 1, 61) auf beliebig hohe Voltenergien läuft man Gefahr, zu absurden Resultaten zu gelangen: In einem Strahlentransformator [Betatron] möge den Elektronen eine kinetische Energie von 36 MeV erteilt werden, welche nach der erwähnten Formel auf die Überlichtgeschwindigkeit

$$v = 600 \cdot 6 \cdot 10^3\,\frac{\text{km}}{\text{sec}} = 3\,600\,000\,\frac{\text{km}}{\text{sec}}$$

führen würde! Demnach erweist sich die relativistische Behandlung der korrespondierenden Elektronenbewegung als unumgänglich.

I 2. Bewegung langsamer Elektronen im elektrischen Homogenfelde.

a) Wir untersuchen die Folgerungen der klassischen Bewegungsgleichungen des materiellen Punktes für die Kinetik der Elektronen in einem homogenen elektrischen Felde. In ihm unterliegen die Elektronen denselben Bedingungen, welche den freien Fall eines schweren, materiellen Punktes in der Nähe der Erdoberfläche regeln: Wir haben es mit der Abbildung der *Galilei*schen Gesetze der elementaren Mechanik auf die Elektronenbewegung zu tun.

b) Zur Herstellung des elektrischen Feldes bedienen wir uns eines Plattenkondensators nach Abb. I 15. Seine Elektroden bestehen aus zwei planparallelen, hinreichend engmaschigen Drahtnetzen vom Abstand d ihrer mittleren Trägerebenen; die Elektronen können dann unter einem beliebigen Einfallswinkel α gegen die Plattennormale mit einer vorgegebenen Anfangsgeschwindigkeit vom Betrage v_0 in den Feldraum dieses Kondensators hineingeschossen werden.

c) Wir vernachlässigen die lokalen Feldstörungen sowohl an der Oberfläche der Netzdrähte wie an den Rändern der Kondensatorplatten. Da dann die Elektronenbewegung eine ebene ist, können wir sie in einfacher Weise mit Hilfe ebener Orthogonalkoordinaten x und y beschreiben. Wir legen den Ursprung dieses Bezugssystemes nach Abb. I 15 in den Einfallsort des Elektrons auf eine der Elektroden; die von dort in das Innere des Kondensators weisende Normale definiere die positive Richtung der x-Achse. Nachdem wir nun verabredungsgemäß den Anteil φ_s' des elektronenerregten Sekundärpotentiales im Feldkraftbereich systematisch außer acht lassen, unterdrücken wir weiterhin in dem dann allein verbleibenden Primärpotential φ_p samt seinen Ableitungen den Index p. Da in $\varphi_p \to \varphi$ eine additive Konstante willkürlich gewählt werden darf, setzen wir

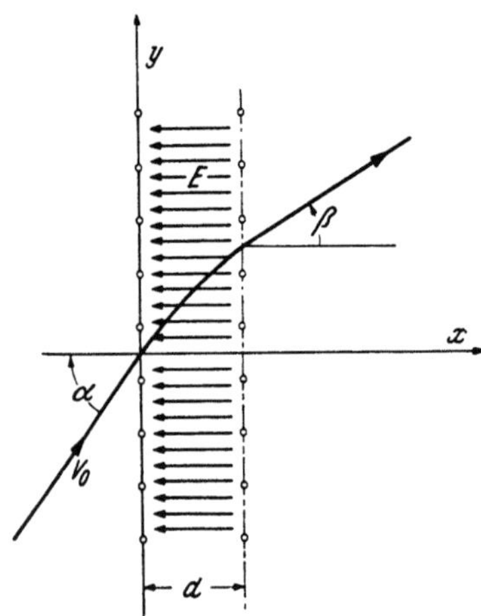

Abb. I 15. Durchgang eines Elektrons durch einen Plattenkondensator.

$$\left.\begin{aligned} \varphi &= 0 \quad \text{für} \quad x \leqq 0, \\ \varphi &= U \quad \text{für} \quad x \geqq d. \end{aligned}\right\} \qquad (I\ 2,\ 1)$$

Hiernach ist die elektrische Feldstärke E nur innerhalb des Bereiches $0 < x < d$ von Null verschieden und weist dort im Falle $U > 0$ antiparallel der x-Achse; Für die achsenparallelen Komponenten der Feldstärke gilt

$$\left.\begin{aligned} E_x &= -\frac{U}{d}, \\ E_y &= 0. \end{aligned}\right\} \qquad (I\ 2,\ 2)$$

d) Aus (I 1, 51) und (I 2, 2) resultieren die Bewegungsgleichungen

$$\left.\begin{aligned} m_0 \frac{d^2x}{dt^2} &= m_0 \frac{dv_x}{dt} = q_0 \frac{U}{d}, \\ m_0 \frac{d^2y}{dt^2} &= m_0 \frac{dv_y}{dt} = 0. \end{aligned}\right\} \qquad (I\ 2,\ 3)$$

Wir beginnen die Zeitzählung mit dem Eintritt des Elektrons in den Kondensator; zufolge der Wahl des Bezugssystemes lauten somit die Anfangsbedingungen

$$\left.\begin{aligned} x &= 0; \qquad & y &= 0 \\ v_x &= v_0 \cos\alpha; \qquad & v_y &= v_0 \sin\alpha \end{aligned}\right\} \quad \text{für} \quad t = 0. \qquad (I\ 2,\ 4)$$

Aus (I 2, 3) finden wir durch einmalige Integration mit Rücksicht auf (I 2, 4) die Geschwindigkeitskomponenten in ihrer Abhängigkeit von t:

$$\left.\begin{aligned} v_x &= v_0 \cos\alpha + \frac{q_0}{m_0}\frac{U}{d} t \\ v_y &= v_0 \sin\alpha. \end{aligned}\right\} \qquad (I\ 2,\ 5)$$

Mittels nochmaliger Integration folgen die Bahnkoordinaten je als Funktion der Zeit

$$\left.\begin{aligned} x &= v_0 \cos\alpha \cdot t + \frac{1}{2}\frac{q_0}{m_0}\frac{U}{d}\cdot t^2, \\ y &= v_0 \sin\alpha \cdot t. \end{aligned}\right\} \qquad \text{(I 2, 6)}$$

Wir eliminieren t und erhalten in

$$x = y \operatorname{cotg}\alpha + \frac{\frac{1}{2}\frac{q_0}{m_0}\frac{U}{d}}{v_0^2 \sin^2\alpha}\cdot y^2 \qquad \text{(I 2, 7)}$$

die Gleichung der *Bahnparabel.*

e) Wir beginnen die Diskussion der im vorigen Abschnitt entwickelten Gleichungen unter der Voraussetzung einer positiven Kondensatorspannung

$$U > 0. \qquad \text{(I 2, 8)}$$

Im Lichte des Ergebnisses (I 2, 7) garantiert sie die Passage des Elektrons durch den gesamten Kondensator, welches darin eine gewisse Zeit T verweilt. Zur Berechnung von T liefert die erste der Gln. (I 2, 6) die Bedingung

$$d = v_0 \cos\alpha \cdot T + \frac{1}{2}\frac{q_0}{m_0}\frac{U}{d}\cdot T^2. \qquad \text{(I 2, 9)}$$

Da notwendig $T > 0$ sein muß, entnimmt man hieraus

$$T = \frac{-v_0\cos\alpha + \sqrt{v_0^2\cos^2\alpha + 2\frac{q_0}{m_0}U}}{\frac{q_0}{m_0}\cdot\frac{U}{d}}. \qquad \text{(I 2, 10)}$$

Demnach vergrößert sich die Geschwindigkeitskomponente v_x von ihrem Anfangswerte $v_0 \cos\alpha$ bis zum Austritt des Elektrons aus dem Kondensator entsprechend Gl. (I 2, 5) auf

$$v_{x,T} = v_0\cos\alpha + \frac{q_0}{m_0}\frac{U}{d}T = \sqrt{v_0^2\cos^2\alpha + 2\frac{q_0}{m_0}U}, \qquad \text{(I 2, 11)}$$

während die Geschwindigkeitskomponente v_y ihren Wert $v_0 \sin\alpha$ beibehält: Das Elektron verläßt den Kondensator mit einer resultierenden Geschwindigkeit vom absoluten Betrage

$$v_T = \sqrt{v_{x,T}^2 + v_y^2} = \sqrt{v_0^2 + 2\frac{q_0}{m_0}U}. \qquad \text{(I 2, 12)}$$

Nach Einführung der *Einfalls-Voltenergie* $U_0 = 1/2\,(m_0/q_0)\,v_0^2$ schreiben wir Gl. (I 2, 12) in der Form

$$\frac{1}{2}m_0 v_T^2 = q_0(U_0 + U), \qquad \text{(I 2, 13)}$$

in welcher man den unserer Aufgabe angepaßten Sonderfall des in Gl. (I 1, 50) allgemein formulierten *Energiesatzes* erkennt: Nennen wir W_{pot} die potentielle Energie des Elektrons, W_{kin} seine kinetische Energie und kennzeichnen wir durch den Index 0 den Eintritt des Elektrons in den Kondensator sowie durch den Index T seinen Austritt, so lautet die *Energiekonstante* des Vorganges

$$W = W_{pot} + W_{kin} = W_{pot\,0} + W_{kin,0} = W_{pot,T} + W_{kin,T}. \qquad \text{(I 2, 14)}$$

Während der Passage des Elektrons durch den Kondensator ändert sich neben dem absoluten Betrage der Geschwindigkeit deren Winkel gegen die Plattennormale vom Anfangswerte α auf den Endwert β: Aus den kinematischen Relationen

$$\sin\alpha = \frac{v_y}{v_0} \tag{I 2, 15}$$

und

$$\sin\beta = \frac{v_y}{v_T} \tag{I 2, 16}$$

entnimmt man mit Rücksicht auf (I 2, 13) und (I 2, 14) die Gleichung

$$\frac{\sin\alpha}{\sin\beta} = \frac{v_T}{v_0} = \sqrt{\frac{W - W_{pot,T}}{W - W_{pot,0}}} = \sqrt{1 + \frac{U}{U_0}}. \tag{I 2, 17}$$

Sie gleicht formal dem *Snellius*schen Gesetze für die *Brechung eines Lichtstrahles* an der Grenze zweier optisch verschieden dichter Medien, falls man deren *Brechungsindex* n jeweils proportional zur Wurzel aus $(W - W_{pot})$ ansetzt. Um zu einem universellen Maß dieses „elektronenoptischen" Brechungsindex zu gelangen, wählen wir die Geschwindigkeit des Lichtes im leeren Raume als sozusagen natürliche Einheit, benützen die Ruhenergie

$$W_0 = m_0 c^2 \tag{I 2, 18}$$

des Elektrons als Basis seiner potentiellen Energie und definieren — bei hinreichend kleiner numerischer Geschwindigkeit $\beta = v/c$ des kontrollierten Ladungsträgers — das Quadrat des Brechungsindex durch

$$n^2 = \frac{v^2}{c^2} = \frac{1/2\, m_0 v^2}{1/2\, m_0 c^2} = 2\,\frac{W - W_{pot}}{W_0}. \tag{I 2, 19}$$

Allerdings weicht diese Definition von der entsprechenden Anweisung der Lichtoptik zunächst insofern wesentlich ab, als dort der Brechungsindex eines materiellen Stoffes gegen den leeren Raum gerade umgekehrt durch das Verhältnis der Lichtgeschwindigkeit im leeren Raume zu jener im materiellen Körper erklärt wird. Dieser Gegensatz verschwindet jedoch, falls man von der hier benützten *korpuskularen* Auffassung des Elektrons zu dessen Darstellung durch ein *de Broglie*sches *Wellenpaket* nach Ziffer E 3 übergeht: An Stelle der *Gruppengeschwindigkeit*

$$v_{gr} = v \tag{I 2, 20}$$

jenes Paketes, welche in Gl. (I 2, 19) zur Definition des Brechungsindex verwendet wurde, hat man gemäß (E 3, 23) die *Phasengeschwindigkeit*

$$v_{ph} = \frac{c^2}{v} \tag{I 2, 21}$$

der mit der Kreisfrequenz

$$\omega = 2\pi\frac{W}{h} \tag{I 2, 22}$$

schwingenden *de Broglie*-Welle einzuführen; denn damit entsteht aus (I 2, 19)

$$n = \frac{v}{c} = \frac{v_{gr}}{c} = \frac{c}{v_{ph}}, \tag{I 2, 23}$$

so daß nunmehr in der Tat der elektronenoptische Brechungsindex strukturell mit jenem der Lichtoptik übereinstimmt. Der in dieser Erkenntnis ausgedrückte Parallelismus zwischen Elektronenstrahlen und Lichtstrahlen führt in seiner Verallgemeinerung auf die Dynamik beliebiger materieller

Punkte zur *Schrödinger*schen Konzeption der „*Wellenmechanik*" als Analogon der *Wellenoptik*; dagegen leitet die Übersetzung der *Punktmechanik des Elektrons* in die Sprache der *geometrischen Optik* nach dem Vorgang von *Busch* zur Ideenwelt *elektronenoptischer Abbildungsgeräte*, deren Gesetzmäßigkeiten somit ein wesentliches Forschungsgebiet der inneren Elektronik ausmachen und uns daher später ausführlich beschäftigen werden.

f) Wir erweitern die Diskussion der Elektronenbahn im elektrischen Homogenfelde von dem bisher allein untersuchten Falle einer positiven Kondensatorspannung auf beliebige Betriebsbedingungen $U \gtrless 0$. In elektronenoptischer Terminologie definiert ein Kondensator der Erregerspannung $U > 0$ relativ zum einfallenden Elektron den Übergang von einem optisch dünneren in einen optisch dichteren Stoff: Aus (I 2, 17) folgt $\beta < \alpha$, der Elektronenstrahl wird zum Einfallslote hin gebrochen. Legt man jedoch zwischen die Plattenelektroden eine negative Spannung, so wirkt der Kondensator als Übergangsschicht zu einem optisch dünneren Medium; an Hand der Gl. (I 2, 17) sind nunmehr zwei Fälle zu unterscheiden:

1. Unter der Voraussetzung

$$\sin^2\alpha < 1 + \frac{U}{U_0} < 1; \qquad U < 0 \tag{I 2, 24}$$

ist allen Einfallswinkeln $0 < \alpha < \pi/2$ stets ein reeller Austrittswinkel β der Eigenschaft $\alpha < \beta < \pi/2$ zugeordnet; der Elektronenstrahl wird vom Einfallslote weg gebrochen.

2. Sei

$$1 + \frac{U}{U_0} < \sin^2\alpha < 1; \qquad U < 0, \tag{I 2, 25}$$

so liefert (I 2, 17) für den Winkel β keine reelle Lösung mehr. In der Tat, schreibt man (I 2, 25) in Gestalt der Ungleichung

$$2\frac{q_0}{m_0}U < -2\frac{q_0}{m_0}U_0\cos^2\alpha = -v_0^2\cos^2\alpha, \tag{I 2, 26}$$

so versagt auch Gl. (I 2, 10) für die Verweilzeit T des Elektrons im Kondensator. Um den kinematischen Sinn dieses Ergebnisses zu verstehen, berechnen wir die Kulminations-Abszisse x_{max} der Parabelbahn (I 2, 7), indem wir bilden

$$\frac{dx}{dy} = \operatorname{cotg}\alpha + \frac{\frac{q_0}{m_0}\frac{U}{d}}{v_0^2\sin^2\alpha}y = 0; \quad y = -\frac{v_0^2\sin\alpha\cos\alpha}{\frac{q_0}{m_0}\frac{U}{d}} \text{ für } x = x_{max}, \tag{I 2, 27}$$

also, da $U < 0$ vorausgesetzt wurde

$$x_{max} = -\frac{1}{2}\frac{v_0^2\cos^2\alpha}{\frac{q_0}{m_0}\frac{U}{d}} = -d\frac{U_0\cos^2\alpha}{U} > 0, \tag{I 2, 28}$$

so daß unter der Betriebsbedingung (I 2, 26)

$$0 < x_{max} < d \tag{I 2, 29}$$

resultiert: Durch das übermäßig starke Bremsfeld im Innern des Kondensators wird das einfallende Elektron so stark verzögert, daß es die der Eintrittsseite gegenüberliegende Elektrode nicht erreichen kann, sondern den Kondensator an der Eintrittsseite wieder verlassen muß. Im Hinblick auf Gl. (I 2, 6) hat man daher nunmehr die Verweilzeit T des Elektrons im Kondensator aus der Gleichung

$$0 = v_0 \cos\alpha \cdot T + \frac{1}{2}\frac{q_0}{m_0}\frac{U}{d} T^2 \qquad \text{(I 2, 30)}$$

zu berechnen, deren von Null verschiedene Lösung wegen $U < 0$

$$T = -\frac{v_0 \cos\alpha}{\frac{1}{2}\frac{q_0}{m_0}\frac{U}{d}} > 0 \qquad \text{(I 2, 31)}$$

lautet. Durch ihre Substitution in (I 2, 5) finden wir

$$\left.\begin{aligned} v_{x,T} &= -v_0 \cos\alpha, \\ v_{y,T} &= v_0 \sin\alpha \end{aligned}\right\} \qquad \text{(I 2, 32)}$$

also

$$\beta = \operatorname{arc\,tg} \frac{v_{y,T}}{v_{x,T}} = -\alpha. \qquad \text{(I 2, 33)}$$

In elektronenoptischer Terminologie besagen diese Ergebnisse: Unter der Bedingung (I 2, 25) findet *Totalreflexion* statt.

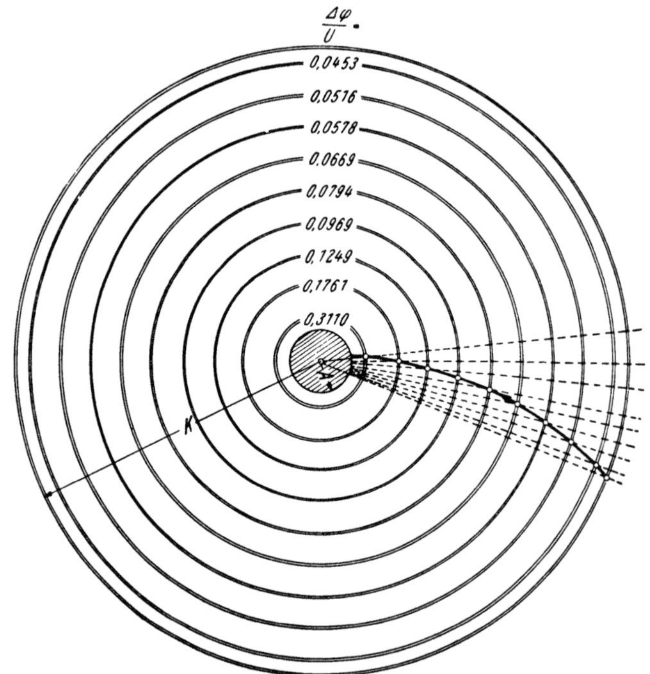

Abb. I 16. Konstruktion der Elektronenbahn im Kugelkondensator durch Aufspaltung des Feldes in ein System homogener Doppelschichten.

g) In den elektronenoptischen Formeln für die Winkeländerung der Elektronenbahn im elektrischen Homogenfeld des Plattenkondensators tritt nur die Spannung U zwischen dessen Elektroden auf, nicht aber der Elektrodenabstand d. Man darf daher, ungeachtet aller Fragen der elektrischen Festigkeit des Kondensatorsystemes, gedanklich bei festgehaltener Elektrodenspannung U den Grenzübergang $d \to 0$ ausführen, ohne daß sich bei diesem Prozeß das elektronenoptische Brechungsgesetz ändert. Durch das genannte Gedankenexperiment geht das Elektrodenpaar in eine homogene *elektrische Doppelschicht* über; gleichzeitig kontrahiert sich der auf das Interelektrodengebiet entfallende Teil der Elektronenbahn in einen Punkt, welcher nun im allgemeinen eine unstetige Richtungsänderung, einen „*Knick*" des Elektronenstrahles markiert — in vollständiger Analogie zu den Konstruktionsvorschriften der geometrischen Optik für die Brechung eines Lichtstrahles an der flächenhaften Grenze zwischen zwei optisch voneinander verschiedenen, in sich je homogenen Stoffen. Diese Erkenntnis führt auf eine Näherungsmethode zur Ermittlung der Elektronenbahn in einem elektrostatischen Felde von beliebig vorgegebener Struktur: Man zeichne sich gemäß Abb. I 16 das System der Äquipotentialflächen auf, deren je zwei benachbarte man paarweise zu einer Doppelschicht zusammenfasse. In dem aus dieser Operation hervorgehenden Ersatzsystem sind alle jene Zonen feldfrei, welche von je zwei benachbarten Doppelschichten begrenzt werden, so daß sich in jeder solchen Zone die Elektronenbahn auf ein Geradenstück reduziert. Indem wir daher die elektronenoptischen Brechungsgesetze auf die sukzessive einander folgenden Doppelschichten anwenden, resultiert für die Bahn des Elektrons ein von dessen Startort an sich entwickelndes Polygon. Es schmiegt sich der wahren Elektronenbahn umso besser an, je kleiner die trennenden Schritte von Doppelschicht zu Doppelschicht gewählt werden.

I 3. Elementare Theorie des Ablenkkondensators.

a) Gegeben ein homogener Kathodenstrahl in einem zunächst als feldfrei vorausgesetzten, evakuierten Entladungsgefäße; in ihm ist der Strahl auf Grund des Trägheitsgesetzes durch die vektorielle Geschwindigkeit v_0 seiner Elektronen kinetisch, auf Grund der Kontinuitätsgleichung durch seine Stromstärke J quantitativ definiert. Wir handeln im folgenden von seiner Ablenkung durch ein elektrisches Feld E, welches wesentlich senkrecht zur ursprünglichen Strahlrichtung, also zum Vektor v_0 orientiert ist. Zur Erzeugung dieses Feldes dient ein Kondensator, zwischen dessen Elektroden nach Abb. I 17 die Elektronen frei hindurchfliegen können; gefragt wird nach der von diesem System erzwungenen Deformation des Strahlenganges bei vorgegebener Kondensatorspannung U.

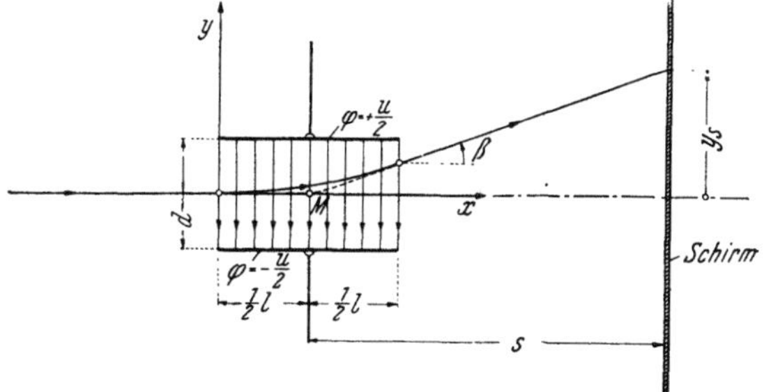

Abb. I 17. Orientierung im planparallelen Ablenk-Kondensator.

b) Wir spezialisieren auf einen parallelebenen Plattenkondensator, dessen Elektroden entsprechend Abb. I 17 symmetrisch zum unabgelenkten Strahle angeordnet sind. Mit d bezeichnen wir den Abstand der Elektroden, mit l ihre Länge parallel der ursprünglichen Strahlachse, während ihre Breite beiderseits des Strahles sehr groß im Vergleich zu d und l vorausgesetzt wird.

Wir orientieren uns im Entladungsraume mit Hilfe eines *Kartesi*schen Koordinatensystemes x, y, z; sein Ursprung koinzidiere mit dem Schnittpunkt des Kathodenstrahles mit der Eintrittsebene in den Kondensator, die positive x-Achse wird in die Fortschrittsrichtung des einfallenden Strahles gelegt, während die y-Achse normal zu den Elektroden weise.

c) Die Ablenkspannung U des Kondensators werde zunächst als stationär vorausgesetzt.

Wir erteilen den in $y \gtrless 0$ gelegenen Platten je die Potentiale $\varphi = \pm 1/2\,U$ gegen die Ebene $y = 0$. Lassen wir die Randeffekte außer Betracht, so beschränkt sich das elektrische Feld auf das Gebiet $0 < x < l$ des Interelektrodenraumes und ist dort senkrecht zu den Elektroden gerichtet; wir zählen es positiv im Sinne der negativen y-Achse und erhalten

$$E = E_y = \frac{U}{d}. \tag{I 3, 1}$$

Der Ursprung der Zeit t möge mit dem Eintritt des Kontrollelektrons in das Feldgebiet des Ablenkkondensators zusammenfallen. Dann lauten die *Newton*schen Bewegungsgleichungen dieses Elektrons

$$\left.\begin{aligned} m_0 \frac{d^2x}{dt^2} &= 0, \\ m_0 \frac{d^2y}{dt^2} &= q_0 \frac{U}{d}, \\ m_0 \frac{d^2z}{dt^2} &= 0 \end{aligned}\right\} \tag{I 3, 2}$$

mit den Anfangsbedingungen

$$\left.\begin{aligned} x &= 0; & \frac{dx}{dt} &= v_0 \\ y &= 0; & \frac{dy}{dt} &= 0 \\ z &= 0; & \frac{dz}{dt} &= 0 \end{aligned}\right\} \text{ für } t = 0. \tag{I 3, 3}$$

d) Aus (I 3, 2) und (I 3, 3) folgt, daß das Elektron dauernd in der Ebene

$$z = 0 \tag{I 3, 4}$$

verharrt. Aus den verbleibenden Gleichungen schließen wir

$$x = v_0\, t \tag{I 3, 5}$$

und

$$y = \frac{1}{2} \frac{q_0}{m_0} \frac{U}{d} t^2. \tag{I 3, 6}$$

Wir führen die Voltgeschwindigkeit U_0 der einfallenden Elektronen durch ihre Definition gemäß der Klassischen Dynamik ein

$$q_0 U_0 = \frac{1}{2} m_0 v_0^2 \tag{I 3, 7}$$

und erhalten durch Elimination der Zeit aus (I 1, 5) und (I 3, 6) die Gleichung der Bahnparabel [Abb. I 17]

$$y = \frac{1}{2} \frac{q_0}{m_0} \frac{U}{d} \frac{x^2}{v_0^2} = \frac{1}{4} \frac{U}{U_0} \frac{x^2}{d}. \tag{I 3, 8}$$

Nach (I 3, 5) verweilt das Elektron im Ablenkkondensator während der Epoche

$$T = \frac{l}{v_0} \qquad (I\ 3,\ 9)$$

und verläßt ihn dann im Punkte

$$x_T = l; \qquad y_T = \frac{1}{2}\frac{q_0}{m_0}\frac{U}{d}\frac{l^2}{v_0{}^2} = \frac{1}{4}\frac{U}{U_0}\frac{l^2}{d} \qquad (I\ 3,\ 10)$$

mit der Neigung

$$\operatorname{tg}\beta = \left(\frac{dy}{dx}\right)_T = \left(\frac{dy}{dt}\right)_T \cdot \left(\frac{dt}{dx}\right)_T = \frac{q_0}{m_0} \cdot \frac{U}{d} \cdot \frac{T}{v_0} = \frac{1}{2}\frac{U}{U_0}\frac{l}{d}. \qquad (I\ 3,\ 11)$$

e) Auf Grund der Vernachlässigung der Randeffekte des Ablenkkondensators ist das Gebiet $x > l$ des Entladungsraumes als feldfrei anzusehen. Daher fordert dort das Trägheitsgesetz als Bahn des kontrollierten Elektrons die Gerade

$$y = \frac{1}{4}\frac{U}{U_0}\frac{l^2}{d} + \frac{1}{2}\frac{U}{U_0}\frac{l}{d}(x - l) = \frac{1}{2}\frac{U}{U_0}\frac{l}{d}\left(x - \frac{l}{2}\right). \qquad (I\ 3,\ 12)$$

Ihre Extrapolation in das Feldgebiet des Ablenkkondensators hinein trifft die ursprüngliche Strahlachse nach Abb. I 17 im Zentrum M des Elektrodensystemes; umgekehrt darf man daher M als virtuellen Ursprung des in $x > l$ geradlinigen Kathodenstrahles ansehen.

Wir statten nun die Ebene

$$x = x_s = \frac{l}{2} + s; \qquad s > 0 \qquad (I\ 3,\ 13)$$

mit einem materiellen Schirme aus; er werde von einer äußerst dünnen Schicht eines fluoreszierenden Kristalles bedeckt, innerhalb dessen ein gewisser Teil der kinetischen Energie der einfallenden Elektronen in Lichtwellen des sichtbaren Spektralgebietes umgesetzt wird: Nach Gl. (I 3, 12) erregt der Kathodenstrahl im Punkte

$$y_s = \frac{1}{2} \cdot \frac{U}{U_0} \cdot \frac{l}{d} s; \qquad z_s = 0 \qquad (I\ 3,\ 14)$$

des Schirmes eine leuchtende Spur, welche visuell oder photographisch festgestellt werden kann; ihre Ordinate ist der Ablenkspannung proportional und kann, bei festem U_0, als Maß von U dienen.

f) Wir lassen die Annahme einer stationären Ablenkspannung fallen und fragen nach dem Verlaufe des Kathodenstrahles unter der Wirkung einer Kondensatorspannung der Amplitude U_{max}, welche mit der Kreisfrequenz ω harmonisch pulsiert. Um diese Spannung eindeutig definieren zu können, beschränken wir uns auf den Bereich jener Frequenzen, welche hinreichend weit unterhalb der niedrigsten elektromagnetischen Eigenfrequenz des Elektrodensystems liegen. Innerhalb des Ablenkkondensators darf dann das Magnetfeld der Verschiebungsströme wie auch die von diesem herrührende sogenannte *Lorentz*-Kraft vernachlässigt werden: Das Ablenkfeld reduziert sich auf ein „quasistatisches", welches merklich mit dem statischen Felde der im Zeitpunkt t erstarrt gedachten Spannung übereinstimmt. Indem wir somit, wie vordem, die Randeffekte am Kondensator außer acht lassen, finden wir die Verweilzeit T des kontrollierten Elektrons im Ablenksystem gemäß Gl. (I 3, 9); während dieser Epoche ändert sich die Phase der Kondensatorspannung um den Betrag

$$\varphi_T = \omega\, T = \omega \frac{l}{v_0}. \tag{I 3, 15}$$

Bezeichnen wir nun mit ψ jene „Anfangsphase“, welche die Ablenkspannung bei der Passage des Elektrons durch die Ebene $x = l/2$ auszeichnet, so wird der zeitliche Verlauf dieser Spannung durch

$$U = U_{max} \cdot \sin\left(\omega\, t - \frac{1}{2}\varphi_T + \psi\right) \tag{I 3, 16}$$

beschrieben; entsprechend finden wir in $0 < x < l$ das homogene elektrische Feld

$$E = E_y = \frac{U_{max}}{d} \sin\left(\omega\, t - \frac{1}{2}\varphi_T + \psi\right) \tag{I 3, 17}$$

vor, während es außerhalb des angegebenen Bereiches verschwindet. Da hiernach für die Bewegung des kontrollierten Elektrons im Ablenkkondensator unverändert die Gln. (I 3, 2) samt den Anfangsbedingungen (I 3, 3) gelten, genügt es, die Modulation der y-Komponente dieser Bewegung durch das Wechselfeld zu untersuchen: Mittels einmaliger Integration der zugehörigen Beschleunigungsgleichung finden wir die Geschwindigkeit

$$v_y = \frac{dy}{dt} = \frac{q_0}{m_0} \cdot \frac{U_{max}}{d} \cdot \frac{l}{v_0} \frac{\cos\left(\psi - \frac{1}{2}\varphi_T\right) - \cos\left(\omega\, t - \frac{1}{2}\varphi_T + \psi\right)}{\varphi_T} \tag{I 3, 18}$$

und nach nochmaliger Integration die Ablenkung

$$y = \frac{q_0}{m_0} \cdot \frac{U_{max}}{d} \cdot \left(\frac{l}{v_0}\right)^2 \cdot$$

$$\cdot \frac{\omega\, t \cos\left(\psi - \frac{1}{2}\varphi_T\right) - \sin\left(\omega\, t - \frac{1}{2}\varphi_T + \psi\right) + \sin\left(\psi - \frac{1}{2}\varphi_T\right)}{\varphi_T^2}. \tag{I 3, 19}$$

Insbesondere folgen für $t = T$ mit Rücksicht auf (I 3, 15) die kinematischen Daten des aus dem Ablenkkondensator austretenden Elektrons mittels (I 3, 18) und (I 3, 19) zu

$$\left(\frac{dy}{dx}\right)_{t=T} = \frac{1}{v_0}\left(\frac{dy}{dt}\right)_{t=T} = \frac{1}{2}\frac{U_{max}}{U_0} \cdot \frac{l}{d} \frac{\cos\left(\psi - \frac{1}{2}\varphi_T\right) - \cos\left(\psi + \frac{1}{2}\varphi_T\right)}{\varphi_T} =$$

$$= \frac{1}{2}\frac{U_{max}}{U_0} \cdot \frac{l}{d} \cdot \sin\psi \cdot \frac{\sin\frac{1}{2}\varphi_T}{\frac{1}{2}\varphi_T} \tag{I 3, 20}$$

und

$$\varphi_{t=T} = \frac{1}{2}\frac{U_{max}}{U_0} \cdot \frac{l^2}{d} \cdot \frac{\varphi_T \cos\left(\psi - \frac{1}{2}\varphi_T\right) - \sin\left(\psi + \frac{1}{2}\varphi_T\right) + \sin\left(\psi - \frac{1}{2}\varphi_T\right)}{\varphi_T^2} =$$

$$= \frac{1}{2}\frac{U_{max}}{U_0}\frac{l^2}{d} \cdot \frac{\varphi_T \cos\left(\psi - \frac{1}{2}\varphi_T\right) - 2\sin\frac{1}{2}\varphi_T \cos\psi}{\varphi_T^2} \tag{I 3, 21}$$

Auf dem Fluoreszenzschirme $[x = s + l/2]$ erscheint demnach die Leuchtspur des kontrollierten Elektrons in

$$y_s = y_{t=T} + \left(\frac{dy}{dx}\right)_{t=T} \cdot \left(s - \frac{l}{2}\right) =$$

$$= \frac{1}{4}\frac{U_{max}}{U_0}\frac{l^2}{d}\frac{\frac{1}{2}\varphi_T \cos\left(\psi - \frac{1}{2}\varphi_T\right) - \sin\frac{1}{2}\varphi_T \cos\psi}{\left(\frac{1}{2}\varphi_T\right)^2} +$$

$$+ \frac{1}{2}\frac{U_{max}}{U_0}\frac{l}{d}\sin\psi\frac{\sin\frac{1}{2}\varphi_T}{\frac{1}{2}\varphi_T}\left(s - \frac{l}{2}\right) = \frac{1}{2}\frac{U_{max}}{U_0}\frac{l}{d}\sin\psi \cdot s \cdot$$

$$\cdot \frac{\sin\frac{1}{2}\varphi_T}{\frac{1}{2}\varphi_T} + \frac{1}{4}\frac{U_{max}}{U_0}\frac{l}{d}\cos\psi \cdot l\,\frac{\cos\frac{1}{2}\varphi_T - \frac{\sin 1/2\,\varphi_T}{1/2\,\varphi_T}}{\frac{1}{2}\varphi_T}. \qquad \text{(I 3, 22)}$$

Wir vergleichen diese dynamische Leuchtspur mit jener „quasistationären" Leuchtspur $y_{s,0}$, welche bei fester Amplitude und Phase der Ablenkspannung im Grenzfalle $\omega \to 0$ auf dem Fluoreszenzschirme erscheint. Auf Grund von (I 3, 15) folgt aus (I 3, 22)

$$y_{s,0} = \lim_{\omega \to 0} y_s = \lim_{\varphi_T \to 0} y_s = y_{max,0} \cdot \sin\psi; \qquad y_{max} = \frac{1}{2}\frac{U_{max}}{U_0} \cdot \frac{l}{d} \cdot s. \qquad \text{(I 3, 23)}$$

Demnach überstreicht die quasistationäre Leuchtspur während einer vollen Periode der Ablenkspannung $[0 \leqq \psi \leqq 2\pi]$ zweimal die Gerade $z_s = 0$ zwischen den von ω unabhängigen Umkehrpunkten $\pm y_{max,0}$. Diesem idealen Verlaufe gegenüber entstehen bei der Aufzeichnung der dynamischen Leuchtspur auf dem Fluoreszenzschirm zwei Fehler:

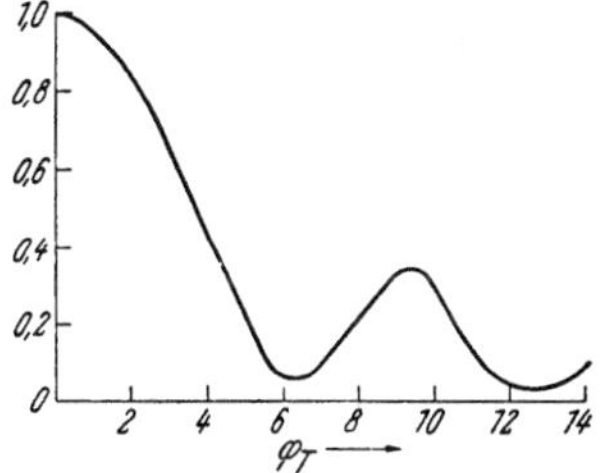

Abb. I 18. Amplitudenfehler des Ablenk-Kondensators in Abhängigkeit von der Frequenz der Ablenk-Spannung.

1. Der Amplitudenfehler: Die Länge $2 \cdot y_{max}$ der dynamischen Leuchtspur verhält sich zu jener der quasistationären wie

$$\frac{2\,y_{max}}{2\,y_{max,0}} = \left|\frac{\sin\frac{1}{2}\varphi_T}{\frac{1}{2}\varphi_T}\right| \sqrt{1 + \left(\frac{1}{2}\frac{l}{s}\right)^2\left(\frac{2}{\varphi_T} - \operatorname{cotg}\frac{\varphi_T}{2}\right)^2}. \qquad \text{(I 3, 24)}$$

2. Der Phasenfehler: Die dynamische Ordinate $y_s = y_s(\psi)$ ist gegen die quasistationäre Ordinate $y_{s,0} = y_{s,0}(\psi)$ um den Phasenwinkel

$$\delta = \operatorname{arctg}\left\{\frac{1}{2}\frac{l}{s}\left(\frac{2}{\varphi_T} - \operatorname{cotg}\frac{\varphi_T}{2}\right)\right\} \qquad \text{(I 3, 25)}$$

verspätet.

Beide Fehler werden sehr groß, falls sich der Phasenwinkel φ_T einem ganzen Vielfachen von 2π annähert [Abb. I 18, 19]. Es handelt sich hierbei um ein multiples Resonanzphänomen: Gemäß

$$\varphi_T = \omega \frac{l}{v_0} = \omega T = 2\pi n; \qquad n = 1, 2, 3 \ldots \qquad \text{(I 3, 26)}$$

entfallen auf die Verweilzeit T des Elektrons im Ablenksystem n volle Perioden der Ablenkspannung. Sollen die angezeigten Fehler unter einer gegebenen Schranke bleiben, so ist also die Betriebsfrequenz f hinreichend klein gegen die unterste der aus (I 3, 26) resultierenden Resonanzfrequenzen zu wählen:

$$f \ll \frac{1}{T} = \frac{v_0}{l}. \qquad \text{(I 3, 27)}$$

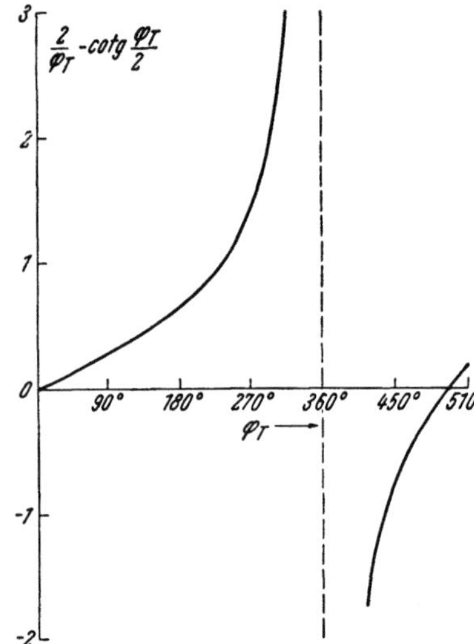

Abb. I 19. Phasenfehler des Ablenk-Kondensators in Abhängigkeit von der Frequenz der Ablenk-Spannung.

g) Es darf nicht verschwiegen werden, daß die vorstehend durchgeführte Rechnung neben den quantitativen Vernachlässigungen der elementaren Feldanalyse einen prinzipiellen Fehler qualitativer Natur aufweist: Beim Austritt des Elektrons aus dem scharf begrenzten Kraftbereich des idealisierten Plattenkondensators ändert sich das elektrische Potential φ längs der Trägerbahn sprunghaft vom Werte $\varphi_a + U\, y_T/d$ [innerhalb des Kondensators] auf den Wert φ_a [außerhalb des Kondensators]. In der Tat erfordert die Realisierung des auf $|x| < l/2$ beschränkten, homogenen elektrischen Ablenkfeldes außer den Kondensatorplatten die zusätzliche Wirkung zweier je inhomogener Doppelschichten nach Abb. I 20, welche den Potentialsprung

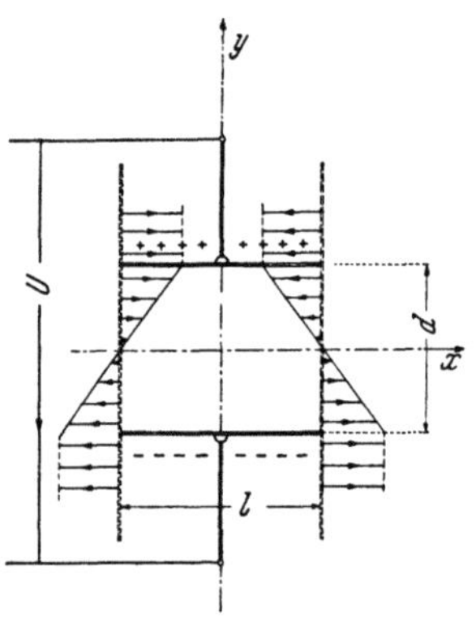

Abb. I 20. Ergänzung des scharf begrenzten Kondensatorfeldes durch elektrische Doppelschichten.

$$\Delta\varphi = \mp U \frac{y}{d} \quad \text{für} \quad x = \mp \frac{l}{2}; \qquad -\frac{d}{2} < y < \frac{d}{2}$$

$$\Delta\varphi = \pm \frac{1}{2} U \quad \text{für} \quad x = \mp \frac{l}{2}; \qquad |y| > \frac{d}{2}$$

$$\text{(I 3, 28)}$$

erregen. Daher ändert sich der Neigungswinkel β der Elektronentrajektorie gegen ihre Einfallsrichtung bei der in $y = y_T$ erfolgenden Passage der Doppelschicht $x = l/2$ in den Winkel β', welcher nach Maßgabe des elektronenoptischen Brechungsgesetzes (I 2, 17) durch die Gleichung

$$\frac{\sin\beta'}{\sin\beta} = \sqrt{1 + \frac{U}{U_0}\frac{y_T}{d}} \qquad \text{(I 3, 29)}$$

bestimmt wird.

Bei der Diskussion dieser Beziehung beschränken wir uns der Kürze halber auf den Fall des stationären Ablenkfeldes. Mit Rücksicht auf (I 3, 10) entsteht dann aus (I 3, 29) zunächst

$$\sin\beta' = \sin\beta \sqrt{1 + \left(\frac{1}{2}\frac{U}{U_0} \cdot \frac{l}{d}\right)^2}, \qquad \text{(I 3, 30)}$$

so daß wir mit Benützung der Identität

$$\sin\beta \equiv \frac{\operatorname{tg}\beta}{\sqrt{1+\operatorname{tg}^2\beta}} \tag{I 3, 31}$$

aus (I 3, 11) und (I 3, 30) auf die Ablenkungsformel

$$\sin\beta' = \frac{1}{2}\frac{U}{U_0}\frac{l}{d} \tag{I 3, 32}$$

schließen. Daher kann der Ablenkkondensator als solcher nur unter der Bedingung

$$U < 2\,U_0\frac{d}{l} \tag{I 3, 33}$$

arbeiten; überschreitet jedoch die Plattenspannung den kritischen Wert

$$U_{kr} = 2\,U_0\frac{d}{l}, \tag{I 3, 34}$$

so erleidet das einfallende Elektron an der Ebene $x = l$ eine „Totalreflexion", welche es in das Innere des Kondensators zurückwirft.

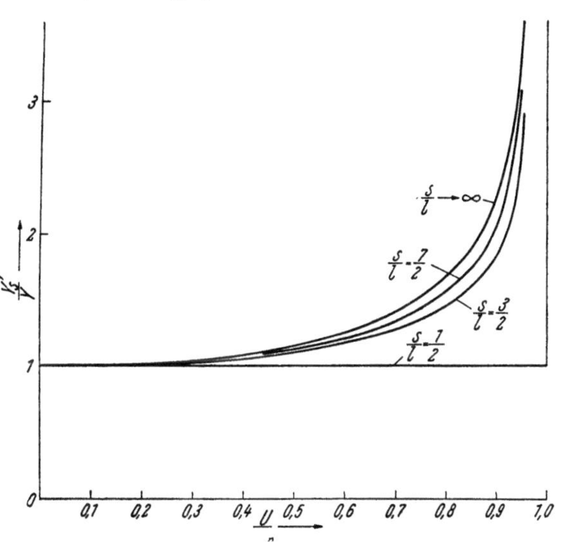

Abb. I 21. Nichtlinearer Ablenkfehler als Funktion des Verhältnisses der Spannung U zur Maximalspannung $U_m = U_{kr}$.

Unter der Voraussetzung (I 3, 33) wird die Trajektorie des Elektrons im Halbraume $x > l$ durch die Gerade

$$y = \frac{1}{4}\frac{U}{U_0}\frac{l^2}{d} + (x-l)\operatorname{tg}\beta' = \frac{1}{2}\frac{U}{U_{kr}}\cdot l + (x-l)\frac{\frac{U}{U_{kr}}}{\sqrt{1-\left(\frac{U}{U_{kr}}\right)^2}} \tag{I 3, 35}$$

dargestellt. Stattet man daher die Ebene $x = l/2 + s$ mit einem fluoreszierenden Leuchtschirm aus, so erscheint auf ihm die Spur des Elektronenstrahles im Abstande

$$y_s' = \frac{1}{2}\frac{U}{U_{kr}}\cdot l + \left(s-\frac{l}{2}\right)\frac{\frac{U}{U_{kr}}}{\sqrt{1-\left(\frac{U}{U_{kr}}\right)^2}} \tag{I 3, 36}$$

von der Spur der Einfallsachse. Im Gegensatz zu (I 3, 14) ist also nunmehr die ablenkende Wirkung des Kondensators nicht mehr seiner Spannung proportional, sondern es tritt eine nichtlineare Verzerrung auf, welche mit $U \to U_{kr}$ über jedes Maß anwächst. Um diesen Effekt quantitativ zu beschreiben, vergleichen wir y_s' mit dem aus (I 3, 14) unter Berücksichtigung von (I 3, 34) resultierenden, unverzerrten Betrage der Ablenkung

$$y_s = \frac{U}{U_{kr}}\cdot s, \tag{I 3, 37}$$

indem wir das Verhältnis bilden

$$\frac{y_s'}{y_s} = \frac{1}{2}\frac{1}{s} + \frac{1 - \frac{1}{2}\frac{1}{s}}{\sqrt{1 - \left(\frac{U}{U_{kr}}\right)^2}}. \tag{I 3, 38}$$

Nach Abb. I 21 nähert es sich mit wachsendem Abstand des Schirmes von der Austrittsebene des Kondensators rasch dem Grenzwert

$$\lim_{\frac{s}{l} \to \infty} \frac{y_s'}{y_s} = \frac{1}{\sqrt{1 - \left(\frac{U}{U_{kr}}\right)^2}}, \tag{I 3, 39}$$

so daß dann beispielsweise bei einem Spannungsverhältnis $U/U_{kr} = 20\%$ ein nichtlinearer Ablenkfehler von etwa 3% auftritt.

Kann man einen gekrümmten Leuchtschirm

$$y_s' = L(x_s'); \qquad x_s' \geqq l \tag{I 3, 40}$$

konstruieren, auf welchem φ_s' — unter der Voraussetzung (I 3, 33) — streng proportional der ablenkenden Spannung U ausfällt?

Die gewünschte Forderung wird gewiß in der Austrittsebene $x = l$ des Kondensators erfüllt. Sei nun im Verhältnis zu der dort erscheinenden Original-Ablenkung $V \geqq 1$ der Vergrößerungsfaktor des auf dem gesuchten Leuchtschirm geschriebenen Bildes, so verlangen wir also

$$y_s' = V \cdot \frac{1}{2}\frac{U}{U_{kr}} \cdot l \tag{I 3, 41}$$

und erhalten aus (I 3, 35) für $x = x_s'$ die Gleichung

$$y_s'\left[1 - \frac{1}{V}\right] = [x_s' - l] \cdot \frac{2\frac{y_s'}{l}\frac{1}{V}}{\sqrt{1 - \left(2\frac{y_s'}{l} \cdot \frac{1}{V}\right)^2}}. \tag{I 3, 42}$$

Schreibt man sie in der Gestalt

$$\left[\frac{x_s' - l}{(V-1)\frac{l}{2}}\right]^2 + \left[\frac{y_s'}{V\frac{l}{2}}\right]^2 = 1, \tag{I 3, 43}$$

so erkennt man in ihr die Normalform der Ellipsengleichung: Das Zentrum der Ellipse liegt im Punkte (l, 0), ihre kleine Halbachse $X = (V-1)\, l/2$ ist parallel der x-Achse, ihre große Halbachse $Y = V\, l/2$ ist parallel der y-Achse orientiert. Aus den hiernach für verschiedene Werte des Vergrößerungsfaktors V berechneten Schirmprofilen nach Abb. I 22 entstehen die Schirmformen selbst durch Rotation des jeweils zugehörigen Profiles um die x-Achse.

h) Der vorstehend beschriebene Ablenkmechanismus wird in der *Braun*schen Röhre zur Registrierung rasch veränderlicher Vorgänge ausgenützt; Abb. I 23 zeigt, unter Verzicht auf alle elektronenoptischen Hilfseinrichtungen zur Verbesserung der Strahleigenschaften, die Skizze eines weit verbreiteten Typus eines solchen Gerätes:

1. Das Gefäß besteht aus einem wesentlich rotationssymmetrischen Glaskolben. Sein zylindrischer Hals ist einseitig verschlossen; die andere Seite ist mit dem sich konisch erweiternden Röhrenkörper verschmolzen,

der in einer flachen Kugelkalotte endet. Innerhalb der Röhre mag ein relativ zum Gefäß ruhendes Bezugssystem der rechtsläufigen, *Kartesi*schen Koordinaten X, Y, Z eingeführt werden; sein Ursprung liege am Anfang des Halses, die positive Z-Achse koinzidiere mit der Symmetrieachse des Rohres und weise in dessen Innenraum.

2. In der Nähe des Halsanfanges enthält die Röhre eine Drahtelektrode K, welche durch einen Hilfsstrom auf Glühtemperatur aufgeheizt werden kann und hierdurch zur thermischen Elektronenemission befähigt wird.

3. Von K in Richtung der positiven Z-Achse fortschreitend gelangen wir zur zentrisch in den Röhrenhals eingebauten Kreislochelektrode A; sie führt ein festes, positives Potential φ_a gegen das Zentrum von K, so daß K zur Kathode, A zur Anode der entstehenden Elektronenströmung wird.

4. Hinter der Anode befinden sich zwei je planparallele Kondensatoren I und II, deren Plattenpaare beidemal symmetrisch zur Röhrenachse liegen. Die Plattennormale des Kondensators I weist parallel zur Y-Achse [„Y-Kondensator“], die Plattennormale des Kondensators II zeigt die Richtung der X-Achse [X-Kondensator]. Der zu kontrollierende Vorgang sei in bezug auf seine Wirkung in der *Braun*schen Röhre durch eine Spannung von vorgegebenem zeitlichen Verlaufe am Y-Kondensator definiert

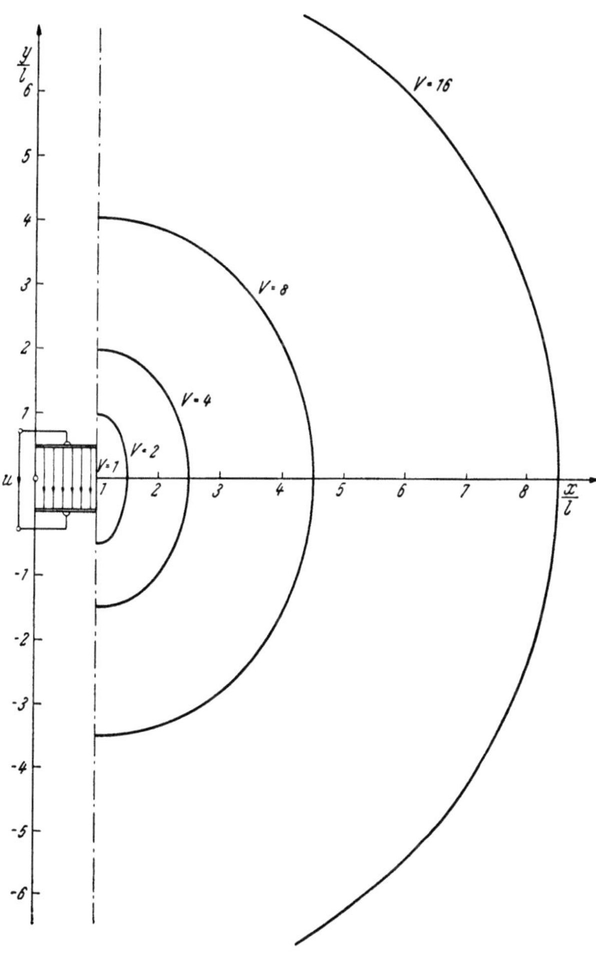

Abb. I 22. Leuchtschirm-Profile für verzerrungsfreie Strahlablenkung.

$$U_I = U_I(t). \qquad (I\ 3,\ 44)$$

Zum Zwecke ihrer Analyse werde dem X-Kondensator die zeitabhängige Spannung

$$U_{II} = U_{II}(t) \qquad (I\ 3,\ 45)$$

aufgezwungen. Die Spannungen U_I und U_{II} mögen sich nur so langsam ändern, daß ihre je im zugehörigen Kondensator erregten elektrischen Felder als quasistatisch angesehen werden dürfen; als solche werden sie durch ein elektrisches Skalarpotential $\varphi = \varphi\,(X, Y, Z, t)$ erschöpfend beschrieben. Insbesondere setzen wir weiterhin eine relativ zur Anode derart symmetrisierte Schaltung voraus, daß die Potentiale der Kondensatorplatten durch

$$\varphi_{I}^{\pm} = \varphi_a \pm \frac{1}{2} U_I; \qquad Y \gtrless 0, \tag{I 3, 46}$$

$$\varphi_{II}^{\pm} = \varphi_a \pm \frac{1}{2} U_{II}; \qquad X \gtrless 0 \tag{I 3, 47}$$

geschildert werden.

5. Die Kugelkalotte des Röhrenkörpers ist an ihrer Innenseite mit jener fluoreszierenden Schicht ausgestattet, welche die Spur des auftreffenden Elektronenstrahles in Licht umsetzt.

Zwecks funktioneller Analyse der unterschiedlichen Röhrenelemente gehen wir zu einer ideellen Konstruktion des Gerätes über:

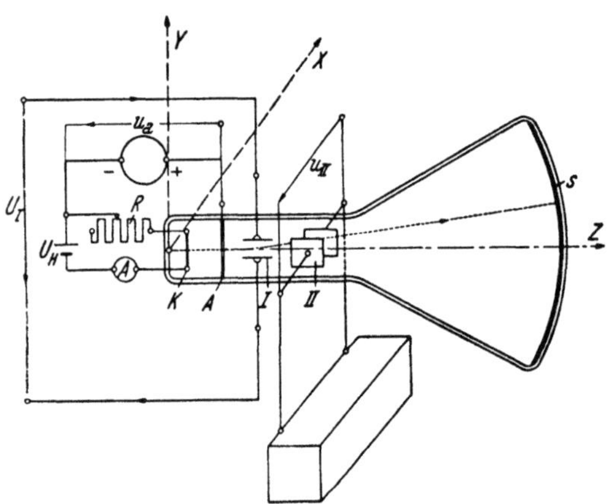

Abb. I 23. Schema eines Kathodenstrahl-Oszillographen mit elektrischer Strahlablenkung.

1. Der Durchmesser des Anodenloches möge gegen Null konvergieren, während gleichzeitig der äußere Anodendurchmesser über alle Maße anwachse. Bei diesem Prozeß verwandelt sich die Anode in eine allseitig unbegrenzte, leitende Ebene, welche lediglich in der Umgebung der Röhrenachse eine infinitesimale Öffnung aufweist: Der Durchgriff der Kondensatoren I und II in den Kathoden-Anodenraum verschwindet, das Achsenpotential strebt in der Anodenebene gegen den Grenzwert φ_a. Wird also die Startgeschwindigkeit der Glühelektronen vernachlässigt, so erreichen diese die Anodenöffnung mit der Geschwindigkeit

$$v_a = \sqrt{2\,\frac{q_0}{m_0}\,\varphi_a}. \tag{I 3, 48}$$

2. Wir setzen vorübergehend $U_I = 0$ und $U_{II} = 0$. Das von den Elektronenladungen allein herrührende elektrische Primärfeld verschwindet dann hinter der zur leitenden Ebene ergänzten Anode. Läßt man also das erst von den Elektronen erregte Sekundärfeld außer acht, so setzt jeder dieser Elektrizitätsträger nach Durchqueren der infinitesimalen Anodenöffnung seine Bewegung in den anschließenden Teil des Entladungsgefäßes hinein mit der gleichförmigen Geschwindigkeit

$$v_0 = v_a \tag{I 3, 49}$$

fest, bis er an den Fluoreszenzschirm gelangt.

3. Zum Falle der spannungsführenden Kondensatoren zurückkehrend, schließen wir ihre gegenseitige elektrostatische Beeinflussung aus, indem wir sie je mit feldbegrenzenden Doppelflächen ausgestattet denken. Vermöge (I 3, 49) ist dann die elementare Theorie des Ablenkkondensators auf

jeden der Kondensatoren I und II einzeln anwendbar. Lassen wir die allenfalls auftretenden nichtlinearen Verzerrungen außer acht, so beschreibt hiernach die Spur des Elektronenstrahles auf dem Fluoreszenzschirm jene Kurve, welche, von unwesentlichen Maßstabsfaktoren abgesehen, formal durch Elimination der laufenden Zeit t aus (I 3, 44) und (I 3, 45) resultiert; in diesem Diagramm erscheint U_I als Ordinate, U_{II} als Abszisse. Um insbesondere den durch (I 3, 44) beschriebenen Vorgang unmittelbar auf dem Schirm sichtbar zu machen, ist U_{II} mit der zeitproportionalen Funktion

$$U_{II} = C \cdot t \qquad \text{(I 3, 50)}$$

zu identifizieren, in welcher die Konstante C passend zu wählen ist. Allerdings läßt sich eine solche Spannung nur während einer hinreichend kurzen Zeitspanne realisieren, welche nichtsdestotrotz die Beobachtung rasch verlaufender einmaliger Vorgänge ermöglicht. Handelt es sich jedoch um die fortgesetzte Beobachtung eines periodischen Vorganges, so hat man statt der Spannung (I 3, 50) eine periodische Spannung zu benützen, welche innerhalb ihrer regelbaren primitiven Schwingungsdauer T eine lineare Funktion der Zeit definiert, um dann fast sprunghaft zu ihrem Anfangswerte zurückzukehren. Man entnimmt solche Spannungen sägezahnartigen Verlaufes nach Abb. I 24 einem Hilfsgenerator, welcher durch Zusammenschaltung von Kondensatoren und Widerständen mit einem in labilem Zustande betriebenen Entladungsrohr Relaxationsschwingungen erzeugt [Abb. I 24].

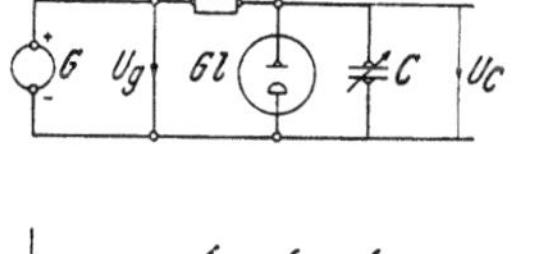

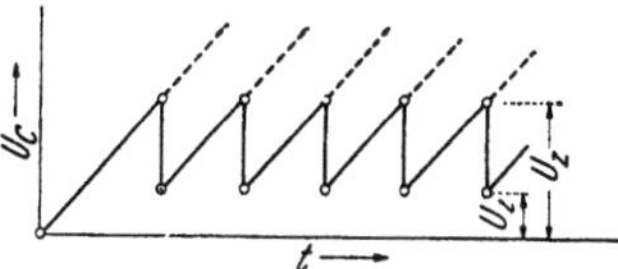

Abb. I 24. Schaltbild eines Glimmsummers zur Erregung von Relaxationsschwingungen von sägezahnartigem Spannungsverlauf. U_z=Zündspannung, U_l=Löschspannung.

So einleuchtend diese kinematische Beschreibung der Elektronenbewegung in der *Braun*schen Röhre erscheinen mag, ist sie doch in der bisher mitgeteilten Form physikalisch unhaltbar. Denn der Emissionsstrom der Glühkathode führt, bei fester Temperatur der Kathode und konstantem Anodenpotential, je Zeiteinheit die nämliche Zahl von Elektronen an den Fluoreszenzschirm. Auf Grund des geschilderten Mechanismus würden also zwar alle diese Elektronen den negativen Pol der zwischen Kathode und Anode liegenden Gleichstromquelle verlassen, ohne jedoch zu deren positivem Pol zurückzukehren. Die Konzeption eines solchen stationären, ungeschlossenen Konvektionsstromes steht jedoch in striktem Widerspruche zum Ersten *Kirchhoff*schen Gesetze.

Die in dieser Dialektik beschlossene Frage mag in zwei Schritten beantwortet werden:

α) Bei der erstmaligen Inbetriebsetzung der *Braun*schen Röhre gelangen die Elektronen nach Passage der Anodenöffnung auf den Fluoreszenzschirm. Dort sammelt sich also im Laufe der Zeit eine ihrem Betrage nach zunehmende negative Ladung an, deren zur Anode übergreifendes, zeitabhängiges elektrisches Sekundärfeld unter Vermittelung seines *Maxwell*schen Verschiebungsstromes den ungeschlossenen Konvektionsstrom zu einem quellenfreien wahren Strom ergänzt.

β) Hand in Hand mit dem Aufprall der von der Anodenöffnung her einfallenden Elektronen auf dem Fluoreszenzschirm werden aus dessen Mikrokristallen sogenannte Sekundärelektronen befreit [vergleiche Ziffer II

8 a], welche durch das elektrische Sekundärfeld zur Anode zurückgetrieben werden. Im stationären Zustande des Entladungssystemes muß der Sekundär-Elektronenstrom den Strom der Primärelektronen im Schirm-Anodenraum kompensieren; diese Gleichgewichtsbedingung legt das schließliche Potential des Schirmes relativ zur Anode fest.

Im Lichte dieser Analyse müssen wir zugeben, daß die Vernachlässigung des elektrischen Sekundärfeldes im Schirm-Anodenraum prinzipiell unzulässig ist; damit aber ist der für die Arbeitsweise der *Braun*schen Röhre fundamentalen Gleichung (I 3, 49) der Boden entzogen. Nichtsdestotrotz läßt sich die achsial gleichförmige Bewegung der Primärelektronen bei ihrer Passage durch die Ablenkkondensatoren in ausreichender Genauigkeit aufrechterhalten, indem man die Anode mittels eines an der Innenwand des Glaskolbens angebrachten leitenden Belages bis in die Nähe des Schirmes verlängert und hierdurch das Sekundärfeld auf die Umgebung des Schirmes beschränkt.

I 4. Elektrostatik zweidimensionaler Ablenkfelder.

a) Die elementare Analyse der Elektronenbewegung durch den Ablenkkondensator beruht im wesentlichen auf der Konzeption eines ideellen Systemes, dessen aktives Feld mit Hilfe zusätzlicher elektrischer Doppelschichten von passender Stärke homogenisiert und auf das von der konstruktiven Länge der Elektroden diktierte Gebiet beschränkt wird. Indessen sind jene Doppelschichten nur als ein methodisches Hilfsmittel zu betrachten, welches nicht realisierbar ist. Als Vorbereitung für das Studium der Elektronenbewegung durch wirkliche Ablenkkondensatoren haben wir die Struktur der von ihnen erregten elektrostatischen Felder zu berechnen.

b) Wir orientieren uns an Hand eines relativ zum Kondensator ruhenden *Kartesi*schen Koordinatensystemes x, y, ζ. Der Kondensator möge durch die zeitfreie Spannung U aufgeladen werden; das dann entstehende Feld des elektrostatischen Potentiales

$$\varphi = \varphi\,(x, y, \zeta) \tag{I 4, 1}$$

heiße zweidimensional in jenen Teilgebieten seines Existenzbereiches, in welchen es nicht merklich von ζ abhängt; dort genügt es der *Laplace*schen Gleichung

$$\frac{\partial^2\varphi}{\partial x^2} + \frac{\partial^2\varphi}{\partial y^2} = 0. \tag{I 4, 2}$$

Fassen wir x und y zur *Gauß*schen, komplexen Koordinate

$$z = x + i\,y \tag{I 4, 3}$$

zusammen, so genügen wir (I 4, 2) sowohl durch den Realteil wie durch den Imaginärteil einer beliebigen, analytischen Funktion von z. Hiervon Gebrauch machend, ergänzen wir das zweidimensionale Potential

$$\varphi = \varphi\,(x, y) \tag{I 4, 4}$$

durch die Stromfunktion

$$\psi = \psi\,(x, y) \tag{I 4, 5}$$

zum komplexen Potential

$$\chi = \chi\,(z) = \varphi + i\,\psi. \tag{I 4, 6}$$

Der analytische Charakter von χ zieht für φ und ψ die *Cauchy-Riemann*schen Verknüpfungsgleichungen nach sich

$$\frac{\partial \varphi}{\partial x} = \frac{\partial \psi}{\partial y}, \tag{I 4, 7}$$

$$\frac{\partial \varphi}{\partial y} = -\frac{\partial \psi}{\partial x}. \tag{I 4, 8}$$

c) Wir untersuchen das Feld des Plattenkondensators der Elektrodenlänge l und des konstanten Elektrodenabstandes d. Nach Abb. I 25 wird der Ursprung des Bezugssystemes in das Zentrum des Kondensators gelegt, und die in der Zeichenebene erscheinenden Elektrodenprofile seien der y-Achse parallel gerichtet. Erteilen wir der in $x \gtrless 0$ befindlichen Elektrode das Potential $\pm 1/2\,U$, so lauten also die Randbedingungen

$$\varphi = \pm \frac{1}{2} U \quad \text{für} \quad x = \pm \frac{1}{2} d; \quad -\frac{1}{2} l < y < +\frac{1}{2} l. \tag{I 4, 9}$$

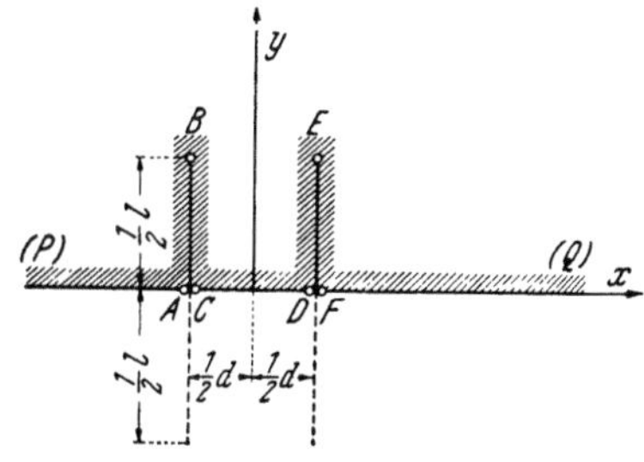

Abb. I 25. Orientierung am planparallelen Plattenkondensator.

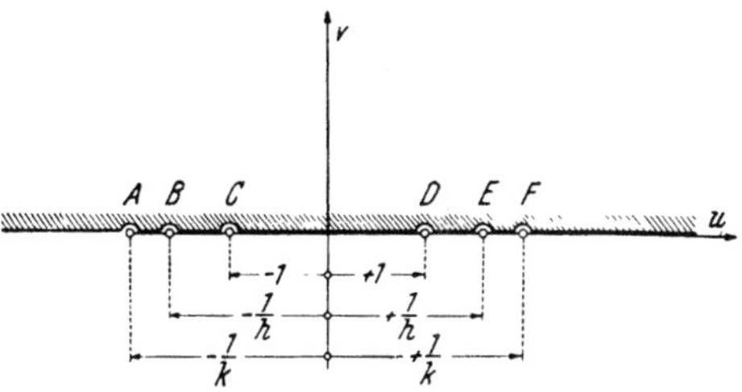

Abb. I 26. Konforme Abbildung des Plattenkondensators in die w-Ebene.

In der Halbebene $y > 0$ markieren wir die Punkte

$$\left.\begin{aligned} &P = (-\infty, 0); \quad A = \left(-\frac{1}{2} d - 0, 0\right); \quad B = \left(-\frac{1}{2} d, \frac{1}{2} l\right); \\ &C = \left(-\frac{1}{2} d + 0, 0\right); \\ &D = \left(\frac{1}{2} d - 0, 0\right); \quad E = \left(\frac{1}{2} d, \frac{1}{2} l\right); \quad F = \left(\frac{1}{2} d + 0, 0\right); \\ &Q = (+\infty, 0), \end{aligned}\right\} \tag{I 4, 10}$$

welche wir vermittels der je zwischen benachbarten Punkten liegenden Geradenstücken im Verein mit dem von Q nach P zurückführenden, im Ursprung zentrierten Halbkreis vom Radius $|z| \to \infty$ zu den Ecken eines Polygones machen. Nun rufen wir die komplexe $w = (u + i\,v)$-Ebene zu Hilfe. Nach Wahl zweier reeller Konstanten k und h der Eigenschaften

$$0 < k < h < 1 \tag{I 4, 11}$$

soll nun die Kontur des in der z-Ebene vorgelegten Polygones derart auf die u-Achse abgebildet werden, daß seine Ecken beziehentlich in [Abb. I 26]

$$\left.\begin{aligned} &u_P = -\infty; \quad u_A = -\frac{1}{k}; \quad u_B = -\frac{1}{h}; \quad u_C = -1; \\ &u_D = +1; \quad u_E = +\frac{1}{h}; \quad u_F = +\frac{1}{k}; \quad u_Q = +\infty \end{aligned}\right\} \tag{I 4, 12}$$

fallen und das Innere des mathematisch-positiv umlaufenen Polygones der Halbebene $v > 0$ korrespondiert. Die gewünschte Abbildung gehorcht der *Schwarz-Christoffel*schen Differentialgleichung

$$\frac{dz}{dw} = C \frac{1 - h^2 w^2}{\sqrt{1 - w^2}\sqrt{1 - k^2 w^2}}, \tag{I 4, 13}$$

deren Konstanten C, k und h samt den bei der Integration hinzutretenden Festzahlen den geometrischen Daten (I 4, 10) anzupassen sind:

1. Wir gehen von der Identität aus

$$C \frac{1 - h^2 w^2}{\sqrt{1 - w^2}\sqrt{1 - k^2 w^2}} \equiv \frac{C}{k^2}\left[\frac{k^2 - h^2}{\sqrt{1 - w^2}\sqrt{1 - k^2 w^2}} + h^2 \frac{\sqrt{1 - k^2 w^2}}{\sqrt{1 - w^2}}\right]. \tag{I 4, 14}$$

2. Bezeichnen F und E die zum Modul k gehörigen vollständigen elliptischen Integrale erster und zweiter Art in ihrer *Legendre*schen Normalform, so liefert die Integration der Gl. (I 4, 13) längs $0 \leqq u \leqq 1$

$$\frac{C}{k^2}\left[(k^2 - h^2) F + h^2 E\right] = \frac{1}{2} d \tag{I 4, 15}$$

3. Um die Integration längs $1 \leqq u \leqq 1/k$ fortzusetzen, substituieren wir an Stelle von u die Veränderliche t mittels

$$k'^2 \cdot t^2 = 1 - k^2 u^2; \qquad k'^2 = 1 - k^2 \tag{I 4, 16}$$

und erhalten mit Rücksicht auf (I 4, 15)

$$z - \frac{1}{2} d = \frac{C}{k^2} i \left[(k^2 - h^2) \int_t^1 \frac{dt'}{\sqrt{1 - k'^2 \cdot t'^2}\sqrt{1 - t'^2}} + \right.$$

$$\left. + h^2 k'^2 \int_t^1 \frac{t'^2\, dt'}{\sqrt{1 - k'^2 t'^2}\sqrt{1 - t'^2}}\right] \equiv \frac{C}{k^2} i \left[k^2 \int_t^1 \frac{dt'}{\sqrt{1 - k'^2 t'^2}\sqrt{1 - t'^2}} - \right.$$

$$\left. - h^2 \int_t^1 \frac{\sqrt{1 - k'^2 t'^2}}{\sqrt{1 - t'^2}}\, dt'\right]. \tag{I 4, 17}$$

Wir wählen insbesondere $t = 0$ $[u = 1/k]$, führen die zum komplementären Modul $k' = \sqrt{1 - k^2}$ gehörigen vollständigen Elliptischen Integrale F' und E' ein und finden an Hand der Bedingungen (I 4, 10)

$$k^2 F' - h^2 E' = 0; \qquad h^2 = k^2 \cdot \frac{F'}{E'}. \tag{I 4, 18}$$

Sei nun

$$0 \leqq t \leqq \frac{1}{k'} \sqrt{1 - \frac{k^2}{h^2}} = \frac{1}{k'} \sqrt{1 - \frac{E'}{F'}}, \tag{I 4, 19}$$

so erhalten wir mittels der zu k' gehörigen unvollständigen Elliptischen Integrale

$$F'(t) = \int_0^t \frac{dt'}{\sqrt{1 - k'^2 t'^2}\sqrt{1 - t'^2}}; \qquad E'(t) = \int_0^t \frac{\sqrt{1 - k'^2 t'^2}}{\sqrt{1 - t'^2}}\, dt' \tag{I 4, 20}$$

aus (I 4, 10), (I 4, 17) und (I 4, 18)

$$-C\left[F'\left(\frac{1}{k'}\sqrt{1 - \frac{E'}{F'}}\right) - \frac{F'}{E'} \cdot E'\left(\frac{1}{k'}\sqrt{1 - \frac{E'}{F'}}\right)\right] = \frac{1}{2} l, \tag{I 4, 21}$$

während (I 4, 15) die Form

$$C\frac{E'F + F'E - F'F}{E'} \equiv C\frac{\frac{\pi}{2}}{E'} = \frac{1}{2}d \qquad \text{(I 4, 22)}$$

annimmt.

4. Wir eliminieren aus (I 4, 21) und (I 4, 22) die Konstante C und gelangen in

$$\frac{2}{\pi}\left[F'E'\left(\frac{1}{k'}\sqrt{1-\frac{E'}{F'}}\right) - E'F'\left(\frac{1}{k'}\sqrt{1-\frac{E'}{F'}}\right)\right] = \frac{1}{d} \qquad \text{(I 4, 23)}$$

zu dem durch Abb. I 27 veranschaulichten funktionellen Zusammenhang des Moduls k mit dem Verhältnis l/d der Konstruktionsdaten des Kondensators.

5. Nachdem k bekannt ist, findet sich aus (I 4, 22)

$$C = \frac{1}{\pi}E'd. \qquad \text{(I 4, 24)}$$

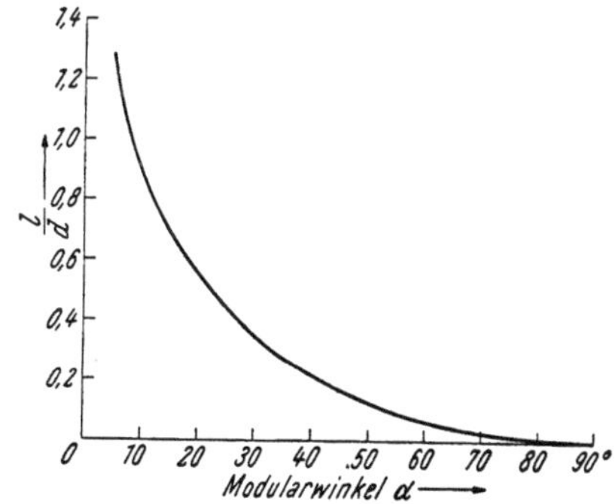

Abb. I 27. Der Modul k als Funktion der Kondensator-Abmessungen.

In der w-Ebene korrespondieren der Spannung U zwischen den Elektroden des Kondensators folgende Randbedingungen für die Komponenten des komplexen Potentiales:

1. Gemäß (I 4, 9) ist das reelle Potential φ längs der in der w-Ebene transformierten Elektroden jeweils konstant

$$\varphi = \pm\frac{U}{2} \quad \text{für} \quad \pm 1 \lessgtr u \lessgtr \pm\frac{1}{k}. \qquad \text{(I 4, 25)}$$

2. Die Strecke $|u| < 1$ ist das Abbild jener Kraftlinie der Originalebene, welche dort den Interelektrodenraum symmetrisch teilt:

$$\psi = 0; \quad |u| \leq 1. \qquad \text{(I 4, 26)}$$

3. Die beiden Halbstrahlen $|u| > 1/k$ definieren Teile ein und derselben Kraftlinie von zunächst noch unbekanntem Werte $\psi_0 = \text{const.}$

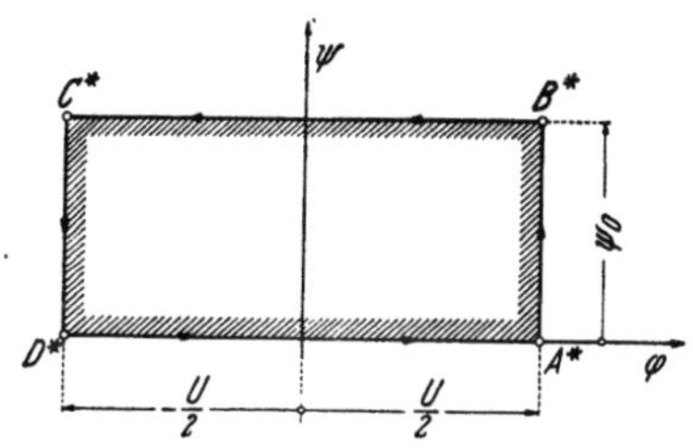

Abb. I 28. Randbedingungen des Kondensatorfeldes in der Ebene des komplexen Potentiales.

$$\psi = \psi_0; \quad |u| > \frac{1}{k}. \qquad \text{(I 4, 27)}$$

In der $\chi = (\varphi + i\,\psi)$-Ebene definieren diese Bedingungen das Rechteck nach Abb. I 28, dessen Ecken

$$A^* = \left(\frac{U}{2}, 0\right); \quad B^* = \left(\frac{U}{2}, \psi_0\right); \quad C^* = \left(-\frac{U}{2}, \psi_0\right); \quad D^* = \left(-\frac{U}{2}, 0\right) \qquad \text{(I 4, 28)}$$

den Punkten

$$u_{A^*} = 1; \quad u_{B^*} = \frac{1}{k}; \quad u_{C^*} = -\frac{1}{k}; \quad u_{D^*} = -1 \qquad \text{(I 4, 29)}$$

der u-Achse entsprechen. Daher gehorcht die konforme Abbildung, welche die Halbebene $v > 0$ in das Innere des genannten Rechteckes transformiert, der *Schwarz-Christoffel*schen Differentialgleichung

$$\frac{d\chi}{dw} \doteq \overline{C} \frac{1}{\sqrt{1-w^2}\sqrt{1-k^2 w^2}}, \qquad \text{(I 4, 30)}$$

wobei $\overline{C}$ eine vorerst noch unbekannte Konstante bezeichnet. Mit Rücksicht auf (I 4, 28) und (I 4, 29) folgt nun durch Integration von (I 4, 30) längs $0 \leqq u \leqq 1$

$$\frac{U}{2} = \overline{C} \cdot F; \qquad \overline{C} = \frac{U}{2} \cdot \frac{1}{F} \qquad \text{(I 4, 31)}$$

und weiter durch Integration längs $1 \leqq u \leqq 1/k$

$$\psi_0 = \overline{C}\, F' = \frac{U}{2} \frac{F'}{F}. \qquad \text{(I 4, 32)}$$

Aus Symmetriegründen gleicht die gesamte Änderung der Stromfunktion längs der vollen, positiven Elektrode dem Doppelten des Betrages von ψ_0. Daher mißt

$$c = \Delta \frac{2\psi_0}{U} = \Delta \frac{F'}{F} \qquad \text{(I 4, 33)}$$

den Kapazitätsbelag des Plattenkondensators je Einheit seiner Länge parallel der ζ-Achse. Wir vergleichen ihn mit dem Kapazitätsbelage c_i eines ideellen Plattenkondensators der Elektrodenlänge l_i beim Elektrodenabstand d_i, welcher lediglich im Interelektrodengebiet ein von Null verschiedenes und dort homogenes Feld entwickelt

$$c_i = \Delta \frac{l_i}{d_i}. \qquad \text{(I 4, 34)}$$

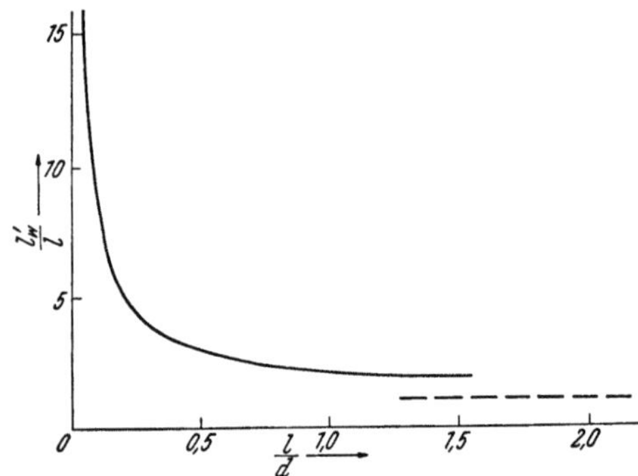

Abb. I 29. Die wirksame Elektrodenlänge des parallelebenen Ablenk-Kondensators.

Die verglichenen Systeme heißen äquivalent, falls sie den gleichen Kapazitätsbelag besitzen. Aus dieser Definition entspringt für die Konstruktion des dem wirklichen Plattenkondensator äquivalenten ideellen Kondensator die Vorschrift

$$\frac{l_i}{d_i} = \frac{F'}{F}. \qquad \text{(I 4, 35)}$$

Da sie gegen eine gleichzeitige Änderung von l_i und d_i in dem nämlichen Maßstab invariant ist, dürfen wir

$$d_i = d \qquad \text{(I 4, 36)}$$

wählen. Die hiernach aus (I 4, 33), (I 4, 34) und (I 4, 35) resultierende Elektrodenlänge l_i sei als wirksame Elektrodenlange l_w des vorgelegten Systemes definiert:

$$\frac{l_i}{l} \equiv \frac{l_w}{l} = \frac{d}{l} \frac{F'}{F}. \qquad \text{(I 4, 37)}$$

Im Verein mit (I 4, 23) schildert diese Gleichung den in Abb. I 29 dargestellten funktionellen Zusammenhang zwischen dem Verhältnis l_w/l der wirksamen zur konstruktiven Elektrodenlänge und dem Verhältnis l/d der

Elektrodenlänge zum Elektrodenabstand. Während für $l/d \to \infty$ das Verhältnis l_w/l gegen Eins konvergiert, resultiert beispielsweise im Falle $l/d = 1$ das Verhältnis $l_w/l = 2,1$.

Definitionsgemäß korrespondiert dem Kapazitätsbelag c des Kondensators bei der Spannung U das Paar antipolarer Elektroden-Ladungsbeläge

$$\pm \lambda = \pm c\,U. \qquad \text{(I 4, 38)}$$

Demnach konvergiert das komplexe Potential χ des Kondensators für $z \to \infty$ gegen das eines Dipoles vom Momentenbelag

$$\mu = \lambda\,d = c\,U\,d, \qquad \text{(I 4, 39)}$$

welcher parallel der x-Achse weist:

$$\lim_{z \to \infty} \chi = \frac{\mu}{2\pi\Delta}\frac{1}{z}. \qquad \text{(I 4, 40)}$$

Mit Rücksicht auf (I 4, 33) und (I 4, 37) entsteht hieraus die einfache Darstellung

$$\lim_{z \to \infty} \chi = \frac{U}{2\pi} \cdot \frac{l_w}{z}. \qquad \text{(I 4, 41)}$$

Wir ergänzen die asymptotische Berechnung des komplexen Potentiales in großen Entfernungen vom Ursprung durch die Analyse seiner Struktur in der Nachbarschaft des Ursprunges: Für $w \to 0$ entsteht aus (I 4, 14)

$$\lim_{w \to 0} z = C\,w \qquad \text{(I 4, 42)}$$

und aus (I 4, 30)

$$\lim_{w \to 0} \chi = \overline{C}\,w. \qquad \text{(I 4, 43)}$$

Hiernach resultiert in der Nachbarschaft des Ursprunges das komplexe Potential des Homogenfeldes

$$\chi = \frac{\overline{C}}{C}\,z = \frac{U}{2\pi} \cdot \frac{\pi^2}{E'\,F} \cdot \frac{z}{d} = \frac{U}{2\pi}\frac{F'}{E'}\left(\frac{\pi}{F}\right)^2 \cdot \frac{z}{l_w}, \qquad \text{(I 4, 44)}$$

dessen Feldstärke

$$E = \frac{U}{2\pi}\frac{F'}{E'}\left(\frac{\pi}{F}\right)^2 \frac{1}{l_w} \qquad \text{(I 4, 45)}$$

antiparallel der x-Achse weist.

d) Der Bau hochempfindlicher Ablenksysteme verlangt eine Kondensatorkonstruktion, welche sich durch ein möglichst großes Verhältnis der Elektrodenlänge zum Elektrodenabstand auszeichnet. Verlangt man überdies, daß die Grenzfrequenz der quasistationären Ablenkungsfähigkeit möglichst hoch liegt [Ziffer I 3, f], so zwingt die Trägheit der Elektronen zu einer Beschränkung der wirksamen Plattenlänge. Wir werden hiernach auf die Konstruktion von Ablenkungssystemen verwiesen, welche zwischen ihren antipolaren Elektroden einen möglichst kleinen Abstand aufweisen.

Wendet man die genannte Empfehlung auf den parallelebenen Kondensator an, so besteht die Gefahr, daß der abgelenkte Kathodenstrahl mit der positiv geladenen Elektrode in Kontakt kommt, so daß die Elektronen nicht mehr an den Fluoreszenzschirm gelangen. Um einen solchen Vorgang auszuschließen, vertauscht man häufig das System parallelebener Elektroden mit einem System gespreizter Platten, welche sich nach Abb. I 30 im Sinne der Elektronenbewegung voneinander entfernen; gefragt wird nach ihrem elektrostatischen Felde bei der Elektrodenspannung U.

Wir orientieren uns im Ablenk-Kondensator mittels der komplexen Koordinate $z = x + i\,y$. In der von ihr bestimmten Ebene führen wir neben den rechtwinkeligen Koordinaten x und y die Polarkoordinaten ϱ und ϑ durch

$$z = \varrho\, e^{i\vartheta}; \qquad -\pi < \vartheta < +\pi \tag{I 4, 46}$$

ein und setzen den gemeinsamen Ursprung beider Bezugssysteme derart fest, daß die jeweils das reelle Potential

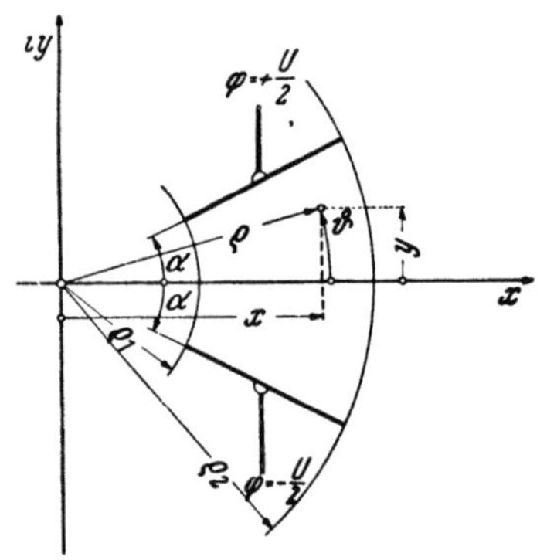

Abb. I 30. Orientierung im Kondensator mit gespreizten Platten.

$$\varphi_{\pm} = \pm \frac{1}{2} U \tag{I 4, 47}$$

führenden Elektroden durch die Strecken

$$\varrho_1 \leqq \varrho \leqq \varrho_2; \quad \vartheta = \pm\, \alpha \tag{I 4, 48}$$

gemäß Abb. I 30 beschrieben werden.

Nach Konstruktion des Kreises

$$|z| = R; \qquad R^2 = \varrho_1\, \varrho_2 \tag{I 4, 49}$$

gehen wir durch die Transformation

$$w = \ln \frac{z}{R} \tag{I 4, 50}$$

in die komplexe $w = (u + i\,v)$-Ebene über. In der w-Ebene entspricht jeder Streifen

$$-\pi < v < +\pi \qquad \mathrm{mod}\, 2\pi \tag{I 4, 51}$$

einem vollen Exemplar der schlichten z-Ebene. Die Elektrodenprofile (I 4, 48) werden hierdurch gemäß Abb. I 31 auf das periodische Streckensystem

$$\ln \sqrt{\frac{\varrho_1}{\varrho_2}} < u < \ln \sqrt{\frac{\varrho_2}{\varrho_1}}; \qquad v = \pm\, \alpha \qquad \mathrm{mod}\, 2\pi \tag{I 4, 52}$$

abgebildet.

Das Potentialproblem, welches durch die Randbedingungen (I 4, 48), (I 4, 52) definiert ist, kann formal mittels hyperelliptischer Integrale gelöst werden. Da diese sich jedoch nicht durch bekannte Funktionen ausdrücken lassen, kann man auf diesem Wege nur isolierte Resultate gewinnen, welche bestimmten, numerischen Daten des Elektrodensystemes angepaßt sind. Um daher zu allgemein gültigen Aussagen zu gelangen, müssen wir uns auf ein Näherungsverfahren beschränken; wir legen ihm die Voraussetzung hinreichend kleiner Spreizwinkel

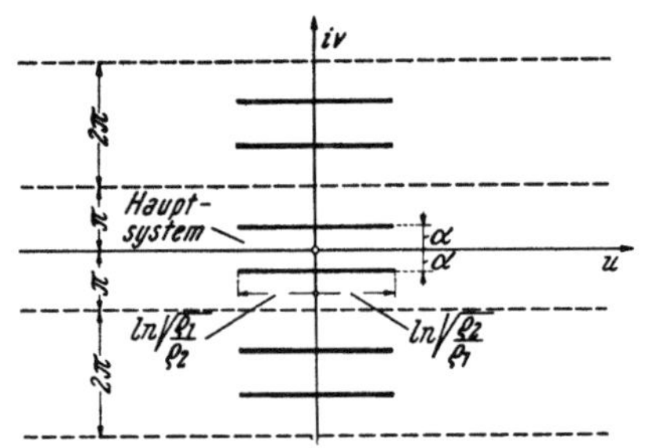

Abb. I 31. Konforme Abbildung des Spreizplatten-Systems in die w-Ebene.

$$2\,\alpha \ll \pi \tag{I 4, 53}$$

zugrunde.

Wir richten nun unser Augenmerk auf jenes „Hauptsystem" unter den unendlich vielen, elektrisch miteinander identischen Elektrodensystemen der w-Ebene, welches im Streifen $(-\pi) < v < (+\pi)$ liegt. Mit $\pm\,\lambda$ bezeichnen wir den Ladungsbelag je seiner antipolaren Elektroden, deren Potentiale $\varphi_{\pm}$ wir in je zwei Anteile zerlegen:

1. Das Primärpotential [Adskript p] ist durch jenes Feld definiert, welches von den Ladungsbelägen des Hauptsystemes allein erregt wird. Es handelt sich hier um einen parallelebenen Plattenkondensator vom Elektrodenabstand

$$d' = 2\,a \tag{I 4, 54}$$

und der Länge

$$l' = 2 \ln \sqrt{\frac{\varrho_2}{\varrho_1}} = \ln \frac{\varrho_2}{\varrho_1} \tag{I 4, 55}$$

je Elektrode. Daher folgt sein Kapazitätsbelag c^p, nachdem man aus Abb. I 27 den zum Verhältnis l'/d' gehörigen Modul k ermittelt hat, zu

$$c^p = \Delta \frac{\ln \frac{\varrho_2}{\varrho_1}}{2\,a} \cdot \frac{F'}{F} \tag{I 4, 56}$$

und hiermit

$$\varphi^p_\pm = \pm \frac{1}{2} \frac{\lambda}{c^p} \cdot \tag{I 4, 57}$$

2. Das Sekundärpotential [Adskript s] schildert den Einfluß aller Nachbarsysteme auf das Hauptsystem.

Während wir das Primärpotential exakt erfassen konnten, haben wir uns mit einer approximativen Berechnung des Sekundärpotentiales zu begnügen: Jedes Elektrodenpaar mit Einschluß des im Hauptstreifen gelegenen wird durch einen elektrischen Dipol vom Momentenbelag

$$\mu = \lambda\, d' = \lambda \cdot 2\,a \tag{I 4, 58}$$

ersetzt, welcher parallel der v-Achse weist. Das komplexe Primärpotential χ^p_0 des im Ursprung der w-Ebene zentrierten Haupt-Dipoles lautet somit

$$\chi^p_0 = \frac{\mu}{2\pi\Delta} \frac{i}{w} \cdot \tag{I 4, 59}$$

Dagegen resultiert als komplexes Potential χ_0 sämtlicher Dipole

$$\chi_0 = \frac{\mu}{2\pi\Delta} \cdot \frac{1}{2} \operatorname{cotg} \frac{w}{2\,i} \cdot \tag{I 4, 60}$$

Aus (I 4, 59) und (I 4, 60) finden wir als Näherung für das gesuchte komplexe Sekundärpotential

$$\chi^s = \chi_0 - \chi^p_0 = \frac{\mu}{2\pi\Delta} \left[\frac{1}{2} \operatorname{cotg} \frac{w}{2\,i} - \frac{i}{w}\right] \cdot \tag{I 4, 61}$$

Seine reelle Komponente je im Zentrum der antipolaren Hauptelektroden [$u = 0$; $v = \pm a$] beträgt

$$\varphi^s_\pm = \pm \frac{\mu}{2\pi\Delta} \left[\frac{1}{2} \operatorname{cotg} \frac{a}{2} - \frac{1}{a}\right] = \mp \frac{\lambda}{2\pi\Delta} \cdot 2 \left[1 - \frac{a}{2} \operatorname{cotg} \frac{a}{2}\right] \cdot \tag{I 4, 62}$$

Die Zusammenfassung von (I 4, 57) und (I 4, 62) führt mit Rücksicht auf (I 4, 47) zu der Gleichung

$$(\varphi^p_+ + \varphi^s_+) - (\varphi^p_- + \varphi^s_-) = U = \frac{\lambda}{\Delta} \left[\frac{2\,a}{\ln \frac{\varrho_2}{\varrho_1}} \cdot \frac{F}{F'} - \frac{2}{\pi} \left(1 - \frac{a}{2} \operatorname{cotg} \frac{a}{2}\right)\right], \tag{I 4, 63}$$

so daß wir für den Kapazitätsbelag c des untersuchten Ablenksystemes die Näherungsformel

$$c = \frac{\lambda}{U} = \frac{\Delta}{\frac{2\,\alpha}{\ln \varrho_2/\varrho_1} \cdot \frac{F}{F'} - \frac{2}{\pi}\left(1 - \frac{\alpha}{2}\operatorname{cotg}\frac{\alpha}{2}\right)} \tag{I 4, 64}$$

finden.

Für $|u| \to \infty$ konvergiert das komplexe Potential des Systemes gegen die Funktion (I 4, 60); wir transformieren sie mittels (I 4, 50) in die z-Ebene zurück und erhalten in dieser für $|z| \to \infty$

$$\lim_{|z|\to\infty} \chi = \frac{\mu}{2\pi\Delta}\frac{i}{2}\frac{\sqrt{\frac{z}{R}} + \sqrt{\frac{R}{z}}}{\sqrt{\frac{z}{R}} - \sqrt{\frac{R}{z}}} = \frac{\mu}{2\pi\Delta}\frac{i}{2}\left[1 + 2\frac{R}{z} + \ldots\right]. \tag{I 4, 65}$$

Begnügt man sich mit den explizit angegebenen Gliedern, so folgt unter Benützung von (I 4, 58) für das asymptotische Verhalten des reellen Potentiales φ

$$\lim_{|z|\to\infty} \varphi = \frac{\lambda \cdot 2\,\alpha\,R}{2\pi\Delta}\frac{\sin\vartheta}{\varrho}. \tag{I 4, 66}$$

Dies ist das Feld eines elektrischen Dipoles; daher definiert

$$d_w = 2\,\alpha\,R = 2\,\alpha\sqrt{\varrho_1\,\varrho_2} \tag{I 4, 67}$$

den wirksamen Abstand der gespreizten Kondensatorplatten. Mit seiner Hilfe berechnen wir die wirksame Länge l_w des Elektrodensystemes aus

$$\frac{1}{l_w} = \frac{\Delta}{c\,d_w} = \frac{1}{R}\left[\frac{1}{\ln\frac{\varrho_2}{\varrho_1}} \cdot \frac{F}{F'} - \frac{1}{\pi\,\alpha}\left(1 - \frac{\alpha}{2}\operatorname{cotg}\frac{\alpha}{2}\right)\right], \tag{I 4, 68}$$

so daß (I 4, 66) in die Gestalt

$$\lim_{|z|\to\infty} \varphi = \frac{U}{2\pi}\frac{l_w}{\varrho}\sin\vartheta \tag{I 4, 69}$$

gebracht werden kann.

Um das Feld des gespreizten Plattenkondensators auch in der Umgebung seines Zentrums kennenzulernen, bilden wir aus (I 4, 44) nach Ersatz von d durch $d' = 2\,\alpha$ und von z durch w/i für $w \to 0$

$$\chi^p = \frac{U}{2\pi} \cdot \frac{\pi^2}{E'\,F} \cdot \frac{w}{i\,2\,\alpha}. \tag{I 4, 70}$$

Gleichzeitig folgt aus (I 4, 61) die Entwicklung

$$\chi^s = \frac{\mu}{2\pi\Delta}\left[\frac{1}{2}\left\{\frac{2\,i}{w} - \frac{1}{3}\frac{w}{2\,i} + \ldots\right\} - \frac{i}{w}\right] = -\frac{\mu}{2\pi\Delta}\frac{1}{12}\frac{w}{i} + \ldots. \tag{I 4, 71}$$

Wir begnügen uns mit ihrem Anfangsgliede und erhalten durch Addition von (I 4, 70) und (I 4, 71) mit Rücksicht auf (I 4, 58) und (I 4, 68)

$$\lim_{w\to 0} \chi = \lim_{w\to 0}\left[\chi^p + \chi^s\right] = \frac{U}{2\pi}\left[\frac{\pi^2}{E'\,F}\frac{R}{d_w} - \frac{1}{12}\frac{l_w}{R}\right]\frac{w}{i}. \tag{I 4, 72}$$

Nun gilt nach (I 4, 50) die Transformation

$$\lim_{z \to R} w = \frac{z}{R} - 1. \qquad \text{(I 4, 73)}$$

Mit ihrer Hilfe resultiert aus (I 4, 72) nach Abspalten des Realteiles

$$\lim_{z \to R} \varphi = \frac{U}{2\pi} \frac{l_w}{d_w} \left[\frac{\pi^2}{E' F} \cdot \frac{R}{l_w} - \frac{1}{12} \right] \frac{y}{R}. \qquad \text{(I 4, 74)}$$

Dies ist das Potential eines parallel der y-Achse orientierten elektrischen Homogenfeldes der Feldstärke

$$E = \frac{U}{2\pi} \frac{l_w}{d_w} \left[\frac{\pi^2}{E' F} \cdot \frac{R}{l_w} - \frac{1}{12} \right] \frac{1}{R}. \qquad \text{(I 4, 75)}$$

e) Um äußere Störfelder unschädlich zu machen, wird das Gebiet des Ablenk-Kondensators häufig durch ein leitendes oder halbleitendes Rohr gegen die Umgebung abgeschirmt. Im zweidimensionalen Modell des Ablenk-Kondensators ist das Schirmrohr durch zwei planparallele Ebenen beiderseits des Kondensators zu ersetzen. Der Kürze halber beschränken wir die Untersuchung des resultierenden elektrostatischen Feldes auf einen Kondensator, dessen Elektroden gemäß Abb. I 32 durch

$$-\frac{1}{2} \leqq x \leqq +\frac{1}{2}; \qquad y = \pm \frac{1}{2} d \qquad \text{(I 4, 76)}$$

gegeben seien, während der Schirm durch die Ebenen

$$y = \pm d \qquad \text{(I 4, 77)}$$

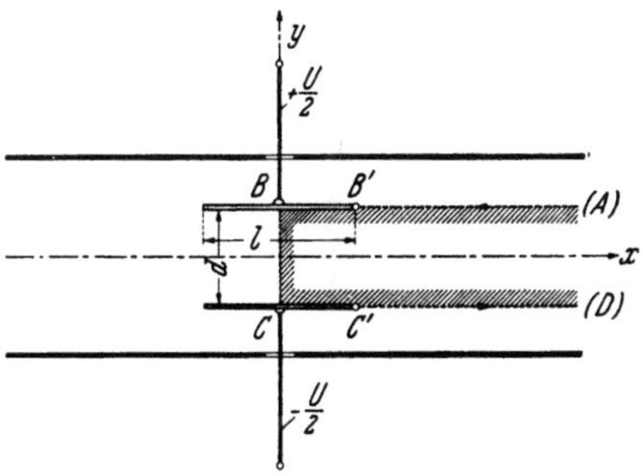

repräsentiert werde.

Abb. I 32. Anordnung geschirmter Ablenkplatten.

Bei vorgeschriebener Spannung U des Ablenk-Kondensators lauten dann die Randbedingungen des Potentialproblemes

$$\varphi = \pm \frac{U}{2} \quad \text{für} \quad y = \pm \frac{1}{2} d; \qquad -\frac{1}{2} \leqq x \leqq +\frac{1}{2}, \qquad \text{(I 4, 78)}$$

$$\varphi = 0 \quad \text{für} \quad y = \pm d. \qquad \text{(I 4, 79)}$$

Aus Symmetriegründen koinzidieren daher die vier Strahlen

$$|x| > \frac{1}{2}; \qquad |y| = \frac{d}{2} \qquad \text{(I 4, 80)}$$

je mit einer Kraftlinie.

In der z-Ebene richten wir nun unser Augenmerk auf das Polygon der Eckpunkte

$$A = \left(\infty, \frac{d}{2}\right); \quad B = \left(0, \frac{d}{2}\right); \quad C = \left(0, -\frac{d}{2}\right); \quad D = \left(\infty, -\frac{d}{2}\right) \qquad \text{(I 4, 81)}$$

und suchen es derart auf die reelle Achse der $w = (u + i v)$-Ebene abzubilden, daß die Ecken beziehentlich in

$$u_A \to -\infty; \qquad u_B \to -1; \qquad u_C \to +1; \qquad u_D \to +\infty \qquad \text{(I 4, 82)}$$

transformiert werden, während das Innere des im mathematisch-positiven Sinne umlaufenen Polygones in die Halbebene $v > 0$ übergeht. Nach Wahl einer vorerst noch willkürlichen Konstanten C lautet die zuständige *Schwarz-Christoffel*sche Differentialgleichung

$$\frac{dz}{dw} = \frac{C}{\sqrt{1-w^2}}. \qquad \text{(I 4, 83)}$$

Nach ihrer Integration längs $0 \leqq u \leqq 1$ entnehmen wir aus (I 4, 81), (I 4, 82)

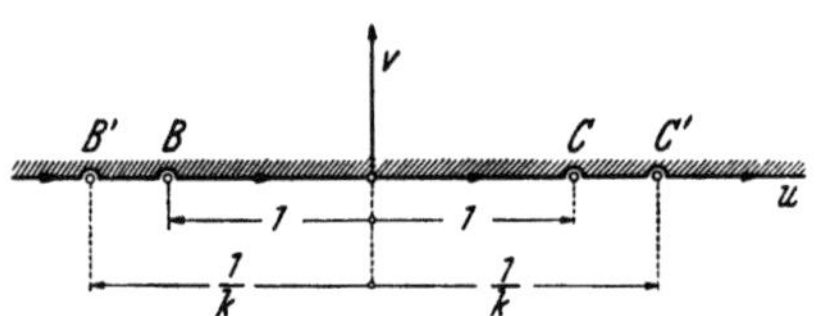

Abb. I 33. Konforme Abbildung des geschirmten Kondensators in die w-Ebene.

$$-i\frac{d}{2} = C \cdot \frac{\pi}{2}; \qquad C = i\frac{d}{\pi}, \qquad \text{(I 4, 84)}$$

also

$$z = -i\frac{d}{\pi}\arcsin w;$$

$$w = \sin i\pi\frac{z}{d} = i \sinh \pi\frac{z}{d}. \qquad \text{(I 4, 85)}$$

Daher befinden sich die Kanten

$$B' = \left(\frac{1}{2}, \frac{d}{2}\right); \qquad C' = \left(\frac{1}{2}, -\frac{d}{2}\right) \qquad \text{(I 4, 86)}$$

der Ablenkplatten nach ihrer Abbildung in die w-Ebene an den Orten

$$u_{B'} = \sin\left(i\frac{\pi}{2}\frac{l+i\,d}{d}\right) = -\cosh\frac{\pi}{2}\frac{l}{d}; \qquad u_{C'} = \sin\left(i\frac{\pi}{2}\frac{l-i\,d}{d}\right) = \cosh\frac{\pi}{2}\frac{l}{d}. \qquad \text{(I 4, 87)}$$

Setzen wir

$$k = \frac{1}{\cosh\frac{\pi}{2}\frac{l}{d}} < 1, \qquad \text{(I 4, 88)}$$

so lauten also die Randbedingungen des Potentialproblemes in der w-Ebene

$$\psi = 0 \qquad \text{für} \qquad 0 \leqq u \leqq 1; \qquad v = 0, \qquad \text{(I 4, 89)}$$

$$\varphi = \pm\frac{1}{2}U \qquad \text{für} \qquad \mp\frac{1}{k} \lesseqgtr u \lesseqgtr \mp 1; \qquad v = 0, \qquad \text{(I 4, 90)}$$

$$\psi = \psi_0 \qquad \text{für} \qquad |u| > \frac{1}{k}; \qquad v = 0, \qquad \text{(I 4, 91)}$$

wobei der feste Wert ψ_0 der Stromfunktion ψ noch zu bestimmen ist. In der komplexen $\chi = (\varphi + i\,\psi)$-Ebene definieren diese Gleichungen das in Abb. I 34 dargestellte Rechteck, dessen Ecken

$$B' = \left(\frac{U}{2}, \psi_0\right); \quad B = \left(\frac{U}{2}, 0\right); \quad C = \left(-\frac{U}{2}, 0\right); \quad C' = \left(-\frac{U}{2}, \psi_0\right) \qquad \text{(I 4, 92)}$$

den Punkten

$$u_{B'} = -\frac{1}{k}; \qquad u_B = -1; \qquad u_C = +1; \qquad u_{C'} = +\frac{1}{k} \qquad \text{(I 4, 93)}$$

der u-Achse entsprechen. Diejenige konforme Abbildung, welche die verlangte geometrische Relation verwirklicht und gleichzeitig das Innere des im mathematisch-positiven Sinne umfahrenen Rechteckes in die Halbebene $v > 0$ überführt, genügt der *Schwarz-Christoffel*schen Differentialgleichung

$$\frac{d\chi}{dw} = \frac{\bar{C}}{\sqrt{1-w^2}\sqrt{1-k^2 w^2}}, \tag{I 4, 94}$$

wobei $\bar{C}$ eine weiterhin zu ermittelnde Konstante bezeichnet. Nennen wir K und K′ die beziehentlich zum Modul k und seinem Komplement $k' = \sqrt{1-k^2}$ gehörigen vollständigen Elliptischen Integrale erster Gattung, so liefern die Bedingungen (I 4, 92), (I 4, 93)

$$\frac{U}{2} = \bar{C}\,K; \qquad \bar{C} = \frac{U}{2}\cdot\frac{1}{K}; \qquad \psi_0 = -\bar{C}\,K' = -\frac{U}{2}\frac{K'}{K}. \tag{I 4, 95}$$

Mit Hilfe der *Jacobi*schen Funktion sinusamplitude [Symbol sn] entnimmt man daher aus (I 4, 94)

$$w = -\,\mathrm{sn}\left(2\,K\,\frac{\chi}{U}\right). \tag{I 4, 96}$$

Im Verein mit (I 4, 85) resultiert hieraus der Zusammenhang

$$z = i\,\frac{d}{\pi}\,\mathrm{am}\left(2\,K\,\frac{\chi}{U}\right). \tag{I 4, 97}$$

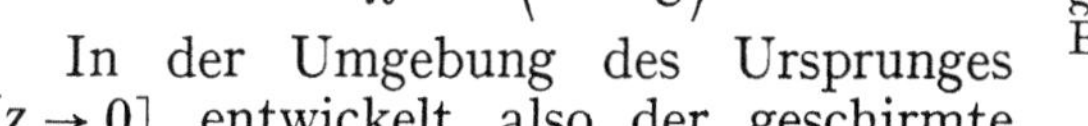

Abb. I 34. Randbedingungen des geschirmten Kondensators in der Ebene des komplexen Potentiales.

In der Umgebung des Ursprunges $[z \to 0]$ entwickelt also der geschirmte Plattenkondensator das Potential des parallel der y-Achse weisenden Homogenfeldes

$$\lim_{z\to 0} \varphi = \frac{U}{2}\frac{\pi}{K}\cdot\frac{y}{d} \tag{I 4, 98}$$

von der Feldstärke

$$E = \frac{U}{2}\cdot\frac{\pi}{K}\cdot\frac{1}{d}. \tag{I 4, 99}$$

Um die Struktur des Feldes für $|x| \to \infty$ zu finden, setzen wir im Anschluß an (I 4, 91) und (I 4, 95)

$$\chi = -\,i\,\frac{U}{2}\frac{K'}{K} + \chi', \tag{I 4, 100}$$

wobei nunmehr χ' mit $|x| \to \infty$ gegen Null konvergiert. Mittels der Identität

$$\mathrm{sn}\left(-\,i\,K' + 2\,\frac{K}{U}\,\chi'\right) \equiv \frac{1}{k\,\mathrm{sn}\left(2\,\frac{K}{U}\,\chi'\right)} \tag{I 4, 101}$$

folgt dann aus (I 4, 96)

$$\lim_{w\to\infty} \chi' = -\,\frac{U}{2\,k\,K\,w}. \tag{I 4, 102}$$

In gleicher Genauigkeit finden wir aus (I 4, 85)

$$\lim_{|x|\to\infty} \frac{1}{w} = \pm\,\frac{2}{i}\,e^{\mp\pi\frac{x}{d}}\left[\cos\pi\frac{y}{d} \mp i\sin\pi\frac{y}{d}\right]; \qquad x \gtrless 0 \tag{I 4, 103}$$

also, mit Rücksicht auf (I 4, 100) und (I 4, 102),

$$\lim_{|x|\to\infty} \varphi = \frac{U}{k\,K}\,e^{-\pi\frac{|x|}{d}}\,\sin\pi\frac{y}{d}. \tag{I 4, 104}$$

I 5. Elektronik des ungeschirmten Ablenk-Kondensators.

a) Gegeben ein ebener Plattenkondensator, dessen elektrisches Feld von der festen Spannung U erregt werde; gefragt wird nach seiner Wirkung auf den Kathodenstrahl einer *Braun*schen Röhre [Ziffer I 3, h].

Abb. I 35 zeigt das System der Ablenkplatten. Es unterscheidet sich von dem in Ziffer I 4, c behandelten zweidimensionalen Modell von der Länge l und dem Abstand d seiner dort unbegrenzten Bandelektroden wesentlich durch deren hier nur endliche Breite 2 s senkrecht zu ihrer symmetrisch gelegenen Steuerebene. Das Bezugssystem der rechtsläufigen, *Kartesi*schen Koordinaten x, y, ζ beginne im Zentrum O des Kondensators: die positive x-Achse koinzidiere mit der geradlinigen Verlängerung des einfallenden Kathodenstrahles, während die y-Achse parallel der Plattennormalen von der negativen zur positiven Elektrode weise. Die Anode möge, von ihrer infinitesimal gedachten Öffnung abgesehen, die Ebene $x = x_0 < -1/2\, l$ erfüllen und das feste Potential $\varphi = \varphi_a > 0$ gegen die Kathode führen, welche ihrerseits die Elektronen ohne merkliche Startgeschwindigkeit emittiere. Wird vermöge der Schaltung der unterschiedlichen Spannungsquellen die Ebene $y = 0$ auf dem Potential der Anode erhalten, so entsprechen also der Erregerspannung U des Ablenk-Kondensators die Potentiale

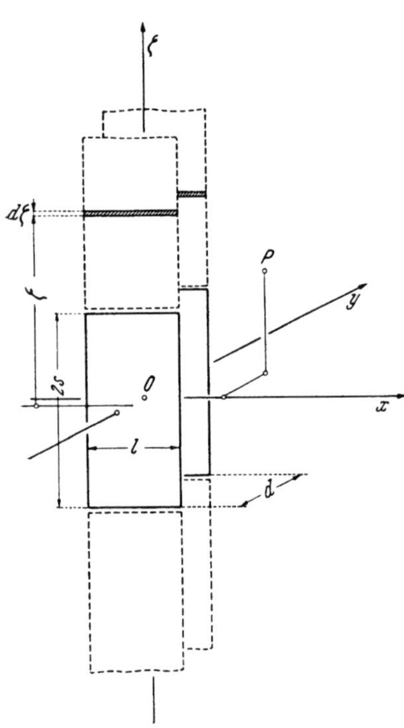

Abb. I 35. Beschreibung endlicher Ablenkplatten.

$$\varphi_{\pm} = \varphi_a \pm \frac{1}{2} U; \qquad y = \pm \frac{1}{2} d \tag{I 5, 1}$$

seiner Elektroden.

b) Nach passender Verfügung über den Ursprung der laufenden Zeit t begleiten wir den Weg jenes Elektrons, welches im Augenblick $t = t_0$ die Anodenöffnung längs der positiven x-Achse mit der Geschwindigkeit v_0 passiert; seine kinematischen Anfangsbedingungen lauten somit

$$\left.\begin{matrix} x = x_0; & y = 0; & \zeta = 0 \\ \dfrac{dx}{dt} = v_0; & \dfrac{dy}{dt} = 0; & \dfrac{d\zeta}{dt} = 0 \end{matrix}\right\} \text{ für } t = t_0. \tag{I 5, 2}$$

Da nun zufolge der Wahl des Bezugssystemes die Feldkomponente E_ζ in der Ebene

$$\zeta = 0 \tag{I 5, 3}$$

identisch verschwindet, definiert diese Gleichung die invariable Ebene der gesuchten Bahn. Bezeichnen

$$E_x{}^0 = E_x(x, y, 0); \qquad E_y{}^0 = E_y(x, y, 0) \tag{I 5, 4}$$

die in dieser Ebene gemessenen, beziehentlich zur x- und zur y-Achse parallelen Komponenten der elektrischen Feldstärke, so unterliegt demnach die Bewegung des kontrollierten Elektrons, bei Beschränkung auf hinreichend kleine Beträge seiner Geschwindigkeit, den *Newton*schen Gleichungen

$$m_0 \frac{d^2x}{dt^2} = -q_0 E_x^0, \tag{I 5, 5}$$

$$m_0 \frac{d^2y}{dt^2} = -q_0 E_y^0. \tag{I 5, 6}$$

c) Um die Feldkomponenten (I 5, 4) explizit darzustellen, kehren wir zunächst durch den Grenzübergang $s \to \infty$ zum zweidimensionalen Modell des Ablenk-Kondensators zurück. Obwohl uns nun dessen Potentialfeld durch die Entwicklungen der Ziffer I 4, c lückenlos bekannt ist, schließt doch sein komplizierter funktioneller Bau die gewünschte Beschreibung der Feldkomponenten mittels geschlossener analytischer Ausdrücke der Aufpunktskoordinaten aus. Um diese Schwierigkeit zu überwinden, ersetzen wir das System des zweidimensionalen Plattenkondensators durch einen elliptischen Zylinder, dessen Achse mit der ζ-Achse koinzidiert. Seien a und b die beziehentlich zur x- und zur y-Achse parallelen Halbachsen der Querschnittsellipse, so ist also der Zylindermantel [Index M] durch die Gleichungen

$$\frac{x_M^2}{a^2} + \frac{y_M^2}{b^2} = 1; \qquad -\infty < \zeta_M < \infty \tag{I 5, 7}$$

gegeben; er führe das Potential

$$\varphi_M = E_0 \cdot \varphi_M, \tag{I 5, 8}$$

in welchem E_0 eine reelle Konstante bezeichnet. Nun suchen wir a, b und E_0 so zu bestimmen, daß die Potentialfelder φ' des elliptischen Zylinders und φ des zweidimensionalen Plattenkondensators folgenden Äquivalenzforderungen genügen:

1. In der Umgebung des Koordinaten-Ursprunges sollen die verglichenen Systeme die nämliche Feldstärke entwickeln

$$\lim_{x \to 0} \left(-\frac{\partial \varphi'}{\partial y}\right) = \lim_{x \to 0} \left(-\frac{\partial \varphi}{\partial y}\right). \tag{I 5, 9}$$

2. In großem Abstand vom Ursprung soll die längs der x-Achse auftretende Feldstärke des elliptischen Zylinders gegen jene des zweidimensionalen Plattenkondensators konvergieren

$$\lim_{|x| \to \infty} \frac{\left(-\frac{\partial \varphi'}{\partial y}\right)_{y=0}}{\left(-\frac{\partial \varphi}{\partial y}\right)_{y=0}} = 1. \tag{I 5, 10}$$

3. Die je Breiteneinheit $\Delta\, \zeta = 1$ längs der x-Achse gemessenen Induktionsflüsse beider Systeme sollen einander gleichen

$$-\Delta \int_{-\infty}^{\infty} \left(\frac{\partial \varphi'}{\partial y}\right)_{y=0} dx = -\Delta \int_{-\infty}^{\infty} \left(\frac{\partial \varphi}{\partial y}\right)_{y=0} dx. \tag{I 5, 11}$$

Der Kürze halber beschränken wir uns weiterhin auf die Annahme $a > b$. Nach Definition der Brennweite

$$f = \sqrt{a^2 - b^2} \tag{I 5, 12}$$

gehen wir von der komplexen $z = (x + i\,y)$-Ebene mittels

$$z = f \sin w \qquad \text{(I 5, 13)}$$

auf die komplexe $w = (u + i\,v)$-Ebene über. Durch Trennung des Reellen vom Imaginären folgt aus (I 5, 13)

$$x = f \sin u \cosh v, \qquad \text{(I 5, 14)}$$

$$y = f \cos u \sinh v \qquad \text{(I 5, 15)}$$

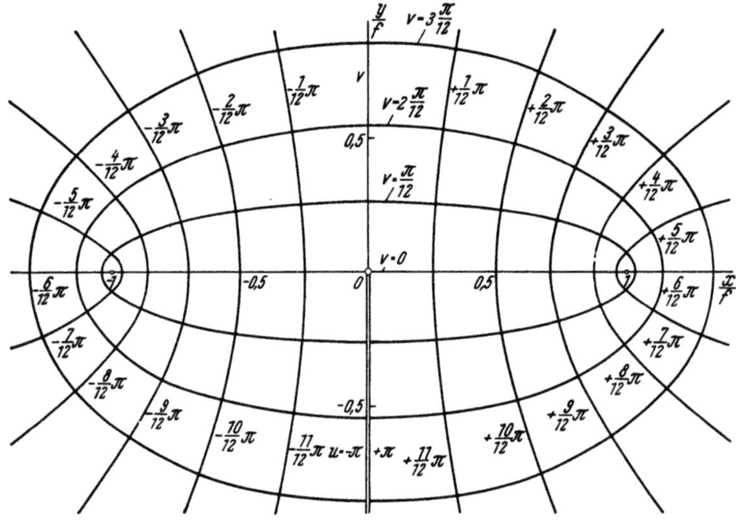

Abb. I 36. Elliptische Koordinaten u und v zur Beschreibung des Feldes im elliptischen Zylinder.

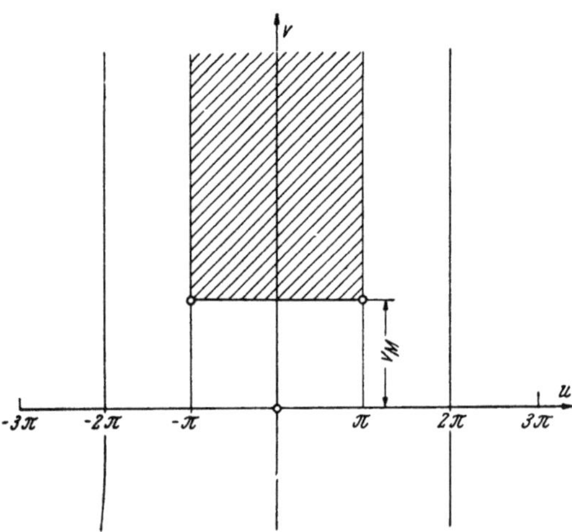

Abb. I 37. Konforme Abbildung des elliptischen Zylinders in die w-Ebene.

und diesem Gleichungspaar entnimmt man die Relationen

$$\left(\frac{x}{f \cosh v}\right)^2 + \left(\frac{y}{f \sinh v}\right)^2 = 1, \qquad \text{(I 5, 16)}$$

$$\left(\frac{x}{f \sin u}\right)^2 - \left(\frac{y}{f \cos u}\right)^2 = 1. \qquad \text{(I 5, 17)}$$

Hiernach entspricht also einem vollen Exemplar der schlichten z-Ebene jeder entweder in $v \geqq 0$ oder in $v \leqq 0$ gelegene Halbstreifen $(-\pi) < u < \pi \bmod 2\pi$. Die in einem von ihnen befindlichen Abschnitte $v = 0$ der u-Achse liefern in der z-Ebene die Brennlinie $|x| < f$, $y = 0$, während die Strecken $v = \text{const.} \neq 0$ das System der zur Brennlinie konfokalen Ellipsen ergeben; je ein Paar spiegelbildlich zur v-Achse gelegener Halbstrahlen $u = \pm\,\text{const.}$ werden in einen individuellen Zweig jener Schar konfokaler Hyperbeln transformiert, welche die vorgenannten Ellipsen orthogonal schneiden [Abb. I 36]. Wir beziehen uns weiterhin auf den Halbstreifen [Abb. I 37]

$$-\pi < u < \pi; \qquad v > 0. \tag{I 5, 18}$$

In ihm wird das Bild der x-Achse durch die Gleichungen

$$\begin{aligned} \frac{x}{f} &= \sin u; \qquad v = 0 \qquad \text{für} \quad |x| \leqq f \\ \frac{x}{f} &= \mp \cosh v; \qquad u = \mp \frac{\pi}{2} \qquad \text{für} \quad \begin{matrix} x \leqq -f \\ x \geqq +f \end{matrix} \end{aligned} \tag{I 5, 19}$$

beschrieben, während das Profil des Zylindermantels (I 5, 7) durch die Strecke

$$-\pi < u < \pi; \qquad v = v_M = \operatorname{artgh} \frac{b}{a}, \tag{I 5, 20}$$

also

$$a = f \cosh v_M; \qquad b = f \sinh v_M \tag{I 5, 21}$$

dargestellt wird. Gemäß (I 5, 8) herrscht somit längs der Geraden (I 5, 15) das Potential

$$\varphi' = \varphi_M = E_0 b \cdot \cos u. \tag{I 5, 22}$$

Überdies folgt aus (I 5, 9) im Verein mit (I 5, 19)

$$\varphi' = 0 \qquad \text{für} \qquad -\pi < u < \pi; \qquad v = 0, \tag{I 5, 23}$$

während (I 5, 10) die Bedingung

$$\lim_{v \to \infty} \varphi' = 0 \tag{I 5, 24}$$

nach sich zieht. Die diesen Forderungen genügenden Integrale der *Laplace*-schen Gleichung lauten

$$\varphi' = E_0 b \cdot \cos u \frac{\sinh v}{\sinh v_M} = E_0 f \cos u \cdot \sinh v \qquad \text{für} \qquad 0 \leqq v \leqq v_M, \tag{I 5, 25}$$

$$\varphi' = E_0 b \cos u \, e^{-(v - v_M)} = E_0 b \sqrt{\frac{a+b}{a-b}} \cos u \, e^{-v} \qquad \text{für} \qquad v \geqq v_M. \tag{I 5, 26}$$

Sie bilden je die Realteile der komplexen analytischen Funktionen

$$\chi' = -i E_0 f \sin w \qquad \text{für} \qquad 0 \leqq v < v_M, \tag{I 5, 27}$$

$$\chi' = E_0 b \sqrt{\frac{a+b}{a-b}} e^{-w} \qquad \text{für} \qquad v > v_M, \tag{I 5, 28}$$

deren Imaginärteile also die zum Felde des elliptischen Zylinders gehörigen Stromfunktionen liefern

$$\psi' = -E_0 f \sin u \cosh v \qquad \text{für} \qquad 0 \leqq v < v_M, \tag{I 5, 29}$$

$$\psi' = E_0 b \sqrt{\frac{a+b}{a-b}} \sin u \, e^{-v} \qquad \text{für} \qquad v > v_M. \tag{I 5, 30}$$

Insbesondere gilt zufolge (I 5, 19) längs der x-Achse

$$\psi' = -E_0 x \qquad \text{für} \qquad -a < x < a, \tag{I 5, 31}$$

$$\psi' = \pm E_0 b \sqrt{\frac{a+b}{a-b}} \left[\pm \frac{x}{f} - \sqrt{\left(\frac{x}{f}\right)^2 - 1} \right] \qquad \text{für} \qquad \begin{matrix} x > a \\ x < -a \end{matrix} \tag{I 5, 32}$$

so daß man dort die elektrische Feldstärke

$$E_y' = \frac{\partial \psi'}{\partial x} = -E_0 \qquad \text{für} \quad -a < x < a, \qquad (I\ 5,\ 33)$$

$$E_y' = \frac{\partial \psi'}{\partial x} = -E_0 \cdot \frac{b}{a-b}\left[\pm \frac{x}{\sqrt{x^2-f^2}} - 1\right] \quad \text{für} \quad \begin{matrix} x > a \\ x < -a \end{matrix} \qquad (I\ 5,\ 34)$$

vorfindet; im Bereiche $|x| \gg f$ resultiert aus der letzten Gleichung die nach Potenzen von x/f fortschreitende Entwicklung

$$E_y' = -E_0 \cdot \frac{b}{a-b}\left[\frac{f^2}{2x^2} + \ldots\right] = -E_0\left[\frac{b \cdot (a+b)}{2x^2} + \ldots\right]. \qquad (I\ 5,\ 35)$$

Mit Rücksicht auf (I 4, 45) folgt also zunächst aus (I 5, 9) und (I 5, 33)

$$E_0 = \frac{U}{2\pi} \cdot \frac{F'}{E'}\left(\frac{\pi}{F}\right)^2 \frac{1}{l_w} = \frac{U}{d} \cdot \frac{\pi}{2E'F} \qquad (I\ 5,\ 36)$$

und daher weiter, unter Berufung auf (I 4, 41), aus (I 5, 10) und (I 5, 35)

$$-\frac{U}{2\pi} \cdot \frac{l_w}{x^2} = -\frac{U}{2\pi}\frac{F'}{E'}\left(\frac{\pi}{F}\right)^2 \frac{1}{l_w}\frac{b(a+b)}{2x^2}. \qquad (I\ 5,\ 37)$$

Aus (I 5, 31) und (I 5, 32) entnimmt man nun

$$\int_{-\infty}^{\infty} E_y'\,dx = 2\int_0^{\infty} E_y'\,dx = 2\left[\psi'(\infty) - \psi'(a+0) + \psi'(a-0) - \psi'(0)\right] =$$

$$= -2E_0(a+b) \qquad (I\ 5,\ 38)$$

Daher liefert (I 5, 11) mit Benützung von (I 4, 36) die Gleichung

$$U\frac{l_w}{d} = U\frac{F'}{F} = \frac{U}{2\pi}\frac{F'}{E'}\left(\frac{\pi}{F}\right)^2 \frac{2(a+b)}{l_w}, \qquad (I\ 5,\ 39)$$

also

$$2(a+b) = \frac{2}{\pi} E' F l_w. \qquad (I\ 5,\ 40)$$

In Verbindung mit (I 5, 37) resultieren aus (I 5, 40) die geometrischen Relationen

$$b = \frac{l_w}{2}\frac{4}{\pi}\frac{F}{F'} = \frac{4}{\pi} \cdot \frac{d}{2}; \qquad a = \frac{l_w}{2}\frac{2}{\pi} F E' - \frac{4}{\pi}\frac{d}{2}. \qquad (I\ 5,\ 41)$$

d) Wie wird die Struktur des Ablenkfeldes durch die in Richtung der ζ-Achse nur endliche Breite der Elektroden gegenüber dem Felde des zweidimensionalen Modelles verändert?

Indem wir Randeffekte in ζ-Richtung außer acht lassen, setzen wir innerhalb des Bereiches

$$-s < \zeta < s \qquad (I\ 5,\ 42)$$

den Ladungsbelag $\pm \lambda$ je Breiteneinheit $\Delta\zeta = 1$ der antipolaren Elektroden jenem des zweidimensionalen Kondensatormodelles vom nämlichen Elektrodenprofile gleich. In der hierdurch definierten Näherung, die allerdings auf nicht zu kleine Verhältnisse s/d beschränkt ist, resultiert das Potential φ'' des Plattenkondensators endlicher Breite als Differenz des zweidimensionalen Potentiales φ und des Potentiales φ''' der beiden virtuellen Elektrodengebiete $s \leqq |\zeta| < \infty$:

$$\varphi'' = \varphi - \varphi'''. \qquad (I\ 5,\ 43)$$

Gemäß Abb. I 35 schneiden wir aus einem der virtuellen Elektrodengebiete mittels der infinitesimal benachbarten Ebenen $\zeta = \zeta'$ und $\zeta = \zeta' + d\zeta'$ die Schicht $d\zeta'$ aus; die ihr innewohnenden virtuellen Ladungen $\pm \lambda\, d\zeta'$ erzeugen das parallel zur y-Achse weisende Elementarmoment

$$d\mu = \Delta \cdot U \cdot l_w \cdot d\zeta', \tag{I 5, 44}$$

dessen Potential $d\varphi'''$ mit wachsendem Abstande des Aufpunktes $P = (x, y, \zeta)$ vom Ursprung O gegen das Dipolfeld

$$d\varphi''' = \frac{d\mu}{4\pi\Delta} \cdot \frac{y}{\left[x^2 + y^2 + (\zeta' - \zeta)^2\right]^{\frac{3}{2}}} \tag{I 5, 45}$$

konvergiert. In gleicher Genauigkeit findet man somit für das Potential φ''' die Darstellung

$$\varphi''' = \int_{-\infty}^{-s} d\varphi''' + \int_{s}^{\infty} d\varphi''' =$$

$$= \frac{U\, l_w}{4\pi} \frac{y}{x^2 + y^2} \left[\left(1 - \frac{s - \zeta}{\sqrt{x^2 + y^2 + (s - \zeta)^2}}\right) + \left(1 - \frac{s + \zeta}{\sqrt{x^2 + y^2 + (s + \zeta)^2}}\right)\right]. \tag{I 5, 46}$$

In der Ebene $\zeta = 0$ reduziert es sich auf

$$\varphi''' = \frac{U\, l_w}{2\pi} \frac{y}{x^2 + y^2} \cdot \left[1 - \frac{s}{\sqrt{x^2 + y^2 + s^2}}\right], \tag{I 5, 47}$$

so daß längs der x-Achse die Feldstärke

$$E_y^{0'''} = -\left(\frac{\partial \varphi'''}{\partial y}\right)_{y=0,\,\zeta=0} = -\frac{U\, l_w}{2\pi} \cdot \frac{1}{x^2} \cdot \left[1 - \frac{s}{\sqrt{x^2 + s^2}}\right] \tag{I 5, 48}$$

resultiert. Vertauschen wir schließlich φ mit dem Potential φ' des äquivalenten elliptischen Zylinders, so ergibt sich aus (I 5, 33), (I 5, 34) und (I 5, 48) mit Rücksicht auf (I 5, 36) und (I 5, 43) für das Feld längs der x-Achse die abschnittsweise gültige Approximation [Abb. I 38]

$$E_y^0 = -\frac{U\, l_w}{2\pi} \left[\frac{2}{f^2} \left(-\frac{x}{\sqrt{x^2 - f^2}} - 1\right) - \frac{1}{x^2} \left(1 - \frac{s}{\sqrt{x^2 + s^2}}\right)\right]; \quad x < -a, \tag{I 5, 49}$$

$$E_y^0 = -\frac{U\, l_w}{2\pi} \left[\frac{2}{f^2} \left(\frac{a - b}{b}\right) - \frac{1}{x^2} \left(1 - \frac{s}{\sqrt{x^2 + s^2}}\right)\right]; \quad -a < x < a, \tag{I 5, 50}$$

$$E_y^0 = -\frac{U\, l_w}{2\pi} \left[\frac{2}{f^2} \left(\frac{x}{\sqrt{x^2 - f^2}} - 1\right) - \frac{1}{x^2} \left(1 - \frac{s}{\sqrt{x^2 + s^2}}\right)\right]; \quad x > a. \tag{I 5, 51}$$

Diese Gleichungen sind, streng genommen, durch jenes Sekundärfeld zu ergänzen, welches in dem hier untersuchten, idealisierten Modell der *Braun*schen Röhre durch geometrische und elektrische Spiegelung des Ablenk-Kondensators an der Anodenebene $x = x_0$ hervorgeht; tatsächlich erfüllt jedoch die Anode nur eine relativ so enge Umgebung ihrer zentralen Öffnung, daß das genannte Sekundärfeld außer acht bleiben darf. Wir gehen über diese Anweisung hinaus, indem wir uns durch den Grenzübergang

$$x_0 \to -\infty \tag{I 5, 52}$$

von dem Einfluß der Anode auf den Ablenkvorgang gänzlich emanzipieren.

e) Wir setzen weiterhin

$$|U| \ll \frac{m_0 v_0^2}{2 q_0} = \varphi_a \qquad \text{(I 5, 53)}$$

voraus. Da uns die Wahl des Zeitursprunges noch freisteht, folgt nun im Grenzfalle $U \to 0$ aus (I 5, 5), (I 5, 6) in Verbindung mit (I 5, 2)

$$\lim_{U \to 0} x = v_0 t; \quad \lim_{U \to 0} y = 0. \qquad \text{(I 5, 54)}$$

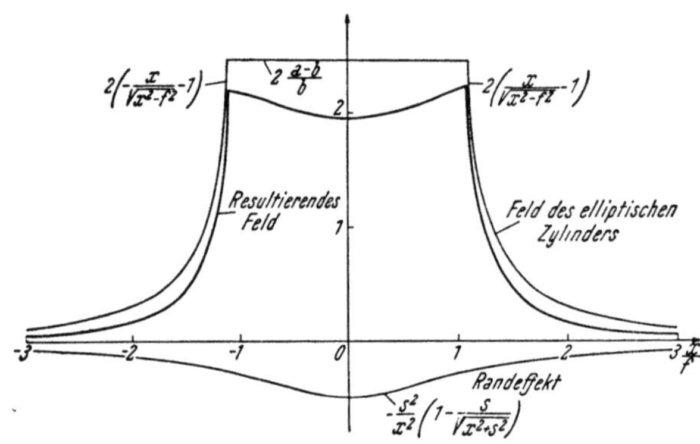

Abb. I 38. Feldverlauf in der Symmetrie-Ebene des Ersatz-Kondensators.

Im Lichte der Ungleichung (I 5, 52) dürfen wir diese Aussagen als erstes Näherungsintegral der Bewegungsgleichungen auffassen. In zweiter Näherung entsteht dann aus (I 5, 6) für die Ablenkung des kontrollierten Elektrons aus seiner Einfallsgeraden die zeitfreie Differentialgleichung

$$\frac{d^2y}{dx^2} = -\frac{q_0}{m v_0^2} E_y^0 = -\frac{E^0}{2\varphi_a}, \qquad \text{(I 5, 55)}$$

in welcher E_y^0 beziehentlich mit der in (I 5, 49), (I 5, 50), (I 5, 51) angegebenen Feldstärke identifiziert werden darf.

1. Im Anlaufgebiete

$$x_0 < x < -a \qquad \text{(I 5, 56)}$$

lautet die zu behandelnde Gleichung

$$\frac{d^2y}{dx^2} = \frac{U}{\varphi_a} \cdot \frac{l_w}{4\pi}\left[\frac{2}{f^2}\left(-\frac{x}{\sqrt{x^2-f^2}} - 1\right) - \frac{1}{x^2}\left(1 - \frac{s}{\sqrt{x^2+s^2}}\right)\right]. \qquad \text{(I 5, 57)}$$

Durch ihre einmalige Integration zwischen den in $x < -a$ gelegenen Grenzen x_0 und x finden wir zunächst die Neigung der Elektronenbahn gegen die Einfallsgerade

$$\frac{dy}{dx} = \frac{U}{\varphi_a} \cdot \frac{l_w}{4\pi} \cdot \left[-\frac{2}{f^2}\{(x + \sqrt{x^2-f^2}) - (x_0 + \sqrt{x_0^2-f^2})\} - \right.$$
$$\left. -\frac{1}{s}\left\{\frac{\sqrt{x^2+s^2}-s}{x} - \frac{\sqrt{x_0^2+s^2}-s}{x_0}\right\}\right] \qquad \text{(I 5, 58)}$$

und also, mittels des Grenzüberganges (I 5, 52)

$$\frac{dy}{dx} = \frac{U}{\varphi_a} \cdot \frac{l_w}{4\pi}\left[-\frac{2}{f^2}\{x + \sqrt{x^2-f^2}\} - \frac{1}{s}\left\{\frac{\sqrt{x^2+s^2}-s}{x} + 1\right\}\right]. \qquad \text{(I 5, 59)}$$

Insbesondere folgt für $x = -a$ die Neigung der kontrollierten Elektronenbahn bei ihrem Eintritt in den elliptischen Zylinder

$$\left(\frac{dy}{dx}\right)_{x=-a} = \frac{U}{\varphi_a} \cdot \frac{l_w}{4\pi}\left[\frac{2}{a+b} + \frac{1}{s}\left(\frac{\sqrt{a^2+s^2}-s}{a} - 1\right)\right]. \qquad \text{(I 5, 60)}$$

Sie nähert sich mit zunehmender Breite des Ablenk-Kondensators dem Grenzwert

$$\lim_{s\to\infty}\left(\frac{dy}{dx}\right)_{x=-a}=\frac{U}{\varphi_a}\cdot\frac{l_w}{4\pi}\frac{2}{a+b}. \qquad (I\ 5,\ 61)$$

Zu (I 5, 59) zurückkehrend, liefert eine nochmalige Integration über den oben genannten Bereich den Abstand des kontrollierten Elektrons von der Einfallsgeraden

$$y=\frac{U}{\varphi_a}\frac{l_w}{4\pi}\left[\left\{-\frac{x^2}{f^2}+\frac{1}{2}-\frac{x}{f}\sqrt{\frac{x^2}{f^2}-1}+\ln\left(\frac{x}{f}+\sqrt{\frac{x^2}{f^2}-1}\right)\right\}_{x_0}^{x}+\right.$$
$$\left.+\left\{\ln\frac{s+\sqrt{x^2+s^2}}{s}-\sqrt{\frac{x^2}{s^2}+1}-\frac{x}{s}\right\}_{x_0}^{x}\right] \qquad (I\ 5,\ 62)$$

und wenn man nach Einsetzen der Grenzen die Operation (I 5, 52) ausführt

$$y=\frac{U}{\varphi_a}\frac{l_w}{4\pi}\left[-\frac{x^2}{f^2}+\frac{1}{2}-\frac{x}{f}\sqrt{\frac{x^2}{f^2}-1}+\ln\left(-\frac{x}{f}-\sqrt{\frac{x^2}{f^2}-1}\right)+\right.$$
$$\left.+\ln\frac{s+\sqrt{x^2+s^2}}{s}-\sqrt{\frac{x^2}{s^2}+1}-\frac{x}{s}+\ln\frac{2s}{f}\right]. \qquad (I\ 5,\ 63)$$

Für $x=-a$ resultiert hieraus als Vorablenkung des kontrollierten Elektrons bis zu seinem Eintritt in den elliptischen Zylinder

$$y_{x=-a}=\frac{U}{\varphi_a}\cdot\frac{l_w}{4\pi}\left[\frac{1}{2}-\frac{a}{a+b}+\ln\frac{2(s+\sqrt{a^2+s^2})}{a+b}+\frac{a}{s}-\sqrt{\frac{a^2}{s^2}+1}\right]. \qquad (I\ 5,\ 64)$$

Wollte man hier mittels des Grenzüberganges $s\to\infty$ zum zweidimensionalen Plattenkondensator zurückkehren, so würde die Vorablenkung jedes Maß überschreiten: Das kontrollierte Elektron könnte nicht in das Innere des Elektrodensystemes eindringen oder gar dieses durchkreuzen; der vorgeschlagene Grenzübergang ist daher in der Analyse des ungeschirmten Ablenk-Kondensators grundsätzlich unzulässig.

2. Im Kernbereiche

$$-a<x<+a \qquad (I\ 5,\ 65)$$

des Ablenksystemes unterliegt das kontrollierte Elektron der Differentialgleichung

$$\frac{d^2y}{dx^2}=\frac{U}{\varphi_w}\frac{l_w}{4\pi}\left[\frac{2}{f^2}\frac{a-b}{b}-\frac{1}{x^2}\left(1-\frac{s}{\sqrt{x^2+s^2}}\right)\right]. \qquad (I\ 5,\ 66)$$

Die von ihr implizit beschriebene Bahn bildet die stetige Fortsetzung der im Anlaufgebiete durchlaufenen Trajektorie. Daher ergibt sich aus (I 5, 66) durch einmalige Integration die Gleichung

$$\frac{dy}{dx}=\left(\frac{dy}{dx}\right)_{x=-a}+\frac{U}{\varphi_a}\frac{l_w}{4\pi}\cdot\left[\frac{2}{a+b}\cdot\frac{x+a}{b}-\frac{1}{s}\left.\frac{\sqrt{x^2+s^2}-s}{x}\right|_{-a}^{x}\right]. \qquad (I\ 5,\ 67)$$

Sie liefert für die Neigung, mit welcher das Elektron den Kernbereich in $x=a$ verläßt, die Größe

$$\left(\frac{dy}{dx}\right)_{x=+a}=\frac{U}{\varphi_a}\frac{l_w}{4\pi}\left[\frac{2}{a+b}\left(1+\frac{2a}{b}\right)-\frac{1}{s}\left(\frac{\sqrt{a^2+s^2}-s}{a}+1\right)\right]. \qquad (I\ 5,\ 68)$$

Mittels weiterer Integration folgt aus (I 5, 67)

$$y = y_{x=-a} + (x+a)\left(\frac{dy}{dx}\right)_{x=-a} +$$

$$+ \frac{U}{\varphi_a}\frac{l_w}{4\pi}\left[\frac{1}{a+b}\frac{(x+a)^2}{b} - \frac{1}{s}\frac{\sqrt{a^2+s^2}-s}{a}(x+a) - \frac{1}{s}\int\limits_{-a}^{x}\frac{\sqrt{x'^2+s^2}-s}{x'}dx'\right]. \tag{I 5, 69}$$

Für x = a annulliert sich das in der eckigen Klammer verbleibende bestimmte Integral. Beim Austritt aus dem Kerngebiet hat sich somit das kontrollierte Elektron um

$$y_{x=a} = y_{x=-a} + \frac{U}{\varphi_a}\cdot\frac{l_w}{4\pi}\left[\frac{4\,a}{b} - \frac{2\,a}{s}\right] \tag{I 5, 70}$$

von der Einfallsgeraden entfernt.

3. Im Auslaufbereiche

$$x > a \tag{I 5, 71}$$

gehorcht die Elektronenbewegung der Differentialgleichung

$$\frac{d^2y}{dx^2} = \frac{U}{\varphi_a}\frac{l_w}{4\pi}\left[\frac{2}{f^2}\left(\frac{x}{\sqrt{x^2-f^2}}-1\right) - \frac{1}{x^2}\left(1-\frac{s}{\sqrt{x^2+s^2}}\right)\right], \tag{I 5, 72}$$

deren Lösung die Elektronenbahn des Kernbereiches stetig fortzusetzen hat. Wir finden daher durch einmalige Integration aus (I 5, 72)

$$\frac{dy}{dx} = \left(\frac{dy}{dx}\right)_{x=a} + \frac{U}{\varphi_a}\cdot\frac{l_w}{4\pi}\left[\frac{2}{f}\left(\sqrt{\frac{x^2}{f^2}-1} - \frac{b}{f} - \right.\right.$$

$$\left.\left. - \frac{x-a}{f}\right) - \frac{1}{s}\left(\frac{\sqrt{x^2+s^2}-s}{x} - \frac{\sqrt{a^2+s^2}-s}{a}\right)\right]. \tag{I 5, 73}$$

Mit Rücksicht auf (I 5, 68) resultiert aus (I 5, 73) für die Neigung der Elektronenbahn gegen die Einfallsgerade in großem Abstande vom Ablenk-Kondensator der Grenzwert

$$\lim_{x\to\infty}\frac{dy}{dx} = \frac{U}{\varphi_a}\frac{l_w}{4\pi}\left[\frac{2}{a+b}\left(1+\frac{2\,a}{b}\right) - \frac{1}{s}\left(\frac{\sqrt{a^2+s^2}-s}{a}+1\right) + \right. \tag{I 5, 74}$$

$$\left. + \frac{2}{a+b} - \frac{1}{s}\left(1-\frac{\sqrt{a^2+s^2}-s}{a}\right)\right] = \frac{U}{\varphi_a}\frac{l_w}{4\pi}\left[\frac{4}{b}-\frac{2}{s}\right] = \frac{U}{2\,\varphi_a}\frac{l_w}{d}\left[1-\frac{1}{\pi}\frac{d}{s}\right].$$

Um die Bahnkurve des kontrollierten Elektrons im Auslaufgebiete zu berechnen, kehren wir zur Gleichung (I 5, 73) zurück und gewinnen durch deren Integration

$$y = y_{x=a} + (x-a)\left(\frac{dy}{dx}\right)_{x=a} + \frac{U}{\varphi_a}\cdot\frac{l_w}{4\pi}\left[\frac{2}{f}\int\limits_a^x\left\{\sqrt{\frac{x'^2}{f^2}-1} - \frac{b}{f} - \frac{x'-a}{f}\right\}dx' - \right.$$

$$\left. - \frac{1}{s}\int\limits_a^x\left\{\frac{\sqrt{x'^2+s^2}-s}{x'} - \frac{\sqrt{a^2+s^2}-s}{a}\right\}dx'\right]. \tag{I 5, 75}$$

Hierin gilt

$$\frac{2}{f}\int_a^x \left\{\sqrt{\frac{x'^2}{f^2}-1}-\frac{b}{f}-\frac{x'-a}{f}\right\} dx' = \tag{I 5, 76}$$

$$-\left|\frac{x'}{f}\sqrt{\frac{x'^2}{f^2}-1}-\ln\left\{\frac{x'}{f}+\sqrt{\frac{x'^2}{f^2}-1}\right\}\right|_a^x-\frac{2\,b\,(x-a)}{f^2}-\frac{(x-a)^2}{f^2}$$

und

$$\frac{1}{s}\int_a^x \left\{\frac{\sqrt{x'^2+s^2}-s}{x'}-\frac{\sqrt{a^2+s^2}-s}{a}\right\} dx' = \tag{I 5, 77}$$

$$=\left|\sqrt{\frac{x'^2}{s^2}+1}+\ln\frac{x'}{s+\sqrt{x'^2+s^2}}\right|_a^x-\ln\frac{x}{a}-\frac{\sqrt{a^2+s^2}-s}{a}\cdot\frac{x-a}{s}.$$

Falls nun die Lage des Aufpunktes gleichzeitig den Bedingungen

$$x \gg f \qquad \text{und} \qquad x \gg s \tag{I 5, 78}$$

unterworfen wird, konvergiert (I 5, 75) mit Rücksicht auf (I 5, 68) und (I 5, 70) gegen die Asymptote

$$y^* = \frac{U}{2\,\varphi_a}\frac{l_w}{d}\left[1-\frac{1}{\pi}\frac{d}{s}\right] x. \tag{I 5, 79}$$

Diese Gleichung definiert die vom Zentrum des Ablenk-Kondensators ausgehende Halbgerade, welche gegen die Einfallsrichtung des kontrollierten Elektrons nach Maßgabe der Neigung (I 5, 74) abweicht.

Vom formal-mathematischen Standpunkte aus bleibt die Formulierung (I 5, 79) auch im Grenzfalle $s \to \infty$ sinnvoll, den wir im Lichte der Gl. (I 5, 64) als physikalisch unzulässig erkannten. Um diesen zunächst paradox anmutenden Sachverhalt aufzuklären, berechnen wir an Hand der Relationen (I 5, 76) und (I 5, 77) die Differenz Δy der Bahnordinate $y = y(x)$ gegen die jeweils in der gleichen Ebene $x = \text{const.}$ des Auslaufgebietes gemessene Ordinate $y^* = y^*(x)$ der Asymptote [Abb. I 39]

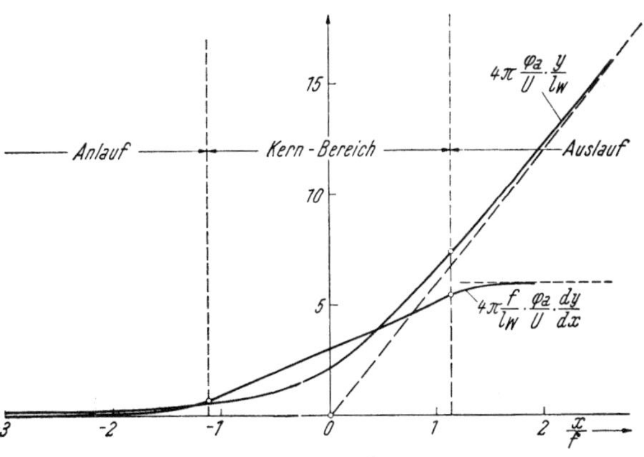

Abb. I 39. Durchgang des Elektrons durch den Ablenk-Kondensator.

$$\Delta y = \frac{U}{\varphi_a}\cdot\frac{l_w}{4\pi}\left[\left(\frac{1}{2}+\frac{x}{f}\sqrt{\frac{x^2}{f^2}-1}-\frac{x^2}{f^2}\right)-\left(\sqrt{\frac{x^2}{s^2}+1}-\frac{x}{s}\right)+\right.$$

$$\left.+\ln 2\,\frac{s+\sqrt{x^2+s^2}}{x+\sqrt{x^2-f^2}}\right]. \tag{I 5, 80}$$

Sie wächst bei festem, endlichen Werte der Abszisse $x > a$ mit $s \to \infty$ über jedes Maß an und bestätigt durch dieses analytische Verhalten das früher ausgesprochene Verbot des genannten Grenzüberganges; in der Tat widerspricht dieser auch der zweiten der Bedingungen (I 5, 78). Wir dürfen daher die einfache Gleichung (I 5, 79) nur solange als legale Formulierung des Ablenkvorganges betrachten, als der Betrag der Korrektur (I 5, 80) klein gegen den Ordinatenbetrag der Asymptote bleibt: durch den logarithmischen Charakter dieser Korrektur wird die vordem entwickelte Näherungsmethode der Bahnberechnung nachträglich quantitativ gerechtfertigt.

f) Die vorstehenden Überlegungen lassen sich in dem eigenartigen Satze zusammenfassen: Für die Berechnung der Ordinaten-Ablenkung des Kathodenstrahles ist die Voraussetzung einer nur endlichen Breite 2 s der Elektroden senkrecht zur Bahnebene der Elektronen unerläßlich; dagegen ist für den Ablenkwinkel wesentlich jenes zweidimensionale Feld verantwortlich, welches beim Grenzübergang $2\,s \to \infty$ resultiert.

Im Lichte dieses Ergebnisses können wir uns bei der Ermittlung des Ablenkwinkels nachträglich von der speziellen Bezugnahme auf den parallelebenen Plattenkondensator befreien, indem wir das Ablenkfeld durch das beliebige komplexe Potential

$$\chi = \varphi + i\,\psi = \chi\,(x + i\,y) \qquad \text{(I 5, 81)}$$

beschreiben. In der Umgebung der Ebene $y = 0$ folgt hieraus die *Taylor*sche Entwicklung

$$\chi = \chi\,(x) + \frac{i\,y}{1!}\left(\frac{\partial\chi}{\partial x}\right)_{y=0} + \frac{i^2\,y^2}{2!}\left(\frac{\partial^2\chi}{\partial x^2}\right)_{y=0} + \ldots \qquad \text{(I 5, 82)}$$

Falls nun die antipolaren Ablenk-Elektroden symmetrisch zur Ebene $y = 0$ angeordnet sind und relativ zur Anode $[\varphi = \varphi_a]$ entgegengesetzt gleiche Potentiale führen, koinzidiert die genannte Ebene mit der Äquipotentialfläche $\varphi = \varphi_a$, so daß (I 5, 82) die Gestalt

$$\chi = \varphi_a - y \cdot \frac{\partial\psi\,(x, 0)}{\partial x} + \ldots \qquad \text{(I 5, 83)}$$

annimmt. Setzen wir abkürzend

$$\psi\,(x, 0) = \Psi\,(x) \qquad \text{(I 5, 84)}$$

und beschränken uns weiterhin auf die in (I 5, 83) explizit angegebenen Anfangsglieder der Entwicklung, so lauten die achsenparallelen Komponenten der elektrischen Feldstärke

$$E_x{}^0 \to E_x = y\,\frac{d^2\Psi}{dx^2}\,; \qquad E_y{}^0 \to E_y = \frac{d\Psi}{dx}\,. \qquad \text{(I 5, 85)}$$

Gemäß (I 5, 5), (I 5, 6) unterliegt daher die Elektronenbewegung im Ablenkfelde den Differentialgleichungen

$$m_0\,\frac{d^2x}{dt^2} = -\,q_0\,y\,\frac{d^2\Psi}{dx^2} \qquad \text{(I 5, 86)}$$

$$m_0\,\frac{d^2y}{dt^2} = -\,q_0\,\frac{d\Psi}{dx}\,. \qquad \text{(I 5, 87)}$$

Während nun die einschränkende Voraussetzung (I 5, 53) weiterhin beibehalten wird, mögen die Anfangsbedingungen (I 5, 2) des kontrollierten Elektrons zu

$$\left.\begin{array}{lll} x = x_0 < 0; & y = y_0; & \zeta = 0 \\ \frac{dx}{dt} = v_0 = \sqrt{2\frac{q_0}{m_0}\varphi_a}; & \frac{dy}{dt} = 0; & \frac{d\zeta}{dt} = 0 \end{array}\right\} \text{ für } t = t_0 \quad (I\ 5,\ 88)$$

verallgemeinert werden. Demgemäß ist — nach passender Verfügung über den Zeitursprung — die „erste Näherung“ (I 5, 54) durch

$$\lim_{U\to 0} x = v_0 t; \qquad \lim_{U\to 0} y = y_0 \qquad (I\ 5,\ 89)$$

[U = Ablenkspannung] zu ersetzen. Aus (I 5, 86) findet man somit in zweiter Näherung für $v_x = dx/dt$ die zeitfreie Gleichung

$$\frac{dv_x}{dx} = -\frac{q_0}{m_0}\frac{y_0}{v_0}\frac{d^2\Psi}{dx^2}. \qquad (I\ 5,\ 90)$$

Unter Beachtung von (I 5, 88) folgt aus ihr im Grenzfalle $x_0 \to (-\infty)$ wegen

$$\lim_{|x|\to\infty} \frac{d\Psi}{dx} = 0 \qquad (I\ 5,\ 91)$$

die Relation

$$v_x = v_0 - \frac{q_0}{m_0}\frac{y_0}{v_0}\frac{d\Psi}{dx} = v_0\left[1 - \frac{y_0 E_y}{2\varphi_a}\right]. \qquad (I\ 5,\ 92)$$

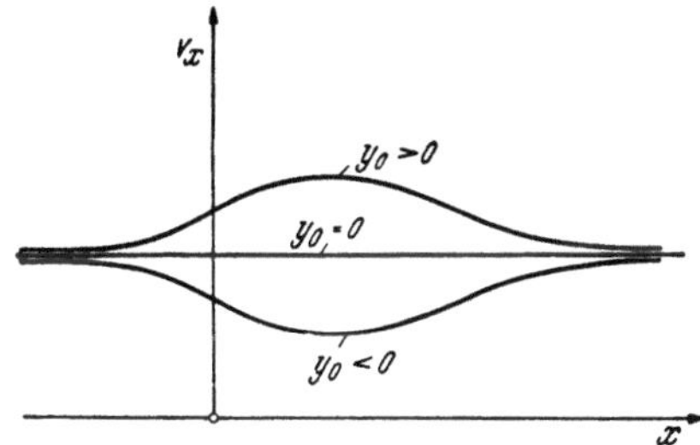

Abb. I 40. Gang der Elektronengeschwindigkeit bei der Passage des Ablenk-Kondensators.

Sei etwa die in $y \gtrless 0$ gelegene Ablenkplatte $\begin{matrix}\text{positiv}\\ \text{negativ}\end{matrix}$ geladen, so fällt $E_y < 0$ aus: Die relativ zur Symmetrie-Ebene näher der positiven Platte einfallenden Elektronen [$y_0 > 0$] durcheilen den Kondensator mit vergrößerter Geschwindigkeit, die näher der negativen Platte einfallenden Elektronen [$y_0 < 0$] mit verringerter Geschwindigkeit [Abb. I 40]; dagegen ergibt sich, unter nochmaliger Berufung auf (I 5, 91), identisch in y_0

$$\lim_{x\to\infty} v_x = v_0. \qquad (I\ 5,\ 93)$$

Mittels (I 5, 92) schreiben wir

$$\frac{d^2y}{dt^2} = \frac{dv_y}{dt} = \frac{dv_y}{dx}\cdot\frac{dx}{dt} = v_0\left[1 - \frac{y_0 E_y}{2\varphi_a}\right]\frac{dv_y}{dx}. \qquad (I\ 5,\ 94)$$

Da wir uns in der gegenwärtigen Analyse auf die Umgebung der Ebene $y = 0$ beschränken, darf im Einklang mit (I 5, 53)

$$\varepsilon = \left|\frac{y_0 E_y}{2\varphi_a}\right| \ll 1 \qquad (I\ 5,\ 95)$$

vorausgesetzt werden. Demgemäß geht (I 5, 87) bis auf Glieder höherer Ordnung von ε in die zeitfreie Differentialgleichung

$$\frac{dv_y}{dx} = -\frac{q_0}{m_0}\frac{1}{v_0}\left[1 + \frac{y_0 E_y}{2\varphi_a}\right]E_y \qquad (I\ 5,\ 96)$$

über; aus ihr resultiert im Grenzfalle $x_0 \to (-\infty)$ mit Rücksicht auf (I 5, 88) durch Integration

$$v_y = \frac{q_0}{m_0}\frac{1}{v_0}\left[-\int_{-\infty}^{x} E_y\,dx - \frac{y_0}{2\varphi_a}\int_{-\infty}^{z} (E_y)^2\,dx\right]. \qquad (I\ 5,\ 97)$$

Nun ist der Kapazitätsbelag c des Ablenk-Kondensators durch die Gleichung

$$-\int_{-\infty}^{\infty} E_y \, dx = \frac{U}{\Delta} c \qquad \text{(I 5, 98)}$$

definiert. Stellen wir ihr die Definitionsgleichung der Strecke g

$$\int_{-\infty}^{\infty} (E_y)^2 \, dx = \left(\frac{U c}{\Delta}\right)^2 \frac{1}{g} \qquad \text{(I 5, 99)}$$

zur Seite, so folgt aus (I 5, 97)

$$\lim_{x \to \infty} v_y = \frac{q_0}{m_0} \frac{1}{v_0} \frac{U c}{\Delta} \left[1 - \frac{U}{2 \varphi_a} \frac{c}{\Delta} \frac{y_0}{g}\right]. \qquad \text{(I 5, 100)}$$

Im Verein mit (I 5, 93) ergibt sich somit für den Ablenkwinkel β des kontrollierten Elektrons von seiner Einfallsrichtung die Gleichung

$$\operatorname{tg} \beta = \lim_{x \to \infty} \frac{v_y}{v_x} = \frac{U}{2 \varphi_a} \cdot \frac{c}{\Delta} \left[1 - \frac{U}{2 \varphi_a} \frac{c}{\Delta} \cdot \frac{y_0}{g}\right]. \qquad \text{(I 5, 101)}$$

Nur bezüglich der in der Symmetrie-Ebene einfallenden Elektronen erweist sich somit der Tangens des Ablenkwinkels als lineare Funktion der Ablenkspannung; dagegen erleiden alle in $y_0 \neq 0$ einfallenden Elektronen eine quadratisch von dieser Spannung abhängige Zusatzablenkung, welche im Falle $U > 0$ die vordem genannte mittlere Ablenkung bei $y_0 \gtrless 0$ $\begin{matrix}\text{verkleinert}\\ \text{vergrößert}\end{matrix}$, im Falle $U < 0$ den umgekehrten Effekt hervorruft: Ein Bündel ursprünglich parallel in das Ablenkfeld einfallender Kathodenstrahlen verläßt es als konvergierendes Strahlenbündel. Um diesen in Abb. I 41 dargestellten Fokussierungsvorgang quantitativ zu erfassen, bilden wir in sinngemäßer Verallgemeinerung von (I 5, 79) die Asymptotengleichung

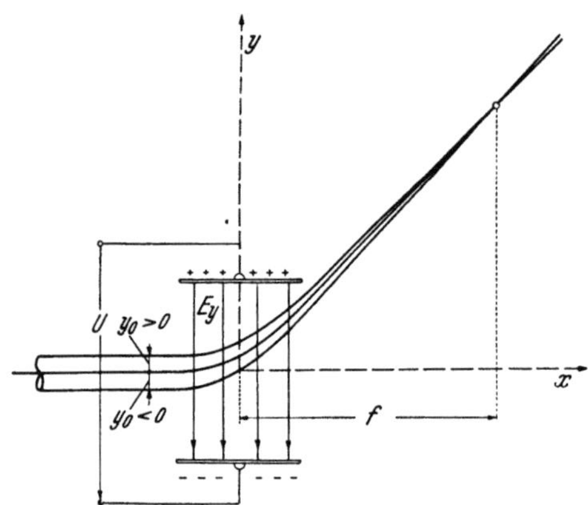

Abb. I 41. Fokussierung durch den Ablenk-Kondensator.

$$y^* = y_0 + x \operatorname{tg} \beta = \frac{U}{2 \varphi_a} \cdot \frac{c}{\Delta} x + y_0 \left[1 - \frac{U}{2 \varphi_a} \cdot \frac{c}{\Delta} \cdot \frac{x}{g}\right]. \qquad \text{(I 5, 102)}$$

Insofern es gestattet ist, die wahre Elektronenbahn mit dieser Asymptote zu vertauschen, resultiert aus (I 5, 102) die Abszisse $x = f$ des Fokus aus der Bedingung

$$\frac{\partial y^*}{\partial y_0} = 0 \qquad \text{für} \qquad x = f \qquad \text{(I 5, 103)}$$

zu

$$f = g \cdot \frac{\Delta}{c} \cdot \frac{2 \varphi_a}{U} \qquad \text{(I 5, 104)}$$

Allerdings ist in dieser Analyse, abgesehen von den während der Rechnung eingeführten Approximationen, die Selbstdispersion des Kathodenstrahles als Folge der gegenseitigen Abstoßung seiner Elektronen systematisch außer Betracht geblieben; daher darf man dem Ergebnis (I 5, 104) nur den Wert einer Abschätzung zuerkennen.

Obwohl wir uns bisher nur mit dem ungeschirmten Kondensator beschäftigt haben, läßt sich der entwickelte Gedankengang doch unschwer auf den geschirmten, symmetrischen Kondensator ausdehnen; man hat lediglich statt des gesamten Kapazitätsbelages c der Ablenkelektroden jenen „aktiven" Teil-Kapazitätsbelag c_a in Rechnung zu stellen, welcher nach dem Muster der Gl. (I 5, 98) dem elektrischen Kraftfluß durch die Symmetrie-Ebene des Ablenkfeldes zugeordnet ist.

g) Die Neigungsgleichung (I 5, 74) bedarf einer energetischen Korrektur: Mit $x \to \infty$ entzieht sich das kontrollierte Elektron dem Wirkungsbereiche der Ablenkelektroden. Daher führt der Energiesatz für das Quadrat der achsenparallelen Geschwindigkeitskomponenten v_x und v_y auf die Bilanz

$$\lim_{x \to \infty} \frac{1}{2} m_0 (v_x^2 + v_y^2) = q_0 \varphi_a = \frac{1}{2} m_0 v_0^2. \qquad \text{(I 5, 105)}$$

Bezeichnen wir also, wie vordem, mit β den Grenzwert des Bahn-Neigungswinkels gegen die Einfallsgerade eines Zentral-Elektrons $[y_0 = 0]$, so entnehmen wir aus (I 5, 105) die Relationen

$$\lim_{x \to \infty} v_x = v_0 \cos \beta; \qquad \lim_{x \to \infty} v_y = v_0 \sin \beta. \qquad \text{(I 5, 106)}$$

Da nun der Ausdruck (I 5, 74) den für $x \to \infty$ resultierenden Grenzwert der Geschwindigkeitskomponente v_y im Verhältnis zu v_0 mißt, haben wir ihn nach der zweiten der Gleichungen (I 5, 106) mit dem Sinus des Neigungswinkels β zu identifizieren

$$\sin \beta = \lim_{x \to \infty} \frac{v_y}{v_0} = \frac{U}{2 \varphi_a} \cdot \frac{l_w}{d} \left[1 - \frac{1}{\pi} \frac{d}{s} \right]. \qquad \text{(I 5, 107)}$$

Diese Gleichung führt jene Überlegungen auf ihre physikalische Wurzel zurück, welche in Ziffer I 3 für die Bewegung der Elektronen durch einen beiderseits mittels Doppelschichten abgeschlossenen Plattenkondensator auf elementarem Wege entwickelt wurden.

I 6. Strichfokussierung in Röntgenröhren.

a) Die zur Durchleuchtung oder Therapie bestimmten modernen Röntgenröhren werden in der Regel mit einer zylindrischen Glühkathode ausgerüstet, welcher eine feste Anode gegenübersteht. Um die Anodenoberfläche zur Quelle eines scharf begrenzten Bündels von Röntgenstrahlen zu machen, hat man die von der Kathode diffus emittierten Elektronen auf den Entstehungsort der Röntgenstrahlen zu fokussieren.

b) Wir legen der theoretischen Behandlung der Aufgabe das in Abb. I 42 skizzierte Modell zugrunde, innerhalb dessen wir uns an dem relativ zu den Elektroden ruhenden Bezugssystem der rechtsläufigen *Kartesi*schen Koordinaten x, y, z orientieren. Die Kathode besitze die Gestalt eines Kreiszylinders vom Halbmesser ϱ_0, dessen Achse parallel zur z-Achse verläuft und die Ebene $z = 0$ im Punkte $(0, -t)$ schneidet. Zum Schutze der Kathode gegen überstarke elektrische Felder befindet sich in der Ebene $y = 0$ eine leitende Platte, welche durch den symmetrisch zur z-Achse gelegenen Spalt der Breite $2d$ zwecks freien Durchtrittes der Elektronen unterbrochen ist. Die Anodenoberfläche möge im Abstand h planparallel zur Schutzplatte verlaufen.

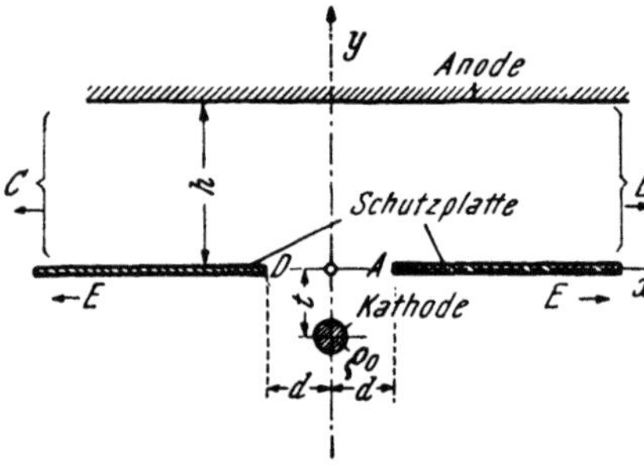

Abb. I 42. Modell einer *Röntgen*-Röhre.

c) Das elektrische Feld des Röhrenmodelles ist unabhängig von z. Daher beschreiben wir es erschöpfend durch Angabe seines skalaren Potentiales $\varphi = \varphi(x, y)$, welches wir durch Hinzufügung der Stromfunktion $\psi = \psi(x, y)$ zum komplexen Potentiale $\chi = \varphi + i\psi$ ergänzen.

Wir suchen zunächst dasjenige „Primärfeld" χ_P, welches allein von der Anode und der Schutzplatte [bei fortgedachter Kathode] erzeugt wird; es unterliegt den Randbedingungen $\varphi_P = \varphi_a$ auf der Anode und $\varphi_P = 0$ auf der Schutzplatte.

Wir setzen $x + iy = \zeta$ und bezeichnen in der hierdurch definierten komplexen ζ-Ebene nach Abb. I 42 die Punkte

$$\begin{aligned} &A = (d, \pm 0); \quad B = (\infty, +0) = (\infty, +h);\\ &C = (-\infty, +h) = (-\infty, +0); \quad D = (-d, \pm 0);\\ &E = (-\infty, -0) = (+\infty, -0) \end{aligned} \qquad \text{(I 6, 1)}$$

Nunmehr rufen wir eine komplexe $w = u + iv$-Ebene zu Hilfe, auf deren u-Achse wir den Umfang des Polygones A B C D E A konform abbilden wollen. Hierbei soll das Innere des im mathematisch-positiven Sinne umfahrenen Gebietes der ζ-Ebene in die Halbebene $v > 0$ transformiert werden, während die Ecken A, B, C, D, E gemäß Abb. I 43 beziehentlich in

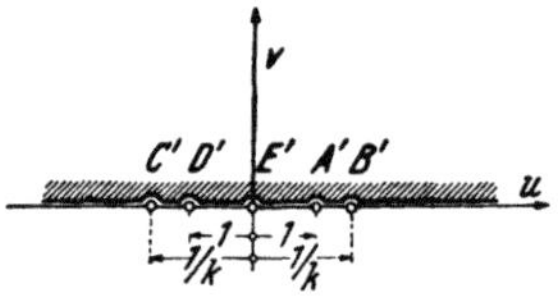

Abb. I 43. Konforme Abbildung der *Röntgen*-Röhre in die w-Ebene

$$A' = (1, +0); \quad B' = \left(\frac{1}{k}, +0\right);$$
$$C' = \left(-\frac{1}{k}, +0\right);$$
$$D' = (-1, +0); \quad E' = (0, +0) \qquad \text{(I 6, 2)}$$

übergehen; der reelle „Modul" $k < 1$ ist vorerst noch unbekannt.

Die *Schwarz-Christoffel*sche Differentialgleichung der verlangten Abbildung lautet

$$\frac{d\zeta}{dw} = C\,\frac{1 - w^2}{w^2}\,\frac{1}{1 - k^2 w^2} \equiv C\left[\frac{1}{w^2} - \frac{1 - k^2}{k}\,\frac{k}{1 - k^2 w^2}\right], \qquad \text{(I 6, 3)}$$

wobei C eine weitere Konstante bezeichnet. Durch Integration folgt hieraus

$$\zeta = C\left[-\frac{1}{w} - \frac{1 - k^2}{2k}\ln\frac{1 + kw}{1 - kw}\right]. \qquad \text{(I 6, 4)}$$

Unter dem Zeichen ln soll weiterhin jener Hauptwert des natürlichen Logarithmus verstanden werden, dessen Imaginärteil zwischen $(-\pi)$ und $(+\pi)$ liegt. Wählen wir daher eine hinreichend kleine, reelle Zahl $\varepsilon > 0$, so liefern die geometrischen Abbildungsbedingungen die Relationen

$$\mathrm{i\,h} = \lim_{\varepsilon \to 0} \left\{ \zeta\left(\frac{1}{\mathrm{k}} + \varepsilon + \mathrm{i}\,.\,0\right) - \zeta\left(\frac{1}{\mathrm{k}} - \varepsilon + \mathrm{i}\,0\right) \right\} = -\,\mathrm{i}\,\pi\,\mathrm{C}\,\frac{1-\mathrm{k}^2}{2\,\mathrm{k}} \qquad \text{(I 6, 5)}$$

und

$$\mathrm{d} = \zeta_{(1+\mathrm{i}\,0)} = \mathrm{C}\left[-1 - \frac{1-\mathrm{k}^2}{2\,\mathrm{k}} \ln \frac{1+\mathrm{k}}{1-\mathrm{k}}\right]. \qquad \text{(I 6, 6)}$$

Aus (I 6, 5) und (I 6, 6) entspringt die Modulgleichung

$$\frac{1}{\pi}\left[\frac{2\,\mathrm{k}}{1-\mathrm{k}^2} + \ln \frac{1+\mathrm{k}}{1-\mathrm{k}}\right] = \frac{\mathrm{d}}{\mathrm{h}}, \qquad \text{(I 6, 7)}$$

welche vermittels Abb. I 44 die Bestimmung von k aus den Konstruktionsdaten der Elektrodenanordnung gestattet. Nachdem somit der Modul weiterhin als bekannt gelten darf, folgt durch Elimination von C aus (I 6, 4) und (I 6, 5) die Abbildungsgleichung

$$\zeta = \frac{\mathrm{h}}{\pi}\left[\frac{2\,\mathrm{k}}{1-\mathrm{k}^2}\,\frac{1}{\mathrm{w}} + \ln \frac{1+\mathrm{k\,w}}{1-\mathrm{k\,w}}\right]. \qquad \text{(I 6, 8)}$$

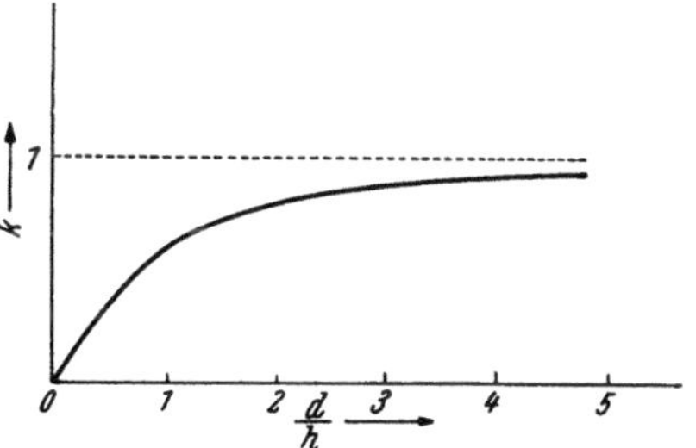

Abb. I 44. Der Modul k als Funktion der Elektroden-Abmessungen der *Röntgen*-Röhre.

Die in die w-Ebene übertragenen Randbedingungen lauten

$$\varphi_{\mathrm{P}} = \varphi_{\mathrm{a}} \text{ für } |\mathrm{u}| > \frac{1}{\mathrm{k}};$$

$$\varphi_{\mathrm{P}} = 0 \text{ für } |\mathrm{u}| < \frac{1}{\mathrm{k}}. \qquad \text{(I 6, 9)}$$

Sie werden von dem komplexen Potential

$$\chi_{\mathrm{P}} = \frac{\varphi_{\mathrm{a}}}{\mathrm{i}\,\pi} \ln \frac{1+\mathrm{k\,w}}{1-\mathrm{k\,w}} \qquad \text{(I 6, 10)}$$

befriedigt; aus der Umkehrung dieser Gleichung

$$\mathrm{w} = \frac{\mathrm{i}}{\mathrm{k}} \operatorname{tg} \frac{\pi}{2} \frac{\chi_{\mathrm{P}}}{\varphi_{\mathrm{a}}} \qquad \text{(I 6, 11)}$$

resultiert durch Substitution in (I 6, 8) der Zusammenhang

$$\zeta = \mathrm{i\,h}\left[\frac{\chi_{\mathrm{P}}}{\varphi_{\mathrm{a}}} - \frac{1}{\pi}\,\frac{2\,\mathrm{k}^2}{1-\mathrm{k}^2} \operatorname{cotg} \frac{\pi}{2} \frac{\chi_{\mathrm{P}}}{\varphi_{\mathrm{a}}}\right]. \qquad \text{(I 6, 12)}$$

Insbesondere verschwindet hiernach die Stromfunktion längs der y-Achse, so daß dort das [reelle] Potential φ_{P} aus

$$\mathrm{y} = \mathrm{h}\left[\frac{\varphi_{\mathrm{P}}}{\varphi_{\mathrm{a}}} - \frac{1}{\pi}\,\frac{2\,\mathrm{k}^2}{1-\mathrm{k}^2} \operatorname{cotg} \frac{\pi}{2} \frac{\varphi_{\mathrm{P}}}{\varphi_{\mathrm{a}}}\right] \qquad \text{(I 6, 13)}$$

zu berechnen ist; Abb. I 45 zeigt das Ergebnis der numerischen Auswertung. Um die längs der y-Achse herrschende Feldstärke

$$\mathrm{E_P} \equiv \mathrm{E_{P_y}} = -\frac{\partial \varphi_{\mathrm{P}}}{\partial \mathrm{y}} \quad \text{für} \quad \mathrm{x} = 0 \qquad \text{(I 6, 14)}$$

zu finden, differenzieren wir (I 6, 13) nach y:

$$1 = \frac{\mathrm{h}}{\varphi_{\mathrm{a}}}\left[1 + \frac{\mathrm{k}^2}{1-\mathrm{k}^2}\,\frac{1}{\sin^2 \frac{\pi}{2} \frac{\varphi_{\mathrm{P}}}{\varphi_{\mathrm{a}}}}\right] \frac{\partial \varphi_{\mathrm{P}}}{\partial \mathrm{y}}; \qquad \mathrm{x} = 0. \qquad \text{(I 6, 15)}$$

Führen wir hier die bei ungeschlitzter Schutzplatte $[d \to 0]$ im Interelektrodenraum resultierende Feldstärke $E_0 = -\varphi_a/h$ ein, so erhalten wir aus

$$\frac{E_P}{E_0} = \frac{1}{1 + \frac{k^2}{1-k^2} \frac{1}{\sin^2 \frac{\pi}{2} \frac{\varphi_P}{\varphi_a}}} \tag{I 6, 16}$$

im Verein mit (I 6, 13) eine Parameterdarstellung für E_P/E_0, welche durch Abb. I 46 veranschaulicht wird.

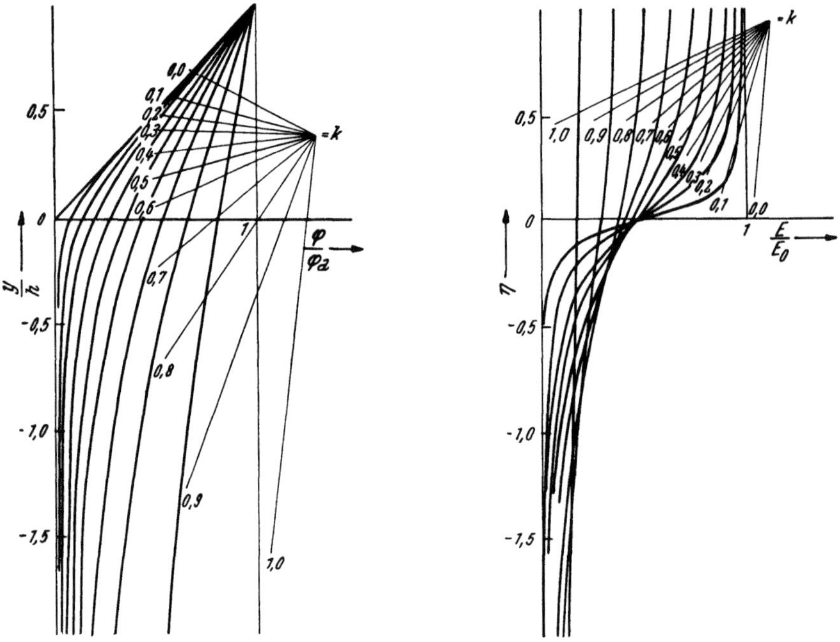

Abb. I 45. Potentialverlauf im Elektroden-System der *Röntgen*-Röhre.

Abb. I 46. Gang der Feldstärke im Elektroden-System der *Röntgen*-Röhre.

In der Regel wählt man $h \gg d$. Daher gelangen wir zu einer hinreichend genauen Darstellung des Primärfeldes in der Umgebung der Schutzplatten-Öffnung, indem wir gemäß (I 6, 7) zur Grenze $k \to 0$ übergehen. Zu diesem Zwecke bringen wir zunächst (I 6, 8) unter Vermittelung von (I 6, 7) in die Form

$$\zeta = d \frac{\frac{1}{w} + \frac{1-k^2}{2k} \ln \frac{1+kw}{1-kw}}{1 + \frac{1-k^2}{2k} \ln \frac{1+k}{1-k}} \tag{I 6, 17}$$

aus welcher wir

$$\lim_{k \to 0} \zeta = d \frac{1}{2} \left[\frac{1}{w} + w \right] \tag{I 6, 18}$$

entnehmen. Gleichzeitig entsteht aus (I 6, 10), mit abermaliger Benützung von (I 6, 7)

$$\chi_P = \varphi_a \frac{d}{h} \cdot \frac{1}{i} \frac{\ln \frac{1+k w}{1-k w}}{\frac{2k}{1-k^2} + \ln \frac{1+k}{1-k}}, \tag{I 6, 19}$$

also

$$\lim_{k \to 0} \chi_P = \varphi_a \frac{d}{h} \frac{w}{2i} \tag{I 6, 20}$$

Aus (I 6, 18) und (I 6, 20) folgt die Relation

$$\frac{\zeta}{d} = \frac{1}{2i}\left[\frac{-E_0 d}{2\chi_P} - \frac{2\chi_P}{-E_0 d}\right]. \tag{I 6, 21}$$

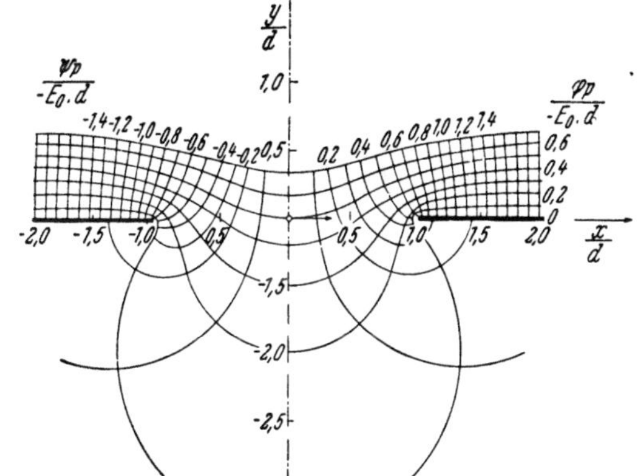

Abb. I 47. Feldstruktur in der Umgebung der Kathoden-Blende einer *Röntgen*-Röhre.

Abb. I 47 zeigt das hieraus berechnete System der Äquipotential- und der Feldlinien. Insbesondere gilt längs der y-Achse

$$\frac{y}{d} = \frac{1}{2}\left[\frac{2\varphi_P}{-E_0 d} - \frac{-E_0 d}{2\varphi_P}\right] \tag{I 6, 22}$$

oder [Abb. I 48]

$$\frac{\varphi_P}{-E_0 d} = \frac{1}{2}\left[\frac{y}{d} + \sqrt{\left(\frac{y}{d}\right)^2 + 1}\right] \tag{I 6, 23}$$

und

$$\frac{E_P}{E_0} = \frac{1}{2}\left[1 + \frac{\frac{y}{d}}{\sqrt{\left(\frac{y}{d}\right)^2 + 1}}\right]. \tag{I 6, 24}$$

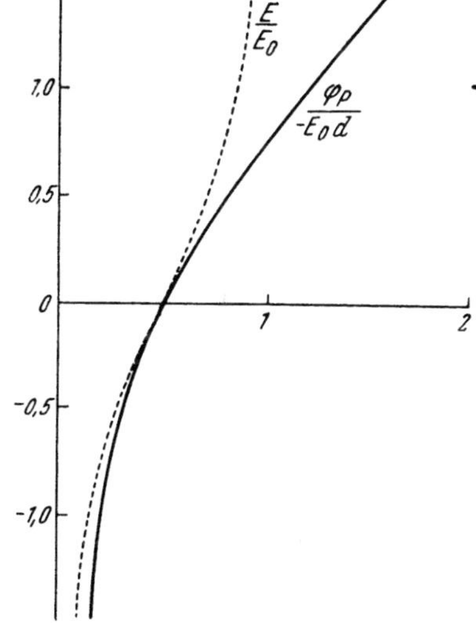

Abb. I 48. Potential- und Feldverlauf in der Symmetrie-Ebene der Kathoden-Blende.

d) Dem komplexen Primärpotential χ_P überlagert sich das komplexe Sekundärpotential χ_s der Kathode: Die Linienladung λ je Längeneinheit des Kathodenzylinders erteilt seiner Oberfläche das — vorerst unbekannte — [reelle] Potential φ_{sk}, während die Randwerte von $\varphi_s = \text{Re}\,\chi_s$ sowohl auf der Anodenoberfläche wie längs der Schutzplatte verschwinden.

Zur Lösung der hierdurch definierten Potentialaufgabe übertragen wir die Kathode aus der ζ-Ebene in die w-Ebene. Aus (I 6, 8) entnehmen wir für den Ort $w_k = 0 + i\,v_k$, welcher aus der ursprünglich in $\zeta = 0 - i\,t$ gelegenen Zylinderachse durch die Transformation hervorgeht, die Gleichung

$$t = \frac{h}{\pi}\left[\frac{2k}{1-k^2}\frac{1}{v_k} - 2\,\text{arctg}\,(k\,v_k)\right]. \tag{I 6, 25}$$

Bei Beschränkung auf den Fall $h \gg d$ reduziert sich diese Relation, unter abermaliger Benützung von (I 6, 7), auf

$$t = \frac{d}{2}\left[\frac{1}{v_k} - v_k\right], \qquad \text{(I 6, 26)}$$

also

$$v_k = -\frac{t}{d} + \sqrt{\left(\frac{t}{d}\right)^2 + 1}, \qquad \text{(I 6, 27)}$$

Welches ist der Halbmesser ϱ_k des in die w-Ebene übertragenen Kathodenzylinders? Wir setzen $\varrho_0 \ll d$ voraus; dann gilt zufolge der Konformität der Abbildung in der Umgebung der Kathodenachse

$$\frac{\varrho_k}{\varrho_0} = \left|\frac{dw}{d\zeta}\right|_{\zeta=-it} = \frac{1}{d}\left[1 - \frac{\frac{t}{d}}{\sqrt{\left(\frac{t}{d}\right)^2 + 1}}\right]. \qquad \text{(I 6, 28)}$$

Nun lautet die Lösung des [sekundären] Potentialproblemes in der w-Ebene

$$\chi_s = \frac{\lambda}{2\pi\Delta} \ln \frac{w + i v_k}{w - i v_k}. \qquad \text{(I 6, 29)}$$

Aus ihr findet sich das reelle sekundäre Kathodenpotential zu

$$\varphi_{s_k} = \frac{\lambda}{2\pi\Delta} \ln \frac{2 v_k}{\varrho_k} = \frac{\lambda}{2\pi\Delta} \ln \left\{\frac{2d}{\varrho_0}\sqrt{\left(\frac{t}{d}\right)^2 + 1}\right\}. \qquad \text{(I 6, 30)}$$

Indem wir ihm das Primärpotential hinzufügen, resultiert nach Substitution der Gleichheit $(-E_0) = \varphi_a/h$ mit Rücksicht auf (I 6, 23) als Gesamtpotential der Kathode

$$\varphi_k = \frac{1}{2}\frac{d}{h}\left[\sqrt{\left(\frac{t}{d}\right)^2 + 1} - \frac{t}{d}\right]\varphi_a + \frac{\lambda}{2\pi\Delta} \ln \left\{\frac{2d}{\varrho_0}\sqrt{\left(\frac{t}{d}\right)^2 + 1}\right\} \qquad \text{(I 6, 31)}$$

Nun befindet sich die Kathode, von dem Spannungsabfall ihres Heizstromes abgesehen, auf dem Potential der Schutzplatte, welches wir als Basis gewählt hatten: Aus der Bedingung $\varphi_k = 0$ folgt der Ladungsbelag der Kathode zu

$$\lambda = -\Delta\varphi_a \cdot \pi \frac{d}{h} \cdot \frac{\sqrt{\left(\frac{t}{d}\right)^2 + 1} - \frac{t}{d}}{\ln\left\{\frac{2d}{\varrho_0}\sqrt{\left(\frac{t}{d}\right)^2 + 1}\right\}}. \qquad \text{(I 6, 32)}$$

e) Im Felde des resultierenden komplexen Potentiales

$$\chi = \varphi + i\psi = \chi_p + \chi_s \qquad \text{(I 6, 33)}$$

koinzidiert die y-Achse aus Symmetriegründen mit einer Feldlinie

$$\frac{\partial\psi}{\partial y} = 0 \qquad \text{für} \qquad x = 0. \qquad \text{(I 6, 34)}$$

Aus $\chi = \chi(x + iy)$ folgt nun in der Umgebung der y-Achse die *Taylor*sche Entwicklung

$$\chi(x, y) = \chi_{x=0} + \frac{x}{i}\frac{1}{1!}\left(\frac{\partial\chi}{\partial y}\right)_{x=0} + \left(\frac{x}{i}\right)^2 \frac{1}{2!}\left(\frac{\partial^2\chi}{\partial y^2}\right)_{x=0} + \ldots \qquad \text{(I 6, 35)}$$

Setzen wir daher abkürzend

$$\varphi(0, y) = \Phi(y), \tag{I 6, 36}$$

so erschließen wir aus (I 6, 35) mit Rücksicht auf (I 6, 34) für das reelle Potential die Entwicklung

$$\varphi(x, y) = \Phi(y) - \frac{x^2}{2!} \Phi''(y) + \ldots. \tag{I 6, 37}$$

Wir begnügen uns bei der Angabe der achsenparallelen elektrischen Feldkomponenten mit den in x höchstens linearen Gliedern und erhalten in der hierdurch angezeigten Genauigkeit aus (I 6, 37)

$$E_x = x \Phi''(y); \qquad E_y = -\frac{d\Phi}{dy}. \tag{I 6, 38}$$

f) Wir richten unser Augenmerk auf die Elektronenbahnen in der Nachbarschaft der Achse $y = 0$. Ungeachtet der in Röntgenröhren angewandten hohen Anodenspannungen darf die relativistische Änderung der Elektronenmasse außer Betracht bleiben, solange wir uns auf die Umgebung der Kathode einschließlich der Schutzplatte beschränken und gleichzeitig, wie es in den vorangehenden Abschnitten geschah, den Abstand der Anode von diesem Elektrodensystem als hinreichend groß voraussetzen. Mit Rücksicht auf (I 6, 38) unterliegt somit die Elektronenbewegung in dem genannten Feldbereiche den *Newton*schen Beschleunigungsgleichungen

$$m_0 \frac{d^2x}{dt^2} = q_0 \, x \, \Phi''(y) \tag{I 6, 39}$$

$$m_0 \frac{d^2y}{dt^2} = q_0 \frac{d\Phi}{dy}, \tag{I 6, 40}$$

wobei t die laufende Zeit bezeichnet.

Wir lassen die Startgeschwindigkeit der eben aus der Kathode emittierten Elektronen außer Betracht. Mit Benützung der Identität

$$\frac{d^2y}{dt^2} = \frac{d}{dy}\left(\frac{1}{2} v_y^2\right); \qquad v_y = \frac{dy}{dt} \tag{I 6, 41}$$

ergibt sich dann aus (I 6, 40) durch einmalige Integration für die parallel der y-Achse gerichtete Geschwindigkeitskomponente v_y die Relation

$$\frac{m_0}{2} v_y^2 = q_0 \, \Phi(y). \tag{I 6, 42}$$

Sie schildert, bis auf eine Korrektur zweiten Grades von x, die Energiebilanz der kontrollierten Elektronen.

Wir stützen uns nun auf die Umformungen

$$\frac{dx}{dt} = \frac{dx}{dy} \cdot \frac{dy}{dt} = v_y \frac{dx}{dy}, \tag{I 6, 43}$$

$$\frac{d^2x}{dt^2} = \frac{d^2x}{dy^2} \cdot \left(\frac{dy}{dt}\right)^2 + \frac{dx}{dy} \cdot \frac{d^2y}{dt^2} = v_y^2 \frac{d^2x}{dy^2} + \frac{d^2y}{dt^2} \cdot \frac{dx}{dy}. \tag{I 6, 44}$$

Die Substitution von (I 6, 44) in (I 6, 39) liefert mit Rücksicht auf (I 6, 40) und (I 6, 42) für die Abweichung x der Elektronenbahnen von der Symmetrie-Ebene die zeitfreie lineare Differentialgleichung zweiter Ordnung

Tabelle 1.

η	g_1	g_1'	g_2	g_2'	η	g_1	g_1'	g_2	g_2'
-5,0	-4,747	0,570	-3,312	1,070	0,0	0,000	1,000	1,000	0,000
-4,9	-4,690	0,583	-3,205	1,073	0,1	0,095	0,950	0,995	-0,050
-4,8	-4,632	0,596	-3,098	1,076	0,2	0,185	0,898	0,986	-0,092
-4,7	-4,572	0,609	-2,990	1,078	0,3	0,270	0,847	0,975	-0,126
-4,6	-4,551	0,622	-2,882	1,079	0,4	0,350	0,798	0,960	-0,151
-4,5	-4,449	0,636	-2,774	1,080	0,5	0,425	0,751	0,943	-0,170
-4,4	-4,385	0,650	-2,666	1,081	0,6	0,496	0,708	0,925	-0,183
-4,3	-4,320	0,664	-2,558	1,082	0,7	0,563	0,669	0,908	-0,192
-4,2	-4,254	0,679	-2,450	1,082	0,8	0,626	0,634	0,888	-0,197
-4,1	-4,186	0,694	-2,342	1,082	0,9	0,686	0,602	0,868	-0,200
-4,0	-4,117	0,709	-2,234	1,082	1,0	0,743	0,573	0,848	-0,201
-3,9	-4,046	0,725	-2,126	1,081	1,1	0,797	0,547	0,828	-0,200
-3,8	-3,973	0,741	-2,018	1,080	1,2	0,849	0,524	0,808	-0,198
-3,7	-3,899	0,757	-1,910	1,079	1,3	0,899	0,503	0,788	-0,196
-3,6	-3,823	0,774	-1,802	1,077	1,4	0,947	0,484	0,769	-0,193
-3,5	-3,764	0,791	-1,694	1,075	1,5	0,994	0,468	0,750	-0,190
-3,4	-3,667	0,808	-1,586	1,072	1,6	1,040	0,455	0,730	-0,187
-3,3	-3,586	0,826	-1,481	1,069	1,7	1,084	0,442	0,717	-0,184
-3,2	-3,503	0,844	-1,374	1,065	1,8	1,127	0,430	0,699	-0,181
-3,1	-3,419	0,862	-1,267	1,060	1,9	1,169	0,419	0,681	-0,178
-3,0	-3,333	0,881	-1,161	1,055	2.0	1,210	0,408	0,663	-0,175
-2,9	-3,245	0,900	-1,055	1,049	2,1	1,250	0,397	0,646	-0 172
-2,8	-3,155	0,919	-0,950	1,042	2,2	1,289	0,387	0,629	-0,169
-2,7	-3,063	0,939	-0,846	1,034	2,3	1,327	0,378	0,612	-0,166
-2,6	-2,967	0,959	-0,743	1,025	2,4	1,364	0,370	0,596	-0,163
-2,5	-2,871	0,979	-0,640	1,015	2,5	1,400	0,362	0,580	-0,160
-2,4	-2,773	0,999	-0,539	1,003	2,6	1,436	0,355	0,564	-0,157
-2,3	-2,673	1,019	-0,439	0,990	2,7	1,471	0,348	0,549	-0,154
-2,2	-2,571	1,039	-0,340	0,975	2,8	1,505	0,341	0,534	-0,152
-2,1	-2,467	1,060	-0,242	0,959	2,9	1,593	0,335	0,519	-0,150
-2,0	-2,359	1,080	0,146	0,941	3,0	1,572	0,329	0,504	-0,148
-1,9	-2,251	1,100	-0,052	0,921	3,1	1,604	0,323	0,489	-0,146
-1,8	-2,140	1,130	+0,040	0,898	3,2	1,636	0,318	0,475	-0,144
-1,7	-2,027	1,149	0,130	0,873	3,3	1,667	0,313	0,461	-0,142
-1,6	-1,192	1,168	0,217	0,845	3,4	1,698	0,308	0,447	-0,140
-1,5	-1,795	1,185	0,302	0,814	3,5	1,728	0,303	0,433	-0,138
-1,4	-1,676	1,202	0,383	0,780	3,6	1,758	0,299	0,419	-0,136
-1,3	-1,556	1,271	0,461	0,742	3,7	1,788	0,295	0,406	-0,134
-1,2	-1,434	1,230	0,535	0,700	3,8	1,817	0,291	0,393	-0,132
-1,1	-1,311	1,240	0,605	0,653	3,9	1,846	0,287	0,380	-0,130
-1,0	-1,187	1,246	0,670	0,603	4,0	1,874	0,283	0,367	-0,128
-0,9	-1,062	1,247	0,730	0,550	4,1	1,901	0,279	0,354	-0,126
-0,8	-0,937	1,245	0,785	0,492	4,2	1,929	0,276	0,341	-0,125
-0,7	-0,812	1,237	0,834	0,431	4,3	1,966	0,273	0,329	-0,124
-0,6	-0,688	1,223	0,877	0,367	4,4	1,993	0,270	0,317	-0,123
-0,5	-0,566	1,202	0,914	0,301	4,5	2,020	0,267	0,305	-0,122
-0,4	-0,446	1,174	0,944	0,234	4,6	2,046	0,264	0,293	-0,121
-0,3	-0,329	1,139	0,967	0,169	4,7	2,072	0,261	0,281	-0,120
-0,2	-0,215	1,097	0,984	0,107	4,8	2,098	0,258	0,269	-0,119
-0,1	-0,105	1,050	0,995	0,050	4,9	2,124	0,255	0,257	-0.118
0,0	0,000	1,000	1,000	0,000	5,0	2,149	0,252	0,245	-0,117

$$\frac{d^2x}{dy^2} + \frac{1}{2}\frac{\Phi'}{\Phi}\frac{dx}{dy} + \frac{1}{2}\frac{\Phi''}{\Phi}x = 0 \qquad \text{(I 6, 45)}$$

g) Zufolge der Annahme $\varrho_0/d \ll 1$ definiert die Kathode eine „Nadelelektrode“: Schon in äußerst kleinem Abstande von ihrer emittierenden Oberfläche geht das Gesamtpotential merklich in das Potential allein des Primärfeldes über. Daher dürfen wir in hinreichender Genauigkeit die in (I 6, 45) eingehende Funktion Φ nach (I 6, 36) durch (I 6, 23) ersetzen. Indem wir dann d als Längeneinheit benützen, führen wir an Stelle von x und y die numerischen Koordinaten

$$\xi = \frac{x}{d}; \qquad \eta = \frac{y}{d} \qquad \text{(I 6, 46)}$$

ein und erhalten aus (I 6, 45) die Differentialgleichung

$$\frac{d^2\xi}{d\eta^2} + \frac{1}{2}\frac{1}{\sqrt{1+\eta^2}}\frac{d\xi}{d\eta} + \frac{1}{2}\frac{1}{(1+\eta^2)^{3/2}(\eta+\sqrt{1+\eta^2})}\xi = 0. \qquad \text{(I 6, 47)}$$

Infolge der verwickelten Gestalt ihrer Koeffizienten läßt sich ihre Lösung allerdings nicht mittels schon bekannter Funktionen geschlossen darstellen; daher wurde die vorgelegte Differentialgleichung numerisch

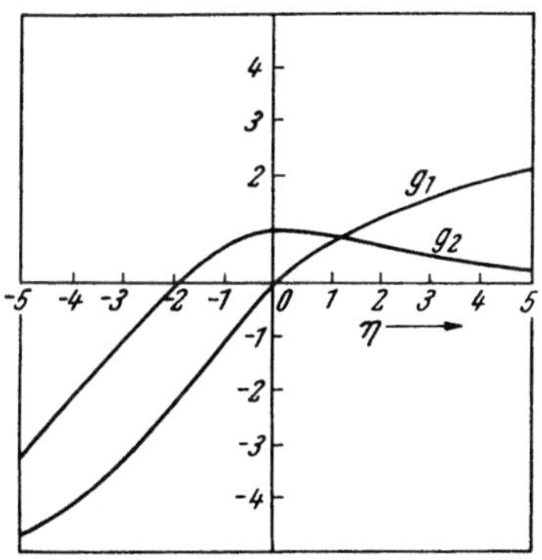

Abb. I 49. Die Fundamentalintegrale der Differentialgleichung (I 6, 47).

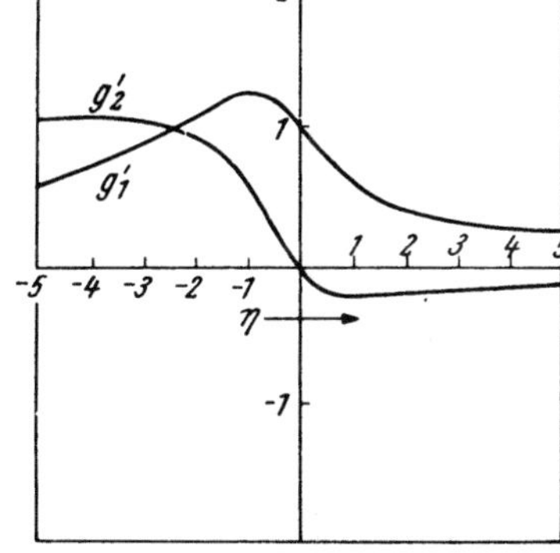

Abb. I 50. Ableitungen der Fundamentalintegrale der Differentialgleichung (I 6, 47).

integriert. Hierbei verbürgt uns ihr linearer Charakter, daß wir sie mit der Kenntnis nur zweier, voneinander linear unabhängiger Lösungen $g_1(\eta)$ und $g_2(\eta)$ vollständig beherrschen; diese Fundamentalintegrale seien den Bedingungen

$$g_1(0) = 0; \qquad \left(\frac{dg_1}{d\eta}\right)_0 = 1, \qquad \text{(I 6, 48)}$$

$$g_2(0) = 1; \qquad \left(\frac{dg_2}{d\eta}\right)_0 = 0 \qquad \text{(I 6, 49)}$$

unterworfen. In der nebenstehenden Tafel sind die Funktionen g_1 und g_2 samt ihren ersten Ableitungen g_1' und g_2' zahlenmäßig angegeben; die Abb. I 49 und I 50 veranschaulichen ihre Eigenschaften.

h) Nach Wahl zweier vorerst beliebiger Integrationskonstanten α_1 und α_2 lautet das allgemeine Integral der Gl. (I 6, 47)

$$\xi = \alpha_1 g_1(\eta) + \alpha_2 g_2(\eta). \qquad \text{(I 6, 50)}$$

Bei der Normierung (I 6, 46) befindet sich nun die zur Nadel degenerierte Kathode am Orte

$$-\tau = -\frac{\mathrm{t}}{\mathrm{d}} \qquad \text{(I 6, 51)}$$

der η-Achse. Daher erfüllen alle der von diesem Punkte ausgehenden Elektronenbahnen die Gleichung

$$\xi(-\tau) = \alpha_1 \mathrm{g}_1(-\tau) + \alpha_2 \mathrm{g}_2(-\tau) = 0 \qquad \text{(I 6, 52)}$$

mit deren Hilfe sich (I 6, 50) in die Gestalt

$$\xi = \frac{\alpha_1}{\mathrm{g}_2(-\tau)}\,[\mathrm{g}_1(\eta)\,\mathrm{g}_2(-\tau) - \mathrm{g}_2(\eta)\,\mathrm{g}_1(-\tau)] \qquad \text{(I 6, 53)}$$

bringen läßt: Bei fester Lage der Kathode sind sämtliche kontrollierten Elektronenbahnen einander ähnlich und ähnlich gelegen. Um nunmehr die bei unterschiedlicher Lage der Kathode entstehenden Bahnformen miteinander zu vergleichen, gehen wir vom Einzelelektron zu jenen Strahlenbündeln über, welche bei der Passage der Schutzplatte deren Öffnung lückenlos erfüllen; ihre Grenzbahnen $[\xi = \xi_{\mathrm{gr}}]$ genügen also der Bedingung

$$\xi_{\mathrm{gr}}(0) = \frac{\alpha_1}{\mathrm{g}_2(-\tau)}\,[\mathrm{g}_1(0)\,\mathrm{g}_2(-\tau) - \mathrm{g}_2(0)\,\mathrm{g}_1(-\tau)] = \pm 1, \qquad \text{(I 6, 54)}$$

so daß sie durch

$$\xi_{\mathrm{gr}} = \pm \frac{\mathrm{g}_1(\eta)\,\mathrm{g}_2(-\tau) - \mathrm{g}_2(\eta)\,\mathrm{g}_1(-\tau)}{\mathrm{g}_1(0)\,\mathrm{g}_2(-\tau) - \mathrm{g}_2(0)\,\mathrm{g}_1(-\tau)} \qquad \text{(I 6, 55)}$$

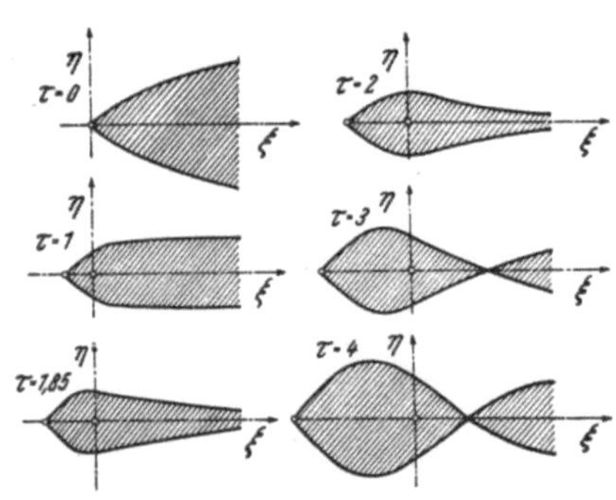

Abb. I 51. Elektronenstrahlen-Bündel in der *Röntgen*-Röhre für verschiedene Lagen der Kathode.

beschrieben werden. Aus Abb. I 51 erkennt man, daß die Grenzbahnen — und mit ihnen alle Bahnen — im Falle $\tau < 1{,}85$ divergieren: Die gewünschte Bildung des Strichfokus ist an die Ungleichung

$$\tau > 1{,}85 \qquad \text{(I 6, 56)}$$

gebunden. Über den dann resultierenden Ort $\eta = \eta_{\mathrm{F}}$ des Fokus unterrichtet uns die Gleichung

$$\xi(\eta_{\mathrm{F}}) = 0; \quad \eta_{\mathrm{F}} \neq -\tau, \qquad \text{(I 6, 57)}$$

welche vermöge (I 6, 55) zwischen der Lage des Fokus und jener der Kathode den Zusammenhang

$$\frac{\mathrm{g}_1(\eta_{\mathrm{F}})}{\mathrm{g}_2(\eta_{\mathrm{F}})} = \frac{\mathrm{g}_1(-\tau)}{\mathrm{g}_2(-\tau)} \qquad \text{(I 6, 58)}$$

gemäß Abb. I 52 stiftet.

Abb. I 52. Zusammenhang zwischen der Lage der Kathode und dem Ort des Fokus.

i) Wir kehren von der Nadelkathode infinitesimal klein gedachten Zylinderhalbmessers zur realen Kathode des endlichen numerischen Halbmessers ϱ_0/d zurück und fragen nach der nunmehr in der Fokalebene $\eta = \eta_{\mathrm{F}}$ verbleibenden numerischen Halbbreite ξ_{F} des emittierten Strahlenbündels.

An Hand der Gl. (I 6, 50) verfolgen wir die Bahn eines Elektrons, welches in der Ebene $\eta = -\tau$ von dem in $\xi > 0$ gelegenen Kathodenrande unter der Neigung $|\gamma| \ll 1$ gegen die η-Achse startet; es wird also durch die kinematischen Anfangsbedingungen

$$\xi = \xi_0 = \frac{\varrho_0}{\mathrm{d}}; \quad \frac{\mathrm{d}\xi}{\mathrm{d}\eta} = \gamma \quad \text{für} \quad \eta = -\tau \tag{I 6, 59}$$

charakterisiert. Demzufolge bestehen gleichzeitig die Relationen

$$\xi_0 = \alpha_1 g_1(-\tau) + \alpha_2 g_2(-\tau), \tag{I 6, 60}$$

$$\gamma = \alpha_1 g_1'(-\tau) + \alpha_2 g_2'(-\tau), \tag{I 6, 61}$$

welchen wir die Werte

$$\alpha_1 = \frac{g_2'(-\tau)\,\xi_0 - g_2(-\tau)\,\gamma}{g_1(-\tau)\,g_2'(-\tau) - g_2(-\tau)\,g_1'(-\tau)}, \tag{I 6, 62}$$

$$\alpha_2 = \frac{-g_1'(-\tau)\,\xi_0 + g_1(-\tau)\,\gamma}{g_1(-\tau)\,g_2'(-\tau) - g_2(-\tau)\,g_1'(-\tau)}, \tag{I 6, 63}$$

der Integrationskonstanten entnehmen. Nach ihrer Substitution in (I 6, 50) resultiert in der Fokalebene $\eta = \eta_F$ mit Rücksicht auf (I 6, 58) die Abweichung

$$\xi_F = \xi_0 \frac{g_1(\eta_F)\,g_1'(-\tau) - g_2(\eta_F)\,g_1'(-\tau)}{g_1(-\tau)\,g_2'(-\tau) - g_2(-\tau)\,g_1'(-\tau)} \tag{I 6, 64}$$

unabhängig von γ: Alle von dem vorgenannten Kathodenrande ausgehenden Bahnen schneiden sich in (ξ_F, η_F) und definieren hierdurch das elektronenoptische Bild des Kathodenrandes; das Verhältnis ξ_F/ξ_0 [Abb. I 53] mißt den Abbildungsmaßstab, welcher wunschgemäß kleiner als die Einheit ausfällt.

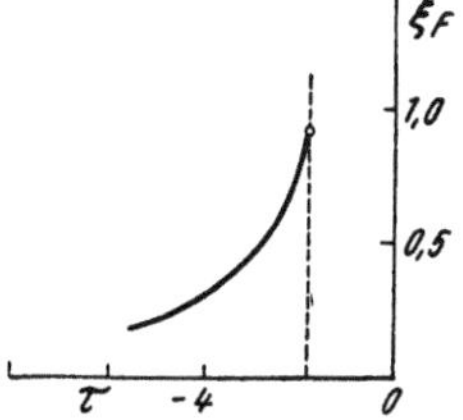

Abb. I 53. Ermittelung der Breite des Strichfokus.

I 7. Elektronenbewegung im elektrostatischen Paßfelde.

a) Wir definieren ein elektrostatisches Paßfeld durch seine skalare Potentialfunktion φ, welche der *Laplace*schen Gleichung genügt und in den Koordinaten x, y, z eines *Kartesi*schen Bezugssystemes nur Glieder von der zweiten Ordnung enthält.

Um die allgemeine Gestalt einer solchen Funktion aufzufinden, rufen wir ein gestrichenes, gleichfalls *Kartesi*sches Bezugssystem zu Hilfe, welches relativ zu dem ungestrichenen ruht. Mit r_0 bezeichnen wir den Vektor vom Ursprung O′ des gestrichenen Systemes zum Ursprung O des ungestrichenen Systemes, mit r' und r die beziehentlich von O′ und O zu ein und demselben Aufpunkt führenden Radiusvektoren; diese sind somit durch die Relation

$$r' = r_0 + r \tag{I 7, 1}$$

miteinander verknüpft.

Wir wählen nun einen beliebigen Skalar S, einen beliebigen Vektor V und einen symmetrischen Tensor zweiter Stufe T mit nicht-verschwindender Determinante seiner Matrix

$$\det [T] \neq 0. \tag{I 7, 2}$$

Mit Hilfe des Radiusvektors r' bilden wir aus S, V und T die skalare Funktion zweiten Grades

$$\varphi = \mathrm{S} + (V r') + \frac{1}{2}(r'\,T\,r') \tag{I 7, 3}$$

Vermöge der Transformation (I 7, 1) lautet sie im ungestrichenen System, mit Rücksicht auf die angenommene Symmetrie von T,

$$\left.\begin{aligned}\varphi = \mathrm{S} + (V r_0) + \frac{1}{2}(r_0 T r_0) + \\ + (V r) + (r_0 T r) + \\ + \frac{1}{2}(r T r)\end{aligned}\right\} \qquad \text{(I 7, 4)}$$

Wir versuchen jetzt, den Vektor r_0 derart zu bestimmen, daß gleichzeitig die Forderungen

$$\mathrm{S} + (V r_0) + \frac{1}{2}(r T r_0) = 0 \qquad \text{(I 7, 5)}$$

und

$$(V \mathrm{r}) + (r_0 T r) \equiv (\{V + r_0 T\} r) = 0 \qquad \text{(I 7, 6)}$$

befriedigt werden. Da nach (I 7, 2) der zu T reziproke Tensor T^{-1} existiert, welcher seinerseits ebenfalls symmetrisch ist, können wir (I 7, 6) durch

$$r_0 = - V T^{-1} = - T^{-1} V \qquad \text{(I 7, 7)}$$

erfüllen. Weiter darf in φ eine additive, skalare Konstante als physikalisch belanglos willkürlich festgesetzt werden; daher genügen wir auch (I 7, 5) mittels

$$\mathrm{S} = -(V \mathrm{r}_0) - \frac{1}{2}(r_0 T r_0) = (V T^{-1} r_0) - \frac{1}{2}(V T^{-1} T T^{-1} V) = \frac{1}{2}(V T^{-1} V) \qquad \text{(I 7, 8)}$$

Mit (I 7, 7) und (I 7, 8) reduziert sich (I 7, 4) auf

$$\varphi = \frac{1}{2}(r T r), \qquad \text{(I 7, 9)}$$

so daß wir auf die in der Definition des Paßfeldes verlangte Gestalt der Potentialfunktion gekommen sind.

Wir identifizieren jetzt die Achsen x, y, z des ungestrichenen Bezugssystemes der Reihe nach mit den Richtungen der paarweise aufeinander senkrechten, je auf den Betrag der Einheit normierten Eigenvektoren 1_a, 1_b, 1_c des Tensors T. Bezeichnen wir die zugehörigen Eigenwerte mit a, b, c, so nimmt die Matrix von T die Diagonalgestalt an

$$[T] = \begin{bmatrix} \mathrm{a} & 0 & 0 \\ 0 & \mathrm{b} & 0 \\ 0 & 0 & \mathrm{c} \end{bmatrix}. \qquad \text{(I 7, 10)}$$

Aus (I 7, 9) resultiert demnach

$$\varphi = \frac{1}{2}(\mathrm{a}\,\mathrm{x}^2 + \mathrm{b}\,\mathrm{y}^2 + \mathrm{c}\,\mathrm{z}^2). \qquad \text{(I 7, 11)}$$

Die *Laplace*sche Gleichung unterwirft die Invariante (a + b + c) der Bedingung

$$(\mathrm{a} + \mathrm{b} + \mathrm{c}) = 0. \qquad \text{(I 7, 12)}$$

Wegen der Symmetrie von T sind sämtliche Eigenwerte *reell.* Da somit nach (I 7, 12) mindestens einer von ihnen positiv sein muß, können wir die Koordinatenachsen stets so benennen, daß

$$\mathrm{c} > 0 \qquad \text{(I 7, 13)}$$

ausfällt. Für die geometrische Struktur des Feldes resultiert aus (I 7, 12) und (I 7, 13) folgende Klassifizierung

Tabelle 2.

		Kontrollebene		
		$x = 0$	$y = 0$	$z = 0$
Form der Äquipotentiallinien im Falle	$a < 0;\quad b > 0$	Hyperbeln	Ellipsen	Hyperbeln
	$a > 0;\quad b < 0$	Ellipsen	Hyperbeln	Hyperbeln
	$a < 0;\quad b < 0$	Hyperbeln	Hyperbeln	Ellipsen

Wir können nunmehr ein passendes Teilgebiet des Feldes (I 7, 11) physikalisch realisieren, indem wir ein Paar nicht koinzidierender Äquipotentialflächen mit zwei entsprechend aufgeladenen Elektroden identifizieren. Zwischen den an verschiedenen Orten gemessenen „Höhen" der Potentialfunktion vermittelt ein „Paß" dann und nur dann, falls das genannte Feldgebiet den Ursprung des ungestrichenen Bezugssystemes enthält; dies wird weiterhin vorausgesetzt.

b) Die *Newton*schen Bewegungsgleichungen eines Elektrons im elektrostatischen Paßfelde lauten

$$\frac{d^2x}{dt^2} = \frac{q_0}{m_0} a\, x, \qquad \text{(I 7, 14)}$$

$$\frac{d^2y}{dt^2} = \frac{q_0}{m_0} b\, y, \qquad \text{(I 7, 15)}$$

$$\frac{d^2z}{dt^2} = \frac{q_0}{m_0} c\, z. \qquad \text{(I 7, 16)}$$

Auf Grund der Annahme (I 7, 13) ist zunächst die Lösung der Gl. (I 7, 16) mit Hilfe zweier Integrationskonstanten S_z und C_z in der Form anzusetzen

$$z = S_z \sinh \sqrt{\frac{q_0}{m_0} c}\, t + C_z \cosh \sqrt{\frac{q_0}{m_0} c}\, t. \qquad \text{(I 7, 17)}$$

Daher entwickelt das Elektron parallel der z-Achse die Geschwindigkeit

$$v_z = \frac{dz}{dt} = \sqrt{\frac{q_0}{m_0} c}\left[S_z \cosh \sqrt{\frac{q_0}{m_0} c}\, t + C_z \sinh \sqrt{\frac{q_0}{m_0} c}\, t\right]. \qquad \text{(I 7, 18)}$$

Da die dual einander entsprechenden Fälle $a \lessgtr 0$; $b \gtrless 0$ durch bloße Vertauschung der Achsennamen x und y auseinander hervorgehen, genügt die Diskussion nur eines von ihnen: Unter der Voraussetzung $a > 0$, $b < 0$ finden wir mittels der weiteren Integrationskonstanten S_x, C_x und s_y, c_y die allgemeinen Lösungen

$$x = S_x \sinh \sqrt{\frac{q_0}{m_0} a}\, t + C_x \cosh \sqrt{\frac{q_0}{m_0} a}\, t \qquad \text{(I 7, 19)}$$

und

$$y = s_y \sin \sqrt{-\frac{q_0}{m_0} b}\, t + c_y \cos \sqrt{-\frac{q_0}{m_0} b}\, t, \qquad \text{(I 7, 20)}$$

während sich die zugehörigen Komponenten der Geschwindigkeit aus

$$v_x = \sqrt{\frac{q_0}{m_0}\,a}\left[S_x \cosh \sqrt{\frac{q_0}{m_0}\,a}\,t + C_x \sinh \sqrt{\frac{q_0}{m_0}\,a}\,t\right] \qquad \text{(I 7, 21)}$$

und

$$v_y = \sqrt{-\frac{q_0}{m_0}\,b}\left[s_y \cos \sqrt{-\frac{q_0}{m_0}\,b}\,t - c_y \sin \sqrt{-\frac{q_0}{m_0}\,b}\,t\right] \qquad \text{(I 7, 22)}$$

ergeben.

Gilt schließlich neben $b < 0$ auch $a < 0$, so ist die Lösung (I 7, 19), (I 7, 21) durch eine solche vom Typus (I 7, 20), (I 7, 22) zu ersetzen.

c) Wir spezialisieren auf ein rings um die z-Achse rotationssymmetrisches Feld

$$a = b = -\frac{1}{2}\,c. \qquad \text{(I 7, 23)}$$

Führen wir den Abstand

$$r = \sqrt{x^2 + y^2} \qquad \text{(I 1, 24)}$$

des Aufpunktes von der z-Achse ein, so lautet also die Potentialfunktion

$$\varphi = \frac{1}{2}\,c\left(z^2 - \frac{1}{2}\,r^2\right). \qquad \text{(I 7, 25)}$$

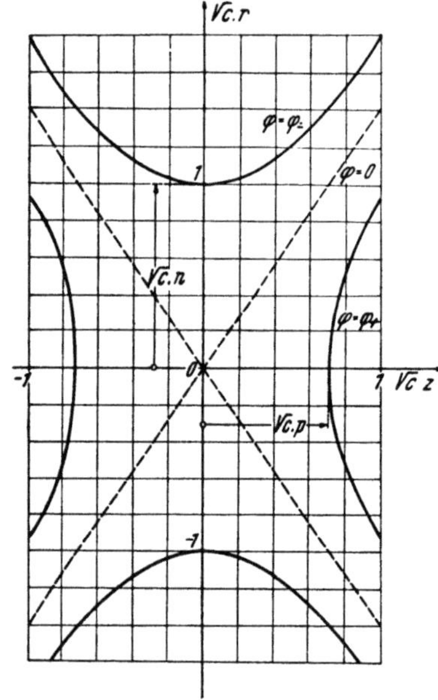

Abb. I 54. Realisierung eines rotationssymmetrischen Paßfeldes.

Das Paßgebiet, welches den Ursprung des Bezugssystemes enthält, wird gemäß Abb. I 54 von einem einschaligen Rotationshyperboloid des negativen Potentiales φ_- einerseits, einem zweischaligen Rotationshyperbolid vom positiven Potential φ_+ andererseits begrenzt; beide Hyperboloide sind durch den Doppelkegel $\varphi = 0$ geometrisch voneinander getrennt.

Als konstruktiv vorgegeben betrachten wir den achsialen Abstand p je eines der positiven Elektrodenscheitel vom Ursprung sowie dessen kleinsten radialen Abstand n von der negativen Elektrode. Aus (I 7, 25) entnehmen wir dann die Relationen

$$\varphi_+ = \frac{1}{2}\,c\,p^2 \qquad \text{(I 7, 26)}$$

und

$$\varphi_- = -\frac{1}{4}\,c\,n^2. \qquad \text{(I 7, 27)}$$

Hiernach kann nur eines der beiden Elektrodenpotentiale willkürlich gewählt werden; wir entscheiden uns für φ_+ und erhalten aus (I 7, 26)

$$c = 2\,\frac{\varphi_+}{p^2} \qquad \text{(I 7, 28)}$$

und also weiter gemäß (I 7, 27)

$$\varphi_- = -\frac{1}{2}\,\frac{n^2}{p^2}\,\varphi_+. \qquad \text{(I 7, 29)}$$

Bei bekannter Elektrodenspannung $U = \varphi_+ - \varphi_-$ findet man demnach

$$\varphi_+ = U \frac{2 p^2}{2 p^2 + n^2}; \qquad \varphi_- = - U \frac{n^2}{2 p^2 + n^2}, \tag{I 7, 30}$$

während die Potentialfunktion die Gestalt

$$\varphi = \varphi_+ \frac{z^2 - \frac{1}{2} r^2}{p^2} = U \frac{2 z^2 - r^2}{2 p^2 + n^2} \tag{I 7, 31}$$

annimmt. Setzen wir nun

$$\omega^2 = \frac{1}{2} \frac{q_0}{m_0} c = - \frac{q_0}{m_0} a = - \frac{q_0}{m_0} b = \frac{q_0}{m_0} \cdot \frac{2 U}{2 p^2 + n^2}, \tag{I 7, 32}$$

so lauten die Gleichungen der achsialen Elektronenbewegung gemäß (I 7, 17) und (I 7, 18)

$$z = S_z \sinh(\sqrt{2}\, \omega t) + C_z \cosh(\sqrt{2}\, \omega t) \tag{I 7, 33}$$

und

$$v_z = \sqrt{2}\, \omega \left[S_z \cosh(\sqrt{2}\, \omega t) + C_z \sinh(\sqrt{2}\, \omega t)\right]. \tag{I 7, 34}$$

Die entsprechenden Gleichungen der radialen Elektronenbewegung gehen aus (I 7, 20) und (I 7, 22) hervor, indem man dort y mit r vertauscht:

$$r = s_r \sin \omega t + c_r \cos \omega t \tag{I 7, 35}$$

und

$$v_r = \omega \left[s_r \cos \omega t - c_r \sin \omega t\right]. \tag{I 7, 36}$$

Die Zahl ω mißt sonach die Kreisfrequenz der harmonischen Schwingungen, welche das Elektron in Richtung senkrecht zur Symmetrieachse ausführt.

d) Wir richten unser Augenmerk zunächst nur auf die im $z \geqq 0$ gelegene Hälfte des Systemes und behandeln die Bewegung eines im Augenblicke $t = 0$ aus dem Ursprung emittierten Elektrons. Seien v_{z_0} und v_{r_0} die Komponenten der Startgeschwindigkeit vom Betrage

$$v_0 = \sqrt{v_{z_0}^2 + v_{r_0}^2}, \tag{I 7, 37}$$

so lauten also die Anfangsbedingungen

$$\left.\begin{array}{ll} z = 0; & r = 0 \\ v_z = v_{z_0}; & v_r = v_{r_0} \end{array}\right\} \quad \text{für} \quad t = 0. \tag{I 7, 38}$$

Wir definieren als *numerische Zeit*

$$\tau = \omega t \tag{I 7, 39}$$

sowie als *numerische Koordinaten*

$$\zeta = \frac{z \cdot \omega}{v_0}; \qquad \varrho = \frac{r \cdot \omega}{v_0}, \tag{I 7, 40}$$

Damit erscheinen die Gleichungen der Elektronenbahn in der dimensionsfreien Parameterdarstellung

$$\zeta = \frac{v_{z_0}}{v_0} \frac{1}{\sqrt{2}} \sinh \sqrt{2}\, \tau; \qquad \varrho = \frac{v_{r_0}}{v_0} \sin \tau. \tag{I 7, 41}$$

Sie wird durch Abb. I 55 veranschaulicht, welchem mit Rücksicht auf die Möglichkeit der zeichnerischen Darstellung ein Verhältnis $v_{z_0} : v_{r_0} = 1 : 1000$ zugrunde gelegt wurde; jede anderen Verhältnissen entsprechende Bahnkurve geht aus der angegebenen durch affine Verzerrung hervor.

e) Wir kehren zu dem Gesamtsystem zurück. Die positive Doppelelektrode wird als elektronendurchlässig vorausgesetzt [hinreichend engmaschiges Netz], während die negative Einfachelektrode alle auf sie treffenden Elektronen absorbieren möge. In elektronenoptischer Terminologie gehört diese Anordnung zur Klasse der *symmetrischen Lochblenden.* Gefragt wird nach ihrer Wirkung auf Elektronen, welche vom Halbraum $z < 0$ her parallel zur Systemachse mit der einheitlichen Geschwindigkeit v_0 einfallen.

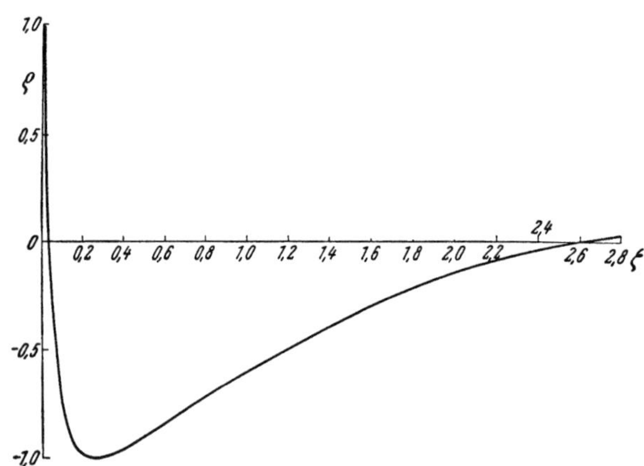

Abb. I 55. Elektronenbahn im Paßfelde.

Das kontrollierte Elektron möge im Zeitpunkt $t = 0$ die in $z < 0$ gelegene positive Halbelektrode im Abstande r_0 von der Achse erreichen. Die dort gemessene Achsenkoordinate z_0 folgt nach (I 7, 25), (I 7, 26) und (I 7, 28) aus

$$\varphi_+ = \frac{1}{2} c \left(z_0^2 - \frac{1}{2} r_0^2\right) = \varphi_+ \frac{z_0^2 - \frac{1}{2} r_0^2}{p^2}; \qquad z_0 = -\sqrt{p^2 + \frac{1}{2} r_0^2}. \tag{I 7, 42}$$

Daher lauten die Anfangsbedingungen für den innerhalb der Lochblende gelegenen Teil der Elektronenbahn

$$\left.\begin{aligned} z &= -\sqrt{p^2 + \frac{1}{2} r_0^2}; & r &= r_0 \\ v_z &= v_{z_0} = v_0 & v_r &= v_{r_0} = 0 \end{aligned}\right\} \text{ für } t = 0. \tag{I 7, 43}$$

Aus (I 7, 33) und (I 7, 34) entnehmen wir somit die Beziehungen

$$C_z = -\sqrt{p^2 + \frac{1}{2} r_0^2}; \qquad S_z = \frac{v_0}{\omega \sqrt{2}}, \tag{I 7, 44}$$

während (I 7, 35) und (I 7, 36) auf

$$c_r = r_0; \qquad s_r = 0 \tag{I 7, 45}$$

führen.

Wir behalten die Definition (I 7, 39) der numerischen Zeit τ bei, erklären jedoch, im Gegensatz zu (I 7, 40), die Koordinaten ζ und ϱ mittels

$$\zeta = \frac{z}{p}; \qquad \varrho = \frac{r}{p} \tag{I 7, 46}$$

Damit ergibt sich aus (I 7, 33) und (I 7, 35) für die Elektronenbahn die Parameterdarstellung

$$\zeta = \frac{v_0}{\omega p} \frac{1}{\sqrt{2}} \sinh \sqrt{2}\,\tau - \sqrt{1 + \frac{1}{2} \frac{r_0^2}{p^2}} \cosh \sqrt{2}\,\tau \tag{I 7, 47}$$

und

$$\varrho = \frac{r_0}{p} \cos \tau. \tag{I 7, 48}$$

Die achsiale Komponente der Elektronengeschwindigkeit beträgt

$$v_z = \frac{dz}{dt} = \omega\, p \frac{d\zeta}{d\tau} = v_0 \cosh \sqrt{2}\, \tau - \omega\, p \sqrt{2} \sqrt{1 + \frac{1}{2} \frac{r_0^2}{p^2}} \sinh \sqrt{2}\, \tau \tag{I 7, 49}$$

und ihre radiale Komponente

$$v_r = \frac{dr}{dt} = \omega\, p \frac{d\varrho}{d\tau} = -\, \omega\, r_0 \sin \tau. \tag{I 7, 50}$$

Wir setzen weiterhin

$$r_0 \leqq n \tag{I 7, 51}$$

voraus. Auf Grund der Gl. (I 7, 49) ergibt sich dann für die Kinematik des kontrollierten Elektrons folgende Alternative:

1. Im Falle

$$\frac{v_0}{\omega\, p \sqrt{2}} > \sqrt{1 + \frac{1}{2} \frac{r_0^2}{p^2}} \tag{I 7, 52}$$

nimmt die Achsenkoordinate des Elektrons mit wachsender numerischer Zeit τ gemäß Abb. I 56 monoton zu. Das Elektron erreicht die in $z > 0$ gelegene positive Halbelektrode und verläßt dort das Feldgebiet der Lochblende. Auf Grund des Energiesatzes besitzt die Austrittsgeschwindigkeit zwar den Betrag v_0 der Eintrittsgeschwindigkeit, doch weicht ihre Richtung im allgemeinen von jener des einfallenden Strahles um einen endlichen Winkel ab.

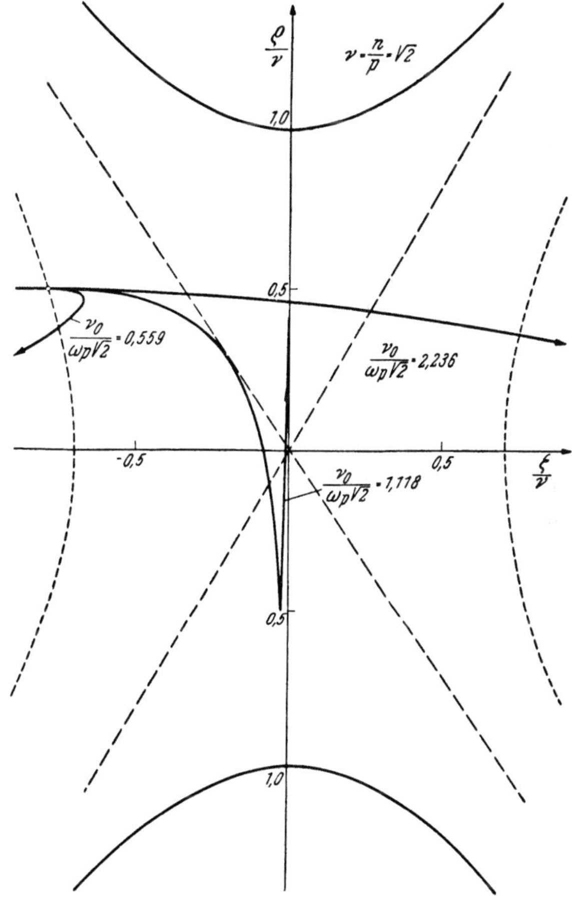

Abb. I 56. Klassifizierung der Elektronenbahnen im Paßfelde.

2. Im Falle

$$\frac{v_0}{\omega\, p \sqrt{2}} < \sqrt{1 + \frac{1}{2} \frac{r_0^2}{p^2}} \tag{I 7, 53}$$

verschwindet die achsiale Komponente der Geschwindigkeit rechnerisch zu der durch

$$\operatorname{tgh} \sqrt{2}\, \tau_0 = \frac{v_0}{\omega\, p \sqrt{2}} \cdot \frac{1}{\sqrt{1 + \frac{1}{2} \frac{r_0^2}{p^2}}} \tag{I 7, 54}$$

bestimmten numerischen Zeit τ_0. Um die Realität eines solchen Vorganges zu prüfen, tragen wir (I 7, 54) in (I 7, 47) ein und finden für den numerischen Abstand $\zeta_{\max}$ des Bahn-Kulminationspunktes von der Ebene $\zeta = 0$ den mit Rücksicht auf (I 7, 53) reellen Wert

$$\zeta_{\max} = -\sqrt{\left(1+\frac{1}{2}\frac{r_0^2}{p^2}\right)-\left(\frac{v_0}{\omega p}\frac{1}{\sqrt{2}}\right)^2}, \qquad \text{(I 7, 55)}$$

Gleichzeitig besitzt das Elektron den [numerischen] Achsenabstand

$$\varrho_0 = \frac{r_0}{p}\cos\tau_0 \qquad \text{(I 7, 56)}$$

Wir konstruieren nun durch den Punkt ($\zeta_{\max}$, ϱ_0) die Parallele zur Systemachse; sie schneidet die Eintrittselektrode in

$$\zeta_{el} = -\sqrt{1+\frac{1}{2}\frac{r_0^2}{p^2}\cos^2\tau_0} = -\sqrt{\left(1+\frac{1}{2}\frac{r_0^2}{p^2}\right)-\frac{1}{2}\frac{r_0^2}{p^2}\sin^2\tau_0}. \qquad \text{(I 7, 57)}$$

Aus dem Vergleich von (I 7, 55) und (I 7, 57) folgt mit Rücksicht auf (I 7, 54) für die Realität der Bahnkulmination innerhalb der Lochblende die Bedingung

$$\frac{1}{2}\frac{r_0^2}{p^2}\sin^2\tau_0 < \left(\frac{v_0}{\omega p}\cdot\frac{1}{\sqrt{2}}\right)^2 = \left(1+\frac{1}{2}\frac{r_0^2}{p^2}\right)\operatorname{tgh}^2\sqrt{2}\,\tau_0 \qquad \text{(I 7, 58)}$$

oder

$$\frac{\frac{1}{2}\frac{r_0^2}{p^2}}{1+\frac{1}{2}\frac{r_0^2}{p^2}} < \left(\frac{\operatorname{tgh}\sqrt{2}\,\tau_0}{\sin\tau_0}\right)^2 \qquad \text{(I 7, 59)}$$

Die auf der rechten Seite dieser Ungleichung auftretende Funktion von τ_0 nimmt für ein gewisses Argument $\tau_0 = \tau_{\text{grenz}}$ ihren Kleinstwert an: Die Forderung

$$\frac{d}{d\tau_0}\left(\frac{\operatorname{tgh}\sqrt{2}\,\tau_0}{\sin\tau_0}\right)^2 = 0 \qquad \text{(I 7, 60)}$$

liefert für τ_{grenz} die transzendente Gleichung

$$\operatorname{tg}\tau_{\text{grenz}} = \frac{1}{\sqrt{2}}\sinh\sqrt{2}\,\tau_{\text{grenz}}\cosh\sqrt{2}\,\tau_{\text{grenz}}. \qquad \text{(I 7, 61)}$$

Zum Zwecke ihrer numerischen Auflösung setzen wir

$$\tau_{\text{grenz}} = \frac{\pi}{2} - \varepsilon; \qquad 0 < \varepsilon \ll \frac{\pi}{2} \qquad \text{(I 7, 62)}$$

und erhalten bis auf Glieder höherer Ordnung in ε

$$\frac{1}{\varepsilon} = \frac{1}{\sqrt{2}}\sinh\sqrt{2}\,\frac{\pi}{2}\cosh\sqrt{2}\,\frac{\pi}{2} = 15{,}5; \qquad \varepsilon = 0{,}0644 = 3^0,7, \qquad \text{(I 7, 63)}$$

also

$$\left(\frac{\operatorname{tgh}\sqrt{2}\,\tau_{\text{grenz}}}{\sin\tau_{\text{grenz}}}\right)^2 = 0{,}978^2. \qquad \text{(I 7, 64)}$$

Hiernach kann (I 7, 59) bei allen, physikalisch zulässigen Eintrittsgeschwindigkeiten der Elektronen nur so lange gewährleistet werden, als man den Einfallsraum auf den Halbzylinder

$$\frac{1}{2}\left(\frac{r_0}{p}\right)^2(1-0{,}978^2) < 0{,}978^2; \qquad \frac{r_0}{p} < 6{,}65 \qquad \text{(I 7, 65)}$$

beschränkt. Die durch

$$\left(\frac{r_0}{p}\right)_{\text{grenz}} = 6{,}65 \tag{I 7, 66}$$

definierte Bahn kulminiert bei dem Grenzverhältnis

$$\left(\frac{v_0}{\omega p}\right)_{\text{grenz}} = \left(\frac{r_0}{p}\right)_{\text{grenz}} \sin \tau_{\text{grenz}} \approx \left(\frac{r_0}{p}\right)_{\text{grenz}} \tag{I 7, 67}$$

gerade auf der Einfallselektrode im Punkte

$$\varrho_{\text{grenz}} = \left(\frac{r_0}{p}\right)_{\text{grenz}} \cdot \cos \tau_{\text{grenz}} = 0{,}428; \qquad \zeta_{\text{grenz}} = -\sqrt{1 + \frac{1}{2}\left(\frac{r_0}{p}\right)^2 \cos^2 \tau_{\text{grenz}}} = = -1{,}046, \tag{I 7, 68}$$

um dann den Feldraum senkrecht zur Einfallsrichtung zu verlassen.

Gemäß dieser kinematischen Diskussion werden alle Elektronen des Bereiches (I 7, 65) bei ihrem Austritt aus dem System der Lochblende gemäß Abb. I 56 in den Einfallsraum reflektiert. Allerdings trifft dann ein Teil der austretenden, nunmehr geradlinigen Strahlen die Einfallselektrode erneut; doch lassen wir die anschließenden, sekundären Elektronenbahnen weiterhin außer Betracht: Es liegt ein *Elektronenspiegel* vor.

Zwischen der Gruppe der Passageelektronen nach (I 7, 52) einerseits, der Rückkehrelektronen nach (I 7, 53) andererseits vermitteln die Elektronen der Daten

$$\frac{v_0}{\omega p} \cdot \frac{1}{\sqrt{2}} = \sqrt{1 + \frac{1}{2} \frac{r_0^2}{p^2}}. \tag{I 7, 69}$$

Aus (I 7, 47) entnimmt man die Gleichung ihrer Achsialbewegung

$$\zeta = -\frac{v_0}{\omega p} \cdot \frac{1}{\sqrt{2}} \cdot e^{-\sqrt{2}\tau}. \tag{I 7, 70}$$

Sie schildert zusammen mit (I 7, 48) eine Bahn, welche sich nach Abb. I 56 unter unbegrenzt vielen radialen Oszillationen von $\zeta < 0$ her dem Ursprung nähert — das kinematische Gegenstück zu der oben behandelten Elektronenemission aus dem Ursprung.

f) Von der Kontrolle des Einzelelektrons gehen wir zur Gesamtheit aller in die Blende einfallenden Elektronen über. Wir führen ihre Voltgeschwindigkeit U_0 gemäß der Klassischen Mechanik ein

$$\frac{1}{2} m_0 v_0^2 = q_0 U_0. \tag{I 7, 71}$$

Es wird

$$n \leqq r_{0\,\text{grenz}} \tag{I 7, 72}$$

vorausgesetzt und angenommen, daß sich die Dichte j des gesamten Konvektionsstromes J der einfallenden Elektronen homogen auf den Strahlquerschnitt verteile:

$$j = \frac{J}{\pi n^2}. \tag{I 7, 73}$$

Wir berechnen nun aus (I 7, 69) mit Rücksicht auf (I 7, 32) und (I 7, 71) den Halbmesser r_0 jenes Zylinders, welcher im Falle $r_0 < n$ die einfallenden Passageelektronen von den einfallenden Rückkehrelektronen scheidet

$$r_0^2 = \frac{v_0^2}{\omega^2} - 2p^2 = \frac{U_0}{U}(2p^2 + n^2) - 2p^2. \tag{I 7, 74}$$

An Hand dieser Gleichung sind folgende Fälle zu unterscheiden:

1. Sei

$$\frac{U_0}{U}(2\,p^2 + n^2) \leqq 2\,p^2; \qquad U \geqq U_0\left(1 + \frac{1}{2}\frac{n^2}{p^2}\right), \qquad \text{(I 7, 75)}$$

so werden sämtliche einfallenden Elektronen reflektiert, das System ist für den Konvektionsstrom gesperrt. Die für diesen Effekt erforderliche Mindestspannung definiert die Sperrspannung des Systemes:

$$U_{\text{sperr}} = U_0\left(1 + \frac{1}{2}\frac{n^2}{p^2}\right). \qquad \text{(I 7, 76)}$$

2. Für Spannungen U des Bereiches

$$0 \leqq \frac{U_0}{U}(2\,p^2 + n^2) - 2\,p^2 \leqq n^2 \qquad \text{(I 7, 77)}$$

gelangt der Teilstrom

$$i = J\,\frac{\pi\,r_0^2}{\pi\,n^2} = J \cdot 2\,\frac{p^2}{n^2}\left(\frac{U_{\text{sperr}}}{U} - 1\right) \qquad \text{(I 7, 78)}$$

durch die Lochblende hindurch.

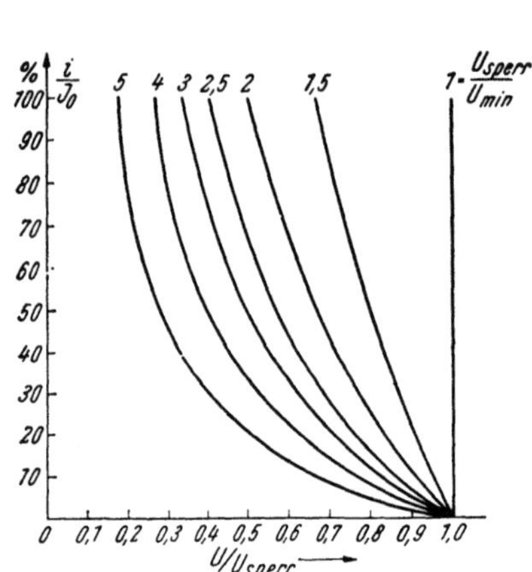

Abb. I 57. Numerische Kennlinien des Blendensystemes als Strom-Steuergerät.

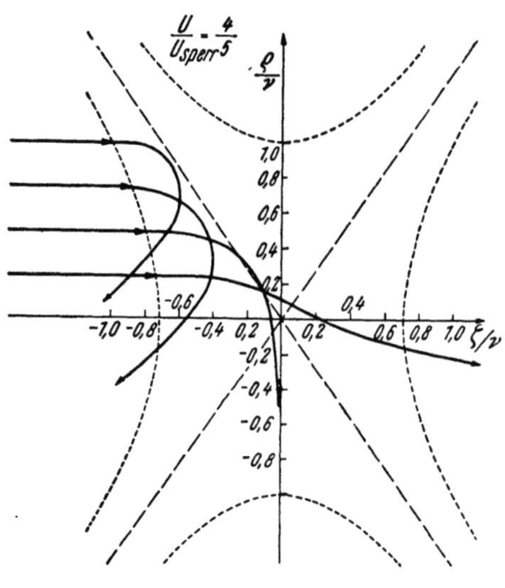

Abb. I 58. Teilweise Sperrwirkung der Blende.

3. Im Falle

$$\frac{U_{\text{sperr}}}{U} - 1 \geqq \frac{1}{2}\frac{n^2}{p^2}; \qquad U \leqq U_{\text{sperr}}\,\frac{1}{1 + \frac{1}{2}\frac{n^2}{p^2}} \qquad \text{(I 7, 79)}$$

kann der Konvektionsstrom das System ungeschwächt passieren.

Setzen wir

$$U_{\min} = U_{\text{sperr}} \cdot \frac{1}{1 + \frac{1}{2}\frac{n^2}{p^2}}, \qquad \text{(I 7, 80)}$$

so gilt

$$1 + \frac{1}{2}\frac{n^2}{p^2} = \frac{U_{\text{sperr}}}{U_{\min}}; \qquad 2\,\frac{p^2}{n^2} = \frac{1}{\frac{U_{\text{sperr}}}{U_{\min}} - 1} \qquad \text{(I 7, 81)}$$

und (I 7, 78) nimmt die Form an

$$\frac{i}{J} = \frac{\frac{U_{sperr}}{U} - 1}{\frac{U_{sperr}}{U_{min}} - 1}; \qquad U_{min} \leqq U \leqq U_{sperr}. \tag{I 7, 82}$$

Abb. I 57 zeigt die nach dieser Gleichung berechneten numerischen Kennlinien des Blendensystemes für verschiedene Werte des Spannungsverhältnisses U_{sperr} zu U_{min}; die je zugehörige Verteilung der Elektronenbahnen mag durch die Abb. I 58, I 59 und I 60 veranschaulicht werden.

I 8. Das Kepler-Problem des Einzelelektrons.

a) Gegeben die im Ursprung O des *Kartesi*schen Rechtssystemes fixierte elektrische Ladung e; gesucht die in deren Feld statthabende [*Newton*sche] Bewegung eines freien Elektrons.

Das elektrische Skalarpotential φ der Ladung e kann durch passende Verfügung über die in ihm enthaltene, willkürliche Konstante in die Gestalt

$$\varphi = \frac{e}{4\pi\Delta} \cdot \frac{1}{\sqrt{x^2 + y^2 + z^2}} \tag{I 8, 1}$$

gebracht werden. Die gefragte Bewegung verläuft in einer Ebene, welche wir mit der Ebene z = 0 identifizieren. Daher unterliegt das Elektron den Bewegungsgleichungen

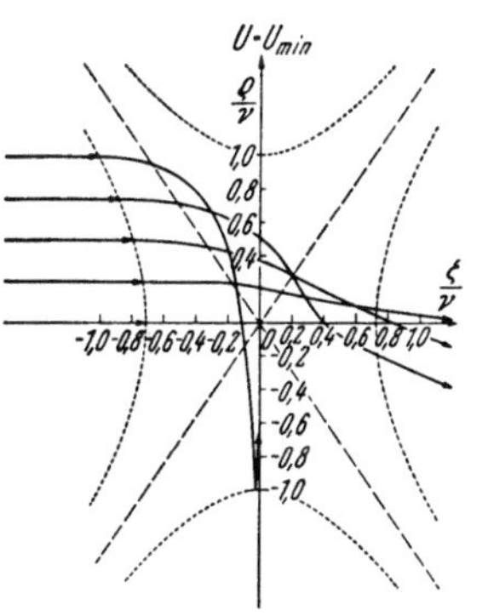

Abb. I 59. Beginnende Sperrung der Blende.

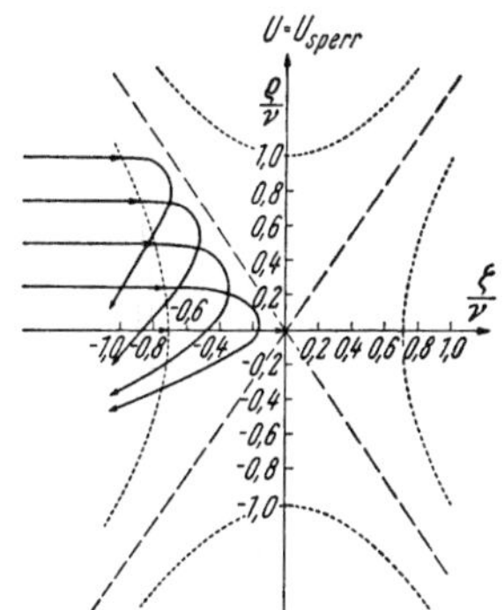

Abb. I 60. Völlige Sperrung der Blende.

$$m_0 \frac{d^2x}{dt^2} = q_0 \frac{\partial\varphi}{\partial x} = \frac{e\,q_0}{4\pi\Delta} \cdot \frac{x}{(x^2 + y^2)^{3/2}} \tag{I 8, 2}$$

und

$$m_0 \frac{d^2y}{dt^2} = q_0 \cdot \frac{\partial\varphi}{\partial y} = \frac{e\,q_0}{4\pi\Delta} \cdot \frac{y}{(x^2 + y^2)^{3/2}}. \tag{I 8, 3}$$

b) Wir setzen abkürzend

$$\dot{x} = \frac{dx}{dt}; \qquad \dot{y} = \frac{dy}{dt} \tag{I 8, 4}$$

und gewinnen aus (I 8, 2) und (I 8, 3) folgende Integrale:

1. Wir multiplizieren (I 8, 2) mit $\dot{x}$, (I 8, 3) mit $\dot{y}$, und erhalten in

$$m_0\left[\frac{d\dot{x}}{dt}\,\dot{x} + \frac{d\dot{y}}{dt} \cdot \dot{y}\right] \equiv \frac{d}{dt}\left[\frac{1}{2} m_0 (\dot{x}^2 + \dot{y}^2)\right] =$$

$$= q_0\left[\frac{\partial\varphi}{\partial x}\,\dot{x} + \frac{\partial\varphi}{\partial y}\,\dot{y}\right] \equiv q_0 \frac{d\varphi}{dt} \tag{I 8, 5}$$

den Satz der *Erhaltung der Energie*; bezeichnen wir deren konstanten Wert mit W, so folgt also mit Rücksicht auf (I 8, 1)

$$\frac{1}{2} m_0 (\dot{x}^2 + \dot{y}^2) - \frac{q_0 e}{4 \pi \Delta} \cdot \frac{1}{\sqrt{x^2 + y^2}} = W. \qquad \text{(I 8, 6)}$$

2. Wir erweitern (I 8, 3) mit x, (I 8, 2) mit y und finden durch Subtraktion der entstehenden Gleichungen

$$m_0 \left[x \frac{d\dot{y}}{dt} - y \frac{d\dot{x}}{dt} \right] \equiv m_0 \frac{d}{dt} [x \dot{y} - y \dot{x}] = 0, \qquad \text{(I 8, 7)}$$

also nach Wahl einer Konstanten b das *Flächenintegral*

$$x \dot{y} - y \dot{x} = b. \qquad \text{(I 8, 8)}$$

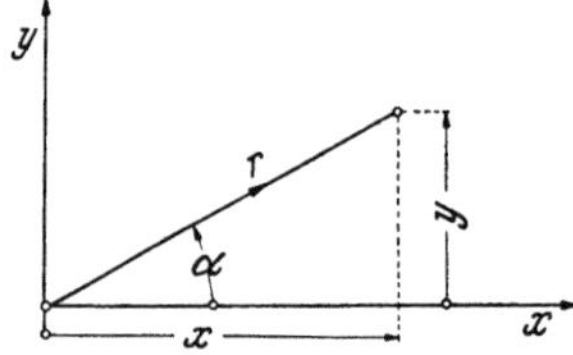

Abb. I 61. Einführung ebener Polarkoordinaten.

c) Neben den bisher benützten *Kartes*ischen Koordinaten führen wir in der Ebene $z = 0$ gemäß Abb. I 61 die Polarkoordinaten r [Poldistanz] und α [Azimut] mittels der kinematischen Relationen ein

$$\left. \begin{aligned} x &= r \cos \alpha, \\ y &= r \sin \alpha. \end{aligned} \right\} \qquad \text{(I 8, 9)}$$

Indem wir durch übergesetzte Punkte Ableitungen nach der Zeit bezeichnen, schließen wir aus (I 8, 9)

$$\left. \begin{aligned} \dot{x} &= \dot{r} \cos \alpha - r \dot{\alpha} \sin \alpha, \\ \dot{y} &= \dot{r} \sin \alpha + r \dot{\alpha} \cos \alpha. \end{aligned} \right\} \qquad \text{(I 8, 10)}$$

Daher nimmt das Energie-Integral (I 8, 6) die Gestalt

$$\frac{1}{2} m_0 (\dot{r}^2 + r^2 \dot{\alpha}^2) - \frac{q_0 e}{4 \pi \Delta} \cdot \frac{1}{r} = W \qquad \text{(I 8, 11)}$$

an, während (I 8, 8) in der Form

$$r^2 \dot{\alpha} = b \qquad \text{(I 8, 12)}$$

geschrieben werden kann. Setzen wir nun

$$r' = \frac{dr}{d\alpha}, \qquad \text{(I 8, 13)}$$

so wird, mit Rücksicht auf (I 8, 12),

$$\dot{r} = r' \dot{\alpha} = r' \frac{b}{r^2} \qquad \text{(I 8, 14)}$$

und Gl. (I 8, 11) geht, mit nochmaliger Benützung des Flächenintegrales, in

$$\frac{r'^2}{r^4} + \frac{1}{r^2} - \frac{2 q_0 e}{4 \pi \Delta m_0 b^2} \cdot \frac{1}{r} = \frac{2 W}{m_0 b^2} \qquad \text{(I 8, 15)}$$

über.

d) Wir kontrollieren ein Elektron, welches vom Unendlichen der positiven x-Achse her mit der Geschwindigkeit $(- v_0)$ im Abstande $y = + p$ antiparallel der x-Achse einfällt:

$$\lim_{x \to \infty} y = p, \qquad \text{(I 8, 16)}$$

$$\lim_{x \to \infty} \dot{x} = - v_0; \quad \lim_{x \to \infty} \dot{y} = 0. \qquad \text{(I 8, 17)}$$

Auf Grund von (I 8, 16) ergibt sich aus (I 8, 6)

$$W = \frac{1}{2} m_0 v_0^2. \tag{I 8, 18}$$

Verschärfen wir die zweite der Angaben (I 8, 17) zu

$$\lim_{x \to \infty} x \dot{y} = 0, \tag{I 8, 19}$$

so liefert (I 8, 8) die Aussage

$$b = \lim_{x \to \infty} (x \dot{y} - y \dot{x}) = p v_0. \tag{I 8, 20}$$

Mit (I 8, 18) und (I 8, 20) lautet nunmehr Gl. (I 8, 15)

$$\frac{r'^2}{r^4} + \frac{1}{r^2} - \frac{q_0 e}{4\pi \Delta p W} \cdot \frac{1}{p r} = \frac{1}{p^2}, \tag{I 8, 21}$$

Wir führen vorübergehend an Stelle der Poldistanz r die dimensionsfreie Veränderliche u ein, indem wir setzen

$$u = \frac{p}{r}; \qquad u' \equiv \frac{du}{d\alpha} = -\frac{p}{r^2} r'. \tag{I 8, 22}$$

Sie genügt zufolge (I 8, 21) der Differentialgleichung

$$(u')^2 + u^2 - \frac{q_0 e}{4\pi \Delta p W} u = 1. \tag{I 8, 23}$$

Mit den Abkürzungen

$$u_0 = \frac{1}{2} \frac{q_0 e}{4\pi \Delta p W} \tag{I 8, 24}$$

und

$$K^2 = 1 + u_0^2 \tag{I 8, 25}$$

entsteht aus (I 8, 23) durch Trennung der Variabeln

$$\frac{du}{\sqrt{K^2 - (u - u_0)^2}} = d\alpha, \tag{I 8, 26}$$

also, mit Hilfe der Integrationskonstanten $(\pi/2 - \alpha_0)$,

$$u = u_0 + K \cos(\alpha - \alpha_0). \tag{I 8, 27}$$

Indem wir

$$\varepsilon = \frac{+K}{u_0} = \frac{+\sqrt{1 + u_0^2}}{u_0} \tag{I 8, 28}$$

setzen und dann mittels (I 8, 19) zur Poldistanz des kontrollierten Elektrons zurückkehren, erhalten wir als dessen Bahnkurve

$$\frac{r}{p} = \frac{1}{u_0} \cdot \frac{1}{1 + \varepsilon \cos(\alpha - \alpha_0)}, \tag{I 8, 29}$$

wobei aus (I 8, 16) die Forderung

$$\lim_{\alpha \to +0} \frac{p}{r} = u_0 [1 + \varepsilon \cos \alpha_0 + \varepsilon \cdot \alpha \sin \alpha_0 + \ldots] \to +0 \tag{I 8, 30}$$

resultiert. Das Elektron bewegt sich somit längs eines *Hyperbelzweiges*, dessen kinematische Eigenschaften folgender Alternative unterliegen:

1. Im Falle der *Anziehung* des einfallenden Elektrons durch eine im Ursprung des Bezugssystemes fixierte *positive Ladung* ist nach (I 8, 24) und (I 8, 28) mit $u_0 > 0$ auch $\varepsilon > 0$. Daher genügt man (I 8, 30) durch

$$\cos\alpha_0 = -\frac{1}{\varepsilon} < 0; \qquad \sin\alpha_0 = \sqrt{1-\frac{1}{\varepsilon^2}} > 0, \qquad \text{(I 8, 31)}$$

also

$$\operatorname{cotg}\alpha_0 = -\frac{1}{\sqrt{\varepsilon^2-1}} = -u_0 < 0; \qquad \frac{\pi}{2} < \alpha_0 > \pi. \qquad \text{(I 8, 32)}$$

Das Elektron erreicht hiernach entsprechend Abb. I 62 beim Azimut $\alpha = \alpha_0$ seine kleinste Poldistanz

$$r_{min} = \frac{p}{u_0(1+\varepsilon)} = \frac{p}{u_0 + K} < p. \qquad \text{(I 8, 33)}$$

Dann nähert sich die Bahnkurve asymptotisch dem Strahl

$$\alpha = 2\,\alpha_0, \qquad \text{(I 8, 34)}$$

längs dessen sich das Elektron schließlich in das Unendliche der Halbebene $y < 0$ entfernt.

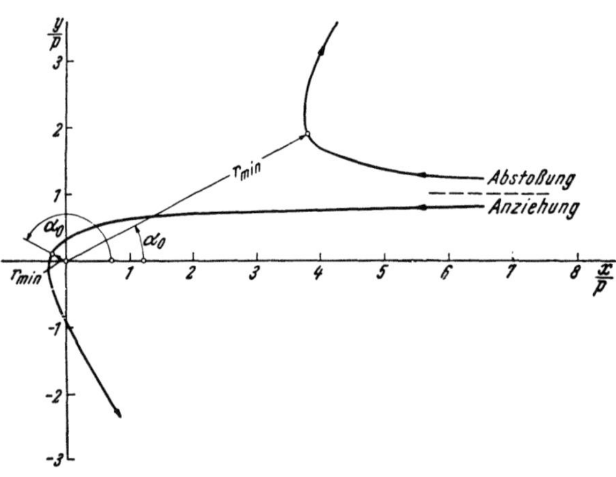

Abb. I 62. *Kepler*-Hyperbeln eines Elektrons im Felde einer ruhenden Ladung.

2. Falls im Ursprung des Bezugssystemes eine *negative Ladung* fixiert ist [*Abstoßung* des einfallenden Elektrons], werden $u_0 < 0$ und $\varepsilon < 0$. Demnach befriedigen wir (I 8, 30) nunmehr durch

$$\cos\alpha_0 = -\frac{1}{\varepsilon} > 0;$$

$$\sin\alpha_0 = \sqrt{1-\frac{1}{\varepsilon^2}} > 0, \qquad \text{(I 8, 35)}$$

also

$$\operatorname{cotg}\alpha_0 = -\frac{1}{\sqrt{\varepsilon^2-1}} = -u_0 > 0; \qquad 0 < \alpha_0 < \frac{\pi}{2}. \qquad \text{(I 8, 36)}$$

Gemäß Abb. I 62 erreicht das Elektron beim Azimut $\alpha = \alpha_0$ die kleinste Poldistanz

$$r_{min} = \frac{p}{(-u_0)\,[(-\varepsilon)-1]} = \frac{p}{K-(-u_0)} > p \qquad \text{(I 8, 37)}$$

um sich dann asymptotisch dem Strahl

$$\alpha = 2\,\alpha_0 \qquad \text{(I 8, 38)}$$

anzunähern, längs dessen es sich schließlich in das Unendliche der Halbebene $y > 0$ entfernt.

I 9. Aufladungserscheinungen in Hochvakuumröhren.

a) Gegeben eine Hochvakuum-Elektronenröhre, deren Gefäßwand ganz oder teilweise aus einem isolierenden Stoffe gefertigt ist. Wird nun ein Ort dieser Wandung, welcher keine leitende Verbindung mit einer der Elektroden aufweist, von Elektronen beaufschlagt, so entsteht zunächst ein ungeschlossener Konvektionsstrom, welcher erst durch den gleichzeitig auftretenden Verschiebungsstrom zu einem quellenfreien, wahren Gesamtstrom im *Maxwell*schen Sinne ergänzt wird. Seiner Natur nach ist dieser Mechanismus an das Bestehen eines zeitabhängigen Feldes geknüpft; welchen Gleichgewichtszustand nimmt das System an?

b) Wir verschärfen den Begriff der Hochvakuumröhre zur Voraussetzung des absoluten Vakuums im Innern des Entladungsgefäßes. Eine Rückleitung des Elektronenstromes durch Gasionen ist damit ausgeschlossen. Vielmehr muß die getroffene Stelle der Wandung selbst den notwendigen Mechanismus einleiten; hierfür stehen zwei Prozesse zur Verfügung:

1. Die einfallenden „Primärelektronen" können aus dem betroffenen Wandelemente „*Sekundärelektronen*" befreien [Ziffer II 8], welche durch ein geeignetes Feld zu einer der Elektroden geführt werden. Von dieser Möglichkeit wird beispielsweise in den verschiedenen Arten des Ikonoskopes Gebrauch gemacht; wir kommen später auf diesen Gegenstand zurück.

2. Falls das beaufschlagte Material zur Entsendung von Sekundärelektronen nicht befähigt ist oder die Energie der Primärelektronen nicht ausreicht, um Sekundärelektronen in der erforderlichen Menge zu befreien, verbleibt auf dem betroffenen Orte ein Überschuß negativer Ladung. Sie erregt ein *elektrisches Zusatzfeld*, welches die einfallenden Elektronen zurückzutreiben sucht; Gleichgewicht herrscht, falls sämtliche einfallenden Elektronen vor Erreichen der Wandung zur Umkehr gezwungen werden [Aufladeeffekt].

c) In Elektronenröhren, welche der Verstärkung fremder oder selbsterregter Wechselströme dienen, ist der *Aufladeeffekt* in der Regel unerwünscht, weil er zu schwer beherrschbaren Änderungen der Betriebskennlinien führt; dies ist einer der Gründe zur technischen Entwicklung von Metallröhren gewesen. Verwendet man jedoch isolierende Gefäße, so empfiehlt es sich, die Wandungen an den gefährdeten Stellen mit einem leitenden Überzug [Verspiegelung] zu versehen. Weiter sorgt man durch passende Konstruktion der inneren Bauelemente dafür, daß möglichst keine Kathodenstrahlen das Elektrodensystem verlassen können; dabei ist auch den aus Isolierstoff [Glas, Glimmer u. a.] bestehenden Teilen der Halterung Aufmerksamkeit zu widmen.

d) In Elektronengeräten, welche mit offenen Elektrodensystemen arbeiten und den Kathodenstrahlen den freien Durchgang bis an die Wandung des Gefäßes gestatten, ist der Aufladeeffekt unvermeidbar. Unter den Systemen dieser Art sind vor allem jene Elektronenröhren zu nennen, welche zum Zwecke der Oszillographie oder der Bildaufzeichnung mit weit ausgebreiteten, meist auf Glas aufgebrachten Leuchtschirmen ausgestattet sind; auch im Bildwandler können verwandte Erscheinungen auftreten. In allen diesen Fällen gibt der Aufladeeffekt zu einer Verbreiterung des Strahlbildes Anlaß, welche dessen Sichtbarkeit unter bestimmten Umständen verbessern kann; überdies ermöglicht die auf der Innenseite des Glases verbleibende elektrische Ladung vermöge des von ihr erregten Feldes, den Weg des auf dem Schirm wandernden Kathodenstrahles festzuhalten: Überaus leichtes, dielektrisches Pulver, wie beispielsweise Bärlappsamen, welches von außen auf das Glas aufgestreut wird, ordnet sich dort im Zuge der auf der Innenseite befindlichen Ladung.

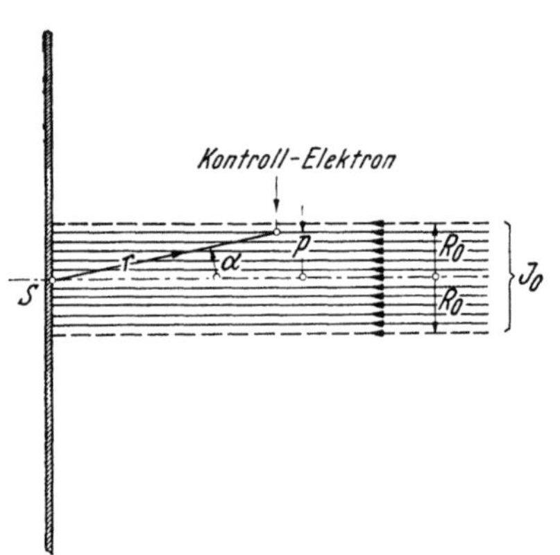

Abb. I 63. Zur Kontrolle des Kathodenstrahles.

e) Um die beschriebenen Aufladungserscheinungen quantitativ zu erfassen, beziehen wir uns auf die in Abb. I 63 skizzierte Anordnung: Der Kathodenstrahl möge innerhalb eines kreisförmigen Querschnittes vom Halbmesser R_0 den Strom J_0 in gleichmäßiger Dichte führen; seine Achse sei senkrecht zur Schirmebene gerichtet, welche als nichtleitend vorausgesetzt wird.

Unter der Wirkung der einfallenden Elektronen bildet sich auf der Schirmebene eine kreisförmige ,,Insel" negativer Ladung vom absoluten Betrage Q aus welche den Schnittpunkt S der Strahlachse mit jener Ebene konzentrisch umgibt. Zur Berechnung des von Q erregten elektrischen Feldes ersetzen wir die auf der Insel flächenhaft verteilte Ladung durch einen in S ruhenden Quellpunkt der Stärke

$$e = -Q. \qquad \text{(I 9, 1)}$$

Wir legen durch die Strahlachse eine beliebige, relativ zum Schirm feste Ebene, in welcher wir S zum Ursprung eines Polarkoordinatensystems machen: r mißt die Poldistanz des Aufpunktes, α sein Azimut gegen die Strahlachse. Im stationären Zustande ist dann das von e herrührende elektrische Skalarpotential φ des Aufpunktes durch

$$\varphi = -\frac{e}{4\pi\varDelta} \cdot \frac{1}{r} \qquad \text{(I 9, 2)}$$

gegeben.

Wir lassen das elektromagnetische Eigenfeld des Kathodenstrahles außer Betracht. Dann dürfen wir mit genügender Genauigkeit annehmen, daß in hinreichend großem Abstande von S alle einfallenden Elektronen in Entfernungen

$$p \leqq R_0 \qquad \text{(I 9, 3)}$$

parallel der Strahlachse mit der einheitlichen Geschwindigkeit v_0 dem Schirm zueilen. Das im Aufpunkte (r, α) befindliche Kontrollelektron unterliegt daher den Gesetzen der in Ziffer I 8 beschriebenen *Kepler*-Bewegung: Führen wir die Voltgeschwindigkeit U_0 der einfallenden Elektronen ein

$$W = \frac{1}{2} m_0 v_0^2 = q_0 U_0, \qquad \text{(I 9, 4)}$$

so erhalten wir aus (I 8, 24), (I 8, 25) und (I 8, 28)

$$u_0 = -\frac{Q}{2 U_0 \cdot 4\pi\varDelta p}; \qquad \varepsilon = -\sqrt{\left(\frac{2 U_0 4\pi\varDelta p}{Q}\right)^2 + 1}, \qquad \text{(I 9, 5)}$$

also die Bahngleichung

$$\frac{r}{p} = \frac{2\,U_0 \cdot 4\pi\Delta\,p}{Q} \cdot \frac{1}{\sqrt{1 + \left(\frac{2\,U_0 \cdot 4\pi\Delta\,p}{Q}\right)^2} \cos(\alpha - \alpha_0) - 1}. \qquad \text{(I 9, 6)}$$

Ihr korrespondiert der totale Ablenkwinkel

$$\delta = \pi - 2\,\alpha_0, \qquad \text{(I 9, 7)}$$

für welchen somit nach (I 8, 36) und (I 9, 5) der Wert (I 9, 8)

$$\delta = \pi - 2 \operatorname{arccotg}(-u_0) = 2 \operatorname{arccotg}\left(\frac{1}{-u_0}\right) = 2 \operatorname{arccotg} \frac{2\,U_0 \cdot 4\,\pi\,\Delta \cdot p}{Q}$$

resultiert. Wir definieren nun den *kritischen Einfallsabstand* p_{kr} der Elektronen durch

$$p_{kr} = \frac{Q}{2\,U_0\,4\pi\Delta} \qquad \text{(I 9, 9)}$$

bringen (I 9, 6) in die Gestalt

$$\left.\begin{aligned} \frac{r}{p_{kr}} &= \left(\frac{p}{p_{kr}}\right)^2 \frac{1}{\sqrt{1 + \left(\frac{p}{p_{kr}}\right)^2} \cos(\alpha - \alpha_0) - 1} \\ \cos\alpha_0 &= \frac{1}{\sqrt{1 + \left(\frac{p}{p_{kr}}\right)^2}} \end{aligned}\right\} \qquad \text{(I 9, 10)}$$

und entnehmen der kinematischen Aussage (I 9, 8) folgende durch Abb. I 64 veranschaulichte Alternative:

1. Alle im Achsenabstand

$$p < p_{kr} \qquad \text{(I 9, 11)}$$

einfallenden Elektronen werden durch Q vor dem Kontakt mit dem Schirm in den Einfallshalbraum zurückgeworfen.

2. Nur die im Achsenabstande

$$p > p_{kr} \qquad \text{(I 9, 12)}$$

einfallenden Elektronen können den Schirm erreichen.

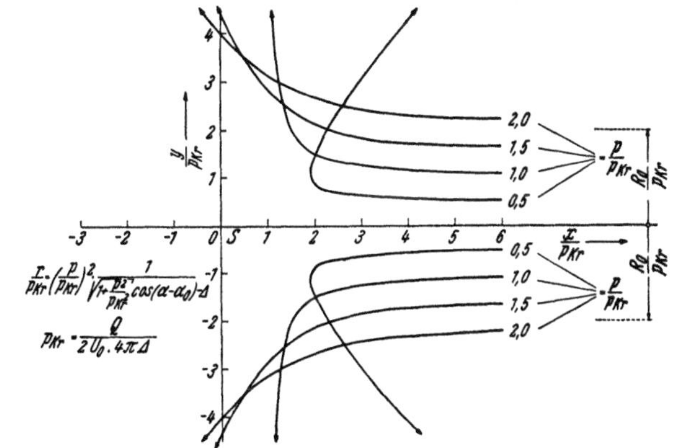

Abb. I 64. Kinematik der Elektronenbahnen in der Schirmumgebung.

Da im Gleichgewichtszustande alle Elektronen reflektiert werden müssen, entspringt aus (I 9, 9) für die *stationäre Schirmladung* Q_∞ die Bedingung

$$\lim_{Q \to Q_\infty} p_{kr} = R_0, \qquad \text{(I 9, 13)}$$

aus welcher man auf

$$Q_\infty = 2\,U_0 \cdot 4\pi\Delta \cdot R_0 \qquad \text{(I 9, 14)}$$

schließt.

f) Wir ergänzen die Berechnung des Gleichgewichtszustandes durch die Untersuchung seiner Genetik.

Der Beginn der Zeitzählung t falle mit jenem Augenblicke zusammen, in welchem der Kathodenstrahl in Aktion gesetzt wird. Wir nehmen an, daß der Schirm vordem keine Ladung trug

$$Q = 0 \qquad \text{für} \qquad t \leqq 0. \qquad \text{(I 9, 15)}$$

Durch den nunmehr einsetzenden und fortan konstant gehaltenen Strahlstrom

$$J_0 = \text{const.} \qquad \text{für} \qquad t \geqq 0 \qquad \text{(I 9, 16)}$$

wird der Aufbau der „Ladungsinsel“ erzwungen. Er gelte als relativ so langsam, daß das entstehende elektrische Feld als quasistatisch angesehen werden darf; es wird dann durch das Skalarpotential (I 9, 2) beschrieben, sofern wir nur (I 9, 1) in

$$e = -Q(t) \qquad \text{(I 9, 17)}$$

verallgemeinern. Zufolge (I 9, 12) kann somit lediglich der Strahl-Teilstrom

$$J' = J_0\left[1 - \frac{p_{kr}^2}{R_0^2}\right] = J_0\left[1 - \left(\frac{Q}{Q_\infty}\right)^2\right] \qquad \text{(I 9, 18)}$$

den Schirm mit Ladung versorgen. Aus der Kontinuitätsgleichung

$$\frac{dQ}{dt} = J' = J_0\left[1 - \left(\frac{Q}{Q_\infty}\right)^2\right] \qquad \text{(I 9, 19)}$$

folgt daher durch Trennung der Veränderlichen

$$\frac{d\left(\frac{Q}{Q_\infty}\right)}{1 - \left(\frac{Q}{Q_\infty}\right)^2} = \frac{J_0}{Q_\infty}\,dt. \qquad \text{(I 9, 20)}$$

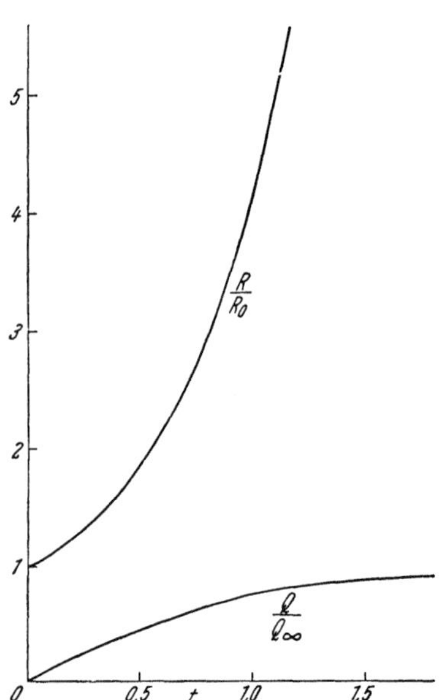

Abb. I 65. Dynamik der Ladungsbildung auf dem Leuchtschirm.

Zufolge (I 9, 16) definiert das Verhältnis

$$T = \frac{Q_\infty}{J_0} = \frac{U_0}{J_0} \cdot 2 \cdot 4\pi\Delta \cdot R_0 \qquad \text{(I 9, 21)}$$

für $t > 0$ eine Festzahl, welche wir als Zeitkonstante des Aufladevorganges bezeichnen. Mit Rücksicht auf die Anfangsbedingung (I 9, 15) folgt daher aus (I 9, 20) für den zeitlichen Verlauf der Schirmladung die Gleichung

$$\frac{Q}{Q_\infty} = \operatorname{tgh}\frac{t}{T}, \qquad \text{(I 9, 22)}$$

welche durch Abb. I 65 veranschaulicht wird.

Hand in Hand mit dem Anwachsen des absoluten Ladungsbetrages vergrößert sich die von ihr bedeckte Inselfläche. Wir definieren deren Halbmesser R an Hand der Bahngleichungen (I 9, 10), indem wir die an der Strahlgrenze einfallenden Elektronen

$$p = R_0 \qquad \text{(I 9, 23)}$$

bis zu ihrem Aufschlag auf dem Schirm ($\alpha = 90^0$) begleiten und ihren dort gemessenen Achsenabstand mit R identifizieren. Mit Rücksicht auf (I 9, 14) finden sich somit

$$\frac{R}{R_0} = \frac{1}{1 - \frac{p_{kr}}{R_0}} = \frac{1}{1 - \frac{Q}{Q_\infty}} \qquad \text{(I 9, 24)}$$

und nach Substitution des Ergebnisses (I 9, 22)

$$\frac{R}{R_0} = \frac{1}{1 - \operatorname{tgh} \frac{t}{T}}. \qquad \text{(I 9, 25)}$$

Gemäß Abb. I 9, 3 wird demnach die Ladungsinsel mit wachsender Zeit rasch sehr groß. Bei der praktischen Anwendung dieser Formel hat man indes zu beachten, daß beim regulären Betriebe des Gerätes der Kathodenstrahl nicht an einem festen Platze des Schirmes verweilt, sondern mit einer endlichen Schreibgeschwindigkeit V über die Wandung gleitet. Die Verweilzeit T_V des Strahles an einem bestimmten Aufpunkte des Schirmes kann dann mittels

$$T_V = \frac{R_0}{V} \qquad \text{(I 9, 26)}$$

abgeschätzt werden. Aus (I 9, 25) schließen wir somit, daß der Strahl vom geometrischen Halbmesser R_0 bei der Niederschrift seiner Spur auf dem Schirm scheinbar einen Halbmesser der Größenordnung

$$R_V = \frac{R_0}{1 - \operatorname{tgh}\left(\frac{R_0}{V\,T}\right)} = \frac{R_0}{1 - \operatorname{tgh}\left(\frac{J_0}{U_0 \cdot 2 \cdot 4\pi\Delta \cdot V}\right)} > R_0 \qquad \text{(I 9, 27)}$$

offenbart; doch sei nochmals betont, daß in dieser Gleichung von der etwaigen Emission von Sekundärelektronen abgesehen wurde.

Zweites Kapitel.

Langsame Bewegung des Elektrons im elektromagnetischen Felde.

II 1. Die Lorentzkraft.

a) In den vorangegangenen Abschnitten wurde die Bewegung der Elektronen auf den Bereich eines elektrostatischen Primärfeldes beschränkt. Diese Voraussetzung lassen wir jetzt fallen: Das Elektron möge ein elektrodynamisches Feld beliebiger Natur durcheilen; es sei E der Vektor seiner elektrischen, H seiner magnetischen Feldstärke, D der Vektor der elektrischen, B jener der magnetischen Induktion, sämtlich von einem im Bezugssystem der Elektronenbewegung ruhenden Beobachter gemessen. Gefragt wird nach der mechanischen Kraft P dieses Feldes auf das Elektron.

b) Mit Rücksicht auf die Linearität der *Maxwell*schen Feldgleichungen kann jeder der genannten Feldvektoren in zwei Anteile zerlegt werden:

1. Das Primärfeld, welches bei Abwesenheit des Elektrons im Kontrollort auftritt,

2. das Sekundärfeld, welches sich bei Wahrung aller sonstigen Bedingungen des Systemes infolge der Wirkung des Elektrons dem Primärfelde überlagert.

Wir nehmen an, daß die sekundären Feldvektoren nur in unmittelbarer Nachbarschaft der Elektroden einen merklichen Einfluß auf die Elektronenbewegung auszuüben vermögen; indem wir dieses Gebiet, wie früher, von der Behandlung ausschließen, haben wir es weiterhin nur mit den primären Feldvektoren und der mit ihnen verknüpften mechanischen Kraft zu tun.

c) Solange man das Elektron als einen materiellen Punkt ansieht, ist es durch seine negative Ladung vom Betrage $\mathfrak{q}_0$ und seine Ruhmasse $\mathfrak{m}_0$ klassisch zur Gänze definiert. Indessen reicht dieses einfache Modell nicht zum Verständnis aller Eigenschaften des Elektrons aus: Man muß ihm ein magnetisches Moment μ zuerkennen, welches sich parallel oder antiparallel zum magnetischen Feldvektor einstellen kann [Elektronenspin].

Falls das Elektron relativ zum Beobachter ruht, sind hiernach zwei Primärkräfte zu erwarten:

1. Die Primärkraft P_e elektrischen Ursprunges, mit welchem das elektrische Feld E an der Ladung $(-\mathfrak{q}_0)$ des Elektrons angreift

$$P_e = -\mathfrak{q}_0 E. \qquad \text{(II 1, 1)}$$

2. Die Primärkraft P_m magnetischen Ursprunges; sie gleicht dem inneren Produkte des Gradiententensors der magnetischen Feldstärke mit dem Spinmoment

$$P_m = (\operatorname{Grad} H \cdot \mu). \qquad \text{(II 1, 2)}$$

Wir definieren quasihomogene Felder durch die Eigenschaft unmeßbar kleiner Beträge $|P_m|$. Indem wir uns, falls nicht das Gegenteil ausdrücklich bemerkt wird, auf Felder dieser Art beschränken, haben wir weiterhin

$$P_m = 0 \qquad \text{(II 1, 3)}$$

zu setzen.

Wir gehen zum Falle des bewegten Elektrons über, dessen kinematischer Zustand im Kontrollpunkt durch den dort relativ zum Beobachter gemessenen Vektor v der Geschwindigkeit beschrieben werde Man könnte vermuten, daß die Kräfte auf das Elektron auch jetzt noch durch (I 1, 1) und (I 1, 3) gegeben seien. Um diese Meinung zu prüfen, denken wir uns folgenden Versuch ausgeführt: Das zu kontrollierende Elektron durchläuft zunächst das elektrostatische Feld eines Netzelektroden-Plattenkondensators, an welchen eine passende Beschleunigungsspannung U angelegt ist; es verläßt daher, falls seine Startbedingungen bekannt sind, diesen Kondensator mit einer nach Größe und Richtung wohldefinierten Geschwindigkeit. Nunmehr trete das Elektron in ein merklich homogenes, magnetostatisches Feld ein, dessen Existenzbereich von jenem des elektrostatischen Feldes im Kondensator räumlich scharf getrennt sei. Wären die für das ruhende Elektron entwickelten Kraftansätze richtig, so müßte das Elektron im Gebiete des Magnetfeldes gemäß dem Trägheitsprinzip seinen Weg mit gleichförmiger Geschwindigkeit geradlinig fortsetzen. Die Erfahrung zeigt jedoch, daß zwar die Größe der Geschwindigkeit im magnetostatischen Felde erhalten bleibt, ihre Richtung sich aber dort ändert. Diese fundamentale Tatsache zwingt somit zu dem Schlusse, daß das bewegte Elektron einer Zusatzkraft magnetischen Ursprunges unterworfen ist; sie wird als *Lorentz*-Kraft [Symbol P_L] bezeichnet.

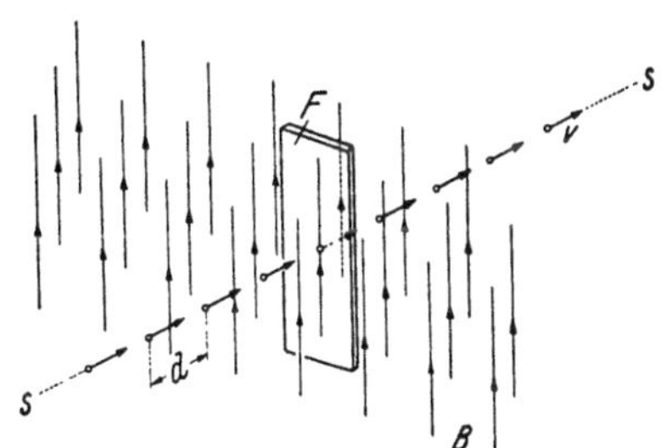

Abb. II 66. Magnetische Kraft auf eine Elektronen-Karawane.

d) Wie lautet das quantitative Gesetz der *Lorentz*-Kraft?

Wir rufen die Klassische Elektrodynamik ruhender Körper zu Hilfe. Dort wurden wir auf energetisch-thermodynamischem Wege zwangsläufig auf Kräfte magnetischen Ursprunges geführt, welche auf stationäre elektrische Ströme wirken. Insbesondere fanden wir für die infinitesimale Kraft $\mathrm{d}P$, welche an dem vektoriellen Element ds eines Stromfadens der Intensität J im Felde der Induktion B angreift, den Ausdruck

$$\mathrm{d}P = \mathrm{J}\,[ds \cdot B]. \qquad \text{(II 1, 4)}$$

Im Rahmen der Klassischen, *Maxwell*schen Theorie darf allerdings nicht dieser infinitesimalen Kraft eine physikalische Realität zugeschrieben werden, da das einzelne Stromelement stationär nicht existenzfähig ist: Erst die aus solchen Elementarkräften resultierende, auf den gesamten, geschlossenen Stromkreis bezogene Integralkraft definiert eine beobachtbare Größe. Die *Lorentz*sche Elektronentheorie geht über diesen Standpunkt prinzipiell hinaus: Sie postuliert Gl. (II 1, 4) als wahres Gesetz der Elementarkraft auf infinitesimale Stromstücke in beliebigen elektrodynamischen Feldern; in der Tat können in solchen auch ungeschlossene elektrische Konvektionsströme realisiert werden.

Um die *Lorentz*sche Hypothese für unsere Zwecke nutzbar zu machen, begleiten wir statt des einen kontrollierten Elektrons deren eine ganze Schar auf ihrem Wege durch ein magnetostatisches Feld. Wir setzen voraus, daß sämtliche Mitglieder dieser Schar entsprechend Abb. II 66 längs ein und derselben Bahnkurve s mit der einheitlichen Bahngeschwindigkeit v je im konstanten Abstande d hintereinander herfliegen. Ihre Gesamtheit definiert relativ zum Beobachter einen elektrischen Strom. Zur Berechnung seiner Intensität I spannen wir eine Kontrollfläche F auf, welche die Elektronen im Sinne der positiven Zählrichtung durchkreuzen. Während der Kontrollepoche Δ t wird F von allen jenen Elektronen passiert, welche das Bahnstück

$$\Delta s = v \Delta t \qquad \text{(II 1, 5)}$$

besetzen; es sind dies

$$\Delta n = \frac{\Delta s}{d} = \frac{v}{d} \Delta t \qquad \text{(II 1, 6)}$$

Elektronen. Da jedes von ihnen die Ladung ($- q_0$) transportiert, folgt die Stromstärke des Elektronenstrahles zu

$$J = \frac{- q_0 \Delta n}{\Delta t} = - q_0 \frac{v}{d}. \qquad \text{(II 1, 7)}$$

Wir tragen diesen Ausdruck in (II 1, 4) ein und finden die Kraft auf das Strahlelement *ds* zu

$$dP = J [ds\, B] = - q_0 \frac{v}{d} [ds\, B] = - \frac{q_0}{d} ds\, [v\, B]. \qquad \text{(II 1, 8)}$$

Wir verkleinern jetzt d durch Vermehrung der Elektronenzahl der Schar bis auf einen infinitesimalen Wert, welchen wir mit ds identifizieren; dann verwandelt sich die Kraft (II 1, 8) in jene, die am einzelnen Elektron angreift, also in die *Lorentz*-Kraft:

$$P_L = - q_0 [v\, B]. \qquad \text{(II 1, 9)}$$

Da das Ergebnis (II 1, 9) wesentlich aus den Prämissen der Elektrodynamik ruhender Körper samt ihrer Ergänzung durch die *Lorentz*sche Hypothese gefolgert wurde, beansprucht es allgemeine Gültigkeit bis zu den höchsten, physikalisch realisierbaren Geschwindigkeiten; im Einklang mit dieser Forderung bestätigt die Erfahrung das Gesetz der *Lorentz*-Kraft ohne Beschränkungen.

e) Obwohl die vorstehende Entwicklung vom formalen Standpunkte keinen Einwänden ausgesetzt ist, fehlt es ihr an Kraft der physikalischen Anschauung: Der Mechanismus der dynamischen Wirkung des Magnetfeldes auf die elektrische Ladung bleibt unserem Verständnis verschlossen.

Um diesen Mangel zu beheben, versuchen wir, einen anderen Weg zum Beweise der *Lorentz*schen Kraftformel aufzufinden: Statt die Kontrolle des bewegten Elektrons einem im Bezugssystem des elektrodynamischen Feldes ruhenden Beobachter zu übertragen, weisen wir ihm seinen Platz dauernd am Elektron zu, welches nunmehr also relativ zu ihm im Zustand der Ruhe verharrt. Er ist daher berechtigt, der Berechnung der mechanischen Kraft auf das Elektron die Gln. (I 1, 1) und (I 1, 3) zugrunde zu legen; indessen hat er die in diese Relationen eingehenden Feldvektoren von dem früheren auf sein neues Bezugssystem umzurechnen.

Ungeachtet der unbeschränkten Reichweite des *Lorentz*schen Gesetzes erstrecken wir die geplante Untersuchung vorerst nur auf sehr langsame Elektronen; sie werden durch die Voraussetzung einer Geschwindigkeit v definiert, deren Betrag verschwindend klein im Vergleich zur Ausbreitungsgeschwindigkeit c des Lichtes im leeren Raum ausfällt

$$\lim \frac{v}{c} \to 0. \tag{II 1, 10}$$

Auf Grund dieser Annahme befinden wir uns auf dem Boden der *Newton*schen Mechanik, in welcher die oben verlangte Koordinaten-Transformation eine *Galilei*sche ist: Wir führen zwei *Kartesi*sche Bezugssysteme ein: Das „ruhende" System x, y, z und das „mitbewegte" System x′, y′, z′; ihnen entsprechen die Zeiten t und t′. Im Augenblicke $t = t' = 0$ sollen die gleichnamigen Achsen koinzidieren, wobei die positive x-Achse in Richtung der relativ zum ruhenden System gemessenen Elektronengeschwindigkeit weise. Dann bestehen zwischen beiden Bezugssystemen die Relationen

$$\left.\begin{array}{ll} x' = x - v\,t; & x = x' + v\,t', \\ y' = y; & y = y', \\ z' = z; & z = z', \\ t' = t; & t = t'. \end{array}\right\} \tag{II 1, 11}$$

Im ruhenden System lauten die *Maxwell*schen Gleichungen des leeren Raumes

$$\left.\begin{array}{ll} \frac{\partial H_z}{\partial y} - \frac{\partial H_y}{\partial z} = \frac{\partial D_x}{\partial t}; & \frac{\partial E_z}{\partial y} - \frac{\partial E_y}{\partial z} = -\frac{\partial B_x}{\partial t}, \\ \frac{\partial H_x}{\partial z} - \frac{\partial H_z}{\partial x} = \frac{\partial D_y}{\partial t}; & \frac{\partial E_x}{\partial z} - \frac{\partial E_z}{\partial x} = -\frac{\partial B_y}{\partial t}, \\ \frac{\partial H_y}{\partial x} - \frac{\partial H_x}{\partial y} = \frac{\partial D_z}{\partial t}; & \frac{\partial E_y}{\partial x} - \frac{\partial E_x}{\partial y} = -\frac{\partial B_z}{\partial t}. \end{array}\right\} \tag{II 1, 12}$$

Zu ihnen treten ergänzend die skalaren Kontinuitätsgleichungen

$$\operatorname{div} D = 0; \qquad \operatorname{div} B = 0 \tag{II 1, 13}$$

sowie die Relationen zwischen Induktions- und Feldvektoren

$$D = \varDelta \cdot E; \qquad B = \varPi \cdot H; \qquad \varDelta \cdot \varPi = \frac{1}{c^2}. \tag{II 1, 14}$$

Die formal-mathematische Umrechnung der Gln. (II 1, 12) auf das gestrichene Bezugssystem geschieht mittels der aus (II 1, 11) fließenden Vorschriften

$$\frac{\partial}{\partial x} = \frac{\partial}{\partial x'}; \quad \frac{\partial}{\partial y} = \frac{\partial}{\partial y'}; \quad \frac{\partial}{\partial z} = \frac{\partial}{\partial z'}; \quad \frac{\partial}{\partial t} = -v\,\frac{\partial}{\partial x'} + \frac{\partial}{\partial t'}. \tag{II 1, 15}$$

Mit Rücksicht auf (II 1, 13) findet man demnach

$$\begin{array}{ll} \frac{\partial (H_z - v\,D_y)}{\partial y'} - \frac{\partial (H_y + v\,D_z)}{\partial z'} = \frac{\partial D_x}{\partial t'}; & \frac{\partial (E_z + v\,B_y)}{\partial y'} - \frac{\partial (E_y - v\,B_z)}{\partial z'} = -\frac{\partial B_x}{\partial t'} \\ \frac{\partial H_x}{\partial z'} - \frac{\partial (H_z - v\,D_y)}{\partial x'} = \frac{\partial D_y}{\partial t'}; & \frac{\partial E_x}{\partial z'} - \frac{\partial (E_z + v\,B_y)}{\partial x'} = -\frac{\partial B_y}{\partial t'}, \\ \frac{\partial (H_y + v\,D_z)}{\partial x'} - \frac{\partial H_x}{\partial y'} = \frac{\partial D_z}{\partial t'}; & \frac{\partial (E_y - v\,B_z)}{\partial x'} - \frac{\partial E_x}{\partial y'} = -\frac{\partial B_z}{\partial t'}. \end{array} \tag{II 1, 16}$$

Die Invarianz der *Maxwell*schen Gleichungen gegen die *Galilei*-Transformation ist also unter folgenden Bedingungen gewährleistet:

1. Zwischen den Komponenten der Feldstärken müssen die Beziehungen bestehen

$$\left.\begin{array}{ll} E_x' = E_x; & H_x' = H_x, \\ E_y' = E_y - v\,B_z; & H_y' = H_y + v\,D_z, \\ E_z' = E_z + v\,B_y; & H_z' = H_z - v\,D_y, \end{array}\right\} \qquad \text{(II 1, 17)}$$

welche sich in

$$E' = E + [v\,B]; \qquad H' = H - [v\,D] \qquad \text{(II 1, 18)}$$

vektoriell zusammenfassen lassen.

2. Zwischen den Komponenten der Induktionsvektoren sind die Relationen

$$\left.\begin{array}{ll} B_x' = B_x; & D_x' = D_x \\ B_y' = B_y; & D_y' = D_y \\ B_z' = B_z; & D_z' = D_z \end{array}\right\} \qquad \text{(II 1, 19)}$$

zu fordern. Andererseits ergibt sich aus (II 1, 17) mit Rücksicht auf (II 1, 14) das Gleichungssystem

$$\left.\begin{array}{ll} B_x' = B_x; & D_x' = D_x, \\ B_y' = B_y + \frac{v}{c^2} E_z; & D_y' = D_y - \frac{v}{c^2} H_z, \\ B_z' = B_z - \frac{v}{c^2} E_y; & D_z' = D_z + \frac{v}{c^2} H_y, \end{array}\right\} \qquad \text{(II 1, 20)}$$

welches auf Grund der Voraussetzung (II 1, 10) mit (II 1, 19) identisch wird; die für endliche Verhältnisse v/c verbleibende Unstimmigkeit zwischen den verglichenen Relationen weist auf die prinzipielle Unzulänglichkeit der *Galilei*-Transformation hin, welche durch die *Lorentz*-Transformation zu ersetzen ist [Kapitel VI, Ziffer 1].

Wir übertragen jetzt die Vorschriften (I 1, 1) und (I 1, 3) zur Berechnung der mechanischen Kräfte auf das Elektron in das gestrichene System und erhalten

$$-q_0 E' = -q_0 (E + [v\,B]) = -q_0 E + P_L. \qquad \text{(II 1, 21)}$$

Damit ist das Ziel unserer Untersuchung erreicht: Im Lichte der Gl. (II 1, 21) erweist sich die *Lorentz*-Kraft als nur mittelbar magnetischen Ursprunges; ihre unmittelbare Wirkung auf die Ladung des Elektrons beruht vielmehr auf der elektrischen Zusatzfeldstärke

$$\Delta E = E' - E = [v\,B]. \qquad \text{(II 1, 22)}$$

Sie wird im gestrichenen System durch dessen Bewegung relativ zum magnetostatischen „Erregerfelde" nach dem gleichen Mechanismus induziert, welcher in umlaufenden Dynamomaschinen mit gleichstromgespeisten Polen zur Spannungserzeugung ausgenützt wird. Über dieses Ergebnis von vorwiegend erkenntnistheoretischem und didaktischem Werte hinaus enthält Gl. (II 1, 21) den Satz: Die resultierende Kraft auf das Elektron in einem beliebigen elektrodynamischen Felde gleicht der Vektorsumme der der Ruhkraft ($-q_0 E$) und der *Lorentz*-Kraft, falls beide relativ zum ruhenden System berechnet werden.

II 2. Die Energie langsamer Elektronen im stationären elektromagnetischen Felde.

a) Von der Analyse der mechanischen Kräfte, welche das Elektron in elektrodynamischen Feldern beliebiger Natur gemäß Ziffer II 1 erfährt, gehen wir hier zu der speziellen Annahme stationärer Felder zurück. Auf Grund der *Maxwell*schen Feldgleichungen für ruhende Körper resultiert dann die elektrische Feldstärke E als Gradient einer skalaren Potentialfunktion φ, deren differentielle Struktur allerdings von jener eines elektrostatischen Feldes in der Regel wesentlich verschieden ist. Wir setzen weiterhin sowohl φ wie die magnetische Induktion B als bekannte Ortsfunktionen voraus. Die mechanische Kraft P auf ein Elektron, welches sich im Kontrollpunkt mit der vektoriellen Geschwindigkeit v relativ zum Bezugssystem der Feldvektoren bewegt, berechnet sich dann gemäß (II 1, 18) nach der Vorschrift

$$P = -\mathrm{q}_0 \{E + [v\,B]\} = \mathrm{q}_0 \{\operatorname{grad}\varphi - [v\,B]\}. \qquad \text{(II 2, 1)}$$

b) Wir führen den vom Ursprung des Bezugssystemes zum Elektron weisenden Radiusvektor r ein und erhalten in r als Funktion der Zeit t die Bahngleichung des Elektrons. Mit ihrer Hilfe bilden wir den Geschwindigkeitsvektor

$$v = \frac{\mathrm{d}r}{\mathrm{dt}} \qquad \text{(II 2, 2)}$$

und erhalten für hinreichend langsame Elektronen [*Newton*sche Mechanik] die Bewegungsgleichung

$$\mathrm{m}_0 \frac{\mathrm{d}^2 r}{\mathrm{dt}^2} = \mathrm{m}_0 \frac{\mathrm{d}v}{\mathrm{dt}} = \mathrm{q}_0 \{\operatorname{grad}\varphi - [v\,B]\}. \qquad \text{(II 2, 3)}$$

Wir erweitern sie auf skalare Weise mit v und finden zunächst

$$\mathrm{m}_0 \left(v\,\frac{\mathrm{d}v}{\mathrm{dt}}\right) = \mathrm{q}_0 \{(v \operatorname{grad}\varphi) - (v\,[v\,B])\}. \qquad \text{(II 2, 4)}$$

Auf der linken Seite dieser Gleichung formen wir um

$$\left(v\,\frac{\mathrm{d}v}{\mathrm{dt}}\right) = \frac{\mathrm{d}}{\mathrm{dt}}\left\{\frac{1}{2}\,(v)^2\right\} = \frac{\mathrm{d}}{\mathrm{dt}}\left\{\frac{1}{2}\,\mathrm{v}^2\right\}. \qquad \text{(II 2, 5)}$$

Rechtsseitig gilt mit Rücksicht auf (II 2, 2)

$$(v \operatorname{grad}\varphi) = \frac{1}{\mathrm{dt}}\,(\mathrm{d}r \operatorname{grad}\varphi) = \frac{\mathrm{d}\varphi}{\mathrm{dt}} \qquad \text{(II 2, 6)}$$

und außerdem, nach den Multiplikationsregeln der Vektoralgebra,

$$(v\,[v\,B]) \equiv (B\,[v\,v]) = 0. \qquad \text{(II 2, 7)}$$

Mit (II 2, 5), (II 2, 6) und (II 2, 7) reduziert sich (II 2, 4) auf

$$\frac{\mathrm{d}}{\mathrm{dt}}\left\{\frac{1}{2}\,\mathrm{m}_0\,\mathrm{v}^2\right\} = \mathrm{q}_0\,\frac{\mathrm{d}\varphi}{\mathrm{dt}}. \qquad \text{(II 2, 8)}$$

Im Zeitpunkt $\mathrm{t} = \mathrm{t}_0$ seines Startes besitze das Elektron eine Geschwindigkeit vom Betrage v_0, während φ_0 das Potential des Startpunktes bezeichne. Durch Integration der Gl. (II 2, 8) zwischen t_0 und $\mathrm{t} > \mathrm{t}_0$ folgt dann die Energiebilanz

$$\frac{1}{2}\,\mathrm{m}_0\,\mathrm{v}^2 - \frac{1}{2}\,\mathrm{m}_0\,\mathrm{v}_0{}^2 = \mathrm{q}_0\,(\varphi - \varphi_0) = \mathrm{q}_0\,\mathrm{U}; \qquad \mathrm{U} = \varphi - \varphi_0. \qquad \text{(II 2, 9)}$$

Sie ist sowohl von der expliziten Gestalt der Bahnkurve wie von der Struktur des durchlaufenen magnetostatischen Feldes unabhängig.

c) Ungeachtet der formalen Identität der Gln. (I 1, 8) und (II 2, 9) beziehen sich doch ihre physikalischen Aussagen selbst bei fester Wahl aller Startbedingungen in der Regel auf gänzlich verschiedene Elektronenbahnen. Die *Lorentz*-Kraft spielt dabei für das Elektron eine ähnliche Rolle wie jene Zwangskraft der analytischen Mechanik des materiellen Massenpunktes, welche ihn an eine reibungsfreie Führungsfläche fesselt: Das Magnetfeld leistet zwar keine Arbeit am Elektron, prägt aber unter Vermittelung der *Lorentz*-Kraft seine Struktur der Bahnkurve auf.

II 3. Langsame Elektronenbewegung im homogenen, magnetostatischen Felde.

a) Wir untersuchen die Gesetze der langsamen Elektronenbewegung in einem rein magnetostatischen Felde der homogenen Induktion B vom Betrage B. Zum Zwecke der Orientierung in diesem Felde rufen wir ein relativ zu ihm ruhendes, rechtsläufiges *Kartesis*ches Bezugssystem x, y, z zu Hilfe, dessen positive z-Achse parallel zum Induktionsvektor weist. Mangels eines elektrischen Feldes reduziert sich die mechanische Kraft P, welche am Elektron angreift, auf die *Lorentz*-Kraft P_L. Seien 1_x, 1_y, 1_z die achsenparallelen Einheitsvektoren des oben gewählten Bezugssystemes und v_x, v_y, v_z die zum Zeitpunkte t auftretenden Komponenten der Elektronengeschwindigkeit, so finden wir also

$$P = P_L = -q_0 \begin{vmatrix} 1_x & 1_y & 1_z \\ v_x & v_y & v_z \\ 0 & 0 & B \end{vmatrix} =$$

$$= 1_x \{-q_0 v_y B\} + 1_y \{q_0 v_x B\} + 1_z \cdot 0. \qquad \text{(II 3, 1)}$$

b) Für hinreichend langsame Elektronen lauten gemäß der *Newton*schen Mechanik die Bewegungsgleichungen

$$m_0 \frac{d^2x}{dt^2} = m_0 \frac{dv_x}{dt} = -q_0 v_y B, \qquad \text{(II 3, 2)}$$

$$m_0 \frac{d^2y}{dt^2} = m_0 \frac{dv_y}{dt} = q_0 v_x B, \qquad \text{(II 3, 3)}$$

$$m_0 \frac{d^2z}{dt^2} = m_0 \frac{dv_z}{dt} = 0. \qquad \text{(II 3, 4)}$$

Als Anfangsbedingungen setzen wir fest: Der Start des kontrollierten Elektrons erfolgt im Zeitpunkte t = 0 vom Ursprunge des Bezugssystemes aus mit den vorgegebenen Geschwindigkeitskomponenten $v_{x_0}, v_{y_0}, v_{z_0}$:

$$\left.\begin{aligned} x = 0; &\quad v_x = v_{x_0} \\ y = 0; &\quad v_y = v_{y_0} \\ z = 0; &\quad v_z = v_{z_0} \end{aligned}\right\} \text{für } t = 0. \qquad \text{(II 3, 5)}$$

c) Aus (II 3, 4) und (II 3, 5) folgt sogleich für die Bewegung parallel zur magnetischen Induktion das Trägheitsgesetz

$$v_z = v_{z_0}; \qquad z = v_{z_0} \cdot t \qquad \text{(II 3, 6)}$$

Um die Projektion der Bewegung auf die zur Induktion senkrechten Ebene z = 0 zu finden, bilden wir aus (II 3, 2) und (II 3, 3) die Differentialgleichungen

$$\frac{d^2 v_x}{dt^2} = -\left(\frac{q_0 B}{m_0}\right)^2 v_x \tag{II 3, 7}$$

und

$$\frac{d^2 v_y}{dt^2} = -\left(\frac{q_0 B}{m_0}\right)^2 v_y \tag{II 3, 8}$$

Wir setzen abkürzend

$$\omega = \frac{q_0 B}{m_0} \tag{II 3, 9}$$

und erhalten mit Hilfe zweier Integrationskonstanten unter abermaliger Bezugnahme auf (II 3, 2) und (II 3, 3) als Lösung der Gln. (II 3, 7) und (II 3, 8)

$$\left.\begin{aligned} v_x &= K_1 \cos\omega t + K_2 \sin\omega t, \\ v_y &= K_1 \sin\omega t - K_2 \cos\omega t. \end{aligned}\right\} \tag{II 3, 10}$$

Die Anfangsbedingungen (II 3, 5) liefern

$$K_1 = v_{x_0}; \quad -K_2 = v_{y_0}. \tag{II 3, 11}$$

In die hiermit entstehenden Gleichungen

$$\left.\begin{aligned} v_x &= v_{x_0} \cos\omega t - v_{y_0} \sin\omega t, \\ v_y &= v_{x_0} \sin\omega t + v_{y_0} \cos\omega t \end{aligned}\right\} \tag{II 3, 12}$$

führen wir die Projektion der resultierenden Startgeschwindigkeit auf die Ebene z = 0 ein

$$v_0 = \sqrt{v_{x_0}^2 + v_{y_0}^2} \tag{II 3, 13}$$

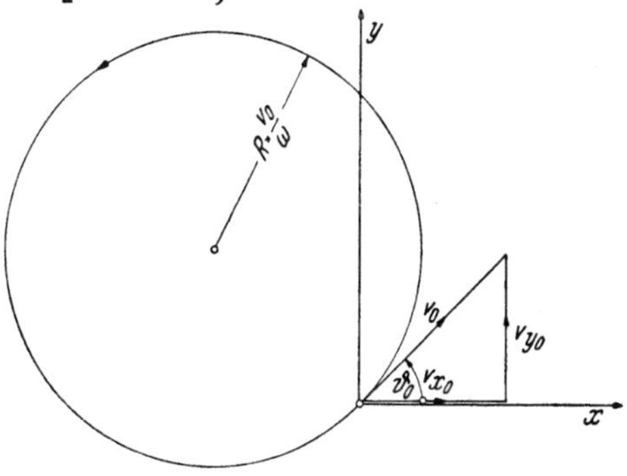

Abb. II 67. Kreisbahn des Elektrons im homogenen Magnetfelde.

sowie den anfänglichen Neigungswinkel ϑ_0 der Bahnprojektion in der Ebene z = 0 gegen die x-Achse:

$$\cos\vartheta_0 = \frac{v_{x_0}}{v_0}; \quad \sin\vartheta_0 = \frac{v_{y_0}}{v_0} \tag{II 3, 14}$$

Damit lauten die Gln. (II 3, 12)

$$\left.\begin{aligned} v_x &= v_0 \cos(\omega t + \vartheta_0), \\ v_y &= v_0 \sin(\omega t + \vartheta_0). \end{aligned}\right\} \tag{II 3, 15}$$

Mittels Integration folgen hieraus mit Rücksicht auf (II 3, 5) die Bahnkoordinaten [Abb. II 67]

$$\left.\begin{aligned} x &= \frac{v_0}{\omega} [\sin(\omega t + \vartheta_0) - \sin\vartheta_0], \\ y &= \frac{v_0}{\omega} [\cos\vartheta_0 - \cos(\omega t + \vartheta_0)], \end{aligned}\right\} \tag{II 3, 16}$$

welche zusammen mit (II 3, 6) die Kinematik des Elektrons schildern: Die Projektion der Bahn auf die Ebene z = 0 definiert einen Kreis vom Halbmesser

$$R = \frac{v_0}{\omega}, \tag{II 3, 17}$$

längs dessen Umfang die Spur des Elektrons mit der gleichförmigen Winkelgeschwindigkeit ω, also der ebenfalls konstanten Lineargeschwindigkeit v_0 fortschreitet. Ein voller Umlauf erfolgt somit in der Zeitspanne

$$T = \frac{2\pi}{\omega} = 2\pi \frac{m_0}{q_0} \frac{1}{B}, \qquad \text{(II 3, 18)}$$

welche lediglich von der Stärke der magnetischen Induktion diktiert wird. Mit Rücksicht auf (II 3, 6) erweist sich nunmehr die resultierende Elektronenbahn als Schraubenlinie der Ganghöhe

$$h = |v_{z_0}| \cdot T = |v_{z_0}| \frac{2\pi}{\omega}. \qquad \text{(II 3, 19)}$$

d) Nachdem wir an Hand der Differentialgleichungen der Elektronenbewegung als deren allgemeine Lösung die Schraubenlinie mit parallel zur magnetischen Induktion liegender Achse erwiesen haben, kann man deren kinematische Daten nachträglich auch auf elementarem Wege feststellen. Hierzu führen folgende Schritte:

1. Der Beschleunigungsvektor des Elektrons bleibt invariant, falls wir von dem bisher benützten Bezugssystem x, y, z einschließlich der Zeit t mittels der *Galilei*-Transformation

$$x' = x; \qquad y' = y; \qquad z' = z - v_{z_0} \cdot t; \qquad t' = t \qquad \text{(II 3, 20)}$$

zum Bezugssystem der Koordinaten x', y', z' und der Zeit t' übergehen.

2. Da die Geschwindigkeits-Komponente v_z im Bildungsgesetze (II 3, 1) der *Lorentz*-Kraft nicht vorkommt, bleibt auch die am Elektron angreifende Kraft bei der Transformation (II 3, 20) erhalten.

3. Im gestrichenen Bezugssystem ist die Geschwindigkeits-Komponente v_z' des Elektrons auf Null transformiert. Es verbleiben daher in endlicher Größe nur die Geschwindigkeits-Komponenten

$$v_x' = v_x; \qquad v_y' = v_y, \qquad \text{(II 3, 21)}$$

aus welchen der Betrag der resultierenden Geschwindigkeit zu

$$v' = \sqrt{v_x'^2 + v_y'^2} \qquad \text{(II 3, 22)}$$

folgt.

4 Da die [transformierte] *Lorentz*-Kraft am Elektron keine Arbeit leistet, gilt längs der Bahn

$$\frac{1}{2} m_0 v'^2 = \frac{1}{2} m_0 v_0'^2 = \text{const.}; \qquad v_0' = \sqrt{v_{x_0}^2 + v_{y_0}^2} = v_0. \qquad \text{(II 3, 23)}$$

5. Der Elektronenbewegung längs eines Kreises vom Halbmesser R korrespondiert die Winkelgeschwindigkeit

$$\omega' = \frac{v'}{R} = \frac{v_0'}{R} = \frac{v_0}{R} = \omega. \qquad \text{(II 3, 24)}$$

6. Bei der Kreisbewegung gemäß (II 3, 24) greift am Elektron die radial nach außen gerichtete Zentrifugalkraft P_r vom Betrage

$$|P_r| = m_0 R \omega^2 \qquad \text{(II 3, 25)}$$

an. Ihr opponiert die zentral gerichtete *Lorentz*-Kraft vom Betrage

$$|P_r| = q_0 v_0' B = q_0 \omega R B. \qquad \text{(II 3, 26)}$$

Die angenommene Kreisbahn bleibt daher dann und nur dann stationär, wenn die Bedingung

$$|P_r + P_L| = m_0 R \omega^2 - q_0 \omega R B = 0 \qquad \text{(II 3, 27)}$$

erfüllt ist; aus ihr folgt, identisch mit (II 3, 9),

$$\omega = \frac{q_0 B}{m_0} \tag{II 3, 28}$$

und also schließlich der Halbmesser der Kreisbahn

$$R = \frac{v_0}{\omega}. \tag{II 3, 29}$$

e) An Hand der Voraussetzung

$$v_z = 0 \tag{II 3, 30}$$

spezialisieren wir auf die Kreisbewegung des Elektrons um eine parallel zum Induktionsvektor B gelegene Achse; diese Bewegung vermag unter geeigneten Bedingungen die Ablenkung von Elektronen durch das elektrische Feld eines Kondensators zu ersetzen. Als Anwendungsbeispiel behandeln wir die magnetische Steuerung einer *Braun*schen Röhre, deren für die beabsichtigte Untersuchung wesentliche Elemente in Abb. II 68 schematisch dargestellt sind. Benützen wir auch hier das in Ziffer I 3 entwickelte idealisierte Modell der Röhre, so werden die Elektronen von dem Potential φ_a der Anode [relativ zum Kathodenzentrum] bis zur Geschwindigkeit

$$v_a = \sqrt{2 \frac{q_0}{m_0} \varphi_a} \tag{II 3, 31}$$

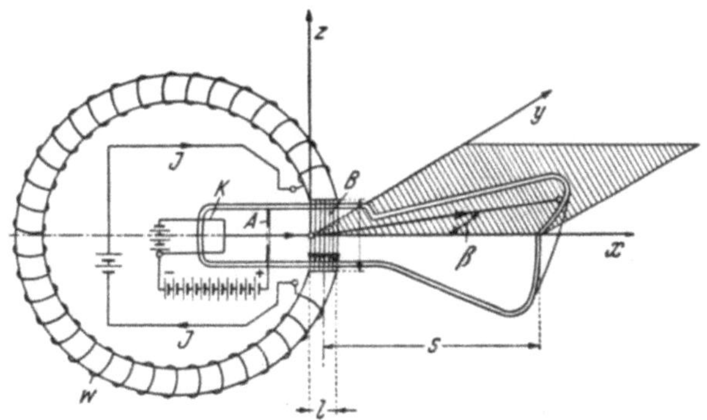

Abb. II 68. Schema eines Kathodenstrahl-Oszillographen mit magnetischer Ablenkung.

beschleunigt, mit welcher sie die Anodenöffnung achsial durchkreuzen. In dem anschließenden Teil des Entladungsraumes wird von den Elektronen jenes Sekundärfeld erregt, welches zur Rückleitung des Konvektionsstromes zur Anode erforderlich ist; doch sei es mittels eines der Anode verbundenen, leitenden Innenbelages merklich auf die Umgebung des Schirmes beschränkt. Demzufolge dürfen wir in ausreichender Genauigkeit v_a der Geschwindigkeit v_0 gleichsetzen, mit welcher die Elektronen in das Gebiet des ablenkenden Magnetfeldes einfallen

$$v_0 = v_a. \tag{II 3, 32}$$

Zur Erzeugung dieses Feldes bedienen wir uns eines Hufeisenmagneten der Maulweite d senkrecht zur Röhrenachse und der Länge l parallel der Röhrenachse, welcher eine Spule von w Windungen trägt und von dem Strome J nach einem vorgeschriebenen Zeitgesetze

$$J = J(t) \tag{II 3, 33}$$

erregt werden möge; die Änderungsgeschwindigkeit dieses Stromes sei so klein, daß das ihm genetisch verbundene Magnetfeld in jedem Augenblick als quasistationär betrachtet werden darf. Wir ersetzen das Joch des Magneten durch einen ideellen Körper der gleichen Gestalt, welcher bei verschwindender elektrischer Leitfähigkeit die virtuelle Permeabilität

$\mu \to \infty$ aufweist. Unter Vernachlässigung der Feinstruktur des Feldes an den Polkanten entwickelt sich dann zwischen den Polflächen ein homogenes Magnetfeld von der Stärke

$$H = \frac{w\,J}{d}, \tag{II 3, 34}$$

welches senkrecht zur Röhrenachse orientiert ist; ihr korrespondiert die gleichgerichtete Induktionskomponente

$$B = \Pi H = \Pi \cdot \frac{w\,J}{d} \tag{II 3, 35}$$

welche sich in ihrem zeitlichen Verlaufe von $J = J(t)$ nur durch einen konstanten Faktor unterscheidet. In dem früher eingeführten, relativ zum Magnetfeld ruhenden Bezugssystem der rechtsläufigen *Kartesi*schen Koordinaten x, y, z verlaufen dann innerhalb des Magnetfeldes alle Elektronenbahnen in der Symmetrieebene $z = 0$, so daß sich die Anfangsbedingungen des im Zeitpunkt $t = 0$ einfallenden Kontrollelektrons auf

$$\left.\begin{array}{ll} x = 0; & \dfrac{dx}{dt} = v_x = v_0 \\ y = 0; & \dfrac{dy}{dt} = v_y = 0 \end{array}\right\} \text{ für } t = 0 \tag{II 3, 36}$$

reduzieren. Daher entnimmt man aus (II 3, 12)

$$\left.\begin{array}{l} v_x = v_0 \cos \omega t, \\ v_y = v_0 \sin \omega t, \end{array}\right\} \tag{II 3, 37}$$

während die Gln. (II 3, 16) der Bahnkoordinaten in

$$\left.\begin{array}{l} x = \dfrac{v_0}{\omega} \sin \omega t \\ y = \dfrac{v_0}{\omega} [1 - \cos \omega t] \end{array}\right\} \tag{II 3, 38}$$

übergehen. Die ordnungsmäßige Wirkungsweise des Gerätes als *Braun*sche Röhre verlangt nun, daß das kontrollierte Elektron auf seinem Wege zum Fluoreszenzschirm das ablenkende Magnetfeld nach einer endlichen Verweilzeit T durch die Ebene $x = l$ verläßt: Die Betriebsbedingungen des Gerätes sind der Ungleichung

$$l \frac{\omega}{v_0} = \frac{l \dfrac{q_0}{m_0} B}{\sqrt{2 \dfrac{q_0}{m_0} \varphi_a}} < 1 \tag{II 3, 39}$$

zu unterwerfen, so daß dann

$$\omega T = \arcsin l \frac{\omega}{v_0} < \frac{\pi}{2} \tag{II 3, 40}$$

resultiert. Daher tritt das kontrollierte Elektron im Punkte

$$\frac{x_T}{l} = 1; \quad \frac{y_T}{l} = \frac{v_0}{l\,\omega} [1 - \cos \omega T] = \frac{v_0}{l\,\omega} \left[1 - \sqrt{1 - \left(\frac{l\,\omega}{v_0}\right)^2}\right] \tag{II 3, 41}$$

mit der Neigung

$$\mathrm{tg}\,\beta_T = \left(\frac{v_y}{v_x}\right)_{t=T} = \frac{\dfrac{l\,\omega}{v_0}}{\sqrt{1-\left(\dfrac{l\,\omega}{v_0}\right)^2}} \qquad \text{(II 3, 42)}$$

gegen die Einfallsrichtung aus dem Wirkungsbereiche des Ablenkfeldes aus, um dann seinen Weg längs der Geraden

$$\frac{y}{l} = \frac{y_T}{l} + \left(\frac{x}{l} - 1\right)\mathrm{tg}\,\beta_T \qquad \text{(II 3, 43)}$$

gegen den Schirm hin fortzusetzen. Fordert man, daß der in diesen Gleichungen ausgedrückte Ablenkungseffekt proportional dem Spulenstrom $J = J(t)$ ausfalle, so hat man die Ungleichung (II 3, 39) in

$$l\frac{\omega}{v_0} \ll 1 \qquad \text{(II 3, 44)}$$

zu verschärfen; denn dann darf man sich in der Entwicklung von (II 3, 41), (II 3, 42) nach Potenzen von $(l\,\omega/v_0)$ auf die linearen Glieder beschränken und erhält in der hierdurch angezeigten Genauigkeit

$$\frac{y_T}{l} = \frac{1}{2}\frac{l\,\omega}{v_0}; \qquad \mathrm{tg}\,\beta_T = \frac{l\,\omega}{v_0} \qquad \text{(II 3, 45)}$$

also

$$\frac{y}{l} = \frac{l\,\omega}{v_0}\left(\frac{x}{l} - \frac{1}{2}\right). \qquad \text{(II 3, 46)}$$

Der Fluoreszenzschirm möge merklich mit der Ebene $x = s > l$ koinzidieren. Abgesehen von dem Einfluß des in ihrer Umgebung konzentrierten elektrischen Sekundärfeldes erscheint also die Spur des Schreibstrahles auf dem Schirm im Abstande

$$y_s = \frac{l\,\omega}{v_0}\left(s - \frac{l}{2}\right) = \frac{l\,\dfrac{q_0}{m_0}\,B}{\sqrt{2\,\dfrac{q_0}{m_0}\,\varphi_a}}\left(s - \frac{l}{2}\right). \qquad \text{(II 3, 47)}$$

Damit ist das Ziel erreicht: Nach Eintragen von (II 3, 35) in (II 3, 47) erweist sich die magnetische Ablenkung in der Tat als verhältnisgleich mit dem Strome $J = J(t)$.

Der Ablenkmagnet kann als ganzes ohne vakuumtechnische Eingriffe an das sonst betriebsbereite Kathodenstrahlrohr von außen herangebracht werden. Dieser ihrer experimentellen Einfachheit halber wurde die magnetische Ablenkmethode von *Braun* selbst der Anwendung elektrischer Ablenkfelder bevorzugt; doch stellt sich die Induktivität der Erregerspule der Oszillographie hochfrequenter Vorgänge hindernd in den Weg, so daß in diesem Arbeitsgebiet die Ausrüstung der *Braun*schen Röhre mit Ablenkkondensatoren ungeachtet ihrer vakuumtechnischen Komplikationen vorherrscht. Auch in Geräten dieser Art ist indes der Einfluß des erdmagnetischen Feldes auf den Schreibstrahl zu beachten. In der Regel ist dieser geometrische Effekt unerwünscht, so daß er durch besondere Maßnahmen zu beseitigen ist, es sei denn, daß man ihn zum Bau eines Elektronenkompasses ausnutzen will.

II 4. Der Kaufmann-Thomsonsche Massenspektograph.

a) Unter einem Massenspektrographen versteht man ein Gerät zur Trennung der in einem Materiestrahl enthaltenen Teilchen unterschiedlicher Masse. Während nun in einem optischen Spektrographen das Verhalten der Photonen, von ihrem Polarisationszustande abgesehen, von ihrer Frequenz eindeutig bestimmt ist, hängen die Eigenschaften der im Massenspektrographen zu untersuchenden Teilchen wesentlich von drei Parametern ab: Der elektrischen Ladung e des Einzelteilchens, seiner Masse m und dem Betrage v seiner Geschwindigkeit; zu ihnen mag sich noch der magnetische Spin gesellen, den wir hier indessen nicht in Betracht ziehen.

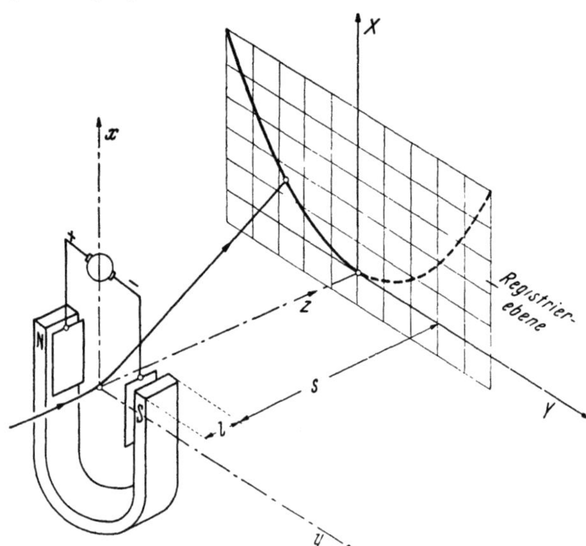

Abb. II 69. Schema des *Kaufmann-Thomson*schen Massenspektrographen.

b) Der Massenspektrograph nach *Kaufmann* und *Thomson* beschäftigt sich mit der Analyse elektrischer Trägerstrahlen, deren Gruppen sich durch einen je einheitlichen Ladungswert der sie charakterisierenden Elementarteilchen auszeichnen.

Wir orientieren uns im Gerät an Hand des Systemes der rechtsläufigen, *Kartesi*schen Koordinaten x, y, z nach Abb. II 69. Der zu untersuchende Teilchenstrahl falle von $z < 0$ her in das analysierende Feld ein, welches, unter Vernachlässigung aller Sekundärerscheinungen [Randeffekte, Eigenfeld des Strahles], durch folgende Angaben beschrieben werde:

1. Das Gebiet merklicher elektrodynamischer Analysierkräfte beschränkt sich auf den parallelebenen Bereich

$$0 \leqq z \leqq l. \tag{II 4, 1}$$

2. Die elektrische Feldstärke E reduziert sich auf das zeitfreie Homogenfeld vom Betrage E, welches innerhalb (II 4, 1) parallel der y-Achse weist

$$E = 1_x \cdot 0 + 1_y E + 1_z \cdot 0. \tag{II 4, 2}$$

3. Das Magnetfeld zeichnet sich durch die homogene, stationäre Induktion B des Betrages B aus, welche in (II 4, 1) ebenfalls parallel der y-Achse gerichtet ist

$$B = 1_x \cdot 0 + 1_y B + 1_z \cdot 0. \tag{II 4, 3}$$

Nach Verlassen des analysierenden Feldes gelangen die Ladungsträger in einen merklich kraftfreien Raum, in welchem sie ihre Bewegung bis zu der Registrierebene

$$z \to Z = l + s; \qquad s > 0 \tag{II 4, 4}$$

fortsetzen. Gesucht werden die Koordinaten X, Y, welche dort den Treffpunkt eines Teilchens der primären Eigenschaften (e, m, v) beschreiben.

c) Wir bezeichnen mit v_x, v_y, v_z die achsenparallelen Geschwindigkeitskomponenten des kontrollierten Ions zum Zeitpunkt t; es unterliegt dann während seines Aufenthaltes im Analysierfeld der *Newton*schen Kraft

$$K = e\{1_x(-v_z B) + 1_y E + 1_z (v_x B)\}. \qquad \text{(II 4, 5)}$$

Wir wählen als Ursprung der Zeit jenen Augenblick, in welchem das kontrollierte Ion die Grenzebene $z = 0$ des Analysierfeldes im Ursprung des Bezugssystemes kreuzt:

$$x = 0; \quad y = 0; \quad z = 0 \quad \text{für} \quad t = 0, \qquad \text{(II 4, 6)}$$

$$v_x = 0; \quad v_y = 0; \quad v_z = v \quad \text{für} \quad t = 0. \qquad \text{(II 4, 7)}$$

Es sei m die gleichzeitig gemessene träge Masse des Ions, welche sich von deren Ruhewert m_0 im Falle einer im Maßstabe der Lichtgeschwindigkeit c hinreichend großen Teilchengeschwindigkeit merklich unterscheidet; dagegen lassen wir, unter Beschränkung auf relativ schwache Feldstärken E, die im Analysierfelde zusätzlich stattfindenden Massenänderungen außer Betracht. Aus (II 4, 5) folgen dann die „quasiklassischen" Bewegungsgleichungen des kontrollierten Teilchens

$$m\frac{d^2x}{dt^2} = -e\frac{dz}{dt}B, \qquad \text{(II 4, 8)}$$

$$m\frac{d^2y}{dt^2} = eE, \qquad \text{(II 4, 9)}$$

$$m\frac{d^2z}{dt^2} = e\frac{dx}{dt}B. \qquad \text{(II 4, 10)}$$

In ihnen ersetzen wir die natürlichen Koordinaten x, y, z nach Division mit l durch die numerischen Koordinaten

$$\xi = \frac{x}{l}; \quad \eta = \frac{y}{l}; \quad \zeta = \frac{z}{l}, \qquad \text{(II 4, 11)}$$

welchen wir mittels

$$\tau = \omega t; \quad \omega = \frac{eB}{m} \qquad \text{(II 4, 12)}$$

die numerische Zeit τ zur Seite stellen. Definieren wir dann die numerische elektrische Feldstärke ε durch

$$\varepsilon = \frac{E}{\omega B l} = \frac{m}{e}\cdot\frac{E}{B^2 l}, \qquad \text{(II 4, 13)}$$

so nehmen die Gln. (II 4, 8), (II 4, 9), (II 4, 10) die dimensionsfreie Form an

$$\frac{d^2\xi}{d\tau^2} = -\frac{d\zeta}{d\tau}, \qquad \text{(II 4, 14)}$$

$$\frac{d^2\eta}{d\tau^2} = \varepsilon, \qquad \text{(II 4, 15)}$$

$$\frac{d^2\zeta}{d\tau^2} = \frac{d\xi}{d\tau}, \qquad \text{(II 4, 16)}$$

während die Anfangsbedingungen (II 4, 6), (II 4, 7) in

$$\xi = 0; \quad \eta = 0; \quad \zeta = 0 \quad \text{für} \quad \tau = 0, \qquad \text{(II 4, 17)}$$

$$\frac{d\xi}{d\tau} = 0; \quad \frac{d\eta}{d\tau} = 0; \quad \frac{d\zeta}{d\tau} = \dot{\zeta}_0 = \frac{v}{\omega l} \quad \text{für} \quad \tau = 0 \qquad \text{(II 4, 18)}$$

übergehen.

d) Aus (II 4, 14) folgt durch einmalige Integration mit Rücksicht auf (II 4, 17), (II 4, 18) die Relation

$$\frac{d\xi}{d\tau} = -\zeta, \qquad \text{(II 4, 19)}$$

deren Substitution in (II 4, 16) die Differentialgleichung

$$\frac{d^2\zeta}{d\tau^2} + \zeta = 0 \qquad \text{(II 4, 20)}$$

liefert; ihr Integral lautet wegen (II 4, 17), (II 4, 18)

$$\zeta = \dot{\zeta}_0 \sin \tau, \qquad \text{(II 4, 21)}$$

so daß wir aus (II 4, 19) auf

$$\xi = -\dot{\zeta}_0 (1 - \cos \tau) \qquad \text{(II 4, 22)}$$

schließen. Im Gegensatz zu den magnetisch gesteuerten Vorgängen (II 4, 21), (II 4, 22) wird die Bewegung in Richtung der y-Achse nur von der elektrischen Feldkraft geregelt, so daß wir aus (II 4, 15) im Verein mit (II 4, 17) und (II 4, 18)

$$\eta = \frac{\varepsilon}{2} \tau^2 \qquad \text{(II 4, 23)}$$

berechnen.

Laut Ausweis der Gl. (II 4, 21) verweilt das kontrollierte Teilchen während der numerischen Zeitspanne

$$\tau_0 = \arcsin \frac{1}{\dot{\zeta}_0} \qquad \text{(II 4, 24)}$$

im analysierenden Felde; hier werde unter dem Zeichen arcsin der zwischen $(-\pi/2)$ und $(+\pi/2)$ gelegene Hauptwert dieser Funktion verstanden. Das Gerät eignet sich daher nur für jene Teilchen als Massenspektrograph, welche der Ungleichung

$$\dot{\zeta}_0 > 1 \qquad \text{(II 4, 25)}$$

gehorchen; wir verschärfen sie zu der Forderung

$$\dot{\zeta}_0 \gg 1, \qquad \text{(II 4, 26)}$$

welche von nun ab als Betriebsvorschrift des Gerätes gelte. Mit ihrer Annahme vereinfacht sich (II 4, 24) zu

$$\tau_0 = \frac{1}{\dot{\zeta}_0} \ll 1. \qquad \text{(II 4, 27)}$$

In gleicher Genauigkeit verläßt der kontrollierte Ladungsträger das Gebiet des analysierten Feldes am Orte

$$\xi = -\dot{\zeta}_0 (1 - \cos \tau_0) = -\frac{1}{2\,\dot{\zeta}_0}; \qquad \eta = \frac{\varepsilon}{2} \tau_0^2 = \frac{\varepsilon}{2\,\dot{\zeta}_0^2}; \qquad \zeta = 1 \qquad \text{(II 4, 28)}$$

mit den [numerischen] Geschwindigkeitskomponenten

$$\frac{d\xi}{d\tau} = -\dot{\zeta}_0 \sin \tau_0 = -1; \quad \frac{d\eta}{d\tau} = \varepsilon\,\tau_0 = \frac{\varepsilon}{\dot{\zeta}_0}; \quad \frac{d\zeta}{d\tau} = \dot{\zeta}_0 \cos \tau_0 = \dot{\zeta}_0. \qquad \text{(II 4, 29)}$$

e) Im feldfreien Gebiete $\zeta > 1$ führt das kontrollierte Teilchen eine Trägheitsbewegung aus; ihre Gleichungen folgen aus (II 4, 28) und (II 4, 29) zu

$$\xi = -\frac{1}{2\,\dot{\zeta}_0} - (\tau - \tau_0), \tag{II 4, 30}$$

$$\eta = \frac{\varepsilon}{2\,\dot{\zeta}_0^2} - \frac{\varepsilon}{\dot{\zeta}_0}(\tau - \tau_0), \tag{II 4, 31}$$

$$\zeta = 1 + \dot{\zeta}_0(\tau - \tau_0). \tag{II 4, 32}$$

Bezeichne also

$$\sigma = \frac{s}{l} \tag{II 4, 33}$$

den numerischen Abstand des Registrierschirmes von der Austrittsebene des analysierenden Feldes, so trifft das Teilchen zum Zeitpunkte

$$\tau_\sigma = \frac{\sigma}{\dot{\zeta}_0} \tag{II 4, 34}$$

am Registrierschirm ein; seine dort beobachtbaren numerischen Koordinaten folgen aus (II 4, 30), (II 4, 31) zu

$$\Xi = \frac{X}{l} = \frac{1}{\dot{\zeta}_0}\left(\sigma + \frac{1}{2}\right); \qquad H = \frac{Y}{l} = \frac{\varepsilon}{\dot{\zeta}_0^2}\left(\sigma + \frac{1}{2}\right). \tag{II 4, 35}$$

Durch Elimination von $\dot{\zeta}_0$ entsteht hieraus die Gleichung

$$H = \frac{\varepsilon}{\sigma + \frac{1}{2}}\,\Xi^2, \tag{II 4, 36}$$

welche die Arbeitsweise des Spektrographen allgemein schildert; wir besprechen folgende Sonderfälle:

1. Der zu analysierende Strahl enthalte nur Teilchen gleicher und fester spezifischer Masse m/e, doch primär unterschiedlicher Geschwindigkeit. Da unter diesen Voraussetzungen ε gemäß (II 4, 13) konstant ist, definiert (II 4, 36) eine Parabel nach Abb. II 69.

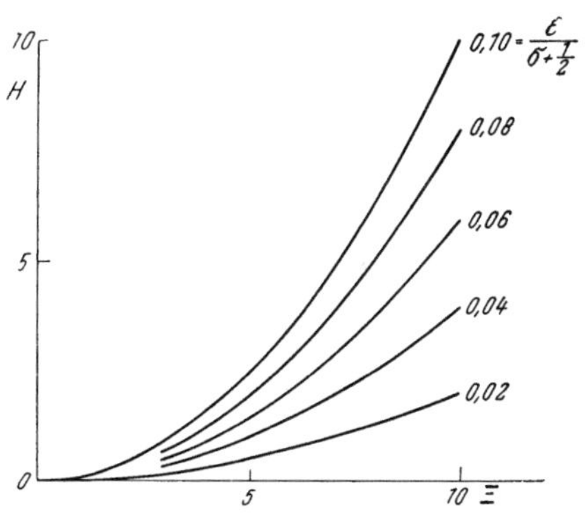

Abb. II 70. Spektralparabeln für verschiedene spezifische Massen.

2. Sind in dem zu analysierenden Strahle gleichzeitig mehrere Teilchenarten enthalten, deren jede sich durch eine sie charakterisierende, spezifische Masse von fester Größe auszeichnet, so erscheint auf dem Registrierschirm eine Schar diskreter Parabeln, deren jede einer bestimmten, numerischen Feldstärke ε korrespondiert. Bei bekannten Daten des analysierenden Feldes gestattet eben dieser individuelle Wert von ε vermittels (II 4, 13) die Berechnung von m und rechtfertigt damit erst die Bezeichnung des Gerätes als eines Massenspektrographen, welcher nach der „Parabelmethode“ arbeitet. In der Tat konnte *J. J. Thomson* auf diesem Wege im Jahre 1913 erstmalig die Existenz der *Neon*-Isotope Ne^{20} und Ne^{22} nachweisen [Abb. II 70].

3. Der zu analysierende Strahl möge aus physikalisch einheitlichen Teilchen [etwa Elektronen] bestehen, deren Masse m jedoch entsprechend einer frei wählbaren, hinreichend hohen Einfallsgeschwindigkeit v relativistisch verändert werden kann. Nach (II 4, 13) ist dann unter sonst

gleichen Betriebsbedingungen die numerische Feldstärke eine Funktion jener Primärgeschwindigkeit

$$\varepsilon = \frac{\varepsilon_0}{\sqrt{1-\beta^2}}; \quad \varepsilon_0 = \frac{m_0}{e}\frac{E}{B^2 l}; \quad \beta = \frac{v}{c}. \qquad \text{(II 4, 37)}$$

Mit der aus (II 4, 12) folgenden Relation

$$\omega = \omega_0 \sqrt{1-\beta^2}; \quad \omega_0 = \frac{e\,B}{m_0} \qquad \text{(II 4, 38)}$$

berechnet sich nun die numerische Einfallsgeschwindigkeit der Teilchen zu

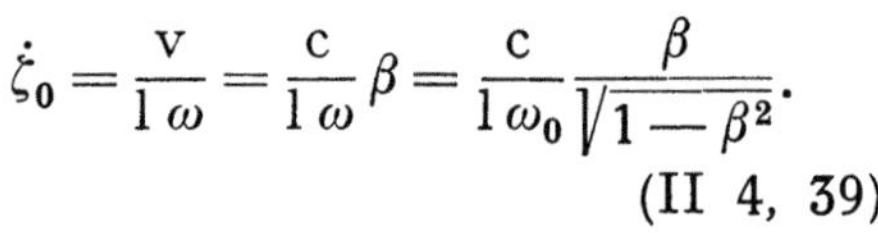

$$\dot{\zeta}_0 = \frac{v}{l\,\omega} = \frac{c}{l\,\omega}\beta = \frac{c}{l\,\omega_0}\frac{\beta}{\sqrt{1-\beta^2}}. \qquad \text{(II 4, 39)}$$

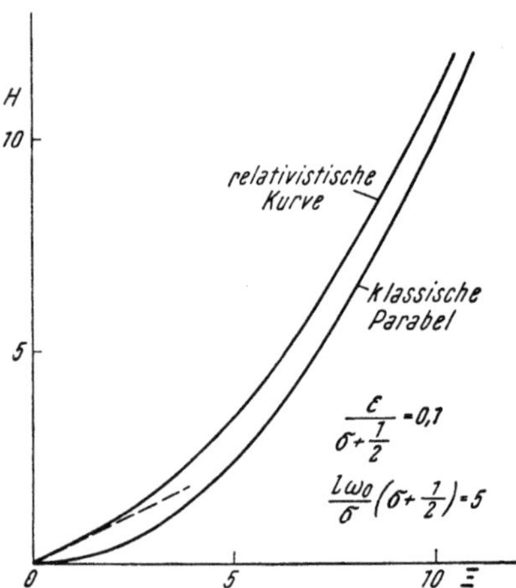

Abb. II 71. Einfluß der relativistischen Massenveränderlichkeit auf die Analyse des *Kaufmann-Thomson*schen Massenspektrographen.

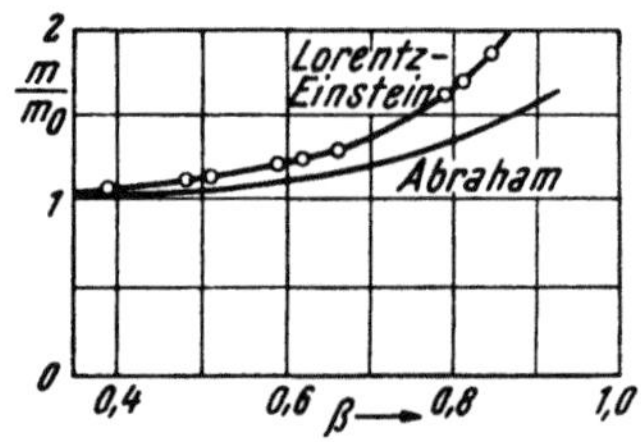

Abb. II 72. Das Experiment [Meßpunkte] entscheidet zwischen der *Abraham*schen und der *Lorentz-Einstein*schen Theorie der Massenveränderlichkeit.

Daher nehmen die Gleichungen (II 4, 35) die Gestalt an

$$\Xi = \frac{l\,\omega_0}{c}\left(\sigma + \frac{1}{2}\right)\frac{\sqrt{1-\beta^2}}{\beta}; \quad H = \varepsilon_0 \left(\frac{l\,\omega_0}{c}\right)^2 \left(\sigma + \frac{1}{2}\right)\frac{\sqrt{1-\beta^2}}{\beta^2}. \qquad \text{(II 4, 40)}$$

Durch Elimination von β folgt hieraus

$$H = \frac{\varepsilon_0}{\sigma + \frac{1}{2}}\frac{\Xi^2}{\sqrt{1-\beta^2}} = \frac{\varepsilon_0}{\sigma + \frac{1}{2}} \cdot \Xi \sqrt{\Xi^2 + \left(\frac{l\,\omega_0}{c}\left(\sigma + \frac{1}{2}\right)\right)^2}. \qquad \text{(II 4, 41)}$$

Sowohl beim Grenzübergang zur *Newton*schen Mechanik [$c \to \infty$] wie auch im Bereiche relativ niedriger Beträge der Primärgeschwindigkeiten $\left[\Xi \gg \frac{l\,\omega_0}{c}\left(\sigma + \frac{1}{2}\right)\right]$ reduziert sich, wie es sein muß, Gl. (II 4, 41) auf (II 4, 36). Dagegen weicht die nach (II 4, 41) auf dem Registrierschirm zu erwartende Kurve in der Umgebung ihres Ursprunges gemäß

$$H = \frac{\varepsilon_0}{\sigma + \frac{1}{2}} \cdot \Xi \left[\frac{l\,\omega_0}{c}\left(\sigma + \frac{1}{2}\right) + \ldots\right] = \varepsilon_0 \frac{l\,\omega_0}{c}\,\Xi \qquad \text{(II 4, 42)}$$

nach Abb. II 71 von der *Newton*schen Parabel (II 4, 36) wesentlich ab. Dieser Effekt wurde mit dem hier beschriebenen Massenspektrographen durch *Kaufmann* im Jahre 1902 aufgefunden, dessen fundamentale Entdeckung den Anstoß zur theoretischen Untersuchung des Massen-Geschwindigkeitsgesetzes gab: *M. Abraham* wurde, ausgehend von einem kugelförmigen Modell des Elektrons, zu der Formel

$$m = m_0 \frac{3}{4\beta^2}\left\{\frac{1+\beta^2}{2\beta}\ln\frac{1+\beta}{1-\beta} - 1\right\} \qquad \text{(II 4, 43)}$$

geführt; dagegen fordert die zunächst von *H. A. Lorentz* entwickelte Auffassung, welche durch *A. Einstein* zu einem Prinzipe der beschränkten Relativitätstheorie erhoben wurde, für materielle Teilchen beliebiger Natur die Relation

$$m = \frac{m_0}{\sqrt{1-\beta^2}}. \qquad \text{(II 4, 44)}$$

Die von *Bucherer, Neumann, Schäfer, Gaye* und *Lavanchy* verfeinerten massenspektrographischen Messungen entschieden zu Gunsten der *Lorentz-Einstein*schen Formel [Abb. II 72]; wir waren daher berechtigt, sie den vorangehenden Überlegungen als wohlbegründetes Naturgesetz zugrunde zu legen.

II 5. Der Astonsche Massenspektrograph.

a) Der *Kaufmann-Thomson*sche Massenspektrograph informiert uns gleichzeitig über das Verhältnis der Masse m der untersuchten Teilchen zu ihrer Ladung e und über den Betrag v ihrer primären Geschwindigkeit. Der *Aston*sche Spektrograph stellt sich die Aufgabe, diese Doppelanalyse auf eine Einfachanalyse lediglich der spezifischen Massen m/e zu reduzieren: Statt der zweidimensionalen Registrierebene des *Kaufmann-Thomson*schen Gerätes soll im *Aston*schen Spektrographen eine nur eindimensionale Skala erscheinen. Dieses Ziel wird mittels des Prinzipes der Geschwindigkeitsfokussierung erreicht: Die Teilchen gleicher spezifischer Masse, aber unterschiedlicher Primärgeschwindigkeit durchlaufen zwar getrennte Bahnen, welche sich jedoch auf dem Registrierschirm jeweils in einem Punkte vereinigen.

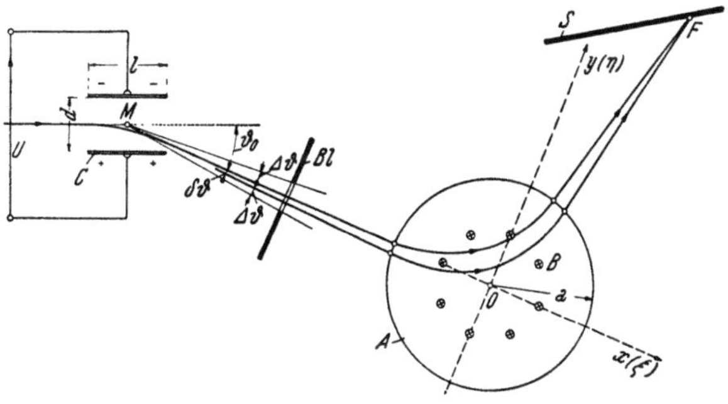

Abb. II 73. Bauelemente des *Aston*schen Massenspektrographen. MO = s.

b) Abb. II 73 zeigt, unter Verzicht auf konstruktive Einzelheiten, die spektrographisch aktiven Bauelemente des *Aston*schen Gerätes:

1. Der zu analysierende Strahl fällt bei einheitlicher Richtung aller in ihm enthaltenen, durch das Symbol (e/m, v) unterschiedlich gekennzeichneten Teilchen normal in das Feld des parallelebenen Kondensators C [Länge l, Elektrodenabstand d] ein, welcher von der konstanten Spannung U erregt wird.

2. Nach ihrer Ablenkung verlassen die Teilchen das Kondensatorfeld unter dem Winkel

$$\vartheta = \vartheta\left(\frac{e}{m}, v\right), \qquad \text{(II 5, 1)}$$

welche durch die Blende Bl auf den engen Bereich

$$\vartheta_0 - \Delta\vartheta < \vartheta < \vartheta_0 + \Delta\vartheta; \qquad 0 < \Delta\vartheta \ll \frac{\pi}{2} \tag{II 5, 2}$$

beschränkt wird.

3. Die Strahl-Hauptrichtung $\vartheta = \vartheta_0$ weist zum Zentrum O eines Kreiszylinders A vom Halbmesser a hin, dessen Achse senkrecht zur Einfallsebene des [gekrümmten] Strahles orientiert ist. Das Innere dieses Zylinders ist von einem stationären Magnetfelde erfüllt, dessen Induktion B sich dort merklich auf ihre achsenparallele Komponente B reduziert; das Vorzeichen dieser Komponente wird so gewählt, daß die von ihrer *Lorentz*-Kraft erzwungene magnetische Ablenkung des Teilchens dessen elektrischer Vorablenkung im Kondensator gerade entgegengesetzt ausfällt.

4. Wir werden zeigen, daß sich die Teilchen einheitlicher spezifischer Masse nach dem Austritt aus dem Magnetfeld in einem Punkte F der Einfallsebene treffen. Durch den hierdurch definierten Fokus ist der Registrierschirm S zu legen, dessen Gestalt somit durch den geometrischen Ort aller Geschwindigkeits-Brennpunkte bei veränderlicher spezifischer Masse gegeben ist.

c) Zur Berechnung des Strahlenganges im *Aston*schen Massenspektrographen sei folgenden vereinfachenden Annahmen zugestimmt:

1. Alle Teilchengeschwindigkeiten seien dem Betrage nach so klein gegen die Ausbreitungsgeschwindigkeit des Lichtes im leeren Raum, daß wir den Gesetzen der Teilchenbewegung die *Newton*sche Mechanik zugrunde legen dürfen.

2. Der Ablenkkondensator gilt als streuungsfrei: Sein elektrisches Feld beschränkt sich auf den Interelektrodenbereich und offenbart dort die senkrecht zu den Platten orientierte homogene Primärfeldstärke E vom Betrage

$$E = \frac{U}{d}, \tag{II 5, 3}$$

welche in der Darstellung der Abb. II 73 von oben nach unten weist; sie bezieht sich auf die Voraussetzung $e > 0$.

3. Auch die Randwirkung des Primärmagnetfeldes an der Grenze seines zylindrischen Wirkungsgebietes bleibt außer Betracht.

4. Das elektrische Sekundärfeld der im Teilchenstrahl enthaltenen Raumladung samt dem von ihrer Konvektion herrührenden sekundären Magnetfeld wird vernachlässigt.

Auf Grund dieser Übereinkunft dürfen wir uns auf die elementare Theorie des Ablenkkondensators nach Ziffer I 3 beziehen: Als geometrischer Ort der ihn verlassenden Teilchen resultiert die vom Zentrum M des Kondensators ausgehende Halbgerade, welche nach Maßgabe des Winkels

$$\vartheta = \operatorname{arctg} \frac{e}{m} \frac{E l}{v^2} = \operatorname{arctg} \frac{e U}{m v^2} \frac{l}{d} \tag{II 5, 4}$$

von der Einfallsrichtung des Teilchenstrahles abweicht. Insbesondere besteht zwischen der Haupt-Strahlrichtung $\vartheta = \vartheta_0$ und der ihr zugehörigen Primärgeschwindigkeit v_0 der kinematische Zusammenhang

$$\operatorname{tg} \vartheta_0 = \frac{e U}{m v_0^2} \cdot \frac{l}{d}. \tag{II 5, 5}$$

Gemäß (II 5, 2) gestattet nun die Blende den sie passierenden Teilchen die Winkelstreuung

$$-\Delta\vartheta \leqq \vartheta - \vartheta_0 \leqq \Delta\vartheta, \tag{II 5, 6}$$

welcher zufolge (II 5, 1) die Geschwindigkeitsstreuung

$$\delta v = v - v_0 \tag{II 5, 7}$$

von Teilchen gleicher spezifischer Masse korrespondiert. Da jedoch $\Delta\vartheta \ll \pi/2$ vorausgesetzt wurde, unterliegt der Winkel

$$\delta\vartheta = \vartheta - \vartheta_0 \tag{II 5, 8}$$

gewiß der Ungleichung $|\delta\vartheta| \ll \pi/2$, so daß auch $|\delta v| \ll v_0$ bleibt. Demnach erhalten wir durch logarithmische Differentiation von (II 5, 4) mit Rücksicht auf (II 5, 5), (II 5, 7) und (II 5, 8) in hinreichender Genauigkeit die Relation

$$\frac{\delta\vartheta}{\sin 2\vartheta_0} = -\frac{\delta v}{v_0}. \tag{II 5, 9}$$

d) Wir orientieren uns im Magnetfelde am rechtsläufigen *Kartesi*schen Bezugssystem x, y, z [achsenparallele Einheitsvektoren 1_x, 1_y, 1_z] mit dem Ursprung in O. Gemäß Abb. II 73 bezeichnen wir durch s den Abstand M O; die positive x-Achse bilde die Verlängerung dieser Strecke über O hinaus, die positive z-Achse weise [in dem hier vorausgesetzten Falle $e > 0$] antiparallel zur Richtung der magnetischen Induktion B. Seien dann v_x, v_y, v_z die jeweils zu den gleichnamigen Achsen des Bezugssystemes parallelen Geschwindigkeitskomponenten eines Teilchens, so greift an ihm während seines Aufenthaltes im Magnetfeld lediglich die *Lorentz*-Kraft

$$K = e\,\{1_x(-v_y B) + 1_y(v_z B) + 1_z \cdot 0\} \tag{II 5, 10}$$

an. Wir richten nun unsere Aufmerksamkeit auf jenes Teilchen, welches zum Zeitpunkt $t = 0$ von M her unter dem Winkel $\delta\vartheta$ gegen die Haupt-Strahlrichtung eindringt. Zufolge (II 5, 10) lauten seine Bewegungsgleichungen im Bereiche des Magnetfeldes

$$m\frac{d^2x}{dt^2} = -e\frac{dy}{dt}B, \tag{II 5, 11}$$

$$m\frac{d^2y}{dt^2} = e\frac{dx}{dt}B, \tag{II 5, 12}$$

$$m\frac{d^2z}{dt^2} = 0, \tag{II 5, 13}$$

wobei, in der Genauigkeit der Gl. (II 5, 9), der Anfangszustand durch die Angaben

$$x = -a; \quad y = (s-a)\frac{\delta v}{v_0}\sin 2\vartheta_0; \quad z = 0 \quad \text{für} \quad t = 0, \tag{II 5, 14}$$

$$\frac{dx}{dt} = v_0 + \delta v; \quad \frac{dy}{dt} = \delta v \sin 2\vartheta_0; \quad \frac{dz}{dt} = 0 \quad \text{für} \quad t = 0 \tag{II 5, 15}$$

beschrieben wird.

e) Nach Ausweis der Gln. (II 5, 13), (II 5, 14) und (II 5, 15) verharrt das kontrollierte Teilchen während seiner Bewegung in der Ebene

$$z = 0, \tag{II 5, 16}$$

so daß wir fortan nur den zeitlichen Verlauf der Koordinaten x und y zu untersuchen haben. Wir gehen durch Division mit a zu den numerischen Koordinaten

$$\xi = \frac{x}{a}; \qquad \eta = \frac{y}{a} \tag{II 5, 17}$$

über, welchen wir die numerische Zeit

$$\tau = \omega t; \qquad \omega = \frac{e}{m} B \tag{II 5, 18}$$

zur Seite stellen. Mit (II 5, 17), (II 5, 18) nehmen die Gln. (II 5, 11), (II 5, 12) die dimensionsfreie Gestalt an

$$\frac{d^2\xi}{d\tau^2} = -\frac{d\eta}{d\tau}, \tag{II 5, 19}$$

$$\frac{d^2\eta}{d\tau^2} = \frac{d\xi}{d\tau}, \tag{II 5, 20}$$

während die Anfangsbedingungen (II 5, 14), (II 5, 15) in

$$\xi = -1; \quad \eta = \left(\frac{s}{a} - 1\right) \frac{\delta v}{v_0} \sin 2\vartheta_0 \quad \text{für} \quad \tau = 0, \tag{II 5, 21}$$

$$\frac{d\xi}{d\tau} = \frac{v_0 + \delta v}{\omega a}; \quad \frac{d\eta}{d\tau} = \frac{\delta v}{\omega a} \sin 2\vartheta_0 \quad \text{für} \quad \tau = 0 \tag{II 5, 22}$$

übergehen.

Wir fassen ξ und η zu der *Gauß*schen Koordinate

$$w = \xi + i\eta; \qquad i = \sqrt{-1} \tag{II 5, 23}$$

zusammen; für sie entsteht durch Addition von (II 5, 19) zu der mit i erweiterten Gl. (II 5, 20) die Differentialgleichung

$$\frac{d^2w}{d\tau^2} = i \frac{dw}{d\tau}, \tag{II 5, 24}$$

deren Integral nach Wahl zweier vorerst willkürlicher Konstanten C_1 und C_2

$$w = C_1 + C_2 e^{i\tau} \tag{II 5, 25}$$

lautet. Es schildert den Kreis vom numerischen Halbmesser

$$\varrho = |C_2|, \tag{II 5, 26}$$

dessen Zentrum in

$$w_1 = C_1 \tag{II 5, 27}$$

gelegen ist und dessen Umfang mit der numerischen Geschwindigkeit

$$\frac{dw}{d\tau} = i C_2 e^{i\tau}; \qquad \left|\frac{dw}{d\tau}\right| = \varrho \tag{II 5, 28}$$

durchlaufen wird; wir passen ihn den Bedingungen (II 5, 21), (II 5, 22) durch

$$\left.\begin{aligned} C_1 + C_2 &= -1 + i\left(\frac{s}{a} - 1\right)\frac{\delta v}{v_0} \sin 2\vartheta_0 \\ i C_2 &= \frac{v_0 + \delta v}{\omega a} + i \frac{\delta v}{\omega a} \sin 2\vartheta_0 \end{aligned}\right\} \tag{II 5, 29}$$

an.

f) Mittels $\delta v \to 0$ auf die Fortsetzung $w \to w_0$ des Hauptstrahles spezialisierend, erhalten wir aus (II 5, 25), (II 5, 28) und (II 5, 29)

$$w_0 = -1 + i\frac{v_0}{\omega a}(1 - e^{i\tau}); \qquad \frac{dw_0}{d\tau} = \frac{v_0}{\omega a} e^{i\tau} \qquad \text{(II 5, 30)}$$

oder

$$\left.\begin{aligned} \xi_0 &= -1 + \varrho_0 \sin\tau; & \eta_0 &= \varrho_0 [1 - \cos\tau] \\ \frac{d\xi_0}{d\tau} &= \varrho_0 \cos\tau; & \frac{d\eta_0}{d\tau} &= \varrho_0 \sin\tau \end{aligned}\right\} \varrho_0 = \frac{v_0}{\omega a} \qquad \text{(II 5, 31)}$$

Hieraus ergibt sich für die numerische Verweilzeit τ_0 des kontrollierten Teilchens im Bereiche des Magnetfeldes die Gleichung

$$(\xi_0{}^2 + \eta_0{}^2)_{\tau=\tau_0} = 1 - 2\varrho_0 \sin\tau_0 + 2\varrho_0{}^2(1 - \cos\tau_0) = 1, \quad \text{(II 5, 32)}$$

welcher wir nach Ausschluß von $\tau_0 = 0$ den Zusammenhang

$$\operatorname{tg}\frac{\tau_0}{2} = \frac{1}{\varrho_0} \qquad \text{(II 5, 33)}$$

entnehmen. Das Teilchen verläßt hiernach das Magnetfeld in

$$\xi_0(\tau_0) = -1 + \varrho_0 \sin\tau_0 = \frac{\varrho_0{}^2 - 1}{\varrho_0{}^2 + 1}; \quad \eta_0(\tau_0) = \varrho_0(1 - \cos\tau_0) = \frac{2\varrho_0}{\varrho_0{}^2 + 1}$$

$$w_0(\tau_0) = \xi_0(\tau_0) + i\,\eta_0(\tau_0) = \frac{\varrho_0 + i}{\varrho_0 - i} \qquad \text{(II 5, 34)}$$

mit der numerischen Geschwindigkeit

$$\left(\frac{dw_0}{d\tau}\right)_{\tau=\tau_0} = \varrho_0(\cos\tau_0 + i\sin\tau_0) = \varrho_0\frac{\varrho_0 + i}{\varrho_0 - i}; \qquad \left|\frac{dw_0}{d\tau}\right|_{\tau=\tau_0} = \varrho_0, \quad \text{(II 5, 35)}$$

um dann seinen Weg längs der Geraden

$$w_0 = \frac{\varrho_0 + i}{\varrho_0 - i}[1 + \varrho_0(\tau - \tau_0)]; \qquad \tau \geqq \tau_0 \qquad \text{(II 5, 36)}$$

fortzusetzen.

g) Wir kehren zum allgemeinen Falle $\delta v \neq 0$ zurück und schreiben die Kreisgleichung (II 5, 25) nach Substitution von (II 5, 29) in der Form

$$\left.\begin{aligned} w = -1 + i\varrho_0(1 - e^{i\tau}) + \\ + i\left(\frac{s}{a} - 1\right)\frac{\delta v}{v_0}\sin 2\vartheta_0 + i\varrho_0\frac{\delta v}{v_0}(1 + i\sin 2\vartheta_0)(1 - e^{i\tau}) \end{aligned}\right\} \text{(II 5, 37)}$$

Mit Rücksicht auf $|\delta v/v_0| \ll 1$ ist die der Bahn (II 5, 37) entsprechende Verweilzeit des kontrollierten Teilchens im Magnetfelde als

$$\tau = \tau_0 + \delta\tau; \qquad |\delta\tau| \ll \tau_0 \qquad \text{(II 5, 38)}$$

anzusetzen; bis auf Glieder höherer Ordnung in $\delta\tau$ gilt dann

$$\left.\begin{aligned} -1 + i\varrho_0(1 - e^{i\tau}) = -1 + \varrho_0\,\delta\tau\, e^{i\tau_0} = \frac{\varrho_0 + i}{\varrho_0 - i}(1 + \varrho_0\,\delta\tau) = \\ = \frac{\varrho_0{}^2 - 1}{\varrho_0{}^2 + 1}(1 + \varrho_0\,\delta\tau) + i\frac{2\varrho_0}{\varrho_0{}^2 + 1}(1 + \varrho_0\,\delta\tau) \end{aligned}\right\} \text{(II 5, 39)}$$

In derselben Genauigkeit dürfen wir im letzten Posten der Summe (II 5, 37) die numerische Zeit τ mit τ_0 vertauschen:

$$\mathrm{i}\,\varrho_0 \frac{\delta \mathrm{v}}{\mathrm{v}_0}(1+\mathrm{i}\sin 2\vartheta_0)(1-\mathrm{e}^{\mathrm{i}\,\tau}) \rightarrow \mathrm{i}\,\varrho_0 \frac{\delta \mathrm{v}}{\mathrm{v}_0}(1+\mathrm{i}\sin 2\vartheta_0)(1-\mathrm{e}^{\mathrm{i}\,\tau_0}) =$$

$$= \mathrm{i}\,\varrho_0 \frac{\delta \mathrm{v}}{\mathrm{v}_0}(1+\mathrm{i}\sin 2\vartheta_0)\frac{2(1-\mathrm{i}\,\varrho_0)}{\varrho_0^2+1} = \qquad \text{(II 5, 40)}$$

$$= \frac{\delta \mathrm{v}}{\mathrm{v}_0}\cdot\frac{2\varrho_0}{\varrho_0^2+1}\left[(\varrho_0-\sin 2\vartheta_0)+\mathrm{i}\,(1+\varrho_0\sin 2\vartheta_0)\right].$$

Daher resultieren im Zeitpunkt $\tau = \tau_0 + \delta\,\tau$ die numerischen Koordinaten

$$\xi = \frac{\varrho_0^2-1}{\varrho_0^2+1}(1+\varrho_0\,\delta\,\tau) + \frac{\delta \mathrm{v}}{\mathrm{v}_0}\frac{2\varrho_0}{\varrho_0^2+1}(\varrho_0-\sin 2\vartheta_0), \qquad \text{(II 5, 41)}$$

$$\eta = \frac{2\varrho_0}{\varrho_0^2+1}(1+\varrho_0\,\delta\,\tau) + \frac{\delta \mathrm{v}}{\mathrm{v}_0}\left(\frac{\mathrm{s}}{\mathrm{a}}\sin 2\vartheta_0 + \frac{\varrho_0^2-1}{\varrho_0^2+1}\sin 2\vartheta_0 + \frac{2\varrho_0}{\varrho_0^2+1}\right) \qquad \text{(II 5, 42)}$$

aus welchen sich durch Quadrieren und Addieren, falls im Ergebnis die in $\delta\,\tau$ und $\delta\,\mathrm{v}$ quadratischen Glieder vernachlässigt werden,

$$\xi^2+\eta^2 = 1 + 2\varrho_0\,\delta\,\tau + 2\frac{\delta \mathrm{v}}{\mathrm{v}_0}\left(\frac{2\varrho_0}{\varrho_0^2+1}\cdot\frac{\mathrm{s}}{\mathrm{a}}\cdot\sin 2\vartheta_0 + \frac{2\varrho_0^2}{\varrho_0^2+1}\right) \qquad \text{(II 5, 43)}$$

berechnet. Da nun die [numerische] Verweilzeit des kontrollierten Teilchens im Magnetfelde des Spektrographen durch die von Null verschiedene Wurzel der nach τ aufzulösenden Gleichung $\xi^2+\eta^2=1$ definiert ist, schließen wir aus (II 5, 43) auf

$$\delta\,\tau = -\frac{\delta \mathrm{v}}{\mathrm{v}_0}\frac{2}{\varrho_0^2+1}\left(\frac{\mathrm{s}}{\mathrm{a}}\sin 2\vartheta_0 + \varrho_0\right) \qquad \text{(II 5, 44)}$$

und also, durch Eintragen dieser Relation in (II 5, 41), (II 5, 42)

$$\xi = \frac{\varrho_0^2-1}{\varrho_0^2+1} - \frac{\delta \mathrm{v}}{\mathrm{v}_0}\frac{2\varrho_0}{\varrho_0^2+1}\left(\sin 2\vartheta_0\left\{\frac{\varrho_0^2-1}{\varrho_0^2+1}\cdot\frac{\mathrm{s}}{\mathrm{a}}+1\right\} - \frac{2\varrho_0}{\varrho_0^2+1}\right), \qquad \text{(II 5, 45)}$$

$$\eta = \frac{2\varrho_0}{\varrho_0^2+1} + \frac{\delta \mathrm{v}}{\mathrm{v}_0}\frac{\varrho_0^2-1}{\varrho_0^2+1}\left(\sin 2\vartheta_0\left\{\frac{\varrho_0^2-1}{\varrho_0^2+1}\cdot\frac{\mathrm{s}}{\mathrm{a}}+1\right\} - \frac{2\varrho_0}{\varrho_0^2+1}\right). \qquad \text{(II 5, 46)}$$

Mit Rücksicht auf (II 5, 34) lassen sich (II 5, 45) und (II 5, 46) zu der komplexen Gleichung

$$\mathrm{w} = \xi + \mathrm{i}\,\eta = \mathrm{w}_0\left[1 + \mathrm{i}\frac{\delta \mathrm{v}}{\mathrm{v}_0}\left(\sin 2\vartheta_0\left\{\frac{\varrho_0^2-1}{\varrho_0^2+1}\cdot\frac{\mathrm{s}}{\mathrm{a}}+1\right\} - \frac{2\varrho_0}{\varrho_0^2+1}\right)\right] \qquad \text{(II 5, 47)}$$

zusammenfassen.

Wir bilden aus (II 5, 37) die komplexe numerische Geschwindigkeit

$$\frac{\mathrm{dw}}{\mathrm{d}\tau} = \varrho_0\,\mathrm{e}^{\mathrm{i}\tau} + \varrho_0\frac{\delta \mathrm{v}}{\mathrm{v}_0}(1+\mathrm{i}\sin 2\vartheta_0)\,\mathrm{e}^{\mathrm{i}\tau}. \qquad \text{(II 5, 48)}$$

Ihr Wert zum Zeitpunkt $\tau = \tau_0 + \delta\,\tau$ ergibt sich mit der bisher eingehaltenen Genauigkeit, indem wir den ersten Posten der Summe (II 5, 48) mittels (II 5, 38) bis zur ersten Potenz von $\delta\tau$ einschließlich entwickeln und im zweiten Posten τ mit τ_0 vertauschen; mit Rücksicht auf (II 5, 44) entsteht dann

$$\frac{dw}{d\tau} = \varrho_0 (e^{i\tau_0} + i\,\delta\tau\, e^{i\tau_0}) + \varrho_0 \frac{\delta v}{v_0} (1 + i \sin 2\vartheta_0)\, e^{i\tau_0} =$$

$$= \varrho_0 w_0 \left[1 + \frac{\delta v}{v_0} - i\frac{\delta v}{v_0}\left(\sin 2\vartheta_0 \left\{\frac{2}{\varrho_0^2 + 1}\frac{s}{a} - 1\right\} + \frac{2\varrho_0}{\varrho_0^2 + 1}\right)\right]. \quad \text{(II 5, 49)}$$

Aus (II 5, 47) und (II 5, 49) resultiert für die Bahn des kontrollierten Teilchens nach Verlassen des Magnetfeldes $[\tau' = \tau - (\tau_0 + \delta\tau) > 0]$ die Gleichung

$$w = w_0 \left[1 + i\frac{\delta v}{v_0}\left(\sin 2\vartheta_0 \left\{\frac{\varrho_0^2 - 1}{\varrho_0^2 + 1}\cdot\frac{s}{a} + 1\right\} - \frac{2\varrho_0}{\varrho_0^2 + 1}\right) + \right.$$

$$\left. + \varrho_0\left(1 + \frac{\delta v}{v_0}\right)\tau' + i\,\varrho_0\frac{\delta v}{v_0}\left(\sin 2\vartheta_0\left\{1 - \frac{2}{\varrho_0^2 + 1}\cdot\frac{s}{a}\right\} - \frac{2\varrho_0}{\varrho_0^2 + 1}\right)\tau'\right]. \quad \text{(II 5, 50)}$$

Nach Ausweis der Gl. (II 5, 36) liegt nun der Ort

$$w = w_F \quad \text{(II 5, 51)}$$

des gesuchten Fokus F auf der geradlinigen Verlängerung von w_0. Da somit das Verhältnis

$$\frac{w_F}{w_0} = \varrho_F \quad \text{(II 5, 52)}$$

den reellen Abstand des Fokus vom Zentrum des Magnetfeldes mißt, folgt aus (II 5, 50) für den numerischen Zeitpunkt $\tau' = \tau_F'$, in welchem das kontrollierte Teilchen der Eigenschaft $\delta v \neq 0$ den Fokus erreicht, die Bedingung

$$i\frac{\delta v}{v_0}\left[\left(\sin 2\vartheta_0\left\{\frac{\varrho_0^2 - 1}{\varrho_0^2 + 1}\frac{s}{a} + 1\right\} - \frac{2\varrho_0}{\varrho_0^2 + 1}\right) + \varrho_0\left(\sin 2\vartheta_0\left\{1 - \frac{2}{\varrho_0^2 + 1}\frac{s}{a}\right\} - \right.\right.$$

$$\left.\left. - \frac{2\varrho_0}{\varrho_0^2 + 1}\right)\tau_F'\right] = 0. \quad \text{(II 5, 53)}$$

Mittels des hieraus zu entnehmenden Wertes τ_F' resultiert aus (II 5, 50) nach Ausführung des Grenzüberganges $\delta v \to 0$

$$\varrho_F = \frac{\frac{s}{a}\sin 2\vartheta_0}{\frac{2\varrho_0}{\varrho_0^2 + 1} - \left(1 - \frac{2}{\varrho_0^2 + 1}\frac{s}{a}\right)\sin 2\varrho_0} \quad \text{(II 5, 54)}$$

oder, mit Rücksicht auf (II 5, 33)

$$\varrho_F = \frac{\frac{s}{a}\sin 2\vartheta_0}{\sin\tau_0 - \sin 2\vartheta_0 + \frac{s}{a}(1 - \cos\tau_0)\sin 2\vartheta_0}. \quad \text{(II 5, 55)}$$

Nach (II 5, 35) ist nun τ_0 mit dem Ablenkungswinkel des Hauptstrahles im Magnetfelde identisch. Da dieser Winkel seinerseits mit der Masse der zu untersuchenden Teilchen gesetzmäßig veränderlich ist, definiert somit

Gl. (II 5, 55) die Gestalt des im *Aston*schen Spektrographen anzuordnenden Registrierschirmes durch seine Darstellung mittels ebener Polarkoordinaten. Arbeitet man insbesondere mit hinreichend kleinen Ablenkwinkeln ϑ_0 und τ_0, so reduziert sich (II 5, 55) auf die Kurve

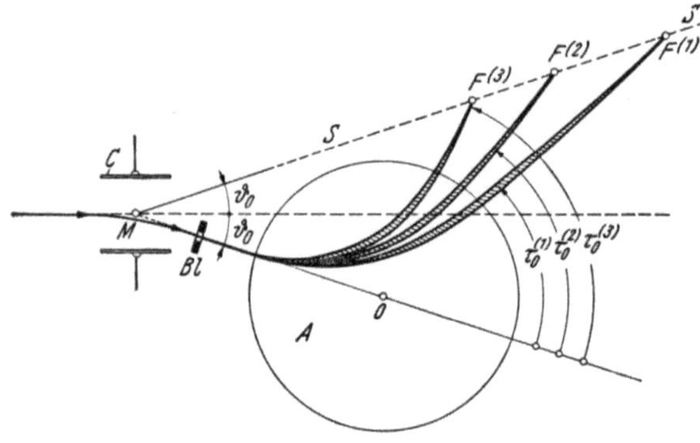

Abb. II 74. Wirkungsweise des *Aston*schen Massenspektrographen.

$$\varrho_F = \frac{\frac{s}{a} 2\vartheta_0}{\tau_0 - 2\vartheta_0}. \qquad \text{(II 5, 56)}$$

Sie darf in gleicher Genauigkeit mit der Geraden

$$\varrho_F = \frac{\frac{s}{a} \sin 2\vartheta_0}{\sin(\tau_0 - 2\vartheta_0)} \qquad \text{(II 5, 57)}$$

vertauscht werden, welche nach Abb. II 74 durch Spiegelung des aus dem Kondensator austretenden Hauptstrahles an der ursprünglichen Einfallsrichtung des Teilchenstrahles hervorgeht.

II 6. Elementare Theorie des Magnetrons.

a) Unter einem Magnetron versteht man eine Hochvakuum-Elektronenröhre, deren Strom durch ein äußeres Magnetfeld gesteuert werden kann. In seiner theoretisch am einfachsten zu übersehenden Form besteht das Magnetron aus zwei planparallelen, kongruenten Rechteckelektroden der Breite b und der Länge l, die einander nach Abb. II 75 im Abstand d gegenüberstehen.

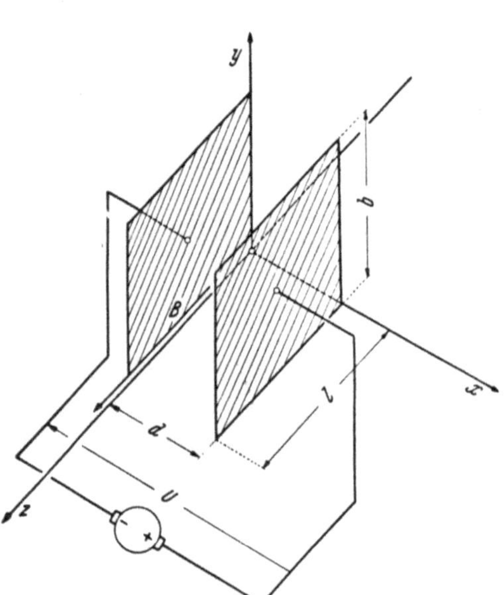

Abb. II 75. Orientierung im Magnetron.

b) Die Elektroden werden mit den antipolaren Klemmen eines Gleichstromgenerators der Spannung U verbunden. Die Kathode wird auf Glühtemperatur gebracht, so daß sie Elektronen zu emittieren vermag; dagegen wird die Anode auf niedriger Temperatur gehalten.

Wir orientieren uns im Magnetron an Hand eines rechtsläufigen, *Kartesi*schen Bezugssystemes der Koordinaten x, y, z. Sein Ursprung liege in einer Ecke der emittierenden Kathodenoberfläche; die anschließende Längskante mag in die z-Achse, die Querkante dagegen in die y-Achse gelegt werden, während die positive x-Achse von der Kathode gegen die Anode weise.

c) Wir lassen die lokalen Feldstörungen am Rande der Elektroden außer Betracht. Auf Grund der getroffenen Festsetzungen ist nur die antiparallel der x-Achse weisende Komponente der elektrischen Feldstärke E von Null verschieden; sie gleicht daher in ihrer Größe dem [negativen] Feldstärkenbetrage E

$$E_x = -E = -\frac{U}{d}; \qquad E_y = 0; \qquad E_z = 0. \qquad \text{(II 6, 1)}$$

Das magnetische Steuerfeld zeige parallel zur z-Achse, der Betrag seiner Induktion sei B:

$$B_x = 0; \qquad B_y = 0; \qquad B_z = B. \qquad \text{(II 6, 2)}$$

Mit Hilfe der *Kartesi*schen Komponenten v_x, v_y, v_z des Geschwindigkeitsvektors v berechnen sich demnach die entsprechenden Komponenten der *Lorentz*-Kraft P_L zu

$$P_{L,x} = -q_0 v_y B; \qquad P_{L,y} = q_0 v_x B; \qquad P_{L,z} = 0. \qquad \text{(II 6, 3)}$$

Aus (II 6, 1) und (II 6, 3) ergeben sich die *Newton*schen Gleichungen der Elektronenbewegung im Magnetron

$$m\frac{d^2x}{dt^2} \equiv m_0\frac{dv_x}{dt} = q_0[E - v_y B], \qquad \text{(II 6, 4)}$$

$$m_0\frac{d^2y}{dt^2} \equiv m_0\frac{dv_y}{dt} = q_0 v_x B, \qquad \text{(II 6, 5)}$$

$$m_0\frac{d^2z}{dt^2} \equiv m_0\frac{dv_z}{dt} = 0. \qquad \text{(II 6, 6)}$$

d) Wir kontrollieren die Bahn jenes Elektrons, welches zu Beginn der Zeitzählung im Ursprung des Bezugssystemes aus dem Zustand der Ruhe startet:

$$\left.\begin{aligned} x &= 0; \quad y = 0; \quad z = 0,\\ v_x &= 0; \quad v_y = 0; \quad v_z = 0. \end{aligned}\right\} \qquad \text{(II 6, 7)}$$

Aus (II 6, 6) und (II 6, 7) schließt man auf

$$v_z = 0; \qquad z = 0, \qquad \text{(II 6, 8)}$$

so daß wir uns auf die Untersuchung der Bahn in der x — y-Ebene beschränken dürfen. Um sie durchzuführen, berechnen wir aus (II 6, 4)

$$v_y = \frac{E}{B} - \frac{m_0}{q_0}\frac{1}{B}\cdot\frac{dv_x}{dt}. \qquad \text{(II 6, 9)}$$

Wir differenzieren diese Gleichung nach der Zeit, setzen das Ergebnis in (II 6, 5) ein und erhalten für v_x die Differentialgleichung

$$\frac{d^2v_x}{dt^2} + \left(\frac{q_0}{m_0}B\right)^2 v_x = 0. \qquad \text{(II 6, 10)}$$

Ihr Integral lautet mit Hilfe einer noch unbekannten Konstanten K mit Rücksicht auf die Anfangsbedingungen (II 6, 7)

$$v_x = K\sin\omega t; \qquad \omega = \frac{q_0}{m_0}B. \qquad \text{(II 6, 11)}$$

Man mag zunächst von der Tatsache überrascht sein, daß in dieser Gleichung die Stärke des elektrischen Feldes nicht explizit vorkommt, während es doch laut (II 6, 4) für die Beschleunigung des Elektrons in x-Richtung mitverantwortlich ist. Der scheinbare Widerspruch löst sich, indem wir neben der Bewegung parallel der x-Achse die Bewegung parallel der y-Achse in Betracht ziehen: Aus (II 6, 9) folgt zunächst allgemein

$$v_y = \frac{E}{B} - \frac{m_0}{q_0} \frac{1}{B} K \omega \cos \omega t = \frac{E}{B} - K \cos \omega t \qquad \text{(II 6, 12)}$$

und also, mit nochmaliger Benützung der Anfangsbedingungen,

$$v_{y\,(t=0)} = \frac{E}{B} - K = 0; \qquad K = \frac{E}{B}. \qquad \text{(II 6, 13)}$$

In Wahrheit hängen sonach beide Komponenten der Geschwindigkeit von der elektrischen Feldstärke ab:

$$v_x = \frac{E}{B} \sin \omega t;$$
$$\text{(II 6, 14)}$$
$$v_y = \frac{E}{B} [1 - \cos \omega t].$$

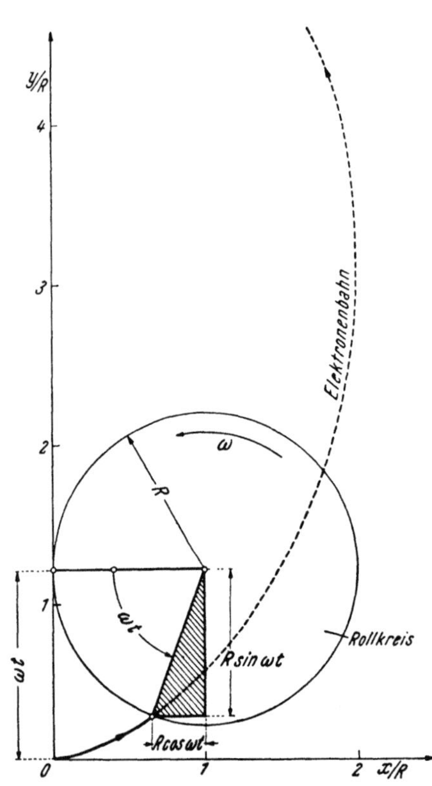

Abb. II 76. Zykloidenbahn des Elektrons im parallelebenen Magnetron.

Um zur Kenntnis der Bahnkoordinaten zu gelangen, integrieren wir die Gleichungen (II 6, 14) nach der Zeit und erhalten

$$x = \int_0^t v_x(t')\, dt' = \frac{E}{B\omega} [1 - \cos \omega t],$$

$$y = \int_0^t v_y(t')\, dt' = \frac{E}{B\omega} [\omega t - \sin \omega t]. \qquad \text{(II 6, 15)}$$

Dies ist die Parameterdarstellung der Zykloide, welche durch Abrollen des Kreises vom Halbmesser

$$R = \frac{E}{B\omega} = \frac{m_0}{q_0} \cdot \frac{E}{B^2} \qquad \text{(II 6, 16)}$$

mit der Winkelgeschwindigkeit ω längs der y-Achse von jenem Punkte des Kreisumfanges erzeugt wird, welcher im Zeitpunkt $t = 0$ mit dem Koordinatenursprung koinzidiert [Abb. II 76].

e) Wir definieren den numerischen Rollkreishalbmesser ϱ der Zykloidenbahn durch

$$\varrho = \frac{R}{1/2\, d} = \frac{2}{d} \cdot \frac{m_0}{q_0} \cdot \frac{E}{B^2}. \qquad \text{(II 6, 17)}$$

Für den Betrieb des Magnetrons sind drei Fälle zu unterscheiden

1. Der Rollkreishalbmesser der Zykloide ist größer als der halbe Elektrodenabstand

$$\varrho > 1. \qquad \text{(II 6, 18)}$$

Nach Abb. II 77 erreichen sämtliche von der Glühkathode ausgehenden Elektronenbahnen die Anode; es fließt der bei der gegebenen Spannung größtmögliche Strom J_s [Sättigungsstrom].

2. Der Rollkreishalbmesser ist kleiner als der halbe Elektrodenabstand

$$\varrho < 1. \tag{II 6, 19}$$

Sämtliche von der Kathode emittierten Elektronen werden nach Abb. II 77 vor Erreichen der Anode zur Umkehr gezwungen und treten wieder in die Kathode ein: Der Stromübergang durch die Röhre ist gesperrt.

3. Im kritischen Betriebszustande

$$\varrho = 1 \tag{II 6, 20}$$

erreichen die Elektronen eben noch die Anode in streifender Inzidenz [Abb. II 77]. Daher genügt theoretisch eine infinitesimale Änderung eines der beiden Steuerfelder, um den von der Kathode zur Anode übergehenden Strom J von Null auf seinen Höchstwert oder von seinem Höchstwert auf Null zu bringen: Die als Funktion des numerischen Rollkreishalbmessers aufgezeichnete Kennlinie

$$J = J(\varrho) \tag{II 6, 21}$$

weist nach Abb. II 78 in $\varrho = 1$ eine Unstetigkeit auf.

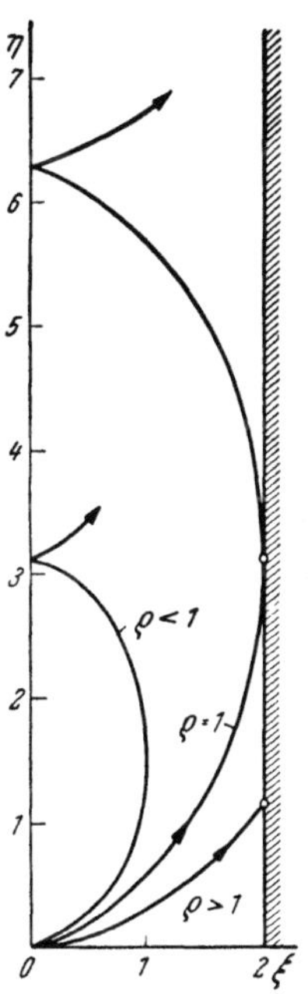

Abb. II 77. Klassifizierung der Elektronenbahnen im Magnetron.

f) Bisher wurde vorausgesetzt, daß das Magnetfeld parallel der z-Achse gerichtet sei. Wie wird die Elektronenbewegung durch eine Schrägstellung des Magnetfeldes modifiziert?

Indem wir die senkrecht zu den Elektroden orientierte x-Achse festhalten, können wir die y- und z-Achse unseres *Kartesi*schen Bezugssystemes stets so drehen, daß die achsenparallelen Komponenten der magnetischen Induktion [Betrag B] die Werte

$$B_x = B \sin \alpha; \quad B_y = 0; \quad B_z = B \cos \alpha \tag{II 6, 22}$$

annehmen; somit ergeben sich als Komponenten der *Lorentz*-Kraft

$$\begin{aligned} P_{L,x} &= - q_0 v_y B \cos \alpha; \\ P_{L,y} &= q_0 v_x B \cos \alpha - q_0 v_z B \sin \alpha; \\ P_{L,z} &= q_0 v_y B \sin \alpha, \end{aligned} \tag{II 6, 23}$$

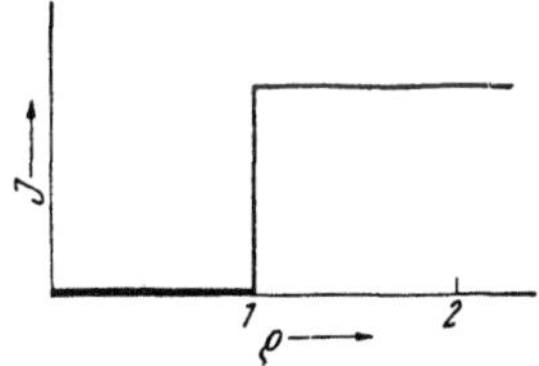

Abb. II 78. Ideelle Magnetron-Kennlinie.

so daß wir der Elektronenbewegung an Stelle der Gln. (II 6, 4), (II 6, 5) und (II 6, 6) die Gleichungen

$$\frac{dv_x}{dt} = \frac{q_0}{m_0} [E - v_y B \cos \alpha], \tag{II 6, 24}$$

$$\frac{dv_y}{dt} = \frac{q_0}{m_0} [v_x B \cos \alpha - v_z B \sin \alpha], \tag{II 6, 25}$$

$$\frac{dv_z}{dt} = \frac{q_0}{m_0} v_y B \sin \alpha \tag{II 6, 26}$$

zugrunde zu legen haben. Neben dem Kreuz der x — z-Achsen führen wir nun in der von ihnen bestimmten Ebene jenes ξ — ζ-Achsenkreuz ein, welches gegen das erstgenannte um den Winkel β im mathematisch positiven Sinne vorwärts gedreht sei. Es gelten somit die Transformationen

$$\left. \begin{aligned} x &= \xi \cos \beta - \zeta \sin \beta, \\ z &= \xi \sin \beta + \zeta \cos \beta \end{aligned} \right\} \tag{II 6, 27}$$

und

$$\left.\begin{aligned} v_x &= v_\xi \cos\beta - v_\zeta \sin\beta, \\ v_z &= v_\xi \sin\beta + v_\zeta \cos\beta \end{aligned}\right\}. \qquad \text{(II 6, 28)}$$

Damit nimmt (II 6, 25) die Gestalt an

$$\frac{dv_y}{dt} = \frac{q_0}{m_0} B\, [v_\xi \cos(\alpha + \beta) - v_\zeta \sin(\alpha + \beta)], \qquad \text{(II 6, 29)}$$

welche sich durch die Wahl

$$\beta = -\alpha \qquad \text{(II 6, 30)}$$

in

$$\frac{dv_y}{dt} = \frac{q_0}{m_0} B\, v_\xi \qquad \text{(II 6, 31)}$$

vereinfacht. Löst man nun (II 6, 28) nach v_ξ und v_ζ auf

$$\left.\begin{aligned} v_\xi &= v_x \cos\beta + v_z \sin\beta, \\ v_\zeta &= -v_x \sin\beta + v_z \cos\beta \end{aligned}\right\} \qquad \text{(II 6, 32)}$$

und substituiert die hieraus durch Differentiation nach t resultierenden Ausdrücke in (II 6, 24) und (II 6, 26), so findet man mit Rücksicht auf (II 6, 30)

$$\frac{dv_\xi}{dt} = \frac{q_0}{m_0} [E \cos\alpha - v_y B] \qquad \text{(II 6, 33)}$$

und

$$\frac{dv_\zeta}{dt} = \frac{q_0}{m_0} E \sin\alpha. \qquad \text{(II 6, 34)}$$

Aus (II 6, 31) und (II 6, 33) folgt

$$\frac{d^2 v_\xi}{dt^2} + \omega^2 v_\xi = 0; \qquad \omega = \frac{q_0}{m_0} B. \qquad \text{(II 6, 35)}$$

Das Elektron führt demnach längs der ξ-Achse eine harmonische Schwingungsbewegung aus, welche mittels zweier Integrationskonstanten K_1 und K_2 in der allgemeinen Form

$$v_\xi = K_1 \sin\omega t + K_2 \cos\omega t \qquad \text{(II 6, 36)}$$

anzusetzen ist. Mit Rücksicht auf die Startbedingungen (II 6, 7) reduziert sich (II 6, 36) auf

$$v_\xi = K_1 \sin\omega t \qquad \text{(II 6, 37)}$$

und (II 6, 33) liefert nunmehr

$$v_y = \frac{E\cos\alpha}{B} - K_1 \cos\omega t, \qquad \text{(II 6, 38)}$$

so daß

$$K_1 = \frac{E\cos\alpha}{B}; \qquad v_y = \frac{E\cos\alpha}{B} [1 - \cos\omega t] \qquad \text{(II 6, 39)}$$

resultiert. Unter nochmaliger Berufung auf die Startbedingungen liefert schließlich (II 6, 34)

$$v_\zeta = \frac{q_0}{m_0} E \sin\alpha \cdot t = \frac{E\sin\alpha}{B} \cdot \omega t. \qquad \text{(II 6, 40)}$$

Zu dem ursprünglich benützten Bezugssystem zurückkehrend, finden wir jetzt mittels (II 6, 28), (II 6, 30) und (II 6, 39)

$$v_x = \frac{E \cos^2 \alpha}{B} \sin \omega t + \frac{E \sin^2 \alpha}{B} \cdot \omega t, \qquad \text{(II 6, 41)}$$

$$v_y = \frac{E \cos \alpha}{B} [1 - \cos \omega t], \qquad \text{(II 6, 42)}$$

$$v_z = - \frac{E \sin \alpha \cos \alpha}{B} \sin \omega t + \frac{E \sin \alpha \cos \alpha}{B} \cdot \omega t. \qquad \text{(II 6, 43)}$$

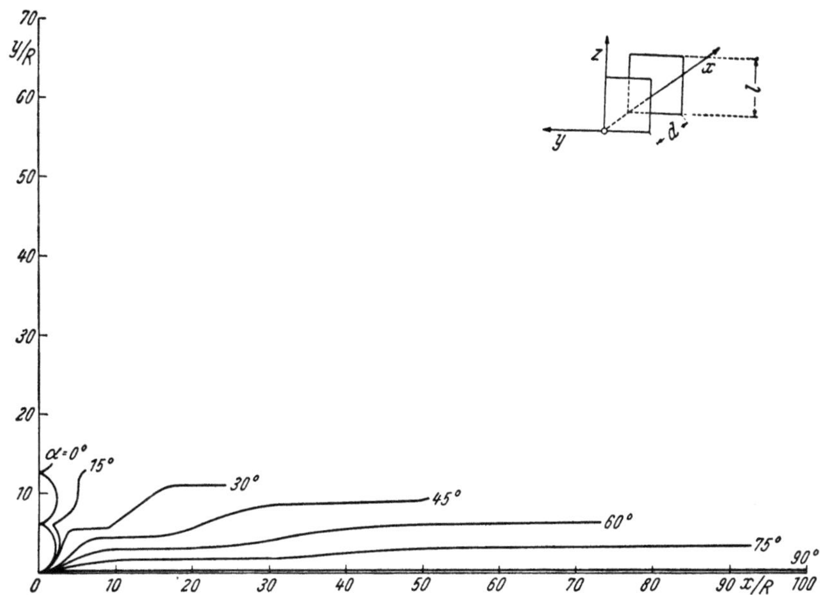

Abb. II 79. Projektion der Elektronenbahnen auf die x — y-Ebene.

Durch Integration nach der Zeit ergeben sich hieraus als Bahnkoordinaten des aus dem Ursprung startenden Elektrons, gemessen in der Einheit R nach (II 6, 16), zu

$$\frac{x}{R} = \cos^2 \alpha (1 - \cos \omega t) + \sin^2 \alpha \frac{(\omega t)^2}{2}, \qquad \text{(II 6, 44)}$$

$$\frac{y}{R} = \cos \alpha (\omega t - \sin \omega t), \qquad \text{(II 6, 45)}$$

$$\frac{z}{R} = - \sin \alpha \cos \alpha \left(1 - \cos \omega t - \frac{(\omega t)^2}{2}\right). \qquad \text{(II 6, 46)}$$

Für α geht dieses Gleichungstripel in die Parameterdarstellung der in den Ebenen $z = \text{const.}$ verlaufenden Zykloidenbahnen über; umgekehrt bleibt im Falle $\alpha = 90^0$ [Magnetfeld parallel zum elektrischen Felde] die magnetische Induktion wirkungslos, das Elektron wird lediglich antiparallel zur Richtung des elektrischen Feldes gleichmäßig beschleunigt. Für Winkel $0 < \alpha < 90^0$ resultiert als Elektronenbahn eine Raumkurve, deren Projektion auf die x — y-Ebene in Abb. II 79 und deren Projektion auf die x — z-Ebene in Abb. II 80 gezeigt ist.

g) Wir fragen nach dem Einfluß der Schrägstellung des Magnetfeldes auf den Elektronenstrom J, welcher unter der Voraussetzung gleichmäßiger spezifischer Elektronenemission von der Kathodenoberfläche [Breite b parallel der y-Achse, Höhe l parallel der z-Achse] zu der ihr im Abstande d gegenüberstehenden Anode gleicher geometrischer Daten übergeht.

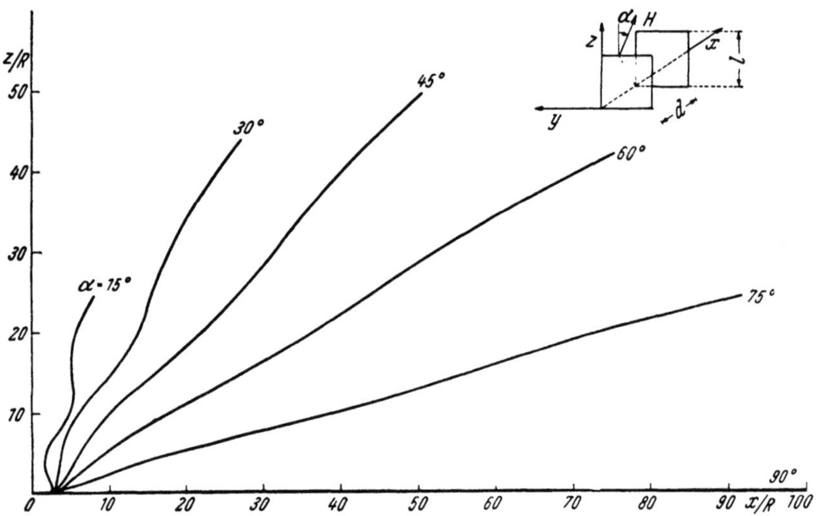

Abb. II 80. Projektion der Elektronenbahnen auf die x — z-Ebene.

Indem wir alle Randeffekte außer acht lassen, resultieren für die in individuell verschiedenen Punkten der Kathodenoberfläche startenden Elektronen räumlich gekrümmte Bahnen, welche sämtlich jener des im Ursprung startenden Elektrons kongruent sind. Begleiten wir nun die Elektronen auf ihrem Wege nach Verlassen der Kathode, so haben wir hiernach zwei Klassen zu unterscheiden:

1. Die „Treffelektronen" erreichen die Anodenebene $x = d$ innerhalb der materiellen Anodenfläche

$$0 \leqq y \leqq b; \qquad 0 \leqq z \leqq l. \qquad \text{(II 6, 47)}$$

2. Die „Fehlelektronen" durchkreuzen die Anodenebene außerhalb der Fläche (II 6, 47).

Wir nehmen an, daß lediglich die Treffelektronen zum Anodenstrome J beitragen, während die Fehlelektronen durch einen geeigneten Mechanismus zur Kathode zurückgebracht werden sollen. Beschränken wir uns nun auf Röhren der Eigenschaft

$$b \gg d, \qquad \text{(II 6, 48)}$$

so reduziert sich (II 6, 47) auf die kinematische Forderung

$$0 \leqq z \leqq l \qquad \text{für} \qquad x = d. \qquad \text{(II 6, 49)}$$

Um sie auszuwerten, denke man sich aus (II 6, 44) und (II 6, 46) die numerische Zeit ωt eliminiert; als Ergebnis erscheint die Projektion des im Ursprung startenden Elektrons auf die x — z-Ebene in der Form

$$\frac{z}{R} = f\left(\frac{x}{R}\right), \qquad \text{(II 6, 50)}$$

welche in Abb. II 81 für jeden Wert des Parameters α [Schrägstellung des Magnetfeldes] graphisch vorliegt. Sei nun

$$f\left(\frac{d}{R}\right) > \frac{1}{R}, \tag{II 6, 51}$$

so erreicht wegen (II 6, 49) nicht einmal das aus dem Ursprung startende Elektron die Anode, und daher sind dann alle emittierten Elektronen im Sinne der früheren Definition Fehlelektronen. Die Existenz eines endlichen Anodenstromes ist daher an die Ungleichung

$$f\left(\frac{d}{R}\right) \leqq \frac{1}{R} \tag{II 6, 52}$$

geknüpft, in welcher das Gleichheitszeichen jene Grenze schildert, bei welcher der Anodenstrom eben einsetzt. Ist sie überschritten, so folgt aus der Voraussetzung gleichförmiger Emission der Kathodenoberfläche der Anodenstrom J im Verhältnis zum Sättigungsstrom aus der Gleichung

$$\frac{J}{J_s} = \frac{\frac{1}{R} - f\left(\frac{d}{R}\right)}{\frac{1}{R}} \equiv 1 - \frac{f\left(\frac{d}{R}\right)}{\left(\frac{l}{d}\right) \cdot \left(\frac{d}{R}\right)}, \tag{II 6, 53}$$

welche sich leicht graphisch lösen läßt: Wir tragen in das für einen festen Winkel α gezeichnete Diagramm der Bahnprojektion (II 6, 50) nach Abb. II 81 die Treff-Grenzgerade

$$\frac{z}{R} = \left(\frac{l}{d}\right) \cdot \frac{x}{R} \tag{II 6, 54}$$

mit dem Formfaktor (l/d) als Parameter ein. Der Quotient der Bahnordinate durch die zur gleichen Abszisse gehörige Ordinate der Treff-Grenzgeraden gibt den in (II 6, 53) auftretenden, von 1 zu subtrahierenden Posten an, sofern man jeweils

$$\frac{x}{R} = \frac{d}{R} \tag{II 6, 55}$$

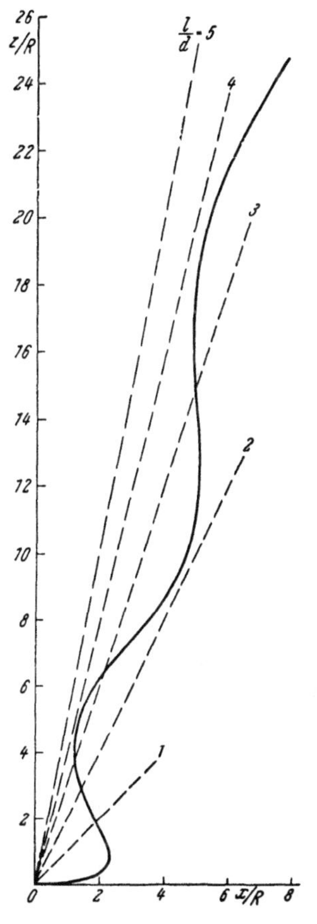

Abb. II 81. Zur Konstruktion der Magnetron-Kennlinien bei schräggestelltem Magnetfeld.

wählt. Da selbstverständlich bei jeder praktisch ausgeführten Magnetronröhre der Elektrodenabstand d während des Betriebes unveränderlich ist, liefert die genannte Konstruktion im Lichte der Definition (II 6, 16) des Stromverhältnis J/J_s als Funktion der Bestimmungsgrößen E und B des elektromagnetischen Feldes. Will man verschiedene Röhrenkonstruktionen bezüglich ihrer magnetischen Steuerbarkeit vergleichen, so empfiehlt es sich, die Berechnung des Stromverhältnisses J/J_s unter Benützung der Identität $d/R \equiv (d/l) \cdot (l/R)$ für verschiedene Werte des Formfaktors (l/d) durchzuführen. Auf Grund des in Abb. II 82 für einen Schrägstellwinkel von $\alpha = 15^0$ gezeichneten Diagrammes ergeben sich also Betriebsbereiche, in denen der Zustand der Röhre mehrdeutig ist; bei Änderung der steuernden Felder sind dann unstetige Kippvorgänge und Hystereseerscheinungen zu erwarten.

II 7. Das ebene Magnetron als Ablenkorgan.

a) In einem Bezugssystem der rechtsläufigen *Kartesi*schen Koordinaten x, y, z und der laufenden Zeit t ruhe ein planparalleler Plattenkondensator. Seine Elektroden befinden sich entsprechend Abb. II 83 in den Ebenen

$$x = \pm \frac{1}{2} d \qquad \text{(II 7, 1)}$$

und erfüllen dort je die Rechteckflächen

$$-\frac{b}{2} < y < \frac{b}{2}; \qquad 0 < z < l. \qquad \text{(II 7, 2)}$$

Zwischen den Platten herrsche die zeitunabhängige Spannung U; sie wird in der Richtung von der in $x = + d/2$ gelegenen „positiven" Elektrode zu der in $x = - d/2$ gelegenen „negativen" Elektrode als positiv gezählt. Alle strukturellen Randeffekte des zwischen den antipolaren Elektroden ausgespannten elektrischen Feldes E bleiben außer acht; daher sind dessen achsenparallele Komponenten im Interelektrodengebiete durch

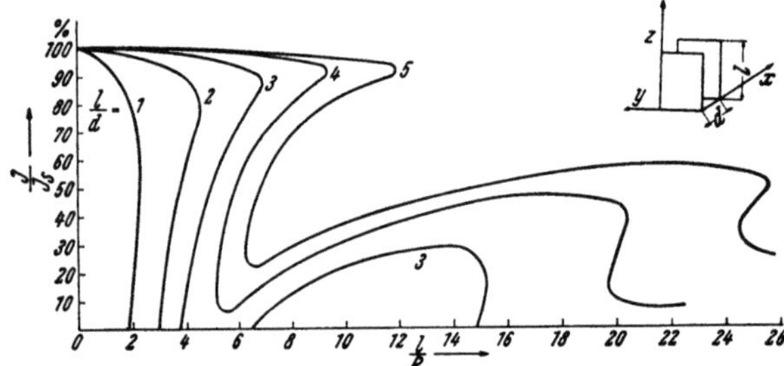

Abb. II 82. Magnetron-Kennlinien bei Schrägstellung des Magnetfeldes um 15°.

$$E_x = -\frac{U}{d}; \qquad E_y = 0; \qquad E_z = 0 \qquad \text{(II 7, 3)}$$

gegeben, während sie außerhalb dieses Bereiches identisch verschwinden.

Die Elektronen werden einer in $z \to -\infty$ zu denkenden Quelle entnommen und durchlaufen dann eine Beschleunigungsapparatur, welche sie längs der z-Achse mit der einheitlichen, gleichförmigen Geschwindigkeit $v_0 > 0$ in den Kondensator einwirft.

Von einem regulären Ablenk-Kondensator der in Ziffer I, 3 behandelten Art unterscheidet sich das hier zu untersuchende System wesentlich durch die zusätzliche Wirkung eines konstanten, homogenen magnetischen Feldes, dessen Induktionsvektor vom Betrage B parallel der positiven z-Achse weist:

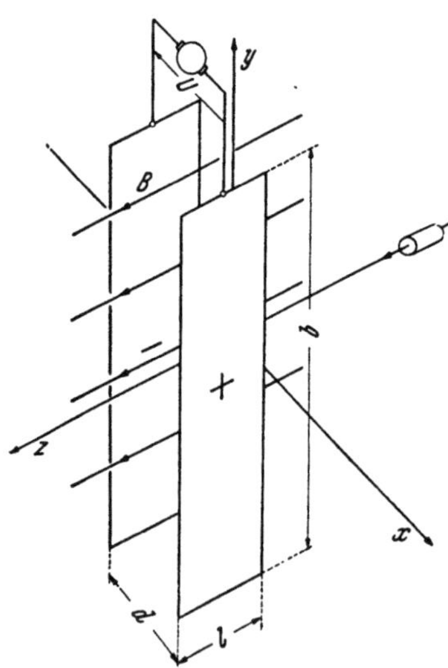

Abb. II 83. Anordnung eines strahlablenkenden Magnetrons.

$$B_x = 0; \quad B_z = 0; \quad B_y = B. \qquad \text{(II 7, 4)}$$

Welche Bahn zwingt das elektromagnetische Feld (II 7, 3), (II 7, 4) den Elektronen auf?

b) Der Betrag der Elektronengeschwindigkeit wird als stets klein gegen die Ausbreitungsgeschwindigkeit des Lichtes im leeren Raum vorausgesetzt.

Daher kann die Einfallsgeschwindigkeit v_0 der Elektronen durch die Gleichung

$$\frac{1}{2} m_0 v_0^2 = q_0 U_0 \tag{II 7, 5}$$

auf die äquivalente Spannung U_0 umgerechnet werden.

In den Halbräumen $z < 0$ und $z > l$ unterliegen die Elektronen den Bewegungsgleichungen

$$m_0 \frac{d^2x}{dt^2} = -q_0 \frac{dy}{dt} \cdot B, \tag{II 7, 6}$$

$$m_0 \frac{d^2y}{dt^2} = q_0 \frac{dx}{dt} \cdot B, \tag{II 7, 7}$$

$$m_0 \frac{d^2z}{dt^2} = 0, \tag{II 7, 8}$$

während für die Dynamik der Elektronen im Interelektrodengebiet die Gln. (II 7, 4), (II 7, 5), (II 7, 6) zuständig sind.

Wir richten nun unser Augenmerk auf jenes Elektron, welches die Ebene $z = 0$ gerade zum Zeitpunkt $t = 0$ erreicht. Im Ablauf seiner Bewegung unterscheiden wir drei Epochen:

1. Der Anlauf:

Für $t < 0$ wird die Kinetik des Kontrollelektrons durch die Differentialgleichungen (II 7, 6), (II 7, 7), (II 7, 8) beschrieben; sie sind durch die Anfangsbedingungen

$$x \to 0; \quad y \to 0; \quad z \to -\infty \quad \text{für} \quad t \to -\infty, \tag{II 7, 9}$$

$$\frac{dx}{dt} \to 0; \quad \frac{dy}{dt} \to 0; \quad \frac{dz}{dt} \to v_0 > 0 \quad \text{für} \quad t \to -\infty \tag{II 7, 10}$$

zu ergänzen. Daher wird der Anlauf durch

$$x = 0; \quad y = 0; \quad z = v_0 t; \quad t < 0 \tag{II 7, 11}$$

dargestellt: In $z < 0$ vermag das Magnetfeld den Gang des Kathodenstrahles nicht zu beeinflussen.

2. Der Ablenkvorgang.

Nach Passage der Ebene $z = 0$ tritt das kontrollierte Elektron in den Wirkungsbereich des elektrischen Feldes (II 7, 3) ein. Da hierbei indes sowohl die Bahnkoordinaten des Elektrons wie die Komponenten seiner Geschwindigkeit stetig bleiben müssen, finden wir aus (II 7, 9), (II 7, 10) mittels des Prozesses $t \to 0$ die Anfangsbedingungen der in $t = 0$ beginnenden Bewegung

$$x = 0; \quad y = 0; \quad z = 0 \quad \text{für} \quad t = 0, \tag{II 7, 12}$$

$$\frac{dx}{dt} = 0; \quad \frac{dy}{dt} = 0; \quad \frac{dz}{dt} = v_0 \quad \text{für} \quad t = 0. \tag{II 7, 13}$$

Wir setzen gemäß (II 7, 11) und (II 7, 16)

$$\omega = \frac{q_0}{m_0} B; \quad R = \frac{U}{B\,\omega\,d} = \frac{m_0}{q_0} \frac{U}{d\,B^2} \tag{II 7, 14}$$

Mit Benützung von (II 6, 15) folgen dann für die Elektronenbahn im Interelektrodengebiete die Aussagen

$$x = R\,[1 - \cos \omega t]; \quad y = R\,[\omega t - \sin \omega t]; \quad z = v_0 t = \frac{v_0}{\omega} \cdot [\omega t]. \tag{II 7, 15}$$

Von nun an werde der Betrag B der magnetischen Induktion als so groß vorausgesetzt, daß bei allen betriebsmäßig vorkommenden Ablenkspannungen U die Ungleichung

$$2\,|R| = 2\,\frac{q_0}{m_0}\frac{|U|}{d \cdot B^2} < \frac{d}{2}\,; \qquad \frac{q_0}{m_0}\frac{|U|}{B^2} < \left(\frac{d}{2}\right)^2 \qquad \text{(II 7, 16)}$$

erfüllt ist. Das kontrollierte Elektron durchfliegt dann den Ablenk-Kondensator, ohne mit dessen Elektroden in Kontakt zu kommen: Nach Verlauf der Zeitspanne

$$T = \frac{l}{v_0} \qquad \text{(II 7, 17)}$$

verläßt es den Kondensator am Orte

$$x = R\,[1 - \cos\omega T]; \qquad y = R\,[\omega T - \sin\omega T]; \qquad z = l \qquad \text{(II 7, 18)}$$

mit den achsenparallelen Geschwindigkeitskomponenten

$$v_x = R\,\omega\sin\omega T; \qquad v_y = R\,\omega\,[1 - \cos\omega T]; \qquad v_z = v_0. \qquad \text{(II 7, 19)}$$

3. Der Auslauf.

Die in $t > T$ stattfindende Bewegung des Kontrollelektrons wird von den Differentialgleichungen (II 7, 6), (II 7, 7), (II 7, 8) beherrscht, deren Lösungen für $t \to T$ der kinematischen Beschreibung (II 7, 18), (II 7, 19) des Austrittes aus dem Kondensator anzupassen sind. Auf Grund dieser Stetigkeitsbedingungen finden wir mit Rücksicht auf (II 7, 14) zunächst für die achsenparallelen Geschwindigkeitskomponenten

$$v_x = R\,\omega\,[\sin\omega t - \sin\omega(t - T)] \equiv R\,\omega \cdot 2\sin\frac{\omega T}{2}\cos\omega\left(t - \frac{T}{2}\right) \qquad \text{(II 7, 20)}$$

$$v_y = R\,\omega\,[\cos\omega(t - T) - \cos\omega t] \equiv R\,\omega\,2\sin\frac{\omega T}{2}\sin\omega\left(t - \frac{T}{2}\right) \qquad \text{(II 7, 21)}$$

$$v_z = v_0 \qquad \text{(II 7, 22)}$$

und durch Integration dieser Gleichungen

$$x = R\,[1 - \cos\omega T] + \int_T^t v_x(t')\,dt' = 2\,R\sin\frac{\omega T}{2}\sin\omega\left(t - \frac{T}{2}\right) \qquad \text{(II 7, 23)}$$

$$y = R\,[\omega T - \sin\omega T] + \int_T^t v_y(t')\,dt' = R\,\omega T - 2\,R\sin\frac{\omega T}{2}\cos\omega\left(t - \frac{T}{2}\right) \qquad \text{(II 7, 24)}$$

$$z = l + \int_T^t v_0\,dt' = l + v_0\,(t - T). \qquad \text{(II 7, 25)}$$

Aus (II 7, 23) und (II 7, 24) entnehmen wir die Relation

$$x^2 + (y - R\,\omega T)^2 = \left(2\,R\sin\frac{\omega T}{2}\right)^2 \qquad \text{(II 7, 26)}$$

Daher schildern die Gln. (II 7, 23), (II 7, 24) und (II 7, 25) die Bewegung des Elektrons längs einer Schraubenlinie vom Halbmesser

$$R^* = \left| 2\,R \sin \frac{\omega\,T}{2} \right| \qquad \text{(II 7, 27)}$$

und der Ganghöhe

$$h = v_0 \frac{2\pi}{\omega} \qquad \text{(II 7, 28)}$$

welche sich um die Achse

$$x^* = 0; \qquad y^* = R\,\omega\,T \qquad \text{(II 7, 29)}$$

im Sinne wachsender z aufwindet. Abb. II 84 zeigt zusammenfassend die Gestalt der resultierenden Elektronenbahn für das Beispiel $\omega\,T = 5\pi$, bei welchem das Elektron innerhalb des Wirkungsbereiches des elektrischen Feldes zwei und eine halbe Windung einer zykloidischen Spirale durchläuft.

c) Unabhängig von der jeweils herrschenden Ablenkspannung U läßt sich bei fester Geschwindigkeit v_0 der einfallenden Elektronen der Betrag $B > 0$ der magnetischen Induktion derart wählen, daß

$$\omega\,T = 2\pi\,n \qquad \text{(II 7, 30)}$$

mit ganzzahligem $n \geqq 1$ ausfällt:

$$\frac{q_0}{m_0} B \frac{l}{v_0} = 2\pi\,n; \quad B = 2\pi\,n \frac{m_0}{p_0} \cdot \frac{v_0}{l} \qquad \text{(II 7, 31)}$$

Bei der hierdurch definierten „Resonanzeinstellung“ verläßt das kontrollierte Elektron den Kondensator längs der Geraden

$$x \rightarrow x^* = 0;$$
$$y \rightarrow y^* = R\,\omega\,T = \frac{U}{B}\,\frac{l}{v_0}; \qquad z \geqq l. \qquad \text{(II 7, 32)}$$

Verfolgt man also den Kathodenstrahl bis zu seinem Auftreffen auf einem in $z > l$ zu denkenden, senkrecht zur Einfallsachse justierten Schirm, so definiert die nach (II 7, 32) berechnete Größe y den Ablenkeffekt des gemäß (II 7, 30) eingestellten Gerätes.

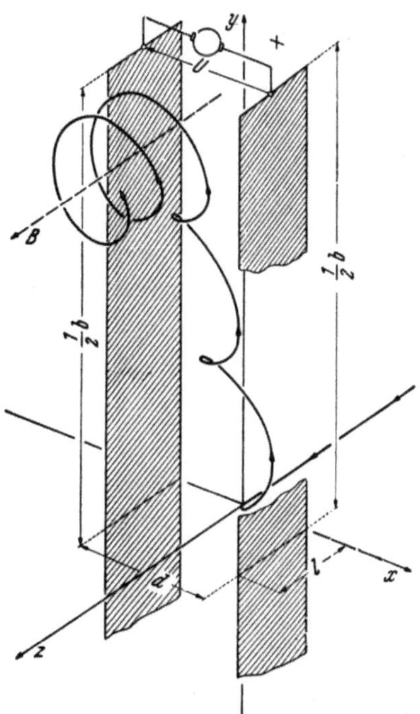

Abb. II 84. Elektronenbahn im ablenkenden Magnetron.

Wir vergleichen die Wirkung des Magnetrons als Ablenkorgan mit der Arbeitsweise eines rein elektrischen Ablenk-Kondensators gleicher Abmessungen und gleicher Ablenkspannung an Hand der Tabelle 3, [S. 142].

Die in ihr zuletzt genannte Eigenschaft des Magnetrons wird insbesondere in modernen Bildaufnahme-Geräten vom Typus des Orthikons ausgenützt: Nach Passage des Ablenk-Kondensators tritt der Kathodenstrahl in ein starkes elektrisches Bremsfeld ein, welches die Elektronen zur Umkehr zwingt; bei der erneuten Passage des Kondensators werden sie von dem einfallenden Strahl getrennt, so daß sie nunmehr einer ihnen allein zugänglichen Anode zugeführt werden können [Abb. II 85].

Tabelle 3.

Eigenschaft	Rein elektrische Ablenkung	Magnetron-Ablenkung
Richtung der Ablenkung	Parallel zum elektrischen Feld	Senkrecht zum elektrischen Feld
Austritt des Kathodenstrahles	Zur Einfallsachse geneigt	Parallel der Einfallsachse
Abhängigkeit des Effektes von der Ablenkspannung	Linear	Linear
Abhängigkeit des Effektes von der Einfallsgeschwindigkeit	Dem Quadrate umgekehrt proportional	Der ersten Potenz umgekehrt proportional
Verhalten bei Umkehr der Einfallsrichtung	Richtungsinvarianz der Ablenkung	Richtungsinvarianz der Ablenkung

Mit Rücksicht auf die endliche Anfangsgeschwindigkeit der eben aus der Kathode emittierten Elektronen kann (II 7, 30) nicht für alle Elektronen gleichzeitig streng erfüllt werden. Man kann sich jedoch von dieser Resonanzbedingung bis zu einem gewissen, praktisch häufig ausreichenden Grade der Genauigkeit befreien, indem man Magnetfelder von sehr starker Induktion bei gleichzeitig hinreichend hohem Betrage der Ablenkspannung anwendet. Hält man bei diesem Prozeß den Quotienten

$$\frac{U}{B} = \frac{v_0}{l}\, y^* \quad \text{(II 7, 33)}$$

fest, so schließt man aus (II 7, 27) auf

$$R^* \leqq 2\,|R| = 2\,\frac{m_0}{q_0}\,\frac{v_0}{l}\,\frac{|y^*|}{d}\cdot\frac{1}{B}. \quad \text{(II 7, 34)}$$

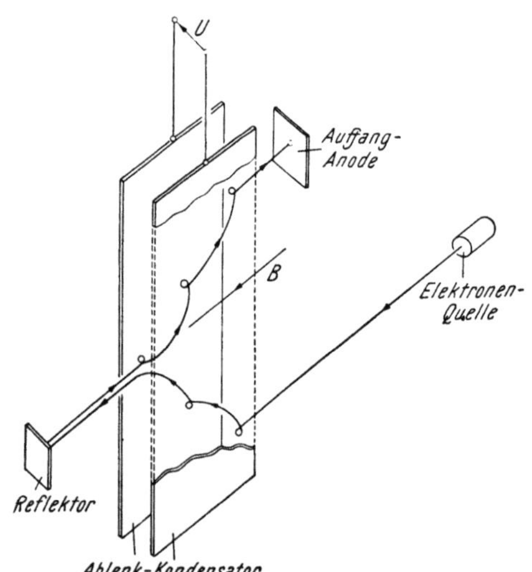

Abb. II 85. Hin- und rücklaufender Elektronenstrahl werden durch das Magnetron voneinander getrennt.

Daher kann durch Wahl eines hinreichend hohen Wertes B der Halbmesser der nach Passieren des Ablenk-Kondensators auftretenden Schraubenbahn beliebig klein gemacht werden, so daß diese merklich mit der Geraden (II 7, 29) koinzidiert.

II 8. Der magnetische Sekundärelektronen-Vervielfacher.

a) Lenkt man einen Strom von Elektronen gegen die Oberfläche eines festen Körpers, so treten aus der beaufschlagten Fläche in der Regel Elektronen aus, deren normal zur Fläche gerichtete Geschwindigkeitskomponente jener der einfallenden Elektronen entgegengesetzt gerichtet ist. Man bezeichnet die einfallenden Ladungsträger als Primärelektronen, die austretenden als Sekundärelektronen; doch ist zu betonen, daß diese Namen keine Aussage über den wahren genetischen Zusammenhang der unterschiedenen Elektronengruppen enthalten. Denn da die Elektronen nicht individualisierbar sind, mögen sich tatsächlich im Strome der austretenden Elektronen neben Primärelektronen, die nur im Innern des getroffenen Körpers reflektiert wurden, „echte" Sekundärelektronen befinden, die ursprünglich dem Innern des getroffenen Körpers angehörten.

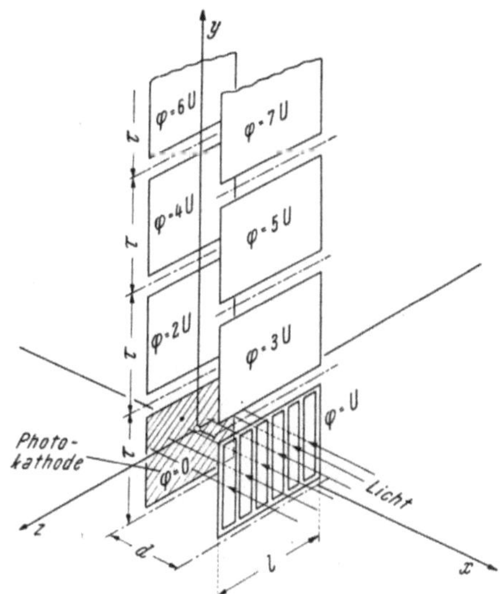

Abb. II 86. Anordnung eines magnetischen Sekundärelektronen-Vervielfachers.

Wir verschieben die physikalische Analyse der vorstehend beschriebenen Sekundärelektronen-Emission auf die allgemeine Untersuchung der Elektronik der Grenzflächen. Hier genügt eine summarische Angabe des in Rede stehenden Effektes an Hand des Sekundär-Emissionsverhältnisses γ, welches die Zahl der je Primärelektron auftretenden Sekundärelektronen mißt. Allerdings schildert γ nicht den Effekt des Einzelelektrons, der als solcher statistischen Schwankungen unterworfen ist, sondern den Erwartungswert dieses Effektes, welcher als durchschnittliches Ergebnis ungeheuer vieler, unter sonst gleichen Bedingungen stattfindender Sekundäremissionsprozesse resultiert; daher fällt γ nicht notwendig ganzzahlig aus.

Neben der Natur des beaufschlagten Körpers ist die kinetisehe Energie der Primärelektronen von entscheidendem Einfluß auf die Größe des Sekundär-Emissionsverhältnisses. Insbesondere kann nach Wahl eines geeigneten Prallkörpers bei passenden Betriebsbedingungen des einfallenden Kathodenstrahles

$$\gamma > 1 \qquad \text{(II 8, 1)}$$

werden, so daß dann der sekundäre Elektronenstrom den Primärstrom übertrifft.

b) Die technische Ausnützung der Sekundärelektronen-Emission der Eigenschaft (II 8, 1) führt zum Sekundärelektronen-Vervielfacher. In Abb. II 86 ist der nach diesem Prinzip arbeitende, mehrstufige magnetische Sekundärelektronen-Vervielfacher von *Zworykin* schematisch dargestellt; dieses Gerät dient der Verstärkung der schwachen Elektronenströme, welche aus der Kathode einer photoelektrischen Zelle durch die einfallenden Lichtstrahlen ausgelöst werden.

Wir bedienen uns zur Beschreibung des magnetischen Sekundärelektronen-Vervielfachers eines relativ zum Gerät ruhenden Bezugssystemes der rechtsläufigen *Kartesi*schen Koordinaten x, y, z und der Zeit t. In der Ebene $x = 0$ befinden sich die einander kongruenten Emissions-Elektroden je der konstanten Breite τ parallel der y-Achse und der Länge l parallel der z-Achse: ihnen stehen in der Ebene $x = d > 0$ die gleichgeformten Umlenk-Elektroden gegenüber. Je benachbarte Emissions-Elektroden sind durch einen parallel der z-Achse geführten, isolierenden Schlitz voneinander getrennt; die gleiche Maßnahme betrifft die Umlenk-Elektroden. Ungeachtet der in Wahrheit mit Rücksicht auf die elektrische Festigkeit des Systemes notwendig endliche Schlitzbreite gehen wir der Einfachheit halber zu einem idealisierten Elektrodenmodell von verschwindend kleiner Breite jener isolierenden Schlitze über. Nach Wahl des Koordinatenursprunges im Zentrum der Photokathode wird dann die Lage der Emissions-Elektroden durch

$$x = 0; \quad \left(k - \frac{1}{2}\right)\tau < y < \left(k + \frac{1}{2}\right)\tau; \quad -\frac{l}{2} \leqq z \leqq \frac{l}{2} \tag{II 8, 2}$$

und die Lage der Umlenk-Elektroden durch

$$x = d; \quad \left(k - \frac{1}{2}\right)\tau < y < \left(k + \frac{1}{2}\right)\tau; \quad -\frac{l}{2} \leqq z \leqq \frac{l}{2} \tag{II 8, 3}$$

beschrieben, wobei die ganze Zahl $k \geqq 0$ die Stufe der jeweils in Rede stehenden Elektrode definiert.

c) Wir beschränken uns auf die Untersuchung der stationären Vorgänge im Sekundärelektronen-Vervielfacher. Das in ihm wirksame elektrische Feld kann dann einem skalaren Potential φ entnommen werden, welches auf jeder Elektrode einen jeweils konstanten Wert annimmt. Insbesondere dürfen wir, ohne die Allgemeinheit zu beschränken, das Potential der Photokathode gleich Null setzen. Mit Hilfe einer hinreichenden Zahl von Quellen der einheitlichen Spannung $U > 0$ erteilen wir dann der Gesamtheit der Emissions-Elektroden [Adskript —] die Potentiale

$$\varphi_k^- = k \cdot U \tag{II 8, 4}$$

und der Gesamtheit der Umlenk-Elektroden [Adskript +] die Potentiale

$$\varphi_k^+ = (k + 1)\, U. \tag{II 8, 5}$$

Das Magnetfeld gilt im Existenzgebiet der Elektronenbewegung als merklich homogen und weise parallel der positiven z-Achse. Aus dem Betrage B seines Induktionsvektors folgen dann dessen achsenparallele Komponenten zu

$$B_x = 0; \quad B_y = 0; \quad B_z = B. \tag{II 8, 6}$$

d) Im Interelektrodengebiete wird die Raumladung der Elektronen vernachlässigt, so daß φ der *Laplace*schen Gleichung

$$\frac{\partial^2\varphi}{\partial x^2} + \frac{\partial^2\varphi}{\partial y^2} + \frac{\partial^2\varphi}{\partial z^2} = 0 \tag{II 8, 7}$$

genügt. Nun sei l so groß gegen τ und d, daß das Potential in der Umgebung der Ebene $z = 0$ merklich unabhängig von z wird; dort reduziert sich dann (II 8, 7) auf

$$\frac{\partial^2\varphi}{\partial x^2} + \frac{\partial^2\varphi}{\partial y^2} = 0. \tag{II 8, 8}$$

Um diese Gleichung unter den Randbedingungen (II 8, 4), (II 8, 5) zu lösen, ergänzen wir das gegebene Elektrodensystem durch Hinzunahme der für $k < 0$ nach (II 8, 2) und (II 8, 3) entstehenden virtuellen Elektroden zu einer von $y \to -\infty$ bis $y \to \infty$ sich erstreckenden Elektrodenallee. In ihr zerlegen wir das längs der Emissions-Elektroden unstetig ansteigende Potential φ^- [Abb. II 87, Treppenkurve] in die Summe einer linearen Funktion [Gerade] und eine periodische Funktion [Sägezahnkurve]: indem man die letztgenannte in eine *Fourier*sche Reihe entwickelt, findet man somit die für alle Stufen k einheitliche Darstellung

$$\varphi^- = U\left[\frac{y}{\tau} + \sum_{m=1}^{\infty} \frac{(-1)^m}{m} \sin m\, 2\pi \frac{y}{\tau}\right] \qquad \text{(II 8, 9)}$$

Auf dem gleichen Wege erhält man für das Potential der Umkehr-Elektroden

$$\varphi^+ = U\left[1 + \frac{y}{\tau} + \sum_{m=1}^{\infty} \frac{(-1)^m}{m} \sin m\, 2\pi \frac{y}{\tau}\right] \qquad \text{(II 8, 10)}$$

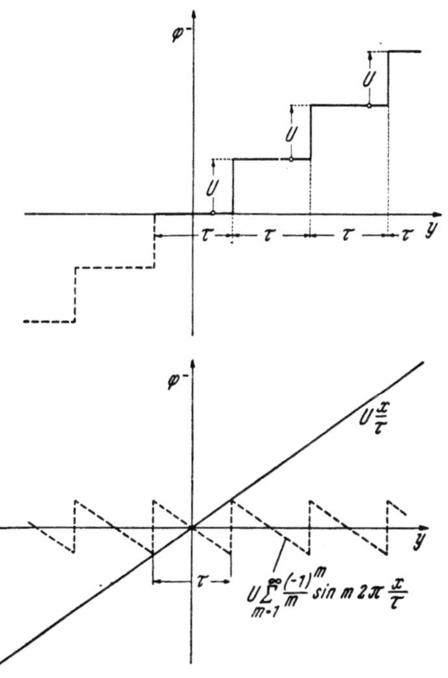

Abb. II 87. Potentialanalyse im magnetischen Sekundärelektronen-Vervielfacher.

Unter Berufung auf die Linearität der *Laplace*schen Gleichung lautet daher ihre für das Interelektrodengebiet zuständige Lösung

$$\varphi = U\left[\frac{x}{d} + \frac{y}{\tau} + \sum_{m=1}^{\infty} \frac{(-1)^m}{m} \cdot \frac{\cosh m\, 2\pi \dfrac{x - \frac{1}{2} d}{\tau}}{\cosh m\, 2\pi \dfrac{\frac{1}{2} d}{\tau}} \sin m\, 2\pi \frac{y}{\tau}\right] \qquad \text{(II 8, 11)}$$

Als Hauptpotential $\overline{\varphi}$ bezeichnen wir den Anteil

$$\overline{\varphi} = U\left[\frac{x}{d} + \frac{y}{\tau}\right]. \qquad \text{(II 8, 12)}$$

Die achsenparallelen Komponenten seiner Feldstärke

$$\overline{E}_x = -\frac{U}{d}; \qquad \overline{E}_y = -\frac{U}{\tau}; \qquad \overline{E}_z = 0 \qquad \text{(II 8, 13)}$$

setzen sich also zu einem Homogenfeld zusammen, dessen Richtung um den Winkel ϑ gemäß

$$\operatorname{tg} \vartheta = \frac{\overline{E}_y}{\overline{E}_x} = \frac{d}{\tau} \qquad \text{(II 8, 14)}$$

von der x-Achse abweicht, während

$$\bar{E} = U\sqrt{\frac{1}{d^2} + \frac{1}{\tau^2}} \qquad \text{(II 8, 15)}$$

seinen Betrag mißt.

Neben das Hauptpotential tritt das Streupotential

$$\tilde{\varphi} = \varphi - \bar{\varphi} = U \sum_{m=1}^{\infty} \frac{(-1)^m}{m} \frac{\cosh m\, 2\pi \frac{x - \frac{1}{2} d}{\tau}}{\cosh m\, 2\pi \frac{\frac{1}{2} d}{\tau}} \sin m\, 2\pi \frac{y}{\tau}. \qquad \text{(II 8, 16)}$$

Die von Null verschiedenen achsenparallelen Komponenten des Streufeldes

$$\tilde{E}_x = -\frac{U}{\tau} 2\pi \sum_{m=1}^{\infty} (-1)^m \cdot \frac{\sinh m\, 2\pi \frac{x - \frac{1}{2} d}{\tau}}{\cosh m\, 2\pi \frac{\frac{1}{2} d}{\tau}} \sin m\, 2\pi \frac{y}{\tau}, \qquad \text{(II 8, 17)}$$

$$\tilde{E}_y = -\frac{U}{\tau} 2\pi \sum_{m=1}^{\infty} (-1)^m \frac{\cosh m\, 2\pi \frac{x - \frac{1}{2} d}{\tau}}{\cosh m\, 2\pi \frac{\frac{1}{2} d}{\tau}} \cos m\, 2\pi \frac{y}{\tau} \qquad \text{(II 8, 18)}$$

oszillieren in Richtung der y-Achse mit der primitiven Wellenlänge τ.

e) Gleich der Raumladung der Elektronen im Interelektrodengebiet lassen wir auch das mit deren Strömung genetisch verknüpfte Magnetfeld außer Betracht, so daß nur das „eingeprägte" Magnetfeld der Induktion B in die Berechnung der *Lorentz*-Kraft eingeht.

Wir beschränken uns auf Elektronengeschwindigkeiten, welche stets klein gegen die Ausbreitungsgeschwindigkeit des Lichtes im leeren Raume bleiben.

In der Umgebung der Ebene $z = 0$ unterliegen dann die Elektronen den *Newton*schen Bewegungsgleichungen

$$m_0 \frac{d^2x}{dt^2} = -q_0 \left[E_x + \frac{dy}{dt} B \right], \qquad \text{(II 8, 19)}$$

$$m_0 \frac{d^2y}{dt^2} = -q_0 \left[E_y - \frac{dx}{dt} B \right], \qquad \text{(II 8, 20)}$$

$$m_0 \frac{d^2z}{dt^2} = 0. \qquad \text{(II 8, 21)}$$

Mit ihrer Hilfe verfolgen wir das Schicksal jenes Elektrons, das zum Zeitpunkt $t = 0$ das Zentrum der Photokathode ohne merkliche Anfangsgeschwindigkeit verläßt:

$$x = 0; \quad y = 0; \quad z = 0 \quad \text{für} \quad t = 0, \qquad \text{(II 8, 22)}$$

$$\frac{dx}{dt} = 0; \quad \frac{dy}{dt} = 0; \quad \frac{dz}{dt} = 0 \qquad \text{für} \qquad t = 0. \qquad \text{(II 8, 23)}$$

Aus (II 8, 21) ergibt sich dann sogleich

$$z = 0, \qquad \text{(II 8, 24)}$$

so daß wir uns auf die Diskussion der Elektronenbahn in dieser invarianten Ebene beschränken dürfen.

Für den Zweck der vorliegenden Untersuchung genügt es, in (II 8, 19), (II 8, 20) lediglich das elektrische Hauptfeld in Rechnung zu stellen, während die Nebenwirkung des Streufeldes durch die in Ziffer II, 10 angegebenen Methoden der Analyse erschlossen wird. Daher reduzieren sich die Gln. (II 8, 19), (II 8, 20) auf

$$\frac{d^2x}{dt^2} = \frac{q_0}{m_0}\left[\overline{E}\cos\vartheta - \frac{dy}{dt}B\right], \qquad \text{(II 8, 25)}$$

$$\frac{d^2y}{dt^2} = \frac{q_0}{m_0}\left[\overline{E}\sin\vartheta + \frac{dx}{dt}B\right]. \qquad \text{(II 8, 26)}$$

Zum Zwecke ihrer Lösung führen wir in der Ebene $z = 0$ das System der rechtwinkeligen Koordinaten x, y durch eine im mathematisch-positiven Sinne ausgeführte Drehung um den Winkel ϑ in das gleichfalls rechtwinkelige, „gestrichene" System x', y' über:

$$\left.\begin{aligned} x' &= x\cos\vartheta + y\sin\vartheta; & x &= x'\cos\vartheta - y'\sin\vartheta, \\ y' &= -x\sin\vartheta + y\cos\vartheta; & y &= x'\sin\vartheta + y'\cos\vartheta. \end{aligned}\right\} \qquad \text{(II 8, 27)}$$

Damit entstehen aus (II 8, 25), (II 8, 26) die Differentialgleichungen

$$\frac{d^2x'}{dt^2} = \frac{q_0}{m_0}\left[\overline{E} - \frac{dy'}{dt}B\right], \qquad \text{(II 8, 28)}$$

$$\frac{d^2y'}{dt^2} = \frac{q_0}{m_0}\frac{dx'}{dt}B. \qquad \text{(II 8, 29)}$$

Setzt man also

$$\omega = \frac{q_0}{m_0}B; \qquad R = \frac{m_0}{q_0}\frac{\overline{E}}{B^2} = \frac{m_0}{q_0}\frac{U}{B^2}\sqrt{\frac{1}{d^2} + \frac{1}{\tau^2}}, \qquad \text{(II 8, 30)}$$

so lauten mit Rücksicht auf (II 8, 22), (II 8, 23) die Integrale der Gln. (II 8, 28), (II 8, 29)

$$x' = R\,[1 - \cos\omega t], \qquad \text{(II 8, 31)}$$

$$y' = R\,[\omega t - \sin\omega t]. \qquad \text{(II 8, 32)}$$

Sie schildern eine Zykloide, welche von einem Kreise des Halbmessers R beim Abrollen mit der Winkelgeschwindigkeit ω längs der x'-Achse erzeugt wird.

Wir kehren mittels (II 8, 27) zu den Koordinaten x, y zurück, in welchen die Bewegung des kontrollierten Elektrons durch [Abb. II 88]

$$x = R\,[(1 - \cos\omega t)\cos\vartheta - (\omega t - \sin\omega t)\sin\vartheta], \qquad \text{(II 8, 33)}$$

$$y = R\,[(1 - \cos\omega t)\sin\vartheta + (\omega t - \sin\omega t)\cos\vartheta] \qquad \text{(II 8, 34)}$$

dargestellt wird, und richten unsere Aufmerksamkeit zunächst auf die Geschwindigkeitskomponente v_x, mit welcher das Elektron der Ebene der Umkehr-Elektroden zustrebt:

$$v_x = \omega R\,[\sin\omega t\cos\vartheta - (1 - \cos\omega t)\sin\vartheta]. \qquad \text{(II 8, 35)}$$

Aus der kleinsten, von Null verschiedenen Wurzel der Gleichung $v_x = 0$ folgt der Zeitpunkt $t = t_0$, in welchem die genannte Bewegung zum Stillstand kommt, zu

$$\sin(\omega t_0 + \vartheta) = \sin\vartheta; \qquad \omega t_0 = \pi - 2\vartheta, \tag{II 8, 36}$$

so daß sich dann das Elektron im Abstande

$$x_{max} = R\,[2\cos\vartheta + (\pi - 2\vartheta)\sin\vartheta] \tag{II 8, 37}$$

von der Ausgangsebene befindet. Hiernach wird seine Reflexion vor dem Kontakt mit einer der Umkehrelektroden durch die Betriebsvorschrift

$$x_{max} = R\,[2\cos\vartheta + (\pi - 2\vartheta)\sin\vartheta] < d \tag{II 8, 38}$$

sichergestellt. Der Zeitpunkt t_1, zu welchem das Elektron in die Ebene der Emissionselektroden zurückkehrt, bestimmt sich nunmehr aus der kleinsten, von Null verschiedenen Wurzel der Gleichung $x = 0$:

$$(1 - \cos\omega t_1)\cos\vartheta - \\ - (\omega t_1 - \sin\omega t_1)\sin\vartheta = 0. \tag{II 8, 39}$$

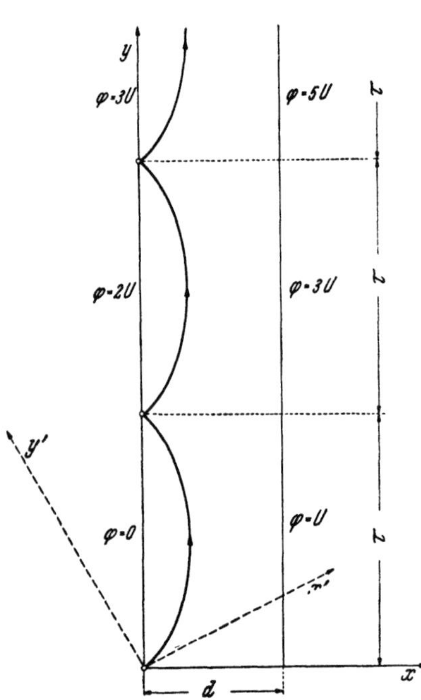

Abb. II 88. Elektronenbahnen im magnetischen Sekundärelektronen-Vervielfacher.

In der Gestalt

$$\frac{1 - \cos\omega t_1}{\omega t_1 - \sin\omega t_1} = \mathrm{tg}\,\vartheta = \frac{d}{\tau} \tag{II 8, 40}$$

vermittelt diese Gleichung die in Abb. II 89 dargestellte Abhängigkeit der numerischen Zeit ωt_1 von den Abmessungen der Elektrodenanordnung.

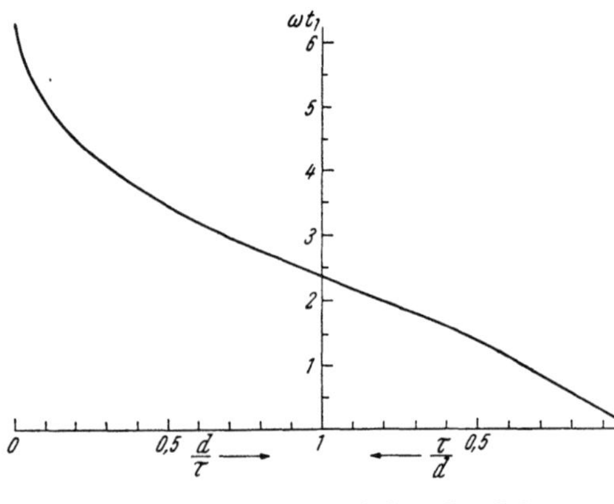

Abb. II 89. Magnetischer Sekundärelektronen-Vervielfacher. Numerische Elektronen-Flugzeit als Funktion der Betriebsparameter.

Während der Zeitspanne $0 \leq t \leq t_1$ schreitet das kontrollierte Elektron vom Orte seines Startes bis zu jenem seiner Wiederkunft in der Ebene der Emissionselektroden entsprechend (II 8, 39) um

$$s = R\,[(1 - \cos\omega t_1)\sin\vartheta + \\ + (\omega t_1 - \sin\omega t_1)\cos\vartheta] \tag{II 8, 41}$$

parallel der positiven y-Achse voran. Das Verhältnis s/R erweist sich vermöge (II 8, 14) und (II 8, 40) als Funktion lediglich von τ/d; sie wird durch Abb. II 90 veranschaulicht.

f) Im Betrieb des Gerätes als Sekundärelektronen-Vervielfacher hat man neben (II 8, 38) die Gleichheit

$$s \to \tau \tag{II 8, 42}$$

zu wahren: Die Sekundärelektronen werden denselben dynamischen Bedingungen unterworfen, welche die Bahn der primären Elektronen festlegen. Für die Gesamtheit der von einem Primärelektron ausgelösten Trägerbewegung resultiert dann ein in der Photokathode entspringender Zug kongruenter Zykloidenbogen, welcher sich nach Abb. II 88 parallel der positiven y-Achse entwickelt; wegen (II 8, 1) nimmt die Zahl der jeweils startenden Elektronen nach Art einer Kettenreaktion mit der Stufenzahl k der zugehörigen Emissionselektrode im statistischen Mittel gemäß einer geometrischen Progression zu.

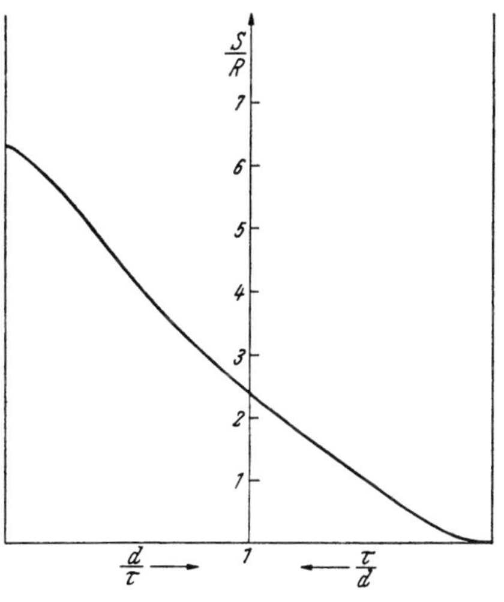

Abb. II 90. Magnetischer Sekundärelektronen-Vervielfacher. Elektronenschritt als Funktion der Betriebsparameter.

II 9. Stationäre Elektronenbewegung im Schlitzanoden-Magnetron.

a) Gegeben sei eine Hochvakuum-Diode, welche mit einem Paar planparalleler Plattenelektroden oder konzentrischer Zylinderelektroden ausgestattet ist; sie werde durch die Einwirkung eines senkrecht zum elektrischen Felde orientierten, homogenen Magnetfeldes vom Betrage B seiner Induktion zum Magnetron gemacht. Aus diesem Gerät geht das Schlitzanoden-Magnetron hervor, indem man die vordem einheitliche Anode durch parallel zur Richtung des Magnetfeldes geführte, isolierende Schnitte in eine Anzahl elektrisch selbstständiger Teilelektroden aufspaltet; sie werden in der Regel einander geometrisch kongruent ausgeführt.

Erteilt man allen diesen Teilelektroden das einheitliche, elektrische Skalarpotential $\varphi_a > 0$ gegen die Kathode, so gleichen die Arbeitseigenschaften der Röhre wesentlich jenen des normalen Magnetrons, sofern man von den lokalen Störungen des elektrischen Feldes in der Umgebung der Schlitze absieht. Von diesem „Grundzustande" ausgehend gelangt man zu den spezifischen Betriebsbedingungen des Schlitzanoden-Magnetrons, indem man den einzelnen Teilanoden unterschiedliche Potentiale gegen die Kathode erteilt. Wir setzen diese in der vorliegenden Ziffer als zeitlich konstant voraus; gefragt wird nach den Elektronenbahnen, welche in dem nunmehr räumlich modulierten elektrischen Felde in Gemeinschaft mit dem stationären, homogenen Magnetfeld resultieren.

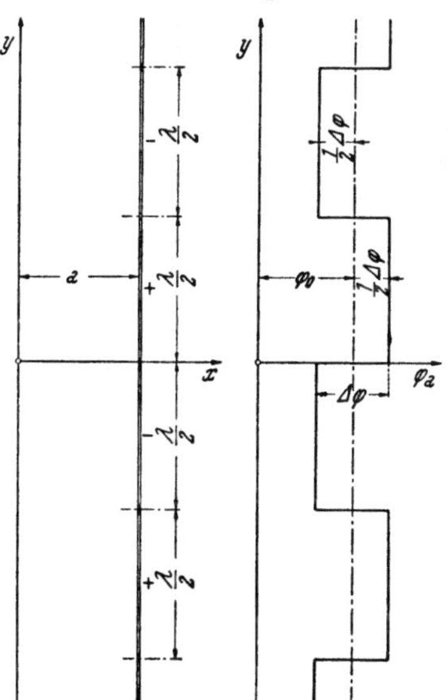

Abb. II 91. Elektrodenanordnung und Potentialverlauf im ebenen Schlitzanoden-Magnetron.

b) Wir beziehen uns auf das in Abb. II 91 dargestellte Modell eines ebenen Magnetrons. In ihm orientieren wir uns an Hand eines relativ zum Geräte ruhenden, *Kartesi*schen Koordinatensystemes x, y, z. Die elektronenemittierende Kathodenoberfläche koinzidiere mit der Ebene $x = 0$, während die Gesamtheit aller aktiven, der Kathode zugewandten Teilanoden-Oberflächen in die Ebene $x = a$ fallen möge. Wählen wir nun die Richtung der magnetischen Induktion zur z-Achse, so wird auf Grund der früheren Voraussetzungen der Rand jeder Teilanode durch seine Lage in einer beliebigen Ebene $z = \text{const.}$ erschöpfend beschrieben. Der Einfachheit halber beschränken wir uns weiterhin auf ein Teilanodensystem je der einheitlichen Elektrodenbreite $1/2\,\lambda$; ungeachtet aller tatsächlich auftretenden Isolationsfragen dürfen wir modellmäßig zur Annahme infinitesimal schmaler Schlitze übergehen, deren Gesamtheit mit Hilfe der ganzzahligen Laufziffer n [einschließlich der Null] durch die Linienfolge

$$x = a; \qquad y = n\frac{\lambda}{2}; \qquad -\infty < z < \infty; \qquad [-\infty < n < \infty] \tag{II 9, 1}$$

geschildert werde.

Der Periodizität ihrer geometrischen Anordnung stellen wir die elektrischen Periodizitätseigenschaften der Teilanoden zur Seite, indem wir ihnen die Potentiale

$$\varphi_a = \varphi_0 \pm \frac{1}{2}\Delta\varphi; \qquad 0 \lessgtr y \lessgtr \frac{\lambda}{2} \bmod \lambda \tag{II 9, 2}$$

auferlegen; nach (II 9, 1) und (II 9, 2) kann dann die Gesamtheit aller Teilanoden-Potentiale durch die *Fourier*sche Reihe

$$\varphi_a = \varphi_0 + \frac{1}{2}\Delta\varphi\frac{4}{\pi}\sum_{k=0}^{\infty}\frac{\sin(2k+1)\,2\pi\frac{y}{\lambda}}{2k+1} \tag{II 9, 3}$$

dargestellt werden.

c) Wir beschränken uns weiterhin auf so niedrige Absoluttemperatur der Kathode, daß der Betrag der im Interelektrodenraum anwesenden, von den Elektronen getragenen elektrischen Ladung stets überaus klein im Verhältnis zum Betrag der Elektrodenladungen bleibt. Das Potentialfeld $\varphi(x, y, z)$ des Interelektrodengebietes stimmt dann merklich mit dem Felde der elektronenfreien, „kalten" Röhre überein; es genügt daher der *Laplace*schen Gleichung

$$\frac{\partial^2\varphi}{\partial x^2} + \frac{\partial^2\varphi}{\partial y^2} + \frac{\partial^2\varphi}{\partial z^2} = 0. \tag{II 9, 4}$$

Da wir verabredungsgemäß die Kathode als Basis der Potentialmessung benützen, treten zu (II 9, 4) die Randbedingungen

$$\varphi = 0 \quad \text{für} \quad x = 0 \tag{II 9, 5}$$

und

$$\varphi = \varphi_a \quad \text{für} \quad x = a. \tag{II 9, 6}$$

Aus (II 9, 4), (II 9, 5) und (II 9, 6) folgt

$$\varphi = \varphi_0\frac{x}{a} + \frac{1}{2}\Delta\varphi\frac{4}{\pi}\sum_{n=0}^{\infty}\frac{\sinh(2n+1)\,2\pi x/\lambda}{\sinh(2n+1)\,2\pi a/\lambda}\cdot\frac{\sin(2n+1)\,2\pi y/\lambda}{2n+1}. \tag{II 9, 7}$$

Die hier auftretende Reihe läßt sich geschlossen summieren:

Wir ergänzen das reelle Potential φ durch Hinzunahme der Stromfunktion ψ zum komplexen Potentiale

$$\chi = \varphi + i\psi, \tag{II 9, 8}$$

welches im Bereiche $(-a) < x < a$ eine analytische Funktion der komplexen [*Gauß*schen] Koordinate

$$\overline{z} = x + i\,y \tag{II 9, 9}$$

definiert. Im Falle $\Delta\,\varphi = 0$ reduziert sich χ auf das „Grundfeld"

$$\chi_0 = \varphi_0 \cdot \frac{\overline{z}}{a}. \tag{II 9, 10}$$

Mit Rücksicht auf die Linearität der *Laplace*schen Gleichung genügt es also, das komplexe Potential des „Streufeldes"

$$\chi' = \varphi' + i\,\psi' = \chi - \chi_0 \tag{II 9, 11}$$

aufzufinden. Zu diesem Zwecke bilden wir das von den Eckpunkten

$$A = (a, 0); \qquad B = \left(a, \frac{\lambda}{2}\right);$$

$$C = \left(-a, \frac{\lambda}{2}\right); \qquad D = (-a, 0) \tag{II 9, 12}$$

nach Abb. II 92 begrenzte Rechteck der $\overline{z}$-Ebene derart auf die reelle Achse der komplexen

$$w = u + i\,v \tag{II 9, 13}$$

Ebene ab, daß gemäß Abb. II 92 die Punkte A in $u_A = 1$; B in $u_B = 1/k > 1$; C in $u_C = -1/k < -1$; D in $u_D = -1$ transformiert werden und das Innere des Originalrechteckes der oberen Bildhalbebene $v > 0$ korrespondiert. Mit Hilfe einer vorerst noch unbekannten Konstanten c lautet die *Schwarz-Christoffel*sche Differentialgleichung der Abbildung

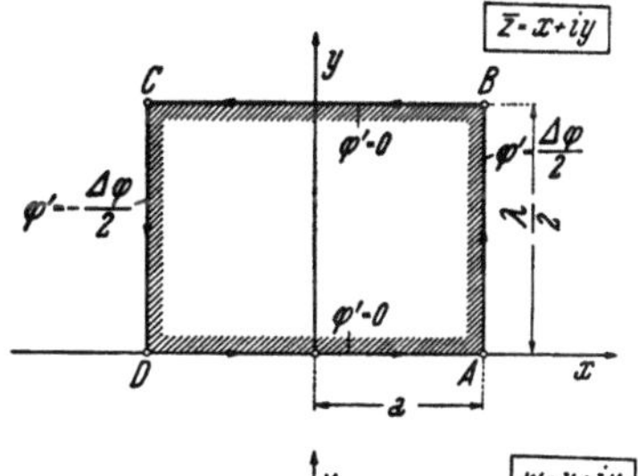

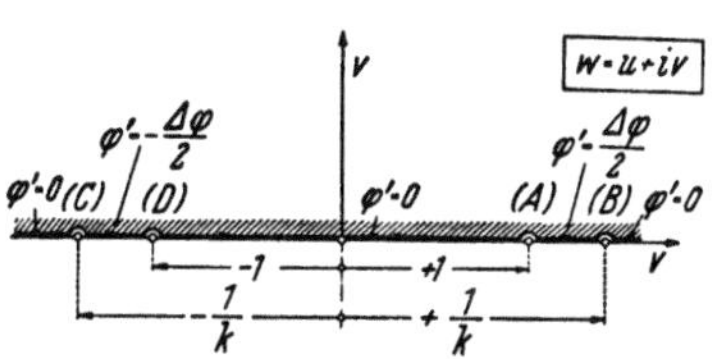

Abb. II 92. Zur Feldanalyse des Schlitzanoden-Magnetrons.

$$\frac{d\overline{z}}{dw} = \frac{c}{\sqrt{(1-w^2)\,(1-k^2\,w^2)}}. \tag{II 9, 14}$$

Bezeichne also K das zum Modul k gehörige vollständige Elliptische Normalintegral erster Gattung, K' das nämliche Integral für den komplementären Modul $k' = \sqrt{1-k^2}$, so kommen die geometrischen Daten des Originales in den gleichzeitig bestehenden Relationen

$$c\,K = a; \qquad c\,K' = \frac{\lambda}{2} \tag{II 9, 15}$$

zum Ausdruck; aus ihnen berechnet man den Modul k gemäß der Vorschrift

$$\frac{K'}{K} = \frac{\lambda}{2\,a} \tag{II 9, 16}$$

entsprechend Abb. II 93. Mittels der k zugeordneten, *Jacobi*schen Elliptischen Funktion Sinusamplitude [Symbol sn] lautet also die Abbildung der $\overline{z}$-Ebene in die w-Ebene explizit

$$w = \operatorname{sn} K \frac{\overline{z}}{a}. \tag{II 9, 17}$$

In der $\overline{z}$-Ebene sind dem reellen Potential φ' die Randbedingungen auferlegt

$$\left.\begin{array}{lllll} \varphi' = \pm \frac{1}{2} \Delta \varphi & \text{für} & x = \pm a; & 0 < y < \frac{1}{2} \lambda, & \\ \varphi' = 0 & \text{für} & |x| < a; & y = 0 \quad \text{und} & y = \frac{1}{2} \lambda \end{array}\right\} \qquad \text{(II 9, 18)}$$

Sie übertragen sich als

$$\left.\begin{array}{llll} \varphi' = \pm \frac{1}{2} \Delta \varphi & \text{für} & \pm 1 \lessgtr u \lessgtr \pm \frac{1}{k}; & v = 0, \\ \varphi' = 0 & \text{für} & |u| < 1 \quad \text{und} \quad |u| > \frac{1}{k}; & v = 0 \end{array}\right\} \qquad \text{(II 9, 19)}$$

in die w-Ebene und werden dort von

$$\chi' = \frac{\Delta \varphi}{2 \pi i} \ln \frac{1 - k^2 w^2}{1 - w^2} \qquad \text{(II 9, 20)}$$

erfüllt, sofern man jenen Hauptzweig der Funktion ln benützt, dessen Imaginärteil zwischen $(-\pi)$ und $(+\pi)$ eingeschlossen ist. Wir rufen die *Jacobi*schen Elliptischen Funktionen Deltaamplitude [Symbol dn] und Kosinusamplitude [Symbol cn] zu Hilfe und erhalten mit Rücksicht auf (II 9, 17) für χ' in der $\overline{z}$-Ebene die Darstellung

$$\chi' = \frac{\Delta \varphi}{2 \pi i} \ln \frac{1 - k^2 \operatorname{sn}^2 K \overline{z}/a}{1 - \operatorname{sn}^2 K \overline{z}/a} =$$

$$= \frac{\Delta \varphi}{\pi i} \ln \frac{\operatorname{dn} K \overline{z}/a}{\operatorname{cn} K \overline{z}/a} = \frac{\Delta \varphi}{\pi i} \ln \frac{1}{\operatorname{sn} K (\overline{z}/a - 1)}. \qquad \text{(II 9, 21)}$$

Die zuletzt angegebene Gestalt des komplexen Potentiales χ' deutet auf dessen Erzeugung aus alternierenden Wirbelfäden der Intensität $\left(\pm \frac{\Delta \varphi}{\pi}\right)$ hin, deren positive sich in den Orten $\overline{z}_+ = a \bmod (2a + i\lambda)$ und deren negative sich in den Orten $\overline{z}_- = a \bmod (2a + i\lambda/2)$ der komplexen $\overline{z}$-Ebene befinden; überall dort weist also χ' je eine logarithmische Singularität auf.

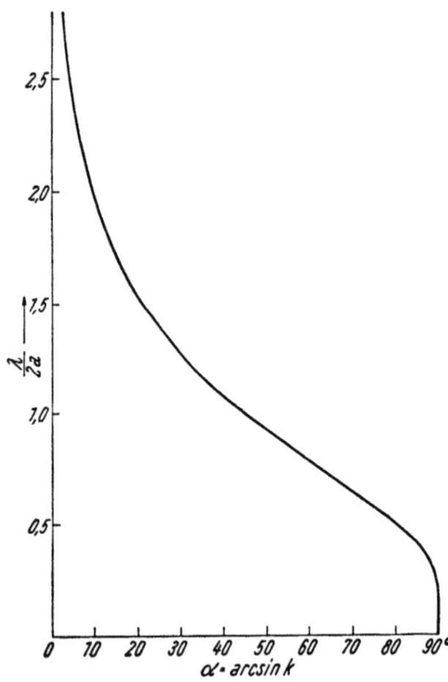

Abb. II 93. Schlitzanoden-Magnetron. Modul des elektrischen Feldes als Funktion der Elektroden-Abmessungen.

d) Wir kehren zum *Kartesi*schen Bezugssystem x, y, z zurück und richten unsere Aufmerksamkeit auf jenes Elektron, welches den Punkt $(0, y_0, z_0)$ der Kathodenoberfläche zum Zeitpunkt $t = 0$ verläßt; seine Startgeschwindigkeit gelte als infinitesimal klein. Aus dem Trägheitsgesetz folgt dann mit Rücksicht auf die vorausgesetzte Feldstruktur, daß das kontrollierte Elektron dauernd in der Ebene $z = z_0$ verbleibt:

$$z = z_0. \qquad \text{(II 9, 22)}$$

Nun möge der Betrag des reellen Potentiales φ innerhalb seines Existenzbereiches so niedrig gehalten werden, daß die Kinetik des Elektrons hinreichend genau durch die *Newton*schen Bewegungsgleichungen beschrieben wird. Bezeichnen wir also durch E_x und E_y die in der Bahnebene (II 9, 22) gemessenen, achsenparallelen Komponenten des elektrischen Feldes, so gehorcht die Elektronenbewegung den Differentialgleichungen

$$m_0 \frac{d^2x}{dt^2} = - q_0 \left\{ E_x + \frac{dy}{dt} \cdot B \right\}, \qquad \text{(II 9, 23)}$$

$$m_0 \frac{d^2y}{dt^2} = - q_0 \left\{ E_y - \frac{dx}{dt} \cdot B \right\}. \qquad \text{(II 9, 24)}$$

Zu ihnen treten die Anfangsbedingungen

$$x = 0; \quad y = y_0 \quad \text{für} \quad t = 0 \qquad \text{(II 9, 25)}$$

und

$$\frac{dx}{dt} = 0; \quad \frac{dy}{dt} = 0 \quad \text{für} \quad t = 0. \qquad \text{(II 9, 26)}$$

e) Da die analytische Integration der Gleichungen (II 9, 23), (II 9, 24) bei der Gestalt (II 9, 7) des elektrischen Feldes auf unüberwindbare Schwierigkeiten stößt, müssen wir nach einem Näherungsverfahren Ausschau halten.

Durch den Grenzübergang $\Delta\varphi \to 0$ definieren wir die Grundbewegung des Elektrons. Demnach lauten ihre Differentialgleichungen

$$m_0 \frac{d^2x}{dt^2} = q_0 \left[\frac{\varphi_0}{a} - \frac{dy}{dt} \cdot B \right] \qquad \text{(II 9, 27)}$$

$$m_0 \frac{d^2y}{dt^2} = q_0 \cdot \frac{dx}{dt} \cdot B. \qquad \text{(II 9, 28)}$$

Wir setzen

$$\omega = \frac{q_0}{m_0} B \qquad \text{(II 9, 29)}$$

und erhalten aus (II 9, 28) mit Rücksicht auf (II 9, 25) und (II 9, 26) durch einmalige Integration

$$\frac{dy}{dt} = \omega \cdot x, \qquad \text{(II 9, 30)}$$

so daß (II 9, 27) in

$$\frac{d^2x}{dt^2} + \omega^2 x = \frac{q_0}{m_0} \frac{\varphi_0}{a} \qquad \text{(II 9, 31)}$$

übergeht. Mit nochmaliger Benützung von (II 9, 25) und (II 9, 26) lautet die Lösung von (II 9, 31)

$$x = \frac{q_0}{m_0} \cdot \frac{\varphi_0}{a} \cdot \frac{1}{\omega^2} [1 - \cos \omega t], \qquad \text{(II 9, 32)}$$

so daß wir nach deren Substitution in (II 9, 30) durch Integration

$$y = y_0 + \frac{q_0}{m_0} \frac{\varphi_0}{a} \frac{1}{\omega^2} [\omega t - \sin \omega t] \qquad \text{(II 9, 33)}$$

finden. Die Gleichungen (II 9, 32) und (II 9, 33) definieren eine Zykloide, deren erzeugender Kreis vom Halbmesser

$$R = \frac{q_0}{m_0} \cdot \frac{\varphi_0}{a} \cdot \frac{1}{\omega^2} \qquad \text{(II 9, 34)}$$

sich längs der y-Achse mit der gleichförmigen Winkelgeschwindigkeit ω abwälzt. Die Bahn der Grundbewegung kulminiert also im Zeitpunkt

$$t_K = \frac{\pi}{\omega} \tag{II 9, 35}$$

im Punkte

$$x_K = 2\,R; \qquad y_K = y_0 + \pi\,R \tag{II 9, 36}$$

Zum allgemeinen Falle $\Delta\,\varphi \neq 0$ zurückkehrend, führen wir durch

$$\tau = \omega\,t \tag{II 9, 37}$$

die numerische Zeit ein, welcher wir mittels

$$\xi = \frac{x}{R}; \qquad \eta = \frac{y}{R} \tag{II 9, 38}$$

die numerischen Koordinaten zur Seite stellen. Mit Hilfe der Relationen

$$E_\xi \equiv E_x = -\frac{1}{R}\cdot\frac{\partial\varphi}{\partial\xi}; \qquad E_\eta \equiv E_y = -\frac{1}{R}\frac{\partial\varphi}{\partial\eta} \tag{II 9, 39}$$

nehmen dann die Gleichungen (II 9, 23), (II 9, 24) die dimensionsfreie Gestalt an

$$\frac{d^2\xi}{d\tau^2} = \frac{a}{R}\cdot\frac{1}{\varphi_0}\frac{\partial\varphi}{\partial\xi} - \frac{d\eta}{d\tau} \tag{II 9, 40}$$

$$\frac{d^2\eta}{d\tau^2} = \frac{a}{R}\frac{1}{\varphi_0}\frac{\partial\varphi}{\partial\eta} + \frac{d\xi}{d\tau}. \tag{II 9, 41}$$

Mittels der Zerlegung des Potentiales in Haupt- und Streufeldanteil entsteht hieraus das System

$$\frac{d^2\xi}{d\tau^2} + \frac{d\eta}{d\tau} - 1 = \frac{a}{R}\cdot\frac{1}{\varphi_0}\frac{\partial\varphi'}{\partial\xi} \tag{II 9, 42}$$

$$\frac{d^2\eta}{d\tau^2} - \frac{d\xi}{d\tau} = \frac{a}{R}\cdot\frac{1}{\varphi_0}\frac{\partial\varphi'}{\partial\eta} \tag{II 9, 43}$$

Nun werde vorausgesetzt, daß das Streufeld sehr schwach gegen das Hauptfeld sei

$$\frac{1}{R}\left|\frac{\partial\varphi'}{\partial\xi}\right| \ll \frac{\varphi_0}{a}; \qquad \frac{1}{R}\left|\frac{\partial\varphi'}{\partial\eta}\right| \ll \frac{\varphi_0}{a} \tag{II 9, 44}$$

Dann dürfen die in (II 9, 42), (II 9, 43) rechter Hand auftretenden Funktionen als Störung der Grundbewegung angesehen werden, welche diese nur wenig abzuändern vermag. Wir machen uns diesen Sachverhalt zunutze, indem wir das Potential des Streufeldes in der Umgebung des Grundbahn-Zentrums

$$\xi_M = 0; \qquad \eta_M = \eta_K = \frac{y_K}{R} = \frac{y_0}{R} + \pi = \eta_0 + \pi \tag{II 9, 45}$$

nach Potenzen von $\xi^* = \xi - \xi_M$ und $\eta^* = \eta - \eta_M$ entwickeln. Zu diesem Zwecke setzen wir

$$\bar{\zeta}^* = \xi^* + i\,\eta^* = \xi + i\,(\eta - \eta_M) \tag{II 9, 46}$$

und erhalten zunächst für das komplexe Potential χ' des Streufeldes nach (II 9, 21)

$$\chi' = \frac{\Delta\,\varphi}{\pi\,i}\ln\frac{\operatorname{dn}\left\{K\frac{R}{a}(i\,\eta_M + \bar{\zeta}^*)\right\}}{\operatorname{cn}\left\{K\frac{R}{a}(i\,\eta_M + \bar{\zeta}^*)\right\}}. \tag{II 9, 47}$$

Bezeichnen wir durch sn′ (u), cn′ (u), dn′ (u) die *Jacobi*schen Elliptischen Funktionen des Argumentes u für den zu k komplementären Modul $k' = \sqrt{1 - k^2}$, so gelten die Relationen

$$\operatorname{sn}(i\,u) = i\,\frac{\operatorname{sn}'(u)}{\operatorname{cn}'(u)}; \qquad \operatorname{cn}(i\,u) = \frac{1}{\operatorname{cn}'(u)}; \qquad \operatorname{dn}(i\,u) = \frac{\operatorname{dn}'(u)}{\operatorname{cn}'(u)} \tag{II 9, 48}$$

Mit Hilfe der Differentialformeln

$$\frac{d\,\operatorname{sn} u}{du} = \operatorname{cn} u \operatorname{dn} u; \qquad \frac{d\,\operatorname{cn} u}{du} = -\operatorname{sn} u \operatorname{dn} u; \qquad \frac{d\,\operatorname{dn} u}{du} = -k^2 \operatorname{sn} u \operatorname{cn} u \tag{II 9, 49}$$

finden wir daher aus (II 9, 47)

$$\chi' = \frac{\Delta\varphi}{\pi i}\left[\gamma_0(u_M) + \frac{\bar{\zeta}^*}{i}\frac{K\,R/a}{1!}\gamma_1(u_M) + \left(\frac{\bar{\zeta}^*}{i}\right)^2 \cdot \left(\frac{K\,R/a}{2!}\right)^2 \gamma_2(u_M) + \ldots,\right] \tag{II 9, 50}$$

wobei

$$u_M = K\,\frac{R}{a}\,\eta_M = K' \cdot \frac{R}{\lambda/2}\,\eta_M \tag{II 9, 51}$$

und

$$\gamma_0 = \ln \operatorname{dn}'(u_M), \tag{II 9, 52}$$

$$\gamma_1 = \frac{d \ln \operatorname{dn}'(u_M)}{du_M} = -k'^2\,\frac{\operatorname{sn}'(u_M)\operatorname{cn}'(u_M)}{\operatorname{dn}'(u_M)}, \tag{II 9, 53}$$

$$\gamma_2 = \frac{d^2 \ln \operatorname{dn}'(u_M)}{du_M^2} = -k'^2 \cdot \left[\frac{\operatorname{cn}'^2(u_M)}{\operatorname{dn}'^2(u_M)} - \operatorname{sn}'^2(u_M)\right] \tag{II 9, 54}$$

gesetzt ist. Indem wir uns auf Grund von (II 9, 44) weiterhin mit den in (II 9, 50) explizit angegebenen Gliedern begnügen, folgt aus dieser Gleichung durch Abspaltung des Realteiles

$$\varphi' = \frac{\Delta\varphi}{\pi}\left[\gamma_0 - \xi \cdot \left(K\,\frac{R}{a}\right)\gamma_1 - \xi\,(\eta - \eta_M)\left(K\,\frac{R}{a}\right)^2 \gamma_2 + \ldots\right]. \tag{II 9, 55}$$

Definieren wir nun durch

$$\mu = \frac{a}{R} \cdot \frac{\Delta\varphi}{\pi\,\varphi_0} \tag{II 9, 56}$$

den Modulationsgrad des elektrischen Feldes, so ergeben sich durch Substitution von (II 9, 55) in (II 9, 42) und (II 9, 43) für das kontrollierte Elektron die linearen Bewegungsgleichungen

$$\frac{d^2\xi}{d\tau^2} + \frac{d\eta}{d\tau} - 1 = -\mu\left[\gamma_1\,K\,\frac{R}{a} + \gamma_2\left(K\,\frac{R}{a}\right)^2(\eta - \eta_M)\right], \tag{II 9, 57}$$

$$\frac{d^2\eta}{d\tau^2} - \frac{d\xi}{d\tau} = -\mu\left[\gamma_2\left(K\,\frac{R}{a}\right)^2 \xi\right]. \tag{II 9, 58}$$

Die ihnen aufzuerlegenden Anfangsbedingungen folgen aus (II 9, 25), (II 9, 26) durch Übertragung auf numerische Koordinaten in der Gestalt

$$\xi = 0; \qquad \frac{d\xi}{d\tau} = 0 \qquad \text{für} \qquad \tau = 0, \tag{II 9, 59}$$

$$\eta = \eta_0; \qquad \frac{d\eta}{d\tau} = 0 \qquad \text{für} \qquad \tau = 0. \tag{II 9, 60}$$

f) Wir kehren durch die Operation $\mu \to 0$ vorübergehend zur Grundbewegung zurück, deren numerische Koordinaten wir mit $\bar{\xi}$, $\bar{\eta}$ bezeichnen; sie gehorchen demnach den Differentialgleichungen

$$\frac{d^2\bar{\xi}}{d\tau^2} + \frac{d\bar{\eta}}{d\tau} - 1 = 0, \tag{II 9, 61}$$

$$\frac{d^2\bar{\eta}}{d\tau^2} - \frac{d\bar{\xi}}{d\tau} = 0, \tag{II 9, 62}$$

deren den Bedingungen (II 9, 59), (II 9, 60) angepaßte Lösungen

$$\bar{\xi} = 1 - \cos\tau, \tag{II 9, 63}$$

$$\bar{\eta} = \eta_0 + \tau - \sin\tau \tag{II 9, 64}$$

inhaltlich mit (II 9, 32), (II 9, 33) identisch sind

Im Falle $\mu \neq 0$ setzen wir

$$\xi = \bar{\xi} + \xi'; \qquad \eta = \bar{\eta} + \eta', \tag{II 9, 65}$$

wobei nun die Störungen ξ' und η' bei hinreichend kleinem Betrage des Modulationsgrades μ den Gleichungen

$$\frac{d^2\xi'}{d\tau^2} + \frac{d\eta'}{d\tau} = -\mu\left[\gamma_1 K\frac{R}{a} + \gamma_2\left(K\frac{R}{a}\right)^2(\bar{\eta} - \eta_M)\right] =$$

$$= -\mu\left[\gamma_1 K\frac{R}{a} - \pi\gamma_2\left(K\frac{R}{a}\right)^2 + \gamma_2\left(K\frac{R}{a}\right)^2(\tau - \sin\tau)\right], \tag{II 9, 66}$$

$$\frac{d^2\eta'}{d\tau^2} - \frac{d\xi'}{d\tau} = -\mu\gamma_2\left(K\frac{R}{a}\right)^2\bar{\xi} = -\mu\gamma_2\left(K\frac{R}{a}\right)^2(1 - \cos\tau), \tag{II 9, 67}$$

mit den Anfangsbedingungen

$$\xi' = 0; \qquad \frac{d\xi'}{d\tau} = 0, \tag{II 9, 68}$$

$$\eta' = 0; \qquad \frac{d\eta'}{d\tau} = 0 \tag{II 9, 69}$$

zu unterwerfen sind. Daher folgt aus (II 9, 67) durch einmalige Integration

$$\frac{d\eta'}{d\tau} = \xi' - \mu\gamma_2\left(K\frac{R}{a}\right)^2(\tau - \sin\tau) \tag{II 9, 70}$$

und durch Substitution dieser Relation in (II 9, 66)

$$\frac{d^2\xi'}{d\tau^2} + \xi' = -\mu\left\{\gamma_1 K\frac{R}{a} - \pi\gamma_2\left(K\frac{R}{a}\right)^2\right\}. \tag{II 9, 71}$$

Mit Rücksicht auf (II 9, 68) lautet die Lösung dieser Gleichung

$$\xi' = -\mu\left\{\gamma_1 K\frac{R}{a} - \pi\gamma_2\left(K\frac{R}{a}\right)^2\right\}(1 - \cos\tau), \tag{II 9, 72}$$

so daß nunmehr (II 9, 70) durch Integration

$$\eta' = -\mu\left\{\gamma_1 K\frac{R}{a} - \pi\gamma_2\left(K\frac{R}{a}\right)^2\right\}(\tau - \sin\tau) - \mu\gamma_2\left(K\frac{R}{a}\right)^2\left(\frac{\tau^2}{2} - \{1 - \cos\tau\}\right) \tag{II 9, 73}$$

liefert. Nach (II 9, 63), (II 9, 64) und (II 9, 65) erhalten wir somit als numerische Koordinaten der resultierenden Elektronenbahn

$$\xi = \left[1 - \mu\left\{\gamma_1 K\frac{R}{a} - \pi\gamma_2\left(K\frac{R}{a}\right)^2\right\}\right](1 - \cos\tau), \tag{II 9, 74}$$

$$\eta = \eta_0 + \left[1 - \mu\left\{\gamma_1 K \frac{R}{a} - \pi \gamma_2 \left(K \frac{R}{a}\right)^2\right]\right(\tau - \sin\tau) -$$
$$- \mu \gamma_2 \left(K \frac{R}{a}\right)^2 \left(\frac{\tau^2}{2} - \{1 - \cos\tau\}\right)^2. \qquad \text{(II 9, 75)}$$

g) Durch den Grenzübergang

$$\lambda \to \infty \qquad \text{(II 9, 76)}$$

konstruieren wir ein Magnetron, welches nur in der Ebene $\eta = 0$ einfach geschlitzt ist. Nach (II 9, 16) entspricht dem Prozeß (II 9, 76) der Modul

$$k \to 0, \qquad \text{(II 9, 77)}$$

also der komplementäre Modul

$$k' \to 1, \qquad \text{(II 9, 78)}$$

so daß

$$\lim_{k\to 0} K = \lim_{k\to 0} \int\limits_0^1 \frac{dx}{\sqrt{(1-x^2)(1-k^2x^2)}} = \frac{\pi}{2} \qquad \text{(II 9, 79)}$$

resultiert. Aus der definierenden Identität

$$u \equiv \int\limits_0^{sn(u)} \frac{dx}{\sqrt{(1-x^2)(1-k^2x^2)}} \qquad \text{(II 9, 80)}$$

der auf den Modul k bezogenen Funktion Sinusamplitude entnehmen wir im Falle (II 9, 78) die Relation

$$\lim_{k'\to 1} \int\limits_0^{sn'(u)} \frac{dx}{\sqrt{(1-x^2)(1-k'^2x^2)}} = \operatorname{artgh}\{sn'(u)\} \equiv u; \qquad \lim_{k'\to 1} sn'(u) = \operatorname{tgh} u \qquad \text{(II 9, 81)}$$

und demnach

$$\lim_{k'\to 1} cn'(u) = \lim_{k'\to 1} dn'(u) = \frac{1}{\cosh u}. \qquad \text{(II 9, 82)}$$

Mit Rücksicht auf (II 9, 51) entsteht somit aus (II 9, 53) und (II 9, 54)

$$\lim_{k\to 0} \gamma_1 = -\operatorname{tgh}\left(\frac{\pi}{2}\frac{R}{a}\eta_M\right); \qquad \lim_{k\to 0} \gamma_2 = -\frac{1}{\cosh^2\left(\frac{\pi}{2}\frac{R}{a}\eta_M\right)}. \qquad \text{(II 9, 83)}$$

Daher nehmen die allgemeinen Gleichungen (II 9, 74), (II 9, 75) der Elektronenbahn im Falle des Einschlitz-Magnetrons die spezielle Form an

$$\xi = \left[1 + \mu\left\{\frac{\pi}{2}\frac{R}{a} \operatorname{tgh}\left(\frac{\pi}{2}\frac{R}{a}\eta_M\right) - \pi \frac{\left(\frac{\pi}{2}\frac{R}{a}\right)^2}{\cosh^2\left(\frac{\pi}{2}\frac{R}{a}\eta_M\right)}\right]\right. (1 - \cos\tau), \qquad \text{(II 9, 84)}$$

$$\eta = \eta_0 + \left[1 + \mu\left\{\frac{\pi}{2}\frac{R}{a} \operatorname{tgh}\left(\frac{\pi}{2}\frac{R}{a}\eta_M\right) - \pi \frac{\left(\frac{\pi}{2}\frac{R}{a}\right)^2}{\cosh^2\left(\frac{\pi}{2}\frac{R}{a}\eta_M\right)}\right]\right. (\tau - \sin\tau) +$$
$$+ \mu \frac{\left(\frac{\pi}{2}\frac{R}{a}\right)^2}{\cosh^2\left(\frac{\pi}{2}\frac{R}{a}\eta_M\right)} \left\{\frac{\tau^2}{2} - (1 - \cos\tau)\right\}. \qquad \text{(II 9, 85)}$$

Abb. II. 94 zeigt die [numerische] Störung der Elektronenbahnen der Eigenschaft $a/R = 2$ als Funktion der numerischen Zeit τ [Dynamik der

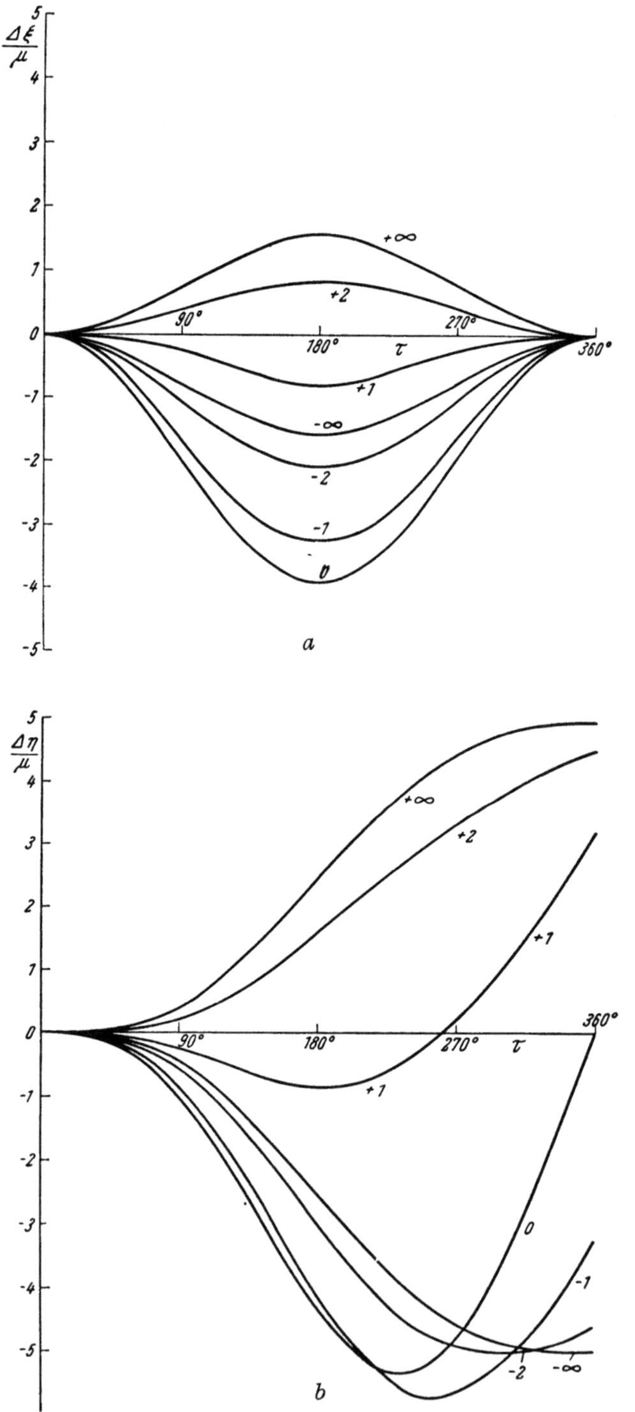

Abb. II 94. Schlitzanoden-Magnetron. Dynamik der Bahnstörung durch das Streufeld *a*) in der ξ-Richtung, *b*) in der η-Richtung.

Störung], während Abb. II 95 die Kinematik dieser Störung veranschaulicht. Die hieraus für $\mu = \pm 0{,}1$ resultierenden Elektronenbahnen sind in den Abb. II 96 und II 97 dargestellt; sie offenbaren einen überraschenden, für das Schlitzanoden-Magnetron charakteristischen Effekt, welcher von *Habann* auf experimentellem Wege entdeckt wurde: Auf Grund energetischer Überlegungen könnte man zu der Meinung kommen, daß die Elektronenbahnen ihren größten Abstand von der Kathode im Ordinatengebiet der Halbanode vom jeweils höheren Potentiale annehmen; doch trifft diese Vermutung tatsächlich nur für $\mu = +0{,}1$ zu, während im Falle $\mu = -0{,}1$ die größten Kathodendistanzen der Bahn-Kulminationspunkte gerade im Gebiete der Halbanode vom niedrigeren Potentiale auftreten.

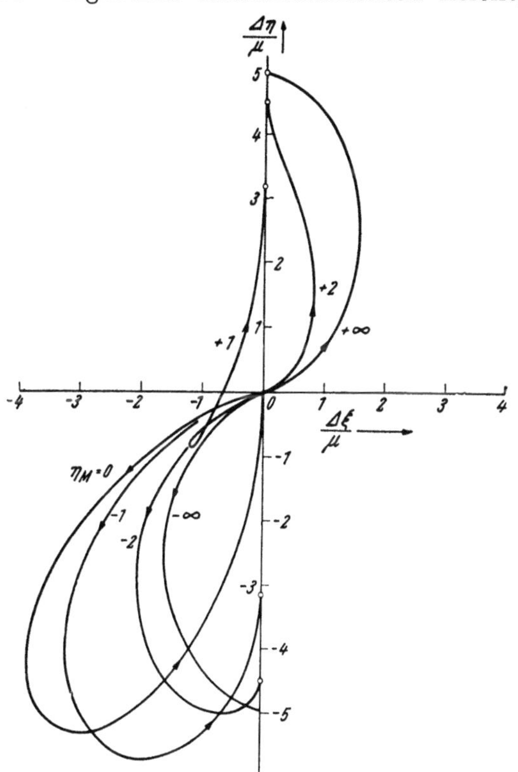

Abb. II 95. Schlitzanoden-Magnetron. Kinematik der Bahnstörung durch das Streufeld.

h) Der *Habann*-Effekt des Einschlitz-Magnetrons findet seinen integralen Ausdruck in jener Kennlinie, welche die Teilströme $J_\pm$ der Halbanoden $\eta \gtrless 0$ bei festen Werten φ_0 und B des elektromagnetischen Grundfeldes als Funktion des Modulationsgrades μ angibt. Setzen wir nun voraus, daß jedes aktive Flächenelement der Kathode die gleiche Emissions-Stromdichte j_0 liefert, so hat man zur Konstruktion der gesuchten Kennlinie im wesentlichen nur jene Flächen zu bestimmen, deren dort beginnende Elektronenbahnen auf einer der beiden Halbanoden enden.

Bei der Durchführung dieser Aufgabe beschränken wir uns auf den „überkritischen" Betriebsbereich des Magnetrons: Das Grundfeld wird derart eingestellt, daß bei verschwindendem Streufeld $[\mu = 0]$ keines der emittierten Elektronen die Anode erreicht. Auf Grund dieser Definition ist der numerische Abstand $\alpha = \mathrm{a}/\mathrm{R}$ der Anode von der Kathode der Ungleichung

$$\alpha \equiv \frac{\mathrm{a}}{\mathrm{R}} > 2 \tag{II 9, 86}$$

unterworfen. Damit dann unter dem Einfluß des Streufeldes Elektronen zur Anode gelangen können, muß der Modulationsgrad μ so beschaffen sein, daß die aus (II 9, 84) resultierende Elektronen-Einfangbedingung

$$\alpha = \left[1 + \mu\left\{\frac{\pi}{2}\frac{\mathrm{R}}{\mathrm{a}}\operatorname{tgh}\left(\frac{\pi}{2}\frac{\mathrm{R}}{\mathrm{a}}\eta_{\mathrm{M}}\right) - \frac{\left(\frac{\pi}{2}\frac{\mathrm{R}}{\mathrm{a}}\right)^2}{\cosh^2\left(\frac{\pi}{2}\frac{\mathrm{R}}{\mathrm{a}}\eta_{\mathrm{M}}\right)}\right]\right.(1 - \cos\tau_{\mathrm{a}}) \tag{II 9, 87}$$

für reelle numerische Flugzeiten τ_a erfüllt werden kann. Dies ist dann und nur dann der Fall, wenn der Abstand des Bahnkulminationspunktes von der Kathode mindestens der konstruktiv vorgegebenen Elektrodendistanz a gleichkommt. Da nun jene Kulmination zum numerischen Zeitpunkte $\tau = \pi$ eintritt, lautet die Realitätsbedingung für τ_a

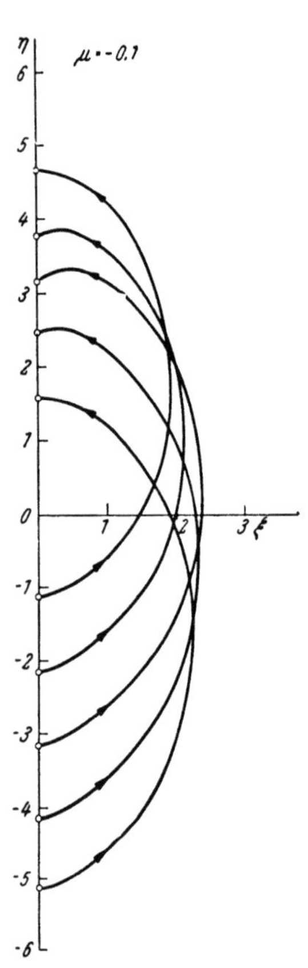

Abb. II 96. Schlitzanoden-Magnetron. Bei negativem Streufeld kulminieren die Elektronenbahnen im Gebiete der Halbanode vom *niedrigeren* Potentiale [*Habann*-Effekt].

$$\xi_{\max} = \left[1 + \mu \left\{\frac{\pi}{2}\frac{R}{a} \operatorname{tgh}\left(\frac{\pi}{2}\frac{R}{a}\eta_M\right) - \pi \frac{\left(\frac{\pi}{2}\frac{R}{a}\right)^2}{\cosh^2\left(\frac{\pi}{2}\frac{R}{a}\eta_M\right)}\right]2 \geqq \alpha. \quad \text{(II 9, 88)}$$

Das in dieser Relation auftretende Gleichheitszeichen definiert den Grenz-Modulationsgrad $\mu \equiv \mu_{gr}$, für welchen das kontrollierte Elektron die Anode eben noch erreicht:

$$\mu_{gr} = \frac{\alpha - 2}{\frac{\pi}{2}\frac{R}{a} \operatorname{tgh}\left(\frac{\pi}{2}\frac{R}{a}\eta_M\right) - \pi \frac{\left(\frac{\pi}{2}\frac{R}{a}\right)^2}{\cosh^2\left(\frac{\pi}{2}\frac{a}{R}\eta_M\right)}} \quad \text{(II 9, 89)}$$

Wir nehmen das Ergebnis der Störungsrechnung nachträglich in deren Prämisse auf, indem wir im Nenner des Ausdruckes (II 9, 89) die Operation

$$\frac{R}{a} \to \frac{1}{2} \quad \text{(II 9, 90)}$$

ausführen. Definieren wir jetzt die Funktion

$$X(\eta_M) = \frac{\pi}{4} \operatorname{tgh}\left(\frac{\pi}{4}\eta_M\right) - \pi \frac{\left(\frac{\pi}{4}\right)^2}{\cosh^2\left(\frac{\pi}{4}\eta_M\right)} \quad \text{(II 9, 91)}$$

mit dem in Abb. II 98 dargestellten Verlauf, so geht (II 9, 89) in

$$\mu_{gr} = \frac{\alpha - 2}{X(\mu_M)} \quad \text{(II 9, 92)}$$

über; Die Abb. II 99; 100 zeigen die hiernach berechneten „Grenz-Kennlinien" des Einschlitz-Magnetrons bei den „Einstellungen" $\alpha = 2{,}25$ und $\alpha = 2{,}5$.

Bezeichnet b die Höhe des Entladungssystemes senkrecht zur x — y-Ebene, so berechnet sich der Elektronenstrom J aus dem je Höheneinheit auftretenden Strombelage A gemäß

$$J = b \cdot A. \quad \text{(II 9, 93)}$$

Zwecks Ermittlung von A deuten wir (II 9, 92) als Bestimmungsgleichung für η_M bei gegebenem Modulationsgrade $\mu \to \mu_{gr}$. Ausgehend von den Funktionswerten

$$X(\eta_0) = 0; \qquad \eta_0 = 1{,}46, \tag{II 9, 94}$$

$$X_{min} = X(-0{,}3) = -2{,}025 \tag{II 9, 95}$$

sowie

$$X_{-\infty} = \lim_{y_M \to -\infty} X(\eta_M) = -0{,}785; \qquad X_{+\infty} = \lim_{y_M \to +\infty} X(\eta_M) = +0{,}785 \tag{II 9, 96}$$

hat man, bei überkritischer Einstellung des Magnetrons, vier Betriebsbereiche von wesentlich verschiedenem Charakter zu unterscheiden:

1. Im Falle

$$\frac{\mu}{a-2} < \frac{1}{X_{min}} \tag{II 9, 97}$$

existiert eine und nur eine endliche Kulminations-Ordinate $\eta_{M,gr'}$, welche sich mit $\mu \to -\infty$ dem Grenzwerte

$$\lim_{\mu \to -\infty} \mu_{M,gr} = \mu_0 = 1{,}46 \tag{II 9, 98}$$

nähert. Da somit alle Elektronen der Eigenschaft $\eta_M < \eta_{M,gr}$ auf die Anode gelangen, übersteigt der resultierende Strombelag jedes Maß:

$$A \to \infty. \tag{II 9, 99}$$

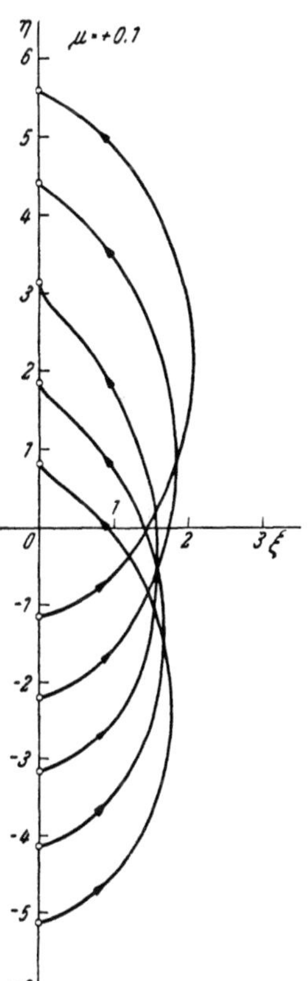

Abb. II 97. Schlitzanoden-Magnetron. Bei positivem Streufeld kulminieren die Elektronenbahnen im Gebiete der Halbanode vom höheren Potentiale.

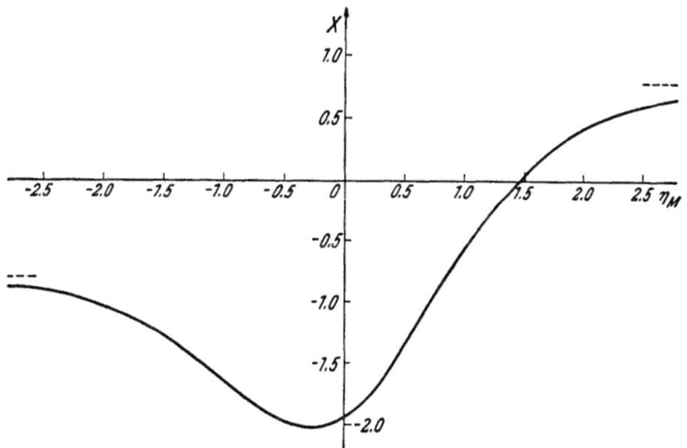

Abb. II 98. Schlitzanoden-Magnetron. Hilfsfunktion zur Berechnung der Grenz-Kennlinie.

2. Im Bereiche

$$X_{min} < \frac{\mu}{a-2} < X_{-\infty} \tag{II 9, 100}$$

schneidet jede Gerade $\mu = \text{const.}$ die Grenzkennlinie in zwei Punkten $\eta_M = \eta_1$ und $\eta_M = \eta_2 > \eta_1$, so daß der Strombelag den endlichen Wert

$$A = j_0 R [\eta_2 - \eta_1] \tag{II 9, 101}$$

annimmt.

3. Für Modulationsgrade

$$X_{-\infty} < \frac{\mu}{\alpha - 2} < X_{+\infty} \qquad \text{(II 9, 102)}$$

treffen die Geraden $\mu = \text{const.}$ die Grenzkennlinie in keinem reellen Punkte: Die Röhre ist für Elektronen aller Startorte gesperrt, der Strombelag verschwindet

$$A = 0. \qquad \text{(II 9, 103)}$$

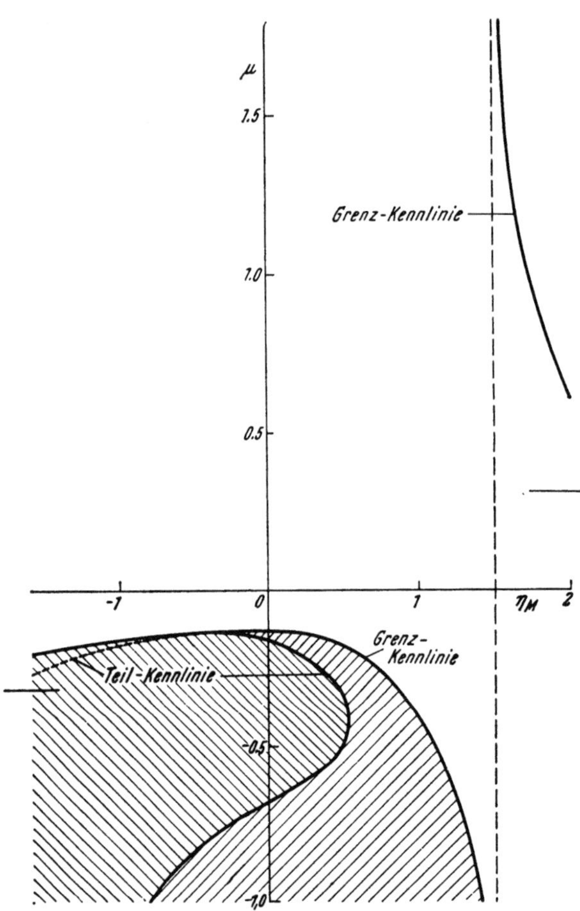

Abb. II 99. Schlitzanoden-Magnetron. Grenz-Kennlinie bei der Einstellung $\alpha = 2{,}25$.

4. Sei

$$\frac{\mu}{\alpha - 2} > X_{+\infty} \qquad \text{(II 9, 104)}$$

so existiert, wie im Falle (II 9, 97), wiederum eine und nur eine Kulminationsordinate $\eta_{M,\,gr}$, welche mit $\mu \to \infty$ dem Grenzwert (II 9, 98) zustrebt; der Strombelag überschreitet auch hier jegliches Maß

$$A \to \infty. \qquad \text{(II 9, 105)}$$

Nachdem vermöge (II 9, 99), (II 9, 101), (II 9, 103) und (II 9, 105) der Strombelag A als bekannt gelten darf, verlangt die Theorie des *Habann*-Effektes die Klassifizierung aller von der Anode eingefangenen Elektronen nach ihrem Ankunftsort auf einer der beiden Halbanoden $\eta \gtrless 0$. Die beiden unterschiedlichen Gruppen werden kinematisch durch jene Trajektorien voneinander getrennt, welche beim erstmaligen Kreuzen der Ebene $\xi = \alpha$ gerade die Spaltebene $\eta = 0$ passieren. Daher genügen die „teilenden" Trajektorien gemäß (II 9, 85) der Bedingung

$$0 = \eta_0 + \left[1 + \mu\left\{\frac{\pi}{2}\frac{R}{a}\,\text{tgh}\left(\frac{\pi}{2}\frac{R}{a}\eta_M\right)\vartheta - \pi\frac{\left(\frac{\pi}{2}\frac{R}{a}\right)^2}{\cosh^2\left(\frac{\pi}{2}\frac{R}{a}\eta_M\right)}\right\}\right](\tau - \sin\tau) +$$

$$+ \mu\frac{\left(\frac{\pi}{2}\frac{R}{a}\right)^2}{\cosh^2\left(\frac{\pi}{2}\frac{R}{a}\eta_M\right)}\left\{\frac{\tau^2}{2} - (1 - \cos\tau)\right\}. \qquad \text{(II 9, 106)}$$

Sie definiert zusammen mit (II 9, 87), nachdem sowohl dort wie hier die korrigierende Operation (II 9, 90) ausgeführt wurde, einen funktionellen Zusammenhang des „teilenden Modulationsgrades" $\mu \to \mu_T$ mit der Kulminationsordinate η_M der ungestörten Elektronenbahn

$$\mu_T = f(\mu_M). \quad \text{(II 9, 107)}$$

Um diese Funktion explizit herzustellen, hat man aus (II 9, 87) und (II 9, 106) die numerische Zeit $\tau \equiv \tau_a$ zu eliminieren. Bei der Durchführung dieses Prozesses dürfen wir, unter Berufung auf die Kleinheit von $|\mu|$,

$$\tau \equiv \tau_a = \pi + \varepsilon; \quad \varepsilon \ll \pi \quad \text{(II 9, 108)}$$

setzen. Indem wir hierbei zunächst (II 9, 87) nach Potenzen von ε entwickeln und dann nur die niedersten Grade beibehalten, folgt mit Rücksicht auf (II 9, 91)

$$a = [1 + \mu\, X(\eta_M)]\left[2 - \frac{\varepsilon^2}{2}\right] \quad \text{(II 9, 109)}$$

und also, da das mit $\mu\, \varepsilon^2$ proportionale Glied als sehr klein gegen alle übrigen gilt,

$$\varepsilon^2 = 2[2 - a] + 2\mu\, X(\eta_M). \quad \text{(II 9, 110)}$$

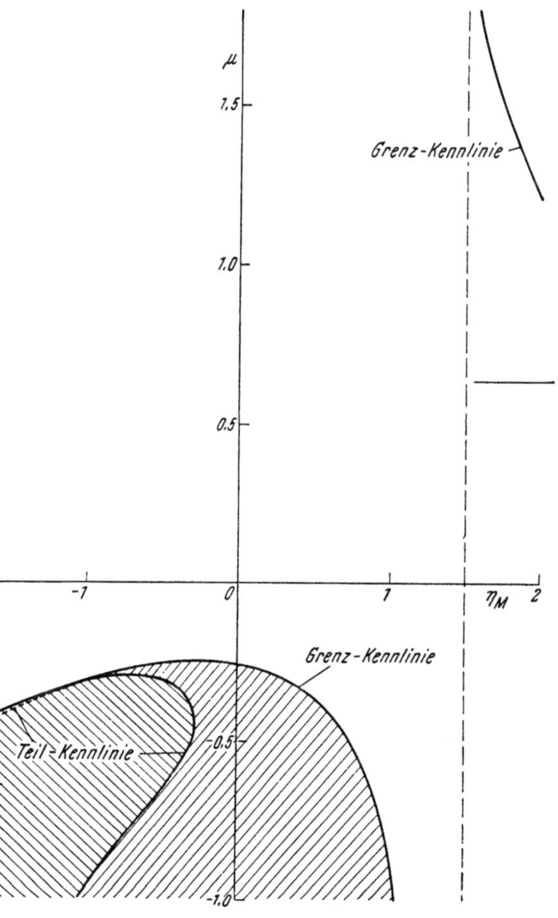

Abb. II 100. Schlitzanoden-Magnetron. Grenz-Kennlinie bei der Einstellung $a = 2{,}5$.

Auf dem nämlichen Wege gewinnt man aus (II 9, 106) die Gleichung

$$0 = \eta_0 + [1 + \mu\, X(\eta_M)]\,[\pi + 2\,\varepsilon] + \mu \frac{\left(\frac{\pi}{4}\right)^2}{\cosh^2\left(\frac{\pi}{4}\eta_M\right)}\left(\frac{\pi^2}{2} - 2\right) \quad \text{(II 9, 111)}$$

oder

$$-2\,\varepsilon = \eta_M + \mu\, Y(\eta_M), \quad \text{(II 9, 112)}$$

wobei die Funktion $Y(\eta_M)$ durch

$$Y(\eta_M) = \pi \cdot X(\eta_M) + \frac{\left(\frac{\pi}{4}\right)^2}{\cosh^2\left(\frac{\pi}{4}\eta_M\right)}\left(\frac{\pi^2}{2} - 2\right) \quad \text{(II 9, 113)}$$

mit dem in Abb. II 101 dargestellten Verlauf definiert wurde. Die Kombination von (II 9, 110) und (II 9, 112) führt nunmehr auf die in $\mu \equiv \mu_T$ quadratische Gleichung

$$\mu_T^2 + 2\,K_1 \mu_T + K_2 = 0, \tag{II 9, 114}$$

Abb. II 101. Schlitzanoden-Magnetron. Hilfsfunktion zur Ermittlung der Teil-Kennlinie.

deren Koeffizienten K_1 und K_2 durch die Ausdrücke

$$K_1 = \frac{\eta_M\, Y(\eta_M) - 4\, X(\eta_M)}{[Y(\eta_M)]^2}\,; \qquad K_2 = \frac{\eta_M^2 - 8\,(2 - \alpha)}{[Y(\eta_M)]^2} \tag{II 9, 115}$$

gegeben sind.

Unter den Wurzeln der Gl. (II 9, 114)

$$\mu_+ = -K_1 \pm \sqrt{K_1^2 - K_2} \tag{II 9, 116}$$

sind nur jene für die teilende Trajektorie in Rechnung zu stellen, welche gemäß (II 9, 112) einen Wert $\varepsilon \leqq 0$ liefern; denn nur ein solcher schildert die Erstpassage des kontrollierten Elektrons durch die Anodenebene,

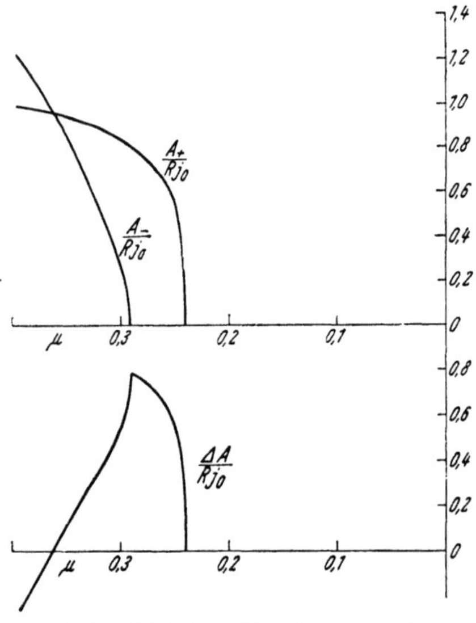

Abb. II 102. Zur Theorie des *Habann*-Effektes.

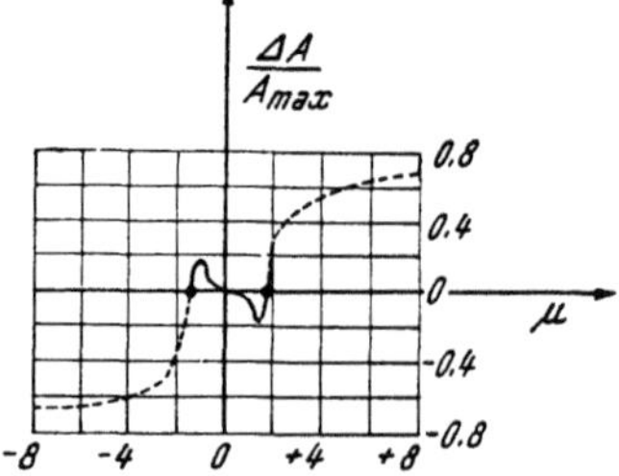

Abb. II 103. Beobachteter *Habann*-Effekt.

während die $\varepsilon > 0$ korrespondierende Zweitpassage der Trajektorie von dem ja vorher eingefangenen Elektron nicht mehr realisiert werden kann. Auf Grund dieser Vorschrift sind in Abb. II 99 für $\alpha = 2{,}25$ und in Abb. II 100 für $\alpha = 2{,}5$ die der jeweils gewählten Einstellung zugehörigen Funktionen (II 9, 107) als „Teilkennlinien" in denjenigen Bereichen voll ausgezogen worden, welche aus $\varepsilon \leqq 0$ resultieren, während die $\varepsilon > 0$ entsprechenden Kurvenstücke lediglich formalen Charakters durch unterbrochene Linien veranschaulicht wurden.

Die Teilkennlinien treten nur im Gebiet negativer Modulationsgrade auf. Da überdies der stromlose Bereich (II 9, 102) des physikalischen Interesses entbehrt, während für $\mu < (\alpha - 2)\, X_{-\infty}$ der Strombelag des ebenen Einschlitz-Magnetrons jedes Maß übersteigt, dürfen wir bei diesem idealisierten Röhrenmodell die Diskussion des *Habann*-Effektes auf das Modulationsgebiet (II 9, 100) beschränken. In Abb. II 102 sind die im Falle $\alpha = 2{,}5$ resultierenden Teil-Strombeläge A_+ und A_- in Abhängigkeit von μ dargestellt. Wegen $\mu < 0$ schildert nun der Strombelag $\genfrac{}{}{0pt}{}{A_+}{A_-}$ die Elektronenbelieferung der Halbanode von $\genfrac{}{}{0pt}{}{\text{niedrigerem}}{\text{höherem}}$ Potential. Daher definiert die Ungleichung

$$\Delta A = A_+ - A_- > 0 \tag{II 9, 117}$$

innerhalb ihres Existenzgebietes den *Habann*-Effekt; er tritt in einer allerdings nur relativ engen Umgebung von $\mu = (\alpha - 2\, X_{max})$ nach Ausweis der Abb. II 103 tatsächlich auf.

II 10. Einfluß elektrischer Störfelder auf die zyklische Elektronenbewegung im magnetischen Felde.

a) Wir untersuchen die Bewegung von Elektronen in einem stationären elektromagnetischen Felde, dessen elektrische Kraftlinien überall senkrecht zum Induktionsvektor B eines homogenen magnetischen Feldes gerichtet sind.

Es wird ein *Kartesi*sches Bezugssystem x, y, z eingeführt, dessen positive z-Achse parallel zu B weise. Der Vektor E der elektrischen Feldstärke wird dann erschöpfend durch seine Komponenten E_x und E_y beschrieben, welche aus dem zweidimensionalen, elektrischen Skalarpotential

$$\varphi = \varphi(x, y) \tag{II 10, 1}$$

mittels der Operationen

$$E_x = -\frac{\partial \varphi}{\partial x}; \qquad E_y = -\frac{\partial \varphi}{\partial y} \tag{II 10, 2}$$

hervorgehen. Wir fassen weiterhin φ als Realteil des komplexen Potentiales χ auf, dessen Imaginärteil die Stromfunktion

$$\psi = \psi(x, y) \tag{II 10, 3}$$

schildert, so daß also

$$\chi = \varphi + i\,\psi \tag{II 10, 4}$$

gilt. Aus den zwischen φ und ψ bestehenden *Cauchy-Riemann*schen Gleichungen

$$\frac{\partial \varphi}{\partial x} = \frac{\partial \psi}{\partial y}; \qquad \frac{\partial \varphi}{\partial y} = -\frac{\partial \psi}{\partial x} \tag{II 10, 5}$$

folgt für den elektrischen Kraftfluß, welcher je Längeneinheit der z-Achse zwischen den ihr parallelen Geraden $G_1 = (x_1, y_1)$ und $G_2 = (x_2, y_2)$ eingeschlossen ist

$$\int_{(x_1, y_1)}^{(x_2, y_2)} \{E_y\, dx - E_x\, dy\} = \int_{(x_1, y_1)}^{(x_2, y_2)} \left\{ -\frac{\partial \varphi}{\partial y} dx + \frac{\partial \varphi}{\partial x} dy \right\} =$$

$$= \int_{(x_1, y_1)}^{(x_2, y_2)} \left\{ \frac{\partial \psi}{\partial x} dx + \frac{\partial \psi}{\partial y} dy \right\} = \psi(x_2, y_2) - \psi(x_1, y_1). \qquad \text{(II 10, 6)}$$

b) Wir setzen die zu beschreibenden Elektronenbewegungen als so langsam voraus, daß auf sie die *Newton*sche Mechanik anwendbar ist.

Bezeichnen wir durch v_x, v_y, v_z die achsenparallelen Komponenten der Geschwindigkeit v, so reduziert sich auf Grund der vorausgesetzten Feldstruktur v_z zu einer Konstanten; da diese stets durch eine passend gewählte *Galilei*-Transformation zum Verschwinden gebracht werden kann, dürfen wir uns fortan auf die Elektronenbewegung in einer Ebene $z = z_0 =$ const. beschränken. Wir identifizieren diese Ebene mit der Ebene $z = 0$ des Bezugssystemes und schreiben in ihr dem Elektron zur Zeit $t = 0$ den Ort (x_0, y_0) und die Geschwindigkeitskomponenten (v_{x_0}, v_{y_0}) zu. Bezeichne B die zur z-Achse parallele Komponente der magnetischen Induktion, so gehorcht demnach die gesuchte Bewegung den Differentialgleichungen

$$m_0 \frac{d^2 x}{dt^2} \equiv m_0 \frac{dv_x}{dt} = -q_0 \{E_x + v_y B\} \qquad \text{(II 10, 7)}$$

und

$$m_0 \frac{d^2 y}{dt^2} \equiv m_0 \frac{dv_y}{dt} = -q_0 \{E_y - v_x B\} \qquad \text{(II 10, 8)}$$

unter den Anfangsbedingungen

$$\left. \begin{matrix} x = x_0; & y = y_0 \\ v_x = v_{x_0}; & v_y = v_{y_0} \end{matrix} \right\} \text{ für } t = 0. \qquad \text{(II 10, 9)}$$

c) Im Falle eines beliebig vorgegebenen, inhomogenen elektrischen Feldes sind die Gleichungen (II 10, 7) und (II 10, 8) einer geschlossenen analytischen Lösung nicht zugänglich. Wir entwickeln deshalb ein Näherungsverfahren unter der Voraussetzung, daß das elektrische Feld die durch

$$m_0 \frac{dv_x}{dt} = -q_0 v_y B, \qquad \text{(II 10, 10)}$$

im Verein mit

$$m_0 \frac{dv_y}{dt} = q_0 v_x B \qquad \text{(II 10, 11)}$$

definierte Grundbewegung nur schwach störe. Führen wir die Kreisfrequenz

$$\omega = \frac{q_0}{m_0} B \qquad \text{(II 10, 12)}$$

ein und bezeichnen mit C_1 und C_2 zwei Integrationskonstanten, so lautet die allgemeine Lösung der Gleichungen (II 10, 10) und (II 10, 11)

$$v_x = C_1 \sin \omega t + C_2 \cos \omega t \qquad \text{(II 10, 13)}$$

und

$$v_y = -C_1 \cos \omega t + C_2 \sin \omega t. \qquad \text{(II 10, 14)}$$

Um sie den Bedingungen (II 10, 9) anzupassen, drücken wir die achsenparallelen Komponenten der Anfangsgeschwindigkeit gemäß Abb. II 104 durch die Größe v_0 der resultierenden Anfangsgeschwindigkeit und deren Neigungswinkel ϑ_0 gegen die x-Achse aus

$$v_{x_0} = v_0 \cos \vartheta_0; \quad v_{y_0} = v_0 \sin \vartheta_0 \qquad \text{(II 10, 15)}$$

und erhalten aus (II 10, 13), (II 10, 14)

$$C_1 = -v_{y_0} = -v_0 \sin \vartheta_0; \quad C_2 = v_{x_0} = v_0 \cos \vartheta_0. \qquad \text{(II 10, 16)}$$

Nach Ersatz von t durch die *numerische Zeit*

$$\tau = \omega t \qquad \text{(II 10, 17)}$$

finden wir somit

$$v_x = v_0 \cos(\tau + \vartheta_0), \qquad \text{(II 10, 18)}$$

$$v_y = v_0 \sin(\tau + \vartheta_0) \qquad \text{(II 10, 19)}$$

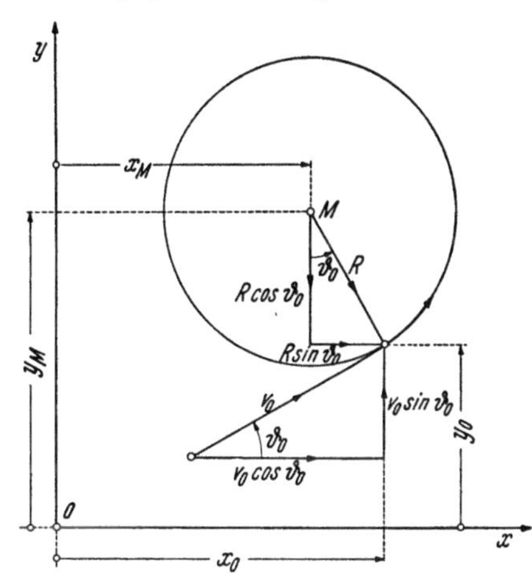

Abb. II 104. Anfangsbedingungen beim Eintritt des Elektrons in das Störfeld.

Die abermalige Integration dieser Gleichungen führt zur Kenntnis der Elektronenbahn

$$x - x_0 = \int_0^t v_x \, dt = \frac{1}{\omega} \int_0^\tau v_x \, d\tau = \frac{v_0}{\omega} [\sin(\tau + \vartheta_0) - \sin \vartheta_0], \qquad \text{(II 10, 20)}$$

$$y - y_0 = \int_0^t v_y \, dt = \frac{1}{\omega} \int_0^\tau v_y \, d\tau = \frac{v_0}{\omega} [\cos \vartheta_0 - \cos(\tau + \vartheta_0)]. \qquad \text{(II 10, 21)}$$

Diese Relationen definieren den Kreis vom Halbmesser

$$R = \frac{v_0}{\omega} = \frac{m_0}{q_0} \cdot \frac{v_0}{B}, \qquad \text{(II 10, 22)}$$

dessen Zentrum M gemäß Abb. II 104 die Koordinaten

$$x_M = x_0 - R \sin \vartheta_0; \qquad y_M = y_0 + R \cos \vartheta_0 \qquad \text{(II 10, 23)}$$

besitzt, während der Radiusvektor vom Startpunkte des Elektrons zum Kreiszentrum gegen die x-Achse um den Winkel

$$\vartheta_M = \vartheta_0 + \frac{\pi}{2} \qquad \text{(II 10, 24)}$$

geneigt ist. Auf Grund dieser einfachen kinematischen Zusammenhänge erreicht das kontrollierte Elektron jeweils zu den numerischen Zeitpunkten

$$\tau_m = (2m + 1)\pi; \qquad m = 0, 1, 2 \ldots \qquad \text{(II 10, 25)}$$

seinen größten Abstand vom Startpunkte

$$r_{max} = \sqrt{(x - x_0)^2_{\tau=\tau_m} + (y - y_0)^2_{\tau=\tau_m}} = 2R, \qquad \text{(II 10, 26)}$$

unabhängig sowohl von der Größe des Startwinkels ϑ_0 wie von der Ordnungszahl m der Bahnkulmination.

d) Zu den ursprünglichen Bewegungsgleichungen (II 10, 7) und (II 10, 8) zurückkehrend, definieren wir die *numerischen Koordinaten* ξ und η durch

$$\xi = \frac{x}{R}; \qquad \eta = \frac{y}{R} \qquad \text{(II 10, 27)}$$

und stellen ihnen die numerischen Komponenten der *Geschwindigkeit*

$$\dot{\xi} = \frac{d\xi}{d\tau} = \frac{v_x}{\omega R} = \frac{v_x}{v_0}; \qquad \dot{\eta} = \frac{d\eta}{d\tau} = \frac{v_y}{\omega R} = \frac{v_y}{v_0} \qquad \text{(II 10, 28)}$$

zur Seite; der Kürze halber behalten wir die Zeichen der unterschiedlichen Feldgrößen auch für jene neuen Funktionen bei, welche aus den früheren nach Ersatz der natürlichen durch die numerischen Koordinaten hervorgehen. Wegen

$$\frac{dv_x}{dt} = \omega v_0 \frac{d\dot{\xi}}{d\tau}; \qquad \frac{dv_y}{dt} = \omega v_0 \frac{d\dot{\eta}}{d\tau} \qquad \text{(II 10, 29)}$$

erscheinen nunmehr die zu behandelnden Differentialgleichungen in der dimensionsfreien Form

$$\frac{d^2\xi}{d\tau^2} \equiv \frac{d\dot{\xi}}{d\tau} = -\left\{\frac{E_\xi}{v_0 B} + \dot{\eta}\right\}, \qquad \text{(II 10, 30)}$$

$$\frac{d^2\eta}{d\tau^2} \equiv \frac{d\dot{\eta}}{d\tau} = -\left\{\frac{E_\eta}{v_0 B} - \dot{\xi}\right\}. \qquad \text{(II 10, 31)}$$

Mit Benützung der Gleichungen (II 10, 18) und (II 10, 19), welche die Grundbewegung beschreiben, setzen wir die resultierende Bewegung in der analytischen Gestalt an

$$\dot{\xi} = \cos(\tau + \vartheta_0) + \Delta\,\dot{\xi}, \qquad \text{(II 10, 32)}$$

$$\dot{\eta} = \sin(\tau + \vartheta_0) + \Delta\,\dot{\eta}. \qquad \text{(II 10, 33)}$$

Hierin definieren $\Delta\,\dot{\xi}$ und $\Delta\,\dot{\eta}$ die „*Störungen*", welche der im reinen Magnetfelde streng zyklischen Bewegung durch das gleichzeitig wirksame elektrische Feld aufgezwungen werden oder, mit anderen Worten, die achsenparallelen Komponenten der numerischen „*Leitbahngeschwindigkeit*", welche die Ortsveränderung des Grundkreis-Zentrums regelt. Durch Substitution der Gleichungen (II 10, 32) und (II 10, 33) in (II 10, 30) und (II 10, 31) entstehen somit als Differentialgleichungen der Störung

$$\frac{d\Delta\,\dot{\xi}}{d\tau} = -\left\{\frac{E_\xi}{v_0 B} + \Delta\,\dot{\eta}\right\}, \qquad \text{(II 10, 34)}$$

$$\frac{d\Delta\,\dot{\eta}}{d\tau} = -\left\{\frac{E_\eta}{v_0 B} - \Delta\,\dot{\xi}\right\}. \qquad \text{(II 10, 35)}$$

Da sie vom mathematischen Standpunkte aus mit den Gleichungen (II 10, 30), (II 10, 31) der resultierenden Bewegung identisch sind, bietet zunächst die Zerlegung (II 10, 32), (II 10, 33) solange keine methodischen Vorteile, als man eine strenge Lösung der Aufgabe erstrebt.

Diese Sachlage ändert sich, sobald man durch die Voraussetzungen

$$\left|\frac{E_\xi}{v_0 B}\right| \ll 1; \qquad \left|\frac{E_\eta}{v_0 B}\right| \ll 1 \qquad \text{(II 10, 36)}$$

nur *schwache Bahnstörungen* zuläßt. Denn dann sind wir berechtigt, in den Ortsfunktionen

$$E_\xi = E_\xi(\xi, \eta); \qquad E_\eta = E_\eta(\xi, \eta) \qquad \text{(II 10, 37)}$$

die numerischen Koordinaten (ξ, η) der *resultierenden* Bewegung durch die entsprechenden Koordinaten allein der *Grundbewegung* zu ersetzen, welche aus (II 10, 20) und (II 10, 21) hervorgehen

$$\xi = \xi_0 + \sin(\tau + \vartheta_0) - \sin\vartheta_0; \qquad \eta = \eta_0 + \cos\vartheta_0 - \cos(\tau + \vartheta_0). \qquad \text{(II 10, 38)}$$

Die Feldkomponenten (II 10, 37) verwandeln sich nunmehr in bekannte Funktionen der numerischen Zeit

$$E_\xi = E_\xi(\tau); \qquad E_\eta = E_\eta(\tau), \qquad \text{(II 10, 39)}$$

mit deren Hilfe (II 10, 34), (II 10, 35) in die allerdings an (II 10, 36) gebundenen Näherungsgleichungen

$$\frac{d\Delta\dot{\xi}}{d\tau} = -\left\{\frac{E_\xi(\tau)}{v_0 B} + \Delta\dot{\eta}\right\}, \qquad \text{(II 10, 40)}$$

$$\frac{d\Delta\dot{\eta}}{d\tau} = -\left\{\frac{E_\eta(\tau)}{v_0 B} - \Delta\dot{\xi}\right\} \qquad \text{(II 10, 41)}$$

übergehen.

Zur Lösung des Systemes (II 10, 40), (II 10, 41) ziehen wir das *Verfahren der variierten Konstanten* heran, indem wir mittels zweier vorerst unbekannter Funktionen $\gamma_1(\tau)$ und $\gamma_2(\tau)$ ansetzen

$$\Delta\dot{\xi} = \gamma_1(\tau)\sin(\tau + \vartheta_0) + \gamma_2(\tau)\cos(\tau + \vartheta_0), \qquad \text{(II 10, 42)}$$

$$\Delta\dot{\eta} = -\gamma_1(\tau)\cos(\tau + \vartheta_0) + \gamma_2(\tau)\sin(\tau + \vartheta_0). \qquad \text{(II 10, 43)}$$

Mit den Abkürzungen

$$\dot{\gamma}_1 = \frac{d\gamma_1}{d\tau}; \qquad \dot{\gamma}_2 = \frac{d\gamma_2}{d\tau} \qquad \text{(II 10, 44)}$$

findet man durch Substitution von (II 10, 42), (II 10, 43) in (II 10, 40), (II 10, 41)

$$\dot{\gamma}_1\sin(\tau + \vartheta_0) + \dot{\gamma}_2\cos(\tau + \vartheta_0) = -\frac{E_\xi(\tau)}{v_0 B}, \qquad \text{(II 10, 45)}$$

$$-\dot{\gamma}_1\cos(\tau + \vartheta_0) + \dot{\gamma}_2\sin(\tau + \vartheta_0) = -\frac{E_\eta(\tau)}{v_0 B}, \qquad \text{(II 10, 46)}$$

also

$$\dot{\gamma}_1 = -\frac{E_\xi(\tau)}{v_0 B}\sin(\tau + \vartheta_0) + \frac{E_\eta(\tau)}{v_0 B}\cos(\tau + \vartheta_0), \qquad \text{(II 10, 47)}$$

$$\dot{\gamma}_2 = -\frac{E_\xi(\tau)}{v_0 B}\cos(\tau + \vartheta_0) - \frac{E_\eta(\tau)}{v_0 B}\sin(\tau + \vartheta_0). \qquad \text{(II 10, 48)}$$

Da nun die Grundbewegung (II 10, 38) bereits den Anfangsbedingungen genügt, folgt aus (II 10, 47), (II 10, 48)

$$\gamma_1(\tau) = -\frac{1}{v_0 B}\int\limits_0^\tau \{E_\xi(\tau')\sin(\tau' + \vartheta_0) - E_\eta(\tau')\cos(\tau' + \vartheta_0)\}\,d\tau', \qquad \text{(II 10, 49)}$$

$$\gamma_2(\tau) = -\frac{1}{v_0 B}\int\limits_0^\tau \{E_\xi(\tau')\cos(\tau' + \vartheta_0) + E_\eta(\tau')\sin(\tau' + \vartheta_0)\}\,d\tau'. \qquad \text{(II 10, 50)}$$

Die Funktionen γ_1 und γ_2 besitzen eine selbständige physikalische Bedeutung. Denn nennen wir Δv_r die *Radialkomponente* der Störbewegung und Δv_t ihre *Tangentialkomponente* relativ zur ungestörten Kreisbahn des kontrollierten Elektrons, so gilt nach Abb. II 105

$$\Delta v_x = \Delta v_r\sin(\tau + \vartheta_0) + \Delta v_t\cos(\tau + \vartheta_0), \qquad \text{(II 10, 51)}$$

$$\Delta v_y = -\Delta v_r\cos(\tau + \vartheta_0) + \Delta v_t\sin(\tau + \vartheta_0), \qquad \text{(II 10, 52)}$$

also, nachdem man beide Gleichungen mit v_0 gekürzt hat und die Definitionen (II 10, 28) und (II 10, 32) beachtet,

$$\Delta\,\dot{\xi} = \frac{\Delta\,v_r}{v_0}\sin(\tau+\vartheta_0) + \frac{\Delta\,v_t}{v_0}\cos(\tau+\vartheta_0), \qquad \text{(II 10, 53)}$$

$$\Delta\,\dot{\eta} = -\frac{\Delta\,v_r}{v_0}\cos(\tau+\vartheta_0) + \frac{\Delta\,v_t}{v_0}\sin(\tau+\vartheta_0). \qquad \text{(II 10, 54)}$$

Der Vergleich dieser Relationen mit (II 10, 42), (II 10, 43) liefert

$$\gamma_1 = \frac{\Delta\,v_r}{v_0}\,; \qquad \gamma_2 = \frac{\Delta\,v_t}{v_0} \qquad \text{(II 10, 55)}$$

so daß γ_1 den zeitlichen Verlauf der *numerischen Radial-Störgeschwindigkeit*, γ_2 den zeitlichen Verlauf der *numerischen Tangential-Störgeschwindigkeit* schildert.

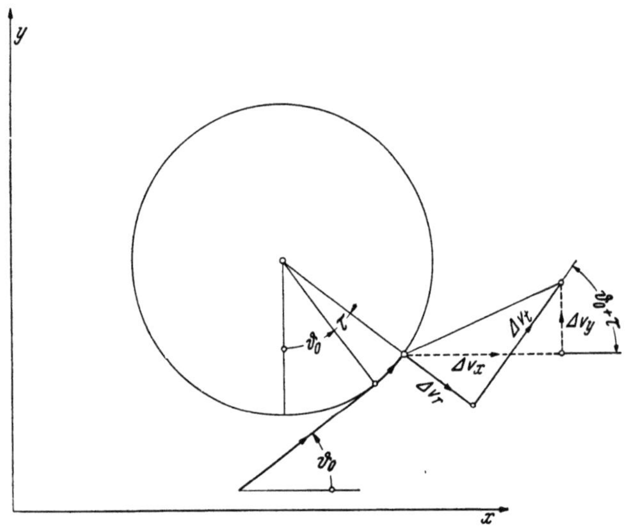

Abb. II 105. Relation zwischen den *Kartes*ischen und den polaren Komponenten der Störgeschwindigkeit.

Zur Berechnung der Integrale (II 10, 49), (II 10, 50) greifen wir auf die Gleichungen (II 10, 38) der Grundbewegung zurück, deren Bahnelemente somit den Relationen

$$d\xi = \cos(\tau+\vartheta_0)\,d\tau\,; \qquad d\eta = \sin(\tau+\vartheta_0)\,d\tau \qquad \text{(II 10, 56)}$$

genügen. Definieren wir das Spannungsäquivalent φ_0 der Startgeschwindigkeit v_0 durch

$$q_0\,\varphi_0 = \frac{1}{2}\,m_0\,v_0^2\,; \qquad \varphi_0 = \frac{1}{2}\,\frac{m_0}{q_0}\,v_0^2 = \frac{1}{2}\,B\,R\,v_0, \qquad \text{(II 10, 57)}$$

so schließen wir mit Benützung der Identitäten $E_\xi = E_x$ sowie $E_\eta = E_y$ aus (II 10, 49) und (II 10, 27) unter Beachtung von (II 10, 6)

$$\gamma_1 = -\frac{1}{v_0\,B\,R}\int\limits_{(0,0)}^{(x,y)}\{E_x\,dy - E_y\,dx\} = \frac{1}{2\,\varphi_0}\{\psi(x,y) - \psi(0,0)\} \qquad \text{(II 10, 58)}$$

und aus (II 10, 50), (II 10, 27) und (II 10, 2)

$$\gamma_2 = -\frac{1}{v_0 B R}\int_{(0,0)}^{(x,y)} \{E_x\, dx + E_y\, dy\} = \frac{1}{2\varphi_0}\{\varphi(x, y) - \varphi(0, 0)\}. \quad \text{(II 10, 59)}$$

Die Gleichungen (II 10, 58) und (II 10, 59) enthalten folgenden Satz: Man zeichne sich die Karte des komplexen Potentiales χ und trage in sie die ungestörte Elektronenbahn ein. Von dem Faktor $1/2\varphi_0$ abgesehen mißt dann die Änderung der *Stromfunktion* relativ zum Startort des kontrollierten Elektrons den Gang der *Störung senkrecht zur Bahn*, während die ebenso bezogene Änderung des *reellen Potentiales* Auskunft über die Störung der *in der Bahn liegenden Komponente* der Geschwindigkeit erteilt. Um die Tragweite dieses Ergebnisses zu beurteilen, beachte man, daß die Stärke des Magnetfeldes in (II 10, 58), (II 10, 59) nur implizit in der Form der ungestörten Bahn eingeht. Insbesondere bleiben also die genannten Aussagen auch im Grenzfalle $B \to 0$ erhalten, bei welchem wegen $R \to \infty$ die ungestörte Bahn zu einer Geraden entartet. Von diesem speziellen Resultate haben wir schon früher Gebrauch gemacht [vgl. Ziffer I 5].

e) Wir setzen abkürzend

$$\overline{\varphi} = \varphi(x, y) - \varphi(0, 0); \qquad \overline{\psi} = \psi(x, y) - \psi(0, 0). \quad \text{(II 10, 60)}$$

Die Substitution von (II 10, 58), (II 10, 59) in (II 10, 42), (II 10, 43) ergibt dann

$$\Delta\dot{\xi} = \frac{1}{2\varphi_0}[\overline{\psi}\sin(\tau + \vartheta_0) + \overline{\varphi}\cos(\tau + \vartheta_0)], \quad \text{(II 10, 61)}$$

$$\Delta\dot{\eta} = \frac{1}{2\varphi_0}[-\overline{\psi}\cos(\tau + \vartheta_0) + \overline{\varphi}\sin(\tau + \vartheta_0)]. \quad \text{(II 10, 62)}$$

Drückt man hierin die numerischen Koordinaten ξ und η der Funktionen $\overline{\varphi}$ und $\overline{\psi}$, abermals unter Berufung auf (II 10, 36), approximativ mittels (II 10, 38) durch die numerische Zeit τ aus, so erhält man die numerischen Koordinaten der Störung durch Berechnung der Integrale

$$\Delta\xi = \frac{1}{2\varphi_0}\int_0^\tau \{\overline{\psi}(\tau')\sin(\tau' + \vartheta_0) + \overline{\varphi}(\tau')\cos(\tau' + \vartheta_0)\}\, d\tau', \quad \text{(II 10, 63)}$$

$$\Delta\eta = \frac{1}{2\varphi_0}\int_0^\tau \{-\overline{\psi}(\tau')\cos(\tau' + \vartheta_0) + \overline{\varphi}(\tau')\sin(\tau' + \vartheta_0)\}\, d\tau'. \quad \text{(II 10, 64)}$$

Sie liefern die formale Lösung der gestellten Aufgabe. Allein während die zur Berechnung der Störgeschwindigkeiten führenden Integrale mittels des komplexen elektrischen Potentiales χ explizit ausgewertet werden konnten, existiert keine derartige Integrationsfunktion für die Koordinatenintegrale (II 10, 63), (II 10, 64).

Um ungeachtet dieser Schwierigkeit allgemein gültige Regeln für den Charakter der Störung zu finden, bedienen wir uns einer *Reihenentwicklung*: Längs der ungestörten Kreisbahn des kontrollierten Elektrons sind $\overline{\varphi}$ und $\overline{\psi}$ gewiß periodische Funktionen des Winkels

$$\vartheta = \tau + \vartheta_0, \quad \text{(II 10, 65)}$$

den der vom Startpunkt des Elektrons zu seinem Ort im Zeitpunkt τ weisende Radiusvektor gegen die ξ-Achse einschließt; daher gestatten

$$\overline{\varphi} = \overline{\varphi}(\vartheta); \qquad \overline{\psi} = \overline{\psi}(\vartheta) \quad \text{(II 10, 66)}$$

je die Entwicklung in eine *Fourier*sche Reihe, und dasselbe gilt auf Grund der Definition (II 10, 60) für die Funktionen

$$\varphi = \varphi(\vartheta); \qquad \psi = \psi(\vartheta), \tag{II 10, 67}$$

also endlich auch für das komplexe Potential

$$\chi = \chi(\vartheta) = \varphi(\vartheta) + i\,\psi(\vartheta). \tag{II 10, 68}$$

Um die behauptete Entwicklung wirklich herzustellen, wählen wir den Kreismittelpunkt M mit den numerischen Koordinaten [vgl. (II 10, 23)]

$$\xi_M = \xi_0 - \sin\vartheta_0; \qquad \eta_M = \eta_0 + \cos\vartheta_0 \tag{II 10, 69}$$

zum Ursprung der gestrichenen, numerischen Koordinaten ξ' und η', indem wir setzen

$$\xi' = \xi - \xi_M = \sin\vartheta; \qquad \eta' = \eta - \eta_M = -\cos\vartheta. \tag{II 10, 70}$$

Bilden wir aus (ξ, η) einerseits, aus (ξ', η') andererseits die komplexen, *Gauß*schen Koordinaten ζ und ζ' nach den Vorschriften

$$\xi + i\,\eta = \zeta; \qquad \xi' + i\,\eta' = \zeta' = \frac{1}{i}\,e^{i\vartheta}, \tag{II 10, 71}$$

so gilt also

$$\zeta = \zeta_M + \zeta'. \tag{II 10, 72}$$

Der Einfachheit halber sei jetzt vorausgesetzt, daß sich das komplexe Potential $\chi = \chi(\zeta)$ in der Umgebung von ζ_M *regulär* verhalte. Dann läßt sich dort $\chi(\zeta)$ in eine Potenzreihe entwickeln, von welcher wir annehmen, daß sie auf dem Kreise $|\zeta'| = 1$ konvergiert:

$$\chi = \chi(\zeta_M) + \frac{\zeta'}{1!}\left(\frac{d\chi}{d\zeta}\right)_{\zeta_M} + \frac{(\zeta')^2}{2!}\left(\frac{d^2\chi}{d\zeta^2}\right)_{\zeta_M} + \dots . \tag{II 10, 73}$$

Sie ist auf Grund von (II 10, 71) mit der gesuchten *Fourier*-Reihe identisch. Man überzeugt sich durch Erweiterung der *Taylor*schen Entwicklung (II 10, 73) zu einer *Laurent*schen nachträglich unschwer von der Existenz der behaupteten *Fourier*schen Reihe unter wesentlich allgemeineren Voraussetzungen bezüglich des analytischen Charakters von $\chi(\zeta)$; doch dürfen wir uns für die hier beabsichtigten Zwecke mit (II 10, 73) begnügen.

Wir bezeichnen mit $p \geqq 0$ eine ganze Zahl [„*Polpaarzahl*"] und richten unser Augenmerk zunächst auf jene p-te Komponente χ_p des komplexen Potentiales $\chi(\zeta')$, welche der p-ten Potenz von ζ' proportional ist. Schreiben wir

$$\left(\frac{d^p\chi}{d\zeta^p}\right)_{\zeta_M} = X_p\,e^{i\,p\,\vartheta_p}; \qquad p = 0, 1, 2 \dots, \tag{II 10, 74}$$

so kann und soll der Winkel ϑ_p stets so gewählt werden, daß X_p reell ausfällt und der Ungleichung $X_p \geqq 0$ genügt. Mit Rücksicht auf (II 10, 71) folgt dann auf dem Kreise $|\zeta'| = 1$

$$\chi = \sum_{p=0}^{\infty} \frac{X_p}{p!}\,e^{i\,p\left(\vartheta_p + \tau + \vartheta_0 - \frac{\pi}{2}\right)}. \tag{II 10, 75}$$

Wir entnehmen dieser Gleichung für die Funktionen $\overline{\varphi}$ und $\overline{\psi}$ die Darstellungen

$$\overline{\varphi} = \sum_{p=0}^{\infty} \frac{X_p}{p!}\left[\cos p\left(\tau + \vartheta_p + \vartheta_0 - \frac{\pi}{2}\right) - \cos p\left(\vartheta_p + \vartheta_0 - \frac{\pi}{2}\right)\right], \tag{II 10, 76}$$

$$\overline{\psi}=\sum_{p=0}^{\infty}\frac{X_p}{p!}\left[\sin p\left(\tau+\vartheta_p+\vartheta_0-\frac{\pi}{2}\right)-\sin p\left(\vartheta_p+\vartheta_0-\frac{\pi}{2}\right)\right]. \quad \text{(II 10, 77)}$$

Der in (II 10, 76), (II 10, 77) formulierten *Feldanalyse* stellen wir die *Analyse der Störbewegung* zur Seite: Für die *Störgeschwindigkeiten* setzen wir an

$$\varDelta\dot{\xi}=\sum_{p=0}^{\infty}\varDelta\dot{\xi}_p;\quad \varDelta\dot{\eta}=\sum_{p=0}^{\infty}\varDelta\dot{\eta}_p \quad \text{(II 10, 78)}$$

und erhalten nach (II 10, 61), (II 10, 62)

$$\begin{aligned}\varDelta\dot{\xi}&=\frac{1}{2\varphi_0}\sum_{p=0}^{\infty}\frac{X_p}{p!}\left[\sin(\tau+\vartheta_0)\left\{\sin p\left(\tau+\vartheta_p+\vartheta_0-\frac{\pi}{2}\right)-\sin p\left(\vartheta_p+\vartheta_0-\frac{\pi}{2}\right)\right\}+\right.\\&\left.+\cos(\tau+\vartheta_0)\left\{\cos p\left(\tau+\vartheta+\vartheta_0-\frac{\pi}{2}\right)-\cos p\left(\vartheta_p+\vartheta_0-\frac{\pi}{2}\right)\right\}\right]=\\&=\frac{1}{2\varphi_0}\sum_{p=0}^{\infty}\frac{X_p}{p!}\left[\{\cos(p-1)\tau-\cos\tau\}\cos\left((p-1)\vartheta_0+p\left(\vartheta_p-\frac{\pi}{2}\right)\right)-\right.\\&\left.-\{\sin(p-1)\tau+\sin\tau\}\sin\left((p-1)\vartheta_0+p\left(\vartheta_p-\frac{\pi}{2}\right)\right)\right], \quad \text{(II 10, 79)}\end{aligned}$$

$$\begin{aligned}\varDelta\dot{\eta}&=\frac{1}{2\varphi_0}\sum_{p=0}^{\infty}\frac{X_p}{p!}\left[-\cos(\tau+\vartheta_0)\left\{\sin p\left(\tau+\vartheta_p+\vartheta_0-\frac{\pi}{2}\right)-\sin p\left(\vartheta_p+\vartheta_0-\frac{\pi}{2}\right)\right\}+\right.\\&\left.+\sin(\tau+\vartheta_0)\left\{\cos p\left(\tau+\vartheta_p+\vartheta_0-\frac{\pi}{2}\right)-\cos p\left(\vartheta_p+\vartheta_0-\frac{\pi}{2}\right)\right\}\right]=\\&=\frac{1}{2\varphi_0}\sum_{p=0}^{\infty}\frac{X_p}{p!}\left[-\{\cos(p-1)\tau-\cos\tau\}\sin\left((p-1)\vartheta_0+p\left(\vartheta_p-\frac{\pi}{2}\right)\right)-\right.\\&\left.-\{\sin(p-1)\tau+\sin\tau\}\cos\left((p-1)\vartheta_0+p\left(\vartheta_p-\frac{\pi}{2}\right)\right)\right]. \quad \text{(II 10, 80)}\end{aligned}$$

Führt man abkürzend ein

$$\cos(p-1)\tau-\cos\tau=-c_p(\tau);\quad \sin(p-1)\tau+\sin\tau=s_p(\tau) \quad \text{(II 10, 81)}$$

und setzt

$$\gamma_p=-\left[(p-1)\vartheta_0+p\left(\vartheta_0-\frac{\pi}{2}\right)\right], \quad \text{(II 10, 82)}$$

so wird also

$$\varDelta\dot{\xi}=-\frac{1}{2\varphi_0}\sum_{p=0}^{\infty}\frac{X_p}{p!}\{c_p(\tau)\cos\gamma_p-s_p(\tau)\sin\gamma_p\}, \quad \text{(II 10, 83)}$$

$$\varDelta\dot{\eta}=-\frac{1}{2\varphi_0}\sum_{p=0}^{\infty}\frac{X_p}{p!}\{c_p(\tau)\sin\gamma_p+s_p(\tau)\cos\gamma_p\}. \quad \text{(II 10, 84)}$$

Diese Relationen lassen für jede Ordnungszahl p die Einführung eines neuen Koordinatensystems ξ_p^*, η_p^* angezeigt erscheinen, welches relativ zum System ξ, η um den Winkel γ_p im mathematisch-positiven Sinne gedreht ist. Denn dann nehmen die Differentialgleichungen (II 10, 79), (II 10, 80) die Form an

$$\Delta\, \dot{\xi}_p^* = -\frac{1}{2\,\varphi_0}\,\frac{X_p}{p!}\,c_p, \qquad \text{(II 10, 85)}$$

$$\Delta\, \dot{\eta}_p^* = -\frac{1}{2\,\varphi_0}\,\frac{X_p}{p!}\,s_p. \qquad \text{(II 10, 86)}$$

Aus ihnen folgen durch Integration die zugehörigen Störkoordinaten

$$\Delta\, \xi_p^* = -\frac{1}{2\,\varphi_0}\cdot\frac{X_p}{p!}\,S_p(\tau); \qquad S_p(\tau) = \sin\tau - \frac{\sin(p-1)\,\tau}{p-1}, \qquad \text{(II 10, 87)}$$

$$\Delta\, \eta_p^* = -\frac{1}{2\,\varphi_0}\cdot\frac{X_p}{p!}\,C_p(\tau); \qquad C_p(\tau) = 1 - \cos\tau + \frac{1-\cos(p-1)\,\tau}{p-1}. \qquad \text{(II 10, 88)}$$

Durch Rücktransformation auf das System ξ, η findet man somit

$$\Delta\, \xi_p = -\frac{1}{2\,\varphi_0}\,\frac{X_p}{p!}\{S_p(\tau)\cos\gamma_p + C_p(\tau)\sin\gamma_p\}, \qquad \text{(II 10, 89)}$$

$$\Delta\, \eta_p = -\frac{1}{2\,\varphi_0}\cdot\frac{X_p}{p!}\{-S_p(\tau)\cos\gamma_p + C_p(\tau)\cos\gamma_p\}, \qquad \text{(II 10, 90)}$$

so daß man zu einer erschöpfenden Kenntnis dieser Störbahnen durch die kinematische Beschreibung wesentlich der in (II 10, 87), (II 10, 88) definierten Funktionen $S_p(\tau)$ und $C_p(\tau)$ gelangt. Wir spezialisieren dieses Ergebnis auf folgende Beispiele:

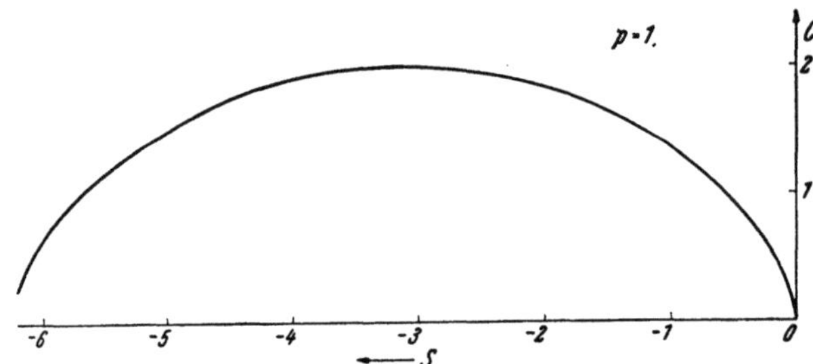

Abb. II 106. Zykloide als Störbahn im Felde der Polpaar-Zahl p = 1.

1. Der Grenzübergang $p \to 1$ führt auf die Bewegung des Elektrons in einem elektrischen Homogenfelde:

$$\lim_{p\to 1} S_p(\tau) = \sin\tau - \tau; \qquad \lim_{p\to 1} C_p(\tau) = 1 - \cos\tau. \qquad \text{(II 10, 91)}$$

Diese beiden Gleichungen schildern eine *Zykloide* nach Abb. II 106. Diese Aussage beansprucht, über den nur approximativen Charakter der Störungsrechnung hinausgehend, strenge Gültigkeit. Denn im Falle $p \to 1$ geht das elektrische Feld in ein Homogenfeld über, welches als solches von dem jeweiligen Orte des kontrollierten Elektrons unabhängig ist.

2. Für $p = 2$ finden wir

$$S_p(\tau) = 0; \qquad C_p(\tau) = 2\,(1 - \cos\tau), \qquad \text{(II 10, 92)}$$

so daß sich die Störbewegung auf die *Oszillation des kontrollierten Elektrons längs einer geraden Strecke* reduziert.

3. Für $p = 3$ und $p = 4$ vermitteln die Abb. II 107 und II 108 eine Anschauung der entstehenden Störbewegung.

Zusammenfassend erweist sich somit die resultierende Störbahn als eine *periodisch modulierte Driftbewegung*, deren einseitig gerichteter Fortschritt je Periode durch das elektrische Teilfeld der Ordnungszahl $p = 1$ bestimmt ist.

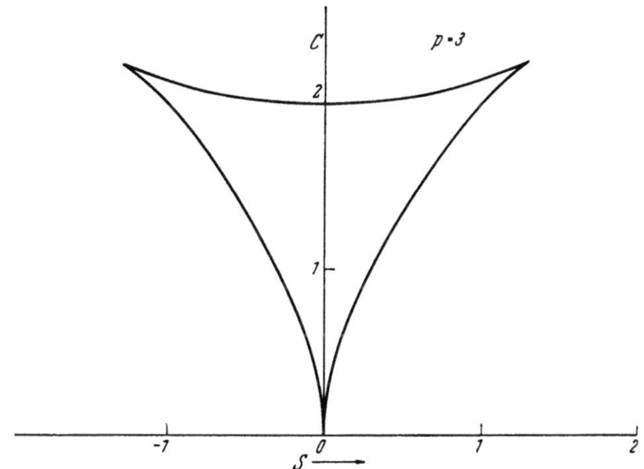

Abb. II 107. Störbahn im Felde der Polpaar-Zahl $p = 3$.

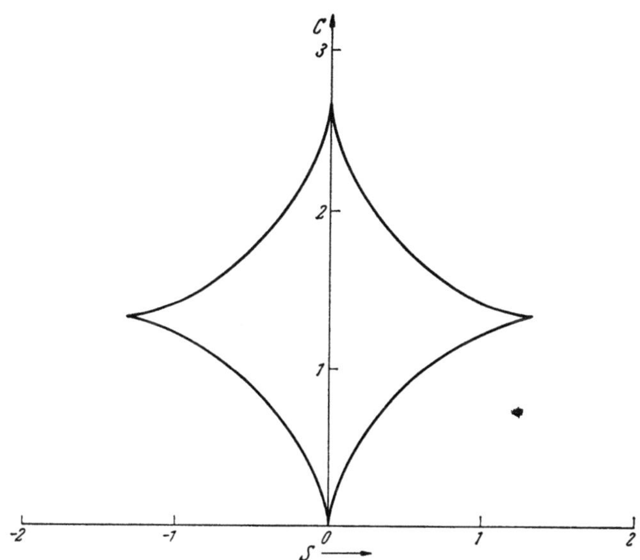

Abb. II 108. Störbahn im Felde der Polpaar-Zahl $p = 4$.

f) Wir entnehmen den Gl. (II 10, 23) und (II 10, 24) die Differentialgesetze der *Elektronenbewegung im Schlitzanoden-Magnetron*

$$m_0 \frac{d^2x}{dt^2} = -q_0 \left\{ E_x + \frac{dy}{dt} \cdot B \right\}, \qquad \text{(II 10, 93)}$$

$$m_0 \frac{d^2y}{dt^2} = -q_0 \left\{ E_y - \frac{dx}{dt} \cdot B \right\}, \qquad \text{(II 10, 94)}$$

Um ihre Integration der hier entwickelten Methode zu erschließen, haben wir das in Ziffer II 9 benützte Modell des Schlitzanoden-Magnetrons derart abzuändern, daß die Elektronen mit gleichförmiger Geschwindigkeit in das magnetische Feld einfallen. Dies gelingt durch eine gedankliche Trennung des vom *Grundpotential* φ_0 der Anode herrührenden *Hauptfeldes* von dem *Streufeld* der *erregenden Potentialdifferenz* $\pm \Delta \varphi$ zwischen je zwei benachbarten Teilanoden: Wir ersetzen das *Hauptfeld* durch eine der Kathode anliegende, homogene elektrische *Doppelschicht* vom Potentialsprung φ_0, während das Streufeld in seiner elektrodendiktierten Lage festgehalten werde. Innerhalb der Doppelschicht sind dann die elektrischen Kräfte des Hauptfeldes unendlich stark sowohl gegenüber den elektrischen Kräften des Streufeldes wie gegenüber den *Lorentz*-Kräften des Magnetfeldes. Daher erleiden dort die Elektronen unmittelbar nach ihrer Emission aus der Kathode einen Beschleunigungsstoß in Richtung der x-Achse, welcher sie mit der uniformen Geschwindigkeit

$$v_0 = \sqrt{2 \frac{q_0}{m_0} \varphi_0} \tag{II 10, 95}$$

in den Streufeldraum

$$0 < x < a; \qquad -\infty < y < +\infty \tag{II 10, 96}$$

wirft. Da sich dort das elektrische Feld auf

$$E_{x,s} = E_x' = -\frac{\partial \varphi'}{\partial x}; \qquad E_{y,s} = E_y' = -\frac{\partial \varphi'}{\partial y} \tag{II 10, 97}$$

reduziert, gehen die Gleichungen (II 10, 93), (II 10, 94) in

$$m_0 \frac{d^2x}{dt^2} = -q_0 \left\{E_x' + \frac{dy}{dt} B\right\}, \tag{II 10, 98}$$

$$m_0 \frac{d^2y}{dt^2} = -q_0 \left\{E_y' - \frac{dy}{dt} B\right\} \tag{II 10, 99}$$

über; sie sind unter den Anfangsbedingungen

$$x = 0; \qquad y = y_0 \qquad \text{für} \qquad t = 0 \tag{II 10, 100}$$

und

$$\frac{dx}{dt} = v_0; \qquad \frac{dy}{dt} = 0 \qquad \text{für} \qquad t = 0 \tag{II 10, 101}$$

zu integrieren.

Um die vorgeschlagene Untersuchungsmethode zu rechtfertigen, haben wir zunächst nachzuweisen, daß sie die Betriebseigenschaften eines gewissen ungeschlitzten Magnetrons wiederzugeben vermag, welches sich allerdings von dem ursprünglich vorgelegten Systeme in charakteristischer Weise unterscheidet: Wir setzen vorübergehend $\varphi' = 0$ und erhalten an Stelle von (II 10, 98), (II 10, 99)

$$\frac{d^2x}{dt^2} = -\left(\frac{q_0}{m_0} B\right) \frac{dy}{dt}, \tag{II 10, 102}$$

$$\frac{d^2y}{dt^2} = +\left(\frac{q_0}{m_0} B\right) \frac{dx}{dt}. \tag{II 10, 103}$$

Mit Rücksicht auf (II 10, 100) und (II 10, 101) liefert die Integration von (II 10, 103) die Relation

$$\frac{dy}{dt} = \left(\frac{q_0}{m_0} B\right) x, \tag{II 10, 104}$$

deren Substitution in (II 10, 102) auf

$$\frac{d^2x}{dt^2} + \left(\frac{m_0}{q_0} B\right)^2 x = 0 \qquad \text{(II 10, 105)}$$

führt. Setzt man hier, im Einklang mit (II 10, 12)

$$\omega = \frac{q_0}{m_0} B, \qquad \text{(II 10, 106)}$$

so lautet das (II 10, 100), (II 10, 101) angepaßte Integral der Gl. (II 10, 105)

$$x = R \sin \omega t; \qquad R = \frac{v_0}{\omega} \qquad \text{(II 10, 107)}$$

und (II 10, 104) liefert durch Integration

$$y = y_0 + R(1 - \cos \omega t). \qquad \text{(II 10, 108)}$$

Aus den Zykloidengleichungen (II 10, 107), (II 10, 108) folgt die kinematische Alternative $R \lesseqgtr a$, welche mit Rücksicht auf (II 10, 95), (II 10, 106) und (II 10, 107) in der Form

$$\frac{4 \varphi_0}{\frac{q_0}{m_0} (a B)^2} \lesseqgtr 1 \qquad \text{(II 10, 109)}$$

geschrieben werden kann. In dieser Ungleichung schildert das $\genfrac{}{}{0pt}{}{\text{obere}}{\text{untere}}$ Zeichen den Betrieb der Röhre mit $\genfrac{}{}{0pt}{}{\text{gesperrtem}}{\text{vollem}}$ Anodenstrom. Wir vergleichen diese Aussage mit den Eigenschaften des ursprünglich vorgelegten Magnetrons an Hand der Gl. (II 10, 32), welche die Alternative

$$x_{max} = x_{(\omega t = \pi)} = \frac{q_0}{m_0} \cdot \frac{\varphi_0}{a} \cdot \frac{1}{\omega^2} \cdot 2 \lesseqgtr a \qquad \text{(II 10, 110)}$$

enthält. Die verglichenen Systeme werden also einander betrieblich gleichwertig, falls man, bei festem Betrage der magnetischen Induktion, der Doppelschicht des hier eingeführten Modelles den „wirksamen" Potentialsprung

$$\varphi_w = \frac{1}{2} \varphi_0 \qquad \text{(II 10, 111)}$$

erteilt. Um diesem Sachverhalt Rechnung zu tragen, werden wir weiterhin in den Daten der Doppelschicht das Symbol φ_0 durch φ_w ersetzen. Führen wir jetzt die numerischen Koordinaten ξ und η nach (II 10, 27) samt der numerischen Zeit nach (II 10, 17) ein, so entsteht mit Rücksicht auf

$$E_x' \equiv E_\xi' = -\frac{1}{R} \frac{\partial \varphi'}{\partial \xi}; \qquad E_y' \equiv E_\eta' = -\frac{1}{R} \frac{\partial \varphi'}{\partial \eta} \qquad \text{(II 10, 112)}$$

aus (II 10, 98), (II 10, 99)

$$\frac{d^2\xi}{d\tau^2} = \frac{1}{2 \varphi_W} \cdot \frac{\partial \varphi'}{\partial \xi} - \frac{d\eta}{d\tau} \qquad \text{(II 10, 113)}$$

$$\frac{d^2\eta}{d\tau^2} = \frac{1}{2 \varphi_W} \cdot \frac{\partial \varphi'}{\partial \eta} + \frac{d\xi}{d\tau} \qquad \text{(II 10, 114)}$$

samt den Anfangsbedingungen

$$\xi = 0; \qquad \eta = \eta_0 \quad \text{für} \quad \tau = 0, \tag{II 10, 115}$$

$$\frac{d\xi}{d\tau} = 1; \qquad \frac{d\eta}{d\tau} = 0 \quad \text{für} \quad \tau = 0. \tag{II 10, 116}$$

Das hierdurch definierte dynamische Problem geht aus der oben allgemein behandelten Störungsaufgabe hervor, sofern man gemäß (II 9, 21) das komplexe Potential χ' des Streufeldes durch

$$\chi' = \varphi' + i\,\psi' = \frac{\Delta\,\varphi}{\pi\,i} \ln \frac{\operatorname{dn}\left\{K \frac{R}{a} (\xi + i\,\eta)\right\}}{\operatorname{cn}\left\{K \frac{R}{a} (\xi + i\,\eta)\right\}} \tag{II 10, 117}$$

darstellt und

$$\xi_0 = 0; \qquad \eta_0 = \frac{y_0}{R}; \qquad \vartheta_0 = 0 \tag{II 10, 118}$$

setzt.

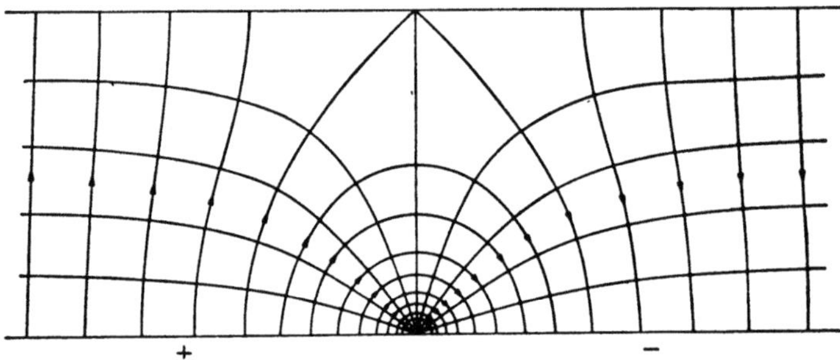

Abb. II 109. Struktur des elektrischen Streufeldes im Einschlitz-Magnetron.

Der Kürze halber beschränken wir uns auf den Grenzfall des Einschlitz-Magnetrons gemäß (II 10, 76), (II 10, 77) und erhalten wegen

$$\lim_{k \to 0} \operatorname{dn}\left\{K \frac{R}{a} (\xi + i\,\eta)\right\} = 1;$$

$$\lim_{k \to 0} \operatorname{cn}\left\{K \frac{R}{a} (\xi + i\,\eta)\right\} = \cos\left\{\frac{\pi}{2} \frac{R}{a} (\xi + i\,\eta)\right\} \tag{II 10, 119}$$

aus (II 10, 117)

$$\lim_{k \to 0} \chi' = \frac{\Delta\,\varphi}{\pi\,i} \ln \frac{1}{\cos\left\{\frac{\pi}{2} \frac{R}{a} (\xi + i\,\eta)\right\}}. \tag{II 10, 120}$$

Die Komponenten dieses Potentiales

$$\varphi' = \frac{\Delta\,\varphi}{\pi} \operatorname{arctg}\left\{\operatorname{tg} \frac{\pi}{2} \frac{R}{a}\, \xi \operatorname{tgh} \frac{\pi}{2} \frac{R}{a}\, \eta\right\}, \tag{II 10, 121}$$

$$\psi' = \frac{\Delta\,\varphi}{\pi} \ln \sqrt{\cos^2 \frac{\pi}{2} \frac{R}{a}\, \xi + \sinh^2 \frac{\pi}{2} \frac{R}{a}\, \eta} \tag{II 10, 122}$$

liefern das System der in Abb. II 109 dargestellten Äquipotential- und Feldlinien.

Wir schreiben die ungestörte Bewegung (II 10, 107), (II 10, 108) auf numerische Koordinaten um

$$\xi = \sin \tau, \qquad \text{(II 10, 123)}$$

$$\eta = \eta_0 + 1 - \cos \tau. \qquad \text{(II 10, 124)}$$

Sie kulminiert zur numerischen Zeit

$$\tau_K = \frac{\pi}{2} \qquad \text{(II 10, 125)}$$

im Punkte

$$\xi_K = 1; \qquad \eta_K = \eta_0 + 1. \qquad \text{(II 10, 126)}$$

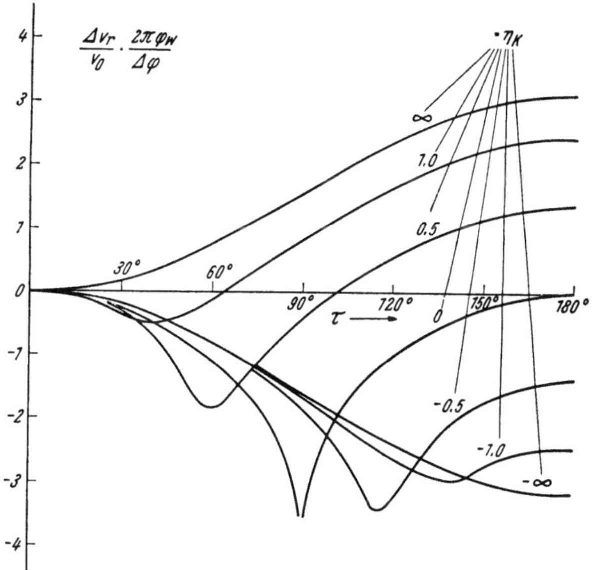

Abb. II 110. Radialkomponente der Störgeschwindigkeit im Einschlitz-Magnetron.

Aus (II 10, 121), (II 10, 122) bilden wir die auf die ungestörte Bahn bezogenen Funktionen

$$\overline{\varphi}' = \varphi'(\xi, \eta) - \varphi'(0, \eta_0) =$$

$$= \frac{\Delta \varphi}{\pi} \operatorname{arctg} \left\{ \operatorname{tg} \left(\frac{\pi}{2} \frac{R}{a} \sin \tau \right) \operatorname{tgh} \left(\frac{\pi}{2} \frac{R}{a} (\eta_K - \cos \tau) \right) \right\}, \qquad \text{(II 10, 127)}$$

$$\overline{\psi}' = \psi'(\xi, \eta) - \psi'(0, \eta_0) =$$

$$= \frac{\Delta \varphi}{\pi} \ln \frac{\sqrt{\cos^2 \left(\frac{\pi}{2} \frac{R}{a} \sin \tau \right) + \sinh^2 \left(\frac{\pi}{2} \frac{R}{a} (\eta_K - \cos \tau) \right)}}{\cosh \left(\frac{\pi}{2} \frac{R}{a} (\eta_K - 1) \right)}. \qquad \text{(II 10, 128)}$$

Man entnimmt daher den Gleichungen (II 10, 58), (II 10, 59), nachdem dort verabredungsgemäß φ_0 mit φ_w vertauscht wurde, als numerische, radiale Störgeschwindigkeit

$$\frac{\Delta v_r}{v_0} = \frac{\Delta \varphi}{2 \pi \varphi_w} \ln \frac{\sqrt{\cos^2 \left(\frac{\pi}{2} \frac{R}{a} \sin \tau \right) + \sinh^2 \left(\frac{\pi}{2} \frac{R}{a} (\eta_K - \cos \tau) \right)}}{\cosh \left(\frac{\pi}{2} \frac{R}{a} (\eta_K - 1) \right)} \qquad \text{(II 10, 129)}$$

und als numerische, tangentiale Störgeschwindigkeit

$$\frac{\Delta \mathrm{v_t}}{\mathrm{v_0}} = \frac{\Delta \varphi}{2\pi \varphi_{\mathrm{w}}} \operatorname{arctg}\left\{\operatorname{tg}\left(\frac{\pi}{2}\frac{\mathrm{R}}{\mathrm{a}}\sin\tau\right)\operatorname{tgh}\left(\frac{\pi}{2}\frac{\mathrm{R}}{\mathrm{a}}(\eta_{\mathrm{K}}-\cos\tau)\right)\right\}. \quad \text{(II 10, 130)}$$

In Abb. II 110 und II 111 sind diese Gleichungen für den Grenzfall $\mathrm{R/a} \to 1$ der kritischen Einstellung des Magnetrons dargestellt worden, wobei als Parameter die Kulminations-Ordinate η_{K} der ungestörten Bahn gewählt wurde. Besonderes Interesse verdienen jene Trajektorien, welche ganz oder teilweise in der „Spaltzone“

$$-1 < \eta_{\mathrm{K}} < +1 \quad \text{(II 10, 131)}$$

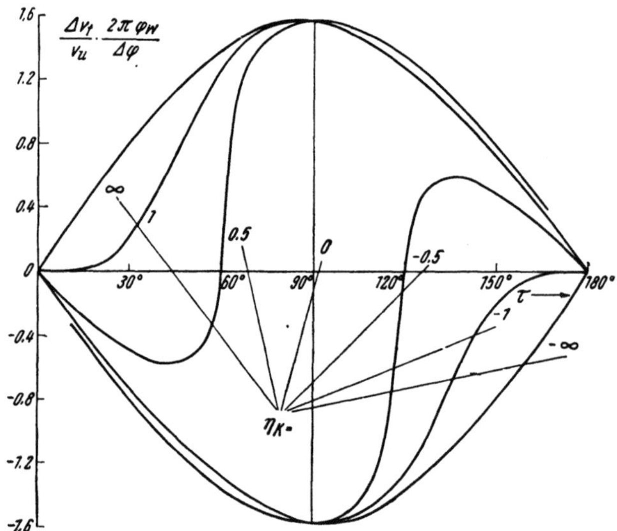

Abb. II 111. Tangentialkomponente der Störgeschwindigkeit im Einschlitz-Magnetron.

verlaufen. Denn die ihnen zugehörigen Elektronen kreuzen gemäß Gl. (II 10, 124) die Spaltebene $\eta = 0$ zur numerischen Passagezeit

$$\tau_0 = \arccos \eta_{\mathrm{K}} \quad \text{(II 10, 132)}$$

und daher wird

$$\frac{\Delta \mathrm{v_r}}{\mathrm{v_0}} = \frac{\Delta \varphi}{2\pi \varphi_{\mathrm{w}}} \ln \frac{\cos\left(\frac{\pi}{2}\frac{\mathrm{R}}{\mathrm{a}}\sqrt{1-\eta_{\mathrm{K}}^2}\right)}{\cosh\left(\frac{\pi}{2}\frac{\mathrm{R}}{\mathrm{a}}(\eta_{\mathrm{K}}-1)\right)} \quad \text{für} \quad \tau = \tau_0, \quad \text{(II 10, 133)}$$

$$\frac{\Delta \mathrm{v_t}}{\mathrm{v_0}} = 0 \quad \text{für} \quad \tau = \tau_0. \quad \text{(II 10, 134)}$$

Sieht man von dem singulären Falle $\eta_{\mathrm{K}} = 0$, $\mathrm{R/a} \to 1$ ab, so ändert sich also die Radialkomponente der Störgeschwindigkeit beim Durchgang des Elektrons durch die Spaltebene nur langsam, während gleichzeitig die Tangentialkomponente der Störgeschwindigkeit rasch ihr Vorzeichen wechselt. Verbinden wir daher nach Abb. II 112 das Zentrum $\mathrm{M} = (0, \eta_{\mathrm{K}})$ der ungestörten Elektronenbahn mit dem Passagepunkt $\mathrm{P} = (\sqrt{1-\eta_{\mathrm{K}}^2}, 0)$ mittels einer senkrecht zur Bahnebene orientierten Fläche, so sind dieser, in elektronenoptischer Terminologie, brechende Eigenschaften zuzuschreiben. Um diesen Sachverhalt quantitativ zu schildern, bilden wir mittels der Identität

$$\cos\left(\frac{\pi}{2}\frac{R}{a}(\xi + i\,\eta)\right) \equiv \frac{e^{i\frac{\pi}{2}\frac{R}{a}(\xi+i\eta)} + e^{-i\frac{\pi}{2}\frac{R}{a}(\xi+i\eta)}}{2} \qquad \text{(II 10, 135)}$$

aus (II 10, 120) die mit zunehmendem $|\eta|$ schnell konvergierenden Entwicklungen

$$\chi' = \frac{\Delta\varphi}{\pi i}\left[\ln 2 \pm i\frac{\pi}{2}\frac{R}{a}(\xi + i\,\eta) - e^{\pm i\pi\frac{R}{a}(\xi+i\eta)} + \ldots\right]; \quad \eta \gtrless 0, \qquad \text{(II 10, 136)}$$

welchen wir

$$\varphi' = \pm\frac{\Delta\varphi}{2}\cdot\left[\frac{R}{a}\xi \mp e^{\mp\frac{R}{a}\eta}\sin\pi\frac{R}{a}\xi + \ldots\right]; \quad \eta \gtrless 0 \qquad \text{(II 10, 137)}$$

entnehmen. Indem wir nur das erste Glied innerhalb der eckigen Klammer beibehalten und $\varphi' \equiv \overline{\varphi}'$ beachten, gelangen wir für den Sprung der tangentiellen Störgeschwindigkeit zu der Abschätzung

$$\left(\frac{\Delta v_t}{v_0}\right)_{\eta>0} - \left(\frac{\Delta v_t}{v_0}\right)_{\eta<0} = \frac{\Delta\varphi}{2\varphi_w}\cdot\frac{R}{a}\sqrt{1-\eta_K^2}. \qquad \text{(II 10, 138)}$$

Da nun die ungestörte Tangentialgeschwindigkeit den festen Wert v_0 besitzt, ändert sich die resultierende Tangentialgeschwindigkeit des Elektrons bei der Passage der brechenden Fläche von

$$v_{t,-} = v_0\left[1 - \frac{1}{2}\frac{\Delta\varphi}{2\varphi_w}\cdot\frac{R}{a}\sqrt{1-\eta_K^2}\right] \qquad \text{(II 10, 139)}$$

auf

$$v_{t,+} = v_0\left[1 + \frac{1}{2}\frac{\Delta\varphi}{2\varphi_w}\cdot\frac{R}{a}\sqrt{1-\eta_K^2}\right]. \qquad \text{(II 10, 140)}$$

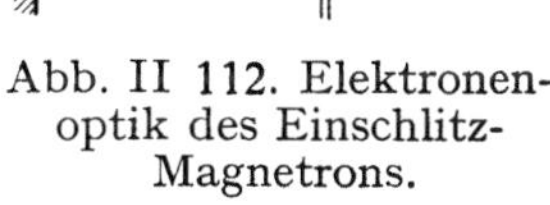

Abb. II 112. Elektronenoptik des Einschlitz-Magnetrons.

Bezeichnen wir jetzt gemäß Abb. II 113 mit α_1 den Einfallswinkel des kontrollierten Elektronenstrahles gegen die brechende Fläche und mit α_2 den Ausfallswinkel, so folgt aus der Stetigkeit der radialen Geschwindigkeitskomponente die Relation

$$\frac{\operatorname{tg}\alpha_2}{\operatorname{tg}\alpha_1} = \frac{v_{t,-}}{v_{t,+}} = \frac{1 - \frac{1}{4}\frac{\Delta\varphi}{\varphi_w}\sqrt{1-\eta_K^2}}{1 + \frac{1}{4}\frac{\Delta\varphi}{\varphi_w}\sqrt{1-\eta_K^2}}. \qquad \text{(II 10, 141)}$$

Abb. II 113. Elektronenbrechung im Einschlitz-Magnetron.

Im Einklang mit den Voraussetzungen der Störungsrechnung bleibt nun der Betrag der radialen Geschwindigkeit stets sehr klein gegen den Betrag der ungestörten, also auch der resultierenden Tangentialgeschwindigkeit. Daher dürfen wir in (II 10, 141) die tg-Funktionen mit den sin-Funktionen jeweils des gleichen Argumentes vertauschen und finden mit Benützung des *Snellius*schen Gesetzes als *Brechungsindex* n des hinter der brechenden Fläche befindlichen elektronenoptischen Mediums gegen das vor dieser Fläche liegende Medium im Passagepunkt $\mathrm{P} = (\sqrt{1 - \eta_K^2}, 0)$ des Elektrons

$$\mathrm{n} = \frac{\sin \alpha_1}{\sin \alpha_2} \approx \frac{\operatorname{tg} \alpha_1}{\operatorname{tg} \alpha_2} = \frac{1 + \frac{1}{4} \frac{\Delta \varphi}{\varphi_w} \sqrt{1 - \eta_K^2}}{1 - \frac{1}{4} \frac{\Delta \varphi}{\varphi_w} \sqrt{1 - \eta_K^2}}. \tag{II 10, 142}$$

Da uns nun die Wahl des Vorzeichens von $\Delta \varphi$ betrieblich freisteht, ergibt sich aus (II 10, 142) folgende, für die Arbeitsweise des Schlitzanoden-Magnetrons fundamentale Alternative:

1. Im Falle des Elektronendriftes von der *negativen* zur *positiven* Halbanode

$$\Delta \varphi > 0 \tag{II 10, 143}$$

treten die Elektronen beim Durchkreuzen der brechenden Fläche in ein elektronenoptisch *dichteres* Medium über: Die Elektronenstrahlen werden *zum Einfallslote hin* gebrochen.

2. Im Falle des Elektronendriftes von der *positiven* zur *negativen* Halbanode

$$\Delta \varphi < 0 \tag{II 10, 144}$$

finden die Elektronen nach Passieren der Radialebene ein elektronenoptisch *dünneres* Medium vor. Die Strahlen werden *vom Einfallslote fort* gebrochen. Man bestätigt diese Folgerungen an Hand der Elektronenbahnen nach Abb. II 96 und II 97, welche dort auf gänzlich anderem Wege gefunden wurden.

g) Die Berechnung der gestörten Elektronenbahnen vereinfacht sich erheblich, falls sich das elektrische Feld während eines vollen Elektronenumlaufes längs des Grundkreises nur um einen relativ kleinen Betrag ändert. Denn unter solchen Bedingungen darf man in (II 10, 34), (II 10, 35) die Beschleunigung der numerischen Störkoordinaten gegen deren numerische Geschwindigkeit vernachlässigen, so daß sich die genannten Gleichungen mit Rücksicht auf (II 10, 5) und (II 10, 27) auf

$$\Delta \dot{\eta} = -\frac{\mathrm{E}_\xi}{\mathrm{v}_0 \mathrm{B}} = \frac{1}{\mathrm{v}_0 \mathrm{B} \mathrm{R}} \cdot \frac{\partial \varphi}{\partial \xi} = \frac{1}{\mathrm{v}_0 \mathrm{B} \mathrm{R}} \frac{\partial \psi}{\partial \eta}, \tag{II 10, 145}$$

$$\Delta \dot{\xi} = \frac{\mathrm{E}_\eta}{\mathrm{v}_0 \mathrm{B}} = -\frac{1}{\mathrm{v}_0 \mathrm{B} \mathrm{R}} \cdot \frac{\partial \varphi}{\partial \eta} = \frac{1}{\mathrm{v}_0 \mathrm{B} \mathrm{R}} \frac{\partial \psi}{\partial \xi} \tag{II 10, 146}$$

reduzieren.

Wir erinnern uns nun, daß das komplexe Potential $\chi = \varphi + \mathrm{i} \psi$ des elektrischen Störfeldes *relativ zum Bezugssystem* als *statisch* vorausgesetzt wurde. Dagegen stellt ein Beobachter, welcher die „*Leitbahnbewegung*" des Grundkreis-Zentrums mitmacht, je Einheit der numerischen Zeit die Potentialänderung

$$\frac{\mathrm{d}\chi}{\mathrm{d}\tau} = \frac{\partial \chi}{\partial \xi} \Delta \dot{\xi} + \frac{\partial \chi}{\partial \eta} \Delta \dot{\eta} \tag{II 10, 147}$$

fest. Erweitern wir daher Gl. (II 10, 145) mit $\Delta \dot{\xi}$, Gl (II 10, 146) mit $\Delta \dot{\eta}$ und subtrahieren die entstehenden Ausdrücke, so resultiert mit Rücksicht auf (II 10, 147) für die Leitbahn des Grundkreises die kinematische Eigenschaft

$$\frac{\mathrm{d}\varphi}{\mathrm{d}\tau} = 0. \tag{II 10, 148}$$

Diesem merkwürdigen, ja geradezu paradox anmutenden Satze zufolge schreitet die Elektronenbahn in ihrer invariablen Ebene unter beständigen Umläufen längs einer *Äquipotentiallinie* des elektrischen Feldes fort! Um uns über die Geschwindigkeit $|\varDelta \mathrm{v}|$ dieser Driftbewegung zu unterrichten, multiplizieren wir Gl. (II 10, 145) mit $\varDelta \dot{\eta}$, Gl. (II 10, 146) mit $\varDelta \dot{\xi}$ und finden durch Addition der entstehenden Gleichungen mit Beachtung von (II 10, 17), (II 10, 22) und (II 10, 147)

$$(\varDelta \dot{\xi})^2 + (\varDelta \dot{\eta})^2 \equiv \left(\frac{\varDelta \mathrm{v}}{\mathrm{v}_0}\right)^2 = \frac{1}{\mathrm{v}_0 \mathrm{B} \mathrm{R}} \cdot \frac{d\psi}{d\tau} = \frac{\omega}{\mathrm{v}_0^2 \mathrm{B}} \frac{d\psi}{d\tau} \cdot \qquad \text{(II 10, 149)}$$

Nun gilt, falls $|\mathrm{E}|$ den Betrag der elektrischen Feldstärke im Zentrum des Grundkreises zur numerischen Zeit τ bezeichnet

$$\frac{d\psi}{d\tau} \equiv \frac{\varDelta \mathrm{v}}{\omega} \cdot \frac{d\psi}{\varDelta \mathrm{v}\, dt}; \qquad \left|\frac{d\psi}{d\tau}\right| = \left|\frac{\varDelta \mathrm{v}}{\omega}\right| \cdot |\mathrm{E}|, \qquad \text{(II 10, 150)}$$

so daß wir aus (II 10, 149) die einfache Relation

$$|\varDelta \mathrm{v}| = \frac{|\mathrm{E}|}{\mathrm{B}} \qquad \text{(II 10, 151)}$$

entnehmen.

II 11. Das Prinzip des Zyklotrons.

a) Unter einem *Zyklotron* versteht man eine elektromagnetische Ionenzentrifuge, welche den Elektrizitätsträgern durch stufenweise Beschleunigung sehr große Beträge von kinetischer Energie zu erteilen vermag.

Abb. II 114 zeigt, unter Verzicht auf konstruktive Einzelheiten, die aktiven Elemente der Maschine:

1. Die *Ionenquelle* befindet sich im Zentrum des Gerätes. Sie besteht im wesentlichen aus einer Glühkathoden-Diode, deren Elektronen bei ihrem Flug zur Anode die Moleküle des jeweils gewählten Füllgases oder Dampfes stoßionisieren.

2. Als *Beschleunigungsraum* dient ein evakuierter metallischer Hohlzylinder; er ist durch eine längs seiner Hülle verlaufende, hermetisch verschlossene Trennfuge aus elektrisch isolierendem Stoffe in zwei einander *spiegelbildlich gleiche Kammern* geteilt, welche längs einer Durchmesserebene miteinander kommunizieren.

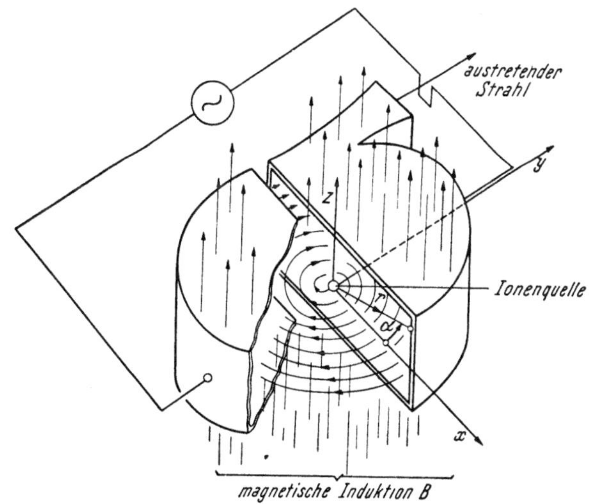

Abb. II 114. Die aktiven Elemente des Zyklotrons.

3. Indem die Halbzylinder des Beschleunigungsgefäßes je mit einer Klemme eines Wechselspannung-Generators verbunden werden, entsteht in der Umgebung der trennenden Durchmesserebene ein elektrisches

Wechselfeld. Es definiert das *Arbeitsfeld*, welchem die Übertragung der Energie auf die Elektrizitätsträger obliegt.

4. Mittels der Pole eines kräftigen *Elektromagneten* wird innerhalb des Beschleunigungsraumes ein zur Zylinderachse paralleles, homogenes *Magnetfeld* vom zeitlich konstanten Betrage B erregt. Es definiert das *Führungsfeld*, welches vermöge seiner *Lorentz*-Kraft die bewegten Ionen je nach erfolgter Energieaufnahme dem Arbeitsfelde aufs neue zuzuleiten hat.

5. Zur Ausnützung der aus dem Schleuderprozeß resultierenden kinetischen Ionenenergie sind beispielsweise folgende Wege geeignet:

α) An der Peripherie einer der Kammern des Beschleunigungsgefäßes werden die Pole des Elektromagneten derart verformt, daß dort das Führungsfeld bis auf einen geringfügigen Rest verschwindet. Die Ionen bewegen sich nunmehr merklich geradlinig und können den Beschleunigungsraum durch ein passend gerichtetes *Austrittsrohr* verlassen.

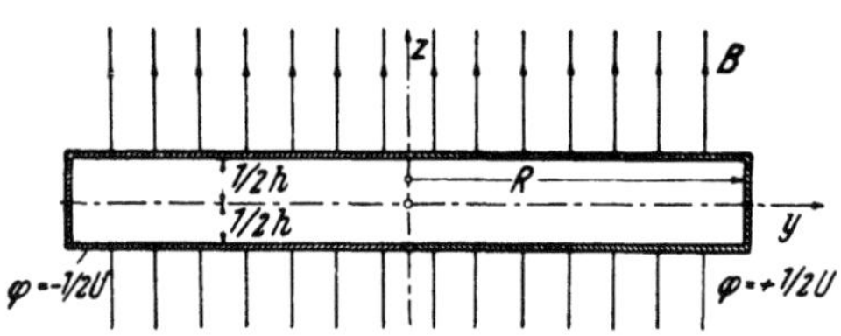

Abb. II 115. Orientierung in der Entladungskammer des Zyklotrons.

β) Man lenkt die Ionen auf eine im Innern des Beschleunigungsraumes nahe seines zylindrischen Mantels angeordnete *Prallelektrode*. Bei der von ihr erzwungenen Bremsung der Ionen setzt sich deren kinetische Energie in solche kurzwelliger *Röntgenstrahlen* um, welche durch die Wände des Gefäßes nach außen treten und dort weiter nutzbar gemacht werden können.

Aufgabe der Theorie ist es, die Bewegung der Ionen im Zyklotron quantitativ zu beschreiben.

b) Wir orientieren uns im Beschleunigungsraum des Zyklotrons mittels eines rechtshändigen, *Kartes*ischen Koordinatensystemes x, y, z, dessen Ursprung wir mit dem Zentrum der Maschine identifizieren; der gleiche Punkt definiert laut Übereinkunft die *Ionenquelle.* Die z-Achse möge parallel zum Vektor der magnetischen Induktion *B* gerichtet sein, während die x-Achse in der Trennebene der beiden Halbzylinder liege. Diejenige der beiden Kammern, in deren Inneres die positive y-Achse weist, wird — ohne Rücksicht auf die während des Betriebes gesetzmäßig wechselnde Polarität der genannten Kammer — als positiv bezeichnet. Es sei R der lichte Halbmesser des Beschleunigungsgefäßes, h seine lichte Höhe, wobei

$$h \ll R \tag{II 11, 1}$$

vorausgesetzt wird [Abb. II 115].

c) Wir beschäftigen uns zunächst mit der *Struktur des elektrischen Arbeitsfeldes.* Sein Erregergenerator erzeuge eine mit der Kreisfrequenz ω einfach harmonisch pulsierende Wechselspannung der Amplitude U_{max}. Sei $t = 0$ der Startzeitpunkt des kontrollierten Ions, so setzen wir jene Spannung U als Funktion der Zeit in der Form an

$$U = U_{max} \cdot \sin(\omega t + \vartheta). \tag{II 11, 2}$$

Der Winkel ϑ mißt somit die *Anfangsphase,* welche sich zwischen 0 und 2π beliebig ändern kann.

Die Frequenz $f = \omega/2\pi$ wird als so klein gegen die unterste elektromagnetische Eigenfrequenz des von den beiden Kammern gebildeten Hohlraumes vorausgesetzt, daß das zwischen ihnen ausgespannte elektrische

Feld in jedem Augenblicke mit jenem statischen Felde vertauscht werden darf, welches der gleichzeitig wirksamen Spannung $U = U(t)$ korrespondiert. Daher kann das elektrische Arbeitsfeld durch ein skalares Potential φ beschrieben werden, welches gemäß (II 11, 1) nicht merklich von der x-Koordinate abhängt; es genügt somit der zweidimensionalen *Laplace*schen Gleichung

$$\frac{\partial^2 \varphi}{\partial y^2} + \frac{\partial^2 \varphi}{\partial z^2} = 0. \qquad \text{(II 11, 3)}$$

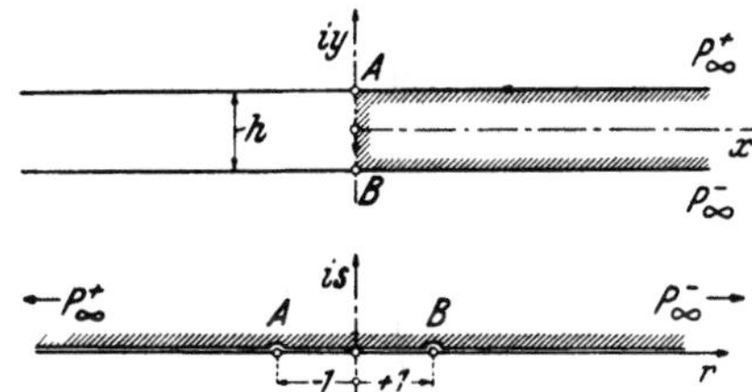

Abb. II 116. Zur Berechnung des elektrischen Feldes im Zyklotron.

Indem wir die Ebene $x = 0$ mit der Äquipotentialfläche $\varphi = 0$ identifizieren, gelangen wir zu den *Randbedingungen*

$$\varphi = \pm \frac{1}{2} U \quad \text{für} \quad y \gtrless 0; \quad |z| = \frac{1}{2} h. \qquad \text{(II 11, 4)}$$

Das durch (II 11, 3) und (II 11, 4) definierte Potentialproblem ist den Methoden der *konformen Abbildung* zugänglich. Wir setzen

$$y + i z = w \qquad \text{(II 11, 5)}$$

und transformieren den polygonalen Linienzug

$$P_\infty^+ = \left(\infty, \frac{1}{2} h\right) \to A = \left(0, \frac{1}{2} h\right) \to B = \left(0, -\frac{1}{2} h\right) \to P_\infty^- = \left(\infty, -\frac{1}{2} h\right) \qquad \text{(II 11, 6)}$$

nach Abb. II 116 derart auf die reelle Achse der komplexen Hilfsebene

$$r + i s = p, \qquad \text{(II 11, 7)}$$

daß P_∞^+ in $r \to -\infty$, A in $r_A = -1$, B in $r_B = +1$ und P_∞^- in $r \to +\infty$ übergeht. Nach Einführung einer noch zu bestimmenden Maßstabskonstante C lautet die zuständige *Schwarz-Christoffel*sche Differentialgleichung

$$\frac{dw}{dp} = \frac{C}{\sqrt{1 - p^2}}. \qquad \text{(II 11, 8)}$$

Aus ihrem Integral

$$w = C \cdot \arcsin p \qquad \text{(II 11, 9)}$$

folgt mit Rücksicht auf die geometrischen Daten des Elektrodensystemes in der w-Ebene

$$-i \frac{1}{2} h = C \cdot \frac{\pi}{2}; \qquad C = \frac{h}{\pi i}, \qquad \text{(II 11, 10)}$$

also

$$w = \frac{h}{i \pi} \arcsin p; \qquad p = \sin i \frac{\pi}{h} w \equiv \frac{2 \operatorname{tg} i \frac{\pi}{2h} w}{1 + \operatorname{tg}^2 i \frac{\pi}{2h} w}. \qquad \text{(II 11, 11)}$$

Die Randbedingungen (II 11, 4) lauten nach ihrer Übertragung in die p-Ebene

$$\left.\begin{aligned} \varphi &= \frac{1}{2} U \quad \text{für} \quad |r| > 1, \\ \varphi &= 0 \quad \text{für} \quad |r| < 1. \end{aligned}\right\} \qquad \text{(II 11, 12)}$$

Wir ergänzen das Potential φ durch die zugehörige Stromfunktion ψ zum komplexen Potential $\chi = \varphi + i\,\psi$. Man genügt dann (II 11, 12) durch

$$\chi = \frac{U}{2\pi i} \ln \frac{1+p}{1-p}, \qquad \text{(II 11, 13)}$$

sofern man denjenigen Zweig des Logarithmus benützt, dessen Imaginärteil zwischen O und 2π liegt. Durch Substitution von (II 11, 11) in (II 11, 13) findet man somit das komplexe Potential in seiner Abhängigkeit von den Koordinaten der Originalebene [Abb. II 117]

$$\chi = \frac{U}{2\pi i} \ln \frac{1+\sin i\pi \frac{w}{h}}{1-\sin i\pi \frac{w}{h}} \equiv \frac{U}{\pi i} \ln \frac{1+\operatorname{tg} i\pi \frac{w}{2h}}{1-\operatorname{tg} i\pi \frac{w}{2h}} \equiv \frac{U}{\pi i} \ln \operatorname{tg}\left\{\frac{\pi}{4} + i\pi \frac{w}{2h}\right\}. \qquad \text{(II 11, 14)}$$

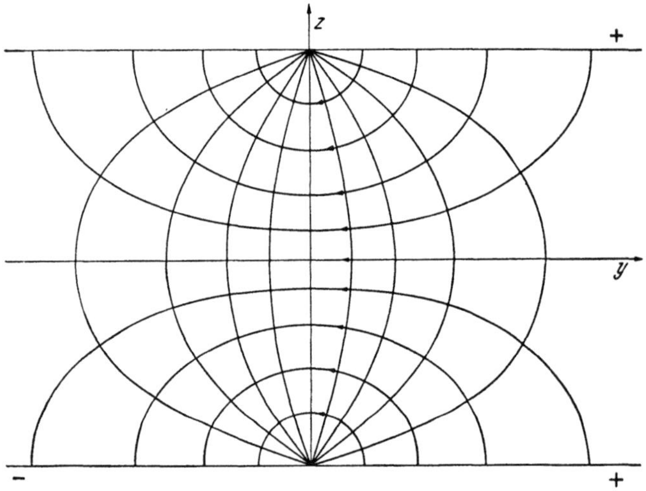

Abb. II 117. Struktur des elektrischen Arbeitsfeldes im Zyklotron.

Durch Abspaltung des Realteiles folgt hieraus

$$\varphi = \frac{U}{\pi} \operatorname{Im}\left\{\ln \operatorname{tg}\left(\frac{\pi}{4} + i\pi \frac{w}{2h}\right)\right\} = \frac{U}{\pi} \operatorname{arc\,tg}\left\{\frac{\sinh \pi \frac{y}{h}}{\cos \pi \frac{z}{h}}\right\}, \qquad \text{(II 11, 15)}$$

so daß wir für das elektrische Feld erhalten (Abb. II 118)

$$E_x = 0; \qquad E_y = -\frac{U}{h} \frac{\cosh \pi \frac{y}{h} \cos \pi \frac{z}{h}}{\sinh^2 \pi \frac{y}{h} + \cos^2 \pi \frac{z}{h}};$$

$$E_z = -\frac{U}{h} \frac{\sinh \pi \frac{y}{h} \sin \pi \frac{z}{h}}{\sinh^2 \pi \frac{y}{h} + \cos^2 \pi \frac{z}{h}}. \qquad \text{(II 11, 16)}$$

d) Die oben vorausgesetzte *Struktur des magnetischen Führungsfeldes* kommt in den Gleichungen

$$B_x = 0; \qquad B_y = 0; \qquad B_z = B \qquad \text{(II 11, 17)}$$

zum Ausdruck; indessen kann man sie nur in der Umgebung der z-Achse realisieren, während sich in größerem Abstand von dieser Achse die *Randwirkung der Pole* bemerkbar macht. Um dieser Erscheinung Rechnung zu tragen, ergänzen wir die Achsenkoordinate z mittels des Achsenabstandes r und des Azimutes α des Kontrollpunktes gemäß

$$x = r \cos \alpha; \qquad y = r \sin \alpha \qquad \text{(II 11, 18)}$$

zu einem Zylinder-Koordinatensystem. Der in (II 11, 17) allein endlichen Achsialkomponente der magnetischen Induktion treten dann im allgemeinen endliche [physikalische] Komponenten

$$B_r = B_x \cos \alpha + B_y \sin \alpha; \qquad B_\alpha = -B_x \sin \alpha + B_y \cos \alpha \qquad \text{(II 11, 19)}$$

zur Seite. Zufolge des Baues der Magnetpole dürfen wir innerhalb des Beschleunigungsgebietes $r \leq R$ die azimutale Komponente der Induktion streichen. Im Einklang mit dieser Eigenschaft der Rotationssymmetrie betrachten wir die verbleibenden Komponenten B_z und B_r der Induktion je als Funktion lediglich von r und z; insbesondere sei in der Äquatorebene

$$B_z = B(r); \qquad B_r = 0 \qquad [z = 0]. \qquad \text{(II 11, 20)}$$

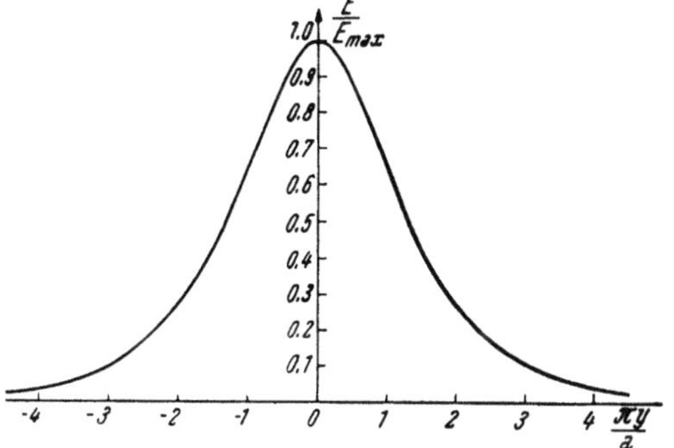

Abb. II 118. Das elektrische Feld in der Äquatorebene des Zyklotrons.

Die hier auftretende Funktion B (r) sei entweder als Resultat einer rechnerischen Analyse des zwischen den Polen ausgespannten magnetischen Feldes oder aus dessen experimenteller Vermessung bekannt. Wir behaupten, daß dann durch die Angaben (II 11, 20) das gesamte magnetische Führungsfeld des Beschleunigungsraumes eindeutig bestimmt ist.

Dem allgemeinen Beweise dieses Satzes sei eine elementare Überlegung vorausgeschickt. Wir wählen in einer beliebigen Meridianebene $\alpha = \text{const.}$ das von den infinitesimal benachbarten Geraden r und $(r + \Delta r)$ sowie den Geraden $z = 0$ und $z \neq 0 = \text{const.}$ begrenzte Kontrollrechteck. Indem wir seinen Umfang im mathematisch positiven Sinne umlaufen, folgt mit Rücksicht auf (II 11, 20) aus der Wirbelfreiheit des magnetischen Feldes $H = B/\Pi$ die Gleichung

$$\int_0^z B_z(r + \Delta r, z')\, dz' - B_r(r, z)\, \Delta r + \int_z^0 B_z(r, z')\, dz' = 0. \qquad \text{(II 11, 21)}$$

Nun beschränken wir uns auf so kleine $|z|$, daß bis auf Glieder höherer Ordnung gilt

$$\int_0^z B_z(r + \Delta r, z')\, dz' = z\, B(r + \Delta r); \qquad \int_z^0 B_z(r, z')\, dz' = -z\, B(r). \qquad \text{(II 11, 22)}$$

Daher liefert (II 11, 21) mittels des Grenzüberganges $\Delta r \to 0$ die Relation

$$B_r(r, z) = z \frac{dB}{dr}. \qquad \text{(II 11, 23)}$$

Zum Zwecke einer strengen Behandlung der Aufgabe führen wir das *magnetische Skalarpotential* φ_m ein; es genügt zufolge der Rotationssymmetrie des Führungsfeldes im Beschleunigungsraum der *Laplace*schen Gleichung

$$\frac{\partial^2 \varphi_m}{\partial r^2} + \frac{1}{r}\frac{\partial \varphi_m}{\partial r} + \frac{\partial^2 \varphi_m}{\partial z^2} = 0. \qquad \text{(II 11, 24)}$$

Um ihre Lösung den Bedingungen (II 11, 20) anzupassen, rufen wir die *Bessel*sche Zylinderfunktion nullter Ordnung [Symbol J_0] zu Hilfe und stellen B (r) durch das Doppelintegral dar

$$B(r) = \int_0^\infty f(\lambda)\, J_0(\lambda r)\, \lambda\, d\lambda; \qquad f(\lambda) = \int_0^\infty B(\varrho)\, J_0(\lambda \varrho)\, \varrho\, d\varrho. \qquad \text{(II 11, 25)}$$

Im Lichte dieser Gleichung werden wir auf den Potentialansatz

$$\varphi_m = \int_0^\infty g(\lambda)\, J_0(\lambda r) \sinh \lambda z\, \lambda\, d\lambda \qquad \text{(II 11, 26)}$$

geführt, welcher der *Laplace*schen Gleichung genügt und überdies identisch mit Bezug auf g (λ) der Forderung $B_r = 0$ für $z = 0$ gerecht wird; wir bilden aus ihm

$$B(r) = -\Pi \left(\frac{\partial \varphi_m}{\partial z}\right)_{z=0} = -\Pi \int_0^\infty g(\lambda)\, J_0(\lambda r)\, \lambda^2\, d\lambda, \qquad \text{(II 11, 27)}$$

so daß der Vergleich von (II 11, 25) und (II 11, 27) die Relation

$$-\Pi g(\lambda) \cdot \lambda = f(\lambda); \qquad g(\lambda) = -\frac{1}{\Pi}\frac{f(\lambda)}{\lambda} \qquad \text{(II 11, 28)}$$

liefert. Durch Substitution dieses Ergebnisses in (II 11, 26) entsteht

$$\varphi_m = -\frac{1}{\Pi} \int_0^\infty f(\lambda)\, J_0(\lambda r) \sinh \lambda z\, d\lambda \qquad \text{(II 11, 29)}$$

und hieraus finden wir die Induktionskomponenten des Führungsfeldes zu

$$B_z = \int_0^\infty f(\lambda)\, J_0(\lambda r) \cosh \lambda z \cdot \lambda\, d\lambda \qquad \text{(II 11, 30)}$$

und

$$B_r = \frac{\partial}{\partial r} \int_0^\infty f(\lambda)\, J_0(\lambda r) \sinh \lambda z \cdot d\lambda \qquad \text{(II 11, 31)}$$

Wir entwickeln die hier auftretenden Hyperbelfunktionen nach Potenzen von z und erhalten unter der Voraussetzung, daß die Reihenfolge von Integration und Summation vertauscht werden darf,

$$B_z = \sum_{k=0}^{\infty} \frac{z^{2k}}{(2k)!} \int_0^{\infty} f(\lambda)\, J_0(\lambda r)\, \lambda^{2k} \cdot \lambda\, d\lambda \qquad \text{(II 11, 32)}$$

sowie

$$B_r = \sum_{k=0}^{\infty} \frac{z^{2k+1}}{(2k+1)!} \frac{d}{dr} \int_0^{\infty} f(\lambda)\, J_0(\lambda r) \cdot \lambda^{2k} \cdot \lambda\, d\lambda. \qquad \text{(II 11, 33)}$$

Nun führen wir das differentielle Operationssymbol zweiter Ordnung b^2 durch die Definition ein

$$b^2 \equiv \frac{1}{r}\frac{d}{dr}\left(r\frac{d}{dr}\right) \equiv \frac{d^2}{dr^2} + \frac{1}{r}\frac{d}{dr}. \qquad \text{(II 11, 34)}$$

Auf Grund der *Bessel*schen Differentialgleichung

$$b^2 J_0(\lambda r) + \lambda^2 J_0(\lambda r) = 0 \qquad \text{(II 11, 35)}$$

gilt dann für alle ganzzahligen $k \geqq 1$

$$J_0(\lambda r) \cdot \lambda^{2k} = (-1)^k b^{2k} J_0(\lambda r), \qquad \text{(II 11, 36)}$$

sofern man unter dem Zeichen b^{2k} die k-malige Wiederholung des Prozesses (II 11, 34) versteht. Wir ergänzen diese Vorschrift durch die Festsetzung $b^0 = 1$ und finden mit Rücksicht auf (II 11, 25) aus (II 11, 32)

$$B_z = \sum_{k=0}^{\infty} (-1)^k \frac{z^{2k}}{(2k)!} b^{2k} B(r) \qquad \text{(II 11, 37)}$$

und aus (II 11, 33)

$$B_r = \sum_{k=0}^{\infty} (-1)^k \frac{z^{2k+1}}{(2k+1)!} \frac{d}{dr}\left\{b^{2k} B(r).\right\} \qquad \text{(II 11, 38)}$$

Damit ist der Beweis abgeschlossen; insbesondere liefern die Anfangsglieder $[k = 0]$ dieser Entwicklungen die Formeln

$$B_{z\,(k=0)} = B(r); \qquad B_{r\,(k=0)} = z\,\frac{dB(r)}{dr,} \qquad \text{(II 11, 39)}$$

deren zweite mit (II 11, 23) übereinstimmt.

e) Wir schreiben dem zu beschleunigenden Ion die invariante Ladung e und die im Rahmen der Klassischen Mechanik konstante Masse m zu und bezeichnen mit v_x, v_y und v_z die *Kartesi*schen Komponenten seiner Geschwindigkeit. Durch Zusammenfassung der vorangegangenen Feldanalyse gelangen wir dann zu den *Newton*schen Bewegungsgleichungen

$$m\frac{d^2x}{dt^2} = e\{\qquad v_y B_z \quad - v_z B_r \sin\alpha\}, \qquad \text{(II 11, 40)}$$

$$m\frac{d^2y}{dt^2} = e\left(-\frac{U}{h}\,\frac{\cosh\pi\frac{y}{h}\cdot\cos\pi\frac{z}{h}}{\sinh^2\pi\frac{y}{h}+\cos^2\pi\frac{z}{h}} + v_z B_r\cos\alpha - v_x B_z\right), \qquad \text{(II 11, 41)}$$

$$m\frac{d^2z}{dt^2} = e\left(-\frac{U}{h}\frac{\sinh\pi\frac{y}{h}\sin\pi\frac{z}{h}}{\sinh^2\pi\frac{y}{h}+\cos^2\pi\frac{z}{h}} + v_x B_r \sin\alpha - v_y B_r \cos\alpha,\right) \tag{II 11, 42}$$

wobei U gemäß (II 11, 2) von der Zeit abhängt.

f) Als *Grundbewegung* definieren wir jenes Partikularintegral der Gleichungen (II 11, 40), (II 11, 41), (II 11, 42), welches die Bewegung des kontrollierten Ions in der Äquatorebene $z = 0$ schildert. Für sie vereinfachen sich vermöge $B_r = 0$ die zu behandelnden Gleichungen in
$z = 0$

$$m\frac{d^2x}{dt^2} = e\,v_y B(r) \tag{II 11, 43}$$

und

$$m\frac{d^2y}{dt^2} = e\left(-\frac{U}{h}\frac{1}{\cosh\pi\frac{y}{h}} - v_x B(r)\right). \tag{II 11, 44}$$

Zum Zwecke ihrer Lösung mit elementaren Hilfsmitteln gehen wir zum „*idealen 'Zyklotron*" über, welches durch folgende Festsetzungen definiert sei:

1. Wir verschärfen die Konstruktionsangabe (II 11, 1) mittels des *Dirac*schen Funktionssymboles

$$\delta(y) = 0 \quad \text{für} \quad y \lessgtr 0; \quad \int_0^\infty \delta(y')\,dy' = \frac{1}{2}; \quad \int_{-\infty}^\infty \delta(y')\,dy' = 1 \tag{II 11, 45}$$

zu

$$\lim_{h\to 0}\frac{U}{h}\cdot\frac{1}{\cosh\pi\frac{y}{h}} = U\,\delta(y), \tag{II 11, 46}$$

so daß (II 11, 44) durch

$$m\frac{d^2y}{dt^2} = e\{-U\,\delta(y) - v_x B(r)\} \tag{II 11, 47}$$

zu ersetzen ist. Mit Benützung der Identität

$$\frac{d^2y}{dt^2} \equiv \frac{d}{dy}\left(\frac{1}{2}v_y^2\right); \qquad v_y = \frac{dy}{dt} \tag{II 11, 48}$$

folgt somit nach Wahl einer beliebig kleinen Ordinate $\varepsilon \gtrless 0$ aus (II 11, 45) und (II 11, 47) durch Integration

$$\frac{1}{2}m v_y^2\Big|_0^{\pm\varepsilon} = \mp\frac{1}{2}e\,U; \quad \frac{1}{2}m v_y^2\Big|_{-\infty}^{\infty} = -e\,U. \tag{II 11, 49}$$

2. Die radiale Inhomogenität der magnetischen Achsialinduktion gilt im idealen Zyklotron als unmerklich klein

$$B(r) = B = \text{const.} \tag{II 11, 50}$$

Die für y $\gtrless$ 0 allein verbleibende *Lorentz*-Kraft zwingt den Ionen gemäß Ziffer II 3 eine Drehbewegung der *gleichförmigen Winkelgeschwindigkeit*

$$\omega_m = \frac{e\,B}{m} \qquad \text{(II 11, 51)}$$

auf; sie erweist sich — und gerade dieser Satz ist für das physikalische Verständnis des Zyklotrons entscheidend — als *unabhängig von dem während des Beschleunigungsprozesses wachsendem Betrage der linearen Ionengeschwindigkeit.*

3. Die Kreisfrequenz ω der Spannung (II 11, 2) des elektrischen Arbeitsfeldes ist auf die mechanische Winkelgeschwindigkeit ω_m abgestimmt

$$\omega = \omega_m. \qquad \text{(II 11, 52)}$$

g) Im Lichte der vorstehenden Definition der Grundbewegung gelangen wir zu folgender *Konstruktion ihrer Ionenbahn*:

1. Nach Voraussetzung startet das kontrollierte Ion im Augenblicke t = 0 vom Ursprung des Bezugssystemes aus; gleichzeitig offenbart die Spannung den Wert

$$U_0 = U_{max} \cdot \sin\vartheta. \qquad \text{(II 11, 53)}$$

2. Sei $0 < \vartheta < \pi$ angenommen, so bewegt sich das Ion unmittelbar nach dem Start gegen die negative Kammer $[0 > \alpha > (-\pi)]$ hin; es erreicht deren Rand gemäß (II 11, 49) mit der Geschwindigkeit

$$v_{y_0} = -\sqrt{\frac{e}{m}U_0}; \qquad v_{x_0} = 0 \qquad \text{(II 11, 54)}$$

und durchläuft anschließend mit der Winkelgeschwindigkeit ω_m den Kreisbogen vom Halbmesser

$$r_0 = \frac{|v_{y_0}|}{\omega_m}. \qquad \text{(II 11, 55)}$$

3. Das kontrollierte Ion trifft am Rande $\alpha = -\pi$ der negativen Kammer im Zeitpunkte

$$t_0' = \frac{\pi}{\omega_m} \qquad \text{(II 11, 56)}$$

ein. Da der Betrag der Ionengeschwindigkeit während des Aufenthaltes des Ions im Kammerinnern erhalten blieb, folgen die Komponenten der Austrittsgeschwindigkeit aus (II 11, 54) zu

$$v_{y_0}' = -v_{y_0} = \sqrt{\frac{e}{m}U_0}; \qquad v_{x_0}' = v_{x_0} = 0. \qquad \text{(II 11, 57)}$$

4. Zufolge des mechanisch-elektrischen Synchronismus $\omega = \omega_m$ besitzt die Spannung des Arbeitsfeldes im Zeitpunkt t_0 den Wert

$$U_0' = U_{max}\sin(\pi + \vartheta) = -U_0. \qquad \text{(II 11, 58)}$$

Sie vermehrt gemäß (II 11, 49) die kinetische Energie des Ions bei seinem Übertritt in die positive Kammer $[\pi > \alpha > 0]$ um $(-e\,U_0') = e\,U_0$ auf

$$\frac{1}{2}m\,v_{y_0}'^2 + e\,U_0 = \frac{3}{2}e\,U_0, \qquad \text{(II 11, 59)}$$

so daß das Ion mit der Geschwindigkeit

$$v_{y_0}' = \sqrt{3\frac{e}{m}U_0} = \sqrt{3}\,v_{y_0}'; \qquad v_{x_1}'' = 0 \qquad \text{(II 11, 60)}$$

in diese Kammer eintritt; es beschreibt somit im Kammerinnern einen Kreisbogen vom Halbmesser

$$r_0'' = \frac{v_{y_0}''}{\omega_m} = r_0 \sqrt{3} \tag{II 11, 61}$$

und verläßt die Kammer im Zeitpunkte

$$t_0'' = \frac{2\pi}{\omega_m} \tag{II 11, 62}$$

mit der Geschwindigkeit

$$v_{y_0}''' = -v_{y_0}''; \qquad v_{x_0}''' = 0. \tag{II 11, 63}$$

5. Indem man den vorstehenden Gedankengang Schritt für Schritt fortsetzt, findet man für die Kinetik des Ions im idealen Zyklotron ein *Spiel ballistischer Stöße,* welche in der Kommunikationsebene beider Kammern je nach Verlauf der Epoche π/ω_m einander folgen. Als Ionenbahn resultiert die aus *Halbkreisen von sprungweise zunehmendem Radius* zusammengesetzte *Spirale* gemäß Abb. II 119. Nach Beendigung von n vollen Umläufen ist die kinetische Energie T_{n-1} des kontrollierten Ions auf

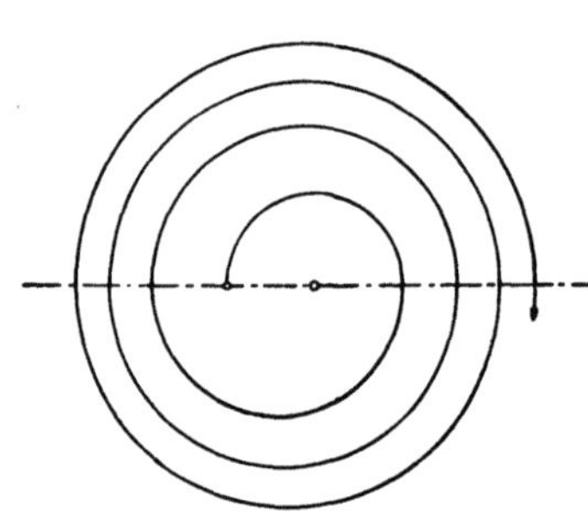

Abb. II 119. Spiralbahn der Elektrizitätsträger im Zyklotron.

$$T_{n-1} = \left(2n - \frac{1}{2}\right) e\, U_0 \tag{II 11, 64}$$

angewachsen, so daß es dann die Geschwindigkeit

$$v_{y,n-1}''' = -\sqrt{\frac{e}{m}(4n-1)\,U_0}\,; \qquad v_{x,n-1}''' = 0 \tag{II 11, 65}$$

entwickelt; ihr korrespondiert der Halbmesser

$$r_{n-1}'' = r_0 \sqrt{4n-1} \tag{II 11, 66}$$

des Kreisbogenstückes der Spiralbahn.

II 12. Einführung in die Stabilitätsprobleme des Zyklotrons.

a) Das *ideale Zyklotron,* welches wir in Ziffer II 11 untersuchten, ist trotz der scheinbaren Einfachheit seiner dynamischen Eigenschaften *nicht betriebsfähig*: Die vordem beschriebene Ionenbewegung in der Äquatorebene $z = 0$ ist *labil.* Denn mit Rücksicht auf (II 11, 45) und (II 11, 50) folgt aus (II 11, 42) für eine etwaige Abweichung des kontrollierten Ions aus der Äquatorebene

$$m \frac{d^2 z}{dt^2} = 0 \qquad \text{für} \qquad y \gtrless 0. \tag{II 12, 1}$$

Falls also dieses Teilchen durch eine vorübergehende Störung einen Stoß parallel der z-Achse erleidet, besteht die Gefahr seines Zusammenstoßes mit einer der Kammerwände $|z| = 1/2\, h$; es ist dann für den beabsichtigten Prozeß der stufenweisen Energiespeicherung als verloren zu betrachten. Um einen derartigen Vorgang auszuschließen, hat man das Ion *stabilisierenden Feldern* zu unterwerfen, welche es an die Umgebung der Äquatorebene fesseln; durch sie unterscheidet sich das *wahre* Zyklotron wesentlich von dem *idealen.*

b) Indem wir vorerst an der Annahme (II 11, 50) festhalten, beschreiben wir die *elektrische Stabilisierung* mittels der aus (II 11, 41) und (II 11, 44) hervorgehenden Gleichungen

$$m\frac{d^2y}{dt^2} = e\{E_y - v_x B\} = e\left\{-\frac{U}{h}\,\frac{\cosh\pi\frac{y}{h}\cdot\cos\pi\frac{z}{h}}{\sinh^2\pi\frac{y}{h}+\cos^2\pi\frac{z}{h}} - v_x B\right\}, \quad \text{(II 12, 2)}$$

$$m\frac{d^2z}{dt^2} = e\,E_z = e\left\{-\frac{U}{h}\,\frac{\sinh\pi\frac{y}{h}\cdot\sin\pi\frac{z}{h}}{\sinh^2\pi\frac{y}{h}+\cos^2\pi\frac{z}{h}}\right\}. \quad \text{(II 12, 3)}$$

Wir begleiten das kontrollierte Ion von seinem Start aus während n voller Umläufe. Für die Analyse der Bahnprojektion auf die Äquatorebene dürfen wir in (II 12, 2) unbedenklich die Approximation (II 11, 46) beibehalten. Hiernach nähert sich das Ion von $y > 0$ her der Grenze der positiven Kammer mit der Geschwindigkeit

$$v'''_{y,n-1} = -\sqrt{\frac{e}{m}(4n-1)\,U_0}\,; \qquad v'''_{x,n-1} = 0 \qquad \text{(II 12, 4)}$$

um nach Überschreiten der Kommunikationsebene mit der Geschwindigkeit

$$v_{y,n} = -\sqrt{\frac{e}{m}(4n+1)\,U_0}\,; \qquad v_{x,n} = 0 \qquad \text{(II 12, 5)}$$

in diese Kammer einzutreten. Nach Wahl eines hinreichend engen Bereiches $|y| < \varepsilon$ kann man somit (II 12, 3) in die Gleichungen

$$\frac{d^2z}{dy^2} = \frac{1}{4n-1}\,\frac{E_z}{U_0}\,; \qquad y > 0, \qquad \text{(II 12, 6)}$$

$$\frac{d^2z}{dy^2} = \frac{1}{4n+1}\cdot\frac{E_z}{U_0}\,; \qquad y < 0 \qquad \text{(II 12, 7)}$$

aufspalten.

c) Auf Grund der *Cauchy-Riemann*schen Relationen zwischen dem elektrischen Skalarpotential φ des Arbeitsfeldes und seiner Stromfunktion ψ gilt

$$\int_{y_1}^{y_2} E_z\,dy = -\int_{y_1}^{y_2}\frac{\partial\varphi}{\partial z}\,dy = \int_{y_1}^{y_2}\frac{\partial\psi}{\partial y}\,dy. \qquad \text{(II 12, 8)}$$

Wir beschränken uns nun auf flache Ionenbahnen der kinematischen Eigenschaften

$$\left|\frac{\pi z}{h}\right| \ll 1; \qquad \left|\frac{dz}{dy}\right| \ll 1, \qquad \text{(II 12, 9)}$$

so daß man die Näherung

$$d\psi = \frac{\partial\psi}{\partial y}\,dy + \frac{\partial\psi}{\partial z}\,dz = \left(\frac{\partial\psi}{\partial y} + \frac{\partial\psi}{\partial z}\cdot\frac{dz}{dy}\right)dy \approx \frac{\partial\psi}{\partial y}\,dy \qquad \text{(II 12, 10)}$$

benützen darf. In der hierdurch bestimmten Genauigkeit wird also

$$\int_{y_1}^{y_2} E_z\,dy = \psi(y_2, z) - \psi(y_1, z), \qquad \text{(II 12, 11)}$$

wobei nach (II 11, 14) und (II 12, 8)

$$\psi(y, z) = \frac{U_0}{2\pi} \ln \frac{\cosh \pi \frac{y}{h} + \sin \pi \frac{z}{h}}{\cosh \pi \frac{y}{h} - \sin \pi \frac{z}{h}} \approx \frac{U_0}{h} \frac{z}{\cosh \pi \frac{y}{h}} \qquad \text{(II 12, 12)}$$

zu setzen ist. Mit Hilfe dieser Relationen finden wir für die Bahn-Neigung $z' = dz/dy$ aus (II 12, 6)

$$\int_\varepsilon^y \frac{d^2z}{dy^2} dy = \frac{dz}{dy}\Bigg|_\varepsilon^y \equiv z'\Bigg|_\varepsilon^y = \frac{1}{4n-1} \frac{z}{h \cosh \pi \frac{y}{h}}\Bigg|_\varepsilon^y; \qquad y > 0. \qquad \text{(II 12, 13)}$$

Auf Grund der Konstruktionsvorschrift (II 11, 1) darf man jetzt zur Grenze $\varepsilon \to \infty$ übergehen und erhält

$$z'(y, z) = z'(\infty) + \frac{1}{4n-1} \frac{z}{h \cosh \pi \frac{y}{h}}; \qquad y > 0. \qquad \text{(II 12, 14)}$$

Bezeichnen wir mit z_g die *Abweichung des kontrollierten Ions von der Äquatorebene* bei seiner Ankunft in der Ebene $y = 0$, so ist dort also die Ionenbahn um

$$z_g' = z'(\infty) + \frac{1}{4n-1} \frac{z_g}{h} \qquad \text{(II 12, 15)}$$

gegen die y-Achse geneigt. Auf Grund dieses Ergebnisses erhalten wir aus (II 12, 14) durch Integration

$$\int_0^y z'\,dy = z - z_g = z'(\infty) \cdot y + \frac{1}{4n-1} \int_0^y \frac{z\,dy}{h \cosh \pi \frac{y}{h}}; \qquad y > 0. \qquad \text{(II 12, 16)}$$

Zur Berechnung des hier auftretenden Integrales rufen wir die Approximation (II 11, 46) zu Hilfe und finden

$$z = z_g \left(1 + \frac{1}{2} \cdot \frac{1}{4n-1}\right) + z'(\infty) \cdot y; \qquad y > 0. \qquad \text{(II 12, 17)}$$

Die in $y < 0$ anschließende Ionenbahn unterliegt der Differentialgleichung (II 12, 7). Ihre einmalige Integration liefert in der Genauigkeit der Näherung (II 12, 11)

$$\int_0^y \frac{d^2z}{dy^2} dy = z' - z_g' = -\frac{1}{4n+1} \left[\frac{z_g}{h} - \frac{z}{h \cosh \pi \frac{y}{h}}\right]; \quad y < 0, \qquad \text{(II 12, 18)}$$

so daß für $y \to (-\infty)$

$$z'(-\infty) = z_g' - \frac{1}{4n+1} \cdot \frac{z_g}{h} = z'(\infty) + \frac{2}{(4n)^2 - 1} \qquad \text{(II 12, 19)}$$

resultiert. Die Integration von (II 12, 18) führt nun, unter abermaliger Benützung von (II 11, 46), auf

$$z - z_g = z_g' \, y - \frac{1}{4n+1}\left(\frac{z_g}{h} y - \int\limits_0^y \frac{z\,dy}{h \cosh \pi \frac{y}{h}}\right) =$$

$$= \left(z_g' - \frac{1}{4n+1} \cdot \frac{z_g}{h}\right) y - \frac{1}{2}\frac{1}{4n+1} z_g. \qquad \text{(II 12, 20)}$$

Mit Rücksicht auf (II 12, 15) schließen wir hieraus

$$z = z_g \left(1 - \frac{1}{2}\frac{1}{4n+1}\right) + \left[z'(\infty) + \frac{2}{(4n)^2 - 1} \cdot \frac{z_g}{h}\right] y; \quad y < 0. \qquad \text{(II 12, 21)}$$

Der Vergleich von (II 12, 17) und (II 12, 21) zeigt, daß das kontrollierte Ion bei der Passage der Ebene $y = 0$ sich der Äquatorebene im Verhältnis

$$\frac{\Delta z}{z_g}\Bigg|_{y=+0}^{-0} = \frac{1}{2(4n-1)} + \frac{1}{2(4n+1)} = \frac{4n}{(4n)^2 - 1} \qquad \text{(II 12, 22)}$$

annähert; gleichzeitig ändert sich die Neigung der Ionenbahn gegen die Sollrichtung um

$$\Delta z'\Bigg|_{y=+\infty}^{-\infty} = z'(\infty) - z'(-\infty) =$$

$$= \frac{2}{(4n)^2 - 1}. \qquad \text{(II 12, 23)}$$

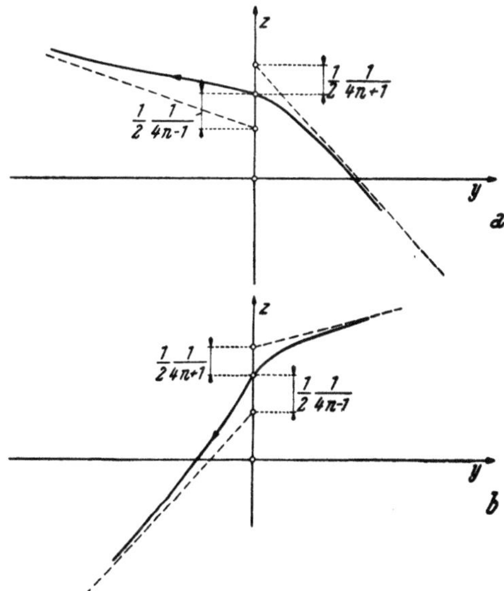

Abb. II 120. Zyklotron. Elektrische Bahnstabilisierung. *a*) Die Neigung der gestörten Bahn verringert sich bei der Passage des Elektrizitätsträgers durch das Arbeitsfeld. *b*) Die gestörte Bahn kreuzt zwar die Sollebene, doch wird die Neigung der Bahn bei der Passage des Elektrizitätsträgers durch das Arbeitsfeld vergrößert.

Gemäß Abb. II 120 definiert (II 12, 22) stets einen *Stabilisierungseffekt*; dagegen werden nach (II 12, 23) im Falle $z'(\infty) < 0$ die Abweichungen der Ionenbahn von der Sollrichtung verkleinert, im Falle $z'(\infty) > 0$ jedoch vergrößert.

d) Der relativ *schwachen Stabilisierung* der Ionenbahn durch das *elektrische Arbeitsfeld* tritt eine *wirksame Stabilisierung* durch das *magnetische Führungsfeld* zur Seite. Um sie kennenzulernen, begleiten wir das kontrollierte Ion auf seinem Wege etwa durch die negative Kammer; in ihr möge ein gewisser Abschnitt der Grundbewegung in der Äquatorebene längs des Kreisbogens vom Halbmesser r_0 verlaufen. Wir brechen die bisher benützte Zeitzählung ab und beginnen eine neue mit dem Eintritt des Ions in den genannten Bahnteil; die korrespondierenden Gleichungen der Grundbewegung lauten dann

$$x_0 = r_0 \cos \omega t; \qquad y_0 = -r_0 \sin \omega t; \qquad z_0 = 0 \qquad \text{(II 12, 24)}$$

und demnach

$$0 \geqq \alpha = -\omega t \geqq -\pi. \qquad \text{(II 12, 25)}$$

Hieraus berechnen sich die Komponenten der Grundgeschwindigkeit

$$v_{x,0} = -r_0\,\omega \sin \omega t = r_0\,\omega \sin \alpha, \qquad \text{(II 12, 26)}$$

$$v_{y,0} = -r_0\,\omega \cos \omega t = -r_0\,\omega \cos \alpha, \qquad \text{(II 12, 27)}$$

$$v_{z,0} = 0. \qquad \text{(II 12, 28)}$$

Im Zeitpunkte $t = 0$ mögen nun infolge vorangegangener Störungen die Bahnkoordinaten um

$$\Delta x = \Delta x_0; \qquad \Delta y = \Delta y_0; \qquad \Delta z = \Delta z_0 \qquad \text{(II 12, 29)}$$

und die Geschwindigkeitskomponenten um

$$\Delta v_x = \Delta v_{x,0}; \qquad \Delta v_y = \Delta v_{y,0}; \qquad \Delta v_z = \Delta v_{z,0} \qquad \text{(II 12, 30)}$$

von den entsprechenden Größen der Grundbewegung abweichen; welches ist der Verlauf dieser Störung innerhalb der durch (II 12, 25) definierten Epoche?

Wir greifen auf die Gleichungen (II 11, 40), (II 11, 41), (II 11, 42) zurück und erhalten nach Streichen des elektrischen Feldes

$$m \frac{d^2x}{dt^2} = e\,(v_y B_z \qquad - v_z B_r \sin \alpha), \qquad \text{(II 12, 31)}$$

$$m \frac{d^2y}{dt^2} = e\,(v_z B_r \cos \alpha - v_x B_z \qquad), \qquad \text{(II 12, 32)}$$

$$m \frac{d^2z}{dt^2} = 2\,(v_x B_r \sin \alpha - v_y B_r \cos \alpha) \qquad \text{(II 12, 33)}$$

In der Umgebung der *ungestörten* Bahn gilt nun nach (II 11, 20) für die achsiale Komponente der Induktion

$$B_z = B(r_0) + \left(\frac{dB}{dr}\right)_{r_0} \cdot \Delta r; \qquad \Delta r = \Delta x \cos \alpha + \Delta y \sin \alpha \qquad \text{(II 12, 34)}$$

und nach (II 11, 23) für ihre radiale Komponente

$$B_r = z \left(\frac{dB}{dr}\right)_{r_0} = \Delta z \cdot \left(\frac{dB}{dr}\right)_{r_0}. \qquad \text{(II 12, 35)}$$

Daher folgen aus (II 12, 24), (II 12, 25), (II 12, 26), (II 12, 27), (II 12, 28), (II 12, 31), (II 12, 32) und (II 12, 33) die Gleichungen

$$-m\,r_0\,\omega^2 \cos \omega t + m \frac{d^2 \Delta x}{dt^2} =$$

$$= e\left[\{-r_0\,\omega \cos \omega t + \Delta v_y\}\left\{B(r_0) + \left(\frac{dB}{dr}\right)_{r_0} \cdot \Delta r\right\} + \right.$$

$$\left. + \Delta v_z \left(\frac{dB}{dr}\right)_{r_0} \Delta z \sin \omega t, \right. \qquad \text{(II 12, 36)}$$

$$m\,r_0\,\omega^2 \sin \omega t + m \frac{d^2 \Delta y}{dt^2} = e\left[\Delta v_z \cdot \left(\frac{dB}{dr}\right)_{r_0} \Delta z \cos \omega t + \right.$$

$$\left. + \{r_0\,\omega \sin \omega t - \Delta v_x\}\left\{B(r_0) + \left(\frac{dB}{dr}\right)_{r_0} \cdot \Delta r\right\}\right], \qquad \text{(II 12, 37)}$$

$$m \frac{d^2 \Delta z}{dt^2} = e\,\{r_0 \omega - \Delta v_x \sin \omega t - \Delta v_y \cos \omega t\} \left(\frac{dB}{dr}\right)_{r_0} \cdot \Delta z. \qquad \text{(II 12, 38)}$$

Indem wir fortan nur diejenigen Glieder beibehalten, welche die Störungskomponenten in höchstens der ersten Potenz aufweisen, reduziert sich (II 12, 36) auf

$$m \frac{d^2 \varDelta x}{dt^2} = e \left[B(r_0) \varDelta v_y - r_0 \omega \cos \omega t \cdot \left(\frac{dB}{dr}\right)_{r_0} \cdot \varDelta r \right], \quad \text{(II 12, 39)}$$

(II 12, 37) auf

$$m \frac{d^2 \varDelta y}{dt^2} = e \left[- B(r_0) \varDelta v_x + r_0 \omega \sin \omega t \cdot \left(\frac{dB}{dr}\right)_{r_0} \cdot \varDelta r \right] \quad \text{(II 12, 40)}$$

und (II 12, 38) auf

$$m \frac{d^2 \varDelta z}{dt^2} = e r_0 \omega \left(\frac{dB}{dr}\right)_{r_0} \cdot \varDelta z. \quad \text{(II 12, 41)}$$

e) Wir beschäftigen uns zunächst mit der *achsialen Störbewegung*. Definieren wir als *numerische, radiale Induktionsabnahme* die Zahl

$$\delta^2 = - \frac{r_0}{B(r_0)} \left(\frac{dB}{dr}\right)_{r_0} = - \left(\frac{d \ln B}{d \ln r}\right)_{r_0} > 0, \quad \text{(II 12, 42)}$$

so geht (II 12, 41) mit Rücksicht auf (II 12, 51) und (II 12, 52) in die Gleichung *harmonischer Schwingungen*

$$\frac{d^2 \varDelta z}{dt^2} + \omega^2 \delta^2 \varDelta z = 0 \quad \text{(II 12, 43)}$$

von der Kreisfrequenz

$$\omega_z = \omega \delta \quad \text{(II 12, 44)}$$

über. Ihre den Anfangsbedingungen (II 12, 29), (II 12, 30) angepaßte Lösung lautet

$$\varDelta z = \varDelta z_0 \cos \omega_z t + \frac{\varDelta v_{z,0}}{\omega_z} \sin \omega_z t, \quad \text{(II 12, 45)}$$

so daß die achsiale Störung auf den Bereich

$$|\varDelta z| \leqq \sqrt{(\varDelta z_0)^2 + \left(\frac{\varDelta v_{z,0}}{\omega_z}\right)^2} \quad \text{(II 12, 46)}$$

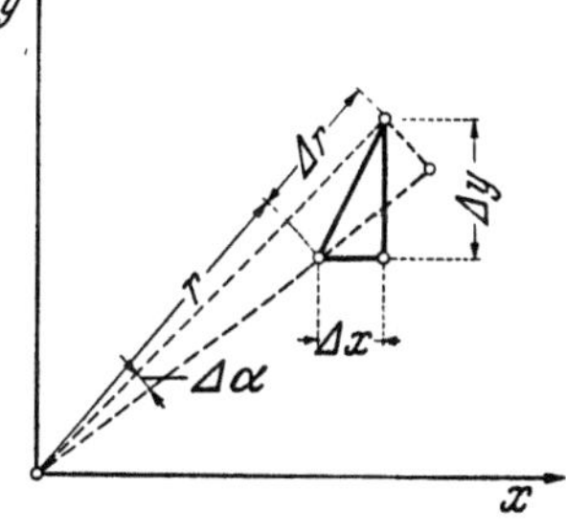

Abb. II 121. Zyklotron. Zur Analyse der Störungen senkrecht zur Maschinenachse.

beschränkt bleibt: Die kontrollierte Ionenbahn ist *achsial stabil*.

f) Um die *senkrecht zur Achse verlaufenden Störungen* zu schildern, gehen wir von den *Kartesi*schen Koordinaten $\varDelta x$ und $\varDelta y$ zu der radialen Abweichung $\varDelta r$ und der Azimutabweichung $\varDelta \alpha$ des kontrollierten Ions von dem gleichzeitigen Ort der ungestörten Bahn nach Abb. II 121 über. Die genannte Transformation lautet

$$\varDelta x + i \varDelta y = (\varDelta r + i r_0 \varDelta \alpha) e^{i\alpha} = (\varDelta r + i r_0 \varDelta \alpha) e^{-i\omega t}; \qquad i = \sqrt{-1}. \quad \text{(II 12, 47)}$$

Durch Differentiation dieser Gleichung folgt [übergesetzte Punkte bedeuten Ableitung nach der Zeit]

$$\varDelta \dot{x} + i \varDelta \dot{y} = [(\varDelta \dot{r} + r_0 \omega \varDelta \alpha) + i (r_0 \varDelta \dot{\alpha} - \omega \varDelta r)] e^{-i\omega t} \quad \text{(II 12, 48)}$$

und durch nochmalige Differentiation

$$\varDelta \ddot{x} + i \varDelta \ddot{y} = [(\varDelta \ddot{r} + 2 r_0 \omega \varDelta \dot{\alpha} - \omega^2 \varDelta r) + \\ + i (r_0 \varDelta \ddot{\alpha} - 2 \omega \varDelta \dot{r} - r_0 \omega^2 \varDelta \alpha)] e^{-i\omega t}. \quad \text{(II 12, 49)}$$

Wir erweitern (II 12, 39) mit $1/m\, e^{i\omega t}$, (II 12, 40) mit $i/m\, e^{i\omega t}$, addieren und erhalten mit der Abkürzung (II 12, 42)

$$(\Delta \ddot{r} + 2 r_0 \omega \Delta \dot{\alpha} - \omega^2 \Delta r) + i (r_0 \Delta \ddot{\alpha} - 2 \omega \Delta \dot{r} - r_0 \omega^2 \Delta \alpha) =$$
$$= \omega [-i (\Delta \dot{r} + r_0 \omega \Delta \alpha) + (r_0 \Delta \dot{\alpha} - \omega \Delta r) + \omega \delta^2 \cdot \Delta r], \quad \text{(II 12, 50)}$$

also durch Trennung des Reellen vom Imaginären

$$\Delta \ddot{r} + r_0 \omega \Delta \dot{\alpha} - \omega^2 \delta^2 \Delta r = 0 \quad \text{(II 12, 51)}$$

und

$$r_0 \Delta \ddot{\alpha} - \omega \Delta \dot{r} = 0. \quad \text{(II 12, 52)}$$

Wir differenzieren nun (II 12, 51) nach der Zeit und finden nach Elimination des Azimutes mittels (II 12, 52) die *Differentialgleichung der radialen Störung*

$$\Delta \dddot{r} + \omega^2 (1 - \delta^2) \Delta \dot{r} = 0. \quad \text{(II 12, 53)}$$

Sie beschreibt *harmonische Schwingungen* der Kreisfrequenz

$$\omega_r = \omega \sqrt{1 - \delta^2} = \omega_z \sqrt{\frac{1 - \delta^2}{\delta^2}} = \omega_z \sqrt{\frac{1}{\delta^2} - 1}. \quad \text{(II 12, 54)}$$

Da durch diesen Satz die *Stabilität der Bahn auch gegen radiale Abweichungen* garantiert ist, dürfen wir auf die explizite Berechnung der den Anfangsbedingungen entsprechenden Integrationskonstanten verzichten.

g) Wir verschärfen die Analyse der radialen Schwingungen, indem wir die in (II 12, 36), (II 12, 37) auftretenden *Glieder zweiter Ordnung*

$$e \Delta v_z \left(\frac{dB}{dr}\right)_{r_0} \Delta z \,{}^{\sin}_{\cos}\, \omega t = - m \omega \delta^2 \Delta v_z \frac{\Delta z}{r_0} {}^{\sin}_{\cos}\, \omega t \quad \text{(II 12, 55)}$$

in Rechnung stellen. Auf der rechten Seite der Gleichung (II 12, 50) tritt dann zusätzlich der Posten

$$- i \omega \delta^2 \Delta v_z \frac{\Delta z}{r_0} \quad \text{(II 12, 56)}$$

auf, so daß statt (II 12, 52)

$$r_0 \Delta \ddot{\alpha} - \omega \Delta \dot{r} = - \omega^2 \delta \Delta v_z \frac{\Delta z}{r_0} \quad \text{(II 12, 57)}$$

resultiert. Daher folgt nunmehr aus (II 12, 51) durch Elimination des Azimutes und unter Benützung des Resultates (II 12, 45)

$$\Delta \dddot{r} + \omega^2 (1 - \delta^2) \Delta \dot{r} = \quad \text{(II 12, 58)}$$
$$= \frac{\omega^2 \delta^2}{r_0} \left[\Delta z_0 \Delta v_{z,0} \cos 2 \omega_z t - \frac{1}{2} \left(\omega_z \Delta^2 z_0 - \frac{\Delta^2 v_{z,0}}{\omega_z} \right) \sin 2 \omega_z t \right].$$

Den *freien Radialschwingungen* der Kreisfrequenz ω_r überlagern sich also *erzwungene Radialschwingungen* der Kreisfrequenz $2\,\omega_z$. Sie können selbst durch nur schwache Achsialschwingungen zu gefährlicher Höhe anwachsen, falls die erzwingende Frequenz $2\,\omega_z$ in *Resonanz* mit der freien Frequenz ω_r kommt; diese Bedingung wird nach (II 12, 54) durch

$$\delta^2 = \frac{1}{5} \quad \text{(II 12, 59)}$$

erfüllt. Um der genannten Resonanz aus dem Wege zu gehen, hat man daher die radiale Induktionsabnahme der Einschränkung

$$\delta^2 < \frac{1}{5} \quad \text{(II 12, 60)}$$

zu unterwerfen.

Drittes Kapitel.

Allgemeine klassische Mechanik des Einzelelektrons.

III 1. Das Hamiltonsche Prinzip.

a) In der systematischen Untersuchung der Elektronenbewegung empfiehlt sich die Benützung „allgemeiner" Koordinaten, welche sich der geometrischen Struktur des jeweils wirksamen elektromagnetischen Primärfeldes anpassen lassen.

Wir gehen von einem relativ zum Felde ruhenden, *Kartesi*schen Bezugssysteme aus, in welchem die laufende Zeit t gemessen wird. Die kontravarianten Koordinaten x^i $[i = 1, 2, 3]$ dieses Systemes sind mit den je gleichnamigen kovarianten Koordinaten x_i identisch; die gleiche Eigenschaft zeichnet definitionsgemäß die *Kartesi*schen Komponenten jedes physikalischen Vektors aus.

Gegeben ein materieller Punkt der trägen Ruhmasse m. Bei Beschränkung auf hinreichend langsame Bewegungen gehorcht er im Felde der Kraft P den *Newton*schen Beschleunigungsgleichungen

$$m \frac{d^2 x_i}{dt^2} = P_i, \tag{III 1, 1}$$

welche wir in die *d'Alembert*sche Gestalt

$$P_i - m \frac{d^2 x_i}{dt^2} = 0 \tag{III 1, 2}$$

bringen. Das Tripel der Lösungen

$$x_i = x_i(t) = x^i \tag{III 1, 3}$$

definiert die Bahn des kontrollierten Massenpunktes als Funktion des skalaren Parameters t.

b) Wir markieren auf der Bahn die Fixpunkte P_1 und P_2, welche den Zeitpunkten t_1 und $t_2 > t_1$ korrespondieren. Mit Hilfe der stetig veränderlichen Parameter

$$\eta_i = \eta^i \tag{III 1, 4}$$

konstruieren wir nun die Kurvenschar [Abb. III 122]

$$x_i^* = x_i^*(t, \eta_i) = x^{*i}(t, \eta^i) \tag{III 1, 5}$$

von folgenden Eigenschaften:

1. Der Vektor η mit den Koordinaten $\eta_i = \eta^i$ unterscheidet die einzelnen Individuen der Schar namentlich voneinander; insbesondere soll der *Nullvektor* die *wahre Bahn* liefern

$$\lim_{\varepsilon_i \to 0} x_i^* = x_i. \tag{III 1, 6}$$

2. Alle Individuen der Kurvenschar verlaufen für $t \to t_1$ und $t \to t_2$ durch die Fixpunkte P_1 und P_2:

$$\left.\begin{aligned}\lim_{t\to t_1} x_i^*(t, \eta_i) &= x_i(t_1)\\ \lim_{t\to t_2} x_i^*(t, \eta_i) &= x_i(t_2).\end{aligned}\right\} \qquad \text{(III 1, 7)}$$

3. Sämtliche Kurven der Schar (III 1, 5) verlaufen zwischen den Fixpunkten P_1 und P_2 stetig.

c) Wir ordnen der Bahnkurve (III 1, 3) eine stetige Funktion f (t) zu, welche wir mit Hilfe des stetig veränderlichen, skalaren Parameters [„Namen"] ε zu der Funktionenschar

$$f^* = f^*(t, \varepsilon) \qquad \text{(III 1, 8)}$$

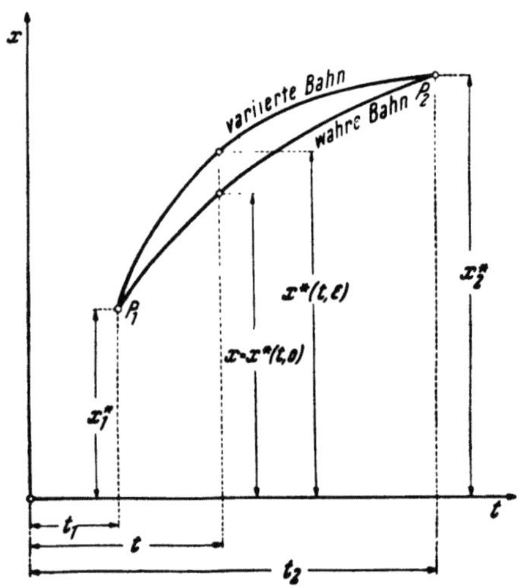

Abb. III 122. Eindimensionale Darstellung der wahren und der variierten Bahn $[\eta \equiv \varepsilon]$.

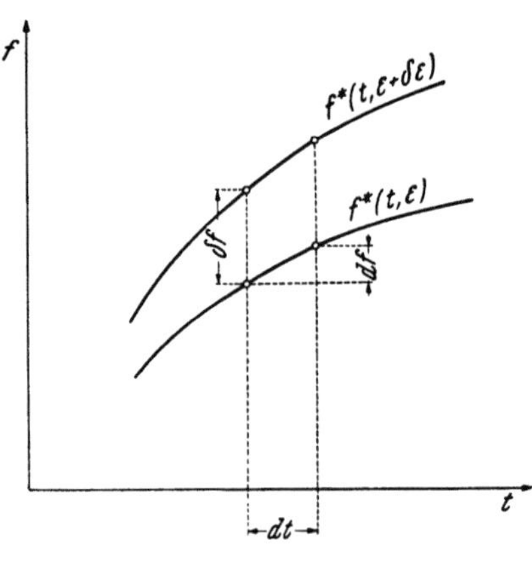

Abb. III 123. Differential und synchrone Variation der Funktion f*.

erweitern; diese statten wir analog (III 1, 6) und (III 1, 7), mit den Eigenschaften

$$\lim_{\varepsilon\to 0} f^*(t, \varepsilon) = f(t) \qquad \text{(III 1, 9)}$$

sowie

$$\left.\begin{aligned}\lim_{t\to t_1} f^*(t, \varepsilon) &= f(t_1),\\ \lim_{t\to t_2} f^*(t, \varepsilon) &= f(t_2)\end{aligned}\right\} \qquad \text{(III 1, 10)}$$

aus. An die Existenz dieser Kurvenschar schließen wir folgende Definitionen an [Abb. III 123]:

1. Unter dem *Differential* der Funktion f* — Symbol df* — verstehen wir die Änderung der individuellen Funktion vom Namen ε während des infinitesimalen Zeitintervalles dt der Kontrollepoche

$$df^* = \frac{\partial f^*(t, \varepsilon)}{\partial t}\, dt. \qquad \text{(III 1, 11)}$$

2. Unter der *synchronen Variation* der Funktion f* — Symbol δf^* — verstehen wir diejenige Änderung, welche zu ein und demselben Zeitpunkt t der Kontrollepoche von der Funktion des Namens ε zu jener des infinitesimal benachbarten Namens $(\varepsilon + \delta\,\varepsilon)$ führt

$$\delta f^* = \frac{\partial f^*(t, \varepsilon)}{\partial \varepsilon} \, \delta \varepsilon. \qquad \text{(III 1, 12)}$$

3. Die für $\varepsilon \to 0$ resultierenden Grenzwerte der infinitesimalen Ausdrücke (III 1, 11) und (III 1, 12) bezeichnen wir, im Einklang mit (III, 1, 9), durch

$$df(t) = \lim_{\varepsilon \to 0} df^* = \lim_{\varepsilon \to 0} \frac{\partial f^*(t, \varepsilon)}{\partial t} \, dt \qquad \text{(III 1, 13)}$$

sowie

$$\delta f(t) = \lim_{\varepsilon \to 0} \delta f^* = \lim_{\varepsilon \to 0} \frac{\partial f^*(t, \varepsilon)}{\partial \varepsilon} \, \delta \varepsilon. \qquad \text{(III 1, 14)}$$

Auf Grund von (III 1, 10) verschwindet die synchrone Variation zu Beginn und Ende der Kontrollepoche, so daß wir insbesondere aus (III, 1, 14) die Gleichungen

$$\delta f(t_1) = 0; \qquad \delta f(t_2) = 0 \qquad \text{(III 1, 15)}$$

entnehmen.

d) Wir bilden aus (III 1, 11) die Funktion

$$g^*(t, \varepsilon) = \frac{\partial f^*}{\partial t} = \frac{\partial f^*(t, \varepsilon)}{\partial t} \qquad \text{(III 1, 16)}$$

und erhalten nach der Anweisung (III 1, 12) deren Variation zu

$$\delta g^* = \frac{\partial^2 f^*(t, \varepsilon)}{\partial \varepsilon \, \partial t} \, \delta \varepsilon. \qquad \text{(III 1, 17)}$$

Andererseits folgt durch Anwendung von (III 1, 11) auf (III 1, 12)

$$\frac{\partial \delta f^*}{\partial t} = \frac{\partial^2 f^*(t, \varepsilon)}{\partial t \, \partial \varepsilon} \, \delta \varepsilon. \qquad \text{(III 1, 18)}$$

Der Vergleich von (III 1, 17) und (III 1, 18) führt in der Grenze $\varepsilon \to 0$ mit Rücksicht auf (III 1, 13) und (III 1, 14) auf den Satz

$$\lim_{\varepsilon \to 0} \delta \frac{\partial f^*(t, \varepsilon)}{\partial t} = \delta \frac{df}{dt} = \lim_{\varepsilon \to 0} \frac{\partial \delta f^*}{\partial t} = \frac{d\delta f}{dt}. \qquad \text{(III 1, 19)}$$

Hiernach ist das *Ergebnis des aus der zeitlichen Differentiation und der synchronen Variation zusammengesetzten Doppelprozesses von der Reihenfolge dieser beiden Operationen unabhängig.*

e) Wir befreien uns von dem kinematischen Zwange des *Kartesi*schen Bezugssystemes in folgenden Schritten:

1. Durch skalare Multiplikation des Nullvektors (III 1, 2) mit der synchronen Variation der Bahnkoordinaten entsteht

$$P_i \, \delta x^i - m \frac{d^2 x_i}{dt^2} \, \delta x^i = 0. \qquad \text{(III 1, 20)}$$

Das Produkt

$$\delta A = P_i \, \delta x^i \qquad \text{(III 1, 21)}$$

schildert die *virtuelle Arbeit des Kraftfeldes* bei jener synchronen Variation; es definiert seiner metrischen Natur nach eine *Invariante.*

2. Wir rufen die Identität zu Hilfe

$$\frac{d}{dt}\left(\frac{dx_i}{dt} \, \delta x^i\right) \equiv \frac{d^2 x_i}{dt^2} \, \delta x^i + \frac{dx_i}{dt} \frac{d\delta x^i}{dt}. \qquad \text{(III 1, 22)}$$

Mit Rücksicht auf den Satz (III 1, 19) gilt hierin

$$\frac{dx_i}{dt}\frac{d\delta x^i}{dt} = \frac{1}{2}\left(\frac{dx_i}{dt}\frac{d\delta x^i}{dt} + \frac{dx^i}{dt}\frac{d\delta x_i}{dt}\right) = \frac{1}{2}\left(\frac{dx_i}{dt}\,\delta\,\frac{dx^i}{dt} + \frac{dx^i}{dt}\,\delta\,\frac{dx_i}{dt}\right). \tag{III 1, 23}$$

3. Wir führen den Geschwindigkeitsvektor v der *Kartesi*schen Komponenten

$$v_i = v^i = \frac{dx_i}{dt} = \frac{dx^i}{dt} \tag{III 1, 24}$$

ein, so daß (III 1, 23) in

$$\frac{dx_i}{dt}\frac{d\delta x^i}{dt} = \frac{1}{2}(v_i \delta v^i + v^i\,\delta v_i) \tag{III 1, 25}$$

übergeht. Auf Grund der Definition der kinetischen Energie

$$T = \frac{1}{2} m\, v_i\, v^i \tag{III 1, 26}$$

des materiellen Massenpunktes erhalten wir also aus (III 1, 20), (III 1, 21), (III 1, 24) und (III 1, 25)

$$\delta A + \delta T = m\,\frac{d}{dt}\,(v_i\,\delta x^i). \tag{III 1, 27}$$

4. Wir beseitigen die letzte Bindung an das *Kartesi*sche Bezugssystem, indem wir (III 1, 27) zwischen den Zeitpunkten t_1 und t_2 integrieren und (III 1, 15) auf die Koordinaten x^i anwenden:

$$\int_{t_1}^{t_2} (\delta A + \delta T)\,dt = m\,v_i\,\delta x^i\Big|_{t_1}^{t_2} = 0. \tag{III 1, 28}$$

Die hierdurch charakterisierte Extremaleigenschaft der wahren Bahn im Vergleich zur Gesamtheit der synchron durchlaufenen, virtuellen Nachbarbahnen gleichen Start- und Endpunktes definiert das *Hamilton*sche *Prinzip*.

f) Wir führen die allgemeinen Koordinaten q^i durch die „*Punkttransformation*" ein

$$x_i = x^i = x^i(q^j); \qquad i, j = 1, 2, 3. \tag{III 1, 29}$$

Aus ihr berechnet sich die Norm ds^2 eines infinitesimalen Vektors der kontravarianten Komponenten dq^i zu

$$ds^2 = dx_j\,dx^j = g_{ik}\,dq^i\,dq^k. \tag{III 1, 30}$$

Das System der neun Größen $g_{ik} = g_{ki}$ $[i, k = 1, 2, 3]$ definiert die kovarianten Komponenten des *Maßtensors* g, welcher die Transformation (III 1, 29) kennzeichnet.

Aus den dq^i bilden wir durch Division mit dem infinitesimalen Zeitelement dt — welches in der *Newton*schen Mechanik einen *Skalar* repräsentiert — den Geschwindigkeitsvektor v der kontravarianten Komponenten

$$\dot{q}^i = \frac{dq^i}{dt}\,. \tag{III 1, 31}$$

Den kinematischen Größen des bewegten Massenpunktes stellen wir den Kraftvektor zur Seite; wir definieren seine kovarianten Komponenten Q_i mittels der invarianten Arbeitsgleichung

$$\delta A = P_i\,\delta x^i = Q_i\,\delta q^i \tag{III 1, 32}$$

Wir drücken die kinetische Energie T mittels (III 1, 30) und (III 1, 31) als Funktion der q^i und der $\dot{q}^i$ aus

$$T = T(q^i, \dot{q}^i) = \frac{m}{2} g_{ik} \dot{q}^i \dot{q}^k \tag{III 1, 33}$$

und finden als ihre synchrone Variation

$$\delta T = \frac{\partial T}{\partial q^i} \delta q^i + \frac{\partial T}{\partial \dot{q}^i} \delta \dot{q}^i \tag{III 1, 34}$$

Indem wir uns abermals auf den Satz (III 1, 19) berufen und (III 1, 15) benützen, finden wir durch Teilintegration

$$\int_{t_1}^{t_2} \frac{\partial T}{\partial \dot{q}^i} \delta \dot{q}^i \, dt = \int_{t_1}^{t_2} \frac{\partial T}{\partial \dot{q}^i} \frac{d\delta q^i}{dt} dt = \frac{\partial T}{\partial \dot{q}^i} \delta q^i \Big|_{t_1}^{t_2} - \int_{t_1}^{t_2} \frac{d}{dt}\left(\frac{\partial T}{\partial \dot{q}^i}\right) \delta q^i \, dt =$$

$$= - \int_{t_1}^{t_2} \frac{d}{dt}\left(\frac{\partial T}{\partial \dot{q}^i}\right) \delta q^i \, dt. \tag{III 1, 35}$$

Durch Eintragen von (III 1, 32), (III 1, 34) und (III 1, 36) in das *Hamilton*sche Prinzip (III 1, 28) gelangen wir für die wahre Bahn zu der Extremalbedingung

$$\int_{t_1}^{t_2} \left\{ Q_i + \frac{\partial T}{\partial q^i} - \frac{d}{dt}\left(\frac{\partial T}{\partial \dot{q}^i}\right) \right\} \delta q^i \, dt = 0. \tag{III 1, 36}$$

Da die synchronen Variationen δq^i zwischen Anfangs- und Endpunkt der Bahn willkürlich gewählt werden dürfen, zieht (III 1, 36) das System der *Lagrange*schen *Gleichungen*

$$\frac{d}{dt}\left(\frac{\partial T}{\partial \dot{q}^i}\right) - \frac{\partial T}{\partial q^i} = Q_i \tag{III 1, 37}$$

nach sich. Gemäß (III 1, 33) berechnet man

$$\frac{\partial T}{\partial q^i} = \frac{1}{2} m \frac{\partial g_{kl}}{\partial q^i} \dot{q}^k \dot{q}^l ; \qquad i, k, l = 1, 2, 3. \tag{III 1, 38}$$

Weiter folgen mit Rücksicht auf die Symmetrie des Maßtensors die Relationen

$$\frac{\partial T}{\partial \dot{q}^i} = m \, g_{ik} \, \dot{q}^k \tag{III 1, 39}$$

und mit $d\dot{q}^i/dt = \ddot{q}^i$

$$\frac{d}{dt}\left(\frac{\partial T}{\partial \dot{q}^i}\right) = m \frac{\partial g_{ik}}{\partial q^j} \dot{q}^j \dot{q}^k + m \, g_{ik} \ddot{q}^k \equiv$$

$$\equiv m \frac{1}{2}\left(\frac{\partial g_{ik}}{\partial q^l} + \frac{\partial g_{il}}{\partial q^k}\right) \dot{q}^l \dot{q}^k + m \, g_{ik} \ddot{q}^k. \tag{III 1, 40}$$

Mit Hilfe von (III 1, 38) und (III 1, 40) entsteht aus (III 1, 37) die entwickelte, kovariante Form der *Lagrange*schen Gleichungen

$$m \left[\frac{1}{2} \left\{ \frac{\partial g_{ik}}{\partial q^l} + \frac{\partial g_{il}}{\partial q^k} - \frac{\partial g_{kl}}{\partial q^i} \right\} \dot{q}^k \dot{q}^l + g_{ik} \ddot{q}^k \right] = Q_i. \tag{III 1, 41}$$

Die dreifach indizierten Symbole

$$\Gamma_{i,kl} = \frac{1}{2}\left\{\frac{\partial g_{ik}}{\partial q^l} + \frac{\partial g_{il}}{\partial q^k} - \frac{\partial g_{kl}}{\partial q^i}\right\} \tag{III 1, 42}$$

definieren die kovarianten *geodätischen Komponenten* des von den q^i gebildeten Bezugssystemes. Mittels der kontravarianten Komponenten g^{ik} des Maßtensors konstruieren wir die (III 1, 42) dual zugeordneten, kontravarianten geodätischen Komponenten nach der Vorschrift

$$\Gamma^j_{kl} = g^{ji}\, \Gamma_{i,kl}. \tag{III 1, 43}$$

Indem wir nun (III 1, 41) mit g^{ji} erweitern, resultiert als entwickelte, kontravariante Form der *Lagrange*schen Gleichungen

$$m\,[\Gamma^j_{kl}\, \dot{q}^k\, \dot{q}^l + \ddot{q}^j] = Q^j. \tag{III 1, 44}$$

g) Wir spezialisieren auf ein Kraftfeld, dessen kovariante Komponenten Q_i sich aus einer skalaren Funktion Φ der allgemeinen Koordinaten q^i und der Zeit t nach der Vorschrift

$$Q_i = -\frac{\partial \Phi}{\partial q^i} \tag{III 1, 45}$$

herleiten lassen. Die virtuelle Arbeit dieser Kräfte beträgt dann

$$\delta A = Q_i\, \delta q^i = -\frac{\partial \Phi}{\partial q^i}\, \delta q^i = -\delta \Phi. \tag{III 1, 46}$$

Falls t in Φ nicht explizit auftritt, bezeichnet man Φ als *potentielle Energie*; das Kraftfeld heißt dann ein *konservatives*.

Aus der kinetischen Energie T und der Funktion Φ bilden wir die *Differenz*

$$L = L(\dot{q}^i, q^i, t) = T - \Phi, \tag{III 1, 47}$$

welche das *kinetische Potential* [oder die *Lagrangesche Funktion*] des materiellen Punktes definiert; mit Hilfe der Funktion L nimmt das *Hamilton*sche Prinzip (III 1, 28) die Gestalt an

$$\int_{t_1}^{t_2} \delta L\, dt = 0. \tag{III 1, 48}$$

Vom formal-mathematischen Standpunkte aus geht (III 1, 48) aus (III 1, 28) hervor, indem man dort T durch L ersetzt und gleichzeitig die virtuelle Arbeit δA samt den ihr genetisch verbundenen Komponenten der äußeren Kraft annulliert. Man erhält daher mittels dieser Operation aus (III 1, 37) die *Lagrange*schen Gleichungen für die Bewegung des materiellen Punktes im Felde Φ in der Gestalt

$$\frac{d}{dt}\left(\frac{\partial L}{\partial \dot{q}^i}\right) - \frac{\partial L}{\partial q^i} = 0. \tag{III 1, 49}$$

h) Als Beispiel behandeln wir die [*Newton*sche] Elektronenbewegung in einer zylindrischen Vakuum-Photozelle. Abb. III 124 zeigt die für unsere Zwecke wesentlichen Elemente des Gerätes. Die aktiven Lichtstrahlen dringen durch ein Fenster von passender Größe in das Innere der zylindrischen Hohlkathode vom Halbmesser K ein. Die aus ihr photoelektrisch befreiten Elektronen werden gegen die Anode gezogen, welche als konzentrisch zur Kathode gelegener Zylinder vom Halbmesser $A < K$ ausgebildet ist und die zeitfreie Spannung U gegen die Kathode führt.

Wir orientieren uns an einem relativ zum Gerät ruhenden Bezugssystem der Zylinderkoordinaten z, r, α, in welchem die laufende Zeit t gemessen wird. Die z-Achse koinzidiere mit jener der Anode, r messe den Abstand des Aufpunktes gegen diese Achse und α sein Azimut gegen eine feste Meridianebene. Von den lokalen Feldstörungen am Rande der Zylinderelektroden und am Kathodenfenster abgesehen lautet dann das elektrische Skalarpotential φ des zwischen der Anode und der Kathode ausgespannten Feldes

$$\varphi = U \frac{\ln \frac{K}{r}}{\ln \frac{K}{A}}; \qquad A \leqq r \leqq K. \tag{III 1, 50}$$

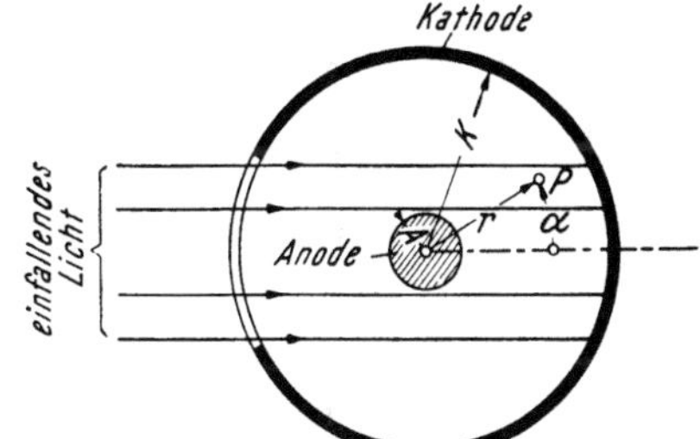

Abb. III 124. Schema einer zylindrischen Vakuum-Photozelle.

Im Verein mit dem Ausdruck für die kinetische Energie des Elektrons

$$T = \frac{m_0}{2} [\dot{z}^2 + \dot{r}^2 + r^2 \dot{\alpha}^2] \tag{III 1, 51}$$

folgt somit die für den Existenzbereich seiner Bewegung zuständige *Lagrange*sche Funktion zu

$$L = \frac{m_0}{2} [\dot{z}^2 + \dot{r}^2 + r^2 \dot{\alpha}^2] + q_0 U \frac{\ln \frac{K}{r}}{\ln \frac{K}{A}}. \tag{III 1, 52}$$

Indem wir die allgemeinen Koordinaten q^i der Reihe nach mit z, r und α identifizieren, entstehen somit die Bewegungsgleichungen

$$m_0 \frac{d^2 z}{dt^2} = 0, \tag{III 1, 53}$$

$$m_0 \left(\frac{d^2 r}{dt^2} - r \dot{\alpha}^2\right) = -\frac{q_0 U}{r \ln \frac{K}{A}}, \tag{III 1, 54}$$

$$m_0 \frac{d}{dt} (r^2 \dot{\alpha}) = 0. \tag{III 1, 55}$$

Sie schildern eine Zentralbewegung, welche man als zweidimensionale Fassung des *Kepler*-Problemes [Anziehung eines Planeten durch eine zylindrische „Sonne“] bezeichnen kann.

Wir verfolgen das Schicksal jenes Elektrons, welches gerade im Zeitpunkt $t = 0$ photoelektrisch befreit wird; in diesem Augenblick mögen seine kinematischen Eigenschaften durch die Angaben

$$\left.\begin{array}{lll} z = 0; & r = K; & \alpha = \alpha_0 \\ \dot{z} = v_{z_0}; & \dot{r} = v_{r_0} < 0; & \dot{\alpha} = \omega_0 \end{array}\right\} \text{für } t = 0 \tag{III 1, 56}$$

beschrieben werden. Daher folgt aus (III 1, 53) für die parallel der z-Achse gerichtete Komponente der Bewegung das Trägheitsgesetz

$$\dot{z} = v_{z_0}; \qquad z = v_{z_0} \cdot t. \tag{III 1, 57}$$

Weiter entnehmen wir aus (III 1, 55) mit Rücksicht auf (III 1, 56) das Flächenintegral

$$r^2 \dot{\alpha} = K^2 \omega_0, \qquad \text{(III 1, 58)}$$

mit dessen Hilfe wir durch Elimination des Azimutes für den zeitlichen Verlauf der Radialabweichung die nichtlineare Differentialgleichung zweiter Ordnung

$$\frac{d^2 r}{dt^2} - \frac{K^4 \omega_0^2}{r^3} = -\frac{q_0}{m_0} \frac{U}{r \ln \frac{K}{A}} \qquad \text{(III 1, 59)}$$

erhalten. Sie geht mittels der Relationen

$$\frac{dr}{dt} = \frac{dr}{d\alpha} \cdot \dot{\alpha} = \frac{K^2 \omega_0}{r^2} \cdot \frac{dr}{d\alpha};$$

$$\frac{d^2 r}{dt^2} = \frac{K^4 \omega_0^2}{r^4} \frac{d^2 r}{d\alpha^2} - 2 \frac{K^4 \omega_0^2}{r^5} \left(\frac{dr}{d\alpha}\right)^2 \qquad \text{(III 1, 60)}$$

in die kinematische Differentialgleichung für die Projektion der Elektronenbahn auf die Ebene $z = 0$ über

$$\frac{K^4 \omega_0^2}{r^4} \frac{d^2 r}{d\alpha^2} - 2 \frac{K^4 \omega_0^2}{r^5} \left(\frac{dr}{d\alpha}\right)^2 = \frac{K^4 \omega_0^2}{r^3} - \frac{q_0}{m_0} \frac{U}{r \ln \frac{K}{A}}, \qquad \text{(III 1, 61)}$$

welche sich nach Ersatz von r durch die dimensionsfreie Veränderliche

$$w = \frac{K}{r}; \qquad 1 \leqq w \leqq \frac{K}{A} \qquad \text{(III 1, 62)}$$

in

$$\frac{d^2 w}{d\alpha^2} + w = \frac{q_0}{m_0} \frac{U}{K^2 \omega_0^2 \ln \frac{K}{A}} \cdot \frac{1}{w} \qquad \text{(III 1, 63)}$$

verwandelt. Mittels des auf die Bahnprojektion entfallenden Anteiles der kinetischen Emissions-Voltenergie

$$U_e = \frac{1}{2} \frac{m_0}{q_0} [v_{r_0}^2 + K^2 \omega_0^2], \qquad \text{(III 1, 64)}$$

im Verein mit der Neigung ϑ_0 der Startgeschwindigkeit gegen die Kathodennormale

$$\sin \vartheta_0 = \frac{K \omega_0}{\sqrt{v_{r_0}^2 + K^2 \omega_0^2}} \qquad \text{(III 1, 65)}$$

nach Abb. III 1, 4 setzen wir abkürzend

$$w_0^2 = \frac{q_0}{m_0} \frac{U}{K^2 \omega_0^2 \ln \frac{K}{A}} = \frac{U}{2 U_e \ln \frac{K}{A} \sin^2 \vartheta_0}. \qquad \text{(III 1, 66)}$$

Schreibt man überdies $w' = dw/d\alpha$, so kann man (III 1, 63) in die Form bringen

$$\frac{d^2 w}{d\alpha^2} \equiv \frac{d}{dw} \left(\frac{1}{2} w'^2\right) = \frac{w_0^2}{w} - w. \qquad \text{(III 1, 67)}$$

Mit Rücksicht auf die aus (III 1, 56) in Verbindung mit (III 1, 58) und (III 1, 62) zu entnehmenden kinematischen Eigenschaften des kontrollierten Elektrons im Zeitpunkt $t = 0$

$$w = 1; \qquad \frac{dw}{d\alpha} \equiv w' = -\left(\frac{K}{r^2} \cdot \frac{dr}{d\alpha}\right)_{t=0} = -\left(\frac{K}{r^2}\frac{\dot r}{\dot\alpha}\right)_{t=0} = -\frac{v_{r_0}}{K\,\omega_0} = \operatorname{cotg}\vartheta_0 \tag{III 1, 68}$$

entspringt aus (III 1, 67) durch einmalige Integration

$$w'^2 = 2\,w_0^2 \ln w - w^2 + \frac{1}{\sin^2\vartheta_0} = \frac{1}{\sin^2\vartheta_0}\left[\frac{U}{U_e \ln\frac{K}{A}} \ln w + 1\right] - w^2. \tag{III 1, 69}$$

Für $w' = 0$ folgt aus dieser Gleichung der kleinste Abstand r_{min} des Elektrons von der Achse des Entladungsgefäßes mittels der Relation

$$\sin\vartheta_0 = \frac{r_{min}}{K}\sqrt{1 + \frac{U}{U_e \ln\frac{K}{A}} \ln\frac{K}{r_{min}}}, \tag{III 1, 70}$$

welche in Abb III 125 für unterschiedliche Werte der „numerischen Anodenspannung“

$$u = \frac{U}{U_e \ln\frac{K}{A}} \tag{III 1, 71}$$

dargestellt ist; bei bekannter Größe dieses Verhältnisses entnimmt man dem Schaubild den Bereich der Emissionswinkel, deren zugehörige Elektronenbahnen auf der Oberfläche des Anodenzylinders $[r_{min}/K \leqq A/K]$ enden, also den Anodenstrom bestimmen.

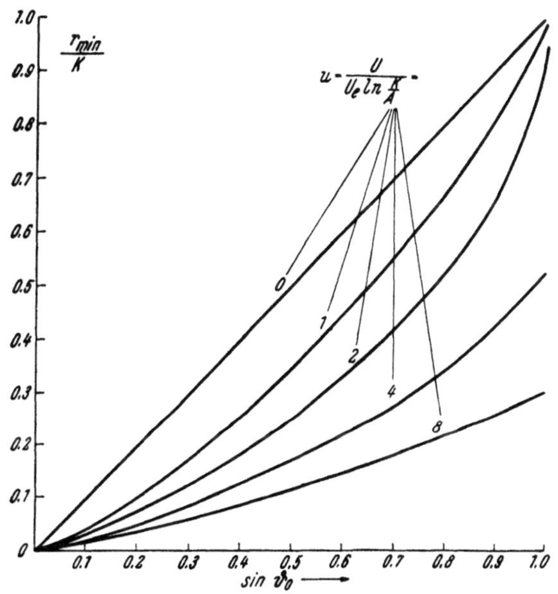

Abb. III 125. Elektronenbewegung in der zylindrischen Vakuum-Photozelle. Einfluß der Betriebsbedingungen auf den Minimalabstand von der Achse.

Um endlich die Gestalt der Elektronenbahn kennenzulernen, bilden wir aus (III 1, 69) unter Benutzung von (III 1, 71)

$$\sin\vartheta_0 \frac{dw}{\sqrt{u \ln w + 1 - w^2 \sin^2\vartheta_0}} = d\alpha \tag{III 1, 72}$$

und erhalten mit Rücksicht auf (III 1, 56), (III 1, 62) und (III 1, 68)

$$\alpha - \alpha_0 = \sin\vartheta_0 \int_1^{\frac{K}{r}} \frac{dw}{\sqrt{u \ln w + 1 - w^2 \sin\vartheta_0}}. \tag{III 1, 73}$$

Obwohl man das hier auftretende Integral mittels bekannter Funktionen nicht geschlossen ausdrücken kann, läßt sich doch die verlangte Quadratur auf numerischem Wege unschwer bewältigen; das Ergebnis ist für die numerische Anodenspannung u = 10 in Abb. III **126** dargestellt.

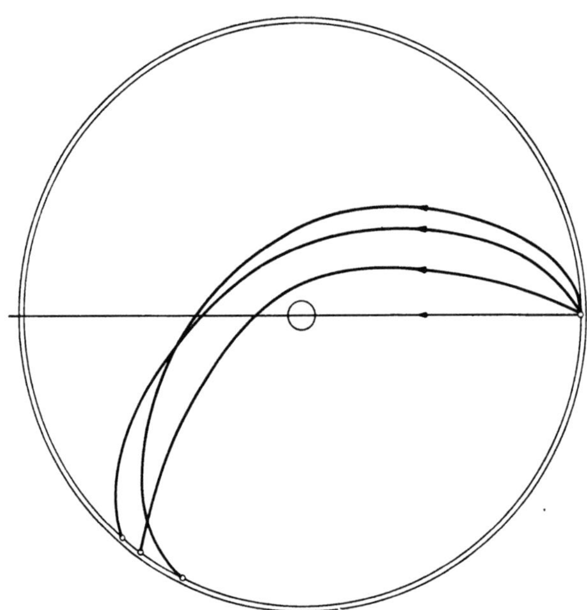

Abb. III 126. Einfluß des Startwinkels auf die Elektronenbahn in einer zylindrischen Vakuum-Photozelle.

III 2. Ermittlung zweidimensionaler Elektronenbewegungen am Membranmodell.

a) In einem evakuierten Entladungsgefäß sei relativ zu dem dort ruhenden Bezugssystem der *Kartesi*schen Koordinaten x, y, z das von z unabhängige elektrostatische Potential

$$\varphi = \varphi\,(x, y) \tag{III 2, 1}$$

vorgegeben; es genügt der zweidimensionalen *Laplace*schen Gleichung

$$\frac{\partial^2 \varphi}{\partial x^2} + \frac{\partial^2 \varphi}{\partial y^2} = 0. \tag{III 2, 2}$$

Zum Zeitpunkt t = 0 verbringen wir in den Punkt $P = (x_0, y_0, 0)$ ein dort anfangs ruhendes Elektron [Ruhmasse m_0, Ladung $(-q_0)$]; gefragt wird nach seiner Bewegung für Zeiten $t > 0$.

b) Wir beschränken uns auf so kleine Elektronengeschwindigkeiten, daß wir im Gültigkeitsbereich der *Newton*schen Mechanik bleiben. Die Wirkung etwa im Entladungsraum anwesender magnetischer Felder werde systematisch außer acht gelassen; desgleichen vernachlässigen wir das elektrische Sekundärfeld der räumlich verteilten Elektronenladungen. Die Bewegungsgleichungen des kontrollierten Elektrons lauten dann

$$m_0 \frac{d^2 x}{dt^2} = q_0 \cdot \frac{\partial \varphi}{\partial x}, \tag{III 2, 3}$$

$$m_0 \frac{d^2y}{dt^2} = q_0 \frac{\partial \varphi}{\partial y}, \tag{III 2, 4}$$

$$m_0 \frac{d^2z}{dt^2} = 0 \tag{III 2, 5}$$

mit den Anfangsbedingungen

$$\left.\begin{array}{lll} x = x_0; & y = y_0; & z = 0 \\ \dfrac{dx}{dt} = 0; & \dfrac{dy}{dt} = 0; & \dfrac{dz}{dt} = 0 \end{array}\right\} \text{ für } t = 0. \tag{III 2, 6}$$

Nach (III 2, 5) verbleibt somit das Elektron stets in der Ebene $z = 0$, während (III 2, 3) und (III 2, 4) im Verein mit den Anfangsbedingungen auf das Energieintegral

$$\frac{1}{2} m_0 \left[\left(\frac{dx}{dt}\right)^2 + \left(\frac{dy}{dt}\right)^2\right] = q_0 \left[\varphi(x, y) - \varphi(x_0, y_0)\right] \tag{III 2, 7}$$

führen.

c) Die über (III 2, 7) hinaus fortgesetzte Integration der Differentialgleichungen (III 2, 3) und (III 2, 4) gelingt nur in wenigen Fällen auf analytischem Wege. Daher erfordert die theoretische Vorausbestimmung der Bahnkurven in der Regel den Einsatz numerischer oder graphischer Methoden. Dieser Weg ist jedoch nicht nur äußerst mühevoll, sondern leidet an dem Mangel einer Einsicht in den Einfluß der Betriebsbedingungen des Entladungssystemes auf die Gestalt der gesuchten Trajektorien, sofern man nicht von Mal zu Mal die gesamte Untersuchung neu durchzuführen gewillt ist. Unter solchen Umständen erscheint es erwünscht, die Elektronenbahnen auf experimentellem Wege studieren zu können.

Die unmittelbare Verwirklichung dieses Gedankens stößt auf Schwierigkeiten: Im Hochvakuum entziehen sich die Elektronenbahnen der Beobachtung; füllt man das Entladungsgefäß mit Gas oder Dampf von hinreichend niedrigem Drucke, so kann man zwar Einzelbahnen in Gestalt von Fadenstrahlen sichtbar machen, doch versagt auch hier die gleichzeitige Darstellung eines Kollektives verschiedener Elektronenbahnen. Daher rufen wir eine Modellmethode zu Hilfe, welche durch Abbildung der elektrisch gesteuerten Trägerbewegung auf eine mechanisch ähnliche Bewegung träger Kugeln im Schwerefelde zu der gewünschten Einsicht führt.

d) Wir denken uns eine Membran, die wir zunächst mit folgenden ideellen Eigenschaften ausstatten:

1. Die Membran gelte als infinitesimal dünn, so daß sie vom mathematischen Standpunkt eine Fläche definiert.
2. Die Membran sei masselos.
3. Die Membran wird als vollkommen elastisch betrachtet.
4. Einem an ihren Elementen angreifenden Drehmoment vermag die Membran keinen Widerstand entgegenzusetzen.
5. In ihrer eigenen Fläche ist die Membran zur Übertragung endlicher mechanischer Spannungen befähigt.

Wir orientieren uns an einem *Kartesi*schen Bezugssystem x', y', z', dessen z'-Achse antiparallel der Richtung des Schwerefeldes weise. In der Ebene $z' = 0$ konstruieren wir den im Ursprung zentrierten Kreis vom Halbmesser R. Längs seiner Peripherie befinde sich ein starrer Rahmen, über welchen die Membran durch gleichförmige Radialkräfte der Größe S je Einheit des Kreisumfanges nach Art einer Trommel gespannt wird. Denken wir uns an einem beliebigen Orte des Membraninnern einen Schnitt angebracht, so werden seine Ränder zunächst auseinanderklaffen; zur Herstellung jener Naht, die den früheren Zustand wieder herstellt, bedarf es dann genau der normal zum Schnitt gerichteten Kraft S je Längeneinheit des Schnittes. Zum Beweise dieses fundamentalen Satzes betrachten wir vorübergehend eine ganz im Innern der Membran gelegene, in sich geschlossene Kurve C und bilden aus deren vektoriellen Elementen $\mathfrak{dc}$ durch vektorielle Multiplikation mit dem parallel der z'-Achse weisenden Einheitsvektor $\mathit{1}_{z'}$ den elementaren Flächenvektor

$$dF = [d\mathfrak{c} \cdot \mathit{1}_{z'}]. \qquad \text{(III 2, 8)}$$

Da nun das längs C erstreckte Integral aller Vektoren (III 2, 8) verschwindet

$$\oint_{(C)} dF = 0 \qquad \text{(III 2, 9)}$$

annulliert sich auch die resultierende Kraft aller an C angreifenden mechanischen Spannungen: Das von C umrandete Gebiet der Membran befindet sich im Gleichgewicht; wegen der uns freigestellten Wahl der Kurve C folgt somit die gleiche Aussage für jedes Element der Membran, und weiter darf der vorher als Kreis angenommene Spannrahmen durch einen solchen von beliebiger Form ersetzt werden, sofern man nur dort wiederum je Längeneinheit der Grenzkurve eine feste, normal zu dieser wirkende Spannung S an der Membran anbringt.

e) Vermittels parallel der z'-Achse angreifender, stationärer Zwangskräfte prägen wir der Membran längs fest vorgegebener Kurven C_k die unveränderlichen Deformationen z_k' ein. Durch diese Operation geht die vorher ebene Ruhfläche $z' = 0$ der Membran in die Arbeitsfläche

$$z' = z'(x', y') \qquad \text{(III 2, 10)}$$

über, deren geometrische Gesetze wir aufzusuchen haben.

Wir schließen die Gesamtheit der Kurven C_k samt dem Rande der Membran, sie im Begriff der Grenzkurve G formal zusammenfassend, aus dem mathematischen Existenzgebiet der Membran aus. Für die dann verbleibende Fläche setzen wir die Deformation (III 2, 10) als so klein voraus, daß die Ungleichungen

$$\left|\frac{\partial z'}{\partial x'}\right| \ll 1; \qquad \left|\frac{\partial z'}{\partial y'}\right| \ll 1 \qquad \text{(III 2, 11)}$$

überall erfüllt sind; im Einklang mit diesen kinematischen Annahmen vernachlässigen wir die Änderung der Membranspannung S durch die Zwangskräfte.

Wir richten nun unser Augenmerk auf jenes Kontrollelement der Membran, welches von den infinitesimal benachbarten Ebenen x' und $x' + \Delta x'$ einerseits, y' und $y' + \Delta y'$ andererseits begrenzt wird. Es definiert im Ruhzustande der Membran ein Rechteck, welches beim Umfahren seines Randes im mathematisch-positiven Sinne durch den infinitesimalen Flächenvektor

$$\Delta \mathfrak{f}_0 = \mathit{1}_{z'} \cdot \Delta x' \Delta y' \qquad \text{(III 2, 12)}$$

beschrieben wird. Durch die Deformation geht das kontrollierte Element in ein Parallelogramm über, welches unter Zuhilfenahme der drei achsenparallelen Einheitsvektoren $1_{x'}, 1_{y'}, 1_{z'}$ durch den infinitesimalen Flächenvektor

$$\Delta f = \begin{vmatrix} 1_{x'} & 1_{y'} & 1_{z'} \\ \Delta x' & 0 & \frac{\partial z'}{\partial x'} \Delta x' \\ 0 & \Delta y' & \frac{\partial z'}{\partial y'} \Delta y' \end{vmatrix} = \left\{ 1_{x'} \left(-\frac{\partial z'}{\partial x'} \right) + 1_{y'} \left(-\frac{\partial z'}{\partial y'} \right) + 1_{z'} \cdot 1 \right\} \Delta x' \Delta y' \tag{III 2, 13}$$

dargestellt wird. Gemäß (III 2, 12) und (III 2, 13) wird also die Fläche des kontrollierten Elementes durch die Deformation im Verhältnis

$$\frac{|\Delta f|}{|\Delta f_0|} = \sqrt{1 + \left(\frac{\partial z'}{\partial x'}\right)^2 + \left(\frac{\partial z'}{\partial y'}\right)^2} \tag{III 2, 14}$$

gedehnt; auf Grund von (III 2, 11) reduziert sich diese Relation hinreichend genau auf

$$\frac{|\Delta f|}{|\Delta f_0|} = 1 + \frac{1}{2} \left\{ \left(\frac{\partial z'}{\partial x'}\right)^2 + \left(\frac{\partial z'}{\partial y'}\right)^2 \right\}. \tag{III 2, 15}$$

Während dieser flächenhaften Dilatation leisten die Membranspannungen am kontrollierten Element die Arbeit

$$\Delta A = S\{|\Delta f| - |\Delta f_0|\} = S \cdot \frac{1}{2} \left\{ \left(\frac{\partial z'}{\partial x'}\right)^2 + \left(\frac{\partial z'}{\partial y'}\right)^2 \right\} \Delta x' \Delta y'. \tag{III 2, 16}$$

Wir schließen die Möglichkeit eines Wärmeaustausches zwischen der Membran und ihrer Umgebung aus. Da die Membran als vollkommen elastisch vorausgesetzt wurde, sind die in ihr stattfindenden Vorgänge vollständig reversibel: Die Deformationsarbeit ΔA verwandelt sich restlos in elastische Energie ΔV_{EL} des kontrollierten Membranelementes. Durch Integration über die von der Grenzkurve G umschlossene Membranfläche F′ folgt somit für die gesamte elastische Membranenergie

$$V_{EL} = S \iint_{(F')} \frac{1}{2} \left\{ \left(\frac{\partial z'}{\partial x'}\right)^2 + \left(\frac{\partial z'}{\partial y'}\right)^2 \right\} dx'\, dy'. \tag{III 2, 17}$$

Mit Hilfe des stetig veränderlichen, skalaren Parameters ε erweitern wir (III 2, 10) zu der Flächenschar

$$z'^* = z'^*(x', y', \varepsilon) \tag{III 2, 18}$$

folgender Eigenschaften.

1. Die individuelle Fläche $\varepsilon = 0$ soll mit der gesuchten Arbeitsfläche der Membran koinzidieren

$$\lim_{\varepsilon \to 0} z'^* = z'(x', y'). \tag{III 2, 19}$$

2. Sämtliche Individuen der Flächenschar verlaufen durch die gleiche Grenzkurve G

$$z'^*(x', y', \varepsilon) = z'(x', y') \quad \text{auf G.} \tag{III 2, 20}$$

3. Jeder individuellen Fläche z'^* wird eine Funktion

$$f^* = f^*(x', y', \varepsilon); \quad f(x', y') = \lim_{\varepsilon \to 0} f^*(x', y', \varepsilon) \tag{III 2, 21}$$

zugeordnet. Unter ihren partiellen Differentialquotienten $f_{x'}^*$ und $f_{y'}^*$ verstehen wir die je bei festem ε gebildeten Ausdrücke

$$f_{x'}^* = \frac{\partial f^*}{\partial x'}; \qquad f_{y'}^* = \frac{\partial f^*}{\partial y'}. \tag{III 2, 22}$$

Dagegen werde die Variation δf^* von f^* durch die Operation

$$\delta f^* = \frac{\partial f^*}{\partial \varepsilon}\,\delta\varepsilon \tag{III 2, 23}$$

definiert. Aus der Kombination von (III 2, 22) und (III 2, 23) folgen die Vertauschungsregeln

$$\delta f_{x'}^* = \frac{\partial^2 f^*}{\partial x'\,\partial \varepsilon}\,\delta\varepsilon = \delta\,\frac{\partial f^*}{\partial x'}; \qquad \delta f_{y'}^* = \frac{\partial^2 f^*}{\partial y'\,\partial \varepsilon}\,\delta\varepsilon = \delta\,\frac{\partial f^*}{\partial y'}. \tag{III 2, 24}$$

Insbesondere zeichnet sich der Gleichgewichtszustand der Membran durch die Bedingung

$$\delta V_{EL} = 0 \tag{III 2, 25}$$

aus, wobei wegen (III 2, 20)

$$\delta z' = 0 \quad \text{auf} \quad G \tag{III 2, 26}$$

zu fordern ist. Bei der Variation des in (III 2, 17) auftretenden Integranden sind z', $z_{x'}'$ und $z_{y'}'$ als unabhängige Veränderliche zu behandeln, während x' und y' festzuhalten sind. Dieser Vorschrift gemäß bilden wir zunächst

$$\delta\left\{\frac{1}{2}\left(\frac{\partial z'}{\partial x'}\right)^2\right\} = z_{x'}'\,\delta z_{x'}'; \qquad \delta\left\{\frac{1}{2}\left(\frac{\partial z'}{\partial y'}\right)^2\right\} = z_{y'}'\,\delta z_{y'}'. \tag{III 2, 27}$$

Mit Benutzung der Relationen (III 2, 24) finden wir nun mittels partieller Integration längs eines parallel der x'-Achse verlaufenden Streifens fester Breite dy'

$$dy'\int z_{x'}'\,\delta z_{x'}'\,dx' = dy'\int z_{x'}'\,\frac{\partial\,\delta z'}{\partial x'}\,dx' = dy'\left(z_{x'}'\,\delta z' - \int \frac{\partial^2 z'}{\partial x'^2}\,\delta z'\,dx'\right). \tag{III 2, 28}$$

Nach Einsetzen der Grenzen verschwindet mit Rücksicht auf (III 2, 26) der integralfreie Posten der in (III 2, 28) rechter Hand auftretenden Summe. Wendet man die nämliche Unformung sinngemäß auf den zweiten Anteil des Integrales (III 2, 17) an, so verwandelt sich also (III 2, 25) in die Forderung

$$-S\iint\limits_{(F')}\left\{\frac{\partial^2 z'}{\partial x'^2} + \frac{\partial^2 z'}{\partial y'^2}\right\}\delta z'\,dx'\,dy' = 0. \tag{III 2, 29}$$

Sie zieht, da die Variation $\delta z'$ willkürlich gewählt werden darf, für die Struktur der zur Arbeitsfläche deformierten Membran die *Laplace*sche Gleichung

$$\frac{\partial^2 z'}{\partial x'^2} + \frac{\partial^2 z'}{\partial y'^2} = 0 \tag{III 2, 30}$$

nach sich.

f) Zu den geplanten Modellversuchen auf der Membran benutzen wir homogene Kugeln der Dichte γ, welche sich unter dem Einfluß des Schwerefeldes auf der Fläche $z' = z'(x', y')$ als „Führungsfläche" bewegen.

Wir setzen den [einheitlichen] Radius a der Kugeln als klein gegen die Hauptkrümmungshalbmesser der Führungsfläche voraus. In Ergänzung der früheren Angaben über die ideellen Eigenschaften der Membran werde nun angenommen, daß die Kugeln reibungsfrei auf der Arbeitsfläche rollen können, ohne zu gleiten. Wir begleiten eine dieser Kugeln auf ihrem Wege und markieren zum Zeitpunkte $t' \geqq 0$ ihren Berührungspunkt $P = (x', y')$ mit der Membran. Konstruieren wir die zugehörige „Hauptebene" durch die Tangente der Kontaktbahn und das Kugelzentrum O, so dreht sich also die kontrollierte Kugel um die durch O normal zur Hauptebene verlaufende Achse; die hierbei auftretende Winkelgeschwindigkeit $\omega = \omega(t')$ ist mit der gleichzeitigen Wandergeschwindigkeit $v = v(t')$ des Punktes P durch die „Rollgleichung"

$$v = \omega \cdot a \tag{III 2, 31}$$

verbunden.

Auf Grund der Kleinheit von a dürfen wir in ausreichender Genauigkeit die Schwerpunktsgeschwindigkeit der Kugel mit der Wandergeschwindigkeit des Punktes P vertauschen. Bezeichne also M die träge Masse der Kugel und Θ ihr Trägheitsmoment relativ zur Drehachse, so wohnt der bewegten Kugel die kinetische Energie

$$T = \frac{1}{2} M v^2 + \frac{1}{2} \Theta \omega^2 \tag{III 2, 32}$$

inne. Nach (III 2, 31) läßt sie sich mit Einführung der effektiven Masse

$$M_{eff} = M + \frac{\Theta}{a^2} \tag{III 2, 33}$$

in die Form

$$T = \frac{1}{2} M_{eff} v^2 = \frac{1}{2} M_{eff} \left\{ \left(\frac{dx'}{dt'}\right)^2 + \left(\frac{dy'}{dt'}\right)^2 \right\} \tag{III 2, 34}$$

bringen. Zur Berechnung von Θ bedienen wir uns eines Systemes der Kugelkoordinaten r [Zentraldistanz], ϑ [Polarwinkel], α [Azimut]; sein Ursprung koinzidiere mit dem Kugelmittelpunkt, und die Polarachse werde mit der momentanen Drehachse identifiziert. Man findet dann

$$\Theta = \int\limits_{r=0}^{a} \int\limits_{\vartheta=0}^{\pi} \int\limits_{\alpha=0}^{2\pi} r^2 \sin^2\vartheta \cdot \gamma\, r^2\, dr \sin\vartheta\, d\vartheta\, d\alpha = \frac{2}{5} a^2 \frac{4}{3} \pi a^3 \gamma = \frac{2}{5} a^2 M, \tag{III 2, 35}$$

also gemäß (III 2, 33)

$$M_{eff} = \frac{7}{5} M. \tag{III 2, 36}$$

Für die potentielle Energie V_p der Kugel auf der Führungsfläche ist die schwere Masse M_s der Kugel maßgebend, welche mit der trägen Masse M identisch ist [*Einstein*sches Äquivalenzprinzip]. Bezeichne also g die Beschleunigung des Schwerefeldes, so gilt

$$V_p = M_s g z' = M g z'(x', y'). \tag{III 2, 37}$$

Aus (III 2, 34) und (III 2, 37) bilden wir die *Lagrange*sche Funktion der rollenden Kugel

$$L = \frac{1}{2} M_{eff} \left\{ \left(\frac{dx'}{dt'}\right)^2 + \left(\frac{dy'}{dt'}\right)^2 \right\} - g M z'(x', y'). \tag{III 2, 38}$$

Mit Rücksicht auf (III 2, 36) folgen hieraus die Bewegungsgleichungen der Kugel auf der Führungsfläche zu

$$\frac{d^2x'}{dt'^2} = -\frac{5}{7} g \frac{\partial z'}{\partial x'} \qquad \text{(III 2, 39)}$$

$$\frac{d^2y'}{dt'^2} = -\frac{5}{7} g \frac{\partial z'}{\partial y'} \qquad \text{(III 2, 40)}$$

Wir ergänzen sie durch Angabe der Anfangsbedingungen

$$\left.\begin{aligned} x' &= x_0'; & y' &= y_0' \\ \frac{dx'}{dt'} &= 0; & \frac{dy'}{dt'} &= 0 \end{aligned}\right\} \text{ für } t' = 0 \qquad \text{(III 2, 41)}$$

g) In (III 2, 39), (III 2, 40) und (III 2, 41) sind wir zum Ziele unserer Untersuchung gelangt: Der Vergleich von (III 2, 3), (III 2, 4) und (III 2, 6) beziehentlich mit (III 2, 39), (III 2, 40) und (III 2, 41) offenbart im Verein mit (III 2, 2) und (III 2, 30) die mechanische Ähnlichkeit der Elektronenbewegung im Felde des elektrostatischen Potentiales φ mit der Kinetik der Kugeln auf der Führungsfläche z', falls man folgende Abbildungsvorschriften anwendet:

1. Raumdehnung:

Man wähle die Koordinaten x', y' des mechanischen Modelles in einem willkürlichen Maßstab $K : 1$ größer als die entsprechenden Originalkoordinaten x, y des Entladungssystemes

$$\frac{x'}{x} = \frac{y'}{y} = K. \qquad \text{(III 2, 42)}$$

2. Zeitdilatation.

Es werde festgesetzt, daß die Kugelbewegung im Verhältnis $T : 1$ langsamer erfolge als die korrespondierende Bewegung der Elektronen

$$\frac{t'}{t} = T. \qquad \text{(III 2, 43)}$$

3. Potentialverhältnis.

Man denke sich vermittels (III 2, 42) die Deformation z' der Membran als Funktion von x und y ausgedrückt; die aus dieser Operation hervorgehende, von der früheren in der Regel verschiedene Funktion sei nichtsdestotrotz durch das gleiche Symbol bezeichnet

$$z'(x', y') \to z'(x, y). \qquad \text{(III 2, 44)}$$

Dann gelten die Relationen

$$\frac{\partial z'}{\partial x'} = \frac{1}{K} \frac{\partial z'}{\partial x}; \quad \frac{\partial z'}{\partial y'} = \frac{1}{K} \cdot \frac{\partial z'}{\partial y} \qquad \text{(III 2, 45)}$$

welchen wir mit Rücksicht auf (III 2, 43) die Formeln

$$\frac{d^2x'}{dt'^2} = \frac{K}{T^2} \frac{d^2x}{dt^2}; \quad \frac{d^2y'}{dt'^2} = \frac{K}{T^2} \frac{d^2y}{dt^2} \qquad \text{(III 2, 46)}$$

zur Seite stellen. Mittels (III 2, 45) und (III 2, 46) kann man die dynamischen Gesetze der Kugelbewegung längs der deformierten Membran auf die Raum- und Zeitkoordinaten des originalen Entladungssystemes beziehen, indem man schreibt

$$\left(\frac{T}{K}\right)^2 \frac{d^2x}{dt^2} = -\frac{5}{7} g \frac{\partial z'}{\partial x}; \quad \left(\frac{T}{K}\right)^2 \frac{d^2y}{dt^2} = -\frac{5}{7} g \frac{\partial z'}{\partial y} \qquad \text{(III 2, 47)}$$

Diese Gleichungen werden beziehentlich mit den Differentialgleichungen (III 2, 3), (III 2, 4) der Elektronenbewegung identisch, falls man zwischen der Deformation z' der Membranfläche und dem Potential φ des elektrostatischen Feldes die Beziehung

$$m_0 g z' = -\frac{7}{5}\left(\frac{K}{T}\right)^2 q_0 \varphi \qquad \text{(III 2, 48)}$$

innehält. Insbesondere wird hiernach jede Elektrode [$\varphi = \text{const.}$] des Originalsystemes auf eine Höhenlinie der Membranfläche abgebildet: Die Kathode erscheint im Ausgangsniveau der Membran vor deren Deformation, die positiven Elektroden sind je durch gesenkte, die negativen Elektroden durch erhobene Profile darzustellen.

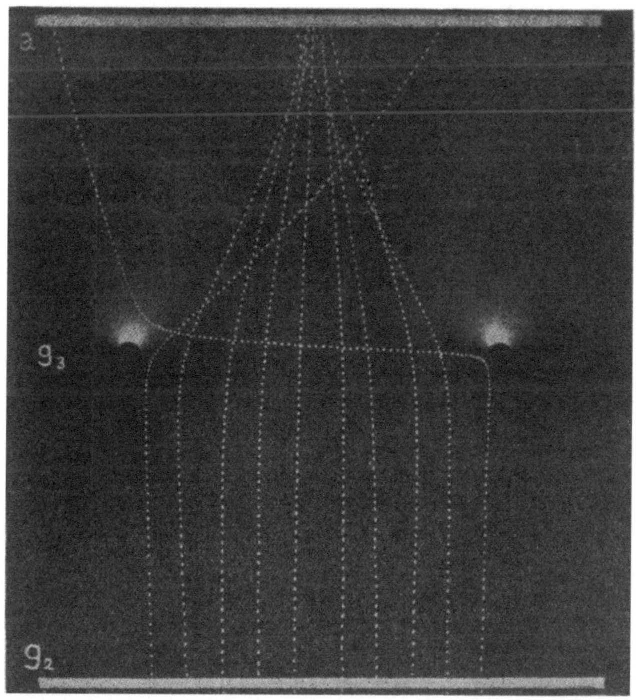

Abb. III 127. *Stroboskop*-Bild des Elektronendurchganges zwischen den Gitterstäben einer Triode, aufgenommen am Membranmodell. [Aus: Philips Research Reports, Vol. VI, Nr. 1, February 1951, Artikel *J. L. H. Jonker*, Internal Resistance of a Pentode.]

Mißt man z' in cm und φ in Volt, so ergibt sich mit $q_0 = 1{,}60 \cdot 10^{-19}$ Cb, $m_0 = 9 \cdot 10^{-28}$ g und $g = 981$ cm/sec² nach Einführung des Joule als Arbeitseinheit aus (III 2, 48) zahlenmäßig

$$\frac{z'_{(\text{cm})}}{\varphi_{(\text{Volt})}} = -\frac{7}{5}\,\frac{1{,}60 \cdot 10^{-19}}{981 \cdot 9 \cdot 10^{-28} \cdot 10^{-7}}\left(\frac{K}{T}\right)^2 = -2{,}54 \cdot \left(\frac{K \cdot 10^6}{T}\right)^2 \qquad \text{(III 2, 49)}$$

Um für eine geeignete Wahl der Zahlen K und T einen Anhalt zu gewinnen, behandeln wir als Beispiel die Elektronenbewegung in einem parallelebenen Plattenkondensator vom Elektrodenabstand $d = 1{,}5$ cm, dessen Anode das Potential $\varphi_a = 100$ V gegen die Kathode führe. Ein an der Kathode startendes Elektron durcheilt dann den Entladungsraum mit der mittleren Geschwindigkeit $3 \cdot 10^8$ cm/sec, so daß es nach Verlauf von $0{,}5 \cdot 10^{-8}$ sec an der Anode anlangt. Auf Grund dieser Zahlenwerte sei

$$K = 100; \qquad T = 10^9$$

gewählt; aus (III 2, 49) folgt dann

$$\frac{z'_{(\mathrm{cm})}}{\varphi_{(\mathrm{Volt})}} = -2{,}54 \cdot 10^{-2},$$

so daß also einer Potentialdifferenz von 100 V zwischen zwei Punkten des Originalsystemes einer Höhendifferenz von 2,54 cm zwischen den korrespondierenden Punkten der Membranfläche entspricht.

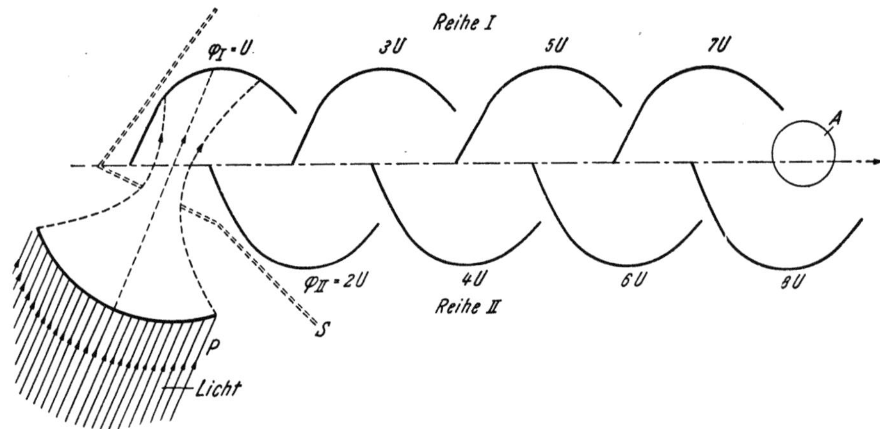

Abb. III 128. Schema des elektrischen Sekundärelektronen-Vervielfachers von *Zworykin* und *Rajchman*.

h) Wünscht man durch den Modellversuch nicht allein Auskunft über den kinematischen Verlauf der Bahn zu erhalten, sondern auch über ihre Dynamik, so bedient man sich einer stroboskopischen Methode: Die Membran wird aus einem lichtabsorbierenden Stoffe hergestellt; dagegen weise die zu kontrollierende Kugel eine glatt polierte Oberfläche auf. Während der Bewegung jener Kugel wird der Arbeitsplatz durch Lichtblitze erhellt, die einander in kurzen, gleichmäßigen Zeitintervallen τ folgen. Der visuell oder photographisch bestimmte Abstand benachbarter Sichtorte der Kontrollkugel liefert nach Division mit τ die Geschwindigkeit der Kugel, aus welcher durch Multiplikation mit T/K die zugehörige Elektronengeschwindigkeit hervorgeht. Das gleiche Verfahren gestattet es, den Einfluß der Startgeschwindigkeit der eben aus der Kathode emittierten Elektronen auf den Verlauf ihrer Bahnen durch den Modellversuch festzustellen, indem man der Kontrollkugel die im Verhältnis K/T verkleinerte Elektronen-Anfangsgeschwindigkeit unter Wahrung der Originalrichtung erteilt [Abb. III 127].

i) Als Anwendung der entwickelten Methode behandeln wir die Elektronenbahnen in dem von *Zworykin* und *Rajchman* angegebenen Sekundärelektronen-Vervielfacher zur Verstärkung lichtelektrischer Ströme. Abb. III 128 zeigt die für die Arbeitsweise des Gerätes wesentlichen Elemente: Die aus der Photokathode P emittierten Elektronen fallen durch die schmale Öffnung des Feldschirmes S in die geradlinig fortschreitende Elektrodenstraße kongruenter, rinnenförmiger Zylinderelektroden ein. Längs der Reihe I schreitet das Potential von Elektrode zu Elektrode nach der ungeradzahligen Folge fort

$$\varphi_m = m\,U; \qquad m = 2\,n - 1; \qquad n = 1, 2, \ldots \qquad \text{(III 2, 50)}$$

längs der Reihe II dagegen nach der geradzahligen Folge

$$\varphi_m = m\,U; \qquad m = 2\,n; \qquad n = 1, 2, \ldots \qquad \text{(III 2, 51)}$$

Die Spannung $U > 0$ wird so gewählt, daß auf je ein „Primärelektron", welches mit der kinetischen Energie $q_0\,U$ auf einer der genannten Elektroden aufprallt, im statistischen Mittel eine möglichst große Zahl $\gamma > 1$ von Sekundärelektronen entfallen.

Die im Innern der Elektrodenstraße von deren Feld erzwungenen Elektronenbahnen sind auf Grund der Beobachtung am Membranmodell in Abb. III 129 dargestellt. In der m-ten Arbeitsstufe des Vervielfachers $[m > 1]$ führen sie die an der Elektrode vom Potential $\varphi_m = m\,U$ ohne merkliche Anfangsgeschwindigkeit startenden Elektronen zur Elektrode vom Potential $\varphi_{m+1} = (m + 1)\,U$ über, welche hierdurch zur Quelle von Sekundärelektronen wird; sie spielen in der $(m + 1)$-sten Arbeitsstufe die Rolle der Primärelektronen, so daß sich der vordem geschilderte Prozeß mit einer im Verhältnis γ gesteigerten Anzahl der agierenden Elektronen wiederholt. Bei insgesamt r Arbeitsstufen des Vervielfachers wird also der lichtelektrisch ausgelöste Strom J_0 der Photokathode bis auf den Endstrom

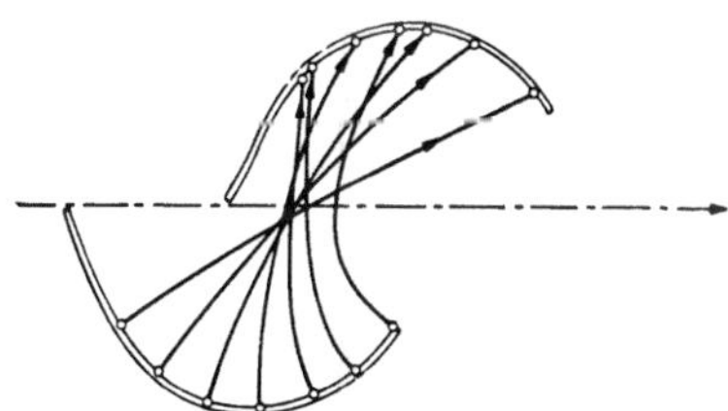

Abb. III 129. Am Membran-Modell ermittelte Elektronenbahnen im elektrischen Sekundärelektronen-Vervielfacher.

$$J_r = J_0\,\gamma^r \qquad \text{(III 2, 52)}$$

verstärkt, welcher der Anode A des Gerätes entnommen wird.

III 3. Das kinetische Potential des elektromagnetischen Feldes.

a) Wir spezialisieren das *Hamilton*sche Variationsprinzip auf die langsame Bewegung eines Ions der Ruhmasse m und der Ladung e in einem beliebigen, elektromagnetischen Felde. Der Vektor P der Kraft, welche an dem relativ zum Bezugssystem mit der vektoriellen Geschwindigkeit v fliegenden Ion angreift, resultiert dann als Summe der *Coulomb*-Kraft der elektrischen Feldstärke E und der *Lorentz*-Kraft der magnetischen Induktion B

$$P = e\,\{E + [v\,B]\}. \qquad \text{(III 3, 1)}$$

b) Auf Grund der Quellenfreiheit der magnetischen Induktion

$$\operatorname{div} B = 0 \qquad \text{(III 3, 2)}$$

kann dieser Vektor aus einem Vektorpotential V nach der Vorschrift

$$B = \operatorname{rot} V \qquad \text{(III 3, 3)}$$

hergeleitet werden. Die Zweite *Maxwell*sche Gleichung liefert nun relativ zu einem im Bezugssystem ruhenden Beobachter, da für ihn räumliche und zeitliche Differentiation miteinander vertauschbar sind, die Aussage

$$\operatorname{rot} E = -\frac{\partial B}{\partial t} = -\frac{\partial \operatorname{rot} V}{\partial t} = -\operatorname{rot}\frac{\partial V}{\partial t}. \qquad \text{(III 3, 4)}$$

Die Lösung dieser Differentialgleichung lautet, indem wir die skalare elektrische Potentialfunktion φ einführen

$$E = -\operatorname{grad}\varphi - \frac{\partial V}{\partial t}. \qquad \text{(III 3, 5)}$$

c) Von den allgemeinen Koordinaten q^i kehren wir vorübergehend zu den *Kartesi*schen Koordinaten $x_i = x^i$ zurück. Für $i = 1$ lautet dann die kovariante Komponente der *Coulomb*-Kraft

$$e\,E_1 = -e\left\{\frac{\partial\varphi}{\partial x^1} + \frac{\partial V_1}{\partial t}\right\} \qquad \text{(III 3, 6)}$$

und die entsprechende Komponente der *Lorentz*-Kraft

$$e\,[v\,B]_1 = e\,\{v^2 B^3 - v^3 B^2\}. \qquad \text{(III 3, 7)}$$

Mit Rücksicht auf die Definition (III 3, 3) des Vektorpotentiales V nimmt (III 3, 7) die Form an

$$e\,\{v^2 B^3 - v^3 B^2\} = e\left\{v^2\left(\frac{\partial V_2}{\partial x^1} - \frac{\partial V_1}{\partial x^2}\right) - v^3\left(\frac{\partial V_1}{\partial x^3} - \frac{\partial V_3}{\partial x^1}\right)\right\} =$$
$$= e\left\{v^1\frac{\partial V_1}{\partial x^1} + v^2\frac{\partial V_2}{\partial x^1} + v^3\frac{\partial V_3}{\partial x^1} - v^1\frac{\partial V_1}{\partial x^1} - v^2\frac{\partial V_1}{\partial x^2} - v^3\frac{\partial V_1}{\partial x^3}\right\}. \qquad \text{(III 3, 8)}$$

Wir fassen weiterhin neben der Zeit t die Koordinaten x^i einerseits, die Komponenten v^i der Geschwindigkeit andererseits als unabhängige Veränderliche auf. Da dann die Potentiale V und φ die Geschwindigkeitskomponenten nicht explizit enthalten, gelten für jede Achsenrichtung $i = 1, 2, 3$ die Identitäten

$$-\frac{\partial\varphi}{\partial x^i} + v^k\frac{\partial V_k}{\partial x^i} \equiv \frac{\partial}{\partial x^i}\{(v\,V) - \varphi\} \qquad \text{(III 3, 9)}$$

sowie

$$-\left\{\frac{\partial V_i}{\partial t} + v^k\frac{\partial V_i}{\partial x^k}\right\} \equiv -\frac{dV_i}{dt} \equiv -\frac{d}{dt}\left\{\frac{\partial(v\,V)}{\partial v^i}\right\} \equiv -\frac{d}{dt}\left\{\frac{\partial}{\partial v^i}\Big((v\,V) - \varphi\Big)\right\}. \qquad \text{(III 3, 10)}$$

Nach (III 3, 1) folgt somit als kovariante Komponente der am Ion angreifenden Kraft

$$P_i = e\left[\frac{\partial}{\partial x^i}\{(v\,V) - \varphi\} - \frac{d}{dt}\left\{\frac{\partial}{\partial v^i}\Big((v\,V) - \varphi\Big)\right\}\right]. \qquad \text{(III 3, 11)}$$

Wir bilden nunmehr das Zeitintegral der virtuellen Arbeit δA während der Kontrollepoche $t_1 \leqq t \leqq t_2$:

$$\int_{t_1}^{t_2}\delta A\,dt = \int_{t_1}^{t_2} P_i\,\delta x^i\,dt = e\int_{t_1}^{t_2}\left[\frac{\partial}{\partial x^i}\{(v\,V) - \varphi\} - \frac{d}{dt}\left\{\frac{\partial}{\partial v^i}\Big((v\,V) - \varphi\Big)\right\}\right]\delta x^i\,dt \qquad \text{(III 3, 12)}$$

Indem man das zweite Glied dieses Ausdruckes durch Teilintegration umformt und beachtet, daß die Variation der Bahnkoordinaten verabredungsgemäß zu den Zeitpunkten t_1 und t_2 verschwindet, folgt

$$\int_{t_1}^{t_2}\frac{d}{dt}\left\{\frac{\partial}{\partial v^i}\Big((v\,V) - \varphi\Big)\right\}\delta x^i\,dt = -\int_{t_1}^{t_2}\frac{\partial}{\partial v^i}\{(v\,V) - \varphi\}\frac{d\delta x^i}{dt}\,dt. \qquad \text{(III 3, 13)}$$

Mit Rücksicht auf die Gleichheit $\frac{d\delta x^i}{dt} = \delta \frac{dx^i}{dt} = \delta v^i$ erhält man also

$$\int_{t_1}^{t_2} \delta A \, dt = e \int_{t_1}^{t_2} \left[\frac{\partial}{\partial x^i} \{(v\,V) - \varphi\} \, \delta x^i + \frac{\partial}{\partial v^i} \{(v\,V) - \varphi\} \, \delta v^i \right] dt =$$

$$= e \int_{t_1}^{t_2} \delta\{(v\,V) - \varphi\} \, dt \qquad \text{(III 3, 14)}$$

Da sich die hier verlangte Variation lediglich auf Invarianten bezieht, sind wir nun nicht mehr an *Kartes*ische Koordinaten gebunden, sondern dürfen uns fortan der in (III 1, 29) eingeführten allgemeinen Koordinaten q^i bedienen. Wir definieren, indem wir Gl. (III 1, 47) verallgemeinern, als kinetisches Potential des materiellen Massenpunktes im elektromagnetischen Felde

$$L = L(q^i, \dot{q}^i, t) = T + e\{(v\,V) - \varphi\} \qquad \text{(III 3, 15)}$$

und erhalten das *Hamilton*sche Prinzip in der Form

$$\int_{t_1}^{t_2} \delta L \, dt = 0. \qquad \text{(III 3, 16)}$$

Da sie mit (III 1, 48) identisch ist, beschreiben die Gleichungen (III 1, 49) zusammen mit (III 3, 15) die langsame Ionenbewegung in einem beliebigen elektromagnetischen Felde.

III 4. Der Satz von Larmor.

a) Wir handeln von der langsamen Bewegung eines Ions der Ladung e und der Masse m in einem zeitunabhängigen elektromagnetischen Felde folgender Eigenschaften:

1. Das Vektorfeld der magnetischen Induktion B ist innerhalb des Kontrollbereiches der Ionenbewegung nach Größe und Richtung konstant.

2. Das Feld des elektrischen Skalarpotentiales φ ist rings um eine zu B parallele, ausgezeichnete Gerade rotationssymmetrisch verteilt.

b) Auf der Symmetrieachse des elektrischen Feldes wählen wir einen Punkt O als Ursprung des ruhenden, rechtshändigen *Kartes*ischen Koordinatensystemes x, y, z; seine positive z-Achse möge parallel zu B weisen. Bezeichnet also B den Betrag der magnetischen Induktion, so lauten die *Kartes*ischen Komponenten des Induktionsvektors

$$B^x = 0; \qquad B^y = 0; \qquad B^z = B. \qquad \text{(III 4, 1)}$$

Sie ergeben sich aus dem Vektorpotential V nach der Vorschrift

$$B = \text{rot}\, V, \qquad \text{(III 4, 2)}$$

welche wir durch die Nebenbedingung

$$\text{div}\, V = 0 \qquad \text{(III 4, 3)}$$

ergänzen. Wir genügen zunächst (III 3, 3), indem wir mittels zweier skalarer Konstanten ξ und η ansetzen

$$V^x = V_x = B\,\eta\, y; \qquad V^y = V_y = B\,\xi\, x; \qquad V^z = V_z = 0. \qquad \text{(III 4, 4)}$$

Aus (III 4, 1) und (III 4, 2) folgt dann

$$\xi - \eta = 1. \qquad \text{(III 4, 5)}$$

Sei nun S eine skalare Ortsfunktion, welche der *Laplace*schen Gleichung

$$\nabla^2 S = 0 \qquad \text{(III 4, 6)}$$

gehorcht, so definiert

$$V^* = V - \operatorname{grad} S \qquad \text{(III 4, 7)}$$

ein mit V physikalisch identisches Vektorpotential. Wählen wir insbesondere

$$S = \frac{1}{2}(\xi + \eta)\, x\, y, \qquad \text{(III 4, 8)}$$

so erhält man mit Rücksicht auf (III 4, 4) als *Kartesi*sche Komponenten des Vektorpotentiales V^*

$$V^{*x} = V_x^* = -\frac{1}{2} B\, y; \qquad V^{*y} = V_y^* = \frac{1}{2} B\, x; \qquad V^{*z} = V_z^* = 0. \qquad \text{(III 4, 9)}$$

Ihres symmetrischen Baues halber ziehen wir sie weiterhin den Komponenten (III 4, 4) des ursprünglichen Vektorpotentiales V vor. Insbesondere bilden wir aus (III 4, 9) mit Hilfe der *Kartesi*schen Komponenten des Vektors v der Ionengeschwindigkeit die Invariante

$$(v\, V^*) = \frac{1}{2} B \{- v^x\, y + v^y\, x\}. \qquad \text{(III 4, 10)}$$

c) Mittels der Gleichungen der Punkttransformation

$$\left.\begin{aligned} x &= r \cos \alpha, \\ y &= r \sin \alpha, \\ z &= z \end{aligned}\right\} \qquad \text{(III 4, 11)}$$

betten wir in das bisher benutzte *Kartesi*sche Bezugssystem ein ruhendes Zylinderkoordinaten-System ein: r mißt den Abstand des Aufpunktes von der Symmetrieachse des Feldes, α sein Azimut gegen die Ebene $y = 0$ und z seine Höhe über der zur Symmetrieachse normalen Ebene durch den Ursprung O. Man berechnet aus (III 4, 11) die Norm des Linienelementes zu

$$ds^2 = dx^2 + dy^2 + dz^2 = dr^2 + r^2\, d\alpha^2 + dz^2. \qquad \text{(III 4, 12)}$$

Daher lautet die Matrix des Maßtensors der Zylinderkoordinaten

$$\{g\} = \begin{Bmatrix} 1 & 0 & 0 \\ 0 & r^2 & 0 \\ 0 & 0 & 1 \end{Bmatrix}. \qquad \text{(III 4, 13)}$$

d) Wir fragen nach dem kinetischen Potential L der Ionenbewegung in dem durch (III 4, 11) definierten Zylinder-Koordinatensystem.

Zunächst bilden wir die kontravarianten Komponenten des Geschwindigkeitsvektors

$$v^r = \frac{dr}{dt} \equiv \dot r; \qquad v^a = \frac{d\alpha}{dt} \equiv \dot\alpha; \qquad v^z = \frac{dz}{dt} \equiv \dot z \qquad \text{(III 4, 14)}$$

Aus ihnen folgt mit Rücksicht auf (III 4, 12) die kinetische Energie T des Ions zu

$$T = \frac{1}{2} m\, v^2 = \frac{1}{2} m \{\dot r^2 + r^2\, \dot\alpha^2 + \dot z^2\} \qquad \text{(III 4, 15)}$$

Weiter entnimmt man aus (III 4, 11)

$$v^x \equiv \frac{dx}{dt} \equiv \dot{x} = \dot{r}\cos\alpha - r\,\dot{\alpha}\sin\alpha \qquad \text{(III 4, 16)}$$

sowie

$$v^y \equiv \frac{dy}{dt} \equiv \dot{y} = \dot{r}\sin\alpha + r\,\dot{\alpha}\cos\alpha \qquad \text{(III 4, 17)}$$

also nach (III 4, 10), mit nochmaliger Benutzung der Relationen (III 4, 11)

$$(v\,V^*) = \frac{1}{2}\,B\,\{-(\dot{r}\cos\alpha - r\,\dot{\alpha}\sin\alpha)\,r\sin\alpha +$$

$$+ (\dot{r}\sin\alpha + r\,\dot{\alpha}\cos\alpha)\,r\cos\alpha\} = \frac{1}{2}\,B\,r^2\,\dot{\alpha}. \qquad \text{(III 4, 18)}$$

Endlich gilt zufolge der vorausgesetzten Rotationssymmetrie des elektrischen Skalarpotentiales

$$\varphi = \varphi\,(x, y, z) = \varphi\,(r, z). \qquad \text{(III 4, 19)}$$

Wir tragen (III 4, 15), (III 4, 18) und (III 4, 19) in die Definition (III 4, 15) des kinetischen Potentiales L ein und erhalten

$$L = \frac{1}{2}\,m\,\{\dot{r}^2 + r^2\,\dot{\alpha}^2 + \dot{z}^2\} + e\left\{\frac{1}{2}\,B\,r^2\,\dot{\alpha} - \varphi\,(r, z)\right\}. \qquad \text{(III 4, 20)}$$

e) Mit Hilfe der Funktion (III 4, 20) finden wir gemäß der allgemeinen Vorschrift (III 4, 49) die *Lagrange*schen Gleichungen für die Ionenbewegung

1. in radialer Richtung

$$m\,\frac{d^2r}{dt^2} - m\,r\,\dot{\alpha}^2 - e\,B\,r\,\dot{\alpha} + e\,\frac{\partial\varphi}{\partial r} = 0; \qquad \text{(III 4, 21)}$$

2. im Sinne zunehmenden Azimutes

$$\frac{d}{dt}\left\{m\,r^2\,\dot{\alpha} + e\,\frac{1}{2}\,B\,r^2\right\} = 0; \qquad \text{(III 4, 22)}$$

3. in Richtung der z-Achse

$$m\,\frac{d^2z}{dt^2} + e\,\frac{\partial\varphi}{\partial z} = 0. \qquad \text{(III 4, 23)}$$

Wir spezialisieren vorübergehend mittels $B \to 0$ auf den Fall der Ionenbewegung im rein elektrostatischen, rotationssymmetrischen Felde und erhalten aus (III 4, 21)

$$m\,\frac{d^2r}{dt^2} - m\,r\,\dot{\alpha}^2 + e\,\frac{\partial\varphi}{\partial r} = 0 \qquad \text{(III 4, 24)}$$

aus (III 4, 22)

$$\frac{d}{dt}\,\{m\,r^2\,\dot{\alpha}\} = 0 \qquad \text{(III 4, 25)}$$

und aus (III 4, 23)

$$m\,\frac{d^2z}{dt^2} + e\,\frac{\partial\varphi}{\partial z} = 0. \qquad \text{(III 4, 26)}$$

f) Von dem System der raumfesten Zylinderkoordinaten r, α, z gehen wir zu dem „gestrichenen" System der Zylinderkoordinaten r', α', z' über, welches sich relativ zum ungestrichenen um dessen z-Achse mit der gleichförmigen Winkelgeschwindigkeit ω dreht. Wir identifizieren den Ursprung O' des neuen Bezugssystemes mit O und lassen die z'-Achse mit der z-Achse zusammenfallen. Nach passender Wahl des Zeitanfanges lauten dann die Transformationsgleichungen des gestrichenen Systemes zum ungestrichenen

$$\left.\begin{aligned} r &= r' \\ \alpha &= \alpha' + \omega t, \\ z &= z'. \end{aligned}\right\} \qquad \text{(III 4, 27)}$$

Wir entnehmen ihnen die kinematischen Relationen

$$\left.\begin{aligned} \dot r &= \dot r'; & \frac{d^2 r}{dt^2} &= \frac{d^2 r'}{dt^2}, \\ \dot\alpha &= \dot\alpha' + \omega; & \frac{d^2 \alpha}{dt^2} &= \frac{d^2 \alpha'}{dt^2}, \\ \dot z &= \dot z'; & \frac{d^2 z}{dt^2} &= \frac{d^2 z'}{dt^2}. \end{aligned}\right\} \qquad \text{(III 4, 28)}$$

Daher gilt

$$\varphi(r, z) = \varphi(r', z') \qquad \text{(III 4, 29)}$$

und wir finden aus (III 4, 21)

$$m \frac{d^2 r'}{dt^2} - m r' \dot\alpha'^2 - m r' 2 \dot\alpha' \omega - m r' \omega^2 - e B r' \dot\alpha' - e B r' \omega + e \frac{\partial\varphi}{\partial r'} = 0 \qquad \text{(III 4, 30)}$$

aus (III 4, 22)

$$\frac{d}{dt}\left\{ m r'^2 (\dot\alpha' + \omega) + e \frac{1}{2} B r'^2 \right\} = 0 \qquad \text{(III 4, 31)}$$

und aus (III 4, 23)

$$m \frac{d^2 z'}{dt^2} + e \frac{\partial\varphi}{\partial z'} = 0. \qquad \text{(III 4, 32)}$$

Die in (III 4, 30) auftretenden, in der Azimutgeschwindigkeit $\dot\alpha'$ linearen Glieder heben einander gegenseitig auf, falls man ω den Wert der *Larmor*-Geschwindigkeit

$$\omega_L = -\frac{1}{2} \frac{e}{m} B \qquad \text{(III 4, 33)}$$

erteilt. Das Gesetz der Radialbewegung im gestrichenen System nimmt dann die Gestalt an

$$m \frac{d^2 r'}{dt^2} + m r' (\omega_L^2 - \dot\alpha'^2) + e \frac{\partial\varphi}{\partial r'} = 0, \qquad \text{(III 4, 34)}$$

während (III 4, 31) sich zu der Aussage

$$\frac{d}{dt}\{m r'^2 \dot\alpha'\} = 0 \qquad \text{(III 4, 35)}$$

vereinfacht und (III 4, 32) unverändert bestehen bleibt:

$$m \frac{d^2 z'}{dt^2} + e \frac{\partial\varphi}{\partial z'} = 0. \qquad \text{(III 4, 36)}$$

g) Wir wenden die vorstehend entwickelten Gesetze zunächst auf die Dynamik der Elektronen eines Atomes an, welche dessen positiv geladenen Kern umlaufen; allerdings müssen wir uns hierbei auf das klassische

Atommodell von *Bohr* beziehen, weil die Wellenmechanik die Konzeption einer nach Ort und Geschwindigkeit gleichzeitig scharf definierbaren Elektronenbahn verbietet.

Für das Elektron ist

$$m = m_0; \qquad e = -q_0. \tag{III 4, 37}$$

Nach (III 4, 32) resultiert als seine *Larmor*-Geschwindigkeit

$$\omega_L = \frac{1}{2}\frac{q_0}{m_0} B. \tag{III 4, 38}$$

Da ihr Betrag bis zu den höchsten, technisch herstellbaren Induktionswerten klein gegen den [mittleren] Betrag derjenigen natürlichen Azimutgeschwindigkeit $\dot{\alpha}$ bleibt, welche die nach den *Bohr*schen Prinzipien gequantelten Elektronenbahnen auszeichnet, darf man im Rahmen dieser Theorie

$$\dot{\alpha}'^2 \gg \omega_L^2 \tag{III 4, 39}$$

voraussetzen, so daß sich (III 4, 34) auf

$$m_0 \frac{d^2 r'}{dt^2} - m\, r'\, \dot{\alpha}'^2 - q_0 \frac{\partial \varphi}{\partial r'} = 0 \tag{III 4, 40}$$

reduziert. Der Vergleich von (III 4, 40), (III 4, 35) und (III 4, 36) mit (III 4, 24), (III 4, 25) und (III 4, 26) führt mit Rücksicht auf (III 4, 38) zu dem Satze von *Larmor*:

Die Einschaltung eines Magnetfeldes der Induktion B bewirkt die formgetreue Transformation der Elektronenbahn auf ein mit der *Larmor*-Geschwindigkeit gegen das raumfeste präzessierende Bezugssystem.

Obwohl sich der vorstehende Beweis zunächst nur auf ein einziges Elektron bezieht, welches den nackten Kern umläuft, läßt er sich sogleich auf ein System solcher Elektronen erweitern. Denn die innerelektronischen Zusatzkräfte dieser Schar hängen nur von den Differenzen der individuellen Elektronen-Koordinaten ab, so daß sie gegen die Transformation (III 4, 27) invariant sind.

Da vor dem Einschalten des Magnetfeldes ein und derselben Elektronenbahn die beiden Werte $\pm\, \dot{\alpha}_0$ der Azimutgeschwindigkeit korrespondieren, hat man nach dem Einschalten des Magnetfeldes relativ zum ruhenden Bezugssystem die beiden unterschiedlichen Azimutgeschwindigkeiten

$$\dot{\alpha} = \pm\, \dot{\alpha}_0 + \omega_L \tag{III 4, 41}$$

zu erwarten; diese Gleichung enthält die klassische Theorie des *Zeeman*-Effektes [Aufspaltung der Spektrallinien durch ein Magnetfeld].

h) In den Geräten der Elektronik sind in der Regel $|\dot{\alpha}|$ und $|\omega_L|$ von gleicher Größenordnung, so daß man (III 4, 34) ohne Vernachlässigungen beibehalten muß. Der *Larmor*sche Satz bedarf dann einer Modifikation: Hand in Hand mit der Transformation der Ionenbahn auf das präzessierende Bezugssystem erscheint als Folge des Magnetfeldes eine Zentripetalkraft, welche ihrem Betrage nach gerade ebenso groß ist wie die der Geschwindigkeit ω_L korrespondierende Zentrifugalkraft. Auf diesem eigentümlichen Umkehreffekt beruht letzten Endes die Arbeitsweise des Magnetrons und des Zyklotrons.

III 5. Bewegung eines Elektrons im kugelsymmetrischen Magnetfelde.

a) Wir untersuchen die Bahn eines Elektrons in der Umgebung eines magnetischen Poles, welcher von einer Kreiszylinderspule des Halbmessers R und der Länge l erzeugt werde. Wir setzen

$$l \gg R \qquad \text{(III 5, 1)}$$

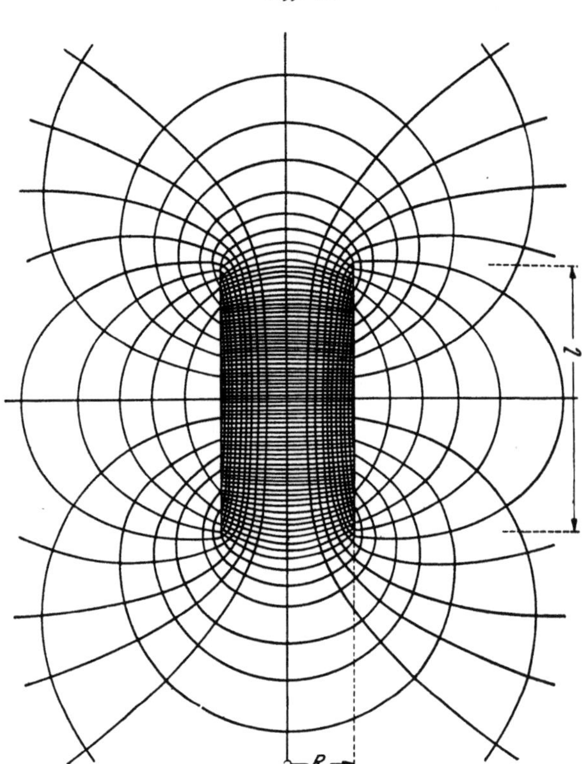

Abb. III 130. Das Magnetfeld einer Kreiszylinder-Spule.

voraus und nehmen an, daß der Zylindermantel den gleichförmigen, zirkular gerichteten Strombelag A führe. Im Innern der Spule entsteht dann ein merklich homogenes, achsenparalleles Magnetfeld vom Betrage [Abb. III 130]

$$|H| = |A|. \qquad \text{(III 5, 2)}$$

Daher repräsentiert der Pol relativ zum Außenraum der Spule die Quelle des magnetischen Induktionsflusses

$$\Phi = \Pi \cdot \pi R^2 \cdot A. \qquad \text{(III 5, 3)}$$

Wir konstruieren um das Polzentrum die Kontrollkugel vom Halbmesser r, welchen wir der Vorschrift

$$R \ll r \ll l \qquad \text{(III 5, 4)}$$

unterwerfen; die Induktionslinien durchkreuzen die Oberfläche der Kontrollkugel senkrecht in der Dichte

$$|B| = \frac{|\Phi|}{4\pi r^2} \qquad \text{(III 5, 5)}$$

b) Wir führen Kugelkoordinaten ein, deren Ursprung nach Abb. III 131 mit dem Polzentrum O koinzidiert: Mit Rücksicht auf die Kugelsymmetrie des Magnetfeldes dürfen wir die Lage der Polarachse beliebig wählen. Nachdem dies geschehen ist, definieren wir den Aufpunkt P in der Oberfläche der Kontrollkugel durch seinen Polarwinkel ϑ sowie sein Azimut α gegen eine feste Meridianebene durch die Polarachse.

c) Wir suchen das magnetische Feld des Poles durch sein Vektorpotential V zu beschreiben. Aus Symmetriegründen ist nur seine azimutale Komponente von Null verschieden, deren physikalische Größe wir mit V_α bezeichnen. Aus ihr ergeben sich die physikalischen Komponenten der magnetischen Feldstärke H nach den Vorschriften

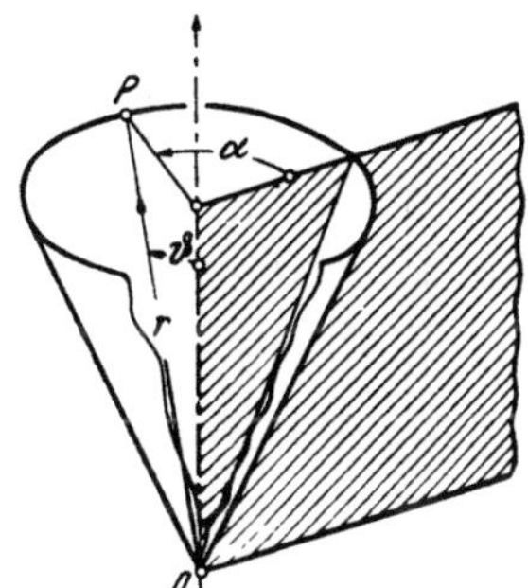

Abb. III 131. Kugelkoordinaten.

$$\Pi \cdot H_r = \frac{1}{r \sin\vartheta} \frac{\partial (\sin\vartheta \cdot V_\alpha)}{\partial \vartheta} \qquad \text{(III 5, 6)}$$

$$\Pi \cdot H_\vartheta = -\frac{1}{r} \cdot \frac{\partial (r\, V_\alpha)}{\partial r} \qquad \text{(III 5, 7)}$$

$$\Pi \cdot H_\alpha = 0. \qquad \text{(III 5, 8)}$$

Da nun außerhalb der Spule das Feld wirbelfrei ist, gilt dort

$$\frac{1}{r}\frac{\partial H_r}{\partial \vartheta} - \frac{1}{r}\frac{\partial (r\, H_\vartheta)}{\partial r} = 0. \qquad \text{(III 5, 9)}$$

Vermöge (III 5, 6) und (III 5, 7) entspringt aus (III 5, 9) für die Komponente V_α des Vektorpotentiales die partielle Differentialgleichung

$$\frac{1}{r^2}\frac{\partial}{\partial \vartheta}\left(\frac{1}{\sin\vartheta}\frac{\partial (\sin\vartheta \cdot V_\alpha)}{\partial \vartheta}\right) + \frac{1}{r}\frac{\partial^2 (r\, V_\alpha)}{\partial r^2} = 0. \qquad \text{(III 5, 10)}$$

Dem kugelsymmetrischen Felde des Induktionsflusses Φ korrespondiert die Lösung

$$V_\alpha = \frac{\Phi}{4\pi}\frac{1-\cos\vartheta}{r \sin\vartheta} \qquad \text{(III 5, 11)}$$

wovon man sich durch Einsetzen in (III 5, 6) und (III 5, 7) sogleich überzeugt.

d) Wir begleiten ein von $r \to \infty$ her mit der Geschwindigkeit v_0 einfallendes Elektron bei seiner Bewegung durch das Magnetfeld; sie wird als so langsam vorausgesetzt, daß wir die *Newton*sche Mechanik anwenden dürfen. Schreiben wir daher dem kontrollierten Elektron die feste Gesamtenergie Null zu, so mißt

$$-q_0 \varphi_0 = -\frac{m}{2} v_0^2 \qquad \text{(III 5, 12)}$$

seine potentielle Energie; demnach lautet seine *Lagrange*sche Funktion

$$L = \frac{1}{2} m_0 (\dot{r}^2 + r^2 \sin^2\vartheta \cdot \dot{\alpha}^2 + r^2 \dot{\vartheta}^2) + q_0 (\varphi_0 -$$

$$- V_\alpha \cdot r \cdot \sin\vartheta \cdot \dot{\alpha}) = \frac{1}{2} m_0 (\dot{r}^2 + r^2 \sin^2\vartheta \cdot \dot{\alpha}^2 + r^2 \cdot \dot{\vartheta}^2) +$$

$$+ q_0 \left(\varphi_0 - \frac{\Phi}{4\pi} \dot{\alpha} (1 - \cos\vartheta)\right) \qquad \text{(III 5, 13)}$$

Aus ihr gewinnen wir als radiale Bewegungsgleichung

$$\frac{d^2r}{dt^2} - r(\sin^2\vartheta \cdot \dot{\alpha}^2 + \dot{\vartheta}^2) = 0 \qquad \text{(III 5, 14)}$$

als Polarwinkel-Gleichung

$$\frac{d}{dt}(r^2\dot{\vartheta}) - r^2 \sin\vartheta \cos\vartheta \cdot \dot{\alpha}^2 + \frac{q_0}{m_0}\frac{\Phi}{4\pi}\dot{\alpha}\sin\vartheta = 0 \qquad \text{(III 5, 15)}$$

und als azimutale Gleichung

$$\frac{d}{dt}\left(r^2 \sin\vartheta \cdot \dot{\alpha} - \frac{q_0}{m_0}\frac{\Phi}{4\pi}(1 - \cos\vartheta)\right) = 0. \qquad \text{(III 5, 16)}$$

e) Da α in L nicht explizit auftritt, folgt nach Wahl der Konstanten K aus (III 5, 16) das Flächenintegral

$$r^2 \sin^2\vartheta \cdot \dot{\alpha} - \frac{q_0}{m_0} \cdot \frac{\Phi}{4\pi}(1 - \cos\vartheta) = K. \qquad \text{(III 5, 17)}$$

Wir befriedigen die in dieser Gleichung enthaltenen, kinematischen Bindungen zwischen den Kugelkoordinaten des kontrollierten Elektrons zunächst für den Sonderfall der Bewegung auf dem Kegelmantel

$$\vartheta = \vartheta_0, \qquad \text{(III 5, 18)}$$

bei welcher (III 5, 17) die Gestalt

$$r^2\dot{\alpha} = \gamma; \qquad \gamma = \frac{K + \frac{q_0}{m_0}\frac{\Phi}{4\pi}(1 - \cos\vartheta_0)}{\sin^2\vartheta_0} \qquad \text{(III 5, 19)}$$

annimmt. Mit Rücksicht auf (III 5, 18) liefert nun (III 5, 15) die Aussage

$$\gamma = \frac{q_0}{m_0}\frac{\Phi}{4\pi} \cdot \frac{1}{\cos\vartheta_0}, \qquad \text{(III 5, 20)}$$

so daß wir durch (III 5, 14) auf

$$\frac{d^2r}{dt^2} - \left(\frac{q_0}{m_0}\frac{\Phi}{4\pi}\,\mathrm{tg}\,\vartheta_0\right)^2 \cdot \frac{1}{r^3} = 0 \qquad \text{(III 5, 21)}$$

geführt werden.

Zu Beginn der Kontrolle (t = 0) möge das Elektron auf dem Kegelmantel $\vartheta = \vartheta_0$ in der Entfernung $r = r_0$ vom Polzentrum unter dem Winkel ψ_0 gegen die normal zum Radiusvektor orientierte Ebene einfallen. Da nun die *Lorentz*-Kraft ihrer Natur nach zwar die Richtung der Elektronengeschwindigkeit zu beeinflussen vermag, nicht aber deren Größe, lauten die Anfangsbedingungen der kontrollierten Bewegung

$$r^2 \sin^2\vartheta_0\,\dot{\alpha}^2 = \left(\frac{q_0}{m_0}\frac{\Phi}{4\pi} \cdot \mathrm{tg}\,\vartheta_0\right)^2 \cdot \frac{1}{r_0^2} = v_0^2 \cos^2\psi_0 \qquad \text{für} \qquad t = 0 \qquad \text{(III 5, 22)}$$

und

$$\dot{r}^2 = v_0^2 \sin^2\psi_0 \qquad \text{für} \qquad t = 0. \qquad \text{(III 5, 23)}$$

Durch (III 5, 22) wird, bei vorgegebenen Werten von r_0, v_0 und ψ_0, der Öffnungswinkel ϑ_0 des Kegelmantels festgelegt. Indem wir uns nunmehr erinnern, daß vermöge der Kugelsymmetrie des magnetischen Polfeldes die Orientierung der Polarachse beliebig gewählt werden darf, läßt sich also die vordem nur als Sonderfall eingeführte Bewegung auf dem Kegelmantel $\vartheta = \vartheta_0$ nachträglich allen denkbaren kinematischen Daten des einfallenden Elektrons anpassen.

Wir rufen die Identität $\frac{d^2 r}{dt^2} \equiv \frac{d\left(\frac{1}{2}\dot{r}^2\right)}{dr}$ zu Hilfe und erhalten vermöge der Kenntnis von ϑ_0 durch Integration von (III 5, 21)

$$\frac{1}{2}\dot{r}^2 = \frac{1}{2}\left(\frac{q_0}{m_0}\frac{\Phi}{4\pi}\operatorname{tg}\vartheta_0{}^2\right)^2\left(\frac{1}{r_0{}^2} - \frac{1}{r^2}\right) + \frac{1}{2}v_0{}^2 \sin^2\psi_0 =$$

$$= \frac{1}{2}v_0{}^2\left(1 - \frac{r_0{}^2}{r^2}\cos^2\psi_0\right) \qquad \text{(III 5, 24)}$$

und demnach durch nochmalige Integration

$$v_0 t = \int\limits_{r_0}^{r} \frac{dr}{\pm\sqrt{1 - \frac{r_0{}^2}{r^2}\cos^2\psi_0}} = \pm\left[\sqrt{r^2 - r_0{}^2\cos^2\psi_0} - r_0 \sin\psi_0\right] \qquad \text{(III 5, 25)}$$

oder

$$r^2 = r_0{}^2 \mp 2\, v_0 t \cdot r_0 \cdot \sin\psi_0 + v_0{}^2 t^2. \qquad \text{(III 5, 26)}$$

Hierin entspricht das $\begin{matrix}\text{obere}\\\text{untere}\end{matrix}$ Vorzeichen einer $\begin{matrix}\text{zum}\\\text{vom}\end{matrix}$ Kegelzentrum gerichteten radialen Komponente der Anfangsgeschwindigkeit, so daß wir uns im Einklang mit der eingangs gestellten Aufgabe für das obere Vorzeichen zu entscheiden haben. Das kontrollierte Elektron erreicht dann im Zeitpunkt

$$t_{min} = \frac{r_0 \sin\psi_0}{v_0} \qquad \text{(III 5, 27)}$$

seinen kleinsten Abstand r_{min} vom Kegelzentrum; aus (III 5, 26) entnimmt man

$$r_{min}{}^2 = r_0{}^2\cos^2\psi_0 = \left(\frac{q_0}{m_0}\frac{\Phi}{4\pi}\right)^2 \cdot \frac{1}{v_0{}^2}\operatorname{tg}^2\vartheta_0. \qquad \text{(III 5, 28)}$$

Führen wir jetzt durch die Transformation

$$v_0 t = v_0 (t' + t_{min}) \qquad \text{(III 5, 29)}$$

an Stelle von t die „gestrichene" Zeit t′ ein, so nimmt also (III 5, 26) die einfache Gestalt

$$r^2 = r_{min}{}^2 + (v_0 t')^2 \qquad \text{(III 5, 30)}$$

an, und die hierdurch beschriebene Bewegung setzt im Augenblick

$$t_0' = -\frac{r_{min}}{v_0} \cdot \operatorname{tg}\psi_0 \qquad \text{(III 5, 31)}$$

in $r = r_0$ ein.

f) Um die geometrische Bedeutung der Relation (III 5, 30) zu klären, kehren wir an Hand der Gl. (III 5, 19) zur Berechnung des Azimutes zurück und erhalten mit Rücksicht auf (III 5, 20) und (III 5, 30)

$$\dot{\alpha} = \frac{\gamma}{r^2} = \frac{q_0}{m_0}\frac{\Phi}{4\pi\, r_{min}{}^2} \cdot \frac{1}{\cos\vartheta_0} \cdot \frac{1}{1 + \left(\frac{v_0 t'}{r_{min}}\right)^2} \qquad \text{(III 5, 32)}$$

Bezeichnen wir mit $\alpha = \alpha_0$ die durch den Anfangsort des kontrollierten Elektrons gelegte Meridianebene, so folgt aus (III 5, 32) durch Integration

$$\alpha - \alpha_0 = \frac{q_0}{m_0} \cdot \frac{\Phi}{4\pi r_{min}^2} \cdot \frac{1}{\cos\vartheta_0} \cdot \frac{r_{min}}{v_0} \left[\operatorname{arc\,tg} \frac{v_0 t'}{r_{min}} - \operatorname{arc\,tg} \frac{v_0 t_0'}{r_{min}} \right] =$$

$$= \frac{1}{\sin\vartheta_0} \left[\operatorname{arc\,tg} \frac{v_0 t'}{r_{min}} + \psi_0 \right] \quad \text{(III 5, 33)}$$

oder

$$\frac{v_0 t'}{r_{min}} = \operatorname{tg} [(\alpha - \alpha_0) \sin\vartheta_0 - \psi_0]. \quad \text{(III 5, 34)}$$

Durch Substitution dieses Ausdruckes in (III 5, 30) resultiert als Bahngleichung des Elektrons

$$r^2 = \frac{r_{min}^2}{\cos^2 [(\alpha - \alpha_0) \sin\vartheta_0 - \psi_0]} \quad \text{(III 5, 35)}$$

Wir schneiden die Kegelfläche $\vartheta = \vartheta_0$ längs einer Mantellinie auf und rollen sie in eine Ebene ab; in ihr korrespondiert gemäß Abb. III 132 der Azimutdifferenz $(\alpha - \alpha_0)$ der Zentriwinkel

$$\chi = (\alpha - \alpha_0) \sin\vartheta_0. \quad \text{(III 5, 36)}$$

Auf dem abgerollten Kegelmantel wird somit der zugehörige Abschnitt der Elektronenbahn durch eine Gerade dargestellt, welche mit der gleichförmigen Geschwindigkeit v_0 durchlaufen wird.

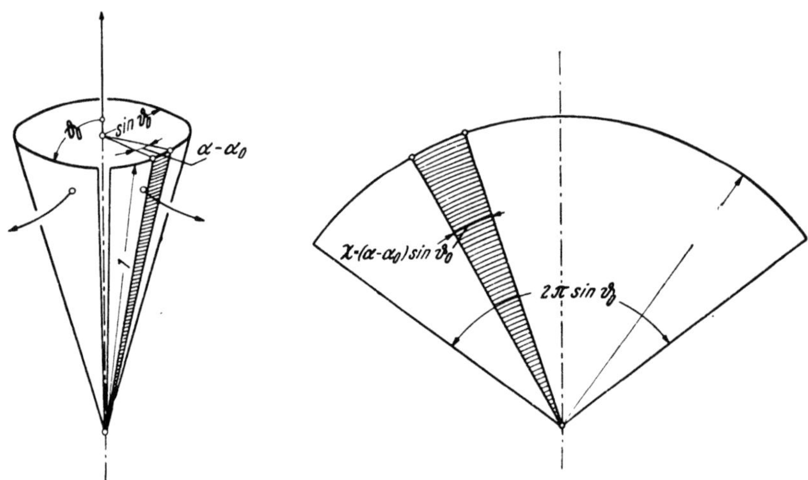

Abb. III 132. Der Kegelmantel wird in eine Ebene abgerollt.

Um aus dieser Aussage die Gesamtbahn des kontrollierten Elektrons zu konstruieren, zeichne man sich nach Abb. III 133 in ein und derselben Ebene mehrere Exemplare des abgerollten Kegelmantels derart auf, daß ihre Zentren sämtlich miteinander koinzidieren und die als Grenze erscheinende Schnitt-Mantellinie je eines Exemplares unmittelbar neben jene des Nachbarexemplares zu liegen kommt. Da nun jedes Exemplar des vollen Kegelmantels den Zentriwinkel $2\pi \sin\vartheta_0$ für sich allein verlangt, schließen wir: Im Falle

$$\sin\vartheta_0 > \frac{1}{2} \quad \text{(III 5, 36 a)}$$

kann die Elektronengerade nur ein Kegelexemplar durchkreuzen; dagegen verläuft sie unter der Voraussetzung

$$\sin \vartheta_0 < \frac{1}{2} \qquad \text{(III 5, 37)}$$

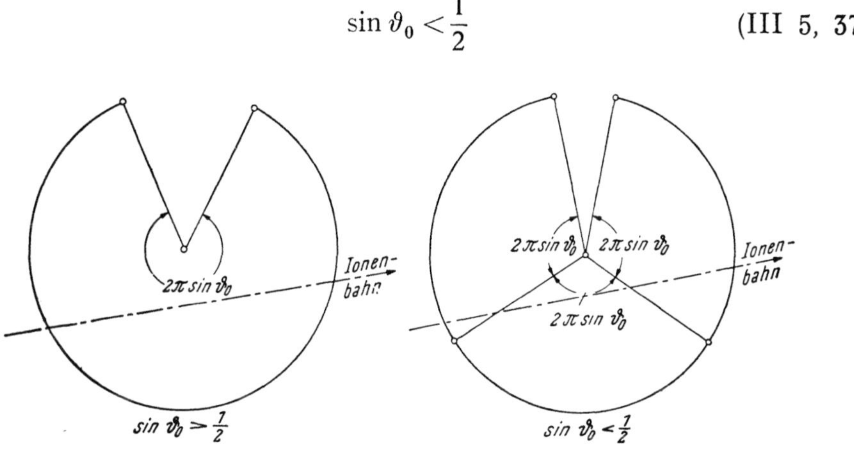

Abb. III 133. Die Elektronenbahn auf dem planifizierten Kegelmantel.

auf mindestens zwei Exemplaren des abgerollten Kegelmantels, so daß das Elektron die Achse des räumlichen Kegels schraubenförmig umkreist. In jedem Falle enteilt das Elektron schließlich dem Polbereich wieder mit der Geschwindigkeit v_0 längs einer Geraden, welche bezüglich einer gewissen Mantellinie symmetrisch zur Einfallsgeraden gelegen ist.

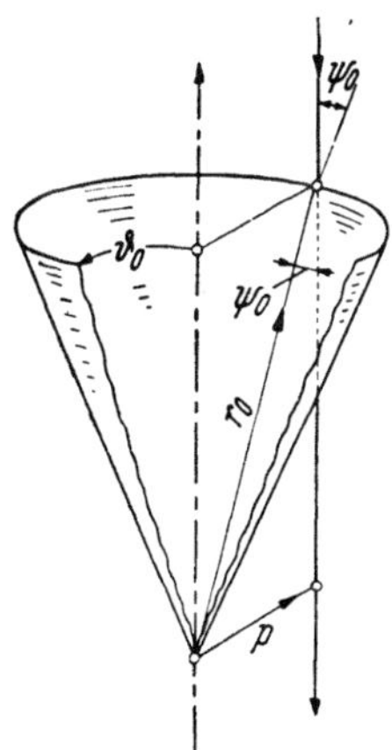

Abb. III 134. Anfangsbedingungen eines im Polabstand p einfallenden Elektrons.

g) Wir spezialisieren auf die Bahn eines Elektrons, welches bei ausgeschaltetem Spulenstrome in der „Zieldistanz" p seitlich vom Polzentrum vorüberzuziehen trachtet. Wir konstruieren gemäß Abb. III 134 die Meridianebene $\alpha = \alpha_0$ durch die Einfallsgerade und entnehmen ihrer Lage relativ zum Bezugssystem die Anfangsbedingung

$$\lim_{t' \to -\infty} r_0 \cos \psi_0 = p, \qquad \text{(III 5, 38)}$$

also weiter aus (III 5, 28)

$$r_{\min} = p \qquad \text{(III 5, 39)}$$

und

$$|\operatorname{tg} \vartheta_0| = \left| \frac{v_0 \, p}{\dfrac{q_0}{m_0} \dfrac{\Phi}{4\pi}} \right| = \lambda, \qquad \text{(III 5, 40)}$$

wobei $\lambda > 0$ als „numerische Zieldistanz" bezeichnet werde. Mit Rücksicht auf (III 5, 38) und (III 5, 40) geht somit die allgemeine Bahngleichung (III 5, 35) in

$$\frac{r^2}{p^2} = \frac{1}{\cos^2 \left[(\alpha - \alpha_0) \sin \vartheta_0 - \dfrac{\pi}{2} \right]} = \frac{1}{\sin^2 \left[(\alpha - \alpha_0) \sin \vartheta_0 \right]} =$$

$$= \frac{1}{\sin^2 \dfrac{\lambda}{\sqrt{1 + \lambda^2}} (\alpha - \alpha_0)} \qquad \text{(III 5, 41)}$$

über.

III 6. Einführung in die Theorie des Polarlichtes.

a) Man deutet die farbenreichen Lichterscheinungen der Polarnacht als Wirkung rasch fliegender Elektrizitätsträger, welche in den hohen, stark verdünnten Schichten der irdischen Atmosphäre mit neutralen Gasmolekülen zusammenstoßen, diese teils ionisierend, teils zu elektromagnetischer Lichtstrahlung anregend. Als Ursprung solcher elektrischer Korpuskularstrahlen hat man radioaktive Prozesse an der Sonnenoberfläche anzusehen. Auf Grund dieser Annahme steht sowohl der Aufbau der Ionosphäre wie die Struktur des erdmagnetischen Ringstromes in engem Zusammenhange mit dem Polarlicht. In der Tat beobachtet man einen magnetischen Sturm auf der Erde stets etwa 26 Stunden nach dem Auftreten einer heftigen Protuberanz in der Heliosphäre; da nun die Erde im Mittel etwa $150 \cdot 10^6$ km von der Sonne entfernt ist, berechnet sich die Bahngeschwindigkeit v_0 der angenommenen Korpuskeln zu

$$v_0 = \frac{150 \cdot 10^6 \cdot 10^5}{26 \cdot 3600} = 1{,}6 \cdot 10^8 \, \frac{\text{cm}}{\text{sec}} \qquad \text{(III 6, 1)}$$

Sie stimmt ihrer Größenordnung nach mit den Geschwindigkeiten gewisser Korpuskularstrahlen überein, welche irdischen, radioaktiven Stoffen entstammen.

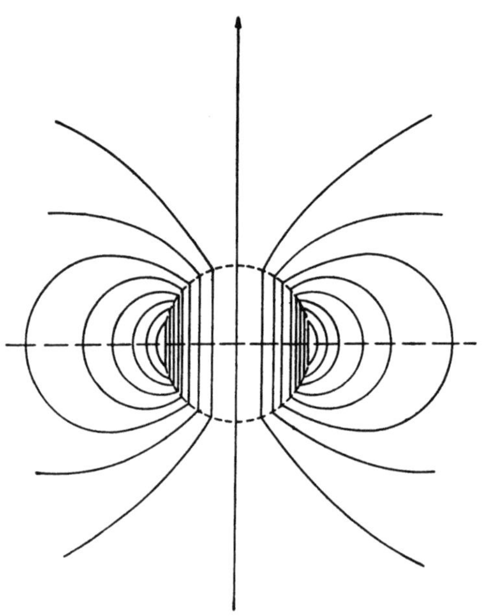

Abb. III 135. Das magnetische Induktionsfeld der permanent magnetisierten Kugel schildert den Hauptanteil des Erdmagnetismus. Das Feld im Außenraum ist mit dem eines Dipoles identisch.

b) Die von der Sonne wesentlich radial nach außen geschleuderten Elektrizitätsträger werden bei ihrem Eindringen in das irdische Magnetfeld von diesem abgelenkt. Bei der Schilderung dieses Feldes lassen wir atmosphärische Konvektionsströme aller Art außer Betracht und beschränken uns auf jenes stationäre Hauptfeld, welches der im Innern der Erdkugel nach Größe und Richtung homogen verteilten Grundmagnetisierung I_i zugeordnet ist. Bezeichnen wir den mittleren Halbmesser des Geoids mit R, so resultiert also aus der Gesamtheit dieser inneren Magnetisierungsvektoren ein Dipol gleicher Richtung vom Moment [Abb. III 135]

$$M = \frac{4}{3} \pi R^3 I_i \qquad \text{(III 6, 2)}$$

Um I_i mit der an der Erdoberfläche meßbaren magnetischen Feldstärke H_0 zu verknüpfen, beschäftigen wir uns vorübergehend mit dem Verhalten eines homogenen Rotationsellipsoides, welches in ein homogenes Primärfeld der Stärke H_p derart eingebracht wird, daß die Rotationsachse des Ellipsoides parallel zum Feldvektor weist.

Wir setzen voraus, daß im Innern des Ellipsoides die gleichfalls jener Achse parallele, homogene Magnetisierung I_i herrscht; sie schwächt im Innern des Ellipsoides die vordem dort auftretende Feldstärke H_p nach Maßgabe des für das Ellipsoid charakteristischen Entmagnetisierungsfaktors g auf die innere Feldstärke

$$H_i = H_p - \frac{1}{\Pi} g\, I_i. \qquad \text{(III 6, 3)}$$

Durch $H_p \to 0$ gehen wir zum eigenerregten Ellipsoid über; in ihm treffen wir also die Feldstärke

$$H_i = -\frac{1}{\Pi} \cdot g\, I_i \qquad \text{(III 6, 4)}$$

an, welche in Gemeinschaft mit I_i die Induktion

$$B_i = \Pi H_i + I_i = (1 - g)\, I_i \qquad \text{(III 6, 5)}$$

erregt. Da sie keine Quellen besitzt, müssen sich ihre Vektorlinien außerhalb des Ellipsoides schließen. Das zugehörige Oberflächenfeld bezeichnen wir durch H_0; wir ermitteln es für zwei Sonderfälle:

1. Die Stetigkeit der normal zur Oberfläche des Ellipsoides gerichteten Komponenten der Induktion verlangt für deren Werte $B_{\substack{IV\\S}} = \Pi H_{0\substack{IV\\S}}$ am $\begin{matrix}\text{Nordpol}\\\text{Südpol}\end{matrix}$ des Ellipsoides

$$\Pi H_{0\substack{IV\\S}} = \pm (1 - g)\, I_i. \qquad \text{(III 6, 6)}$$

2. Die Stetigkeit der tangentiell zur Oberfläche des Ellipsoides gerichteten Komponenten der Feldstärke führt längs des Äquators auf die Gleichheit

$$\Pi H_{0,\,\text{Aequator}} = \Pi H_i = g\, I_i. \qquad \text{(III 6, 7)}$$

Zum Geoid zurückkehrend, haben wir in hinreichender Genauigkeit für seinen Entmagnetisierungsfaktor jenen der Kugel

$$g = \frac{1}{3} \qquad \text{(III 6, 8)}$$

einzusetzen. Sei nun, auf Grund einer vorausgegangenen Vermessung des gesamten erdmagnetischen Oberflächenfeldes und der Analyse seines wirbelfreien Anteils nach Kugelflächenfunktionen, etwa der Grundanteil der Feldstärke am [magnetischen] Äquator bekannt, so vermittelt (III 6, 7) die Kenntnis der homogenen Grundmagnetisierung; vermöge (III 6, 2) darf damit auch M als gegeben angesehen werden.

c) Wir orientieren uns an einem System von Kugelkoordinaten mit dem Ursprung im Zentrum des Geoids. Die Polarachse soll in die Richtung des Magnetisierungsvektors weisen; r mißt den Abstand des Aufpunktes vom Ursprung, ϑ den Polarwinkel des Aufpunktes und α sein Azimut gegen eine dem Geoid starr verbundene Meridianebene. Aus Symmetriegründen reduziert sich das magnetische Vektorpotential V des Grundfeldes auf seine azimutale Komponente, deren physikalische Größe wir durch V_α bezeichnen. Wir behaupten, daß sie im Bereiche $r > R$ durch

$$V_\alpha = \frac{M}{4\pi} \cdot \frac{\sin\vartheta}{r^2} \qquad \text{(III 6, 9)}$$

dargestellt wird. Denn zunächst erfüllt diese Funktion die partielle Differentialgleichung (III 6, 10); weiter berechnet man an Hand der Vorschriften (III 6, 6), (III 6, 7) und (III 6, 8) die physikalischen Komponenten der Induktion $B = \Pi H$ zu

$$B_r = \frac{M}{4\pi} \cdot \frac{2\cos\vartheta}{r^2}, \qquad \text{(III 6, 10)}$$

$$B_\vartheta = \frac{M}{4\pi} \cdot \frac{\sin\vartheta}{r^2}, \qquad \text{(III 6, 11)}$$

$$B_\alpha = 0 \qquad \text{(III 6, 12)}$$

und dieses Gleichungstripel schildert in der Tat das Feld des parallel der Polarachse gerichteten Dipoles vom Moment M.

Von den bisher benutzten Kugelkoordinaten gehen wir mittels der Transformation

$$\begin{aligned} z &= r\cos\vartheta, \\ \varrho &= r\sin\vartheta, \\ \alpha &= \alpha \end{aligned} \qquad \text{(III 6, 13)}$$

zu den Zylinderkoordinaten z, ϱ, α über. Auch in diesem Bezugssystem reduziert sich das magnetische Vektorpotential auf seine azimutale Komponente, deren physikalische Größe aus (III 6, 9) und (III 6, 13) zu

$$V_\alpha = \frac{M}{4\pi} \cdot \frac{\varrho}{r^3}; \qquad r = \sqrt{\varrho^2 + z^2} \qquad \text{(III 6, 14)}$$

resultiert.

d) Wir behandeln weiterhin die *Newton*sche Bewegung eines Elektrizitätsträgers der Masse m und der Ladung e. Der Einfluß des luftelektrischen Feldes bleibt außer Betracht; ebenso vernachlässigen wir, unter Beschränkung auf hinreichend hohe Gebiete der Atmosphäre, die dort sehr seltenen Zusammenstöße der neutralen Gasmoleküle mit den einfallenden Ionen. Indem wir die Gesamtenergie dieser Ionen gleich Null setzen und mit v_0 den Betrag ihrer während der kontrollierten Bewegung nur in ihrer Richtung veränderlichen Geschwindigkeit bezeichnen, mißt

$$e\varphi_0 = -\frac{1}{2} m v_0^2 \qquad \text{(III 6, 15)}$$

ihre potentielle Energie; daher definiert

$$\begin{aligned} L &= \frac{m}{2}(\dot\varrho^2 + \varrho^2\dot\alpha^2 + \dot z^2) - e(\varphi_0 - V_\alpha \cdot \varrho \cdot \dot\alpha) = \\ &= \frac{m}{2}(\dot\varrho^2 + \varrho^2\dot\alpha^2 + \dot z^2) - e\left(\varphi_0 - \frac{M}{4\pi} \cdot \frac{\varrho^2}{r^3}\dot\alpha\right) \end{aligned} \qquad \text{(III 6, 16)}$$

ihre *Lagrange*sche Funktion. Ersetzen wir nunmehr die laufende Zeit t durch die längs des Ionenweges gezählte Bogenkoordinate s

$$s = v_0 t \qquad \text{(III 6, 17)}$$

und beachten die Relationen

$$\dot\varrho = v_0 \frac{d\varrho}{ds}; \qquad \dot\alpha = v_0 \frac{d\alpha}{ds}; \qquad \dot z = v_0 \frac{dz}{ds}, \qquad \text{(III 6, 18)}$$

so nimmt (III 6, 16) die Gestalt an

$$L = \frac{m v_0^2}{2}\left[\left(\frac{d\varrho}{ds}\right)^2 + \varrho^2 \cdot \left(\frac{d\alpha}{ds}\right)^2 + \left(\frac{dz}{ds}\right)^2\right] - e\left[\varphi_0 - \frac{M v_0}{4\pi} \cdot \frac{\varrho^2}{r^3}\frac{d\alpha}{ds}\right]. \qquad \text{(III 6, 19)}$$

Aus ihr gewinnen wir als radiale Bewegungsgleichung

$$m\,v_0^2\left[\frac{d^2\varrho}{ds^2}-\varrho\left(\frac{d\alpha}{ds}\right)^2\right]-e\,\frac{M\,v_0}{4\pi}\cdot\frac{d\alpha}{ds}\cdot\frac{\partial}{\partial\varrho}\left(\frac{\varrho^2}{r^3}\right)=0 \qquad \text{(III 6, 20)}$$

als achsiale Bewegungsgleichung

$$m\,v_0^2\,\frac{d^2z}{ds^2}-e\,\frac{M\,v_0}{4\pi}\,\frac{d\alpha}{ds}\cdot\frac{\partial}{\partial z}\left(\frac{\varrho^2}{r^3}\right)=0 \qquad \text{(III 6, 21)}$$

und als azimutale Bewegungsgleichung

$$\frac{d}{ds}\left[m\,v_0^2\,\varrho^2\,\frac{d\alpha}{ds}+e\,\frac{M\,v_0}{4\pi}\,\frac{\varrho^2}{r^3}\right]=0. \qquad \text{(III 6, 22)}$$

Die dimensionelle Untersuchung dieser Gleichungen führt auf die Fläche

$$F=\frac{e\,M}{4\,\pi\,m\,v_0}. \qquad \text{(III 6, 23)}$$

Um uns ihre Größe zu veranschaulichen, schreiben wir unter Benutzung von (III 6, 2), (III 6, 5) und (III 6, 8)

$$F=\frac{R^2}{4\pi}\cdot\frac{(\pi\,R^2\,B_i)\cdot\frac{v_0}{R}}{\frac{m\,v_0^2}{2\,e}}. \qquad \text{(III 6, 24)}$$

Hierin mißt $(\pi\,R^2\,B_i)\cdot v_0/R$ den Maximalwert U_E jener virtuellen „Erdspannung", welche in einer Schleife von der Form des Erdäquators bei ihrer gleichförmigen Drehung mit der Winkelgeschwindigkeit $\omega = v_0/R$ um einen magnetisch-äquatoriellen Durchmesser induziert wird; daher wird mit Rücksicht auf (III 6, 15)

$$F=\frac{R^2}{4\pi}\cdot\frac{U_E}{|\varphi_0|}. \qquad \text{(III 6, 25)}$$

Wir benutzen fortan

$$S=\sqrt{F}=R\sqrt{\frac{1}{4\pi}\cdot\frac{U_E}{|\varphi_0|}} \qquad \text{(III 6, 26)}$$

als Längeneinheit und definieren durch

$$\varrho'=\frac{\varrho}{S};\qquad s'=\frac{s}{S};\qquad r'=\frac{r}{S};\qquad z'=\frac{z}{S} \qquad \text{(III 6, 27)}$$

die numerischen Koordinaten des Systemes; in ihnen wird die Größe der Erde durch

$$R'=\frac{R}{S}=\sqrt{4\pi\,\frac{|\varphi_0|}{U_E}} \qquad \text{(III 6, 28)}$$

gemessen.

Nach Einführung der numerischen Koordinaten nimmt (III 6, 20) die Gestalt an

$$\frac{d^2\varrho'}{ds'^2}-\varrho'\cdot\left(\frac{d\alpha}{ds'}\right)^2-\frac{d\alpha}{ds'}\,\frac{\partial}{\partial\varrho'}\left(\frac{\varrho'^2}{r'^3}\right)=0, \qquad \text{(III 6, 29)}$$

während (III 6, 21) in

$$\frac{d^2z'}{ds'^2}-\frac{d\alpha}{ds'}\cdot\frac{\partial}{\partial z'}\,\frac{\varrho'^2}{r'^3}=0 \qquad \text{(III 6, 30)}$$

und (III 6, 22) in

$$\frac{d}{ds'}\left[\varrho'^2 \cdot \frac{d\alpha}{ds'} + \frac{\varrho'^2}{r'^3}\right] = 0 \qquad \text{(III 6, 31)}$$

übergeht.

e) Vermöge der Natur des Azimuts als verborgener Koordinate schließen wir nach Wahl einer Konstanten 2γ aus (III 6, 31) auf das Flächenintegral

$$\varrho'^2 \frac{d\alpha}{ds'} = -\frac{\varrho'^2}{r'^3} + 2\gamma. \qquad \text{(III 6, 32)}$$

Falls insbesondere die Emissionsbedingungen des Ions auf der Sonne [Index 0] bekannt sind

$$\varrho' = \varrho_0'; \qquad r' = r_0'; \qquad \frac{d\alpha}{ds'} = \left(\frac{d\alpha}{ds'}\right)_0, \qquad \text{(III 6, 33)}$$

liefert (III 6, 32) den zugehörigen Wert von γ.

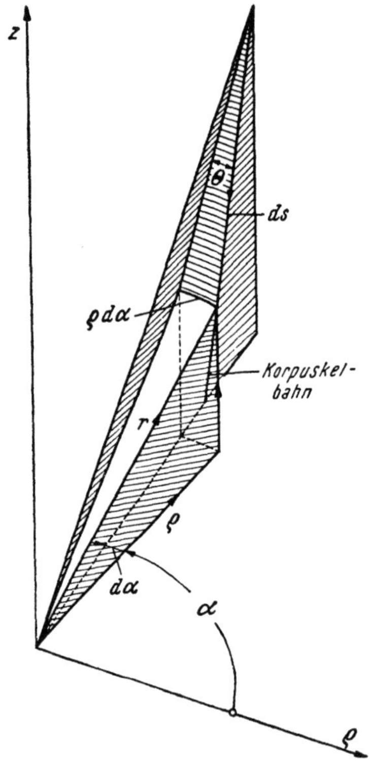

Gemäß Abb. III 136 mißt der Ausdruck $\varrho' d\alpha/ds'$ den Sinus jenes Winkels Θ, den die Trägerbahn mit der gerade durchstoßenen Meridianebene bildet. Führen wir daher die von ϱ' und z' abhängige Funktion ein

$$Q(\varrho', z') = 1 - \left(\frac{\varrho'}{r'^3} - \frac{2\gamma}{\varrho'^2}\right)^2 \qquad \text{(III 6, 34)}$$

so gehorcht jede physikalisch realisierbare Bahnkurve der Ungleichung

$$0 \leqq Q \leqq 1. \qquad \text{(III 6, 35)}$$

Sie definiert für jeden vorgegebenen Wert des Parameters γ einen Bahnraum, innerhalb dessen das Ion während des Ablaufes seiner Bewegung dauernd eingeschlossen bleibt; welches ist die geometrische Gestalt dieses Raumes?

1. Die Gesamtheit der Flächen

$$Q = 1; \qquad \frac{\varrho'^2}{r'^3} = +2\gamma \qquad \text{(III 6, 36)}$$

fällt nur für $\gamma > 0$ reell aus. Nun gilt nach (III 6, 14) und (III 6, 27)

$$\frac{\varrho'^2}{r'^3} = S\frac{\varrho^2}{r^3} = \frac{2S}{M} \cdot 2\pi\varrho \cdot V_\alpha. \qquad \text{(III 6, 37)}$$

Abb. III 136. Zur Geometrie der Trägerbahn im Dipolfelde.

Unter Berufung auf den *Stokes*schen Satz mißt

$$\Phi = 2\pi\varrho \cdot V_\alpha \qquad \text{(III 6, 38)}$$

den vom Kreise des Halbmessers ϱ umschlungenen magnetischen Induktionsfluß des Dipoles vom Moment M. Demnach koinzidiert jede reelle Fläche der Gesamtheit (III 6, 36) mit einer Induktionsröhre des Dipolfeldes, welche ihrerseits gemäß Abb. III 135 durch Rotation einer Induktionslinie um die Dipolachse hervorgeht.

2. Bei der geometrischen Diskussion der Flächen

$$Q = 0; \qquad \frac{\varrho'}{(\varrho'^2 + z'^2)^{3/2}} - \frac{2\gamma}{\varrho'} = \pm 1 \qquad \text{(III 6, 39)}$$

sind folgende Fälle zu unterscheiden:

a) Es sei $\gamma > 0$. Die Wahl des positiven Zeichens auf der rechten Seite von (III 6, 39) liefert dann

$$z' = \sqrt{\left(\frac{\varrho'^2}{\varrho' + 2\gamma}\right)^{2/3} - \varrho'^2}. \qquad \text{(III 6, 40)}$$

Entscheidet man sich jedoch auf der rechten Seite von (III 6, 39) für das negative Zeichen, so folgt aus

$$(\varrho'^2 + z'^2)^{3/2} = -\frac{\varrho'^2}{\varrho' - 2\gamma} \qquad \text{(III 6, 41)}$$

für alle reellen Flächen $Q = 0$ die Ungleichung

$$0 < \varrho' < +2\gamma \qquad \text{(III 6, 42)}$$

und hiernach als Auflösung von (III 6, 41)

$$z' = \sqrt{\left(\frac{\varrho'^2}{\varrho' - 2\gamma}\right)^{2/3} - \varrho'^2}. \qquad \text{(III 6, 43)}$$

Die Abb. III 137 bis III 142 vermitteln eine Anschauung von der Gestalt der Bahnräume $\gamma > 0$. Man hat unter ihnen zwei Klassen zu unterscheiden:

I. Der Bereich

$$1 > \gamma > 0 \qquad \text{(III 6, 44)}$$

des Parameters γ definiert den Inbegriff der Bahnräume erster Art. Sie schließen die Polarachse selbst sowie eine gewisse Umgebung des Dipolzentrums von der Bewegung der Ionen aus, gestatten diesen jedoch, sich bis in beliebige Entfernungen vom Ursprung zu zerstreuen.

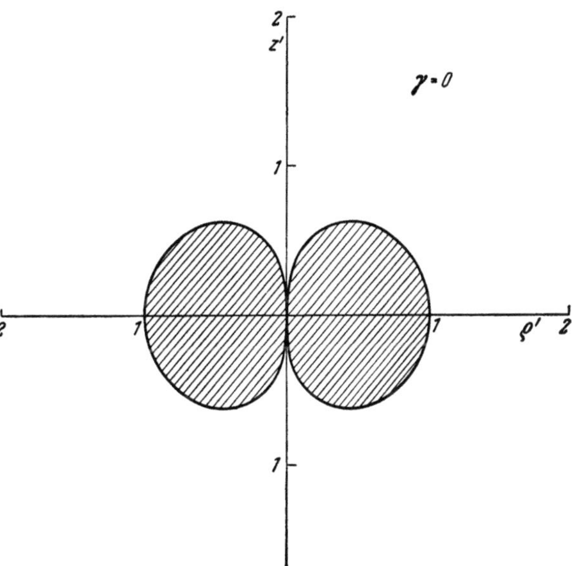

Abb. III 137.

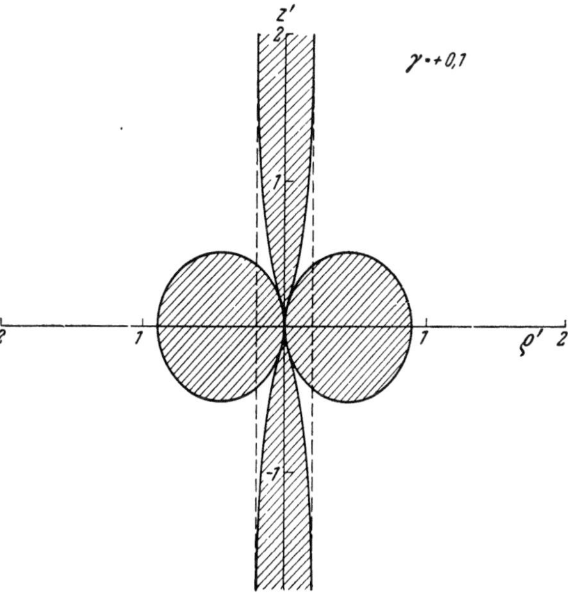

Abb. III 138.
Zur Theorie des Polarlichtes. Die schraffierten Gebiete sind den Elektrizitätsträgern unzugänglich [$Q > 0$].

II. Die durch

$$\infty > \gamma > 1 \qquad \text{(III 6, 45)}$$

definierten Bahnräume zweiter Art zerfallen je in zwei Zweige: Der eine bildet einen Hohlring, welcher in seinem Innern eine Induktionsfläche des Dipolfeldes enthält; der andere besteht aus einem sich ins Unendliche erstreckenden, zur Polarachse konzentrischen Zylinder, dessen Kerngebiet für die einfallenden Ionen „verboten" ist. Außer im Grenzfalle $\gamma = 1$ besteht zwischen den genannten Zweigen keinerlei Verbindung.

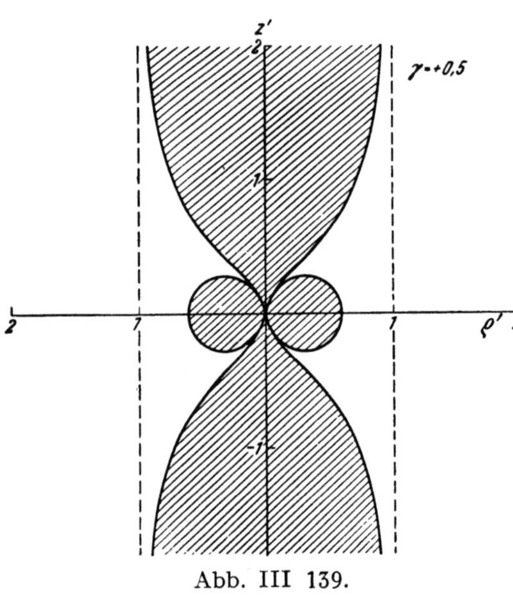

Abb. III 139.

β) Es sei $\gamma < 0$. Im Licht von (III 6, 41) ist nunmehr die Wahl des negativen Zeichens auf der rechten Seite der Gl. (III 6, 39) auszuschließen. Aus der verbleibenden Gleichung

$$(\varrho'^2 + z'^2)^{3/2} = \frac{\varrho'^2}{\varrho' + 2\gamma} \qquad \text{(III 6, 46)}$$

fließt daher als Realitätsbedingung der Flächen $Q = 0$ die Ungleichung

$$\varrho' > -2\gamma \qquad \text{(III 6, 47)}$$

und unter dieser Einschränkung liefert (III 6, 46)

$$z' = \sqrt{\left(\frac{\varrho'^2}{\varrho' + 2\gamma}\right)^{2/3} - \varrho'^2}. \qquad \text{(III 6, 48)}$$

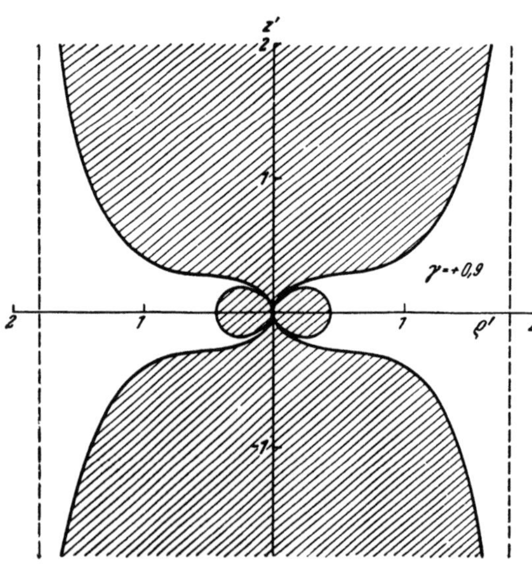

Abb. III 140.

Zur Theorie des Polarlichtes. Die schraffierten Gebiete sind den Elektrizitätsträgern unzugänglich $[Q > 0]$.

Die Bahnräume dritter Art $[\gamma < 0]$ erweisen sich also gemäß der Abb. III 143 bis III 147 als konzentrisch zur Polarachse gelegene, sich ins Unendliche erstreckende Zylinder, deren Kerngebiet den einfallenden Ionen unzugänglich ist.

Wir fassen zusammen:

Es können nur dann Elektrizitätsträger vom Emissionszentrum zur Erde gelangen, falls dieses sich

(1) entweder in einem Bahnraum erster Art

(2) oder im Ringzweig eines Bahnraumes zweiter Art befindet.

Da im ersten Falle die Hauptmenge der Strahlen sich ins Unendliche zerstreuen wird, hat man tatsächlich nur im zweiten Falle eine kräftige, der Erde zugewandte Korpuskularstrahlung zu erwarten; sie erreicht die Erde gemäß Abb. III, 142 in zwei scharf begrenzten Zirkumpolarzonen. Innerhalb der hierdurch beschriebenen Möglichkeiten ist den Strahlen der Eigenschaft

$$\gamma \neq +1 \qquad \text{(III 6, 49)}$$

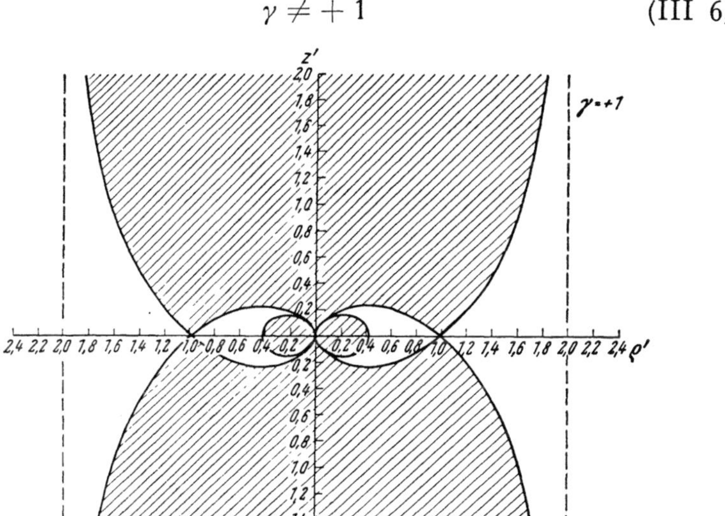

Abb. III 141.

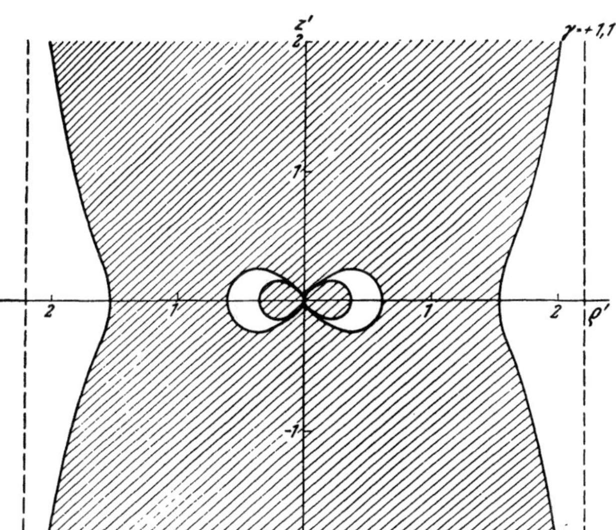

Abb. III 142.

Abb. III 141 und III 142. Zur Theorie des Polarlichtes. Die schraffierten Gebiete sind den Elektrizitätsträgern unzugänglich [$\mathfrak{Q} > 0$].

die größte Wahrscheinlichkeit zuzuschreiben, sich der Erde zu nähern, da der ihnen entsprechende Emissionsbereich der weiteste ist.

Die vorstehend entwickelte Kinematik der Ionenstrahlen im erdmagnetischen Felde läßt Symmetrie zwischen den Erscheinungen des Nordlichtes und des Südlichtes erwarten; dagegen zeigt die Beobachtung deutliche Unterschiede zwischen diesen beiden Polarlichtern. Diese Unstimmigkeit weist darauf hin, daß man zur Erforschung der Feinstruktur der Ionenbewegung das magnetische Dipolfeld des Geoids durch Polfunktionen höherer Ordnung zu ergänzen hat.

f) Durch Substitution des Flächenintegrales (III 6, 32) in Gl. (III 6, 29) der Radialbewegung entsteht mit Rücksicht auf (III 6, 34)

$$\frac{d^2\varrho'}{ds'^2} = \frac{1}{\varrho'^3}\left(-\frac{\varrho'^2}{r'^3} + 2\gamma\right)^2 + \frac{1}{\varrho'}\left(-\frac{\varrho'^2}{r'^3} + 2\gamma\right)\frac{\partial}{\partial\varrho'}\left(\frac{\varrho'^2}{r'^3}\right) =$$
$$= -\left(\frac{\varrho'}{r'^3} - \frac{2\gamma}{\varrho'}\right)\left[\frac{\partial}{\partial\varrho'}\left(\frac{\varrho'}{r'^3}\right) + \frac{2\gamma}{\varrho'^2}\right] = \frac{1}{2}\frac{\partial Q}{\partial\varrho'}. \qquad \text{(III 6, 50)}$$

Ähnlich folgt durch Einsetzen von (III 6, 32) in (III 6, 30) für die achsiale Bewegung

$$\frac{d^2z'}{ds'^2} = \frac{1}{\varrho'^2}\left(-\frac{\varrho'^2}{r'^3} + 2\gamma\right)\frac{\partial}{\partial z'}\left(\frac{\varrho'^2}{r'^3}\right) = -\left(\frac{\varrho'}{r'^3} - \frac{2\gamma}{\varrho'}\right)\frac{\partial}{\partial z'}\left(\frac{\varrho'}{r'^3}\right) = \frac{1}{2}\frac{\partial Q}{\partial z'}. \qquad \text{(III 6, 51)}$$

Unter Berufung auf die Identitäten $\frac{d^2\varrho'}{ds'^2} \equiv \frac{d}{d\varrho'}\left[\frac{1}{2}\left(\frac{d\varrho'}{ds'}\right)^2\right]$ und $\frac{d^2z'}{ds'^2} \equiv \frac{d}{dz'}\left[\frac{1}{2}\left(\frac{dz'}{ds'}\right)^2\right]$ schließt man aus (III 6, 50) und (III 6, 51) auf das Integral

$$\left(\frac{d\varrho'}{ds'}\right)^2 + \left(\frac{dz'}{ds'}\right)^2 = Q + \text{Konst.} \qquad \text{(III 6, 52)}$$

Nach Abb. III 136 schildert die linke Seite dieser Gleichung das Kosinusquadrat des dort eingeführten Winkels Θ; auf Grund der Definition (III 6, 34) reduziert sich also (III 6, 52) auf

$$\left(\frac{d\varrho'}{ds'}\right)^2 + \left(\frac{dz'}{ds'}\right)^2 = Q. \qquad \text{(III 6, 53)}$$

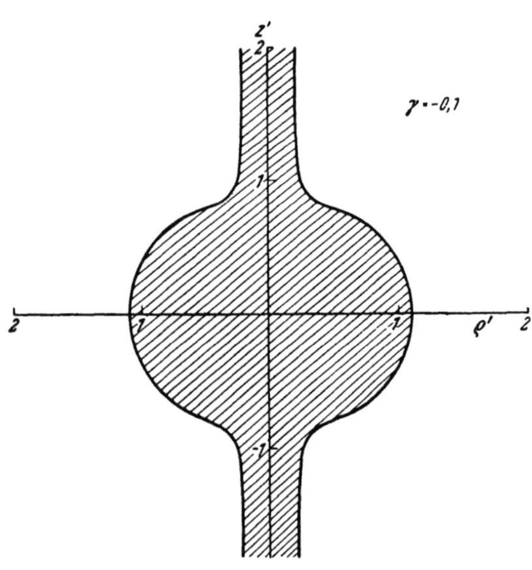

Abb. III 143.
Zur Theorie des Polarlichtes. Die schraffierten Gebiete sind den Elektrizitätsträgern unzugänglich [$Q < 0$].

g) Obwohl die Bewegungsgleichungen (III 6, 50), (III 6, 51) formal nicht übermäßig schwierig erscheinen, ist doch ihre Integration bei beliebig vorgeschriebenen Anfangsbedingungen nur mittels numerischer Verfahren durchführbar. Diese Aufgabe ist von *Störmer* und seinen Mitarbeitern in einer Reihe äußerst mühevoller Untersuchungen bewältigt worden. Verzichtet man jedoch auf völlige Allgemeinheit, so kann man an Hand einiger der analytischen Behandlung zugänglichen Sonderfällen einen Überblick über die wichtigsten Bahntypen erhalten.

1. *Bahnen*, die *vollständig in der Äquatorebene* des magnetischen Dipoles verlaufen: Aus (III 6, 53) folgt für $dz'/ds' = 0$ und $z' = 0$

$$\frac{d\varrho'}{ds'} = \sqrt{Q} = \pm \sqrt{1 - \left(\frac{1}{\varrho'^2} - \frac{2\gamma}{\varrho'}\right)^2}, \qquad \text{(III 6, 54)}$$

also, falls die Bewegung in (ϱ_0', α_0) beginnt,

$$s' = \int_{\varrho_0'}^{\varrho'} \frac{d\varrho'}{\sqrt{Q}}. \qquad \text{(III 6, 55)}$$

Unter den gleichen Voraussetzungen liefert (III 6, 32) die Aussage

$$\frac{d\alpha}{ds'} = \frac{1}{\varrho'}\left(-\frac{1}{\varrho'^2} + \frac{2\gamma}{\varrho'}\right) = -\frac{1}{\varrho'}\sqrt{1-Q}. \qquad \text{(III 6, 56)}$$

Längs der Bahnkurve gilt demnach

$$\frac{d\alpha}{d\varrho'} = \frac{d\alpha}{ds'} \cdot \frac{ds'}{d\varrho'} = -\frac{1}{\varrho'}\sqrt{\frac{1-Q}{Q}}, \qquad \text{(III 6, 57)}$$

so daß deren Gleichung in der Form

$$\alpha - \alpha_0 = -\int_{\varrho_0'}^{\varrho'} \sqrt{\frac{1-Q}{Q}} \cdot \frac{d\varrho'}{\varrho'} = -\int_{\varrho_0'}^{\varrho'} \frac{1 - 2\gamma\varrho'}{\varrho' \sqrt{\varrho'^2 + (1 - 2\gamma\varrho')} \sqrt{\varrho'^2 - (1 - 2\gamma\varrho')}} d\varrho'$$

erscheint. (III 6, 58)

Bei der Diskussion des Integrales beschränken wir uns auf die Umgebung der Bahnraum-Grenzen $\varrho' = \varrho_{gr}'$.

α) Im Falle $\gamma > 0$ folgt für $z = 0$ aus (III 6, 40)

$$\varrho_{gr,1}'^2 + 2\gamma\varrho_{gr,1}' = 1; \qquad \varrho_{gr,1}' = -\gamma + \sqrt{\gamma^2 + 1} \qquad \text{(III 6, 59)}$$

und aus (III 6, 41)

$$\left.\begin{aligned} \varrho_{gr,2}'^2 - 2\gamma\varrho_{gr,2}' &= -1; & \varrho_{gr,2}' &= \gamma - \sqrt{\gamma^2 - 1}, \\ \varrho_{gr,3}'^2 - 2\gamma\varrho_{gr,3}' &= -1; & \varrho_{gr,3}' &= \gamma + \sqrt{\gamma^2 - 1} \end{aligned}\right\} \gamma > 1. \qquad \text{(III 6, 60)}$$

β) Im Falle $\gamma < 0$ schließen wir für $z = 0$ aus (III 6, 46) auf

$$\varrho_{gr,4}'^2 + 2\gamma\varrho_{gr,4}' = 1; \qquad \varrho_{gr,4}' = -\gamma + \sqrt{\gamma^2 + 1}. \qquad \text{(III 6, 61)}$$

Sei nun allgemein

$$\varrho' = \varrho_{gr}' + \Delta\varrho'; \qquad |\Delta\varrho'| \ll \varrho_{gr}', \qquad \text{(III 6, 62)}$$

so erhalten wir zunächst in der Umgebung von ϱ'_{gr}, aus (III 6, 58) und (III 6, 59)

$$\alpha - \alpha_0 = -\frac{1}{2\sqrt[4]{\gamma^2 + 1}} \int_{\Delta\varrho_0'}^{\Delta\varrho'} \frac{d\Delta\varrho'}{\sqrt{\Delta\varrho'}} = \frac{\sqrt{\Delta\varrho_0'} - \sqrt{\Delta\varrho'}}{\sqrt[4]{\gamma^2 + 1}}. \qquad \text{(III 6, 63)}$$

Gemäß Abb. III 148 wird somit der Träger von der Grenze $\varrho' = \varrho_{gr,1}'$ stets in das Gebiet $\varrho' > \varrho_{gr,1}'$ zurückgeworfen. Ist $\gamma < 1$, so strebt er ins Unendliche; im Falle $\gamma > 1$ dagegen bewegt er sich gegen die Grenze $\varrho_{gr,2}'$, wobei für deren Umgebung aus (III 6, 58) und (III 6, 60)

$$\alpha - \alpha_0 = \frac{1}{2\sqrt[4]{\gamma^2 - 1}} \int_{\Delta\varrho_0'}^{\Delta\varrho'} \frac{d\Delta\varrho'}{\sqrt{-\Delta\varrho'}} = \frac{\sqrt{-\Delta\varrho'} - \sqrt{-\Delta\varrho_0'}}{\sqrt[4]{\gamma^2 - 1}} \qquad \text{(III 6, 64)}$$

resultiert: Der Träger wird nunmehr in das Gebiet $\varrho' < \varrho'_{gr,2}$ reflektiert, pendelt somit dauernd zwischen den Grenzen $\varrho'_{gr,1}$ und $\varrho'_{gr,2}$.

Auf dem nämlichen Wege ergibt sich für die Nachbarschaft von $\varrho' = \varrho'_{gr\,3}$

$$a - a_0 = -\frac{1}{2\sqrt[4]{\gamma^2 - 1}} \int\limits_{\Delta\varrho_0'}^{\Delta\varrho'} \frac{d\Delta\,\varrho'}{\sqrt{\Delta\,\varrho'}} = \frac{\sqrt{\Delta\,\varrho_0'} - \sqrt{\Delta\,\varrho'}}{\sqrt[4]{\gamma^2 - 1}}, \quad \text{(III 6, 65)}$$

entsprechend $\varrho' > \varrho'_{gr\,3}$, und schließlich für die Nachbarschaft von $\varrho' = \varrho'_{gr,4}$

$$a - a_0 = -\frac{1}{2\sqrt[4]{\gamma^2 + 1}} \int\limits_{\Delta\varrho_0'}^{\Delta\varrho'} \frac{d\Delta\,\varrho'}{\sqrt{\Delta\,\varrho'}} = \frac{\sqrt{\Delta\,\varrho_0'} - \sqrt{\Delta\,\varrho'}}{\sqrt[4]{\gamma^2 + 1}}, \quad \text{(III 6, 66)}$$

also ebenfalls eine Reflektion in den Außenraum.

Im Grenzfalle $\gamma = 1$ bleibt nur die Aussage der Gl. (III 6, 63) erhalten. Dagegen findet man an Stelle von (III 6, 64) und (III 6, 65)

$$a - a_0 = \frac{1}{\sqrt{2}} \int\limits_{\Delta\varrho_0'}^{\Delta\varrho'} \frac{d\Delta\,\varrho'}{|\Delta\,\varrho'|} = \frac{1}{\sqrt{2}} \ln \left| \frac{\Delta\,\varrho'}{\Delta\,\varrho_0'} \right|. \quad \text{(III 6, 67)}$$

Der Träger nähert sich somit der Grenze $\varrho' = 1$ von beiden Seiten her längs logarithmischer Spiralen; bei umgekehrter Bewegungsrichtung eilen sie längs eben dieser Kurven von dem singulären Kreise $\varrho' = 1$ der Äquatorebene fort. Dieser Kreis definiert hiernach die Bahn eines stationären Ringstromes, welcher die erdmagnetische Achse konzentrisch umschlingt. Er liefert einen merklichen Beitrag zum beobachtbaren magnetischen

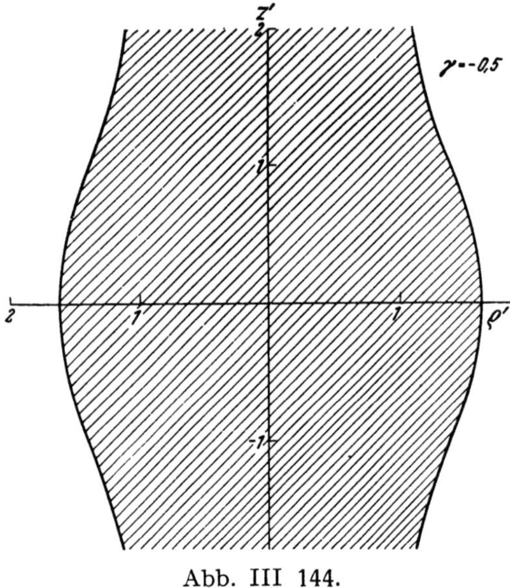

Abb. III 144.

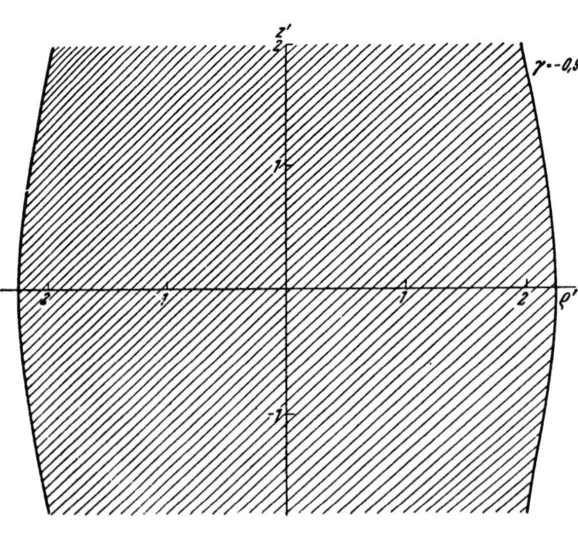

Abb. III 145.

Zur Theorie des Polarlichtes. Die schraffierten Gebiete sind den Elektrizitätsträgern unzugänglich [$Q < 0$].

Gesamtfelde auf der Oberfläche der Erde und in deren Atmosphäre; bei plötzlichen Änderungen der Trägeremission in der Heliosphäre werden die korrespondierenden Änderungen des Ringstromes in stromartigen Schwankungen des irdischen Magnetfeldes manifest.

Abb. III 146.

2. *Zylinderbahnen* verlaufen in der Nachbarschaft der Flächen

$$\varrho' = \varrho_0' = \text{const.} \tag{III 6, 68}$$

Der Kürze halber spezialisieren wir auf jenen Zylinder, dessen Spur in der Äquatorebene $z' = 0$ mit der Fläche $Q = 1$ [Induktionsröhre] koinzidiert. Aus (III 6, 36) folgt dann

$$\varrho_0' = \frac{1}{2\gamma}; \qquad \gamma > 0 \tag{III 6, 69}$$

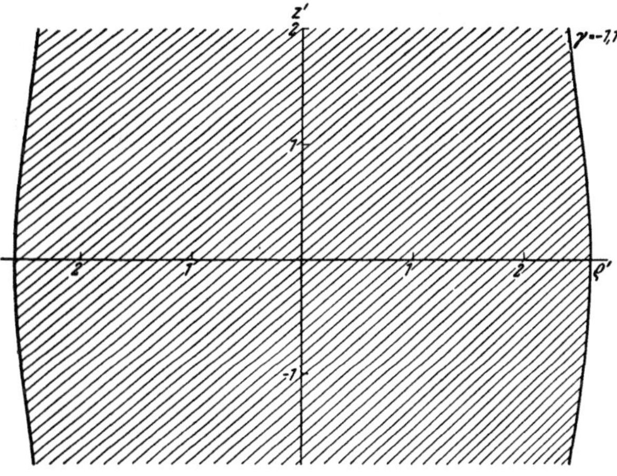

Abb. III 147.
Zur Theorie des Polarlichtes. Die schraffierten Gebiete sind den Elektrizitätsträgern unzugänglich [$Q < 0$].

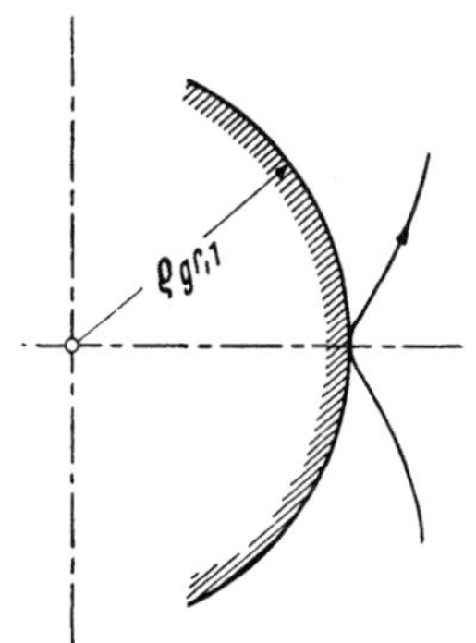

Abb. III 148.
Trägerreflexion.

und in der Umgebung der Äquatorebene resultiert gemäß (III 6, 34) für Q die Entwicklung

$$Q(\varrho_0', z') = 1 - \left[\frac{1}{\varrho_0'^2}\left(1 - \frac{3}{2}\frac{z'^2}{\varrho_0'^2} + \dots\right) - \frac{2\gamma}{\varrho_0'}\right]^2 = 1 - \frac{9}{4}\frac{z'^4}{\varrho_0'^8} + \cdots \tag{III 6, 70}$$

Wir behalten weiterhin nur die hier explizit angegebenen Glieder bei und finden aus (III 6, 53) mit Rücksicht auf (III 6, 68) für die achsiale Bahnauslenkung die Differentialgleichung

$$\frac{dz'}{ds'} = \pm\sqrt{1 - \frac{9}{4}\frac{z'^4}{\varrho_0'^8}}. \tag{III 6, 71}$$

Die Trägerbahn kann somit die Kulminationspunkte

$$\pm z'_{\max} = \pm \varrho_0'^2 \sqrt{\frac{2}{3}} \tag{III 6, 72}$$

niemals überschreiten. Wir führen nunmehr durch

$$\cos\zeta = \frac{z'}{z'_{\max}} = \frac{z'}{\varrho_0'^2}\sqrt{\frac{3}{2}} \tag{III 6, 73}$$

den reellen Hilfswinkel ζ ein, identifizieren z_0' mit $z'_{\max}$ und erhalten aus (III 6, 71)

$$\frac{s'}{\varrho_0'^2} = \frac{1}{\sqrt{3}}\int_0^\zeta \frac{d\zeta}{\sqrt{1-\frac{1}{2}\sin^2\zeta}} = \frac{1}{\sqrt{3}} F\left(\frac{1}{\sqrt{2}}, \zeta\right) \tag{III 6, 74}$$

wobei $F(1/\sqrt{2}, \zeta)$ das *Elliptische Normalintegral erster Gattung* für das Argument ζ und den Modul $k = 1/\sqrt{2} = \arcsin \pi/4$ bezeichnet.

Wir kehren zum Flächenintegral (III 6, 32) zurück und finden durch Entwicklung der rechten Seite nach Potenzen von z'

$$\varrho_0'^2 \cdot \frac{d\alpha}{ds'} = -\frac{1}{\varrho_0'}\left[1 - \frac{3}{2}\frac{z'^2}{\varrho_0'^2} + \ldots\right] + 2\gamma \tag{III 6, 75}$$

und demnach, indem wir nur die angegebenen Glieder beibehalten und (III 6, 69) beachten,

$$\varrho_0' \cdot \frac{d\alpha}{ds'} = \frac{3}{2}\frac{z'^2}{\varrho_0'^4} = \cos^2\zeta. \tag{III 6, 76}$$

Beginnen wir die Zählung des Azimuts in $s' = 0$ $[z' = z'_{\max}]$, so folgt wegen

$$\frac{d\alpha}{ds'} = \frac{d\alpha}{dz'} \cdot \frac{dz'}{ds'} = \pm \frac{d\alpha}{dz'}\sqrt{1 - \frac{9}{4}\frac{z'^4}{\varrho_0'^8}} \tag{III 6, 77}$$

aus (III 6, 73) und (III 6, 76)

$$\varrho_0' \frac{d\alpha}{dz'} \equiv -\sqrt{\frac{3}{2}}\frac{\varrho_0'}{\varrho_0'^2 \sin\zeta} \cdot \frac{d\alpha}{d\zeta} = -\frac{\cos^2\zeta}{\sqrt{1-\cos^4\zeta}} \tag{III 6, 78}$$

also durch Integration

$$\frac{\alpha}{\varrho_0'} = \sqrt{\frac{2}{3}}\int_0^\zeta \frac{\cos^2\zeta \sin\zeta\, d\zeta}{\sqrt{1-\cos^4\zeta}} \equiv \frac{1}{\sqrt{3}}\int_0^\zeta \left[2\sqrt{1-\frac{1}{2}\sin^2\zeta} - \frac{1}{\sqrt{1-\frac{1}{2}\sin^2\zeta}}\right] d\zeta = \frac{1}{\sqrt{3}}\left[2E\left(\frac{1}{\sqrt{2}}, \zeta\right) - F\left(\frac{1}{\sqrt{2}}, \zeta\right)\right] \tag{III 6, 79}$$

wenn $E(1/\sqrt{2}, \zeta)$ das *Elliptische Normalintegral zweiter Gattung* für das Argument ζ und den Modul $k = 1/\sqrt{2} = \arcsin \pi/4$ bezeichnet.

Nach Elimination des Hilfswinkels ζ liefern die Gleichungen (III 6, 74) und (III 6, 79) die Trägerbahn. Abb. III 149 zeigt ihren Verlauf auf dem in die Darstellungsebene abgerollten Zylindermantel $\varrho' = \varrho_0'$: Der Träger schwingt symmetrisch zur Äquatorebene hin und her. Da eine volle Schwingung gemäß (III 6, 79) den Azimutbereich

$$\varDelta\,\alpha = \varrho_0'\,\frac{4}{\sqrt{3}}\left[2\,\mathrm{E}\left(\frac{1}{\sqrt{2}},\,\frac{\pi}{2}\right) - \mathrm{F}\left(\frac{1}{\sqrt{2}},\,\frac{\pi}{2}\right)\right] = \varrho_0'\,\frac{4}{\sqrt{3}}\,[2{,}7012 - 1{,}8541] = = \varrho_0' \cdot 1{,}956 \qquad \text{(III 6, 80)}$$

in Anspruch nimmt, entfallen auf einen vollen Umgang des Trägers

$$\mathrm{W} = \frac{2\,\pi}{\varDelta\,\alpha} = \frac{3{,}22}{\varrho_0'} \qquad \text{(III 6, 81)}$$

ganze Schwingungen; ihre Anzahl fällt also umso größer aus, je kleiner der numerische Halbmesser des Bahnzylinders ist.

3. Polnahe Bahnen. Um den Charakter jener Innenbahnen kennenzulernen, welche sich der Erde in deren Polarzonen annähern, ersetzen wir das Feld jedes erdmagnetischen Poles in einer hinreichend engen Umgebung durch ein solches von kugelsymmetrischer Struktur. Aus den Ergebnissen der Ziffer III 5 folgt dann, daß innerhalb der Polarzone jede Trägerbahn die Achse eines gewissen Kegels schraubenförmig umschlingt; der einfallende Träger stößt dabei bis zu einem bestimmten Minimalabstand vom Erdmittelpunkte vor, um dann wieder nach außen zu wandern.

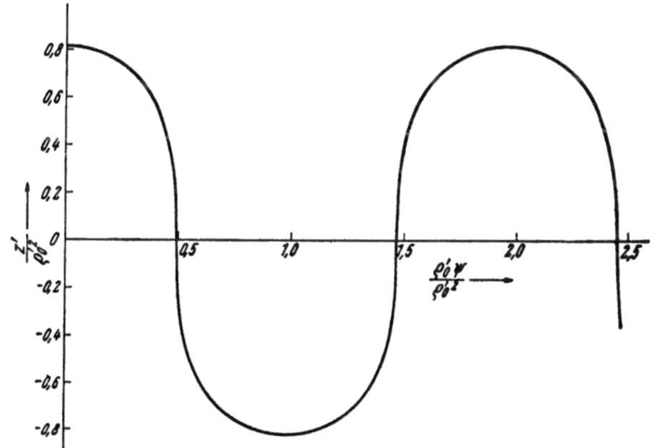

Abb. III 149. Trägerschwingung auf einer Zylinderbahn im erdmagnetischen Felde.

h) Es ist darauf hinzuweisen, daß in der vorstehenden Darstellung der Einfluß der Atmosphäre auf die Dynamik der Ionen systematisch außer acht gelassen wurde. Indessen wird in Wahrheit den meisten der von außen kommenden Trägerbahnen durch Zusammenstoß des Ions mit den Gasmolekülen in den hohen Schichten der Atmosphäre ein Ende gesetzt. Die mit diesem Vorgang verknüpften Erscheinungen sind die Quelle des Polarlichtes; ebenso regeln sie den Aufbau der Ionosphäre, die ihrerseits von wesentlicher Bedeutung für die Ausbreitung elektromagnetischer Wellen von der Länge einiger Meter [der sogenannten *Kurzwellen* der Radiotechnik] ist.

Was hier über die aus der Heliosphäre emittierten elektrischen Korpuskularstrahlen gesagt wurde, gilt dem Prinzip nach auch für die Bewegung der Ionen extrasolaren, kosmischen Ursprunges; doch weisen Strahlen solcher Art in der Regel relativ zur Erde eine so hohe Geschwindigkeit auf, daß man ihrer Dynamik die Gesetze der relativistischen Mechanik zugrunde legen muß.

III 7. Die Hamiltonschen kanonischen Gleichungen.

a) Die Bewegung eines materiellen Punktes der Masse m werde in den allgemeinen Koordinaten q^i mittels seines kinetischen Potentiales L durch das System der *Lagrange*schen Gleichungen beschrieben

$$\frac{d}{dt}\frac{\partial L}{\partial \dot{q}^i} - \frac{\partial L}{\partial q^i} = 0. \qquad \text{(III 7, 1)}$$

Spezialisiert man vorübergehend auf ein konservatives Kraftfeld der potentiellen Energie Φ, so ist etwa in *Kartesi*schen Koordinaten x, y, z:

$$L = \frac{1}{2} m (\dot{x}^2 + \dot{y}^2 + \dot{z}^2) - \Phi (x, y, z) \qquad \text{(III 7, 2)}$$

und daher

$$\frac{\partial L}{\partial \dot{x}} = m\dot{x}; \qquad \frac{\partial L}{\partial \dot{y}} = m\dot{y}; \qquad \frac{\partial L}{\partial \dot{z}} = m\dot{z}. \qquad \text{(III 7, 3)}$$

Die Produkte $m\dot{x}$; $m\dot{y}$; $m\dot{z}$ sind mit den *Kartesi*schen Komponenten des *Impulsvektors* $\mathfrak{p}$ identisch. Wir definieren daher dessen kovariante Komponenten im System der allgemeinen Koordinaten mittels der Gleichungen

$$p_i = \frac{\partial L}{\partial \dot{q}^i}, \qquad \text{(III 7, 4)}$$

so daß die *Lagrange*schen Gleichungen (III 7, 1) die Gestalt

$$\frac{dp_i}{dt} = \frac{\partial L}{\partial q^i} \qquad \text{(III 7, 5)}$$

annehmen. Insbesondere ergibt sich für den *Impuls eines Ions der Masse m und der Ladung e im elektromagnetischen* Felde aus (III 3, 15)

$$p_i = \frac{\partial T}{\partial \dot{q}^i} + e\frac{\partial (v\,V)}{\partial \dot{q}^i} = \frac{\partial T}{\partial \dot{q}^i} + e\,V_i, \qquad \text{(III 7, 6)}$$

so daß sich also jede seiner Komponenten aus einem *mechanischen* und einem *magnetischen* Anteil zusammensetzt.

b) Wir definieren die *Hamiltonsche Funktion* H durch die Gleichung

$$H = p_i \dot{q}^i - L. \qquad \text{(III 7, 7)}$$

In ihr denke man sich mittels der Gleichungen (III 7, 4) die kontravarianten Komponenten $\dot{q}^i$ der Geschwindigkeit durch die q^j, die p_k und die Zeit ausgedrückt, so daß

$$H = H(q^j, p_k, t) \qquad \text{(III 7, 8)}$$

resultiert. Wir fassen weiterhin die Gesamtheit der Komponenten q^i und p_k als unabhängige Veränderliche auf; sie definieren die *kanonischen Koordinaten* der kontrollierten Bewegung.

c) Von der *Hamilton*schen Funktion ausgehend bilden wir rückwärts aus (III 7, 7) das kinetische Potential

$$L = p_i \dot{q}^i - H. \qquad \text{(III 7, 9)}$$

Seine synchrone Variation berechnet sich demnach zu

$$\delta L = \delta p_i \dot{q}^i + p_i\, \delta \dot{q}^i - \frac{\partial H}{\partial p_i}\delta p_i - \frac{\partial H}{\partial q^i}\delta q^i. \qquad \text{(III 7, 10)}$$

Auf Grund der Gleichheit $\delta \dot{q}^i = d/dt\, \delta q^i$ findet man mit Rücksicht auf die Festsetzung $\delta q^i(t_1) = \delta q^i(t_2) = 0$ durch Teilintegration über die Kontrollepoche $t_1 < t < t_2$

$$\int_{t_1}^{t_2} p_i\,\delta\,\dot q^i\,dt = p_i\,\delta\,q^i\Big|_{t_1}^{t_2} - \int_{t_1}^{t_2} \dot p_i\,\delta\,q^i\,dt = -\int_{t_1}^{t_2} \dot p_i\,\delta\,q^i\,dt, \qquad \text{(III 7, 11)}$$

so daß das *Hamilton*sche Prinzip zu der Aussage

$$\int_{t_1}^{t_2} \left\{\left(\dot q^i - \frac{\partial H}{\partial p_i}\right)\delta\,p_i - \left(\dot p^i + \frac{\partial H}{\partial q^i}\right)\delta\,q^i\right\} dt = 0 \qquad \text{(III 7, 12)}$$

führt. Da hierin die $\delta\,p_i$ und die $\delta\,q^i$ willkürlich gewählt werden dürfen, zieht diese Extremalbedingung das System der *Hamiltonschen kanonischen Gleichungen*

$$\frac{dq^i}{dt} = \frac{\partial H}{\partial p_i}; \qquad \frac{dp_i}{dt} = -\frac{\partial H}{\partial q^i} \qquad \text{(III 7, 13)}$$

nach sich.

d) Wie ändert sich der Wert der *Hamilton*schen Funktion im Laufe der Zeit?

Wir bilden

$$\frac{dH}{dt} = \frac{\partial H}{\partial t} + \frac{\partial H}{\partial q^i}\,\dot q^i + \frac{\partial H}{\partial p_i}\,\dot p_i. \qquad \text{(III 7, 14)}$$

Mit Rücksicht auf die kanonischen Gleichungen (III 7, 13) reduziert sich (III 7, 14) auf

$$\frac{dH}{dt} = \frac{\partial H}{\partial t}. \qquad \text{(III 7, 15)}$$

Falls insbesondere die *Hamilton*sche Funktion von der Zeit nicht explizit abhängt, existiert in der Aussage

$$H = H(q^i, p_i) = H_0 = \text{const.} \qquad \text{(III 7, 16)}$$

ein Integral der Bewegungsgleichungen.

e) Der physikalischen Interpretation des Ergebnisses (III 7, 16) schicken wir folgenden, von *Euler* herrührenden *Hilfssatz* voraus:

Unter einer *homogenen Funktion n-ten Grades* der Variabelnschar s^i — Symbol $F(s^i)$ — verstehen wir eine Funktion, welche für alle reellen a der Gleichung

$$F(a\,s^i) = a^n F(s^i) \qquad \text{(III 7, 17)}$$

genügt. Wir wählen insbesondere

$$a = 1 + \varepsilon \qquad \text{(III 7, 18)}$$

und erhalten durch Entwicklung nach Potenzen von ε aus (III 7, 17)

$$F(s^i) + \varepsilon\,s^i\frac{\partial F}{\partial s^i} + \ldots = (1 + n\,\varepsilon + \ldots)\,F(s^i). \qquad \text{(III 7, 19)}$$

Der Grenzübergang $\varepsilon \to 0$ führt auf den *Euler*schen Satz

$$s^i\frac{\partial F}{\partial s^i} = n\,F(s^i). \qquad \text{(III 7, 20)}$$

f) Im Falle eines konservativen Kraftfeldes folgen aus

$$L = T - \Phi \qquad \text{(III 7, 21)}$$

die kovarianten Komponenten des Impulses zu

$$p_i = \frac{\partial L}{\partial \dot q^i} = \frac{\partial T}{\partial \dot q^i} \qquad \text{(III 7, 22)}$$

Die kinetische Energie T ist gemäß (III 1, 33) eine homogene Funktion zweiten Grades der Variabeln $\dot{q}^i$. Indem wir den *Euler*schen Satz auf sie anwenden, finden wir also

$$\dot{q}^i p_i = \dot{q}^i \frac{\partial T}{\partial \dot{q}^i} = 2\,T. \tag{III 7, 23}$$

Aus (III 7, 7) und (III 7, 21) resultiert mit Rücksicht auf (III 7, 16) die Gleichung

$$H = 2\,T - (T - \Phi) = T + \Phi = H_0 = \text{const.} \tag{III 7, 24}$$

Sie spricht das *Prinzip der Erhaltung der Energie im konservativen Kraftfelde* aus. Man erhält seinen expliziten Ausdruck, indem man die Umkehrung der Gleichung (III 7, 22)

$$\dot{q}^i = \frac{1}{m} g^{ik} p_i \tag{III 7, 25}$$

bildet, zu

$$H = \frac{1}{2\,m} g^{ik} p_i p_k + \Phi = H_0 \tag{III 7, 26}$$

g) Im Falle eines stationären elektromagnetischen Feldes entnehmen wir dem kinetischen Potential

$$L = T + e\,\{(v\,V) - p\} \tag{III 7, 27}$$

nach der Vorschrift (III 7, 6) die kovarianten Impulskomponenten

$$p_i = \frac{\partial T}{\partial \dot{q}^i} + e\,V_i. \tag{III 7, 28}$$

Während T eine homogene Funktion *zweiten* Grades der $\dot{q}^i$ definiert, stellt das skalare Produkt

$$(v\,V) = \dot{q}^i\,V_i \tag{III 7, 29}$$

eine homogene Funktion *ersten* Grades der $\dot{q}^i$ dar. Unter abermaliger Berufung auf den *Euler*schen Satz folgt also

$$p_i \dot{q}^i = \dot{q}^i \frac{\partial T}{\partial \dot{q}^i} + e\,\dot{q}^i \frac{\partial (v\,V)}{\partial \dot{q}^i} = 2\,T + e\,(v\,V). \tag{III 7, 30}$$

Für die *Hamilton*sche Funktion resultiert hieraus der Wert

$$H = 2\,T + e\,(v\,V) - [T + e\,\{(v\,V) - \varphi\}] = T + e\,\varphi = H_0. \tag{III 7, 31}$$

Da

$$\Phi = e\,\varphi \tag{III 7, 32}$$

die potentielle Energie des Ions mißt, gilt also auch im *stationären elektromagnetischen Felde das Prinzip der Erhaltung der Energie*; insbesondere ist der *Wert dieser Energie* an einem gegebenen Kontrollpunkt *unabhängig von der Struktur des magnetischen Feldanteiles*. Doch darf man sich hierdurch nicht zu dem Fehlschluß verleiten lassen, als sei auch die *Hamilton*sche Funktion unabhängig vom Magnetfelde: Wir bilden aus (III 7, 28) und (III 1, 33)

$$p_i = m\,g_{ik}\,\dot{q}^k + e\,V_i; \qquad m\,\dot{q}^i = g^{ik}\,(p_k - e\,V_k) \tag{III 7, 33}$$

und erhalten

$$H = \frac{1}{2\,m} g^{ik}\,(p_i - e\,V_i)\,(p_k - e\,V_k) + e\,\varphi = H_0 \tag{III 7, 34}$$

III 8. Die Glasersche Störungsmethode

a) Wir handeln von der Bewegung eines Elektrons im konservativen Kraftfelde des kinetischen Grundpotentiales

$$L_g = L_g(q^i, \dot{q}^i); \qquad i = 1, 2, 3, \tag{III 8, 1}$$

welchem sich die nach Maßgabe des skalaren, reellen Parameters σ wirksame Störung

$$\varDelta L = \sigma L_s(q^i, \dot{q}^i) \tag{III 8, 2}$$

zum kinetischen Gesamtpotential

$$L(q^i, \dot{q}^i) = L_g(q^i, \dot{q}^i) + \sigma L_s(q^i, \dot{q}^i) \tag{III 8, 3}$$

überlagert. Gesucht wird die resultierende Elektronenbewegung für schwache Störungen der Eigenschaft

$$|\sigma| \ll 1, \tag{III 8, 4}$$

falls die „Grundbewegung" $[\sigma = 0]$ bekannt ist.

b) Man denke sich im Intervall

$$t_1 \leqq t \leqq t_2 \tag{III 8, 5}$$

der laufenden Zeit t die Bahnkoordinaten durch die Funktionen

$$q^i = q^i(t) \tag{III 8, 6}$$

dargestellt, welchen die Impulskomponenten

$$p_i = \frac{\partial L}{\partial \dot{q}^i} \tag{III 8, 7}$$

zur Seite treten. Nach Wahl der im Bereiche (III 8, 5) gelegenen intermediären Zeitpunkte t_1' und $t_2' > t_1'$ bilden wir aus dem kinetischen Potential L gemäß (III 8, 3) nach Substitution der Gleichungen (III 8, 6) durch Integration die Funktion

$$G = \int_{t_1'}^{t_2'} L\, dt. \tag{III 8, 8}$$

Ihre synchrone Variation lautet

$$\delta G = \int_{t_1'}^{t_2'} \left\{\frac{\partial L}{\partial q^i}\,\delta q^i + \frac{\partial L}{\partial \dot{q}^i}\,\delta \dot{q}^i\right\} dt. \tag{III 8, 9}$$

Mit Benutzung des Vertauschungssatzes (III 1, 19) folgt aus (III 8, 9) durch Teilintegration

$$\delta G = \frac{\partial L}{\partial \dot{q}^i}\,\delta q^i \Bigg|_{t_1'}^{t_2'} + \int_{t_1'}^{t_2'} \left\{\frac{\partial L}{\partial q^i} - \frac{d}{dt}\left(\frac{\partial L}{\partial \dot{q}}\right)\right\} \delta q^i\, dt. \tag{III 8, 10}$$

Das hier auftretende Integral annulliert sich mit Rücksicht auf die *Lagrange*schen Gleichungen (III 1, 49). Bezeichnen wir also durch die Indizes (1) und (2) die beziehentlich zu den Zeitpunkten t_1' und t_2' gemessenen Werte der kanonischen Koordinaten, so reduziert sich (III 8, 10) auf die Gleichung

$$\delta G = \frac{\partial L}{\partial \dot{q}^i}\,\delta q^i \Bigg|_{t_1'}^{t_2'} = p_{i(2)}\,\delta q^i_{(2)} - p_{i(1)}\,\delta q^i_{(1)}, \tag{III 8, 11}$$

welcher wir die Relationen

$$p_{i(1)} = -\frac{\partial G}{\partial q^i_{(1)}}; \qquad p_{i(2)} = \frac{\partial G}{\partial q^i_{(2)}} \tag{III 8, 12}$$

entnehmen.

c) An Hand der Formeln (III 8, 12) kann man die Impulskomponenten des Elektrons zu den Zeitpunkten t_1' und t_2' berechnen, falls man G als Funktion der jeweils gleichzeitigen Konfigurationskoordinaten kennt. Für die hier beabsichtigte Störungsrechnung empfiehlt es sich indessen, neben den Konfigurationskoordinaten $q^i_{(1)}$ die Impulskomponenten $p_{i(2)}$ primär vorzugeben, um mit deren Hilfe $p_{i(1)}$ und $q^i_{(2)}$ zu ermitteln. Für den gewünschten Wechsel der unabhängigen Veränderlichen vertauschen wir — in Anlehnung an formal ähnliche Operationen der phänomenologischen Thermodynamik — die Funktion $G = G(q^i_{(1)}, q^i_{(2)})$ mit der Funktion

$$F = F(q^i_{(1)}, p_{i(2)}) = G - p_{i(2)}\, \dot{q}^i_{(2)}. \tag{III 8, 13}$$

Denn vermöge (III 8, 11) findet sich für deren synchrone Variation

$$\delta F = -q^i_{(2)}\, \delta p_{i(2)} - p_{i(1)}\, \delta q^i_{(1)}, \tag{III 8, 14}$$

so daß man in der Tat die unbekannten kanonischen Koordinaten mittels der Vorschriften

$$q^i_{(2)} = -\frac{\partial F}{\partial p_{i(2)}}; \qquad p_{i(1)} = -\frac{\partial F}{\partial q^i_{(1)}} \tag{III 8, 15}$$

berechnen kann.

d) Wir nehmen an, daß die durch die Spezialisierung

$$L = L_g; \qquad \sigma = 0 \tag{III 8, 16}$$

definierte „Grundbewegung" [Index g] bekannt sei, wobei als Parameter [Integrationskonstanten] die kanonischen Koordinaten $q^i_{(1)}$ und $p_{i(2)}$ auftreten

$$q^i_g = q^i_g(t, q^i_{(1)}, p_{i(2)}). \tag{III 8, 17}$$

Aus der Kenntnis von L_g folgt dann gemäß (III 8, 7)

$$p_{i,g} = p_{i,g}(t, q^i_{(1)}, p_{i(2)}). \tag{III 8, 18}$$

Für die kanonischen Koordinaten, welche von dem resultierenden kinetischen Potential L der gestörten Bewegung diktiert werden, wählen wir im Einklang mit (III 8, 3) den Ansatz

$$q^i = q^i_g + \sigma\, q^i_s; \qquad p_i = p_{i,g} + \sigma\, p_{i,s}. \tag{III 8, 19}$$

Hierin definieren q^i_s und $p_{i,s}$ die für den Verlauf der Störung charakteristischen Funktionen, welche wir zu berechnen haben.

e) Durch synchrone Variation der gesuchten, wahren Bahnkurve bilden wir die Gesamtheit aller jener virtuellen Kurven, welche im Zeitpunkt $t = t_1'$ sämtlich die gleichen Konfigurationskoordinaten $q^i_{(1)}$ und im Zeitpunkt $t = t_2'$ sämtlich die gleichen Impulskomponenten $p_{i(2)}$ aufweisen

$$\delta\, q^i_{(1)} = 0; \qquad \delta\, p_{i(2)} = 0. \tag{III 8, 20}$$

Aus (III 8, 14) folgt dann mit Rücksicht auf (III 8, 11) und (III 8, 20) als synchrone Variation von F

$$\delta F = \delta G - p_{i(2)}\, \delta\, q^i_{(2)} - q^i_{(2)}\, \delta\, p_{i(2)} = -p_{i(1)}\, \delta\, q^i_{(1)} - q^i_{(2)}\, \delta\, p_{i(2)} = 0. \tag{III 8, 21}$$

Verschärfen wir nun die Ungleichung (III 8, 4) zur Voraussetzung eines infinitesimal kleinen Betrages von σ, so befindet sich auf Grund der Bedingungen (III 8, 20) die mit dem Grundimpuls (III 8, 18) durchlaufene Grundbahn (III 8, 17) unter der Gesamtheit der vorher konstruierten variierten Kurven; denn als virtuelle Bahnen sind sie ja nicht an die längs der wahren Bahn herrschenden dynamischen Gesetze gebunden. Die längs der Grundbahn gemessenen Werte einer zunächst beliebigen Funktion $f(q^i, \dot{q}^i)$ mögen durch das Symbol $\mathring{f}$ bezeichnet werden, welches die sie definierende Operation

$$\mathring{f} = \lim_{q^i \to q^i_g,\, p_i \to p_{i,g}} f(q^i, \dot{q}^i) \qquad \text{(III 8, 22)}$$

sinnfällig zum Ausdruck bringt. Insbesondere gilt hiernach

$$\mathring{q}^i \equiv q^i_g; \qquad \mathring{p}_i \equiv p_{i,g} \qquad \text{(III 8, 23)}$$

und also, wegen (III 8, 20)

$$q^i_{(1)} = \mathring{q}^i_{(1)}; \qquad p_{i,2} = \mathring{p}_{i,2} \qquad \text{(III 8, 24)}$$

aber, für alle $\sigma \neq 0$,

$$q^i_{(2)} \neq \mathring{q}^i_{(2)}; \qquad p_{i,1} \neq \mathring{p}_{i,1}. \qquad \text{(III 8, 25)}$$

Ebenso ist für alle $\sigma \neq 0$ das längs der Grundbahn auftretende kinetische Gesamtpotential

$$\mathring{L} = \lim_{q^i \to q^i_g;\, p_i \to p_{i,g}} (L_g + \sigma L_s) = \mathring{L}_g + \sigma \mathring{L}_s \qquad \text{(III 8, 26)}$$

von dem kinetischen Teilpotential $L_g = L_g(q^i, \dot{q}^i)$ der Grundbewegung längs der wahren Bahn im allgemeinen wesentlich verschieden.

Mittels (III 8, 24), (III 8, 25) und (III 8, 26) bilden wir entsprechend der Definition (III 8, 13) die Funktion

$$\mathring{F} = \int_{t_1'}^{t_2'} \mathring{L}\, dt - \mathring{p}_{i(2)}\, \mathring{q}^i_{(2)} = \int_{t_1'}^{t_2'} (\mathring{L}_g + \sigma \mathring{L}_s)\, dt - p_{i(2)}\, \mathring{q}^i_{(2)}. \qquad \text{(III 8, 27)}$$

Sie kann sich auf Grund der Extremaleigenschaft (III 8, 21) der Funktion F von dieser nur um Glieder mindestens der Größenordnung σ^2 unterscheiden. Falls wir uns also bei der beabsichtigten Störungsrechnung mit den in σ linearen Gliedern begnügen, schließen wir aus (III 8, 15) auf die Aussagen

$$q^i_{(2)} = -\frac{\partial \mathring{F}}{\partial p_{i(2)}} \qquad \text{(III 8, 28)}$$

$$p_{i(1)} = -\frac{\partial \mathring{F}}{\partial q^i_{(1)}} \qquad \text{(III 8, 29)}$$

Für $\sigma = 0$ reduzieren sie sich wegen (III 8, 23) auf

$$q^i_{g(2)} = -\frac{\partial}{\partial p_{i(2)}} \left\{ \int_{t_1'}^{t_2'} \mathring{L}_g\, dt - p_{i(2)}\, \mathring{q}^i_{(2)} \right\} \qquad \text{(III 8, 30)}$$

$$p_{i,g(1)} = -\frac{\partial}{\partial q^i_{(1)}} \left\{ \int_{t_1'}^{t_2'} \mathring{L}_g\, dt - p_{i(2)}\, \mathring{q}^i_{(2)} \right\} \qquad \text{(III 8, 31)}$$

Subtrahiert man nun (III 8, 30) von (III 8, 28) und (III 8, 31) von (III 8, 29), so erhält man mit Rücksicht auf (III 8, 19) und (III 8, 27) für den Verlauf der die Störung kennzeichnenden Funktionen die einfachen Berechnungsvorschriften

$$q^{i}_{s\,(2)} = -\frac{\partial}{\partial p_{i\,(2)}} \int_{t_1'}^{t_2} \overset{\circ}{L}_s \, dt, \qquad \text{(III 8, 32)}$$

$$p_{i,s\,(1)} = -\frac{\partial}{\partial q^{i}_{(1)}} \int_{t_1'}^{t_2'} \overset{\circ}{L}_s \, dt. \qquad \text{(III 8, 33)}$$

f) Als Anwendungsbeispiel behandeln wir die *Newton*sche Mechanik eines Elektrons vom Betrage v_1 seiner Anfangsgeschwindigkeit, welches durch ein schwaches elektrisches Homogenfeld von seiner vorher geradlinigen Bahn abgelenkt wird; dabei sollen die Brechungsvorgänge an den Grenzen des Feldgebietes [Ziffer I 3, g] außer Betracht bleiben.

Im Bereiche der zu untersuchenden Bewegung orientieren wir uns an Hand des relativ zum Felde ruhenden Bezugssystemes der rechtsläufigen, *Kartesi*schen Koordinaten x, y, z; die [invariable] Bahnebene werde mit der Ebene $z = 0$ identifiziert, die y-Achse weise antiparallel zum Vektor E der Ablenk-Feldstärke, welche von den in $y = \pm 1/2\, d$ gelegenen, planparallelen Elektroden durch die zeitfreie Spannung U erregt werde. Setzen wir dann

$$\frac{1}{2} m_0 v_1^2 = q_0 \varphi_1, \qquad \text{(III 8, 34)}$$

so wird die *Lagrange*sche Funktion des Feldbereiches bis auf eine physikalisch belanglose und daher willkürlich wählbare additive Konstante durch

$$L = \frac{m_0}{2} (\dot{x}^2 + \dot{y}^2) + q_0 \left(\varphi_1 + U \frac{y}{d}\right) \qquad \text{(III 8, 35)}$$

dargestellt. Unter Beschränkung auf hinreichend kleine Beträge der Ablenkspannung U im Verhältnis zu φ_1 fassen wir das elektrische Feld als Störung auf, deren Intensität durch

$$\sigma = \frac{U}{\varphi_1} \qquad \text{(III 8, 36)}$$

gemessen wird. Demnach definiert

$$L_g = \frac{m_0}{2} (\dot{x}^2 + \dot{y}^2) + q_0 \varphi_1 \qquad \text{(III 8, 37)}$$

das kinetische Grundpotential, während

$$L_s = q_0 \varphi_1 \cdot \frac{y}{d}; \qquad |y| \leqq \frac{1}{2} d \qquad \text{(III 8, 38)}$$

jenes der Störung angibt.

Nach (III 8, 37) unterliegt die Grundbewegung den Differentialgleichungen

$$\frac{d^2 x_g}{dt^2} = 0; \qquad \frac{d^2 y_g}{dt^2} = 0. \qquad \text{(III 8, 39)}$$

Aus ihnen schließen wir im Verein mit den Definitionsgleichungen der Impulskomponenten

$$p_x = m_0 \dot{x}; \qquad p_y = m_0 \dot{y} \qquad \text{(III 8, 40)}$$

durch einmalige Integration auf

$$p_{x,g} = p_{x(2)} = m_0 v_1; \qquad p_{y,g} = p_{y(2)}. \tag{III 8, 41}$$

Sei nun $P_1 = (x_1, y_1)$ der Einfallsort des kontrollierten Elektrons in das Ablenkfeld, so lautet also die gemäß (III 8, 17), (III 8, 18) formulierte Beschreibung der Grundbewegung

$$x_g = x_1 + \frac{p_{x(2)}}{m_0}(t - t_1'); \qquad y_g = y_1 + \frac{p_{y(2)}}{m_0}(t - t_1'). \tag{III 8, 42}$$

Durch Substitution dieser Ergebnisse in (III 8, 38) finden wir jetzt

$$\overset{\circ}{L}_s = q_0 \varphi_1 \left(\frac{y_1}{d} + \frac{p_{y(2)}}{m_0} \frac{t - t_1'}{d}\right) \tag{III 8, 43}$$

und demnach

$$\int_{t_1'}^{t_2'} \overset{\circ}{L}_s \, dt = q_0 \varphi_1 \left[\frac{y_1}{d}(t_2' - t_1') + \frac{p_{y(2)}}{m_0} \frac{(t_2' - t_1')^2}{2\,d}\right] \tag{III 8, 44}$$

Daher liefern die Formeln (III 8, 32), (III 8, 33)

$$x_{s(2)} = 0; \qquad y_{s(2)} = -\frac{\varrho_0 \varphi_1}{m_0} \frac{(t_2' - t_1')^2}{2\,d} \tag{III 8, 45}$$

sowie

$$p_{x,s(1)} = 0; \qquad p_{y,s(1)} = -\varrho_0 \varphi_1 \frac{t_2' - t_1'}{d}. \tag{III 8, 46}$$

Im Verein mit (III 8, 36) finden wir aus (III 8, 41) und (III 8, 46) die resultierenden Impulskomponenten des kontrollierten Elektrons bei seinem Eintritt in das Ablenkfeld zu

$$p_{x(1)} = m_0 v_1; \qquad p_{y(1)} = p_{y(2)} - \varrho_0 U \frac{t_2' - t_1'}{d} \tag{III 8, 47}$$

und aus (III 8, 42) und (III 8, 45) die resultierenden Bahnkoordinaten zum Zeitpunkt $t = t_2'$

$$x_{(2)} = x_1 + v_1 (t_2' - t_1'); \qquad y_{(2)} = y_{(1)} + \\ + \frac{p_{y(2)}}{m_0}(t_2' - t_1') - q_0 U \frac{(t_2' - t_1')^2}{2\,d}. \tag{III 8, 48}$$

Wir spezialisieren auf ein Elektron, welches in das Ablenkfeld senkrecht zu dessen Kraftlinien einfällt. Wählen wir den Einfallsort zum Ursprung des Bezugssystemes $[x_1 = 0, \; y_1 = 0]$, so gilt hiernach

$$p_{y(1)} = 0; \qquad p_{y(2)} = q_0 U \frac{t_2' - t_1'}{d} \tag{III 8, 49}$$

und also, nach Substitution des angegebenen Wertes von $p_{y(2)}$ in (III 8, 48)

$$y_{(2)} = \frac{q_0 U}{m_0} \frac{(t_2' - t_1')^2}{2\,d}. \tag{III 8, 50}$$

Obwohl diese Gleichungen entsprechend ihrem Charakter als erster Schritt einer Störungsrechnung zunächst nur angenäherte Gültigkeit beanspruchen dürfen, überzeugt man sich nachträglich leicht von ihrer strengen Gültigkeit, indem man die Bewegungsgleichungen des kontrollierten Elektrons im Ablenkfelde unter den angegebenen Anfangsbedingungen exakt integriert. In der Tat erweist sich an Hand dieser Lösungen die Abweichung der Elektronenbahn von der Einfallsgeraden als genau proportional der Ablenkspannung U, so daß sich bei etwaiger Fortsetzung der Störungsrechnung die dann systematisch zu erwartenden Glieder zweiter und höherer Ordnung in σ gewiß annullieren müssen. Es ist indessen zu betonen, daß dieser Schluß durchaus an die Homogenität des Ablenkfeldes gebunden ist und daher keinesfalls verallgemeinert werden darf.

III 9. Das Prinzip der kleinsten Wirkung.

a) Im Bezugssystem der kontravarianten Koordinaten q^i $[i = 1, 2, 3]$ sei die Bahn eines materiellen Punktes der Masse m durch die Gleichungen

$$q^i = q^i(t) \qquad \text{(III 9, 1)}$$

als Funktion der Zeit t gegeben. Wir markieren auf dieser Bahn die Fixpunkte $P_1 = P_1(t_1)$ und $P_2 = P_2(t_2)$ $[t_2 > t_1]$ und ordnen ihr die Funktion

$$f = f(t) \qquad \text{(III 9, 2)}$$

zu, welche wir mit Hilfe des reellen Parameters ε zu der Kurvenschar

$$f^* = f^*(t, \varepsilon); \qquad \lim_{\varepsilon \to 0} f^*(t, \varepsilon) = f(t) \qquad \text{(III 9, 3)}$$

erweitern.

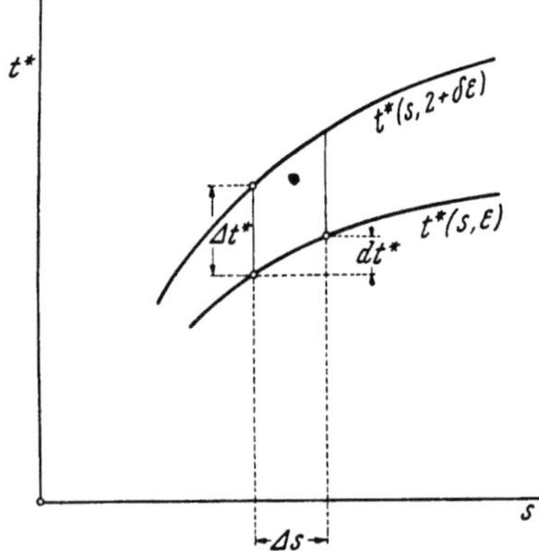

Abb. III 150. Differential und Asynchronismus der Eigenzeit.

b) Wir ersetzen die für die gesamte Funktionenschar einheitliche Zeit t durch die von Individuum zu Individuum wechselnde *Eigenzeit* t^*, welche wir ihrerseits als umkehrbar-eindeutige, stetige Funktion einer vorerst beliebigen, skalaren Veränderlichen s und des Parameters ε definieren

$$t^* = t^*(s, \varepsilon); \qquad \lim_{\varepsilon \to 0} t^*(s, \varepsilon) = t. \qquad \text{(III 9, 4)}$$

Insbesondere sollen den Zeitpunkten t_1 und $t_2 > t_1$ beziehentlich die Werte s_1 und $s_2 > s_1$ entsprechen. Wir schließen dem Begriff der *Eigenzeit* folgende weiteren Definitionen an:

1. Wir wählen innerhalb des Bereiches $s_1 \leqq s \leqq s_2$ das infinitesimale Intervall ds und bezeichnen als *Differential der Eigenzeit* — Symbol dt^* — die Größe [Abb. III 150]

$$dt^*(s, \varepsilon) = \frac{\partial t^*(s, \varepsilon)}{\partial s} ds: \qquad dt(s) = \lim_{\varepsilon \to 0} dt^*(s, \varepsilon). \qquad \text{(III 9, 5)}$$

2. Für einen festen Wert s des Bereiches $s_1 \leqq s \leqq s_2$ erklären wir als *Asynchronismus* — Symbol Δt^* — die *Änderung der Eigenzeit* beim Übergang von ε zu seinem infinitesimal benachbarten Parameter $(\varepsilon + \delta\varepsilon)$

$$\Delta t^*(s, \varepsilon) = \frac{\partial t^*(s, \varepsilon)}{\partial \varepsilon} \delta\varepsilon; \qquad \Delta t(s) = \lim_{\varepsilon \to 0} \Delta t^*(s, \varepsilon). \qquad \text{(III 9, 6)}$$

c) Nach Ersatz der einheitlichen Zeit t durch die Eigenzeit t^* schildert (III 9, 3) die Funktionenschar

$$\overline{f}(t^*; \varepsilon) = \overline{f}(t^*\{s; \varepsilon\}; \varepsilon); \qquad f(t) = \lim_{\varepsilon \to 0} \overline{f}(t^*; \varepsilon). \qquad \text{(III 9, 7)}$$

Wir statten sie mit der identisch in ε gültigen Eigenschaft

$$\overline{f}(t^*\{s_1; \varepsilon\}; \varepsilon) = f(t_1); \qquad \overline{f}(t^*\{s_2; \varepsilon\}; \varepsilon) = f(t_2) \qquad \text{(III 9, 8)}$$

aus.

Im Einklang mit (III 9, 5) bezeichnen wir als *Differential* der Funktionenschar (III 9, 7) — Symbol $d\bar{f}$ — den infinitesimalen Ausdruck

$$\left.\begin{aligned} d\bar{f} &= \frac{\partial \bar{f}\,(t^*\{s;\varepsilon\};\varepsilon)}{\partial s}\,ds = \frac{\partial \bar{f}\,(t^*;\varepsilon)}{\partial t^*}\cdot\frac{\partial t^*}{\partial s}\,ds = \frac{\partial \bar{f}\,(t^*;\varepsilon)}{\partial t^*}\,dt^*, \\ df &= \lim_{\varepsilon\to 0} d\bar{f} = \frac{df\,(t)}{dt}\,dt. \end{aligned}\right\} \qquad (\text{III } 9,\ 9)$$

Als *asynchrone Variation* der Funktionenschar (III 9, 7) — Symbol $\Delta\bar{f}$ — definieren wir den gleichfalls infinitesimalen Ausdruck [Abb. III 151]

$$\left.\begin{aligned} \Delta\bar{f} &= \frac{\partial \bar{f}\,(t^*\{s;\varepsilon\};\varepsilon)}{\partial \varepsilon}\,\delta\varepsilon = \left[\frac{\partial \bar{f}\,(t^*;\varepsilon)}{\partial t^*}\frac{\partial t^*}{\partial \varepsilon} + \frac{\partial \bar{f}\,(t^*;\varepsilon)}{\partial \varepsilon}\right]\delta\varepsilon = \\ &= \frac{\partial \bar{f}\,(t^*;\varepsilon)}{\partial t^*}\,\Delta t^* + \frac{\partial \bar{f}\,(t^*;\varepsilon)}{\partial \varepsilon}\,\delta\varepsilon. \end{aligned}\right\} \qquad (\text{III } 9,\ 10)$$

Um sie mit der synchronen Variation zu vergleichen, welche dem *Hamilton*schen Prinzip zugrunde liegt [Ziffer III 1], spezialisieren wir vorübergehend auf

$$t^* = s = t \qquad (\text{III } 9,\ 11)$$

und erhalten, indem wir nunmehr statt $\Delta\bar{f}$ das Symbol $\delta\bar{f}$ zu schreiben haben,

$$\delta\bar{f} = \frac{\partial \bar{f}\,(t^*;\varepsilon)}{\partial \varepsilon}\,\delta\varepsilon. \qquad (\text{III } 9,\ 12)$$

Zwischen der asynchronen und der synchronen Variation besteht also der allgemeine Zusammenhang

$$\Delta\bar{f} = \frac{\partial \bar{f}\,(t^*,\varepsilon)}{\partial t^*}\,\Delta t + \delta\bar{f}, \qquad (\text{III } 9,\ 13)$$

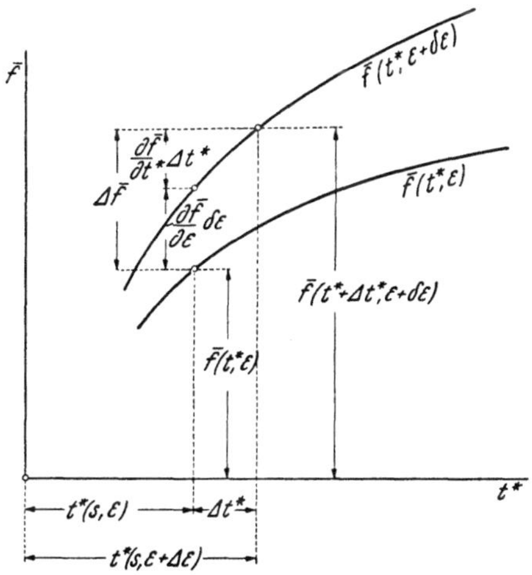

Abb. III 151. Differential und asynchrone Variation der Funktion $\bar{f}$.

welcher sich im Grenzfalle $\varepsilon \to 0$ zu

$$\Delta f = \frac{df\,(t)}{dt}\,\Delta t + \delta f \qquad (\text{III } 9,\ 14)$$

vereinfacht. Das in der asynchronen Variation gegenüber der synchronen auftretende Zusatzglied ist hiernach dem Zeitunterschied Δt zuzuschreiben, mit welcher der materielle Punkt die zu gleichen s gehörigen individuellen Werte der Funktionenschar $\bar{f}$ durchläuft. Der beschriebene Effekt fällt in der Regel umso größer aus, je rascher sich die Funktion $\bar{f}$ bei diesem Prozeß ändert; nur an den Fixpunkten P_1 und P_2 verschwinden gemäß (III 9, 4), (III 9, 8) und (III 9, 11) die synchronen Variationen gleichzeitig mit den asynchronen

$$\left.\begin{aligned} \Delta\bar{f}\,(t_1^*,\varepsilon) &= \Delta f\,(t_1) = \delta f\,(t_1) = 0, \\ \Delta\bar{f}\,(t_2^*,\varepsilon) &= \Delta f\,(t_2) = \delta f\,(t_2) = 0. \end{aligned}\right\} \qquad (\text{III } 9,\ 15)$$

d) Wir bilden aus (III 9, 9) die zeitliche Ableitung der Funktion $\bar{f}$

$$\frac{d\bar{f}}{dt^*} = \frac{\partial \bar{f}\,(t^*,\varepsilon)}{\partial t^*}. \qquad (\text{III } 9,\ 16)$$

Die asynchrone Variation dieses Ausdruckes folgt demnach zu

$$\Delta \frac{d\bar{f}}{dt^*} = \left[\frac{\partial^2 \bar{f}(t^*, \varepsilon)}{\partial t^{*2}} \cdot \frac{\partial t^*}{\partial \varepsilon} + \frac{\partial^2 \bar{f}(t^*, \varepsilon)}{\partial t^* \, \partial \varepsilon}\right] \delta\varepsilon. \qquad \text{(III 9, 17)}$$

Ist die angegebene Reihenfolge der Operationen für dieses Ergebnis wesentlich?

Bei der Prüfung dieser fundamentalen Frage haben wir uns der Definition (III 9, 4) zu erinnern, nach welcher

$$d\left(\frac{\partial t^*}{\partial \varepsilon}\right) = \frac{\partial^2 t^*(s, \varepsilon)}{\partial \varepsilon \, \partial s} \, ds \qquad \text{(III 9, 18)}$$

gilt. Im Verein mit (III 9, 5) resultiert hieraus der Differentialquotient

$$\frac{d}{dt^*}\left(\frac{\partial t}{\partial \varepsilon}\right)^* = \frac{1}{\dfrac{\partial t^*(s, \varepsilon)}{\partial s}} \cdot \frac{\partial^2 t^*(s, \varepsilon)}{\partial \varepsilon \, \partial s}, \qquad \text{(III 9, 19)}$$

welcher eben erst durch diese Definition sinnvoll wird; sie überträgt sich mittels (III 9, 6) auf

$$\frac{d}{dt^*} \frac{\partial t^*}{\partial \varepsilon} \delta\varepsilon \equiv \frac{d\Delta t^*}{dt^*}. \qquad \text{(III 9, 20)}$$

Zu (III 9, 10) zurückkehrend, berechnen wir nunmehr

$$\frac{d\Delta f}{dt^*} = \left[\frac{\partial^2 \bar{f}(t^*, \varepsilon)}{\partial t^{*2}} \cdot \frac{\partial t^*}{\partial \varepsilon} + \frac{\partial^2 \bar{f}(t^*, \varepsilon)}{\partial \varepsilon \, \partial t^*}\right] \delta\varepsilon + \frac{\partial \bar{f}(t^*, \varepsilon)}{\partial t^*} \cdot \frac{d\Delta t^*}{dt^*}. \qquad \text{(III 9, 21)}$$

Der Vergleich dieser Formel mit (III 9, 17) führt zu der Relation

$$\Delta \frac{d\bar{f}}{dt^*} = \frac{d\Delta \bar{f}}{dt^*} - \frac{\partial \bar{f}(t^*, \varepsilon)}{\partial t^*} \cdot \frac{d\Delta t^*}{dt^*}, \qquad \text{(III 9, 22)}$$

welche für $\varepsilon \to 0$ in

$$\Delta \frac{df}{dt} = \frac{d\Delta f}{dt} - \frac{df}{dt} \cdot \frac{d\Delta t}{dt} \qquad \text{(III 9, 23)}$$

übergeht. Durch $\Delta t \to 0$ kehren wir vorübergehend zur synchronen Variation zurück: für deren Verbindung mit der zeitlichen Differentiation folgt aus (III 9, 23), in Übereinstimmung mit (III 9, 19), die Vertauschungsregel

$$\delta \frac{df}{dt} = \frac{d\delta f}{dt}. \qquad \text{(III 9, 24)}$$

Demgegenüber sind also die *Teiloperationen des aus asynchroner Variation und zeitlicher Differentiation zusammengesetzten Doppelprozesses in ihrer Reihenfolge nicht vertauschbar.* Um jedoch Mißverständnisse auszuschließen, notieren wir uns die aus (III 9, 7) unmittelbar hervorgehende Identität

$$\Delta \, d\bar{f} = \frac{\partial^2 \bar{f}(s, \varepsilon)}{\partial s \, \partial \varepsilon} \, ds \, \delta\varepsilon \equiv d\Delta \bar{f}. \qquad \text{(III 9, 25)}$$

e) Wir verfolgen die Bahn eines im Sinne der Mechanik punktförmigen Ions der trägen Masse m und der elektrischen Ladung e relativ zu dem *Kartes*ischen, rechtsläufigen Bezugssystem der Koordinaten $x_i = x^i$ [$i = 1, 2, 3$]. Mittels des asynchronen Variationsvektors $\Delta \mathfrak{r}$ der [kontravarianten] Komponenten Δx^i bilden wir durch innere Multiplikation mit dem *d'Alembert*schen Vektor der [kovarianten] Komponenten

$$P_i - m \frac{d^2 x_i}{dt^2} \qquad \text{(III 9, 26)}$$

den Skalar

$$D = \left(P_i - m\frac{d^2x_i}{dt^2}\right)\varDelta x^i, \qquad \text{(III 9, 27)}$$

welchen wir, ohne Rücksicht auf die von der Dynamik geforderte Gleichung $D = 0$, folgenden Umformungen unterwerfen:

1. Als asynchrone Variation der Arbeit definieren wir den Skalar

$$\varDelta A = P_i \varDelta x^i. \qquad \text{(III 9, 28)}$$

2. Es gilt die Identität

$$m\frac{d^2x_i}{dt^2}\varDelta x^i \equiv m\frac{d}{dt}\left(\frac{dx_i}{dt}\varDelta x^i\right) - m\frac{dx_i}{dt}\cdot\frac{d\varDelta x^i}{dt}. \qquad \text{(III 9, 29)}$$

3. Ausgehend von der Definition der kinetischen Energie

$$T = \frac{m}{2}\frac{dx_i}{dt}\cdot\frac{dx^i}{dt} \qquad \text{(III 9, 30)}$$

bilden wir deren asynchrone Variation und erhalten mit Benutzung von (III 9, 23)

$$\varDelta T = \frac{m}{2}\left[\frac{\varDelta\, dx_i}{dt}\frac{dx^i}{dt} + \frac{dx_i}{dt}\cdot\frac{\varDelta\, dx^i}{dt}\right] = \frac{m}{2}\left[\left(\frac{d\varDelta x_i}{dt} - \frac{dx_i}{dt}\cdot\frac{d\varDelta t}{dt}\right)\frac{dx^i}{dt} + \right.$$

$$\left. + \frac{dx_i}{dt}\left(\frac{d\varDelta x^i}{dt} - \frac{dx^i}{dt}\cdot\frac{d\varDelta t}{dt}\right)\right] = \frac{m}{2}\left[\frac{d\varDelta x_i}{dt}\cdot\frac{dx^i}{dt} + \frac{dx_i}{dt}\cdot\frac{d\varDelta x^i}{dt}\right] - 2T\frac{d\varDelta t}{dt}. \qquad \text{(III 9, 31)}$$

4. Mittels

$$\frac{dx_i}{dt}\cdot\frac{d\varDelta x^i}{dt} \equiv \frac{1}{2}\left[\frac{d\varDelta x_i}{dt}\frac{dx^i}{dt} + \frac{dx_i}{dt}\cdot\frac{d\varDelta x^i}{dt}\right] \qquad \text{(III 9, 32)}$$

schließen wir aus (III 9, 29) und (III 9, 31) auf

$$m\frac{d^2x_i}{dt^2}\varDelta x^i = m\frac{d}{dt}\left(\frac{dx_i}{dt}\varDelta x^i\right) - \left(\varDelta T + 2T\frac{d\varDelta t}{dt}\right). \qquad \text{(III 9, 33)}$$

5. Die Addition von (III 9, 28) und (III 9, 33) liefert

$$D = -m\frac{d}{dt}\left(\frac{dx_i}{dt}\varDelta x^i\right) + \left(\varDelta T + 2T\frac{d\varDelta t}{dt} + \varDelta A\right). \qquad \text{(III 9, 34)}$$

6. Auf Grund der Festsetzungen (III 9, 15) finden wir durch Integration von (III 9, 34) über die Kontrollepoche $t_1 \leqq t \leqq t_2$ die nach *Hoelder* benannte Transformation

$$\int_{t_1}^{t_2}\left(P_i - m\frac{d^2x_i}{dt^2}\right)\varDelta x^i\, dt = \int_{t_1}^{t_2}\left[\varDelta T + 2T\frac{d\varDelta t}{dt} + \varDelta A\right]dt. \qquad \text{(III 9, 35)}$$

f) Mittels der Komponenten δx^i der synchronen Variation $\delta \mathfrak{r}$, welche für $\varDelta t \to 0$ aus $\varDelta \mathfrak{r}$ hervorgeht, führt das *d'Alembert*sche Prinzip zu der Aussage

$$\left(P_i - m\frac{d^2x_i}{dt^2}\right)\delta x^i = 0. \qquad \text{(III 9, 36)}$$

Nach Gl. (III 9, 14) besteht nun zwischen $\varDelta x^i$ und δx^i der Zusammenhang

$$\varDelta x^i = \delta x^i + \frac{dx^i}{dt}\cdot\varDelta t, \qquad \text{(III 9, 37)}$$

so daß

$$D = \left(P_i - m\frac{d^2x_i}{dt^2}\right)\frac{dx^i}{dt}\varDelta t = P_i\frac{dx^i}{dt}\varDelta t - \frac{dT}{dt}\varDelta t \qquad \text{(III 9, 38)}$$

wird; durch Integration dieser Gleichung über die Kontrollepoche folgt

$$\int_{t_1}^{t_2} D\,dt = \int_{t_1}^{t_2}\left[P_i\frac{dx^i}{dt}\varDelta t - \frac{dT}{dt}\varDelta t\right]dt. \qquad \text{(III 9, 39)}$$

Der Vergleich dieser Formel mit (III 9, 35) liefert

$$\int_{t_1}^{t_2}\left[\varDelta T + 2T\frac{d\varDelta t}{dt} + \frac{dT}{dt}\varDelta t + \varDelta A - P_i\frac{dx^i}{dt}\varDelta t\right]dt = 0. \qquad \text{(III 9, 40)}$$

Wir entnehmen aus (III 9, 14)

$$\frac{dT}{dt}\varDelta t = \varDelta T - \delta T \qquad \text{(III 9, 41)}$$

und erhalten, da mit Rücksicht auf (III 9, 25)

$$\varDelta(T\,dt) = \varDelta T \cdot dt + T\,d\varDelta t \qquad \text{(III 9, 42)}$$

ist, aus (III 9, 40)

$$\varDelta\int_{t_1}^{t_2} 2T\,dt + \int_{t_1}^{t_2}\left[\varDelta A - P_i\frac{dx^i}{dt}\varDelta t - \delta T\right]dt = 0. \qquad \text{(III 9, 43)}$$

g) Wir setzen das auf den Ladungsträger einwirkende elektromagnetische Feld als stationär voraus. Es sei φ das elektrische Skalarpotential, V das magnetische Vektorpotential; beide Potentiale seien je als Funktion der Koordinaten x^i bekannt.

Wir begleiten das Ion längs seiner wahren Bahn durch den Feldraum. Dort folgen die kovarianten Komponenten der am Ion angreifenden *Coulomb*-Kraft P_C aus

$$P_{C,i} = -e\frac{\partial\varphi}{\partial x^i}, \qquad \text{(III 9, 44)}$$

während die kovarianten Komponenten der *Lorentz*-Kraft P_L gemäß der Vorschrift

$$P_{L,i} = e\left[v^j\frac{\partial V_j}{\partial x^i} - \frac{dV_i}{dt}\right] = e\,v^j\left[\frac{\partial V_j}{\partial x^i} - \frac{\partial V_i}{\partial x^j}\right] \qquad \text{(III 9, 45)}$$

zu berechnen sind. Denn da rot $V = B$ die magnetische Induktion definiert, liefert (III 9, 45) beispielsweise für $i = 1$

$$P_{L,1} = e\,[v^2B^3 - v^3B^2]. \qquad \text{(III 9, 46)}$$

Aus (III 9, 44) und (III 9, 45) resultiert

$$\varDelta A = (P_{C,i} + P_{L,i})\,\varDelta x^i = e\left[-\varDelta\varphi + v^j\varDelta V_j - \frac{dV_i}{dt}\varDelta x^i\right]. \qquad \text{(III 9, 47)}$$

Ähnlich bilden wir

$$P_i\frac{dx^i}{dt}\varDelta t = (P_{C,i} + P_{L,i})\,v^i\varDelta t = e\left[-\frac{d\varphi}{dt} + v^i v^j\left(\frac{\partial V_j}{\partial x^i} - \frac{\partial V_i}{\partial x^j}\right)\right]\varDelta t. \qquad \text{(III 9, 48)}$$

Nachdem man in $v^i v^j \partial V_i/\partial x^j$ die Summationsindizes i und j miteinander vertauscht hat, erkennt man, daß die in (III 9, 48) auftretenden magnetischen Anteile einander vernichten; in der Tat vermag ja die *Lorentz*-Kraft längs der wahren Ionenbahn keine Arbeit zu leisten. Demnach reduziert sich (III 9, 48) auf

$$P_i \frac{dx^i}{dt} \varDelta t = -e \frac{d\varphi}{dt} \varDelta t. \qquad \text{(III 9, 49)}$$

Mit (III 9, 47) und (III 9, 49) berechnen wir

$$\int_{t_1}^{t_2} \left[\varDelta A - P_i \frac{dx^i}{dt} \varDelta t\right] dt = \int_{t_1}^{t_2} e \left[-\delta\varphi + v^j \varDelta V_j - \frac{dV_i}{dt} \varDelta x^i\right] dt. \qquad \text{(III 9, 50)}$$

Auf Grund von (III 9, 15) und (III 9, 23) folgt durch partielle Integration

$$-\int_{t_1}^{t_2} \frac{dV_i}{dt} \varDelta x^i dt = \int_{t_1}^{t_2} V_i \frac{d\varDelta x^i}{dt} dt = \int_{t_1}^{t_2} V_i \left[\varDelta v^i + v^i \frac{d\varDelta t}{dt}\right] dt. \qquad \text{(III 9, 51)}$$

Wir nehmen in (III 9, 51) die Umbenennung $i \to j$ des Summationsindex vor und erhalten für (III 9, 50)

$$\int_{t_1}^{t_2} \left[\varDelta A - P_i \frac{dx^i}{dt} \varDelta t\right] dt = \int_{t_1}^{t_2} e \left[-\delta\varphi + v^j \varDelta V_j + V_j \varDelta v^j + V_j v^j \frac{d\varDelta t}{dt}\right] dt. \qquad \text{(III 9, 52)}$$

Bezeichnet also $(v\, V)$ die aus der inneren Multiplikation der Geschwindigkeit mit dem Vektorpotentiale hervorgehende Invariante, so wird, mit Beachtung von (III 9, 25)

$$\int_{t_1}^{t_2} \left[\varDelta A - P_i \frac{dx^i}{dt} \varDelta t\right] dt = \int_{t_1}^{t_2} e \left[-\delta\varphi + \varDelta (v\, V) + (v\, V) \varDelta\, dt\right] dt =$$

$$= -\delta \int_{t_1}^{t_2} e\varphi\, dt + \varDelta \int_{t_1}^{t_2} e\,(v\, V)\, dt. \qquad \text{(III 9, 53)}$$

Durch Substitution dieses Ausdruckes in (III 9, 43) gelangen wir zu dem von der Koordinatenwahl unabhängigen Variationsprinzip

$$\varDelta \int_{t_1}^{t_2} [2\,T + e\,(v\, V)]\, dt - \delta \int_{t_1}^{t_2} [T + e\varphi]\, dt = 0. \qquad \text{(III 9, 54)}$$

Folgende Sonderfälle seien hervorgehoben:

1. Im Falle $\varDelta t \to 0$ [synchrone Variation] ist im ersten Posten der Summe (III 9, 54) das Symbol $\varDelta$ durch δ zu ersetzen. Durch diese Operation entsteht die Forderung

$$\delta \int_{t_1}^{t_2} [T - e\,\{\varphi - (v\, V)\}]\, dt = 0, \qquad \text{(III 9, 55)}$$

welche mit dem *Hamilton*schen Prinzip identisch ist.

2. Im Falle $\varDelta t \neq 0$ der asynchronen Variation wird der Übergang von der wahren zur variierten Bahn der *Lagrangeschen Bedingung*

$$\delta\,(T + e\varphi) = 0 \qquad \text{(III 9, 56)}$$

unterworfen; damit reduziert sich (III 9, 54) auf die Forderung

$$\Delta \int_{t_1}^{t_2} [2\,T + e\,(v\,V)]\,dt = 0, \qquad \text{(III 9, 57)}$$

welche als das *Prinzip der kleinsten Wirkung* bezeichnet und nach *Maupertuis* benannt wird; das Integral selbst definiert dabei die am Ladungsträger während der Kontrollepoche vom Felde ausgeübte *Wirkung* oder, genauer gesagt, deren zeitfreien Anteil.

Wir benutzen die invariante Form des Prinzipes der kleinsten Wirkung, um die bisher benutzten *Kartesi*schen Koordinaten durch allgemeine Koordinaten q^i zu ersetzen; ihnen stellen wir die aus der *Lagrange*schen Funktion $L = L(q^i, \dot{q}^i)$ gebildeten kovarianten Impulskomponenten $p_i = \partial L/\partial \dot{q}^i$ zur Seite. Vermöge (III 7, 30) geht dann (III 9, 57) in

$$\Delta \int_{t_1}^{t_2} p_i\,\dot{q}^i\,dt = 0 \qquad \text{(III 9, 58)}$$

über.

h) Längs der wahren Ionenbahn gilt nach (III 9, 49) das Energieprinzip

$$T + e\varphi = \frac{m}{2}(v)^2 + e\,\varphi = \text{const.} = H_0. \qquad \text{(III 9, 59)}$$

Da hieraus

$$\frac{dT}{dt} + e\frac{d\varphi}{dt} = 0 \qquad \text{(III 9, 60)}$$

folgt, schließen wir aus (III 9, 14), (III 9, 56) und (III 9, 60)

$$\Delta\,(T + e\varphi) = 0. \qquad \text{(III 9, 61)}$$

Bei der in (III 9, 57) verlangten asynchronen Variation ist somit die *Gesamtenergie des kontrollierten Ions* festzuhalten; daher haben wir längs aller miteinander konkurrierenden Bahnen den Betrag v der Geschwindigkeit nach der einheitlichen Vorschrift

$$v = \sqrt{\frac{2}{m}(H_0 - e\,\varphi)} \qquad \text{(III 9, 62)}$$

zu berechnen.

Wir führen das während der Epoche dt längs der wahren Bahn durchlaufene Bogenelement $d\sigma$ ein

$$v = \frac{d\sigma}{dt}, \qquad \text{(III 9, 63)}$$

so daß mit Hilfe des gleichenorts bestimmten Tangenten-Einheitsvektors 1_t der Geschwindigkeitsvektor durch

$$v = 1_t \cdot v \qquad \text{(III 9, 64)}$$

dargestellt wird. Demnach gilt

$$[2\,T + e\,(v\,V)]\,dt = [\sqrt{2\,m\,(H_0 - e\,\varphi)} + e\,(1_t\,V)]\,ds \qquad \text{(III 9, 65)}$$

und das Prinzip der kleinsten Wirkung nimmt die zeitfreie Gestalt

$$\Delta \int_{\sigma_1}^{\sigma_2} [\sqrt{2\,m\,(H_0 - e\,\varphi)} + e\,(1_t\,V)]\,d\sigma = 0 \qquad \text{(III 9, 66)}$$

an.

i) Auf die Bewegung von Elektronen spezialisierend, setzen wir

$$m = m_0; \qquad e = -q_0. \tag{III 9, 67}$$

Es sei nun v_0 die Geschwindigkeit des Elektrons am Anfangspunkt seiner Bahn, den wir seinerseits mit dem Nullpunkt des Potentiales φ identifizieren. Dann mißt

$$H_0 = \frac{m_0}{2} v_0{}^2 \equiv q_0 \varphi_0; \qquad \varphi_0 = \frac{m_0}{2 q_0} v_0{}^2 \tag{III 9, 68}$$

den bei der asynchronen Variation festzuhaltenden Energiewert, ausgedrückt durch die korrespondierende „Voltenergie“ φ_0. Durch Substitution von (III 9, 67), (III 9, 68) in (III 9, 66) und Kürzen des entstehenden Ausdruckes mit $\sqrt{2 m q_0}$ resultiert

$$\Delta \int_{\sigma_1}^{\sigma_2} \left[\sqrt{\varphi + \varphi_0} - \sqrt{\frac{q_0}{2 m_0}} (\mathfrak{l}_t V) \right] d\sigma = 0. \tag{III 9, 69}$$

Wir behandeln folgende Sonderfälle:

1. Wir beziehen uns auf *Kartesi*sche Koordinaten x, y, z und wählen als einheitlichen Parameter s aller miteinander konkurrierenden Bahnkurven zwischen den Fixpunkten P_1 und P_2 die z-Koordinate

$$s \equiv z. \tag{III 9, 70}$$

Mit den Abkürzungen

$$x' = \frac{dx}{dz}; \qquad y' = \frac{dy}{dz} \tag{III 9, 71}$$

folgt also

$$d\sigma = \sqrt{x'^2 + y'^2 + 1}\, dz \tag{III 9, 72}$$

und

$$(\mathfrak{l}_t V)\, d\sigma = (x' V_x + y' V_y + V_z)\, dz. \tag{III 9, 73}$$

Wir setzen

$$F(x, y, z; x', y') = \sqrt{(\varphi + \varphi_0)(x'^2 + y'^2 + 1)} - \sqrt{\frac{q_0}{2 m_0}} (x' V_x + y' V_y + V_z). \tag{III 9, 74}$$

Nun ist die asynchrone Variation durch

$$\Delta s \equiv \Delta z = 0 \tag{III 9, 75}$$

definiert. Daher reduziert sich (III 9, 69) auf

$$\Delta \int_{\sigma_1}^{\sigma_2} \frac{F}{\sqrt{x'^2 + y'^2 + 1}} d\sigma = \int_{z_1}^{z_2} \Delta F\, dz = \int_{z_1}^{z_2} \left[\frac{\partial F}{\partial x} \Delta x + \frac{\partial F}{\partial y} \Delta y + \frac{\partial F}{\partial x'} \Delta x' + \frac{\partial F}{\partial y'} \Delta y' \right] dz = 0. \tag{III 9, 76}$$

Mit Rücksicht auf (III 9, 15) und (III 9, 25) findet man mittels partieller Integration

$$\begin{aligned}\int_{z_1}^{z_2} \frac{\partial F}{\partial x'} \Delta x' \, dz &= \int_{z_1}^{z_2} \frac{\partial F}{\partial x'} \cdot \frac{d\Delta x}{dz} dz = -\int_{z_1}^{z_2} \frac{d}{dz}\left(\frac{\partial F}{\partial x'}\right) \Delta x \, dz, \\ \int_{z_1}^{z_2} \frac{\partial F}{\partial y'} \Delta y' \, dz &= \int_{z_1}^{z_2} \frac{\partial F}{\partial y'} \cdot \frac{d\Delta y}{dz} dz = -\int_{z_1}^{z_2} \frac{d}{dz}\left(\frac{\partial F}{\partial y'}\right) \Delta y \, dz\end{aligned} \qquad \text{(III 9, 77)}$$

und also durch Substitution dieser Gleichungen in (III 9, 76)

$$\int_{z_1}^{z_2} \left[\left\{\frac{\partial F}{\partial x} - \frac{d}{dz}\left(\frac{\partial F}{\partial x'}\right)\right\} \Delta x + \left\{\frac{\partial F}{\partial y} - \frac{d}{dz}\left(\frac{\partial F}{\partial y'}\right)\right\} \Delta y\right] dz = 0. \qquad \text{(III 9, 78)}$$

Da hierin die asynchronen Variationen Δ x und Δ y beliebig gewählt werden dürfen, folgen für die wahre Elektronenbahn die Differentialgleichungen

$$\frac{d}{dz}\left(\frac{\partial F}{\partial x'}\right) - \frac{\partial F}{\partial x} = 0; \qquad \frac{d}{dz}\left(\frac{\partial F}{\partial y'}\right) - \frac{\partial F}{\partial y} = 0. \qquad \text{(III 9, 79)}$$

2. Wir beziehen uns auf Zylinderkoordinaten r [Achsenabstand], α [Azimut] und z [Höhe] entsprechend (III 4, 11); die Abmachung (III 9, 70) wird beibehalten. Mit den Abkürzungen

$$r' = \frac{dr}{dz}; \qquad \alpha' = \frac{d\alpha}{dz} \qquad \text{(III 9, 80)}$$

wird

$$d\sigma = \sqrt{r'^2 + r^2 \alpha'^2 + 1} \, dz \qquad \text{(III 9, 81)}$$

und ferner, wenn wir der Bequemlichkeit halber die kovarianten Komponenten V_r, V_α, V_z des magnetischen Vektorpotentiales durch seine physikalischen Komponenten

$$V^r = V_r; \qquad V^\alpha = \frac{1}{r} V_\alpha; \qquad V^z = V_z \qquad \text{(III 9, 82)}$$

ersetzen,

$$(\mathfrak{t}_t V)\, d\sigma = (r' V_r + \alpha' V_\alpha + V_z)\, dz = (r' V^r + \alpha' r V^\alpha + V^z)\, dz. \qquad \text{(III 9, 83)}$$

Sei

$$\begin{aligned}F(r, \alpha, z; r', \alpha') = \sqrt{(\varphi + \varphi_0)(r'^2 + r^2 \alpha'^2 + 1)} - \\ - \sqrt{\frac{q_0}{2 m_0}} (r' V^r + \alpha' r V^\alpha + V^z),\end{aligned} \qquad \text{(III 9, 84)}$$

so führt also das Prinzip der kleinsten Wirkung auf das Variationsproblem

$$\int_{z_1}^{z_2} \Delta F(r, \alpha, z; r', \alpha')\, dz = 0. \qquad \text{(III 9, 85)}$$

Die hierin auftretende asynchrone Variation Δ F geht formal aus (III 9, 76) hervor, nachdem man dort x mit r und y mit α vertauscht hat. Daher erhält man die gesuchten Gleichungen der Elektronenbahn mittels der gleichen Substitution aus (III 9, 79) zu

$$\frac{d}{dz}\left(\frac{\partial F}{\partial r'} - \frac{\partial F}{\partial r}\right) = 0; \qquad \frac{d}{dz}\left(\frac{\partial F}{\partial \alpha'}\right) - \frac{\partial F}{\partial \alpha} = 0. \qquad \text{(III 9, 86)}$$

k) Als Beispiel behandeln wir die Bewegung eines Elektrons in einem elektrischen Homogenfeld, welches parallel der z-Achse des *Kartesi*schen Bezugssystemes x, y, z gerichtet sei. Identifizieren wir die Startebene $[\varphi = 0]$ mit der Ebene $z = 0$, so lautet also die Potentialfunktion

$$\varphi = E \cdot z, \tag{III 9, 87}$$

wobei die Alternative $E \gtrless 0$ einem $\begin{matrix}\text{beschleunigenden}\\ \text{bremsenden}\end{matrix}$ Felde vom Betrage $|E|$ korrespondiert. Etwa gleichzeitig wirksame, stationäre Magnetfelder seien gegen den Existenzbereich der Elektronenbewegung abgeschirmt, so daß dort ohne Beschränkung der Allgemeinheit

$$V = 0 \tag{III 9, 88}$$

gesetzt werden darf.

Die zu berechnende Elektronenbahn liegt in einer Ebene, welche wir mit der Ebene $y = 0$ zusammenfallen lassen. In ihr seien die Startbedingungen des Elektrons durch

$$x = 0; \qquad \operatorname{tg} \alpha = \frac{dx}{dz} \equiv x' \qquad \text{für} \qquad z = 0 \tag{III 9, 89}$$

vorgegeben.

In der Bahnebene lautet die durch (III 9, 74) definierte Funktion

$$F = \sqrt{(E\,z + \varphi_0)(x'^2 + 1)}. \tag{III 9, 90}$$

Da in ihr x nicht explizit auftritt, reduziert sich die Bewegungsgleichung auf

$$\frac{d}{dz}\left(\frac{\partial F}{\partial x'}\right) = \frac{d}{dz}\left[\sqrt{E\,z + \varphi_0}\,\frac{x'}{\sqrt{x'^2 + 1}}\right] = 0. \tag{III 9, 91}$$

Ihre Integration liefert mit Rücksicht auf (III 9, 89) zunächst

$$\sqrt{E\,z + \varphi_0}\,\frac{x'}{\sqrt{x'^2 + 1}} = \text{const.} = \sqrt{\varphi_0}\sin\alpha. \tag{III 9, 92}$$

Hieraus berechnet man

$$x' = \frac{\sin\alpha}{\sqrt{\cos^2\alpha + \frac{E \cdot z}{\varphi_0}}} \tag{III 9, 93}$$

so daß abermalige Integration, wiederum mit Beachtung von (III 9, 89), auf

$$x = 2\frac{\varphi_0}{E}\sin\alpha\left[\sqrt{\cos^2\alpha + \frac{E\,z}{\varphi_0}} - \cos\alpha\right] \tag{III 9, 94}$$

oder

$$z = x \operatorname{cotg}\alpha + \frac{1}{4}\frac{E}{\varphi_0} \cdot \frac{x^2}{\sin^2\alpha} \tag{III 9, 95}$$

führt: Die Bahnkurve ist eine Parabel. Im Falle $E > 0$ entfernt sich das kontrollierte Elektron mit zunehmendem x mehr und mehr von der Startebene, während es im Falle $E < 0$ nach Ausweis der Gl. (III 9, 93) an der Ebene

$$z_{gr} = \frac{\varphi_0}{-E}\cos^2\alpha \tag{III 9, 96}$$

reflektiert wird; für $E = 0$ entartet die Parabel in eine Gerade.

III 10. Die Wirkungsfunktion.

a) Im stationären Felde des elektrischen Skalarpotentiales φ und des magnetischen Vektorpotentiales V orientieren wir uns mittels der allgemeinen Koordinaten q^i $[i = 1, 2, 3]$ und der Zeit t. In diesem Bezugssystem verfolgen wir die wahre Bahn eines im Sinne der Mechanik punktförmigen Ions [Masse m, Ladung e] zwischen den Fixpunkten P_1 und $P_2 \neq P$, welche in den Zeitpunkten t_1 und $t_2 > t_1$ durchlaufen werden mögen; neben der wahren Bahn konstruieren wir durch P_1 und P_2 eine Schar von Nachbarbahnen, deren kontravariante Koordinaten q^{*i} aus den q^i durch den Prozeß der asynchronen Variation hervorgehen.

Wir wählen auf der wahren Bahn die der Kontrollepoche angehörigen Zeitpunkte t_1' und t_2' nach der Vorschrift

$$t_1 \leqq t_1' < t_2' \leqq t_2, \qquad \text{(III 10, 1)}$$

welchen die Parameterwerte s_1'; s_2' und die kanonischen Koordinaten

$$\left.\begin{array}{llll} p'_{i_1}; & q_1^{i'} & \text{für} & t = t_1' \\ p'_{i_2}; & q_2^{i'} & \text{für} & t = t_2' \end{array}\right\} \qquad \text{(III 10, 2)}$$

korrespondieren mögen.

Wir bilden längs der wahren Bahn das Wirkungsintegral

$$S = \int_{t_1'}^{t_2'} p_i \dot{q}^i \, dt \qquad \text{(III 10, 3)}$$

Vermöge (III 7, 30) und (III 9, 65) bringen wir es in die Gestalt

$$S = \int_{\sigma_1}^{\sigma_2} [\sqrt{2\,m\,(H_0 - e\varphi)} + e\,(\mathit{1}_t\, V)]\, d\sigma, \qquad \text{(III 10, 4)}$$

so daß S in eine Funktion der sechs Konfigurationskoordinaten $q_1^{i'}$; $q_2^{i'}$ und der Gesamtenergie der Bewegung übergeht:

$$S = S(q_1^{i'};\, q_2^{i'};\, H_0). \qquad \text{(III 10, 5)}$$

Sie definiert die *Wirkungsfunktion*.

b) Welches ist die asynchrone Variation der Wirkungsfunktion?

Wir rufen die *Hamilton*sche Funktion zu Hilfe

$$H(p_i, q^i) = p_i \dot{q}^i - L \qquad \text{(III 10, 6)}$$

und finden, zu (III 10, 3) zurückkehrend

$$\varDelta S = \varDelta \int_{t_1'}^{t_2'} (H_0 + L)\, dt. \qquad \text{(III 10, 7)}$$

Nun ersetzen wir vorerst die *Lagrange*sche Übergangsbedingung (III 9, 56) in der Gestalt (III 9, 61) durch folgende, allgemeinere Forderung: Längs der Bahn der asynchronen Variation vom „Namen" $\varepsilon \neq 0$ soll die Gesamtenergie zwar konstant sein, doch möge sich ihr Wert

$$H_0^* = H_0^*(\varepsilon) \qquad \text{(III 10, 8)}$$

von der gleichfalls konstanten Energie H_0 der Ionenbewegung längs der wahren Bahn um $\varDelta H_0$ unterscheiden. Da auf Grund dieser Festsetzungen

$$\frac{dH_0}{dt} = 0 \qquad \text{(III 10, 9)}$$

gilt, definiert auch

$$\varDelta H_0 = \delta H_0 = \lim_{\varepsilon \to 0} \frac{\partial H_0^*}{\partial \varepsilon} \delta \varepsilon \qquad \text{(III 10, 10)}$$

eine längs der variierten Bahn konstante Größe. Demnach findet man aus (III 10, 7)

$$\varDelta S = \varDelta H_0 (t_2' - t_1') + \int_{t_1'}^{t_2'} \varDelta L \, dt + \int_{t_1'}^{t_2'} (H_0 + L) \varDelta \, dt. \qquad \text{(III 10, 11)}$$

Hierin ist nach (III 9, 14)

$$\int_{t_1'}^{t_2'} \varDelta L \, dt = \int_{t_1'}^{t_2'} \frac{dL}{dt} \varDelta t \, dt + \int_{t_1'}^{t_2'} \delta L \, dt. \qquad \text{(III 10, 12)}$$

Der zweite Posten der rechten Seite liefert, unter Berufung auf die längs der wahren Bahn bestehenden *Lagrange*schen Bewegungsgleichungen im Verein mit der Definition der kovarianten Impulskomponenten

$$\int_{t_1'}^{t_2'} \delta L \, dt = \int_{t_1'}^{t_2'} \left[\frac{\partial L}{\partial q^i} \delta q^i + \frac{\partial L}{\partial \dot{q}^i} \delta \dot{q}^i \right] dt = \int_{t_1'}^{t_2'} \left[\frac{\partial L}{\partial q^i} - \frac{d}{dt} \left(\frac{\partial L}{\partial \dot{q}^i} \right) \right] \delta q^i \, dt +$$

$$+ \frac{\partial L}{\partial \dot{q}^i} \delta q^i \Big|_{t_1'}^{t_2'} = p_i \, \delta q^i \Big|_{t_1'}^{t_2'} = p_i (\varDelta q^i - \dot{q}^i \varDelta t) \Big|_{t_1'}^{t_2'}. \qquad \text{(III 10, 13)}$$

Mit Rücksicht auf (III 9, 25) berechnet man weiter

$$\int_{t_1'}^{t_2'} (H_0 + L) \varDelta \, dt = \int_{t_1'}^{t_2'} (H_0 + L) \, d\varDelta \, t = (H_0 + L) \varDelta \, t \Big|_{t_1'}^{t_2'} - \int_{t_1'}^{t_2'} \frac{dL}{dt} \varDelta \, t \, dt. \qquad \text{(III 10, 14)}$$

Durch Substitution von (III 10, 12), (III 10, 13) und (III 10, 14) in (III 10, 11) erhalten wir also unter Beachtung von (III 10, 6)

$$\varDelta S = \varDelta H_0 (t_2' - t_1') + p_{i2}' \varDelta q_2^{i'} - p_{i1}' \varDelta q_1^{i'}. \qquad \text{(III 10, 15)}$$

Auf Grund der Definition (III 10, 5) der Wirkungsfunktion entnimmt man aus (III 10, 15) die Relationen

$$t_2' - t_1' = \frac{\partial S}{\partial H_0} \qquad \text{(III 10, 16)}$$

und

$$p_{i_1}' = - \frac{\partial S}{\partial q_1^{i'}}; \qquad p_{i_2}' = \frac{\partial S}{\partial q_2^{i'}}. \qquad \text{(III 10, 17)}$$

Zum Ergebnis (III 10, 17) gelangt man auch leicht unmittelbar aus (III 10, 3), nachdem man dort $\dot{q}^i \, dt$ durch dq^i ersetzt und dementsprechend die zeitlichen Grenzen der zu berechnenden Integrale durch die je zugehörigen allgemeinen Koordinaten ausdrückt.

c) Durch den Prozeß

$$t_1' \to t_1; \qquad t_2' \to t_2, \qquad \text{(III 10, 18)}$$

im Verein mit der Bedingung

$$\varDelta H_0 \to 0 \qquad \text{(III 10, 19)}$$

kehren wir von der Aussage (III 10, 15) zum Prinzip der kleinsten Wirkung

$$\Delta S = 0 \qquad \text{(III 10, 20)}$$

zurück; der hiermit gefundene Beweis dieses Satzes ist, allerdings auf Kosten der physikalischen Anschaulichkeit, wesentlich kürzer als seine in Ziffer III 9 gebotene Herleitung.

III 11. Strahlenmechanik.

a) Es sei

$$H = H(q^i, p_j, t); \qquad i, j = 1, 2, 3 \qquad \text{(III 11, 1)}$$

die *Hamilton*sche Funktion eines Ions der Masse m und der Ladung e im elektromagnetischen Felde. Die kanonischen Bewegungsgleichungen dieses Körpers lauten

$$\frac{dp_i}{dt} = -\frac{\partial H}{\partial q^i} \qquad \text{(III 11, 2)}$$

und

$$\frac{dq^i}{dt} = \frac{\partial H}{\partial p_i}. \qquad \text{(III 11, 3)}$$

Als *verborgene Koordinate* q^l bezeichnen wir eine solche, welche in H nicht explizit auftritt. Für den zugeordneten Impuls p_l folgt aus (III 11, 2) das Integral

$$\frac{dp_l}{dt} = 0; \qquad p_l = c_l = \text{const.}, \qquad \text{(III 11, 4)}$$

welches man als Verallgemeinerung des *Flächensatzes der Zentralbewegung* bezeichnen kann.

b) Falls sämtliche Koordinaten im Sinne der obigen Definition verborgen sind, gilt (III 11, 4) für alle l. Daher gewinnt man nunmehr

$$\frac{dq^i}{dt} = \frac{\partial H}{\partial p_i} = \omega^i = \text{const.}; \qquad i = 1, 2, 3, \qquad \text{(III 11, 5)}$$

so daß bei passender Wahl des Anfangspunktes ihrer Zählung die allgemeinen Koordinaten als lineare Funktionen der Zeit resultieren

$$q^i = \omega^i t \qquad \text{(III 11, 6)}$$

c) Um das zu (III 11, 4) und (III 11, 6) führende, zunächst auf ausnahmslos verborgene Koordinaten zugeschnittene Integrationsverfahren der *Hamilton*schen Bewegungsgleichungen der allgemeinen Anwendung zu erschließen, haben wir folgende Frage zu behandeln:

Gegeben eine *Hamilton*sche Funktion H, welche explizit von den kanonischen Koordinaten q^i und p_i sowie von der Zeit t abhängt; kann man solche neuen Koordinaten $\overline{q}^i$ und $\overline{p}_i$ samt der Zeit $\overline{t}$ finden, daß die durch deren Substitution aus H hervorgehende Funktion $\overline{H}$ von den $\overline{q}^i$ unabhängig wird?

Wir vereinfachen die Untersuchung durch die Festsetzung einer einheitlichen Zeit

$$t = \overline{t}. \qquad \text{(III 11, 7)}$$

Auf Grund des *Hamilton*schen Prinzipes der [synchronen] Variation garantieren wir die gleichzeitige Existenz der kanonischen Bewegungsgleichungen in den verglichenen Bezugssystemen mittels der Bedingung

$$\int_{t_1}^{t_2} \delta[p_i \dot{q}^i - H]\, dt = \int_{t_1}^{t_2} \delta[\overline{p}_i \dot{\overline{q}}^i - \overline{H}]\, dt. \qquad \text{(III 11, 8)}$$

Wir rufen jetzt eine beliebige, skalare Funktion G der Koordinaten q^i und $\overline{q}^i$ sowie der Zeit zu Hilfe und erfüllen (III 11, 8), da definitionsgemäß alle synchronen Variationen sowohl der alten wie der neuen kanonischen Koordinaten zu Beginn und am Ende der Kontrollepoche $t_1 \leqq t \leqq t_2$ verschwinden, durch

$$p_i \dot{q}^i - H = \overline{p}_i \dot{\overline{q}}^i - \overline{H} + \frac{dG}{dt} = \overline{p}_i \dot{\overline{q}} - \overline{H} + \frac{\partial G}{\partial t} + \frac{\partial G}{\partial q^i} \dot{q}^i + \frac{\partial G}{\partial \overline{q}^i} \dot{\overline{q}}^i \qquad \text{(III 11, 9)}$$

oder

$$p_i = \frac{\partial G}{\partial q^i}; \qquad \overline{p}_i = -\frac{\partial G}{\partial \overline{q}^i}; \qquad \overline{H} = H + \frac{\partial G}{\partial t}. \qquad \text{(III 11, 10)}$$

Statt die skalare Hilfsfunktion, wie es bisher geschah, als abhängig von den alten und den neuen Lagekoordinaten einzuführen, ist es für die beabsichtigte Transformation zweckmäßiger, sie als Funktion der alten Lagekoordinaten q^i und der neuen Impulskoordinaten $\overline{p}_i$ zu definieren. Um dies zu ermöglichen, haben wir jene Hilfsfunktion in der erweiterten Form

$$G^* = G(q^i, \overline{p}_i, t) - \overline{p}_i \overline{q}^i \qquad \text{(III 11, 11)}$$

anzusetzen; denn dann wird (III 11, 8) durch

$$p_i \dot{q}^i - H = \overline{p}_i \dot{\overline{q}}^i - \overline{H} + \frac{dG^*}{dt} = -\overline{H} + \frac{\partial G}{\partial t} + \frac{\partial G}{\partial q^i} \dot{q}^i + \frac{\partial G}{\partial \overline{p}_i} \dot{\overline{p}}_i - \dot{\overline{p}}_i \overline{q}^i \qquad \text{(III 11, 12)}$$

befriedigt, und hieraus schließt man auf

$$p_i = \frac{\partial G}{\partial q^i}; \qquad \overline{q}^i = \frac{\partial G}{\partial \overline{p}_i}; \qquad \overline{H} = H + \frac{\partial G}{\partial t}. \qquad \text{(III 11, 13)}$$

Wir spezialisieren jetzt auf zeitunabhängige Felder und zeitunabhängige Transformationen. Daher wird

$$\frac{\partial G}{\partial t} = 0. \qquad \text{(III 11, 14)}$$

Diejenige besondere Transformationsfunktion $G(q^i, \overline{p}_i)$, welche die *Hamilton*sche Funktion $\overline{H}$ zu einer solchen allein der Impulskomponenten $\overline{p}_i$ macht, in welcher also, mit anderen Worten, sämtliche Lagekoordinaten $\overline{q}^i$ verborgene Koordinaten sind, bezeichnen wir fortan durch das Symbol S; für die Impulskomponenten, welche nach vollzogener Transformation je einer Konstanten gleichen, schreiben wir in Anlehnung an (III 11, 4)

$$\overline{p}_i = \overline{c}_i. \qquad \text{(III 11, 15)}$$

Zufolge (III 11, 14) und (III 14, 15) drückt sich das Ergebnis der gesamten Operation in der Gleichung

$$H(q^i, p_i) = \overline{H}(\overline{c}_i) \qquad \text{(III 11, 16)}$$

aus, welche allerdings zunächst nur eine Art von Wunschprogramm definiert; denn jene Funktion S, welche die beabsichtigte Transformation tatsächlich bewirkt, ist uns ja noch unbekannt. Um diese Schwierigkeit zu überwinden, ziehen wir nunmehr die erste der Formeln (III 11, 13) heran, in welcher wir laut Verabredung das Zeichen G mit S vertauschen, und gelangen durch deren Substitution in (III 11, 16) zu der *Hamilton-Jacobi*schen *partiellen Differentialgleichung* für die Funktion S

$$H\left(q^i, \frac{\partial S}{\partial q^i}\right) = \overline{H}\,(\overline{c}_i). \qquad \text{(III 11, 17)}$$

d) Wir betrachten die Gesamtenergie $H_0 = \overline{H}\,(\overline{c}_i)$ als vorgegeben; in dem allgemeinen Integral der Gl. (III 11, 17) sind dann nur noch zwei der Integrationskonstanten $\overline{c}_i$ willkürlich wählbar.

Welches ist die physikalische Bedeutung von S?

Wir bilden aus (III 11, 13), nachdem dort G mit S vertauscht wurde

$$p_i = \frac{\partial S}{\partial q^i} \qquad \text{(III 11, 18)}$$

und erhalten für eine jede, durch H_0 im Verein mit zwei der $\overline{c}_i$ bestimmte, wahre Bahn

$$dS = \frac{\partial S}{\partial q^i}\,dq^i = p_i\,dq^i = p_i\,\dot{q}^i\,dt. \qquad \text{(III 11, 19)}$$

Setzen wir nach Wahl eines passenden Kontrollzeitpunktes t_1'

$$S = 0 \qquad \text{für} \qquad t = t_1', \qquad \text{(III 11, 20)}$$

so folgt also aus (III 11, 19) für $t_2' > t_1'$ durch Integration längs jener Bahn

$$S = \int\limits_{t_1'}^{t_2'} p_i\,\dot{q}^i\,dt. \qquad \text{(III 11, 21)}$$

Der Vergleich dieser Aussage mit der Definition (III 11, 3) zeigt also, daß S die *Wirkungsfunktion* darstellt; dieses Ergebnis haben wir durch die Wahl der Bezeichnungen schon im voraus angedeutet.

Nach Gl. (III 11, 19) steht der Impulsvektor $\mathfrak{p}$ senkrecht auf den Flächen S = const. Wir zeigen später die tiefreichende innere Verwandtschaft zwischen diesem kinematischen Verhalten des Impulses und den geometrischen Eigenschaften der Lichtstrahlen in optisch inhomogenen Medien; sie rechtfertigt die Kennzeichnung der *Hamilton-Jacobi*schen Integrationsmethode der Bewegungsgleichungen eines materiellen Massenpunktes als *Strahlenmechanik.*

e) Wir erläutern die Anwendung der Wirkungsfunktion auf die Probleme der Ionendynamik am Beispiel eines Elektrons [Masse $m = m_0$, Ladung $e = -q_0$] im rein elektrostatischen Felde des Skalarpotentiales φ. Indem wir uns auf ein *Kartesi*sches Koordinatensystem x, y, z beziehen, lautet die *Hamilton*sche Funktion

$$H = \frac{1}{2\,m_0}\,(p_x^2 + p_y^2 + p_z^2) - q_0\,\varphi\,(x, y, z). \qquad \text{(III 11, 22)}$$

Demnach unterliegt die Wirkungsfunktion S der partiellen Differentialgleichung

$$\frac{1}{2\,m_0}\left[\left(\frac{\partial S}{\partial x}\right)^2 + \left(\frac{\partial S}{\partial y}\right)^2 + \left(\frac{\partial S}{\partial z}\right)^2\right] - q_0\,\varphi\,(x, y, z) = H_0. \qquad \text{(III 11, 23)}$$

Wir spezialisieren auf die Passage eines Elektrons durch einen parallelebenen Plattenkondensor, dessen Elektroden der Elektronenbewegung keinen Widerstand entgegensetzen. Identifizieren wir die Eintrittselektrode mit der Ebene $x = 0$ unseres Bezugssystemes, die Austrittselektrode mit der Ebene $x = d$ und bezeichnen deren Potential gegen die Eintrittselektrode mit U, so gilt

$$\varphi = \frac{x}{d} \cdot U; \qquad 0 \leqq x \leqq d \qquad \text{(III 11, 24)}$$

und (III 11, 23) nimmt die explizite Form

$$\left(\frac{\partial S}{\partial x}\right)^2 + \left(\frac{\partial S}{\partial y}\right)^2 + \left(\frac{\partial S}{\partial z}\right)^2 = 2\, m_0 \left[H_0 + q_0 \frac{x}{d} U\right] \qquad \text{(III 11, 25)}$$

an.

Der Kürze halber beschränken wir uns auf Bahnen in den Ebenen $z = \text{const.}$, für welche sich (III 11, 25) auf

$$\left(\frac{\partial S}{\partial x}\right)^2 + \left(\frac{\partial S}{\partial y}\right)^2 = 2\, m_0 \left[H_0 + q_0 \frac{x}{d} U\right] \qquad \text{(III 11, 26)}$$

reduziert. Mittels Einführung einer zunächst noch unbekannten Konstanten a^2 läßt sich diese Gleichung in zwei je nur von einer der Koordinaten abhängige Gleichungen separieren:

$$\left(\frac{\partial S}{\partial x}\right)^2 = 2\, m_0 \left[H_0 + q_0 \frac{x}{d} U\right] - a^2; \qquad \left(\frac{\partial S}{\partial y}\right)^2 = a^2. \qquad \text{(III 11, 27)}$$

Hieraus folgt durch Integration

$$S = \frac{2}{3} \frac{d}{2\, m_0\, q_0\, U} \left[2\, m_0 \left(H_0 + q_0 \frac{x}{d} U\right) - a^2\right]^{3/2} + a\, y + \text{const.} \qquad \text{(III 11, 28)}$$

Da uns die Wahl des Zeitursprunges freisteht, setzen wir

$$t_1' = 0; \qquad t_2' = t, \qquad \text{(III 11, 29)}$$

so daß definitionsgemäß die Wirkungsfunktion für $t = 0$ verschwindet. Bezeichnen wir die Lagekoordinaten des einfallenden Elektrons zunächst allgemein durch

$$x = x_0; \qquad y = y_0 \qquad \text{für} \qquad t = 0, \qquad \text{(III 11, 30)}$$

so liefert (III 11, 28) die Gleichung

$$0 = \frac{2}{3} \frac{d}{2\, m_0\, q_0\, U} \left[2\, m_0 \left(H_0 + q_0 \frac{x_0}{d} U\right) - a^2\right]^{3/2} + a\, y_0 + \text{const.}, \qquad \text{(III 11, 31)}$$

also

$$S = \frac{2}{3} \frac{d}{2\, m_0\, q_0\, U} \left\{\left[2\, m_0 \left(H_0 + q_0 \frac{x}{d} U\right) - a^2\right]^{3/2} - \left[2\, m_0 \left(H_0 + q_0 \frac{x_0}{d} U\right) - a^2\right]^{3/2}\right\} + a\,(y - y_0). \qquad \text{(III 11, 32)}$$

Man berechnet hieraus mittels der Vorschrift (III 10, 16) den Zeitablauf der Bewegung für $x_0 \to 0$

$$t = \left(\frac{\partial S}{\partial H_0}\right)_{x_0 \to 0} = \frac{d}{q_0\, U} \left[\sqrt{2\, m_0 \left(H_0 + q_0 \frac{x}{d} U\right) - a^2} - \sqrt{2\, m_0\, H_0 - a^2}\right] \qquad \text{(III 11, 33)}$$

oder, indem man diese Gleichung nach x auflöst

$$x = \frac{\sqrt{2\, m_0\, H_0 - a^2}}{m_0} \cdot t + \frac{1}{2} \frac{q_0}{m_0} \frac{U}{d} \cdot t^2. \qquad \text{(III 11, 34)}$$

Die Impulskomponenten am Einfallsorte ergeben sich gemäß (III 10, 17) zu

$$\left.\begin{aligned} p_{x_1}' \equiv p_{x_0} &= -\left(\frac{\partial S}{\partial x_0}\right)_{x\to 0} = \sqrt{2 m_0 H_0 - a^2} \\ p_{y_1}' \equiv p_{y_0} &= -\left(\frac{\partial S}{\partial y_0}\right)_{x_0\to 0} = a \end{aligned}\right\} \quad \text{(III 11, 35)}$$

Um den Zustand des Elektrons beim Verlassen des Kondensators kennenzulernen, bilden wir zunächst für einen beliebigen Kontrollpunkt

$$\left.\begin{aligned} p_x &= \frac{\partial S}{\partial x} = \sqrt{2 m_0 \left(H_0 + q_0 \frac{x}{d} U\right) - a^2}, \\ p_y &= \frac{\partial S}{\partial y} = a, \end{aligned}\right\} \quad \text{(III 11, 36)}$$

so daß wir insbesondere für x = d

$$\begin{aligned} p_{x(x=d)} &= \sqrt{2 m_0 (H_0 + q_0 U) - a^2}, \\ p_{y(x=d)} &= a \end{aligned} \quad \text{(III 11, 37)}$$

finden. Aus (III 11, 35) und (III 11, 37) schließt man auf den Einfallswinkel α des Elektrons in die Elektrode $x = 0$ und seinen Austrittswinkel β aus der Elektrode $x = d$:

$$\left.\begin{aligned} \sin\alpha &= \frac{p_{y_0}}{\sqrt{p_{x_0}^2 + p_y^2}} = \frac{a}{\sqrt{2 m_0 H_0}}, \\ \sin\beta &= \frac{p_{y(x=d)}}{\sqrt{p^2_{x(x=d)} + p^2_{y(x=d)}}} = \frac{a}{\sqrt{2 m_0 (H_0 + q_0 U)}}. \end{aligned}\right\} \quad \text{(III 11, 38)}$$

Durch Vergleich beider Winkel kommt man auf das Brechungsgesetz zurück

$$\frac{\sin\alpha}{\sin\beta} = \sqrt{\frac{H_0 + q_0 U}{H_0}} = \sqrt{1 + \frac{q_0 U}{H_0}}, \quad \text{(III 11, 39)}$$

welches wir früher [Ziffer I 2, e] auf elementarem Wege bewiesen haben.

III 12. Strahlenoptik.

a) Wir vergleichen die Mechanik der Korpuskularstrahlen mit der Dynamik der elektromagnetischen Energiestrahlung. Um die Gedanken festzulegen, stelle man sich als Strahlungsquelle einen *Hertz*schen Oszillator vor, dessen Feld in einem passend gewählten Bezugssysteme durch den *Hertz*schen Vektor Z beschrieben werde. Sei n der phänomenologische Brechungsindex des durchstrahlten, isotropen und homogenen Mediums, so genügt in einem *Kartesi*schen System x, y, z jede Komponente Z_j [j = x, y, z] des *Hertz*schen Vektors der Wellengleichung

$$\frac{\partial^2 Z_j}{\partial x^2} + \frac{\partial^2 Z_j}{\partial y^2} + \frac{\partial^2 Z_j}{\partial z^2} = \frac{n^2}{c^2} \cdot \frac{\partial^2 Z_j}{\partial t^2}; \qquad c = \frac{1}{\sqrt{\Pi \Delta}} \quad \text{(III 12, 1)}$$

b) Wir fragen nun nach der Wellenausbreitung in einem zwar isotropen, aber inhomogenen Medium, in welchem der Brechungsindex als Funktion des Ortes vorgegeben ist

$$n = n\,(x, y, z). \quad \text{(III 12, 2)}$$

In diesem Falle ist die Gleichung (III 12, 1) nicht mehr streng gültig; vielmehr tritt bei der Analyse der entsprechend verallgemeinerten Feldgleichungen ein Zusatzglied auf, welches den Gradienten von n enthält. Um uns von den hiervon herrührenden Komplikationen zu befreien, beschränken wir uns auf zeitlich harmonisch pulsierende Schwingungen von so kurzer Vakuumwellenlänge λ_0, daß das Medium innerhalb des Gebietes einer Wellenlänge λ als merklich homogen gelten darf. Wir verschärfen diese approximative Überlegung zu einer strengen Theorie, indem wir die Kreisfrequenz ω der monochromatischen Schwingungen über alles Maß anwachsen lassen; der resultierende Grenzfall definiert die *Strahlenoptik.*

c) Im Existenzgebiet der Strahlenoptik gelte für Z_j die Darstellung

$$Z_j = \mathrm{Re}\,(\overline{Z}_j\, e^{-i\omega t}); \qquad i = \sqrt{-1} \qquad \text{(III 12, 3)}$$

Die komplexe Amplitude $\overline{Z}_j$ hängt nur von den Konfigurationskoordinaten ab; für sie folgt daher durch Substitution von (III 12, 3) in (III 12, 1) die zeitfreie partielle Differentialgleichung

$$\frac{\partial^2 \overline{Z}_j}{\partial x^2} + \frac{\partial^2 \overline{Z}_j}{\partial y^2} + \frac{\partial^2 \overline{Z}_j}{\partial z^2} + \frac{\omega^2 n^2}{c^2}\overline{Z}_j = 0. \qquad \text{(III 12, 4)}$$

Wir setzen ihre Lösung in Gestalt einer fortschreitenden Welle an

$$\overline{Z}_j = A_j\, e^{i\frac{\omega}{c}\Sigma_j} \qquad \text{(III 12, 5)}$$

Nach passender Wahl des Zeitursprunges dürfen wir sowohl $A_j = A_j$ (x, y, z) wie $\Sigma_j = \Sigma_j$ (x, y, z) als reell voraussetzen. Die Funktion A_j schildert also an jedem Kontrollpunkte die *Intensität* der Welle; die Funktion Σ_j dagegen bestimmt die im Kontrollpunkte herrschende *Wellenphase.* Wir definieren Σ_j als das *Eikonal*; die Flächen je konstanten Eikonals liefern die Schar der *Wellenflächen.*

d) Der Kürze halber unterdrücken wir weiterhin den auf die jeweilige Achsenrichtung der *Hertz*schen Vektorkomponenten hinweisenden Index j. Bei der Ausführung der in (III 12, 4) verlangten Differentiation erhalten wir dann beispielsweise mit Bezug auf die x-Koordinate

$$\frac{\partial \overline{Z}}{\partial x} = \frac{\partial A}{\partial x} e^{i\frac{\omega}{c}\Sigma} + A\, i \frac{\omega}{c}\frac{\partial \Sigma}{\partial x} e^{i\frac{\omega}{c}\Sigma} = \left(\frac{\partial \ln A}{\partial x} + i\frac{\omega}{c}\frac{\partial \Sigma}{\partial x}\right)\overline{Z} \qquad \text{(III 12, 6)}$$

und nach nochmaliger Differentiation

$$\begin{aligned}\frac{\partial^2 \overline{Z}}{\partial x^2} &= \frac{\partial^2 A}{\partial x^2} e^{i\frac{\omega}{c}\Sigma} + 2\frac{\partial A}{\partial x} i \frac{\omega}{c} e^{i\frac{\omega}{c}\Sigma} + \\ &+ A\, i \frac{\omega}{c}\frac{\partial^2 \Sigma}{\partial x^2} e^{i\frac{\omega}{c}\Sigma} + A\cdot\left(i\frac{\omega}{c}\right)^2\cdot\left(\frac{\partial \Sigma}{\partial x}\right)^2 e^{i\frac{\omega}{c}\Sigma} = \qquad \text{(III 12, 7)} \\ &= \left[\frac{1}{A}\frac{\partial^2 A}{\partial x^2} + 2\frac{\partial \ln A}{\partial x} i \frac{\omega}{c}\frac{\partial \Sigma}{\partial x} + i\frac{\omega}{c}\frac{\partial^2 \Sigma}{\partial x^2} + \left(i\frac{\omega}{c}\right)^2\left(\frac{\partial \Sigma}{\partial x}\right)^2\right]\overline{Z}.\end{aligned}$$

Gehen wir nun zu sehr hohen Kreisfrequenzen ω über, so wird der erste Posten der als Faktor von $\overline{Z}$ auftretenden Summe sehr klein gegen alle folgenden, so daß man ihn vernachlässigen darf. In der hierdurch angezeigten Genauigkeit folgt durch Substitution von (III 12, 7) in (III 12, 5)

$$\begin{aligned}&i\frac{\omega}{c}\left[\frac{\partial \ln A^2}{\partial x}\cdot\frac{\partial \Sigma}{\partial x} + \frac{\partial \ln A^2}{\partial y}\cdot\frac{\partial \Sigma}{\partial y} + \frac{\partial \ln A^2}{\partial z}\cdot\frac{\partial \Sigma}{\partial z} + \nabla^2 \Sigma\right]\overline{Z} - \\ &-\left(\frac{\omega}{c}\right)^2\left[\left(\frac{\partial \Sigma}{\partial x}\right)^2 + \left(\frac{\partial \Sigma}{\partial y}\right)^2 + \left(\frac{\partial \Sigma}{\partial z}\right)^2\right]\overline{Z} = -\frac{\omega^2 n^2}{c^2}\overline{Z} \qquad \text{(III 12, 8)}\end{aligned}$$

Durch Trennung des Reellen vom Imaginären gewinnt man aus (III 12, 8) als Grundgleichungen der Strahlenoptik

$$(\operatorname{grad} A^2 \cdot \operatorname{grad} \Sigma) + \operatorname{div} \operatorname{grad} \Sigma = 0 \qquad \text{(III 12, 9)}$$

und

$$\left(\frac{\partial \Sigma}{\partial x}\right)^2 + \left(\frac{\partial \Sigma}{\partial y}\right)^2 + \left(\frac{\partial \Sigma}{\partial z}\right)^2 = n^2. \qquad \text{(III 12, 10)}$$

Wir führen den Einheitsvektor 1_Σ in Richtung des Strahles ein

$$1_\Sigma = \frac{\operatorname{grad} \Sigma}{|\operatorname{grad} \Sigma|} = \frac{\operatorname{grad} \Sigma}{n} \qquad \text{(III 12, 11)}$$

welcher also überall senkrecht auf den Wellenflächen steht. Mit (III 12, 11) nimmt (III 12, 9) die Gestalt an

$$(\operatorname{grad} A^2 \cdot 1_\Sigma) = -\frac{\operatorname{div} (1_\Sigma n)}{n}. \qquad \text{(III 12, 12)}$$

Von dem Einfluß des langsam veränderlichen Brechungsindex n abgesehen, nimmt somit die Intensität der Welle in Strahlrichtung nach Maßgabe der Divergenz des Einheitsvektors 1_Σ ab.

e) Der räumliche Verlauf eines Elektronenstrahles, welcher ein elektrostatisches Feld vom Skalarpotentiale $\varphi = \varphi(x, y, z)$ durcheilt, wird durch die Wirkungsfunktion S beschrieben, welche der *Hamilton-Jacobi*schen Differentialgleichung (III 11, 23) genügt

$$\left(\frac{\partial S}{\partial x}\right)^2 + \left(\frac{\partial S}{\partial y}\right)^2 + \left(\frac{\partial S}{\partial z}\right)^2 = 2\, m_0 (H_0 + q_0 \varphi). \qquad \text{(III 12, 13)}$$

Nach (III 12, 10) lassen sich also die Bewegungsgesetze des Elektrons in die Sprache der strahlenoptischen Wellenausbreitung übersetzen, falls man nach Wahl einer vorerst willkürlichen Konstanten γ das „*Eikonal der Elektronenoptik*" Σ durch

$$S = \gamma \Sigma \qquad \text{(III 12, 14)}$$

definiert und gleichzeitig dem Medium der Elektronen-Wellenausbreitung den Brechungsindex n gemäß der Vorschrift

$$n^2 = \frac{2\, m_0 (H_0 + q_0 \varphi)}{\gamma^2} \qquad \text{(III 12, 15)}$$

zuordnet. Im Lichte der Dimensionsgleichung

$$\frac{\text{Wirkungsfunktion}}{\text{Eikonal}} = \frac{\text{Energie} \times \text{Zeit}}{\text{Länge}} = \frac{\text{Energie}}{\text{Geschwindigkeit}} \qquad \text{(III 12, 16)}$$

verschärfen wir die mathematisch-formale Analogie zwischen S und Σ zu einer universellen physikalischen Gleichheit, indem wir γ mit der Ruhenergie $m_0 c^2$ des Elektrons einerseits, dem Betrage c der Lichtgeschwindigkeit im leeren Raume andererseits durch

$$\gamma = \frac{m_0 c^2}{c} = m_0 c \qquad \text{(III 12, 17)}$$

verknüpfen. Mit dieser Festsetzung geht (III 12, 13) in (III 12, 10) über, wobei nunmehr der elektronenoptische Brechungsindex durch

$$n^2 = \frac{2\, [H_0 + q_0 \varphi]}{m_0 c^2} \qquad \text{(III 12, 18)}$$

gegeben ist. Diese Gleichung ist inhaltlich mit Gl. (I 2, 19) identisch, die früher auf elementarem Wege mittels Analyse der Elektronenbahnen im parallelebenen Plattenkondensator gefunden wurde; doch ist der hier gegebene Beweis insofern wesentlich allgemeiner, als er keinerlei Voraussetzungen über die Struktur des brechenden Feldes enthält.

f) Die Definitionsgleichung (III 12, 18) des elektronenoptischen Brechungsexponenten beschränkt sich, ihrer Herleitung nach, auf elektrostatische Felder. Wollte man ein etwa gleichzeitig wirksames stationäres Magnetfeld berücksichtigen, so hätte man aus der *Hamilton*schen Funktion (III 10, 6) mittels der Substitution

$$p_i = \frac{\partial S}{\partial q^i} \qquad \text{(III 12, 19)}$$

die Differentialgleichung der Wirkungsfunktion zu bilden. Wir ziehen jedoch einen anderen Weg vor, der uns schneller zum Ziele führt:

Als Ausgang dient das Prinzip der kleinsten Wirkung in der Form (III 9, 69)

$$\Delta \int_{\sigma_1}^{\sigma_2} \left[\sqrt{\varphi + \varphi_0} - \sqrt{\frac{m_0}{2\,q_0}}\,(V\,\mathit{1}_t)\right] d\sigma = 0. \qquad \text{(III 12, 20)}$$

Diesem Minimalprinzip der Mechanik entspricht in der Strahlenoptik das *Prinzip von Fermat.* Es sagt aus, daß die Lichtwellen zwischen zwei vorgegebenen Fixpunkten P_1 und $P_2 \neq P_1$ denjenigen Weg wählen, für welchen die gemäß ihrer Phasengeschwindigkeit v_{ph} berechnete Laufzeit ein Extremum wird. Da der Brechungsindex n durch das Verhältnis

$$n = \frac{c}{v_{ph}} \qquad \text{(III 12, 21)}$$

definiert ist, beträgt die Laufzeit längs des infinitesimalen Wegelementes $d\sigma$

$$dt = \frac{d\sigma}{v_{ph}} = \frac{n}{c}\,d\sigma. \qquad \text{(III 12, 22)}$$

Benutzen wir für den Unterschied der Laufzeiten längs der zwischen P_1 und P_2 miteinander konkurrierenden Wege das Symbol Δ der asynchronen Variation, so behauptet also das *Fermat*sche Prinzip die Gleichung

$$\Delta \int_{\sigma_1}^{\sigma_2} n\,d\sigma = 0. \qquad \text{(III 12, 23)}$$

Zum Beweise dieses Satzes definieren wir den *Lichtvektor* I mittels

$$I = n \cdot \mathit{1}_\Sigma, \qquad \text{(III 12, 24)}$$

welcher sich mittels (III 12, 11) durch

$$I = \operatorname{grad} \Sigma \qquad \text{(III 12, 25)}$$

darstellen läßt. In der geometrischen Optik beansprucht vor allem der Fall eines an gewissen Flächen sprunghaft veränderlichen Brechungsindex Interesse; für die hier beabsichtigte Anwendung auf die Strahlenoptik materieller Teilchen dürfen wir uns indessen auf Systeme von kontinuierlich veränderlichem Brechungsindex beschränken. Wir wählen dann im Existenzraum des Lichtvektors zwischen P_1 und P_2 zwei voneinander verschiedene Verbindungswege C_I und C_{II}, deren vektorielle Linienelemente beziehentlich $d\sigma_I$ und $d\sigma_{II}$ genannt seien. Aus (III 12, 25) folgt somit

$$\int_{P_1}^{P_2} (I\, d\sigma_{\rm I}) = \int_{P_1}^{P_2} (I\, d\sigma_{\rm II}) = \Sigma_2 - \Sigma_1. \qquad \text{(III 12, 26)}$$

Nun identifizieren wir den Weg $C_{\rm I}$ mit dem von P_1 nach P_2 laufenden Lichtstrahl [Vektorlinie des Feldes I], während $C_{\rm II}$ einen beliebigen Umweg bezeichne. Dann gilt zwar

$$(I\, d\sigma_{\rm I}) = |I|\, |d\sigma_{\rm I}|, \qquad \text{(III 12, 27)}$$

gleichzeitig aber

$$(I\, d\sigma_{\rm II}) \leqq |I|\, |d\sigma_{\rm II}|, \qquad \text{(III 12, 28)}$$

wobei das Gleichheitszeichen gewiß nicht alle $d\sigma_{\rm II}$ betrifft; denn andernfalls wäre $C_{\rm II}$ kein Umweg. Somit folgt aus (III 12, 26) die Aussage

$$\int_{P_1}^{P_2} |I|\, |d\sigma_{\rm I}| < \int_{P_1}^{P_2} |I|\, |d\sigma_{\rm II}|, \qquad \text{(III 12, 29)}$$

welche wegen (III 12, 24) mit dem *Fermat*schen Prinzip inhaltlich identisch ist. Will man nachträglich die gleiche Schlußweise auf Systeme übertragen, in welchen Unstetigkeitsflächen des Brechungsindex auftreten, so hat man längs jeder solchen die Stetigkeit der tangentiellen Komponente von I zu fordern; in der Tat wird diese Bedingung mit Rücksicht auf die Reflexions- und Brechungsgesetze der geometrischen Optik automatisch erfüllt.

Da das Integral (III 12, 20) das $\sqrt{\dfrac{1}{2\, q_0\, m_0}}$-fache der Wirkung S mißt, finden wir unter Beachtung von (III 12, 14) und (III 12, 17) durch Vergleich von (III 12, 20) mit (III 12, 23) für den elektrischen Brechungsindex

$$n = \frac{\sqrt{\dfrac{2\, q_0}{m_0}(\varphi + \varphi_0) - \dfrac{q_0}{m_0}(I_t\, V)}}{c}. \qquad \text{(III 12, 30)}$$

Die strahlenoptischen Eigenschaften des elektromagnetischen Feldes sind hiernach denen eines anisotropen Stoffes [Kristall] vergleichbar, dessen Brechungsindex gleichfalls von der Richtung des Strahles abhängt; allerdings wird diese Analogie erst eindeutig, falls man über den in V willkürlich verbleibenden, wirbelfreien Vektoranteil geeignet verfügt.

g) Wir spezialisieren Gl. (III 12, 30) durch die zwar nicht notwendige, doch gewiß hinreichende Operation $V \to 0$ auf ein rein elektrisches Feld:

$$n = \frac{\sqrt{2\, \dfrac{q_0}{m_0}(\varphi + \varphi_0)}}{c} \quad \text{für} \quad V \to 0. \qquad \text{(III 12, 31)}$$

Der Zähler dieses Ausdruckes mißt den absoluten Betrag der Elektronengeschwindigkeit, so daß

$$n = \frac{v}{c}. \qquad \text{(III 12, 32)}$$

resultiert.

Viertes Kapitel.

Die elektronenoptischen Systeme der Gaußschen Dioptrik.

IV 1. Geometrie der kollinearen Abbildung.

a) Im *Kartesi*schen Bezugssystem der Koordinaten $x_i \equiv x^i$ [$i = 1, 2, 3$] definieren wir als *Basis* ein 16-komponentiges geometrisches Gebilde, welches folgende, voneinander unabhängig wählbare Elemente enthält:

1. Den *Skalar* s,
2. den *Vektor* v der kontravarianten Komponenten v^i;
3. den *Vektor* w der kovarianten Komponenten w_i,
4. den *Tensor zweiter Stufe* t der gemischten Komponenten t^i_k [$k = 1, 2, 3$].

Mittels dieser Basis transformieren wir den „*Gegenstandsvektor*“ A der kontravarianten Komponenten A^k in den „*Bildvektor*“ $\overline{A}$ der kontravarianten Komponenten $\overline{A}^k$ gemäß der Vorschrift

$$\overline{A}^i = \frac{v^i + t^i_k A^k}{s + w_k A^k}, \tag{IV 1, 1}$$

welche eine *kollineare Abbildung* definiert. Da sie gegen die Multiplikation aller Basiskomponenten mit ein und demselben, von Null verschiedenen Faktor invariant ist, darf man ohne Beschränkung der Allgemeinheit s einen beliebigen, endlichen Wert erteilen; die kollineare Abbildung hängt daher wesentlich nur von 15 Konstanten ab.

Es empfiehlt sich, das Existenzgebiet der Bildvektoren von jenem der Gegenstandsvektoren gedanklich zu trennen, indem man sich das Bezugssystem in zwei zwar koinzidierenden, doch voneinander unterscheidbaren [etwa verschieden angestrichenen] Exemplaren vorstellt; in diesem Sinne transformiert die kollineare Vektorfunktion (IV 1, 1) den „*Gegenstandsraum*“ aller A in den „*Bildraum*“ aller $\overline{A}$.

b) Um die geometrischen Eigenschaften der kollinearen Abbildung kennenzulernen, wählen wir im Bildraum den Vektor $\overline{B}$ und konstruieren dort die auf $\overline{B}$ normale Ebene

$$(\overline{B}\,\overline{A}) = \overline{B}_i \overline{A}^i = \frac{\overline{B}_i v^i + \overline{B}_i t^i_k A^k}{s + w_k A^k} = \text{const.} \equiv \overline{E} \tag{IV 1, 2}$$

Welche Originalfläche entspricht ihr im Gegenstandsraum? Wir berechnen aus (IV 1, 2)

$$A^k [w_k \overline{E} - \overline{B}_i t^i_k] = \overline{B}_i v^i - s\overline{E} \equiv E. \tag{IV 1, 3}$$

Da E eine Invariante ist, definieren die Größen

$$B_k = w_k \overline{E} - \overline{B}_i t^i_k \tag{IV 1, 4}$$

die kovarianten Komponenten eines Vektors B. Demnach stellt (IV 1, 3) eine auf B senkrechte Ebene dar; wir nennen sie die zu $\overline{\mathrm{E}}$ *konjugierte* Ebene E. In der gleichen Terminologie ist also der Schnittgeraden zweier im Bildraum vorgegebener, einander nicht paralleler Ebenen im Gegenstandsraum eine Gerade konjugiert; dem Schnittpunkt zweier Geraden des Bildraumes korrespondiert der Schnittpunkt der konjugierten Geraden im Gegenstandsraum.

c) Wir fassen $\overline{A}$ als „*Zwischenbild*" auf, welches seinerseits als „Gegenstand" der kollinearen Abbildung

$$\overline{\overline{A}}^i = \frac{\overline{v}^i + \overline{t}^i_k \overline{A}^k}{\overline{s} + \overline{w}_k \overline{A}^k} \qquad \text{(IV 1, 5)}$$

fungiert. Welche Beziehung findet zwischen dem „wahren" Gegenstande A und dem Bilde $\overline{\overline{A}}$ statt?

Wir substituieren (IV 1, 1) in (IV 1, 5) und finden, nach passender Umbenennung der Summationsindizes,

$$\overline{\overline{A}}^i = \frac{\overline{v}^i (s + w_l A^l) + \overline{t}^i_k (v^k + t^k_l A^l)}{\overline{s} (s + w_l A^l) + \overline{w}_k (v^k + t^k_l A^l)} =$$

$$= \frac{(\overline{v}^i s + \overline{t}^i_k v^k) + (\overline{v}^i w_l + \overline{t}^i_k t^k_l) A^l}{(\overline{s}\, s + \overline{w}_k v^k) + (\overline{s}\, w_l + \overline{w}_k t^k_l) A^l}\,; \quad \left.\begin{matrix} i \\ k \\ l \end{matrix}\right\} = \begin{matrix} 1 \\ 2 \\ 3 \end{matrix} \qquad \text{(IV 1, 6)}$$

also wieder eine kollineare Transformation. Die mit S [Skalar], V [Vektor], W [Vektor] und T [Tensor zweiter Stufe] bezeichneten Basiselemente der aus (IV 1, 1) und (IV 1, 5) resultierenden Abbildung ergeben sich aus (IV 1, 6) zu

$$S = \overline{s}\, s + \overline{w}_k v^k, \qquad \text{(IV 1, 7)}$$

$$V^i = \overline{v}^i s + \overline{t}^i_k v^k, \qquad \text{(IV 1, 8)}$$

$$W_i = \overline{s}\, w_i + \overline{w}_k t^k_i, \qquad \text{(IV 1, 9)}$$

$$T^i_k = \overline{v}^i w_k + \overline{t}^i_l t^l_k. \qquad \text{(IV 1, 10)}$$

Die „*Serienschaltung*" der Teil-Transformationen ist also in der Regel *nicht kommutativ*, sondern wesentlich von der *Reihenfolge der Zwischenabbildungen abhängig*.

d) Unter den aus zwei kollinearen Transformationen zusammengesetzten kollinearen Transformation befindet sich die *identische* Abbildung, welche das Original A unter Vermittelung des Zwischenbildes $\overline{A}$ in sich selbst zurückführt. Sei die Abbildung $A \to \overline{A}$ durch ihre Basis vorgegeben, so bezeichnen wir die umkehrende Abbildung $\overline{A} \to A$ als die zur erstgenannten *duale* Abbildung; gesucht wird die sie beschreibende, *duale Basis* $\overline{s}$ (Skalar), $\overline{v}$ (Vektor), $\overline{w}$ (Vektor) und $\overline{t}$ (Tensor zweiter Stufe).

Die verlangte Identität

$$\overline{\overline{A}}^i = \frac{V^i + T^i_k A^k}{S + W_k A^k} \equiv A^i \qquad \text{(IV 1, 11)}$$

wird durch die zwar nicht notwendigen, aber gewiß hinreichenden 16 Bedingungsgleichungen

$$S = \overline{s}\, s + \overline{w}_k v^k = 1, \qquad \text{(IV 1, 12)}$$

$$V^i = \overline{v}^i s + \overline{t}^i_k v^k = 0, \qquad \text{(IV 1, 13)}$$

$$W_i = \overline{s}\, w_i + \overline{w}_k\, t^k{}_i = 0, \qquad \text{(IV 1, 14)}$$

$$T^i{}_k = \overline{v}^i\, w_k + \overline{t}^i{}_l\, t^l{}_k = \delta^i{}_k = \begin{cases} 0; & i \neq k \\ 1; & i = k \end{cases} \qquad \text{(IV 1, 15)}$$

garantiert.

Als *Kerntensor* definieren wir den Tensor zweiter Stufe K mit den gemischten Komponenten

$$K^i{}_l = \frac{v^i\, w_l}{s} - t^i{}_l. \qquad \text{(IV 1, 16)}$$

Wir setzen voraus, daß sein reziproker Tensor K^{-1} existiert. Durch Substitution von (IV 1, 14) in (IV 1, 12) folgt dann zunächst

$$\overline{w}_k\, s \cdot K^k{}_i = w_i, \qquad \text{(IV 1, 17)}$$

also

$$\overline{w}_k = \frac{w_i}{s} (K^{-1})^i{}_k \qquad \text{(IV 1, 18)}$$

sowie, mit nochmaliger Benutzung von (IV 1, 12),

$$\overline{s} = \frac{1}{s} [1 - \overline{w}_k\, v^k] = \frac{1}{s} \left[1 - \frac{w_i}{s} (K^{-1})^i{}_k\, v^k \right] \qquad \text{(IV 1, 19)}$$

Weiter ergibt sich durch Elimination von $\overline{v}^i$ aus (IV 1, 13) und (IV 1, 15) mit Rücksicht auf (IV 1, 16)

$$\overline{t}^i{}_l \left[t^l{}_k - \frac{v^l\, w_k}{s} \right] = - \overline{t}^i{}_l\, K^l{}_k = \delta^i{}_k, \qquad \text{(IV 1, 20)}$$

also

$$\overline{t}^i{}_l = -(K^{-1})^i{}_l \qquad \text{(IV 1, 21)}$$

sowie durch Restitution in (IV 1, 21)

$$\overline{v}^i = (K^{-1})^i{}_k \frac{v^k}{s}. \qquad \text{(IV 1, 22)}$$

Zusammenfassend erhalten wir also in

$$A^i = \frac{(K^{-1})^i{}_k \left(\dfrac{v^k}{s} - \overline{A}^k \right)}{\dfrac{1}{s} - \dfrac{w_i}{s} (K^{-1})^i{}_k \left(\dfrac{v^k}{s} - \overline{A}^k \right)} \qquad \text{(IV 1, 23)}$$

die zu (IV 1, 1) duale Transformation; da hiernach A als kollineare Vektorfunktion von $\overline{A}$ resultiert, erweist sich die geometrische Beziehung zwischen den konjugierten Größen des Bildraumes einerseits und des Gegenstandsraumes andererseits als eine duale.

e) Wir haben zu zeigen, daß man zu dem Ergebnis (IV 1, 23) auch durch unmittelbare Auflösung des Gleichungssystemes (IV 1, 1) gelangt.

Zunächst bemerken wir, daß die genannten Gleichungen in bezug auf die drei Unbekannten A^i linear sind; damit ist die Eindeutigkeit der Lösung sichergestellt, falls diese nur überhaupt existiert.

Neben dem gesuchten Vektor A führen wir vorübergehend den Vektor Z eines Zwischenbildes mittels der kollinearen Vektorfunktion

$$Z^k = \frac{A^k}{s + w_l\, A^l} \qquad \text{(IV 1, 24)}$$

ein. Wegen

$$w_k\, Z^k = \frac{w_k\, A^k}{s + w_l\, A^l} \equiv 1 - \frac{s}{s + w_l\, A^l}, \qquad \text{(IV 1, 25)}$$

folgt dann

$$s + w_l A^l = \frac{s}{1 - w_k Z^k}, \qquad \text{(IV 1, 26)}$$

so daß aus (IV 1, 24) die Umkehrungsformel

$$A^i = \frac{s Z^i}{1 - w_k Z^k} \qquad \text{(IV 1, 27)}$$

resultiert.

Durch Substitution von (IV 1, 24) in (IV 1, 1) nimmt nun dieses Gleichungssystem mit Rücksicht auf (IV 1, 16) und (IV 1, 26) die Form an

$$\overline{A} = \frac{v^i}{s} - K^i{}_k Z^k. \qquad \text{(IV 1, 28)}$$

Hieraus schließen wir

$$Z^k = (K^{-1})^k{}_l \left(\frac{v^l}{s} - A^l\right) \qquad \text{(IV 1, 29)}$$

und also vermöge (IV 1, 27)

$$A^i = \frac{(K^{-1})^i{}_l \left(\frac{v^l}{s} - \overline{A}^l\right)}{\frac{1}{s} - \frac{w_l}{s}(K^{-1})^l{}_k \left(\frac{v^k}{s} - \overline{A}^k\right)} \qquad \text{(IV 1, 30)}$$

in Übereinstimmung mit (IV 1, 23).

f) Der im Gegenstandsraum gelegenen Ebene

$$w_k A^k = -s \qquad \text{(IV 1, 31)}$$

korrespondiert die Gesamtheit der im Unendlichfernen des Bildraumes gelegenen Punkte; sie heißt die *Brennebene des Gegenstandsraumes*. Ebenso definiert die aus (IV 1, 30) zu entnehmende Gleichung

$$w_k (K^{-1})^k{}_l \left(\frac{v^l}{s} - \overline{A}^l\right) = 1 \qquad \text{(IV 1, 32)}$$

die *Brennebene des Bildraumes*; bringt man (IV 1, 32) mittels (IV 1, 18) und (IV 1, 19) in die Gestalt

$$\overline{w}_k \overline{A}^k = -\overline{s}, \qquad \text{(IV 1, 33)}$$

so zeigt der Vergleich mit (IV 1, 31) die duale Verwandtschaft beider Brennebenen an.

g) Unter den kollinearen Transformationen zeichnet sich die etwa um die x_3-Achse *zentrierte Abbildung* durch ihre vielfachen Anwendungen aus.

Wir lassen den Gegenstandsvektor A aus einem relativ zur Symmetrieachse gleich gelegenen Vektor A' hervorgehen, dessen Meridianebene wir um den Winkel $(-\varphi)$ drehen. Diese kinematische Operation wird durch die Gleichungen

$$A^k = d^k{}_i A'^i \qquad \text{(IV 1, 34)}$$

beschrieben, wobei die gemischten Komponenten $d^k{}_i$ des Tensors zweiter Stufe d durch die Matrix

$$[d] = \begin{vmatrix} \cos\varphi & -\sin\varphi & 0 \\ \sin\varphi & \cos\varphi & 0 \\ 0 & 0 & 1 \end{vmatrix} \qquad \text{(IV 1, 35)}$$

gegeben sind; die umgekehrte Transformation gehorcht daher den Gleichungen

$$A'^k = (d^{-1})^k{}_l A^l, \qquad \text{(IV 1, 36)}$$

deren Tensorkomponenten $(d^{-1})^k{}_l$ aus (IV 1, 35) durch Vertauschung von φ mit $(-\varphi)$ hervorgehen:

$$[d^{-1}] = \begin{vmatrix} \cos\varphi & \sin\varphi & 0 \\ -\sin\varphi & \cos\varphi & 0 \\ 0 & 0 & 1 \end{vmatrix}. \qquad \text{(IV 1, 37)}$$

Ausgehend von A' als Gegenstandsvektor gelangen wir nun unter Vermittlung des Zwischenbildes (IV 1, 34) durch die anschließende kollineare Transformation (IV 1, 1) zu dem Bildvektor $\overline{A}$ der kontravarianten Komponenten

$$\overline{A}^k = \frac{v^k + t^k{}_l\, d^l{}_i\, A'^i}{s + w_l\, d^l{}_i\, A'^i}. \qquad \text{(IV 1, 38)}$$

Definitionsgemäß liegt eine zentrierte Abbildung genau dann vor, falls die aus dem Vektor $\overline{A}$ durch Drehung seiner Meridianebene um den Winkel $(+\varphi)$ hervorgehende Vektor $\overline{A}'$ der kontravarianten Komponenten

$$\overline{A}'^i = (d^{-1})^i{}_k\, \overline{A}^k = \frac{(d^{-1})^i{}_k\, v^k + (d^{-1})^i{}_k\, t^k{}_l\, d^l{}_m\, A'^m}{s + w_l\, d^l{}_m\, A'^m}; \quad \left.\begin{matrix} i \\ k \\ l \\ m \end{matrix}\right\} = \begin{matrix} 1 \\ 2 \\ 3 \end{matrix} \qquad \text{(IV 1, 39)}$$

mit A' identisch in φ durch die Transformation (IV 1, 1) verbunden ist. Daher ist die Basis der zentrierten Abbildung folgenden 15 Bestimmungsgleichungen zu unterwerfen:

$$(d^{-1})^i{}_k\, v^k = v^i \qquad \text{(IV 1, 40)}$$

$$w_i\, d^i{}_k = w_k \qquad \text{(IV 1, 41)}$$

$$t^i{}_k\, d^k{}_l = d^i{}_m\, t^m{}_l \qquad \text{(IV 1, 42)}$$

Mit Rücksicht auf (IV 1, 35) und (IV 1, 37) entnehmen wir aus (IV 1, 40) die Gleichungen

$$\left.\begin{aligned} v^1\cos\varphi + v^2\sin\varphi &= v^1 \\ -v^1\sin\varphi + v^2\cos\varphi &= v^2 \\ v^3 &= v^3 \end{aligned}\right\} \qquad \text{(IV 1, 43)}$$

welche nur dann für alle φ zutreffen können, falls v^1 und v^2 verschwinden, während $v^3 \equiv v$ beliebig gewählt werden darf:

$$v^1 = v^2 = 0; \qquad v^3 = v. \qquad \text{(IV 1, 44)}$$

Auf demselben Wege liefert (IV 1, 41) das System

$$\left.\begin{aligned} w_1\cos\varphi - w_2\sin\varphi &= w_1 \\ w_1\sin\varphi + w_2\cos\varphi &= w_2 \\ w_3 &= w_3 \end{aligned}\right\} \qquad \text{(IV 1, 45)}$$

die Vorschriften

$$w_1 = w_2 = 0; \qquad w_3 \equiv w. \qquad \text{(IV 1, 46)}$$

Die Gleichungen (IV 1, 42) lauten explizit

$$(t^1{}_2 + t^2{}_1)\sin\varphi = 0, \qquad \text{(IV 1, 47)}$$

$$(t^2{}_2 - t^1{}_1)\sin\varphi = 0, \qquad \text{(IV 1, 48)}$$

$$t^1{}_3\,(1 - \cos\varphi) + t^2{}_3\sin\varphi = 0, \qquad \text{(IV 1, 49)}$$

$$(t^2{}_2 - t^1{}_1)\sin\varphi = 0, \qquad \text{(IV 1, 50)}$$

$$(t^1{}_2 + t^2{}_1)\sin\varphi = 0, \qquad \text{(IV 1, 51)}$$

$$t^2_3 (1 - \cos\varphi) + t^1_3 \sin\varphi = 0, \tag{IV 1, 52}$$

$$t^3_1 (1 - \cos\varphi) - t^3_2 \sin\varphi = 0, \tag{IV 1, 53}$$

$$t^3_2 (1 - \cos\varphi) + t^3_1 \sin\varphi = 0, \tag{IV 1, 54}$$

$$t^3_3 - t^3_3 = 0. \tag{IV 1, 55}$$

Aus den miteinander identischen Forderungen (IV 1, 48) und (IV 1, 50) schließt man

$$t^1_1 = t^2_2 \equiv a \tag{IV 1, 56}$$

und ebenso aus (IV 1, 47) und (IV 1, 51)

$$t^1_2 = - t^2_1 \equiv b. \tag{IV 1, 57}$$

Dagegen führen (IV 1, 49) und (IV 1, 52) auf

$$t^1_3 = 0; \qquad t^2_3 = 0 \tag{IV 1, 58}$$

und ebenso (IV 1, 53) und (IV 1, 54) auf

$$t^3_1 = 0; \qquad t^3_2 = 0, \tag{IV 1, 59}$$

während laut (IV 1, 55) t^3_3 gleich einer beliebigen Konstanten c gewählt werden darf

$$t^3_3 = c. \tag{IV 1, 60}$$

Die Matrix des Tensors *t* einer zentrierten Abbildung reduziert sich somit auf

$$[t] = \begin{vmatrix} a & b & 0 \\ -b & a & 0 \\ 0 & 0 & c \end{vmatrix} \tag{IV 1, 61}$$

welche *t* als antimetrisch charakterisiert.

Durch Zusammenfassung der Ergebnisse (IV 1, 44), (IV 1, 46) und (IV 1, 61) gelangen wir zu den Gleichungen

$$\overline{A}^1 = \frac{a A^1 + b A^2}{s + w A^3} \tag{IV 1, 62}$$

$$\overline{A}^2 = \frac{-b A^1 + a A^2}{s + w A^3} \tag{IV 1, 63}$$

$$\overline{A}^3 = \frac{v + c A^3}{s + w A^3} \tag{IV 1, 64}$$

Um die Einsicht in ihren geometrischen Inhalt zu erleichtern, gehen wir zu Zylinderkoordinaten über, indem wir setzen

$$\left.\begin{array}{l} A^1 = A^r \cos\alpha; \qquad A^2 = A^r \sin\alpha; \qquad A^3 = A^z \\ A^r = \sqrt{(A^1)^2 + (A^2)^2}\,; \qquad \operatorname{tg}\alpha = \dfrac{A^2}{A^1} \end{array}\right\} \tag{IV 1, 65}$$

sowie

$$\left.\begin{array}{l} \overline{A}^1 = \overline{A}^r \cos\overline{\alpha}; \qquad \overline{A}^2 = \overline{A}^r \sin\overline{\alpha}; \qquad \overline{A}^3 = \overline{A}^z \\ \overline{A}^r = \sqrt{(\overline{A}^1)^2 + (\overline{A}^2)^2}\,; \qquad \operatorname{tg}\overline{\alpha} = \dfrac{\overline{A}^2}{\overline{A}^1} \end{array}\right\} \tag{IV 1, 66}$$

und

$$\left.\begin{array}{l} a = p\cos\psi; \qquad b = p\sin\psi, \\ p = \sqrt{a^2 + b^2}\,; \qquad \operatorname{tg}\psi = \dfrac{b}{a} \end{array}\right\} \tag{IV 1, 67}$$

Dann entsteht aus (IV 1, 62), (IV 1, 63), (IV 1, 64)

$$\overline{A}^r = \frac{p\,A^r}{s + w\,A^z} \qquad \text{(IV 1, 68)}$$

$$\overline{A}^z = \frac{v + c\,A^z}{s + w\,A^z} \qquad \text{(IV 1, 69)}$$

$$\overline{\alpha} = \alpha - \psi. \qquad \text{(IV 1, 70)}$$

Da s $\neq 0$ willkürlich gewählt werden darf, wird die zentrierte, kollineare Abbildung wesentlich durch die fünf Konstanten

$$\frac{p}{s};\quad \frac{v}{s};\quad \frac{c}{s};\quad \frac{w}{s};\quad \psi \qquad \text{(IV 1, 71)}$$

charakterisiert. In den Systemen der geometrischen Lichtoptik pflegt man $\psi = 0$ zu setzen, so daß man mit vier Transformationskonstanten auskommt; in der geometrischen Elektronenoptik hingegen ist ψ im allgemeinen von Null verschieden.

h) Die Umkehrung der Gleichungen (IV 1, 68), (IV 1, 69) und (IV 1, 70) lautet

$$A^r = \frac{s\,c - w\,v}{p}\,\frac{\overline{A}^r}{c - w\,\overline{A}^z} \qquad \text{(IV 1, 72)}$$

$$A^z = \frac{-v + s\,\overline{A}^z}{c - w\,\overline{A}^z} \qquad \text{(IV 1, 73)}$$

$$\alpha = \overline{\alpha} + \psi. \qquad \text{(IV 1, 74)}$$

Wir bestimmen zunächst die Lage der Brennebenen [Index (B)]: Jene des Gegenstandsraumes findet sich aus (IV 1, 68) zu

$$A^z_{(B)} = -\frac{s}{w} \qquad \text{(IV 1, 75)}$$

und jene des Bildraumes aus (IV 1, 72) zu

$$\overline{A}^z_{(B)} = \frac{c}{w} \qquad \text{(IV 1, 76)}$$

Als *Lateralvergrößerung* [Abbildungsmaßstab] definiert man das Verhältnis

$$M = \frac{\overline{A}^r}{A^r} = \frac{p}{w}\cdot\frac{1}{A^z - A^z_{(B)}} = \frac{p\,w}{s\,c - w\,v}\,(\overline{A}^z_{(B)} - \overline{A}^z). \qquad \text{(IV 1, 77)}$$

Es wird gleich der Einheit in den zueinander konjugierten „*Hauptebenen*“ [Index (H)] des Gegenstandsraumes

$$A^z_{(H)} = A^z_{(B)} + \frac{p}{w} \qquad \text{(IV 1, 78)}$$

und des Bildraumes

$$\overline{A}^z_{(H)} = \overline{A}^z_{(B)} - \frac{s\,c - w\,v}{p\,w} \qquad \text{(IV 1, 79)}$$

Der Abstand zwischen je einer Hauptebene und der im gleichen Raume gelegenen Brennebene [Abb. IV 152] definiert die *Brennweite*. Im Gegenstandsraum ergibt sie sich zu

$$f = A^z_{(H)} - A^z_{(B)} = \frac{p}{w} \qquad \text{(IV 1, 80)}$$

während jene des Bildraumes zu

$$\overline{f} = \overline{A}^z_{(H)} - \overline{A}^z_{(B)} = -\frac{s\,c - w\,v}{p\,w} \qquad \text{(IV 1, 81)}$$

resultiert.

Mit Rücksicht auf (IV 1, 77) lassen sich die radialen Abbildungsgleichungen in die Gestalt

$$\frac{\overline{A}^r}{A^r} = \frac{f}{A^z - A^z_{(B)}} = \frac{\overline{A}^z - \overline{A}^z_{(B)}}{\overline{f}} \qquad \text{(IV 1, 82)}$$

bringen. Da hiernach der Abbildungsmaßstab nur von der achsialen Lage der konjugierten Ebenen A^z, $\overline{A}^z$ abhängt, wird ein in der erstgenannten befindlicher Gegenstand, von der Drehung ψ abgesehen, formgetreu in die Bildebene übertragen.

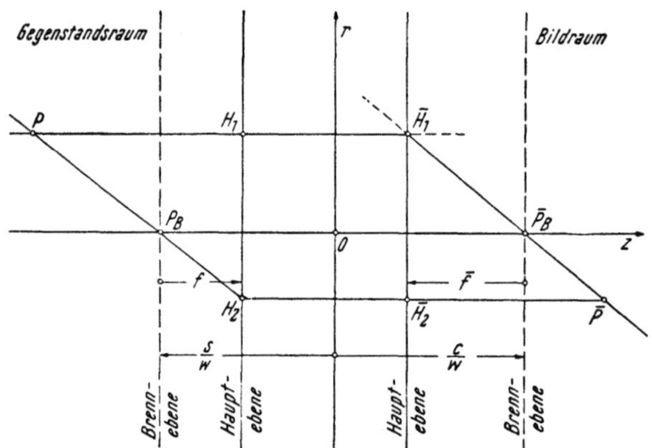

Abb. IV 152. Zur Konstruktion der zentrierten, kollinearen Abbildung.

i) Bisher achteten wir vornehmlich auf die Relationen zwischen je zwei konjugierten Punkten, den Spitzen der Vektoren A und $\overline{A}$. Die geometrischen Eigenschaften der kollinearen Abbildung gestatten jedoch auch die duale Zuordnung einer im Gegenstandsraum vorgelegten Geraden zu der konjugierten Geraden des Bildraumes. Die gleichzeitige Abbildung zweier sich im Gegenstandspunkt $P = P(A^z, A^r)$ schneidender Geraden führt daher im Schnittpunkt der konjugierten Geraden zur Kenntnis des Bildes $\overline{P} = \overline{P}(\overline{A}^z, \overline{A}^r)$. Dieser Satz verhilft zu einer einfachen Konstruktion des zu P konjugierten Bildes $\overline{P}$:

Durch Drehung des gesamten Bildraumes um ψ bringen wir die einander konjugierten Meridianebenen zur Deckung. Wir definieren $P_{(B)} = (A^z_{(B)}, 0)$ als gegenstandsseitigen und $\overline{P}_{(B)} = (\overline{A}^z_{(B)}, 0)$ als bildseitigen *Brennpunkt*. In der Meridianebene des Gegenstandspunktes P konstruieren wir entsprechend Abb. IV 152 zwei durch ihren einfachen Verlauf sich auszeichnende Linienzüge:

1. Wir verfolgen den durch P parallel der Systemachse verlaufenden „*Hauptstrahl*" über seinen Schnittpunkt $H_1 = (A^z_{(H)}, A^r)$ mit der gegenstandsseitigen Hauptebene bis zu dessen konjugiertem Punkte $\overline{H}_1 = (\overline{A}^z_{(H)}, A^r)$ in der bildseitigen Hauptebene. Da nun der bildseitige Brennpunkt $\overline{P}_{(B)}$ zu $(\pm\infty, A^r)$ konjugiert ist, liefert die durch $\overline{H}_1$ und $\overline{P}_{(B)}$ gezogene Gerade das Bild des Hauptstrahles.

2. Auf Grund der Dualität der kollinearen Abbildung dürfen wir die einander konjugierten Räume ihre Rollen tauschen lassen. Demnach ist der durch P und $P_{(B)}$ gelegte „*Brennstrahl*" einem im Bildraume achsenparallelen Hauptstrahl konjugiert. Dieser Auffassung zufolge suchen wir

zunächst den Schnittpunkt $H_2 = (A^{z}_{(H)}, \overline{A}^{r})$ des Brennstrahles mit der gegenstandsseitigen Hauptebene, welcher dem Punkte $\overline{H}_2 = (\overline{A}^{z}_{(H)}, \overline{A}^{r})$ konjugiert ist; daher ist nunmehr die durch H_2 und $\overline{H}_2$ gelegte, achsenparallele Gerade das Bild des Brennstrahles, und ihr Schnitt mit dem vorher gefundenen Bild des Hauptstrahles liefert den zu P konjugierten Punkt $\overline{P}$.

Von dem Achsenpunkt $P_0 = (A^{z}, 0)$ der Gegenstandsebene ziehen wir durch den Punkt $H = (A^{z}_{(H)}, A^{r}_{(H)})$ der gegenstandsseitigen Hauptebene die Gerade; ihr Neigungswinkel γ gegen die Systemachse folgt aus

$$\operatorname{tg}\gamma = \frac{A^{r}_{(H)}}{A^{z}_{(H)} - A^{z}} \qquad \text{(IV 1, 83)}$$

Der zu H konjugierte Punkt $\overline{H} = (\overline{A}^{z}_{(H)}, \overline{A}^{r}_{(H)}) = (\overline{A}^{z}_{(H)}, A^{r}_{(H)})$ der bildseitigen Hauptebene werde mit dem Achsenpunkt $\overline{P}_0 = (\overline{A}^{z}, 0)$ der Bildebene verbunden. Der Neigungswinkel $\overline{\gamma}$ dieser Geraden gegen die Achse berechnet sich aus

$$\operatorname{tg}\overline{\gamma} = \frac{\overline{A}^{r}_{(H)}}{\overline{A}^{z}_{(H)} - \overline{A}^{z}} = \frac{A^{r}_{(H)}}{\overline{A}^{z}_{(H)} - \overline{A}^{z}} \qquad \text{(IV 1, 84)}$$

Das Verhältnis von $\operatorname{tg}\overline{\gamma}$ zu $\operatorname{tg}\gamma$ heißt die *Angularvergrößerung* [Symbol a]; mit Rücksicht auf (IV 1, 82) finden wir

$$a = \frac{\operatorname{tg}\overline{\gamma}}{\operatorname{tg}\gamma} = \frac{A^{z}_{(H)} - A^{z}}{\overline{A}^{z}_{(H)} - \overline{A}^{z}} = \frac{f + (A^{z}_{(B)} - A^{z})}{\overline{f} + (\overline{A}^{z}_{(B)} - \overline{A}^{z})} = \frac{f}{\overline{A}^{z}_{(B)} - \overline{A}^{z}} = \frac{A^{z}_{(B)} - A^{z}}{\overline{f}} \qquad \text{(IV 1, 85)}$$

Diejenigen konjugierten Achsenpunkte, für welche die Angularvergrößerung gleich der Einheit wird, definieren die *Knoten* der kollinearen, zentrierten Abbildung [Index (K)]. Man erhält daher ihre Lage aus (IV 1, 85) zu

$$A^{z}_{(K)} = A^{z}_{(B)} - \overline{f}; \quad \overline{A}^{z}_{(K)} = \overline{A}^{z}_{(B)} - f \qquad \text{(IV 1, 86)}$$

Mit Rücksicht auf (IV 1, 80), (IV 1, 81) findet sich der Abstand des bildseitigen vom gegenstandsseitigen Knoten

$$\overline{A}^{z}_{(U)} - A^{z}_{(K)} = (\overline{A}^{z}_{(B)} - f) - (A^{z}_{(B)} - \overline{f}) =$$
$$= (\overline{A}^{z}_{(B)} - A^{z}_{(H)} + A^{z}_{(B)}) - (A^{z}_{(B)} - \overline{A}^{z}_{(H)} + \overline{A}^{z}_{(B)}) = \overline{A}^{z}_{(H)} - A^{z}_{(H)} \qquad \text{(IV 1, 87)}$$

gleich jenem der Hauptebenen.

k) Innerhalb der Gesamtheit kollinearer, zentrierter Abbildungen nach Gl. (IV 1, 82) unterscheidet man zwei Klassen:

1. Sei

$$f\overline{f} > 0 \qquad \text{(IV 1, 88)}$$

so ist einer achsenparallelen Translation der Gegenstandsebene A^{z} eine gegenläufige Translation der Bildebene konjugiert; die Abbildung heißt *katoptrisch.*

2. Sei

$$f\overline{f} < 0, \qquad \text{(IV 1, 89)}$$

so ist einer achsenparallelen Translation der Gegenstandsebene eine gleichläufige Translation der Bildebene zugeordnet; die Abbildung heißt *dioptrisch.*

Die vorstehenden Sätze und Definitionen versagen im Falle $w = 0$. Die dann resultierende zentrierte, kollineare Abbildung besitzt keine Brennebenen; sie wird als *teleskopische Abbildung* bezeichnet.

IV 2. Ionenstrahlen in rotationssymmetrischen Systemen.

a) In den Prinzipien der Elektronenoptik kommt das Brechungsvermögen elektromagnetischer Felder gegenüber sie durchkreuzenden Ionenstrahlen zum mathematischen Ausdruck. Aufgabe der Technik ist es, aus dieser dynamischen Struktureigenschaft der Felder die Anweisungen zum Bau elektronenoptischer Meß- und Beobachtungsgeräte zu entwickeln. Die Realisierung dieses Programmes setzt die Beherrschung zweier Hauptfragen voraus:

1. Die Konstruktion eines elektromagnetischen Feldes vorgegebener Brechungseigenschaften.
2. Die Herstellung scharf definierter Elektronenstrahlen.

b) Wir beschäftigen uns in diesem Abschnitt mit der *Elektronenoptik stationärer, rotationssymmetrischer Feldsysteme.* Insbesondere setzen wir voraus, daß sich das Zentrum der Elektronenquelle [die Kathode] in der Symmetrieachse befinde, während das elektrische Beschleunigungsfeld wesentlich parallel dieser Achse gerichtet sei.

Wir orientieren uns an einem relativ zum untersuchten Gerät ruhenden Zylinder-Koordinatensystem z [Achse], r [Achsenabstand] und α [Azimut]; sein Ursprung möge im Zentrum der aktiven, elektronenemittierenden Kathodenoberfläche liegen, während die z-Achse mit der Symmetrieachse des Feldes zusammenfalle und in das Innere des Entladungsraumes weise. Wie drücken sich die vorausgesetzten Symmetrieeigenschaften des elektromagnetischen Feldes in dessen Potentialen aus?

1. Das elektrische Skalarpotential φ wird unabhängig vom Azimut α

$$\varphi = \varphi\,(z, r). \qquad \text{(IV 2, 1)}$$

2. Wir bezeichnen mit V^z, V^r und V^α die physikalischen Komponenten des magnetischen Vektorpotentiales V. Da auch sie je von α unabhängig sind, folgen aus ihnen die physikalischen Komponenten H^z, H^r und H^α der magnetischen Feldstärke H mittels der Vorschriften

$$\Pi\, H^z = \frac{1}{r}\,\frac{\partial\,(r\,V^\alpha)}{\partial r} \qquad \text{(IV 2, 2)}$$

sowie

$$\Pi\, H^r = -\frac{\partial V^\alpha}{\partial z} \qquad \text{(IV 2, 3)}$$

und

$$\Pi\, H^\alpha = -\frac{\partial V^z}{\partial r} + \frac{\partial V^r}{\partial z}. \qquad \text{(IV 2, 4)}$$

c) Wir beschränken die weitere Analyse auf den Grenzfall eines Ionenstromes von infinitesimaler Intensität; das dann verbleibende Feld definiert das *Primärfeld,* welches durch außerhalb der regulären Ionenbahnen angeordnete Systeme erregt wird:

1. Das elektrische Skalarpotential φ des Primärfeldes genügt der *Laplace*schen Gleichung, welche auf Grund der Eigenschaft (IV 2, 1) die Form

$$\frac{\partial^2\varphi}{\partial r^2} + \frac{1}{r}\frac{\partial\varphi}{\partial r} + \frac{\partial^2\varphi}{\partial z^2} = 0 \qquad \text{(IV 2, 5)}$$

annimmt.

2. Wir wenden den Durchflutungssatz auf einen die Systemachse zentrisch umschlingenden Kreis an und finden für die azimutale Komponente der primären magnetischen Feldstärke

$$H^\alpha = 0. \qquad \text{(IV 2, 6)}$$

Auf Grund von (IV 2, 4) genügen wir dieser Bedingung mittels

$$V^z = 0; \qquad V^r = 0. \qquad \text{(IV 2, 7)}$$

Da nun in einer gewissen Umgebung der Ionenbahn keine Primärströme anzutreffen sind, ist dort das primäre Magnetfeld wirbelfrei, so daß man mit Rücksicht auf (IV 2, 6) wegen der Rotationssymmetrie des Feldes

$$\frac{\partial H^z}{\partial r} - \frac{\partial H^r}{\partial z} = 0 \qquad \text{(IV 2, 8)}$$

findet; mit (IV 2, 2) und (IV 2, 3) entspringt hieraus für V^α die partielle Differentialgleichung

$$\frac{\partial^2 V^\alpha}{\partial r^2} + \frac{1}{r}\frac{\partial V^\alpha}{\partial r} - \frac{V^\alpha}{r^2} + \frac{\partial^2 V^\alpha}{\partial z^2} = 0. \qquad \text{(IV 2, 9)}$$

Man beachte, daß sie von der *Laplace*schen Gleichung (IV 2, 5) wesentlich verschieden ist.

d) Wir beziehen uns weiterhin lediglich auf die Bewegung der Elektronen [Masse m_0, Ladung $e = -q_0$] durch das Entladungsgefäß; doch hat man grundsätzlich infolge der stets in ihm verbleibenden Gasreste auch die Möglichkeit des Ladungstransportes durch Ionen anderer Art in Betracht zu ziehen.

e) Wir lassen uns bei der Aufstellung der elektronenoptischen Grundgleichungen zunächst von dem *Lagrange*schen *Gedankengange* leiten:

Ausgehend von den physikalischen Komponenten des Geschwindigkeitsvektors v

$$v^z = \dot{z}; \qquad v^r = \dot{r}; \qquad v^\alpha = r\,\dot{\alpha} \qquad \text{(IV 2, 10)}$$

bilden wir gemäß (IV 2, 15) das kinetische Potential

$$L = \frac{1}{2} m_0 (\dot{z}^2 + \dot{r}^2 + r^2 \dot{\alpha}^2) - q_0 (r\,\dot{\alpha}\, V^\alpha - \varphi). \qquad \text{(IV 2, 11)}$$

Wir erhalten hieraus für die Achsialbewegung die Gleichung

$$m_0 \frac{d^2 z}{dt^2} + q_0 \left(r\,\dot{\alpha}\frac{\partial V^\alpha}{\partial z} - \frac{\partial\varphi}{\partial z}\right) = 0 \qquad \text{(IV 2, 12)}$$

und für die Radialbewegung

$$m_0 \frac{d^2 r}{dt^2} - m_0\, r\,\dot{\alpha}^2 + q_0 \left(\dot{\alpha}\frac{\partial (r\,V^\alpha)}{\partial r} - \frac{\partial\varphi}{\partial r}\right) = 0. \qquad \text{(IV 2, 13)}$$

Da das Azimut in L nicht explizit vorkommt, reduziert sich die entsprechende Bewegungsgleichung auf

$$\frac{d}{dt}(m_0\, r^2\,\dot{\alpha} - q_0\, r\, V^\alpha) = 0 \qquad \text{(IV 2, 14)}$$

mit dem Integral [„*Erweiterter Flächensatz*"]

$$m_0\, r^2\, \dot{\alpha} - q_0\, r\, V^\alpha = \text{const.} \qquad \text{(IV 2, 15)}$$

Um von diesen zeitabhängigen Bewegungsgleichungen zur Kinematik der Elektronenbahnen überzugehen, rufen wir den Energiesatz in der Form (III 7, 31) zu Hilfe

$$H = \frac{1}{2}\, m_0\, (\dot{z}^2 + \dot{r}^2 + r^2\, \dot{\alpha}^2) - q_0\, \varphi = H_0. \qquad \text{(IV 2, 16)}$$

Setzen wir nun das Potential der Kathode gleich Null und vernachlässigen dort die Austrittsgeschwindigkeit der Elektronen, so annulliert sich die Energiekonstante H_0, und wir finden

$$\dot{z}^2 + \dot{r}^2 + r^2\, \dot{\alpha}^2 = 2\, \frac{q_0}{m_0}\, \varphi. \qquad \text{(IV 2, 17)}$$

Man denke sich durch Lösung der achsialen Bewegungsgleichung die Koordinate z als Funktion der Zeit dargestellt

$$z = z\,(t). \qquad \text{(IV 2, 18)}$$

Bilden wir jetzt die Differentialquotienten

$$r' = \frac{dr}{dz}; \quad \alpha' = \frac{d\alpha}{dz}, \qquad \text{(IV 2, 19)}$$

so bestehen die Relationen

$$\dot{r} = r' \cdot \dot{z}; \qquad \dot{\alpha} = \alpha' \cdot \dot{z}. \qquad \text{(IV 2, 20)}$$

Daher liefert (IV 2, 17)

$$\dot{z} = \frac{\sqrt{2\, \frac{q_0}{m_0}\, \varphi}}{\sqrt{r'^2 + r^2\, \alpha'^2 + 1}}. \qquad \text{(IV 2, 21)}$$

Mittels der aus (IV 2, 20) hervorgehenden Umformung

$$\frac{d^2 r}{dt^2} = \frac{d\dot{r}}{dt} = \frac{d\dot{r}}{dz} \cdot \dot{z} = \frac{d\,(r'\, \dot{z})}{dz}\, \dot{z} \qquad \text{(IV 2, 22)}$$

ergibt sich nunmehr aus (IV 2, 13), nach Division mit $\dot{z}$, die zeitfreie *Radialgleichung*

$$m_0\, \frac{d\left(r' \frac{\sqrt{2\, \frac{q_0}{m_0}\, \varphi}}{\sqrt{r'^2 + r^2\, \alpha'^2 + 1}}\right)}{dz} - m_0\, r\, \alpha'^2 \cdot \frac{\sqrt{2\, \frac{q_0}{m_0}\, \varphi}}{\sqrt{r'^2 + r^2\, \alpha'^2 + 1}} +$$

$$+ q_0 \left(\alpha'\, \frac{\partial\,(r\, V^\alpha)}{\partial r} - \frac{\sqrt{r'^2 + r^2\, \alpha'^2 + 1}}{\sqrt{2\, \frac{q_0}{m_0}\, \varphi}}\, \frac{\partial \varphi}{\partial r}\right) = 0. \qquad \text{(IV 2, 23)}$$

Die Substitution von (IV 2, 20) und (IV 2, 21) in (IV 2, 15) liefert das gleichfalls zeitfreie „Flächenintegral"

$$m_0\, r^2\, \alpha' \sqrt{\frac{2\, \frac{q_0}{m_0}\, \varphi}{r'^2 + r^2\, \alpha'^2 + 1}} - q_0\, r\, V^\alpha = \text{const} \equiv C. \qquad \text{(IV 2, 24)}$$

f) Zu welchen Aussagen führt das *Prinzip der kleinsten Wirkung*?

Wir greifen auf die Gleichungen (III 9, 86) zurück, in welchen die durch (III 9, 84) definierte Funktion F für die hier untersuchten rotationssymmetrischen Felder die Gestalt annimmt

$$F = \sqrt{\varphi\,(r'^2 + r^2\,\alpha'^2 + 1)} - \sqrt{\frac{q_0}{2\,m_0}}\,V_\alpha\,r\,\alpha'. \tag{IV 2, 25}$$

Daher folgt als Radialgleichung

$$\frac{d}{dz}\left(\frac{\sqrt{\varphi}\,r'}{\sqrt{r'^2 + r^2\,\alpha'^2 + 1}}\right) - \frac{\sqrt{\varphi}\,\alpha'^2\,r}{\sqrt{r'^2 + r^2\,\alpha'^2 + 1}} -$$

$$-\frac{1}{2}\cdot\frac{\frac{\partial\varphi}{\partial r}}{\sqrt{\varphi}}\sqrt{r'^2 + r^2\,\alpha'^2 + 1} + \sqrt{\frac{q_0}{2\,m_0}}\,\frac{\partial\,(r\,V_\alpha)}{\partial r}\,\alpha' = 0 \tag{IV 2, 26}$$

und als Azimutgleichung, da α in F „verborgen“ ist,

$$\frac{d}{dz}\left(\frac{\sqrt{\varphi}\cdot r^2\cdot\alpha'}{\sqrt{r'^2 + r^2\,\alpha'^2 + 1}} - \sqrt{\frac{q_0}{2\,m_0}}\,V_\alpha\,r\right) = 0, \tag{IV 2, 27}$$

mit dem Integral

$$\frac{\sqrt{\varphi}\,r^2\,\alpha'}{\sqrt{r'^2 + r^2\,\alpha'^2 + 1}} - \sqrt{\frac{q_0}{2\,m_0}}\,V_\alpha\,r = \text{const.} \tag{IV 2, 28}$$

Von der unterschiedlichen Bedeutung der Integrationskonstanten abgesehen, sind die Gleichungen (IV 2, 23), (IV 2, 26) einerseits, die Gleichungen (IV 2, 24), (IV 2, 28) andererseits miteinander identisch; wenngleich also — wie es sein muß — die verschiedenen Prinzipe der Elektronenoptik zu den nämlichen Ergebnissen führen, so verdient doch das Prinzip der kleinsten Wirkung als kürzeste Vorschrift zur Konstruktion der Bewegungsgleichungen methodisch den Vorzug.

g) Wir bringen Gl. (IV 2, 23) in die Form

$$m_0\,\frac{\sqrt{2\,\frac{q_0}{m_0}\,\varphi}}{\sqrt{r'^2 + r^2\,\alpha'^2 + 1}}\,\frac{d}{dz}\left(r'\,\frac{\sqrt{2\,\frac{q_0}{m_0}\,\varphi}}{\sqrt{r'^2 + r^2\,\alpha'^2 + 1}}\right) - m_0\,r\,\alpha'^2\,\frac{2\,\frac{q_0}{m_0}\,\varphi}{r'^2 + r^2\,\alpha'^2 + 1} +$$

$$+ q_0\,\alpha'\,\frac{\sqrt{2\,\frac{q_0}{m_0}\,\varphi}}{\sqrt{r'^2 + r^2\,\alpha'^2 + 1}}\,\frac{\partial\,(r\,V_\alpha)}{\partial r} - q_0\,\frac{\partial\varphi}{\partial r} = 0. \tag{IV 2, 29}$$

Mittels der aus (IV 2, 24) fließenden Relation

$$\alpha' = \frac{\sqrt{r'^2 + r^2\,\alpha'^2 + 1}}{\sqrt{2\,\frac{q_0}{m_0}\,\varphi}}\left[\frac{q_0}{m_0}\,\frac{V_\alpha}{r} + \frac{C}{m_0\,r^2}\right] \tag{IV 2, 30}$$

gilt nun

$$-m_0\,r\,\alpha'^2\,\frac{2\,\frac{q_0}{m_0}\,\varphi}{r'^2 + r^2\,\alpha'^2 + 1} + q_0\,\alpha'\,\frac{\sqrt{2\,\frac{q_0}{m_0}\,\varphi}}{\sqrt{r'^2 + r^2\,\alpha'^2 + 1}}\,\frac{\partial\,(r\,V_\alpha)}{\partial r} =$$

$$= -m_0\,r\left[\frac{q_0}{m_0}\,\frac{V_\alpha}{r} + \frac{C}{m_0\,r^2}\right]^2 + q_0\left[\frac{q_0}{m_0}\,\frac{V_\alpha}{r} + \frac{C}{m_0\,r^2}\right]\left(V_\alpha + r\,\frac{\partial V_\alpha}{\partial r}\right) =$$

$$= \frac{q_0^2}{m_0}\left[V_\alpha + \frac{C}{q_0\,r}\right]\left[\frac{\partial V_\alpha}{\partial r} - \frac{C}{q_0\,r^2}\right] = \frac{q_0^2}{m_0}\,\frac{1}{2}\,\frac{\partial}{\partial r}\left[V_\alpha + \frac{C}{q_0\,r}\right]^2. \tag{IV 2, 31}$$

Definieren wir daher als „*Effektivpotential*" die nur von den Meridiankoordinaten r und z abhängige Funktion

$$Q = \varphi - \frac{1}{2}\frac{q_0}{m_0}\left[V^a + \frac{C}{q_0 r}\right]^2, \qquad \text{(IV 2, 32)}$$

so entsteht aus (IV 2, 30)

$$a' = \sqrt{\frac{r'^2 + 1}{2\frac{q_0}{m_0}Q}}\left[\frac{q_0}{m_0}\frac{V^a}{r} + \frac{C}{m_0 r^2}\right] \qquad \text{(IV 2, 33)}$$

und also

$$\frac{\sqrt{2\frac{q_0}{m_0}\varphi}}{\sqrt{r'^2 + r^2 a'^2 + 1}} = \frac{1}{a'}\left[\frac{q_0}{m_0}\frac{V^a}{r} + \frac{C}{m_0 r^2}\right] = \sqrt{\frac{2\frac{q_0}{m_0}Q}{r'^2 + 1}}, \qquad \text{(IV 2, 34)}$$

so daß aus (IV 2, 29) die Differentialgleichung der Radialabweichung in der Gestalt

$$\sqrt{\frac{2\frac{q_0}{m_0}Q}{1 + r'^2}}\frac{d}{dz}\left(r'\sqrt{\frac{2\frac{q_0}{m_0}Q}{1 + r'^2}}\right) = -\frac{q_0}{m_0}\frac{\partial Q}{\partial r} \qquad \text{(IV 2, 35)}$$

resultiert.

IV 3. Das Mark der rotationssymmetrischen Primärfelder.

a) Wir beschreiben das stationäre elektromagnetische Primärfeld eines rotationssymmetrischen Elektronengerätes in einem relativ zum Gerät ruhenden System der Zylinderkoordinaten z, r und a nach Ziffer IV 2. Als gegeben gelten

1. das elektrische Skalarpotential φ längs der Symmetrieachse mittels der Funktion

$$\lim_{r\to 0} \varphi(z, r) = \Phi(z). \qquad \text{(IV 3, 1)}$$

2. Die parallel der Symmetrieachse gerichtete, physikalische Komponente H^z des Magnetfeldes in der genannten Achse selbst mittels der Funktion

$$\lim_{r\to 0} H^z(z, r) = H(z). \qquad \text{(IV 3, 2)}$$

Gesucht wird das *Mark* der Primärfelder in der Umgebung ihrer Symmetrieachse; es definiert das brechende Mittel der dieses Gebiet durchkreuzenden Ionenstrahlen.

b) Die Analyse des elektrischen Skalarpotentiales φ geht von der *Fourier*schen Integraldarstellung der Funktion (IV 3, 1) aus

$$\Phi(z) = \frac{1}{2\pi}\int_{m=-\infty}^{\infty} dm \int_{\zeta=-a}^{\infty} \Phi(\zeta)\, e^{im(z-\zeta)}\, d\zeta; \qquad i = \sqrt{-1}. \qquad \text{(IV 3, 3)}$$

Nun genügt φ der *Laplace*schen Gleichung

$$\frac{\partial^2\varphi}{\partial r^2} + \frac{1}{r}\frac{\partial\varphi}{\partial r} + \frac{\partial^2\varphi}{\partial z^2} = 0. \qquad \text{(IV 3, 4)}$$

Wir richten unsere Aufmerksamkeit zunächst auf das Differential

$$d\Phi(z;m) = \frac{1}{2\pi}\,dm \int\limits_{\zeta=-\infty}^{\infty} \Phi(\zeta)\,e^{im(z-\zeta)}\,d\zeta =$$

$$= \frac{1}{2\pi}\,e^{imz}\,dm \int\limits_{\zeta=-a}^{\infty} \Phi(\zeta)\,e^{-im\zeta}\,d\zeta. \qquad \text{(IV 3, 5)}$$

Setzen wir nun die zugehörige, infinitesimale Potentialfunktion $d\varphi$ mit Hilfe einer nur von r abhängigen Funktion f (r) in der Form an

$$d\varphi = f(r)\,d\Phi(z, m), \qquad \text{(IV 3, 6)}$$

so liefert die Substitution von (IV 3, 6) in (IV 3, 4) mit Rücksicht auf (IV 3, 5) für f die *Bessel*sche Differentialgleichung der Ordnung Null

$$\frac{d^2 f}{dr^2} + \frac{1}{r}\frac{df}{dr} + (im)^2 f = 0. \qquad \text{(IV 3, 7)}$$

Unter ihren beiden Fundamentalintegralen $J_0(imr)$ [*Bessel*sche Funktion] und $N_0(imr)$ [*Neumann*sche Funktion] je des rein imaginären Argumentes i m r bleibt nur die erstgenannte für $r \to 0$ endlich

$$\lim_{r\to 0} J_0(imr) = 1. \qquad \text{(IV 3, 8)}$$

Daher lautet diejenige Lösung der *Laplace*schen Gleichung, welche für $r \to 0$ in (IV 3, 5) übergeht

$$d\varphi = J_0(imr)\,d\Phi(z;m). \qquad \text{(IV 3, 9)}$$

Unter Berufung auf die Linearität der *Laplace*schen Gleichung resultiert hieraus durch Integration über den Bereich $(-\infty) < m < \infty$ das Potential

$$\varphi = \frac{1}{2\pi} \int\limits_{m=-\infty}^{\infty} dm \int\limits_{\zeta=-\infty}^{\infty} \Phi(\zeta)\,e^{im(z-\zeta)}\,J_0(imr)\,d\zeta, \qquad \text{(IV 3, 10)}$$

welches wegen (IV 3, 8) und (IV 3, 3) der Bedingung (IV 3, 1) genügt.

c) Die *Bessel*sche Funktion $J_0(imr)$ kann durch das bestimmte Integral

$$J_0(imr) = \frac{1}{2\pi} \int\limits_{\beta=-\pi}^{+\pi} e^{-mr\cos\beta}\,d\beta \qquad \text{(IV 3, 11)}$$

dargestellt werden. Wir tragen (IV 3, 11) in (IV 3, 10) ein und erhalten nach Vertauschen der Integrations-Reihenfolge mit Rücksicht auf (IV 3, 3)

$$\varphi = \left(\frac{1}{2\pi}\right)^2 \int\limits_{\beta=-\pi}^{+\pi} \int\limits_{m=-\infty}^{+\infty} \int\limits_{\zeta=-\infty}^{+\infty} \Phi(\zeta)\,e^{im(z+ir\cos\beta-\zeta)}\,dm\,d\zeta\,d\beta =$$

$$= \frac{1}{2\pi} \int\limits_{\beta=-\pi}^{+\pi} \Phi(z + ir\cos\beta)\,d\beta. \qquad \text{(IV 3, 12)}$$

Ihrer Herleitung nach ist diese Formel zunächst an die Existenz des *Fourier*schen Doppelintegrales (IV 3, 3) gebunden, welche ihrerseits aus Konvergenzgründen nur für eine gewisse Klasse achsialer Verteilungsfunktionen $\Phi(z)$ gewährleistet ist. Wir behaupten jedoch, daß wir uns nachträglich von dieser Bedingung befreien können, daß also, mit anderen Worten, Gl. (IV 3, 12) für alle Φ (z) gültig ist, welche beliebig oft differenzierbar sind und für welche eben das Integral (IV 3, 12) existiert. Zum Beweise dieses Satzes führen folgende Schritte:

1. Für $r = 0$ berechnet man

$$\varphi(z, 0) = \frac{1}{2\pi} \int_{\beta=-\pi}^{\pi} \Phi(z)\, d\beta = \Phi(z). \qquad \text{(IV 3, 13)}$$

2. Wir bilden

$$\frac{\partial \varphi}{\partial r} = \frac{i}{2\pi} \int_{\beta=-\pi}^{+\pi} \Phi'(z + i\, r \cos\beta) \cos\beta\, d\beta. \qquad \text{(IV 3, 14)}$$

Durch Teilintegration entsteht hieraus

$$\frac{\partial \varphi}{\partial r} = \frac{i}{2\pi} \sin\beta \cdot \Phi'(z + i\, r\cos\beta) \Big|_{-\pi}^{+\pi} - \frac{1}{2\pi} \int_{\beta=-\pi}^{+\pi} \Phi''(z + i\, r \cos\beta)\, r \sin^2\beta\, d\beta =$$

$$= -\frac{r}{2\pi} \int_{\beta=-\pi}^{+\pi} \Phi''(z + i\, r \cos\beta) \sin^2\beta\, d\beta \qquad \text{(IV 3, 15)}$$

und durch Differentiation

$$\frac{\partial^2 \varphi}{\partial r^2} = -\frac{1}{2\pi} \int_{\beta=-\pi}^{+\pi} \Phi''(z + i\, r \cos\beta) \cos^2\beta\, d\beta. \qquad \text{(IV 3, 16)}$$

Da weiter gilt

$$\frac{\partial^2 \varphi}{\partial z^2} = \frac{1}{2\pi} \int_{\beta=-\pi}^{+\pi} \Phi''(z + i\, r \cos\beta)\, d\beta, \qquad \text{(IV 3, 17)}$$

erfüllt die Funktion (IV 3, 12) die *Laplace*sche Gleichung (IV 3, 4).

Nachdem hiermit der verlangte Beweis erbracht ist, kehren wir zu (IV 3, 12) zurück und finden durch *Taylor*sche Entwicklung des Integranden

$$\varphi = \frac{1}{2\pi} \int_{\beta=-\pi}^{\pi} \left[\Phi(z) + \frac{i\, r}{1!} \cos\beta \cdot \Phi'(z) + \ldots + \frac{(i\, r)^n}{n!} \cos^n\beta\, \Phi^{(n)}(z) + \ldots \right] d\beta. \qquad \text{(IV 3, 18)}$$

Nun folgt mittels Teilintegration

$$C_n = \frac{1}{2\pi} \int_{-\pi}^{+\pi} \cos^n\beta\, d\beta = \frac{1}{2\pi} \cos^{n-1}\beta \sin\beta \Big|_{-\pi}^{+\pi} + \frac{n-1}{2\pi} \int_{-\pi}^{+\pi} \cos^{n-2}\beta \sin^2\beta\, d\beta =$$

$$= \frac{n-1}{2\pi} \int_{-\pi}^{+\pi} \cos^{n-2}\beta\, (1 - \cos^2\beta)\, d\beta = (n-1)(C_{n-2} - C_n). \qquad \text{(IV 3, 19)}$$

die Rekursionsformel

$$C_n = \frac{n-1}{n} \cdot C_{n-2} \qquad \text{(IV 3, 20)}$$

Mit

$$C_0 = 1; \qquad C_1 = 0 \qquad \text{(IV 3, 21)}$$

berechnet man also

$$C_{2k} = \frac{(2\,k)!}{2^{2k}\,(k!)^2}; \qquad C_{2k+1} = 0; \qquad k = 0, 1, 2 \ldots \qquad \text{(IV 3, 22)}$$

Wir vertauschen jetzt in (IV 3, 18) die Reihenfolge von Integration und Summation und erhalten für das elektrische Skalarpotential φ die nach geradzahligen Potenzen des Achsenabstandes r fortschreitende Reihe

$$\varphi = \Phi(z) - \left(\frac{r}{2}\right)^2 \frac{\Phi''(z)}{(1!)^2} + \left(\frac{r}{2}\right)^4 \frac{\Phi^{(4)}(z)}{(2!)^2} - + \ldots \qquad \text{(IV 3, 23)}$$

d) Zu (IV 3, 11) zurückkehrend, entwickeln wir den Integranden nach Potenzen des Exponenten und finden

$$J_0(i\,m\,r) = \frac{1}{2\pi} \int_{-\pi}^{+\pi} \sum_{k=0}^{\infty} \frac{(m\,r\cos\beta)^n\,(-1)^n}{n!}\,d\beta. \qquad \text{(IV 3, 24)}$$

Nach Vertauschen der Reihenfolge von Integration und Summation resultiert hieraus mit Rücksicht auf (IV 3, 22)

$$J_0(i\,m\,r) = \sum_{k=0}^{\infty} \frac{1}{(k!)^2} \cdot \left(\frac{m\,r}{2}\right)^{2k}. \qquad \text{(IV 3, 25)}$$

Durch Substitution dieser Reihe in (IV 3, 10) entsteht, nochmals nach Vertauschung der Reihenfolge von Integration und Summation,

$$\varphi = \sum_{k=0}^{\infty} \left(\frac{r}{2}\right)^{2k} \cdot \frac{1}{(k!)^2} \cdot \frac{1}{2\pi} \int_{m=-\infty}^{\infty} dm \int_{\zeta=-\infty}^{\infty} \Phi(\zeta)\, m^{2k}\, e^{i\,m\,(z-\zeta)}\, d\zeta. \qquad \text{(IV 3, 26)}$$

Nun ist

$$\frac{d^{2k}\left(e^{i\,m\,(z-\zeta)}\right)}{dz^{2k}} = (-1)^k\, m^{2k}\, e^{i\,m\,(z-\zeta)} \qquad \text{(IV 3, 27)}$$

Daher läßt sich (IV 3, 26) in die Gestalt

$$\varphi = \sum_{k=0}^{\infty} \left(\frac{r}{2}\right)^{2k} \cdot \frac{(-1)^k}{(k!)^2} \cdot \frac{d^{2k}}{dz^{2k}} \left\{ \frac{1}{2\pi} \int_{m=-\infty}^{\infty} dm \int_{\zeta=-\infty}^{\infty} \Phi(\zeta)\, e^{i\,m\,(z-\zeta)}\, d\zeta \right\} \qquad \text{(IV 3, 28)}$$

bringen, welche wegen (IV 3, 13) mit (IV 3, 23) identisch ist.

e) Wir gehen zur Berechnung der azimutalen physikalischen Komponente V_α des magnetischen Vektorpotentiales über, welche der Gleichung (IV 2, 9) genügt

$$\frac{\partial^2 V_\alpha}{\partial r^2} + \frac{1}{r}\frac{\partial V_\alpha}{\partial r} - \frac{V_\alpha}{r^2} + \frac{\partial^2 V_\alpha}{\partial z^2} = 0. \qquad \text{(IV 3, 29)}$$

Um V_α der Vorschrift (IV 3, 2) anzupassen, stützen wir uns auf die *Fourier*sche Integraldarstellung

$$H(z) = \frac{1}{2\pi} \int_{m=-\infty}^{\infty} dm \int_{\zeta=-\infty}^{\infty} H(\zeta)\, e^{i\,m\,(z-\zeta)}\, d\zeta. \qquad \text{(IV 3, 30)}$$

Mit Rücksicht auf den in (IV 3, 2) ausgesprochenen genetischen Zusammenhang

$$H^z = \frac{1}{\Pi} \cdot \frac{1}{r} \frac{\partial (r V^a)}{\partial r} \qquad \text{(IV 3, 31)}$$

suchen wir das in (IV 3, 30) enthaltene infinitesimale Teilfeld

$$dH(z; m) = \frac{1}{2\pi} \cdot e^{imz} \, dm \int_{-\infty}^{\infty} H(\zeta) \, e^{-im\zeta} \, d\zeta, \qquad \text{(IV 3, 32)}$$

nach der Vorschrift (IV 3, 31) von der gleichfalls infinitesimalen Vektorpotential-Komponente dV^a abzuleiten, welche wir mit Hilfe einer nur von r abhängigen Funktion g (r) in der Gestalt

$$dV^a = g(r) \frac{\Pi}{2\pi} \cdot \frac{e^{imz} \, dm}{im} \qquad \text{(IV 3, 33)}$$

ansetzen. Durch Substitution von (IV 3, 33) in (IV 3, 29) folgt dann für g (r) die *Bessel*sche Differentialgleichung der Ordnung Eins

$$\frac{d^2 g}{dr^2} + \frac{1}{r} \frac{dg}{dr} + \left\{ (i\,m)^2 - \frac{1}{r^2} \right\} g = 0. \qquad \text{(IV 3, 34)}$$

Von ihren beiden Fundamentallösungen $J_1(i\,m\,r)$ [*Bessel*sche Funktion] und $H_1^{(1)}(i\,m\,r)$ [*Hankel*sche Funktion erster Art] bleibt nur die erstgenannte für $r \rightarrow 0$ endlich, so daß wir nach Hinzufügung einer nur von m abhängigen Funktion $K = K(m)$

$$dV^a = K \frac{\Pi}{2\pi} \frac{e^{imz} \, J_1(i\,m\,r) \, dm}{i\,m} \qquad \text{(IV 3, 35)}$$

erhalten. Mit Hilfe der Regel

$$\frac{d \{ r \, J_1(i\,m\,r) \}}{dr} = i\,m\,r \, J_1(i\,m\,r) \qquad \text{(IV 3, 36)}$$

ergibt sich also aus (IV 3, 35) und (IV 3, 8)

$$dH(z, m) = \frac{1}{\Pi} \lim_{r \rightarrow 0} \frac{1}{r} \frac{\partial (r \, dV^a)}{\partial r} = \frac{K}{2\pi} e^{imz} \, dm \qquad \text{(IV 3, 37)}$$

und durch Vergleich mit (IV 3, 37)

$$K(m) = \int_{-\infty}^{\infty} H(\zeta) \, e^{-im\zeta} \, d\zeta. \qquad \text{(IV 3, 38)}$$

Auf Grund der Linearität der Differentialgleichung (IV 3, 29) berechnet sich nunmehr die gesuchte Komponente V^a des Vektorpotentiales mittels Integration über den Bereich $(-\infty) < m < \infty$ zu

$$V^a = \frac{\Pi}{2\pi} \int_{m=-\infty}^{\infty} dm \int_{\zeta=-\infty}^{\infty} H(\zeta) \, e^{im(z-\zeta)} \frac{J_1(i\,m\,r)}{i\,m} \, d\zeta \qquad \text{(IV 3, 39)}$$

Mittels der Relation

$$\frac{J_1(i\,m\,r)}{i\,m} = -\frac{1}{i\,m} \frac{d J_0(i\,m\,r)}{d(i\,m\,r)} \qquad \text{(IV 3, 40)}$$

folgt aus (IV 3, 25)

$$\frac{J_1(i\,m\,r)}{i\,m} = \frac{1}{m}\sum_{k=0}^{\infty}\frac{1}{k!\,(k+1)!}\left(\frac{m\,r}{2}\right)^{2k+1} \qquad \text{(IV 3, 41)}$$

Daher entsteht aus (IV 3, 39), nachdem man dort die Reihenfolge von Integration und Summation vertauscht hat,

$$V_a = \Pi\sum_{k=0}^{\infty}\left(\frac{r}{2}\right)^{2k+1}\cdot\frac{1}{k!\,(k+1)!}\,\frac{1}{2\pi}\int\limits_{m=-\infty}^{\infty} dm\cdot m^{2k}\int\limits_{\zeta=-\infty}^{\infty} H(\zeta)\,e^{i\,m\,(z-\zeta)}\,d\zeta \qquad \text{(IV 3, 42)}$$

und also, mit Rücksicht auf (IV 3, 30)

$$V_a = \Pi\sum_{k=0}^{\infty}\left(\frac{r}{2}\right)^{2k+1}\frac{(-1)^k}{k!\,(k+1)!}\,\frac{d^{2k}H(z)}{dz^{2k}} \qquad \text{(IV 3, 43)}$$

eine nach ungeraden Potenzen des Achsenabstandes fortschreitende Potenzreihe.

In der Umgebung der Systemachse existiert neben dem Vektorpotential V_a ein magnetisches Skalarpotential $\psi = \psi(r, z)$ Setzen wir

$$\psi(0, z) = \Psi(z) = \frac{1}{2\pi}\int\limits_{m=-\infty}^{\infty} dm\int\limits_{\zeta=-\infty}^{\infty}\Psi(\zeta)\,e^{i\,m\,(z-\zeta)}\,d\zeta, \qquad \text{(IV 3, 44)}$$

so wird also

$$H(z) = -\frac{d\Psi}{dz} = -\frac{1}{2\pi}\int\limits_{m=-\infty}^{\infty} i\,m\,dm\int\limits_{\zeta=-\infty}^{\infty}\Psi(\zeta)\,e^{i\,m\,(z-\zeta)}\,d\zeta. \qquad \text{(IV 3, 45)}$$

Wir schließen hieraus im Verein mit (IV 3, 37) nunmehr auf

$$K = -i\,m\int\limits_{\zeta=-\infty}^{\infty}\Psi(\zeta)\,e^{i\,m\,(z-\zeta)}\,d\zeta, \qquad \text{(IV 3, 46)}$$

so daß durch Integration über die Teilpotentiale (IV 3, 35)

$$V_a = -\frac{\Pi}{2\pi}\int\limits_{m=-\infty}^{\infty} dm\int\limits_{\zeta=-\infty}^{\infty}\Psi(\zeta)\,e^{i\,m\,(z-\zeta)}\,J_1(i\,m\,r)\,d\zeta \qquad \text{(IV 3, 47)}$$

resultiert. Nun folgt aus (IV 3, 40) mit Rücksicht auf (IV 3, 11) die Integraldarstellung

$$J_1(i\,m\,r) = -\frac{d\,J_0(i\,m\,r)}{d\,(i\,m\,r)} = \frac{1}{2\pi i}\int\limits_{-\pi}^{\pi} e^{-m\,r\cos\beta}\cos\beta\,d\beta. \qquad \text{(IV 3, 48)}$$

Daher entsteht aus (IV 3, 47) durch Vertauschung der Integrationsfolge

$$V_a = -\frac{\Pi}{2\pi}\,\frac{1}{2\pi i}\int\limits_{\beta=-\pi}^{\pi}\cos\beta\,d\beta\int\limits_{m=-\infty}^{\infty} dm\int\limits_{\zeta=-\infty}^{\infty}\Psi(\zeta)\,e^{i\,m\,(z-\zeta+i\,r\cos\beta)}\,d\zeta \qquad \text{(IV 3, 49)}$$

also, mit Rücksicht auf (IV 3, 44)

$$V_a = -\frac{\Pi}{2\pi i}\int_{-\pi}^{+\pi} \Psi(z + i r \cos\beta)\cos\beta\, d\beta. \qquad \text{(IV 3, 50)}$$

f) Wir fragen nach der Konstruktion einer Spule, welche längs der Systemachse eine vorgeschriebene Feldstärke erregt, welche wir aus formalen Gründen vorübergehend durch das Symbol M = M (z) bezeichnen; demgemäß ersetzen wir (IV 6, 30) durch

$$M(z) = \frac{1}{2\pi}\int_{m=-\infty}^{\infty} e^{imz}\, dm \int_{\zeta=-\infty}^{\infty} M(\zeta)\, e^{-im\zeta}\, d\zeta. \qquad \text{(IV 3, 51)}$$

Der Einfachheit halber sei die gesuchte Spule als Zylinder vom Halbmesser a angenommen, dessen Achse mit der z-Achse koinzidiert. Der Zylindermantel trage den in Richtung wachsenden Azimutes positiv gezählten, zirkularen Strombelag A = A (z), welchen wir zu bestimmen haben.

Das magnetische Feld der Spule werde in $r < a$ durch das Skalarpotential ψ_i und in $r > a$ durch das Skalarpotential ψ_a dargestellt. Sowohl ψ_i wie ψ_a genügen je in ihrem Existenzgebiete der *Laplace*schen Gleichung

$$\frac{\partial^2\psi}{\partial r^2} + \frac{1}{r}\frac{\partial\psi}{\partial r} + \frac{\partial^2\psi}{\partial z^2} = 0 \qquad \text{(IV 3, 52)}$$

Die ,,eigentlichen“ Randbedingungen am Spulenkörper verlangen:

1. Die [physikalische] Radialkomponente der Induktion bleibt stetig

$$-\Pi\frac{\partial\psi_i}{\partial r} = -\Pi\frac{\partial\psi_a}{\partial r} \qquad \text{für} \qquad r \to a. \qquad \text{(IV 3, 53)}$$

2. Der Sprung der tangentialen Feldkomponente gleicht dem Strombelag

$$-\frac{\partial\psi_i}{\partial z} + \frac{\partial\psi_a}{\partial z} = A \qquad \text{für} \qquad r \to a. \qquad \text{(IV 3, 54)}$$

Sie sind durch die ,,uneigentlichen“ Randbedingungen an den Grenzen des jeweiligen Existenzgebietes der Potentiale ψ_i und ψ_a zu ergänzen:

1. Bei der Annäherung an die Systemachse konvergiert das Potential gegen die endliche Funktion

$$\Psi(z) = \lim_{r\to 0} \psi_i(r, z). \qquad \text{(IV 3, 55)}$$

2. Mit wachsendem Abstande von der Achse konvergiert das Potential gegen Null

$$\lim_{r\to\infty} \psi_a(r, z) = 0. \qquad \text{(IV 3, 56)}$$

Ausgehend von dem *Fourier*schen Doppelintegral des gesuchten Strombelages

$$A(z) = \frac{1}{2\pi}\int_{m=-\infty}^{\infty} e^{imz}\, dm \int_{\zeta=-\infty}^{\infty} A(\zeta)\, e^{-im\zeta}\, d\zeta \qquad \text{(IV 3, 57)}$$

genügen wir der *Laplace*schen Gleichung unter den Bedingungen (IV 3, 55) und (IV 3, 56) nach Wahl zweier vorerst beliebiger Konstanten α_i und α_a durch die Ansätze

$$\psi_i = \frac{1}{2\pi}\int_{m=-\infty}^{\infty} e^{imz} J_0(i m r)\, dm \int_{\zeta=-\infty}^{\infty} \alpha_i A(\zeta)\, e^{-im\zeta}\, d\zeta \qquad \text{(IV 3, 58)}$$

und

$$\psi_a = \frac{1}{2\pi} \int\limits_{m=-\infty}^{\infty} e^{imz}\, i\, H_0^{(1)}(imr)\, dm \int\limits_{\zeta=-\infty}^{\infty} \alpha_a A(\zeta)\, e^{-im\zeta}\, d\zeta, \quad \text{(IV 3, 59)}$$

in welchen J_0 die *Bessel*sche Zylinderfunktion nullter Ordnung und $H_0^{(1)}$ die *Hankel*sche Zylinderfunktion erster Art von der Ordnung Null bezeichnet. Mit Benutzung der Differentiationsformeln

$$\frac{dJ_0(imr)}{dr} = -im\, J_1(imr), \quad \text{(IV 3, 60)}$$

$$i\frac{dH_0^{(1)}(imr)}{dr} = m\, H_1^{(1)}(imr) \quad \text{(IV 3, 61)}$$

liefert dann (IV 3, 53) die Gleichung

$$\alpha_i\, i\, J_1(ima) = -\alpha_a H_1^{(1)}(ima), \quad \text{(IV 3, 62)}$$

während (IV 3, 54) mit Rücksicht auf (IV 3, 57) durch

$$-im\,\alpha_i\, J_0(ima) + im\,\alpha_a\, i\, H_0^{(1)}(ima) = 1 \quad \text{(IV 3, 63)}$$

erfüllt wird. Unter Berufung auf die Identität

$$J_0(ima)\, H_1^{(1)}(ima) - J_1(ima)\, H_1^{(1)}(ima) \equiv -\frac{2}{\pi m a} \quad \text{(IV 3, 64)}$$

folgt aus (IV 3, 62) und (IV 3, 63)

$$\alpha_i = \frac{\pi}{2}\frac{a\, H_1^{(1)}(ima)}{i}; \qquad \alpha_a = -\frac{\pi}{2}\frac{a\, i\, J_1(ima)}{i}, \quad \text{(IV 3, 65)}$$

so daß wir gemäß (IV 3, 58) und (IV 3, 59)

$$\psi_i = \frac{a}{4i} \int\limits_{m=-\infty}^{\infty} e^{imz}\, J_0(imr)\, H_1^{(1)}(ima)\, dm \int\limits_{\zeta=-\infty}^{\infty} A(\zeta)\, e^{-im\zeta}\, d\zeta \quad \text{(IV 3, 66)}$$

und

$$\psi_a = -\frac{a}{4i} \int\limits_{m=-\infty}^{\infty} e^{imz}\, i\, H_0^{(1)}(imr)\, i\, J_1(ima)\, dm \int\limits_{\zeta=-\infty}^{\infty} A(\zeta)\, e^{-im\zeta}\, d\zeta \quad \text{(IV 3, 67)}$$

erhalten.

Wir bilden aus dem Potential (IV 3, 66) die längs der Systemachse wirksame Komponente der magnetischen Feldstärke

$$-\left(\frac{\partial \psi_i}{\partial z}\right)_{r=0} = \frac{a}{4} \int\limits_{m=-\infty}^{\infty} e^{imz}\, m\{-i\, H_1^{(1)}(ima)\}\, dm \int\limits_{\zeta=-\infty}^{\infty} A(\zeta)\, e^{-im\zeta}\, d\zeta. \quad \text{(IV 3, 68)}$$

Um sie mit der Vorschrift (IV 3, 51) in Übereinstimmung zu bringen, hat man also den Strombelag A der Integralgleichung

$$\int\limits_{\zeta=-\infty}^{\infty} A(\zeta)\, e^{-im\zeta}\, d\zeta = \frac{2}{\pi}\frac{1}{m a\{-H_1^{(1)}(ima)\}} \int\limits_{\zeta=-\infty}^{\infty} M(\zeta)\, e^{-im\zeta}\, d\zeta \quad \text{(IV 3, 69)}$$

zu unterwerfen; ihre Lösung lautet gemäß (IV 3, 57)

$$A(z) = \frac{1}{\pi^2} \int\limits_{m=-\infty}^{\infty} \frac{e^{imz}\, dm}{m a\{-H_1^{(1)}(ima)\}} \int\limits_{\zeta=-\infty}^{\infty} M(\zeta)\, e^{-im\zeta}\, d\zeta. \quad \text{(IV 3, 70)}$$

IV 4. Gaußsche Elektronendioptrik rotationssymmetrischer Systeme.

a) Die *Gaußsche* Elektronendioptrik rotationssymmetrischer Systeme wird durch die quasioptischen Abbildungsgesetze der achsennahen Elektronenstrahlen im Grenzfalle verschwindender Strahlintensität definiert. Diese Gesetze gehen aus den allgemeinen Bewegungsgleichungen der Elektrizitätsträger im rotationssymmetrischen elektromagnetischen Primärfelde hervor, indem man sowohl die Radialabweichung r von der zentralen z-Achse wie auch den Differentialquotienten $r' = dr/dz$ je nur in höchstens der ersten Potenz beibehält. Nach dieser Vorschrift hat man sich in der Entwicklung (IV 3, 23) des elektrischen Skalarpotentiales φ auf die beiden Anfangsglieder

$$\varphi = \Phi(z) - \frac{r^2}{4}\Phi''(z) \qquad \text{(IV 4, 1)}$$

und in der Entwicklung (IV 3, 43) des magnetischen Vektorpotentiales auf das erste Glied

$$V_\alpha = \Pi \frac{r}{2} H(z) \qquad \text{(IV 4, 2)}$$

zu beschränken. Mit Hilfe dieser Ausdrücke findet man aus (IV 2, 26)

$$\frac{d}{dz}(r'\sqrt{\Phi}) + r\left(\frac{1}{4}\frac{\Phi''}{\sqrt{\Phi}} - \alpha'^2\sqrt{\Phi} + \sqrt{\frac{q_0}{2\,m_0}}\,\Pi\cdot H\cdot\alpha'\right) = 0 \qquad \text{(IV 4, 3)}$$

und aus (IV 2, 28)

$$r^2\alpha'\sqrt{\Phi} - \sqrt{\frac{q_0}{2\,m_0}}\frac{\Pi}{2}H\,r^2 = \text{const.} \equiv C. \qquad \text{(IV 4, 4)}$$

b) Der allgemeinen Lösung der Gleichungen (IV 4, 3) und (IV 4, 4) stellen wir den mittels

$$C = 0 \qquad \text{(IV 4, 5)}$$

definierten Fall *verschwindenden Drehimpulses* voraus. Die entsprechende Winkelgeschwindigkeit α_0' der zirkularen Elektronenbewegung berechnet sich demnach aus (IV 4, 4) zu

$$\alpha_0' = \sqrt{\frac{q_0}{2\,m_0}}\frac{\Pi}{2}\frac{H}{\sqrt{\Phi}}. \qquad \text{(IV 4, 6)}$$

Mit Rücksicht auf die Rotationssymmetrie des Systemes dürfen wir den Ort des kontrollierten Elektrons in der „Objektebene“ $z = z^{(1)}$ stets durch die Angaben

$$\alpha_0^{(1)} = 0; \qquad r = r^{(1)} \qquad \text{für} \qquad z = z^{(1)} \qquad \text{(IV 4, 7)}$$

festlegen; wir ergänzen sie durch die dortige Neigung

$$r' = r'^{(1)} \qquad \text{für} \qquad z = z^{(1)}. \qquad \text{(IV 4, 8)}$$

Das Azimut $\alpha_0 = \alpha_0(z)$ ergibt sich somit durch Integration von (IV 7, 6) zu

$$\alpha_0 = \sqrt{\frac{q_0}{2\,m_0}}\frac{\Pi}{2}\int\limits_{z^{(1)}}^{z}\frac{H(z)}{\sqrt{\Phi(z)}}\,dz, \qquad \text{(IV 4, 9)}$$

während für die Radialbewegung des kontrollierten Elektrons durch Substitution von (IV 4, 6) in (IV 4, 3) die lineare Differentialgleichung zweiter Ordnung

$$\frac{d}{dz}(r'\sqrt{\Phi}) + r\left(\frac{1}{4}\frac{\Phi''}{\sqrt{\Phi}} + \frac{1}{8}\frac{q_0}{m_0}\frac{\Pi^2 H^2}{\sqrt{\Phi}}\right) = 0 \qquad \text{(IV 4, 10)}$$

resultiert. Um ihre Lösung den Bedingungen (IV 4, 7) und (IV 4, 8) anzupassen, konstruieren wir zwei voneinander linear unabhängige Fundamentalintegrale f (z) und g (z) der Eigenschaften

$$\left.\begin{array}{ll} f(z^{(1)}) = 1; & f'(z^{(1)}) = 0 \\ g(z^{(1)}) = 0; & g'(z^{(1)}) = 1. \end{array}\right\} \qquad \text{(IV 4, 11)}$$

Diese Funktionen als bekannt vorausgesetzt, wird also die Radialbewegung durch

$$r = r^{(1)} \cdot f(z) + r'^{(1)} \cdot g(z) \qquad \text{(IV 4, 12)}$$

geschildert.

c) Wir spezialisieren die Feldfunktionen $\Phi(z)$ und $H(z)$ durch die Forderung, daß im Halbraum $z > z^{(1)}$ die Ebenen

$$z = z^{(k)} = \text{const.}; \qquad z^{(2)} \leqq z^{(3)} \leqq z^{(4)} \ldots \qquad \text{(IV 4, 13)}$$

existieren, in deren jeder die Funktion $g(z^{(k)})$ verschwindet

$$g(z^{(k)}) = 0; \qquad k = 2, 3, 4 \ldots \qquad \text{(IV 4, 14)}$$

Gemäß (IV 4, 12) nimmt in ihnen die radiale Abweichung den Wert

$$r^{(k)} = r^{(1)} \cdot f(z^{(k)}) \qquad \text{(IV 4, 15)}$$

an, welcher also von der Neigung $r'^{(1)}$ unabhängig ist. Da überdies die gemäß (IV 4, 9) zwischen den Ebenen $z = z^{(1)}$ und $z = z^{(k)}$ erfolgende Zunahme des Azimutes

$$\alpha_0(z^{(k)}) - \alpha_0(z^{(1)}) = \sqrt{\frac{q_0}{2\,m_0}} \int\limits_{z^{(1)}}^{z^{(k)}} \frac{H(z)}{\sqrt{\Phi(z)}}\,dz \qquad \text{(IV 4, 16)}$$

die Daten $r^{(1)}$ und $r'^{(1)}$ nicht enthält, gelangen wir zu dem Schlusse:

Sämtliche den Punkt

$$P^{(1)} = (z^{(1)}, r^{(1)}, \alpha_0{}^{(1)}) \qquad \text{(IV 4, 17)}$$

in verschiedenen Richtungen durchkreuzenden, drehimpulsfreien Elektronenstrahlen vereinigen sich im Punkte

$$P^{(k)} = (z^{(k)}, r^{(k)}, \alpha_0{}^{(k)}). \qquad \text{(IV 4, 18)}$$

Durch dieses Ergebnis ist eine *elektronenoptische Abbildung* des Objektes $P^{(1)}$ in das Bild $P^{(k)}$ definiert; falls die Ebenen $z^{(k)}$ $[k \geqq 2]$ koinzidieren, liegt eine einfache Abbildung vor, während im allgemeinen der Vielfalt räumlich getrennter Ebenen $z^{(k)}$ die gleiche Anzahl von Bildern korrespondiert. Das Verhältnis

$$\frac{r^{(k)}}{r^{(1)}} = f(z^{(k)}) \qquad \text{(IV 4, 19)}$$

mißt die Vergrößerung des Bildes der Ordnungszahl k im Vergleich zu seinem Original in der Objektebene.

d) Die Bedingung (IV 4, 5) ist in der Regel nur für einen Teil aller Kathodenstrahlen erfüllt; gelten die Abbildungsgesetze der *Gauß*schen Dioptrik auch für Elektronen, deren Bewegung sich durch einen *endlichen Drehimpuls* auszeichnet?

Ausgehend von (IV 4, 4) erhalten wir im Falle $C \neq 0$ mit Benutzung von (IV 4, 6) als Winkelgeschwindigkeit der zirkularen Elektronenbewegung

$$\alpha' = \alpha_0' + \frac{C}{r^2 \sqrt{\Phi}}. \qquad \text{(IV 4, 20)}$$

Wir führen den Winkel β als Azimutdifferenz der spinnenden Elektronenbewegung gegen die drehimpulsfreie ein

$$\beta = \alpha - \alpha_0, \qquad \text{(IV 4, 21)}$$

so daß also wegen (IV 4, 20)

$$\beta' = \alpha' - \alpha_0{}' = \frac{C}{r^2 \sqrt{\Phi}} \qquad \text{(IV 4, 22)}$$

gilt, und beschreiben die radiale Abweichung des kontrollierten Elektrons von der Systemachse durch den *Gaußschen* Vektor

$$\bar{r} = r\, e^{i\beta}; \qquad i = \sqrt{-1}. \qquad \text{(IV 4, 23)}$$

Aus der Umkehrung dieser Gleichung

$$r = \bar{r}\, e^{-i\beta} \qquad \text{(IV 4, 24)}$$

folgt nun durch Differentiation nach z mit Rücksicht auf (IV 4, 22)

$$r' = \bar{r}'\, e^{-i\beta} - i\,\beta' \bar{r}\, e^{-i\beta} = \bar{r}'\, e^{-i\beta} - i \frac{C}{\bar{r}\sqrt{\Phi}}\, e^{+i\beta}. \qquad \text{(IV 4, 25)}$$

Hieraus berechnet man

$$\frac{d(r'\sqrt{\Phi})}{dz} = \frac{d(\bar{r}'\sqrt{\Phi})}{dz} e^{-i\beta} - i\,\beta'\,\bar{r}'\sqrt{\Phi}\, e^{-i\beta} + i \frac{C}{\bar{r}^2}\,\bar{r}'\, e^{i\beta} - i \frac{C}{\bar{r}}\, i\,\beta'\, e^{i\beta} =$$

$$= \frac{d(\bar{r}'\sqrt{\Phi})}{dz}\, e^{-i\beta} + \frac{C^2}{\bar{r}^3 \sqrt{\Phi}}\, e^{3i\beta} \qquad \text{(IV 4, 26)}$$

und weiter, mit Rücksicht auf (IV 4, 6), (IV 4, 20) und (IV 4, 22)

$$r\left(\frac{1}{4}\frac{\Phi''}{\sqrt{\Phi}} - \alpha'^2\sqrt{\Phi} + \sqrt{\frac{q_0}{2\,m_0}}\,\Pi\, H\, \alpha'\right) =$$

$$= \bar{r}\, e^{-i\beta}\left(\frac{1}{4}\frac{\Phi''}{\sqrt{\Phi}} + \frac{1}{8}\frac{q_0}{m_0}\frac{\Pi^2 H^2}{\sqrt{\Phi}} - \frac{C^2}{\bar{r}^4\sqrt{\Phi}}\, e^{4i\beta}\right). \qquad \text{(IV 4, 27)}$$

Durch Substitution von (IV 4, 26) und (IV 4, 27) in (IV 4, 3) entsteht für den *Gaußschen* Vektor $\bar{r}$ die Differentialgleichung

$$\frac{d(\bar{r}'\sqrt{\Phi})}{dz} + \bar{r}\left(\frac{1}{4}\frac{\Phi''}{\sqrt{\Phi}} + \frac{1}{8}\frac{q_0}{m_0}\frac{\Pi^2 H^2}{\sqrt{\Phi}}\right) = 0, \qquad \text{(IV 4, 28)}$$

welche mit der Differentialgleichung (IV 4, 10) für die Radialabweichung des drehimpulsfreien Elektrons identisch ist. Daher kann sich die allgemeine Lösung der Gleichung (IV 4, 28) von (IV 4, 12) nur durch die je multiplikativ zu den Fundamentalintegralen f (z) und g (z) tretenden, im allgemeinen komplexen Konstanten $\bar{F}$ und $\bar{G}$ unterscheiden:

$$\bar{r} = r^{(1)}\,\bar{F} \cdot f(z) + r'^{(1)}\,\bar{G} \cdot g(z). \qquad \text{(IV 4, 29)}$$

Wir vervollständigen nun die kinematischen Daten (IV 4, 7) und (IV 4, 8) des kontrollierten Elektrons in der Objektebene durch Angabe seiner dortigen Winkelgeschwindigkeit

$$\alpha'^{(1)} = \sqrt{\frac{q_0}{2\,m_0}}\,\frac{\Pi}{2}\,\frac{H(z^{(1)})}{\sqrt{\Phi(z^{(1)})}} + \frac{C}{(r^{(1)})^2\sqrt{\Phi(z^{(1)})}} \qquad \text{(IV 4, 30)}$$

während mit Rücksicht auf die Rotationssymmetrie des Systemes ohne Beschränkung der Allgemeinheit

$$\beta^{(1)} = 0 \qquad \text{für} \qquad z = z^{(1)} \qquad \text{(IV 4, 31)}$$

gesetzt werden darf. Mit Benutzung von (IV 4, 24) wird somit

$$\left.\begin{aligned} \overline{\mathrm{r}}^{(1)} &= \mathrm{r}^{(1)}\,\overline{\mathrm{F}} = \mathrm{r}^{(1)}, \\ \overline{\mathrm{r}}'^{(1)} &= \mathrm{r}'^{(1)}\,\overline{\mathrm{G}} = \mathrm{r}'^{(1)} + \mathrm{i}\,\beta'^{(1)}\,\mathrm{r}^{(1)} = \\ &= \mathrm{r}'^{(1)} + \mathrm{i}\,\mathrm{r}^{(1)}\left\{\alpha'^{(1)} - \sqrt{\frac{\mathrm{q}_0}{2\,\mathrm{m}_0}}\,\frac{\Pi}{2}\,\frac{\mathrm{H}\,(\mathrm{z}^{(1)})}{\sqrt{\Phi\,(\mathrm{z}^{(1)})}}\right\}. \end{aligned}\right\} \qquad \text{(IV 4, 32)}$$

Aus der Eigenschaft (IV 4, 11) und (IV 4, 14) der Funktion g (z) folgt nunmehr

$$\overline{\mathrm{r}}^{(\mathrm{k})} \equiv \overline{\mathrm{r}}\,(\mathrm{z}^{(\mathrm{k})}) = \mathrm{r}^{(1)}\,\mathrm{f}\,(\mathrm{z}^{(\mathrm{k})}) = \mathrm{r}^{\mathrm{k}}\,. \qquad \text{(IV 4, 33)}$$

Damit ist bewiesen, daß die Abbildungsgesetze der *Gauß*schen Dioptrik ausnahmslos für alle Elektronenstrahlen zwischen Objektpunkt und Bildpunkt gelten.

Doch darf eine gewisse Inkonsequenz nicht verschwiegen werden, welche den Erkenntniswert dieses Beweises beeinträchtigt. Ist nämlich in Gl. (IV 4, 20) die Konstante C von Null verschieden, so wächst die [physikalische] Azimutalkomponente $v_r = r\,\dot{\alpha}$ der Elektronengeschwindigkeit mit $r \to 0$ über alle Grenzen an; dort ist es also gewiß nicht mehr erlaubt, den in (IV 4, 26) eingehenden Ausdruck $\sqrt{r'^2 + r^2\,\alpha'^2 + 1}$ mit der Einheit zu vertauschen. Insbesondere kann für $C \neq 0$ niemals $\overline{r}$ gleich Null werden; eine Lösung der Gleichung (IV 4, 28), welche diesem Satze widerspricht, kann also nur mathematisch-formale Gültigkeit beanspruchen, ist jedoch physikalisch nicht realisierbar. Im Lichte dieser Kritik empfiehlt es sich, die *Gauß*sche Dioptrik auf die Voraussetzung $C = 0$ zu beschränken und den Fall $C \neq 0$ als eine besondere Art von chromatischer Strahlaberration in die Systematik der Bildfehler einzuschließen.

e) Wir kehren zu Gleichung (IV 4, 28) zurück, mit dem Ziel, ihre analytische Gestalt zu vereinfachen.

Zunächst folgt durch Entwickeln des ersten Gliedes und Kürzen mit $\sqrt{\Phi}$

$$\frac{\mathrm{d}^2\overline{\mathrm{r}}}{\mathrm{dz}^2} + \frac{1}{2}\frac{\Phi'}{\Phi}\frac{\mathrm{d}\overline{\mathrm{r}}}{\mathrm{dz}} + \left(\frac{1}{4}\frac{\Phi''}{\Phi} + \frac{1}{8}\frac{\mathrm{q}_0}{\mathrm{m}_0}\frac{\Pi^2\,\mathrm{H}^2}{\Phi}\right)\overline{\mathrm{r}} = 0. \qquad \text{(IV 4, 34)}$$

Mittels einer frei wählbaren, endlichen und stetigen Hilfsfunktion $h = h\,(z)$ definieren wir die reduzierte Radialabweichung r^* durch die Gleichung

$$\overline{\mathrm{r}} = \mathrm{h}\,(\mathrm{z})\,\mathrm{r}^*; \qquad \mathrm{r}^* = \frac{\overline{\mathrm{r}}}{\mathrm{h}\,(\mathrm{z})}. \qquad \text{(IV 4, 35)}$$

Wir bilden hieraus [Apostrophe bedeuten Ableitungen nach z]

$$\overline{\mathrm{r}}' = \mathrm{h}'\,\mathrm{r}^* + \mathrm{h}\,\mathrm{r}^{*\prime}; \qquad \overline{\mathrm{r}}'' = \mathrm{h}''\,\mathrm{r}^* + 2\,\mathrm{h}'\,\mathrm{r}^{*\prime} + \mathrm{h}\,\mathrm{r}^{*\prime\prime} \qquad \text{(IV 4, 36)}$$

und finden durch Substitution dieser Ausdrücke in (IV 4, 34) die Differentialgleichung

$$\mathrm{r}^{*\prime\prime} + \left(2\frac{\mathrm{h}'}{\mathrm{h}} + \frac{1}{2}\frac{\Phi'}{\Phi}\right)\mathrm{r}^{*\prime} + \left(\frac{\mathrm{h}''}{\mathrm{h}} + \frac{1}{2}\frac{\Phi'}{\Phi}\frac{\mathrm{h}'}{\mathrm{h}} + \frac{1}{4}\frac{\Phi''}{\Phi} + \frac{1}{8}\frac{\mathrm{q}_0}{\mathrm{m}_0}\frac{\Pi^2\,\mathrm{H}^2}{\Phi}\right)\mathrm{r}^* = 0. \qquad \text{(IV 4, 37)}$$

Wir befreien uns nun von dem mit $r^{*\prime}$ proportionalen Gliede, indem wir der Funktion h die Bedingung

$$2\frac{\mathrm{h}'}{\mathrm{h}} + \frac{1}{2}\frac{\Phi'}{\Phi} = 0 \qquad \text{(IV 4, 38)}$$

auferlegen; wir vervollständigen sie, indem wir in der Objektebene $z = z^1$ $[\Phi = \Phi^1]$ den Wert

$$h(z^{(1)}) = h^{(1)} = 1 \qquad \text{(IV 4, 39)}$$

vorschreiben und erhalten aus (IV 4, 38) durch Integration

$$h = \left(\frac{\Phi}{\Phi^{(1)}}\right)^{-1/4}. \qquad \text{(IV 4, 40)}$$

Aus den hieraus fließenden Formeln

$$h' = -\frac{1}{4}\frac{\Phi'}{(\Phi^{(1)})^{-1/4}\,\Phi^{5/4}}; \qquad h'' = \frac{5}{16}\frac{(\Phi')^2}{(\Phi^{(1)})^{-1/4}\,\Phi^{9/4}} - \frac{1}{4}\frac{\Phi''}{(\Phi^{(1)})^{-1/4}\,\Phi^{5/4}} \qquad \text{(IV 4, 41)}$$

folgt durch Einsetzen in (IV 4, 37) die Differentialgleichung

$$r^{*\prime\prime} + \left[\frac{3}{16}\left(\frac{\Phi'}{\Phi}\right)^2 + \frac{1}{8}\frac{q_0}{m_0}\frac{\Pi^2 H^2}{\Phi}\right] r^* = 0. \qquad \text{(IV 4, 42)}$$

In ihr definiert die spezifische Rückführkraft je Einheit der reduzierten Radialausweichung eine stets positive Funktion:

$$K(z) = \frac{3}{10}\left(\frac{\Phi'}{\Phi}\right)^2 + \frac{1}{8}\frac{q_0}{m_0}\frac{\Pi^2 H^2}{\Phi} \geqq 0. \qquad \text{(IV 4, 43)}$$

Um die hieraus folgenden elektronenoptischen Abbildungseigenschaften des Systemes zu verstehen, spezialisieren wir auf einen Kathodenstrahl, welcher das Objekt parallel der z-Achse im Abstande $r^{(1)} \neq 0$ von ihr durchkreuzt

$$r(z^{(1)}) = r^{(1)}; \qquad \left(\frac{dr}{dz}\right)_{z^{(1)}} = 0. \qquad \text{(IV 4, 44)}$$

Nun verschärfen wir diese Bedingung durch die Annahme, daß sich das Objekt in einem wesentlich feldfreien Gebiete befinde: In seiner Umgebung gilt

$$\Phi^{(1)} = \text{const.}; \qquad \Phi'(z^{(1)}) = 0. \qquad \text{(IV 4, 45)}$$

Daher schließt man zunächst aus (IV 4, 44) auf

$$r^{*(1)} = r^{(1)}; \qquad r^{*\prime}(z^{(1)}) = 0 \qquad \text{(IV 4, 46)}$$

und somit weiter aus (IV 4, 42)

$$r^{*\prime} = -\int_{z^{(1)}}^{z} K(z)\, r^*(z)\, dz. \qquad \text{(IV 4, 47)}$$

Nach (IV 4, 43) und (IV 4, 46) nähert sich also der kontrollierte Elektronenstrahl solange der Symmetrieachse, bis r^* verschwindet; dieser Punkt selbst definiert den bildseitigen Brennpunkt des Systemes. Da die Realität des Brennpunktes wesentlich auf der Ungleichung (IV 4, 43) beruht, welche ihrerseits von der speziellen Form des elektromagnetischen Primärfeldes unabhängig ist, sind also umgekehrt Zerstreuungslinsen mit virtuellem Brennpunkt durch die bisher besprochenen Hilfsmittel elektronenoptisch nicht herstellbar; erst das Sekundärfeld der im Kathodenstrahl selbst konzentrierten Raumladungen vermag auf Grund der gegenseitigen Abstoßung der unipolaren Ladungsträger Zerstreuungseffekte hervorzubringen.

IV 5. Wirkungsweise kurzer magnetischer Linsen.

a) Gegeben ein rotationssymmetrisches Entladungssystem, in welchem durch ein achsial ausgerichtetes Elektronengeschütz ein Kathodenstrahl von homogenem Geschwindigkeitsbetrage seiner Träger erzeugt wird. Nach Verlassen der Geschützzone mögen die Elektronen in das magnetische Feld einer zentrierten Zylinderspule eintreten, welcher die Aufgabe zukommt, die Elektronen in einem vorgeschriebenen Orte der Achse zu sammeln.

b) Wir orientieren uns an Hand des Zylinder-Koordinatensystemes z [Symmetrieachse], r [Achsenabstand] und α [Azimut]. Das innerhalb des Spulenbereiches längs der z-Achse gemessene elektrische Skalarpotential ist dort merklich konstant

$$\Phi(z) = \Phi_0^{\cdot} = \text{const.} \qquad \text{(IV 5, 1)}$$

Die achsenparallele Komponente des Magnetfeldes

$$\lim_{r \to 0} H^z(z, r) = H(z) \qquad \text{(IV 5, 2)}$$

gilt als eine durch die Konstruktion der Spule und ihre Durchflutung bekannte Funktion. Die *Gauß*sche Dioptrik des Systemes wird dann durch die komplexe Radialabweichung $\overline{r}$ des kontrollierten Elektrons beschrieben, deren Gleichung (IV 4, 28) sich vermöge (IV 5, 1) auf

$$\frac{d^2\overline{r}}{dz^2} + \frac{1}{8}\frac{q_0}{m_0}\frac{\Pi^2 H^2}{\Phi_0}\overline{r} = 0 \qquad \text{(IV 5, 3)}$$

reduziert.

c) Wir setzen die Existenz einer „Linsenebene"

$$z = z_l \qquad \text{(IV 5, 4)}$$

voraus, in welcher das achsiale Magnetfeld seinen Höchstbetrag annimmt

$$|H(z_l)| = H_{max}, \qquad \text{(IV 5, 5)}$$

während es für $z \gtrless z_l$ monoton gegen Null abfällt. Wir definieren die *wirksame Spulenlänge* l_w mittels

$$l_w = \frac{1}{H_{max}{}^2}\int_{-\infty}^{\infty}\{H(z)\}^2\,dz \qquad \text{(IV 5, 6)}$$

und bezeichnen die Spule als kurz, falls sie der Ungleichung

$$l_W \ll \frac{1}{\Pi H_{max}}\cdot\sqrt{8\,\frac{m_0\Phi_0}{q_0}} \qquad \text{(IV 5, 7)}$$

genügt. Mit Hilfe des *Dirac*schen Funktionssymboles

$$\left.\begin{aligned} \delta(z) &= 0 \qquad \text{für} \qquad z \neq z_l, \\ \int_{z_l-\varepsilon}^{z_l+\varepsilon} \delta(z)\,dz &= l_w \end{aligned}\right\} \qquad \text{(IV 5, 8)}$$

dürfen wir somit für kurze Spulen Gl. (IV 5, 3) durch

$$\frac{d^2\overline{r}}{dz^2} + \frac{1}{8}\frac{q_0}{m_0}\frac{\Pi^2 H_{max}{}^2}{\Phi_0}\delta(z)\,\overline{r} = 0 \qquad \text{(IV 5, 9)}$$

ersetzen. Ihre Integration liefert mit Rücksicht auf (IV 5, 6) und (IV 5, 8)

$$\left(\frac{d\overline{r}}{dz}\right)_{z_l+\varepsilon} - \left(\frac{d\overline{r}}{dz}\right)_{z_l-\varepsilon} = -\,\overline{r}(z_l)\,\frac{1}{8}\frac{q_0}{m_0}\frac{\Pi^2}{\Phi_0}\int_{-\infty}^{\infty}\{H(z)\}^2\,dz. \qquad \text{(IV 5, 10)}$$

Nach Abb. IV 153 besteht also die Projektion $r = |\overline{r}|$ der Elektronenbahn auf die je das kontrollierte Elektron begleitende Meridianebene aus zwei Halbgeraden, welche am Orte $r_l = |\overline{r}(z_l)|$ der Linsenebene stetig ineinander übergehen. Der in $z < z_l$ gelegene Schnittpunkt dieser Bahn mit der Systemachse

$$z^{(1)} = z_l - a \qquad \text{(IV 5, 11)}$$

definiert die Objektebene, der in $z > z_l$ gelegene Schnittpunkt der Bahn mit der Systemachse

$$z^{(2)} = z_l + b \qquad \text{(IV 5, 12)}$$

die Bildebene der durch die Linse vermittelten Abbildung mittels einer Funktion vom Typus g (z) relativ zum Objekt. Führen wir durch

$$f = 8 \frac{m_0 \Phi_0}{q_0} \cdot \frac{1}{\Pi^2 \int\limits_{-\infty}^{\infty} \{H(z)\}^2 \, dz} = 8 \frac{m_0 \Phi_0}{q_0 \Pi^2 H_{max}^2 l_w} \qquad \text{(IV 5, 13)}$$

die *Brennweite* der Linse ein, so nimmt also Gl. (IV 5, 10) wegen

$$\left(\frac{d\overline{r}}{dz}\right)_{z_l + \varepsilon} = - \frac{\overline{r}(z_l)}{b};$$

$$\left(\frac{d\overline{r}}{dz}\right)_{z_l - \varepsilon} = + \frac{\overline{r}(z_l)}{a} \qquad \text{(IV 5, 14)}$$

die Gestalt der elementaren Linsenformel an

$$\frac{1}{a} + \frac{1}{b} = \frac{1}{f}. \qquad \text{(IV 5, 15)}$$

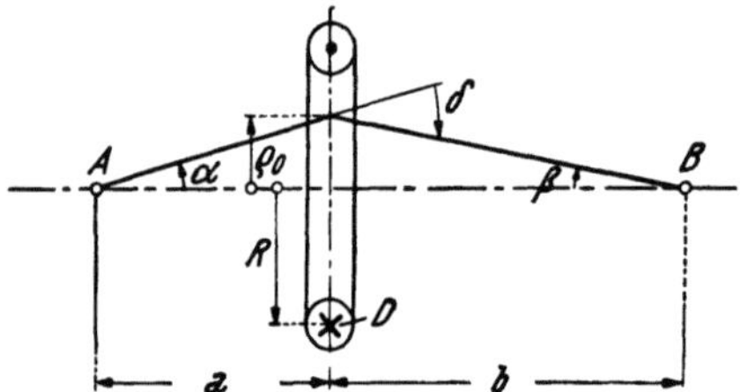

Abb. IV 153. Geometrie der Abbildung durch eine kurze magnetische Linse.

Das Vergrößerungsverhältnis des Bildes zum Original ist gleich b/a. Man beweist diesen Satz mittels Gl. (IV 4, 19) an Hand der Tatsache, daß neben dem Fundamentalintegral (IV 5, 10) jede durch das Zentrum der Linse ziehende Gerade wegen $\overline{r}_l = 0$ die Gleichung (IV 5, 9) identisch erfüllt.

d) Zum Zwecke der zahlenmäßigen Auswertung der Brennweiten-Formel muß man die wirksame Spulenlänge kennen; wir behandeln folgende Beispiele:

1. Die *Kreisringspule* vom mittleren Halbmesser R und der Durchflutung D.

Wir wählen die Äquatorebene der Spule als Linsenebene $z = z_l$ und bezeichnen in dieser mit ds das zwischen den infinitesimal benachbarten Meridianebenen β und $(\beta + d\beta)$ eingeschlossene vektorielle Linienelement des Kreises vom Halbmesser R. Sei ϱ der von diesem Linienelement nach dem Kontrollpunkt $P = (z, r, \alpha)$ weisende Radiusvektor [Abb. IV 154], so folgt das in P herrschende Vektorpotential V mittels

$$V = \Pi \frac{D}{4\pi} \int\limits_{\beta=0}^{2\pi} \frac{ds}{\varrho} \qquad \text{(IV 5, 16)}$$

Mittels der Vektorformel

$$\text{rot} \frac{ds}{\varrho} = \frac{[ds\, \varrho]}{\varrho^3} \qquad \text{(IV 5, 17)}$$

folgt aus (IV 5, 16) die magnetische Feldstärke

$$H = \frac{1}{\Pi} \operatorname{rot} V = \frac{D}{4\pi} \int\limits_{\beta=0}^{2\pi} \frac{[ds\, \varrho]}{\varrho^3} \qquad \text{(IV 5, 18)}$$

Wir spezialisieren durch $r \to 0$ auf den Kontrollpunkt z der Achse. Der dem Element ds entsprechende infinitesimale Feldvektor

$$dH = \frac{D}{4\pi} \frac{[ds \cdot \varrho]}{\varrho^3} \qquad \text{(IV 5, 19)}$$

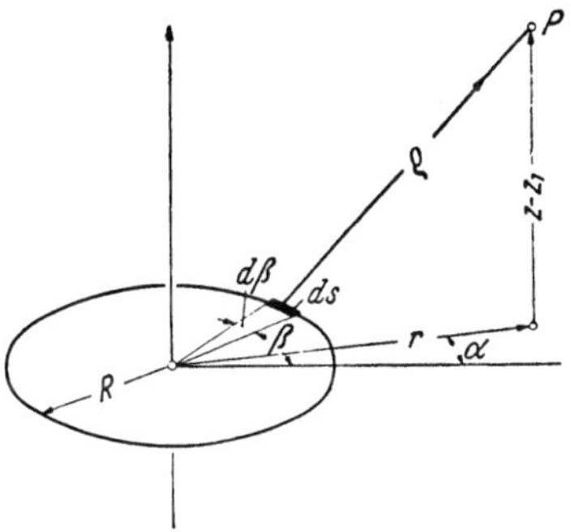

Abb. IV 154. Orientierung im Felde der Kreisringspule.

schließt gemäß Abb. IV 155 mit der Achse den Winkel

$$\gamma = \arccos \frac{R}{\sqrt{R^2 + (z_l - z)^2}} \qquad \text{(IV 5, 20)}$$

ein. Aus Symmetriegründen annullieren sich bei der Integration längs des Kreisringes die Feldkomponenten senkrecht zur Achse gegenseitig, während in Richtung der Achse die Feldstärke

$$H(z) = \frac{D}{4\pi} \int\limits_{\beta=0}^{2\pi} \frac{R \cos\gamma \, d\beta}{\varrho^2} = \frac{D}{2} \frac{R^2}{\{R^2 + (z_l - z)^2\}^{3/2}} \qquad \text{(IV 5, 21)}$$

resultiert. Wir entnehmen dieser Gleichung

$$H_{max} = |H(z_l)| = \frac{|D|}{2R} \qquad \text{(IV 5, 22)}$$

und finden nach (IV 5, 6), mittels der Substitution

$$\frac{z_l - z}{R} = \operatorname{tg} \lambda \qquad \text{(IV 5, 23)}$$

für die gesuchte, wirksame Spulenlänge

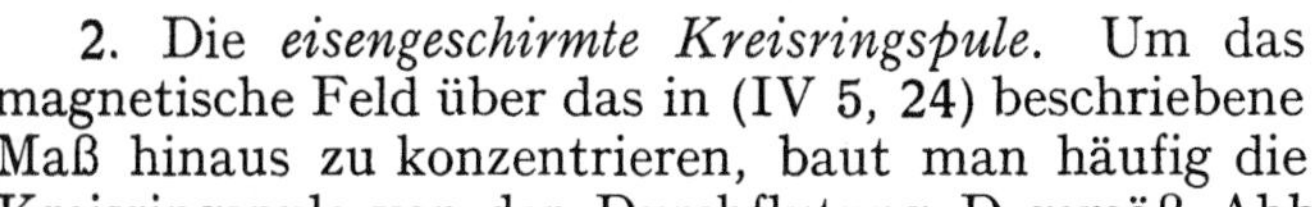

$$l_W = \int\limits_{-\infty}^{+\infty} \frac{R^6\, dz}{\{R^2 + (z_l - z)^2\}^3} = R \int\limits_{-\frac{\pi}{2}}^{+\frac{\pi}{2}} \cos^4 \lambda \, d\lambda = \frac{3\pi}{8} R. \qquad \text{(IV 5, 24)}$$

Abb. IV 155. Magnetisches Feld eines durchströmten Kreisringelementes.

2. Die *eisengeschirmte Kreisringspule.* Um das magnetische Feld über das in (IV 5, 24) beschriebene Maß hinaus zu konzentrieren, baut man häufig die Kreisringspule von der Durchflutung D gemäß Abb. IV 156 in einen geschlitzten Ringpanzer aus hochpermeablem Stoffe ein.

Es sei R der Halbmesser der inneren, aktiven Zylinderfläche und d deren achsiale Breite; die Weite des in der Mitte dieser Fläche angeordneten zirkularen Schlitzes gelte als infinitesimal. Wir beschreiben das Magnetfeld dieser Spule durch sein skalares Potential ψ, welches der *Laplace*schen Gleichung

$$\frac{\partial^2 \psi}{\partial r^2} + \frac{1}{r} \frac{\partial \psi}{\partial r} + \frac{\partial^2 \psi}{\partial z^2} = 0 \qquad \text{(IV 5, 25)}$$

genügt. Die auf dem aktiven Zylindermantel herrschenden Randbedingungen

$$\psi = \pm \frac{1}{2} D \quad \text{für} \quad 0 \leqq z \leqq 1\,2\,d; \quad r = R \qquad \text{(IV 5, 26)}$$

ergänzen wir durch die Annahme

$$-\frac{\partial \psi}{\partial z} = 0 \quad \text{für} \quad z = \pm \frac{1}{2} d. \qquad \text{(IV 5, 27)}$$

Indem wir vorübergehend (IV 5, 26) mit Rücksicht (IV 5, 27) über $z = \pm 1/2\, d$ hinaus periodisch fortsetzen, gelangen wir zu der Forderung

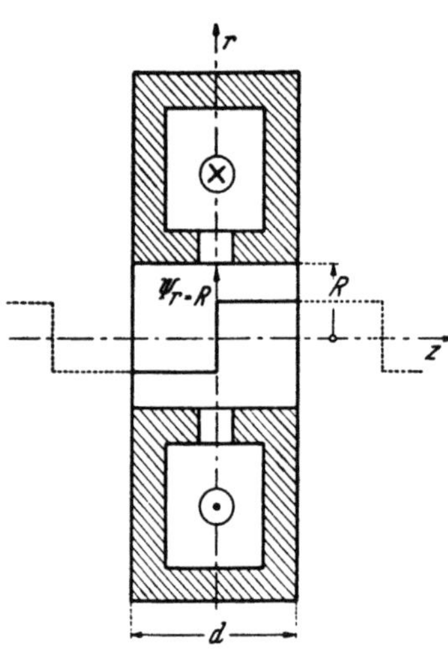

Abb. IV 156. Eisengeschirmte Kreisringspule.

$$\psi = \frac{1}{2} D \frac{4}{\pi} \sum_{k=0}^{\infty} \frac{\sin (2\,k + 1) \pi \frac{z}{d}}{2\,k + 1}$$

$$\text{für} \quad r = R. \qquad \text{(IV 5, 28)}$$

Demgemäß setzen wir die Lösung der *Laplace*schen Gleichung (IV 5, 25) in der Form an

$$\psi = \frac{1}{2} D \frac{4}{\pi} \sum_{k=0}^{\infty} \frac{\sin (2\,k + 1) \pi \frac{z}{d}}{2\,k + 1} f_k(r) \qquad \text{(IV 5, 29)}$$

und finden für die nur von r abhängigen Funktionen f_k die *Bessel*sche Differentialgleichung der Ordnung Null

$$\frac{d^2 f_k}{dr^2} + \frac{1}{r} \frac{df_k}{dr} + \left(i \{2\,k + 1\} \frac{\pi}{d} \right)^2 f_k = 0;$$

$$i = \sqrt{-1}. \qquad \text{(IV 5, 30)}$$

Von ihren unterschiedlichen Fundamentalintegralen bleibt nur die *Bessel*sche Funktion $J_0 (i \{2\,k + 1\} \pi\, r/d)$ für $r \to 0$ endlich, wie es die vorliegende Aufgabe verlangt. Daher lautet das (IV 5, 28) angepaßte Potential, welches wir nun wieder auf den wahren Spulenbereich zu beschränken haben,

$$\psi = \frac{1}{2} D \frac{4}{\pi} \sum_{k=0}^{\infty} \frac{\sin (2\,k + 1) \pi \frac{z}{d}}{2\,k + 1} \cdot \frac{J_0 \left(i \{2\,k + 1\} \pi \frac{r}{d} \right)}{J_0 \left(i \{2\,k + 1\} \pi \frac{R}{d} \right)}. \qquad \text{(IV 5, 31)}$$

Aus ihm resultiert das Achsialfeld

$$\left. \begin{aligned} H(z) &= -\frac{\partial \psi}{\partial z} = -\frac{2\,D}{d} \sum_{k=0}^{\infty} \frac{\cos (2\,k + 1) \pi \frac{z}{d}}{J_0 \left(i \{2\,k + 1\} \pi \frac{R}{d} \right)}; \quad -\frac{1}{2} d < z < \frac{1}{2} d, \\ H(z) &= 0; \qquad\qquad |z| > \frac{1}{2} d \end{aligned} \right\} \qquad \text{(IV 5, 32)}$$

mit

$$H_{max} = \frac{2|D|}{d} \cdot \sum_{k=0}^{\infty} \frac{1}{J_0\left(i\{2k+1\}\pi\frac{R}{d}\right)}. \qquad \text{(IV 5, 33)}$$

Entsprechend der Definition (IV 5, 6) berechnet man aus (IV 5, 32) und (IV 5, 33) die wirksame Spulenlänge

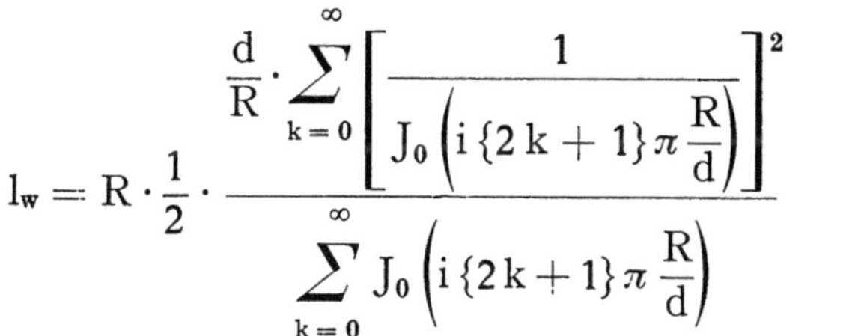

$$l_w = R \cdot \frac{1}{2} \cdot \frac{\frac{d}{R} \cdot \sum\limits_{k=0}^{\infty} \left[\frac{1}{J_0\left(i\{2k+1\}\pi\frac{R}{d}\right)}\right]^2}{\sum\limits_{k=0}^{\infty} J_0\left(i\{2k+1\}\pi\frac{R}{d}\right)} \qquad \text{(IV 5, 34)}$$

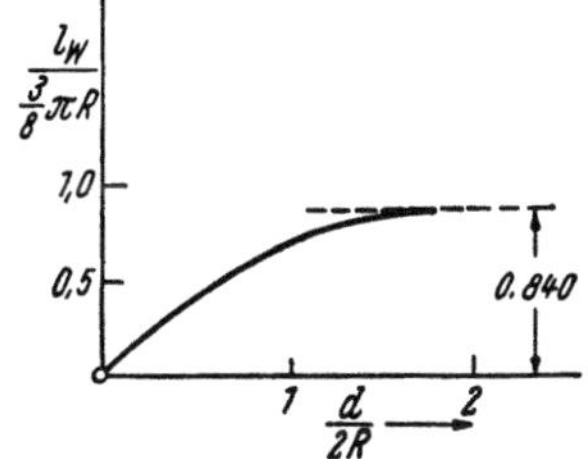

Abb. IV 157. Wirksame Länge der eisengeschirmten Kreisringspule.

welche in Abb. IV 157 als Funktion des Verhältnisses d/R dargestellt ist.

Wir ergänzen die theoretische Berechnung durch eine halbempirische Darstellung, welche auf einer sorgfältigen Vermessung des magnetischen Achsialfeldes eisengeschirmter Kreisringspulen beruht.

α) Bei schwacher Sättigung des ferromagnetischen Panzers lassen sich die Versuchsergebnisse durch die Gleichung

$$H = H_{max} \cdot e^{-\frac{(z-z_l)^2}{R_w^2}} \qquad \text{(IV 5, 35)}$$

wiedergeben; hier definiert jetzt R_W den *wirksamen Spulenhalbmesser*, welcher der gemessenen Feldverteilung zu entnehmen ist. Als wirksame Spulenlänge resultiert

$$l_w = \int_{-\infty}^{\infty} e^{-2\frac{(z-z_l)^2}{R_w^2}} \cdot dz = R_w \cdot \sqrt{\frac{\pi}{2}} \qquad \text{(IV 5, 36)}$$

β) Bei starker Sättigung kann man die Feldverteilung durch

$$H = H_{max} \frac{1}{1+\left(\frac{z-z_l}{R_w}\right)^2} \qquad \text{(IV 5, 37)}$$

darstellen; hieraus folgt mit Benutzung von (IV 5, 23)

$$l_w = \int_{-\infty}^{\infty} \frac{dz}{\left[1+\left(\frac{z-z_l}{R_w}\right)^2\right]^2} = R_w \int_{-\frac{\pi}{2}}^{\frac{\pi}{2}} \cos^2\lambda\, d\lambda = R_w \cdot \frac{\pi}{2} \qquad \text{(IV 5, 38)}$$

Ungeachtet der jeweils benutzten Methode ihrer Herstellung lassen sich Felder der genannten Art stets mittels passend bewickelter Zylinderspulen durch den gemäß (IV 3, 71) bestimmten Strombelag realisieren. Wählt man $z_l = 0$, so erhält man beispielsweise im Falle der nach (IV 5, 35) verteilten Achsialfeldstärke

$$A(z) = \frac{H_{max}}{\pi^2} \int_{m=-\infty}^{\infty} \frac{e^{imz}\, dm}{m a \{-H_1^{(1)}(i m a)\}} \int_{\zeta=-\infty}^{\infty} e^{-\frac{\zeta^2}{R_w^2}} \cdot e^{-im\zeta} d\zeta. \qquad \text{(IV 5, 39)}$$

Das nach ζ auszuführende Integral läßt sich geschlossen berechnen

$$\int_{\zeta=-\infty}^{\infty} e^{-\frac{\zeta^2}{R_w^2}} e^{-i m \zeta} d\zeta \equiv e^{-\frac{m^2 R_w^2}{4}} \int_{\zeta=-\infty}^{\infty} e^{-\left[\frac{\zeta}{R_w} + \frac{i}{2} m R_w\right]^2} d\zeta = \sqrt{\pi} R_w \cdot e^{-\frac{m^2 R_w^2}{4}} \quad \text{(IV 5, 40)}$$

Da es eine gerade Funktion von m definiert, nimmt (IV 5, 39), mittels der Substitution $m' = m\,a$, die Gestalt an

$$A(z) = \frac{H_{max}}{\pi^{3/2}} \frac{R_w}{a} \int_{m'=-\infty}^{\infty} \frac{e^{-\frac{m'^2}{4}\left(\frac{R_w}{a}\right)^2} \cos m' \frac{z}{a}}{m' \{-H_1^{(1)}(i m')\}} dm'. \quad \text{(IV 5, 41)}$$

Ebenso findet man im Falle der Achsenfeldstärke nach (IV 5, 37)

$$A(z) = \frac{H_{max}}{\pi^2} \int_{m=-\infty}^{\infty} \frac{e^{i m z} dm}{m a \{-H_1^{(1)}(i m a)\}} \int_{\zeta=-\infty}^{\infty} \frac{e^{-i m \zeta}}{1 + \left(\frac{\zeta}{R_w}\right)^2} d\zeta. \quad \text{(IV 5, 42)}$$

Für $m \gtrless 0$ ergänzen wir den in der komplexen $\zeta = \xi + i\eta$-Ebene längs deren Realachse vorgegebenen Integrationsweg gemäß Abb. IV 158 mittels des in $\eta \lessgtr 0$ gelegenen Halbkreises $|\zeta| \to \infty$ zu einer im mathematisch negativen / positiven Sinne umlaufenen geschlossenen Kurve. Da längs des Zusatzweges, mit Ausnahme der Fußpunkte auf der ξ-Achse, der Integrand exponentiell gegen Null konvergiert, gilt

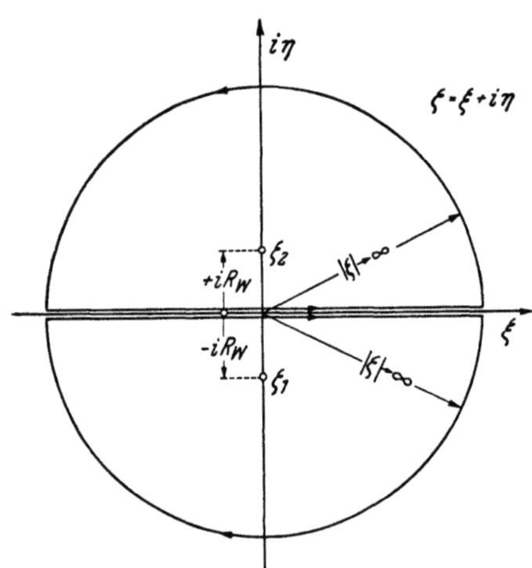

Abb. IV 158. Zur Berechnung des Integrales (IV 5, 42).

$$\int_{\zeta=-\infty}^{\infty} \frac{e^{-i m \zeta}}{1 + \left(\frac{\zeta}{R_w}\right)^2} d\zeta = \oint_{\text{(untere Halbebene)}} \frac{e^{-i m \zeta}}{1 + \left(\frac{\zeta}{R_w}\right)^2} d\zeta; \quad m > 0,$$

$$\int_{\zeta=-\infty}^{\infty} \frac{e^{-i m \zeta}}{1 + \left(\frac{\zeta}{R_w}\right)^2} d\zeta = \oint_{\text{(obere Halbebene)}} \frac{e^{-i m \zeta}}{1 + \left(\frac{\zeta}{R_w}\right)^2} d\zeta; \quad m < 0. \quad \text{(IV 5, 43)}$$

Von den beiden Polen

$$\zeta_1 = -i R_w; \qquad \zeta_2 = +i R_w \quad \text{(IV 5, 44)}$$

des Integranden befindet sich entsprechend $m \gtrless 0$ nur $\begin{matrix}\zeta_1\\ \zeta_2\end{matrix}$ innerhalb des umfahrenen Gebietes. Konstruieren wir daher mit dem Halbmesser ϱ die Kreise

$$\zeta - \zeta_1 = \varrho\, e^{i\vartheta}; \qquad \zeta - \zeta_2 = \varrho\, e^{i\vartheta} \qquad [0 \leqq \vartheta \leqq 2\pi], \quad \text{(IV 5, 45)}$$

so folgt aus dem *Cauchyschen* Integralsatz

$$\left.\begin{aligned}\int\limits_{\smile} \frac{e^{-i m \zeta}}{1+\left(\frac{\zeta}{R_w}\right)^2} d\zeta &= e^{-m R_w} \lim_{\substack{\rho\to 0\\ \vartheta=2\pi}} \int^{0} \frac{e^{-i m \rho e^{i\vartheta}}}{-2\frac{i}{R_w}} i\, d\vartheta = \pi R_w e^{-m R_w}\\ \int\limits_{\frown} \frac{e^{-i m \zeta}}{1+\left(\frac{\zeta}{R_w}\right)^2} d\zeta &= e^{m R_w} \lim_{\substack{\rho\to 0\\ \vartheta\to 0}} \int^{2\pi} \frac{e^{-i m \rho e^{i\vartheta}}}{2\frac{i}{R_w}} i\, d\vartheta = \pi R_w e^{m R_w}\end{aligned}\right\} \quad \text{(IV 5, 46)}$$

also, zusammenfassend,

$$\int\limits_{\zeta=-\infty}^{\infty} \frac{e^{-i m_{\zeta}}}{1+\left(\frac{\zeta}{R_w}\right)^2} d\zeta = \pi R_w e^{-|m| R_w} \qquad \text{(IV 5, 46)}$$

Durch Substitution dieser Formel in (IV 5, 42) resultiert, mit $m' = m a$, für den Strombelag die Integraldarstellung

$$A(z) = \frac{H_{max}}{\pi} \frac{R_w}{a} \int\limits_{m'=-\infty}^{\infty} \frac{e^{-|m'|\frac{R_w}{a}} \cos m' \frac{z}{a}}{m'\{-H_1^{(1)}(i m')\}} dm'. \qquad \text{(IV 5, 47)}$$

IV 6. Magnetische Linsen mit analytisch integrablen Strahlgleichungen.

a) Die von der Theorie der kurzen magnetischen Linsen gebotene Näherungsdarstellung der Elektronenstrahlen ist für viele Anwendungen nicht nur zahlenmäßig unzureichend, sondern versagt bei der Beschreibung der Abbildungseigenschaften stark erregter Linsen auch qualitativ. Dieser Sachverhalt verlangt dringend nach einer erweiterten und vertieften Theorie der Strahlgleichungen solcher Geräte.

In jeder vorgegebenen Linse lassen sich die Elektronenbahnen gewiß durch numerische oder graphische Integration auffinden; doch beschränkt sich die Tragweite dieses Rechenganges, sofern man nicht den mühevollen und zeitraubenden Weg seiner Wiederholung bei veränderten Parameterwerten des Problemes gehen will, auf die Untersuchung des Einzelfalles. Man wird deshalb nach analytischen Verfahren Umschau halten, welche die Integration der Strahlgleichungen in geschlossener Form leisten. Da jedoch eine allgemeine Methode zur Lösung der hier auftretenden linearen Differentialgleichungen zweiter Ordnung nicht bekannt ist, muß man sozusagen vom Ende her beginnen: Von den integrierbaren Typen solcher Gleichungen ausgehend, wird man „mathematische" Linsen zu konstruieren suchen, deren *Gauß*sche Dioptrik eben auf Differentialgleichungen der genannten Art führt. Der heuristische Wert dieser Überlegung beruht auf der Möglichkeit, das jeweils längs der Achse einer solchen Linse auftretende magnetische Feld etwa mittels einer Zylinderspule physikalisch zu realisieren, sofern nur das zur Berechnung ihres zirkularen Strombelages dienende Doppelintegral (IV 3, 71) konvergiert; dies vorausgesetzt, mag man die in den Differentialgleichungen der mathematischen Linse jeweils verfügbaren Parameter so bestimmen, daß die resultierende Achsialfeldstärke innerhalb ihres elektronisch wesentlichen Wirkungsbereiches jener der wirklich zu schildernden Linse möglichst nahe kommt. Diese Anweisung kennzeichnet die beabsichtigte Untersuchung, ungeachtet ihrer mathematischen Strenge, in der Regel als physikalisches Näherungsverfahren mit dem Ziel einer vorwiegend qualitativen Einsicht in den Abbildungsmechanismus der magnetischen Linsen.

b) Wir kehren zu Gl. (IV 5, 3) zurück

$$\frac{d^2\overline{r}}{dz^2} + \frac{1}{8}\frac{q_0}{m_0}\frac{\Pi^2 H^2}{\Phi_0}\overline{r} = 0, \qquad \text{(IV 6, 1)}$$

bei deren Behandlung wir uns weiterhin auf Elektronen von verschwindendem Gesamt-Drehimpuls beschränken:

$$\overline{r} = r. \qquad \text{(IV 6, 2)}$$

Nach Wahl einer passenden Strecke a als Längeneinheit ersetzen wir die natürlichen Koordinaten z und r je durch die Maßzahlen

$$\zeta = \frac{z}{a}; \qquad \sigma = \frac{r}{a}. \qquad \text{(IV 6, 3)}$$

Abweichend von der früheren Definition des Bezugssystemes werde hier der Ursprung $\zeta = 0$ derart festgesetzt, daß das Quadrat der Achsenfeldstärke H (ζ) nirgends größer als $[H(0)]^2$ ausfällt. Demnach gilt

$$[H(\zeta)]^2 = [H(0)]^2 f(\zeta); \qquad 0 \leqq f(\zeta) \leqq f(0) = 1, \qquad \text{(IV 6, 4)}$$

so daß nach Einführung der „numerischen Linsenstärke“ v mittels der Definition

$$v^2 = \frac{1}{8}\frac{q_0}{m_0}\frac{\Pi^2 [H(0)]^2 a^2}{\Phi_0} \qquad \text{(IV 6, 5)}$$

Gl. (IV 6, 1) die dimensionsfreie Normalform

$$\frac{d^2\varrho}{d\zeta^2} + v^2 f(\zeta)\,\varrho = 0 \qquad \text{(IV 6, 6)}$$

annimmt.

c) Im Falle des homogenen Magnetfeldes

$$f(\zeta) = 1 \qquad \text{(IV 6, 7)}$$

reduziert sich (IV 6, 6) auf die Differentialgleichung

$$\frac{d^2\varrho}{d\zeta^2} + v^2\varrho = 0. \qquad \text{(IV 6, 8)}$$

Das Objekt befinde sich in der Ebene $\zeta = \zeta^{(1)} < 0$. Dort genügen die voneinander linear unabhängigen Partikularintegrale

$$\varrho_1 = \cos v(\zeta - \zeta^{(1)}), \qquad \text{(IV 6, 9)}$$

$$\varrho_2 = \frac{1}{v}\sin v(\zeta - \zeta^{(1)}) \qquad \text{(IV 6, 10)}$$

den Bedingungen [Apostrophe bedeuten hier und im folgenden die Ableitung nach ζ]

$$\left.\begin{aligned} \varrho_1(\zeta^{(1)}) = 1; \qquad \varrho_1'(\zeta^{(1)}) = 0, \\ \varrho_2(\zeta^{(1)}) = 0; \qquad \varrho_2'(\zeta^{(1)}) = 1, \end{aligned}\right\} \qquad \text{(IV 6, 11)}$$

welche, von den veränderten Bezeichnungen abgesehen, inhaltlich mit den Gleichungen (IV 4, 11) übereinstimmen. Daher finden sich die Bildebenen $\zeta = \zeta^{(k)} > \zeta^{(1)}$ aus

$$\varrho_2(\zeta^{(k)}) = 0. \qquad \text{(IV 6, 12)}$$

Sie bilden also, im Falle $v \gtrless 0$, die unbegrenzte Folge

$$\zeta^{(k)} = \zeta^{(1)} \pm \frac{k\pi}{v}; \qquad k = 1, 2, 3 \ldots, \qquad \text{(IV 6, 13)}$$

deren Individuen voneinander je den [numerischen] Abstand

$$\Delta \zeta = \frac{\pi}{|v|} \qquad \text{(IV 6, 14)}$$

aufweisen. In der k-ten Bildebene wird

$$\varrho_1 (\zeta^{(k)}) = (-1)^k, \qquad \text{(IV 6, 15)}$$

so daß der Betrag der Lateralvergrößerung stets der Einheit gleicht.

Statt nun bei bekannter numerischer Linsenstärke die Lage der jeweils der Objektebene zugehörigen Bildebenen aufzusuchen, kann man umgekehrt nach derjenigen numerischen Linsenstärke v fragen, welche das Bild in eine vorgeschriebene Ebene $\zeta^{(2)} > \zeta^{(1)}$ bringt. Die aus dieser Aufgabe entspringende Abbildungsgleichung

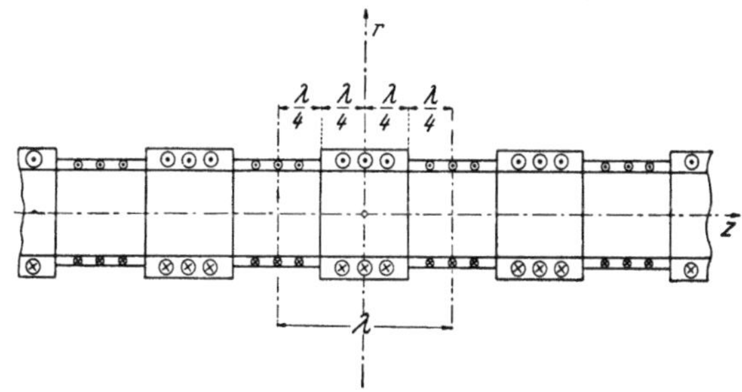

Abb. IV 159. Schema einer N-gliederigen magnetischen Kettenlinse.

$$\frac{1}{2} \sin v \,(\zeta^{(2)} - \zeta^{(1)}) = 0 \qquad \text{(IV 6, 16)}$$

wird durch das „Linienspektrum" der unendlich vielen, abzählbaren *Eigenwerte*

$$v_k = \frac{k\pi}{\zeta^{(2)} - \zeta^{(1)}}; \qquad |k| = 1, 2, 3 \ldots \qquad \text{(IV 6, 17)}$$

gelöst; hier weist das doppeldeutige Vorzeichen von k — und also auch von v_k — auf die Möglichkeit hin, die verlangte Abbildung mit ein und derselben Magnetisierungsspule wahlweise durch entgegengesetzte Erregerströme je gleichen absoluten Betrages zu realisieren.

d) Die Aufeinanderfolge konzentrisch justierter Zylinderspulen periodisch längs der Achse wechselnder Erregerdurchflutungen führt zur *magnetischen Kettenlinse.* Als Beispiel einer solchen untersuchen wir das in Abb. IV 159 skizzierte System von N untereinander gleichen Gliedern je der Länge λ, in deren jedem die „Zentrallinse" der Länge $\lambda/2$ und der numerischen Stärke v von den „Seitenlinsen" je der Länge $\lambda/4$ und der numerischen Stärke $0 < |\varkappa v| < |v|$ flankiert wird. Der Einfachheit halber idealisieren wir das entstehende Achsenfeld durch den in Abb. IV 160 dargestellten Verlauf

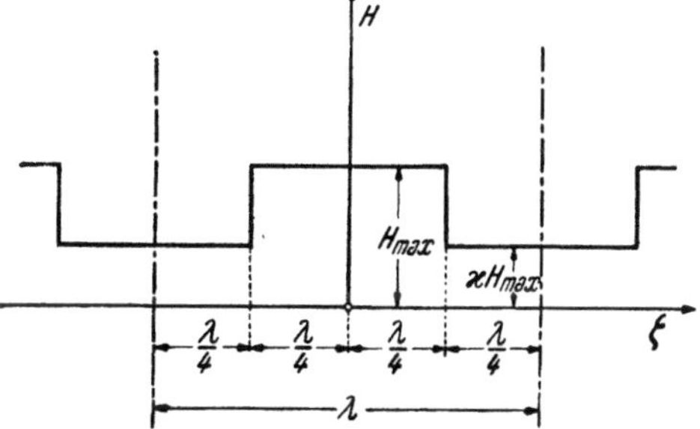

Abb. IV 160. Idealisierter Verlauf des magnetischen Zentralfeldes längs der Kettenlinse.

$$\mathrm{H} = \mathrm{H}_0 > 0 \quad \text{in} \quad 0 \leqq |\zeta| < \frac{\lambda}{4} \bmod \lambda, \tag{IV 6, 18}$$

$$\mathrm{H} = \varkappa\, \mathrm{H}_0 > 0 \quad \text{in} \quad \frac{\lambda}{4} < |\zeta| < \frac{\lambda}{2} \bmod \lambda. \tag{IV 6, 19}$$

Dem nicht-analytischen Charakter dieser Gleichungen entsprechend haben wir es mit der gleichzeitigen Integration der beziehentlich in den angegebenen Gebieten der Achse gültigen Differentialgleichungen

$$\frac{d^2\varrho}{d\zeta^2} + v^2 \varrho = 0, \tag{IV 6, 20}$$

$$\frac{d^2\varrho}{d\zeta^2} + \varkappa^2 v^2 \varrho = 0 \tag{IV 6, 21}$$

zu tun, deren Integralen wir je in den Grenzebenen zwischen zwei Linsen unterschiedlicher Stärke die Stetigkeitsbedingungen von ϱ und ϱ' auferlegen müssen.

Wir weisen dem $n \leqq N$-ten Kettengliede den Platz

$$\zeta_n \equiv (2n - 1)\frac{\lambda}{2} \leqq \zeta \leqq (2n + 1)\frac{\lambda}{2} \equiv \zeta_{n+1} \tag{IV 6, 22}$$

zu und beschäftigen uns zunächst mit der „Feinstruktur“ der von ihm beherrschten Elektronenbahn, welche wir in drei Abschnitte zerlegen:

1. Für den *Anlaufbereich*

$$\zeta_n \leqq \zeta < \zeta_n + \frac{\lambda}{4} \tag{IV 6, 23}$$

ist Gl. (IV 6, 21) zuständig. Nach Wahl zweier vorerst willkürlichen [komplexen] Integrationskonstanten A_n und B_n lautet ihr allgemeines Integral

$$\varrho = A_n e^{i\varkappa v(\zeta - \zeta_n)} + B_n e^{-i\varkappa v(\zeta - \zeta_n)} \tag{IV 6, 24}$$

aus welchem wir

$$\varrho' = i\varkappa v\,[A_n e^{i\varkappa v(\zeta - \zeta_n)} - B_n e^{-i\varkappa v(\zeta - \zeta_n)}] \tag{IV 6, 25}$$

berechnen. Die in der Eingangsebene $\zeta = \zeta_n$ beobachtbaren Bahnelemente ϱ_n und ϱ_n' sind demnach mit A_n und B_n durch die Relationen

$$\varrho_n = A_n + B_n; \qquad \varrho_n' = i\varkappa v\,[A_n - B_n] \tag{IV 6, 26}$$

verbunden, aus welchen rückwärts

$$A_n = \frac{1}{2}\left(\varrho_n + \frac{\varrho_n'}{i\varkappa v}\right); \qquad B_n = \frac{1}{2}\left(\varrho_n - \frac{\varrho_n'}{i\varkappa v}\right) \tag{IV 6, 27}$$

folgt.

2. Im *Zentralbereich*

$$\zeta_n + \frac{\lambda}{4} < \zeta < \zeta_n + 3\frac{\lambda}{4} \equiv \zeta_{n+1} - \frac{\lambda}{4} \tag{IV 6, 28}$$

unterliegt die Elektronenbewegung der Differentialgleichung (IV 6, 20). Ihre allgemeine Lösung wird mittels zweier weiterer, komplexer Integrationskonstanten C_n und D_n durch den zur Halbierungsebene $\zeta = \zeta_n + \lambda/2$ des n-ten Gliedes symmetrischen Ansatz

$$\varrho = C_n e^{iv\left(\zeta - \zeta_n - \frac{\lambda}{2}\right)} + D_n e^{-iv\left(\zeta - \zeta_n - \frac{\lambda}{2}\right)}, \tag{IV 6, 29}$$

$$\varrho' = i v\left[C_n e^{iv\left(\zeta - \zeta_n - \frac{\lambda}{2}\right)} - D_n e^{-iv\left(\zeta - \zeta_n - \frac{\lambda}{2}\right)}\right] \tag{IV 6, 30}$$

geschildert. Die Stetigkeit der Bahn in $\zeta = \zeta_n + \lambda/4$ verlangt somit die Gleichheiten

$$A_n e^{i\varkappa v \frac{\lambda}{4}} + B_n e^{-i\varkappa v \frac{\lambda}{4}} = C_n e^{-i v \frac{\lambda}{4}} + D_n e^{i v \frac{\lambda}{4}}, \qquad \text{(IV 6, 31)}$$

$$\varkappa \left[A_n e^{i\varkappa v \frac{\lambda}{4}} - B_n e^{-i\varkappa v \frac{\lambda}{4}} \right] = C_n e^{-i v \frac{\lambda}{4}} - D_n e^{i v \frac{\lambda}{4}}, \qquad \text{(IV 6, 32)}$$

welchen wir die Beziehungen

$$C_n = \frac{1+\varkappa}{2} e^{i v \frac{\lambda}{4}(1+\varkappa)} A_n + \frac{1-\varkappa}{2} e^{i v \frac{\lambda}{4}(1-\varkappa)} B_n, \qquad \text{(IV 6, 33)}$$

$$D_n = \frac{1-\varkappa}{2} e^{-i v \frac{\lambda}{4}(1-\varkappa)} A_n + \frac{1+\varkappa}{2} e^{-i v \frac{\lambda}{4}(1+\varkappa)} B_n \qquad \text{(IV 6, 34)}$$

entnehmen.

3. Im *Auslaufbereich*

$$\zeta_{n+1} - \frac{\lambda}{4} < \zeta \leqq \zeta_{n+1} \qquad \text{(IV 6, 35)}$$

wird die Elektronenbewegung wiederum durch die Differentialgleichung (IV 6, 21) geregelt; daher geht ihre jetzige Lösung formal aus (IV 6, 24), (IV 6, 25) durch Vertauschung von n mit (n + 1) hervor:

$$\varrho = A_{n+1} e^{i\varkappa v(\zeta - \zeta_{n+1})} + B_{n+1} e^{-i\varkappa v(\zeta - \zeta_{n+1})}, \qquad \text{(IV 6, 36)}$$

$$\varrho' = i\varkappa v \left[A_{n+1} e^{i\varkappa v(\zeta - \zeta_{n+1})} - B_{n+1} e^{-i\varkappa v(\zeta - \zeta_{n+1})} \right]. \qquad \text{(IV 6, 37)}$$

Die Stetigkeitsbedingungen in $\zeta = \zeta_{n+1} - \lambda/4$ führen auf

$$C_n e^{i v \frac{\lambda}{4}} + D_n e^{-i v \frac{\lambda}{4}} = A_{n+1} e^{-i\varkappa v \frac{\lambda}{4}} + B_{n+1} e^{i\varkappa v \frac{\lambda}{4}}, \qquad \text{(IV 6, 38)}$$

$$\frac{1}{\varkappa} \left[C_n e^{i v \frac{\lambda}{4}} - D_n e^{-i v \frac{\lambda}{4}} \right] = A_{n+1} e^{-i\varkappa v \frac{\lambda}{4}} - B_{n+1} e^{i\varkappa v \frac{\lambda}{4}}, \qquad \text{(IV 6, 39)}$$

also

$$A_{n+1} = \frac{\varkappa+1}{2\varkappa} e^{i v \frac{\lambda}{4}(\varkappa+1)} C_n + \frac{\varkappa-1}{2\varkappa} e^{i v \frac{\lambda}{4}(\varkappa-1)} D_n, \qquad \text{(IV 6, 40)}$$

$$B_{n+1} = \frac{\varkappa-1}{2\varkappa} e^{-i v \frac{\lambda}{4}(\varkappa-1)} C_n + \frac{\varkappa+1}{2\varkappa} e^{-i v \frac{\lambda}{4}(\varkappa+1)} D_n. \qquad \text{(IV 6, 41)}$$

Durch Substitution der Gleichungen (IV 6, 33), (IV 6, 34) entstehen hieraus die Relationen

$$A_{n+1} = A_n \left[\frac{(1+\varkappa)^2}{4\varkappa} e^{i v \frac{\lambda}{2}(1+\varkappa)} - \frac{(1-\varkappa)^2}{4\varkappa} e^{i v \frac{\lambda}{2}(\varkappa-1)} \right] + B_n \left[\frac{1-\varkappa^2}{4\varkappa} e^{i v \frac{\lambda}{2}} - \frac{1-\varkappa^2}{4\varkappa} e^{-i v \frac{\lambda}{2}} \right] \equiv \qquad \text{(IV 6, 42)}$$

$$\equiv A_n e^{i v \varkappa \frac{\lambda}{2}} \left[\frac{1+\varkappa^2}{2\varkappa} i \sin v \frac{\lambda}{2} + \cos v \frac{\lambda}{2} \right] + B_n \frac{1-\varkappa^2}{2\varkappa} i \sin v \frac{\lambda}{2}$$

und

$$B_{n+1} = A_n \left[-\frac{1-\varkappa^2}{4\varkappa} e^{i v \frac{\lambda}{2}} + \frac{1-\varkappa^2}{4\varkappa} e^{-i v \frac{\lambda}{2}} \right] + B_n \left[-\frac{(1-\varkappa)^2}{4\varkappa} e^{i v \frac{\lambda}{2}(1-\varkappa)} + \frac{(1+\varkappa)^2}{4\varkappa} e^{-i v \frac{\lambda}{2}(1+\varkappa)} \right] \equiv \qquad \text{(IV 6, 43)}$$

$$\equiv -A_n \frac{1-\varkappa^2}{2\varkappa} i \sin v \frac{\lambda}{2} - B_n e^{-i v \varkappa \frac{\lambda}{2}} \left[\frac{1+\varkappa^2}{2\varkappa} i \sin v \frac{\lambda}{2} - \cos v \frac{\lambda}{2} \right],$$

welche mit Rücksicht auf (IV 6, 27) in

$$A_{n+1} = \frac{1}{2}\varrho_n\left[e^{i v \varkappa \frac{\lambda}{2}}\left\{\frac{1+\varkappa^2}{2\varkappa} i \sin v\frac{\lambda}{2} + \cos v\frac{\lambda}{2}\right\} + \frac{1-\varkappa^2}{2\varkappa} i \sin v\frac{\lambda}{2}\right] + \\ + \frac{\varrho_n'}{2 i \varkappa v}\left[e^{i v \varkappa \frac{\lambda}{2}}\left\{\frac{1+\varkappa^2}{2\varkappa} i \sin v\frac{\lambda}{2} + \cos v\frac{\lambda}{2}\right\} - \frac{1-\varkappa^2}{2\varkappa} i \sin v\frac{\lambda}{2}\right] \quad \text{(IV 6, 44)}$$

$$B_{n+1} = \frac{1}{2}\varrho_n\left[-\frac{1-\varkappa^2}{2\varkappa} i \sin v\frac{\lambda}{2} - e^{-i v \varkappa \frac{\lambda}{2}}\left\{\frac{1+\varkappa^2}{2\varkappa} i \sin v\frac{\lambda}{2} - \cos v\frac{\lambda}{2}\right\}\right] + \\ + \frac{\varrho_n'}{2 i \varkappa v}\left[-\frac{1-\varkappa^2}{2\varkappa} i \sin v\frac{\lambda}{2} + e^{-i v \varkappa \frac{\lambda}{2}}\left\{\frac{1+\varkappa^2}{2\varkappa} i \sin v\frac{\lambda}{2} - \cos v\frac{\lambda}{2}\right\}\right] \quad \text{(IV 6, 45)}$$

übergehen. Mittels der von n auf (n + 1) umgeschriebenen Gleichungen (IV 6, 26) schließen wir somit auf die Bahnelemente in der Ausgangsebene des n-ten Gliedes:

$$\varrho_{n+1} = \varrho_n\left[\cos\varkappa v\frac{\lambda}{2}\cos v\frac{\lambda}{2} - \frac{1+\varkappa^2}{2\varkappa}\sin\varkappa v\frac{\lambda}{2}\sin v\frac{\lambda}{2}\right] + \quad \text{(IV 6, 46)} \\ + \frac{\varrho_n'}{\varkappa v}\left[\frac{1+\varkappa^2}{2\varkappa}\cos\varkappa v\frac{\lambda}{2}\sin v\frac{\lambda}{2} + \sin\varkappa v\frac{\lambda}{2}\cos v\frac{\lambda}{2} - \frac{1-\varkappa^2}{2\varkappa}\sin v\frac{\lambda}{2}\right]$$

$$\varrho_{n+1}' = -\varrho_n\varkappa v\left[\frac{1+\varkappa^2}{2\varkappa}\cos\varkappa v\frac{\lambda}{2}\sin v\frac{\lambda}{2} + \sin\varkappa v\frac{\lambda}{2}\cos v\frac{\lambda}{2} + \frac{1-\varkappa^2}{2\varkappa}\sin v\frac{\lambda}{2}\right] + \\ + \varrho_n'\left[\cos\varkappa v\frac{\lambda}{2}\cos v\frac{\lambda}{2} - \frac{1+\varkappa^2}{2\varkappa}\sin\varkappa v\frac{\lambda}{2}\sin v\frac{\lambda}{2}\right]. \quad \text{(IV 6, 47)}$$

Wir bringen diese Gleichungen in die „*Vierpolform*"

$$\varrho_{n+1} = a\,\varrho_n + b\,\varrho_n', \quad \text{(IV 6, 48)}$$

$$\varrho_{n+1}' = c\,\varrho_n + d\,\varrho_n', \quad \text{(IV 6, 49)}$$

deren Koeffizienten aus

$$\left.\begin{aligned} a = d &= \cos\varkappa v\frac{\lambda}{2}\cos v\frac{\lambda}{2} - \frac{1+\varkappa^2}{2\varkappa}\sin\varkappa v\frac{\lambda}{2}\sin v\frac{\lambda}{2} \\ b &= \frac{1}{\varkappa v}\left[\frac{1+\varkappa^2}{2\varkappa}\cos\varkappa v\frac{\lambda}{2}\sin v\frac{\lambda}{2} + \sin\varkappa v\frac{\lambda}{2}\cos v\frac{\lambda}{2} - \frac{1-\varkappa^2}{2\varkappa}\sin v\frac{\lambda}{2}\right] \\ c &= -\varkappa v\left[\frac{1+\varkappa^2}{2\varkappa}\cos\varkappa v\frac{\lambda}{2}\sin v\frac{\lambda}{2} + \sin\varkappa v\frac{\lambda}{2}\cos v\frac{\lambda}{2} + \frac{1-\varkappa^2}{2\varkappa}\sin v\frac{\lambda}{2}\right] \end{aligned}\right\} \quad \text{(IV 6, 50)}$$

zu entnehmen sind; sie sind durch die Relation

$$\begin{vmatrix} a & b \\ c & d \end{vmatrix} = 1 \quad \text{(IV 6, 51)}$$

untereinander verbunden. Führen wir daher die im allgemeinen komplexen Zahlen $w = p + i\,q$ und L durch die Definitionen

$$a = d = \cosh w \quad \text{(IV 6, 52)}$$

und

$$L = \sqrt{\frac{b}{c}} \quad \text{(IV 6, 53)}$$

ein, so gehen die Gleichungen (IV 6, 48), (IV 6, 49) in

$$\varrho_{n+1} = \varrho_n \cosh w + \varrho_n' L \sinh w, \qquad \text{(IV 6, 54)}$$

$$\varrho_{n+1}' = \frac{\varrho_n}{L} \sinh w + \varrho_n' \cosh w \qquad \text{(IV 6, 55)}$$

über. Unter Berufung auf die Regeln der Matrizen-Multiplikation folgen hiernach die kinematischen Bestimmungsstücke der Elektronenbahn in der Ebene $\zeta = \zeta_n$ aus jenen in der Ebene $\zeta = 0$ mittels der Formeln

$$\varrho_n = \varrho_0 \cosh n w + \varrho_0' L \sinh n w, \qquad \text{(IV 6, 56)}$$

$$\varrho_n' = \frac{\varrho_0}{L} \sinh n w + \varrho_0' \cosh n w. \qquad \text{(IV 6, 57)}$$

Sie stellen die „makroskopische" Struktur sowohl der numerischen Radialabweichung ϱ wie deren Ableitung nach ζ je als lineare Kombination der *Hauptlösungen*

$$\sigma_{I,n} = \cosh n w; \qquad \sigma_{I,0} = 1, \qquad \text{(IV 6, 58)}$$

$$\sigma_{II,n} = L \sinh n w; \qquad \sigma_{II,0} = 0 \qquad \text{(IV 6, 59)}$$

dar, welche je als Funktion der nur ganzzahliger Werte fähiger Veränderlichen $0 \leqq n \leqq N$ definiert sind. Unter Ausschluß unvollständiger Glieder identifizieren wir von nun an die Ebene $\zeta = \zeta_0$ mit jener des Objektes. Die Existenz eines *Gauß*schen Bildes in der Ebene $\zeta_n > \zeta_0$ ist dann an die Bedingung

$$\sigma_{II,n} = L \sinh n w = 0; \quad 0 < n \leqq N \qquad \text{(IV 6, 60)}$$

gebunden; sie zieht, falls zwischen Objekt und Bild $0 \leqq m \leqq n-1$ Zwischenbilder erscheinen sollen, für $w = p + i q$ die Gleichungen

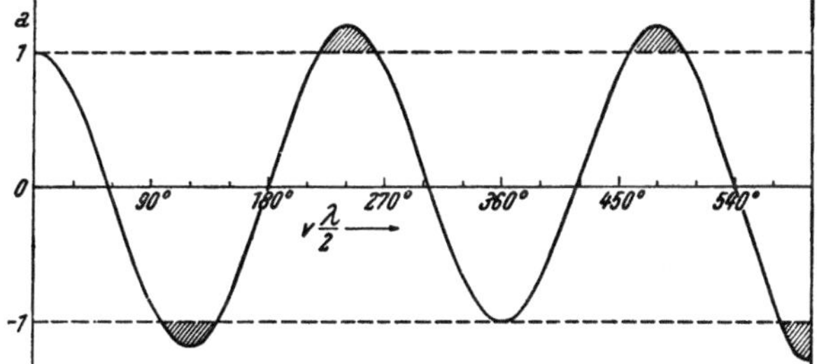

Abb. IV 161. Betriebsbereiche einer magnetischen Kettenlinse.

$$p = 0; \qquad q = \frac{m+1}{n} \pi \qquad \text{(IV 6, 61)}$$

nach sich, so daß sich (IV 6, 52) in

$$\cos q = a \qquad \text{(IV 6, 62)}$$

verwandelt. Da nun für alle reellen q gewiß $|\cos q| \leqq 1$ ausfällt, führt der Verlauf des Koeffizienten a nach Gl. (IV 6, 50) als Funktion der numerischen Linsenstärke [Abb. IV 161] auf folgende Alternative:

1. Die *Gauß*sche Abbildung des Objektes ist nur in jenen Betriebsbereichen realisierbar, in welchen a der Ungleichung $|a| < 1$ genügt.

2. In den Gebieten der Eigenschaft $|a| > 1$ vermag die Kettenlinse die einfallenden Elektronenstrahlen nirgends zu einem Bilde der Objektebene zu vereinigen.

Da die numerische Linsenstärke v von dem jeweiligen Potential Φ_0 der Ladungsträger und deren spezifischer Ladung abhängt, trifft die Kettenlinse unter den Individuen eines heterogenen oder zeitlich veränderlichen Ionenstrahles eine Auswahl, welche zu dessen Spektralanalyse benutzt werden kann.

e) Durch die Wahl

$$f(\zeta) = \frac{1}{1+\zeta^2} \qquad \text{(IV 6, 63)}$$

entsteht aus (IV 6, 6) die Differentialgleichung des *Gaußschen* Strahlenganges

$$\frac{d^2\varrho}{d\zeta^2} + \frac{v^2}{1+\zeta^2}\varrho = 0 \qquad \text{(IV 6, 64)}$$

in einer magnetischen Linse, deren achsiale Feldstärke beiderseits der achsensenkrechten Zentralebene gemäß Abb. IV 162 symmetrisch abfällt; sie wurde erstmalig von *Glaser* untersucht und sei weiterhin nach ihm benannt.

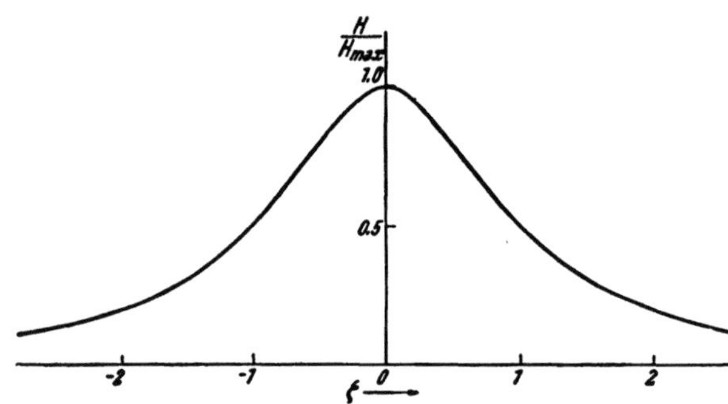

Abb. IV 162. Verlauf der Zentralfeldstärke längs der magnetischen Linse nach *Glaser*.

Zur Lösung der Gl. (IV 6, 64) verändern wir ihre analytische Gestalt in zwei Schritten:

1. Wir vertauschen ζ mit der unabhängigen Veränderlichen

$$u = \operatorname{arc\,tg} \zeta; \quad -\frac{\pi}{2} < u < \frac{\pi}{2} \qquad \text{(IV 6, 65)}$$

so daß wegen

$$\frac{d\varrho}{d\zeta} = \frac{d\varrho}{du}\cdot\cos^2 u; \qquad \frac{d^2\varrho}{d\zeta^2} = \frac{d^2\varrho}{du^2}\cos^4 u - \frac{d\varrho}{du}\cdot 2\cos^3 u \sin u \qquad \text{(IV 6, 66)}$$

Gl. (IV 6, 64) in

$$\frac{d^2\varrho}{du^2} - 2\,\mathrm{tg}\,u\frac{d\varrho}{du} + v^2\varrho = 0 \qquad \text{(IV 6, 67)}$$

übergeht.

2. Wir setzen ϱ als Produkt zweier Funktionen g (u) und h (u) an

$$\varrho(u) = g(u)\,h(u). \qquad \text{(IV 6, 68)}$$

Bilden wir hieraus

$$\frac{d\varrho}{du} = \frac{dg}{du}h + g\frac{dh}{du}; \qquad \frac{d^2\varrho}{du^2} = \frac{d^2g}{du^2}h + 2\frac{dg}{du}\cdot\frac{dh}{du} + g\frac{d^2h}{du^2} \qquad \text{(IV 6, 69)}$$

so verwandelt sich (IV 6, 67) zunächst in

$$h\frac{d^2g}{du^2} + 2\left[\frac{dh}{du} - h\,\mathrm{tg}\,u\right]\frac{dg}{du} + \left[\frac{d^2h}{du^2} - 2\frac{dh}{du} + v^2h\right]g = 0. \qquad \text{(IV 6, 70)}$$

Durch die Forderung

$$\frac{dh}{du} - h\,\mathrm{tg}\,u = 0; \qquad h = \frac{1}{\cos u} = \sqrt{1+\zeta^2} \qquad \text{(IV 6, 71)}$$

befreien wir uns von dem in Gl. (IV 6, 70) auftretenden, mit dg/du proportionalen Gliede und gelangen zu der Differentialgleichung der Funktion g

$$\frac{d^2g}{du^2} + (1+v^2)\,g = 0. \qquad \text{(IV 6, 72)}$$

Nach Wahl zweier vorerst beliebiger Integrationskonstanten S und C lautet die allgemeine Lösung dieser Gleichung

$$g = S \sin \sqrt{1 + v^2}\, u + C \cos \sqrt{1 + v^2}\, u, \qquad \text{(IV 6, 73)}$$

von welcher wir unter Benutzung von (IV 6, 65) und (IV 6, 71) zur numerischen Radialabweichung

$$\varrho = \frac{g}{\cos u} = \sqrt{1 + \zeta^2}\,[S \sin \{\sqrt{1 + v^2}\, \text{arc tg}\, \zeta\} + C \cos \{\sqrt{1 + v^2}\, \text{arc tg}\, \zeta\}] \qquad \text{(IV 6, 74)}$$

zurückkehren. Insbesondere resultiert mit

$$S = \frac{1}{\sqrt{1 + v^2}} \cos \left\{\sqrt{1 + v^2}\, \frac{\pi}{2}\right\}; \qquad C = \frac{1}{\sqrt{1 + v^2}} \sin \left\{\sqrt{1 + v^2}\, \frac{\pi}{2}\right\} \qquad \text{(IV 6, 75)}$$

in

$$\varrho \to \varrho_I = \sqrt{\frac{1 + \zeta^2}{1 + v^2}} \sin \left\{\sqrt{1 + v^2} \left(\frac{\pi}{2} + \text{arc tg}\, \zeta\right)\right\} \equiv \qquad \text{(IV 6, 76)}$$

$$\equiv -\sqrt{\frac{1 + \zeta^2}{1 + v^2}} \sin \{\sqrt{1 + v^2}\, \text{arccotg}\, \zeta\}; \qquad -\pi < \text{arccotg}\, \zeta < 0$$

die Gleichung der Hauptstrahlen, welche von $\zeta \to -\infty$ her im numerischen Abstande 1 parallel der Systemachse einfallen. Abb. IV 163 veranschaulicht ihren Verlauf für verschiedene numerische Linsenstärken; die Lage ζ_F der jeweils auftretenden bildseitigen Brennpunkte folgt aus

$$0 > \text{arccotg}\, \zeta_F = -\frac{m\pi}{\sqrt{1 + v^2}} > -\pi, \qquad \text{(IV 6, 77)}$$

wobei m eine ganze positive Zahl bezeichnet. Für sehr starke Linsen $[|v| \gg 1]$ existieren daher mehrere Brennpunkte; wir beschränken uns jedoch weiterhin auf den Brennpunkt der Ordnung $m = 1$ in

$$\zeta_F^{(1)} = \zeta_{F(m=1)} = \text{tg}\left(\frac{\pi}{2} + \frac{\pi}{\sqrt{1 + v^2}}\right). \qquad \text{(IV 6, 78)}$$

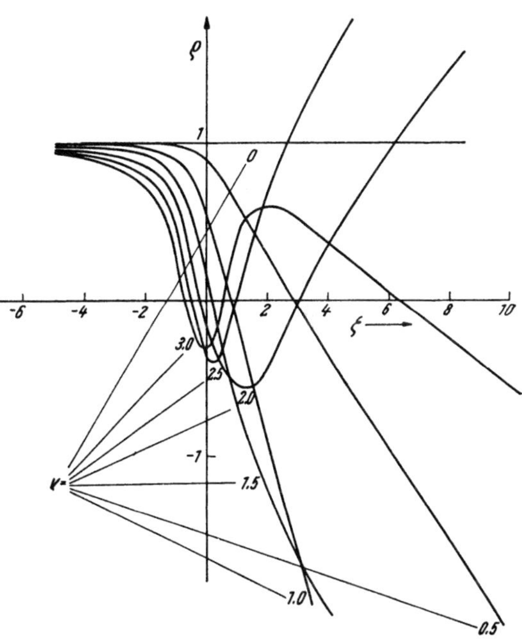

Abb. IV 163. Brechung der von links her einfallenden Hauptstrahlen durch die *Glaser*sche Linse.

Dort ist der Strahl gemäß

$$\left(\frac{d\varrho}{d\zeta}\right)_{\zeta_F^{(1)}} = -\frac{1}{\sqrt{1 + (\zeta_F^{(1)})^2}} = \cos\left(\frac{\pi}{2} + \frac{\pi}{\sqrt{1 + v^2}}\right) \qquad \text{(IV 6, 79)}$$

gegen die Linsenachse geneigt, so daß die Gleichung

$$\varrho = (\zeta - \zeta_F^{(1)}) \cos\left(\frac{\pi}{2} + \frac{\pi}{\sqrt{1 + v^2}}\right) \qquad \text{(IV 6, 80)}$$

die Bahntangente im Brennpunkt erster Ordnung liefert; wir definieren durch ihren Schnitt mit der Einfallsgeraden $\varrho = 1$ die Lage $\zeta = \zeta_H^{(1)}$ der bildseitigen Hauptebene

$$\zeta_H^{(1)} = \zeta_F^{(1)} + \frac{1}{\cos\left(\frac{\pi}{2} + \frac{\pi}{\sqrt{1+v^2}}\right)} = \zeta_F^{(1)} - \frac{1}{\sin\frac{\pi}{\sqrt{1+v^2}}} \qquad \text{(IV 6, 81)}$$

und erhalten die zugehörige Brennweite $f^{(1)}$ aus

$$f^{(1)} = \zeta_F^{(1)} - \zeta_H^{(1)} = \frac{1}{\sin\frac{\pi}{\sqrt{1+v^2}}}. \qquad \text{(IV 6, 82)}$$

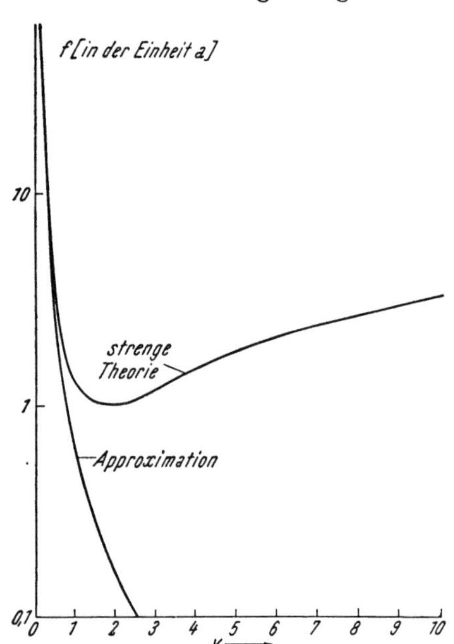

Abb. IV 164. Die *Glaser*sche Linse. Vergleich der strengen Theorie mit der Approximation.

Wie verhält sich diese Formel zu dem Ergebnis der Analyse kurzer magnetischer Linsen?

Wir beziehen uns bei dem beabsichtigten Vergleich auf (IV 5, 37), (IV 5, 38) und erhalten aus (IV 5, 13), nachdem wir die dort in natürlichen Einheiten ausgedrückte Brennweite durch Division mit $R_W = a$ auf numerische Koordinaten umgerechnet haben, mit Rücksicht auf (IV 6, 5)

$$f = 8\,\frac{m_0\,\Phi_0}{q_0\,\Pi^2\,H_{max}{}^2\,l_W\cdot a} = $$
$$= 8\,\frac{m_0\,\Phi_0}{q_0\,\Pi^2\,H_{max}{}^2\,a^2\frac{\pi}{2}} = \frac{2}{\pi}\frac{1}{v^2} \qquad \text{(IV 6, 83)}$$

so daß für $v \to 0$ beide Untersuchungsmethoden zu den gleichen Aussagen führen; dagegen weicht gemäß Abb. IV 164 das Verhalten sehr starker Linsen erheblich von jenem nach der elementaren Theorie zu erwartenden ab.

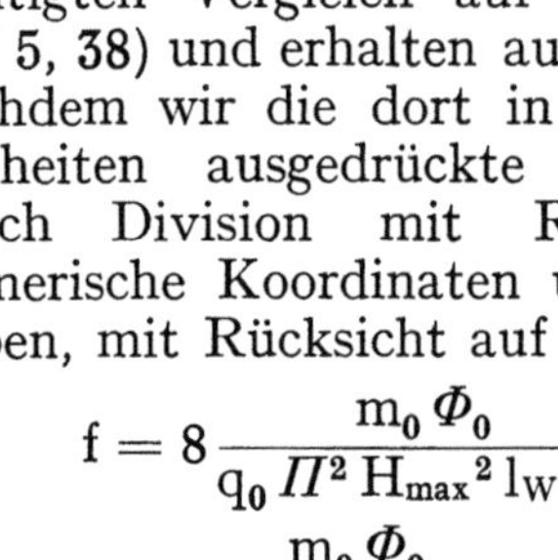

Abb. IV 165. Verlauf des Zentralfeldes längs der magnetischen Linse nach *Lenz*.

f) Nach dem Vorgang von *Lenz* schildern wir die achsiale magnetische Feldstärke einer eisengeschirmten Spule durch die Funktion

$$H = H_{max}\,\frac{1}{\cosh\zeta} \qquad \text{(IV 6, 84)}$$

nach Abb. IV 165. Die von der hierdurch mathematisch definierten Linse geregelten Elektronenbahnen unterliegen somit gemäß (IV 6, 4) der Differentialgleichung

$$\frac{d^2\varrho}{d\zeta^2} + \frac{v^2}{\cosh^2\zeta}\varrho = 0. \qquad \text{(IV 6, 85)}$$

In ihr vertauschen wir die numerische Achsenkoordinate ζ des Variationsbereiches $(-\infty) < \zeta < \infty$ mit

$$\mu = \text{tgh}\,\zeta; \qquad -1 < \mu < 1. \qquad \text{(IV 6, 86)}$$

Wir bilden hieraus

$$\frac{d\varrho}{d\zeta} = (1-\mu^2)\frac{d\varrho}{du}; \qquad \frac{d^2\varrho}{d\zeta^2} = (1-\mu^2)^2\frac{d^2\varrho}{d\mu^2} - 2\mu(1-\mu^2)\frac{d\varrho}{d\mu} \qquad \text{(IV 6, 87)}$$

und erhalten mit der Abkürzung

$$v^2 = l(l+1) \qquad \text{(IV 6, 88)}$$

durch Substitution von (IV 6, 87) und (IV 6, 88) in (IV 6, 85) die *Legendre*sche Differentialgleichung

$$(1-\mu^2)\frac{d^2\varrho}{d\mu^2} - 2\mu\frac{d\varrho}{d\mu} + l(l+1)\varrho = 0. \qquad \text{(IV 6, 89)}$$

Sie wird durch *Kugelfunktionen* erster Art $P_l(\mu)$ und zweiter Art $Q_l(\mu)$ gelöst. Daher findet man mittels zweier vorerst willkürlicher Konstanten A und B das allgemeine Integral in der Gestalt

$$\varrho = A\,P_l(\mu) + B\,Q_l(\mu), \qquad \text{(IV 6, 90)}$$

von welcher wir mit Rücksicht auf (IV 6, 86) zur Darstellung

$$\varrho = A\,P_l(\text{tgh}\,\zeta) + B\,Q_l(\text{tgh}\,\zeta) \qquad \text{(IV 6, 91)}$$

der Elektronenbahnen in der *Lenz*schen Linse zurückkehren.

Obwohl das analytische Verhalten der Kugelfunktionen einschließlich ihrer Darstellung durch Reihen oder bestimmte Integrale vollständig bekannt ist, liegen systematisch berechnete Tafeln unmittelbarer Verwendbarkeit nur für die Funktionen $P_l(\mu)$ ganzer, positiver Ordnung $l \geqq 0$ vor, welche sich im Bereiche $(-1) \leqq \mu \leqq 1$ ihres Argumentes regulär verhalten. Die mit diesen nach der Vorschrift

$$\varrho_{\to\sigma_l\,I} = (-1)^l\,P_l(\text{tgh}\,\zeta) \qquad \text{(IV 6, 92)}$$

gebildeten Bahngleichungen schildern jene singulären Hauptstrahlen, welche gemäß Abb. IV 166 von $\zeta \to (-\infty)$ her im numerischen Abstande 1 parallel der Systemachse in die Linse einfallen und sie nach der Brechung in genau derselben Richtung gegen $\zeta \to \infty$ hin wieder verlassen. Da indes die letztgenannte Austrittseigenschaft gewiß nicht für alle Elektronenbahnen sonst gleicher Einfallseigenschaften bindend ist, erweist sich die Gesamtheit solcher physikalisch realisierbarer Hauptstrahlen als viel reicher: Die Beschränkung auf ganzzahlige $l \geqq 0$, welche wesentlich potentialtheoretischen Überlegungen — Regularität der Potentialfunktion in den Polen der Einheitskugel — entstammt, ist elektronenoptisch nicht gerechtfertigt. Obwohl im Lichte dieses Sachverhaltes die von Gl. (IV 6, 92) gebotene Einsicht in die *Gauß*sche Dioptrik der *Lenz*schen Linse gewissermaßen einseitig und lückenhaft ist, kann sie doch zur allgemeinen Berechnung der elektronenoptischen Brennweite solcher Geräte herangezogen werden, sofern man diese als stetige Funktion des kontinuierlich veränderlichen Parameters $l \geqq 0$ auffaßt. Zu diesem Zwecke bestimmen wir zunächst in Abb. IV 166 für jedes ganzzahlige $l \geqq 0$ den Ort $\zeta_{F,l}^{(1)}$ des Brennpunktes erster Ordnung als ersten Achsendurchgang des betreffenden Hauptstrahles und konstruieren dort die Bahntangente; ihr Schnitt mit der

Einfallsgeraden definiert die Lage $\zeta_{H,l}^{(1)}$ der zugehörigen Hauptebene, mit deren Hilfe wir die Brennweite $f_l^{(1)} = \zeta_{F,l}^{(1)} - \zeta_{H,l}^{(1)}$ finden. Unter Berufung auf die als stetig postulierte Abhängigkeit der Brennweite von dem kontinuierlich variablen Parameter l schreiben wir

$$f_l^{(1)} \to f^{(1)}(l) \qquad \text{(IV 6, 93)}$$

und stellen die hierdurch formal erklärte Funktion $f^{(1)}(l)$ durch graphische Interpolation der vordem ermittelten diskreten Werte $f_l^{(1)}$ her.

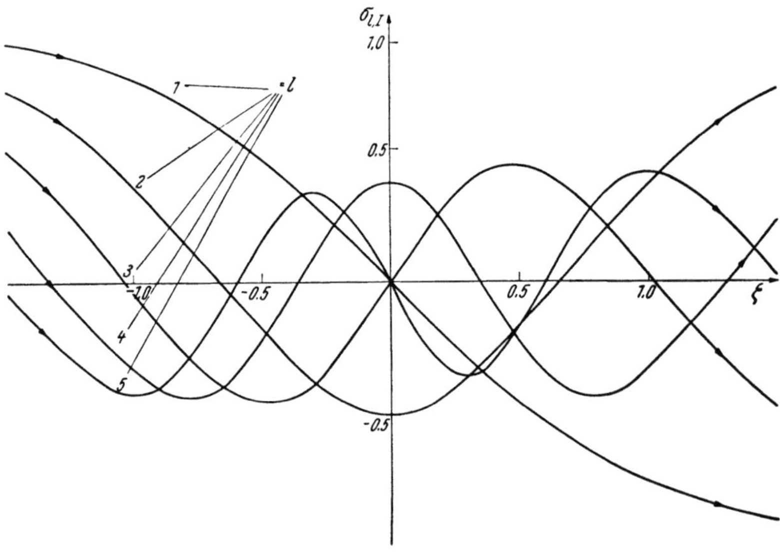

Abb. IV 166. Brechung der von links her einfallenden Hauptstrahlen bei der Passage der *Lenz*schen Linse.

Abb. IV 167 zeigt das Ergebnis der Rechnung im Vergleich zu den früher erörterten Eigenschaften der *Glaser*schen Linse. Von besonderem Interesse ist hiernach die Größe der Brennweite der sehr stark erregten *Lenz*schen Linse. Um uns die gewünschte Auskunft zu verschaffen, vertauschen wir mit Rücksicht auf

$$\lim_{\zeta \to -\infty} \cosh \zeta = \frac{1}{2} e^{-\zeta} \qquad \text{(IV 6, 94)}$$

Gl. (IV 6, 85) mit der für $\zeta \to -\infty$ asymptotisch gültigen Differentialgleichung

$$\frac{d^2\varrho}{d\zeta^2} + (2\,v)^2 e^{2\zeta} \cdot \varrho = 0; \qquad \zeta < 0. \qquad \text{(IV 6, 95)}$$

In ihr ersetzen wir ζ durch die Veränderliche

$$\nu = e^{\zeta} \qquad \text{(IV 6, 96)}$$

und erhalten mit

$$\frac{d\varrho}{d\zeta} = \frac{d\varrho}{d\nu} e^{\zeta}; \qquad \frac{d^2\varrho}{d\zeta^2} = \frac{d^2\varrho}{d\nu^2} e^{2\zeta} + \frac{d\varrho}{d\nu} e^{\zeta} \qquad \text{(IV 6, 97)}$$

für die numerische Radialabweichung die Differentialgleichung der *Zylinderfunktionen* nullter Ordnung

$$\frac{d^2\varrho}{d\nu^2} + \frac{1}{\nu} \cdot \frac{d\varrho}{d\nu} + (2\,v)^2 \varrho = 0. \qquad \text{(IV 6, 98)}$$

Da unter ihren linear unabhängigen Fundamental-Integralen $J_0(2\,v\,\nu)$ [*Bessel*sche Funktion] und $N_0(2\,v\,\nu)$ [*Neumann*sche Funktion] die letztgenannte für $2\,v\,\nu \to 0$ logarithmisch unendlich wird, lautet die asymptotische Darstellung der von $\zeta \to -\infty$ her im numerischen Abstande 1 parallel der Systemachse einfallenden Hauptstrahlen

$$\varrho_1 = J_0(2\,v\,\nu) = J_0(2\,v\,e^{\zeta}); \quad \zeta < 0, \qquad \text{(IV 6, 99)}$$

also

$$\varrho_1' = \frac{d\varrho}{d\zeta} = -2\,v\,e^{\zeta}\,J_1(2\,v\,e^{\zeta}); \quad \zeta < 0, \qquad \text{(IV 6, 100)}$$

wobei J_1 die *Bessel*sche Funktion erster Ordnung bezeichnet. Mit Hilfe der kleinsten Wurzel $u_1 = 2{,}405$ der Gleichung $J_0(u) = 0$ folgt nun aus (IV 6, 99) die asymptotische Lage $\zeta_F^{(1)}$ des Brennpunktes erster Ordnung gemäß

$$2\,|v|\,e^{\zeta_F^{(1)}} = 2{,}405; \quad \zeta_F^{(1)} = -\ln\frac{2\,|v|}{2{,}405}, \qquad \text{(IV 6, 101)}$$

so daß dort die Neigung der Bahntangente durch

$$\varrho'_{\zeta=\zeta_F^{(1)}} = -2{,}405\,J_1(2{,}405) = -1{,}248 \qquad \text{(IV 6, 102)}$$

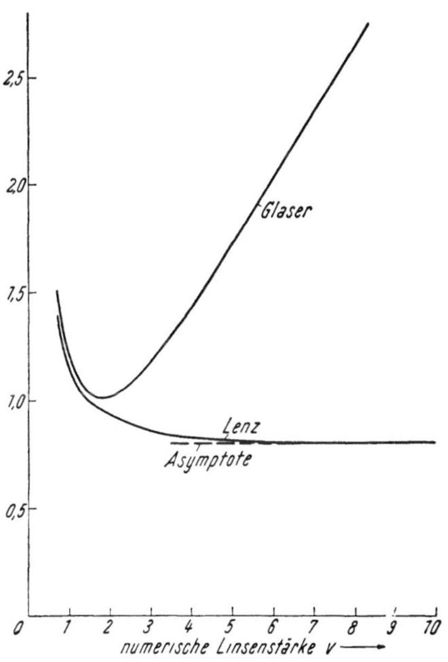

Abb. IV 167. Vergleich der Brechungseigenschaften der magnetischen Linsen nach *Glaser* und *Lenz*.

gemessen wird. Demnach konvergiert die [numerische] Brennweite erster Ordnung $f^{(1)}$ — die wir jetzt formal durch $f^{(1)} = f^{(1)}(v)$ darstellen — mit wachsender Stärke der *Lenz*schen Linse gegen den Grenzwert [Minimalwert]

$$f_{\min}^{(1)} = \lim_{v\to\infty} f^{(1)}(v) = -\frac{1}{\varrho'_{\zeta=\zeta_F^{(1)}}} = \frac{1}{1{,}248} = 0{,}801. \qquad \text{(IV 6, 103)}$$

IV 7. Allgemeine Eigenschaften elektrischer Linsen.

a) Wir beschäftigen uns mit der *Gauß*schen Dioptrik rein elektrostatischer, rotationssymmetrischer Primärfelder; etwa gleichzeitig wirksame magnetische Felder sind also mittels geeigneter Panzer von dem Existenzbereich der Ionenbewegung auszuschließen. Auf Grund dieser Voraussetzungen verschwindet die magnetisch erzwungene, azimutale Präzession (IV 4, 16) der drehimpulsfreien Ionenbahnen, während der Effekt (IV 4, 22) des rein mechanischen Drehimpulses erhalten bleibt. Wir haben daher in der Regel mit einer komplexen Radialabweichung $\overline{r}$ zu rechnen, deren Gleichung (IV 4, 28) sich im Falle des rein elektrostatischen Primärfeldes zu

$$\frac{d\,(\overline{r}'\sqrt{\Phi})}{dz} + \frac{1}{4}\frac{\Phi''}{\sqrt{\Phi}}\,\overline{r} = 0 \qquad \text{(IV 7, 1)}$$

oder

$$\frac{d^2\bar{r}}{dz^2} + \frac{1}{2} \cdot \frac{\Phi'}{\Phi} \cdot \frac{d\bar{r}}{dz} + \frac{1}{4} \frac{\Phi''}{\Phi} \bar{r} = 0 \qquad \text{(IV 7, 2)}$$

vereinfacht. Führt man gemäß (IV 4, 35) und (IV 4, 40) die *reduzierte Radialabweichung* r^* ein

$$r^* = \bar{r} \left(\frac{\Phi}{\Phi^{(1)}} \right)^{1/4}, \qquad \text{(IV 7, 3)}$$

so entsteht aus (IV 4, 42) die inhaltlich mit (IV 7, 1) und (IV 7, 2) identische Gleichung

$$r^{*''} + \frac{3}{16} \left(\frac{\Phi'}{\Phi} \right)^2 r^* = 0. \qquad \text{(IV 7, 4)}$$

b) Die vorstehend angegebenen Differentialgleichungen der achsennahen Ionenstrahlen elektrostatischer Systeme sind, ihrer Herleitung nach, auf jenen Geschwindigkeitsbereich der Ionen beschränkt, in welchem die *Newton*sche Mechanik ausreichend genau ist; innerhalb des hierdurch begrenzten Arbeitsgebietes gehorchen somit die untersuchten Systeme folgenden *Ähnlichkeitsgesetzen*:

1. Die Bahnen der Elektrizitätsträger, welche den gleichen Quellpunkt mit gleicher Anfangsenergie verlassen, sind *unabhängig von dem Verhältnis der Trägerladung zu ihrer [konstanten] Masse*; es ist hiernach nicht möglich, einen rein elektrostatischen Massenspektrographen zu bauen.

2. Die Bahnen der Elektrizitätsträger sind gegen *gleichzeitige, quasistatische Änderungen der Elektrodenpotentiale in einheitlichem Maßstabe invariant.*

3. Bei festen Potentialen der Elektroden erzeugen *ähnliche und ähnlich gelegene Elektrodensysteme ähnliche und ähnlich gelegene Ionenbahnen.*

c) Im Lichte der Differentialgleichungen (IV 7, 1), (IV 7, 2) und (IV 7, 4) wird die *Gauß*sche Dioptrik eines jeden rein elektrostatischen Systemes der Elektronenoptik durch die funktionelle Struktur seines Potentiales Φ längs der Symmetrieachse des je vorliegenden Gerätes erschöpfend beschrieben. Insbesondere definieren wir ein solches System als *Elektronenlinse,* falls die Funktion $\Phi = \Phi(z)$ seiner Achsenkoordinate im Existenzgebiet der Elektronenbewegung folgenden Bedingungen genügt:

1. Das Potential ist stets positiv gegen den Startort der Elektronen

$$\Phi(z) > 0. \qquad \text{(IV 7, 5)}$$

2. Nach Wahl einer Bezugsebene $z = z_l$ als „*Linsenebene*" vom Potential

$$\Phi_l = \Phi(z_l) \qquad \text{(IV 7, 6)}$$

wird die Existenz mindestens eines Ebenenpaares $z_1 < z_l$, $z_2 > z_l$ der Potentiale

$$\Phi_1 = \Phi(z_1); \qquad \Phi_2 = \Phi(z_2) \qquad \text{(IV 7, 7)}$$

verlangt, welches der Doppelgleichung

$$\Phi_1' = \Phi'(z)_{z=z_1} = 0; \qquad \Phi_2' = \Phi'(z)_{z=z_2} = 0 \qquad \text{(IV 7, 8)}$$

genügt.

d) Falls mehrere Ebenenpaare (z_1, z_2) existieren, richten wir unser Augenmerk auf jenes, welches der Linsenebene benachbart ist: Die Differenzen

$$\varepsilon_1 = z_l - z_1; \qquad \varepsilon_2 = z_2 - z_l \qquad \text{(IV 7, 9)}$$

nehmen gleichzeitig je ihren kleinstmöglichen Wert an. Wir beschränken uns weiterhin auf dieses „Minimalgebiet“

$$z_1 < z < z_2; \quad \left.\begin{matrix}\varepsilon_1\\ \varepsilon_2\end{matrix}\right\} \to \text{Minimum} \qquad \text{(IV 7, 10)}$$

und definieren hierdurch die *Elektronen-Einzellinse*. Gemäß (IV 7, 8) herrscht in der Umgebung ihrer Grenzebene z_1 und z_2 je ein konstantes Potential. Wir unterscheiden:

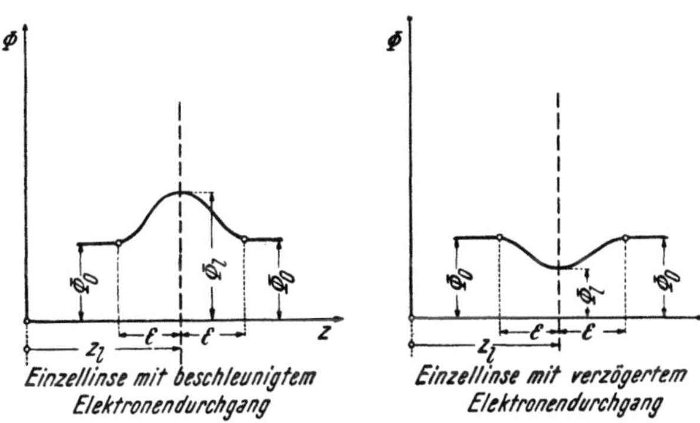

Abb. IV 168. Elektrische Einzel-Durchgangslinsen.

1. *Durchgangslinsen* sind durch die *Gleichheit der Grenzpotentiale* gekennzeichnet

$$\Phi_1 = \Phi_2. \qquad \text{(IV 7, 11)}$$

Für das Achsenpotential Φ_l in der Linsenebene besteht daher die Ungleichung

$$\Phi_l \lesseqgtr \Phi_1 = \Phi_2, \qquad \text{(IV 7, 12)}$$

deren $\genfrac{}{}{0pt}{}{\text{oberes}}{\text{unteres}}$ Zeichen die Durchgangslinse mit $\genfrac{}{}{0pt}{}{\text{verzögerter}}{\text{beschleunigter}}$ Elektronenpassage beschreibt [Abb. IV 168].

2. *Immersionslinsen* weisen *unterschiedliche Grenzpotentiale* auf

$$\Phi_1 \lesseqgtr \Phi_l \lesseqgtr \Phi_2. \qquad \text{(IV 7, 13)}$$

Die Alternative $\Phi_1 \gtrless \Phi_2$ führt auf die $\genfrac{}{}{0pt}{}{\text{Verzögerungs-}}{\text{Beschleunigungs-}}$ Immersionslinse nach Abb. IV 169.

e) Wir denken uns die Einzellinse aus dem Verband des dioptrischen Gesamtsystemes gelöst und die Potentiale Φ_1 und Φ_2 stetig in den jeweils an die Linse grenzenden Halbraum $z \leqq z_1$ und $z \geqq z_2$ hinein fortgesetzt. In dem Teilsystem, welches aus diesem Gedankenexperiment resultiert, möge die Objektebene $z = z_O$ in $z < z_1$ vorausgesetzt werden. Falls nun das Bild in der Ebene $z = z_B > z_2$ erscheint, haben wir es mit einer *schwachen Linse* zu tun; die Lage $z_B < z_2$ der Bildebene definiert dagegen die *starke Linse*.

f) Um die Theorie der schwachen Linsen zu entwickeln, stützen wir uns auf zwei Partikularintegrale $g_1(z)$ und $g_2(z)$ der Gl. (IV 7, 1), so daß also gleichzeitig gilt

$$\frac{d(g_1' \sqrt{\Phi})}{dz} + \frac{1}{4}\frac{\Phi''}{\sqrt{\Phi}} g_1 = 0 \qquad \text{(IV 7, 14)}$$

und

$$\frac{d(g_2'\sqrt{\Phi})}{dz} + \frac{1}{4}\frac{\Phi''}{\sqrt{\Phi}} g_2 = 0. \qquad \text{(IV 7, 15)}$$

Wir erweitern (IV 7, 14) mit g_2, (IV 7, 15) mit g_1, subtrahieren die entstehenden Gleichungen voneinander und finden

$$g_2 \frac{d}{dz}(g_1'\sqrt{\Phi}) - g_1 \frac{d}{dz}(g_2'\sqrt{\Phi}) \equiv \frac{d}{dz}[(g_2 g_1' - g_1 g_2')\sqrt{\Phi}] = 0, \qquad \text{(IV 7, 16)}$$

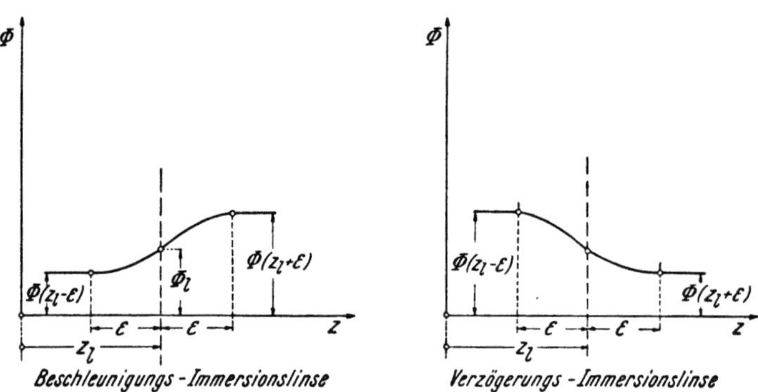

Abb. IV 169. Elektrische Einzel-Immersionslinsen.

also nach Wahl einer Integrationskonstanten C

$$g_2 g_1' - g_1 g_2' = \frac{C}{\sqrt{\Phi}} \qquad \text{(IV 7, 17)}$$

Nunmehr spezialisieren wir g_1 und g_2 folgendermaßen:

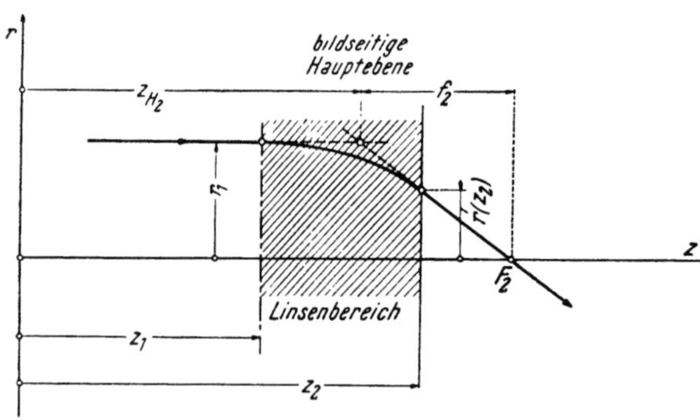

Abb. IV 170. Zur Geometrie der elektrischen Einzellinse.

1. Wir setzen

$$\bar{r} = r_1 \cdot g_1(z) \qquad \text{(IV 7, 18)}$$

und unterwerfen g_1 den Bedingungen

$$\left.\begin{aligned} g_1(z) &= g_1(z_1) = 1 \\ g_1'(z) &= g_1'(z_1) = 0 \end{aligned}\right\} \text{ für } z \leq z_1. \qquad \text{(IV 7, 19)}$$

Durch diese Gleichungen wird ein „*Hauptstrahl*" dargestellt, der gemäß Abb. IV 170 vom Objektraume her im Abstande $r(z_1) = r_1$ parallel der Achse in die Linse einfällt; da er nach Definition drehimpulsfrei ist, wird bei passender Wahl der Meridianebene $\alpha = 0$ die komplexe Radialabweichung $\bar{r}$ des kontrollierten Elektrons überall mit seinem reellen Abstand r von der Systemachse identisch.

Wir begleiten den untersuchten Strahl bis zu seinem Austritt aus der Linse und finden als seine kinematischen Bestimmungsstücke in der Ebene $z = z_2$

$$r(z_2) = r_1 \cdot g_1(z_2); \qquad r'(z_2) = r_1 \cdot g_1'(z_2). \qquad \text{(IV 7, 20)}$$

Da in $z > z_2$ auf Grund des dort konstanten Potentiales $\Phi = \Phi_2$ die Kraft des Primärfeldes verschwindet, wird die jenseits der Linse anschließende Elektronenbahn durch die Gerade

$$r = r(z_2) + \{z - z_2\} r'(z_2) = r_1 [g_1(z_2) + \{z - z_2\} g_1'(z_2)]; \qquad z > z_2 \tag{IV 7, 21}$$

[Trägheitsgesetz!] geschildert. Durch die Bedingung $r = 0$ finden wir auf der Achse des Systemes den Punkt

$$z_{F_2} = z_2 - \frac{g_1(z_2)}{g_1'(z_2)} \tag{IV 7, 22}$$

in welchem sich alle aus dem Objektraum in verschiedenen Abständen r_1 parallel zur Achse einfallenden Hauptstrahlen schneiden: Er definiert den *bildseitigen Brennpunkt* F_2. Wir extrapolieren die Gerade (IV 7, 21) bis zu ihrem Schnitt mit der Einfallsgeraden $r = r_1$ in der Ebene

$$z_{H_2} = z_2 + \frac{1 - g_1(z_2)}{g_1'(z_2)} \tag{IV 7, 23}$$

welche die *bildseitige Hauptebene* aller vom Objektraum her einfallenden Strahlen definiert. Der Abstand f_2 des bildseitigen Brennpunktes F_2 von dieser Hauptebene mißt die *bildseitige Brennweite*

$$f_2 = z_{F_2} - z_{H_2} = -\frac{1}{g_1'(z_2)}. \tag{IV 7, 24}$$

2. Wir setzen

$$\overline{r} = r_2 \cdot g_2(z) \tag{IV 7, 25}$$

mit

$$\left.\begin{aligned} g_2(z) = g_2(z_2) = 1 \\ g_2'(z) = g_2'(z_2) = 0 \end{aligned}\right\} \text{ für } \quad z \geqq z_2 \tag{IV 7, 26}$$

und erklären hierdurch einen von der Bildseite her im Abstande $r = r_2$ antiparallel der Achse einfallenden, drehimpulsfreien Hauptstrahl. Bei seinem Austritt aus der Linse in $z = z_1$ sind seine kinematischen Bestimmungsstücke

$$r(z_1) = r_2 g_2(z_1); \qquad r'(z_1) = r_2 g_2'(z_1), \tag{IV 7, 27}$$

so daß wir in $z < z_1$ die geradlinige Strahlbahn

$$r = r(z_1) + \{z - z_1\} r'(z_1) = r_2 [g_2(z_1) + \{z - z_1\} g_2'(z_1)] \tag{IV 7, 28}$$

antreffen. Die Lage $z = z_{F_1} < z_1$ des *objektseitigen Brennpunktes* F_1 folgt aus $r = 0$ zu

$$z_{F_1} = z_1 - \frac{g_2(z_1)}{g_2'(z_1)} \tag{IV 7, 29}$$

und die Lage $z = z_{H_1}$ der zugehörigen Hauptebene aus $r = r_2$ zu

$$z_{H_1} = z_1 + \frac{1 - g_2(z_1)}{g_2'(z_1)} \tag{IV 7, 30}$$

Aus (IV 7, 29) und (IV 7, 30) entnehmen wir die *objektseitige Brennweite* zu

$$f_1 = z_{H_1} - z_{F_1} = \frac{1}{g_2'(z_1)} \tag{IV 7, 31}$$

Nun gilt nach (IV 7, 17) für die gewählten Partikularintegrale $g_1(z)$ und $g_2(z)$

$$g_2(z_1) g_1'(z_1) - g_1(z_1) g_2'(z_1) = -g_2'(z_1) = \frac{C}{\sqrt{\Phi_1}} \tag{IV 7, 32}$$

und

$$g_2(z_2)\,g_1'(z_2) - g_1(z_2)\,g_2'(z_2) = g_1'(z_2) = \frac{C}{\sqrt{\Phi_2}} \qquad \text{(IV 7, 33)}$$

Man entnimmt daher aus (IV 7, 24), (IV 7, 31) einerseits, (IV 7, 32), (IV 7, 33) andererseits die fundamentale Relation

$$\frac{f_2}{f_1} = -\frac{g_2'(z_1)}{g_1'(z_2)} = \sqrt{\frac{\Phi_2}{\Phi_1}}. \qquad \text{(IV 7, 34)}$$

Während sich hiernach schwache *Durchgangslinsen* [$\Phi_1 = \Phi_2$] durch eine *einheitliche Brennweite* $f_1 = f_2$ auszeichnen, hat man bei schwachen *Immersionslinsen* die *objektseitige* und die *bildseitige Brennweite* voneinander zu unterscheiden.

g) Durch Spezialisierung der in Ziffer IV 1 für die kollineare Abbildung allgemein entwickelten geometrischen Gesetzmäßigkeiten auf die Elektronenoptik schwacher elektrischer Linsen fassen wir deren *Gaußsche* Dioptrik gemäß Abb. IV 171 in folgender *Konstruktionsvorschrift* für die Transformation des Objektpunktes $O=(z_O, r_O)$ in den Bildpunkt $B=(z_B, r_B)$ zusammen:

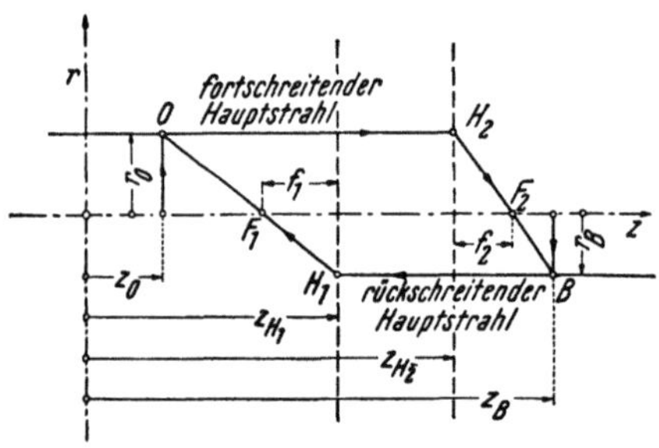

Abb. IV 171. Geometrie der Elektronenoptik schwacher elektrischer Linsen.

1. Lege durch O die achsenparallele Gerade $r = r_O$ bis zu ihrem Schnitte H_2 mit der Hauptebene $z = z_{H_2}$.

2. Konstruiere von $H_2 = (z_{H_2}, r_O)$ aus die Gerade $H_2\,F_2$ durch den bildseitigen Brennpunkt F_2.

3. Zeichne von O aus die Gerade $O\,F_1$ durch den objektseitigen Brennpunkt F_1 bis zu ihrem Schnitt H_1 mit der Hauptebene $z = z_{H_1}$.

4. Ziehe durch H_1 die Parallele zur Systemachse, ihr Schnitt mit der Geraden $H_2\,F_2$ liefert den Objektpunkt $B = (z_B, r_B)$.

Wir bezeichnen mit a den Abstand des Objektes von der Hauptebene $z = z_{H_1}$ [„*Objektweite*"] und mit b den Abstand des Bildes von der Hauptebene $z = z_{H_2}$ [„*Bildweite*"]. Der angegebenen Konstruktion entnimmt man die Ähnlichkeitsrelationen

$$\frac{a - f_1}{r_O} = \frac{f_1}{r_B} \qquad \text{(IV 7, 35)}$$

und

$$\frac{b - f_2}{r_B} = \frac{f_2}{r_O} \qquad \text{(IV 7, 36)}$$

Aus ihnen folgt durch Multiplikation, im Einklang mit (IV 1, 82),

$$(a - f_1)(b - f_2) = f_1\,f_2 \qquad \text{(IV 7, 37)}$$

oder

$$\frac{f_1}{a} + \frac{f_2}{b} = 1. \qquad \text{(IV 7, 38)}$$

Die gleichfalls aus Abb. IV 171 zu entnehmenden Beziehungen

$$\frac{r_O + r_B}{a} = \frac{r_B}{f_1} \qquad \text{(IV 7, 39)}$$

und

$$\frac{r_O + r_B}{b} = \frac{r_O}{f_2} \qquad \text{(IV 7, 40)}$$

liefern als Lateralvergrößerung der elektronenoptischen Abbildung

$$\frac{r_B}{r_O} = \frac{f_2 b}{f_1 a} = \frac{b}{a}\sqrt{\frac{\Phi_2}{\Phi_1}}. \qquad \text{(IV 7, 41)}$$

h) Statt, wie es bisher geschah, die geometrische Gestalt der Strahlen in einem primär bekannten elektrischen Potentialfelde aufzusuchen, kann man umgekehrt nach demjenigen Potentialfeld fragen, welches vermöge seiner *Gauß*schen Dioptrik eine vorgeschriebene Elektronenbahn dynamisch erzeugt. Zur Lösung dieser Aufgabe hat man in Gl. (IV 7, 2) die komplexe Radialabweichung $\overline{r}$ als bekannte Funktion der Achsenkoordinate z einzuführen, so daß für den Verlauf des Achsenpotentiales $\Phi = \Phi(z)$ eine lineare Differentialgleichung zweiter Ordnung resultiert. Kennt man ihr Integral, so liefert dessen analytische Fortsetzung in die Umgebung der Zentralachse nach den Verfahren der Ziffer IV 3 die Potentialfunktion $\varphi = \varphi(z, r)$; das System ihrer Äquipotentialflächen definiert die Schar physikalisch möglicher Elektroden, welche bei ihrem Anschluß an passende Spannungsquellen das vordem bestimmte Achsenpotential erregen. Ungeachtet der grundsätzlichen Bedeutung des skizzierten Lösungsganges ist er bisher nicht zu einer systematischen Methode der Konstruktion elektronenoptischer Geräte entwickelt worden, so daß wir auf seine weitere Behandlung verzichten.

IV 8. Theorie der kurzen elektrischen Linsen.

a) Wir gehen von der Differentialgleichung (IV 7, 4) für die reduzierte Radialabweichung der Elektronenstrahlen in einer elektrischen Linse aus

$$\frac{d^2 r^*}{dz^2} + \frac{3}{16}\left(\frac{\Phi'}{\Phi}\right)^2 r^* = 0. \qquad \text{(IV 8, 1)}$$

Nunmehr spezialisieren wir auf eine Einzellinse, welche sich von $z_1 = z_l - \varepsilon_1$ bis $z_2 = z_l + \varepsilon_2$ erstreckt. Innerhalb des Bereiches $z_1 \leqq z \leqq z_2$ suchen wir jenen Punkt [oder einen von mehreren] auf, in welchem das Verhältnis $(\Phi'/\Phi)^2 > 0$ seinen absoluten Höchstwert $(\Phi'/\Phi)^2_{max}$ annimmt. Mit Hilfe dieses Extremalwertes definieren wir die *wirksame Länge* l_w der Linse durch die Gleichung

$$\left(\frac{\Phi'}{\Phi}\right)^2_{max} \cdot l_w = \int_{z_l-\varepsilon_1}^{z_l+\varepsilon_2} \left(\frac{\Phi'}{\Phi}\right)^2 dz. \qquad \text{(IV 8, 2)}$$

Als *kurz* gilt die Linse, falls ihr Potentialfeld der Ungleichung

$$l_w^2 \left(\frac{\Phi'}{\Phi}\right)^2_{max} \ll 1 \qquad \text{(IV 8, 3)}$$

genügt; welches sind die elektronenoptischen Eigenschaften einer solchen Linse?

b) Wir setzen, über die Forderung (IV 8, 3) hinausgehend, die zu untersuchende Linse als *schwach* voraus: Das Objekt soll sich im Halbraum

$z < z_1$, das Bild im Halbraum $z > z_2$ befinden. Mit Hilfe des *Dirac*schen Funktionssymboles

$$\left.\begin{aligned} &\delta(z) = 0 \qquad \text{für} \qquad z \neq z_l, \\ &\int_{z_1}^{z_2} \delta(z)\, dz = l_w \end{aligned}\right\} \tag{IV 8, 4}$$

dürfen wir dann Gl. (IV 8, 1) approximativ durch

$$\frac{d^2 r^*}{dz^2} + \frac{3}{16}\left(\frac{\Phi'}{\Phi}\right)^2_{max} \cdot \delta(z)\, r^* = 0 \tag{IV 8, 5}$$

ersetzen. Wir schreiben abkürzend $r^*(z_l) = r_l^*$ und erhalten aus (IV 8, 5) durch Integration zwischen den Grenzen z_1 und $z_2 \geqq z > z_1$ die Alternative

$$\left(\frac{dr^*}{dz}\right)_z - \left(\frac{dr^*}{dz}\right)_{z_1} = \left\{\begin{aligned} &0; \qquad z_1 \leqq z < z_l \\ &-\frac{3}{16} r_l^* \int_{z_1}^{z_2} \left(\frac{\Phi'}{\Phi}\right)^2 dz; \qquad z_l \leqq z < z_2. \end{aligned}\right. \tag{IV 8, 6}$$

Nun gilt auf Grund der Definition (IV 8, 3) der reduzierten Radialabweichung [Apostrophe bedeuten Ableitung nach z]

$$r^{*\prime} = \bar{r}' \left(\frac{\Phi}{\Phi^{(1)}}\right)^{1/4} + \frac{1}{4}\, \bar{r}\, \frac{\Phi^{-3/4}\, \Phi'}{(\Phi^{(1)})^{1/4}}. \tag{IV 8, 7}$$

Mit Rücksicht auf die Definition (IV 7, 8) der elektrischen Linsen annulliert sich der zweite Posten dieser Summe in den Grenzebenen z_1 und z_2, so daß wir mit nochmaliger Benutzung von (IV 8, 3) aus (IV 8, 6) auf

$$(\bar{r}'\, \Phi^{1/4})_{z_2} - (\bar{r}'\, \Phi^{1/4})_{z_1} = -\frac{3}{16}\, \bar{r}_l\, \Phi_l^{1/4} \int_{z_1}^{z_2} \left(\frac{\Phi'}{\Phi}\right)^2 dz \tag{IV 8, 8}$$

schließen.

c) Wir richten unsere Aufmerksamkeit auf den von der Objektseite im Radialabstande r_1 parallel der Symmetrieachse in die Linse einfallenden *Hauptstrahl;* da für ihn nach passender Wahl der Meridianebene $\bar{r}$ mit r identifiziert werden darf, folgt aus (IV 8, 6) zunächst

$$\frac{d\,(r\, \Phi^{1/4})}{dz} = 0; \qquad r\, \Phi^{1/4} = r_1\, \Phi_1^{1/4} \qquad \text{für} \qquad z_1 \leqq z < z_l. \tag{IV 8, 9}$$

Demnach durchkreuzt das kontrollierte Elektron die Linsenebene im Abstande

$$r_l = r_1 \left(\frac{\Phi_1}{\Phi_l}\right)^{1/4}. \tag{IV 8, 10}$$

Für den stetig anschließenden Abschnitt der Elektronenbahn findet man aus (IV 8, 6) durch Integration

$$r\, \Phi^{1/4} = r_l\, \Phi_l^{1/4} - (z - z_l)\, \frac{3}{16}\, r_l\, \Phi_l^{1/4} \int_{z_1}^{z_2} \left(\frac{\Phi'}{\Phi}\right)^2 dz. \tag{IV 8, 11}$$

Daher verläßt das Elektron die Linse durch die Ebene $z = z_2$ im Achsenabstande

$$r_2 = r_1 \left(\frac{\Phi_1}{\Phi_2}\right)^{1/4} \left[1 - \frac{3}{16} \varepsilon_2 \int_{z_1}^{z_2} \left(\frac{\Phi'}{\Phi}\right)^2 dz\right] \tag{IV 8, 12}$$

mit der Neigung

$$r_2' = \frac{3}{16} \left(\frac{\Phi_1}{\Phi_2}\right)^{1/4} r_1 \int_{z_1}^{z_2} \left(\frac{\Phi'}{\Phi}\right)^2 dz. \tag{IV 8, 13}$$

Mit Benutzung von (IV 7, 24) berechnen wir aus (IV 8, 10) und (IV 8, 13) die *bildseitige Brennweite* f_2 zu

$$f_2 = -\frac{r_1}{r_2'} = \left(\frac{\Phi_2}{\Phi_1}\right)^{1/4} \frac{1}{\frac{3}{16} \int_{z_1}^{z_2} \left(\frac{\Phi'}{\Phi}\right)^2 dz}. \tag{IV 8, 14}$$

Nach (IV 7, 22) ergibt sich aus (IV 8, 12) und (IV 8, 13) die Lage z_{F_2} des *bildseitigen Brennpunktes* F_2

$$z_{F_2} = z_2 + \frac{1 - \frac{3}{16} \varepsilon_2 \int_{z_1}^{z_2} \left(\frac{\Phi'}{\Phi}\right)^2 dz}{\frac{3}{16} \int_{z_1}^{z_2} \left(\frac{\Phi'}{\Phi}\right)^2 dz} = z_1 + \left(\frac{\Phi_1}{\Phi_2}\right)^{1/4} f_2. \tag{IV 8, 15}$$

Durch Kombination der beiden letzten Gleichungen folgt die Lage z_{H_2} der *bildseitigen Hauptebene* zu

$$z_{H_2} = z_{F_2} - f_2 = z_1 + f_2 \left\{\left(\frac{\Phi_1}{\Phi_2}\right)^{1/4} - 1\right\}. \tag{IV 8, 16}$$

Kehrt man die Richtung des Hauptstrahles um, so findet man durch sinngemäße Wiederholung des vorstehenden Gedankenganges als *objektseitige Brennweite*

$$f_1 = \left(\frac{\Phi_1}{\Phi_2}\right)^{1/4} \frac{1}{\frac{3}{16} \int_{z_1}^{z_2} \left(\frac{\Phi'}{\Phi}\right)^2 dz} \tag{IV 8, 17}$$

und als Lage z_{F_1} des *objektseitigen Brennpunktes* F_1

$$z_{F_1} = z_1 - \frac{1 - \frac{3}{16} \varepsilon_1 \int_{z_1}^{z_2} \left(\frac{\Phi'}{\Phi}\right)^2 dz}{\frac{3}{16} \int_{z_1}^{z_2} \left(\frac{\Phi'}{\Phi}\right)^2 dz} = z_1 - \left(\frac{\Phi_2}{\Phi_1}\right)^{1/4} f_1, \tag{IV 8, 18}$$

also den Ort z_{H_1} der *objektseitigen Hauptebene*

$$z_{H_1} = z_{F_1} + f_1 = z_1 - f_1 \left\{\left(\frac{\Phi_2}{\Phi_1}\right)^{1/4} - 1\right\}. \tag{IV 8, 19}$$

Aus (IV 8, 14) und (IV 8, 17) entnimmt man die Relation

$$\frac{\mathfrak{f}_2}{\mathfrak{f}_1} = \sqrt{\frac{\Phi_2}{\Phi_1}}, \qquad \text{(IV 8, 20)}$$

welche, wie es sein muß, mit der allgemeinen Gesetzmäßigkeit (IV 7, 34) übereinstimmt.

IV 9. Uniforme elektrische Rohrlinsen.

a) Unter einem System *uniformer elektrischer Rohrlinsen* verstehen wir die funktionelle Zusammenfassung konachsialer Zylinderelektroden von einheitlichem Halbmesser R, deren jede von einem zeitlich konstanten, elektrischen Skalarpotential erregt wird; die Zahl der Einzelelektroden, ihre gegenseitige Anordnung und die Wahl ihrer Potentiale bestimmt den Typus des jeweils vorliegenden Systemes. Gesucht wird seine *Gaußsche* Dioptrik für achsennahe Kathodenstrahlen bei Abwesenheit magnetischer Felder.

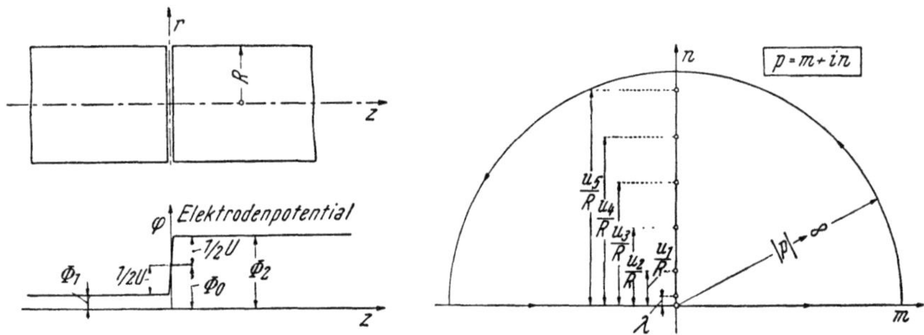

Abb. IV 172. Zum Potential der uniformen elektrischen Rohrlinse.

b) Wir orientieren uns im Entladungsraum mittels der relativ zu den Elektroden ruhenden Zylinderkoordinaten z [Achse], r [Achsenabstand] und α [Azimut]; die z-Achse wird mit jener der Elektroden identifiziert [Abb. IV 172].

Das Grundelement jedes uniformen Rohrlinsen-Systemes ist die *Einfach-Immersionslinse*, welche wir durch folgende Angaben definieren:

1. Wir konstruieren die beiden, durch die Ebene z = 0 elektrisch voneinander isolierten Halbzylinder

$$z \gtrless 0; \qquad r = R. \qquad \text{(IV 9, 1)}$$

2. Die isolierende Ebene führt das einheitliche Potential

$$\varphi = \Phi_0 \qquad \text{für} \qquad z = 0. \qquad \text{(IV 9, 2)}$$

3. Vermittels der Spannung $U \gtrless 0$ erteilen wir den Halbzylindern die Potentiale

$$\varphi = \Phi_0 \pm \frac{1}{2}\,U; \qquad z \gtrless 0, \qquad r = R. \qquad \text{(IV 9, 3)}$$

c) Wir fragen nach dem Verlaufe des Potentiales längs der Achse der Einfach-Immersionslinse

$$\Phi(z) = \lim_{r \to 0} \varphi(z, r). \qquad \text{(IV 9, 4)}$$

Da für die Lösung dieses elektrostatischen Problemes eine additive Konstante im Potential irrelevant ist, dürfen wir hier $\Phi_0 = 0$ setzen. Demnach haben wir in $r \leqq R$ dasjenige Integral der *Laplace*schen Gleichung

$$\frac{\partial^2 \varphi}{\partial r^2} + \frac{1}{r}\frac{\partial \varphi}{\partial r} + \frac{\partial^2 \varphi}{\partial z^2} = 0 \qquad \text{(IV 9, 5)}$$

aufzusuchen, welches in $r = 0$ endlich bleibt und in $r = R$ der Randbedingung

$$\varphi(z, R) = \pm \frac{1}{2} U; \qquad z \gtrless 0 \qquad \text{(IV 9, 6)}$$

genügt.

Wir verschärfen aus Konvergenzgründen (IV 9, 6) zu

$$\varphi(z, R) = \lim_{\lambda \to 0}\left(\pm \frac{1}{2} U e^{\mp \lambda z}\right); \qquad z \gtrless 0 \qquad \text{(IV 9, 7)}$$

und können diese Funktion nun einheitlich für alle z durch das *Fourier*sche Integral darstellen

$$\varphi(z, R) = \frac{1}{2\pi} \int\limits_{m=-\infty}^{\infty} dm \int\limits_{\zeta=-\infty}^{\infty} \varphi(\zeta, R)\, e^{i m (z-\zeta)}\, d\zeta =$$

$$= \frac{U}{2\pi} \int\limits_{m=-\infty}^{\infty} e^{i m z}\, dm \cdot \lim_{\lambda \to 0}\left[-\frac{1}{2} \int\limits_{\zeta=-\infty}^{0} e^{\zeta(-i m + \lambda)}\, d\zeta + \frac{1}{2} \int\limits_{\zeta=0}^{\infty} e^{\zeta(-i m + \lambda)}\, d\zeta\right] =$$

$$= \frac{U}{2\pi i} \lim_{\lambda \to 0} \int\limits_{-\infty}^{\infty} \frac{m}{m^2 + \lambda^2}\, e^{i m z}\, dm; \qquad i = \sqrt{-1}. \qquad \text{(IV 9, 8)}$$

Wir rufen die *Bessel*sche Funktion der Ordnung Null vom rein imaginären Argument i m r [Symbol $J_0(i m r)$] zu Hilfe und erhalten mit Rücksicht auf die in $r = 0$ verlangten Stetigkeitseigenschaften für das Potential des untersuchten Bereiches $r \leqq R$ die Integraldarstellung

$$\varphi = \frac{U}{2\pi i} \lim_{\lambda \to 0} \int\limits_{-\infty}^{\infty} \frac{m}{m^2 + \lambda^2}\, e^{i m z} \cdot \frac{J_0(i m r)}{J_0(i m R)}\, dm. \qquad \text{(IV 9, 9)}$$

Zum Zwecke ihrer Auswertung ergänzen wir m durch Hinzunahme der rein imaginären Variabeln i n zu der komplexen Veränderlichen

$$p = m + i n, \qquad \text{(IV 9, 10)}$$

so daß φ in das längs der Realachse der p-Ebene zu erstreckende Linienintegral

$$\varphi = \frac{U}{2\pi i} \lim_{\lambda \to 0} \int\limits_{p=-\infty}^{\infty} \frac{p}{p^2 + \lambda^2}\, e^{i p z}\, \frac{J_0(i p r)}{J_0(i p R)}\, dp \qquad \text{(IV 9, 11)}$$

übergeht. Auf Grund der hieraus fließenden Antimetrieeigenschaft

$$\varphi(-z, r) = -\varphi(z, r) \qquad \text{(IV 9, 12)}$$

dürfen wir uns fortan auf $z > 0$ beschränken. In (IV 9, 11) konvergiert dann der Integrand auf dem Halbkreise $|p| \to \infty$ der Halbebene $n > 0$ exponentiell gegen Null, so daß dann auch das längs dieses Halbkreises erstreckte Integral verschwindet. Auf Grund dieses Sachverhaltes dürfen wir den in (IV 9, 11) vorgeschriebenen, offenen Integrationsweg durch Hinzufügung jenes Halbkreises in einen geschlossenen verwandeln; er umfaßt folgende außerwesentlichen Singularitäten des Integranden [Abb. IV 172]:

1. Einen einfachen Pol in

$$p_0 = i\,\lambda. \qquad \text{(IV 9, 13)}$$

2. Die abzählbar-unendliche Mannigfaltigkeit der Pole p_k [$k = 1, 2, 3\ldots$], welche mit den Wurzeln u_k der transzendenten Gleichung

$$J_0(u) = 0 \qquad \text{(IV 9, 14)}$$

durch

$$i\,p_k R = -u_k; \qquad k = 1, 2, 3\ldots \qquad \text{(IV 9, 15)}$$

verbunden sind.

Nach Aussage des *Cauchy*schen Integralsatzes gleicht das Integral (IV 9, 11) der Summe der Integrale längs aller jener Kreise, welche je einen der genannten isolierten Pole im mathematisch-positiven Sinne umschließen. Mit Rücksicht auf die zwischen den *Bessel*schen Funktionen nullter und erster Ordnung bestehende Differentialformel

$$\frac{d J_0(i\,p\,R)}{dp} = -i\,R\,J_1(i\,p\,R) \qquad \text{(IV 9, 16)}$$

folgt also aus (IV 9, 11) unter Benutzung von (IV 9, 13), (IV 9, 14) und (IV 9, 15)

$$\varphi = U \lim_{\lambda \to 0} \left[\frac{1}{2} e^{-\lambda\,.\,z} \frac{J_0(\lambda r)}{J_0(\lambda R)} + \sum_{k=1}^{\infty} \frac{-\dfrac{u_k}{i\,R}}{\left(-\dfrac{u_k}{i\,R}\right)^2 + \lambda^2} e^{-u_k \frac{z}{R}} \frac{J_0\left(-u_k \frac{r}{R}\right)}{-i\,R\,J_1(-u_k)} \right] \qquad \text{(IV 9, 17)}$$

Wir beachten die Regeln

$$J_0\left(-u_k \frac{r}{R}\right) = J_0\left(u_k \frac{r}{R}\right); \qquad J_1(-u_k) = -J_1(u_k), \qquad \text{(IV 9, 18)}$$

führen nunmehr den Grenzübergang $\lambda \to 0$ aus und erhalten aus (IV 9, 17)

$$\varphi = \frac{U}{2}\left[1 - \sum_{k=1}^{\infty} \frac{2\,J_0\left(u_k \frac{r}{R}\right)}{u_k J_1(u_k)} e^{-u_k \frac{z}{R}}\right]; \qquad \begin{matrix} 0 \leqq r \leqq R \\ z > 0. \end{matrix} \qquad \text{(IV 9, 19)}$$

Insbesondere resultiert somit längs der Linsenachse das Potential

$$\Phi(z) = \pm \frac{U}{2}\left[1 - \sum_{k=1}^{\infty} \frac{2}{u_k\,J_1(u_k)} e^{\mp u_k \frac{z}{R}}\right]; \qquad z \gtrless 0. \qquad \text{(IV 9, 20)}$$

d) Vom mathematischen Standpunkte aus erinnert die Entwicklung (IV 9, 20) an jene des von einem Parameter γ abhängigen, mit U/2 multiplizierten Hyperbeltangens

$$\Phi^*(z) = \frac{U}{2} \cdot \mathrm{tgh}\,\gamma \frac{z}{R} = \frac{U}{2} \cdot \frac{e^{\gamma \frac{z}{R}} - e^{-\gamma \frac{z}{R}}}{e^{\gamma \frac{z}{R}} + e^{-\gamma \frac{z}{R}}} = \pm \frac{U}{2}\left[1 - \sum_{k=1}^{\infty} 2\,e^{-2k\gamma \frac{z}{R}}\right] \qquad \text{(IV 9, 21)}$$

Wir wollen diesen Sachverhalt benutzen, um für die Funktion (IV 9, 20) eine bequem handzuhabende Näherung zu gewinnen; dabei möge γ so bestimmt werden, daß in der Ebene z = 0 die Gleichheit

$$\left(\frac{d\Phi(z)}{dz}\right)_{z=0} = \left(\frac{d\Phi^*(z)}{dz}\right)_{z=0} = \frac{U}{2R}\cdot\gamma \qquad \text{(IV 9, 22)}$$

statthat.

Bei der Ausführung dieses Programmes entsteht zunächst eine Schwierigkeit: Die aus (IV 9, 20) im Falle z = 0 folgende Reihe

$$\left(\frac{d\Phi}{dz}\right)_{z=0} = \lim_{z\to 0}\frac{U}{2R}\sum_{k=1}^{\infty}\frac{2}{J_1(u_k)}\cdot e^{-u_k\frac{z}{R}} \qquad \text{(IV 9, 23)}$$

divergiert! Wir kehren daher zu Gl. (IV 9, 9) zurück, aus welcher wir nach Ausführung der Operation $\lambda \to 0$ für r = 0 und z = 0

$$\left(\frac{d\Phi}{dz}\right)_{z=0} = \frac{U}{2\pi}\int_{-\infty}^{\infty}\frac{dm}{J_0(i\,m\,R)} = \frac{U}{2R}\cdot\frac{1}{\pi}\int_{-\infty}^{\infty}\frac{d(m\,R)}{J_0(i\,m\,R)} \qquad \text{(IV 9, 24)}$$

erhalten. Die leicht ausführbare numerische Berechnung des hier auftretenden Integrales — man setze m · r = u — liefert

$$\int_{-\infty}^{+\infty}\frac{du}{J_0(i\,u)} = 4{,}19. \qquad \text{(IV 9, 25)}$$

Aus (IV 9, 22) und (IV 9, 24) entnimmt man daher die Anweisung

$$\gamma = \frac{4{,}19}{\pi} = 1{,}32. \qquad \text{(IV 9, 26)}$$

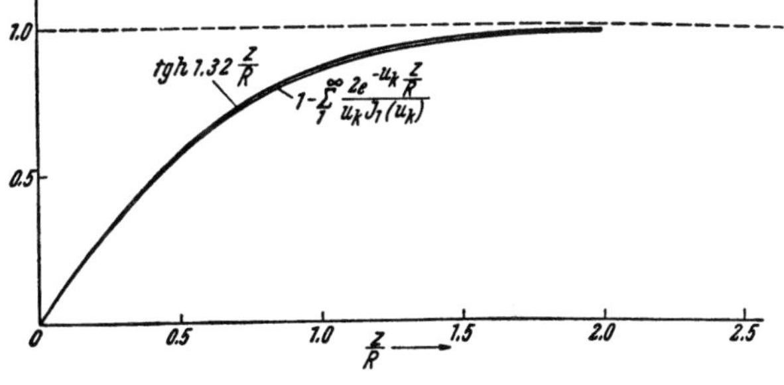

Abb. IV 173. Ersatz der Funktion (IV 9, 20) durch den Hyperbeltangens.

Nach Abb. IV 173 weichen die hiernach berechneten Funktionen Φ (z) und Φ^* (z) in der Tat innerhalb eines weiten Bereiches von z/R nur so wenig voneinander ab, daß der Ersatz von Φ durch Φ^* häufig gerechtfertigt ist.

e) Wir suchen die *Gauß*sche Dioptrik der Einfach-Immersionslinse unter den Betriebsbedingungen (IV 9, 2) und (IV 9, 3). Indem wir uns der Näherung (IV 9, 21), (IV 9, 26) bedienen, lautet das Achsenpotential

$$\Phi(z) = \Phi_0 + \frac{1}{2}\,U\,\mathrm{tgh}\,\gamma\frac{z}{R}. \qquad \text{(IV 9, 27)}$$

Hier führen wir die Grenzpotentiale

$$\left.\begin{aligned}\Phi_1 &= \lim_{z\to-\infty}\Phi(z) = \Phi_0 - \frac{1}{2}U,\\ \Phi_2 &= \lim_{z\to\infty}\Phi(z) = \Phi_0 + \frac{1}{2}U\end{aligned}\right\} \qquad \text{(IV 9, 28)}$$

ein und definieren als *numerisches Erregungsverhältnis* die Zahl

$$\sigma = \frac{\Phi_2}{\Phi_1} = \frac{1 + \frac{1}{2}\frac{U}{\Phi_0}}{1 - \frac{1}{2}\frac{U}{\Phi_0}}, \tag{IV 9, 29}$$

deren Logarithmus die *numerische Erregung* selbst mißt. Umgekehrt gilt sonach

$$\frac{1}{2}\frac{U}{\Phi_0} = \frac{\sigma - 1}{\sigma + 1}; \qquad \Phi(z) = \Phi_0\left[1 + \frac{\sigma - 1}{\sigma + 1}\operatorname{tgh}\gamma\frac{z}{R}\right]. \tag{IV 9, 30}$$

Wir berechnen hieraus

$$\Phi'(z) = \Phi_0 \cdot \frac{\gamma}{R} \cdot \frac{\sigma - 1}{\sigma + 1} \cdot \frac{1}{\cosh^2 \gamma \frac{z}{R}}, \tag{IV 9, 31}$$

also

$$\left(\frac{\Phi'}{\Phi}\right)^2 = \left(\frac{\gamma}{R}\right)^2\left(\frac{\sigma - 1}{\sigma + 1}\right)^2 \cdot \frac{1}{\cosh^4 \gamma \frac{z}{R}} \cdot \frac{1}{\left(1 + \frac{\sigma - 1}{\sigma + 1}\operatorname{tgh}\gamma\frac{z}{R}\right)^2}. \tag{IV 9, 32}$$

Wir identifizieren die Linsenebene mit jenem Orte $z = z_l$, an welchem die Funktion (IV 9, 32) ihr Maximum annimmt und erhalten mittels der Substitution

$$v = \operatorname{tgh}\gamma\frac{z}{R} \tag{IV 9, 33}$$

für $v_l = \operatorname{tgh}\gamma\,(z_l/R)$ die quadratische Gleichung

$$2\,v_l\left(1 + \frac{\sigma - 1}{\sigma + 1}v_l\right) + \frac{\sigma - 1}{\sigma + 1}(1 - v_l^2) = 0, \tag{IV 9, 34}$$

mit der Lösung

$$v_l = -\frac{\sqrt{\sigma} - 1}{\sqrt{\sigma} + 1}; \qquad \gamma\frac{z_l}{R} = -\frac{1}{4}\ln\sigma. \tag{IV 9, 35}$$

Demnach folgt aus (IV 9, 32)

$$\left(\frac{\Phi'}{\Phi}\right)^2_{\max} = \left(\frac{\gamma}{R}\right)^2 \cdot \left(\frac{\sigma - 1}{\sigma + 1}\right)^2\left(1 - \left\{\frac{\sqrt{\sigma} - 1}{\sqrt{\sigma} + 1}\right\}^2\right)^2 \frac{1}{\left(1 - \frac{\sigma - 1}{\sigma + 1}\frac{\sqrt{\sigma} - 1}{\sqrt{\sigma} + 1}\right)^2} =$$

$$= 4\left(\frac{\gamma}{R}\right)^2\left(\frac{\sqrt{\sigma} - 1}{\sqrt{\sigma} + 1}\right)^2. \tag{IV 9, 36}$$

Um von hier aus auf die relative Länge der Linse zu schließen, bilden wir aus (IV 9, 32) mit Hilfe von (IV 9, 33)

$$\int_{-\infty}^{\infty}\left(\frac{\Phi'}{\Phi}\right)^2 dz = \frac{\gamma}{R}\left(\frac{\sigma - 1}{\sigma + 1}\right)^2\int_{-1}^{+1}\frac{1 - v^2}{\left(1 + \frac{\sigma - 1}{\sigma + 1}v\right)^2}dv. \tag{IV 9, 37}$$

Die weitere Substitution

$$1 + \frac{\sigma - 1}{\sigma + 1}v = w; \qquad dv = \frac{\sigma + 1}{\sigma - 1}dw \tag{IV 9, 38}$$

führt auf

$$\int_{-\infty}^{\infty}\left(\frac{\Phi'}{\Phi}\right)^2 dz = \frac{\gamma}{R}\frac{\sigma-1}{\sigma+1}\int_{\frac{2}{\sigma+1}}^{\frac{2\sigma}{\sigma+1}}\frac{1-\left(\frac{\sigma+1}{\sigma-1}\right)^2(w-1)^2}{w^2}\,dw =$$

$$= \frac{\gamma}{R}\cdot\frac{\sigma-1}{\sigma+1}\left[-4\frac{\sigma+1}{\sigma-1}+\left(\frac{\sigma+1}{\sigma-1}\right)^2 2\ln\sigma\right] = 4\frac{\gamma}{R}\left[\frac{\sigma+1}{\sigma-1}\cdot\frac{1}{2}\ln\sigma-1\right]. \qquad \text{(IV 9, 39)}$$

Gemäß der Definition (IV 8, 2) findet man somit aus (IV 9, 36) und (IV 9, 39) als *wirksame Länge* der Linse

$$l_w = \frac{R}{\gamma}\left(\frac{\sqrt{\sigma}+1}{\sqrt{\sigma}-1}\right)^2\left(\frac{\sigma+1}{\sigma-1}\frac{1}{2}\ln\sigma-1\right). \qquad \text{(IV 9, 40)}$$

Das Kriterium (IV 8, 3) für kurze Linsen verlangt

$$4\left(\frac{\sqrt{\sigma}+1}{\sqrt{\sigma}-1}\right)^2\left(\frac{\sigma+1}{\sigma-1}\frac{1}{2}\ln\sigma-1\right)^2 \ll 1. \qquad \text{(IV 9, 41)}$$

Diese Ungleichung trifft etwa für $1/5 < \sigma < 5$ zu. Innerhalb dieses Bereiches findet man nach (IV 8, 14) unter Benutzung von (IV 9, 39) als Verhältnis der *bildseitigen Brennweite* zum Zylinderhalbmesser

$$\frac{f_2}{R} = \frac{4}{3\gamma}\cdot\frac{\sigma^{1/4}}{\frac{\sigma+1}{\sigma-1}\frac{1}{2}\ln\sigma-1} \qquad \text{(IV 9, 42)}$$

und ebenso nach (IV 8, 17) das Verhältnis der *objektseitigen Brennweite* zum Zylinderhalbmesser

$$\frac{f_1}{R} = \frac{4}{3\gamma}\cdot\frac{\sigma^{-1/4}}{\frac{\sigma+1}{\sigma-1}\cdot\frac{1}{2}\ln\sigma-1}. \qquad \text{(IV 9, 43)}$$

Mit Rücksicht auf (IV 9, 35) berechnet sich die Lage des *bildseitigen Brennpunktes* gemäß (IV 8, 15) zu

$$\frac{z_{F_2}}{R} = -\frac{\ln\sigma}{4\gamma} + \frac{4}{3\gamma}\frac{1}{\frac{\sigma+1}{\sigma-1}\frac{1}{2}\ln\sigma-1} \qquad \text{(IV 9, 44)}$$

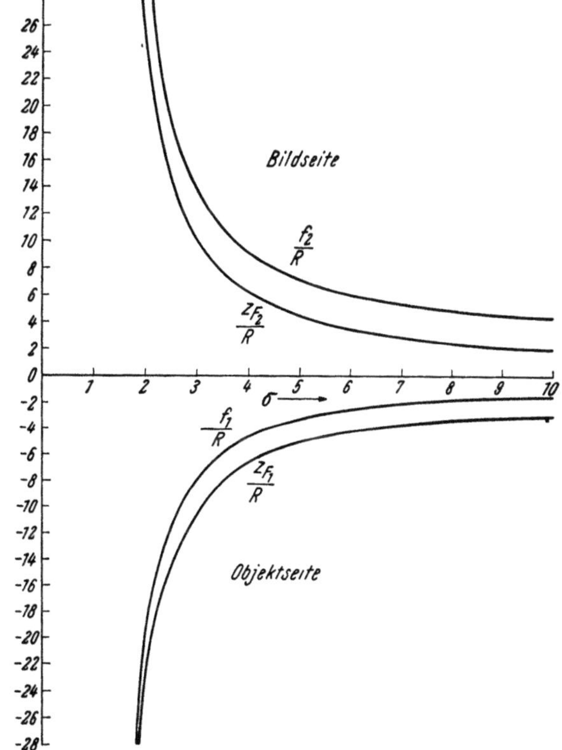

Abb. IV 174. Die elektronenoptischen Kenngrößen der uniformen Rohrlinse als Einfach-Immersionslinse.

und ebenso nach (IV 8, 16) die Lage des *objektseitigen Brennpunktes* zu

$$\frac{z_{F_1}}{R} = -\frac{\ln\sigma}{4\gamma} - \frac{4}{3\gamma}\frac{1}{\frac{\sigma+1}{\sigma-1}\cdot\frac{1}{2}\ln\sigma-1}. \qquad \text{(IV 9, 45)}$$

Abb. IV 174 zeigt die vier elektronenoptischen Kenngrößen der Einfach-Immersionslinse als Funktion des numerischen Erregungsverhältnisses σ; das Ergebnis der Theorie stimmt mit den experimentell gefundenen Kenngrößen der untersuchten Linse sogar innerhalb eines über die Gültigkeit von (IV 9, 41) weit hinausgehenden Bereiches befriedigend überein.

f) Wir gehen von der Immersionslinse zur uniformen *Durchgangs-Rohrlinse* über, indem wir den Zylinder vom Halbmesser R gemäß Abb. IV 175 in drei elektrisch voneinander isolierte Elektroden zerlegen:

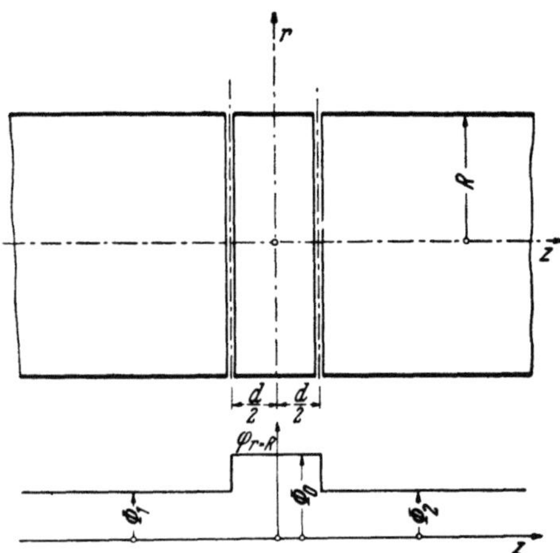

Abb. IV 175. Uniforme Durchgangs-Rohrlinse und ihr Mantelpotential.

1. Den Halbzylinder $z < (-1/2\,d)$, welcher das Potential $\varphi = \Phi_1 > 0$ führt,

2. den Ring $(-1/2\,d) < z\,(+1/2\,d)$ des Potentiales $\varphi = \Phi_0$,

3. den Halbzylinder $z > 1/2\,d$ vom Potential $\varphi = \Phi_2 \equiv \Phi_1$.

Um das Achsenpotential dieser Anordnung zu finden, bedienen wir uns eines Superpositionsverfahrens:

α) Wir erteilen dem Halbzylinder $z < (-1/2\,d)$ das Potential $(\Phi_1 - 1/2\,\Phi_0)$, während der Ring samt dem Halbzylinder $z > 1/2\,d$ das Potential $1/2\,\Phi_0$ führt.

β) Der Halbzylinder $z < (-1/2\,d)$ und der Ring erhalten das Potential $1/2\,\Phi_0$, der Halbzylinder $z > 1/2\,d$ dagegen das Potential $(\Phi_1 - 1/2\,\Phi_0)$.

Indem wir nun abermals die Näherung (IV 9, 21), (IV 9, 26) heranziehen, finden wir für das Achsenpotential der Verteilung (α) die Darstellung

$$\Phi_{(\alpha)} = \frac{1}{2}\left[\Phi_1 + (\Phi_0 - \Phi_1)\,\mathrm{tgh}\,\gamma\,\frac{z + \frac{1}{2}d}{R}\right] \qquad \text{(IV 9, 46)}$$

und für das Achsenpotential der Verteilung (β)

$$\Phi_{(\beta)} = \frac{1}{2}\left[\Phi_1 + (\Phi_1 - \Phi_0)\,\mathrm{tgh}\,\gamma\,\frac{z - \frac{1}{2}d}{R}\right]. \qquad \text{(IV 9, 47)}$$

Daher korrespondiert den vorgegebenen Elektrodenpotentialen das resultierende Achsenpotential

$$\Phi = \Phi_{(\alpha)} + \Phi_{(\beta)} = \Phi_1 + \frac{\Phi_0 - \Phi_1}{2}\left[\mathrm{tgh}\,\gamma\,\frac{z + \frac{1}{2}d}{R} - \mathrm{tgh}\,\gamma\,\frac{z - \frac{1}{2}d}{R}\right] \qquad \text{(IV 9, 48)}$$

Wir setzen nun

$$\gamma\,\frac{d}{R} \ll 1 \qquad \text{(IV 9, 49)}$$

voraus und finden aus (IV 9, 48) mittels *Taylor*scher Entwicklung der hyperbolischen Tangensfunktionen bei Vernachlässigung aller Glieder, welche $\gamma\,d/R$ in höherer als erster Potenz enthalten

$$\Phi(z) = \Phi_1 \left[1 + \frac{\Phi_0 - \Phi_1}{2\Phi_1} \frac{\gamma d}{R} \cdot \frac{1}{\cosh^2 \gamma \frac{z}{R}} \right]. \tag{IV 9, 50}$$

Als *numerisches Erregungsverhältnis* σ definieren wir die Größe

$$\sigma = \frac{\Phi_0 - \Phi_1}{2\Phi_1} \cdot \frac{\gamma d}{R}, \tag{IV 9, 51}$$

welche im wesentlichen die relative Spannung des Ringes gegen die beiderseitig angrenzenden Halbzylinder mißt; der Alternative $\sigma \gtrless 0$ entspricht der Fall der $\begin{matrix}\text{beschleunigten}\\ \text{verzögerten}\end{matrix}$ Elektronenpassage durch die Linse.

Aus Symmetriegründen ist die Linsenebene mit der Ebene $z = 0$ zu identifizieren

$$z_l = 0. \tag{IV 9, 52}$$

Wir übergehen der Kürze halber die Berechnung der wirksamen Länge l_w der untersuchten Linse und wenden uns sogleich der Berechnung ihrer elektronenoptischen Kenngrößen zu, welcher wir die Gesetzmäßigkeiten kurzer Linsen zugrunde legen; indem wir uns nochmals auf die Symmetrie des Systemes berufen, werden wir somit zu den einfachen Relationen

$$z_{F_2} = f_2 = f_1 = -z_{F_1} \tag{IV 9, 53}$$

geführt.

Nach Substitution von (IV 9, 51) in (IV 9, 50) schreiben wir

$$\Phi = \Phi_0 \left[1 + \frac{\sigma}{\cosh^2 \gamma \frac{z}{R}} \right] \tag{IV 9, 54}$$

und bilden

$$\Phi' = -\Phi_0 \cdot \sigma \frac{\gamma}{R} \cdot \frac{2 \operatorname{tgh} \gamma \frac{z}{R}}{\cosh^2 \gamma \frac{z}{R}}. \tag{IV 9, 55}$$

Wir berechnen hieraus

$$\frac{3}{16} \int_{-\infty}^{+\infty} \left(\frac{\Phi'}{\Phi} \right)^2 dz = \frac{3\gamma}{4} \frac{1}{R} \cdot \sigma^2 \int_{-\infty}^{\infty} \frac{\operatorname{tgh}^2 \gamma \frac{z}{R}}{\cosh^4 \gamma \frac{z}{R} \left[1 + \sigma \frac{1}{\cosh^2 \gamma \frac{z}{R}} \right]^2} d\left(\gamma \frac{z}{R}\right) \tag{IV 9, 56}$$

Mittels der Substitution (IV 9, 33) entsteht

$$J = \int_{-\infty}^{\infty} \frac{\operatorname{tgh}^2 \gamma \frac{z}{R}}{\cosh^4 \gamma \frac{z}{R} \left[1 + \frac{\sigma}{\cosh^2 \gamma \frac{z}{R}} \right]^2} d\left(\gamma \frac{z}{R}\right) =$$

$$= \frac{1}{(1+\sigma)^2} \int_{-1}^{+1} \frac{v^2 (1 - v^2)}{\left(1 - \frac{\sigma}{1+\sigma} v^2\right)^2} dv. \tag{IV 9, 57}$$

Sei zunächst $\sigma > 0$ vorausgesetzt, so wird mit $v' = v\sqrt{\frac{\sigma}{1+\sigma}}$

$$(1+\sigma)^2\, J = J_{I} - J_{II}$$

$$J_{I} = \left(\frac{1+\sigma}{\sigma}\right)^{\frac{3}{2}} \cdot \int\limits_{\sqrt{\frac{\sigma}{1+\sigma}}}^{\sqrt{\frac{\sigma}{1+\sigma}}} \frac{v'^2\, dv'}{(1-v'^2)^2}\,; \qquad J_{II} = \left(\frac{1+\sigma}{\sigma}\right)^{\frac{5}{2}} \int\limits_{-\sqrt{\frac{\sigma}{1+\sigma}}}^{\sqrt{\frac{\sigma}{1+\sigma}}} \frac{v'^4\, dv'}{(1-v'^2)^4}\,. \tag{IV 9, 58}$$

Wir bedienen uns nun der Identität

$$\frac{v'^2}{(1-v'^2)^2} \equiv \frac{1}{2}\left[\frac{v'}{(1-v')^2} - \frac{v'}{(1+v')^2}\right] \tag{IV 9, 59}$$

und erhalten

$$\left(\frac{\sigma}{1+\sigma}\right)^{3/2} J_{I} = \frac{1}{2}\left[\int\limits_{-\sqrt{\frac{\sigma}{1+\sigma}}}^{+\sqrt{\frac{\sigma}{1+\sigma}}} \frac{v'\, dv'}{(1-v')^2} - \int\limits_{-\sqrt{\frac{\sigma}{1+\sigma}}}^{+\sqrt{\frac{\sigma}{1+\sigma}}} \frac{v'\, dv'}{(1+v')^2}\right] = \int\limits_{-\sqrt{\frac{\sigma}{1+\sigma}}}^{+\sqrt{\frac{\sigma}{1+\sigma}}} \frac{v'\, dv'}{(1-v')^2} \tag{IV 9, 60}$$

sowie

$$\left(\frac{\sigma}{1+\sigma}\right)^{5/2} J_{II} = \frac{1}{2}\left[\int\limits_{-\sqrt{\frac{\sigma}{1+\sigma}}}^{+\sqrt{\frac{\sigma}{1+\sigma}}} \frac{v'^3\, dv'}{(1-v')^2} - \int\limits_{-\sqrt{\frac{\sigma}{1+\sigma}}}^{+\sqrt{\frac{\sigma}{1+\sigma}}} \frac{v'^3\, dv'}{(1+v')^2}\right] = \int\limits_{-\sqrt{\frac{\sigma}{1+\sigma}}}^{+\sqrt{\frac{\sigma}{1+\sigma}}} \frac{v'^3\, dv'}{(1-v')^2}\,. \tag{IV 9, 61}$$

Die Substitution $1 - v' = w$ liefert

$$\int\limits_{-\sqrt{\frac{\sigma}{1+\sigma}}}^{\sqrt{\frac{\sigma}{1+\sigma}}} \frac{v'\, dv'}{(1-v')^2} = \int\limits_{1-\sqrt{\frac{\sigma}{1+\sigma}}}^{1+\sqrt{\frac{\sigma}{1+\sigma}}} \frac{(1-w)\, dw}{w^2} = -\frac{1}{w} - \ln w \Bigg|_{1-\sqrt{\frac{\sigma}{1+\sigma}}}^{1+\sqrt{\frac{\sigma}{1+\sigma}}} = \frac{1}{1-\sqrt{\frac{\sigma}{1+\sigma}}} -$$

$$- \frac{1}{1+\sqrt{\frac{\sigma}{1+\sigma}}} - \ln \frac{1+\sqrt{\frac{\sigma}{1+\sigma}}}{1-\sqrt{\frac{\sigma}{1+\sigma}}} = 2\sqrt{\sigma(1+\sigma)} - \ln \frac{1+\sqrt{\frac{\sigma}{1+\sigma}}}{1-\sqrt{\frac{\sigma}{1+\sigma}}} \tag{IV 9, 62}$$

sowie

$$\int\limits_{-\sqrt{\frac{\sigma}{1+\sigma}}}^{\sqrt{\frac{\sigma}{1+\sigma}}} \frac{v'^3\,dv'}{(1-v')^2} = \int\limits_{1-\sqrt{\frac{\sigma}{1+\sigma}}}^{1+\sqrt{\frac{\sigma}{1+\sigma}}} \frac{(1-w)^3\,dw}{w^2} = -\frac{1}{w} - 3\ln w + 3w - \frac{w^2}{2}\Bigg|_{1-\sqrt{\frac{\sigma}{1+\sigma}}}^{1+\sqrt{\frac{\sigma}{1+\sigma}}} =$$

$$= \frac{1}{1-\sqrt{\frac{\sigma}{1+\sigma}}} - \frac{1}{1+\sqrt{\frac{\sigma}{1+\sigma}}} - 3\ln\frac{1+\sqrt{\frac{\sigma}{1+\sigma}}}{1-\sqrt{\frac{\sigma}{1+\sigma}}} + 6\sqrt{\frac{\sigma}{1+\sigma}} -$$

$$- \frac{\left(1+\sqrt{\frac{\sigma}{1+\sigma}}\right)^2 - \left(1-\sqrt{\frac{\sigma}{1+\sigma}}\right)^2}{2} = 2\sqrt{\sigma(1+\sigma)} -$$

$$- 3\ln\frac{1+\sqrt{\frac{\sigma}{1+\sigma}}}{1-\sqrt{\frac{\sigma}{1+\sigma}}} + 4\sqrt{\frac{\sigma}{1+\sigma}}. \qquad \text{(IV 9, 63)}$$

Auf Grund von (IV 9, 58) resultiert aus (IV 9, 60) und (IV 9, 61)

$$J = \frac{6}{\sigma^2}\left[\frac{1+\frac{2}{3}\sigma}{\sqrt{\sigma}\sqrt{1+\sigma}}\cdot\frac{1}{2}\ln\frac{1+\sqrt{\frac{\sigma}{1+\sigma}}}{1-\sqrt{\frac{\sigma}{1+\sigma}}} - 1\right]. \qquad \text{(IV 9, 64)}$$

Im Falle $\sigma < 0$ erhält man auf dem nämlichen Wege

$$J = \frac{6}{\sigma^2}\left[\frac{1+\frac{2}{3}\sigma}{\sqrt{-\sigma}\sqrt{1+\sigma}}\operatorname{arctg}\sqrt{\frac{-\sigma}{1+\sigma}} - 1\right]. \qquad \text{(IV 9, 65)}$$

Diese Formel liefert für $\sigma < (-1)$ einen *imaginären Wert* von J. Um dieses Ergebnis zu verstehen, kehren wir zu (IV 9, 54) zurück: Das Achsenpotential in der Linsenebene wird im Falle $\sigma < (-1)$ negativ; die *Passage des Kathodenstrahles ist gesperrt*; daher folgt das *kleinste zulässige Ringpotential* $\Phi_{0\,\min}$ aus (IV 9, 51) zu

$$\frac{\Phi_{0\,\min}}{\Phi_1} = -\left[\frac{2R}{\gamma d} - 1\right]. \qquad \text{(IV 9, 66)}$$

Wir setzen (IV 9, 64) und (IV 9, 65) in (IV 9, 56) ein und erhalten

$$\frac{3}{16}\int\limits_{-\infty}^{\infty}\left(\frac{\Phi'}{\Phi}\right)^2 d_z = \left.\begin{cases} \frac{9}{2}\frac{\gamma}{R}\left[\frac{1+\frac{2}{3}\sigma}{\sqrt{\sigma}\sqrt{1+\sigma}}\cdot\frac{1}{2}\ln\frac{1+\sqrt{\frac{\sigma}{1+\sigma}}}{1-\sqrt{\frac{\sigma}{1+\sigma}}} - 1\right]; & \sigma > 0, \\ \frac{9}{2}\frac{\gamma}{R}\left[\frac{1+\frac{2}{3}\sigma}{\sqrt{-\sigma}\sqrt{1+\sigma}}\operatorname{arctg}\sqrt{\frac{-\sigma}{1+\sigma}} - 1\right]; & 0 > \sigma > (-1), \end{cases}\right\} \qquad \text{(IV 9, 67)}$$

also nach (IV 8, 14) und (IV 9, 53)

$$\frac{z_{F_2}}{R} = \frac{f_2}{R} = \frac{f_1}{R} = -\frac{z_{F_1}}{R} =$$

$$= \left\{ \begin{array}{ll} \dfrac{2}{9\gamma} \cdot \dfrac{1}{\dfrac{1+\frac{2}{3}\sigma}{\sqrt{\sigma}\sqrt{1+\sigma}} \cdot \dfrac{1}{2} \ln \dfrac{1+\sqrt{\dfrac{\sigma}{1+\sigma}}}{1-\sqrt{\dfrac{\sigma}{1+\sigma}}} - 1}; & \sigma > 0, \\[2em] \dfrac{2}{9\gamma} \cdot \dfrac{1}{\dfrac{1+\frac{2}{3}\sigma}{\sqrt{-\sigma}\sqrt{1+\sigma}} \operatorname{arctg} \sqrt{\dfrac{-\sigma}{1+\sigma}} - 1}; & 0 > \sigma > -1 \end{array} \right\} \quad \text{(IV 9, 68)}$$

gemäß Abb. IV 176.

IV 10. Heteroforme Rohrlinsen.

a) Unter einer *heteroformen Rohrlinse* verstehen wir ein System konachsialer Zylinderelektroden von unterschiedlichem Halbmesser. Wir untersuchen im folgenden das System zweier Elektroden, deren erste nach Abb. IV 177 den Halbmesser $r = R_1$ aufweist und sich von $z = -\infty$ bis $z = 0$ erstreckt, während die zweite den Halbmesser $r = R_2$ besitzt und von $z = 0$ nach $z \to +\infty$ verläuft. Sei Φ_1 das Potential der ersten, $\Phi_2 \neq \Phi_1$ jenes der zweiten Elektrode, so definiert das System eine Immersionslinse; gesucht werden ihre elektronenoptischen Eigenschaften.

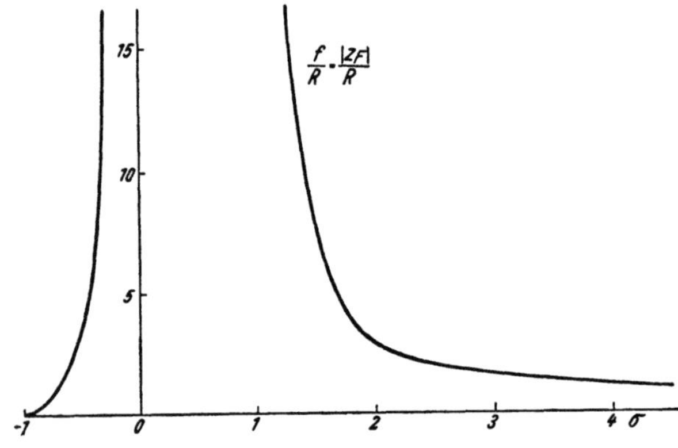

Abb. IV 176. Brennweite der uniformen Durchgangs-Rohrlinse.

b) Wir ersetzen die Ebene $z = 0$ durch eine Äquipotentialfläche des zunächst noch unbekannten Potentiales Φ_0. Mit Hilfe der Approximation (IV 9, 21), (IV 9, 26) finden wir dann für das Achsenpotential

$$\left. \begin{array}{ll} \Phi(z) = \Phi_0 + (\Phi_0 - \Phi_2) \operatorname{tgh} \gamma \dfrac{z}{R_1}; & z \leqq 0, \\[1em] \Phi(z) = \Phi_0 + (\Phi_2 - \Phi_0) \operatorname{tgh} \gamma \dfrac{z}{R_2}; & z \geqq 0. \end{array} \right\} \quad \text{(IV 10, 1)}$$

Da nun die Äquipotentialfläche $\Phi = \Phi_0$ der materiellen Existenz mangelt, müßten wir dort, streng genommen, die Stetigkeit der achsenparallelen elektrischen Feldkomponente fordern. Da jedoch diese Bedingung dem Ansatz (IV 10, 1) widerspricht, haben wir sie auf die Achse selbst zu beschränken und finden dort

$$(\Phi_0 - \Phi_1) \frac{\gamma}{R_1} = (\Phi_2 - \Phi_0) \frac{\gamma}{R_2} \quad \text{(IV 10, 2)}$$

also
$$\Phi_0 = \frac{\Phi_2 R_1 + \Phi_1 R_2}{R_1 + R_2}. \tag{IV 10, 3}$$

Mit den Abkürzungen
$$\sigma = \frac{\Phi_2}{\Phi_1}; \qquad \varrho = \frac{R_2}{R_1} \tag{IV 10, 4}$$

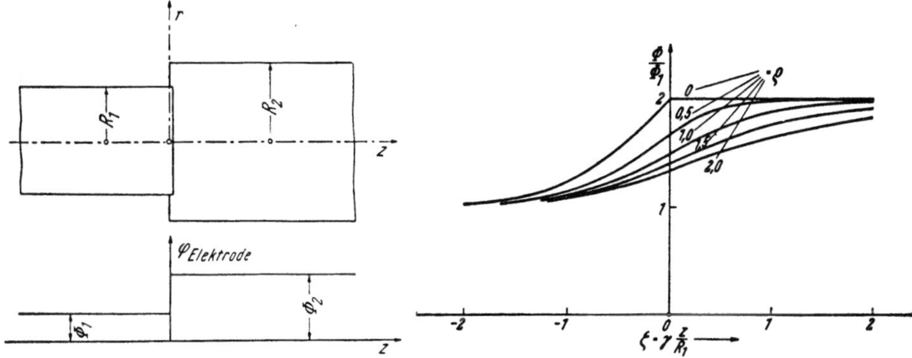

Abb. IV 177. Heteroforme Rohrlinse und ihr Mantelpotential.

Abb. IV 178. Achsenpotential längs der heteroformen Rohr-Immersionslinse $[\sigma = 2]$.

nimmt (IV 10, 3) die Form an
$$\Phi_0 = \frac{\sigma + \varrho}{1 + \varrho} \cdot \Phi_1 \tag{IV 10, 5}$$

Daher entsteht aus (IV 10, 1) [Abb. IV 178]
$$\left.\begin{aligned} \frac{\Phi(z)}{\Phi_1} &= \frac{\sigma + \varrho}{1 + \varrho} + \frac{\sigma - 1}{1 + \varrho} \operatorname{tgh} \gamma \frac{z}{R_1}; \qquad z \leqq 0, \\ \frac{\Phi(z)}{\Phi_2} &= \frac{\sigma + \varrho}{1 + \varrho} + \varrho \frac{\sigma - 1}{1 + \varrho} \operatorname{tgh} \gamma \frac{z}{\varrho R_1}; \qquad z \geqq 0, \end{aligned}\right\} \tag{IV 10, 6}$$

so daß wir für das antiparallel der Achse gerichtete Achsialfeld
$$\left.\begin{aligned} \frac{\Phi'}{\Phi_1} &= \frac{\gamma}{R_1} \cdot \frac{\sigma - 1}{1 + \varrho} \cdot \frac{1}{\cosh^2 \gamma \frac{z}{R_1}}; \qquad z \leqq 0, \\ \frac{\Phi'}{\Phi_1} &= \frac{\gamma}{R_1} \cdot \frac{\sigma - 1}{1 + \varrho} \cdot \frac{1}{\cosh^2 \gamma \frac{z}{\varrho R_1}}; \qquad z \geqq 0 \end{aligned}\right\} \tag{IV 10, 7}$$

finden.

c) Wir suchen die *Lage der Linsenebene*: Aus (IV 10, 6) und (IV 10, 7) bilden wir
$$\left.\begin{aligned} \left(\frac{\Phi'}{\Phi}\right)^2 &= \left(\frac{\gamma}{R_1}\right)^2 \left(\frac{\sigma - 1}{\sigma + \varrho}\right)^2 \cdot \frac{1}{\cosh^4 \gamma \frac{z}{R_1}} \cdot \frac{1}{\left(1 + \frac{\sigma - 1}{\sigma + \varrho} \operatorname{tgh} \gamma \frac{z}{R_1}\right)^2}; \qquad z \leqq 0, \\ \left(\frac{\Phi'}{\Phi}\right)^2 &= \left(\frac{\gamma}{R_1}\right)^2 \left(\frac{\sigma - 1}{\sigma + \varrho}\right)^2 \cdot \frac{1}{\cosh^4 \gamma \frac{z}{\varrho R_1}} \cdot \frac{1}{\left(1 + \varrho \frac{\sigma - 1}{\sigma + \varrho} \operatorname{tgh} \gamma \frac{z}{\varrho R_1}\right)^2}; \qquad z \geqq 0. \end{aligned}\right\} \tag{IV 10, 8}$$

Wir unterscheiden zwei Fälle:

1. Die *Beschleunigungslinse* $\sigma > 1$.

Die Linsenebene, definiert durch den Extremalort $z = z_l$ des Verhältnisses $(\Phi'/\Phi)^2$, befindet sich im Halbraum $z < 0$. Wir substituieren

$$\operatorname{tgh} \gamma \frac{z}{R_1} = v \tag{IV 10, 9}$$

und erhalten für $v_l = \operatorname{artgh} \gamma z_l/R_1$ aus (IV 10, 8) die quadratische Gleichung

$$v_l^2 + 2\frac{\sigma + \varrho}{\sigma - 1} v_l + 1 = 0. \tag{IV 10, 10}$$

Im Lichte der Relation (IV 10, 9) zieht die Realität der Lösung die Bedingung $|v_l| < 1$ nach sich, so daß wir aus (IV 10, 10)

$$v_l = -\frac{\sigma + \varrho}{\sigma - 1} + \sqrt{\left(\frac{\sigma + \varrho}{\sigma - 1}\right)^2 - 1} \tag{IV 10, 11}$$

entnehmen.

2. Die *Verzögerungslinse* $0 < \sigma < 1$.

Die Linsenebene liegt jetzt im Halbraum $z > 0$. Mit

$$\operatorname{tgh} \gamma \frac{z}{\varrho R_1} = \overline{v} \tag{IV 10, 12}$$

finden wir aus (IV 10, 8) für $\overline{v}_l = \operatorname{artgh} \gamma z_l/\varrho R_1$ als Extremalbedingung des Verhältnisses $(\Phi'/\Phi)^2$ die quadratische Gleichung

$$\overline{v}_l^2 + \frac{2}{\varrho}\frac{\sigma + \varrho}{\sigma - 1}\overline{v}_l + 1 = 0, \tag{IV 10, 13}$$

also

$$\overline{v}_l = -\frac{1}{\varrho}\frac{\sigma + \varrho}{\sigma - 1} - \sqrt{\frac{1}{\varrho}\left(\frac{\sigma + \varrho}{\sigma - 1}\right)^2 - 1}. \tag{IV 10, 14}$$

d) Wir berechnen das Integral

$$\left.\begin{aligned} J &= \int_{-\infty}^{\infty} \left(\frac{\Phi'}{\Phi}\right)^2 dz = J_1 + J_2, \\ J_1 &= \int_{-\infty}^{0} \left(\frac{\Phi'}{\Phi}\right)^2 dz; \qquad J_2 = \int_{0}^{\infty} \left(\frac{\Phi'}{\Phi}\right)^2 dz. \end{aligned}\right\} \tag{IV 10, 15}$$

Mittels (IV 10, 9) finden wir zunächst

$$J_1 = \frac{\gamma}{R_1}\left(\frac{\sigma - 1}{\sigma + \varrho}\right)^2 \int_{-1}^{0} \frac{1 - v^2}{\left(1 + \frac{\sigma - 1}{\sigma + \varrho} v\right)^2} dv \tag{IV 10, 16}$$

und mit $w = 1 + \frac{\sigma - 1}{\sigma + \varrho} v$

$$J_1 = \frac{\gamma}{R_1}\frac{\sigma - 1}{\sigma + \varrho} \int_{\frac{1+\varrho}{\sigma+\varrho}}^{1} \frac{1 - \left(\frac{\sigma + \varrho}{\sigma - 1}\right)^2 (w - 1)^2}{w^2} dw =$$

$$= \frac{\gamma}{R_1}\left[\frac{(\sigma - 1)^2}{(\sigma + \varrho)(1 + \varrho)} - \frac{\sigma + \varrho}{1 + \varrho} - 1 + 2\frac{\sigma + \varrho}{\sigma - 1} \ln \frac{\sigma + \varrho}{1 + \varrho}\right]. \tag{IV 10, 17}$$

Ebenso ergibt sich mit Hilfe von (IV 10, 12)

$$J_2 = \varrho \frac{\gamma}{R_1} \left(\frac{\sigma - 1}{\sigma + \varrho}\right)^2 \int_0^1 \frac{1 - \overline{v}^2}{\left(1 + \varrho \frac{\sigma - 1}{\sigma + \varrho} \overline{v}\right)^2} d\overline{v} \qquad \text{(IV 10, 18)}$$

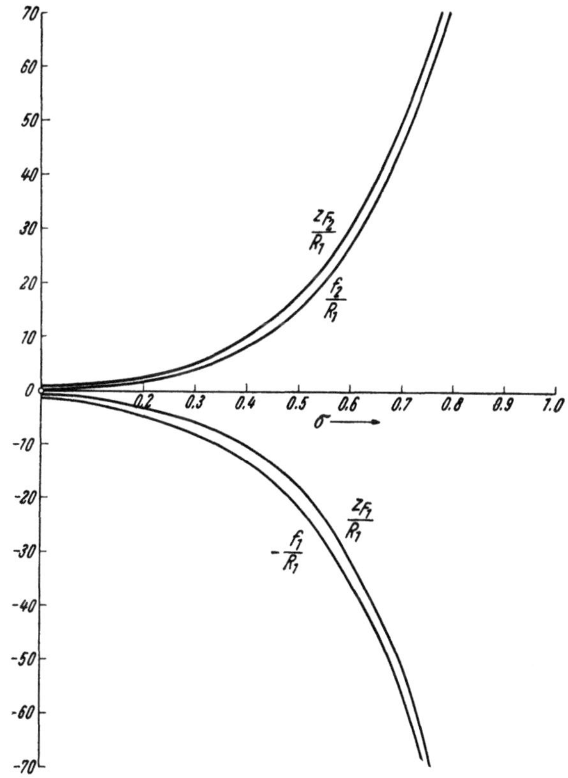

Abb. IV 179. Brennpunktseigenschaften der heteroformen Rohrlinse vom Radienverhältnis $\varrho = 0{,}5$ [Verzögerungsfall $\sigma < 1$].

und mit $\overline{w} = 1 + \varrho \frac{\sigma - 1}{\sigma + \varrho} \cdot \overline{v}$

$$J_2 = \frac{\gamma}{R_1} \cdot \frac{\sigma - 1}{\sigma + \varrho} \int_1^{\sigma \frac{1+\varrho}{\sigma+\varrho}} \frac{1 - \frac{1}{\varrho^2}\left(\frac{\sigma + \varrho}{\sigma - 1}\right)^2 (\overline{w} - 1)^2}{\overline{w}^2} d\overline{w} =$$

$$= \frac{\gamma}{R_1}\left[\frac{\varrho}{\sigma} \frac{(\sigma - 1)^2}{(\sigma + \varrho)(1 + \varrho)} - \frac{1}{\varrho \sigma} \frac{\sigma + \varrho}{1 + \varrho} - \frac{1}{\varrho} + \frac{2}{\varrho^2} \frac{\sigma + \varrho}{\sigma - 1} \ln \sigma \frac{1 + \varrho}{\sigma + \varrho}\right]. \qquad \text{(IV 10, 19)}$$

Aus (IV 10, 15), (IV 10, 17) und (IV 10, 19) folgt

$$J = 4 \frac{\gamma}{R_1}\left[\frac{\sigma + \varrho}{\sigma - 1} \cdot \frac{1}{2 \varrho^2}\left\{\ln \sigma + (\varrho^2 - 1) \ln \frac{\sigma + \varrho}{1 + \varrho}\right\} - \frac{1 + \varrho}{2 \varrho}\right]. \qquad \text{(IV 10, 20)}$$

e) Durch Einsetzen von (IV 10, 20) in (IV 8, 14) findet sich als *bildseitige Brennweite* der heteroformen Rohrlinse

$$\frac{\mathfrak{f}_2}{R_1} = \frac{4}{3\gamma} \cdot \frac{\sigma^{1/4}}{\dfrac{\sigma+\varrho}{\sigma-1} \cdot \dfrac{1}{2\varrho^2}\left\{\ln\sigma + (\varrho^2-1)\ln\dfrac{\sigma+\varrho}{1+\varrho}\right\} - \dfrac{1+\varrho}{2\varrho}} \qquad \text{(IV 10, 21)}$$

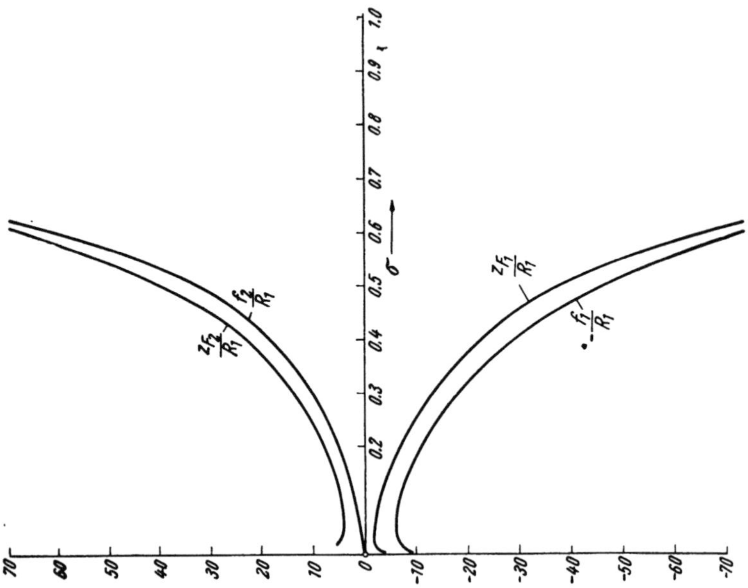

Abb. IV 181. Brennpunktseigenschaften der heteroformen Rohrlinse vom Radienverhältnis $\varrho = 2$ [Verzögerungsfall $\sigma < 1$].

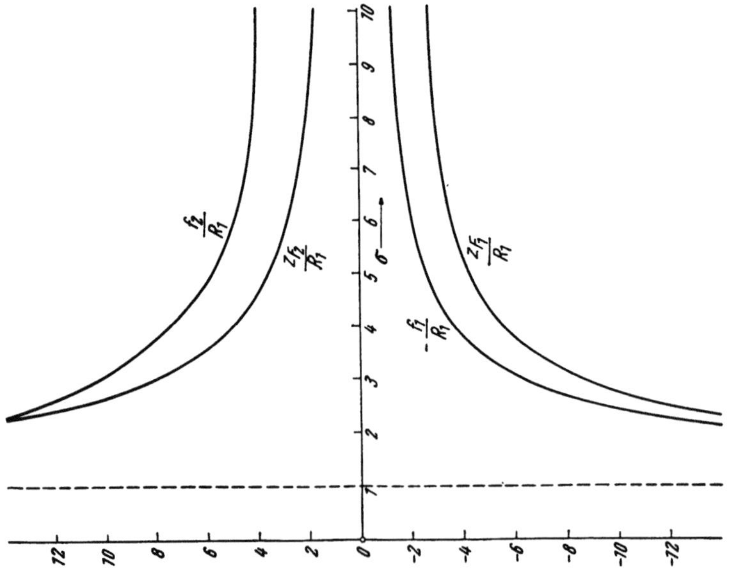

Abb. IV 180. Brennpunktseigenschaften der heteroformen Rohrlinse vom Radienverhältnis $\varrho = 0{,}5$ [Beschleunigungsfall $\sigma > 1$].

und ebenso aus (IV 8, 17) ihre *objektseitige Brennweite*

$$\frac{\mathfrak{f}_1}{R_1} = \frac{4}{3\gamma} \cdot \frac{\sigma^{-1/4}}{\dfrac{\sigma+\varrho}{\sigma-1} \cdot \dfrac{1}{2\varrho^2}\left\{\ln\sigma + (\varrho^2-1)\ln\dfrac{\sigma+\varrho}{1+\varrho}\right\} - \dfrac{1+\varrho}{2\varrho}}. \qquad \text{(IV 10, 22)}$$

Im Verein mit (IV 10, 11) und (IV 8, 14) gestatten diese Formeln entsprechend (IV 8, 15) und (IV 8, 18) die Ermittlung der Brennpunkte; damit sind — in der hier beabsichtigten Genauigkeit — die optischen Bestimmungsstücke der heteroformen Rohrlinse der elementaren Vorausberechnung aus ihren geometrischen und elektrischen Daten erschlossen. Die Abb. IV 179, IV 180, IV 181 und IV 182 zeigen die optischen

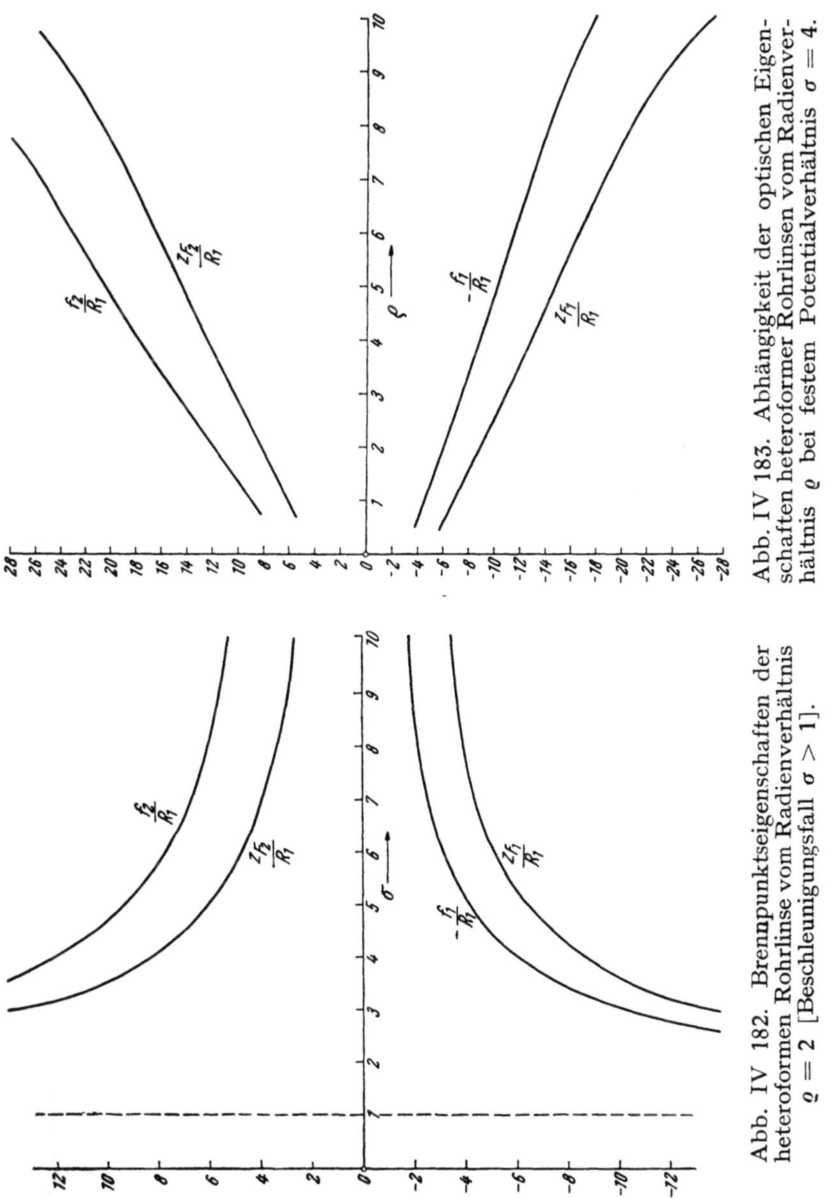

Abb. IV 183. Abhängigkeit der optischen Eigenschaften heteroformer Rohrlinsen vom Radienverhältnis ϱ bei festem Potentialverhältnis $\sigma = 4$.

Abb. IV 182. Brennpunktseigenschaften der heteroformen Rohrlinse vom Radienverhältnis $\varrho = 2$ [Beschleunigungsfall $\sigma > 1$].

Konstanten heteroformer Rohrlinsen der Daten $\varrho = 0{,}5$ und $\varrho = 2$ als Funktion des numerischen Erregungsverhältnisses σ, während Abb. IV 183 die Abhängigkeit der optischen Linseneigenschaften von den geometrischen Abmessungen des Systemes bei festem numerischem Erregungsverhältnis $\sigma = 4$ darstellt.

IV 11. Kreisloch-Blenden

a) Ein System von Kreisloch-Blenden besteht aus einer Anzahl längs der Achse des Elektronenstrahl-Gerätes senkrecht zu dieser orientierten, ebenen Elektroden, deren jede gemäß Abb. IV 184 mit einem zentrisch zur Achse liegenden Kreisloch versehen ist; weisen alle Blenden den gleichen Halbmesser auf, so heißt das System uniform.

Abb. IV 184. System konzentrischer, uniformer Kreislochblenden.

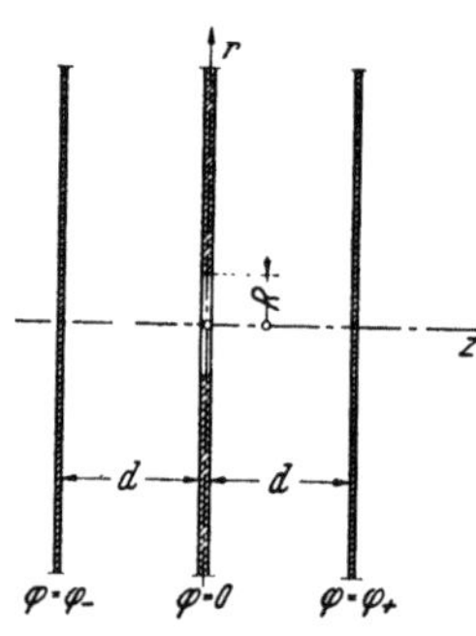

Abb. IV 185. Lochblenden-Kondensator.

b) Wir beschäftigen uns zunächst mit der Struktur des elektrostatischen Skalarpotentiales φ in der Umgebung einer einzelnen Kreislochblende vom Lochhalbmesser R; um ihr Primärfeld eindeutig definieren zu können, ergänzen wir die Blendenelektrode durch zwei beiderseits je im Abstande d angeordnete, parallelebene Plattenelektroden zu einem elektrisch in sich abgeschlossenen Systeme.

Der Ursprung eines relativ zum Geräte ruhenden Zylinder-Koordinatensystemes z [Achse], r [Achsenabstand] und α [Azimut] wird mit dem Zentrum des Kreisloches, seine z-Achse mit der Symmetrieachse des Systemes identifiziert. Im Rahmen des elektrostatischen Problemes darf das Potential der Kreisloch-Blende ohne Beschränkung der Allgemeinheit gleich Null gesetzt werden

$$\varphi = 0 \quad \text{für} \quad z = 0, \quad r \geqq R. \qquad \text{(IV 11, 1)}$$

Das Potential der Außenelektroden sei zu

$$\left.\begin{array}{lll} \varphi = \varphi_+ & \text{für} & z = +d, \\ \varphi = \varphi_- & \text{für} & z = -d \end{array}\right\} \qquad \text{(IV 11, 2)}$$

vorgegeben. Gesucht wird diejenige Potentialfunktion $\varphi = \varphi(z, r)$, welche im Gebiete $(-d) \leqq z \leqq +d$ der *Laplace*schen Gleichung samt den Randbedingungen (IV 11, 1), (IV 11, 2) genügt.

c) Wir setzen

$$\left.\begin{array}{l} \varphi_+ + \varphi_- = 2\,S, \\ \varphi_+ - \varphi_- = 2\,A, \end{array}\right\} \qquad \text{(IV 11, 3)}$$

also

$$\varphi_+ = S + A; \qquad \varphi_- = S - A \qquad \text{(IV 11, 4)}$$

und zerlegen $\varphi(z, r)$ in die symmetrische Komponente $\varphi_S(z, r)$ und die antimetrische Komponente $\varphi_A(z, r)$ gemäß

$$\varphi(z, r) = \varphi_S(z, r) + \varphi_A(z, r), \qquad \text{(IV 11, 5)}$$

indem wir verlangen

$$\left.\begin{array}{llll} \varphi_S = 0 & \text{für} & z = 0, & r \geqq R, \\ \varphi_S = S & \text{für} & z = \pm d & \end{array}\right\} \qquad \text{(IV 11, 6)}$$

und

$$\left.\begin{array}{llll} \varphi_A = 0 & \text{für} & z = 0, & r \geqq R, \\ \varphi_A = \pm A & \text{für} & z = \pm d. & \end{array}\right\} \qquad \text{(IV 11, 7)}$$

Um uns nun von dem Parameter d zu befreien und hierdurch zu der Feldstruktur der Einzelblende zurückzukehren, lassen wir S und A gleichzeitig mit d derart anwachsen, daß die in der Regel von Null verschiedenen Grenzwerte

$$E_A = \lim_{d \to \infty} \frac{A}{d}; \qquad E_S = \lim_{d \to \infty} \frac{S}{d} \qquad \text{(IV 11, 8)}$$

existieren. Statt der in $z = \pm d$ vorgeschriebenen Randwerte sind dann den Funktionen φ_A und φ_S die Bedingungen

$$\lim_{|z| \to \infty} \frac{\varphi_A}{z} = E_A; \qquad \lim_{|z| \to \infty} \frac{\varphi_S}{z} = \pm E_S \;[z \gtrless 0] \qquad \text{(IV 11, 9)}$$

aufzuerlegen.

d) Die antimetrische Potentialfunktion, welche der *Laplace*schen Gleichung mit Einschluß der für $z = 0$ und $|z| \to \infty$ verlangten Bedingungen genügt, lautet

$$\varphi_A = E_A \cdot z. \qquad \text{(IV 11, 10)}$$

e) Die symmetrische Potentialfunktion $\varphi_S(z, r)$ zeichnet sich definitionsgemäß durch die Eigenschaft

$$\varphi(z, r) = \varphi(-z, r) \qquad \text{(IV 11, 11)}$$

aus; da sie überdies in der Blendenöffnung einen stetigen Achsialgradienten aufweisen muß, folgert man aus (IV 11, 11) die Gleichung

$$\frac{\partial \varphi_S}{\partial z} = 0$$

$$\text{für} \quad z = 0, \quad r < R \qquad \text{(IV 11, 12)}$$

als Ergänzung der Randbedingung

$$\varphi_S = 0 \;\text{ für }\; z = 0, \; r \geqq R \qquad \text{(IV 11, 13)}$$

auf der Blendenelektrode selbst.

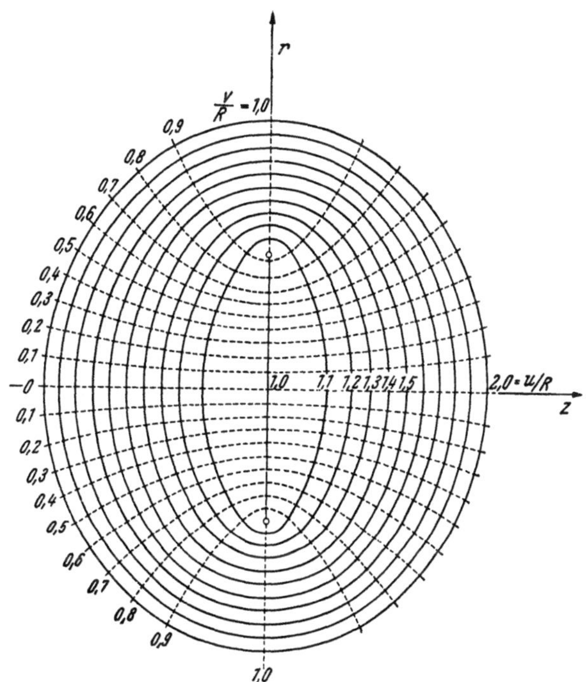

Abb. IV 186. Rotationssymmetrische elliptische Koordinaten.

Nach (IV 11, 9) im Verein mit (IV 11, 11), (IV 11, 12) und (IV 11, 13) dürfen wir uns bei der Analyse von φ_S auf den Halbraum $z \geqq 0$ beschränken. Um diese Aufgabe in Angriff zu nehmen, führen wir neben dem bisher benutzten System der Zylinderkoordinaten z, r und α unter Beibehaltung des Azimuts die Elliptischen Koordinaten u und v ein. Sie sind durch die Gesamtheit der konfokalen, abgeplatteten Rotationsellipsoide

$$\frac{r^2}{u^2} + \frac{z^2}{u^2 - R^2} = 1; \qquad u \geqq R \qquad \text{(IV 11, 14)}$$

und der gleichfalls konfokalen, einschaligen Rotationshyperboloide

$$\frac{r^2}{v^2} - \frac{z^2}{R^2 - v^2} = 1; \qquad v \leqq R \qquad \text{(IV 11, 15)}$$

definiert, welche einander gemäß Abb. IV 186 in jedem Kontrollpunkte (z, r, α) orthogonal schneiden; umgekehrt folgen aus u und v die zugehörigen Zylinderkoordinaten r und z mittels der Relationen

$$r = \frac{u\,v}{R}; \qquad z = \frac{\sqrt{(u^2 - R^2)\,(R^2 - v^2)}}{R}. \qquad \text{(IV 11, 16)}$$

Insbesondere entartet das Ellipsoid $u \to R$ in die doppelt bedeckte Blendenöffnung und das Hyperboloid $v \to R$ in die beiden Seiten der Blendenelektrode.

Mit Rücksicht auf die Rotationssymmetrie des Potentiales φ_S lautet seine *Laplace*sche Gleichung in den Elliptischen Koordinaten u und v

$$\frac{\partial}{\partial u}\left(\frac{u\,v}{R}\sqrt{\frac{u^2 - R^2}{R^2 - v^2}}\frac{\partial \varphi_S}{\partial u}\right) + \frac{\partial}{\partial v}\left(\frac{u\,v}{R}\sqrt{\frac{R^2 - v^2}{u^2 - R^2}}\frac{\partial \varphi_S}{\partial v}\right) = 0, \qquad \text{(IV 11, 17)}$$

während die physikalischen elektrischen Feldkomponenten aus

$$E_{u\,S} = -\sqrt{\frac{u^2 - R^2}{u^2 - v^2}}\frac{\partial \varphi_S}{\partial u}; \qquad E_{v\,S} = -\sqrt{\frac{R^2 - v^2}{u^2 - v^2}}\frac{\partial \varphi_S}{\partial v} \qquad \text{(IV 11, 18)}$$

zu berechnen sind.

Auf Grund von (IV 11, 9) konvergiert für hinreichend große $z > 0$ das gesuchte Potential φ_S gegen das „Primärpotential“

$$\varphi^* = E_S \cdot z = E_S \frac{\sqrt{(u^2 - R^2)\,(R^2 - v^2)}}{R}. \qquad \text{(IV 11, 19)}$$

Die entsprechende Feldkomponente

$$E_u^* = -E_S \cdot \frac{u}{R}\sqrt{\frac{R^2 - v^2}{u^2 - v^2}} \qquad \text{(IV 11, 20)}$$

nimmt in der Blendenöffnung $u = R$ den Wert an

$$E_u^* = -E_S \qquad \text{für} \qquad u = R. \qquad \text{(IV 11, 21)}$$

Da dieses Ergebnis mit (IV 11, 12) im Widerspruch steht, wird die Blendenöffnung zum Ursprung eines „Sekundärpotentiales“ φ^{**}, welches der Gleichung (IV 11, 17) gehorcht und überdies die Bedingungen

$$\lim_{z \to \infty} \varphi^{**} = 0 \qquad \text{(IV 11, 22)}$$

und

$$E_u^{**} = -\sqrt{\frac{u^2 - R^2}{u^2 - v^2}}\frac{\partial \varphi^{**}}{\partial u} = +E_S \qquad \text{für} \qquad u = R \qquad \text{(IV 11, 23)}$$

befriedigen muß. Wir setzen es mit Hilfe einer noch unbekannten Funktion s (u) in der Form an

$$\varphi^{**} = E_S \frac{s(u)\sqrt{R^2 - v^2}}{R} \qquad \text{(IV 11, 24)}$$

und erhalten durch Substitution von (IV 11, 24) in (IV 11, 17) für s die lineare Differentialgleichung zweiter Ordnung

$$\frac{d}{du}\left(u\sqrt{u^2 - R^2}\frac{ds}{du}\right) - \frac{2u}{\sqrt{u^2 - R^2}}s = 0. \qquad \text{(IV 11, 25)}$$

Seien s_1 und s_2 zwei voneinander linear unabhängige Partikularintegrale dieser Gleichung, so gilt also gleichzeitig

$$\frac{d}{du}\left(u\sqrt{u^2 - R^2}\frac{ds_1}{du}\right) - \frac{2u}{\sqrt{u^2 - R^2}}s_1 = 0 \qquad \text{(IV 11, 26)}$$

und

$$\frac{d}{du}\left(u\sqrt{u^2-R^2}\,\frac{ds_2}{du}\right)-\frac{2u}{\sqrt{u^2-R^2}}\,s_2=0. \qquad \text{(IV 11, 27)}$$

Indem wir (IV 11, 26) mit s_2, (IV 11, 27) mit s_1 erweitern und die entstehenden Ausdrücke voneinander subtrahieren, entsteht die Relation

$$s_2\frac{d}{du}\left(u\sqrt{u^2-R^2}\,\frac{ds_1}{du}\right)-s_1\frac{d}{du}\left(u\sqrt{u^2-R^2}\,\frac{ds_2}{du}\right)\equiv$$

$$\equiv\frac{d}{du}\left[\left(s_2\frac{ds_1}{du}-s_1\frac{ds_2}{du}\right)u\sqrt{u^2-R^2}\right]=0. \qquad \text{(IV 11, 28)}$$

Nach Wahl einer Integrationskonstanten C schließen wir aus (IV 11, 28)

$$s_2\frac{ds_1}{du}-s_1\frac{ds_2}{du}\equiv(s_2)^2\cdot\frac{d}{du}\left(\frac{s_1}{s_2}\right)=\frac{C}{u\sqrt{u^2-R^2}}. \qquad \text{(IV 11, 29)}$$

Auf Grund von (IV 11, 17) und (IV 11, 19) definiert nun

$$s_2=\frac{\sqrt{u^2-R^2}}{R} \qquad \text{(IV 11, 30)}$$

eine Lösung von (IV 11, 27). Schreiben wir daher $C=\gamma R$, so folgt durch Integration von (IV 11, 29) die von s_2 linear unabhängige Lösung

$$s_1=s_2\int_u^\infty\frac{\gamma R\,du}{(s_2)^2u\sqrt{u^2-R^2}}=\gamma\frac{\sqrt{u^2-R^2}}{R}\int_u^\infty\frac{R^3\,du}{u(u^2-R^2)^{3/2}}. \qquad \text{(IV 11, 31)}$$

Mittels der Substitution $\frac{R}{\sqrt{u^2-R^2}}=x$ findet man

$$\int_u^\infty\frac{R^3\,du}{u(u^2-R^2)^{3/2}}=\int_0^{\frac{R}{\sqrt{u^2-R^2}}}\frac{x^2\,dx}{1+x^2}=\int_0^{\frac{R}{\sqrt{u^2-R^2}}}\left(1-\frac{1}{1+x^2}\right)dx=$$

$$=\frac{R}{\sqrt{u^2-R^2}}-\operatorname{arctg}\frac{R}{\sqrt{u^2-R^2}}, \qquad \text{(IV 11, 32)}$$

also

$$s_1=\gamma\left[1-\frac{\sqrt{u^2-R^2}}{R}\operatorname{arctg}\frac{R}{\sqrt{u^2-R^2}}\right] \qquad \text{(IV 11, 33)}$$

und indem wir nun in (IV 11, 24) s mit s_1 identifizieren

$$\varphi^{**}=\gamma\,E_s\frac{\left[1-\frac{\sqrt{u^2-R^2}}{R}\operatorname{arctg}\frac{R}{\sqrt{u^2-R^2}}\right]\sqrt{R^2-v^2}}{R}. \qquad \text{(IV 11, 34)}$$

Diese Potentialfunktion befriedigt (IV 11, 22) identisch in γ. Um auch (IV 11, 23) zu erfüllen, bilden wir

$$E_u^{**}=-\sqrt{\frac{u^2-R^2}{u^2-v^2}}\frac{\partial\varphi^{**}}{\partial u}=\frac{\gamma E_s}{R}\sqrt{\frac{R^2-v^2}{u^2-v^2}}\left[\frac{u}{R}\operatorname{arctg}\frac{R}{\sqrt{u^2-R^2}}-\frac{\sqrt{u^2-R^2}}{u}\right] \qquad \text{(IV 11, 35)}$$

und erhalten für $u=R$

$$\frac{\gamma E_s}{R}\cdot\frac{\pi}{2}=E_s; \qquad \gamma=\frac{2}{\pi}R, \qquad \text{(IV 11, 35)}$$

also

$$\varphi^{**} = \frac{2}{\pi} \mathrm{E_S} \left[1 - \frac{\sqrt{u^2 - R^2}}{R} \operatorname{arctg} \frac{R}{\sqrt{u^2 - R^2}} \right] \sqrt{R^2 - v^2}. \quad \text{(IV 11, 36)}$$

f) Für die elektronenoptische Wirksamkeit der Lochblende kommt es auf den Verlauf ihres elektrostatischen Potentiales längs der Achse an. Wir setzen daher gemäß (IV 11, 16) $v = 0$, $|z| = \sqrt{u^2 - R^2}$ und erhalten aus (IV 11, 19) mit Rücksicht auf (IV 11, 11)

$$\Phi^*(z) = \varphi^*(z, 0) = \mathrm{E_S} \cdot |z| \quad \text{(IV 11, 37)}$$

und aus (IV 11, 36)

$$\Phi^{**}(z) = \varphi^{**}(z, 0) = \frac{2}{\pi} \mathrm{E_S} R \left[1 - \frac{|z|}{R} \operatorname{arctg} \frac{R}{|z|} \right]. \quad \text{(IV 11, 38)}$$

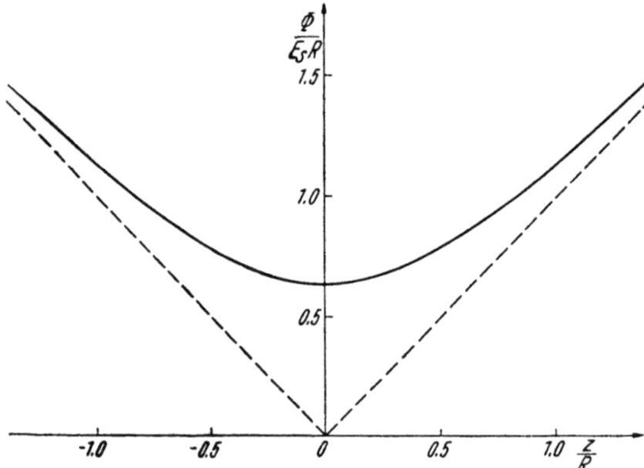

Abb. IV 187. Lochblendenkondensator. Verlauf des symmetrischen Potentialanteiles längs der Achse.

Durch Addition von (IV 11, 37) und (IV 11, 38) resultiert der Verlauf der symmetrischen Potentialkomponente längs der Achse [Abb. IV 187]

$$\Phi = \Phi^* + \Phi^{**} = \mathrm{E_S} \cdot R \left[\frac{|z|}{R} + \frac{2}{\pi} \left(1 - \frac{|z|}{R} \operatorname{arctg} \frac{R}{|z|} \right) \right], \quad \text{(IV 11, 39)}$$

während Abb IV 188 seine Äquipotentialflächen veranschaulicht.

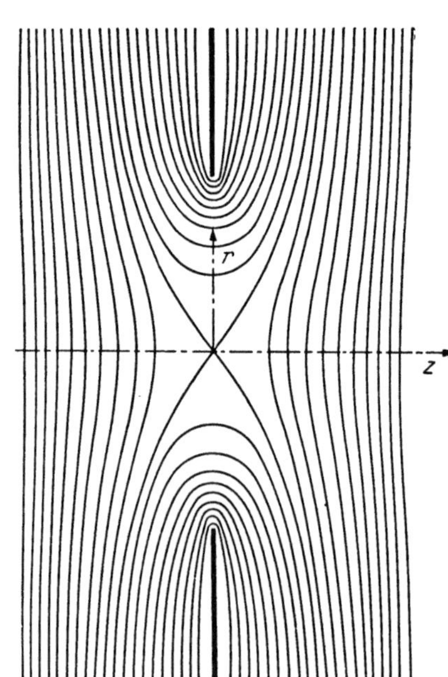

Abb. IV 188. Äquipotentiallinien im symmetrisch gespannten Lochblendenkondensator.

g) Durch Zusammenfassung von (IV 11, 10) und (IV 11, 39) finden wir für den Verlauf des resultierenden Potentiales längs der Achse

$$\Phi(z) = \mathrm{E_A} \cdot z + \mathrm{E_S} \cdot R \left[\frac{|z|}{R} + \frac{2}{\pi} \left(1 - \frac{|z|}{R} \operatorname{arctg} \frac{R}{|z|} \right) \right] \quad \text{(IV 11, 40)}$$

Nun spezialisieren wir auf jenen „Plattenkondensator", welcher aus der in $z = -d$ befindlichen Vollelektrode $[d \gg R]$ im Verein mit der Kreislochblende gebildet wird. Damit dieses System in sich elektrisch abgeschlossen sei, verlangen wir

$$\lim_{z \to \infty} \Phi'(z) = 0. \quad \text{(IV 11, 41)}$$

Indem wir den trivialen Fall des identisch verschwindenden Feldes ausschließen, genügen wir der Bedingung (IV 11, 41) durch die Koppelung

$$\mathrm{E_S} = -\mathrm{E_A} \quad \text{(IV 11, 42)}$$

des symmetrischen mit dem antimetrischen Feldanteile. Wir setzen abkürzend

$$E_S = -\frac{E}{2}; \qquad E_A = +\frac{E}{2} \tag{IV 11, 43}$$

und erhalten aus (II 11, 40) das achsiale Potential

$$\Phi(z) = \frac{E\,R}{2}\left[\frac{z}{R} - \frac{|z|}{R} - \frac{2}{\pi}\left(1 - \frac{|z|}{R}\operatorname{arctg}\frac{R}{|z|}\right)\right], \tag{IV 11, 44}$$

welches sich gemäß Abb. IV 189 mit $z \to (-\infty)$ asymptotisch dem Potential eines Homogenfeldes der Stärke E annähert; Abb. IV 190 zeigt den Verlauf seiner Äquipotentialflächen. Auf Grund der früheren Festsetzungen nimmt die Kreislochblende selbst das Potential Null an; der Schnittpunkt ihrer Ebene mit der Symmetrieachse weist jedoch das Potential

$$\Phi(0) = -\frac{E \cdot R}{\pi} \tag{IV 11, 45}$$

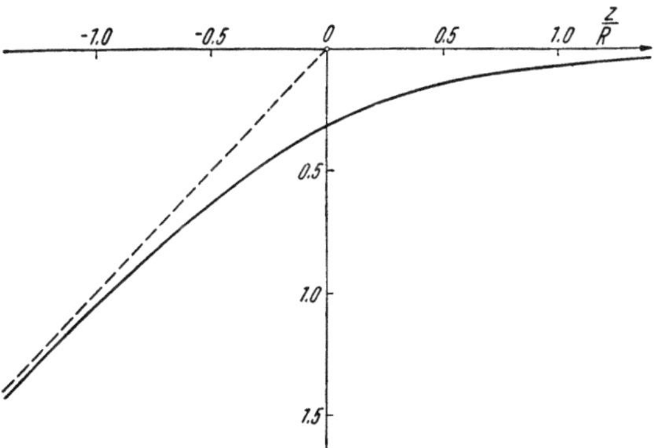

Abb. IV 189. Achsialpotential im Lochblenden-Plattenkondensator.

auf, während sich die Vollplattenelektrode, mit Rücksicht auf die Voraussetzung $d \gg R$, durch das Potential

$$\Phi(-d) = -E \cdot d \tag{IV 11, 46}$$

auszeichnet. Das für einen Kontrollpunkt der Halbachse $z \geqq 0$ berechnete Verhältnis

$$\frac{\Phi(z)}{\Phi(-d)} = \frac{R}{\pi\,d}\left(1 - \frac{z}{R}\operatorname{arctg}\frac{R}{z}\right); \quad z \geqq 0 \tag{IV 11, 47}$$

konvergiert für $z \gg R$ gemäß

$$\frac{\Phi(z)}{\Phi(-d)} = \frac{R}{\pi\,d}\,\frac{1}{3}\left(\frac{R}{z}\right)^2 + \dots \tag{IV 11, 48}$$

rasch gegen Null [Abb. IV 191].

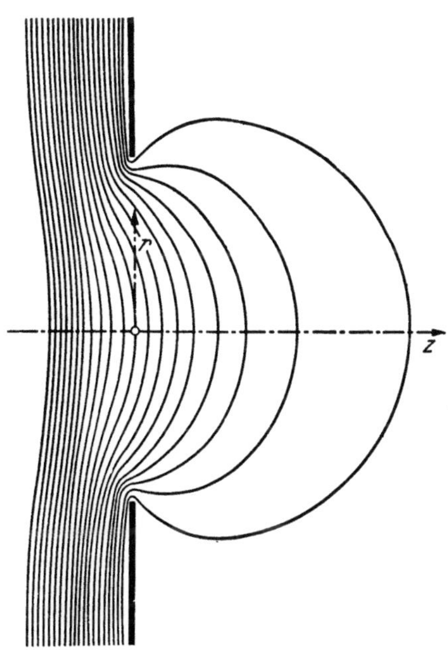

Abb. IV 190. Äquipotentiallinien des Lochblenden-Plattenkondensators.

h) Für die Zwecke der Elektronenoptik wenden wir die vorstehenden Entwicklungen auf das Potentialfeld eines Triodensystemes nach Abb. IV 192 an: Die Ebene $z = -g < 0$ wird durch die Kathode vom Potential $\varphi = \varphi_k$ erfüllt; die als Gitter fungierende Kreislochscheibe vom Halbmesser $r = R_g$ ihrer Öffnung führe das Potential φ_g, während die Anode mit dem Potential φ_a in der Ebene $z = a > 0$ angeordnet ist; dabei mögen die Konstruktionsvorschriften

$$g \gg R_g; \qquad a \gg R_g \tag{IV 11, 49}$$

innegehalten werden.

Nachdem das Potential der Kreislochscheibe als Basis gewählt wurde, passen wir uns den hier vorgegebenen Gitter-Randbedingungen an, indem wir die Potentialfunktion $\varphi = \varphi\,(u, v) \to \varphi\,(z, r)$ innerhalb ihres Existenzbereiches überall um den festen Betrag φ_g heben. Aus (IV 11, 10), (IV 11, 16), (IV 11, 19) und (IV 11, 36) resultiert dann für φ die Darstellung

$$\varphi = (\pm E_A + E_S)\frac{\sqrt{(u^2 - R_g^2)(R_g^2 - v^2)}}{R_g} + \\ + E_S\frac{2}{\pi}\left(1 - \frac{\sqrt{u^2 - R_g^2}}{R_g}\operatorname{arctg}\frac{R_g}{\sqrt{u^2 - R_g^2}}\right)\sqrt{R_g^2 - v^2} + \varphi_g; \qquad z \gtrless 0. \tag{IV 11, 50}$$

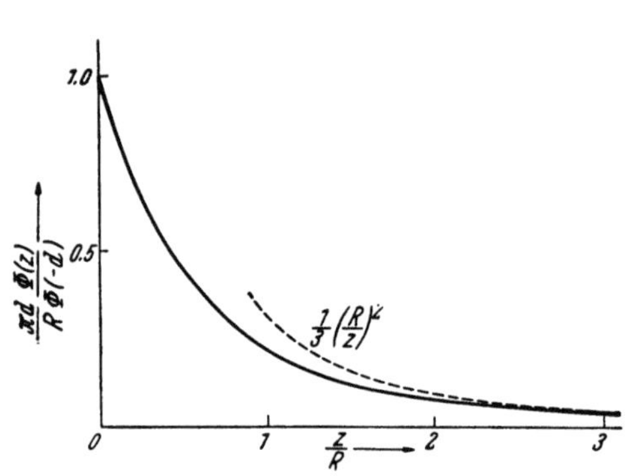

Abb. IV 191. Durchgriff des elektrischen Feldes durch die Kreislochblende.

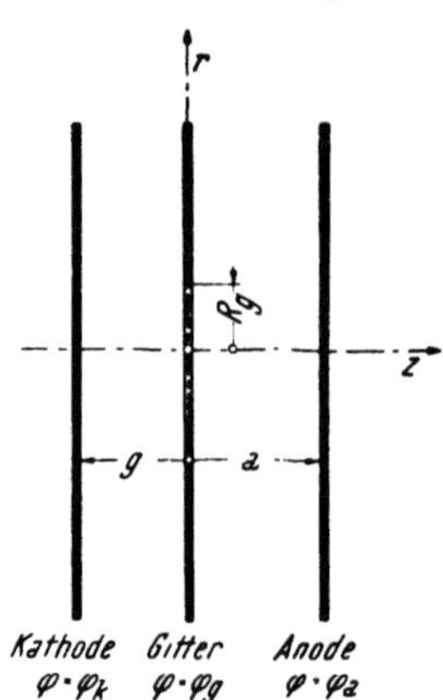

Abb. IV 192. Kreislochblenden-Triode.

Längs der Rotationsachse des Systemes hat man $v = 0$, $z = \pm\sqrt{u^2 - R_g^2}$ zu setzen und findet

$$\Phi(z) = \varphi(z, 0) = (E_A \pm E_S)\,z + E_S\cdot\frac{2}{\pi}R_g\left(1 - \frac{z}{R_g}\operatorname{arctg}\frac{R_g}{z}\right) + \varphi_g; \qquad z \gtrless 0, \tag{IV 11, 51}$$

also

$$\varphi_k = \Phi(-g) = (-E_A + E_S)\,g + E_S\frac{2}{\pi}R_g\left(1 - \frac{g}{R_g}\operatorname{arctg}\frac{R_g}{g}\right) + \varphi_g \tag{IV 11, 52}$$

und

$$\varphi_a = \Phi(a) = (E_A + E_S)\,a + E_S\frac{2}{\pi}R_g\left(1 - \frac{a}{R_g}\operatorname{arctg}\frac{R_g}{a}\right) + \varphi_g. \tag{IV 11, 53}$$

Wir entnehmen diesen Gleichungen die Relationen

$$E_S = \frac{\dfrac{\varphi_a - \varphi_g}{a} \qquad + \qquad \dfrac{\varphi_k - \varphi_g}{g}}{1 + \dfrac{2}{\pi}\dfrac{R_g}{g}\left(1 - \dfrac{g}{R_g}\operatorname{arctg}\dfrac{R_g}{g}\right) + 1 + \dfrac{2}{\pi}\dfrac{R_g}{a}\left(1 - \dfrac{a}{R_g}\operatorname{arctg}\dfrac{R_g}{a}\right)}, \tag{IV 11, 54}$$

$$E_A = \frac{\frac{\varphi_a - \varphi_g}{a}\left[1 + \frac{2}{\pi}\frac{R_g}{g}\left(1 - \frac{g}{R_g}\operatorname{arctg}\frac{R_g}{g}\right)\right] - \frac{\varphi_k - \varphi_g}{g}\left[1 + \frac{2}{\pi}\frac{R_g}{a}\left(1 - \frac{a}{R_g}\operatorname{arctg}\frac{R_g}{a}\right)\right]}{1 + \frac{2}{\pi}\frac{R_g}{g}\left(1 - \frac{g}{R_g}\operatorname{arctg}\frac{R_g}{g}\right) \quad + \quad 1 + \frac{2}{\pi}\frac{R_g}{a}\left(1 - \frac{a}{R_g}\operatorname{arctg}\frac{R_g}{a}\right)}, \tag{IV 11, 55}$$

welche sich unter der Voraussetzung (IV 11, 49) auf

$$E_S = \frac{(\varphi_a - \varphi_g)\, g + (\varphi_k - \varphi_g)\, a}{2\, g\, a}, \tag{IV 11, 56}$$

$$E_A = \frac{(\varphi_a - \varphi_g)\, g - (\varphi_a - \varphi_g)\, a}{2\, g\, a} \tag{IV 11, 57}$$

reduzieren. In der hierdurch angezeigten Näherung wird also

$$\Phi(z) = \varphi_g + \frac{(\varphi_a - \varphi_g)\, g - (\varphi_k - \varphi_g)\, a}{2\, g\, a}\, z + $$
$$+ \frac{(\varphi_a - \varphi_g)\, g - (\varphi_k - \varphi_g)\, a}{2\, g\, a}\left[\pm z + \frac{2}{\pi} R_g \left(1 - \frac{z}{R_g}\operatorname{arctg}\frac{R_g}{z}\right)\right]; \qquad z \gtrless 0. \tag{IV 11, 58}$$

An Hand dieser Gleichung berechnen wir die längs der Symmetrieachse des Systemes wirksame elektrische Feldstärke

$$-E^z = \frac{d\Phi}{dz} = \frac{(\varphi_a - \varphi_g)\, g - (\varphi_k - \varphi_g)\, a}{2\, g\, a} + $$
$$+ \frac{(\varphi_a - \varphi_g)\, g + (\varphi_k - \varphi_g)\, a}{2\, g\, a}\left[\pm 1 - \frac{2}{\pi}\left(\operatorname{arctg}\frac{R_g}{z} - \frac{1}{\frac{R_g}{z} + \frac{z}{R_g}}\right)\right]; \quad z \gtrless 0. \tag{IV 11, 59}$$

Insbesondere ergibt sich an der Kathodenoberfläche $[z = -g]$

$$-E_k = -E^z_{(z=-g)} = \frac{\varphi_a - \varphi_g}{2\, a} \cdot \frac{2}{\pi}\left(\operatorname{arctg}\frac{R_g}{g} - \frac{1}{\frac{R_g}{g} + \frac{g}{R_g}}\right) + $$
$$+ \frac{\varphi_g - \varphi_k}{2\, g}\left[2 - \frac{2}{\pi}\left(\operatorname{arctg}\frac{R_g}{g} - \frac{1}{\frac{R_g}{g} + \frac{g}{R_g}}\right)\right] \equiv $$
$$\equiv \frac{1}{2\, g}\left[2 - \frac{2}{\pi}\left(\operatorname{arctg}\frac{R_g}{g} - \frac{1}{\frac{R_g}{g} + \frac{g}{R_g}}\right)\left(1 + \frac{g}{a}\right)\right]\left[(\varphi_g - \varphi_k) + D\,(\varphi_a - \varphi_k)\right], \tag{IV 11, 60}$$

wobei der *Durchgriff* D der Anode durch das Gitter mittels der Gleichung

$$\frac{1}{D} = \frac{\pi\, a}{g}\left[\frac{1}{\operatorname{arctg}\frac{R_g}{g} - \frac{1}{\frac{R_g}{g} + \frac{g}{R_g}}} - \frac{1}{\pi}\left(1 + \frac{g}{a}\right)\right] \tag{IV 11, 61}$$

definiert ist.

Zu (IV 11, 59) zurückkehrend, finden wir als zweiten Differentialquotienten des Achsenpotentiales

$$\frac{d^2\Phi}{dz^2} = -\frac{(\varphi_a - \varphi_g)\,g + (\varphi_k - \varphi_g)\,a}{2\,g\,a\,R_g} \cdot \frac{2}{\pi} \cdot \frac{2}{\left(1 + \frac{z^2}{R_g^2}\right)^2} \equiv$$

$$\equiv -\frac{(\varphi_a - \varphi_k)\,g - (\varphi_g - \varphi_k)\,(a + g)}{2\,g\,a\,R_g} \cdot \frac{2}{\pi} \cdot \frac{2}{\left(1 + \frac{z^2}{R_g^2}\right)^2}. \qquad \text{(IV 11, 62)}$$

Durch (IV 11, 58), (IV 11, 59) und (IV 11, 62) ist die *Gaußsche* Elektronendioptrik des behandelten Trioden-Systemes der Differentialgleichung (III 6, 2) der achsennahen Elektronenbahnen erschlossen; allerdings bedarf die strenge Integration dieser Gleichung numerischer oder graphischer Verfahren.

IV 12. Die Kreislochblenden-Immersionslinse

a) Wir ordnen zwei konachsiale Kreislochblenden des nämlichen Halbmessers R in den Ebenen $z = \pm 1/2\,\delta$ an und erteilen ihnen die Potentiale

$$\left.\begin{aligned} \varphi_- &= \Phi_0 - \frac{1}{2}U > 0 \qquad \text{für} \qquad z = -\frac{1}{2}\delta; \qquad r > R, \\ \varphi_+ &= \Phi_0 + \frac{1}{2}U > 0 \qquad \text{für} \qquad z = +\frac{1}{2}\delta; \qquad r > R. \end{aligned}\right\} \qquad \text{(IV 12, 1)}$$

Nunmehr werde δ als so klein im Vergleich zu R vorausgesetzt, daß wir für die Berechnung des von dem System erzeugten achsialen Potentialfeldes $\Phi(z) = \varphi(z, 0)$ in hinreichender Genauigkeit den Grenzübergang $\delta \to 0$ bei festgehaltener Spannung U vollziehen dürfen. Durch diesen mathematischen Prozeß verwandelt sich das vorgegebene Blendenpaar in eine *elektrische Doppelschicht*, welche das Gebiet $r > R$ der Ebene $z = 0$ mit der konstanten Momentendichte

$$m = \Delta \cdot U \qquad \text{(IV 12, 2)}$$

erfüllt. Ihr Potential φ berechnet sich für einen außerhalb der Doppelschicht gelegenen Kontrollpunkt $P = (z, r)$ mittels jenes räumlichen Winkels Ω, unter dem die Doppelschicht einem in P postierten Beobachter erscheint, nach der Vorschrift

$$\varphi = \Phi_0 + \frac{m}{4\pi\Delta}\,\Omega = \Phi_0 + \frac{\Omega}{4\pi} \cdot U \cdot \qquad \text{(IV 12, 3)}$$

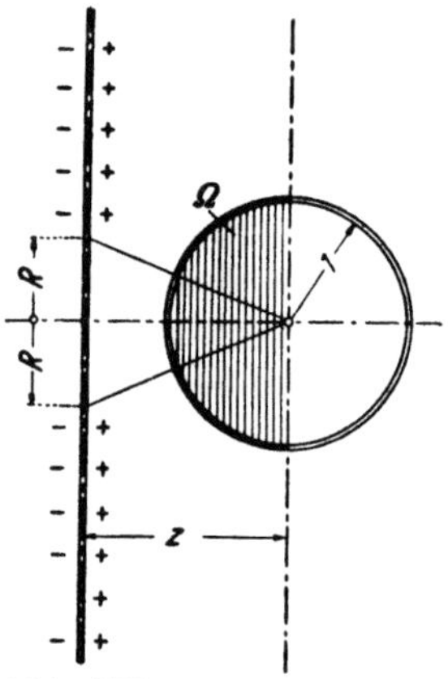

Abb. IV 193. Räumlicher Winkel der Kreisloch-Doppelschicht für einen achsial postierten Beobachter.

Wählen wir jetzt $r = 0$, so findet man im Anschluß an Abb. IV 193

$$\Omega = 2\pi \frac{z}{\sqrt{R^2 + z^2}}. \qquad \text{(IV 12, 4)}$$

Nach Einführung der numerischen Achsenkoordinate

$$\zeta = \frac{z}{R} \qquad \text{(IV 12, 5)}$$

lautet also das Achsenpotential

$$\Phi = \Phi_0 + \frac{1}{2} U \frac{\zeta}{\sqrt{1+\zeta^2}}. \tag{IV 12, 6}$$

Es schildert eine vom Anfangswert

$$\Phi_1 = \lim_{\zeta \to -\infty} \Phi = \Phi_0 - \frac{1}{2} U \tag{IV 12, 7}$$

für $U \gtrless 0$ monoton gegen

$$\Phi_2 = \lim_{\zeta \to +\infty} \Phi = \Phi_0 + \frac{1}{2} U \tag{IV 12, 8}$$

steigende / fallende Funktion, welche mittels des *numerischen Erregungsverhältnisses*

$$\sigma = \frac{\Phi_2}{\Phi_1} = \frac{\Phi_0 + \frac{1}{2} U}{\Phi_0 - \frac{1}{2} U} \tag{IV 12, 9}$$

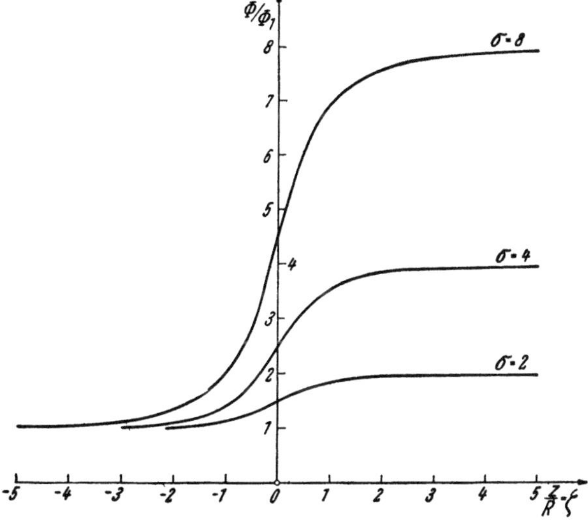

Abb. IV 194. Achsialer Potentialverlauf längs der Kreislochblenden-Immersionslinse [Beschleunigungsfall].

die Form

$$\frac{\Phi}{\Phi_1} = \frac{\sigma+1}{2}\left[1 + \frac{\sigma-1}{\sigma+1} \cdot \frac{\zeta}{\sqrt{1+\zeta^2}}\right] \tag{IV 12, 10}$$

nach Abb. IV 194 annimmt.

b) Wir bilden das Verhältnis

$$\frac{1}{\Phi} \cdot \frac{d\Phi}{d\zeta} = \frac{\sigma-1}{\sigma+1} \frac{\frac{1}{(1+\zeta^2)^{3/2}}}{1 + \frac{\sigma-1}{\sigma+1} \frac{\zeta}{\sqrt{1+\zeta^2}}} \tag{IV 12, 11}$$

und identifizieren den Ort ζ_l seines Extremums mit der *Linsenebene.* Mittels der Substitution

$$u = \frac{\zeta}{\sqrt{1+\zeta^2}}; \quad \frac{du}{d\zeta} = \frac{1}{(1+\zeta^2)^{3/2}}; \quad \zeta = \frac{u}{\sqrt{1-u^2}}; \quad \frac{d\zeta}{du} = \frac{1}{(1-u^2)^{3/2}} \tag{IV 12, 12}$$

folgt somit für $u_l = \frac{\zeta_l}{\sqrt{1+\zeta_l^2}}$ aus (IV 12, 11) die Bedingung

$$\left(1 + \frac{\sigma-1}{\sigma+1} u_l\right) 3\, u_l (1-u_l^2)^{1/2} - (1-u_l^2)^{3/2} \cdot \frac{\sigma-1}{\sigma+1} = 0, \tag{IV 12, 13}$$

also

$$u_l = -\frac{3}{4}\frac{\sigma+1}{\sigma-1} \pm \sqrt{\frac{9}{16}\left(\frac{\sigma+1}{\sigma-1}\right)^2 - \frac{1}{2}}, \tag{IV 12, 14}$$

wobei das $\begin{smallmatrix}\text{obere}\\ \text{untere}\end{smallmatrix}$ Vorzeichen entsprechend der Alternative $\begin{smallmatrix}1<\sigma<\infty\\ 0<\sigma<1\end{smallmatrix}$ dem Fall der $\begin{smallmatrix}\text{Beschleunigungslinse}\\ \text{Verzögerungslinse}\end{smallmatrix}$ korrespondiert; wir beschränken uns weiterhin der Kürze halber auf die Beschleunigungslinse und erhalten ihre Ebene aus (IV 12, 12) und (IV 12, 14) in

$$\zeta_1 = -\frac{1}{2}\sqrt{\frac{1-\sqrt{1-\frac{8}{9}\left(\frac{\sigma-1}{\sigma+1}\right)^2}}{\frac{1}{4}+\frac{3}{4}\sqrt{1-\frac{8}{9}\left(\frac{\sigma-1}{\sigma+1}\right)^2}}} \tag{IV 12, 15}$$

gemäß Abb. IV 195.

c) Wir beziehen uns auf die Theorie der kurzen Linsen und haben das Integral

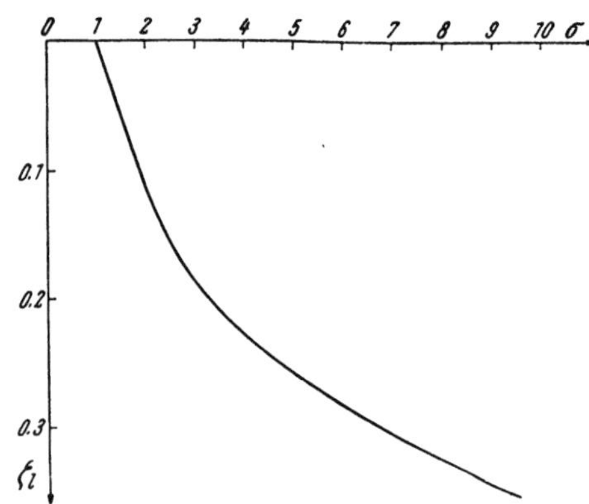

Abb. IV 195. Lage der Linsenebene der Kreislochblenden-Immersionslinse im Beschleunigungsfalle.

$$J = \int_{-\infty}^{\infty}\left(\frac{\Phi'}{\Phi}\right)^2 d\zeta = \int_{-\infty}^{\infty}\frac{d\zeta}{(1+\zeta^2)^2\left(\frac{\sigma+1}{\sigma-1}+\frac{\zeta}{\sqrt{1+\zeta^2}}\right)^2} \tag{IV 12, 16}$$

auszuwerten, welches mittels (IV 12, 12) in

$$J = \int_{-1}^{+1}\frac{(1-u^2)^{3/2}}{\left(\frac{\sigma+1}{\sigma-1}+u\right)^2}du \tag{IV 12, 17}$$

übergeht. Durch Teilintegration folgt hieraus

$$J = -\left.\frac{(1-u^2)^{3/2}}{\frac{\sigma+1}{\sigma-1}+u}\right|_{-1}^{+1} - 3\int_{-1}^{+1}\frac{u\sqrt{1-u^2}}{\frac{\sigma+1}{\sigma-1}+u}du \tag{IV 12, 18}$$

und nachdem wir in dem verbleibenden Integral u mit (— u) vertauschten

$$J = 3\int_{-1}^{+1}\frac{u\sqrt{1-u^2}\,du}{\frac{\sigma+1}{\sigma-1}-u} \equiv 3\left[\frac{\sigma+1}{\sigma-1}\int_{-1}^{+1}\frac{\sqrt{1-u^2}\,du}{\frac{\sigma+1}{\sigma-1}-u} - \int_{-1}^{+1}\sqrt{1-u^2}\,du\right] =$$

$$= 3\left[\frac{\sigma+1}{\sigma-1}\bar{J}-\frac{\pi}{2}\right]; \qquad \bar{J} = \int_{-1}^{+1}\frac{\sqrt{1-u^2}}{\frac{\sigma+1}{\sigma-1}-u}du. \tag{IV 12, 19}$$

Wir vertauschen in $\bar{J}$ nochmals (u) mit (— u) und finden

$$\overline{J} = \int_{-1}^{+1} \frac{\sqrt{1-u^2}\,du}{\frac{\sigma+1}{\sigma-1} - u} = \int_{-1}^{+1} \frac{\sqrt{1-u^2}\,du}{\frac{\sigma+1}{\sigma-1} + u} = \frac{\sigma+1}{\sigma-1} \int_{-1}^{+1} \frac{\sqrt{1-u^2}\,du}{\left(\frac{\sigma+1}{\sigma-1}\right)^2 - u^2}. \quad \text{(IV 12, 20)}$$

Hieraus entsteht durch die weitere Substitution $u = \cos\beta$

$$\overline{J} = \frac{\sigma+1}{\sigma-1} \int_{-\frac{\pi}{2}}^{+\frac{\pi}{2}} \frac{\cos^2\beta}{\left(\frac{\sigma+1}{\sigma-1}\right)^2 - \sin^2\beta}\, d\beta \equiv$$

$$\equiv \frac{\sigma+1}{\sigma-1} \int_{-\frac{\pi}{2}}^{+\frac{\pi}{2}} \left[1 + \frac{1 - \left(\frac{\sigma+1}{\sigma-1}\right)^2}{\left(\frac{\sigma+1}{\sigma-1}\right)^2 - \sin^2\beta} \right] d\beta \quad \text{(IV 12, 21)}$$

und mit $\alpha = 2\beta$

$$\overline{J} = \frac{\sigma+1}{\sigma-1} \left[\pi + \left\{ 1 - \left(\frac{\sigma+1}{\sigma-1}\right)^2 \right\} \int_{-\pi}^{+\pi} \frac{d\alpha}{\cos\alpha + 2\left(\frac{\sigma+1}{\sigma-1}\right)^2 - 1} \right]. \quad \text{(IV 12, 22)}$$

Schließlich führt $w = e^{i\alpha}$ $[i = \sqrt{-1}]$ den zweiten Posten der Klammer in das längs des Einheitskreises der komplexen w-Ebene im mathematisch positiven Sinne zu erstreckende Integral

$$\left\{ 1 - \left(\frac{\sigma+1}{\sigma-1}\right)^2 \right\} \int_{-\pi}^{+\pi} \frac{d\alpha}{\cos\alpha + 2\left(\frac{\sigma+1}{\sigma-1}\right)^2 - 1} =$$

$$= \left\{ 1 - \left(\frac{\sigma+1}{\sigma-1}\right)^2 \right\} \frac{2}{i} \oint \frac{dw}{w^2 + 2\left\{ 2\left(\frac{\sigma+1}{\sigma-1}\right)^2 - 1 \right\} w + 1} \quad \text{(IV 12, 23)}$$

über. Der Integrand weist in den Punkten

$$\begin{matrix} w_1 \\ w_2 \end{matrix} = -\left[2\left(\frac{\sigma+1}{\sigma-1}\right)^2 - 1 \right] \pm 2\left(\frac{\sigma+1}{\sigma-1}\right)^2 \sqrt{1 - \left(\frac{\sigma-1}{\sigma+1}\right)^2} \quad \text{(IV 12, 24)}$$

je einen einfachen Pol auf; da wir uns nach Vereinbarung auf den Bereich $1 < \sigma < \infty$ beziehen, fällt $\begin{matrix} w_1 \text{ innerhalb} \\ w_2 \text{ außerhalb} \end{matrix}$ des Einheitskreises. Unter Berufung auf den *Cauchy*schen Integralsatz haben wir daher bei der Auswertung von (IV 12, 23) nur das Residuum am Pole $w = w_1$ in Rechnung zu stellen und erhalten

$$\frac{2}{i} \oint \frac{dw}{w^2 + 2\left\{ 2\left(\frac{\sigma+1}{\sigma-1}\right)^2 - 1 \right\} w + 1} = \frac{4\pi}{2 w_1 + 2\left\{ 2\left(\frac{\sigma+1}{\sigma-1}\right)^2 - 1 \right\}} =$$

$$= \pi \cdot \left(\frac{\sigma-1}{\sigma+1}\right)^2 \cdot \frac{1}{\sqrt{1 - \left(\frac{\sigma-1}{\sigma+1}\right)^2}} \quad \text{(IV 12, 25)}$$

also durch Zusammenfassung von (IV 12, 19), (IV 12, 22) und (IV 12, 25)

$$J = 3\pi\left[\left(\frac{\sigma+1}{\sigma-1}\right)^2\left\{1-\sqrt{1-\left(\frac{\sigma-1}{\sigma+1}\right)^2}\right\}-\frac{1}{2}\right]. \qquad \text{(IV 12, 26)}$$

d) Wir tragen (IV 12, 10) und (IV 12, 26) in (IV 8, 14) und (IV 8, 17) ein und finden mit Rücksicht auf (IV 12, 5) für die *bildseitige Brennweite*

$$\frac{f_2}{R} = \frac{\frac{16}{9\pi}\cdot\sigma^{\frac{1}{4}}}{\left(\frac{\sigma+1}{\sigma-1}\right)^2\left\{1-\sqrt{1-\left(\frac{\sigma-1}{\sigma+1}\right)^2}\right\}-\frac{1}{2}} \qquad \text{(IV 12, 27)}$$

und für die *objektseitige Brennweite*

$$\frac{f_1}{R} = \frac{\frac{16}{9}\cdot\sigma^{-\frac{1}{4}}}{\left(\frac{\sigma+1}{\sigma-1}\right)^2\left\{1-\sqrt{1-\left(\frac{\sigma-1}{\sigma+1}\right)^2}\right\}-\frac{1}{2}}. \qquad \text{(IV 12, 28)}$$

Durch Kombination dieser Ergebnisse mit (IV 12, 15) ergeben sich gemäß (IV 8, 15) und (IV 8, 18) die Orte z_{F_2} des *bildseitigen* und z_{F_1} des *objektseitigen Brennpunktes*:

$$\left.\begin{aligned}\zeta_{F_2} &= \frac{z_{F_2}}{R} = \\ \zeta_{F_1} &= \frac{z_{F_1}}{R} =\end{aligned}\right\} -\frac{1}{2}\sqrt{\frac{1-\sqrt{1-\frac{8}{9}\left(\frac{\sigma-1}{\sigma+1}\right)^2}}{\frac{1}{4}+\frac{3}{4}\sqrt{1-\frac{8}{9}\left(\frac{\sigma-1}{\sigma+1}\right)^2}}} \pm$$

$$\pm\frac{\frac{16}{9}}{\left(\frac{\sigma+1}{\sigma-1}\right)^2\left\{1-\sqrt{1-\left(\frac{\sigma-1}{\sigma+1}\right)^2}\right\}-\frac{1}{2}}. \qquad \text{(IV 12, 29)}$$

Abb. IV 196 zeigt den Verlauf der in (IV 12, 27), (IV 12, 28) und (IV 12, 29) dargestellten elektronenoptischen Kenngrößen der Kreislochblenden-Immersionslinse in Abhängigkeit von dem numerischen Erregungsverhältnis σ.

e) Wir verbringen gemäß Abb. IV 197 in die Ebene $\zeta = +1/2\,\delta$ eine von der Spannung $(+U)$ erregte Kreislochblenden-Immersionslinse, welche wir die „positive" Linse nennen; sie arbeitet mit einer in $\zeta = -1/2\,\delta$ befindlichen „negativen" Linse gleicher geometrischer Eigenschaften zusammen, welche von der Spannung $(-U)$ erregt wird. Das Achsenpotential

$\Phi_\pm$ der $\begin{matrix}\text{positiven}\\ \text{negativen}\end{matrix}$ Linse folgt somit aus (IV 12, 6) zu

$$\Phi_+ = \Phi_{+,0} + \frac{1}{2}U\frac{\zeta-\frac{1}{2}\delta}{\sqrt{1+\left(\zeta-\frac{1}{2}\delta\right)^2}} \qquad \text{(IV 12, 30)}$$

und

$$\Phi_- = \Phi_{-,0} - \frac{1}{2}\,U\,\frac{\zeta + \frac{1}{2}\delta}{\sqrt{1 + \left(\zeta + \frac{1}{2}\delta\right)^2}}. \qquad \text{(IV 12, 31)}$$

Lassen wir jetzt δ gegen Null konvergieren und gleichzeitig U derart zunehmen, daß das „Moment" $\delta \cdot U$ endlich bleibt, so geht das Zwillings-Linsensystem in eine *Kreislochblenden-Durchgangslinse* über. Setzen wir

$$\Phi_{+,0} + \Phi_{-,0} = \Phi_0 \qquad \text{(IV 12, 32)}$$

und

$$\lim_{\delta \to 0,\, U \to \infty} \frac{\delta \cdot U}{2\,\Phi_0} = \sigma, \qquad \text{(IV 12, 33)}$$

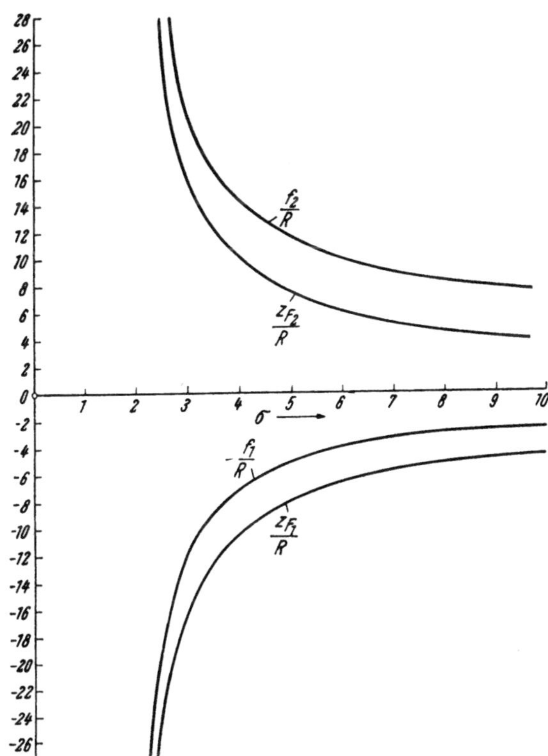

Abb. IV 196. Brennpunktseigenschaften der Kreislochblenden-Immersionslinse.

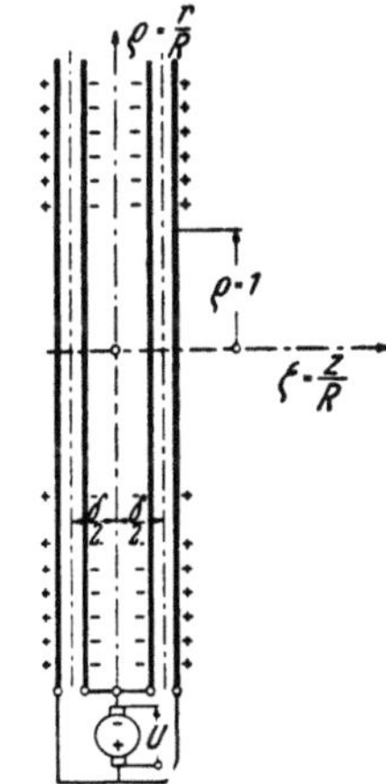

Abb. IV 197. Entstehung der Kreislochblenden-Durchgangslinse.

so resultiert also aus (IV 12, 30) und (IV 12, 31) als Achsenpotential der Kreislochblenden-Durchgangslinse

$$\frac{\Phi(\zeta)}{\Phi_0} = 1 + \sigma \lim_{\delta \to 0} \frac{1}{\delta}\left[\frac{\zeta - \frac{1}{2}\delta}{\sqrt{1 + \left(\zeta - \frac{1}{2}\delta\right)^2}} - \frac{\zeta + \frac{1}{2}\delta}{\sqrt{1 + \left(\zeta + \frac{1}{2}\delta\right)^2}}\right] =$$

$$= 1 - \sigma \frac{\partial}{\partial \zeta} \frac{\zeta}{\sqrt{1 + \zeta^2}} = 1 - \frac{\sigma}{(1 + \zeta^2)^{3/2}}. \qquad \text{(IV 12, 34)}$$

Im Anschluß an Abb. IV 198 haben wir demnach folgende Fälle zu unterscheiden:

1. Für $\sigma > 1$ ist den Elektronen der Durchgang durch die Linse verwehrt.

2. Der Fall $1 > \sigma > 0$ definiert eine Linse mit verzögertem Elektronendurchgang.

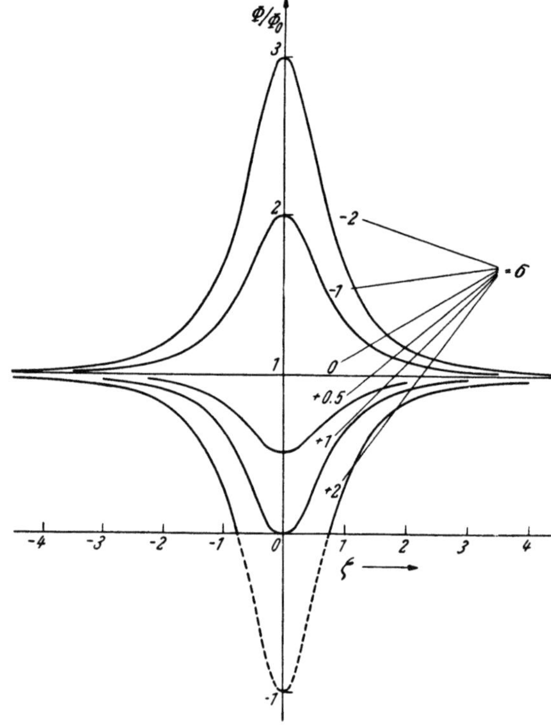

Abb. IV 198. Achsenpotential der Kreislochblenden-Durchgangslinse.

3. Im Falle $\sigma < 0$ liegt eine Linse mit beschleunigtem Elektronendurchgang vor.

Aus Symmetriegründen folgt, daß die Linsenebene des untersuchten Systemes mit der Ebene $\zeta = 0$ koinzidiert; wir dürfen uns daher auf die Ermittlung der [numerischen] Brennweiten

$$\frac{f_1}{R} = \frac{f_2}{R} = \frac{1}{\frac{3}{16} \cdot \int\limits_{-\infty}^{+\infty} \left(\frac{\Phi'(\zeta)}{\Phi}\right)^2 d\zeta} \tag{IV 12, 35}$$

beschränken. Mit Rücksicht auf (IV 12, 34) gilt hierin

$$\frac{\Phi'}{\Phi} = 3\sigma \cdot \frac{\zeta}{(1+\zeta^2)\,[(1+\zeta^2)^{3/2} - \sigma]} \tag{IV 12, 36}$$

so daß wir aus (IV 12, 35) erhalten

$$\frac{f_1}{R} = \frac{f_2}{R} = \frac{16}{27} \cdot \frac{1}{\sigma^2 J(\sigma)}; \qquad J(\sigma) = \int\limits_{-\infty}^{\infty} \frac{\zeta^2 d\zeta}{[1+\zeta^2]^2\,[(1+\zeta^2)^{3/2} - \sigma]^2} \tag{IV 12, 37}$$

Mittels der Substitution $\zeta = \operatorname{tg} \beta$ wird

$$J(\sigma) = \int\limits_{-\frac{\pi}{2}}^{+\frac{\pi}{2}} \frac{\sin^2\beta \cos^6\beta \, d\beta}{[1 - \sigma \cos^3 \beta]^2} \tag{IV 12, 38}$$

Zwecks geschlossen-analytischer Berechnung des Integrales schreibe man

$$J(\sigma) = -\frac{\partial}{\partial\sigma} J^*(\sigma); \qquad J^*(\sigma) = \int\limits_{-\frac{\pi}{2}}^{\frac{\pi}{2}} \frac{\sin^2\beta \cos^3\beta}{1 - \sigma\cos^3\beta} d\beta \tag{IV 12, 39}$$

und findet nun mit $w = e^{i\beta}$ das Integral

$$J^*(\sigma) = \frac{i}{4} \int\limits_{-i}^{i} \frac{(w^2 - 1)(w^2 + 1)^3}{w^3\,[8 - \sigma(w^2+1)^3]} dw, \tag{IV 12, 40}$$

welches sich nach Partialbruchzerlegung des Integranden elementar ausführen läßt. Es empfiehlt sich jedoch im vorliegenden Falle, die Formel (IV 12, 38) unmittelbar numerisch auszuwerten; als Ergebnis zeigen Abb. IV 199 und Abb. IV 200 die im Verhältnis zum Blendenhalbmesser R bestimmten *Brennweiten* in ihrer Abhängigkeit von dem Erregungsparameter σ.

Die vorstehenden Überlegungen beziehen sich, als Folgerungen der *Gauß*schen Dioptrik, lediglich auf achsennahe Elektronenstrahlen; über das Verhalten von Elektronen, welche dieser Bedingung nicht genügen, gibt die in Ziffer I 7 durchgeführte Analyse der Elektronenbewegung in einem Paßfelde Auskunft.

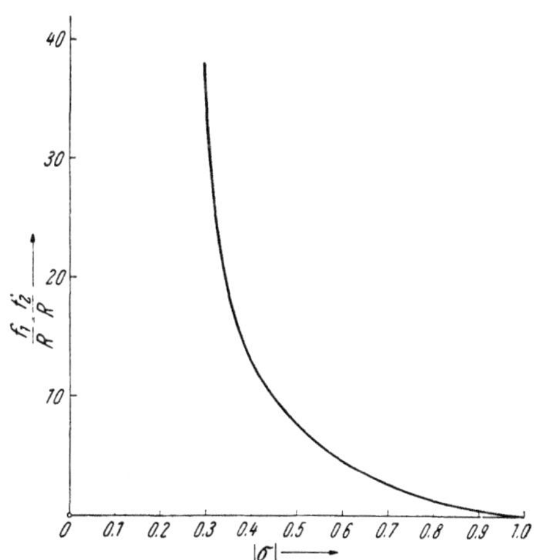

Abb. IV 199. Kreislochblenden-Durchgangslinse im Falle $0 < \sigma < 1$. Brennpunkts-Eigenschaften.

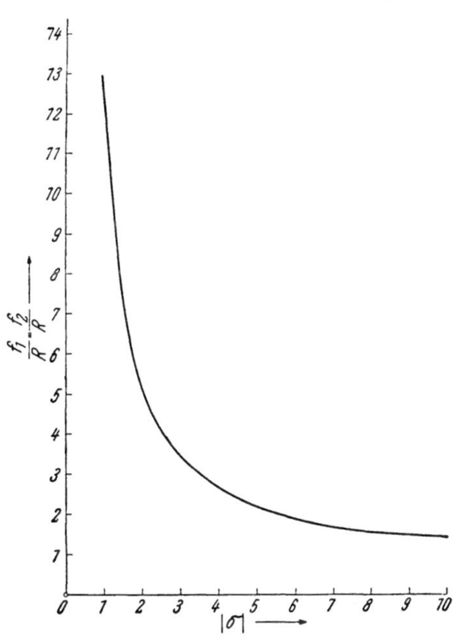

Abb. IV 200. Kreislochblenden-Durchgangslinse im Falle $\sigma < -1$.

IV 13. Analytische Theorie der Immersionslinse.

a) Um uns von den Beschränkungen auf kurze und schwache Immersionslinsen zu befreien, behandeln wir im folgenden die *Gauß*sche Dioptrik einer „mathematischen" Immersionslinse, deren Strahl-Differentialgleichungen einer geschlossenen analytischen Integration zugänglich sind; wie bei der entsprechenden Untersuchung der magnetischen Linsen [Ziffer IV 6] kommt es uns in der Durchführung der gestellten Aufgabe weniger auf die quantitative Beschreibung eines der vorstehend geschilderten elektrischen Linsensysteme an, sondern wir erstreben eine vertiefte Einsicht in die qualitativen Eigenschaften solcher elektronenoptischer Anordnungen.

b) Nach Wahl einer geeigneten Strecke a als Längeneinheit werde das Achsenpotential Φ als Funktion der numerischen Koordinate

$$\zeta = \frac{z}{a} \qquad \text{(IV 13, 1)}$$

in der Form

$$\Phi(\zeta) = \Phi_0 + \frac{U}{\pi} \operatorname{arctg} \zeta \qquad \text{(IV 13, 2)}$$

angesetzt. In ihr gibt Φ_0 das Potential im Ursprung an, während es für $|\zeta| \to \infty$ beziehentlich gegen die Grenzwerte

$$\Phi_1 = \lim_{\zeta \to -\infty} \Phi = \Phi_0 - \frac{1}{2} U; \qquad \Phi_2 = \lim_{\zeta \to \infty} \Phi = \Phi_0 + \frac{1}{2} U \qquad \text{(IV 13, 3)}$$

konvergiert. Identifiziert man sie mit den eingeprägten Potentialen zweier passend gelegener Elektroden, so folgt umgekehrt

$$\Phi_0 = \frac{1}{2}(\Phi_2 + \Phi_1); \qquad U = \Phi_2 - \Phi_1. \qquad \text{(IV 13, 4)}$$

Demnach mißt Φ_0 den Mittelwert der Elektrodenpotentiale und U deren Differenz. Definieren wir nun durch

$$\varkappa = \frac{U}{2\Phi_0} = \frac{\Phi_2 - \Phi_1}{\Phi_2 + \Phi_1} \qquad \text{(IV 13, 5)}$$

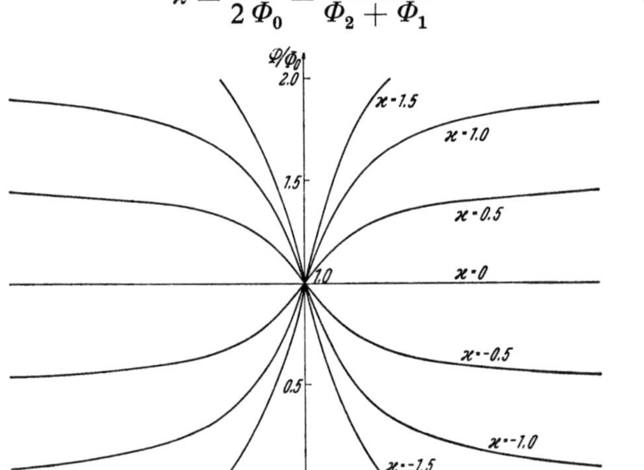

Abb. IV 201. Achsenpotential der Immersionslinse nach Gl. (IV 13, 6).

die numerische Stärke der Linse, so geht Gl. (IV 13, 2) in

$$\frac{\Phi}{\Phi_0} = 1 + \frac{2}{\pi} \varkappa \operatorname{arctg} \zeta \qquad \text{(IV 13, 6)}$$

über. Im Anschluß an Abb. IV 201 haben wir daher folgende Fälle zu unterscheiden:

1. Die Ungleichung

$$\varkappa > 1 \qquad \text{(IV 13, 7)}$$

schildert ein Achsenpotential, welches nur im Gebiete

$$\zeta > \zeta_\varkappa = -\operatorname{tg} \frac{\pi}{2} \frac{1}{\varkappa} \qquad \text{(IV 13, 8)}$$

positive Werte annimmt. Um in einem solchen Felde eine Elektronenbewegung zu realisieren, hat man also in $\zeta = \zeta_\varkappa$ eine Kathode vorzusehen, welche die Elektronen ohne merkliche Anfangsgeschwindigkeit nach $\zeta > \zeta_\varkappa$ hin emittiert: Das System definiert ein Kathodenobjektiv, welches jedoch zufolge der angegebenen Relation zwischen $\varkappa$ und $\zeta_\varkappa$ keine stetige Regelung seiner elektronenoptischen Eigenschaften gestattet; wir schließen deshalb den Fall (IV 13, 7) vorerst von der Untersuchung aus.

2. Die dem Bereiche

$$1 > \varkappa > 0 \qquad \text{(IV 13, 9)}$$

angehörigen Werte der numerischen Erregung beschreiben jeweils eine Beschleunigungs-Immersionslinse.

3. Numerische Erregungen der Größe

$$0 > \varkappa > -1 \qquad \text{(IV 13, 10)}$$

liefern Verzögerungs-Immersionslinsen.

4. Der Fall

$$-1 > \varkappa \qquad \text{(IV 13, 11)}$$

führt im Punkte

$$\zeta_R = \operatorname{tg} \frac{\pi}{2} \frac{1}{(-\varkappa)} > 0 \qquad \text{(IV 13, 12)}$$

auf verschwindendes Achsenpotential: Die von $\zeta < \zeta_R$ her einfallenden Elektronen werden dort zur Umkehr gezwungen, es liegt ein Elektronenspiegel vor. Indessen dürfen in der Umgebung des Reflexionszentrums ζ_R die radialen und azimutalen Komponenten der Elektronengeschwindigkeit in der Regel nicht mehr gegen deren achsiale Komponente vernachlässigt werden — im Widerspruch zu den Voraussetzungen der *Gauß*schen Dioptrik achsennaher Elektronenstrahlen. Daher können selbst die mathematisch strengen Integrale der entsprechenden Differentialgleichungen nicht als physikalisch einwandfrei gelten, so daß wir auf ihre Entwicklung verzichten werden.

c) Von der in (IV 7, 3) definierten reduzierten Radialabweichung

$$\mathrm{r}^* = \bar{\mathrm{r}} \left(\frac{\Phi}{\Phi^{(1)}}\right)^{1/4} \qquad \text{(IV 13, 13)}$$

gehen wir durch Division mit a auf die numerische Koordinate

$$\varrho^* = \frac{\mathrm{r}^*}{\mathrm{a}} \qquad \text{(IV 13, 14)}$$

über und erhalten für sie wegen $d/dz = (1/a)\, d/d\zeta$ an Stelle von (IV 7, 4) die dimensionsfreie Differentialgleichung

$$\frac{d^2\varrho^*}{d\zeta^2} + \frac{3}{16}\left(\frac{1}{\Phi}\frac{d\Phi}{d\zeta}\right)^2 \varrho^* = 0. \qquad \text{(IV 13, 15)}$$

Bilden wir aus (IV 13, 6)

$$\frac{1}{\Phi}\frac{d\Phi}{d\zeta} = \frac{2}{\pi}\varkappa \frac{1}{\left(1 + \frac{2}{\pi}\varkappa \operatorname{arctg} \zeta\right)(1 + \zeta^2)}, \qquad \text{(IV 13, 16)}$$

so lautet Gl. (IV 13, 15) explizit

$$\frac{d^2\varrho^*}{d\zeta^2} + \frac{3}{16}\left(\frac{2}{\pi}\varkappa\right)^2 \frac{\varrho^*}{\left[\left(1 + \frac{2}{\pi}\varkappa \operatorname{arctg} \zeta\right)(1 + \zeta^2)\right]^2} = 0. \qquad \text{(IV 13, 17)}$$

Sie verwandelt sich durch die Substitution

$$\operatorname{arctg} \zeta = \vartheta; \qquad \zeta = \operatorname{tg} \vartheta \qquad \text{(IV 13, 18)}$$

mit Rücksicht auf

$$\frac{d\varrho^*}{d\zeta} = \frac{1}{1+\zeta^2}\cdot\frac{d\varrho^*}{d\vartheta}; \qquad \frac{d^2\varrho^*}{d\zeta^2} = \frac{1}{[1+\zeta^2]^2}\frac{d^2\varrho^*}{d\vartheta^2} - \frac{2\,\zeta}{[1+\zeta^2]^2}\frac{d\varrho^*}{d\vartheta} \qquad \text{(IV 13, 19)}$$

in

$$\frac{d^2\varrho^*}{d\vartheta^2} - 2\,\mathrm{tg}\,\vartheta\,\frac{d\varrho^*}{d\vartheta} + \frac{3}{16}\left(\frac{2}{\pi}\varkappa\right)^2 \frac{\varrho^*}{\left[1+\frac{2}{\pi}\varkappa\,\vartheta\right]^2} = 0. \qquad \text{(IV 13, 20)}$$

Wir zerlegen ϱ^* in die zwei Faktorfunktionen $u(\vartheta)$ und $v(\vartheta)$

$$\varrho^* = u(\vartheta)\cdot v(\vartheta). \qquad \text{(IV 13, 21)}$$

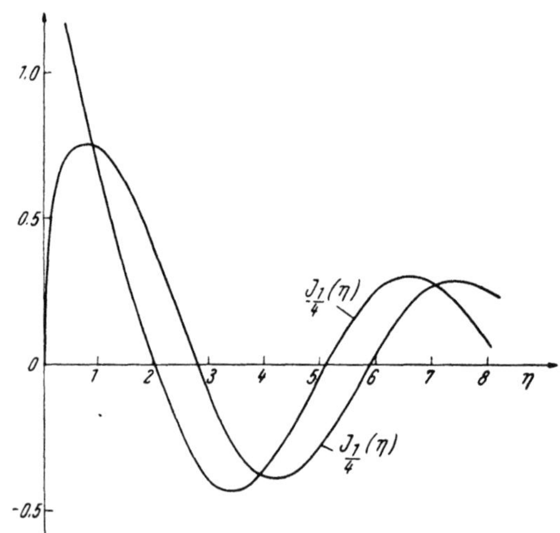

Abb. IV 202. Die *Bessel*schen Zylinderfunktionen $J_p(\eta)$ der Ordnungen $p = \pm 1/4$.

In der dann aus (IV 13, 20) entstehenden Differentialgleichung für u bringen wir wegen

$$\frac{d\varrho^*}{d\vartheta} = u\frac{dv}{d\vartheta} + v\frac{du}{d\vartheta};$$

$$\frac{d^2\varrho^*}{d\vartheta^2} = u\frac{d^2v}{d\vartheta^2} + 2\frac{du}{d\vartheta}\cdot\frac{dv}{d\vartheta} + v\frac{d^2u}{d\vartheta^2} \qquad \text{(IV 13, 22)}$$

den Faktor von $du/d\vartheta$ zum Verschwinden, indem wir v der Differentialgleichung

$$\frac{dv}{d\vartheta} - v\,\mathrm{tg}\,\vartheta = 0 \qquad \text{(IV 13, 23)}$$

unterwerfen. Wir befriedigen sie durch

$$v = \frac{1}{\cos\vartheta};\qquad \frac{dv}{d\vartheta} = \frac{\mathrm{tg}\,\vartheta}{\cos\vartheta};\qquad \frac{d^2v}{d\vartheta^2} = \frac{1+2\,\mathrm{tg}^2\,\vartheta}{\cos\vartheta}, \qquad \text{(IV 13, 24)}$$

so daß sich die für u verbleibende Gleichung auf

$$\frac{d^2u}{d\vartheta^2} + \left[1 + \frac{3}{16}\cdot\left(\frac{2}{\pi}\varkappa\right)^2 \frac{1}{\left[1+\frac{2}{\pi}\varkappa\vartheta\right]^2}\right]u = 0 \qquad \text{(IV 13, 25)}$$

reduziert. Die weitere Substitution

$$\eta = \frac{\pi}{2\varkappa} + \vartheta = \frac{\pi}{2\varkappa}\cdot\frac{\Phi}{\Phi_0} \qquad \text{(IV 13, 26)}$$

führt demnach auf

$$\frac{d^2u}{d\eta^2} + \left[1 + \frac{3}{16}\frac{1}{\eta^2}\right]u = 0. \qquad \text{(IV 13, 27)}$$

Endlich setzen wir

$$u = \sqrt{\eta}\,w \qquad \text{(IV 13, 28)}$$

und erhalten wegen

$$\frac{du}{d\eta} = \sqrt{\eta}\frac{dw}{d\eta} + \frac{1}{2\sqrt{\eta}}w;\qquad \frac{d^2u}{d\eta^2} = \sqrt{\eta}\frac{d^2w}{d\eta^2} + \frac{1}{\sqrt{\eta}}\frac{dw}{d\eta} - \frac{1}{4\eta\sqrt{\eta}}w \qquad \text{(IV 13, 29)}$$

für w die Differentialgleichung

$$\frac{d^2w}{d\eta^2} + \frac{1}{\eta}\frac{dw}{d\eta} + \left[1 - \left(\frac{1}{4\eta}\right)^2\right]w = 0, \qquad \text{(IV 13, 30)}$$

welche die *Bessel*schen Funktionen $J_p(\eta)$ der Ordnungen $p = \pm 1/4$ nach Abb. IV 202 definiert. Mittels zweier vorerst willkürlicher Integrationskonstanten A und B findet sich sonach mit Rücksicht auf (IV 13, 18), (IV 13, 21), (IV 13, 24) und (IV 13, 26) als allgemeine Lösung der Gl. (IV 13, 17) im Falle $\varkappa > 0$

$$\varrho^* = \sqrt{\eta\,(1+\zeta^2)}\,[A\,J_{1/4}(\eta) + B\,J_{-1/4}(\eta)]; \qquad \eta = \frac{\pi}{2\varkappa} + \operatorname{arctg}\zeta. \tag{IV 13, 31}$$

Auf Hauptstrahlen spezialisierend, welche von $\zeta \to -\infty$ her im numerischen Abstande $\varrho = 1$ parallel der Systemachse in die Linse einfallen, identifizieren wir $\Phi^{(1)}$ mit $\Phi_1 = \Phi_0\,(1-\varkappa)$, so daß wir den numerischen Halbmesser ϱ der Elektronenbahn gemäß (IV 13, 6) und (IV 13, 13) durch

$$\varrho = \sqrt[4]{\frac{\pi}{2\varkappa}(1-\varkappa)\,\eta}\,\sqrt[2]{1+\zeta^2}\,[A\,J_{1/4}(\eta) + B\,J_{-1/4}(\eta)] \tag{IV 13, 32}$$

darzustellen haben. Auf Grund des für $\zeta \to -\infty$ bestehenden Zusammenhanges

$$\eta = \eta_{-\infty} - \frac{1}{\zeta} + \ldots;$$

$$\eta_{-\infty} = \frac{\pi}{2\varkappa}(1-\varkappa) \tag{IV 13, 33}$$

findet man dort mittels *Taylor*scher Entwicklung

$$J_{\pm 1/4}(\eta) = J_{\pm 1/4}(\eta_{-\infty}) - \\ - \frac{1}{\zeta}\,J'_{\pm 1/4}(\eta_{-\infty}) + \ldots, \tag{IV 13, 34}$$

wobei

$$J'_{1/4} = \frac{d J_{1/4}}{d\eta} = -\frac{J_{1/4}}{4\eta} + J_{-3/4};$$

$$J'_{-1/4} = \frac{d J_{-1/4}}{d\eta} = -\frac{J_{-1/4}}{4\eta} - J_{3/4} \tag{IV 13, 35}$$

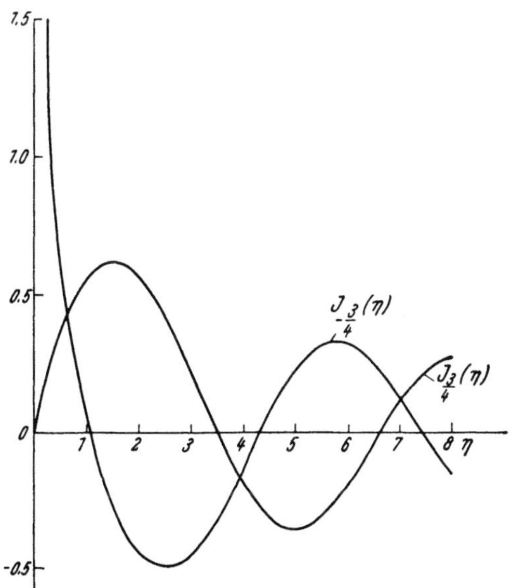

Abb. IV 203. Die *Bessel*schen Zylinderfunktionen $J_p(\eta)$ der Ordnungen $p = \pm 3/4$.

die Ableitungen der *Bessel*schen Funktionen $J_{\pm 1/4}$ je nach ihrem Argument bezeichnen; die zu ihrer Berechnung zusätzlich erforderlichen Zylinderfunktionen $J_{\pm 3/4}$ sind aus Abb. IV 203 zu entnehmen. Durch Substitution von (IV 13, 34) in (IV 13, 32) resultiert also mit Rücksicht auf (IV 13, 33) für den gesuchten Hauptstrahl die kinematische Bedingung

$$\lim_{\zeta\to-\infty} \varrho = \sqrt[2]{\eta_{-\infty}} \lim_{\zeta\to-\infty} \sqrt[4]{1 - \frac{1}{\zeta\,\eta_{-\infty}}}\,\sqrt[2]{1+\zeta^2}\Big[\{A\,J_{1/4}(\eta_{-\infty}) + B\,J_{-1/4}(\eta_{-\infty})\} - \\ - \frac{1}{\zeta}\{A\,J'_{1/4}(\eta_{-\infty}) + B\,J'_{-1/4}(\eta_{-\infty})\}\Big] = 1, \tag{IV 13, 36}$$

so daß A und B den linearen Gleichungen

$$A\, J_{1/4}(\eta_{-\infty}) + B\, J_{-1/4}(\eta_{-\infty}) = 0 \qquad \text{(IV 13, 37)}$$

und

$$A\, J'_{1/4}(\eta_{-\infty}) + B\, J'_{-1/4}(\eta_{-\infty}) = \frac{1}{\sqrt{\eta_{-\infty}}} \qquad \text{(IV 13, 38)}$$

zu unterwerfen sind. Mit Hilfe der Relation

$$J_{1/4}\, J'_{-1/4} - J_{-1/4}\, J'_{1/4} = -\left[J_{1/4}\, J_{3/4} + J_{-1/4}\, J_{-3/4}\right] = -\frac{2 \sin \frac{\pi}{4}}{\pi \eta} \qquad \text{(IV 13, 39)}$$

findet man also

$$A = \pi \sqrt{\frac{\eta_{-\infty}}{2}}\, J_{-1/4}(\eta_{-\infty}); \qquad B = -\pi \sqrt{\frac{\eta_{-\infty}}{2}}\, J_{1/4}(\eta_{-\infty}) \qquad \text{(IV 13, 40)}$$

und durch Restitution dieser Werte in (IV 13, 32)

$$\varrho = \pi \frac{\eta_{-\infty}}{\sqrt{2}} \sqrt[4]{\frac{\eta}{\eta_{-\infty}}}\, \sqrt[2]{1+\zeta^2}\, \left[J_{-1/4}(\eta_{-\infty})\, J_{1/4}(\eta) - J_{1/4}(\eta_{-\infty})\, J_{-1/4}(\eta)\right]. \qquad \text{(IV 13, 41)}$$

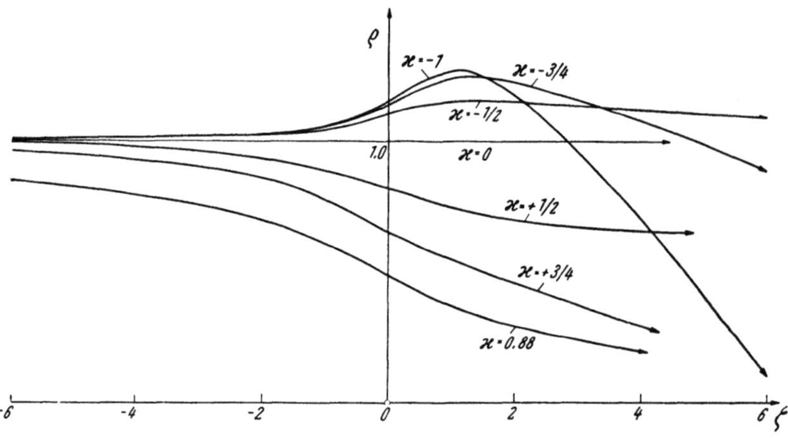

Abb. IV 204. Verlauf der von links her einfallenden Hauptstrahlen bei der Passage der elektrischen Immersionslinse.

Auf dem gleichen Wege ergibt sich für einen von $\zeta \to +\infty$ im numerischen Abstande $\varrho = 1$ antiparallel der Systemachse einfallenden Hauptstrahl die Darstellung

$$\varrho = \pi \frac{\eta_{+\infty}}{\sqrt{2}} \sqrt[4]{\frac{\eta}{\eta_{+\infty}}}\, \sqrt[2]{1+\zeta^2}\, \left[J_{1/4}(\eta_{+\infty})\, J_{-1/4}(\eta) - J_{-1/4}(\eta_{+\infty})\, J_{1/4}(\eta)\right] \qquad \text{(IV 13, 42)}$$

mit

$$\eta_{+\infty} = \frac{\pi}{2\varkappa}(1+\varkappa). \qquad \text{(IV 13, 43)}$$

Um die Wirkungsweise der bisher von der Untersuchung ausgeschlossenen Verzögerungslinse $[\varkappa < 0]$ kennenzulernen, stützen wir uns auf die aus (IV 13, 6) formal hervorgehende Relation

$$\left(\frac{\Phi(\zeta)}{\Phi_0}\right)_{-\varkappa} = \left(\frac{\Phi(-\zeta)}{\Phi_0}\right)_{+\varkappa} \qquad \text{(IV 13, 44)}$$

welche folgenden kinematischen Satz enthält:

Geht man von einer Beschleunigungslinse zu einer Verzögerungslinse gleichen absoluten Betrages ihrer numerischen Stärke über, so kreuzen nunmehr die je von links oder rechts herkommenden Elektronen eines Hauptstrahlpaares die Linse in umgekehrter Richtung. Abb. IV 204 zeigt den nach diesen Formeln berechneten Verlauf der von $\zeta \to -\infty$ her einfallenden Hauptstrahlen für verschiedene numerische Stärken der Linse.

d) Auf Grund der Bahndarstellungen (IV 13, 41) und (IV 13, 42) finden sich die Lagen ζ_{F_2} des bildseitigen und ζ_{F_1} des objektseitigen Brennpunktes aus den Gleichungen

$$\frac{J_{1/4}(\eta_{F_2})}{J_{-1/4}(\eta_{F_2})} = \frac{J_{1/4}(\eta_{-\infty})}{J_{-1/4}(\eta_{-\infty})}; \qquad \zeta_{F_2} = \operatorname{tg}\left(\eta_{F_2} - \frac{\pi}{2\varkappa}\right) \qquad \text{(IV 13, 45)}$$

und

$$\frac{J_{1/4}(\eta_{F_1})}{J_{-1/4}(\eta_{F_1})} = \frac{J_{1/4}(\eta_{+\infty})}{J_{-1/4}(\eta_{+\infty})}; \qquad \zeta_{F_1} = \operatorname{tg}\left(\eta_{F_1} - \frac{\pi}{2\varkappa}\right) \qquad \text{(IV 13, 46)}$$

welche mittels der in Abb. IV 205 gezeigten Konstruktion graphisch gelöst werden können: An Hand der im unteren Teil des Diagrammes angegebenen Hilfskurven

$$\eta_{\mp\infty} = \eta_{\mp\infty}(\varkappa) = \frac{\pi}{2\varkappa}(1 \mp \varkappa) \qquad \text{(IV 13, 47)}$$

bestimmen wir zunächst die zu der jeweils gewählten numerischen Linsenstärke $\varkappa$ gehörigen Werte $\eta_{\mp\infty}$ als Abszissen der im oberen Teil des Diagrammes gezeichneten Kurve

$$f(\eta) = \frac{J_{1/4}(\eta)}{J_{-1/4}(\eta)}. \qquad \text{(IV 13, 48)}$$

Die entsprechenden Ordinaten sind nun nach Ausweis der Gleichungen (IV 13, 45), (IV 13, 46) beziehentlich mit jenen der gesuchten Abszissenwerte η_{F_2} und η_{F_1} identisch; dabei wird die Eindeutigkeit der Lösung durch die einschränkenden Bedingungen

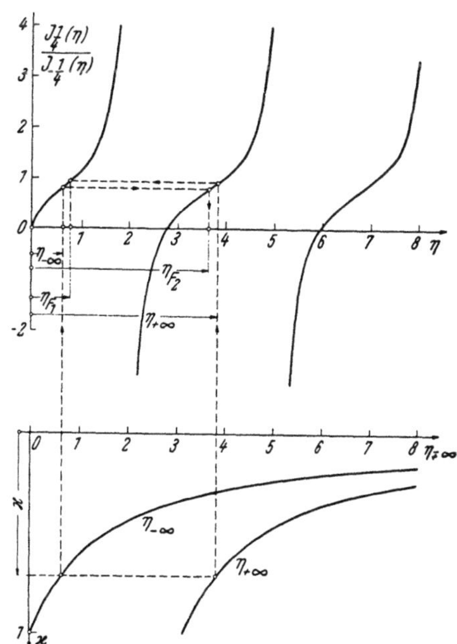

Abb. IV 205. Konstruktion der Brennpunktslagen der elektrischen Immersionslinse.

$$\zeta_{F_2} - \eta_{-\infty} < \pi; \qquad \eta_{+\infty} - \zeta_{F_1} < \pi \qquad \text{(IV 13, 49)}$$

gewährleistet, welche aus der Definition von η im Verein mit der Bewegungsrichtung des jeweils untersuchten Hauptstrahles hervorgehen.

Im Grenzfalle sehr schwacher Erregung der Linse $[\varkappa \to 0]$ resultieren gemäß (IV 13, 31) und (IV 13, 33) sowohl für η wie für $\eta_{-\infty}$ sehr große Zahlen. Daher darf man dann die *Bessel*schen Funktionen durch die asymptotischen Darstellungen

$$\sqrt{\frac{1}{2}\pi\eta}\, J_{1/4}(\eta) = \cos\left(\eta - \frac{3}{8}\pi\right) + \frac{3}{32\eta}\sin\left(\eta - \frac{3}{8}\pi\right), \qquad \text{(IV 13, 50)}$$

$$\sqrt{\frac{1}{2}\pi\eta}\, J_{-1/4}(\eta) = \cos\left(\eta - \frac{1}{8}\pi\right) + \frac{3}{32\eta}\sin\left(\eta - \frac{1}{8}\pi\right) \qquad \text{(IV 13, 51)}$$

annähern und findet in der hierdurch angezeigten Genauigkeit

$$J_{-1/4}(\eta_{-\infty})\, J_{1/4}(\eta) - J_{1/4}(\eta_{-\infty})\, J_{-1/4}(\eta) =$$
$$= \frac{\sqrt{2}}{\pi \sqrt{\eta\, \eta_{-\infty}}} \left[-\sin(\eta_{-\infty} - \eta) + \frac{3}{32}\left(\frac{1}{\eta_{-\infty}} - \frac{1}{\eta}\right) \cos(\eta_{-\infty} - \eta) \right]. \quad \text{(IV 13, 52)}$$

Mittels

$$\eta - \eta_{-\infty} = \frac{\pi}{2} + \operatorname{arctg} \zeta \quad \text{(IV 13, 53)}$$

folgt nun

$$-\sin(\eta_{-\infty} - \eta) = \frac{1}{\sqrt{1+\zeta^2}}; \qquad \cos(\eta_{-\infty} - \eta) = -\frac{\zeta}{\sqrt{1+\zeta^2}} \quad \text{(IV 13, 54)}$$

also, bis auf Glieder höherer Ordnung in $1/\eta_{-\infty}$ und $1/\eta$

$$J_{-1/4}(\eta_{-\infty})\, J_{1/4}(\eta) - J_{1/4}(\eta_{-\infty})\, J_{-1/4}(\eta) =$$
$$= \frac{\sqrt{2}}{\pi \sqrt{\eta\, \eta_{-\infty}}} \frac{1}{\sqrt{1+\zeta^2}} \left[1 - \frac{3}{32}\left(\frac{2\varkappa}{\pi}\right)^2 \left(\frac{\pi}{2} + \operatorname{arctg} \zeta\right) \cdot \zeta \right]. \quad \text{(IV 13, 55)}$$

Durch Substitution dieses Ausdruckes in (IV 13, 41) resultiert somit für die Elektronenbahn die Gleichung

$$\varrho = \sqrt[4]{\frac{\eta_{-\infty}}{\eta}} \left[1 - \frac{3}{32}\left(\frac{2\varkappa}{\pi}\right)^2 \left(\frac{\pi}{2} + \operatorname{arctg} \zeta\right) \cdot \zeta \right]. \quad \text{(IV 13, 56)}$$

Auf dem nämlichen Wege entsteht für den gegenläufigen Hauptstrahl aus (IV 13, 42) die Näherungsdarstellung

$$\varrho = \sqrt[4]{\frac{\eta_{+\infty}}{\eta}} \left[1 + \frac{3}{32}\left(\frac{2\varkappa}{\pi}\right)^2 \left(\frac{\pi}{2} - \operatorname{arctg} \zeta\right) \zeta \right]. \quad \text{(IV 13, 57)}$$

Wegen $\left(\frac{2\varkappa}{\pi}\right)^2 \ll 1$ darf man in der Umgebung der Brennpunkte $[\varrho \to 0]$ jeweils $|\operatorname{arctg} \zeta|$ mit $\pi/2$ vertauschen und findet

$$\zeta_{F_2} = \frac{8\pi}{3} \cdot \frac{1}{\varkappa^2}; \qquad \zeta_{F_1} = -\frac{8\pi}{3} \cdot \frac{1}{\varkappa^2}. \quad \text{(IV 13, 58)}$$

In gleichem Grade der Approximation berechnet man aus (IV 13, 56), (IV 13, 57) die jeweilige Neigung der Elektronenbahn gegen die Systemachse zu

$$\varrho'_{\zeta=\zeta_{F_2}} = -\sqrt[4]{\frac{1-\varkappa}{1+\varkappa}} \frac{3}{8\pi} \varkappa^2; \qquad \varrho'_{\zeta=\zeta_{F_1}} = \sqrt[4]{\frac{1+\varkappa}{1-\varkappa}} \frac{3}{8\pi} \varkappa^2, \quad \text{(IV 13, 59)}$$

so daß sich für die numerischen Brennweiten f_2 der Bildseite und f_1 der Objektseite die Ausdrücke

$$f_2 = \sqrt[4]{\frac{1+\varkappa}{1-\varkappa}} \cdot \frac{8\pi}{3} \cdot \frac{1}{\varkappa^2}; \qquad f_1 = \sqrt[4]{\frac{1-\varkappa}{1+\varkappa}} \frac{8\pi}{3} \frac{1}{\varkappa^2} \quad \text{(IV 13, 60)}$$

ergeben. Um dieses Resultat mit den Aussagen der elementaren Theorie kurzer elektrischer Linsen zu vergleichen, greifen wir auf die Formeln (IV 8, 14), (IV 8, 17) zurück, welche hier — nachdem sie je durch Division mit a auf numerische Maße bezogen wurden — mit Beachtung von (IV 13, 16) und (IV 13, 26) die Gestalt

$$\left.\begin{aligned} f_2 &= \sqrt[4]{\frac{1+\varkappa}{1-\varkappa}}\,\frac{1}{\frac{3}{16}\left(\frac{2\varkappa}{\pi}\right)^2\int\limits_{-\infty}^{\infty}\frac{d\zeta}{\left(1+\frac{2}{\pi}\varkappa\,\mathrm{arctg}\,\zeta\right)^2(1+\zeta^2)^2}}, \\ f_1 &= \sqrt[4]{\frac{1-\varkappa}{1+\varkappa}}\,\frac{1}{\frac{3}{16}\left(\frac{2\varkappa}{\pi}\right)^2\int\limits_{-\infty}^{\infty}\frac{d\zeta}{\left(1+\frac{2}{\pi}\varkappa\,\mathrm{arctg}\,\zeta\right)^2(1+\zeta^2)^2}} \end{aligned}\right\} \qquad \text{(IV 13, 61)}$$

annehmen. Da man nun das in ihnen auftretende bestimmte Integral unter der vereinbarten Beschränkung auf schwache Linsen durch

$$\int\limits_{-\infty}^{\infty}\frac{d\zeta}{(1+\zeta^2)^2}=\frac{\pi}{2} \qquad \text{(IV 13, 62)}$$

ersetzen darf, erweisen sich die Relationen (IV 13, 61) als identisch mit den Gleichungen (IV 13, 60).

Um die Brennweiten der Linse bei beliebiger Stärke ihrer Erregung kennenzulernen, berechnen wir an Hand der strengen Bahngleichungen die Neigung des Strahles in seinem jeweiligen Schnittpunkt mit der Achse und erhalten mit Rücksicht auf (IV 13, 35) und (IV 13, 39) aus (IV 13, 41) und (IV 13, 45) für den von $\zeta \to -\infty$ herkommenden Hauptstrahl

$$\begin{aligned} \varrho'_{\zeta=\zeta_{F_2}} &= -\frac{1}{f_2} = \pi\frac{\eta_{-\infty}}{\sqrt{2}}\sqrt[4]{\frac{\eta_{F_2}}{\eta_{-\infty}}}\sqrt[2]{1+\zeta_{F_2}^2}\,[J_{-1/4}(\eta_{-\infty})\,J'_{1/4}(\eta_{F_2}) - \\ &- J_{1/4}(\eta_{-\infty})\,J'_{-1/4}(\eta_{F_2})]\frac{1}{1+\zeta_{F_2}^2} = \pi\frac{\eta_{-\infty}}{\sqrt{2}}\sqrt[4]{\frac{\eta_{F_2}}{\eta_{-\infty}}}\frac{1}{\sqrt[2]{1+\zeta_{F_2}^2}}\,\frac{J_{-1/4}(\eta_{-\infty})}{J_{-1/4}(\eta_{F_2})}\,\cdot \\ &\cdot[J_{-1/4}(\eta_{F_2})\,J_{-3/4}(\eta_{F_2}) + J_{1/4}(\eta_{F_2})\,J_{3/4}(\eta_{F_2})] = \\ &= \left(\frac{\eta_{-\infty}}{\eta_{F_2}}\right)^{3/4}\frac{J_{-1/4}(\eta_{-\infty})}{J_{-1/4}(\eta_{F_2})}\cdot\cos\left(\eta_{F_2}-\frac{\pi}{2\varkappa}\right) \end{aligned} \qquad \text{(IV 13, 63)}$$

und ähnlich aus (IV 13, 42) und (IV 13, 46) für den gegenläufigen Hauptstrahl

$$\begin{aligned} \varrho'_{\zeta=\zeta_{F_1}} &= \frac{1}{f_1} = \pi\frac{\eta_{+\infty}}{\sqrt{2}}\sqrt[4]{\frac{\eta_{F_1}}{\eta_{+\infty}}}\sqrt[2]{1+\zeta_{F_1}{}^2}\,[J_{1/4}(\eta_{+\infty})\,J'_{-1/4}(\eta_{F_1}) - \\ &- J_{-1/4}(\eta_{+\infty})\,J'_{1/4}(\eta_{F_1})]\frac{1}{1+\zeta_{F_1}{}^2} = \\ &= \pi\frac{\eta_{+\infty}}{\sqrt{2}}\sqrt[4]{\frac{\eta_{F_2}}{\eta_{+\infty}}}\frac{1}{\sqrt[2]{1+\zeta_{F_1}{}^2}}\,\frac{J_{1/4}(\eta_{+\infty})}{J_{1/4}(\eta_{F_1})}\,[-J_{1/4}(\eta_{F_1})\,J_{3/4}(\eta_{F_1}) - \\ &- J_{-1/4}(\eta_{F_1})\,J_{-3/4}(\eta_{F_1})] = -\left(\frac{\eta_{+\infty}}{\eta_{F_1}}\right)^{3/4}\frac{J_{1/4}(\eta_{+\infty})}{J_{1/4}(\eta_{F_1})}\cos\left(\frac{\pi}{2\varkappa}-\eta_{F_1}\right) \end{aligned} \qquad \text{(IV 13, 64)}$$

Im Falle sehr schwacher Linsen gehen diese Formeln, wie es sein muß, wegen

$$\lim_{\varkappa \to 0} (\eta_{F_2} - \eta_{-\infty}) = \lim_{\varkappa \to 0} (\eta_{+\infty} - \eta_{F_1}) = \pi \qquad \text{(IV 13, 65)}$$

auf Grund der dann gültigen Relationen (IV 13, 58) beziehentlich in (IV 13, 59) über; dagegen offenbaren sie qualitativ andersartige elektronenoptische Eigenschaften sehr starker Immersionslinsen $[\varkappa \to 1]$:

1. Für den von $\zeta \to -\infty$ herkommenden Hauptstrahl wird

$$\eta_{-\infty} = \frac{\pi}{2}\left(\frac{1}{\varkappa} - 1\right) \qquad \text{(IV 13, 66)}$$

eine sehr kleine Zahl. Sei nun

$$\eta_0 = 2{,}782 \qquad \text{(IV 13, 67)}$$

die kleinste Wurzel der Gleichung $J_{1/4}(\eta) = 0$, so gilt in deren Umgebung unter Berufung auf (IV 13, 34) die *Taylor*sche Entwicklung

$$J_{1/4}(\eta) = (\eta - \eta_0)\, J_{-3/4}(\eta_0) + \ldots \qquad \text{(IV 13, 68)}$$

Im Verein mit den Potenzreihen der *Bessel*schen Funktionen

$$J_{1/4}(\eta) = \frac{\left(\frac{1}{2}\eta\right)^{1/4}}{\left(\frac{1}{4}\right)!} + \ldots; \qquad J_{-1/4}(\eta) = \frac{\left(\frac{1}{2}\eta\right)^{-1/4}}{\left(-\frac{1}{4}\right)!} + \ldots \qquad \text{(IV 13, 69)}$$

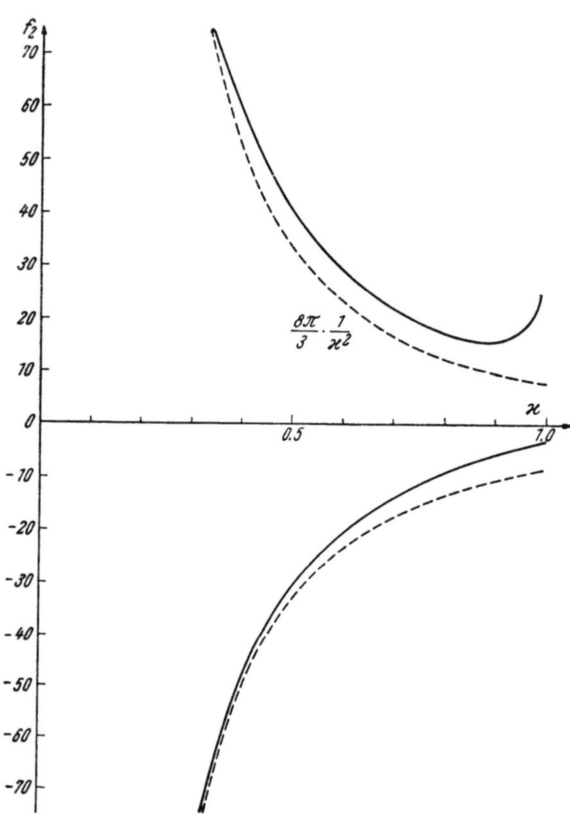

Abb. IV 206. Brennpunktseigenschaften der elektrischen Immersionslinse. Obere Kurve: Bildseite. Untere Kurve: Objektseite.

folgt dann bei Beschränkung auf die jeweils explizit angegebenen Glieder aus (IV 13, 45) für η_{F_2} die Gleichung

$$(\eta_{F_2} - \eta_0)\frac{J_{-3/4}(\eta_0)}{J_{-1/4}(\eta_0)} = \frac{\left(-\frac{1}{4}\right)!}{\left(\frac{1}{4}\right)!}\sqrt{\frac{\pi}{2}\left(\frac{1}{\varkappa} - 1\right)} \qquad \text{(IV 13, 70)}$$

welcher wir mittels der Zahlenwerte

$$\left.\begin{aligned} J_{-1/4}(\eta_0) &= -0{,}335; & J_{-3/4}(\eta_0) &= -0{,}480,\\ \left(\frac{1}{4}\right)! &= 0{,}9069; & \frac{1}{\left(-\frac{1}{4}\right)!} &= 0{,}8161 \end{aligned}\right\} \qquad \text{(IV 13, 71)}$$

den Zusammenhang

$$\eta_{F_2} = 2{,}782 + 1{,}182 \sqrt{\frac{1}{\varkappa} - 1} \qquad \text{(IV 13, 72)}$$

entnehmen. Daher durchläuft die Brennweite gemäß Abb. IV 206 bei $\varkappa \approx 0{,}85$ ein Minimum, um in $\varkappa = 1$ selbst über alle Grenzen anzuwachsen.

2. Für den von $\zeta \to +\infty$ herkommenden Hauptstrahl wird

$$\lim_{\varkappa \to 1} \eta_{-\infty} = \pi, \qquad \text{(IV 13, 73)}$$

so daß nach Ausweis der Abb. IV 13, 5 nunmehr η_{F_1} sehr klein ausfällt. Mit Hilfe von (IV 13, 68) folgt daher aus (IV 13, 46) in hinreichender Genauigkeit

$$\lim_{\varkappa \to 1} \frac{\left(-\frac{1}{4}\right)!}{\left(\frac{1}{4}\right)!} \sqrt[2]{\frac{\eta_{F_1}}{2}} = \frac{J_{1/4}(\pi)}{J_{-1/4}(\pi)}; \qquad \lim_{\varkappa \to 1} \eta_{F_1} = 2 \left[\frac{\left(\frac{1}{4}\right)!}{\left(-\frac{1}{4}\right)!} \, \frac{J_{1/4}(\pi)}{J_{-1/4}(\pi)}\right]^2 \qquad \text{(IV 13, 74)}$$

Mittels

$$J_{1/4}(\pi) = -0{,}159; \qquad J_{-1/4}(\pi) = -0{,}407 \qquad \text{(IV 13, 75)}$$

im Verein mit (IV 13, 71) resultiert daher der Zahlenwert

$$\lim_{\varkappa \to 1} \eta_{F_1} = 0{,}160, \qquad \text{(IV 13, 76)}$$

welchem die numerische Achsenkoordinate

$$\lim_{\varkappa \to 1} \zeta_{F_1} = \lim_{\varkappa \to 1} \operatorname{tg}\left(\eta_{F_1} - \frac{\pi}{2\varkappa}\right) = -6{,}204 \qquad \text{(IV 13, 77)}$$

als Grenzlage des objektseitigen Brennpunktes entspricht. Auf Grund dieser Angaben liefert (IV 13, 64)

$$\lim_{\varkappa \to 1} \varrho' = \left(\frac{\pi}{0{,}160}\right)^{3/4} \cdot \frac{0{,}159}{J_{1/4}(0{,}160)} \sin 0{,}160 = 0{,}405; \qquad f_1 = 2{,}47 \qquad \text{(IV 13, 78)}$$

gemäß Abb. IV 206.

IV 14. Elektronen-Objektive.

a) Unter einem rotationssymmetrischen *Elektronenobjektiv* verstehen wir ein elektrostatisches Primärfeldsystem, dessen Achsenpotential Φ innerhalb des Existenzgebietes der Elektronenbewegung folgenden Bedingungen genügt:

1. Die Funktion Φ der Achsenkoordinate z ist nirgends negativ

$$\Phi(z) \geqq 0. \qquad \text{(IV 14, 1)}$$

2. Nach Wahl einer geeigneten „Objektebene"

$$z = z_0 \qquad \text{(IV 14, 2)}$$

vom Achsenpotential

$$\Phi_0 = \Phi(z_0) \geqq 0 \qquad \text{(IV 14, 3)}$$

läßt sich mindestens ein Paar solcher Grenzebenen

$$z = z_1 = z_0 - \varepsilon_1; \qquad z = z_2 = z_0 + \varepsilon_2 \qquad \text{(IV 14, 4)}$$

angeben, in welchen die Krümmung der Kurve $\Phi = \Phi(z)$ verschwindet.

$$\frac{d^2\Phi}{dz^2} \equiv \Phi''(z) = 0 \quad \text{für} \quad \begin{cases} z = z_1 \\ z = z_2 \end{cases} \qquad \text{(IV 14, 5)}$$

3. Auf wenigstens einer der Grenzebenen ist die Achsialfeldstärke von Null verschieden

$$\left.\begin{matrix}\Phi_1' \\ \Phi_2'\end{matrix}\right\} = \Phi'(z) \neq 0 \qquad \text{für} \qquad \left\{\begin{matrix}(\alpha)\ z = z_1 & \text{oder} & z = z_2 \\ (\beta)\ z = z_1 & \text{und} & z = z_2\end{matrix}\right. \qquad \text{(IV 14, 6)}$$

b) Wir wählen aus der Gesamtheit aller Objektiv-Grenzebenen gemäß (IV 12, 5) und (IV 12, 6) diejenigen, welche der Objektivebene (IV 12, 2) beiderseits benachbart sind; der Bereich

$$z_1 \leqq z \leqq z_2 \qquad \text{(IV 14, 7)}$$

definiert dann das *Einzel-Objektiv.* Wir lösen es aus dem Gesamtverband des elektronenoptischen Systemes und setzen das Achsenpotential über die Grenzebene $z = z_1$ und $z = z_2$ hinaus nach den Vorschriften [Abb. IV 207]

$$\begin{aligned} \Phi &= \Phi_1 + (z - z_1)\,\Phi_1'; \qquad \Phi_1 \equiv \Phi(z_1); \qquad \Phi_1' \equiv \left(\frac{d\Phi}{dz}\right)_{z=z_1} \qquad \text{für} \quad z < z_1, \\ \Phi &= \Phi_2 + (z - z_2)\,\Phi_2'; \qquad \Phi_2 \equiv \Phi(z_2), \qquad \Phi_2' \equiv \left(\frac{d\Phi}{dz}\right)_{z=z_2} \qquad \text{für} \quad z > z_2 \end{aligned} \qquad \text{(IV 14, 8)}$$

stetig fort; mit dem aus diesem Gedankenexperiment im Rahmen der Einschränkung (IV 14, 1) resultierenden dioptrischen System beschäftigen wir uns fortan.

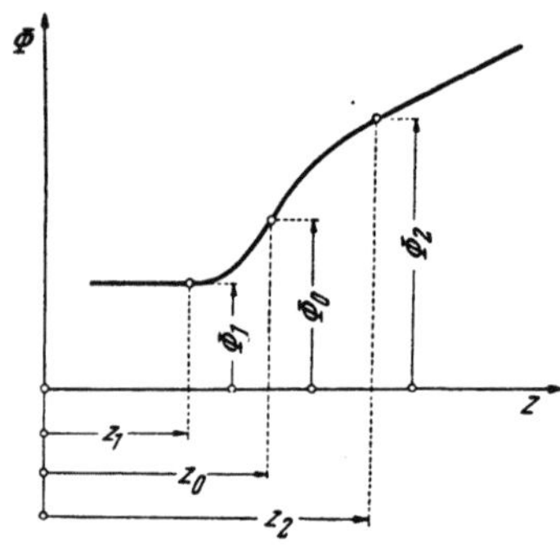

Abb. IV 207. Einzel-Objektiv.

c) Ausgehend von Gl. (IV 7, 1):

$$\sqrt{\Phi}\,\frac{d\left(\overline{r}'\sqrt{\Phi}\right)}{dz} + \frac{1}{4}\Phi''\,\overline{r} = 0 \qquad \text{(IV 14, 9)}$$

suchen wir das Extremum der Funktion $\Phi''(z)$, dessen Ort wir mit der Objektebene $z = z_0$ identifizieren,

$$\Phi'''(z) = 0 \quad \text{für} \quad z = z_0 \qquad \text{(IV 14, 10)}$$

und setzen

$$\Phi''(z_0) = \Phi_0''. \qquad \text{(IV 14, 11)}$$

Wir definieren die *wirksame Länge* l_w *des Objektives* durch

$$l_w = \frac{1}{\Phi_0''}\int_{z_1}^{z_2} \Phi''\,dz = \frac{\Phi_2' - \Phi_1'}{\Phi_0''} \qquad \text{(IV 14, 12)}$$

und bezeichnen es als *kurz,* falls die Ungleichung

$$l_w^2 \ll \left|\frac{\Phi_0}{\Phi_0''}\right| \qquad \text{(IV 14, 13)}$$

erfüllt ist.

d) Wir untersuchen die elektronenoptischen Eigenschaften eines kurzen Objektivs. Zu diesem Zwecke bedienen wir uns des *Dirac*schen Funktionssymboles

$$\left.\begin{aligned} &\delta(z) = 0 \qquad \text{für} \qquad z \neq z_0, \\ &\frac{1}{4}\Phi_0''\int_{z_1}^{z_2} \delta(z)\,dz = \frac{1}{4}\int_{z_1}^{z_2} \Phi''\,dz = \frac{\Phi_2' - \Phi_1'}{4}, \end{aligned}\right\} \qquad \text{(IV 14, 14)}$$

mit dessen Hilfe wir (IV 14, 9) approximativ durch

$$\frac{d(\bar{r}'\sqrt{\Phi})}{dz} + \frac{1}{4}\Phi_0'' \cdot \delta(z) \cdot \frac{\bar{r}}{\sqrt{\Phi}} = 0 \qquad \text{(IV 14, 15)}$$

ersetzen. Wir schreiben nun abkürzend

$$\begin{matrix} \bar{r}_1 = \bar{r}(z_1); & \bar{r}_1' = \bar{r}'(z_1); \\ \bar{r}_2 = \bar{r}(z_2); & \bar{r}_2' = \bar{r}'(z_2); \end{matrix} \quad \bar{r}(z_0) = \bar{r}_0 \qquad \text{(IV 14, 16)}$$

und erhalten durch Integration von (IV 14, 15) mit Rücksicht auf (IV 14, 14)

$$\bar{r}'\sqrt{\Phi} - \bar{r}_1'\sqrt{\Phi_1} = \begin{matrix} 0 & \text{für} \quad z_1 \leqq z < z_0 \\ -\frac{1}{4}\frac{\bar{r}_0}{\sqrt{\Phi_0}}(\Phi_2' - \Phi_1') & \text{für} \quad z_2 \geqq z > z_0. \end{matrix} \qquad \text{(IV 14, 17)}$$

Wir spezialisieren jetzt auf einen im festen Achsenabstande r_1 von $z < z_1$ her in das Objektiv einfallenden Hauptstrahl. Bei passender Wahl der Meridianebene $\alpha = 0$ wird für ihn überall $\bar{r}$ mit r identisch; da außerdem definitionsgemäß $r_1' = 0$ ist, reduziert sich (IV 14, 17) auf

$$r' = \left.\begin{matrix} 0 & \text{für} & z < z_0, \\ -\frac{1}{4}\frac{r_0}{\sqrt{\Phi\Phi_0}}(\Phi_2' - \Phi_1') & \text{für} & z_2 \geqq z > z_0. \end{matrix}\right\} \qquad \text{(IV 14, 18)}$$

Durch nochmalige Integration ergibt sich hieraus

$$r = \left.\begin{matrix} r_1 & \text{für} \quad z < z_0, \\ r_1\left[1 - \frac{1}{4}\frac{\Phi_2' - \Phi_1'}{\sqrt{\Phi_0}}\int\limits_{z_0}^{z}\frac{dz}{\sqrt{\Phi}}\right] & \text{für} \quad z_2 \geqq z > z_0. \end{matrix}\right\} \qquad \text{(IV 14, 19)}$$

Gemäß (IV 14, 18) und (IV 14, 19) verläßt der kontrollierte Strahl die Austrittsebene $z = z_2$ des Objektives im Achsenabstand

$$r_2 = r_1\left[1 - \frac{1}{4}\frac{\Phi_2' - \Phi_1'}{\sqrt{\Phi_0}}\int\limits_{z_0}^{z_2}\frac{dz}{\sqrt{\Phi}}\right] \qquad \text{(IV 14, 20)}$$

mit der Neigung

$$r_2' = -\frac{1}{4}\frac{r_1}{\sqrt{\Phi_2\Phi_0}}(\Phi_2' - \Phi_1') \qquad \text{(IV 14, 21)}$$

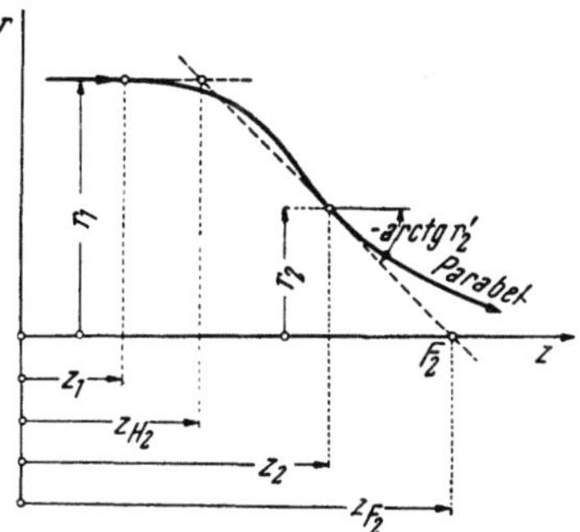

Abb. IV 208. Gang eines Hauptstrahles durch das Einzel-Objektiv.

gegen die Einfallsgerade. Wir konstruieren [Abb. IV 208] im Punkte (z_2, r_2) die Tangente der Strahlbahn

$$r - r_2 = r_2'(z - z_2). \qquad \text{(IV 14, 22)}$$

Ungeachtet der in $z > z_2$ tatsächlich parabolisch sich fortsetzenden Bahnkurve definieren wir

1. die Lage z_{F_2} des bildseitigen Brennpunktes F_2 durch den Schnitt der Tangente (IV 14, 22) mit der Symmetrieachse des Systemes

$$z_{F_2} = z_2 - \frac{r_2}{r_2'} = z_2 + \frac{4\sqrt{\Phi_2\Phi_0}}{\Phi_2' - \Phi_1'} - \sqrt{\Phi_2}\int\limits_{z_0}^{z_2}\frac{dz}{\sqrt{\Phi}}, \qquad \text{(IV 14, 23)}$$

2. die Lage z_{H_2} der bildseitigen Hauptebene als Schnitt der genannten Tangente mit der Einfallsgeraden

$$z_{H_2} = z_2 + \frac{r_1 - r_2}{r_2'} = z_2 - \sqrt{\Phi_2}\int\limits_{z_0}^{z_2} \frac{dz}{\sqrt{\Phi}}, \qquad \text{(IV 14, 24)}$$

3. die bildseitige Brennweite f_2 als Abstand des bildseitigen Brennpunktes von der zugehörigen Hauptebene

$$f_2 = z_{F_2} - z_{H_2} = \frac{4\sqrt{\Phi_2 \Phi_0}}{\Phi_2' - \Phi_1'}. \qquad \text{(IV 14, 25)}$$

e) Wir übergehen der Kürze halber die im wesentlichen gleichartige Berechnung der objektseitigen Kenngrößen eines von der Bildseite her parallel der Achse in das kurze Objektiv einfallenden Hauptstrahles. Die Ebene $z = z_{F_1}$ enthält dann das Bild eines in $z \to (-\infty)$ zu denkenden Objektes; in dem hierdurch definierten Sinne darf das Objektiv als Äquivalent einer Elektronenlinse aufgefaßt werden. Wir unterscheiden folgende Fälle:

1. Der Strahl geht von einem schwächeren in ein stärkeres Feld über

$$\Phi_2' > \Phi_1'. \qquad \text{(IV 14, 26)}$$

Gemäß (IV 12, 25) resultiert dann

$$f_2 > 0, \qquad \text{(IV 14, 27)}$$

so daß das System als *Sammellinse* wirkt.

2. Der Strahl geht von einem stärkeren zu einem schwächeren Felde über

$$\Phi_2' < \Phi_1'. \qquad \text{(IV 14, 28)}$$

Aus (IV 14, 25) folgt nun

$$f_2 < 0, \qquad \text{(IV 14, 29)}$$

so daß wir es, in optischer Terminologie, mit einer *Zerstreuungslinse* zu tun haben. Insbesondere tritt dieser Fall immer dann ein, wenn das Gebiet $z > z_2$ feldfrei ist; als typisches Beispiel hierfür mag die *Anodenblende* einer Kathodenstrahlröhre genannt werden [Abb. IV 190].

Es muß gesagt werden, daß die Brennweite f_2 nach (IV 14, 25) immer dann der Eindeutigkeit entbehrt, falls sich das Potential Φ im Bereiche $z > z_2$ tatsächlich gemäß der in (IV 14, 8) angenommenen linearen Funktion der Achsenkoordinate ändert; denn dann darf im Einklang mit (IV 14, 5) jede Ebene $z \geqq z_2$ als Grenzebene des Objektivs interpretiert werden, so daß sich dort zwar Φ_2' durch einen festen Wert auszeichnet, nicht jedoch das Achsenpotential Φ_2 selbst. Man könnte geneigt sein, diesen Sachverhalt einer anfechtbaren mathematischen Behandlung des Gegenstandes zuzuschreiben; doch ist dem nicht so: Der von der Wahl der „Austrittsebene“ abhängige Wert der Brennweite bringt die Feldstruktur des Objektives — im Gegensatz zu jener einer wahren Elektronenlinse gemäß der Definition (IV 7, 8) — zum sachgemäßen Ausdruck. Denn in dem genannten Feldgebiet verläuft die Strahlbahn nach einer Parabel, deren Neigung gegen die Systemachse sich mit wachsendem z_2 gesetzmäßig ändert; auf Grund der gegebenen Definition der Brennweite wird daher auch diese eine Funktion der Austrittskoordinate z_2. Die aufgezeigte begriffliche Schwierigkeit verschwindet in dem schon oben hervorgehobenen Sonderfalle $\Phi_2' = 0$: Aus

$$\Phi_2 = \lim_{z_2 \to z_0 + 0} \Phi = \Phi_0 \qquad \text{(IV 14, 30)}$$

folgt nunmehr mit Bestimmtheit die Aussage

$$f_2 = \frac{4\,\Phi_0}{\Phi_1'}. \qquad \text{(IV 14, 31)}$$

IV 15. Kathoden-Objektive.

a) Falls die Eintrittsebene eines Objektives das Potential Null führt, hat man es mit einem *Kathoden-Objektiv* zu tun; es bildet die Quelle des aktiven Kathodenstrahles zahlreicher elektronenoptischer Geräte. Wir beschränken uns auf rotationssymmetrische Systeme, innerhalb deren wir uns mittels der Zylinderkoordinaten z [Zentralachse], r [Radialabstand] und α [Azimut] orientieren; das Zentrum der elektronenemittierenden Kathodenoberfläche möge mit dem Ursprung des Bezugssystemes zusammenfallen, während sich der Entladungsraum nach $z > 0$ hin erstrecke. Gesucht wird die *Gauß*sche Dioptrik der Elektronen, welche die aktive Kathodenoberfläche ohne merkliche Anfangsgeschwindigkeit verlassen.

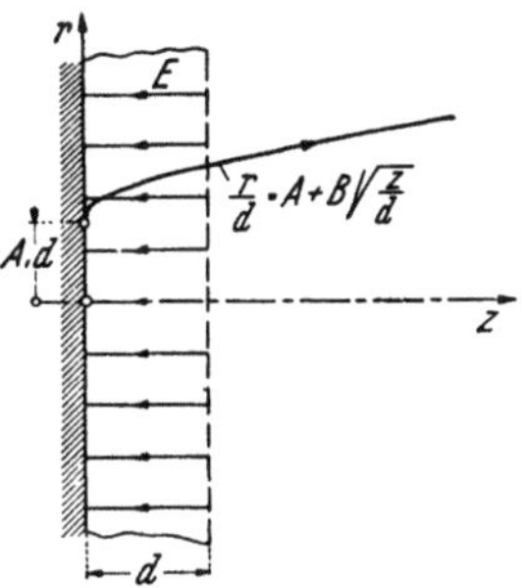

Abb. IV 209. Feldverlauf und Elektronenstrahl in der Umgebung einer ebenen Kathode.

b) Auf ihrem Wege durch den Entladungsraum unterliegen die Elektronen der resultierenden Kraft des von den Elektrodenpotentialen allein diktierten *Primärfeldes* und des von den Raumladungen des Kathodenstrahl-Konvektionsstromes verursachten *Sekundärfeldes*. Während nun in den Gebieten endlichen, positiven Potentiales das Sekundärfeld die Wirkung des Primärfeldes nur um einen in der Regel quantitativ geringfügigen Betrag abändert und daher außer acht bleiben darf, versagt dieser Gedankengang in der unmittelbaren Nachbarschaft der Kathode: Hält man an der Voraussetzung verschwindender Startgeschwindigkeit der eben emittierten Elektronen fest, so erfordert der Transport eines endlichen Konvektionsstromes an der Kathodenoberfläche selbst eine unendlich hohe Dichte der Raumladung; da sich eine solche jedoch physikalisch nicht realisieren läßt, erweist sich der angenommene Startmechanismus als unhaltbar. Wir umgehen die hierdurch angezeigte methodische Schwierigkeit durch den Grenzübergang zur *Dynamik des Einzelelektrons*; in ihr darf, da wir nach Vereinbarung auf die Untersuchung des der Kathode angrenzenden Atomkraftbereiches verzichten, die wesentlich dort wirksame, das Elektron zur Kathode rücktreibende Bildkraft gegenüber jener des Primärfeldes vernachlässigt werden, so daß wir dieses allein in Rechnung zu stellen haben.

c) In der Umgebung einer ebenen Kathode, welche senkrecht zur Systemachse justiert ist, weist das elektrische Feld E antiparallel zu dieser. Wir verschärfen diese Angabe zur Voraussetzung eines gemäß Abb. IV 209 im Bereiche $0 \leq z \leq d$ homogenen Feldes der Stärke E, innerhalb dessen Existenzgebietes also das Achsenpotential Φ mittels der Beschleunigungsspannung $U = E \cdot d$ durch

$$\Phi = \mathrm{E} \cdot \mathrm{z} = \mathrm{U} \frac{\mathrm{z}}{\mathrm{d}} \tag{IV 15, 1}$$

beschrieben wird. Nach Ersatz der Koordinaten z und r durch die ihnen beziehentlich zugeordneten, dimensionsfreien Maßzahlen

$$\zeta = \frac{\mathrm{z}}{\mathrm{d}}; \qquad \varrho = \frac{\mathrm{r}}{\mathrm{d}} \tag{IV 15, 2}$$

lautet dann, mit der Wahl $\Phi^{(1)} = \mathrm{U}$, die gemäß (IV 7, 3) gebildete reduzierte Radialabweichung

$$\varrho^* = \varrho \left[\frac{\Phi}{\mathrm{U}}\right]^{1/4} = \varrho\, \zeta^{1/4} \tag{IV 15, 3}$$

Sie genügt zufolge (IV 7, 4) der Differentialgleichung

$$\frac{\mathrm{d}^2 \varrho^*}{\mathrm{d}\zeta^2} + \frac{3}{16} \frac{1}{\zeta^2} \varrho^* = 0, \tag{IV 15, 4}$$

welche mit Hilfe zweier vorerst willkürlicher Integrationskonstanten A und B durch

$$\varrho^* = \mathrm{A}\, \zeta^{1/4} + \mathrm{B}\, \zeta^{3/4} \tag{IV 15, 5}$$

allgemein gelöst wird. Im Verein mit (IV 15, 3) resultiert daher für ϱ die Darstellung

$$\varrho = \mathrm{A} + \mathrm{B} \sqrt{\zeta} \tag{IV 15, 6}$$

Sie definiert für $\mathrm{B} \neq 0$ eine Schar von Rotationsparaboloiden, welche in $\varrho = \mathrm{A}$ die Kathodenebene tangieren, während der Fall $\mathrm{B} = 0$ die dem gleichen Punkte entspringende achsenparallele Bahn liefert.

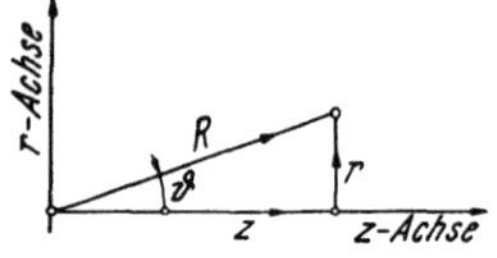

Abb. IV 210. Einführung von Kugelkoordinaten im Kathodenbereich.

d) Nach Wahl eines positiven Potentiales Φ_0, eines positiv-reellen Exponenten n und einer Strecke der Länge a konstruieren wir das Modell eines Kathodenobjektives durch den Ansatz des Achsenpotentiales

$$\varphi(\mathrm{z}, 0) = \Phi(\mathrm{z}) = \Phi_0 \left(\frac{\mathrm{z}}{\mathrm{a}}\right)^{\mathrm{n}}. \tag{IV 15, 7}$$

Um das hierdurch formal gegebene Feld physikalisch zu realisieren, hat man die Äquipotentialfläche

$$\varphi(\mathrm{z}, \mathrm{r}) = 0 \tag{IV 15, 8}$$

mit der Kathode und die Äquipotentialfläche

$$\varphi(\mathrm{z}, \mathrm{r}) = \mathrm{U_a} > 0 \tag{IV 15, 9}$$

mit der Anode des Objektives zu identifizieren. Welche geometrische Form besitzen die genannten Elektroden?

Wir tragen (IV 15, 7) in die Integraldarstellung (IV 3, 12) der Potentialfunktion ein und erhalten

$$\varphi = \frac{\Phi_0}{\mathrm{a^n}} \frac{1}{2\pi} \int_{-\pi}^{\pi} [\mathrm{z} + \sqrt{-1}\, \mathrm{r} \cos\beta]^{\mathrm{n}}\, \mathrm{d}\beta \tag{IV 15, 10}$$

Statt der bisher benutzten Zylinderkoordinaten z und r führen wir gemäß Abb. IV 210 durch

$$\mathrm{R} = \sqrt{\mathrm{z}^2 + \mathrm{r}^2}; \qquad \operatorname{tg} \vartheta = \frac{\mathrm{r}}{\mathrm{z}} \tag{IV 15, 11}$$

in jeder Meridianebene $\alpha = \text{const.}$ die Kugelkoordinaten R [Zentraldistanz] und ϑ [Polarwinkel] des Aufpunktes ein. Mittels der Umkehrungen

$$z = R\cos\vartheta; \qquad r = R\,\mathrm{tg}\,\vartheta \tag{IV 15, 12}$$

geht also (IV 15, 12) in

$$\varphi = \Phi_0 \cdot \left(\frac{R}{a}\right)^n P_n(\vartheta) \tag{IV 15, 13}$$

über, wobei das bestimmte Integral

$$P_n(\vartheta) = \frac{1}{2\pi} \cdot \int\limits_{-\pi}^{+\pi} [\cos\vartheta + \sqrt{-1}\sin\vartheta\cos\beta]^n\, d\beta \tag{IV 15, 14}$$

die *Legendre*schen *zonalen Kugelfunktionen* erster Art der Ordnung n und des Argumentes ϑ definiert. Schreibt man (IV 15, 14) in der Form

$$P_n(\vartheta) = \cos^n\vartheta \cdot \frac{1}{2\pi} \int\limits_{-\pi}^{\pi} [1 + \sqrt{-1}\,\mathrm{tg}\,\vartheta \cdot \cos\beta]^n\, d\beta, \tag{IV 15, 15}$$

so erhält man durch binomische Entwicklung des Integranden

$$P_n(\vartheta) = \cos^n\vartheta\, \frac{1}{2\pi} \int\limits_{-\pi}^{\pi} \sum_{k=0}^{\infty} (\sqrt{-1})^k \binom{n}{k} \mathrm{tg}^k\,\vartheta \cos^k\beta\, d\beta. \tag{IV 15, 16}$$

Nach Vertauschung der Reihenfolge von Summation und Integration finden wir somit mit Hilfe der Formel (IV 3, 22)

$$P_n(\vartheta) = \cos^n\vartheta \cdot \sum_{k=0}^{\infty} (-1)^k \frac{n(n-1)\ldots(n-2k+1)}{2^{2k}(k!)^2} \mathrm{tg}^{2k}\,\vartheta. \tag{IV 15, 17}$$

Falls insbesondere n ganzzahlig ist, bricht diese Reihe nach einer endlichen Zahl von Gliedern ab, so daß sich dann die Kugelfunktion auf ein für alle $0 \leqq \vartheta \leqq \pi$ stetiges Polynom von $\cos\vartheta$ reduziert; Abb. IV 211 veranschaulicht die gemäß (IV 15, 13) resultierende Funktion $\varphi = \varphi(R, \vartheta)$ durch das System ihrer Äquipotentialflächen im Falle $n = 3$. Für unsere Zwecke haben wir jedoch an der Annahme eines beliebigen, positiv reellen Wertes von n festzuhalten, wobei dann allerdings die in (IV 15, 17) definierte Funktion in der Regel nicht mehr innerhalb des gesamten Bereiches $0 \leqq \vartheta \leqq \pi$ endlich bleibt. Für die spätere Anwendung auf die Bildung nicht-dispergierender Kathodenstrahlen wurde mittels (IV 15, 17) die Funktion $P_{4/3}(\vartheta)$ berechnet und in Abb. IV 212 dargestellt; die mit ihr aus (IV 15, 13) entstehenden Äquipotentialflächen werden durch Abb. IV 213 veranschaulicht.

Zur Kinematik der Elektronenbahnen zurückkehrend, ersetzen wir z und r beziehentlich durch die numerischen Koordinaten

$$\zeta = \frac{z}{a}; \qquad \varrho = \frac{r}{a} \tag{IV 15, 18}$$

und erhalten durch Substitution von (IV 15, 7) in (IV 7, 2) innerhalb des Gültigkeitsbereiches der *Gauß*schen Dioptrik als Differentialgleichung der Elektronenstrahlen

$$\frac{d^2\varrho}{d\zeta^2} + \frac{1}{2}\frac{n}{\zeta}\frac{d\varrho}{d\zeta} + \frac{1}{4}\frac{n(n-1)}{\zeta^2}\varrho = 0. \tag{IV 15, 19}$$

Nun ist die *Gaußsche* Dioptrik definitionsgemäß nur für achsennahe Elektronenbahnen zuständig, für welche in der Potenzentwicklung des elektrischen Skalarpotentiales φ nach der Radialdistanz ϱ des Kontrollpunktes

$$\varphi(\zeta, \varrho) = \Phi(\zeta) - \left(\frac{\varrho}{2}\right)^2 \frac{\Phi''(\zeta)}{(1!)^2} + \left(\frac{\varrho}{2}\right)^4 \frac{\Phi'''(\zeta)}{(2!)^2} - + \ldots \qquad \text{(IV 15, 20)}$$

lediglich die ersten beiden Reihenglieder als wesentlich betrachtet werden, während alle weiteren vernachlässigt werden. Ist dieser Rechengang auch für die Felder der Struktur (IV 15, 13) zulässig?

Da für $n = 0$, $n = 1$, $n = 2$ und $n = 3$ die Reihe (IV 15, 17) spätestens nach dem zweiten Gliede abbricht, wird eben hierdurch die Anwendbarkeit der *Gaußschen* Dioptrik formal sichergestellt. Doch folgt im Falle $n \geqq 2$ aus der Beschleunigungsgleichung eines zentrierten Elektronenstrahles

$$m_0 \frac{d^2 z}{dt^2} = q_0 \frac{d\Phi(z)}{dz} = q_0 \frac{\Phi_0}{a} n \left(\frac{z}{a}\right)^{n-1} \qquad \text{(IV 15, 21)}$$

eine eigentümliche Singularität des Ursprunges: Ein dort anfangs ruhendes Elektron kann diesen Punkt niemals verlassen; umgekehrt kann ein

Abb. IV 211. Äquipotentialflächen des Feldes (IV 15, 13) für $n = 3$.

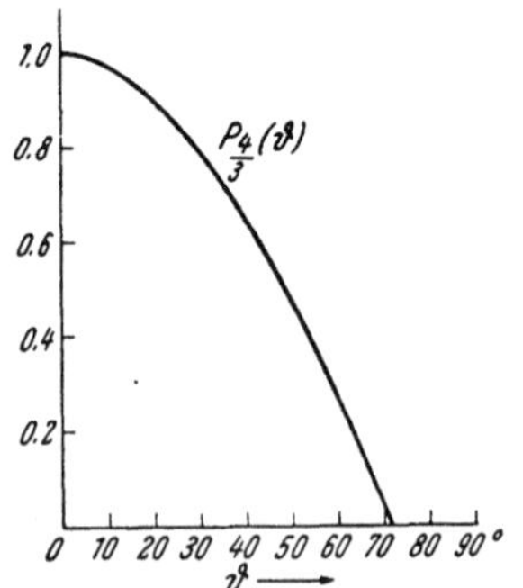

Abb. IV 212. Die *Legendresche* Kugelfunktion $P_{4/3}(\vartheta)$.

Elektron, welches sich mit endlicher Geschwindigkeit von $z > 0$ her dem Ursprung nähert, diesen niemals erreichen. Diese Sachlage verschärft sich für ganzzahlige $n \geqq 4$, weil dann in der Grenze $\zeta \to 0$ das zweite Glied der Reihe (IV 15, 20) nur dann als groß gegen alle folgenden angesehen werden darf, falls man ein hinreichend kleines Verhältnis r/z einhält: Die *Gauß*sche Dioptrik ist auf Strahlen beschränkt, welche durch den Ursprung verlaufen. Gehen wir endlich zu gebrochenen Exponenten $n > 0$ über, so divergiert die in Rede stehende Reihe im Grenzfalle $\zeta \to 0$ für alle $\varrho \neq 0$; ihre Aussagen sind abermals lediglich auf Strahlen durch den Ursprung des Bezugssystemes anwendbar. Von den vordem genannten Einzelfällen abgesehen, versagt die Differentialgleichung (IV 15, 19) in der Umgebung der Ebene $z=0$, da sie dort die elektronenoptischen Eigenschaften des vorgelegten Potentialfeldes verfälscht. Bei der Diskussion ihrer Lösungen muß man deshalb den genannten Bereich ausschließen, indem man etwa eine passende Ebene $z_0 > 0$ mit der Elektronenquelle identifiziert; die dort herrschende Voltgeschwindigkeit $\Phi(z_0)$ schildert dann entweder den Geschwindigkeitssprung einer Bewegung, welche an der Oberfläche einer in $z \leqq z_0$ zu denkenden Nadelkathode [Ziffer IV 16] herrscht oder die Startgeschwindigkeit des kontrollierten Elektrons beim Verlassen jener Ebene.

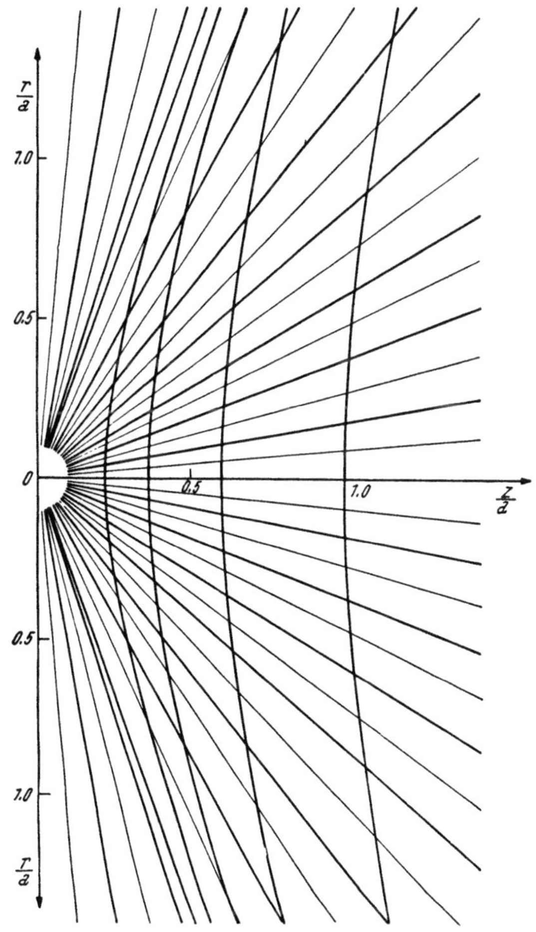

Abb. IV 213 Äquipotentialflächen des Feldes (IV 15, 13) für $n = 4/3$ [sogenannte *Pierce*-Elektroden].

Um Gl. (IV 15, 19) unter den vorstehend definierten, einschränkenden Bedingungen zu lösen, setzen wir nach Wahl einer willkürlichen Integrationskonstanten C und eines noch unbekannten Exponenten λ an

$$\varrho = C\,\zeta^{\lambda} \qquad \text{(IV 15, 22)}$$

und erhalten für λ die quadratische Gleichung

$$\lambda^2 - \lambda\left(1 - \frac{n}{2}\right) + \frac{1}{4}\,n\,(n-1) = 0 \qquad \text{(IV 15, 23)}$$

mit den Wurzeln

$$\lambda_1 = \frac{1}{2} - \frac{n}{4} - \sqrt{\frac{1}{4} - \frac{3}{16}\,n^2}\,; \qquad \lambda_2 = \frac{1}{2} - \frac{n}{4} + \sqrt{\frac{1}{4} - \frac{3}{16}\,n^2}\,. \qquad \text{(IV 15, 24)}$$

Wir unterscheiden drei Fälle:

1. Sei

$$0 \leqq n < \frac{2}{\sqrt{3}}, \qquad \text{(IV 15, 25)}$$

so werden λ_1 und λ_2 positiv-reell. Indem wir dann statt der einen Integrationskonstanten C zwei voneinander unabhängige Konstanten A und B einführen, resultiert als allgemeine Lösung der Differentialgleichung (IV 15, 19)

$$\varrho = \zeta^{\frac{1}{2}-\frac{n}{4}} \left[A\,\zeta^{-\sqrt{\frac{1}{4}-\frac{3}{16}n^2}} + B\,\zeta^{+\sqrt{\frac{1}{4}-\frac{3}{16}n^2}} \right]. \qquad \text{(IV 15, 26)}$$

Insbesondere führt die Annahme $n = 0$ [feldfreies System] auf die Schar der Geraden

$$\varrho = \zeta^{1/2} \left[A\,\zeta^{-1/2} + B\,\zeta^{+1/2}\right] = A + B\,\zeta \qquad \text{(IV 15, 27)}$$

[Trägheitsgesetz], während $n = 1$ gemäß

$$\varrho = \zeta^{1/4} \left[A\,\zeta^{-1/4} + B\,\zeta^{1/4}\right] = A + B\sqrt{\zeta} \qquad \text{(IV 15, 28)}$$

im Einklang mit (IV 15, 6) die Gesamtheit aller Strahlen im Homogenfeld schildert; endlich zeigt Abb. IV 214 den Gang der Fundamentallösungen für $n = 1/2$, wobei, wie oben erklärt, das Gebiet $\zeta \to 0$ vom Standpunkte der Elektronenoptik aus der Diskussion auszuscheiden ist.

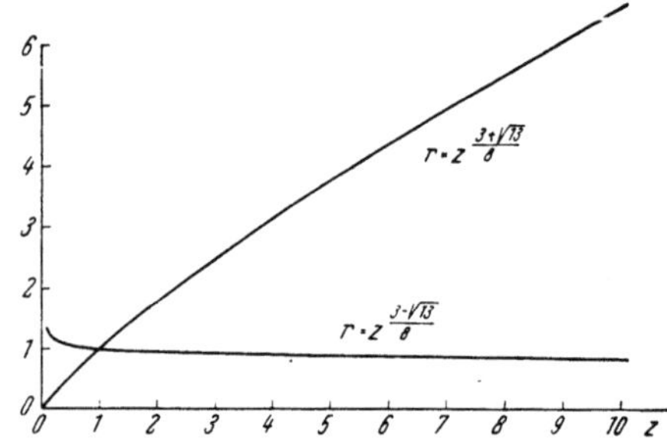

Abb. IV 214. Gang der Fundamentallösungen für n = 1/2.

2. Der Ansatz (IV 15, 22) liefert im Falle

$$n = \frac{2}{\sqrt{3}} \qquad \text{(IV 15, 29)}$$

mit

$$\lambda_1 = \lambda_2 = \frac{1}{2} - \frac{1}{2\sqrt{3}} \qquad \text{(IV 15, 30)}$$

nur *ein* Fundamentalintegral der Gl. (IV 15, 19), während deren analytischer Charakter stets zwei voneinander linear unabhängige Lösungen verlangt. Um diese Schwierigkeit zu überwinden, ersetzen wir (IV 15, 29) vorübergehend durch

$$n = \frac{2}{\sqrt{3}} - \varepsilon; \qquad 0 < \varepsilon \ll 1 \qquad \text{(IV 15, 31)}$$

und erhalten aus (IV 15, 24), bis auf Glieder höherer Potenzen von ε,

$$\lambda_1 = \frac{1}{2} - \frac{1}{2\sqrt{3}} - \frac{\sqrt[4]{3}}{2}\sqrt{\varepsilon}; \qquad \lambda_2 = \frac{1}{2} - \frac{1}{2\sqrt{3}} + \frac{\sqrt[4]{3}}{2}\sqrt{\varepsilon}. \qquad \text{(IV 15, 32)}$$

Vertauschen wir jetzt A und B mit zwei neuen Konstanten C und S nach der Vorschrift

$$A = \frac{C - S}{2}; \qquad B = \frac{C + S}{2}, \qquad \text{(IV 15, 33)}$$

so entsteht aus (IV 15, 26)

$$\varrho = \zeta^{\frac{1}{2}-\frac{1}{2\sqrt{3}}} \left[S \sinh\left(\frac{\sqrt[4]{3}}{2}\sqrt{\varepsilon}\ln\zeta\right) + C\cosh\left(\frac{\sqrt[4]{3}}{2}\sqrt{\varepsilon}\ln\zeta\right)\right]. \qquad \text{(IV 15, 34)}$$

Wir führen jetzt den Grenzübergang $\varepsilon \to 0$ aus, lassen hierbei jedoch S derart anwachsen, daß das Produkt

$$S^* = \lim_{\varepsilon\to 0} S\frac{\sqrt[4]{3}}{2}\sqrt{\varepsilon} \qquad \text{(IV 15, 35)}$$

endlich bleibt. Durch diesen Prozeß geht Gl. (IV 15, 34) in die Relation

$$\varrho = \zeta^{\frac{1}{2}-\frac{1}{2\sqrt{3}}} [S^* \ln \zeta + C] \qquad \text{(IV 15, 36)}$$

über, welche, wie verlangt, zwei voneinander linear unabhängige Integrale enthält; sie werden durch Abb. IV 215 veranschaulicht.

3. Für

$$n > \frac{2}{\sqrt{3}} \qquad \text{(IV 15, 37)}$$

fallen λ_1 und λ_2 konjugiert-komplex aus:

$$\lambda_1 = \frac{1}{2} - \frac{n}{4} + i\sqrt{\frac{3}{16}n^2 - \frac{1}{4}}; \quad \lambda_2 = \frac{1}{2} - \frac{n}{4} - i\sqrt{\frac{3}{16}n^2 - \frac{1}{4}} \qquad \text{(IV 15, 38)}$$

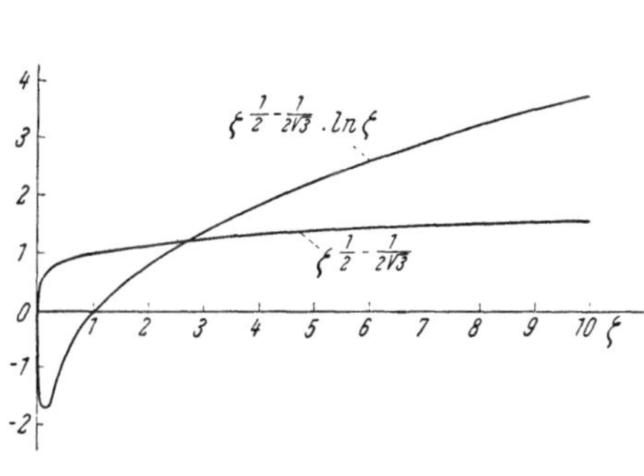

Abb. IV 215. Gang der Fundamentallösungen für $n = 2/\sqrt{3}$.

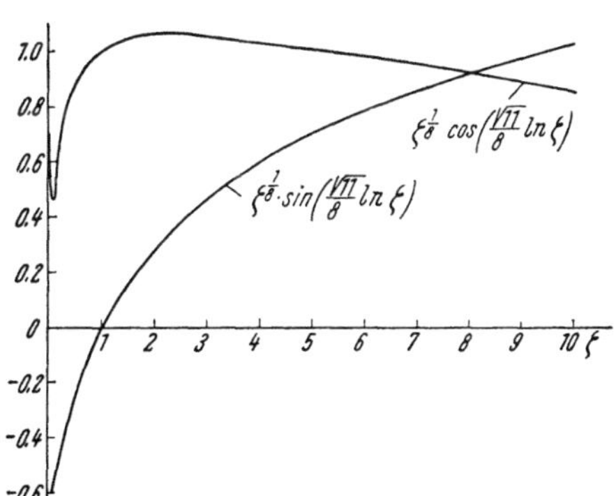

Abb. IV 216. Gang der Fundamentallösungen für $n = 3/2$: Divergierende Pendelbewegung.

Mit

$$A + B = C; \qquad i(A - B) = S \qquad \text{(IV 15, 39)}$$

entsteht dann aus (IV 15, 26)

$$\varrho = \zeta^{\frac{1}{2}-\frac{n}{4}} \left[C \cos\left(\sqrt{\frac{3}{16}n^2 - \frac{1}{4}} \ln \zeta\right) + S \sin\left(\sqrt{\frac{3}{16}n^2 - \frac{1}{4}} \ln \zeta\right)\right]. \qquad \text{(IV 15, 40)}$$

Bei $2/\sqrt{3} < n < 2$ schildert diese Gleichung eine mit zunehmendem ζ divergierende Schwingung nach Abb. IV 216, während $n > 2$ auf eine nach Abb. IV 217 mit zunehmendem ζ konvergierende Pendelbewegung führt; der Fall $n = 2$ der oszillatorischen Bewegung mit konstanter Amplitude entsprechend Abb. IV 218 ist der einzige, für welchen die Gesetze der *Gauß*schen Dioptrik für beliebige Entfernungen des kontrollierten Strahles von der Achse streng gültig bleiben.

e) Die Emission von Elektronen aus einer kraterförmigen Öffnung kann mittels der Funktion

$$\Phi = \Phi_0 \, e^{-\left(\frac{a}{z}\right)^n} \qquad \text{(IV 15, 41)}$$

beschrieben werden, wobei Φ_0 eine positive Konstante von der Dimension eines Potentiales, a eine passend gewählte Strecke und n einen positiv-reellen Exponenten bezeichnet; sie schildert ein Achsenpotential, welches gemäß Abb. IV 219 mit zunehmendem $z > 0$ monoton gegen den Grenzwert $\lim_{z \to \infty} \Phi(z) = \Phi_0$ ansteigt.

Nach Einführung der numerischen Koordinaten

$$\zeta = \frac{z}{a}\,; \qquad \varrho = \frac{r}{a} \tag{IV 15, 42}$$

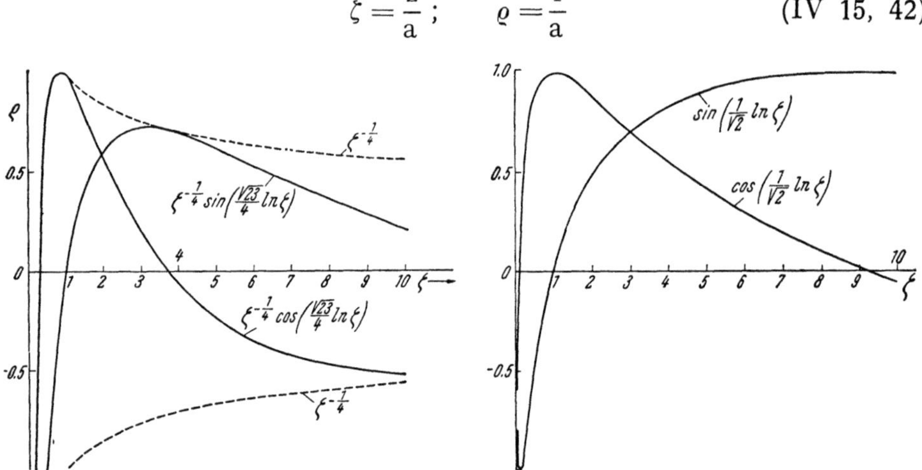

Abb. IV 217. Gang der Fundamentallösungen für n = 3: Konvergierende Pendelbewegung

Abb. IV 218. Gang der Fundamentallösungen für n = 2: Pendelbewegung mit konstanter Amplitude.

bilden wir

$$\left.\begin{aligned} \Phi(\zeta) &= \Phi_0 \cdot e^{-\frac{1}{\zeta^n}}\,; \qquad \frac{d\Phi}{d\zeta} = \Phi_0 \cdot n\,\frac{1}{\zeta^{n+1}}\,e^{-\frac{1}{\zeta^n}} \\ \frac{d^2\Phi}{d\zeta^2} &= \Phi_0\, n\,\frac{1}{\zeta^{n+2}}\left\{n\,\frac{1}{\zeta^n} - (n+1)\right\} e^{-\frac{1}{\zeta^n}} \end{aligned}\right\} \tag{IV 15, 43}$$

Abb. IV 219. Achsenpotential nach Gl. (IV 15, 41).

und erhalten hieraus auf Grund von (IV 3, 23) als Potentialfunktion $\varphi(\zeta, \varrho)$ in der Umgebung der Achse

$$\varphi(\zeta, \varrho) = \Phi_0\, e^{-\frac{1}{\zeta^n}}\left[1 - \frac{1}{4}\varrho^2\, n\,\frac{1}{\zeta^{n+2}}\left\{n\,\frac{1}{\zeta^n} - (n+1)\right\} + \ldots\right] \tag{IV 15, 44}$$

Die Alternative

$$n\,\frac{1}{\zeta^n} - (n-1) \gtrless 0 \qquad \text{für} \qquad \zeta = \zeta_{kr} \lessgtr \left(\frac{n}{n+1}\right)^{1/n} \tag{IV 15, 45}$$

besagt, daß für $\zeta \lessgtr \zeta_{kr}$ [ζ_{kr} = Wendepunkt der Kurve $\Phi = \Phi(\zeta)$] die Äquipotentialflächen φ = const. in der Umgebung der Achse dieser entsprechend Abb. IV 220 ihre $\begin{matrix}\text{konvexe}\\ \text{konkave}\end{matrix}$ Seite zuwenden; demgemäß wirkt die elektrische Radialfeldstärke im Bereiche $\zeta \lessgtr \zeta_{kr}$ $\begin{matrix}\text{konzentrierend}\\ \text{zerstreuend}\end{matrix}$ auf die achsennahen Elektronenbahnen ein.

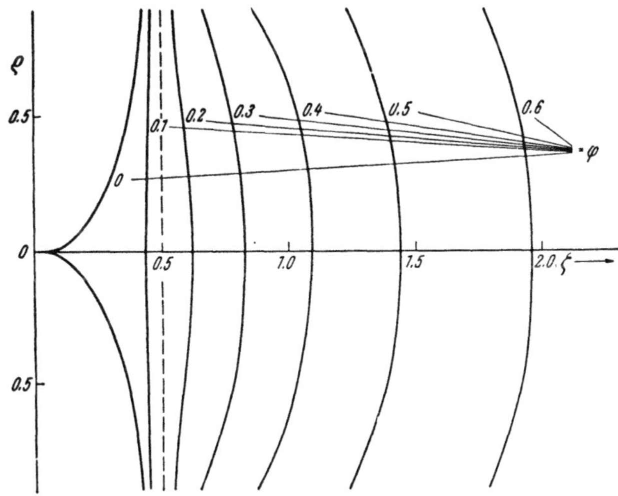

Abb. IV 220. Erzeugende Äquipotentialflächen des Achsenpotentiales (IV 15, 41).

Mit $\Phi^{(1)} = \Phi(\zeta_{kr})$ erhalten wir für die reduzierte Radialabweichung

$$\varrho^* = \varrho\, e^{\frac{1}{4}\left[\frac{1}{\zeta_{kr}^n} - \frac{1}{\zeta^n}\right]} \qquad \text{(IV 15, 46)}$$

meridianebener Strahlen die Differentialgleichung

$$\frac{d^2\varrho^*}{d\zeta^2} + \frac{3}{16}\frac{n^2}{\zeta^{2(n+1)}}\varrho^* = 0. \qquad \text{(IV 15, 47)}$$

Setzen wir hierin

$$v = \frac{1}{\zeta^n} \qquad \text{(IV 15, 48)}$$

so gelangen wir mittels der Relationen

$$\frac{d\varrho^*}{d\zeta} = -\frac{n}{\zeta^{n+1}}\cdot\frac{d\varrho^*}{dv}; \qquad \frac{d^2\varrho^*}{d\zeta^2} = \frac{n^2}{\zeta^{2n+2}}\frac{d^2\varrho^*}{dv^2} + \frac{n(n+1)}{\varrho^{n+2}}\frac{d\varrho^*}{dv} \qquad \text{(IV 15, 49)}$$

zu

$$\frac{d^2\varrho^*}{dv^2} + \frac{n+1}{n}\cdot\frac{1}{v}\frac{d\varrho^*}{dv} + \frac{3}{16}\varrho^* = 0. \qquad \text{(IV 15, 50)}$$

Hierin setzen wir nach Wahl eines vorerst noch beliebigen Exponenten λ

$$\varrho^* = v^\lambda f(v), \qquad \text{(IV 15, 51)}$$

so daß wegen

$$\frac{d\varrho^*}{dv} = \lambda v^{\lambda-1} f + v^\lambda \frac{df}{dv}; \qquad \frac{d^2\varrho^*}{dv^2} = \lambda(\lambda-1) v^{\lambda-2} f + 2\lambda v^{\lambda-1}\frac{df}{dv} + v^\lambda \frac{d^2f}{dv^2}$$

$$\text{(IV 15, 52)}$$

für f die Differentialgleichung

$$\frac{d^2 f}{dv^2} + \left(2\lambda + \frac{n+1}{n}\right)\frac{1}{v}\frac{df}{dv} + \left\{\frac{3}{16} + \lambda\left(\lambda + \frac{1}{n}\right)\frac{1}{v^2}\right\} f = 0 \qquad \text{(IV 15, 53)}$$

resultiert. Sei nun zunächst

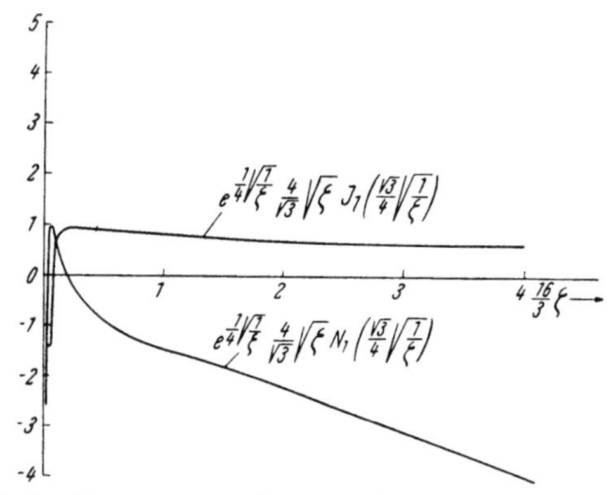

Abb. IV 221. Strahlbahnen in der Umgebung einer kraterförmigen Öffnung; n = 1/2.

$$\lambda = -\frac{1}{2n} \qquad \text{(IV 15, 54)}$$

so definiert (IV 15, 53) die Differentialgleichung der Zylinderfunktionen von der Ordnung

$$p = \frac{1}{2n} \qquad \text{(IV 15, 55)}$$

und vom Argumente

$$u = \frac{\sqrt{3}}{4} v. \qquad \text{(IV 15, 56)}$$

Bezeichnen wir also durch $J_p(u)$ die *Bessel*sche und durch $N_p(u)$ die *Neumann*sche Zylinderfunktion, so finden wir mittels zweier Integrationskonstanten A und B als allgemeine Lösung der Gl. (IV 15, 53)

$$f = A\, J_p\left(\frac{\sqrt{3}}{4} v\right) + B\, N_p\left(\frac{\sqrt{3}}{4} v\right) \qquad \text{(IV 15, 57)}$$

also, mit Rücksicht auf (IV 15, 46), (IV 15, 48) und (IV 15, 51)

$$\varrho = e^{\frac{1}{4}\left[\frac{1}{\zeta^n} - \frac{1}{\zeta_{kr}^n}\right]} \sqrt{\zeta}\left[A\, J_{1/2n}\left\{\frac{\sqrt{3}}{4}\frac{1}{\zeta^n}\right\} + B\, N_{1/2n}\left\{\frac{\sqrt{3}}{4}\frac{1}{\zeta^n}\right\}\right]. \qquad \text{(IV 15, 58)}$$

Beispielsweise liefert n = 1/2 die Strahlbahnen

$$\varrho = e^{\frac{1}{4}\left[\frac{1}{\sqrt{\zeta}} - \frac{1}{\sqrt{\zeta_{kr}}}\right]} \sqrt{\zeta}\left[A\, J_1\left\{\frac{\sqrt{3}}{4}\frac{1}{\sqrt{\zeta}}\right\} + B\, N_1\left\{\frac{\sqrt{3}}{4}\frac{1}{\sqrt{\zeta}}\right\}\right] \qquad \text{(IV 15, 59)}$$

deren Fundamentalkomponenten in Abb. IV 221 dargestellt sind.

Wählen wir statt (IV 15, 54)

$$\lambda = -\frac{1}{2}\left(1 + \frac{1}{n}\right) \qquad \text{(IV 15, 60)}$$

so entsteht aus (IV 15, 53)

$$\frac{d^2 f}{dv^2} + \left(\frac{3}{16} + \frac{1}{4}\left(1 - \frac{1}{n^2}\right)\frac{1}{v^2}\right) f = 0. \qquad \text{(IV 15, 61)}$$

Insbesondere liefert der Fall n = 1 mittels der Integrationskonstanten S und C die allgemeine Lösung

$$f = S \sin\frac{\sqrt{3}}{4} v + C \cos\frac{\sqrt{3}}{4} v, \qquad \text{(IV 15, 62)}$$

aus welcher

$$\varrho = e^{\frac{1}{4}\left(\frac{1}{\zeta} - \frac{1}{\zeta_{kr}}\right)} \cdot \zeta \cdot \left[S \sin\left(\frac{\sqrt{3}}{4}\frac{1}{\zeta}\right) + C \cos\left(\frac{\sqrt{3}}{4}\frac{1}{\zeta}\right)\right] \qquad \text{(IV 15, 63)}$$

hervorgeht; Abb. IV 222 veranschaulicht die entsprechenden Fundamentalkomponenten der Bahnkurven.

IV 16. Nadelkathoden.

a) Wir handeln im folgenden von der Bewegung eines Elektrons im Felde zweier „passiver" Elektroden, welche selbst keine Elektrizitätsträger zu emittieren vermögen. Um diese daher in das Entladungsgebiet einzubringen, bedarf es einer besonderen Quelle. Falls diese durch eine Kugel von hinreichend kleinem Halbmesser R_K realisiert wird, bezeichnen wir sie als *Nadelkathode*; die zu deren Stromversorgung erforderlichen Zuleitungen mögen mittels des — allerdings nur ideell ausführbaren — Grenzüberganges zu verschwindendem *Ohm*schen Widerstande durch „Fäden" von infinitesimalem Querschnitt ersetzt werden, welche als solche keinen merklichen Einfluß auf das elektrische Feld des Entladungsgebietes ausüben und daher weiterhin außer Betracht bleiben dürfen. Wird überdies die Raumladung der Elektronen vernachlässigt, so kann demnach auf Grund der Linearität der *Laplace*schen Gleichung die Potentialfunktion φ des Entladungsraumes aus zwei Anteilen additiv zusammengesetzt werden:

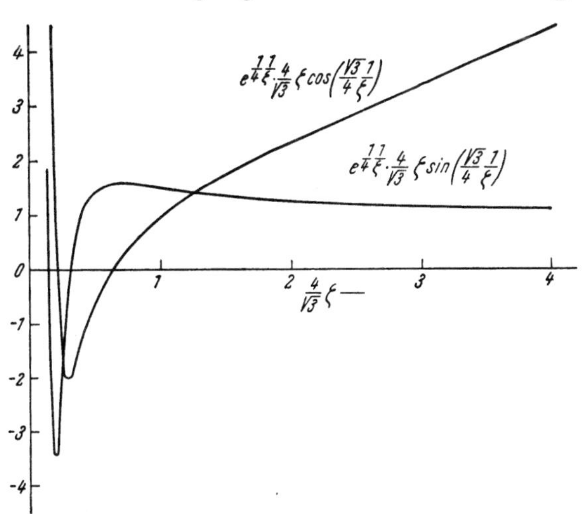

Abb. IV 222. Strahlbahnen in der Umgebung einer kraterförmigen Öffnung: n = 1.

1. Das Primärfeld φ_P der eingeprägten, passiven Elektrodenpotentiale bei verschwindender Ladung Q_K der Nadelkathode.

2. Das Sekundärfeld φ_s der Ladung Q_K bei verschwindenden Potentialen der passiven Elektroden.

b) Wir orientieren uns im Entladungsraum an Hand der Zylinderkoordinaten z [Zentralachse], r [Radialdistanz] und α [Azimut]; der Ursprung des Bezugssystemes soll entsprechend Abb. IV 223 im Zentrum der Nadelkathode liegen, während die z-Achse mit der gemeinsamen Achse der je rotationssymmetrischen, passiven Elektroden zusammenfalle. Mit Hilfe einer Strecke a, welche die linearen Maße der passiven Elektroden charakterisiere, verschärfen wir die Definition der Nadelkathode quantitativ durch die Forderung

$$\frac{R_\varkappa}{a} \ll 1. \qquad \text{(IV 16, 1)}$$

Vertauschen wir dann die Koordinaten z und r beziehentlich mit den dimensionsfreien Größen

$$\zeta = \frac{z}{a}; \qquad \varrho = \frac{r}{a}, \tag{IV 16, 2}$$

so kann das Primärfeld [Index p] nach Wahl einer Konstanten Φ_0 von der Dimension eines elektrischen Potentiales durch das Achsenpotential

$$\varphi_\varrho(\zeta, 0) = \Phi_p(\zeta) = \Phi_0 F(\zeta) \tag{IV 16, 3}$$

beschrieben werden, in welchem die Funktion F (ζ) wesentlich schon allein durch die geometrische Konfiguration des passiven Elektrodenpaares bestimmt wird. Da hiernach das Verhältnis seiner Einzel-Elektrodenpotentiale gleichfalls geometrisch festgelegt ist, darf man immer nur eines von ihnen willkürlich vorschreiben. Durch diese einschränkende Eigenschaft, deren mathematische Wurzel in der Einparametrie des Ansatzes (IV 16, 3) zu suchen ist, unterscheidet sich das hier untersuchte passive Elektrodensystem der Nadelkathode grundsätzlich von dem Zweielektrodensystem einer Immersionslinse nach dem Muster der Ziffer IV 13, deren Elektroden-Einzelpotentiale unabhängig voneinander geregelt werden können; umgekehrt darf man also nicht, wie es manchmal irrtümlich geschieht, die weiterhin zu besprechende *Gaußsche* Dioptrik des passiven Elektrodensystemes einer Nadelkathode als Elektronenoptik einer Immersionslinse auffassen.

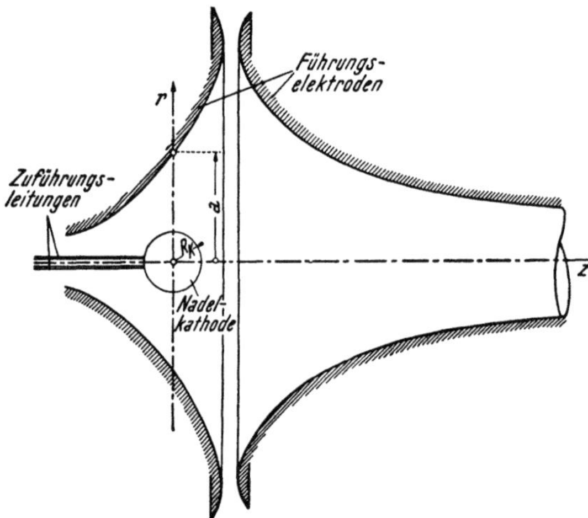

Abb. IV 223. Schema einer Nadelkathode.

Wir gehen zum Sekundärpotential [Index s] über. Mit Rücksicht auf (IV 16, 1) gleicht es in der Umgebung der Nadelkathoden-Oberfläche merklich jenem des Quellpunktes Q_K

$$\varphi_s = \frac{Q_K}{4\pi\Delta a} \cdot \frac{1}{\sqrt{\varrho^2 + \zeta^2}}. \tag{IV 16, 4}$$

Um die Größe der Ladung Q_K zu ermitteln, sei vorausgesetzt, daß die eben aus der Nadelkathode emittierten Elektronen keine merkliche Anfangsgeschwindigkeit besitzen. Demgemäß ist an der Oberfläche der Nadelkathode das resultierende Potential

$$\varphi = \varphi_p + \varphi_s \tag{IV 16, 5}$$

der Randbedingung

$$\varphi \equiv \varphi_K = 0 \qquad \text{für} \qquad \sqrt{\varrho^2 + \zeta^2} = \frac{R_K}{a} \tag{IV 16, 6}$$

zu unterwerfen. Unter nochmaliger Berufung auf (IV 16, 1) wird nun das Primärpotential auf der Oberfläche der Nadelkathode hinreichend genau durch

$$\varphi_{p,K} = \Phi_0 F(0) \tag{IV 16, 7}$$

dargestellt. Daher führt (IV 16, 6) im Verein mit (IV 16, 4) (IV 16, 5) und (IV 16, 7) auf die Kompensations-Gleichung

$$\Phi_0 \, F(0) + \frac{Q_K}{4\pi\Delta a} \cdot \frac{a}{R_K} = 0, \tag{IV 16, 8}$$

welcher wir in der angezeigten Genauigkeit

$$Q_K = -4\pi\Delta\, R_K \Phi_0 \, F(0); \qquad \varphi_s = -\frac{R_K}{a}\Phi_0 \cdot \frac{F(0)}{\sqrt{\varrho^2+\zeta^2}} \tag{IV 16, 9}$$

entnehmen; insbesondere findet sich längs der Systemachse das Sekundärpotential

$$\varphi_s(\zeta, 0) = \Phi_0(\zeta) = \begin{cases} -\dfrac{R_K}{a}\Phi_0 \dfrac{F(0)}{|\zeta|} & \text{für} \quad |\zeta| \geqq \dfrac{R_K}{a}, \\ -\Phi_0 \, F(0) & \text{für} \quad |\zeta| \leqq \dfrac{R_K}{a}. \end{cases} \tag{IV 16, 10}$$

Im Halbraum $\zeta > R_K/a$, auf welchen wir uns weiterhin beschränken, resultiert also das Achsenpotential

$$\Phi(\zeta) = \Phi_0 \left[F(\zeta) - \frac{R_K}{a} \frac{F(0)}{\zeta} \right], \tag{IV 16, 11}$$

welches mit wachsendem ζ rasch gegen das primäre Achsenpotential konvergiert. Bei Verzicht auf die Feinanalyse der Bewegung in der unmittelbaren Nachbarschaft der Nadelkathode darf man somit, das Sekundärfeld gänzlich beiseite lassend, den Mechanismus der Elektronen-Emission mit der Arbeitsweise eines Katapults vergleichen: Es wirft die Elektronen gerade mit jener Geschwindigkeit in das Primärfeld ein, welche dieses allein dem anfangs ruhenden Elektron bei stetiger Beschleunigung vom Orte $\varphi_\varrho = 0$ bis zum Ursprung des Bezugssystemes erteilen würde.

c) Im Lichte der vorstehenden Feldanalyse dürfen wir der *Gauß*schen Dioptrik der aus der Nadelkathode emittierten Elektronen als Achsenpotential angenähert die Funktion (IV 16, 3) zugrunde legen. Setzen wir daher abkürzend, nach Wahl eines beliebigen, reellen Parameters v,

$$\frac{3}{16}\left(\frac{1}{F}\frac{dF}{d\zeta}\right)^2 \equiv \frac{3}{16}\left(\frac{d \ln F}{d\zeta}\right)^2 = v^2 f(\zeta), \tag{IV 16, 12}$$

so genügt die mit $\Phi^{(1)} = \Phi(0)$ nach der Vorschrift

$$\varrho^* = \varrho \sqrt[4]{F(\zeta)} \tag{IV 16, 13}$$

gebildete, reduzierte Radialabweichung der Differentialgleichung

$$\frac{d^2\varrho^*}{d\zeta^2} + v^2 f(\zeta)\, \varrho^* = 0. \tag{IV 16, 14}$$

Da sie formal mit der Differentialgleichung (IV 6, 6) der numerischen Radialabweichung ϱ achsennaher Strahlen in magnetischen Linsen übereinstimmt, lassen sich die dort gefundenen Lösungen auf die *Gauß*sche Dioptrik von Nadelkathoden umrechnen. Dabei entspricht der jeweils eine magnetische Linse kennzeichnenden Funktion $v^2 f(\zeta)$ im System der Nadelkathode gemäß Gl. (IV 16, 12) das primäre Achsenpotential

$$\Phi_P(\zeta) = \Phi(0)\, e^{\frac{4}{\sqrt{3}} v \int\limits_0^{\zeta} \sqrt{f(\zeta')}\, d\zeta'} \tag{IV 16, 15}$$

Seine analytische Fortsetzung in die Umgebung der Achse mittels des bestimmten Integrales (IV 3, 12) liefert die primäre Potentialfunktion

$$\varphi_P(\zeta, \varrho) = \frac{1}{2\pi} \int_{-\pi}^{\pi} \Phi_P(\zeta + \sqrt{-1}\,\varrho \cos\beta)\, d\beta. \qquad \text{(IV 16, 16)}$$

d) Wir wenden die vorstehend entwickelten Ähnlichkeitssätze auf folgende Beispiele an:

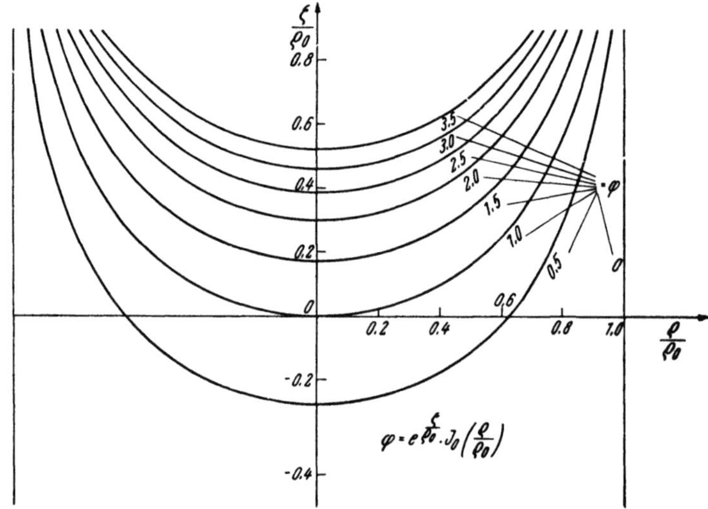

Abb. IV 224. Erzeugende Äquipotentialflächen eines exponentiell ansteigenden Achsenpotentiales.

1. In Anologie zur Elektronenoptik des homogenen Magnetfeldes setzen wir

$$f(\zeta) = 1, \qquad \text{(IV 16, 17)}$$

so daß nach (IV 16, 15) das primäre Achsenpotential der Nadelkathoden-Anordnung

$$\Phi_P(\zeta) = \Phi(0)\, e^{\frac{4}{\sqrt{3}} v \zeta} \qquad \text{(IV 16, 18)}$$

lautet. Durch Substitution dieses Ausdruckes in (IV 16, 16) ergibt sich mit Rücksicht auf die Integraldarstellung der *Bessel*schen Zylinderfunktion nullter Ordnung J_0 vom Argumente u

$$J_0(u) = \frac{1}{2\pi} \int_{-\pi}^{\pi} e^{\sqrt{-1}\, u \cos\beta}\, d\beta \qquad \text{(IV 16, 19)}$$

für die primäre Potentialfunktion

$$\varphi_\varrho(\zeta, \varrho) = \Phi(0) \frac{1}{2\pi} \int_{-\pi}^{+\pi} e^{\frac{4}{\sqrt{3}} v (\zeta + \sqrt{-1}\,\varrho \cos\beta)}\, d\beta = \Phi(0)\, e^{\frac{4}{\sqrt{3}} v \zeta} \cdot J_0\left(\frac{4}{\sqrt{3}} v \varrho\right). \qquad \text{(IV 16, 20)}$$

Bezeichnet also $u_1 = 2{,}405$ die kleinste Wurzel der Gleichung $J_0(u) = 0$, so bilden für $\Phi(0) > 0$ die Äquipotentialflächen $\varphi_\varrho = \text{const.} > 0$ in der Umgebung der Systemachse eine Schar kongruenter Schalen, welche sich entsprechend $v \gtrless 0$ nach $\zeta \to \pm\infty$ hin öffnen und hierbei gegen den Zylinder

$$\varrho = \varrho_0 = \frac{\sqrt{3}}{4}\frac{u_1}{|v|} \tag{IV 16, 21}$$

konvergieren; dieser selbst definiert die Äquipotentialfläche $\varphi_P = 0$ [Abb. IV 224].

Die mit (IV 16, 17) aus (IV 16, 14) hervorgehende Differentialgleichung wird nach Wahl zweier vorerst beliebiger Integrationskonstanten S und C durch

$$\varrho^* = S \sin v\,\zeta + C \cos v\,\zeta \tag{IV 16, 22}$$

allgemein gelöst; gemäß (IV 16, 13) im Verein mit (IV 16, 18) liefert somit

$$\varrho = e^{-\frac{1}{\sqrt{3}} v\,\zeta}\,[S \sin v\,\zeta + C \cos v\,\zeta] \tag{IV 16, 23}$$

die zugehörige Gleichung der numerischen Radialabweichung, welche wir den folgenden Sonderfällen anpassen:

I. Sei in der „Kathodenebene" $\zeta = 0$

$$\varrho_0 = 1; \quad \left(\frac{d\varrho}{d\zeta}\right)_0 = 0 \tag{IV 16, 24}$$

vorgeschrieben, so resultiert die bei $v \gtrless 0$ nach wachsendem ζ hin konvergierende / divergierende Welle

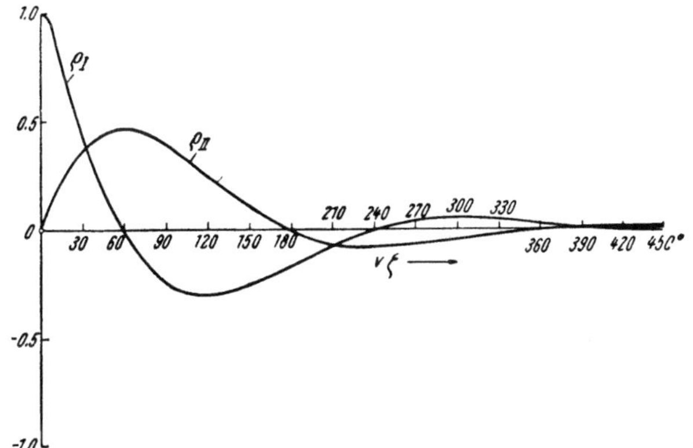

Abb. IV 225. Fundamentallösungen der Elektronenbewegung im exponentiell ansteigenden Feld.

$$\varrho_I(\zeta) = \frac{2}{\sqrt{3}} e^{-\frac{1}{\sqrt{3}} v\,\zeta} \cos\left(\frac{\pi}{6} - v\,\zeta\right). \tag{IV 16, 25}$$

II. Die Anfangsbedingungen

$$\varrho_0 = 0; \quad \left(\frac{d\varrho}{d\zeta}\right)_0 = 1 \tag{IV 16, 26}$$

in der Ebene $\zeta = 0$ führen auf die bei $v \gtrless 0$ nach wachsendem ζ hin konvergierende / divergierende Welle

$$\varrho_{II}(\zeta) = \frac{1}{v} e^{-\frac{1}{\sqrt{3}} v\,\zeta} \sin v\,\zeta. \tag{IV 16, 27}$$

Die Abb. IV 225 und IV 226 veranschaulichen die geometrischen Eigenschaften der Fundamentallösungen ϱ_I und ϱ_{II} für $v \gtrless 0$. Insbesondere erscheint in

$$\zeta_m = m\frac{\pi}{|v|}; \qquad m = 1, 2, 3, \ldots \tag{IV 16, 28}$$

das Kathodenbild m-ter Ordnung im Maßstabe

$$|\varrho_{\mathrm{I}}(\zeta_{\mathrm{m}})| = e^{-\mathrm{m}\frac{\pi}{\sqrt{3}}\frac{\mathrm{v}}{|\mathrm{v}|}} \qquad \text{(IV 16, 29)}$$

des Originales, welches somit durch die Abbildung entsprechend der Alternative $\mathrm{v} \gtrless 0$ $\genfrac{}{}{0pt}{}{\text{verkleinert}}{\text{vergrößert}}$ wird.

III. Wir identifizieren f (ζ) mit der kennzeichnenden Funktion einer in der Ebene $\zeta = \zeta_0$ gedachten magnetischen Linse nach *Glaser*

$$f(\zeta) = \frac{1}{[1 + (\zeta - \zeta_0)^2]^2}, \qquad \text{(IV 16, 30)}$$

so daß sich das entsprechende Achsenpotential des Nadelkathoden-Systemes nach *Hutter* aus (IV 16, 15) zu

$$\Phi_{\mathrm{p}} = \Phi_0{}^* \, e^{\frac{4}{\sqrt{3}} \mathrm{v} \operatorname{arc\,tg}(\zeta - \zeta_0)}\,; \qquad \Phi_0{}^* = \Phi(0)\, e^{\frac{4}{\sqrt{3}} \mathrm{v} \operatorname{arc\,tg} \zeta_0} \qquad \text{(IV 16, 31)}$$

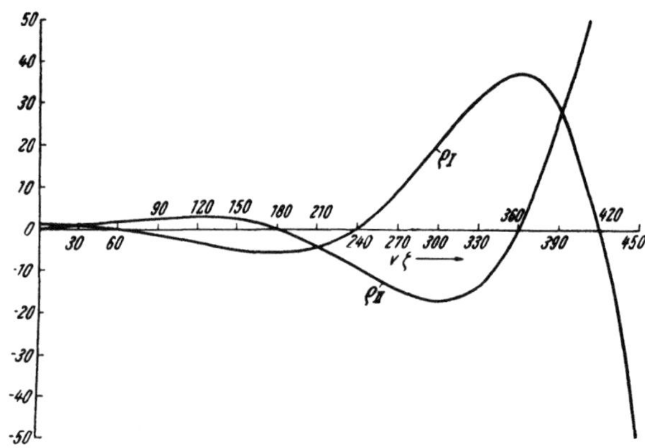

Abb. IV 226. Fundamentallösungen der Elektronenbewegung im exponentiell abnehmenden Feld.

berechnet. Versteht man hier unter dem Zeichen arctg den zwischen (—π/2) und (+ π/2) eingeschlossenen Zweig dieser Funktion, so vermittelt sie gemäß Abb. IV 227 zwischen den Grenzwerten

$$\Phi_{-\infty} = \lim_{\zeta \to -\infty} \Phi_{\mathrm{p}} = \Phi_0{}^* \, e^{-\frac{2\pi}{\sqrt{3}}\mathrm{v}}\,;$$

$$\Phi_{+\infty} = \lim_{\zeta \to +\infty} \Phi_{\mathrm{p}} = \Phi_0{}^* \, e^{+\frac{2\pi}{\sqrt{3}}\mathrm{v}}\,. \qquad \text{(IV 16, 32)}$$

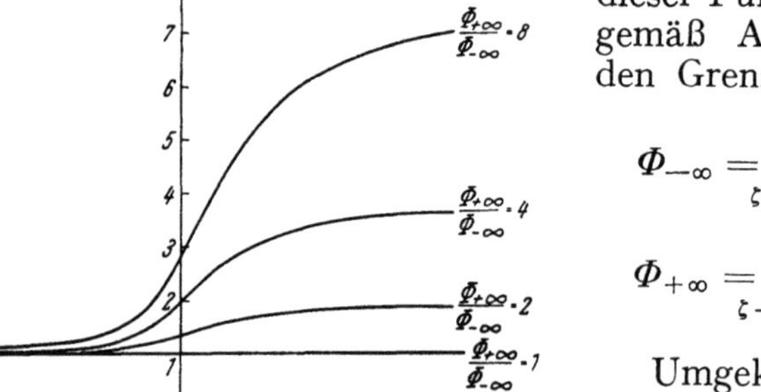

Abb. IV 227. Nadelkathode vom Achsenpotential (IV 16, 32) [*Hutter*].

Umgekehrt läßt sich daher der Parameter v einem vorgegebenen Verhältnis dieser Grenzpotentiale jeweils durch die Wahl

$$\mathrm{v} = \frac{\sqrt{3}}{4\pi} \ln \frac{\Phi_{+\infty}}{\Phi_{-\infty}} \qquad \text{(IV 16, 33)}$$

anpassen. Angesichts dieser analytischen Eigenschaften der Funktion Φ (ζ) könnte man vermeinen, daß sie, entgegen den im Anschluß an (IV 16, 3) durchgeführten potentialtheoretischen Überlegungen, die Elektrostatik einer durch Änderung von v regelbaren Immersionslinse schildern könne; dabei würde mit Bezug auf ein von $\zeta \to -\infty$ her einfallendes Elektron der Fall $\mathrm{v} \gtrless 0$ einem $\genfrac{}{}{0pt}{}{\text{beschleunigenden}}{\text{verzögernden}}$ dioptrischen Systeme entsprechen. Daß jedoch dieser Schluß unzulässig ist, erkennt man etwa aus dem Verlauf der Primär-Äquipotentialflächen in der Umgebung des Punktes $P_0 = (\zeta_0, 0)$: Beschränkt man sich dort auf das erste Glied der aus der Entwicklung von arctg $(\zeta - \zeta_0)$ nach Potenzen des Argumentes $(\zeta - \zeta_0)$ hervorgehenden Reihe, so resultiert für $\varphi_P(\zeta, \varrho)$ nach dem Muster von (IV 16, 20) die Darstellung

$$\varphi_\varrho(\zeta, \varrho) = \Phi_0{}^* \, e^{\frac{4}{\sqrt{3}} v(\zeta - \zeta_0)} \cdot J_0\left(\frac{4}{\sqrt{3}} v \varrho\right). \qquad \text{(IV 16, 34)}$$

Gemäß (IV 16, 21) zieht daher jede Änderung von v eine Änderung des Halbmessers ϱ_0 nach sich, der seinerseits die Weite der Äquipotentialfläche $\varphi_\varrho = 0$ in der Umgebung der Ebene $\zeta = \zeta_0$ mißt. Die unterstellte Verwendung des Systemes als regelbare Immersionslinse würde also seine Ausstattung mit nachgiebigen Elektroden erfordern, deren jeweilige Form von dem gerade gewählten Verhältnis der Grenzpotentiale diktiert wird.

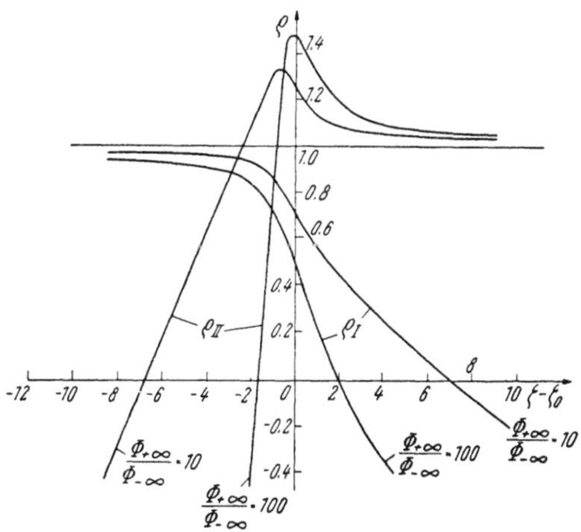

Abb. IV 228. Fundamentallösungen der Nadelkathode nach (IV 6, 32)

Die allgemeine Lösung der aus (IV 16, 14) mit (IV 16, 30) entstehenden Differentialgleichung lautet mit Hilfe zweier vorerst beliebigen Konstanten S und C

$$\varrho^* = \sqrt{1 + (\zeta - \zeta_0)^2}\,[S \sin\{\sqrt{1 + v^2}\,\text{arc tg}\,(\zeta - \zeta_0)\} + $$
$$+ C \cos\{\sqrt{1 + v^2}\,\text{arc tg}\,(\zeta - \zeta_0)\}], \qquad \text{(IV 16, 35)}$$

so daß die numerische Radialabweichung ϱ durch

$$\varrho = e^{-\frac{1}{\sqrt{3}} v\,\text{arc tg}\,(\zeta - \zeta_0)} \sqrt{1 + (\zeta - \zeta_0)^2}\,[S \sin\{\sqrt{1 + v^2}\,\text{arc tg}\,(\zeta - \zeta_0)\} + $$
$$+ C \cos\{\sqrt{1 + v^2}\,\text{arc tg}\,(\zeta - \zeta_0)\}] \qquad \text{(IV 16, 36)}$$

dargestellt wird.

Ohne vorerst auf die Lage der Nadelkathode im Ursprung des Bezugssystemes Rücksicht zu nehmen, spezialisieren wir auf folgende Sonderintegrale:

I. Die Bedingungen

$$\lim_{\zeta \to -\infty} \varrho = 1; \qquad \lim_{\zeta \to -\infty} \frac{d\varrho}{d\zeta} = 0 \qquad \text{(IV 16, 37)}$$

werden von dem Elektronenstrahl

$$\varrho_I = e^{\frac{1}{\sqrt{3}}\left[\frac{\pi}{2} + \text{arc tg}\,(\zeta - \zeta_0)\right]} \sqrt{1 + (\zeta - \zeta_0)^2} \sin\left[\sqrt{1 + v^2}\left\{\frac{\pi}{2} + \text{arc tg}\,(\zeta - \zeta_0)\right\}\right]$$

befriedigt. (IV 16, 38)

II. Die Bedingungen

$$\lim_{\zeta \to +\infty} \varrho = 1; \qquad \lim_{\zeta \to +\infty} \frac{d\varrho}{d\zeta} = 0 \qquad \text{(IV 16, 39)}$$

führen auf den Elektronenstrahl

$$\varrho_{II} = e^{-\frac{1}{\sqrt{3}}\left[\frac{\pi}{2} - \operatorname{arc\,tg}(\zeta - \zeta_0)\right]} \sqrt{1 + (\zeta - \zeta_0)^2} \sin\left[\sqrt{1 + v^2}\left\{\frac{\pi}{2} - \operatorname{arc\,tg}(\zeta - \zeta_0)\right\}\right]. \tag{IV 16, 40}$$

Abb. IV 228 zeigt den Verlauf der durch (IV 16, 38) und (IV 16, 40) definierten Fundamentallösungen. Wir bilden aus ihnen am Orte $\zeta = 0$ der Nadelkathode

$$\varrho_I(0) = e^{\frac{1}{\sqrt{3}}\left[\frac{\pi}{2} - \operatorname{arc\,tg}\zeta_0\right]} \sqrt{1 + \zeta_0^2} \sin\left[\sqrt{1 + v^2}\left\{\frac{\pi}{2} - \operatorname{arc\,tg}\zeta_0\right\}\right], \tag{IV 16, 41}$$

$$\varrho_I'(0) = \left(\frac{d\varrho_I}{d\zeta}\right)_0 = \frac{e^{\frac{1}{\sqrt{3}}\left[\frac{\pi}{2} - \operatorname{arc\,tg}\zeta_0\right]}}{\sqrt{1 + \zeta_0^2}} \left\{\left(\frac{1}{\sqrt{3}} - \zeta_0\right) \sin\left[\sqrt{1 + v^2}\left\{\frac{\pi}{2} - \operatorname{arctg}\zeta_0\right\}\right] + \right.$$
$$\left. + \sqrt{1 + v^2} \cos\left[\sqrt{1 + v^2}\left\{\frac{\pi}{2} - \operatorname{arctg}\zeta_0\right\}\right]\right\}, \tag{IV 16, 42}$$

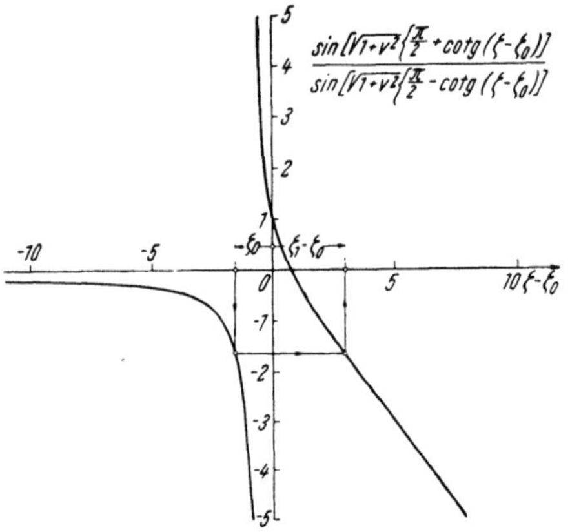

Abb. IV 229. Die Nadelkathode nach (IV 6, 32): Für v = 1 kommt nur *ein* Kathodenbild zustande.

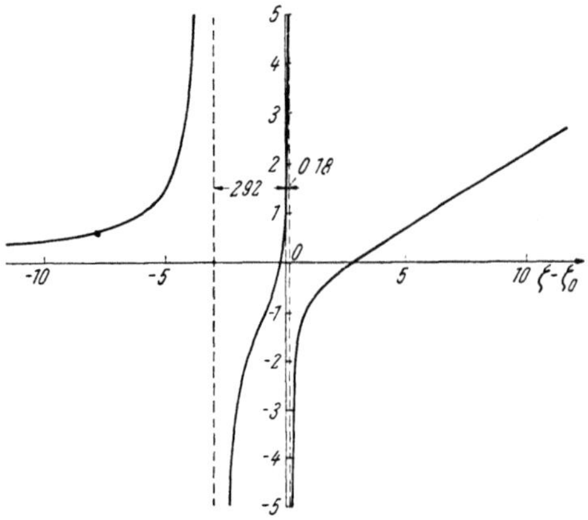

Abb. IV 230. Die Nadelkathode nach (IV 6, 32): Für v = 2 entstehen die Kathodenbilder der Ordnungen 1 und 2.

$$\varrho_{II}(0) = e^{-\frac{1}{\sqrt{3}}\left[\frac{\pi}{2} + \operatorname{arc\,tg}\zeta_0\right]} \sqrt{1 + \zeta_0^2} \sin\left[\sqrt{1 + v^2}\left\{\frac{\pi}{2} + \operatorname{arctg}\zeta_0\right\}\right], \tag{IV 16, 43}$$

$$\varrho_{II}'(0) = \left(\frac{d\varrho_{II}}{d\zeta}\right)_0 = \frac{e^{-\frac{1}{\sqrt{3}}\left[\frac{\pi}{2} + \operatorname{arc\,tg}\zeta_0\right]}}{\sqrt{1 + \zeta_0^2}} \left\{\left(\frac{1}{\sqrt{3}} - \zeta_0\right) \sin\left[\sqrt{1 + v^2}\left\{\frac{\pi}{2} + \operatorname{arctg}\zeta_0\right\}\right] - \right.$$
$$\left. - \sqrt{1 + v^2} \cos\left[\sqrt{1 + v^2}\left\{\frac{\pi}{2} + \operatorname{arctg}\zeta_0\right\}\right]\right\}. \tag{IV 16, 44}$$

Zwischen diesen vier Konstanten besteht die Relation

$$\varrho_I(0)\,\varrho_{II}'(0) - \varrho_{II}(0)\,\varrho_I'(0) = -e^{-\frac{2}{\sqrt{3}}\operatorname{arc\,tg}\zeta_0} \sqrt{1 + v^2} \sin\left[\pi\sqrt{1 + v^2}\right]. \tag{IV 16, 45}$$

Die Gleichung

$$\varrho_A = \frac{\varrho_I(\zeta)\,\varrho_{II}'(0) - \varrho_{II}(\zeta)\,\varrho_I'(0)}{\varrho_I(0)\,\varrho_{II}'(0) - \varrho_{II}(0)\,\varrho_I'(0)}\, v = 0 \qquad \text{(IV 16, 46)}$$

bestimmt die Gesamtheit ζ_m der Kathodenbilder.

Unter ihren Lösungen scheiden wir jene aus, für welche $\zeta_m < \zeta_0$ ausfällt. Abb. IV 229 zeigt die hiernach ausgeführte Konstruktion des Kathodenbildes für das Beispiel $v = 1$, $\zeta_0 = 1{,}5$, bei welchem nur das Abbild der Ordnung $m = 1$ in $\zeta_1 - \zeta_0 = 2{,}95$; $\zeta_1 = 3{,}45$ zustande kommt. Durch Anwendung des nämlichen Verfahrens auf $v = 2$ findet man entsprechend Abb. IV 230 bei $\zeta_0 > 2{,}92$ jeweils die Kathodenbilder der Ordnungen $m = 1$ und $m = 2$, während bei $2{,}92 > \zeta_0 > -0{,}18$ immer nur das Abbild $m = 1$ und im Falle $\zeta_0 < -0{,}18$ kein einziges Abbild mehr existiert; schließt man eine solche Wahl von ζ_0 aus, so ergibt sich der zum Bildorte ζ_m gehörige Abbildungsmaßstab mittels (IV 16, 46) zu $|\varrho_A(\zeta_m)|$.

IV 17. Elektrostatik des Elektronenwerfers.

a) Der Elektronenwerfer eines Einfach-Kathodenstrahlgerätes enthält nach dem Muster des in Abb. IV 231 dargestellten Modelles folgende aktiven Elemente:

1. Im Ursprung der Röhre liegt die elektronenemittierende *Kathode* K. Mittels passend in ihrer Umgebung angeordneter, nicht emittierender Hilfselektroden ergänzen wir ihre dem Entladungsraum zugekehrte Oberfläche zu einer Planelektrode, welche wir mit der Ebene $z = 0$ des Zylinder-Koordinatensystemes z [Zentralachse], r [Radialdistanz] und α [Azimut] identifizieren; ihr wird das einheitliche elektrische Skalarpotential

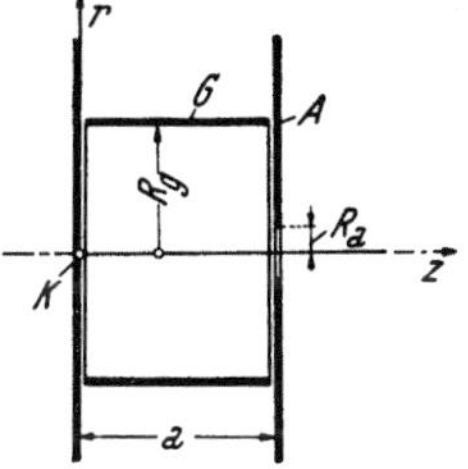

Abb. IV 231. Modell des Elektronenwerfers.

$$\varphi = 0 \qquad \text{für} \qquad z = 0 \qquad \text{(IV 17, 1)}$$

zugeschrieben.

2. Die *Anode* A besteht aus einer Kreisloch-Elektrode vom Öffnungshalbmesser $r = R_a$ in der Ebene $z = a$. Ihr fällt die Aufgabe zu, die aus der Kathode emittierten Elektronen zu beschleunigen; daher wird ihr Potential

$$\varphi = U_a \qquad \text{für} \qquad z = a; \qquad r > R_a \qquad \text{(IV 17, 2)}$$

im regulären Betriebe des Gerätes stets auf einem festen, positiven Werte gehalten.

3. Das *Gitter* G besitzt die Gestalt eines in der Systemachse zentrierten Hohlzylinders vom Halbmesser $r = R_g$, welcher sowohl gegen die Kathode wie gegen die Anode elektrisch isoliert ist; seine Aufgabe ist es, die radiale Dispersion der Elektronen unter Kontrolle zu halten und die Stärke des emittierten Gesamtstromes zu regeln. Um diese Funktionen zu erfüllen, erteilt man dem Gitter ein negatives Potential

$$\varphi = U_g < 0 \qquad \text{für} \qquad 0 < z < a; \qquad r = R_g. \qquad \text{(IV 17, 3)}$$

b) Wir denken uns die Anodenöffnung bis auf den infinitesimalen, doch nicht verschwindenden Halbmesser

$$R_a \to 0 \qquad \text{(IV 17, 4)}$$

verkleinert und verwandeln durch dieses Gedankenexperiment den Elektronenwerfer in eine geschlossene, zylindrische Kammer, welche jedoch in der Ebene z = a einem in der Achse konzentrierten, infinitesimalen Elektronenstrom freien Durchgang gewährt. Gesucht wird die im Inneren der Kammer herrschende Potentialfunktion $\varphi = \varphi(z, r)$, welche dort der *Laplace*schen Gleichung

$$\frac{\partial^2 \varphi}{\partial r^2} + \frac{1}{r}\frac{\partial \varphi}{\partial r} + \frac{\partial^2 \varphi}{\partial z^2} = 0 \qquad \text{(IV 17, 5)}$$

unter den durch (IV 17, 4) vereinfachten Randbedingungen (IV 17, 1), (IV 17, 2) und (IV 17, 3) genügt.

c) Um das vorgelegte Potentialproblem zu lösen, stützen wir uns auf die Linearität der *Laplace*schen Gleichung und zerlegen φ in die drei je dieser Gleichung genügenden Anteile $\varphi^{(1)}$, $\varphi^{(2)}$ und $\varphi^{(3)}$:

$$\varphi = \varphi^{(1)} + \varphi^{(2)} + \varphi^{(3)}, \qquad \text{(IV 17, 6)}$$

welchen wir einzeln folgende Bedingungen auferlegen:

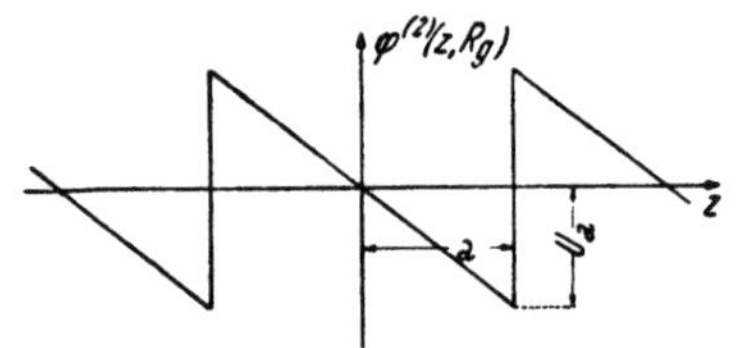

Abb. IV 232. Periodische Fortsetzung des Potentialanteiles $\varphi^{(2)}$.

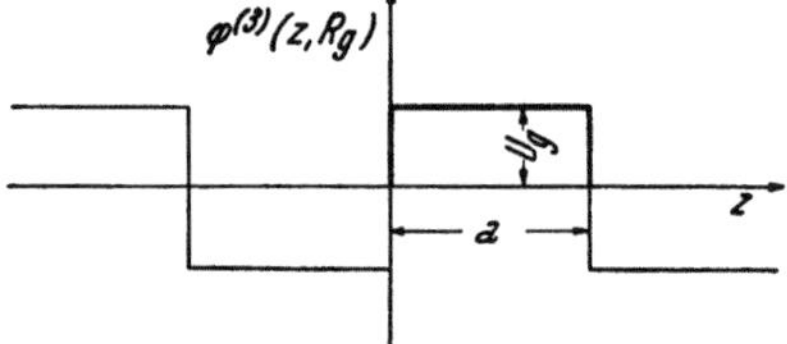

Abb. IV 233. Periodische Fortsetzung des Potentialanteiles $\varphi^{(3)}$.

1. $\varphi^{(1)}$ wird als diejenige Potentialfunktion definiert, welche bei Beseitigung des Gitters durch die Ladungen lediglich der Anode und der Kathode erzeugt werden würde; sie wird im Einklang mit den vorgeschriebenen Potentialen dieser Elektroden, durch

$$\varphi^{(1)} = U_a \frac{z}{a} \qquad \text{(IV 17, 7)}$$

dargestellt.

2. Wir erteilen dem Gitter vorübergehend das Potential $U_g = 0$. Da diese Forderung mit (IV 17, 7) im Widerspruch steht, wird die Gitterelektrode zum Ursprung der Potentialfunktion $\varphi^{(2)}$, welche den Einfluß (IV 17, 7) auf der genannten Elektrode selbst gerade annulliert:

$$\varphi^{(2)} = -U_a \cdot \frac{z}{a} \quad \text{für} \quad 0 < z < a; \quad r = R_g, \qquad \text{(IV 17, 8)}$$

gleichzeitig jedoch die durch $\varphi^{(1)}$ garantierten Potentiale der Anode und der Kathode unverändert läßt

$$\varphi^{(2)} = 0 \quad \text{für} \quad z = 0 \quad \text{und} \quad z = a. \qquad \text{(IV 17, 9)}$$

3. Im Falle $U_g \neq 0$ haben wir die zusätzliche Potentialfunktion $\varphi^{(3)}$ in Rechnung zu stellen, welche auf dem Gitter eben jenen Wert U_g annimmt

$$\varphi^{(3)} = U_g \quad \text{für} \quad 0 < z < a, \quad r = R_g. \qquad \text{(IV 17, 10)}$$

und in den Ebenen der Kathode und der Anode verschwindet

$$\varphi^{(3)} = 0 \quad \text{für} \quad z = 0 \quad \text{und} \quad z = a. \qquad \text{(IV 17, 11)}$$

Um zunächst $\varphi^{(2)}(z, r)$ zu ermitteln, ergänzen wir (IV 17, 8) innerhalb des Bereiches $(-a) < z < 0$ durch die Festsetzung

$$\varphi^{(2)} = -U_a \cdot \frac{z}{a} \quad \text{für} \quad -a < z < 0, \quad r = R_g \qquad \text{(IV 17, 12)}$$

und konstruieren jetzt die periodische Funktion [Abb. IV 232]

$$\varphi^{(2)} = \left.\begin{matrix} -U_a \cdot \dfrac{z}{a} & \text{für} & -a < z < a \\ 0 & \text{für} & z = \mp a \end{matrix}\right\} \bmod 2a; \quad r = R_g, \qquad \text{(IV 17, 13)}$$

welche in analytisch einheitlicher Gestalt für alle z durch die *Fourier*sche Reihe

$$\varphi^{(2)}(z, R_g) = + U_a \frac{2}{\pi} \sum_{k=1}^{\infty} (-1)^k \frac{\sin k \frac{\pi}{a} z}{k} \qquad \text{(IV 17, 14)}$$

dargestellt wird. Nunmehr konstruieren wir mit Hilfe der *Bessel*schen Zylinderfunktion nullter Ordnung vom rein imaginären Argumente $\left(\sqrt{-1}\, k \frac{\pi}{a} r\right)$ nach Wahl der willkürlichen Konstanten C_k folgende, in $0 \leqq r \leqq R_g$ überall endlichen und stetigen Partikularintegrale der *Laplace*schen Gleichung

$$f_k(z, r) = C_k \sin k \frac{\pi}{a} z\, J_0\left(\sqrt{-1}\, k \frac{\pi}{a} r\right); \qquad k = 1, 2, 3 \ldots \qquad \text{(IV 17, 15)}$$

Wir berufen uns abermals auf den linearen Charakter der *Laplace*schen Gleichung, setzen

$$C_k = U_a \frac{2}{\pi} (-1)^k \frac{1}{k} \frac{1}{J_0\left(\sqrt{-1}\, k \frac{\pi}{a} R_g\right)} \qquad \text{(IV 17, 16)}$$

und erhalten in

$$\varphi^{(2)}(z, r) = U_a \cdot \frac{2}{\pi} \sum_{k=1}^{\infty} (-1)^k \frac{\sin k \frac{\pi}{a} z}{k} \frac{J_0\left(\sqrt{-1}\, k \frac{\pi}{a} r\right)}{J_0\left(\sqrt{-1}\, k \frac{\pi}{a} R_g\right)} \qquad \text{(IV 17, 17)}$$

die gesuchte Lösung.

Auf ähnlichem Wege stellen wir das Potential $\varphi^{(3)}(z, r)$ her:

Wir spiegeln Gl. (IV 17, 10) an der Ebene $z = 0$

$$\varphi^{(3)} = -U_g \quad \text{für} \quad (-a) < z < 0; \qquad r = R_g \qquad \text{(IV 17, 18)}$$

und bilden entsprechend Abb. IV 233 die periodische Funktion

$$\varphi^{(3)}(z, R_g) = \left.\begin{matrix} \pm U_g & \text{für} & \pm a \gtreqless z \gtreqless 0 & & \\ 0 & \text{für} & z = \pm a & \text{und} & z = 0 \end{matrix}\right\} \bmod 2a \qquad \text{(IV 17, 19)}$$

welche einheitlich für alle z durch die *Fourier*sche Reihe

$$\varphi^{(3)}(z, R_g) = U_g \cdot \frac{4}{\pi} \sum_{u=0}^{\infty} \frac{\sin (2n+1) \frac{\pi}{a} z}{2n+1} \qquad \text{(IV 17, 20)}$$

dargestellt wird. Wir rufen nun die Partikularintegrale (IV 17, 15) zu Hilfe, in welchen wir

$$C_k = U_g \cdot \frac{4}{\pi} \frac{1}{k} \frac{1}{J_0\left(\sqrt{-1}\, k \frac{\pi}{a} R_g\right)}; \qquad k = 2n + 1 \qquad \text{(IV 17, 21)}$$

wählen und erhalten

$$\varphi^{(3)} = U_g \frac{4}{\pi} \sum_{n=0}^{\infty} \frac{\sin (2n+1) \frac{\pi}{a} z}{2n+1} \cdot \frac{J_0\left(\sqrt{-1}\,(2n+1) \frac{\pi}{a} r\right)}{J_0\left(\sqrt{-1}\,(2n+1) \frac{\pi}{a} R_g\right)} \qquad \text{(IV 17, 22)}$$

Wir fassen (IV 17, 7), (IV 17, 17) und (IV 17, 22) gemäß (IV 17, 6) zum resultierenden Potential φ zusammen und finden für $r = 0$

$$\varphi(z, 0) \equiv \Phi(z) = U_a \left[\frac{z}{a} + \frac{2}{\pi} \sum_{k=1}^{\infty} \frac{(-1)^k}{k} \cdot \frac{\sin k \frac{\pi}{a} z}{J_0\left(\sqrt{-1}\, k \frac{\pi}{a} R_g\right)}\right] + $$

$$+ U_g \cdot \frac{4}{\pi} \sum_{n=0}^{\infty} \frac{1}{2n+1} \cdot \frac{\sin (2n+1) \frac{\pi}{a} z}{J_0\left(\sqrt{-1}\,(2n+1) \frac{\pi}{a} R_g\right)}. \qquad \text{(IV 17, 23)}$$

d) Wir berechnen aus (IV 17, 23) den Gradienten

$$\frac{d\Phi}{dz} = \frac{U_a}{a}\left[1 + 2 \sum_{k=1}^{\infty} \frac{(-1)^k \cdot \cos k \frac{\pi}{a} z}{J_0\left(\sqrt{-1}\, k \frac{\pi}{a} R_g\right)} + \frac{U_g}{a} \cdot 4 \sum_{n=0}^{\infty} \frac{\cos (2n+1) \frac{\pi}{a} z}{J_0\left(\sqrt{-1}\,(2n+1) \frac{\pi}{a} R_g\right)}\right]$$

(IV 17, 24)

Er gleicht für $z = 0$ der antiparallel zur z-Achse gerichteten Kathodenfeldstärke E_K. Definieren wir also den *Durchgriff* D *der Anode durch den Gitterring* mittels

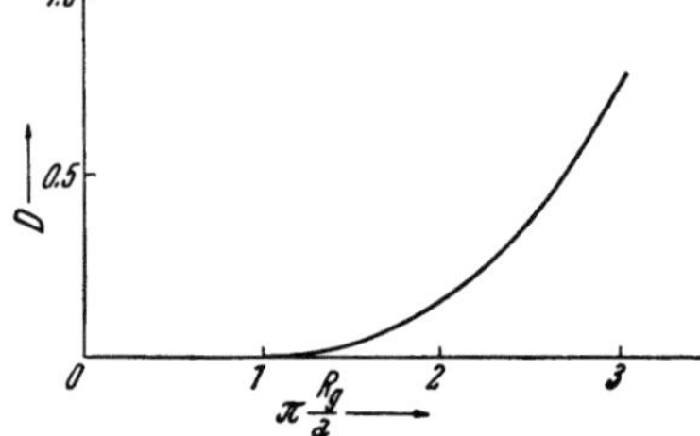

Abb. IV 234. Elektronenwerfer. Durchgriff der Anode durch den Gitterring.

$$D = \frac{1 + 2 \sum_{k=1}^{\infty} \frac{(-1)^k}{J_0\left(\sqrt{-1}\, k \frac{\pi}{a} R_g\right)}}{4 \sum_{n=0}^{\infty} \frac{1}{J_0\left(\sqrt{-1}\,(2n+1) \frac{\pi}{a} R_g\right)}} \qquad \text{(IV 17, 25)}$$

[Abb. IV 234], so können wir schreiben

$$a E_K = \left[4 \sum_{n=0}^{\infty} \frac{1}{J_0\left(\sqrt{-1}\,(2n+1) \frac{\pi}{a} R_g\right)}\right] [U_g + D\, U_a]. \qquad \text{(IV 17, 26)}$$

Insbesondere liefert die Bedingung $E_K = 0$ als *Sperrspannung* $U_g = U_{sperr}$ des Gitters im Verhältnis zur Anodenspannung

$$\frac{U_{sperr}}{U_a} = -D. \qquad \text{(IV 17, 27)}$$

e) Die Reihe (IV 17, 23) konvergiert nur für kurze Objektive $[(\pi/a) R_g \gg 1]$ mit praktisch ausreichender Geschwindigkeit; wir haben deshalb für lange Objektive $[(\pi/a) R_g \ll 1]$ eine andere Potentialdarstellung aufzusuchen.

Wir fassen die Teilpotentiale $\varphi^{(1)}$ und $\varphi^{(2)}$ zum Potentiale φ^* zusammen

$$\varphi^* = \varphi^{(1)} + \varphi^{(2)}, \qquad \text{(IV 17, 28)}$$

welches den Randbedingungen

$$\varphi^* = 0 \quad \text{für} \quad r = R_g; \quad 0 \leqq z < a \qquad \text{(IV 17, 29)}$$

und

$$\varphi^* = U_a \quad \text{für} \quad z = a, \quad 0 \leqq r < R_g \qquad \text{(IV 17, 30)}$$

genügt.

Mit Hilfe der reellen Konstanten C_k und λ_k konstruieren wir die Partikularintegrale

$$f_k = C_k \sinh \lambda_k \frac{z}{R_g} \cdot J_0\left(\lambda_k \frac{r}{R_g}\right) \qquad \text{(IV 17, 31)}$$

der *Laplace*schen Gleichung. Sie genügen den Bedingungen (IV 17, 29), falls wir die λ_k mit den Wurzeln u_k der transzendenten Gleichung $J_0(u) = 0$ identifizieren:

$$f_k = C_k \sinh u_k \frac{z}{R_g} \cdot J_0\left(u_k \cdot \frac{r}{R_g}\right); \qquad k = 1, 2, 3 \ldots \qquad \text{(IV 17, 32)}$$

Auf Grund ihrer Linearität wird nun die *Laplace*sche Gleichung auch von der Summe dieser Funktionen erfüllt, sofern diese nur konvergiert. Dies vorausgesetzt, bilden wir demnach aus (IV 17, 32)

$$\varphi^* = \sum_{k=1}^{\infty} C_k \sinh u_k \frac{z}{R_g} \cdot J_0\left(u_k \frac{r}{R_g}\right). \qquad \text{(IV 17, 33)}$$

Hierin haben wir die Gesamtheit der C_k so zu bestimmen, daß (IV 17, 30) erfüllt wird

$$\sum_{k=1}^{\infty} C_k \sinh u_k \frac{a}{R_g} \cdot J_0\left(u_k \frac{r}{R_g}\right) = U_a; \qquad 0 \leqq r < R_g \qquad \text{(IV 17, 34)}$$

Um diese Aufgabe zu lösen, bedienen wir uns folgender Orthogonalitäts-Relationen der *Bessel*schen Zylinderfunktionen nullter Ordnung

$$\int_0^1 \left(\frac{r}{R_g}\right) J_0\left(u_j \frac{r}{R_g}\right) \cdot J_0\left(u_k \frac{r}{R_g}\right) d\left(\frac{r}{R_g}\right) = \left.\begin{array}{ll} 0 & \text{für } j \neq k \\ \frac{1}{2}\,[J_1(u_k)]^2 & \text{für } j = k. \end{array}\right\} \qquad \text{(IV 17, 35)}$$

Indem wir daher (IV 17, 34) mit $r/R_g \cdot J_0(u_j\, r/R_g)$ erweitern und die entstehende Gleichung über den Bereich $0 \leqq r/R_g < 1$ integrieren, folgt

$$C_j \sinh u_j \frac{a}{R_g} \cdot \frac{1}{2}\,[J_1(u_j)]^2 = U_a \int_0^1 \left(\frac{r}{R_g}\right) J_0\left(u_j \frac{r}{R_g}\right) d\left(\frac{r}{R_g}\right) =$$

$$= U_a \cdot \frac{J_1(u_j)}{u_j}; \qquad C_j = \frac{U_a}{\sinh u_j \frac{a}{R_g}} \cdot \frac{2}{u_j\, J_1(u_j)} \qquad \text{(IV 17, 36)}$$

Durch Restitution dieses Ergebnisses in (IV 17, 33) resultiert für φ^* die Reihe

$$\varphi^* = U_a \sum_{k=1}^{\infty} \frac{\sinh u_k \frac{z}{R_g}}{\sinh u_k \frac{a}{R_g}} \cdot \frac{2 J_0\left(u_k \frac{r}{R_g}\right)}{u_k J_1(u_k)} \qquad \text{(IV 17, 37)}$$

welche in der Umgebung der Kathode langer Objektive überaus rasch konvergiert.

Für den restlichen Potentialanteil $\varphi^{(3)}$ schreiben wir

$$\varphi^{(3)} = U_g + \overline{\varphi}^{(3)}, \qquad \text{(IV 17, 38)}$$

wobei nun mit Rücksicht auf (IV 17, 10) und (IV 17, 11) $\overline{\varphi}^{(3)}$ den Randbedingungen

$$\overline{\varphi}^{(3)} = 0 \quad \text{für} \quad r = R_g; \quad 0 < z < a \qquad \text{(IV 17, 39)}$$

und

$$\overline{\varphi}^{(3)} = -U_g \quad \text{für} \quad z = 0 \quad \text{und} \quad z = a; \quad 0 \leqq r < R_g \qquad \text{(IV 17, 40)}$$

zu unterwerfen ist.

Wir genügen (IV 17, 39) durch die Partikularintegrale

$$\overline{f}_k = \overline{C}_k \cosh u_k \frac{2z - a}{2 R_g} \cdot J_0\left(u_k \frac{r}{R_g}\right) \qquad \text{(IV 17, 41)}$$

der *Laplace*schen Gleichung; aus ihnen bilden wir die als konvergent vorauszusetzende Reihe

$$\overline{\varphi}^{(3)} = \sum_{k=1}^{\infty} \overline{C}_k \cosh u_k \frac{2z - a}{2 R_g} \cdot J_0\left(u_k \cdot \frac{r}{R_g}\right) \qquad \text{(IV 17, 42)}$$

und entnehmen aus (IV 17, 40) für die $\overline{C}_k$ die Forderung

$$\sum_{k=1}^{\infty} \overline{C}_k \cdot \cosh u_k \frac{a}{2 R_g} \cdot J_0\left(u_k \frac{r}{R_g}\right) = -U_g; \quad 0 \leqq r < R_g. \qquad \text{(IV 17, 43)}$$

Mit abermaliger Benutzung von (IV 17, 35) schließen wir hieraus analog (IV 17, 36)

$$\overline{C}_j = -\frac{U_g}{\cosh u_k \frac{a}{2 R_g}} \cdot \frac{2}{u_j J_1(u_j)}. \qquad \text{(IV 17, 44)}$$

Daher resultiert aus (IV 17, 38) und (IV 17, 44)

$$\varphi^{(3)} = U_g \left[1 - \sum_{k=1}^{\infty} \frac{\cosh u_k \frac{2z - a}{2 R_g}}{\cosh u_k \frac{a}{2 R_g}} \cdot \frac{2 J_0\left(u_k \frac{r}{R_g}\right)}{u_k J_1(u_k)}\right]. \qquad \text{(IV 17, 45)}$$

Unter der Voraussetzung $a/R_g \gg 1$, auf welche sich diese Entwicklungen beziehen, folgt aus (IV 17, 37) und (IV 17, 45) in hinreichend naher Umgebung der Kathode das Achsenpotential

$$\Phi = U_a \cdot \frac{2}{u_1 J_1(u_1)} \frac{\sinh u_1 \frac{z}{R_g}}{\sinh u_1 \frac{a}{R_g}} + U_g \left[1 - \sum_{k=1}^{\infty} e^{-u_k \frac{z}{R_g}} \cdot \frac{2}{u_k J_1(u_k)}\right]$$

(IV 17, 46)

Mit Rücksicht auf (IV 17, 20), (IV 17, 21) und (IV 17, 26) können wir statt (IV 17, 46) in guter Approximation schreiben

$$\Phi = U_a \frac{2}{u_1 J_1(u_1)} \frac{\sinh u_1 \frac{z}{R_g}}{\sinh u_1 \frac{a}{R_g}} + U_g \operatorname{tgh} \gamma \frac{z}{R_g}; \qquad \gamma = 1,32 \qquad \text{(IV 17, 47)}$$

In gleicher Genauigkeit berechnet sich die Kathodenfeldstärke zu

$$a E_K = a \left(\frac{d\Phi}{dz}\right)_{z=0} = U_a \cdot \frac{2 \frac{a}{R_g}}{J_1(u_1)} \frac{1}{\sinh u_1 \frac{a}{R_g}} + U_g \cdot \gamma \cdot \frac{a}{R_g}. \qquad \text{(IV 17, 48)}$$

so daß man für den Durchgriff

$$-\frac{U_{sperr}}{U_a} = D = \frac{2}{\gamma J_1(u_1)} \frac{1}{\sinh u_1 \frac{a}{R_g}} = \frac{2,93}{\sinh 2,405 \frac{a}{R_g}} \qquad \text{(IV 17, 49)}$$

findet.

f) Wir ergänzen die Berechnung des Potentiales längs der Achse durch die Analyse der antiparallel zur z-Achse gerichteten elektrischen Feldstärke an der Kathodenoberfläche

$$E_K = \frac{\partial \varphi}{\partial z} \qquad \text{für} \qquad z = 0. \qquad \text{(IV 17, 50)}$$

Für kurze Objektive $[\pi R_g/a \gg 1]$ erhalten wir aus (IV 17, 7), (IV 17, 17) und (IV 17, 22)

$$E_K = \frac{U_a}{a} \left[1 + 2 \sum_{k=1}^{\infty} (-1)^k \frac{J_0\left(\sqrt{-1}\, k \frac{\pi}{a} r\right)}{J_0\left(\sqrt{-1}\, k \frac{\pi}{a} R_g\right)} \right] -$$

$$- \frac{U_g}{a} \cdot 4 \sum_{n=0}^{\infty} \frac{J_0\left(\sqrt{-1}\,(2n+1) \frac{\pi}{a} r\right)}{J_0\left(\sqrt{-1}\,(2n+1) \frac{\pi}{a} R_g\right)}. \qquad \text{(IV 17, 51)}$$

Hiernach wächst $|E_K|$ für alle $U_g \neq 0$ mit $r \to R_g$ über alle Grenzen an. Wählt man nun

$$U_g + D\, U_a > 0; \qquad U_a > \frac{-U_g}{U_a} > 0, \qquad \text{(IV 17, 52)}$$

so resultiert zufolge der Definition des Durchgriffes in $r = 0$ gewiß eine positive Kathodenfeldstärke. Unter den genannten Betriebsbedingungen erscheint demnach innerhalb der Kathodenoberfläche ein „Grenzkreis" vom Halbmesser $r_0 < R_g$, auf dessen Umfang E_K verschwindet; zwischen den Elektrodenspannungen und dem Grenzkreis-Halbmesser besteht somit die aus (IV 17, 51) zu entnehmende Relation

$$-\frac{U_g}{U_a}=\frac{1+2\sum\limits_{k=1}^{\infty}(-1)^k\frac{J_0\left(\sqrt{-1}\,k\frac{\pi}{a}r_0\right)}{J_0\left(\sqrt{-1}\,k\frac{\pi}{a}R_g\right)}}{4\sum\limits_{n=0}^{\infty}\frac{J_0\left(\sqrt{-1}\,(2n+1)\frac{\pi}{a}r_0\right)}{J_0\left(\sqrt{-1}\,(2n+1)\frac{\pi}{a}R_g\right)}}\qquad \text{(IV 17, 53)}$$

Die Konvergenz der hier auftretenden Reihen ist im Falle $r_0 \to R_g$ unzureichend; um diese Schwierigkeit zu überwinden, bedienen wir uns der für hinreichend große $v > 0$ gültigen asymptotischen Darstellung

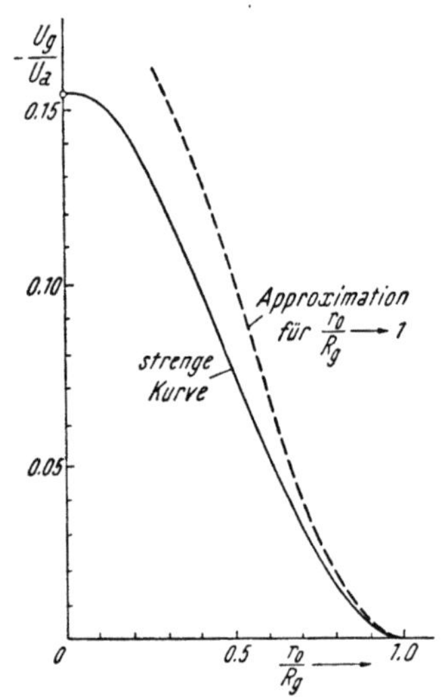

$$J_0(\sqrt{-1}\,v)\approx\frac{e^v}{\sqrt{2\pi v}}\qquad \text{(IV 17, 54)}$$

und erhalten

$$-\frac{U_g}{U_a}=\frac{1+2\sqrt{\frac{R_g}{r_0}}\sum\limits_{k=1}^{\infty}(-1)^k e^{-k\frac{\pi}{a}(R_g-r_0)}}{4\sqrt{\frac{R_g}{r_0}}\sum\limits_{n=0}^{\infty}e^{-(2n+1)\frac{\pi}{a}(R_g-r_0)}}\qquad \text{(IV 17, 55)}$$

also, nach Summation der geometrischen Reihen,

$$-\frac{U_g}{U_a}=\frac{1-2\sqrt{\frac{R_g}{r_0}}\frac{e^{-\frac{\pi}{a}R_g\left(1-\frac{r_0}{R_g}\right)}}{1+e^{-\frac{\pi}{a}R_g\left(1-\frac{r_0}{R_g}\right)}}}{4\sqrt{\frac{R_g}{r_0}}\frac{e^{-\frac{\pi}{a}R_g\left(1-\frac{r_0}{R_g}\right)}}{1-e^{-2\frac{\pi}{a}R_g\left(1-\frac{r_0}{R_g}\right)}}}=\qquad \text{(IV 17, 56)}$$

$$=\sinh\frac{\pi}{2}\frac{R_g}{a}\left(1-\frac{r_0}{R_g}\right)\left[\sqrt{\frac{r_0}{R_g}}\cosh\frac{\pi}{2}\frac{R_g}{a}\left(1-\frac{r_0}{R_g}\right)-e^{-\frac{\pi}{2}\frac{R_g}{a}\left(1-\frac{r_0}{R_g}\right)}\right]$$

Abb. IV 235. Elektronenwerfer. Größe der emittierenden Fläche als Funktion der Elektrodenspannungen [$\pi R_g/a = 2$].

Abb. IV 235 zeigt den durch (IV 17, 53), (IV 17, 56) vermittelten Zusammenhang zwischen der Lage des Grenzkreises und dem Verhältnis der Elektrodenspannungen für ein Objektiv der Maßeigenschaft $\pi R_g/a = 2$.

Zu langen Objektiven [$\pi R_g/a \ll 1$] übergehend, bilden wir aus (IV 17, 22) im Verein mit (IV 17, 37)

$$E_K=\frac{U_a}{R_g}\sum_{k=1}^{\infty}\frac{2}{J_1(u_k)\sinh\left(u_k\frac{a}{R_g}\right)}J_0\left(u_k\frac{r}{R_g}\right)+$$

$$+\frac{U_g}{a}\cdot 4\sum_{n=0}^{\infty}\frac{J_0\left(\sqrt{-1}\,(2n+1)\frac{\pi}{a}r\right)}{J_0\left(\sqrt{-1}\,(2n+1)\frac{\pi}{a}R_g\right)}\qquad \text{(IV 17, 57)}$$

In dieser Gleichung stellt der erste Posten der rechten Seite eine so rasch konvergierende Reihe dar, daß man sich auf ihr erstes Glied beschränken darf; dagegen konvergiert die im zweiten Posten vorliegende Reihe so langsam, daß sie zu einer unmittelbaren numerischen Berechnung nicht taugt. Um diese Schwierigkeit zu überwinden, setzen wir

$$\lambda = (2\,n + 1)\pi \frac{R_g}{a}; \qquad \Delta\lambda = 2\pi \frac{R_g}{a} \qquad \text{(IV 17, 58)}$$

wobei die Differenz $\Delta\lambda$ dem Fortschritt von n zu (n + 1) entspricht. Damit wird

$$\frac{4}{a}\sum_{n=0}^{\infty} \frac{J_0\left(\sqrt{-1}\,(2\,n+1)\frac{\pi}{a}\,r\right)}{J_0\left(\sqrt{-1}\,(2\,n+1)\frac{\pi}{a}\,R_g\right)} \equiv$$

$$\equiv \frac{2}{\pi R_g} \sum_{\lambda=\pi\frac{R_g}{a}}^{\infty}{}' \frac{J_0\left(\sqrt{-1}\,\lambda\,\frac{r}{R_g}\right)}{J_0(\sqrt{-1}\,\lambda)}\,\Delta\lambda \qquad \text{(IV 17, 59)}$$

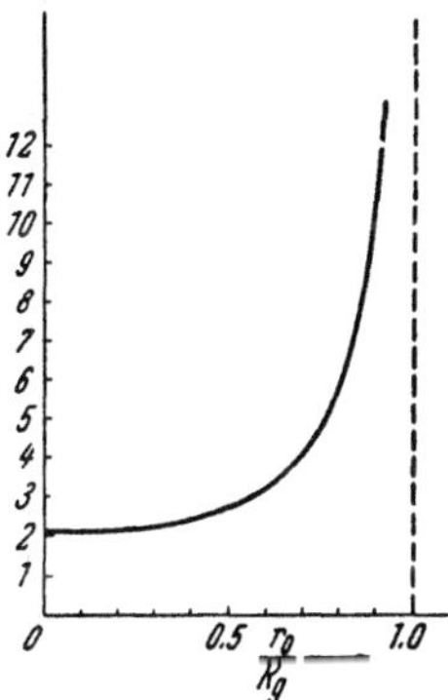

Abb. IV 236. Die Funktion (IV 17, 61).

so daß für $\pi/a \cdot R_g \to 0$ der Grenzwert

$$\lim_{\frac{\pi}{a}R_g \to 0} \frac{4}{a}\sum_{n=0}^{\infty} \frac{J_0\left(\sqrt{-1}\,(2\,n+1)\frac{\pi}{a}\,r\right)}{J_0\left(\sqrt{-1}\,(2\,n+1)\frac{\pi}{a}\,R_g\right)} = \frac{2}{\pi R_g}\int_0^{\infty} \frac{J_0\left(\sqrt{-1}\,\lambda\,\frac{r}{R_g}\right)}{J_0(\sqrt{-1}\,\lambda)}\,d\lambda \qquad \text{(IV 17, 60)}$$

mit dem in Abb. IV 236 dargestellten Verlauf der Funktion

$$J\left(\frac{r}{R_g}\right) = \int_0^{\infty} \frac{J_0\left(\sqrt{-1}\,\lambda\,\frac{r}{R_g}\right)}{J_0(\sqrt{-1}\,\lambda)}\,d\lambda \qquad \text{(IV 17, 61)}$$

entsteht. Benutzen wir (IV 17, 60) als Approximation der in Rede stehenden Summe, so reduziert sich hiernach (IV 17, 57) auf die Näherung

$$E_K \approx \frac{U_a}{R_g}\,\frac{2}{J_1(u_1)\sinh\left(u_1\,\frac{a}{R_g}\right)}\,J_0\left(u_1\,\frac{r}{R_g}\right) + \frac{2}{\pi R_g}\,J\left(\frac{r}{R_g}\right). \qquad \text{(IV 17, 62)}$$

Aus der Forderung verschwindender Kathodenfeldstärke $[E_K = 0]$ auf dem Grenzkreis entsteht also für dessen Halbmesser r_0 die Gleichung

$$-\frac{U_g}{U_a}\cdot\sinh\left(u_1\,\frac{a}{R_g}\right) = \frac{\pi}{J_1(u_1)}\,\frac{J_0\left(u_1\,\frac{r_0}{R_g}\right)}{J\left(\frac{r_0}{R_g}\right)}; \qquad u_1 = 2{,}4048 \qquad \text{(IV 17, 63)}$$

welche durch Abb. IV 237 veranschaulicht wird.

g) Wir identifizieren den Kreisbereich $0 \leqq r \leqq R_K < R_g$ der Ebene $z = 0$ mit der aktiven Kathodenoberfläche, welche den Gesamtstrom S_0 in der gleichförmigen Dichte

$$s_0 = \frac{S_0}{\pi R_K^2} \qquad \text{(IV 17, 64)}$$

in das Innere des Objektivs entsende. Die Anfangsgeschwindigkeit der eben emittierten Elektronen werde als sehr klein im Vergleich zu jener Geschwindigkeit vorausgesetzt, welche sie beim Durchlaufen der Potentialdifferenz $U_a > 0$ erwerben können. Nun mögen die Elektrodenpotentiale $U_a > 0$ und $U_g < 0$ so gewählt werden, daß

$$r_0 \leqq R_K \qquad \text{(IV 17, 65)}$$

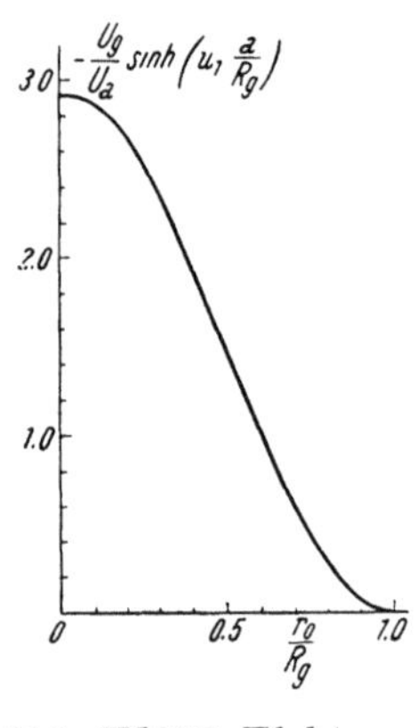

Abb. IV 237. Elektronenwerfer. Allgemeines Näherungsgesetz zur Ermittelung der emittierenden Kathodenfläche.

ausfällt. Dann dürfen wir annehmen, daß nur die innerhalb des Grenzkreises startenden Elektronen zur Anode gelangen, während die übrigen zur Kathode zurückgetrieben werden: Das Objektiv entsendet den Teilstrom

$$S = s_0 \pi r_0^2 = S_0 \left(\frac{r_0}{R_K}\right)^2 \leqq S_0 \qquad \text{(IV 17, 66)}$$

als Kathodenstrahl in den anschließenden Teil des Elektronengerätes. Durch Veränderung des Spannungsverhältnisses ($-U_g/U_a$) kann daher die Strahlstromstärke innerhalb des Bereiches $0 \leqq S \leqq S_0$ geregelt werden. Die für diesen Prozeß maßgebliche „*Steuerkennlinie*“ des von Kathode, Gitter und Anode gebildeten Trioden-Systemes wird, unter der einschränkenden Bedingung (IV 17, 65), durch die Gleichung

$$\frac{S}{S_0} = \left(\frac{r_0}{R_K}\right)^2 = \left(\frac{R_g}{R_K}\right)^2 \left(\frac{r_0}{R_g}\right)^2 \qquad \text{(IV 17, 67)}$$

beschrieben, in welcher die Funktion

$$\left(\frac{r_0}{R_g}\right)^2 = v\left(-\frac{U_g}{U_a}\right) \qquad \text{(IV 17, 68)}$$

der *Elektronen-Scheide* für jedes geometrisch vorgegebene Objektiv nach den Überlegungen des vorigen Abschnittes bekannt ist. Insbesondere findet sich auf Grund von (IV 17, 63) für hinreichend lange Objektive die in Abb. IV 238 dargestellte „*Normalkennlinie*“, in welcher als Abszisse das Spannungsverhältnis ($-U_g/U_a \cdot \sinh u_1\, a/R_g$) und als Ordinate des Stromverhältnis $S/S_0\, (R_K/R_g)^2$ erscheint.

Abb. IV 238. Normalkennlinie des Elektronenwerfers.

IV 18. Dioptrik des Elektronenwerfers.

a) Wir legen dem Verlaufe achsennaher Kathodenstrahlen eines Elektronenwerfers die Differentialgleichung (IV 18, 2) zugrunde; unter der Annahme, daß die Elektronen drehimpulsfrei emittiert werden, reduziert sie sich auf

$$\frac{d^2r}{dz^2} + \frac{1}{2}\frac{\Phi'}{\Phi}\frac{dr}{dz} + \frac{1}{4}\frac{\Phi''}{\Phi} r = 0. \qquad \text{(IV 18, 1)}$$

Daher wird die Kinematik der Elektronen durch die Struktur des Primärfeldes in der Umgebung der Kathode $[\Phi \to 0]$ entscheidend beeinflußt: Bei Beschränkung auf nicht zu kurze Elektronenwerfer sind wir berechtigt, das Achsenpotential gemäß (IV 17, 45) durch

$$\Phi(z) = U_a \frac{2}{u_1 J_1(u_1)} \frac{\sinh u_1 \frac{z}{R_g}}{\sinh u_1 \frac{a}{R_g}} + U_g \operatorname{tgh} \gamma \frac{z}{R_g} \qquad \text{(IV 18, 2)}$$

zu approximieren. Im Lichte dieser Gleichung zerlegen wir die Bewegung in zwei Anteile:

1. Die *Hauptbewegung* wird allein von dem Potential

$$\Phi_H(z) = U_a \frac{2}{u_1 J_1(u_1)} \cdot \frac{\sinh u_1 \frac{z}{R_g}}{\sinh u_1 \frac{a}{R_g}} \qquad \text{(IV 18, 3)}$$

gesteuert, welches bei spannungsfreiem [aber durch seine Ladung wirksamem] Gitter verbleibt [Abb. IV 239].

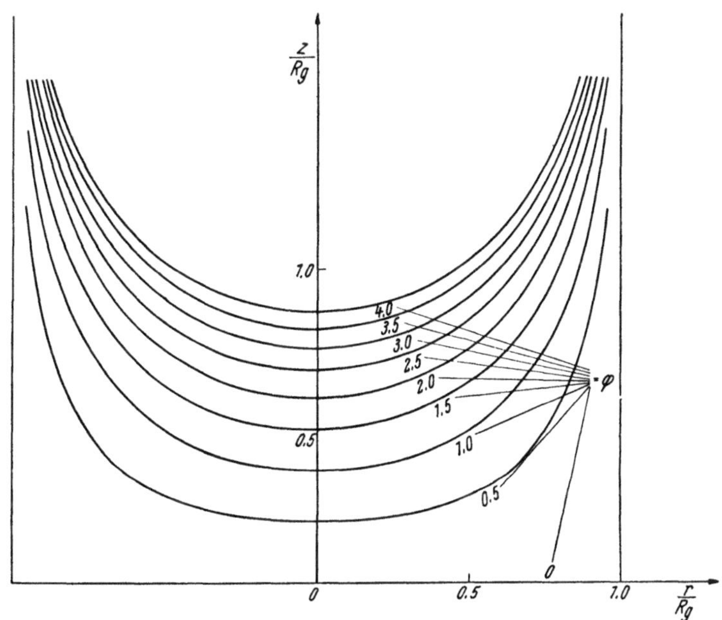

Abb. IV 239. Elektronenwerfer. Äquipotentiallinien bei spannungsfreiem Gitter.

2. Im Falle $U_g \neq 0$ wird die Hauptbewegung durch das Potential

$$\Phi_{st} = U_g \operatorname{tgh} \gamma \frac{z}{R_g} \qquad \text{(IV 18, 4)}$$

„gestört".

b) Wir beschäftigen uns zunächst mit dem zeitlichen Ablauf der Hauptbewegung in Richtung der Achse; sie unterliegt der Differentialgleichung

$$\frac{d^2 z}{dt^2} = \frac{q_0}{m_0} \frac{d\Phi_H}{dz} = \frac{q_0}{m_0} \cdot \frac{U_a}{R_g} \cdot \frac{2}{J_1(u_1)} \frac{\cosh u_1 \frac{z}{R_g}}{\sinh u_1 \frac{a}{R_g}} \qquad \text{(IV 18, 5)}$$

mit den Anfangsbedingungen

$$z = 0; \qquad \frac{dz}{dt} = 0 \qquad \text{für} \qquad t = 0. \tag{IV 18, 6}$$

Wir setzen abkürzend als numerische Koordinaten

$$\zeta = u_1 \frac{z}{R_g}; \qquad \alpha = u_1 \frac{a}{R_g}, \tag{IV 18, 7}$$

definieren die numerische Zeit τ durch

$$\tau = \frac{z}{R_g} \sqrt{\frac{q_0}{m_0} U_a \frac{2}{J_1(u_1)} \cdot \frac{1}{\sinh \alpha}} \tag{IV 18, 8}$$

und erhalten (IV 18, 5) in der „Normalform“

$$\frac{d^2\zeta}{d\tau^2} = \cosh \zeta. \tag{IV 18, 9}$$

Wir stützen uns auf die Identität

$$\frac{d^2\zeta}{d\tau^2} \equiv \frac{d}{d\zeta}\left(\frac{1}{2}\dot{\zeta}^2\right); \qquad \dot{\zeta} \equiv \frac{d\zeta}{d\tau} \tag{IV 18, 10}$$

und finden durch Integration der Gleichung (IV 18, 9) mit Rücksicht auf (IV 18, 6)

$$\frac{d\zeta}{d\tau} \equiv \dot{\zeta} = \sqrt{2 \sinh \zeta} = \sqrt{e^{\zeta} - e^{-\zeta}}. \tag{IV 18, 11}$$

Nach Trennung der Veränderlichen entsteht hieraus

$$\frac{d\zeta}{\sqrt{e^{\zeta} - e^{-\zeta}}} = d\tau. \tag{IV 18, 12}$$

Wir substituieren

$$e^{-\zeta/2} = \cos \beta; \qquad \frac{1}{2} e^{-\zeta/2} d\zeta = \sin \beta \, d\beta. \tag{IV 18, 13}$$

Mit abermaliger Beachtung der Anfangsbedingungen (IV 18, 6) folgt somit

$$\tau = \int_0^{\beta} \frac{2 \sin \beta \, d\beta}{\sqrt{1 - \cos^4 \beta}} = \int_0^{\beta} \frac{2 \, d\beta}{\sqrt{1 + \cos^2 \beta}} = \sqrt{2} \int_0^{\beta} \frac{d\beta}{\sqrt{1 - \frac{1}{2} \sin^2 \beta}}. \tag{IV 18, 14}$$

Das rechter Hand auftretende, bestimmte Integral definiert das *Elliptische Normalintegral erster Gattung* des Argumentes β und des Moduls $k = 1/\sqrt{2}$ [Modularwinkel $\varkappa = \arcsin k = \pi/4$] in seiner *Legendre*schen Normalform $F(\varkappa, \beta)$, dessen numerische Werte tabuliert sind; mit seiner Hilfe schreibt sich (IV 18, 14) in der Gestalt

$$\tau = \sqrt{2} \, F\left(\frac{\pi}{4}, \arccos e^{-\zeta/2}\right), \tag{IV 18, 15}$$

welche durch Abb. IV 240 veranschaulicht wird. Insbesondere resultiert für $\zeta = \alpha$ als numerische Passagezeit τ_a des Elektrons durch das gesamte Objektiv

$$\tau_a = \sqrt{2} \, F\left(\frac{\pi}{4}, \arccos e^{-\alpha/2}\right). \tag{IV 18, 16}$$

Da nach Voraussetzung $\alpha \gg 1$ ist, erhält man τ_a hinreichend genau durch den Grenzübergang $\zeta \to \infty$ in (IV 18, 15):

$$\tau_a \approx \lim_{\zeta=\infty} \tau = \sqrt{2}\, F\left(\frac{\pi}{4}, \frac{\pi}{2}\right) = \sqrt{2} \cdot 1{,}8541 = 2{,}62. \qquad \text{(IV 18, 17)}$$

Es mag befremden, daß zum Durchlaufen eines unbegrenzt langen Weges eine nur endliche Epoche erforderlich sein soll, da ein solcher Schluß im Widerspruch zu den Prinzipien der Relativitätstheorie steht; im Rahmen der *Newton*schen Mechanik jedoch, welche der gegenwärtigen Untersuchung zugrunde liegt, ist die Konzeption einer beliebig anwachsenden Geschwindigkeit zulässig, und in diesem Sinne besteht die Aussage (IV 18, 17) zu Recht.

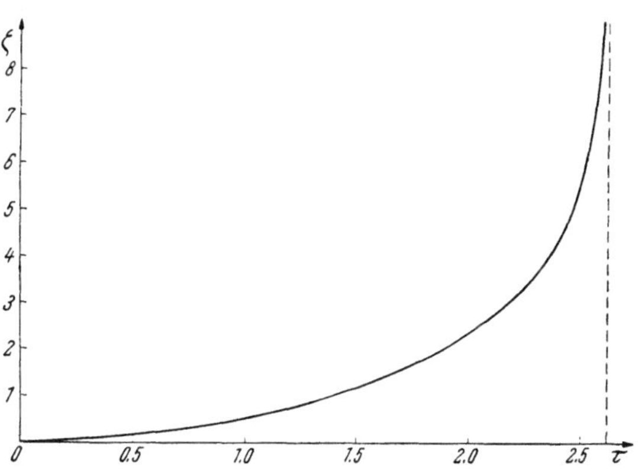

Abb. IV 240. Elektronenwerfer. Dynamik der Achsialbewegung.

c) Wir ergänzen (IV 18, 7) durch die Definition der numerischen Radialabweichung

$$\varrho = u_1 \frac{r}{R_g}, \qquad \text{(IV 18, 18)}$$

setzen (IV 18, 3) in (IV 18, 1) ein und erhalten als *dioptrische Gleichung der Hauptbewegung*

$$\frac{d^2\varrho}{d\zeta^2} + \frac{1}{2}\operatorname{cotgh}\zeta \cdot \frac{d\varrho}{d\zeta} + \frac{1}{4}\varrho = 0. \qquad \text{(IV 18, 19)}$$

Zum Zwecke ihrer analytischen Lösung führen wir statt ζ die Veränderliche μ ein

$$\mu = \sinh \zeta, \qquad \text{(IV 18, 20)}$$

also

$$\frac{d\varrho}{d\zeta} = \frac{d\varrho}{d\mu}\cosh\zeta\,; \qquad \operatorname{cotgh}\zeta \cdot \frac{d\varrho}{d\zeta} = \left(\mu + \frac{1}{\mu}\right)\frac{d\varrho}{d\zeta} \qquad \text{(IV 18, 21)}$$

und

$$\frac{d^2\varrho}{d\zeta^2} = \frac{d^2\varrho}{d\mu^2}\cosh^2\zeta + \frac{d\varrho}{d\mu}\sinh\zeta = (\mu^2+1)\frac{d^2\varrho}{d\mu^2} + \mu\frac{d\varrho}{d\mu}, \qquad \text{(IV 18, 22)}$$

so daß (IV 18, 19) in

$$(\mu^2+1)\frac{d^2\varrho}{d\mu^2} + \left(\frac{3}{2}\mu + \frac{1}{2\mu}\right)\frac{d\varrho}{d\mu} + \frac{1}{4}\varrho = 0 \qquad \text{(IV 18, 23)}$$

übergeht. In der Umgebung des singulären Punktes $\mu = 0$ machen wir nach Wahl eines noch unbekannten Exponenten λ für ϱ den Potenzreihen-Ansatz

$$\varrho = \mu^\lambda \sum_{n=0}^{\infty} a_n \cdot \mu^n. \qquad \text{(IV 18, 24)}$$

Seine Substitution in (IV 18, 23) liefert durch Nullsetzen jenes Gliedes, das mit der niedersten Potenz von μ beginnt, für λ die charakteristische Gleichung

$$\lambda(\lambda - 1) + \frac{1}{2}\lambda = 0 \qquad \text{(IV 18, 25)}$$

mit den beiden Lösungen

$$\lambda_1 = 0; \qquad \lambda_2 = \frac{1}{2}. \qquad \text{(IV 18, 26)}$$

Indem man weiter verlangt, daß der Koeffizient der Potenz $\mu^{\lambda+n}$ verschwindet, folgt die Gleichung

$$(\lambda + n)(\lambda + n - 1)\, a_n + (\lambda + n + 2)(\lambda + n + 1)\, a_{n+2} + \\ + \frac{3}{2}(\lambda + n)\, a_n + \frac{1}{2}(\lambda + n + 2)\, a_{n+2} + \frac{1}{4} a_n = 0. \qquad \text{(IV 18, 27)}$$

Hieraus entspringt für die Koeffizienten a_n die Rekursionsformel

$$a_{n+2} = - a_n \frac{\frac{1}{4} + (\lambda + n)\left(\lambda + n + \frac{1}{2}\right)}{(\lambda + n + 2)\left(\lambda + n + \frac{3}{2}\right)}, \qquad \text{(IV 18, 28)}$$

aus deren Bau die Konvergenz der Reihe (IV 18, 24) innerhalb des Bereiches $0 \leqq \mu < 1$ hervorgeht. Wir wählen in den beiden Fundamentallösungen der Gleichung (IV 18, 24), welche der Alternative (IV 18, 26) zugeordnet sind, jeweils $a_0 = 1$; die folgende Zahlentafel enthält die hiermit aus (IV 18, 28) berechneten Koeffizienten $a_0 \ldots a_{10}$:

n	$\lambda = \lambda_1 = 0$	$\lambda = \lambda_2 = \frac{1}{2}$
	$a_n^{(1)}$	$a_n^{(2)}$
0	1,0000	1,0000
2	— 0,0833	— 0,1500
4	0,0314	0,0646
6	— 0,0173	— 0,0382
8	0,0113	0,0256
10	— 0,0081	— 0,0186

Die Fundamentallösungen

$$f(\zeta) = \sum_{n=0}^{\infty} a_n^{(1)} \sinh^n \zeta \qquad \text{(IV 18, 29)}$$

und

$$g(\zeta) = \sum_{n=0}^{\infty} a^{(2)} \sinh^{(n+1/2)} \zeta \qquad \text{(IV 18, 30)}$$

sind demnach in $0 \leqq \zeta \leqq \operatorname{arsinh} 1 = 0{,}8884$ als bekannt zu betrachten. Da jedoch für $\mu \geqq 1$ die Potenzreihen (IV 18, 24) divergieren, haben wir für dieses Gebiet andere Lösungsverfahren der Differentialgleichung (IV 18, 19) aufzusuchen; sie beruhen auf folgenden Schritten:

1. Im Bereiche $\operatorname{arsinh} 1 \leqq \zeta \leqq 3$ ermitteln wir $f(\zeta)$ und $g(\zeta)$ durch stetige Fortsetzung der Funktionen (IV 14, 29), (IV 14, 30) samt ihrer Ableitungen an Hand numerischer Integration.

2. Für $\zeta > 3$ unterscheidet sich $\operatorname{cotgh} \zeta$ so wenig von der Einheit, daß wir (IV 14, 19) mit ausreichender Genauigkeit durch die Differentialgleichung mit konstanten Koeffizienten

$$\frac{d^2\varrho}{d\zeta^2} + \frac{1}{2}\frac{d\varrho}{d\zeta} + \frac{1}{4}\varrho = 0 \qquad \text{(IV 18, 31)}$$

ζ	f	f′	g	g′
0,0	1,000	0,000	0,000	∞
0,1	0,999	—0,017	0,316	1,585
0,2	0,997	—0,033	0,448	1,118
0,3	0,993	—0,050	0,545	0,823
0,4	0,986	—0,066	0,620	0,668
0,5	0,978	—0,082	0,682	0,564
0,6	0,969	—0,098	0,735	0,486
0,7	0,959	—0,113	0,780	0,422
0,8	0,947	—0,127	0,820	0,368
0,9	0,933	—0,142	0,854	0,320
1,0	0,919	—0,156	0,884	0,276
1,1	0,902	—0,169	0,910	0,236
1,2	0,885	—0,181	0,932	0,198
1,3	0,866	—0,192	0,950	0,162
1,4	0,847	—0,202	0,965	0,129
1,5	0,826	—0,212	0,976	0,098
1,6	0,804	—0,221	0,984	0,068
1,7	0,782	—0,229	0,989	0,040
1,8	0,759	—0,236	0,992	+ 0,013
1,9	0,735	—0,243	0,992	—0,013
2,0	0,710	—0,248	0,989	—0,037
2,1	0,685	—0,253	0,984	—0,060
2,2	0,660	—0,257	0,977	—0,082
2,3	0,624	—0,261	0,968	—0,102
2,4	0,597	—0,263	0,957	—0,121
2,5	0,571	—0,270	0,944	—0,139
2,6	0,545	—0,268	0,929	—0,156
2,7	0,518	—0,266	0,913	—0,171
2,8	0,492	—0,265	0,895	—0,185
2,9	0,465	—0,264	0,876	—0,199
3,0	0,439	—0,262	0,856	—0,210

ersetzen dürfen. Mit Hilfe zweier reeller Integrationskonstanten S und C lautet ihre allgemeine Lösung

$$\varrho = e^{-1/4\,\zeta}\left[S\cdot\sin\frac{\sqrt{3}}{4}\,\zeta + C\cdot\cos\frac{\sqrt{3}}{4}\,\zeta\right] \qquad \text{(IV 18, 32)}$$

Hierin werden S und C durch die Forderung des stetigen Anschlusses von ϱ und ϱ' an die in $\zeta=3$ auf Grund der vorangehenden numerischen Integration bekannten Werte einmal von f und f′, das andere Mal von g und g′ ermittelt.

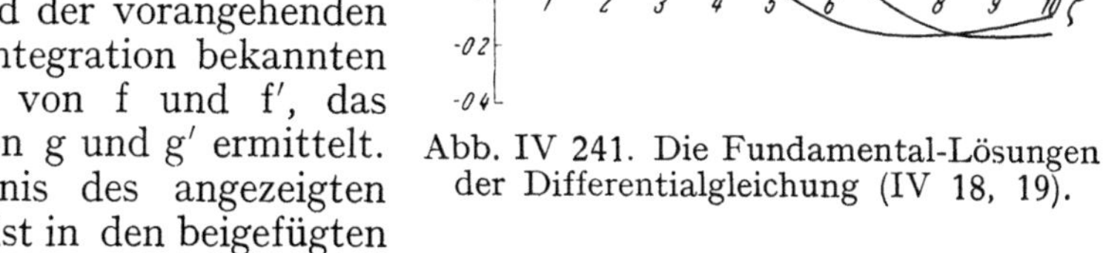

Abb. IV 241. Die Fundamental-Lösungen der Differentialgleichung (IV 18, 19).

Das Ergebnis des angezeigten Rechenganges ist in den beigefügten Zahlentafeln zusammengestellt; es wird durch Abb. IV 241 und IV 242 veranschaulicht.

d) Zur Analyse der Störbewegung übergehend, bringen wir (IV 18, 2) mit Benutzung von (IV 18, 7) in die Form

ζ	f	f′	g	g′
2,0	0,710	—0,248	0,989	—0,037
2,4	0,597	—0,263	0,957	—0,121
2,8	0,492	—0,265	0,895	—0,185
3,2	0,388	—0,254	0,806	—0,228
3,6	0,287	—0,235	0,715	—0,256
4,0	0,196	—0,217	0,609	—0,270
4,4	0,115	—0,192	0,500	—0,269
4,8	+ 0,042	—0,163	0,393	—0,260
5,2	—0,021	—0,134	0,292	—0,244
5,6	—0,066	—0,107	0,199	—0,224
6,0	—0,105	—0,079	0,163	—0,195
6,4	—0,130	—0,054	+ 0,041	—0,167
6,8	—0,149	—0,031	—0,023	—0,137
7,2	—0,157	—0,012	—0,070	—0,108
7,6	—0,158	+ 0,005	—0,108	—0,080
8,0	—0,153	0,017	—0,131	—0,056
8,4	—0,144	0,028	—0,152	—0,031
8,8	—0,131	0,036	—0,162	—0,011
9,2	—0,119	0,041	—0,167	+ 0,006
9,6	—0,100	0,043	—0,158	0,019
10,0	—0,082	0,043	—0,146	0,028

$$\Phi = U_a \frac{2}{u_1 J_1(u_1)} \cdot \frac{\sinh \zeta}{\sinh \alpha} + U_g \operatorname{tgh} \frac{\gamma}{u_1} \zeta =$$
$$= U_a \frac{2}{u_1 J_1(u_1)} \frac{1}{\sinh \alpha} \left[\sinh \zeta + \left(\frac{U_g}{U_a} \frac{u_1 J_1(u_1)}{2} \sinh \alpha \right) \operatorname{tgh} \frac{\gamma}{u_1} \zeta \right] \qquad \text{(IV 18, 33)}$$

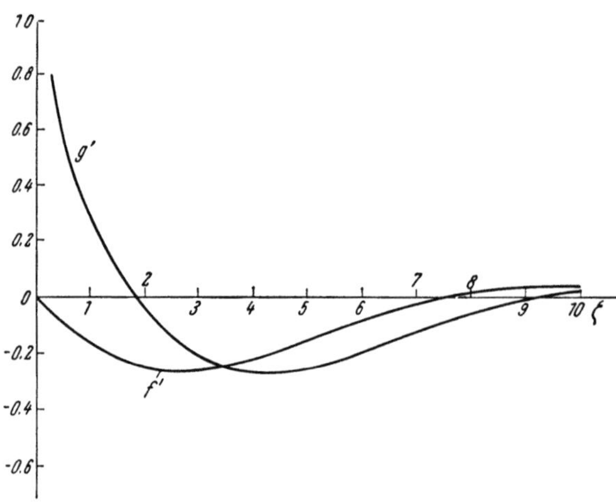

Abb. IV 242. Die Ableitungen der Fundamental-Lösungen der Differentialgleichung (IV 18, 19).

Wir definieren

$$\sigma = -\frac{U_g}{U_a} \frac{u_1 J_1(u_1)}{2} \sinh \alpha \qquad \text{(IV 18, 34)}$$

als *numerische Steuerung* des Gitters. Damit folgt aus (IV 14, 1) als elektronenoptische Differentialgleichung der numerischen Radialabweichung ϱ nach (IV 18, 18)

$$\left(\sinh \zeta - \sigma \operatorname{tgh} \frac{\gamma}{u_1} \zeta \right) \frac{d^2 \varrho}{d\zeta^2} + \frac{1}{2} \left(\cosh \zeta - \sigma \frac{\gamma}{u_1} \frac{1}{\cosh^2 \frac{\gamma}{u_1} \zeta} \right) \frac{d\varrho}{d\zeta} + \frac{1}{4} \left(\sinh \zeta + \sigma \frac{2\left(\frac{\gamma}{u_1}\right)^2}{\cosh^3 \frac{\gamma}{u_1} \zeta} \sinh \frac{\gamma}{u_1} \zeta \right) \varrho = 0. \qquad \text{(IV 18, 35)}$$

Wir setzen nun

$$|\sigma| \ll 1 \qquad \text{(IV 18, 36)}$$

voraus. Bezeichnen wir dann mit ϱ_0 die numerische Radialabweichung allein der Hauptbewegung, so verwandelt sich (IV 14, 35) — in erster Näherung — in die inhomogene Differentialgleichung

$$\sinh\zeta \cdot \frac{d^2\varrho}{d\zeta^2} + \frac{1}{2}\cosh\zeta \frac{d\varrho}{d\zeta} + \\ + \frac{1}{4}\sinh\zeta \cdot \varrho = \sigma \cdot s(\zeta), \qquad \text{(IV 18, 37)}$$

wobei die Störungsfunktion $s(\zeta)$ durch

$$s(\zeta) = \operatorname{tgh}\frac{\gamma}{u_1}\zeta \cdot \frac{d^2\varrho_0}{d\zeta^2} + \frac{1}{2}\frac{\gamma}{u_1}\frac{1}{\cosh^2\frac{\gamma}{u_1}\zeta}\frac{d\varrho_0}{d\zeta} - \\ - \frac{1}{2}\left(\frac{\gamma}{u_1}\right)^2 \frac{\sinh\frac{\gamma}{u_1}\zeta}{\cosh^3\frac{\gamma}{u_1}\zeta} \cdot \varrho_0 \qquad \text{(IV 18, 38)}$$

definiert ist. Entsprechend den beiden Fundamentalintegralen $f(\zeta)$ und $g(\zeta)$ der Hauptbewegung erhalten wir die zwei unterschiedlichen Störfunktionen

$$s(\zeta) = \begin{cases} s_f(\zeta) & \text{für} \quad \varrho_0 = f(\zeta), \\ s_g(\zeta) & \text{für} \quad \varrho_0 = g(\zeta), \end{cases} \qquad \text{(IV 18, 39)}$$

deren Abhängigkeit von ζ in Abb. IV 243 dargestellt ist.

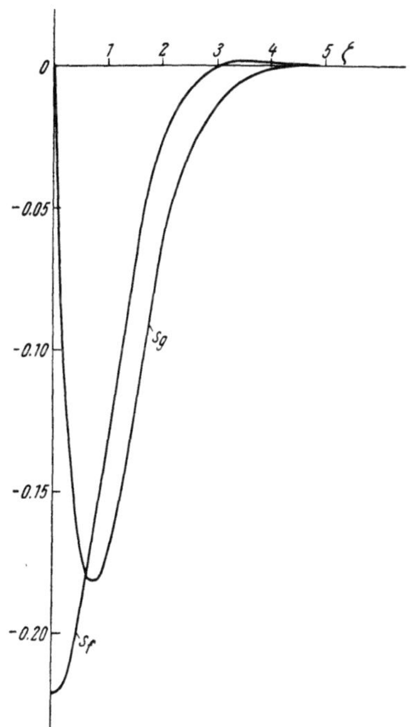

Abb. IV 243. Störfunktionen der Elektronenbewegung im Elektronenwerfer.

Zur Lösung der Differentialgleichung (IV 18, 38) variieren wir die in dem allgemeinen Integrale

$$\varrho = A\,f(\zeta) + B\,g(\zeta) \qquad \text{(IV 18, 40)}$$

der homogenen Gleichung $[\sigma = 0]$ auftretenden Konstanten A und B: Indem wir diese als Funktionen $A(\zeta)$ und $B(\zeta)$ ansetzen, bilden wir

$$\varrho' = A\,f' + B\,g' + A'\,f + B'\,g \qquad \text{(IV 18, 41)}$$

und verlangen zunächst

$$A'\,f + B'\,g = 0. \qquad \text{(IV 18, 42)}$$

Daraufhin folgt aus (IV 14, 41)

$$\varrho'' = A\,f'' + B\,g'' + A'\,f' + B'\,g', \qquad \text{(IV 18, 43)}$$

so daß durch Substitution von (IV 18, 40), (IV 18, 41) und (IV 18, 42) in (IV 18, 38) mit Rücksicht auf die Definition von f und g als Fundamentalintegrale der Hauptbewegung für A und B die Gleichung

$$A'\,f' + B'\,g' = \sigma\frac{s(\zeta)}{\sinh\zeta} \qquad \text{(IV 18, 44)}$$

resultiert. Aus (IV 18, 42) und (IV 18, 44) berechnen sich die Differentialquotienten

$$\alpha' = \frac{A'}{\sigma} = -\frac{s(\zeta)}{\sinh\zeta} \cdot \frac{g(\zeta)}{f(\zeta)\,g'(\zeta) - f'(\zeta)\,g(\zeta)} \qquad \text{(IV 18, 45)}$$

und

$$\beta' = \frac{B'}{\sigma} = \frac{s(\zeta)}{\sinh\zeta} \cdot \frac{f(\zeta)}{f(\zeta)\,g'(\zeta) - f'(\zeta)\,g(\zeta)}, \qquad \text{(IV 18, 46)}$$

deren Verlauf als Funktion von ζ durch Abb. IV 244 veranschaulicht wird.

Bringen wir nun die allgemeine Lösung der Gl. (IV 18, 38) in die Form

$$\varrho = \varrho_0 + \Delta\,\varrho \qquad \text{(IV 18, 47)}$$

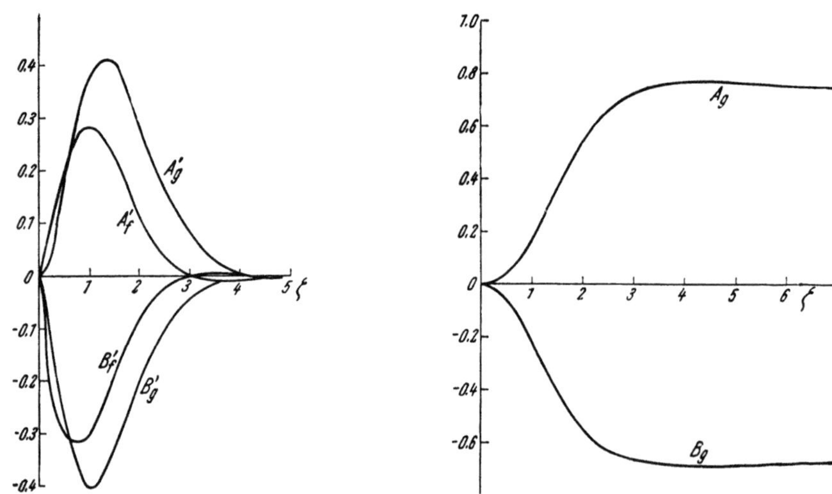

Abb. IV 244. Hilfsfunktionen zur Integration der Gl. (IV 18, 38) für $\sigma = 1$.

Abb. IV 245. Die Funktionen (IV 18, 48) für $\sigma = 1$.

und behalten für sie die Anfangsbedingungen der Hauptbewegung bei, so haben wir — nachdem in (IV 18, 40) das Zeichen ϱ durch $\Delta\,\varrho$ ersetzt wurde — im Einklang mit (IV 18, 41) und (IV 18, 42) $\alpha = A/\sigma$ und $\beta = B/\sigma$ nach der Vorschrift

$$\alpha(\zeta) = \left\{\begin{matrix} \alpha_f(\zeta) \\ \alpha_g(\zeta) \end{matrix}\right\} = -\int_0^\zeta \frac{s(\zeta)}{\sinh\zeta} \cdot \frac{g(\zeta)}{f(\zeta)\,g'(\zeta) - f'(\zeta)\,g(\zeta)}\,d\zeta \ \text{für} \left\{\begin{matrix} s = s_f \\ s = s_g \end{matrix}\right. \qquad \text{(IV 18, 48)}$$

und

$$\beta(\zeta) = \left\{\begin{matrix} \beta_f(\zeta) \\ \beta_g(\zeta) \end{matrix}\right\} = \int_0^\zeta \frac{s(\zeta)}{\sinh\zeta} \cdot \frac{f(\zeta)}{f(\zeta)\,g'(\zeta) - f'(\zeta)\,g(\zeta)}\,d\zeta \ \text{für} \left\{\begin{matrix} s = s_f \\ s = s_g \end{matrix}\right. \qquad \text{(IV 18, 49)}$$

Das Ergebnis der Integration ist in Abb. IV 245 und IV 246 wiedergegeben; hiermit ist auch die Störung selbst in der Form

$$\frac{\Delta\,\varrho}{\sigma} = \left\{\begin{matrix} \dfrac{\Delta\,\varrho_f}{\sigma} \\ \dfrac{\Delta\,\varrho_g}{\sigma} \end{matrix}\right\} = \alpha(\zeta)\,f(\zeta) + \beta(\zeta)\,g(\zeta) \quad \text{für} \quad \left\{\begin{matrix} s = s_f \\ s = s_g \end{matrix}\right. \qquad \text{(IV 18, 50)}$$

bekannt [Abb. IV 247 und IV 248]. Schließlich vermitteln die Abb. IV 249 und IV 250 einen quantitativen Einblick in die gemäß (IV 18, 47) resultierende Elektronenbewegung als Parameterfunktion der numerischen Gittersteuerung, welche wir, über (IV 18, 36) hinausgehend, innerhalb des Bereiches $0 \leqq \sigma \leqq 1$ variierten.

e) Wir setzen abkürzend

$$\overline{\mathrm{f}} = \mathrm{f} + \Delta\, \varrho_{\mathrm{f}}; \qquad \overline{\mathrm{g}} = \mathrm{g} + \Delta\, \varrho_{\mathrm{g}}. \qquad \text{(IV 18, 51)}$$

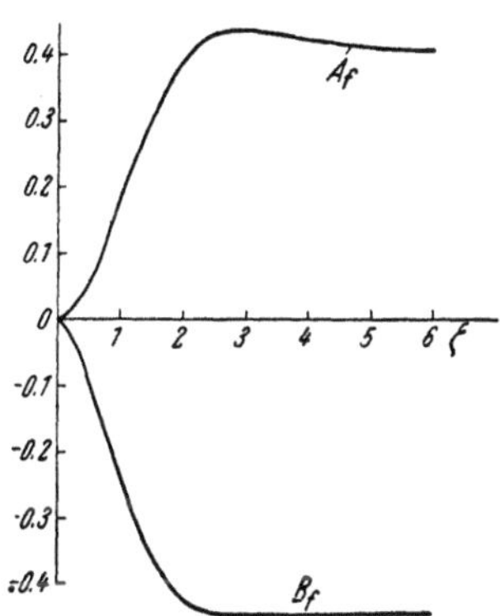

Abb. IV 246. Die Funktionen (IV 18, 49) für $\sigma = 1$.

Mit Hilfe einer frei wählbaren Konstanten c_k lautet dann die Gleichung einer drehimpulsfreien Strahlbahn, welche die Kathode im numerischen Radialabstand ϱ_k von der Achse verläßt

$$\varrho = \varrho_k \cdot \overline{\mathrm{f}}(\zeta) + c_k\, \overline{\mathrm{g}}(\zeta). \qquad \text{(IV 18, 52)}$$

Sie enthält folgende kinematische Alternative:

1. Im Falle $c_k = 0$ ist der austretende Elektronenstrahl senkrecht zur Kathodenoberfläche gerichtet.

2. Die Anfangstangente aller Strahlen $c_k \mp 0$ liegt in der Kathodenebene.

Dieses physikalisch befremdende Ergebnis verlangt nach seiner Interpretation:

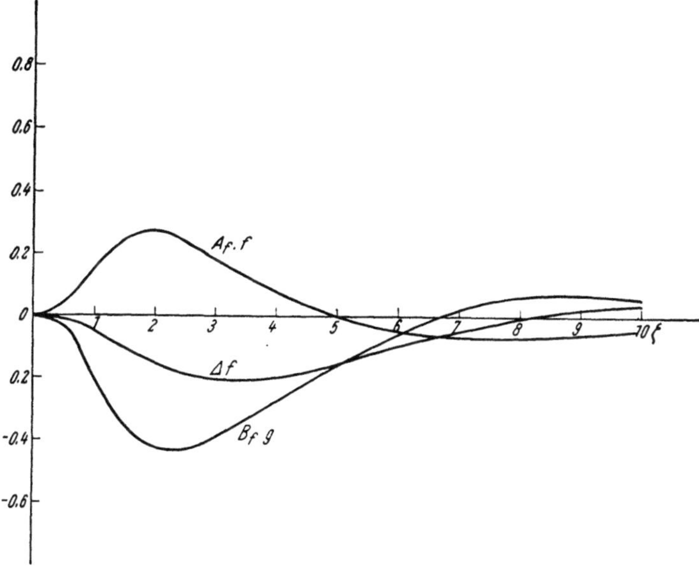

Abb. IV 247. Störkomponente S_f für $\sigma = 1$.

In der *Gauß*schen Elektronendioptrik zentrierter Systeme wird die Quergeschwindigkeit der Elektronen gegen ihre Längsgeschwindigkeit parallel der Systemachse aus der Energiebilanz gestrichen. Daher folgt aus der Identifikation der Kathodenebene mit jener der Potentiales $\Phi = 0$ zwar gewiß das Verschwinden der achsialen Komponente der Elektronen-

Startgeschwindigkeit; doch involviert diese Voraussetzung keinerlei Aussage über die radiale Startgeschwindigkeit des kontrollierten Elektrons.

Um diesen formalen Sachverhalt mit physikalischem Inhalt zu erfüllen, verlassen wir vorübergehend den Boden der geometrischen Elektronenoptik und richten unser Augenmerk auf den Mechanismus der Elektronen-

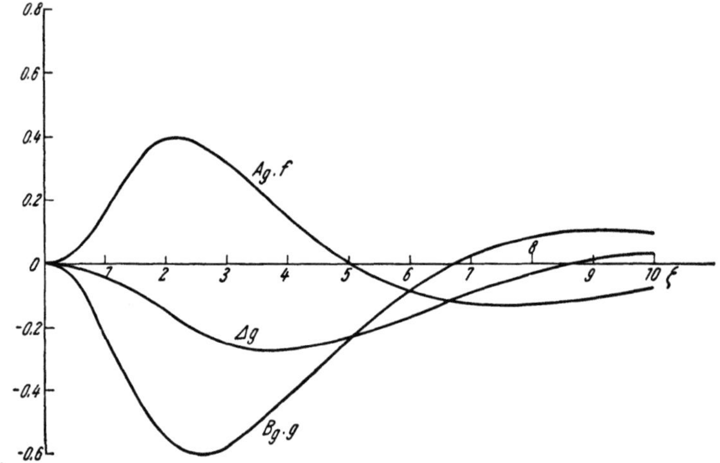

Abb. IV 248. Störkomponente S_g für $\sigma = 1$.

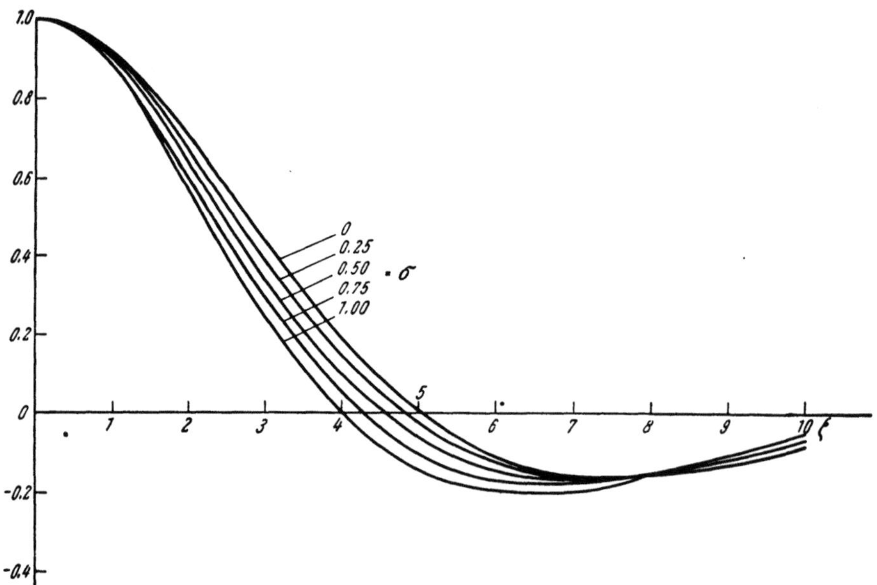

Abb. IV 249. Steuerung der Elektronenbahnen im Elektronenwerfer bei senkrechtem Austritt aus der Kathode.

Emission aus der Kathode: Im Gegensatz zu der Annahme einer gleichzeitig mit dem elektrischen Skalarpotential verschwindenden kinetischen Elektronenenergie kommt tatsächlich den eben emittierten Elektronen eine in der Regel endliche Startenergie thermischen Ursprunges zu — die Ruh-Energie des Elektrons bleibt in dieser unserer klassischen Überlegung außer Betracht —, und dieser kinetischen Anfangsenergie korrespondiert sowohl in achsialer wie in radialer Richtung im allgemeinen je eine von Null verschiedene Geschwindigkeitskomponente. Da diese Komponenten jedoch ihrem Betrage nach in der Regel sehr klein gegen jene Geschwindigkeit sind, mit welcher das kontrollierte Elektron die Anode erreicht, spielt die achsiale Komponente der Startgeschwindigkeit schon in kleinem Abstande von der Kathode keine merkliche Rolle mehr im Vergleiche zu jener achsialen Geschwindigkeit, welche dort vom Primärfelde erzwungen wird.

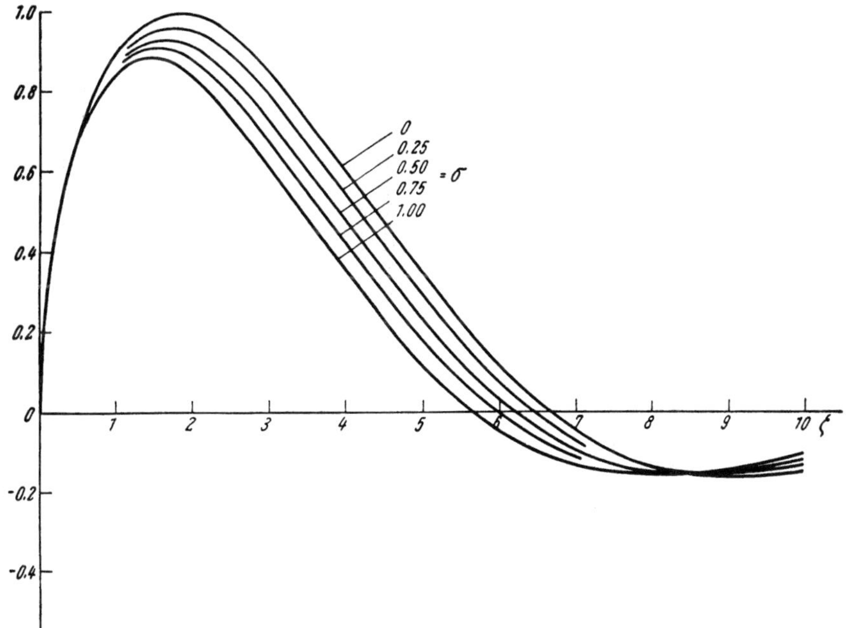

Abb. IV 250. Steuerung der Elektronenbahnen im Elektronenwerfer bei streifendem Austritt der Elektronen aus der Kathode.

Daher darf man in dem angezeigten Bereiche des Entladungsraumes die achsiale Startgeschwindigkeit vernachlässigen, und die Extrapolation dieses rechnerischen Prozesses führt gerade zu der Formulierung (IV 18, 52) zurück: Sie definiert die *Asymptote der wahren Elektronenbahn* für hinreichend große [numerische] Abstände von der Kathodenebene. Insbesondere finden wir je ein *Abbild der Kathode* in der Gesamtheit aller Ebenen ζ_B, in welchen die Funktion $\overline{g}(\zeta)$ verschwindet

$$\overline{g}(\zeta_B) = 0. \qquad \text{(IV 18, 53)}$$

Die zugehörige Vergrößerung ist dort durch

$$\left|\frac{\varrho_k \overline{f}(\zeta_B)}{\varrho_k}\right| = \left|\overline{f}(\zeta_B)\right| \qquad \text{(IV 18, 54)}$$

gegeben. Bezeichnen wir mit $\zeta_{B,0}$ die Bildebenen der Hauptbewegung [vgl. Abb. IV 241 und Gl. (IV 18, 32)]

$$u(\zeta_{B0}) = 0; \qquad \zeta_{B0} = 6{,}65; \qquad 6{,}65 + 2\pi \cdot \frac{4}{\sqrt{3}}; \ \ldots \qquad \text{(IV 18, 55)}$$

und setzen für die gestörte Bewegung

$$\zeta_B = \zeta_{B0} + \Delta\,\zeta_B, \qquad \text{(IV 18, 56)}$$

so folgt durch Substitution von (IV 18, 51) und (IV 18, 56) in (IV 18, 53) mittels *Taylor*scher Entwicklung nach Potenzen von $\Delta \zeta_B$ bis auf Glieder höherer Ordnung

$$g(\zeta_{B0}) + \Delta \zeta_B \, g'(\zeta_{B0}) + \Delta \varrho_g (\zeta_{B0}) = 0, \qquad \text{(IV 18, 57)}$$

also wegen (IV 18, 50) und (IV 18, 55)

$$\Delta \zeta_B = -\frac{\Delta \varrho_g (\zeta_{B0})}{g'(\zeta_{B0})} = -\left(\frac{\alpha_g \cdot f}{g'}\right)_{\zeta = \zeta_{B_0}} \cdot \sigma \qquad \text{(IV 18, 58)}$$

Fünftes Kapitel.

Einführung in die Theorie der elektronenoptischen Aberration.

V 1. Störungstheorie der Elektronenbahnen in achsialsymmetrischen Feldern.

a) Wir handeln im folgenden von der Elektronenbewegung in einem stationären elektromagnetischen Felde, welches um die Achse des relativ zum Felde ruhenden Zylinder-Koordinatensystemes z [Längendistanz], r [Radialdistanz] und α [Azimut] rotationssymmetrisch verteilt ist. Die von den Elektronen transportierte Raumladung werde ebenso wie das ihrer Bewegung genetisch verknüpfte Magnetfeld systematisch außer acht gelassen. Das dann im Strömungsgebiet allein verbleibende „Primärfeld“ wird durch Angabe seiner fortan als bekannt vorausgesetzten, von außen eingeprägten Potentiale erschöpfend beschrieben:

1. Die räumliche Anordnung der Elektroden bestimmt im Verein mit deren Betriebsspannungen das elektrische Skalarpotential $\varphi = \varphi\,(z, r)$; gemäß Ziffer IV 3, 2 geht es aus dem Achsenpotential

$$\Phi\,(z) = \varphi\,(z, 0), \qquad \text{(V 1, 1)}$$

durch die nach Potenzen von r fortschreitende Entwicklung

$$\varphi\,(z, r) = \Phi - \Phi'' \cdot \left(\frac{r}{2}\right)^2 + \frac{\Phi^{IV}}{2^2}\left(\frac{r}{2}\right)^4 - + \ldots; \qquad \Phi'' = \frac{d^2\Phi}{dz^2}, \quad \Phi^{IV} = \frac{d^4\Phi}{dz^4}, \ldots \qquad \text{(V 1, 2)}$$

hervor. Wir entnehmen ihr die physikalischen Komponenten der elektrischen Feldstärke E zu

$$E^z = -\frac{\partial\varphi}{\partial z} = -\Phi' + \Phi''' \cdot \left(\frac{r}{2}\right)^2 - \frac{\Phi^V}{2!}\left(\frac{r}{2}\right)^4 + - \ldots, \qquad \text{(V 1, 3)}$$

$$E^r = -\frac{\partial\varphi}{\partial r} = \Phi''\,\frac{r}{2} - \Phi^{IV} \cdot \frac{r^3}{16} + \ldots \qquad \text{(V 1, 4)}$$

2. Die längs der Achse konzentrisch justierten Magnetisierungsspulen diktieren durch Stärke und Verteilung ihrer jeweiligen Erregerdurchflutung die Struktur des magnetischen Vektorpotentiales V. Gemäß Ziffer IV 2 reduziert es sich auf die azimutale Komponente, deren physikalisches Maß V^α mit dem Gang der magnetischen Induktion B längs der Achse

$$B\,(z) = B^z\,(z, 0) \qquad \text{(V 1, 5)}$$

durch die nach Potenzen von r fortschreitende Reihe

$$V^\alpha\,(z, r) = B\,\frac{r}{2} - \frac{B''}{1 \cdot 2}\left(\frac{r}{2}\right)^3 + \ldots; \qquad B'' = \frac{d^2B}{dz^2}, \ldots \qquad \text{(V 1, 6)}$$

verknüpft ist. Wir bilden aus ihr die physikalischen Komponenten der magnetischen Induktion

$$B^z = \frac{1}{r}\frac{\partial (r V^\alpha)}{\partial r} = B - \frac{B''}{4} r^2 + \ldots, \tag{V 1, 7}$$

$$B^r = -\frac{\partial V^\alpha}{\partial z} = -B' \cdot \frac{r}{2} + B''' \cdot \frac{r^3}{16} - \ldots \tag{V 1, 8}$$

b) Neben dem System der Zylinderkoordinaten führen wir das in ihm ruhende System der rechtsläufigen *Kartesi*schen Koordinaten x, y, z ein. Identifizieren wir seine z-Achse mit jener des Zylinder-Koordinatensystemes, so folgen die *Kartesi*schen Komponenten der elektrischen Feldstärke zu

$$E^x = E^r \cdot \frac{x}{r}; \qquad E^y = E^r \cdot \frac{y}{r}; \qquad E^z = E^z \tag{V 1, 9}$$

und die nämliche Transformation liefert die *Kartesi*schen Komponenten der magnetischen Induktion

$$B^x = B^r \cdot \frac{x}{r}; \qquad B^y = B^r \cdot \frac{y}{r}; \qquad B^z = B^z. \tag{V 1, 10}$$

Wir erteilen der Kathode das Potential $\varphi = 0$ und setzen voraus, daß die Elektronen sie ohne merkliche Anfangsgeschwindigkeit verlassen. Beschränken wir die dann sich entwickelnde Geschwindigkeit auf den Gültigkeitsbereich der *Newton*schen Mechanik, so gehorchen die *Kartesi*schen Bahnkoordinaten der Elektronen in Abhängigkeit von der laufenden Zeit t den Differentialgleichungen

$$m_0 \frac{d^2x}{dt^2} = -q_0 \left[E^r \frac{x}{r} - \frac{dz}{dt} \cdot B^r \cdot \frac{y}{r} + B^z \cdot \frac{dy}{dt}\right], \tag{V 1, 11}$$

$$m_0 \frac{d^2y}{dt^2} = -q_0 \left[E^r \frac{y}{r} + \frac{dz}{dt} B^r \frac{x}{r} - B^z \cdot \frac{dx}{dt}\right], \tag{V 1, 12}$$

$$m_0 \frac{d^2z}{dt^2} = -q_0 \left[E^z + \frac{dx}{dt} B^r \frac{y}{r} - \frac{dy}{dt} B^r \cdot \frac{x}{r}\right]. \tag{V 1, 13}$$

Wir erweitern sie beziehentlich mit $dx/dt, dy/dt, dz/dt$, addieren die entstehenden Ausdrücke und gelangen mit Rücksicht auf die vereinbarte Basis $\varphi = 0$ zu dem *Energie-Integral*

$$\frac{m_0}{2}\left[\left(\frac{dx}{dt}\right)^2 + \left(\frac{dy}{dt}\right)^2 + \left(\frac{dz}{dt}\right)^2\right] = q_0 \varphi. \tag{V 1, 14}$$

Setzen wir nun

$$x' = \frac{dx}{dz}; \qquad y' = \frac{dy}{dz} \tag{V 1, 15}$$

so folgt wegen

$$\frac{dx}{dt} = x' \cdot \frac{dz}{dt}; \qquad \frac{dy}{dt} = y' \cdot \frac{dz}{dt} \tag{V 1, 16}$$

aus (V 1, 14) die Achsialgeschwindigkeit des Elektrons zu

$$\frac{dz}{dt} = \sqrt{2 \frac{q_0}{m_0} \varphi} \frac{1}{\sqrt{(x')^2 + (y')^2 + 1}} \tag{V 1, 17}$$

c) Wir vereinigen die senkrecht zur z-Achse orientierten Bahnkoordinaten x und y mittels

$$w = x + i y; \qquad w^* = x - i y \tag{V 1, 18}$$

zu dem Paar der einander *konjugiert-komplexen Bahnvektoren*; sie werden je als Funktion der Achsenkoordinate z gesucht, welche somit weiterhin an Stelle der laufenden Zeit die Rolle der unabhängigen Veränderlichen übernimmt.

Um die beabsichtigte Transformation durchzuführen, addieren wir die mit $\pm$ i erweiterte Gleichung (V 1, 12) zu (V 1, 11) und finden zunächst

$$m_0 \frac{d^2 w}{dt^2} = -q_0 \left[\frac{w}{r} E^r + i \left(\frac{dz}{dt} \cdot \frac{w}{r} B^r - \frac{dw}{dt} B^z\right)\right] \qquad (V\ 1,\ 19)$$

$$m_0 \frac{d^2 w^*}{dt^2} = -q_0 \left[\frac{w^*}{r} E^r - i \left(\frac{dz}{dt} \cdot \frac{w^*}{r} B^r - \frac{dw^*}{dt} B^z\right)\right] \qquad (V\ 1,\ 20)$$

Gemäß (V 1, 18) ist hierin

$$r^2 = w \cdot w^* \qquad (V\ 1,\ 21)$$

und mit

$$w' = \frac{dw}{dz}; \qquad w^{*\prime} = \frac{dw^*}{dz} \qquad (V\ 1,\ 22)$$

nach (V 1, 15) und (V 1, 17)

$$\frac{dz}{dt} = \sqrt{2 \frac{q_0}{m_0} \varphi} \frac{1}{\sqrt{1 + w' \cdot w^{*\prime}}}. \qquad (V\ 1,\ 23)$$

Mit Hilfe der Identitäten

$$\frac{d^2 w}{dt^2} \equiv \frac{d}{dt}\left(w' \frac{dz}{dt}\right) \equiv \frac{dz}{dt} \cdot \frac{d}{dz}\left(w' \frac{dz}{dt}\right) \qquad (V\ 1,\ 24)$$

$$\frac{d^2 w^*}{dt^2} \equiv \frac{d}{dt}\left(w^{*\prime} \frac{dz}{dt}\right) \equiv \frac{dz}{dt} \frac{d}{dz}\left(w^{*\prime} \frac{dz}{dt}\right) \qquad (V\ 1,\ 25)$$

resultieren somit aus (V 1, 19), (V 1, 20) die gesuchten *zeitfreien Gleichungen* in der Gestalt

$$\frac{\sqrt{2 \frac{q_0}{m_0} \varphi}}{\sqrt{1 + w' w^{*\prime}}} \frac{d}{dz} \frac{w' \sqrt{2 \frac{q_0}{m_0} \varphi}}{\sqrt{1 + w' w^{*\prime}}} = -\frac{q_0}{m_0} \left[\frac{w}{r} E^r + i \frac{\sqrt{2 \frac{q_0}{m_0} \varphi}}{\sqrt{1 + w' w^{*\prime}}} \left(\frac{w}{r} B^r - w' B^z\right)\right] \qquad (V\ 1,\ 26)$$

$$\frac{\sqrt{2 \frac{q_0}{m_0} \varphi}}{\sqrt{1 + w' w^{*\prime}}} \frac{d}{dz} \frac{w^{*\prime} \sqrt{2 \frac{q_0}{m_0} \varphi}}{\sqrt{1 + w' w^{*\prime}}} = -\frac{q_0}{m_0} \left[\frac{w^*}{r} E^r - i \frac{\sqrt{2 \frac{q_0}{m_0} \varphi}}{\sqrt{1 + w' w^{*\prime}}} \left(\frac{w^*}{r} B^r - w^{*\prime} B^z\right)\right] \qquad (V\ 1,\ 27)$$

Auf Grund ihres symmetrischen Baues dürfen wir uns weiterhin auf die Behandlung etwa der Gleichung (V 1, 26) beschränken.

d) Wir kehren vorübergehend zur *Gauß*schen Dioptrik achsennaher Elektronenbahnen zurück. Demgemäß behalten wir im elektrischen Skalarpotential (V 1, 2) ebenso wie in den Feldgleichungen (V 1, 4), (V 1, 7) und (V 1, 8) nur die Anfangsglieder der jeweils zuständigen Entwicklungen nach Potenzen von r bei. In gleicher Genauigkeit erscheint es angezeigt, das Produkt $w' w^{*\prime}$ gegen 1 zu vernachlässigen. Allerdings wird sich später zeigen, daß dieser Schluß nicht immer zulässig ist; setzen wir uns jedoch im Augenblick über die von dieser Bemerkung geweckten Bedenken hinweg, so reduziert sich (V 1, 26), nach Kürzen mit $2\,q_0/m_0$, auf

$$\sqrt{\Phi}\,\frac{d}{dz}(w'\sqrt{\Phi}) = -\frac{w}{4}\,\Phi'' + i\sqrt{\frac{q_0\,\Phi}{8\,m_0}}\,(w\,B' + 2\,w'\,B) \qquad (V\ 1,\ 28)$$

Um uns von den imaginären Koeffizienten in dieser Gleichung zu befreien, gehen wir vom Vektor w mittels

$$w = \bar{r}\,e^{i\alpha} \qquad (V\ 1,\ 29)$$

zur komplexen Amplitude $\bar{r}$ der radialen Elektronenabweichung über, wobei das Azimut α als eine vorerst noch willkürliche Funktion der Achsenkoordinate z aufgefaßt werde. Bezeichnen wir, wie früher, durch Apostrophe die Ableitungen nach z, so folgt aus (V 1, 29)

$$w' = (\bar{r}' + \bar{r}\,i\,\alpha')\,e^{i\alpha} \qquad (V\ 1,\ 30)$$

und damit weiter

$$\sqrt{\Phi}\,\frac{d}{dz}(w'\sqrt{\Phi}) = \sqrt{\Phi}\left[\frac{d}{dz}(\bar{r}'\sqrt{\Phi}) + \right.$$

$$\left. + \bar{r}\,\frac{d}{dz}(i\,\alpha'\sqrt{\Phi}) + 2\,\bar{r}'\,i\,\alpha'\sqrt{\Phi} - \bar{r}\,(\alpha')^2\sqrt{\Phi}\right]e^{i\alpha} \qquad (V\ 1,\ 31)$$

Wählt man jetzt

$$\alpha' = \sqrt{\frac{q_0\,\Phi}{8\,m_0}}\cdot\frac{B}{\Phi} \qquad (V\ 1,\ 32)$$

so entsteht aus (V 1, 30)

$$w' = \left(\bar{r}' + i\,\bar{r}\sqrt{\frac{q_0\,\Phi}{8\,m_0}}\cdot\frac{B}{\Phi}\right)e^{i\alpha} \qquad (V\ 1,\ 33)$$

und aus (V 1, 31)

$$\sqrt{\Phi}\,\frac{d}{dz}(w'\sqrt{\Phi}) = \left[\sqrt{\Phi}\,\frac{d}{dz}(\bar{r}'\sqrt{\Phi}) - \bar{r}\,\frac{q_0\,B^2}{8\,m_0} + \right.$$

$$\left. + i\sqrt{\frac{q_0\,\Phi}{8\,m_0}}\,\{2\,\bar{r}'\,B + \bar{r}\,B'\}\right]e^{i\alpha} \qquad (V\ 1,\ 34)$$

Gleichzeitig wird mit Rücksicht auf (V 1, 30) und (V 1, 33)

$$-\frac{w}{4}\,\Phi'' = -\frac{\bar{r}}{4}\,\Phi''\,e^{i\alpha} \qquad (V\ 1,\ 35)$$

und

$$i\sqrt{\frac{q_0\,\Phi}{8\,m_0}}\,(w\,B' + 2\,w'\,B) = \left[i\sqrt{\frac{q_0\,\Phi}{8\,m_0}}\,\{\bar{r}\,B' + 2\,\bar{r}'\,B\} - 2\,\bar{r}\,\frac{q_0\,B^2}{8\,m_0}\right]e^{i\alpha}. \qquad (V\ 1,\ 36)$$

Durch Substitution von (V 1, 34), (V 1, 35) und (V 1, 36) in (V 1, 28) gelangen wir für die komplexe Amplitude $\bar{r}$ zu der linearen Differentialgleichung zweiter Ordnung

$$\sqrt{\Phi}\,\frac{d}{dz}(\bar{r}'\sqrt{\Phi}) + \bar{r}\left(\frac{\Phi''}{4} + \frac{q_0\,B^2}{8\,m_0}\right) = 0, \qquad (V\ 1,\ 37)$$

welche, wie gewünscht wurde, in ihren [von z abhängigen] Koeffizienten *reell* ist.

e) Die physikalische Bedeutung der Wahl (V 1, 32) erhellt aus ihrer Formulierung mittels der korrespondierenden Winkelgeschwindigkeit

$$\frac{d\alpha}{dt} = \frac{d\alpha}{dz} \cdot \frac{dz}{dt} = \alpha' \frac{dz}{dt}, \qquad (V\ 1,\ 38)$$

für welche in der hier benutzten, auf achsennahe Bahnen beschränkten Approximation mit Hilfe von (V 1, 23)

$$\frac{d\alpha}{dt} = \alpha' \sqrt{2 \frac{q_0}{m_0} \Phi} = \frac{1}{2} \frac{q_0}{m_0} B \qquad (V\ 1,\ 39)$$

resultiert: Die *Larmor*sche Drehgeschwindigkeit im Felde der Zentralinduktion B. Die komplexe Amplitude $\bar{r}$ wird somit relativ zu einer Meridianebene gemessen, welche gegen jene des zugehörigen Vektors w mit der Winkelgeschwindigkeit $(-d\alpha/dt)$ rotiert. In der Tat zeigt die Durchsicht der Gl. (V 1, 37), daß die in Richtung zur Drehachse wirkende *Lorentz*-Kraft die am umgeschleuderten Elektron angreifende Zentrifugalkraft zu einer Zentripetalkraft gleichen Betrages ergänzt. Nichtsdestotrotz mag man zunächst jenen Anteil der Zentrifugalkraft vermissen, welcher von der Zirkularbewegung des Elektrons relativ zu der genannten Meridianebene herrührt. Um diesen wichtigen Punkt aufzuklären, haben wir uns des *komplexen* Charakters der Amplitude $\bar{r}$ zu erinnern, welche also als Produkt des *reellen* Radialabstandes r mit dem *komplexen* Einheitsvektor $e^{i\beta}$ darzustellen ist:

$$\bar{r} = r\, e^{i\beta}; \qquad r = r(z), \qquad \beta = \beta(z). \qquad (V\ 1,\ 40)$$

Da nun (V 1, 40) aus (V 1, 29) formal durch die Vertauschungen $w \to \bar{r}$; $\bar{r} \to r$; $\alpha \to \beta$ hervorgeht, entnehmen wir aus (V 1, 31)

$$\sqrt{\Phi} \frac{d}{dz} (\bar{r}' \sqrt{\Phi}) = \sqrt{\Phi} \left[\frac{d}{dz} (r' \sqrt{\Phi}) + r \frac{d}{dz} (i\beta' \sqrt{\Phi}) + 2 r' i \beta' \sqrt{\Phi} - \right.$$
$$\left. - r (\beta')^2 \sqrt{\Phi} \right] e^{i\beta}. \qquad (V\ 1,\ 41)$$

Nach Eintragen von (V 1, 40) und (V 1, 41) in (V 1, 37) spaltet sich der entstehende Ausdruck durch Trennung des Reellen vom Imaginären in die zwei je *reellen* Differentialgleichungen auf

$$\sqrt{\Phi} \frac{d}{dz} (r' \sqrt{\Phi}) - r (\beta')^2 \Phi + r \left[\frac{1}{4} \Phi'' + \frac{q_0 B^2}{8 m_0} \right] = 0, \qquad (V\ 1,\ 42)$$

$$\sqrt{\Phi} \left[r \frac{d}{dz} (\beta' \sqrt{\Phi}) + 2 r' \beta' \sqrt{\Phi} \right] \equiv \frac{\sqrt{\Phi}}{r} \frac{d}{dz} (r^2 \beta' \sqrt{\Phi}) = 0, \qquad (V\ 1,\ 43)$$

deren erste sich in der Tat um das Zentrifugalkraft-Glied $r(\beta')^2 \Phi$ von (V 1, 37) wesentlich unterscheidet. Gleichzeitig spricht (V 1, 43) nach Wahl einer reellen Integrationskonstanten C den *Flächensatz* des Elektrons in einem virtuellen, seines magnetischen Anteiles entkleideten Zentralkraftfelde aus

$$\beta' = \frac{C}{r^2 \sqrt{\Phi}}, \qquad (V\ 1,\ 44)$$

während die in Wahrheit hinzutretende Wirkung des Magnetfeldes bereits in (V 1, 32) erfaßt ist. Im Falle $C \neq 0$ folgt nun aus

$$\bar{r}' = (r' + r i \beta') e^{i\beta} = \left(r' + i r \frac{C}{r^2 \sqrt{\Phi}} \right) e^{i\beta}, \qquad (V\ 1,\ 45)$$

mit Benutzung von (V 1, 30)

$$w' = \left[r' + i\left(\alpha' + \frac{C}{r^2\sqrt{\Phi}}\right)r\right]e^{i(\alpha+\beta)} \tag{V 1, 46}$$

und hiermit

$$w'\,w^{*\prime} = r'^2 + r^2\left(\alpha' + \frac{C}{r^2\sqrt{\Phi}}\right)^2. \tag{V 1, 47}$$

Die vordem als kinematische Eigenschaft achsennaher Elektronenbahnen eingeführte Voraussetzung $w'\,w^{*\prime} \ll 1$ kann also im Falle $C \neq 0$ für $r \to 0$ nicht eingehalten werden: Wie in der Behandlung des gleichen Problemes nach der Methode der Ziffer IV 4 werden wir auch hier zu dem Schlusse gedrängt, Bewegungen mit einer von $C = 0$ verschiedenen Flächenkonstanten aus der Systematik der *Gauß*schen Dioptrik auszuschließen; nur in diesem eingeschränkten Sinne dürfen wir der komplexen Amplitude $\overline{r}$ der strahlnahen Bahnen die lineare Differentialgleichung (V 1, 37) zugrunde legen.

f) Von der bisher behandelten Gesamtheit von Elektronenbahnen, welche in der *infinitesimalen Nachbarschaft* der Systemachse verlaufen, gehen wir zu Kathodenstrahlen über, deren Träger sich um *endliche Radialabweichungen* von jener Achse entfernen können. Um diese Toleranz quantitativ festzulegen, bedienen wir uns *dreier Kontrollebenen*, welche je senkrecht auf der Systemachse stehen und einander im Zuge der Elektronenbewegung folgen:

1. Die *Objektebene* [Index O]

$$z = z_O. \tag{V 1, 48}$$

Sie gilt als Träger des elektronenoptisch abzubildenden *Gegenstandes*, der seinerseits als Gesamtheit der Orte

$$w_0 = \overline{r}_0\,e^{i\alpha_0} = r_0\,e^{i(\alpha_0+\beta_0)} \tag{V 1, 49}$$

definiert sei. Mittels der Vereinbarung $\alpha_0 = 0$ reduziert sich (V 1, 49) auf die „*Objektbedingung*"

$$\overline{r} = w_0 = r_0\,e^{i\beta_0} \quad \text{für} \quad z = z_0 \tag{V 1, 50}$$

aller den Gegenstand durchkreuzender Bahnen, während (V 1, 32) die Aussage

$$\alpha = \sqrt{\frac{q_0}{8\,m_0}}\int\limits_{\zeta=z_0}^{z}\frac{B(\zeta)}{\sqrt{\Phi(\zeta)}}\,d\zeta \tag{V 1, 51}$$

liefert.

2. Die Ebene der *Pupille* [Index P] (Austrittspupille)

$$z = z_P > z_0. \tag{V 1, 52}$$

Sie werde durch eine Kreislochblende vom Halbmesser p realisiert, welche also gemäß Abb. V 251 nur den Elektronen der Eigenschaft

$$|w| \leqq |w_P| = p \tag{V 1, 53}$$

den Durchtritt gestattet.

3. Die *Bildebene* [Index B]

$$z = z_B > z_P. \tag{V 1, 54}$$

Wir identifizieren sie mit der *Bildebene der Gaußschen Elektronendioptrik* und denken uns an ihrem Orte etwa einen Leuchtschirm oder eine photographisch wirksame Schicht. Auf Grund dieser Definition kann z_B nicht willkürlich gewählt werden, sondern wird von der Struktur des vorgegebenen elektromagnetischen Feldes diktiert: Wir gehen von zwei linear unabhängigen Fundamentalintegralen f (z) und g (z) der Differentialgleichung (V 1, 37) aus, welche wir mit den [unsymmetrischen] Eigenschaften

$$f(z_0) = 0; \qquad f'(z_0) \equiv \left(\frac{df}{dz}\right)_{z=z_0} = 1 \tag{V 1, 55}$$

und

$$g(z_0) = 1; \qquad g(z_P) = 0 \tag{V 1, 56}$$

ausstatten; sie liefern mit Hilfe der vorerst beliebigen, komplexen Konstanten F und G als allgemeines Integral der genannten Differentialgleichung

$$\overline{r} = F \cdot f(z) + G \cdot g(z). \tag{V 1, 57}$$

Die im Sinne der *Gauß*schen Dioptrik vom Orte (V 1, 50) durch den Punkt

$$w_P = \overline{r}_P\, e^{i\alpha_P}; \qquad |\overline{r}_P| \leqq p, \qquad \alpha_P = \alpha(z_P) \tag{V 1, 58}$$

der Pupille führende Elektronenbahn genügt den Bedingungen

$$\overline{r}_0 = F\, f(z_0) + G\, g(z_0), \tag{V 1, 59}$$

$$\overline{r}_P = F\, f(z_P) + G\, g(z_P). \tag{V 1, 60}$$

Mit Rücksicht auf (V 1, 55), (V 1, 56) entnimmt man ihnen

$$F = \frac{\overline{r}_P}{f(z_P)}; \qquad G = \overline{r}_0, \tag{V 1, 61}$$

so daß die *Gleichung der Elektronenbahn*

$$\overline{r} = \overline{r}_P \frac{f(z)}{f(z_P)} + \overline{r}_0\, g(z) \tag{V 1, 62}$$

lautet. Definitionsgemäß hängt nun in der *Gauß*schen Dioptrik die komplexe Amplitude $\overline{r}_B = \overline{r}(z_B)$ des Bildes nur von jener des Gegenstandes, nicht jedoch von dem beide Punkte verbindenden Wege ab. Diese Vorschrift verträgt sich mit (V 1, 62) dann und nur dann, falls die Lage der Bildebene der Gleichung

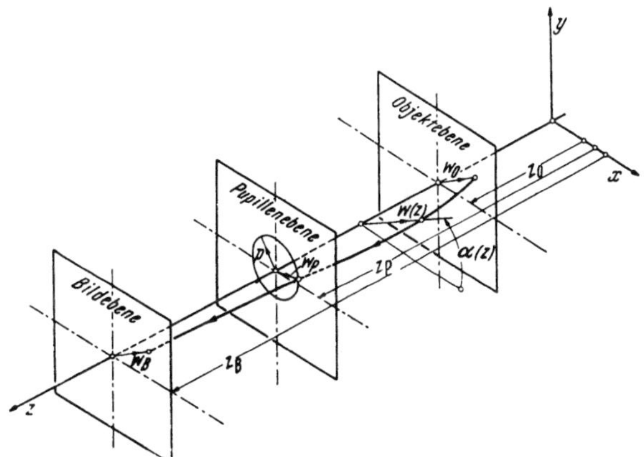

Abb. V 251. Die Kontrollebenen der elektronenoptischen Abbildung.

$$f(z_B) = 0 \tag{V 1, 63}$$

genügt und diese mindestens eine Lösung $z_B \neq z_0$ besitzt; dies vorausgesetzt, dürfen wir nach passender Benennung zweier unterschiedlicher Wurzeln der Gl. (V 1, 63) stets $z_B > z_0$ annehmen. Vermöge (V 1, 63) folgt aus (V 1, 62)

$$\overline{r}_B = \overline{r}_0 \cdot g(z_B), \tag{V 1, 64}$$

so daß

$$M = \left|\frac{\overline{r}_B}{\overline{r}_0}\right| = |g(z_B)| \qquad (V\ 1,\ 65)$$

die *Lateralvergrößerung* der *Gauß*schen Abbildung mißt.

g) Unter Beschränkung auf hinreichend kleine Pupillenöffnungen entwickeln wir den Verlauf der von der Objektebene ausgehenden und bis zur Bildebene gelangenden Elektronenbahnen aus der streng gültigen Gleichung (V 1, 26) nach der *Methode der schwachen Störungen*:

1. Als *erste Näherung* betrachten wir die als Lösung der Differentialgleichung (V 1, 28) resultierende Bahn (V 1, 62), deren komplexe Amplitude samt allen aus ihr gebildeten Ausdrücken wir durch den Index g [*Gauß*sche Dioptrik] auszeichnen; sie gilt fortan als bekannt.

2. Die komplexe Amplitude $\overline{r}$ der wirklichen Bahn geht aus $\overline{r}_g$ durch Addition der „Störung" $\Delta\,\overline{r}$ hervor

$$\overline{r} = \overline{r}_g + \Delta\,\overline{r}, \qquad (V\ 1,\ 66)$$

wobei

$$|\Delta\,\overline{r}| \ll |\overline{r}_g| \qquad (V\ 1,\ 67)$$

vorausgesetzt wird.

3. Wir entwickeln die Differentialgleichung (V 1, 26) nach Potenzen der komplexen und der konjugiert-komplexen Amplitude samt deren Ableitungen; indem wir hierbei alle Potenzen von viertem und höherem Grade systematisch vernachlässigen, charakterisieren wir die Störungsrechnung als eine solche der *dritten Ordnung*.

4. Während wir in den bei der Entwicklung von (V 1, 26) auftretenden Gliedern ersten Grades den vollständigen Ansatz (V 1, 66) beizubehalten haben, dürfen wir in den Gliedern höheren Grades wegen (V 1, 67) überall $\overline{r}$ durch $\overline{r}_g$ ersetzen; die nämliche Regel betrifft die konjugiert-komplexe Amplitude $\overline{r}^*$ und alle aus $\overline{r}$ und $\overline{r}^*$ einschließlich ihrer Ableitungen gebildeten Ausdrücke von mindestens zweitem Grade.

Zur Durchführung des skizzierten Programmes setzen wir abkürzend

$$\frac{\sqrt{2\frac{q_0}{m_0}\varphi}}{\sqrt{1 + w'\,w^{*\prime}}} = \sqrt{2\,\frac{q_0}{m_0}\,\Phi}\,[1 - \varepsilon_g], \qquad (V\ 1,\ 68)$$

wobei mit Rücksicht auf (V 1, 2), (V 1, 30) und (V 1, 32) gilt

$$\begin{aligned}\varepsilon_g &= \frac{1}{2}\,w_g{}'\,w_g{}^{*\prime} + \frac{\Phi''}{8\,\Phi}\,\overline{r}_g\cdot\overline{r}_g{}^* = \frac{1}{2}\,[\overline{r}_g{}'\,e^{i\alpha} + \\ &+ \overline{r}_g\,i\,\alpha'\,e^{i\alpha}]\,[\overline{r}_g{}^{*\prime}\,e^{-i\alpha} - \overline{r}_g{}^*\,i\,\alpha'\,e^{-i\alpha}] + \\ &+ \frac{\Phi''}{8\,\Phi}\,\overline{r}_g\,\overline{r}_g{}^* = \frac{\overline{r}_g{}'\,\overline{r}_g{}^{*\prime}}{2} + \frac{\overline{r}_g\,\overline{r}_g{}^{*\prime} - \overline{r}_g{}'\,\overline{r}_g{}^*}{2}\,i\,\alpha' + \\ &+ \frac{\overline{r}_g\,\overline{r}_g{}^*}{2}\,(\alpha')^2 + \frac{\Phi''}{8\,\Phi}\,\overline{r}_g\,\overline{r}_g{}^* = \\ &= \frac{\overline{r}_g{}'\,\overline{r}_g{}^{*\prime}}{2} + \frac{\overline{r}_g\,\overline{r}_g{}^{*\prime} - \overline{r}_g{}'\,\overline{r}_g{}^*}{2}\,i\,\sqrt{\frac{q_0\,\Phi}{8\,m_0}}\,\frac{B}{\Phi} + \\ &+ \frac{\overline{r}_g\,\overline{r}_g{}^*}{16}\,\frac{q_0}{m_0}\,\frac{B^2}{\Phi} + \frac{\Phi''}{8\,\Phi}\,\overline{r}_g\,\overline{r}_g{}^*. \end{aligned} \qquad (V\ 1,\ 69)$$

Im Verein mit (V 1, 7) und (V 1, 8) entsteht somit aus (V 1, 26), indem wir mit $2\,q_0/m_0$ kürzen und verabredungsgemäß alle Glieder höheren als dritten Grades der abhängigen Veränderlichen unterdrücken, zunächst

$$(1-\varepsilon_g)\sqrt{\Phi}\frac{d}{dz}\left[(1-\varepsilon_g)\sqrt{\Phi}\,w'\right] = -\frac{1}{2}\left[\left(\frac{\Phi''}{2}-\frac{\Phi^{IV}}{16}\bar{r}_g\,\bar{r}_g^*\right)w + \right.$$
$$\left. + i\sqrt{2\frac{q_0}{m_0}\Phi}\,(1-\varepsilon_g)\left\{\left(-\frac{B'}{2}+\frac{B'''}{16}\bar{r}_g\,\bar{r}_g^*\right)w - w'\left(B-\frac{B''}{4}\bar{r}_g\,\bar{r}_g^*\right)\right\}\right] \tag{V 1, 70}$$

oder, in gleicher Genauigkeit

$$\sqrt{\Phi}\frac{d}{dz}(w'\sqrt{\Phi}) + w\frac{\Phi''}{4} + i\sqrt{\frac{q_0\,\Phi}{8\,m_0}}\{-w\,B' - 2\,w'\,B\} =$$
$$= 2\,\varepsilon_g\sqrt{\Phi}\frac{d}{dz}(w_g'\sqrt{\Phi}) + \Phi\,\varepsilon_g'\,w_g' + \frac{1}{2}\left[\frac{\Phi^{IV}}{16}\bar{r}_g\,\bar{r}_g^*\,w_g - \right.$$
$$\left. - i\,\varepsilon_g\sqrt{2\frac{q_0}{m_0}\Phi}\left\{w_g\frac{B'}{2} + w_g'\,B\right\} - i\sqrt{2\frac{q_0}{m_0}\Phi}\left\{\frac{B'''}{16}\bar{r}_g\,\bar{r}_g^*\,w_g + \frac{B''}{4}w_g'\,\bar{r}_g\,\bar{r}_g^*\right\}\right]. \tag{V 1, 71}$$

Mit Rücksicht auf (V 1, 29), (V 1, 33) und (V 1, 34) wird hierin

$$\sqrt{\Phi}\frac{d}{dz}(w'\sqrt{\Phi}) + w\frac{\Phi''}{4} + i\sqrt{\frac{q_0\,\Phi}{8\,m_0}}\{-w\,B' - 2\,w'\,B\} =$$
$$= \left[\sqrt{\Phi}\frac{d}{dz}(\bar{r}'\sqrt{\Phi}) + \bar{r}\left(\frac{\Phi''}{4} + \frac{q_0}{8\,m_0}B^2\right)\right]e^{i\alpha}. \tag{V 1, 72}$$

Auf dem gleichen Wege findet man für die rechte Seite der Gl. (V 1, 71)

$$\left\{2\,\varepsilon_g\left[\sqrt{\Phi}\frac{d}{dz}(\bar{r}_g'\sqrt{\Phi}) + i\,\bar{r}_g'\,B\sqrt{\frac{q_0\,\Phi}{8\,m_0}} + i\,\bar{r}_g\sqrt{\frac{q_0\,\Phi}{8\,m_0}}\frac{B'}{2}\right] + \right.$$
$$+ \varepsilon_g'\,\Phi\left[\bar{r}_g' + i\,\bar{r}_g\sqrt{\frac{q_0\,\Phi}{8\,m_0}}\frac{B}{\Phi}\right] + \frac{\Phi^{IV}}{32}\bar{r}_g\,\bar{r}_g^*\,\bar{r}_g - i\sqrt{\frac{q_0\,\Phi}{8\,m_0}}\left[\bar{r}_g\,\bar{r}_g^*\,\bar{r}_g\frac{B'''}{8} + \right.$$
$$\left.\left. + \bar{r}_g\,\bar{r}_g^*\,\bar{r}_g'\frac{B''}{2} + i\,\bar{r}_g\,\bar{r}_g^*\,\bar{r}_g\sqrt{\frac{q_0\,\Phi}{8\,m_0}}\cdot\frac{B\cdot B''}{2\,\Phi}\right]\right\}e^{i\alpha}. \tag{V 1, 73}$$

Da nun $\bar{r}_g$ definitionsgemäß der Differentialgleichung (V 1, 37) genügt, gilt auf Grund von (V 1, 66)

$$\sqrt{\Phi}\frac{d}{dz}(\bar{r}'\sqrt{\Phi}) + \bar{r}\left(\frac{\Phi''}{4} + \frac{q_0\,B^2}{8\,m_0}\right) = \sqrt{\Phi}\frac{d}{dz}(\Delta\,\bar{r}'\sqrt{\Phi}) + \Delta\,\bar{r}\left(\frac{\Phi''}{4} + \frac{q_0\,B^2}{8\,m_0}\right) \tag{V 1, 74}$$

Substituiert man in (V 1, 73) die gleichfalls aus (V 1, 37) fließende Relation

$$\sqrt{\Phi}\frac{d}{dz}(\bar{r}_g'\sqrt{\Phi}) = -\bar{r}_g\left(\frac{\Phi''}{4} + \frac{q_0\,B^2}{8\,m_0}\right) \tag{V 1, 75}$$

so resultiert also aus (V 1, 71) für die *komplexe Amplitude* $\Delta\,\bar{r}$ *der Störung* die Differentialgleichung

$$\sqrt{\Phi}\frac{d}{dz}(\Delta\,\bar{r}'\sqrt{\Phi}) + \Delta\,\bar{r}\left(\frac{\Phi''}{4} + \frac{q_0\,B^2}{8\,m_0}\right) = \bar{Z}(z), \tag{V 1, 76}$$

wobei die komplexe Funktion $\overline{Z}(z)$ durch

$$\overline{Z}(z) = \overline{r}_g \left[\left(\frac{\Phi^{IV}}{32} + \frac{q_0}{m_0} \frac{B B''}{16} \right) \overline{r}_g \overline{r}_g^* - \left(\frac{\Phi''}{4} + \frac{q_0 B^2}{8 m_0} \right) 2 \varepsilon_g + \right.$$

$$\left. + i \sqrt{\frac{q_0 \Phi}{8 m_0}} \left(\varepsilon_g B' + \varepsilon_g' B - \frac{B'''}{8} \overline{r}_g \overline{r}_g^* \right) \right] +$$

$$+ \overline{r}_g' \left[\varepsilon_g' \Phi + i \sqrt{\frac{q_0 \Phi}{8 m_0}} \left(2 \varepsilon_g B - \frac{B''}{2} \overline{r}_g \overline{r}_g^* \right) \right] \qquad \text{(V 1, 77)}$$

definiert ist.

h) Wir unterwerfen die Störung $\Delta \overline{r}$ in der Objektebene den „*Anfangsbedingungen*“

$$\Delta \overline{r} = 0; \quad \Delta \overline{r}' = 0 \quad \text{für} \quad z = z_0, \qquad \text{(V 1, 78)}$$

so daß dort die wirkliche Bahn die als erste Näherung angenommene Trajektorie (V 1, 62) der *Gauß*schen Dioptrik oskuliert.

Nach dem Verfahren der variierten Konstanten vorgehend, machen wir für das gesuchte Integral der inhomogenen Gleichung (V 1, 76) den aus der Lösung (V 1, 57) der homogenen Gleichung $[\overline{Z}(z) \equiv 0]$ durch Auffassung von F und G als Funktionen von z entstehenden Ansatz

$$\Delta \overline{r} = F(z) f(z) + G(z) g(z). \qquad \text{(V 1, 79)}$$

Wir berechnen hieraus

$$\Delta \overline{r}' = (F' f + G' g) + (F f' + G g') \qquad \text{(V 1, 80)}$$

und verlangen zunächst

$$F' f + G' g = 0. \qquad \text{(V 1, 81)}$$

Daher folgt aus (V 1, 80) im Verein mit (V 1, 81)

$$\sqrt{\Phi} \frac{d}{dz} [\Delta \overline{r}' \sqrt{\Phi}] = \sqrt{\Phi} \frac{d}{dz} [(F f' + G g') \sqrt{\Phi}] =$$

$$= \sqrt{\Phi} \left[F \frac{d}{dz} (f' \sqrt{\Phi}) + G \frac{d}{dz} (g' \sqrt{\Phi}) \right] + \Phi [F' f' + G' g']. \qquad \text{(V 1, 82)}$$

Nun befriedigen definitionsgemäß f und g gleichzeitig die Differentialgleichungen

$$\sqrt{\Phi} \frac{d}{dz} (f' \sqrt{\Phi}) + \left(\frac{\Phi''}{4} + \frac{q_0 B^2}{8 m_0} \right) f = 0, \qquad \text{(V 1, 83)}$$

$$\sqrt{\Phi} \frac{d}{dz} (g' \sqrt{\Phi}) + \left(\frac{\Phi''}{4} + \frac{q_0 B^2}{8 m_0} \right) g = 0. \qquad \text{(V 1, 84)}$$

Durch Substitution von (V 1, 79) und (V 1, 82) in (V 1, 76) resultiert also

$$F' f' + G' g' = \frac{\overline{Z}(z)}{\Phi}. \qquad \text{(V 1, 85)}$$

Aus (V 1, 81) und (V 1, 85) folgt

$$F' = \frac{\overline{Z}}{\Phi} \frac{g}{f' g - g' f}; \qquad G' = -\frac{\overline{Z}}{\Phi} \frac{f}{f' g - g' f}. \qquad \text{(V 1, 86)}$$

Erweitert man nun (V 1, 83) mit g, (V 1, 84) mit f und subtrahiert die entstehenden Gleichungen voneinander, so findet man die Relation

$$\sqrt{\Phi} \left[g \frac{d}{dz} (f' \sqrt{\Phi}) - f \frac{d}{dz} (g' \sqrt{\Phi}) \right] \equiv \sqrt{\Phi} \frac{d}{dz} [(f' g - g' f) \sqrt{\Phi}] = 0 \qquad \text{(V 1, 87)}$$

und demnach, mit Hilfe einer Integrationskonstanten K,

$$f' g - g' f = \frac{K}{\sqrt{\Phi}}. \qquad \text{(V 1, 88)}$$

Mittels der Eigenschaften (V 1, 55), (V 1, 56) der Fundamentallösungen f und g bestimmt sich K aus dem Achsenpotential Φ_0 der Objektebene zu

$$K = \sqrt{\Phi_0}\,[f'(z_0)\, g(z_0) - g'(z_0)\, f(z_0)] = \sqrt{\Phi_0}, \qquad \text{(V 1, 89)}$$

so daß sich die Gleichungen (V 1, 86) auf

$$F' = \frac{\overline{Z} \cdot g}{\sqrt{\Phi_0}\sqrt{\Phi}}; \qquad G' = -\frac{\overline{Z} \cdot f}{\sqrt{\Phi_0}\sqrt{\Phi}} \qquad \text{(V 1, 90)}$$

reduzieren.

Da nun die Anfangsbedingungen (V 1, 78) nach (V 1, 79), (V 1, 80) und (V 1, 81) gleichzeitig durch

$$F(z_0) = 0; \qquad G(z_0) = 0 \qquad \text{(V 1, 91)}$$

befriedigt werden, liefern die Gleichungen (V 1, 90) durch Integration

$$F = \frac{1}{\sqrt{\Phi_0}} \int\limits_{\zeta = z_0}^{z} \frac{\overline{Z}(\zeta)\, g(\zeta)}{\sqrt{\Phi(\zeta)}}\, d\zeta; \qquad G = -\frac{1}{\sqrt{\Phi_0}} \int\limits_{\zeta = z_0}^{z} \frac{\overline{Z}(\zeta)\, f(\zeta)}{\sqrt{\Phi(\zeta)}}\, d\zeta \qquad \text{(V 1, 92)}$$

also schließlich

$$\Delta \overline{r} = \frac{f(z)}{\sqrt{\Phi_0}} \int\limits_{\zeta = z_0}^{z} \frac{\overline{Z}(\zeta)\, g(\zeta)}{\sqrt{\Phi(\zeta)}}\, d\zeta - \frac{g(z)}{\sqrt{\Phi_0}} \int\limits_{\zeta = z_0}^{z} \frac{\overline{Z}(\zeta)\, f(\zeta)}{\sqrt{\Phi(\zeta)}}\, d\zeta \qquad \text{(V 1, 93)}$$

Insbesondere folgt hieraus mit (V 1, 63) und (V 1, 64) für die *Bahnstörung dritter Ordnung* in der Bildebene die Relation

$$\Delta \overline{r} = \frac{M}{\sqrt{\Phi_0}} \cdot (-1)^n \cdot \int\limits_{\zeta = z_0}^{z_B} \frac{\overline{Z}(\zeta)\, f(\zeta)}{\sqrt{\Phi(\zeta)}}\, d\zeta \qquad \text{(V 1, 94)}$$

wobei die ganze Zahl n die Anzahl der allenfalls zwischen der Objektebene und der Bildebene auftretenden *Zwischenbilder* mißt; denn nach (V 1, 63) und (V 1, 88) wechselt die komplexe Amplitude $\Delta \overline{r}$ beim Fortschritt von einer Zwischenbildebene zur benachbarten Zwischenbildebene gleichzeitig mit f′ das Zeichen.

V 2. Die monochromatischen Abbildungsfehler dritter Ordnung in zentrierten Systemen.

a) Die Abweichung der Elektronenbahnen eines zentrierten elektromagnetischen Feldes von den Strahlen der *Gauß*schen Dioptrik wird in *Fehlern* der elektronenoptischen Abbildung manifest. Die Fehler heißen *monochromatisch*, falls allen abbildenden Elektronen die gleiche *de Broglie-Wellenlänge* oder, korpuskular gesprochen, die gleiche *Gesamtenergie* zukommt; die tatsächlich den Elektronen bei ihrer Emission aufgeprägte Geschwindigkeitsverteilung bleibt somit in der Theorie der monochromatischen Abbildungsfehler systematisch außer Betracht.

b) Im Lichte der Gl. (V 1, 93) für den Störungsvektor $\Delta \overline{r}$ definieren wir die Vektoren $\overline{r}_0$ und $\overline{r}_P$ des *Gauß*schen Elektronenstrahles (V 1, 62) als die *erzeugenden Vektoren* der Störung. Auf Grund der vorausgesetzten Rotationssymmetrie des Feldes ist dann die *Invarianz* seiner Abbildungseigenschaften gegen eine gleichzeitige Drehung der erzeugenden Vektoren um eine beliebige, einheitliche Azimutdifferenz zu fordern. Diese Bedingung wird erfüllt, falls sich die Verhältnisse

$$\mathrm{v}_0 = \frac{\Delta \overline{r}}{\overline{r}_0}\,; \qquad \mathrm{v}_P = \frac{\Delta \overline{\mathrm{r}}}{\overline{r}_P} \tag{V 2, 1}$$

auf je einen Skalar von in der Regel komplexem Charakter reduzieren. Im Rahmen der Fehler dritter Ordnung definieren nun v_0 und v_P je eine homogene quadratische Form von $\overline{r}_0$ und $\overline{r}_P$, welche vermöge der Invarianzforderung nur aus den vier Skalaren

$$\overset{O}{s}_O = \overline{r}_O\,\overline{r}_O^*\,; \qquad \overset{O}{s}_P = \overline{r}_O\,\overline{r}_P^*\,; \qquad \overset{P}{s}_O = \overline{r}_P\,\overline{r}_O^*\,; \qquad \overset{P}{s}_P = \overline{r}_P\,\overline{r}_P^* \tag{V 2, 2}$$

gebildet werden kann. Nach Wahl der acht vorerst willkürlichen komplexen Konstanten

$$\left.\begin{matrix} \overset{O}{\sigma}_{OO}\,; & \overset{P}{\sigma}_{OO}\,; & \overset{O}{\sigma}_{PO}\,; & \overset{P}{\sigma}_{PO} \\ \overset{O}{\sigma}_{OP}\,; & \overset{P}{\sigma}_{OP}\,; & \overset{O}{\sigma}_{PP}\,; & \overset{P}{\sigma}_{PP} \end{matrix}\right\} \tag{V 2, 3}$$

folgt somit aus (V 2, 1) der Störungsvektor $\Delta\,\overline{r}$ in der Gestalt

$$\left.\begin{aligned} \Delta\,\overline{\mathrm{r}} = {} & [\overset{O}{s}_O\overset{O}{\sigma}_{OO} + \overset{O}{s}_P\overset{P}{\sigma}_{OO} + \overset{P}{s}_O\overset{O}{\sigma}_{PO} + \overset{P}{s}_P\overset{P}{\sigma}_{PO}]\,\overline{\mathrm{r}}_O + \\ & + [\overset{O}{s}_O\overset{O}{\sigma}_{OP} + \overset{O}{s}_P\overset{P}{\sigma}_{OP} + \overset{P}{s}_O\overset{O}{\sigma}_{PP} + \overset{P}{s}_P\overset{P}{\sigma}_{PP}]\,\overline{\mathrm{r}}_P \end{aligned}\right\} \tag{V 2, 4}$$

Die benutzten Symbole mögen auf die Darstellung dieser Relationen in einem *unitären Raum* der beiden aufeinander orthogonalen Achsen O und P hinweisen: In ihm sind $(\overline{\mathrm{r}}_O, \overline{\mathrm{r}}_P)$ die kontravarianten, $(\overline{\mathrm{r}}_O^*, \overline{\mathrm{r}}_P^*)$ die kovarianten, je komplexen Komponenten ein und desselben, unitären Vektors $\overline{r}$, während die Zahlen (V 2, 2) als Komponenten eines *unitären Tensors zweiter Stufe* s [äußeres Produkt von $\overline{r}$ mit sich selbst] und die Zahlen (V 2, 3) als Komponenten eines *unitären Tensors dritter Stufe* σ aufzufassen sind. Die komplexe Zahl $\Delta\,\overline{\mathrm{r}}$ — im unitären Raume ein *Skalar*! — entsteht dann gemäß (V 2, 4) durch dreimalige Verjüngung aus einem unitären Tensor sechster Stufe, welcher seinerseits aus der äußeren Multiplikation von $\overline{r}$, s und σ hervorgeht.

Wir kehren zum dreidimensionalen Raume des elektronenoptischen Systemes samt der dort zutreffenden Interpretation der sechs komplexen Zahlen $\overline{r}_O$, $\overline{r}_O^*$, $\overline{r}_P$, $\overline{r}_P^*$, $\Delta\,\overline{r}$, $\Delta\,\overline{r}^*$ als je eines zur Symmetrieachse des Systemes senkrechten *Vektors* zurück. Auf Grund der Identitäten

$$\left.\begin{aligned} \overline{r}_O\,\overset{P}{s}_O &= \overline{r}_O\,(\overline{r}_P\,\overline{r}_O^*) \equiv \overline{r}_P\,(\overline{r}_O\,\overline{r}_O^*) = \overline{r}_P\,\overset{O}{s}_O \\ \overline{r}_O\,\overset{P}{s}_P &= \overline{r}_O\,(\overline{r}_P\,\overline{r}_P^*) \equiv \overline{r}_P\,(\overline{r}_O\,\overline{r}_P^*) = \overline{r}_P\,\overset{O}{s}_P \end{aligned}\right\} \tag{V 2, 5}$$

reduziert sich (V 2, 4) auf den nur sechsgliedrigen Ausdruck

$$\begin{aligned} \Delta\,\overline{r} = {} & \overline{r}_O\,(\overline{r}_O\,\overline{r}_O^*)\,\overset{O}{\sigma}_{OO} + \overline{r}_O\,(\overline{r}_O\,\overline{r}_P^*)\,\overset{P}{\sigma}_{OO} + \\ & + \frac{\overline{r}_O\,(\overline{r}_P\,\overline{r}_O^*) + \overline{r}_P\,(\overline{r}_O\,\overline{r}_O^*)}{2}\,(\overset{O}{\sigma}_{OP} + \overset{O}{\sigma}_{PO}) + \\ & + \frac{\overline{r}_O\,(\overline{r}_P\,\overline{r}_P^*) + \overline{r}_P\,(\overline{r}_O\,\overline{r}_P^*)}{2}\,(\overset{P}{\sigma}_{OP} + \overset{P}{\sigma}_{PO}) + \\ & + \overline{r}_P\,(\overline{r}_P\,\overline{r}_O^*)\,\overset{O}{\sigma}_{PP} + \overline{r}_P\,(\overline{r}_P\,\overline{r}_P^*)\,\overset{P}{\sigma}_{PP} \end{aligned} \tag{V 2, 6}$$

welcher demgemäß 12 je reelle Konstanten enthält; es gilt, sie mit der vorgegebenen Struktur des elektromagnetischen Feldes zu verknüpfen.

c) In die durch (V 1, 77) definierte Störungsfunktion

$$\overline{Z} = \overline{r}_g\left[\left(\frac{\Phi^{IV}}{32} + \frac{q_0}{m_0}\frac{B\,B''}{16}\right)\overline{r}_g\,\overline{r}_g{}^* - \left(\frac{\Phi''}{4} + \frac{q_0\,B^2}{8\,m_0}\right)2\,\varepsilon_g + \right.$$
$$\left. + i\sqrt{\frac{q_0\,\Phi}{8\,m_0}}\left(\varepsilon_g\,B' + \varepsilon_g{}'\,B - \frac{B'''}{8}\,\overline{r}_g\,\overline{r}_g{}^*\right)\right] +$$
$$+ \overline{r}_g{}'\left[\varepsilon_g{}'\,\Phi + i\sqrt{\frac{q_0\,\Phi}{8\,m_0}}\left(2\,\varepsilon_g\,B - \frac{B''}{2}\,\overline{r}_g\,\overline{r}_g{}^*\right)\right] \qquad \text{(V 2, 7)}$$

führen wir die aus (V 1, 37) fließende Relation ein

$$\left(\frac{\Phi''}{4} + \frac{q_0\,B^2}{8\,m_0}\right)\overline{r}_g = -\sqrt{\Phi}\,\frac{d}{dz}\,(\overline{r}_g{}'\,\sqrt{\Phi}) \qquad \text{(V 2, 8)}$$

Mit Benutzung der Identität

$$\frac{d}{dz}\,(\varepsilon_g\,B\,\overline{r}_g) \equiv \overline{r}_g\,(\varepsilon_g\,B' + \varepsilon_g{}'\,B) + \overline{r}_g{}'\,\varepsilon_g\,B \qquad \text{(V 2, 9)}$$

kann daher $\overline{Z}$ in die Gestalt

$$\overline{Z} = \overline{r}_g\left[\left(\frac{\Phi^{IV}}{32} + \frac{q_0}{m_0}\frac{B\,B''}{16}\right)\overline{r}_g\,\overline{r}_g{}^* - \left(\frac{\Phi''}{4} + \frac{q_0\,B^2}{8\,m_0}\right)\varepsilon_g\right] + \sqrt{\Phi}\,\frac{d}{dz}\,(\varepsilon_g\,\overline{r}_g{}'\,\sqrt{\Phi}) +$$
$$+ i\sqrt{\frac{q_0\,\Phi}{8\,m_0}}\left[\frac{d}{dz}\,(\varepsilon_g\,B\,\overline{r}_g) + \overline{r}_g{}'\,\varepsilon_g\,B - \overline{r}_g\,\overline{r}_g{}^*\left\{\overline{r}_g\,\frac{B'''}{8} + \overline{r}_g{}'\,\frac{B''}{2}\right\}\right] \qquad \text{(V 2, 10)}$$

gebracht werden. Setzen wir nun abkürzend

$$\mu = \mu\,(z) = \frac{1}{8\sqrt{\Phi}}\left[\Phi'' + \frac{q_0\,B^2}{2\,m_0}\right] \qquad \text{(V 2, 11)}$$

so liefert (V 2, 94)

$$\frac{\Delta\,\overline{r}}{\frac{M}{\sqrt{\Phi_0}}\,(-1)^n} = \int\limits_{\zeta=z_0}^{z_B}\left[\left(\frac{\Phi^{IV}}{32} + \frac{q_0}{m_0}\frac{B\,B''}{16}\right)\overline{r}_g{}^2\,\overline{r}_g{}^* - 2\sqrt{\Phi}\,\mu\,\varepsilon_g\,\overline{r}_g\right]\frac{f}{\sqrt{\Phi}}\,d\zeta +$$
$$+ \int\limits_{\zeta=z_0}^{z_B} f\,\frac{d}{d\zeta}\,(\varepsilon_g\,\overline{r}_g{}'\,\sqrt{\Phi})\,d\zeta + i\sqrt{\frac{q_0}{8\,m_0}}\left\{\int\limits_{\zeta=z_0}^{z_B}\left[f\,\frac{d}{d\zeta}\,(\varepsilon_g\,B\,\overline{r}_g)\,d\zeta + \right.\right.$$
$$\left.\left. + \int\limits_{\zeta=z_0}^{z_B}\left[f\,\overline{r}_g{}'\,\varepsilon_g\,B - f\,\overline{r}_g\,\overline{r}_g{}^*\left\{\overline{r}_g\,\frac{B'''}{8} + \overline{r}_g{}'\,\frac{B''}{2}\right\}\right]\right]d\zeta, \qquad \text{(V 2, 12)}$$

also durch partielle Integration mit Rücksicht auf (V 1, 55) und (V 2, 63)

$$\frac{\Delta\,\overline{r}}{\frac{M}{\sqrt{\Phi_0}}\,(-1)^n} = \int\limits_{\zeta=z_0}^{z_B}\left[\left(\frac{\Phi^{IV}}{32} + \frac{q_0}{m_0}\frac{B\,B''}{16}\right)\overline{r}_g{}^2\,\overline{r}_g{}^* - 2\sqrt{\Phi}\,\mu\,\varepsilon_g\,\overline{r}_g\right]\frac{f}{\sqrt{\Phi}}\,d\zeta -$$
$$- \int\limits_{\zeta=z_O}^{z_B} f'\,\varepsilon_g\,\overline{r}_g{}'\,\sqrt{\Phi}\,d\zeta + i\sqrt{\frac{q_0}{8\,m_0}}\int\limits_{\zeta=z_O}^{z_B}\left[f\,\overline{r}_g{}'\,\varepsilon_g\,B - f'\,\varepsilon_g\,\overline{r}_g\,B - \right.$$
$$\left. - f\,\overline{r}_g\,\overline{r}_g{}^*\left\{\overline{r}_g\,\frac{B'''}{8} + \overline{r}_g{}'\,\frac{B''}{2}\right\}\right]d\zeta. \qquad \text{(V 2, 13)}$$

Nun ist nach (V 1, 62)

$$\overline{r}_g = \overline{r}_O\, g(z) + \overline{r}_P \frac{f(z)}{f(z_P)}. \qquad (V\ 2,\ 14)$$

Wir setzen $f_P = f(z_P)$ und berechnen zunächst

$$\overline{r}_g\, \overline{r}_g^* = \overset{O}{s_O} g^2 + \overset{O}{s_P} \frac{f\cdot g}{f_P} + \overset{P}{s_O} \frac{f\cdot g}{f_P} + \overset{P}{s_P}\left(\frac{f}{f_P}\right)^2 \qquad (V\ 2,\ 15)$$

und weiter aus (V 1, 69) mit Benutzung von (V 2, 11)

$$\left.\begin{aligned} \varepsilon_g = {} & \overset{O}{s_O}\left[\frac{1}{2}(g')^2 + \frac{\mu}{\sqrt{\Phi}} g^2\right] + \\ & + \overset{O}{s_P}\left[\frac{1}{2}\frac{f'g'}{f_P} + \frac{\mu}{\sqrt{\Phi}}\frac{f\cdot g}{f_P} + \frac{i}{2}\sqrt{\frac{q_0\, \Phi}{8\, m_0\, \Phi}}\, B\, \frac{f'g - fg'}{f_P}\right] + \\ & + \overset{P}{s_O}\left[\frac{1}{2}\frac{f'g'}{f_P} + \frac{\mu}{\sqrt{\Phi}}\frac{f\cdot g}{f_P} + \frac{i}{2}\sqrt{\frac{q_0\, \Phi}{8\, m_0\, \Phi}}\, B\, \frac{fg' - f'g}{f_P}\right] + \\ & + \overset{P}{s_P}\left[\frac{1}{2}\left(\frac{f'}{f_P}\right)^2 + \frac{\mu}{\sqrt{\Phi}}\cdot\left(\frac{f}{f_P}\right)^2\right]. \end{aligned}\right\} \qquad (V\ 2,\ 16)$$

Mit Rücksicht auf (V 1, 88), (V 1, 89) reduziert sich dieser Ausdruck auf

$$\left.\begin{aligned} \varepsilon_g = {} & \overset{O}{s_O}\left[\frac{1}{2}(g')^2 + \frac{\mu}{\sqrt{\Phi}} g^2\right] + \\ & + \overset{O}{s_P}\left[\frac{1}{2}\frac{f'g'}{f_P} + \frac{\mu}{\sqrt{\Phi}}\frac{f\cdot g}{f_P} + \frac{i}{2}\sqrt{\frac{q_0\, \Phi_0}{8\, m_0}}\frac{B}{\Phi}\cdot\frac{1}{f_P}\right] + \\ & + \overset{P}{s_O}\left[\frac{1}{2}\frac{f'g'}{f_P} + \frac{\mu}{\sqrt{\Phi}}\cdot\frac{f\cdot g}{f_P} - \frac{i}{2}\sqrt{\frac{q_0\, \Phi_0}{8\, m_0}}\frac{B}{\Phi}\frac{1}{f_P}\right] + \\ & + \overset{P}{s_P}\left[\frac{1}{2}\left(\frac{f'}{f_P}\right)^2 + \frac{\mu}{\sqrt{\Phi}}\left(\frac{f}{f_P}\right)^2\right]. \end{aligned}\right\} \qquad (V\ 2,\ 17)$$

d) Wir gehen zur expliziten Darstellung der in (V 2, 4) formal eingeführten Komponenten des unitären Tensors σ über. Sei allgemein

$$\frac{\sqrt{\Phi_0}}{M}(-1)^n \cdot \sigma^k_{lm} = \tau^k_{lm} + i\, v^k_{lm}\,; \qquad \left.\begin{matrix} k \\ l \\ m \end{matrix}\right\} = \left\{\begin{matrix} O \\ P \end{matrix}\right., \qquad (V\ 2,\ 18)$$

so berechnen wir der Reihe nach alle τ^k_{lm} und v^k_{lm}.

Zunächst finden wir

$$\begin{aligned} \tau^O_{OO} = \int\limits_{\zeta = z_O}^{z_B} \Bigg[& \left(\frac{f}{\sqrt{\Phi}}\frac{\Phi^{IV}}{32} + \frac{q_0}{m_0}\frac{B\, B''}{16}\right) g^3 - \mu\, g\, (g')^2 f - 2\frac{\mu^2}{\sqrt{\Phi}} g^3 f - \\ & - f' g' \frac{(g')^2}{2}\sqrt{\Phi} - f' g' \mu\, g^2 \Bigg] d\zeta. \end{aligned} \qquad (V\ 2,\ 19)$$

Mit Hilfe der Abkürzungen

$$\lambda(z) = -\frac{1}{\sqrt{\Phi}}\left[\left(\frac{\Phi^{IV}}{32} + \frac{q_0}{m_0}\frac{B\,B''}{16}\right) - 2\mu^2\right], \qquad (V\ 2,\ 20)$$

$$\nu(z) = \frac{1}{2}\sqrt{\Phi} \qquad (V\ 2,\ 21)$$

entsteht also aus (V 2, 19)

$$\overset{O}{\tau}_{OO} = -\int\limits_{\zeta=z_O}^{z_B} [\lambda f g^3 + \mu g g' (g f)' + \nu f' (g')^3]\, d\zeta. \qquad (V\ 2,\ 22)$$

Für $\overset{O}{v}_{OO}$ erhalten wir das Integral

$$\overset{O}{v}_{OO} = \sqrt{\frac{q_0}{8\,m_0}}\int\limits_{\zeta=z_O}^{z_B}\Bigg[f(g')^3\frac{B}{2} + f g'\frac{\mu}{\sqrt{\Phi}} g^2 B - f' g (g')^2 \frac{B}{2} - f' g^3 \frac{\mu}{\sqrt{\Phi}} B -$$

$$- f g^3 \frac{B'''}{8} - f g^2 g' \left(\frac{B''}{8} + \frac{3}{8} B''\right) d\zeta = \sqrt{\frac{q_0}{8\,m_0}}\int\limits_{\zeta=z_O}^{z_B}\Bigg[f g^2 g'\left(\frac{\mu}{\sqrt{\Phi}} B - \frac{B''}{8}\right) -$$

$$- \frac{f}{8}\frac{d}{d\zeta}(g^3 B'') - (g')^2 \frac{B}{2}(f' g - f g') - f' g^3 \frac{\mu}{\sqrt{\Phi}}\Bigg] d\zeta. \qquad (V\ 2,\ 23)$$

Mit Rücksicht auf (V 1, 55) und (V 1, 63) folgt durch partielle Integration

$$-\int\limits_{\zeta=z_O}^{z_B} \frac{f}{8}\frac{d}{d\zeta}(g^3 B'')\, d\zeta = \int\limits_{\zeta=z_O}^{z_B} \frac{f'}{8} g^3 B''\, d\zeta, \qquad (V\ 2,\ 24)$$

also

$$\overset{O}{v}_{OO} = \sqrt{\frac{q_0}{8\,m_0}}\int\limits_{\zeta=z_O}^{z_B}\left[\left(\frac{\mu}{\sqrt{\Phi}} B - \frac{B''}{8}\right) g^2 + (g')^2 \frac{B}{2}\right](f g' - f' g)\, d\zeta. \qquad (V\ 2,\ 25)$$

Wir führen (V 1, 88), (V 1, 89) ein, setzen abkürzend

$$\eta(z) = \sqrt{\frac{q_0\,\Phi_0}{8\,m_0}}\frac{1}{\sqrt{\Phi}}\left[\frac{\mu}{\sqrt{\Phi}} B - \frac{B''}{8}\right] \qquad (V\ 2,\ 26)$$

$$\vartheta(z) = \sqrt{\frac{q_0\,\Phi_0}{8\,m_0}}\frac{1}{\sqrt{\Phi}} \cdot \frac{B}{2} \qquad (V\ 2,\ 27)$$

und gelangen zu

$$\overset{O}{v}_{OO} = -\int\limits_{\zeta=z_O}^{z_B} [\eta g^2 + \vartheta (g')^2]\, d\zeta \qquad (V\ 2,\ 28)$$

Für τ_{OO}^{P} gilt die Integraldarstellung

$$\tau_{OO}^{P} = \int_{\zeta=z_O}^{z_B} \left[\frac{f}{\sqrt{\Phi}} \left\{ \left(\frac{\Phi^{IV}}{32} + \frac{q_0}{m_0} \frac{B\,B''}{16} \right) g \frac{g\,f}{f_P} - 2\,g \sqrt{\Phi}\,\mu \left(\frac{1}{2} \frac{f'\,g'}{f_P} + \frac{\mu}{\sqrt{\Phi}} \frac{g\,f}{f_P} \right) \right\} - \right.$$

$$- f'\,g' \sqrt{\Phi} \left(\frac{1}{2} \frac{f'\,g'}{f_P} + \frac{\mu}{\sqrt{\Phi}} \frac{f \cdot g}{f_P} \right) -$$

$$\left. - \sqrt{\frac{q_0}{8\,m_0}} (f\,g' - f'\,g) \frac{B}{2} \sqrt{\frac{q_0\,\Phi}{8\,m_0}} \frac{B}{\Phi} \frac{f'\,g - f\,g'}{f_P} \right] d\zeta =$$

$$= \frac{1}{f_P} \int_{\zeta=z_O}^{z_B} \left[\frac{f}{\sqrt{\Phi}} \left(\frac{\Phi^{IV}}{32} + \frac{q_0}{m_0} \frac{B\,B''}{16} \right) g^2 f - \mu\, f\, f'\, g\, g' - 2 \frac{\mu^2}{\sqrt{\Phi}} g^2 f^2 - \right.$$

$$\left. - \frac{1}{2} (f'\,g')^2 \sqrt{\Phi} - f'\,g'\,\mu\,f\,g + \frac{q_0\,\Phi_0}{8\,m_0} \cdot \frac{B^2}{2\,\Phi^{3/2}} \right] d\zeta \qquad \text{(V 2, 29)}$$

wobei abermals (V 1, 88), (V 1, 89) benutzt wurden. Ergänzt man die abkürzenden Definitionen (V 2, 20), (V 2, 21) durch

$$\varkappa(z) = \frac{q_0\,\Phi_0}{16\,m_0} \cdot \frac{B^2}{\Phi^{3/2}} \qquad \text{(V 2, 30)}$$

so resultiert also

$$\tau_{OO}^{P} = -\frac{1}{f_P} \int_{\zeta=z_O}^{z_B} [\lambda\, g^2 f^2 + 2\,\mu\, f\, f'\, g\, g' + \nu\, (f'\,g')^2 - \varkappa]\, d\zeta. \qquad \text{(V 2, 31)}$$

Der Koeffizient v_{OO}^{P} wird durch das Integral

$$v_{OO}^{P} = \int_{\zeta=z_O}^{z_B} \left[-2 \sqrt{\Phi}\,\mu\, g \frac{1}{2} \sqrt{\frac{q_0\,\Phi}{8\,m_0}} \frac{B}{\Phi} \sqrt{\frac{\Phi_0}{\Phi}} \frac{1}{f_P} \frac{f}{\sqrt{\Phi}} - \right.$$

$$- f' \frac{1}{2} \sqrt{\frac{q_0\,\Phi}{8\,m_0}} \frac{B}{\Phi} \sqrt{\frac{\Phi_0}{\Phi}} \frac{g' \sqrt{\Phi}}{f_P} + \sqrt{\frac{q_0}{8\,m_0}} \left\{ (f\,g' - f'\,g)\, B \left(\frac{1}{2} \frac{f'\,g'}{f_P} + \right. \right.$$

$$\left. \left. \left. + \frac{\mu}{\sqrt{\Phi}} \frac{f \cdot g}{f_P} \right) - f \cdot \frac{f \cdot g}{f_P} \left(g \frac{B'''}{8} + g' \frac{B''}{2} \right) \right\} \right] d\zeta =$$

$$= -\frac{1}{f_P} \int_{\zeta=z_O}^{z_B} \left[2\,\mu\, g\, f \sqrt{\frac{q_0\,\Phi_0}{8\,m_0}} \frac{B}{\Phi} + f'\,g' \sqrt{\frac{q_0\,\Phi_0}{8\,m_0}} \frac{B}{\sqrt{\Phi}} + \right.$$

$$\left. + \sqrt{\frac{q_0}{8\,m_0}} f^2 g \left(g \frac{B'''}{8} + g' \frac{B''}{2} \right) \right] d\zeta \qquad \text{(V 2, 32)}$$

dargestellt; in der letzten Umformung wurde (V 1, 88), (V 1, 89) beachtet. Auf Grund der nämlichen Relationen und mit Rücksicht auf (V 1, 55), (V 1, 63) finden wir durch Teilintegration

$$\int\limits_{\zeta=z_O}^{z_B}\left[f^2 g^2 \frac{B'''}{8} + f^2 g g' \frac{B''}{2}\right] d\zeta = \int\limits_{\zeta=z_O}^{z_B}\left[\frac{f^2}{8}\frac{d(g^2 B'')}{d\zeta} + f^2 g g' \frac{B''}{4}\right] d\zeta =$$

$$= \int\limits_{\zeta=z_O}^{z_B}\left[-\frac{f f'}{4} g^2 B'' + f^2 g g' \frac{B''}{4}\right] d\zeta = -\int\limits_{\zeta=z_O}^{z_B} \frac{f g}{4}\sqrt{\frac{\Phi_0}{\Phi}} B''\, d\zeta \qquad \text{(V 2, 33)}$$

Mit Hilfe der Definitionen (V 2, 26), (V 2, 27) resultiert aus (V 2, 32), (V 2, 33)

$$\overset{P}{v}_{OO} = -\frac{2}{f_P}\int\limits_{\zeta=z_O}^{z_B} [\eta f g + \vartheta f' g']\, d\zeta. \qquad \text{(V 2, 34)}$$

Zur Berechnung von $\overset{O}{\tau}_{PO}$ gehen wir von dem Integrale

$$\overset{O}{\tau}_{PO} = \int\limits_{\zeta=z_O}^{z_B}\Bigg[\Bigg\{\frac{f}{\sqrt{\Phi}}\left(\frac{\Phi^{IV}}{32} + \frac{q_0}{m_0}\frac{B B''}{16}\right) g \frac{f g}{f_P} - 2 g \sqrt{\Phi}\, \mu \left(\frac{1}{2}\frac{f' g'}{f_P} + \right.$$

$$\left.\left. + \frac{\mu}{\sqrt{\Phi}}\frac{f\cdot g}{f_P}\right)\right\} - f' g' \sqrt{\Phi}\left(\frac{1}{2}\frac{f' g'}{f_P} + \frac{\mu}{\sqrt{\Phi}}\cdot\frac{f\cdot g}{f_P}\right) -$$

$$\left. - \sqrt{\frac{q_0}{8 m_0}}(f g' - f' g) B \frac{1}{2}\sqrt{\frac{q_0}{8 m_0}\frac{\Phi}{\Phi}} B \frac{f g' - f' g}{f_P}\right] d\zeta \qquad \text{(V 2, 35)}$$

aus und erhalten wegen (V 1, 88), (V 1, 89) mit Hilfe von (V 2, 20), (V 2, 21) und (V 2, 30)

$$\overset{O}{\tau}_{PO} = -\frac{1}{f_P}\int\limits_{\zeta=z_O}^{z_B} [\lambda g^2 f^2 + 2\mu f f' g g' + \nu (f' g')^2 + \varkappa]\, d\zeta. \qquad \text{(V 2, 36)}$$

Für $\overset{O}{v}_{PO}$ finden wir das Integral

$$\overset{O}{v}_{PO} = \int\limits_{\zeta=z_O}^{z_B}\Bigg[2\sqrt{\Phi}\,\mu\frac{1}{2}\sqrt{\frac{q_0}{8 m_0}\frac{\Phi}{\Phi}} B\cdot\sqrt{\frac{\Phi_0}{\Phi}}\frac{g}{f_P}\cdot\frac{f}{\sqrt{\Phi}}$$

$$+ f' g' \sqrt{\Phi}\frac{1}{2 f_P}\sqrt{\frac{q_0}{8 m_0}\frac{\Phi}{\Phi}} B \sqrt{\frac{\Phi_0}{\Phi}} +$$

$$+ \sqrt{\frac{q_0}{8 m_0}}\Bigg\{(f g' - f' g)\left(\frac{1}{2}\frac{f' g'}{f_P} + \right.$$

$$\left.\left. + \frac{\mu}{\sqrt{\Phi}}\frac{f g}{f_P}\right) B - f \frac{f\cdot g}{f_P}\left(g\frac{B'''}{8} + g'\frac{B''}{2}\right)\right] d\zeta \qquad \text{(V 2, 37)}$$

welches sich wegen (V 1, 88), (V 1, 89) auf

$$v_{PO}^{O} = -\int_{\zeta=z_O}^{z_B} \sqrt{\frac{q_0}{8\,m_0}}\,\frac{f^2 g}{f_P}\left(g\,\frac{B'''}{8} + g'\,\frac{B''}{2}\right) d\zeta =$$

$$= -\frac{1}{f_P}\sqrt{\frac{q_0}{8\,m_0}}\int_{\zeta=z_O}^{z_B} f^2\left\{\frac{d}{d\zeta}\left(g^2\,\frac{B''}{8}\right) + g' g\,\frac{B''}{4}\right\} d\zeta \qquad \text{(V 2, 38)}$$

reduziert. Durch partielle Integration findet sich mit Benutzung von (V 1, 88), (V 1, 89)

$$\int_{\zeta=z_O}^{z_B} f^2\left\{\frac{d}{d\zeta}\left(g^2\,\frac{B''}{8}\right) + g' g\,\frac{B''}{4}\right\} d\zeta = \int_{\zeta=z_O}^{z_B}\left[-f f'\,\frac{B''}{4} + f^2 g g'\,\frac{B''}{4}\right] d\zeta =$$

$$= \int_{\zeta=z_O}^{z_B} f g\,(f g' - g f')\,\frac{B''}{4}\,d\zeta = -\int_{\zeta=z_O}^{z_B} f g\,\sqrt{\frac{\Phi_0}{\Phi}}\,\frac{B''}{4}\,d\zeta \qquad \text{(V 2, 39)}$$

also

$$v_{PO}^{O} = \frac{1}{f_P}\sqrt{\frac{q_0\,\Phi_0}{8\,m_0}}\int_{\zeta=z_O}^{z_B} f\cdot g\cdot\frac{1}{\sqrt{\Phi}}\,\frac{B''}{4}\,d\zeta \qquad \text{(V 2, 40)}$$

Zur Berechnung von τ_{PO}^{P} dient das Integral

$$\tau_{PO}^{P} = \int_{\zeta=z_O}^{z_B}\left\{\frac{f}{\sqrt{\Phi}}\left[\left(\frac{\Phi^{IV}}{32} + \frac{q_0}{m_0}\,\frac{B\,B''}{16}\right) g\left(\frac{f}{f_P}\right)^2 - 2\sqrt{\Phi}\,\mu\cdot g\cdot\left\{\frac{1}{2}\left(\frac{f'}{f_P}\right)^2 + \right.\right.\right.$$

$$\left.\left.\left. + \frac{\mu}{\sqrt{\Phi}}\left(\frac{f}{f_P}\right)^2\right\}\right] - f'\left\{\frac{1}{2}\left(\frac{f'}{f_P}\right)^2 + \frac{\mu}{\sqrt{\Phi}}\left(\frac{f}{f_P}\right)^2\right\} g'\sqrt{\Phi}\right\} d\zeta =$$

$$= \frac{1}{f_P^2}\int_{\zeta=z_O}^{z_B}\left[\frac{f^3 g}{\sqrt{\Phi}}\left(\frac{\Phi^{IV}}{32} + \frac{q_0}{m_0}\,\frac{B\,B''}{16} - 2\mu^2\right) - \mu\,\{(f')^2 g f + f' f^2 g\} - \right.$$

$$\left. - (f')^3 g\,\frac{\sqrt{\Phi}}{2}\right] d\zeta = -\frac{1}{f_P^2}\int_{\zeta=z_O}^{z_B}[\lambda f^3 g + \mu f f' (f g)' + \nu (f')^3 g']\,d\zeta, \qquad \text{(V 2, 41)}$$

wobei (V 2, 20), (V 2, 21) benutzt wurden.

Für den Koeffizienten v_{PO}^{P} erhalten wir

$$v_{PO}^{P} = \sqrt{\frac{q_0}{8\,m_0}}\int_{\zeta=z_O}^{z_B}[f g' - f' g]\,B\left\{\frac{1}{2}\left(\frac{f'}{f_P}\right)^2 + \right.$$

$$\left. + \frac{\mu}{\sqrt{\Phi}}\left(\frac{f}{f_P}\right)^2\right\} - f\left(\frac{f}{f_P}\right)^2\left\{g\,\frac{B'''}{8} + g'\,\frac{B''}{2}\right\}\Bigg] d\zeta = \qquad \text{(V 2, 42)}$$

$$= -\frac{1}{f_P^2}\sqrt{\frac{q_0\,\Phi_0}{8\,m_0}}\int_{\zeta=z_O}^{z_B}\left[\frac{B}{\sqrt{\Phi}}\left\{\frac{1}{2}(f')^2 + \frac{\mu}{\sqrt{\Phi}}f^2\right\} + f^3\left\{g\,\frac{B'''}{8} + g'\,\frac{B''}{2}\right\}\right] d\zeta$$

Mittels partieller Integration folgt

$$\int_{\zeta=z_O}^{z_B} f^3 \left\{ g \frac{B'''}{8} + g' \frac{B''}{2} \right\} d\zeta = \int_{\zeta=z_O}^{z_B} f^3 \left\{ \frac{d}{d\zeta}\left(\frac{B'' g}{8}\right) + \frac{3}{8} g' B'' \right\} d\zeta =$$

$$= \int_{\zeta=z_O}^{z_B} \left[-\frac{3}{8} f^2 f' g B'' + \frac{3}{8} f^3 g' B'' \right] d\zeta =$$

$$= -\frac{3}{8} \int_{\zeta=z_O}^{z_B} f^2 \sqrt{\frac{\Phi_0}{\Phi}} B'' d\zeta, \qquad \text{(V 2, 43)}$$

also

$$v_{PO}^{P} = -\frac{1}{f_P^2} \int_{\zeta=z_O}^{z_B} \left[\eta f^2 + \vartheta \cdot (f')^2 - \frac{f^2}{4} \frac{B''}{\sqrt{\Phi}} \right] d\zeta \qquad \text{(V 2, 44)}$$

Für τ_{OP}^{O} entsteht

$$\tau_{OP}^{O} = \int_{\zeta=z_O}^{z_B} \frac{f}{\sqrt{\Phi}} \left[\left(\frac{\Phi^{IV}}{32} + \frac{q_0}{m_0} \frac{B B''}{16} \right) \frac{f}{f_P} g^2 - 2\sqrt{\Phi}\, \mu \frac{f}{f_P} \left\{ \frac{1}{2} (g')^2 + \frac{\mu}{\sqrt{\Phi}} g^2 \right\} - \right.$$

$$\left. - f' \left\{ \frac{1}{2} (g')^2 + \frac{\mu}{\sqrt{\Phi}} g^2 \right\} \frac{f'}{f_P} \sqrt{\Phi} \right] d\zeta = \qquad \text{(V 2, 45)}$$

$$= -\frac{1}{f_P} \int_{\zeta=z_O}^{z_B} [\lambda f^2 g^2 + \mu (f^2 (g')^2 + (f')^2 g^2) + \nu (f' g')^2]\, d\zeta$$

und für v_{OP}^{O}

$$v_{OP}^{O} = -\sqrt{\frac{q_0}{8 m_0}} \int_{\zeta=z_O}^{z_B} f g^2 \left\{ \frac{f}{f_P} \frac{B'''}{8} + \frac{f'}{f_P} \frac{B''}{2} \right\} d\zeta =$$

$$= -\sqrt{\frac{q_0}{8 m_0}} \frac{1}{f_P} \int_{\zeta=z_O}^{z_B} g^2 \left\{ \frac{d}{d\zeta}\left(\frac{f^2 B''}{8}\right) + f' f \frac{B''}{4} \right\} d\zeta =$$

$$= -\sqrt{\frac{q_0}{8 m_0}} \frac{1}{f_P} \int_{\zeta=z_O}^{z_B} \left[-g g' f^2 \frac{B''}{4} + g^2 f' f \frac{B''}{4} \right] d\zeta =$$

$$= -\frac{1}{f_P} \sqrt{\frac{q_0 \Phi_0}{8 m_0}} \int_{\zeta=z_O}^{z_B} f g \frac{1}{\sqrt{\Phi}} \frac{B''}{4} d\zeta \qquad \text{(V 2, 46)}$$

Der Koeffizient τ_{OP}^{P} lautet

$$\tau_{OP}^{P} = \int_{\zeta=z_O}^{z_B} \left[\frac{f}{\sqrt{\Phi}} \left\{ \left(\frac{\Phi^{IV}}{32} + \frac{q_0}{m_0} \frac{B B''}{16} \right) \frac{f}{f_P} \cdot \frac{f \cdot g}{f_P} - \right.\right.$$
$$\left.\left. - 2 \frac{f}{f_P} \sqrt{\Phi}\, \mu \left(\frac{1}{2} \frac{f' g'}{f_P} + \frac{\mu}{\sqrt{\Phi}} \frac{f \cdot g}{f_P} \right) \right\} - \right.$$
$$\left. - f' \frac{f'}{f_P} \sqrt{\Phi} \left(\frac{1}{2} \frac{f' g'}{f_P} + \frac{\mu}{\sqrt{\Phi}} \frac{f g}{f_P} \right) \right] d\zeta - \tag{V 2, 47}$$
$$= -\frac{1}{f_P^2} \int_{\zeta=z_O}^{z_B} [\lambda g f^3 + \mu f f' (f g)' + \nu (f')^3 g'] \, d\zeta.$$

Für v_{OP}^{P} finden wir das Integral

$$v_{OP}^{P} = \int_{\zeta=z_O}^{z_B} - \left[2 \sqrt{\Phi}\, \mu \frac{f}{f_P} \frac{1}{2} \sqrt{\frac{q_0 \Phi_0}{8 m_0}} \frac{B}{\Phi} \frac{1}{f_P} \frac{f}{\sqrt{\Phi}} + \right.$$
$$+ \frac{f' \cdot f'}{f_P} \frac{1}{2} \sqrt{\frac{q_0 \Phi_0}{8 m_0}} \frac{B}{\Phi} \frac{\sqrt{\Phi}}{f_P} +$$
$$\left. + \sqrt{\frac{q_0}{8 m_0}}\, f \cdot \frac{f g}{f_P} \left(\frac{f}{f_P} \frac{B'''}{8} + \frac{f'}{f_P} \frac{B''}{2} \right) \right] d\zeta \tag{V 2, 48}$$

Mittels der Umformung

$$\int_{\zeta=z_O}^{z_B} \left[f^3 g \frac{B'''}{8} + f^2 g f' \frac{B''}{2} \right] d\zeta = \int_{\zeta=z_O}^{z_B} \left[g \frac{d}{d\zeta} \left(\frac{f^3 B''}{8} \right) + f^2 g f' \frac{B''}{8} \right] d\zeta =$$
$$= \int_{\zeta=z_O}^{z_B} \left[- f^3 g' \frac{B''}{8} + f^2 g f' \frac{B''}{8} \right] d\zeta = \int_{\zeta=z_O}^{z_B} f^2 \sqrt{\frac{\Phi_0}{\Phi}} \frac{B''}{8} \, d\zeta \tag{V 2, 49}$$

resultiert aus (V 2, 48)

$$v_{OP}^{P} = -\frac{1}{f_P^2} \int_{\zeta=z_O}^{z_B} \left[\eta f^2 + \vartheta (f')^2 + \frac{f^2}{4} \frac{B''}{\sqrt{\Phi}} \right] d\zeta. \tag{V 2, 50}$$

Der Koeffizient τ_{PP}^{O} wird durch

$$\tau_{PP}^{O} = \int_{\zeta=z_O}^{z_B} \left[\frac{f}{\sqrt{\Phi}} \left\{ \frac{\Phi^{IV}}{32} + \frac{q_0}{m_0} \frac{B B''}{16} \right\} \frac{f}{f_P} \cdot \frac{f \cdot g}{f_P} - 2 \sqrt{\Phi}\, \mu \left(\frac{1}{2} \frac{f' g'}{f_P} + \frac{\mu}{\sqrt{\Phi}} \frac{f \cdot g}{f_P} \right) \frac{f}{f_P} - \right.$$
$$\left. - \frac{f' f'}{f_P} \left(\frac{1}{2} \frac{f' g'}{f_P} + \frac{\mu}{\sqrt{\Phi}} \frac{f g}{f_P} \right) \sqrt{\Phi} \right] d\zeta =$$
$$= -\frac{1}{f_P^2} \int_{\zeta=z_O}^{z_B} [\lambda f^3 g + \mu f f' (f g)' + \nu (f')^3 g'] \, d\zeta \tag{V 2, 51}$$

dargestellt.

Für den Koeffizienten $\overset{O}{v}_{PP}$ finden wir zunächst

$$\overset{O}{v}_{PP} = \int\limits_{\zeta=z_O}^{z_B} \left[2\sqrt{\Phi}\mu \frac{1}{2}\sqrt{\frac{q_0 \Phi_0}{8\,m_0}} \frac{B}{\Phi} \frac{1}{f_P} \cdot \frac{f}{f_P} \frac{f}{\sqrt{\Phi}} + f' \frac{1}{2}\sqrt{\frac{q_0 \Phi_0}{8\,m_0}} \frac{B}{\Phi} \frac{\sqrt{\Phi}}{f_P} \cdot \frac{f'}{f_P} - \right.$$

$$\left. - \sqrt{\frac{q_0}{8\,m_0}}\, f \frac{f \cdot g}{f_P} \left(\frac{f}{f_P} \frac{B'''}{8} + \frac{f'}{f_P} \frac{B''}{2} \right) \right] d\zeta \qquad \text{(V 2, 52)}$$

Mittels der nach partieller Integration folgenden Umformung

$$\int\limits_{\zeta=z_O}^{z_B} \left[f^3 g \frac{B'''}{8} + f^2 g f' \frac{B''}{2} \right] d\zeta = \int\limits_{\zeta=z_O}^{z_B} g \left\{ \frac{d}{d\zeta} \left(\frac{f^3 B''}{8} \right) + \frac{B''}{8} f^2 f' \right\} d\zeta =$$

$$= \int\limits_{\zeta=z_O}^{z_B} \left[-g' \frac{f^3 B''}{8} + g \frac{f^2 f' B''}{8} \right] d\zeta = \int\limits_{\zeta=z_O}^{z_B} \sqrt{\frac{\Phi_0}{\Phi}}\, f^2 \frac{B''}{8}\, d\zeta \qquad \text{(V 2, 53)}$$

resultiert aus (V 2, 52)

$$\overset{O}{v}_{PP} = \frac{1}{f_P^2} \int\limits_{\zeta=z_O}^{z_B} [\eta f^2 + \vartheta (f')^2]\, d\zeta. \qquad \text{(V 2, 54)}$$

Der Koeffizient $\overset{P}{\tau}_{PP}$ lautet

$$\overset{P}{\tau}_{PP} = \int\limits_{\zeta=z_O}^{z_B} \left[\frac{f}{\sqrt{\Phi}} \left(\frac{\Phi^{IV}}{32} + \frac{q_0}{m_0} \frac{B B''}{16} \right) \frac{f^3}{f_P^3} - \mu \frac{f^2 (f')^2}{f_P^3} - 2 \frac{\mu^2}{\sqrt{\Phi}} \frac{f^4}{f_P^3} - \right.$$

$$\left. - \frac{f'}{2} \frac{(f')^3}{f_P^3} \sqrt{\Phi} - f' \frac{f'}{f_P^3} \mu f^2 \right] d\zeta =$$

$$= -\frac{1}{f_P^3} \int\limits_{\zeta=z_O}^{z_B} [\lambda f^4 + \mu\, 2 (f f')^2 + \nu (f')^4]\, d\zeta. \qquad \text{(V 2, 55)}$$

Endlich ergibt sich für den Koeffizienten $\overset{P}{v}_{PP}$ das Integral

$$\overset{P}{v}_{PP} = \sqrt{\frac{q_0}{8\,m_0}} \int\limits_{\zeta=z_O}^{z_B} \left[f \frac{f'}{f_P} \cdot \frac{1}{2} \left(\frac{f'}{f_P} \right)^2 B + f' \frac{f}{f_P} \frac{\mu}{\sqrt{\Phi}} \left(\frac{f}{f_P} \right)^2 B - f' \frac{f}{f_P} \frac{1}{2} \left(\frac{f'}{f_P} \right)^2 B - \right.$$

$$\left. - \frac{f}{f_P} f' \left(\frac{f}{f_P} \right)^2 \frac{\mu}{\sqrt{\Phi}} B - f \left(\frac{f}{f_P} \right)^3 \frac{B'''}{8} - f' \left(\frac{f}{f_P} \right)^3 \frac{B''}{2} \right] d\zeta =$$

$$= -\frac{1}{8\,f_P^3} \sqrt{\frac{q_0}{8\,m_0}} \int\limits_{\zeta=z_O}^{z_B} d\,(B'' f^4). \qquad \text{(V 2, 56)}$$

Mit Rücksicht auf (V 2, 55), (V 2, 63) wird also

$$\overset{P}{v}_{PP} = 0. \qquad \text{(V 2, 57)}$$

e) Um die Resultate der vorstehenden Rechnungen in übersichtlicher Form zusammenzufassen, führen wir nach dem Vorgang von *Glaser*[1] folgende Funktionen ein:

$$B = \frac{M}{\sqrt{\Phi_0}} (-1)^n \frac{1}{f_P^3} \int_{\zeta = z_O}^{z_B} [\lambda f^4 + \mu\, 2 (f f')^2 + \nu (f')^4]\, d\zeta, \tag{V 2, 58}$$

$$C = \frac{M}{\sqrt{\Phi_0}} (-1)^n \frac{1}{f_P} \int_{\zeta = z_O}^{z_B} [\lambda f^2 g^2 + 2 \mu f f' g g' + \nu (f' g')^2 - \varkappa]\, d\zeta, \tag{V 2, 59}$$

$$D = \frac{M}{\sqrt{\Phi_0}} (-1)^n \frac{1}{f_P} \int_{\zeta = z_O}^{z_B} [\lambda f^2 g^2 + \mu \{f^2 (g')^2 + (f')^2 g^2\} + \nu (f' g')^2 + 2 \varkappa]\, d\zeta, \tag{V 2, 60}$$

$$E = -\frac{M}{\sqrt{\Phi_0}} (-1)^n \int_{\zeta = z_O}^{z_B} [\lambda f g^3 + \mu g g' (f g)' + \nu f' (g')^3]\, d\zeta, \tag{V 2, 61}$$

$$F = -\frac{M}{\sqrt{\Phi_0}} (-1)^n \frac{1}{f_P^2} \int_{\zeta = z_O}^{z_B} [\lambda f^3 g + \mu f f' (f g)' + \nu (f')^3 g']\, d\zeta, \tag{V 2, 62}$$

$$G_{00} = \frac{M}{\sqrt{\Phi_0}} (-1)^n \int_{\zeta = z_O}^{z_B} [\eta g^2 + \vartheta (g')^2]\, d\zeta, \tag{V 2, 63}$$

$$G_{01} = \frac{M}{\sqrt{\Phi_0}} (-1)^n \frac{2}{f_P} \int_{\zeta = z_O}^{z_B} [\eta f g + \vartheta f' g']\, d\zeta, \tag{V 2, 64}$$

$$G_{11} = \frac{M}{\sqrt{\Phi_0}} (-1)^n \frac{1}{f_P^2} \int_{\zeta = z_O}^{z_B} [\eta f^2 + \vartheta (f')^2]\, d\zeta. \tag{V 2, 65}$$

Wir erhalten dann

$$\overset{O}{\sigma}_{OO} = E - i\, G_{00}, \tag{V 2, 66}$$

$$\overset{P}{\sigma}_{OO} = -C - i\, G_{01}, \tag{V 2, 67}$$

$$\overset{O}{\sigma}_{OP} + \overset{O}{\sigma}_{PO} = -(C + D), \tag{V 2, 68}$$

$$\overset{P}{\sigma}_{OP} + \overset{P}{\sigma}_{PO} = 2 (F - i\, G_{11}), \tag{V 2, 69}$$

$$\overset{O}{\sigma}_{PP} = F + i\, G_{11}, \tag{V 2, 70}$$

$$\overset{P}{\sigma}_{PP} = -B. \tag{V 2, 71}$$

---

[1] *Busch* und *Brüche:* Beiträge zur Elektronenoptik, Leipzig, Barth 1937 [S. 32 u. 33]; *Ruesterholz:* Elektronenoptik, Basel, Birkhäuser 1950 [S. 176 u. 177].

Setzt man, in nur unwesentlicher Abänderung der von *Zworykin*[1] und seinen Mitarbeitern gewählten Bezeichnungen,

$$\left.\begin{array}{llll} S_1 = -E; & S_2 = G_{00}; & S_3 = C + D; & S_4 = C, \\ S_5 = G_{01}; & S_6 = -F; & S_7 = G_{11}; & S_8 = B, \end{array}\right\} \qquad (V\ 2,\ 72)$$

so entsteht

$$\left.\begin{array}{ll} \overset{O}{\sigma}_{OO} = -[S_1 + i\,S_2]; & \overset{P}{\sigma}_{OO} = -[S_4 + i\,S_5], \\ \overset{O}{\sigma}_{OP} + \overset{O}{\sigma}_{PO} = -S_3; & \overset{P}{\sigma}_{OP} + \overset{P}{\sigma}_{PO} = -2\,[S_6 + i\,S_7], \\ \overset{O}{\sigma}_{PP} = -[S_6 - i\,S_7]; & \overset{P}{\sigma}_{PP} = -S_8. \end{array}\right\} \qquad (V\ 2,\ 73)$$

Die in (V 2, 6) formal eingeführten 12 Konstanten reduzieren sich also auf deren nur *acht* wesentlich voneinander verschiedene, von welchen fünf reell und drei imaginär sind; die letztgenannten wechseln mit der Richtung des zentralen Magnetfeldes ihr Zeichen.

f) Wir sehen die sechs komplexen Konstanten (V 2, 73) weiterhin als bekannt an; welche geometrische Struktur offenbart die von ihnen angezeigte Störung?

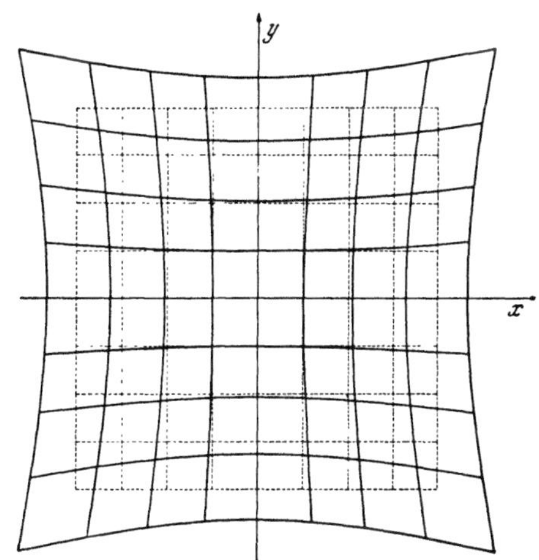

Abb. V 252. Kissenförmige Verzeichnung.

Die Antwort wird erleichtert, indem wir jene Komponentenstörungen untersuchen, welche jeweils nur von einer der genannten Konstanten abhängen; doch sei der lediglich *ideelle Charakter* dieser Trennung hervorgehoben: Es gelingt in der Regel keineswegs, die entsprechenden Teilfehler *einzeln zu realisieren.*

1. Die *Verzeichnung* wird durch

$$\overset{O}{\sigma}_{OO} \neq 0 \qquad (V\ 2,\ 74)$$

definiert, während gleichzeitig sämtliche übrigen Komponenten des unitären Tensors σ verschwinden. Der hiermit geschilderte Bildfehler ist von den Abmessungen der Pupille gänzlich unabhängig, die von einem festen Objektpunkt ausgehenden Elektronenstrahlen vereinigen sich in einem wohl bestimmten Punkte der Bildebene: Nicht die Schärfe der Abbildung leidet bei dem in Rede stehenden Fehler, sondern deren Treue, sie wird *disform,* und gerade dieser Sachverhalt kommt im Namen „Verzeichnung" zum Ausdruck.

Auf Grund des komplexen Charakters von $\overset{O}{\sigma}_{OO}$ unterscheiden wir:

α) Die *radiale Verzeichnung*

$$E \neq 0; \qquad G_{00} = 0. \qquad (V\ 2,\ 75)$$

Wegen

$$\overline{r}_O\,\overline{r}_O\,\overline{r}_O^* \equiv |\overline{r}_O|^2\,\overline{r}_O \qquad (V\ 2,\ 76)$$

[1] *Zworykin, Morton, Ramberg, Hillier, Vance:* Electron Optics and the Electron Microscope. Wiley, New York 1945. S. 560 u. 561.

koinzidiert die radiale Verzeichnung mit der Richtung des *Gaußschen* Bildvektors; für $\mathrm{E} \gtrless 0$ liegt eine mit $|\overline{r}_{\mathrm{O}}|^3$ proportionale $\genfrac{}{}{0pt}{}{\text{Zerdehnung}}{\text{Zerschrumpfung}}$ vor, welche ein quadratisches Netz gemäß Abb. V 252; V 253 $\genfrac{}{}{0pt}{}{\text{kissenförmig}}{\text{tonnenförmig}}$ verzerrt.

Abb. V 253. Tonnenförmige Verzeichnung.

β) Der Fall

$$\mathrm{E} = 0; \quad \mathrm{G}_{00} \neq 0 \qquad (\mathrm{V}\ 2,\ 77)$$

schildert die mit $|\overline{r}_{\mathrm{O}}|^3$ proportionale *azimutale Verzeichnung*; sie ist senkrecht zum *Gaußschen* Bildvektor gerichtet: Ursprünglich radial verlaufende Strahlen werden nach Abb. V 254 zu kubischen Parabeln; die *Gaußsche* Reproduktion des Objektes wird in sich zerdreht.

2. Der *Astigmatismus* wird durch

$$\sigma_{\mathrm{OO}}^{\mathrm{P}} \neq 0 \qquad (\mathrm{V}\ 2,\ 78)$$

bei gleichzeitigem Verschwinden aller übrigen $\sigma_{\mathrm{n\,l}}^{\mathrm{m}}$ definiert.

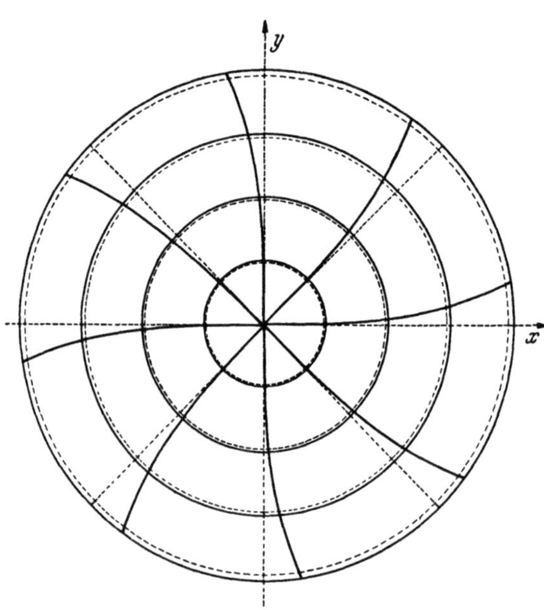

Abb. V 254. Zerdrehung.

Mit Rücksicht auf

$$\overline{r}_{\mathrm{O}}\,\overline{r}_{\mathrm{O}}\,\overline{r}_{\mathrm{P}}^{*} \equiv \overline{r}_{\mathrm{O}}\,|\overline{r}_{\mathrm{O}}|^2 \cdot \frac{\overline{r}_{\mathrm{P}}^{*}}{\overline{r}_{\mathrm{O}}^{*}} \qquad (\mathrm{V}\ 2,\ 79)$$

richten wir unser Augenmerk auf jenen Kathoden-Strahl, welcher, von einem bestimmten Objektpunkte $\overline{r}_{\mathrm{O}} \neq 0$ ausgehend, die Pupillenebene im Punkte $\overline{r}_{\mathrm{P}}$ kreuzt. Einem vollen, im mathematisch-positiven Sinne ausgeführten Umlauf von $\overline{r}_{\mathrm{P}}$ längs der Peripherie des Kreises $|\overline{r}_{\mathrm{P}}| = \mathrm{const.} < \mathrm{p}$ korrespondiert in der Bildebene ein im umgekehrten Sinne durchlaufener Kreis des Störvektors; der gesamten, von den Elektronen durchstrahlten Pupillenebene entspricht somit in der *Gaußschen* Bildebene eine um den *Gaußschen* Bildpunkt als Zentrum hofartig ausgebreitete

Kreisfläche: Im Gegensatz zur Verzeichnung gibt der Astigmatismus zu einer Unschärfe des Bildes Anlaß, welche nur in der Systemachse verschwindet.

Da σ_{OO}^{P} komplex ist, haben wir zwei Arten von Astigmatismus zu unterscheiden:

α) Der *isotrope Astigmatismus* tritt im Falle

$$C \neq 0; \qquad G_{01} = 0 \tag{V 2, 80}$$

auf. Für diejenigen Kathodenstrahlen, welche nach Abb. V 255 dauernd in der „Hauptmeridianebene" des Objektpunktes verbleiben, ist $\overline{r}_P^*/\overline{r}_O$ reell; daher schneiden sie sich gemäß der Alternative $C \lessgtr 0$ $\genfrac{}{}{0pt}{}{\text{hinter}}{\text{vor}}$ der Bildebene; dagegen zeichnen sich die Kathodenstrahlen, welche die Pupillenebene in der senkrecht zur vorgenannten Meridianebene orientierten „Bimeridianebene" kreuzen, durch ein imaginäres Verhältnis $\overline{r}_P^*/\overline{r}_O^*$ aus, so daß ihr Schnittpunkt für $C \lessgtr 0$ $\genfrac{}{}{0pt}{}{\text{vor}}{\text{hinter}}$ die Bildebene zu liegen kommt.

β) Mit *anisotropem Astigmatismus* hat man es im Falle

$$C = 0; \quad G_{01} \neq 0 \tag{V 2, 81}$$

zu tun. Daher tauschen, sofern man von der *Larmor*-Drehung der Elektronen absieht die vordem für den isotropen Astigmatismus genannten Fehler in der Hauptmeridianebene einerseits, der Bimeridianebene andererseits ihre Plätze. Die beiden Formen des Astigmatismus sind demnach nicht wesentlich voneinander verschieden; in der Tat existieren auch beim gleichzeitigen Auftreten des isotropen und des anisotropen Astigmatismus stets jene ausgezeichneten, aufeinander senkrechten Meridianebenen, deren Orientierung relativ zur Systemachse durch das Verhältnis von G_{01} zu C geregelt wird.

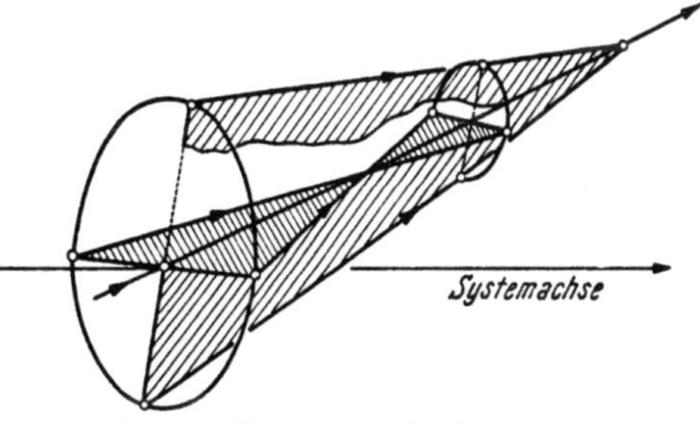

Abb. V 255. Isotroper Astigmatismus.

3. Die *Bildwölbung* wird durch

$$\sigma_{OP}^{O} + \sigma_{PO}^{O} \neq 0 \tag{V 2, 82}$$

definiert, während sich alle anderen σ_{mn}^{l} annullieren.

Die Geometrie der Bildwölbung ist mit jener des Astigmatismus verwandt, jedoch wesentlich einfacher. Nach (V 2, 68) fällt nämlich die Summe (V 2, 82) stets reell aus. Wegen

$$\overline{r}_O\,\overline{r}_P\,\overline{r}_O^* \equiv |\overline{r}_O|^2\,\overline{r}_P \tag{V 2, 83}$$

korrespondiert daher einem vollen Umlauf um den Kreis $|\overline{r}_P| = \text{const.} < p$ der Pupillenebene ein gleichsinniger Umlauf des Störvektors um den *Gauß*schen Bildpunkt: Die von einem bestimmten Objektpunkt $\overline{r}_O \neq 0$ ausgehenden Kathodenstrahlen können in der Nachbarschaft des *Gauß*schen Bildpunktes durch die Geraden approximiert werden, welche einen Kegel mit außerhalb der Bildebene liegender Spitze erfüllen. Daher wird das Objekt als ganzes auf eine gewölbte Fläche abgebildet, während es in der *Gauß*schen Bildebene unscharf bleibt; nur das Zentrum $[\overline{r}_O \to 0]$ ist von diesen Fehlern frei.

4. Die *Koma* [„kometenförmiger“ Bildfehler] ist durch

$$\sigma_{\mathrm{OP}}^{\mathrm{P}} + \sigma_{\mathrm{PO}}^{\mathrm{P}} = 2\,(\sigma_{\mathrm{PP}}^{\mathrm{O}})^* \neq 0 \qquad \text{(V 2, 84)}$$

definiert, während alle anderen $\sigma_{\mathrm{m\,n}}^{1}$ verschwinden. Die Koma besteht somit aus zwei untrennbar miteinander verknüpften Anteilen:

α) Der *Komastrich*.

Wir schreiben

$$2\,\overline{\mathfrak{r}}_{\mathrm{P}}\,\overline{\mathfrak{r}}_{\mathrm{O}}\,\overline{\mathfrak{r}}_{\mathrm{P}}^* \equiv 2\,\overline{\mathfrak{r}}_{\mathrm{O}}\,|\overline{\mathfrak{r}}_{\mathrm{P}}|^2. \qquad \text{(V 2, 85)}$$

Bei festem Objektpunkt liefert hiernach das Strahlenbündel, welches den Kreis $|\overline{\mathfrak{r}}_{\mathrm{P}}| = \mathrm{const.} < \mathrm{p}$ der Pupillenebene durchkreuzt, eine zu $\overline{\mathfrak{r}}_{\mathrm{O}}$ proportionale Verschiebung des Bildpunktes gegen seine *Gauß*sche Lage; der gesamten Pupillenöffnung $|\overline{\mathfrak{r}}_{\mathrm{P}}| \leqq \mathrm{p}$ entspricht als geometrischer Ort des Störvektors eine im *Gauß*schen Bildpunkt beginnende, gerade Strecke, deren Länge dem Produkte $|\mathrm{r_O}|\,\mathrm{p}^2$ verhältnisgleich ist.

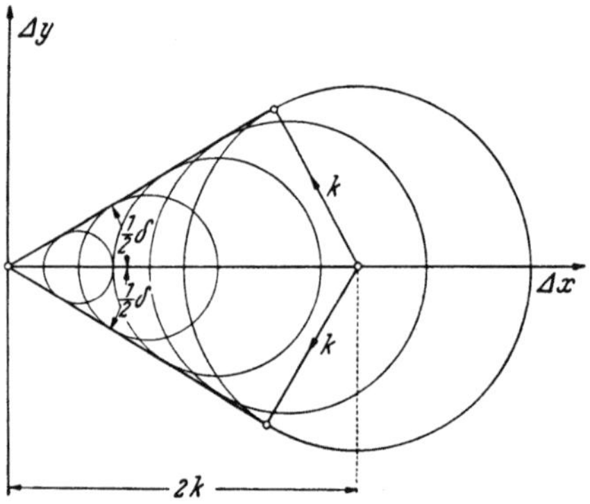

β) Der *Komahof*.

Wir schreiben

$$\overline{\mathfrak{r}}_{\mathrm{P}}\,\overline{\mathfrak{r}}_{\mathrm{P}}\,\overline{\mathfrak{r}}_{\mathrm{O}}^* \equiv \overline{\mathfrak{r}}_{\mathrm{O}}^* \cdot \overline{\mathfrak{r}}_{\mathrm{P}}. \qquad \text{(V 2, 86)}$$

Ein von einem festen Objektpunkte ausgehender Kathodenstrahl durchkreuze die Pupillenebene in $\overline{\mathfrak{r}}_{\mathrm{P}}$. Läßt man $\overline{\mathfrak{r}}_{\mathrm{P}}$ den Umfang des Kreises $|\overline{\mathfrak{r}}_{\mathrm{P}}| = \mathrm{const.} < \mathrm{p}$ durchlaufen, so beschreibt der Störvektor um den längs des Komastriches verschobenen *Gauß*schen Bildpunkt zwei sich deckende Exemplare eines Kreises, dessen Durchmesser 2 k nach Abb. V 256 dem Abstand seines Zentrums vom *Gauß*schen Bildpunkte gleicht; die von dort an den Störvektor-Kreis gelegten Tangenten schließen demgemäß zwischen einander den Winkel

Abb. V 256. Genetik der Koma.

$$\delta = 2\arcsin\frac{\mathrm{k}}{2\,\mathrm{k}} = 60^0 \qquad \text{(V 2, 87)}$$

ein. Die Gesamtheit aller von dem genannten Objektpunkte ausgehenden, die Pupille durchkreuzenden Kathodenstrahlen liefert daher einen am *Gauß*schen Bildpunkt ansetzenden, keilförmigen Hof, dessen Aussehen den Namen der Störung als Koma rechtfertigt.

Im Falle

$$\mathrm{F} \neq 0; \qquad \mathrm{G}_{11} = 0 \qquad \text{(V 2, 88)}$$

heißt die Koma *isotrop*; der Komastrich ist dann radial orientiert. Gilt jedoch gleichzeitig

$$\mathrm{F} \neq 0; \qquad \mathrm{G}_{11} \neq 0, \qquad \text{(V 2, 89)}$$

so resultiert die *anisotrope Koma*, bei welcher die Richtung des Komastriches von der radialen abweicht.

5. Der *Öffnungsfehler* [*sphärische Aberration*] wird durch

$$\sigma_{\mathrm{PP}}^{\mathrm{P}} \neq 0 \qquad \text{(V 2, 90)}$$

definiert, während gleichzeitig alle anderen $\sigma_{\mathrm{m\,n}}^{1}$ verschwinden.

Der Öffnungsfehler ist mit

$$\overline{\mathfrak{r}}_{\mathrm{P}}\,\overline{\mathfrak{r}}_{\mathrm{P}}\,\overline{\mathfrak{r}}_{\mathrm{P}}^* \equiv \overline{\mathfrak{r}}_{\mathrm{P}}\,|\overline{\mathfrak{r}}_{\mathrm{P}}|^2 \qquad \text{(V 2, 91)}$$

proportional, von der Lage des Objektpunktes hingegen unabhängig. Das Bündel derjenigen Kathodenstrahlen, welche die Pupillenebene längs des Kreises $|\overline{r}_P| = \text{const.} < p$ durchqueren, erzeugt somit in der Bildebene um den *Gauß*schen Bildpunkt als Zentrum einen Störkreis, dessen Halbmesser proportional zu $|\overline{r}_P|^3$ ist; daher gibt die gesamte, von den Elektronen durchstrahlte Pupillenöffnung zu einem kreisförmigen Hofe Anlaß, dessen Radius mit p^3 anwächst. Der Öffnungsfehler äußert sich demnach in einer gleichmäßig über das gesamte Bild verteilten Unschärfe. Da nach (V 2, 71) B reell ausfällt, ist der Öffnungsfehler stets isotrop.

g) Der Astigmatismus beider Arten verschwindet, falls sich das elektromagnetische Feld durch die Eigenschaften

$$C = 0; \qquad G_{01} = 0 \tag{V 2, 92}$$

auszeichnet. Kann man gleichzeitig die Bildwölbung beseitigen?

Die genannte Verbesserung der Bildqualität [*Petzval-Bedingung*] verlangt neben (V 2, 92)

$$C + D = 0. \tag{V 2, 93}$$

Durch Subtraktion der Gl. (V 2, 59) von (V 2, 60) folgt dann

$$\int\limits_{\zeta = z_O}^{z_B} [\mu \{f^2 (g')^2 + (f')^2 g^2 - 2 f f' g g'\} + 3 \varkappa] \, d\zeta = 0. \tag{V 2, 94}$$

Nun gilt nach (V 1, 88), (V 1, 89)

$$f^2 (g')^2 + (f')^2 g^2 - 2 f f' g g' \equiv (f' g - f g')^2 = \frac{\Phi_0}{\Phi}. \tag{V 2, 95}$$

Mit Rücksicht auf (V 2, 11) und (V 2, 30) nimmt daher (V 2, 45) die Gestalt an

$$\int\limits_{\zeta = z_O}^{z_B} \left[\frac{1}{8\sqrt{\Phi}} \left\{\Phi'' + \frac{q_0 B^2}{2 m_0}\right\} \frac{\Phi_0}{\Phi} + 3 \frac{q_0 \Phi_0}{16 m_0} \frac{B^2}{\Phi^{3/2}}\right] d\zeta = 0 \tag{V 2, 96}$$

oder, nach Kürzen mit $\Phi_0/8$,

$$\int\limits_{\zeta = z_O}^{z_B} \frac{1}{\Phi^{3/2}} \left\{\Phi'' + 2 \frac{q_0 B^2}{m_0}\right\} d\zeta = 0. \tag{V 2, 97}$$

V 3. Chromatische Elektronenaberration in zentrierten Feldern.

a) Die Theorie der *monochromatischen Abbildungsfehler* beruht auf der Voraussetzung einer für alle optisch aktiven Elektronen *einheitlichen Gesamtenergie* H_0. Diese Eigenschaft zeichnet jedoch nur ein *ideelles* Elektronenkollektiv aus, dessen Individuum die Kathode sämtlich mit ein und derselben Startgeschwindigkeit verlassen. In Wahrheit besitzen die Elektronen *individuell verschiedene Anfangsgeschwindigkeiten,* deren statistisches Verteilungsgesetz von dem Verhalten des Elektronengases im Innern der Kathode im Verein mit dem an deren Oberfläche wirksamen Emissionsmechanismus diktiert wird.

Der von Elektron zu Elektron verschiedenen Startgeschwindigkeit korrespondiert während des anschließenden Bewegungsvorganges durch das elektromagnetische Feld zwar eine je feste, doch *individuell unterschiedliche Gesamtenergie*

$$H = H_0 + \Delta H \tag{V 3, 1}$$

oder, in der Sprache der *de Broglie*schen Materiewellen, eine individuell unterschiedliche „*Elektronenfarbe*". Das System der numehr resultierenden Kathodenstrahlen weicht in der Regel von dem eines „einfarbigen" Elektronenkollektivs ab. Die als Folge dieser Erscheinung entstehenden Unvollkommenheiten der elektronenoptischen Abbildung definieren deren *chromatische Fehler*; es gilt, den quantitativen Gesetzmäßigkeiten dieser Fehler nachzugehen. Um hierbei die chromatischen Fehler als solche von den monochromatischen zu trennen, beschränken wir uns weiterhin auf achsennahe Kathodenstrahlen, deren jeder einzelne den Gesetzen der *Gauß*schen Dioptrik gehorcht.

b) Wir betrachten die Geschwindigkeitsverteilung der eben emittierten Elektronen als bekannt und richten unsere Aufmerksamkeit zunächst auf die [infinitesimale] Gruppe derjenigen Elektronen, welche sich durch den wahrscheinlichsten Wert H_w der Gesamtenergie auszeichnen; dieser darf mit H_0 identifiziert werden

$$H_w = H_0. \tag{V 3, 2}$$

Wir definieren die Gesamtheit aller Elektronenbahnen der „Farbe" H_0 als *Grundbewegung* [Index g]. Um sie analytisch zu beschreiben, beziehen wir uns auf das in Ziffer V 1 eingeführte, relativ zum elektromagnetischen Felde des elektrischen Skalarpotentiales φ und des magnetischen Vektorpotentiales V ruhende System der rechtsläufigen, *Kartesi*schen Koordinaten x, y, z; der Kathode wird das Potential $\varphi = 0$ zugewiesen. Rechnet man dann H_0 mittels der Vorschrift

$$H_0 = q_0 \Phi_0 \tag{V 3, 3}$$

auf die äquivalente Spannung Φ_0 um und erklärt das „modifizierte" elektrische Skalarpotential φ^* durch

$$\varphi^* = \Phi_0 + \varphi, \tag{V 3, 4}$$

so tritt längs der Systemachse das modifizierte Potential

$$\Phi^*(z) = \Phi_0 + \Phi(z) \tag{V 3, 5}$$

auf. Wir fassen x_g und y_g zum komplexen Bahnvektor

$$w_g = x_g + i\,y_g = \overline{r}_g\, e^{i\alpha_g} \tag{V 3, 6}$$

zusammen. Sein Azimut α_g und seine komplexe Amplitude $\overline{r}_g$ gehorchen den aus (V 1, 32) und (V 1, 37) nach Ersatz von Φ durch Φ^* hervorgehenden Differentialgleichungen

$$\alpha_g' = \sqrt{\frac{q_0 \Phi^*}{8\,m_0}}\,\frac{B}{\Phi^*} \tag{V 3, 7}$$

und

$$\sqrt{\Phi^*}\,\frac{d}{dz}\left(\overline{r}_g'\sqrt{\Phi^*}\right) + \overline{r}_g\left(\frac{\Phi''}{4} + \frac{q_0 B^2}{8\,m_0}\right) = 0. \tag{V 3, 8}$$

Nach Vorgabe der Objektebene $z = z_O$ und der Pupillenebene $z = z_P$ unterwerfen wir die zwei als linear voneinander unabhängig vorausgesetzten Fundamentalintegrale $f^*(z)$ und $g^*(z)$ der Gleichung (V 3, 8) den Bedingungen

$$f^*(z_O) = 0; \qquad f^{*\prime}(z_O) = 1, \tag{V 3, 9}$$

$$g^*(z_O) = 1; \qquad g^*(z_P) = 0. \tag{V 3, 10}$$

Diejenige Grundbahn, welche vom Objektpunkte $w = w_O \equiv \overline{r}_O$ ausgehend die Pupillenebene im Punkte $w = w_P = \overline{r}_P \, e^{i\alpha_P}$ kreuzt, wird dann durch

$$\overline{r} = \overline{r}_g = \overline{r}_O \, g^*(z) + \overline{r}_P \frac{f^*(z)}{f_P^*} \qquad [f_P^* = f^*(z_P)], \qquad \text{(V 3, 11)}$$

im Verein mit

$$\alpha = \alpha_g = \sqrt{\frac{q_0}{8\,m_0}} \int\limits_{\zeta = z_O}^{z} \frac{B(\zeta)}{\sqrt{\Phi^*(\zeta)}} d\zeta \qquad \text{(V 3, 12)}$$

beschrieben. Daher koinzidieren die Bildebenen der Grundbewegung mit den Ebenen $z = z_B \neq z_O$, welche aus der Gleichung

$$f^*(z_B) = 0 \qquad \text{(V 3, 13)}$$

hervorgehen. Demnach erscheint das Bild des Objektpunktes $w_O \equiv r_O$ in

$$w_B = \overline{r}_B \, e^{i\alpha_B}; \quad \overline{r}_B = \overline{r}_O \, g^*(z_B); \quad \alpha_B = \sqrt{\frac{q_0}{8\,m_0}} \int\limits_{\zeta = z_O}^{z_B} \frac{B(\zeta)}{\sqrt{\Phi^*(\zeta)}} d\zeta \qquad \text{(V 3, 14)}$$

so daß die Lateralvergrößerung jeweils durch

$$M = \left| \frac{w_B}{w_O} \right| = \left| \frac{\overline{r}_B}{\overline{r}_O} \right| = |g^*(z_B)| \qquad \text{(V 3, 15)}$$

gemessen wird.

c) Die Grundbewegung liefert in der achsialen Stellung der Bildebene und der jeweils in einer von ihnen entworfenen, formtreuen Zeichnung des Objektes die Basis zur Beurteilung der chromatischen Aberration:

Wir verlassen die Elektronen-Gruppe der wahrscheinlichsten Energie $[H = H_0]$ und gehen zu der gleichfalls infinitesimalen Gruppe der Elektronen von der „Farbe" $H \neq H_0$ über. Setzen wir, Gl. (V 3, 3) verallgemeinernd,

$$H = H_0 + \Delta H = q_0 \, [\Phi_0 + \Delta \Phi], \qquad \text{(V 3, 16)}$$

so gehen die kinetischen Gesetze der H-Gruppe [Index H] aus den Differentialgleichungen der Grundbewegung hervor, indem man überall das modifizierte Achsenpotential Φ^* durch die Funktion

$$\Phi_H^*(z) = \Phi^*(z) + \Delta \Phi \qquad \text{(V 3, 17)}$$

ersetzt. Innerhalb der Gesamtheit der hierdurch definierten H-Bahnen richten wir nun unsere Aufmerksamkeit auf jene Einzelbahn, welche die H_0-Bahn (V 3, 11), (V 3, 12) im Objektpunkte oskuliert. Das Azimut dieses H-Bahnvektors w_H wird somit durch

$$\alpha_H = \sqrt{\frac{q_0}{8\,m_0}} \int\limits_{\zeta = z_O}^{z} \frac{B(\zeta)}{\sqrt{\Phi^*(\zeta) + \Delta \Phi}} d\zeta \qquad \text{(V 3, 18)}$$

dargestellt, während seine komplexe Amplitude $\overline{r}_H$ der Differentialgleichung

$$\sqrt{\Phi^* + \Delta \Phi} \frac{d}{dz} (\overline{r}_H' \sqrt{\Phi^* + \Delta \Phi}) + \overline{r}_H \left(\frac{\Phi''}{4} + \frac{q_0 B^2}{8\,m_0} \right) = 0 \qquad \text{(V 3, 19)}$$

unter den Anfangsbedingungen

$$\bar{r}_H = \bar{r}_g \qquad \text{für} \qquad z = z_O, \tag{V 3, 20}$$

$$\bar{r}_H' = \bar{r}_g' \qquad \text{für} \qquad z = z_O \tag{V 3, 21}$$

zu unterwerfen ist. Sei $\bar{r}_H$ die ihnen angepaßte Lösung der Gl. (V 3, 19), so erreicht der kontrollierte Kathodenstrahl der H-Gruppe die Bildebene $z = z_B \neq z_O$ der Grundbewegung im Punkte

$$w_H(z_B) = \bar{r}_H(z_B)\, e^{i\alpha_H(z_B)} \tag{V 3, 22}$$

Mit seiner Kenntnis definieren wir die *chromatische Aberration* durch den Vektor

$$\Delta w_B = w_H(z_B) - w_B. \tag{V 3, 23}$$

d) Um die in (V 3, 23) nur programmatisch angedeutete Rechenoperation auszuführen, bedienen wir uns der Methoden der *Störungstheorie.*

Die Objektebene möge sich in einem so großen Abstand von der Kathode befinden, daß wir im Bereiche $z_O \leqq z \leqq z_B$ überall

$$\Phi^*(z) > 0 \tag{V 3, 24}$$

und außerdem

$$|\Delta \Phi| \ll \Phi^* \tag{V 3, 25}$$

voraussetzen dürfen. Fassen wir demgemäß $\Delta\Phi$ als kleine Störung des modifizierten Achsenpotentiales Φ^* auf, so werden wir zu den Ansätzen

$$\alpha_H = \alpha_g + \Delta\alpha, \tag{V 3, 26}$$

$$\bar{r}_H = \bar{r}_g + \Delta\bar{r} \tag{V 3, 27}$$

geführt, in welchen nun die Störungen $\Delta\alpha$ und $\Delta\bar{r}$ ihrem Betrage nach je als klein gegen die entsprechenden Variabeln der Grundbewegung zu gelten haben. Um sie explizit zu berechnen, ziehen wir zunächst die binomische Entwicklung heran

$$\frac{1}{\sqrt{\Phi^* + \Delta\Phi}} = \frac{1}{\sqrt{\Phi^*}} - \frac{1}{2}\frac{\Delta\Phi}{(\Phi^*)^{3/2}} + \cdots \tag{V 3, 28}$$

und erhalten, unter Beschränkung auf die beiden Anfangsglieder dieser Reihe, aus (V 3, 12) und (V 3, 18)

$$\Delta\alpha = -\frac{1}{2}\Delta\Phi\sqrt{\frac{q_0}{8\,m_0}}\int\limits_{\zeta=z_O}^{z}\frac{B(\zeta)}{[\Phi^*(\zeta)]^{3/2}}\,d\zeta \tag{V 3, 29}$$

Zur Differentialgleichung (V 3, 19) übergehend, bilden wir aus

$$\sqrt{\Phi^* + \Delta\Phi} = \sqrt{\Phi^*} + \frac{1}{2}\frac{\Delta\Phi}{\sqrt{\Phi^*}} - + \cdots \tag{V 3, 30}$$

im Verein mit (V 3, 27)

$$\sqrt{\Phi^* + \Delta\Phi}\,\bar{r}_H' = \sqrt{\Phi^*}\,\bar{r}_g' + \sqrt{\Phi^*}\,\Delta\bar{r}' + \frac{1}{2}\frac{\Delta\Phi}{\sqrt{\Phi^*}}\cdot\bar{r}_g' + \cdots \tag{V 3, 31}$$

also weiter, bis auf Glieder höherer Ordnung,

$$\sqrt{\Phi^* + \Delta\Phi}\,\frac{d}{dz}\left[(\bar{r}_g' + \Delta\bar{r}_g')\sqrt{\Phi^* + \Delta\Phi}\right] = \sqrt{\Phi^*}\,\frac{d}{dz}(\bar{r}_g'\sqrt{\Phi^*}) +$$

$$+ \sqrt{\Phi^*}\,\frac{d}{dz}(\Delta\bar{r}'\sqrt{\Phi^*}) + \frac{1}{2}\frac{\Delta\Phi}{\sqrt{\Phi^*}}\frac{d}{dz}(\bar{r}_g'\sqrt{\Phi^*}) + \frac{1}{2}\Delta\Phi\sqrt{\Phi^*}\,\frac{d}{dz}\left(\frac{\bar{r}_g'}{\sqrt{\Phi^*}}\right) \tag{V 3, 32}$$

Nun gilt identisch

$$\frac{1}{2}\Delta\,\Phi\,\sqrt{\Phi^*}\,\frac{d}{dz}\left(\frac{\bar{r}_g'}{\sqrt{\Phi^*}}\right) \equiv \frac{1}{2}\Delta\,\Phi\,\sqrt{\Phi^*}\,\frac{d}{dz}\left(\frac{\bar{r}_g'\sqrt{\Phi^*}}{\Phi^*}\right) \equiv$$

$$\equiv \frac{1}{2}\frac{\Delta\,\Phi}{\sqrt{\Phi^*}}\frac{d}{dz}(\bar{r}_g'\sqrt{\Phi^*}) - \frac{1}{2}\frac{\Delta\,\Phi}{\Phi^*}\Phi'\,\bar{r}_g'. \qquad \text{(V 3, 33)}$$

Durch Substitution von (V 3, 33) in (V 3, 32) entsteht mit Rücksicht auf (V 3, 8)

$$\sqrt{\Phi^* + \Delta\,\Phi}\,\frac{d}{dz}\left[(\bar{r}_g' + \Delta\,\bar{r}')\sqrt{\Phi^* + \Delta\,\Phi}\right] = \sqrt{\Phi^*}\,\frac{d}{dz}(\bar{r}_g'\sqrt{\Phi^*}) +$$

$$+ \sqrt{\Phi^*}\,\frac{d}{dz}(\Delta\,\bar{r}\sqrt{\Phi^*}) - \frac{\Delta\,\Phi}{\Phi^*}\left[\bar{r}_g\left(\frac{\Phi''}{4} + \frac{q_0\,B^2}{8\,m_0}\right) + \bar{r}_g'\cdot\frac{\Phi'}{2}\right]. \qquad \text{(V 3, 34)}$$

Unter abermaliger Berufung auf (V 3, 8) liefert somit (V 3, 19) für die Störung $\Delta\,\bar{r}$ die inhomogene Differentialgleichung

$$\sqrt{\Phi^*}\,\frac{d}{dz}(\Delta\,\bar{r}'\sqrt{\Phi^*}) + \Delta\,\bar{r}\left(\frac{\Phi''}{4} + \frac{q_0\,B^2}{8\,m_0}\right) = \bar{Z}_H(z), \qquad \text{(V 3, 35)}$$

deren Störungsfunktion $\bar{Z}_H$ gemäß (V 3, 34) durch die definierende Gleichung

$$\bar{Z}_H(z) = \frac{\Delta\,\Phi}{\Phi^*}\left[\bar{r}_g\left(\frac{\Phi''}{4} + \frac{q_0\,B^2}{8\,m_0}\right) + \bar{r}_g'\,\frac{\Phi'}{2}\right] \qquad \text{(V 3, 36)}$$

für jede vorgegebene Farbabweichung $\Delta\,\Phi = \Delta\,H/q_0$ mit dem räumlichen Verlauf der Grundbahn $\bar{r}_g = \bar{r}_g(z)$ verknüpft ist.

Formal-mathematisch gesehen geht (V 3, 35) aus (V 2, 76) hervor, sofern man dort Φ durch Φ^* und $\bar{Z}$ durch $\bar{Z}_H$ ersetzt. Da überdies die hier geforderten Anfangsbedingungen (V 3, 20), (V 3, 21) mit (V 1, 78) inhaltlich identisch sind, erhalten wir aus (V 1, 93) die komplexe Amplitude $\Delta\,\bar{r}$ der Störung zu

$$\Delta\,\bar{r} = \frac{f^*(z)}{\sqrt{\Phi_O^*}}\int\limits_{\zeta=z_O}^{z}\frac{\bar{Z}_H(\zeta)\,g^*(\zeta)}{\sqrt{\Phi^*(\zeta)}}\,d\zeta - \frac{g^*(z)}{\sqrt{\Phi_O^*}}\int\limits_{\zeta=z_O}^{z}\frac{\bar{Z}_H(\zeta)\,f^*(\zeta)}{\sqrt{\Phi^*(\zeta)}}\,d\zeta. \qquad \text{(V 3, 37)}$$

Auf die Bildebene der Grundbewegung spezialisierend, resultiert aus (V 3, 29)

$$\Delta\,\alpha(z_B) = -\frac{1}{2}\Delta\,\Phi\sqrt{\frac{q_0}{8\,m_0}}\int\limits_{\zeta=z_O}^{z_B}\frac{B(\zeta)}{[\Phi^*(\zeta)]^{3/2}}\,d\zeta \qquad \text{(V 3, 38)}$$

und aus (V 3, 37), mit Rücksicht auf (V 3, 13)

$$\Delta\,\bar{r}(z_B) = -\frac{g^*(z_B)}{\sqrt{\Phi_O^*}}\int\limits_{\zeta=z_O}^{z_B}\frac{\bar{Z}_H(\zeta)\,f^*(\zeta)}{\sqrt{\Phi^*(\zeta)}}\,d\zeta. \qquad \text{(V 3, 39)}$$

Bilden wir nunmehr

$$w_H(z_B) = [\bar{r}_B + \Delta\,\bar{r}(z_B)]\,e^{i\,[\alpha_B + \Delta\,\alpha(z_B)]}, \qquad \text{(V 3, 40)}$$

so liefert die Definition (V 3, 23) für die chromatische Aberration, bis auf Glieder höherer Ordnung, den Ausdruck

$$\Delta\,w_B = [\bar{r}_B\,i\,\Delta\,\alpha(z_B) + \Delta\,\bar{r}(z_B)]\,e^{i\alpha_B}. \qquad \text{(V 3, 41)}$$

Nach (V 3, 14) und (V 3, 15) gilt nun, falls etwa n Zwischenbilder zwischen Objekt und Bild auftreten,

$$\overline{r}_B = \overline{r}_O (-1)^n M; \qquad g^*(z_B) = (-1)^n M, \tag{V 3, 42}$$

so daß mit Benutzung von (V 3, 38) und (V 3, 39)

$$\Delta w_B = (-1)^n M \cdot e^{i\alpha_B}(-\Delta\Phi) \cdot$$

$$\cdot \left[\frac{1}{\sqrt{\Phi_O^*}} \int\limits_{\zeta=z_O}^{z_B} \frac{\overline{r}_g \left(\frac{\Phi''}{4} + \frac{q_0 B^2}{8 m_0} \right) + \overline{r}_g{}' \frac{\Phi'}{2}}{[\Phi^*(\zeta)]^{3/2}} f^*(\zeta)\, d\zeta + i\, \overline{r}_O \sqrt{\frac{q_0}{8 m_0}} \cdot \frac{1}{2} \int\limits_{\zeta=z_O}^{z_B} \frac{B(\zeta)}{[\Phi^*(\zeta)]^{3/2}} d\zeta \right] \tag{V 3, 43}$$

resultiert. Mittels der Darstellung (V 3, 11) der Grundbahn können wir also abkürzend schreiben

$$\Delta w_B = (-1)^n M e^{i\alpha_B}(-\Delta\Phi) \cdot [(C_1 + i C_2)\overline{r}_O + C_3 \overline{r}_P], \tag{V 3, 44}$$

wobei die Koeffizienten C_1, C_2, C_3 durch

$$C_1 = \frac{1}{\sqrt{\Phi_O^*}} \int\limits_{\zeta=z_O}^{z_B} \left[\left(\frac{\Phi''}{4} + \frac{q_0 B^2}{8 m_0} \right) g^* + \frac{\Phi'}{2} g^{*\prime} \right] \frac{f^*}{[\Phi^*]^{3/2}} d\zeta, \tag{V 3, 45}$$

$$C_2 = \sqrt{\frac{q_0}{8 m_0}} \frac{1}{2} \int\limits_{\zeta=z_O}^{z_B} \frac{B}{[\Phi^*]^{3/2}} d\zeta, \tag{V 3, 46}$$

$$C_3 = \frac{1}{f_P^* \sqrt{\Phi_O^*}} \int\limits_{\zeta=z_O}^{z_B} \left[\left(\frac{\Phi''}{4} + \frac{q_0 B^2}{8 m_0} \right) f^* + \frac{\Phi'}{2} f^{*\prime} \right] \frac{f^*}{[\Phi^*]^{3/2}} d\zeta \tag{V 3, 47}$$

definiert sind. Nun ist

$$f^{*\prime} f^* = \frac{d}{d\zeta} \frac{1}{2} (f^*)^2. \tag{V 3, 48}$$

Daher folgt durch partielle Integration mit Rücksicht auf (V 3, 9) und (V 3, 13)

$$\int\limits_{\zeta=z_O}^{z_B} \frac{\Phi'}{2} f^{*\prime} \cdot \frac{f^*}{[\Phi^*]^{3/2}} d\zeta = -\frac{1}{4} \int\limits_{\zeta=z_O}^{z_B} [f^*]^2 \frac{d}{d\zeta} \left(\frac{\Phi'}{[\Phi^*]^{3/2}} \right) d\zeta =$$

$$= -\frac{1}{4} \int\limits_{\zeta=z_O}^{z_B} [f^*]^2 \left\{ \frac{\Phi''}{[\Phi^*]^{3/2}} - \frac{3}{2} \frac{[\Phi']^2}{[\Phi^*]^{5/2}} \right\} d\zeta, \tag{V 3, 49}$$

so daß (V 3, 47) in

$$C_3 = \frac{1}{f_B^* \sqrt{\Phi_O^*}} \int\limits_{\zeta=z_O}^{z_B} \left\{ \frac{3}{8} \frac{[\Phi']^2}{[\Phi^*]^{5/2}} + \frac{q_0 B^2}{8 m_0} \frac{1}{[\Phi^*]^{3/2}} \right\} (f^*)^2 d\zeta \tag{V 3, 50}$$

übergeht. Wegen (V 3, 24) ist der hier auftretende Integrand stets positiv; der Koeffizient C_3 kann durch kein noch so geartetes Feld zum Verschwinden gebracht werden:

$$|C_3| > 0. \tag{V 3, 51}$$

e) Um die Geometrie der chromatischen Aberration kennenzulernen, seien, ungeachtet des in (V 3, 51) zum Ausdruck kommenden Tatbestandes, die beziehentlich zu C_1, C_2 und C_3 proportionalen *Teilfehler* einzeln diskutiert.

1. Die in $(C_1 + i\,C_2)$ erfaßte Aberration ist lediglich von der Lage des Objektpunktes abhängig; sie beeinflußt daher nicht die Schärfe des von den H-Elektronen entworfenen Bildes, sondern definiert deren *chromatische Verzeichnung*. Diese Verzeichnung ist ihrem Betrage nach mit $|\bar{\mathrm{r}}_{\mathrm{O}}|$ proportional; insbesondere mißt C_1 die *chromatische Radialverzeichnung* [*Zerdehnung* oder *Zerschrumpfung*], während C_2 die *azimutale Verzeichnung* [*Zerdrehung*] schildert.

2. Der Charakter der von C_3 abhängigen chromatischen Aberration offenbart sich im Verlaufe eines Kontrollstrahles, welcher, von einem bestimmten Objektpunkt $\bar{\mathrm{r}}_{\mathrm{O}}$ ausgehend, die Pupillenebene im Punkte $\bar{\mathrm{r}}_{\mathrm{P}}$ schneidet. Umläuft $\bar{\mathrm{r}}_{\mathrm{P}}$ die Peripherie des Kreises vom Halbmesser $|\bar{\mathrm{r}}_{\mathrm{P}}| = \mathrm{const.} < \mathrm{p}$, so beschreibt der Störungsvektor $\Delta\, \mathrm{w}_{\mathrm{B}}$ einen Kreis um den Bildpunkt der Grundbewegung. Daher führt die Gesamtheit aller von $\bar{\mathrm{r}}_{\mathrm{O}}$ ausgehenden, die Pupille durchkreuzenden Kathodenstrahlen zu einem *kreisförmigen Hof* um den genannten Punkt als Zentrum. Diese Unschärfe ist, da unabhängig von $\bar{\mathrm{r}}_{\mathrm{O}}$, über alle Elemente des Bildes ausgebreitet; sie darf als *chromatische, sphärische Aberration* gekennzeichnet werden.

Ehe wir diesen Gegenstand verlassen, haben wir uns zu erinnern, daß die hier untersuchte H-Gruppe nur einen infinitesimalen Teil aller gleichzeitig abbildungsaktiven Elektronen bildet, deren Farben beiderseits des wahrscheinlichsten Wertes H_0 verteilt sind. Auch die chromatische Verzeichnung führt daher, wenn man über alle Farben integriert, zu einer über das gesamte Bild ausgebreiteten *Unschärfe*, welche man nur gleichzeitig mit den Koeffizienten C_1 und C_2 zum Verschwinden bringen kann.

V 4. Das Punkteikonal.

a) Unter dem Begriffe des *Eikonals* im allgemeinsten Sinne verstehen wir eine skalare, zeitfreie Funktion im dreidimensionalen Konfigurationsraum, aus welcher die Strahlbahnen der Elektronenoptik durch Differentiationsprozesse hervorgehen. Das Eikonal spielt also für jene Strahlen eine ähnliche Rolle wie die Potentiale des elektromagnetischen Feldes als Mutterfunktionen der Kraftlinien.

b) Wir orientieren uns im Medium des räumlich veränderlichen elektronenoptischen Brechungsindex n an Hand des ruhenden Systemes der rechtsläufigen *Kartesi*schen Koordinaten x, y, z. Vom Punkte $Q_1 = (x_1, y_1, z_1)$ ausgehend, verfolgen wir einen Strahl längs seiner Linienelemente $d\sigma$ bis zum Punkte $Q_2 = (x_2, y_2, z_2)$. Seien σ_1, σ_2 die Q_1 und Q_2 beziehentlich zugeordneten Werte der Strahlbogenlänge, so mißt das Integral

$$H = \int_{\sigma_1}^{\sigma_2} n\, d\sigma \qquad \text{(V 4, 1)}$$

den zwischen Q_1 und Q_2 liegenden „*Elektronen-Lichtweg*“. Fassen wir ihn als Funktion der sechs Koordinaten x_1, y_1, z_1; x_2, y_2, z_2 auf, so definiert er die *Hamilton*sche *charakteristische Funktion* oder, kurz, das *Punkteikonal.*

Wir stellen es als Differenz ein und derselben, jeweils auf die ausgezeichneten Strahlpunkte bezogenen Funktion $\Sigma = \Sigma\,(x, y, z)$ dar

$$H = \Sigma\,(x_2, y_2, z_2) - \Sigma\,(x_1, y_1, z_1). \tag{V 4, 2}$$

Sie ist mit der zeitfreien Wirkungsfunktion S der *Newton*schen Elektronenbewegung im stationären elektromagnetischen Felde mit Hilfe der trägen Masse m_0 des Elektrons und der Lichtgeschwindigkeit c im leeren Raume durch die Relation

$$\Sigma = \frac{S}{m_0\,c} \tag{V 4, 3}$$

verknüpft. Seien v_x, v_y, v_z die achsenparallelen Geschwindigkeitskomponenten des Elektrons und $(-q_0)$ seine Ladung, so lautet nun seine *Lagrange*sche Funktion L im Felde des elektrischen Skalarpotentiales $\varphi = \varphi\,(x, y, z)$ und des magnetischen Vektorpotentiales $V = V\,(x, y, z)$ der achsenparallelen Komponenten V_x, V_y, V_z

$$L = \frac{m_0}{2}\,(v_x^2 + v_y^2 + v_z^2) + q_0\,\{\varphi - (v_x\,V_x + v_y\,V_y + v_z\,V_z)\}. \tag{V 4, 4}$$

Aus ihr berechnen sich die achsenparallelen Komponenten p_x, p_y, p_z des Impulsvektors $\mathfrak{p}$ zu

$$p_x = \frac{\partial L}{\partial v_x} = m_0\,v_x - q_0\,V_x; \tag{V 4, 5}$$

$$p_y = \frac{\partial L}{\partial v_y} = m_0\,v_y - q_0\,V_y; \qquad p_z = \frac{\partial L}{\partial v_z} = m_0\,v_z - q_0\,V_z,$$

so daß für die *Hamilton*sche Funktion $\mathfrak{H}$ die Darstellung

$$\mathfrak{H} = \frac{m_0}{2}\,(v_x^2 + v_y^2 + v_z^2) - q_0\,\varphi = \tag{V 4, 6}$$

$$= \frac{1}{2\,m_0}\,[(p_x + q_0\,V_x)^2 + (p_y + q_0\,V_y)^2 + (p_z + q_0\,V_z)^2] - q_0\,\varphi$$

resultiert. In dem als stationär vorausgesetzten elektromagnetischen Felde φ, V besitzt $\mathfrak{H}$ längs jeder wahren Elektronenbahn einen festen Wert $\mathfrak{H}_0$, welcher nach (V 4, 6) die kinetische Startenergie der eben aus der Kathode $[\varphi = 0]$ emittierten Elektronen mißt. Mittels der Relationen

$$p_x = \frac{\partial S}{\partial x}; \qquad p_y = \frac{\partial S}{\partial y}; \qquad p_z = \frac{\partial S}{\partial z} \tag{V 4, 7}$$

welche die zeitfreie Wirkungsfunktion S als Erzeugende jener kanonischen Transformation definieren, die $\mathfrak{H}$ in eine, von den neuen Lagenkoordinaten freie Funktion $\overline{\mathfrak{H}}$ gleichen Betrages überführt, entspringt somit aus (V 4, 6) für S die *Hamilton-Jacobi*sche Differentialgleichung

$$\frac{1}{2\,m_0}\left[\left(\frac{\partial S}{\partial x} + q_0\,V_x\right)^2 + \left(\frac{\partial S}{\partial y} + q_0\,V_y\right)^2 + \left(\frac{\partial S}{\partial z} + q_0\,V_z\right)^2\right] - q_0\,\varphi = \mathfrak{H}_0. \tag{V 4, 8}$$

Sie verwandelt sich vermöge (V 4, 3) in eine „Feldgleichung" der Eikonalfunktion Σ

$$\left(\frac{\partial \Sigma}{\partial x} + \frac{q_0\,V_x}{m_0\,c}\right)^2 + \left(\frac{\partial \Sigma}{\partial y} + \frac{q_0\,V_y}{m_0\,c}\right)^2 +$$

$$+ \left(\frac{\partial \Sigma}{\partial z} + \frac{q_0\,V_z}{m_0\,c}\right)^2 - \frac{2\,q_0\,\varphi}{m_0\,c^2} = h_0; \qquad h_0 = \frac{2\,\mathfrak{H}_0}{m_0\,c^2} \tag{V 4, 9}$$

welche nun nicht mehr an individuelle Elektronenbahnen gebunden, sondern für deren Gesamtheit zuständig ist. Der Kern dieser Überlegung mag mit der Konzeption des elektrischen Skalarpotentiales verglichen werden: Dieser Begriff, ursprünglich durch die Arbeit definiert, welche die elektrischen Kräfte bei der Verschiebung eines geladenen Probekörpers längs eines bestimmten Weges leisten, wird mittels der *Laplace*schen Gleichung zu einer einheitlich für alle derartigen Wege gültigen Feldfunktion erweitert.

b) Mittels des im Punkte (x, y, z) der Elektronenbahn gemessenen Tangenten-Einheitsvektors $\mathfrak{1}_\sigma$ stellen wir dem Elektronen-Lichtweg (V 4, 1), (V 4, 2) das Wirkungsintegral

$$W = \int_{\sigma_1}^{\sigma_2} (\mathfrak{p}\, \mathfrak{1}_\sigma)\, d\sigma = S(x_2, y_2, z_2) - S(x_1, y_1, z_1) \qquad \text{(V 4, 10)}$$

zur Seite. Die Äquivalenz der aus dem *Fermat*schen Prinzip zu ziehenden elektronenoptischen Schlüsse mit den dynamischen Aussagen des Prinzipes der kleinsten Wirkung wird also mit Rücksicht auf (V 4, 3) durch die Beziehung

$$n = \frac{(\mathfrak{p}\, \mathfrak{1}_\sigma)}{m_0\, c} \qquad \text{(V 4, 11)}$$

sichergestellt: Der elektronenoptische Brechungsindex n gleicht dem Produkte des universellen Faktors $1/m_0\, c$ mit der Projektion des Impulsvektors auf die Bahntangente.

c) Wir deuten die drei Bahnkoordinaten x, y, z je als Funktion eines Parameters u

$$x = x(u); \qquad y = y(u); \qquad z = z(u) \qquad \text{(V 4, 12)}$$

und setzen

$$x' = \frac{dx}{du}; \qquad y' = \frac{dy}{du}; \qquad z' = \frac{dz}{du} \qquad \text{(V 4, 13)}$$

Bezeichnen wir mit $\mathfrak{1}_x, \mathfrak{1}_y, \mathfrak{1}_z$ die beziehentlich in Richtung der Koordinatenachsen weisenden Einheitsvektoren, so berechnet sich das Element $d\sigma$ der Bogenlänge mittels

$$d\sigma = \sqrt{dx^2 + dy^2 + dz^2} = \sqrt{x'^2 + y'^2 + z'^2}\, du, \qquad \text{(V 4, 14)}$$

so daß

$$\mathfrak{1}_\sigma = \frac{1}{\sqrt{x'^2 + y'^2 + z'^2}} \{\mathfrak{1}_x \cdot x' + \mathfrak{1}_y\, y' + \mathfrak{1}_z\, z'\} \qquad \text{(V 4, 15)}$$

den Tangenten-Einheitsvektor angibt. Daher findet man aus (V 4, 11) im Verein mit (V 4, 5) und (V 4, 6) auf Grund der Vereinbarung $\mathfrak{H} = \mathfrak{H}_0 = 0$ für den elektronenoptischen Brechungsindex n die explizite Darstellung

$$n = n(x, y, z; x', y', z') = \qquad \text{(V 4, 16)}$$

$$= \frac{v}{c} - \frac{q_0}{m_0\, c} \frac{x'\, V_x + y'\, V_y + z'\, V_z}{\sqrt{x'^2 + y'^2 + z'^2}}; \qquad v = \sqrt{v_x^2 + v_y^2 + v_z^2} = \sqrt{2 \frac{q_0}{m_0} \varphi}$$

d) Neben der Strahlbahn durch Q_1 und Q_2, längs derer wir die Bogenlänge σ zählen, betrachten wir die Gesamtheit der aus ihr durch asynchrone Variation hervorgehenden Nachbarkurven der „Namen“ ε, deren jede einem wahren Elektronenstrahl entsprechen soll. Wählen wir für alle diese Kurven u als einheitlichen Parameter, so möge diejenige vom Namen ε durch das Gleichungstripel

$$x^* = x^*(u, \varepsilon); \qquad y^* = y^*(u, \varepsilon); \qquad z^* = z^*(u, \varepsilon) \qquad (V\ 4,\ 17)$$

beschrieben werden, während der Ausgangsstrahl durch

$$x = \lim_{\varepsilon \to 0} x^*; \qquad y = \lim_{\varepsilon \to 0} y^*; \qquad z = \lim_{\varepsilon \to 0} z^* \qquad (V\ 4,\ 18)$$

definiert sei. Jeder Punkt $Q = x, y, z)$ geht dann gemäß Abb. V 251 nach Wahl eines infinitesimal kleinen $\delta\,\varepsilon$ durch Verschiebung um den infinitesimal kleinen Vektor

$$\Delta s = \Delta s(u) = 1_x \Delta x + 1_y \Delta y + 1_z \Delta z \qquad (V\ 4,\ 19)$$

mit

$$\Delta x = \lim_{\varepsilon \to 0} \frac{\partial x^*}{\partial \varepsilon}\,\delta\,\varepsilon; \qquad \Delta y = \lim_{\varepsilon \to 0} \frac{\partial y^*}{\partial \varepsilon}\,\delta\,\varepsilon;$$

$$\Delta z = \lim_{\varepsilon \to 0} \frac{\partial z^*}{\partial \varepsilon}\,\delta\,\varepsilon \qquad (V\ 4,\ 20)$$

in den Punkt $Q^* = (x^*, y^*, z^*)$ des Nachbarstrahles über. Mit Hilfe der Funktionen

$$x^{*\prime} = \frac{\partial x^*}{\partial u}; \qquad y^{*\prime} = \frac{\partial y^*}{\partial u}; \qquad z^{*\prime} = \frac{\partial z^*}{\partial u} \qquad (V\ 4,\ 21)$$

berechnet sich somit das Bogenelement $d\sigma^*$ des Strahles $\varepsilon = \delta\,\varepsilon = \text{const.}$ zu

$$d\sigma^* = \sqrt{(x^{*\prime})^2 + (y^{*\prime})^2 + (z^{*\prime})^2}\,du, \qquad (V\ 4,\ 22)$$

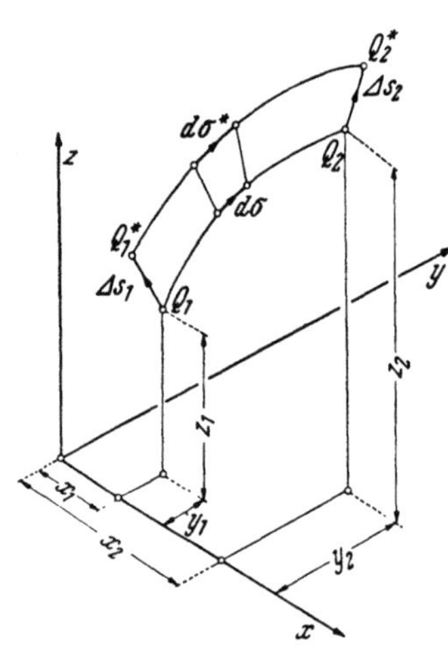

Abb. V 257. Zur Definition des Punkteikonales.

so daß der entsprechende Bahntangenten-Einheitsvektor durch

$$1_{\sigma^*} = \frac{1}{\sqrt{(x^{*\prime})^2 + (y^{*\prime})^2 + (z^{*\prime})^2}} \{1_x x^{*\prime} + 1_y y^{*\prime} + 1_z z^{*\prime}\} \qquad (V\ 4,\ 23)$$

dargestellt wird.

e) Wir verschärfen die Beschreibung der untersuchten Strahlen durch die Bedingung, daß jeder unter ihnen von Elektronen einheitlicher Gesamtenergie oder, optisch gesprochen, gleicher *de Broglie*-Wellenlänge [„Elektronenfarbe"] durchlaufen werde; es gilt sonach für die gesamte Strahlengruppe

$$v = \sqrt{2\frac{q_0}{m_0}\varphi}; \qquad \varphi = \varphi(x^*, y^*, z^*), \qquad (V\ 4,\ 24)$$

so daß der elektronenoptische Brechungsindex n längs des Strahles (V 4, 17) mittels der Funktion (V 4, 16) bestimmt wird

$$n = n(x^*, y^*, z^*; x^{*\prime}, y^{*\prime}, z^{*\prime}). \qquad (V\ 4,\ 25)$$

Daher ergibt sich für den Elektronen-Lichtweg H^* zwischen denjenigen Punkten Q_1^* und Q_2^*, welche beziehentlich den Punkten Q_1 $[u = u_1]$ und Q_2 $[u = u_2]$ des Ausgangsstrahles entsprechen, das bestimmte Integral

$$H^* = \int_{u_1}^{u_2} n\,d\sigma^* = \int_{u_1}^{u_2} n^*\,du, \qquad (V\ 4,\ 26)$$

wobei zufolge (V 4, 16) und (V 4, 22) die Funktion n^* durch

$$n^*(x^*, y^*, z^* : x^{*\prime}, y^{*\prime}, z^{*\prime}) = n \cdot \sqrt{(x^{*\prime})^2 + (y^{*\prime})^2 + (z^{*\prime})^2} = \qquad \text{(V 4, 27)}$$
$$= \frac{1}{c}\sqrt{2\,\frac{q_0}{m_0}\,\varphi \cdot \{(x^{*\prime})^2 + (y^{*\prime})^2 + (z^{*\prime})^2\}} - \frac{q_0}{m_0\,c}\,\{x^{*\prime}\,V_x + y^{*\prime}\,V_y + z^{*\prime}\,V_z\}$$

definiert ist. Mit Beachtung des Zusammenhanges (V 4, 18) findet man somit als asynchrone Variation des Punkteikonales

$$\Delta H = \lim_{\varepsilon \to 0} \int_{u_1}^{u_2} (n^*_{\varepsilon + \delta\varepsilon} - n_\varepsilon^*)\, du = \int_{u_1}^{u_2} \left[\frac{\partial n^*}{\partial x}\Delta x + \frac{\partial n^*}{\partial y}\Delta y + \frac{\partial n^*}{\partial z}\Delta z + \right.$$
$$\left. + \frac{\partial n^*}{\partial x'}\Delta x' + \frac{\partial n^*}{\partial y'}\Delta y' + \frac{\partial n^*}{\partial z'}\Delta z'\right] du. \qquad \text{(V 4, 28)}$$

Unter Berufung auf die Vertauschungsrelationen

$$\Delta x' = \frac{d\Delta x}{du}; \qquad \Delta y' = \frac{d\Delta y}{du}; \qquad \Delta z' = \frac{d\Delta z}{du} \qquad \text{(V 4, 29)}$$

folgt aus (V 4, 28) — wir befinden uns auf der Kurve $\varepsilon = 0$ — mittels partieller Integration

$$\Delta H = \frac{\partial n^*}{\partial x'}\Delta x + \frac{\partial n^*}{\partial y'}\Delta y + \frac{\partial n^*}{\partial z'}\Delta z\,\Bigg|_{u_1}^{u_2} +$$
$$+ \int_{u_1}^{u_2} \left[\left\{\frac{\partial n^*}{\partial x} - \frac{d}{du}\left(\frac{\partial n^*}{\partial x'}\right)\right\}\Delta x + \right. \qquad \text{(V 4, 30)}$$
$$\left. + \left\{\frac{\partial n^*}{\partial y} - \frac{d}{du}\left(\frac{\partial n^*}{\partial y'}\right)\right\}\Delta y + \left\{\frac{\partial n^*}{\partial z} - \frac{d}{du}\left(\frac{\partial n^*}{\partial z'}\right)\right\}\Delta z\right] du.$$

Da nun die in Vergleich gesetzten Kurven sämtlich als wahre Elektronenbahnen definiert sind, verwandelt sich (V 4, 30) in die *Hamilton*sche Hauptgleichung

$$\left.\begin{aligned} \Delta H = \left(\frac{\partial n^*}{\partial x'}\Delta x + \frac{\partial n^*}{\partial y'}\Delta y + \frac{\partial n^*}{\partial z'}\Delta z\right)_{u=u_2} - \\ - \left(\frac{\partial n^*}{\partial x'}\Delta x + \frac{\partial n^*}{\partial y'}\Delta y + \frac{\partial n^*}{\partial z'}\Delta z\right)_{u=u_1} \end{aligned}\right\} \qquad \text{(V 4, 31)}$$

unter den Bedingungen

$$\frac{d}{du}\left(\frac{\partial n^*}{\partial x'}\right) - \frac{\partial n^*}{\partial x} = 0; \qquad \frac{d}{du}\left(\frac{\partial n^*}{\partial y'}\right) - \frac{\partial n^*}{\partial y} = 0;$$
$$\frac{d}{du}\left(\frac{\partial n^*}{\partial z'}\right) - \frac{\partial n^*}{\partial z} = 0, \qquad \text{(V 4, 32)}$$

welche ihrerseits die *Differentialgleichungen des Ausgangsstrahles* angeben.

f) Auf Grund der skalaren Natur des Punkteikonales H in Verbindung mit dem vektoriellen Charakter der Gleichung (V 4, 19) folgt aus (V 4, 31) die Existenz des Vektors

$$N = 1_x \frac{\partial n^*}{\partial x'} + 1_y \frac{\partial n^*}{\partial y'} + 1_z \frac{\partial n^*}{\partial z'} \qquad \text{(V 4, 33)}$$

welcher den *Normalenvektor* des Ausgangsstrahles im Punkte $Q = (x, y, z)$ definiert. Insbesondere liefert (V 4, 31) im Verein mit (V 4, 33) für die Normalenvektoren N_1 in Q_1 und N_2 in Q_2 die Relation

$$\varDelta H = (N \varDelta s)_{u=u_2} - (N \varDelta s)_{u=u_1}, \qquad \text{(V 4, 34)}$$

welcher man zufolge (V 4, 2) die Formeln

$$N_x = \frac{\partial \Sigma}{\partial x}; \quad N_y = \frac{\partial \Sigma}{\partial y}; \quad N_z = \frac{\partial \Sigma}{\partial z} \qquad \text{(V 4, 35)}$$

entnimmt: Die Kenntnis des Punkteikonales oder, allgemeiner gesagt, der Eikonalfunktion vermittelt eine erschöpfende Einsicht in die Geometrie des Normalenvektors.

Mit Rücksicht auf (V 4, 3) fassen wir (V 4, 7) und (V 4, 35) zu der Vektorgleichung

$$N = \operatorname{grad} \Sigma = \frac{1}{m_0 c} \operatorname{grad} S = \frac{p}{m_0 c} \qquad \text{(V 4, 36)}$$

zusammen, so daß N zufolge (V 4, 11) der kinematischen Relation

$$n = (N \cdot 1_\sigma) \qquad \text{(V 4, 37)}$$

genügt. Auf Grund von (V 4, 5) verschärfen wir diese Aussage mittels (V 4, 36) zu

$$N = \frac{v}{c} 1_\sigma - \frac{q_0}{m_0 c} V. \qquad \text{(V 4, 38)}$$

Nur in elektronenoptisch isotropen Gebieten der Eigenschaft $V = 0$ stimmt also die Richtung des Normalenvektors N mit jener des Tangenten-Einheitsvektors überein, während sich sonst die magnetisch erzwungene Anisotropie des brechenden Mediums als Differenz der verglichenen Richtungen bemerkbar macht.

g) Vermöge seiner Definition als Elektronen-Lichtweg zwischen den Punkten Q_1 und Q_2 bleibt das Punkteikonal auch dann noch endlich, falls sich zwischen Q_1 und Q_2 *Diskontinuitätsflächen* des elektronenoptischen Brechungsindex n befinden. Lassen wir in einem solchen Falle Q_1 und Q_2 gleichzeitig von verschiedenen Seiten her gegen die Unstetigkeitsfläche rücken [$u_2 \to u_1$], so konvergieren $\varDelta s_2$ und $\varDelta s_1$ gegen ein und denselben, in jener Fläche liegenden Vektor $\varDelta s_F$, während $\varDelta H$ verschwindet. Durch diesen Grenzprozeß verwandelt sich als Gl. (V 4, 34) in die Aussage

$$(\{N_2 - N_1\} \varDelta s_F) = 0 \qquad \text{(V 4, 39)}$$

Der Differenzvektor $\{N_2 - N_1\}$ steht hiernach senkrecht auf der trennenden Fläche. Sei daher 1_F derjenige Einheitsvektor, welcher im Kreuzungspunkt des kontrollierten Elektronenstrahles mit der Fläche auf dieser senkrecht steht oder, kurz, der *Einheitsvektor des Einfallslotes*, so verschwindet sein vektorielles Produkt mit $\{N_2 - N_1\}$

$$[1_F \{N_2 - N_1\}] = 0. \qquad \text{(V 4, 40)}$$

Wir besprechen zwei Sonderfälle dieser Formel:

1. Die Unstetigkeitsfläche sei senkrecht zur z-Achse orientiert; sie trenne das elektronenoptisch homogene und isotrope Medium 1 [Brechungsindex n_1] von dem homogenen und isotropen Medium 2 [Brechungsindex n_2]. Setzen wir dann

$$1_\sigma = 1_x \alpha + 1_y \beta + 1_z \gamma \qquad \text{(V 4, 41)}$$

mit

$$\alpha^2 + \beta^2 + \gamma^2 = 1, \qquad \text{(V 4, 42)}$$

so folgt wegen $\mathfrak{1}_F = \mathfrak{1}_z$ aus (V 4, 40) mit Benutzung der auf $V = 0$ spezialisierten Beziehungen (V 4, 38) und (V 4, 40) die Vektorgleichung

$$\begin{vmatrix} \mathfrak{1}_x & \mathfrak{1}_y & \mathfrak{1}_z \\ 0 & 0 & 1 \\ n_2 \alpha_2 - n_1 \alpha_1 & n_2 \beta_2 - n_1 \beta_1 & n_2 \gamma_2 - n_1 \gamma_1 \end{vmatrix} = 0. \qquad (V\ 4,\ 43)$$

Sie zieht hinsichtlich $\mathfrak{1}_x$ und $\mathfrak{1}_y$ die beiden Aussagen

$$n_2 \alpha_2 = n_1 \alpha_1; \qquad n_2 \beta_2 = n_1 \beta_1 \qquad (V\ 4,\ 44)$$

nach sich, welche zusammen das *Snellius*sche Brechungsgesetz enthalten. Dagegen verschwindet der Faktor von $\mathfrak{1}_z$ identisch; in der Tat kann man in (V 4, 41) wegen (V 4, 42) nur je zwei der Richtungskosinus α, β, γ vorgeben.

2. Wir ersetzen das vordem als homogen und isotrop angenommene Medium 2 durch ein zwar gleichfalls homogenes, doch anisotropes Medium; es wird im Eintrittspunkt des Strahles durch die dort gemessenen Komponenten N_{2x}, N_{2y}, N_{2z} des Normalenvektors N_2 beschrieben. Daher liefert (V 4, 40) nunmehr die Gleichung

$$\begin{vmatrix} \mathfrak{1}_x & \mathfrak{1}_y & \mathfrak{1}_z \\ 0 & 0 & 1 \\ N_{2x} - n_1 \alpha_1 & N_{2y} - n_1 \beta_1 & N_{2z} - n_1 \gamma_1 \end{vmatrix} = 0, \qquad (V\ 4,\ 45)$$

welcher wir wiederum nur die zwei Aussagen

$$N_{2x} = n_1 \alpha_1; \qquad N_{2y} = n_1 \beta_1 \qquad (V\ 4,\ 46)$$

entnehmen können; man erhält daher die Strahlrichtung im Medium 1 mittels der Formeln

$$\alpha_1 = \frac{N_{2x}}{n_1}; \quad \beta_1 = \frac{N_{2y}}{n_1}; \quad \gamma_1 = \sqrt{1 - (\alpha_1^2 + \beta_1^2)} = \frac{1}{n_1} \sqrt{n_1^2 - (N_{2x}^2 + N_{2y}^2)}. \qquad (V\ 4,\ 47)$$

h) Von der Gesamtheit der Kurven, welche dem Ausgangsstrahl (V 4, 18) infinitesimal benachbart sind, gehen wir zu dem Bündel der Elektronenbahnen über, welche eine endliche Umgebung der beliebig wählbaren „Leitkurve"

$$x = x_0(u); \qquad y = y_0(u); \qquad z = z_0(u) \qquad (V\ 4,\ 48)$$

erfüllen. Innerhalb der genannten Bahngruppe definieren wir die Differenzen

$$\overline{x}(u) = x^* - x_0; \qquad \overline{y}(u) = y^* - y_0; \qquad \overline{z}(u) = z^* - z_0 \qquad (V\ 4,\ 49)$$

als *Bündelkoordinaten* der jeweils in Rede stehenden Kurve und schreiben

$$\overline{x}'(u) = \frac{d\overline{x}}{du}; \qquad \overline{y}'(u) = \frac{d\overline{y}}{du}; \qquad \overline{z}'(u) = \frac{d\overline{z}}{du}. \qquad (V\ 4,\ 50)$$

Mit der Abkürzung

$$\overline{n}^*(\overline{x}, \overline{y}, \overline{z}; \overline{x}', \overline{y}', \overline{z}') = n^*(x_0 + \overline{x}, y_0 + \overline{y}, z_0 + \overline{z};\ x_0' + \overline{x}', y_0' + \overline{y}', z_0' + \overline{z}') \qquad (V\ 4,\ 51)$$

liefern dann die nach dem Muster der Gleichungen (V 4, 32) gebildeten Stationaritätsbedingungen der elektronenoptischen Weglänge zwischen dem Anfangspunkt $u = u_1$ der Elektronenbahn und deren Endpunkt $u = u_2$ für die Abhängigkeit der Bündelkoordinaten vom Parameter u die Differentialgleichungen

$$\frac{d}{du}\left(\frac{\partial \overline{n}^*}{\partial \overline{x}'}\right) - \frac{\partial \overline{n}^*}{\partial \overline{x}} = 0; \qquad \frac{d}{du}\left(\frac{\partial \overline{n}^*}{\partial \overline{y}'}\right) - \frac{\partial \overline{n}^*}{\partial \overline{y}} = 0; \qquad \frac{d}{du}\left(\frac{\partial \overline{n}^*}{\partial \overline{z}'}\right) - \frac{\partial \overline{n}^*}{\partial \overline{z}} = 0. \qquad (V\ 4,\ 52)$$

i) Durch *Taylor*sche Entwicklung von $\overline{n}^*$ nach den Bündelkoordinaten $\overline{x}, \overline{y}, \overline{z}$ und ihren Ableitungen $\overline{x}', \overline{y}', z'$ erhalten wir

$$\overline{n}^* = \overline{n}_0^* + \overline{n}_1^* + \overline{n}_2^* + \overline{n}_3^* + \overline{n}_4^* + \dots \qquad \text{(V 4, 53)}$$

mit

$$\overline{n}_0^* = n^* (x_0, y_0, z_0; x_0', y_0', z_0') \qquad \text{(V 4, 54)}$$

und

$$\left.\begin{aligned} \overline{n}_1^* &= \frac{\partial n^*}{\partial x_0}\overline{x} + \dots \qquad\qquad + \frac{\partial n^*}{\partial z_0'} z' \\ \overline{n}_2^* &= \frac{\partial^2 n^*}{\partial x_0^2}\overline{x}^2 + 2\frac{\partial^2 n^*}{\partial x_0\,\partial y_0}\overline{x}\,\overline{y} + \dots + \frac{\partial^2 n^*}{\partial z_0'^2}\overline{z}'^2 \\ \overline{n}_3^* &= \dots \end{aligned}\right\} \qquad \text{(V 4, 55)}$$

Begnügen wir uns mit den Gliedern $\overline{n}_0^*$, $\overline{n}_1^*$ und $\overline{n}_2^*$ — von denen das erstgenannte eine nur formale Rolle spielt — so reduzieren sich die Bedingungen (V 4, 52) auf *lineare* Differentialgleichungen; wir bezeichnen deren Lösungen als *Gauß*sche Elektronenbahnen, deren Bündelkoordinaten wir $\overline{x}_g, \overline{y}_g, \overline{z}_g$ nennen. — Berücksichtigt man jedoch in (V 4, 53) auch die Glieder $\overline{n}_k^*$ der Ordnungen $k > 2$, so resultieren für die Bündelkoordinaten $\overline{x}, \overline{y}, \overline{z}$ *nichtlineare* Differentialgleichungen. Wir definieren die Differenzen

$$\Delta\overline{x} = \overline{x} - \overline{x}_g; \qquad \Delta\overline{y} = \overline{y} - \overline{y}_g; \qquad \Delta\overline{z} = \overline{z} - \overline{z}_g \qquad \text{(V 4, 56)}$$

unter den Bedingungen

$$\Delta\overline{x} = 0; \qquad \Delta\overline{y} = 0; \qquad \Delta\overline{z} = 0 \quad \text{für} \left\{\begin{aligned} u &= u_1 \\ u &= u_2 \end{aligned}\right. \qquad \text{(V 4, 57)}$$

als Koordinaten der *Aberration*. Jedem Gliede $k > 2$ der Entwicklung (V 4, 52) korrespondiert eine Teil-Aberration, deren *Rang* wir durch die Zahl

$$j = k - 1 \geqq 2 \qquad \text{(V 4, 58)}$$

messen.

j) Wir beschränken uns weiterhin auf die jeweils nicht verschwindende Aberration niedersten Ranges und stellen uns die Aufgabe, die zugehörigen Normalenvektoren N_1 in $u = u_1$ und N_2 in $u = u_2$ zu berechnen.

Im Einklang mit der Definition des Punkteikonales durch das bestimmte Integral (V 4, 2) entspricht der Entwicklung (V 4, 53) die Reihe

$$\overline{H}(\overline{x}_2, \overline{y}_2, \overline{z}_2; \overline{x}_1, \overline{y}_1, \overline{z}_1) = \overline{H}_0 + \overline{H}_1 + \overline{H}_2 + \overline{H}_3 + \overline{H}_4 + \dots, \qquad \text{(V 4, 59)}$$

wobei jedesmal der Index k des Gliedes $\overline{H}_k$ dem Grade der in $\overline{H}_k$ zusammengefaßten Produkte der Bündelkoordinaten gleicht. Bei Beschränkung auf die *Gauß*schen Bahnen gewinnt man somit deren Normalenvektoren $N_{1,g}$ und $N_{2,g}$ gemäß (V 4, 35), indem man $\overline{H}$ durch die Summe $(\overline{H}_0 + \overline{H}_1 + \overline{H}_2)$ annähert, während die Ermittlung der hier gefragten Normalenvektoren genau die Hinzunahme des ersten, nicht verschwindenden Gliedes $\overline{H}_k$ der Ordnung $k > 2$ erfordert. Auf Grund der Definition des Punkteikonales als Elektronen-Lichtweg der wahren Bahn setzt nun seine Berechnung die Kenntnis der Bündelkoordinaten $\overline{x}, \overline{y}, \overline{z}$ einschließlich ihrer Ableitungen $\overline{x}', \overline{y}', \overline{z}'$ längs eben dieser Bahn voraus. Wir behaupten jedoch:

Man findet das erzeugende Punkteikonal $\overline{H}$ der Normalenvektoren N_1 und N_2 mit Einschluß der Aberration des jeweils niedersten Ranges schon dann gerade in der verlangten Genauigkeit, falls man in den bestimmten Integralen, welche die Komponenten $\overline{H}_k$ des Punkteikonales bis zu dessen niederstem, nicht verschwindenden Gliede $k > 2$ einschließlich darstellen, jedesmal die Bündelkoordinaten $\overline{x}, \overline{y}, \overline{z}$ beziehentlich durch ihre *Gauß*schen Anteile $\overline{x}_g, \overline{y}_g, \overline{z}_g$ ersetzt.

Zum Beweise dieses Satzes, dem Analogon des in Ziffer V 1, g angegebenen Störungsverfahrens, stellen wir mit Hilfe der Relationen (V 4, 55) die Funktion $\overline{n}^*$ längs der *Gauß*schen Bahn mittels der Entwicklung

$$\overline{n}^* (\overline{x}_g, \overline{y}_g, \overline{z}_g; \overline{x}_g', \overline{y}_g', \overline{z}_g') = \overline{n}^* (\overline{x}, \overline{y}, \overline{z}; \overline{x}', \overline{y}', \overline{z}') - \\ - \frac{\partial \overline{n}^*}{\partial \overline{x}} \Delta \overline{x} - \frac{\partial \overline{n}^*}{\partial \overline{y}} \Delta \overline{y} - \ldots - \frac{\partial \overline{n}^*}{\partial \overline{z}'} \Delta \overline{z}' + \ldots \qquad \text{(V 4, 60)}$$

dar, in welcher die weiteren Glieder, welche auf das letzte, explizit angeschriebene folgen, die Aberrationskoordinaten $\Delta \overline{x}, \Delta \overline{y}, \Delta \overline{z}$ einschließlich ihrer Ableitungen nach u in Produkten mindestens vom zweiten Grade enthalten. Daher finden wir

$$\overline{H}_g = \int_{u_1}^{u_2} \overline{n}^* (\overline{x}_g, \overline{y}_g, \overline{z}_g \cdot \overline{x}_g', \overline{y}_g', \overline{z}_g')\, du =$$

$$= \overline{H} - \int_{u_1}^{u_2} \left[\frac{\partial \overline{n}^*}{\partial \overline{x}} \Delta \overline{x} + \frac{\partial \overline{n}^*}{\partial \overline{y}} \Delta \overline{y} + \ldots + \frac{\partial \overline{n}^*}{\partial \overline{z}'} \Delta \overline{z}' \right] du + R, \qquad \text{(V 4, 61)}$$

wobei das *Restglied* R ein Integral bezeichnet, welches die $\Delta \overline{x}, \Delta \overline{y}, \ldots \Delta \overline{z}'$ in Produkten mindestens vom zweiten Grade aufweist. Mit Rücksicht auf die Vertauschungsrelationen

$$\Delta \overline{x}' = \frac{d\Delta\, x}{du}; \qquad \Delta \overline{y}' = \frac{d\Delta\, y}{du}; \qquad \Delta \overline{z}' = \frac{d\Delta\, z}{du} \qquad \text{(V 4, 62)}$$

ergibt sich nun mittels partieller Integration der beziehentlich mit $\Delta \overline{x}', \Delta \overline{y}', \Delta \overline{z}'$ proportionalen Glieder die Umformung

$$\int_{u_1}^{u_2} \left[\frac{\partial \overline{n}^*}{\partial \overline{x}} \Delta \overline{x} + \frac{\partial \overline{n}^*}{\partial \overline{y}} \Delta \overline{y} + \ldots + \frac{\partial \overline{n}^*}{\partial \overline{z}'} \Delta \overline{z}' \right] du =$$

$$= \frac{\partial \overline{n}^*}{\partial \overline{x}'} \Delta \overline{x} + \frac{\partial \overline{n}^*}{\partial \overline{y}'} \Delta \overline{y} + \frac{\partial \overline{n}^*}{\partial \overline{z}'} \Delta \overline{z} \Bigg|_{u_1}^{u_2} -$$

$$- \int_{u_1}^{u_2} \left[\left\{ \frac{d}{du} \left(\frac{\partial \overline{n}^*}{\partial \overline{x}'} \right) - \frac{\partial \overline{n}^*}{\partial \overline{x}} \right\} \Delta \overline{x} + \left\{ \frac{d}{du} \left(\frac{\partial \overline{n}^*}{\partial \overline{y}'} \right) - \right. \right.$$

$$\left. \left. - \frac{\partial \overline{n}^*}{\partial \overline{y}} \right\} \Delta \overline{y} + \left\{ \frac{d}{du} \left(\frac{\partial \overline{n}^*}{\partial \overline{z}'} \right) - \frac{\partial \overline{n}^*}{\partial \overline{z}} \right\} \Delta \overline{z} \right] du \qquad \text{(V 4, 63)}$$

und hierin verschwindet rechter Hand der integralfreie Posten auf Grund der Bedingungen (V 4, 57), während sich das bestimmte Integral wegen (V 4, 52, annulliert. Da sich somit $\overline{H}_g$ von $\overline{H}$ nur um das Restglied R unterscheidet, welches seinerseits die Aberrationskoordinaten in mindestens der Potenz j^2 enthält, kann bei der Berechnung der Normalenvektoren N_1 und N_2 aus dem Punkteikonal $\overline{H}_g$ an Stelle von $\overline{H}$ höchstens ein Fehler vom Range $(j^2 - 1)$ entstehen; er bleibt wegen $j \geqq 2$ stets kleiner als die zu berechnende Aberration selbst, so daß hiermit der verlangte Beweis erbracht ist.

In einem gegebenen, zeitfreien elektromagnetischen Felde des elektrischen Skalarpotentiales φ und des magnetischen Vektorpotentiales V hängt die Gestalt der *Gauß*schen Elektronenbahn und ihrer Aberration von der Wahl der Leitkurve ab. Durch ihre Bedeutung für die Geräte der Elektronenoptik zeichnet sich die *Gerade* aus; wir machen sie zur z-Achse unseres [rechtsläufigen] *Kartesi*schen Koordinatensystemes, setzen also

$$x_0 = 0; \qquad y_0 = 0 \tag{V 4, 64}$$

und demnach

$$\overline{x} = x; \qquad \overline{y} = y. \tag{V 4, 65}$$

Identifizieren wir nun den Bahnparameter u mit $\overline{z}$ und wählen der Einfachheit halber

$$z = \overline{z} = u, \tag{V 4, 66}$$

so wird

$$\overline{x}' = \frac{dx}{dz} = x'; \qquad \overline{y}' = \frac{dy}{dz} = y'; \qquad \overline{z}' = \frac{d\overline{z}}{dz} = 1. \tag{V 4, 67}$$

Daher reduziert sich die aus (V 4, 27) gebildete Funktion $\overline{n}^*$ nach (V 4, 51) auf

$$\left.\begin{aligned} &\overline{n}^* (\overline{x}, \overline{y}, \overline{z};\ \overline{x}', \overline{y}', \overline{z}') \to n^* (x, y, z;\ x', y') = \\ &= \frac{1}{c} \sqrt{2 \frac{q_0}{m_0} \varphi} \sqrt{1 + x'^2 + y'^2} - \frac{q_0}{m_0 c} (x' V_x + y' V_y + V_z) \end{aligned}\right\} \tag{V 4, 68}$$

Vermöge der Wahl von $z = \overline{z}$ als Bahnparameter u, welcher als solcher definitionsgemäß von der asynchronen Variation nicht betroffen wird, verschwindet nun Δz in (V 4, 30) identisch. Wir genügen daher der Stationaritätsbedingung des *Fermat*schen Prinzipes schon dann, falls wir in der Dreiheit der Differentialgleichungen (V 4, 52) nur jene zwei berücksichtigen, welche den Gang der Koordinaten $\overline{x} = x$ und $\overline{y} = y$ regeln:

$$\frac{d}{dz}\left(\frac{\partial n^*}{\partial x'}\right) - \frac{\partial n^*}{\partial x} = 0; \qquad \frac{d}{dz}\left(\frac{\partial n^*}{\partial y'}\right) - \frac{\partial n^*}{\partial y} = 0. \tag{V 4, 69}$$

Dagegen erweist sich die etwa erhobene Zusatzforderung, auch noch die auf $z = \overline{z}$ bezügliche Gleichung des Tripels (V 4, 32) zu befriedigen, als logisch unberechtigt, so daß sie nicht in Rechnung gestellt werden darf; erst auf Grund dieses methodisch wesentlichen Satzes gelangt man zu einer in sich widerspruchsfreien Theorie.

Wir setzen die Lösungen der Differentialgleichungen (V 4, 69) als bekannt voraus und konstruieren längs der von $Q_1 = (x_1, y_1, z_1)$ nach $Q_2 = (x_2, y_2, z_2)$ führenden, wahren Elektronenbahn das Punkteikonal

$$H (x_1, y_1;\ x_2, y_2) = \int_{z_1}^{z_2} n^* \, dz. \tag{V 4, 70}$$

Aus ihm finden wir mittels der Vorschriften (V 4, 34) die senkrecht zur z-Achse gerichteten Komponenten der Normalenvektoren N_1 in Q_1 und N_2 in Q_2 zu

$$N_{1x} = -\frac{\partial H}{\partial x_1}; \qquad N_{1y} = -\frac{\partial H}{\partial y_1} \tag{V 4, 71}$$

$$N_{2x} = \frac{\partial H}{\partial x_2}; \qquad N_{2y} = \frac{\partial H}{\partial y_2} \tag{V 4, 72}$$

Nun folgt aus (V 4, 15) im Verein mit (V 4, 67) für den Tangenten-Einheitsvektor $\mathbf{1}_\sigma$ die Darstellung

$$\mathbf{1}_\sigma = \frac{\mathbf{1}_x x' + \mathbf{1}_y y' + \mathbf{1}_z \cdot 1}{\sqrt{x'^2 + y'^2 + 1}}, \tag{V 4, 73}$$

so daß (V 4, 38) die kinematischen Relationen

$$\left.\begin{aligned} \frac{x'}{\sqrt{x'^2 + y'^2 + 1}} &= \frac{c}{\sqrt{2\frac{q_0}{m_0}\varphi}}\left(N_x + \frac{q_0}{m_0 c} V_x\right) \\ \frac{y'}{\sqrt{x'^2 + y'^2 + 1}} &= \frac{c}{\sqrt{2\frac{q_0}{m_0}\varphi}}\left(N_y + \frac{q_0}{m_0 c} V_y\right) \end{aligned}\right\} \begin{matrix}\text{für}\\ z = z_1\\ \text{und}\\ z = z_2\end{matrix} \tag{V 4, 74}$$

nach sich zieht. Man entnimmt ihnen den Zusammenhang

$$x'^2 + y'^2 + 1 = \frac{\frac{2}{c^2}\frac{q_0}{m_0}\varphi}{\frac{2}{c^2}\frac{q_0}{m_0}\varphi - \left[\left(N_x + \frac{q_0}{m_0 c} V_x\right)^2 + \left(N_y + \frac{q_0}{m_0 c} V_y\right)^2\right]}, \tag{V 4, 75}$$

so daß die Gleichungen (V 4, 71), (V 4, 72) durch

$$\left.\begin{aligned} N_z &= \frac{1}{c}\sqrt{2\frac{q_0}{m_0}\varphi}\,\frac{1}{\sqrt{x'^2 + y'^2 + 1}} - \frac{q_0}{m_0 c} V_z = \\ &= \sqrt{\frac{2}{c^2}\frac{q_0}{m_0}\varphi - \left[\left(N_x + \frac{q_0}{m_0 c} V_x\right)^2 + \left(N_y + \frac{q_0}{m_0 c} V_y\right)^2\right]} - \frac{q_0}{m_0 c} V_z \end{aligned}\right\} \begin{matrix}\text{für}\\ z = z_1\\ \text{und}\\ z = z_2\end{matrix} \tag{V 4, 76}$$

zu ergänzen sind.

Man denke sich nun auf Grund der Kenntnisse (V 4, 71), (V 4, 72) die Koordinaten $x_1, y_1; x_2, y_2$ wechselseitig in der Form

$$x_1 = x_1(x_2, y_2; N_{2x} N_{2y}); \qquad y_1 = y_1(x_2, y_2; N_{2x}, N_{2y}), \tag{V 4, 77}$$

$$x_2 = x_2(x_1, y_1; N_{1x}, N_{1y}); \qquad y_2 = y_2(x_1, y_1, N_{1x}, N_{1y}) \tag{V 4, 78}$$

dargestellt. Aus (V 4, 72) ergeben sich dann beziehentlich durch partielle Differentiation nach N_{1x} und N_{1y} die Gleichungspaare

$$\left.\begin{aligned} -1 &= \frac{\partial^2 H}{\partial x_1\,\partial x_2}\frac{\partial x_2}{\partial N_{1x}} + \frac{\partial^2 H}{\partial x_1\,\partial y_2}\frac{\partial y_2}{\partial N_{1x}} \\ 0 &= \frac{\partial^2 H}{\partial y_1\,\partial x_2}\cdot\frac{\partial x_2}{\partial N_{1x}} + \frac{\partial^2 H}{\partial y_1\,\partial y_2}\cdot\frac{\partial y_2}{\partial N_{1x}} \end{aligned}\right\}, \tag{V 4, 79}$$

und

$$\left.\begin{aligned} 0 &= \frac{\partial^2 H}{\partial x_1\,\partial x_2}\cdot\frac{\partial x_2}{\partial N_{1y}} + \frac{\partial^2 H}{\partial x_1\,\partial y_2}\cdot\frac{\partial y_2}{\partial N_{1y}} \\ -1 &= \frac{\partial^2 H}{\partial y_1\,\partial x_2}\frac{\partial x_2}{\partial N_{1y}} + \frac{\partial^2 H}{\partial y_1\,\partial y_2}\cdot\frac{\partial y_2}{\partial N_{1y}} \end{aligned}\right\}. \tag{V 4, 80}$$

Ebenso liefert die Differentiation von (V 4, 72) beziehentlich nach N_{2x} und N_{2y} die Gleichungspaare

$$\left.\begin{aligned} 1 &= \frac{\partial^2 H}{\partial x_2\,\partial x_1}\frac{\partial x_1}{\partial N_{2x}} + \frac{\partial^2 H}{\partial x_2\,\partial y_1}\frac{\partial y_1}{\partial N_{2x}} \\ 0 &= \frac{\partial^2 H}{\partial y_2\,\partial x_1}\frac{\partial x_1}{\partial N_{2x}} + \frac{\partial^2 H}{\partial y_2\,\partial y_1}\frac{\partial y_1}{\partial N_{2x}} \end{aligned}\right\} \tag{V 4, 81}$$

und

$$\left.\begin{aligned} 0 &= \frac{\partial^2 H}{\partial x_2\, \partial x_1} \cdot \frac{\partial x_1}{\partial N_{2y}} + \frac{\partial^2 H}{\partial x_2\, \partial y_1} \cdot \frac{\partial y_1}{\partial N_{2y}} \\ 1 &= \frac{\partial^2 H}{\partial y_2\, \partial x_1} \frac{\partial x_1}{\partial N_{2y}} + \frac{\partial^2 H}{\partial y_2\, \partial y_1} \cdot \frac{\partial y_1}{\partial N_{2y}} \end{aligned}\right\} \qquad (V\ 4,\ 82)$$

Unter der Voraussetzung

$$h = \begin{vmatrix} \dfrac{\partial^2 H}{\partial x_1\, \partial x_2} & \dfrac{\partial^2 H}{\partial x_1\, \partial y_2} \\ \dfrac{\partial^2 H}{\partial y_1\, \partial x_2} & \dfrac{\partial^2 H}{\partial y_1\, \partial y_2} \end{vmatrix} \neq 0 \qquad (V\ 4,\ 83)$$

entnimmt man aus (V 4, 79) und (V 4, 80)

$$h \frac{\partial x_2}{\partial N_{1x}} = -\frac{\partial^2 H}{\partial y_1\, \partial y_2}; \qquad h \frac{\partial y_2}{\partial N_{1x}} = \frac{\partial^2 H}{\partial y_1\, \partial x_2};$$

$$h \frac{\partial x_2}{\partial N_{1y}} = \frac{\partial^2 H}{\partial x_1\, \partial y_2}; \qquad h \frac{\partial y_2}{\partial N_{1y}} = -\frac{\partial^2 H}{\partial x_1\, \partial x_2} \qquad (V\ 4,\ 84)$$

sowie aus (V 4, 81) und (V 4, 82)

$$h \frac{\partial x_1}{\partial N_{2x}} = \frac{\partial^2 H}{\partial y_2\, \partial y_1}; \qquad h \frac{\partial y_1}{\partial N_{2x}} = -\frac{\partial^2 H}{\partial y_2\, \partial x_1};$$

$$h \frac{\partial x_1}{\partial N_{2y}} = -\frac{\partial^2 H}{\partial x_2\, \partial y_1}; \qquad h \frac{\partial y_1}{\partial N_{2y}} = \frac{\partial^2 H}{\partial x_2\, \partial x_1}. \qquad (V\ 4,\ 85)$$

Der Vergleich der Relationen (V 4, 84) und (V 4, 85) führt auf die Reziprozitäten

$$\frac{\partial x_2}{\partial N_{1x}} = -\frac{\partial x_1}{\partial N_{2x}}; \quad \frac{\partial y_2}{\partial N_{1x}} = -\frac{\partial x_1}{\partial N_{2y}}; \quad \frac{\partial x_2}{\partial N_{1y}} = -\frac{\partial y_1}{\partial N_{2x}}; \quad \frac{\partial y_2}{\partial N_{1y}} = -\frac{\partial y_1}{\partial N_{2y}}. \qquad (V\ 4,\ 86)$$

m) Als Beispiel für die Anwendung des Punkteikonales behandeln wir die Passage eines Kathodenstrahles durch ein senkrecht zu dessen Bahnebene gerichtetes homogenes Magnetfeld vom Betrage B seiner Induktion.

Wir legen die positive z-Achse des [rechtsläufigen] Bezugssystemes in die Richtung des einfallenden Elektronenstrahles, während der Vektor der Induktion nur innerhalb des Gebietes $0 < z < l$ von Null verschieden sei und dort parallel der y-Achse weise. Dann lautet das Vektorpotential des magnetischen Feldes, abgesehen von dem Gradienten einer willkürlich wählbaren skalaren Ortsfunktion,

$$V = 1_x \left(\frac{1}{2} B z\right) + 1_y \cdot 0 + 1_z \left(-\frac{1}{2} B x\right), \qquad (V\ 4,\ 87)$$

während

$$\varphi = \Phi_0 \qquad (V\ 4,\ 88)$$

das im Existenzgebiete von B konstante elektrische Skalarpotential bezeichne.

Wir identifizieren die z-Achse mit der Leitkurve und bilden gemäß (V 4, 68)

$$\left.\begin{aligned} n^* &= \frac{1}{c} \sqrt{2 \frac{q_0}{m_0} \Phi_0} \sqrt{1 + x'^2 + y'^2} - \frac{q_0}{m_0 c} \frac{B}{2} \{x' z - x\} = \\ &= \frac{v_0}{c} \sqrt{1 + x'^2 + y'^2} - \frac{\omega}{2 c} \{x' z - x\}, \end{aligned}\right\} \qquad (V\ 4,\ 89)$$

wobei abkürzend die Einfallsgeschwindigkeit v_0 der Elektronen in das Magnetfeld und ihre dort sich entwickelnde „Zyklotron"-Winkelgeschwindigkeit ω durch die Relationen

$$v_0 = \sqrt{2\frac{q_0}{m_0}\Phi_0}\,; \qquad \omega = \frac{q_0}{m_0}B \tag{V 4, 90}$$

eingeführt wurden.

Aus (V 4, 89) entnehmen wir die Summe der drei Anfangsglieder der nach x, y; x′, y′ fortschreitenden Potenzreihe von n*

$$n_0^* + n_1^* + n_2^* = \frac{v_0}{c}\left[1 + \frac{1}{2}\{x'^2 + y'^2\}\right] - \frac{\omega}{2c}\{x'z - x\} \tag{V 4, 91}$$

Gemäß (V 4, 69) unterliegen somit die Koordinaten x_g und y_g der *Gauß*schen Bahn den Differentialgleichungen

$$\frac{d}{dz}\left(v_0 x_g' - \frac{\omega}{2}z\right) - \frac{\omega}{2} = 0; \qquad \frac{d^2 x_g}{dz^2} = \frac{\omega}{v_0} \tag{V 4, 92}$$

und

$$\frac{d}{dz}(v_0 y_g') = 0; \qquad \frac{d^2 y_g}{dz^2} = 0, \tag{V 4, 93}$$

welche wir durch die Randbedingungen

$$x_g = x_1; \qquad y_g = y_1 \qquad \text{für} \qquad z = 0 \tag{V 4, 94}$$

und

$$x_g = x_2; \qquad y_g = y_2 \qquad \text{für} \qquad z = l \tag{V 4, 95}$$

ergänzen. Die diesen angepaßten Lösungen der Differentialgleichungen (V 4, 92), (V 4, 93) lauten

$$x_g = x_1 + \frac{x_2 - x_1}{l}z + \frac{\omega}{2v_0}z(z - l), \tag{V 4, 96}$$

$$y_g = y_1 + \frac{y_2 - y_1}{l}z \tag{V 4, 97}$$

Wir bilden hieraus

$$x_g' = \frac{x_2 - x_1}{l} + \frac{\omega}{v_0}\left(z - \frac{l}{2}\right), \tag{V 4, 98}$$

$$y_g' = \frac{y_2 - y_1}{l}, \tag{V 4, 99}$$

also

$$n_0^* + n_1^* + n_2^* = \frac{v_0}{c}\left[1 + \frac{1}{2}\left\{\left(\frac{x_2 - x_1}{l}\right)^2 + 2\,\frac{x_2 - x_1}{l}\,\frac{\omega}{v_0}\left(z - \frac{l}{2}\right) + \right.\right.$$
$$\left.\left. + \left(\frac{\omega}{v_0}\right)^2\left(z - \frac{l}{2}\right)^2 + \left(\frac{y_2 - y_1}{l}\right)^2\right\}\right] - \frac{\omega}{2c}\left[\frac{\omega}{2v_0}z^2 - x_1\right] \tag{V 4, 100}$$

und

$$H_0 + H_1 + H_2 = \int_0^l (n_0^* + n_1^* + n_2^*)\,dz = \frac{v_0}{c}\left[l + \frac{1}{2}\left\{\left(\frac{x_2 - x_1}{l}\right)^2 l + \right.\right.$$
$$\left.\left. + \left(\frac{\omega}{v_0}\right)^2 \frac{2}{3}\frac{l^3}{8} + \left(\frac{y_2 - y_1}{l}\right)^2 l\right\}\right] - \frac{\omega}{2c}\left[\frac{\omega}{2v_0}\frac{l^3}{3} - x_1 l\right]. \tag{V 4, 101}$$

Die zur z-Achse senkrechten Komponenten der zur *Gaußschen* Bahn gehörigen Normalenvektoren folgen somit zu

$$\left.\begin{aligned} N_{1x} &= -\frac{\partial}{\partial x_1}(H_0 + H_1 + H_2) = \frac{v_0}{c}\frac{x_2 - x_1}{l} - \frac{\omega}{2c} l, \\ N_{1y} &= -\frac{\partial}{\partial y_1}(H_0 + H_1 + H_2) = \frac{v_0}{c}\frac{y_2 - y_1}{l} \end{aligned}\right\} \quad (V\ 4,\ 102)$$

und

$$\left.\begin{aligned} N_{2x} &= \frac{\partial}{\partial x_2}(H_0 + H_1 + H_2) = \frac{v_0}{c}\frac{x_2 - x_1}{l}, \\ N_{2y} &= \frac{\partial}{\partial y_2}(H_0 + H_1 + H_2) = \frac{v_0}{c}\frac{y_2 - y_1}{l}. \end{aligned}\right\} \quad (V\ 4,\ 103)$$

Aus ihnen findet man vermöge (V 4, 74) im Verein mit (V 4, 87) als Richtungskosinus der *Gaußschen* Bahn

$$\alpha_{1,g} = \frac{x_2 - x_1}{l} - \frac{\omega}{2 v_0} l; \qquad \beta_{1,g} = \frac{y_2 - y_1}{l}, \qquad (V\ 4,\ 104)$$

$$\alpha_{2,g} = \frac{x_2 - x_1}{l} + \frac{\omega}{2 v_0} l; \qquad \beta_{2,g} = \frac{y_2 - y_1}{l}. \qquad (V\ 4,\ 105)$$

Insbesondere wird somit die *Gaußsche* Kinematik der parallel der z-Achse einfallenden Elektronenstrahlen $\alpha_1 = 0,\ \beta_1 = 0;\ \gamma_1 = 1;\ x = x_1,\ y = y_1,\ z = 0]$ durch die Relationen

$$\left.\begin{aligned} &\alpha_{2,g} = \frac{\omega}{v_0} l; \qquad \beta_{2,g} = 0; \qquad \gamma_{2,g} = \sqrt{1 - \left(\frac{\omega}{v_0} l\right)^2}, \\ &x_{2,g} = x_1 + \frac{\omega}{2 v_0} l^2; \qquad y_{2,g} = y_1; \qquad z_{2,g} = l \end{aligned}\right\} \quad (V\ 4,\ 106)$$

beschrieben: Die jeweils senkrecht zur z-Achse gemessenen Abstände zweier unterschiedlicher Strahlen bleiben bei der Passage des Magnetfeldes erhalten, während jeder von ihnen um die Strecke

$$\Delta x = \frac{\omega}{2 v_0} l^2 = \sqrt{2 \frac{q_0}{m_0} \Phi_0} \frac{B}{\Phi_0} \left(\frac{l}{2}\right)^2 \qquad (V\ 4,\ 107)$$

proportional zum Betrage der magnetischen Induktion senkrecht zu deren Richtung verschoben wird.

Zur Aberration übergehend, bilden wir aus (V 4, 89)

$$n_3^* = 0; \qquad n_4^* = -\frac{v_0}{c}\frac{1}{8}[x'^2 + y'^2]^2 \qquad (V\ 4,\ 108)$$

und finden mit Rücksicht auf (V 4, 98), (V 4, 99) durch Integration längs der *Gaußschen* Bahn

$$H_3 = 0; \qquad H_4 = -\frac{v_0}{c}\frac{1}{8}\int_0^l \left[\left\{\frac{x_2 - x_1}{l} - \frac{\omega}{v_0}\left(z - \frac{l}{2}\right)\right\}^2 + \left\{\frac{y_2 - y_1}{l}\right\}^2\right] dz =$$

$$= -\frac{v_0}{c}\frac{1}{8}\left[\left(\frac{x_2 - x_1}{l}\right)^2 l + \left(\frac{x_2 - x_1}{l}\right)^2 \frac{\omega^2}{v_0^2}\frac{l^2}{2} + \frac{\omega^4}{v_0^4}\frac{l^5}{80} + \right.$$

$$\left. + 2\left(\frac{y_2 - y_1}{l}\right)^2 \left(\frac{x_2 - x_1}{l}\right)^2 l + \frac{\omega^2}{v_0^2}\left(\frac{y_2 - y_1}{l}\right)^2 \frac{l^3}{6} + \left(\frac{y_2 - y_1}{l}\right)^4 l\right]. \qquad (V\ 4,\ 109)$$

Demnach berechnen sich die Aberrationen der Normalenvektoren zu

$$\varDelta N_{1x} = -\frac{\partial H_4}{\partial x_1} = -\frac{v_0}{c}\frac{1}{8}\left[4\left(\frac{x_2-x_1}{l}\right)^3 + \left(\frac{x_2-x_1}{l}\right)\frac{\omega^2}{v_0^2}l^2 + \right.$$

$$\left. + 4\left(\frac{y_2-y_1}{l}\right)^2\left(\frac{x_2-x_1}{l}\right)\right] = \varDelta N_{2x}, \qquad \text{(V 4, 110)}$$

$$\varDelta N_{1y} = -\frac{\partial H_4}{\partial y_1} = -\frac{v_0}{c}\frac{1}{8}\left[4\left(\frac{y_2-y_1}{l}\right)^3 + \left(\frac{y_2-y_1}{l}\right)\frac{\omega^2}{v_0^2}\frac{l^2}{3} + \right.$$

$$\left. + 4\left(\frac{x_2-x_1}{l}\right)^2\left(\frac{y_2-y_1}{l}\right)\right] = \varDelta N_{2y} \qquad \text{(V 4, 111)}$$

und die entsprechenden Aberrationen der Richtungskosinus

$$\varDelta \alpha_1 = -\frac{1}{8}\left[4\left(\frac{x_2-x_1}{l}\right)^3 + \left(\frac{x_2-x_1}{l}\right)\frac{\omega^2}{v_0^2}l^2 + 4\left(\frac{y_2-y_1}{l}\right)^2\left(\frac{x_2-x_1}{l}\right)\right] = \varDelta \alpha_2, \qquad \text{(V 4, 112)}$$

$$\varDelta \beta_1 = -\frac{1}{8}\left[4\left(\frac{y_2-y_1}{l}\right)^3 + \left(\frac{y_2-y_1}{l}\right)\frac{\omega^2}{v_0^2}\frac{l^2}{3} + 4\left(\frac{x_2-x_1}{l}\right)^2\left(\frac{y_2-y_1}{l}\right)\right] = \varDelta \beta_2. \qquad \text{(V 4, 113)}$$

Durch ihre Addition zu den *Gauß*schen Werten (V 4, 104), (V 4, 105) resultieren die Richtungskosinus

$$\alpha_1 = \alpha_{1,g} + \varDelta \alpha_1; \qquad \beta_1 = \beta_{1,g} + \varDelta \beta_1, \qquad \text{(V 4, 114)}$$

$$\alpha_2 = \alpha_{2,g} + \varDelta \alpha_2; \qquad \beta_2 = \beta_{2,g} + \varDelta \beta_2. \qquad \text{(V 4, 115)}$$

Wir spezialisieren wiederum auf Strahlen, welche parallel der z-Achse in das Ablenkfeld einfallen. Dann dürfen wir, ohne die hier erstrebte Genauigkeit herabzusetzen, in (V 4, 112), (V 4, 113) die Differenzen $(x_2 - x_1)$ und $(y_2 - y_1)$ beziehentlich durch ihre *Gauß*schen Werte nach (V 4, 106) ersetzen und erhalten als „Anfangsbedingungen"

$$\alpha_1 = \frac{x_2-x_1}{l} - \frac{\omega}{2\,v_0}l - \frac{1}{8}\left[4\left(\frac{x_{2g}-x_1}{l}\right)^3 + \left(\frac{x_{2g}-x_1}{l}\right)\cdot\right.$$

$$\left.\cdot\frac{\omega^2}{v_0^2}l^2 + 4\left(\frac{y_{2g}-y_1}{l}\right)^2\left(\frac{x_{2g}-x_1}{l}\right)\right] = \frac{x_2-x_1}{l} - \frac{\omega}{2\,v_0}l -$$

$$-\frac{1}{8}\left[4\left(\frac{\omega}{2\,v_0}l\right)^3 + \left(\frac{\omega}{2\,v_0}l\right)\frac{\omega^2}{v_0^2}l^2\right] = \frac{x_2-x_1}{l} - \frac{1}{2}\left(\frac{\omega}{v_0}l\right) - \frac{1}{8}\left(\frac{\omega}{v_0}l\right)^3 = 0, \qquad \text{(V 4, 116)}$$

$$\beta_1 = \frac{y_2-y_1}{l} - \frac{1}{8}\left[4\left(\frac{y_{2g}-y_1}{l}\right)^3 + \left(\frac{y_{2g}-y_1}{l}\right)\frac{\omega^2}{v_0^2}l^2 + \right.$$

$$\left. + 4\left(\frac{x_{2g}-x_1}{l}\right)^2\left(\frac{y_{2g}-y_1}{l}\right)\right] = \frac{y_2-y_1}{l} = 0. \qquad \text{(V 4, 117)}$$

Wir erschließen aus ihnen

$$x_2 - x_1 = \left[\frac{1}{2}\left(\frac{\omega}{v_0}l\right) + \frac{1}{8}\left(\frac{\omega}{v_0}l\right)^3\right]l; \qquad y_2 - y_1 = 0 \qquad \text{(V 4, 118)}$$

und also

$$\alpha_2 = \frac{x_2 - x_1}{l} + \frac{\omega}{2 v_0} l - \frac{1}{8}\left[4\left(\frac{x_{2g} - x_1}{l}\right)^3 + \left(\frac{x_{2g} - x_1}{l}\right)\frac{\omega^2}{v_0^2} l^2 + \right.$$

$$\left. + 4\left(\frac{y_{2g} - y_1}{l}\right)^2\left(\frac{x_{2g} - x_1}{l}\right)\right] = \frac{x_2 - x_1}{l} + \frac{\omega}{2 v_0} l - \frac{1}{8}\left(\frac{\omega}{v_0} l\right)^3 = \frac{\omega}{v_0} l, \quad (V\ 4,\ 119)$$

$$\beta_2 = 0. \quad (V\ 4,\ 120)$$

Daher finden sich die Neigungen x_2', y_2' des austretenden Strahles gegen die Einfallsgerade mittels der Relationen

$$\frac{x_2'}{\sqrt{1 + x_2'^2 + y_2'^2}} = x_2'\left[1 - \frac{x_2'^2 + y_2'^2}{2} + \ldots\right] = \alpha_2;$$

$$\frac{y_2'}{\sqrt{1 + x_2'^2 + y_2'^2}} = y_2'\left[1 - \frac{x_2'^2 + y_2'^2}{2} + \ldots\right] = \beta_2. \quad (V\ 4,\ 121)$$

In ihnen darf man innerhalb der Produkte dritter Ordnung die Ablenkungen x_2' und y_2' je mit ihren *Gauß*schen Beträgen vertauschen, so daß

$$x_2' = \alpha_2 + \frac{1}{2}\left(\frac{\omega}{v_0} l\right)^3 = \frac{\omega}{v_0} l + \frac{1}{2}\left(\frac{\omega}{v_0} l\right)^3 + \ldots; \qquad y_2' = 0 \quad (V\ 4,\ 122)$$

resultiert. Gemäß (V 4, 118) und (V 4, 122) treten somit sowohl in der linearen Ablenkung $(x_2 - x_1)$ wie in der Winkelablenkung α_2 relativ zur *Gauß*schen Bahn Abweichungen auf, welche je mit der dritten Potenz des Induktionsbetrages B anwachsen. Da sie jedoch nicht von x_1, y_1 abhängen, bleibt die Querstruktur des Kathodenstrahles von diesen Erscheinungen unberührt.

Wir prüfen die Leistungsfähigkeit des entwickelten Rechenverfahrens durch seinen Vergleich mit der strengen Lösung der gleichen Aufgabe, welche sich im vorliegenden Falle auf elementarem Wege herstellen läßt: Im Felde der parallel zur y-Achse weisenden magnetischen Induktion vom Betrage B beschreiben die bei $(x_1, y_1, 0)$ mit der Geschwindigkeit v_0 in Richtung der positiven z-Achse einfallenden Elektronen den Kreis

$$(x - x_1 - R)^2 + z^2 = R^2; \qquad y = y_1 \quad (V\ 4,\ 123)$$

vom Halbmesser

$$R = \frac{v_0}{\omega} = \frac{v_0}{\frac{q_0}{m_0} B}. \quad (V\ 4,\ 124)$$

Wir berechnen hieraus

$$x = x_1 + R \pm \sqrt{R^2 - z^2}; \qquad x' = \mp \frac{z}{\sqrt{R^2 - z^2}} \quad (V\ 4,\ 125)$$

und erhalten durch binomische Entwicklung der Wurzeln in der Umgebung des Einfallsortes

$$x = x_1 + R\left[\frac{1}{2}\left(\frac{z}{R}\right)^2 + \frac{1}{8}\left(\frac{z}{R}\right)^4 + \ldots\right]; \quad x' = \frac{z}{R}\left[1 + \frac{1}{2}\left(\frac{z}{R}\right)^2 + \ldots\right] \quad (V\ 4,\ 126)$$

Falls also $R > l$ bleibt, findet man mit Rücksicht auf (V 4, 124) für die in der Ebene $z = l$ gemessene Ablenkung des Strahles die Reihen

$$x_2 - x_1 = \left[\frac{1}{2}\left(\frac{\omega}{v_0} l\right) + \frac{1}{8}\left(\frac{\omega}{v_0} l\right)^3 + \ldots\right] l; \qquad x_2' = \frac{\omega}{v_0} l + \frac{1}{2}\left(\frac{\omega}{v_0} l\right)^3 + \ldots \quad (V\ 4,\ 127)$$

deren explizit angegebene Anfangsglieder beziehentlich mit den Aussagen (V 4, 118) und (V 4, 119) genau übereinstimmen.

V 5. Aberrationstheorie einfach-symmetrischer Ablenksysteme.

a) Ein Ablenksystem heiße *einfach-symmetrisch*, falls seine mechanisch wirksamen Kräfte auf ein Bündel „monochromatischer" Kathodenstrahlen relativ zu einer festen „Basisebene" symmetrisch verteilt sind.

Wir orientieren uns im Bezugssystem der rechtsläufigen, *Kartes*ischen Koordinaten x, y, z, in welchem wir die Ebene y = 0 als Basis wählen. Es sind dann zwei in der Genetik ihrer Kräfte unterschiedliche Ablenkgeräte der genannten Art zu unterscheiden:

1. Der *Ablenkkondensator* besteht nach Abb. V 258 aus zwei voneinander isolierten, gegeneinander Spannung führenden Elektroden, deren jede bei sonst beliebiger Gestalt relativ zur Basisebene Spiegelsymmetrie aufweist.

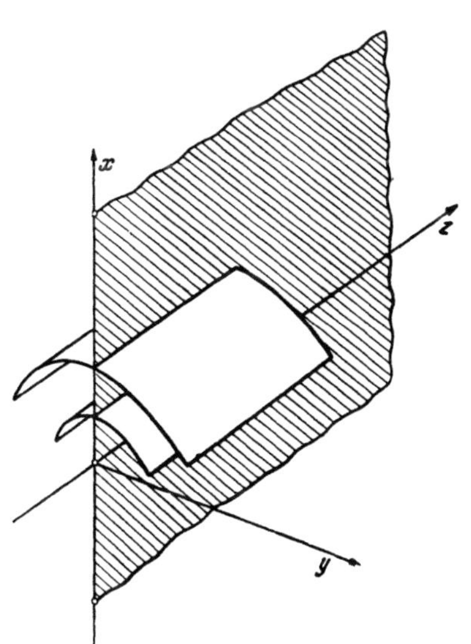

Abb. V 258. Einfach-symmetrischer Ablenkkondensator.

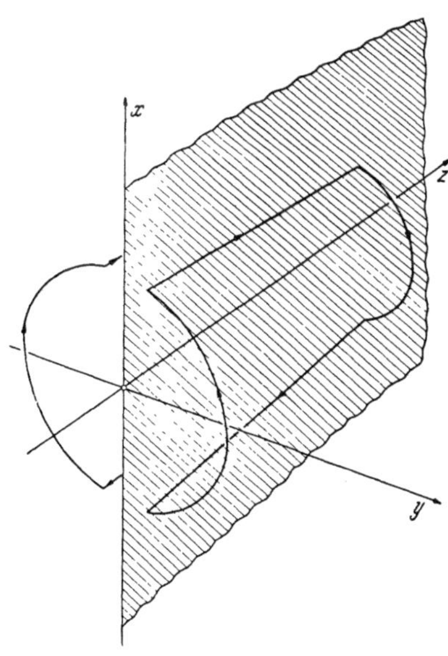

Abb. V 259. Einfach-symmetrische Ablenkspule.

2. Die *Ablenkspule* ist gemäß Abb. V 259 aus zwei Teilspulen zusammengesetzt, welche durch Spiegelung sowohl ihrer geometrischen Form wie ihres magnetisierenden Stromes an der Basisebene auseinander hervorgehen.

Gefragt wird nach der Optik der Elektronen, welche von einer in $z \to -\infty$ zu denkenden Quelle her mit der gleichförmigen Geschwindigkeit v_0 parallel der positiven z-Achse in das jeweils wirksame Ablenksystem eingeworfen werden.

b) Wir lassen die Raumladung der Elektronen sowie das von deren Bewegung herrührende, sekundäre Magnetfeld außer Betracht. Die dann allein verbleibenden *Primärfelder* der Ablenksysteme gelten weiterhin als bekannte, „erzwungene" Funktionen der laufenden Zeit t; doch setzen wir deren Änderungen als so langsam voraus, daß jene Felder in jedem Augenblick als merklich stationär angesehen werden dürfen. Welche allgemeinen Aussagen lassen sich dann über die Struktur der Primärfelder zufolge der verlangten Symmetrieeigenschaften machen?

1. Das elektrische Feld des *Ablenkkondensators* wird aus dem Skalarpotential $\varphi = \varphi\,(x, y, z, t)$ gegen die Kathode des Elektronenwerfers herge-

leitet; innerhalb seines Existenzgebietes genügt φ der *Laplace*schen Gleichung

$$\frac{\partial^2\varphi}{\partial x^2}+\frac{\partial^2\varphi}{\partial y^2}+\frac{\partial^2\varphi}{\partial z^2}=0. \qquad (V\ 5,\ 1)$$

Auf Grund ihrer Linearität dürfen wir das Potential φ aus zwei Anteilen additiv zusammensetzen:

I. Unter Beschränkung auf den Gültigkeitsbereich der *Newton*schen Mechanik führen wir durch

$$\frac{m_0}{2}v_0{}^2 = q_0\,[\Phi_0+\Phi_{th}] = q_0\,\Phi_0{}^* \qquad (V\ 5,\ 2)$$

das zeitfreie Potential Φ_0 ein; es mißt die Spannung der Anode gegen die Kathode des Elektronenwerfers, während Φ_{th} das Spannungsäquivalent der kinetischen Startenergie eines eben emittierten Elektrons und $\Phi_0{}^*$ das aus Φ_0 und Φ_{th} resultierende, „modifizierte" Anodenpotential definiert.

II. Die zwischen den Elektroden des Kondensators in bestimmtem Zählsinne wirksame, zeitabhängige Ablenkspannung $U = U(t)$ erregt das ihr verhältnisgleiche Potentialfeld φ_{II} der Symmetrieeigenschaft

$$\varphi_{II}(x, y, z, t) = \varphi_{II}(x, -y, z, t). \qquad (V\ 5,\ 3)$$

Nach Wahl einer passenden Strecke a als Längeneinheit werden wir daher auf den Potenzansatz

$$\varphi_{II} = U(t)\left[f_{00}+\frac{x}{a}f_{10}+\left(\frac{x}{a}\right)^2 f_{20}+\left(\frac{y}{a}\right)^2 f_{02}+\ldots\right] \qquad (V\ 5,\ 4)$$

geführt, in welchem die dimensionsfreien Funktionen f_{00}, f_{10}, ... je nur von z abhängen; ihr analytischer Charakter wird durch die Geometrie der Elektroden festgelegt. Wir beschränken uns weiterhin auf die in (V 5, 4) angeschriebenen Reihenglieder, welche die Veränderlichen x und y bis zum zweiten Grade einschließlich enthalten; zwischen ihnen stiftet die *Laplace*sche Gleichung (V 5, 1) den Zusammenhang

$$\frac{d^2f_{00}}{dz^2}+\frac{2}{a^2}(f_{20}+f_{02}) = 0. \qquad (V\ 5,\ 5)$$

In der beabsichtigten Genauigkeit erhält man daher nach Elimination von f_{02} für das resultierende elektrische Skalarpotential die Darstellung

$$\varphi = \Phi_0 + U(t)\left[f_{00}+\frac{x}{a}f_{10}+\frac{x^2}{a^2}f_{20}-\frac{y^2}{a^2}\left\{f_{20}+\frac{a^2}{2}\frac{d^2f_{00}}{dz^2}\right\}\right]. \qquad (V\ 5,\ 6)$$

2. Das magnetische Feld der *Ablenkspule* wird als frei von ferromagnetischen Werkstoffen vorausgesetzt. Wir leiten es aus dem Vektorpotential $V = V(x, y, z, t)$ der achsenparallelen Komponenten V_x, V_y, V_z her

$$V(x, y, z, t) = 1_x V_x + 1_y V_y + 1_z V_z, \qquad (V\ 5,\ 7)$$

aus welchem sich die magnetische Induktion B mittels der Operation

$$B = \text{rot}\, V \qquad (V\ 5,\ 8)$$

berechnet. Auf Grund dieser Vorschrift können wir V stets aus zwei wesentlich voneinander verschiedenen Anteilen zusammensetzen:

I. Der *wirksame Anteil* $V^{(w)}$ des Vektorpotentiales umfaßt die Gesamtheit jener Komponenten, deren Wirbeldichte von Null verschieden ausfällt.

II. Der *wirkungslose Anteil* $V^{(0)}$ des Vektorpotentiales resultiert als Gradient einer differenzierbaren, im übrigen jedoch willkürlich wählbaren skalaren Funktion $S = S(x, y, z, t)$. Denn aus

$$V = V^{(w)} + V^{(0)} = V^{(w)} + \operatorname{grad} S \qquad (V\ 5,\ 9)$$

folgt gemäß (V 5, 8)

$$B = \operatorname{rot} V^{(w)}, \qquad (V\ 5,\ 10)$$

so daß $V^{(0)}$ eine nur formale Rolle spielt. Wir unterwerfen S der *Poisson*schen Gleichung

$$\operatorname{div} \operatorname{grad} S = -\operatorname{div} V^{(w)} \qquad (V\ 5,\ 11)$$

und bringen hierdurch die Quellen des resultierenden Vektorpotentiales zum Versiegen:

$$\operatorname{div} V = \operatorname{div} (V^{(w)} + V^{(0)}) = 0. \qquad (V\ 5,\ 12)$$

Dagegen dürfen wir in dem wirksamen Anteil $V^{(w)}$ des Vektorpotentiales für sich auf die Eigenschaft der Quellenfreiheit verzichten, so daß wir dann lediglich den in (V 5, 10) ausgesprochenen genetischen Zusammenhang zwischen $V^{(w)}$ und B zu beachten haben.

Wir bezeichnen nun durch j_x, j_y, j_z die achsenparallelen Komponenten der im Spulenkörper von dessen Durchflutung

$$D = D(t) \qquad (V\ 5,\ 13)$$

erregten Stromdichte $j = j(x, y, z, t)$; sie offenbaren zufolge der vorausgesetzten Betriebsart der Spule und ihrer Konstruktion die Symmetrieeigenschaften

$$j_x(x, y, z, t) = j_x(x, -y, z, t), \qquad (V\ 5,\ 14)$$

$$j_y(x, y, z, t) = -j_y(x, -y, z, t), \qquad (V\ 5,\ 15)$$

$$j_z(x, y, z, t) = j_z(x, -y, z, t). \qquad (V\ 5,\ 16)$$

Sei Π die sogenannte Permeabilität des leeren Raumes, so genügen die achsenparallelen Komponenten V_k des Vektorpotentiales V wegen (V 5, 12) den partiellen Differentialgleichungen

$$\frac{\partial^2 V_k}{\partial x^2} + \frac{\partial^2 V_k}{\partial y^2} + \frac{\partial^2 V_k}{\partial z^2} = -\Pi\, j_k; \qquad k = x, y, z, \qquad (V\ 5,\ 17)$$

so daß sich die Relationen (V 5, 14), (V 5, 15), (V 5, 16) beziehentlich auf die Komponenten V_k übertragen. Bilden wir also aus ihnen gemäß (V 5, 8) die achsenparallelen Induktionskomponenten

$$B_x = \frac{\partial V_z}{\partial y} - \frac{\partial V_y}{\partial z}; \qquad B_y = \frac{\partial V_x}{\partial z} - \frac{\partial V_z}{\partial x}; \qquad B_z = \frac{\partial V_y}{\partial x} - \frac{\partial V_x}{\partial y}, \qquad (V\ 5,\ 18)$$

so befriedigen sie die Funktionalgleichungen

$$B_x(x, y, z, t) = -B_x(x, -y, z, t), \qquad (V\ 5,\ 19)$$

$$B_y(x, y, z, t) = B_y(x, -y, z, t), \qquad (V\ 5,\ 20)$$

$$B_z(x, y, z, t) = -B_z(x, -y, z, t). \qquad (V\ 5,\ 21)$$

Auf Grund der Linearität der Gleichungen (V 5, 17) im Verein mit der Proportionalität der Stromdichte-Komponenten mit der Durchflutung führt daher die Entwicklung der Induktionskomponenten nach Potenzen der Koordinaten x und y im Verhältnis zur Längeneinheit a auf Reihen der Gestalt

$$B_x = \frac{\Pi D(t)}{a} \left[\xi_{01} \frac{y}{a} + \xi_{11} \frac{x}{a} \frac{y}{a} + \ldots \right], \qquad (V\ 5,\ 22)$$

$$B_y = \frac{\Pi D(t)}{a}\left[\eta_{00} + \eta_{10}\frac{x}{a} + \eta_{20}\frac{x^2}{a^2} + \eta_{02}\frac{y^2}{a^2} + \dots\right], \qquad (V\ 5,\ 23)$$

$$B_z = \frac{\Pi D(t)}{a}\left[\zeta_{01}\frac{y}{a} + \zeta_{11}\frac{x\,y}{a\,a} + \dots\right], \qquad (V\ 5,\ 24)$$

in welchen die dimensionsfreien Funktionen $\xi_{01}, \dots; \eta_{00}, \dots; \zeta_{01}, \dots$ je nur von z abhängen. Die analytische Gestalt dieser Funktionen wird durch den Bau der Ablenkspule festgelegt; doch hat man zu beachten, daß sie nicht unabhängig voneinander ausgebildet werden können:

1. Zufolge ihrer in (V 5, 8) formulierten Genetik besitzt die *magnetische Induktion nirgends endliche Quellen*

$$\operatorname{div} B = \frac{\partial B_x}{\partial x} + \frac{\partial B_y}{\partial y} + \frac{\partial B_z}{\partial z} = 0. \qquad (V\ 5,\ 25)$$

2. Im Existenzgebiete der freien Elektronenbewegung *verschwinden gleichzeitig mit der Stromdichte des magnetischen Primärfeldes die Wirbel* seines Feldstärkenvektors

$$\operatorname{rot}\left(\frac{B}{\Pi}\right) = \frac{1}{\Pi}\left\{1_x\left(\frac{\partial B_z}{\partial y} - \frac{\partial B_y}{\partial x}\right) + 1_y\left(\frac{\partial B_x}{\partial z} - \frac{\partial B_z}{\partial x}\right) + 1_z\left(\frac{\partial B_y}{\partial x} - \frac{\partial B_x}{\partial y}\right)\right\} = 0. \qquad (V\ 5,\ 26)$$

Bei Beschränkung auf die in (V 5, 22), (V 5, 23), (V 5, 24) angeschriebenen Glieder bis zu Potenzen zweiten Grades einschließlich von x und y liefert (V 5, 25) die Gleichung

$$\xi_{11} + 2\,\eta_{02} + a\,\frac{d\zeta_{01}}{dz} = 0. \qquad (V\ 5,\ 27)$$

Unter den aus (V 5, 26) zu entnehmenden Relationen

$$\zeta_{01} - a\,\frac{d\eta_{00}}{dz} = 0, \qquad (V\ 5,\ 28)$$

$$\zeta_{11} - a\,\frac{d\eta_{10}}{dz} = 0, \qquad (V\ 5,\ 29)$$

$$a\,\frac{d\xi_{01}}{dz} - \zeta_{11} = 0, \qquad (V\ 5,\ 30)$$

$$\eta_{10} - \xi_{01} = 0, \qquad (V\ 5,\ 31)$$

$$2\,\eta_{20} - \xi_{11} = 0 \qquad (V\ 5,\ 32)$$

ist (V 5, 29) wegen (V 5, 31) mit (V 5, 30) identisch. Schreibt man nunmehr (V 5, 27) mit Rücksicht auf (V 5, 28) in der Gestalt

$$\eta_{02} = -\frac{1}{2}\left(\xi_{11} + a\,\frac{d\zeta_{01}}{dz}\right) = -\left(\eta_{20} + \frac{1}{2}\,a^2\,\frac{d^2\eta_{00}}{dz^2}\right), \qquad (V\ 5,\ 33)$$

so resultieren für die Induktionskomponenten in der hier angestrebten Genauigkeit die Formeln

$$B_x = \frac{\Pi D(t)}{a}\left[\eta_{10}\frac{y}{a} + 2\,\eta_{20}\frac{x\,y}{a\,a}\right], \qquad (V\ 5,\ 34)$$

$$B_y = \frac{\Pi D(t)}{a}\left[\eta_{00} + \eta_{10}\frac{x}{a} + \eta_{20}\frac{x^2}{a^2} - \left(\eta_{20} + \frac{1}{2}\,a^2\,\frac{d^2\eta_{00}}{dz^2}\right)\frac{y^2}{a^2}\right], \qquad (V\ 5,\ 35)$$

$$B_z = \frac{\Pi D(t)}{a}\left[a\,\frac{d\eta_{00}}{dz}\cdot\frac{y}{a} + a\,\frac{d\eta_{10}}{dz}\,\frac{x\,y}{a\,a}\right], \qquad (V\ 5,\ 36)$$

so daß man zu deren Berechnung nur die Kenntnis der drei Funktionen η_{00}, η_{10} und η_{20} einschließlich der Ableitungen von η_{00} und η_{10} benötigt.

Zum Vektorpotential zurückkehrend, dürfen wir, auf Grund der Freiheit in der Wahl der Skalarfunktion S, seinem wirksamen Anteil $V^{(w)}$ allein gleichfalls die Symmetriebedingungen (V 5, 19), (V 5, 20), (V 5, 21) auferlegen. Demgemäß setzen wir die nach Potenzen von x und y fortschreitenden Reihenentwicklungen der achsenparallelen Komponenten $V_x^{(w)}$, $V_y^{(w)}$, $V_z^{(w)}$ in der Form an

$$\frac{V_x^{(w)}}{\Pi\, D(t)} = \Xi_{00} + \Xi_{10}\frac{x}{a} + \Xi_{20}\frac{x^2}{a^2} + \Xi_{02}\frac{y^2}{a^2} + \Xi_{30}\frac{x^3}{a^3} + \Xi_{12}\frac{x\,y^2}{a^3} + \dots, \tag{V 5, 37}$$

$$\frac{V_y^{(w)}}{\Pi\, D(t)} = H_{01}\cdot\frac{y}{a} + H_{11}\frac{x\,y}{a^2} + H_{21}\frac{x^2 y}{a^3} + H_{03}\frac{y^3}{a^3} + \dots, \tag{V 5, 38}$$

$$\frac{V_z^{(w)}}{\Pi\, D(t)} = Z_{00} + Z_{10}\frac{x}{a} + Z_{20}\frac{x^2}{a^2} + Z_{02}\frac{y^2}{a^2} + Z_{30}\frac{x^3}{a^3} + Z_{12}\frac{x\,y^2}{a^3} + \dots, \tag{V 5, 39}$$

wobei $\Xi_{00}, \dots;$ $H_{01}, \dots;$ $Z_{00}, \dots;$ je dimensionsfreie Funktionen allein von z definieren. Um sie zu bestimmen, übertragen wir die Regeln (V 5, 18) entsprechend (V 5, 8) und (V 5, 10) auf den wirksamen Anteil des Vektorpotentiales und erhalten, bei Beschränkung auf die aus x und y gebildeten Produkte bis zum zweiten Grade einschließlich,

$$\frac{B_x}{\Pi\, D(t)} = Z_{02}\frac{2\,y}{a^2} + Z_{12}\frac{2\,x\,y}{a^3} - \frac{dH_{01}}{dz}\frac{y}{a} - \frac{dH_{11}}{dz}\frac{x\,y}{a^2}, \tag{V 5, 40}$$

$$\frac{B_y}{\Pi\, D(t)} = \frac{d\Xi_{00}}{dz} + \frac{d\Xi_{10}}{dz}\frac{x}{a} + \frac{d\Xi_{20}}{dz}\frac{x^2}{a^2} + \frac{d\Xi_{02}}{dz}\frac{y^2}{a^2} - Z_{10}\frac{1}{a} - Z_{20}\frac{2\,x}{a^2} - Z_{30}\frac{3\,x^2}{a^3} - Z_{12}\frac{y^2}{a^3}, \tag{V 5, 41}$$

$$\frac{B_z}{\Pi\, D(t)} = H_{11}\frac{y}{a^2} + H_{21}\frac{2\,x\,y}{a^3} - \Xi_{02}\cdot\frac{2\,y}{a^2} - \Xi_{12}\cdot\frac{2\,x\,y}{a^2}. \tag{V 5, 42}$$

Der Vergleich dieser Ausdrücke mit den Formeln (V 5, 34), (V 5, 35), (V 5, 36) liefert die Relationen

$$2\,Z_{02} - a\frac{dH_{01}}{dz} = \eta_{10}, \tag{V 5, 43}$$

$$2\,Z_{12} - a\frac{dH_{11}}{dz} = 2\,\eta_{20}, \tag{V 5, 44}$$

$$a\frac{d\Xi_{00}}{dz} - Z_{10} = \eta_{00}, \tag{V 5, 45}$$

$$a\frac{d\Xi_{10}}{dz} - 2\,Z_{20} = \eta_{10}, \tag{V 5, 46}$$

$$a\frac{d\Xi_{20}}{dz} - 3\,Z_{30} = \eta_{20}, \tag{V 5, 47}$$

$$a\frac{d\Xi_{02}}{dz} - Z_{12} = -\left[\eta_{20} + \frac{1}{2}a^2\frac{d^2\eta_{00}}{dz^2}\right], \tag{V 5, 48}$$

$$H_{11} - 2\,\Xi_{02} = a\,\frac{d\eta_{00}}{dz}, \tag{V 5, 49}$$

$$2\,H_{21} - 2\,\Xi_{12} = a\,\frac{d\eta_{10}}{dz}. \tag{V 5, 50}$$

Da sie ersichtlich nicht zur eindeutigen Bestimmung der Funktionen $\Xi_{00}, \ldots Z_{12}$ ausreichen, wählen wir

$$\left.\begin{array}{c} \Xi_{00} = 0; \quad \Xi_{10} = 0; \quad \Xi_{20} = 0; \quad H_{01} = 0; \quad H_{11} = 0; \\ H_{21} = 0; \quad Z_{00} = 0 \end{array}\right\} \tag{V 5, 51}$$

und finden

$$\left.\begin{array}{l} \Xi_{02} = -\frac{1}{2}\,a\,\frac{d\eta_{00}}{dz}; \quad \Xi_{12} = -\frac{1}{2}\,a\,\frac{d\eta_{10}}{dz}; \quad Z_{10} = -\eta_{00}; \\ Z_{20} = -\frac{1}{2}\,\eta_{10}; \quad Z_{02} = \frac{1}{2}\,\eta_{10}; \quad Z_{30} = -\frac{1}{3}\,\eta_{20}; \quad Z_{12} = -\eta_{00}, \end{array}\right\} \tag{V 5, 52}$$

so daß für die Komponenten $V_x^{(w)}$, $V_y^{(w)}$, $V_z^{(w)}$ die Gleichungen

$$\frac{V_x^{(w)}}{\Pi\,D(t)} = -\frac{1}{2}\,a\,\frac{d\eta_{00}}{dz}\,\frac{y^2}{a^2} - \frac{1}{2}\,a\,\frac{d\eta_{10}}{dz}\cdot\frac{x\,y^2}{a^3}, \tag{V 5, 53}$$

$$\frac{V_y^{(w)}}{\Pi\,D(t)} = 0, \tag{V 5, 54}$$

$$\frac{V_z^{(w)}}{\Pi\,D(t)} = -\eta_{00}\,\frac{x}{a} - \frac{1}{2}\,\eta_{10}\,\frac{x^2}{a^2} + \frac{1}{2}\,\eta_{10}\,\frac{y^2}{a^2} - \frac{1}{3}\,\eta_{20}\,\frac{x^3}{a^3} + \eta_{20}\,\frac{x\,y^2}{a^3} \tag{V 5, 55}$$

resultieren.

c) Die Elektronenoptik der einfach-symmetrischen Ablenksysteme möge zunächst mittels des für sie zuständigen Punkteikonales H geschildert werden; als seine Leitkurve gelte die z-Achse, deren laufende Koordinate wir gemäß (V 4, 66) mit dem gemeinsamen Parameter u der Bündelkoordinaten $\overline{x} = x$ und $\overline{y} = y$ identifizieren. Vertauschen wir dann in (V 4, 68) das Potential φ mit der Summe $(\Phi_{th} + \varphi)$, so findet sich der Elektronen-Lichtweg zwischen den beziehentlich in den Ebenen $z = z_1$ und $z = z_2$ gelegenen Punkten Q_1 und Q_2 der wahren Elektronenbahn mittels des bestimmten Integrales

$$\int_{z_1}^{z_2} n^*\,dz; \qquad n^* = \frac{1}{c}\sqrt{2\,\frac{q_0}{m_0}\,(\Phi_{th} + \varphi)}\,\sqrt{1 + x'^2 + y'^2} - $$

$$- \frac{q_0}{m_0\,c}\,\{x'\,V_x + y'\,V_y + V_z\}. \tag{V 5, 56}$$

Unter Benutzung von (V 5, 2) definieren wir die numerische Ablenkspannung $\sigma = \sigma(t)$ durch

$$\sigma(t) = \frac{U(t)}{\Phi_0^*} \tag{V 5, 57}$$

und die numerische Ablenkdurchflutung $\delta = \delta(t)$ durch

$$\delta(t) = \frac{q_0}{m_0}\,\frac{\Pi\,D(t)}{\sqrt{2\,\frac{q_0}{m_0}\,\Phi_0^*}} \tag{V 5, 58}$$

und setzen weiterhin

$$|\sigma(t)| \ll 1; \qquad |\delta(t)| \ll 1 \tag{V 5, 59}$$

voraus.

Unter dem Vorbehalt des späteren Nachweises nehmen wir nun an, daß die Größenordnung sowohl der [relativen] Linearablenkungen x/a; y/a wie der Richtungsablenkungen x′, y′ beziehentlich jener der numerischen Spannung σ und der numerischen Durchflutung δ gleiche. Bei Beschränkung auf die Glieder höchstens vom dritten Grade der genannten sechs Veränderlichen ergibt sich sonach mit Rücksicht auf (V 5, 6)

$$\left.\begin{aligned}\sqrt{1+\frac{\varphi}{\Phi_0{}^*}}\sqrt{1+x'^2+y'^2} &= \left[1+\frac{1}{2}\frac{\varphi}{\Phi_0{}^*}-\frac{1}{8}\left(\frac{\varphi}{\Phi_0{}^*}\right)^2+\frac{1}{16}\left(\frac{\varphi}{\Phi_0{}^*}\right)^3\right]\left[1+\right.\\ &\left.+\frac{x'^2+y'^2}{2}\right] = 1+\frac{\sigma}{2}\left[f_{00}+\frac{x}{a}f_{10}+\left(\frac{x}{a}\right)^2 f_{20}-\left(\frac{y}{a}\right)^2\left\{f_{20}+\frac{a^2}{2}f_{00}''\right\}\right]-\\ &-\frac{\sigma^2}{8}\left[f_{00}{}^2+2\frac{x}{a}f_{00}\cdot f_{10}\right]+\frac{\sigma^3}{16}f_{00}{}^3+\left(1+\frac{1}{2}\sigma f_{00}\right)\frac{x'^2+y'^2}{2}.\end{aligned}\right\} \qquad \text{(V 5, 60)}$$

In der nämlichen Genauigkeit findet man auf Grund von (V 5, 53), (V 5, 54), (V 5, 55)

$$-\frac{q_0}{m_0\,c}(x'\,V_x+y'\,V_y+V_z)=\frac{1}{c}\sqrt{2\frac{q_0}{m_0}\Phi_0{}^*}\,\delta\left[\eta_{00}\frac{x}{a}+\frac{1}{2}\eta_{10}\frac{x^2}{a^2}-\frac{1}{2}\eta_{10}\frac{y^2}{a^2}\right]. \qquad \text{(V 5, 61)}$$

Durch Eintragen dieser Ausdrücke in die Entwicklung

$$n^*=n_0{}^*+n_1{}^*+n_2{}^*+n_3{}^*+\ldots, \qquad \text{(V 5, 62)}$$

deren Einzelglied $n_k{}^*$ je die Produkte k-ten Grades der vorgenannten Veränderlichen zusammenfaßt, entsteht somit

$$\begin{aligned}\frac{c}{\sqrt{2\frac{q_0}{m_0}\Phi_0{}^*}}\,[n_0{}^*+n_1{}^*+n_2{}^*] &= 1+\frac{\sigma}{2}\left[f_{00}+\frac{x}{a}f_{10}\right]-\frac{\sigma^2}{8}f_{00}{}^2+\\ &+\frac{x'^2+y'^2}{2}+\delta\,\eta_{00}\cdot\frac{x}{a}\end{aligned} \qquad \text{(V 5, 63)}$$

und

$$\begin{aligned}\frac{c}{\sqrt{2\frac{q_0}{m_0}\Phi_0{}^*}}\,n_3{}^* &= \frac{\sigma}{2}\left[\frac{x^2}{a^2}f_{20}-\frac{y^2}{a^2}\left\{f_{20}+\frac{a^2}{2}f_{00}''\right\}\right]-\frac{\sigma^2}{8}\,2\frac{x}{a}f_{00}\,f_{10}+\\ &+\frac{\sigma^3}{16}f_{00}{}^3+\frac{1}{2}\sigma f_{00}\frac{x'^2+y'^2}{2}+\delta\left[\frac{1}{2}\eta_{10}\frac{x^2}{a^2}-\frac{1}{2}\eta_{10}\frac{y^2}{a^2}\right].\end{aligned} \qquad \text{(V 5, 64)}$$

d) Wir denken uns weiterhin das elektromagnetische Feld des Ablenksystemes auf das zwischen den *Scheitelebenen* $z = z_I$ und $z = z_{II} > z_I$ eingeschlossene Gebiet beschränkt. Ungeachtet der dringenden Frage, inwieweit solche Bedingungen physikalisch realisiert werden können, verschärfen wir den Begriff der Scheitelebenen durch die Forderung, daß sowohl der Vektor E der elektrischen Feldstärke wie der Vektor B der magnetischen Induktion bei der Annäherung des Kontrollpunktes an jede der beiden Scheitelebenen gegen Null konvergiere:

$$\lim_{z\to z_I} E \to 0; \qquad \lim_{z\to z_{II}} E \to 0 \qquad \text{(V 5, 65)}$$

und

$$\lim_{z\to z_I} B \to 0; \qquad \lim_{z\to z_{II}} B \to 0 \qquad \text{(V 5, 66)}$$

zu einer mathematischen Definition. Zufolge (V 5, 65) führen die Scheitelebenen je das konstante elektrische Skalarpotential Φ_0 des anschließenden, feldfreien Halbraumes. Aus dem entsprechenden „modifizierten" Potential $\Phi_0{}^*$ berechnen wir den *elektronenoptischen Brechungsindex der Scheitelebenen*

$$n_I = n_{II} = \frac{1}{c}\sqrt{2\,\frac{q_0}{m_0}\,\Phi_0{}^*}\,. \tag{V 5, 67}$$

Ergänzen wir nun (V 5, 66) durch Angabe der Scheiteleigenschaften

$$\lim_{z\to z_I} V^{(w)} \to 0; \qquad \lim_{z\to z_{II}} V^{(w)} \to 0 \tag{V 5, 68}$$

des magnetischen Vektorpotentiales, so folgen aus (V 4, 38) für die an den Scheitelebenen auftretenden Normalenvektoren N_I und N_{II} des Elektronenstrahles die Relationen

$$\left.\begin{aligned} N_I &= \frac{1}{c}\sqrt{2\,\frac{q_0}{m_0}\,\Phi_0{}^*}\left(\frac{1_x x' + 1_y y' + 1_z\cdot 1}{\sqrt{x'^2+y'^2+1}}\right)_{z=z_I}, \\ N_{II} &= \frac{1}{c}\sqrt{2\,\frac{q_0}{m_0}\,\Phi_0{}^*}\left(\frac{1_x x' + 1_y y' + 1_z\cdot 1}{\sqrt{x'^2+y'^2+1}}\right)_{z=z_{II}}. \end{aligned}\right\} \tag{V 5, 69}$$

e) Durch eine in $z < z_I$ zu denkende *Vorablenkung* werde ein Elektronenstrahl im Punkte

$$x = x_I; \qquad y = y_I \qquad \left[\left|\frac{x_I}{a}\right| \ll 1;\ \left|\frac{y_I}{a}\right| \ll 1\right] \tag{V 5, 70}$$

der Scheitelebene $z = z_I$ unter den Neigungen

$$x' = x_I'; \qquad y' = y_I' \qquad [|x_I'| \ll 1;\ |y_I'| \ll 1] \tag{V 5, 71}$$

in das Ablenksystem eingeworfen. Wir begleiten diesen Strahl bis zur Scheitelebene $z = z_{II}$ und fragen nach seinen dort zu beobachtenden Koordinaten x_{II}; y_{II} und Neigungen x_{II}', y_{II}'.

f) Für den *Gauß*schen Strahlengang [Index g] sind jene zwei linearen Differentialgleichungen zuständig, welche für $x = \overline{x}$ und $y = \overline{y}$ aus (V 4, 52) durch die Wahl $u = z$ nach Ersatz von $\overline{n}^*$ durch die Summe $\overline{n}_0{}^* + \overline{n}_1{}^* + \overline{n}_2{}^*$ der ersten drei Posten der Entwicklung (V 5, 62) hervorgehen; gemäß (V 5, 63) finden wir also die Gleichungen

$$\frac{d^2x_g}{dz^2} = \frac{\sigma}{2}\frac{f_{10}}{a} + \delta\,\frac{\eta_{00}}{a}; \qquad \frac{d^2y_g}{dz^2} = 0. \tag{V 5, 72}$$

Ihre einmalige Integration in $z_I \leqq z \leqq z_{II}$ liefert wegen (V 5, 71)

$$x_g' = x_I' + \frac{\sigma}{2a}\int\limits_{z_I}^{z} f_{10}(\zeta)\,d\zeta + \frac{\delta}{a}\int\limits_{z_I}^{z}\eta_{00}(\zeta)\,d\zeta; \qquad y_g' = y_I' \tag{V 5, 73}$$

und nochmalige Integration, mit Rücksicht auf (V 5, 70),

$$\left.\begin{aligned} x_g &= x_I + x_I'(z - z_I) + \frac{\sigma}{2a}\int\limits_{z_I}^{z} d\overline{\zeta}\int\limits_{z_I}^{\overline{\zeta}} f_{10}(\zeta)\,d\zeta + \frac{\delta}{a}\int\limits_{z_I}^{z} d\overline{\zeta}\int\limits_{z_I}^{\overline{\zeta}}\eta_{00}(\zeta)\,d\zeta, \\ y_g &= y_I + y_I'(z - z_I). \end{aligned}\right\} \tag{V 5, 74}$$

Nun findet man durch partielle Integration für eine beliebige Funktion $g = g(z)$

$$\int_{z_I}^{z} d\bar{\zeta} \int_{z_I}^{\bar{\zeta}} g(\zeta)\, d\zeta = z \int_{z_I}^{z} g(\zeta)\, d\zeta - \int_{z_I}^{z} \zeta\, g(\zeta)\, d\zeta = \int_{z_I}^{z} (z - \zeta)\, g(\zeta)\, d\zeta, \tag{V 5, 75}$$

so daß man die erste der Gleichungen (V 5, 74) in die Gestalt

$$x_g = x_I + x_I'(z - z_I) + \frac{\sigma}{2a} \int_{z_I}^{z} (z - \zeta)\, f_{10}(\zeta)\, d\zeta + \frac{\delta}{a} \int_{z_I}^{z} (z - \zeta)\, \eta_{00}(\zeta)\, d\zeta \tag{V 5, 76}$$

bringen kann.

Wir vergleichen diese Strahlbahn mit dem geradlinigen Gang der Elektronen bei ausgeschalteten Ablenkfeldern [$\sigma \to 0$; $\delta \to 0$] und finden zunächst aus (V 5, 73) die in der Scheitelebene $z = z_{II}$ beobachtbare *Gauß*sche Richtungsablenkung

$$\left.\begin{aligned} \Delta x_g' &= \left[x_g' - \lim_{\substack{\sigma \to 0 \\ \delta \to 0}} x_g'\right]_{z = z_{II}} = \frac{\sigma}{2a} \int_{z_I}^{z_{II}} f_{10}(\zeta)\, d\zeta + \frac{\delta}{a} \int_{z_I}^{z_{II}} \eta_{00}(\zeta)\, d\zeta, \\ \Delta y_g' &= \left[y_g' - \lim_{\substack{\sigma \to 0 \\ \delta \to 0}} y_g'\right]_{z = z_{II}} = 0 \end{aligned}\right\} \tag{V 5, 77}$$

und weiter aus (V 5, 74) und (V 5, 76) die *Gauß*sche Linearablenkung

$$\left.\begin{aligned} \Delta x_g &= \left[x_g - \lim_{\substack{\sigma \to 0 \\ \delta \to 0}} x_g\right]_{z = z_{II}} = \frac{\sigma}{2a} \int_{z_I}^{z_{II}} (z_{II} - \zeta)\, f_{10}(\zeta)\, d\zeta + \frac{\delta}{a} \int_{z_I}^{z_{II}} (z_{II} - \zeta)\, \eta_{00}(\zeta)\, d\zeta, \\ \Delta y_g &= \left[y_g - \lim_{\substack{\sigma \to 0 \\ \delta \to 0}} y_g\right]_{z = z_{II}} = 0. \end{aligned}\right\} \tag{V 5, 78}$$

In der *Gauß*schen Näherung ist hiernach die Wirkung des Ablenksystemes, unabhängig von den Daten der Vorablenkung, streng proportional den jeweiligen Größen der Ablenkspannung und der Ablenkdurchflutung. Diese Eigenschaften zeichnen die *Gauß*sche Strahlablenkung als ideale Ablenkung aus; sie beweisen die früher behauptete größenordnungsmäßige Gleichheit der Beträge von x/a, y/a; x', y' mit jenen von σ und δ.

g) Bei der Berechnung der *Ablenkfehler* lassen wir uns von folgendem Gedankengange leiten:

1. Wir bilden zunächst *bei fester Lage der Punkte* $Q_I = (x_I, y_I, z_I)$ und $Q_{II} = (x_{II}, y_{II}, z_{II})$ durch Integration längs der sie verbindenden *Gauß*schen Bahn (V 5, 74) das Punkteikonal vom Range $k = 3$

$$H_{3,g}(x_I, y_I; x_{II}, y_{II}) = \int_{z_I}^{z_{II}} n_3^*(x_g, y_g, z; x_g', y_g')\, dz. \tag{V 5, 79}$$

Aus ihm berechnen wir die Aberrationen der je senkrecht zur z-Achse weisenden Komponenten der Normalenvektoren in Q_I und Q_{II} nach den Formeln

$$\Delta N_{Ix} = -\frac{\partial H_{3,g}}{\partial x_I}; \qquad \Delta N_{Iy} = -\frac{\partial H_{3,g}}{\partial y_I}, \tag{V 5, 80}$$

$$\Delta N_{IIx} = \frac{\partial H_{3,g}}{\partial x_{II}}; \qquad \Delta N_{IIy} = \frac{\partial H_{3,g}}{\partial y_{II}}. \tag{V 5, 81}$$

Wenden wir die Relationen (V 5, 69) nach Ersatz von $\sqrt{x'^2 + y'^2 + 1}$ durch 1 auf die *Gauß*sche Bahn an, so erhalten wir in der hierdurch angezeigten Genauigkeit aus (V 5, 80), (V 5, 81) beziehentlich die Richtungsaberrationen vom Range $j = 2$

$$\Delta x_I' = \frac{c}{\sqrt{2 \frac{q_0}{m_0} \Phi_0^*}} \Delta N_{Ix}; \qquad \Delta y_I' = \frac{c}{\sqrt{2 \frac{q_0}{m_0} \Phi_0^*}} \Delta N_{Iy}, \tag{V 5, 82}$$

$$\Delta x_{II}' = \frac{c}{\sqrt{2 \frac{q_0}{m_0} \Phi_0^*}} \Delta N_{IIx}; \qquad \Delta y_{II}' = \frac{c}{\sqrt{2 \frac{q_0}{m_0} \Phi_0^*}} \Delta N_{IIy}. \tag{V 5, 83}$$

2. Ungeachtet der Korrektheit der Aussagen (V 5, 82), (V 5, 83) in bezug auf die durch Q_I und Q_{II} als *Fixpunkte* führende Elektronenbahn taugen sie in der angegebenen Form nicht zur Behandlung des Ablenkproblemes; denn in diesem wird ja neben *der unveränderlichen Lage von* Q_I die dort auftretende *Richtung des einfallenden Strahles festgehalten,* während der *Zielpunkt* Q_{II} in seiner Ebene $z = z_{II}$ als *verschieblich* zu denken ist und eben seine Ortsveränderung gesucht wird.

Um uns den genannten Bedingungen anzupassen, ersetzen wir die bisher betrachtete, *Gauß*sche Bahn durch die bei festem Einfallspunkte Q_I nach Maßgabe von $\Delta x_I'$, $\Delta y_I'$ „*umgerichtete*", gleichfalls *Gauß*sche Bahn

$$\left. \begin{aligned} x_g^* &= x_I + (x_I' + \Delta x_I')(z - z_I) + \\ &+ \frac{\sigma}{2a} \int_{z_I}^{z} (z - \zeta) f_{10}(\zeta) d\zeta + \frac{\delta}{a} \int_{z_I}^{z} (z - \zeta) \eta_{00}(\zeta) d\zeta, \\ y_g^* &= y_I + (y_I' + \Delta y_I')(z - z_I). \end{aligned} \right\} \tag{V 5, 84}$$

Daher weichen nunmehr die Koordinaten x_{II}, y_{II} der ursprünglichen Bahn beziehentlich um Δx_{II}^*, Δy_{II}^* von den Koordinaten x_{II}^*, y_{II}^* jenes Punktes Q_{II}^* ab, in welchem die Bahn (V 5, 84) die Scheitelebene $z = z_{II}$ kreuzt

$$x_{IIg}^* = x_{II} - \Delta x_{II}^*; \qquad y_{IIg}^* = y_{II} - \Delta y_{II}^*. \tag{V 5, 85}$$

Der Vergleich von (V 5, 84) mit (V 5, 74), (V 5, 76) liefert die Aussagen

$$\left. \begin{aligned} \Delta x_{II}^* &= -\Delta x_I' (z_{II} - z_I) = -(z_{II} - z_I) \frac{\partial H_{3,g}}{\partial x_I}, \\ \Delta y_{II}^* &= -\Delta y_I' (z_{II} - z_I) = -(z_{II} - z_I) \frac{\partial H_{3,g}}{\partial y_I}. \end{aligned} \right\} \tag{V 5, 86}$$

3. Die Konstruktion des Punkteikonales H_3 verlangt die Elimination der Richtungstangenten x_I', y_I', aus den Gleichungen (V 5, 74), (V 5, 76) der *Gauß*schen Bahn. Um diese Operation zu vermeiden, denken wir uns die Relationen zwischen dem Startpunkt $Q_I = (x_I, y_I)$ und dem Zielpunkt

$Q_{II} = (x_{II}, y_{II})$ der aus den Gesetzen der idealen Ablenkung resultierenden *Gauß*schen Bahn in die Form gebracht

$$x_I = x_I(x_{II}, y_{II}; x_{II}', y_{II}'); \qquad y_I = y_I(x_{II}, y_{II}; x_{II}', y_{II}'), \qquad \text{(V 5, 87)}$$

$$x_{II} = x_{II}(x_I, y_I; x_I', y_I'); \qquad y_{II} = y_{II}(x_I, y_I; x_I', y_I'). \qquad \text{(V 5, 88)}$$

In der gleichen Art der Darstellung erhält man für die in Q_I „umgerichtete" *Gauß*sche Bahn

$$\left.\begin{aligned} x_{II\,g}^* &= x_{II}(x_I, y_I; x_I' + \varDelta x_I', y_I' + \varDelta y_I') = \\ &= x_{II}(x_I, y_I; x_I', y_I') + \frac{\partial x_{II}}{\partial x_I'}\varDelta x_I' + \frac{\partial x_{II}}{\partial y_I'}\varDelta y_I' + \ldots, \end{aligned}\right\} \qquad \text{(V 5, 89)}$$

$$\left.\begin{aligned} y_{II\,g}^* &= y_{II}(x_I, y_I; x_I' + \varDelta x_I', y_I' + \varDelta y_I') = \\ &= y_{II}(x_I, y_I; x_I', y_I') + \frac{\partial y_{II}}{\partial x_I'}\varDelta x_I' + \frac{\partial y_{II}}{\partial y_I'}\varDelta y_I' + \ldots \end{aligned}\right\} \qquad \text{(V 5, 90)}$$

Bei Beschränkung auf die explizit angegebenen Anfangsglieder dieser *Taylor*schen Reihen führt ihr Vergleich mit (V 5, 85) auf

$$-\varDelta x_{II}^* = \frac{\partial x_{II}}{\partial x_I'}\varDelta x_I' + \frac{\partial x_{II}}{\partial y_I'}\varDelta y_I', \qquad \text{(V 5, 91)}$$

$$-\varDelta y_{II}^* = \frac{\partial y_{II}}{\partial x_I'}\varDelta x_I' + \frac{\partial y_{II}}{\partial y_I'}\varDelta y_I'. \qquad \text{(V 5, 92)}$$

Nun unterscheiden sich die Funktionen (V 5, 87), (V 5, 88) bezüglich ihrer Abhängigkeit von den Veränderlichen $x_I', y_I'; x_{II}', y_{II}'$ an Stelle der ihnen beziehentlich nach (V 5, 82) verhältnisgleichen Komponenten $N_{Ix}, N_{Iy}; N_{IIx}, N_{IIy}$ der Normalenvektoren nur unwesentlich von den Funktionen (V 4, 77), (V 4, 78), so daß die Relationen (V 4, 86) die Reziprozitäten

$$\left.\begin{aligned} \frac{\partial x_{II}}{\partial x_I'} = -\frac{\partial x_I}{\partial x_{II}'}; \qquad \frac{\partial x_{II}}{\partial y_I'} = -\frac{\partial y_I}{\partial x_{II}'}, \\ \frac{\partial y_{II}}{\partial x_I'} = -\frac{\partial x_I}{\partial y_{II}'}; \qquad \frac{\partial y_{II}}{\partial y_I'} = -\frac{\partial y_I}{\partial y_{II}'} \end{aligned}\right\} \qquad \text{(V 5, 93)}$$

nach sich ziehen. Im Verein mit (V 5, 81) und (V 5, 83) kann man somit die Gleichungen (V 5, 91), (V 5, 92) in die Form bringen

$$\varDelta x_{II}^* = \frac{c}{\sqrt{2\frac{q_0}{m_0}\Phi_0^*}}\left[\frac{\partial x_I}{\partial x_{II}'}\cdot\frac{\partial H_{3,g}}{\partial x_I} + \frac{\partial y_I}{\partial x_{II}'}\frac{\partial H_{3,g}}{\partial y_I}\right], \qquad \text{(V 5, 94)}$$

$$\varDelta y_{II}^* = \frac{c}{\sqrt{2\frac{q_0}{m_0}\Phi_0^*}}\left[\frac{\partial x_I}{\partial y_{II}'}\frac{\partial H_{3,g}}{\partial x_I} + \frac{\partial y_I}{\partial y_{II}'}\frac{\partial H_{3,g}}{\partial y_I}\right]. \qquad \text{(V 5, 95)}$$

Um die hier verlangten Differentialoperationen auszuführen, ersetzen wir in $H_{3,g} = H_{3,g}(x_I, y_I; x_{II}, y_{II})$ die Veränderlichen x_{II}, y_{II} beziehentlich durch ihre Darstellungen (V 5, 87) und bilden mittels der Vorschrift

$$\begin{aligned} A_{3,g} &= A_{3,g}(x_{II}, y_{II}; x_{II}', y_{II}') = \\ &= \frac{c}{\sqrt{2\frac{q_0}{m_0}\Phi_0^*}} H_{3,g}\Big(x_I(x_{II}, y_{II}; x_{II}', y_{II}'); y_I(x_{II}, y_{II}; x_{II}', y_{II}'); x_{II}, y_{II}\Big) = \\ &= \frac{c}{\sqrt{2\frac{q_0}{m_0}\Phi_0^*}}\int_{z_I}^{z_{II}} n_3(x_g, y_g, z; x_g', y_g')\,dz \end{aligned} \qquad \text{(V 5, 96)}$$

das *Ablenk-Eikonal* $A_{3,g}$ vom Range $k = 3$, dessen Index g auf die Integration längs der *Gauß*schen Bahn hinweist. Dieser Definition zufolge gilt bei festem x_{II}; y_{II}

$$\frac{\partial A_{3,g}}{\partial x_{II}'} = \frac{c}{\sqrt{2\frac{q_0}{m_0}\Phi_0^*}}\left[\frac{\partial H_{3,g}}{\partial x_I}\cdot\frac{\partial x_I}{\partial x_{II}'} + \frac{\partial H_{3,g}}{\partial y_I}\cdot\frac{\partial y_I}{\partial x_{II}'}\right];$$

$$\frac{\partial A_{3,g}}{\partial y_{II}'} = \frac{c}{\sqrt{2\frac{q_0}{m_0}\Phi_0^*}}\left[\frac{\partial H_{3,g}}{\partial x_I}\cdot\frac{\partial x_I}{\partial y_{II}'} + \frac{\partial H_{3,g}}{\partial y_I}\cdot\frac{\partial y_I}{\partial y_{II}'}\right], \qquad (V\ 5,\ 97)$$

so daß die Gleichungen (V 5, 94), (V 5, 95) in

$$\Delta x_{II}^* = \frac{\partial A_{3,g}}{\partial x_{II}'}; \qquad \Delta y_{II}^* = \frac{\partial A_{3,g}}{\partial y_{II}'} \qquad (V\ 5,\ 98)$$

übergehen. Nach (V 5, 73), (V 5, 77) gehorcht nun die Richtungsablenkung der ursprünglichen, *Gauß*schen Bahn den Regeln

$$x_{II}' = x_I' + \Delta x_g'; \qquad y_{II}' = y_I', \qquad (V\ 5,\ 99)$$

in welchen $\Delta x_g'$ weder vom Orte des einfallenden Strahles noch von dessen Einfallsrichtung abhängt. Setzt man daher als „*modifiziertes*" *Ablenk-Eikonal* A^* die Funktion

$$A^*(x_{II}, y_{II}; x_I', y_I') = A(x_{II}, y_{II}; x_I' + \Delta x_g', y_I'), \qquad (V\ 5,\ 100)$$

so erhält man schließlich für die Ablenkfehler vom Range $j = 2$ die einfachen Formeln

$$\Delta x_{II}^* = \frac{\partial A_{3,g}^*}{\partial x_I'}; \qquad \Delta y_{II}^* = \frac{\partial A_{3,g}^*}{\partial y_I'}. \qquad (V\ 5,\ 101)$$

g) Mit Rücksicht auf (V 5, 64) finden wir für das modifizierte Ablenkeikonal $A_{3,g}^*$ das bestimmte Integral

$$A_{3,g}^* = \int_{z_I}^{z_{II}} \left\{\frac{\sigma}{2}\left[\frac{x^2}{a^2} f_{20} - \frac{y^2}{a^2}\left(f_{20} + \frac{a^2}{2} f_{00}''\right)\right] - \frac{\sigma^2}{4}\frac{x}{a} f_{00} f_{10} + \right.$$
$$\left. + \frac{\sigma^3}{16} f_{00}^3 + \frac{\sigma}{4}(x'^2 + y'^2) f_{00} + \frac{\delta}{2}\frac{x^2 - y^2}{a^2}\eta_{10}\right\} dz. \qquad (V\ 5,\ 102)$$

Hierin gilt nach (V 5, 74)

$$x = x_I + x_I'(z - z_I) + \sigma \cdot s(z) + \delta \cdot d(z), \qquad (V\ 5,\ 103)$$
$$y = y_I + y_I'(z - z_I), \qquad (V\ 5,\ 104)$$

wobei gemäß (V 5, 73), (V 5, 74) und (V 5, 76) die idealen Ablenkungen

$$s = s(z) = \frac{1}{2}\int_{z_I}^{z} \frac{z - \zeta}{a} f_{10}(\zeta)\, d\zeta; \qquad s' = s'(z) = \frac{1}{2a}\int_{z_I}^{z} f_{10}(\zeta)\, d\zeta \qquad (V\ 5,\ 105)$$

je Einheit der numerischen Spannung σ und

$$d = d(z) = \int_{z_I}^{z} \frac{z - \zeta}{a}\eta_{00}(\zeta)\, d\zeta; \qquad d' = d'(z) = \frac{1}{a}\int_{z_I}^{z} \eta_{00}(\zeta)\, d\zeta \qquad (V\ 5,\ 106)$$

je Einheit der numerischen Durchflutung δ eingeführt wurden. Wir bilden aus diesen Gleichungen

$$\begin{aligned} x^2 &= x_I^2 + 2\,x_I\,x_I'\,(z - z_I) + x_I'^2\,(z - z_I)^2 + \\ &+ 2\,x_I\,\{\sigma \cdot s + \delta \cdot d\}\,(z - z_I) + \{\sigma \cdot s + \delta \cdot d\}^2, \end{aligned} \quad (V\ 5,\ 107)$$

$$y^2 = y_I^2 + 2\,y_I\,y_I'\,(z - z_I) + y_I'^2\,(z - z_I)^2 \quad (V\ 5,\ 108)$$

sowie

$$x'^2 = x_I'^2 + 2\,x_I'\,\{\sigma \cdot s' + \delta \cdot d'\} + \{\sigma \cdot s' + \delta \cdot d'\}^2, \quad (V\ 5,\ 109)$$

$$y'^2 = y_I'^2 \quad (V\ 5,\ 110)$$

und erhalten durch Substitution dieser Ausdrücke in (V 5, 102)

$$A_{3,g}{}^* = \int_{z_I}^{z_{II}} I(z)\,dz \quad (V\ 5,\ 111)$$

mit

$$\begin{aligned} I(z) &= \frac{\sigma}{2\,a^2}\,f_{20}\,[2\,x_I x_I'(z - z_I) + x_I'^2(z - z_I)^2 + 2\,x_I'\{\sigma \cdot s + \delta \cdot d\}(z - z_I) + \ldots] - \\ &- \frac{\sigma}{2\,a^2}\left(f_{20} + \frac{a^2}{2}\,f_{00}''\right)[2\,y_I\,y_I'\,(z - z_I) + y_I'^2\,(z - z_I)^2 + \ldots] - \\ &- \frac{\sigma}{4\,a}\,f_{00}\,f_{10}\,[x_I'\,(z - z_I) + \ldots] + \\ &+ \frac{\sigma}{4}\,f_{00}\,[x_I'^2 + 2\,x_I'\,\{\sigma\,s' + \delta\,d'\} + y_I'^2 + \ldots] \\ &+ \frac{\delta}{2\,a^2}\,\eta_{10}\,[2\,x_I\,x_I'\,(z - z_I) + x_I'^2\,(z - z_I)^2 + 2\,x_I'\,\{\sigma\,s + \delta \cdot d\}\,(z - z_I) + \ldots \\ &\qquad - 2\,y_I\,y_I'\,(z - z_I) - y_I'^2\,(z - z_I)^2] + \\ &+ \ldots \end{aligned} \quad (V\ 5,\ 112)$$

wobei jedesmal durch das Symbol ... Posten angedeutet wurden, welche weder von x_I' noch von y_I' abhängen und daher gemäß (V 5, 101) zu den Ablenkfehlern keinen Beitrag liefern.

Durch geeignete Zusammenfassung der hiernach in (V 5, 112) verbleibenden wesentlichen Posten entsteht durch deren Substitution in (V 5, 102)

$$\left.\begin{aligned} A_{3,g}{}^* &= x_I'\,[\alpha_{\sigma\sigma} \cdot \sigma^2 + \alpha_{\sigma\delta}\,\sigma \cdot \delta + \alpha_{\delta\delta} \cdot \delta^2] + \\ &+ x_I'\,\frac{x_I}{a}\,[\alpha_{1\sigma}\,\sigma + \alpha_{1\delta}\,\delta] + \\ &+ y_I'\,\frac{y_I}{a}\,[\beta_{1\sigma}\,\sigma + \beta_{1\delta}\,\delta] + \\ &+ \frac{x_I'^2}{2}\,[\alpha_{1'\sigma}\,\sigma + \alpha_{1'\delta}\,\delta] + \\ &+ \frac{y_I'^2}{2}\,[\beta_{2'\sigma}\,\sigma + \beta_{2'\delta}\,\delta], \end{aligned}\right\} \quad (V\ 5,\ 113)$$

sofern man die Koeffizienten $\alpha_{\sigma\sigma}, \alpha_{\sigma\delta}, \ldots, \beta_{2'\delta}$ mittels der bestimmten Integrale

$$\alpha_{\sigma\sigma} = \int_{z_I}^{z_I}\left[f_{20}\,\frac{s\,(z - z_I)}{a^2} - \frac{1}{4}\,f_{00}\,f_{10}\,\frac{z - z_I}{a} + \frac{1}{2}\,f_{00}\,s'\right]dz, \quad (V\ 5,\ 114)$$

$$\alpha_{\sigma\delta} = \int\limits_{z_I}^{z_{II}} \left[f_{20} \frac{d\,(z - z_I)}{a^2} + \frac{1}{2} f_{00}\, d' + \eta_{10} \frac{s \cdot (z - z_I)}{a^2} \right] dz, \qquad (V\ 5,\ 115)$$

$$\alpha_{\delta\delta} = \int\limits_{z_I}^{z_{II}} \eta_{10} \frac{d \cdot (z - z_I)}{a^2}\, dz, \qquad (V\ 5,\ 116)$$

$$\alpha_{1\sigma} = \int\limits_{z_I}^{z_{II}} f_{20} \frac{z - z_I}{a}\, dz, \qquad (V\ 5,\ 117)$$

$$\alpha_{1\delta} = \int\limits_{z_I}^{z_{II}} \eta_{10} \frac{z - z_I}{a}\, dz, \qquad (V\ 5,\ 118)$$

$$\beta_{2\sigma} = -\int\limits_{z_I}^{z_{II}} \left(f_{20} + \frac{a^2}{2} f_{00}'' \right) \frac{z - z_I}{a}\, dz, \qquad (V\ 5,\ 119)$$

$$\beta_{2\delta} = -\int\limits_{z_I}^{z_{II}} \eta_{10} \frac{z - z_I}{a}\, dz = -\alpha_{1\delta}, \qquad (V\ 5,\ 120)$$

$$\alpha_{1'\sigma} = \int\limits_{z_I}^{z_{II}} \left[f_{20} \left(\frac{z - z_I}{a} \right)^2 + \frac{1}{2} f_{00} \right] dz, \qquad (V\ 5,\ 121)$$

$$\alpha_{1'\delta} = \int\limits_{z_I}^{z_{II}} \eta_{10} \left(\frac{z - z_I}{a} \right)^2 dz, \qquad (V\ 5,\ 122)$$

$$\beta_{2'\sigma} = -\int\limits_{z_I}^{z_{II}} \left[\left(f_{20} + \frac{a^2}{2} f_{00}'' \right) \left(\frac{z - z_I}{a} \right)^2 - \frac{1}{2} f_{00} \right] dz, \qquad (V\ 5,\ 123)$$

$$\beta_{2'\delta} = -\int\limits_{z_I}^{z_{II}} \eta_{10} \left(\frac{z - z_I}{a} \right)^2 dz = -\alpha_{1'\delta} \qquad (V\ 5,\ 124)$$

definiert; gemäß (V 5, 101) sind die sieben Koeffizienten $\alpha_{\sigma\sigma}$, $\alpha_{\sigma\delta}$, $\alpha_{\delta\delta}$, $\alpha_{1\sigma}$, $\alpha_{1\delta}$, $\alpha_{1'\sigma}$, $\alpha_{1'\delta}$ für die Ablenkfehler parallel der x-Achse, die vier Koeffizienten $\beta_{2\sigma}$, $\beta_{2\delta}$, $\beta_{2'\sigma}$, $\beta_{2'\delta}$ dagegen für die Ablenkfehler parallel der y-Achse verantwortlich.

h) Bei der Diskussion der vorstehend allgemein angegebenen Aberrationen beschränken wir uns der Kürze halber auf Ablenksysteme, dessen elektrischer und dessen magnetischer Anteil einander nicht merklich überlappen; oder, anders ausgedrückt, wir supponieren das Ablenksystem entweder als rein elektrisches oder als rein magnetisches.

1. Durch den Grenzübergang $\delta \to 0$ gehen wir zunächst auf die elektronenoptischen Mängel des Ablenkkondensators über, welche also durch

$$\Delta\, x^* = \alpha_{\sigma\sigma}\, \sigma^2 + \frac{x_I}{a}\, \alpha_{1\sigma}\, \sigma + x_I'\, \alpha_{1'\sigma}\, \sigma, \qquad \text{(V 5, 125)}$$

$$\Delta\, y^* = \frac{y_I}{a}\, \beta_{1\sigma} \cdot \sigma + y_I'\, \beta_{1'\sigma} \cdot \sigma \qquad \text{(V 5, 126)}$$

beschrieben werden. Denkt man sich nun, ohne auf die innere Verknüpfung der Fehlerkoeffizienten durch ihre gemeinsame Herkunft aus dem gleichen elektrischen Potentialfelde zu achten, die Wirkung eines jeden von ihnen getrennt beobachtbar, so gelangt man zu folgender Klassifizierung:

I. Im Falle

$$\alpha_{\sigma\sigma} \neq 0; \quad \alpha_{1\sigma} = 0, \quad \alpha_{1'\sigma} = 0; \quad \beta_{1\sigma} = 0, \quad \beta_{1'\sigma} = 0 \qquad \text{(V 5, 127)}$$

tritt entsprechend

$$\Delta\, x^* = \alpha_{0\sigma}\, \sigma^2; \qquad \Delta\, y^* = 0 \qquad \text{(V 5, 128)}$$

bei veränderlicher Größe der numerischen Spannung σ eine *quadratische Ablenkverzerrung* nach Abb. V 260 auf.

II. Wir kontrollieren einen Kathodenstrahl, welcher zufolge einer periodisch gesteuerten Vorablenkung bei seinem Eintreffen in der Scheitelebene $z = z_I$ dort die Gerade

$$x_I = 0; \quad -y_0 < y_I < y_0 \qquad \text{(V 5, 129)}$$

unter der Einfallsrichtung

$$x_I' = 0; \quad -y_0' < y_I' < y_0' \qquad \text{(V 5, 130)}$$

durchläuft. Man denke sich nun die numerische Ablenkspannung $\sigma = \sigma\,(t)$ des Kondensators synchron mit der Grundperiode der Vorablenkung zwischen den Grenzen

$$-\sigma_0 \leqq \sigma \leqq \sigma_0 \qquad \text{(V 5, 131)}$$

um Sprünge je gleichen absoluten Betrages $\Delta\,\sigma$ verändert. Bei idealer Ablenkung würde dann der Kathodenstrahl in der Scheitelebene $z = z_{II}$ eine Schar paralleler, äquidistanter Zeilen der einheitlichen Länge $2\,[y_0 + y_0'\,(z_{II} - z_I)]$ zeichnen, deren Gesamtheit ein Rechteck nach Abb. V 261 erfüllt. Falls jedoch die Aberrationseigenschaften des Kondensators tatsächlich durch

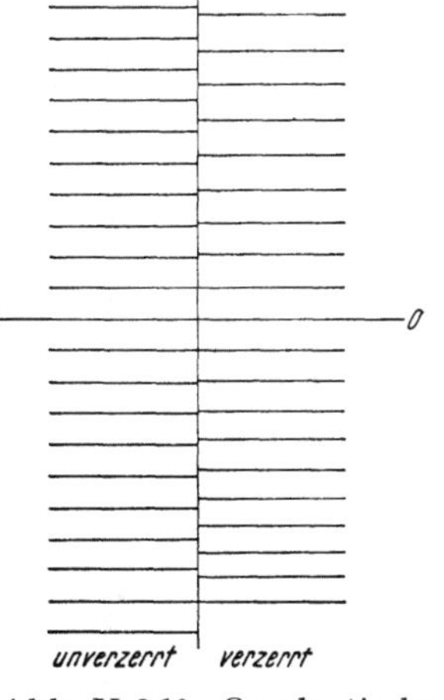

Abb. V 260. Quadratische Ablenkverzerrung.

$$\alpha_{\sigma\sigma} = 0, \quad \alpha_{1\sigma} = 0, \quad \alpha_{1'\sigma} = 0; \quad \beta_{1\sigma} > 0, \quad \beta_{1'\sigma} = 0 \qquad \text{(V 5, 132)}$$

beschrieben werden, erleidet das Zeilenbild eine „*Trapezverzerrung*“

$$\Delta\, y^* = \frac{y_I}{a}\, \beta_{1\sigma}\, \sigma, \qquad \text{(V 5, 133)}$$

derzufolge die in $x \gtrless 0$ geschriebenen Zeilen $\begin{matrix}\text{verlängert}\\ \text{verkürzt}\end{matrix}$ werden [Abb. V 261]. In Kathodenstrahl-Röhren mit senkrecht zur Achse ihres Elektronenwerfers justiertem Schirm stellt die Trapezverzerrung einen unerwünschten Fehler dar. Dagegen kann man gerade mittels dieser elektronenoptischen Aberration den geometrischen Verzeichnungsfehler kompensieren, welcher in Röhren mit schräg zur Einfallsachse des Strahles liegendem Schirme bei Verwendung eines ideal ablenkenden Kondensators auftreten würde.

Sollte, bei sonst verschwindenden Fehlerkoeffizienten, neben $\beta_{1\sigma} > 0$ auch $\alpha_{\sigma\sigma} \neq 0$ sein, so gesellt sich zu der Verzerrung (V 5, 133) die Nichtlinearität (V 5, 129), welche die vordem gleichmäßigen Abstände zwischen den Zeilen entsprechend Abb. V 262 a, b zerstört.

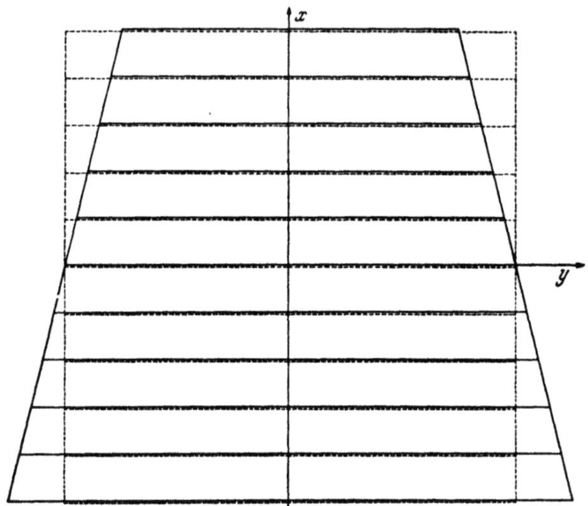

Abb. V 261. Trapezverzerrung.

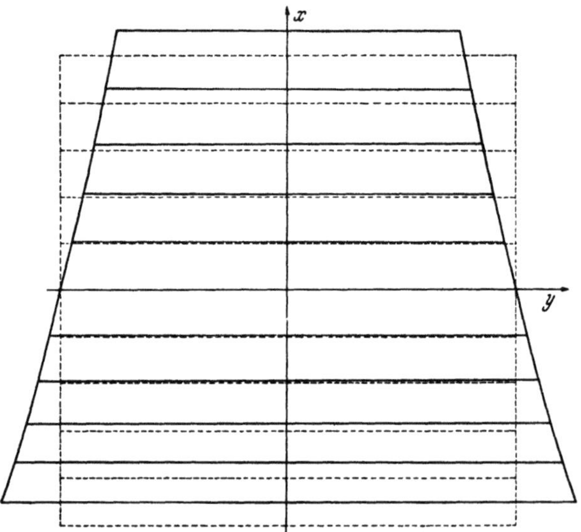

Abb. V 262 *a*. Quadratische Ablenkverzerrung und Trapezverzerrung treten gleichzeitig auf.

III. Wir richten unsere Aufmerksamkeit auf ein Bündel von Kathodenstrahlen, welche beim Einfall in den unerregten Ablenkkondensator $[\sigma = 0]$ einen um die z-Achse zentrierten Kreiskegel mit der Spitze in der Scheitelebene $z = z_{II}$ erfüllen, während

$$x_I^2 + y_I^2 \leqq r_I^2 \qquad \text{(V 5, 134)}$$

seinen Querschnitt in der Scheitelebene $z = z_I$ beschreibt [Abb. V 263]; der Konvergenzwinkel

$$\vartheta = \operatorname{arctg} \frac{r_I}{z_{II} - z_I} \ll \pi \qquad \text{(V 5, 135)}$$

der Mantelstrahlen gleicht somit dem halben Öffnungswinkel des Strahlenkegels.

Bei der Erregung eines elektronenoptisch idealen Ablenkfeldes würde die Kegelspitze in der Scheitelebene $z = z_{II}$ nach dem *Gauß*schen Bildpunkte wandern; gefragt wird nach den Aberrationen, welche von den Unvollkommenheiten des Kondensators herrühren.

Wir kontrollieren jene Elektronenbahn, welche in der Scheitelebene $z = z_I$ den Peripheriepunkt

$$x_I = r_I \cos\gamma; \qquad y_I = r_I \sin\gamma \qquad [0 \leqq \gamma < 2\pi] \qquad \text{(V 5, 136)}$$

des kreisförmigen Strahlquerschnittes kreuzt; sie weist dort — in *Gauß*scher Näherung — die Neigungstangenten

$$x_I' = \cos\gamma \sin\vartheta = \frac{r_I}{z_{II} - z_I} \cos\gamma + \ldots;$$

$$y_I' = \sin\gamma \sin\vartheta = \frac{r_I}{z_{II} - z_I} \sin\gamma + \ldots \qquad \text{(V 5, 137)}$$

auf. Falls nun der Ablenkkondensator die elektronenoptischen Eigenschaften

$$\alpha_{\sigma\sigma} = 0, \qquad \alpha_{1\sigma} = 0, \qquad \alpha_{1'\sigma} > 0; \qquad \beta_{1\sigma} = 0, \qquad \beta_{1'\sigma} > 0 \qquad (V\ 5,\ 138)$$

offenbart, berechnen sich die Aberrationen der kontrollierten Bahn in der Scheitelebene $z = z_{II}$ aus (V 5, 125), (V 5, 126) zu

$$\Delta\, x^* = \alpha_{1'\sigma}\, \sigma \frac{r_I}{z_{II} - z_I} \cos\gamma; \qquad \Delta\, y^* = \beta_{1'\sigma} \cdot \sigma \frac{r_I}{z_{II} - z_I} \sin\gamma. \qquad (V\ 5,\ 139)$$

Durch Elimination von γ entsteht hieraus die Gleichung der *Ellipse*

$$\left(\frac{\Delta\, x^*}{\alpha_{1'\sigma} \cdot \sigma \frac{r_I}{z_{II} - z_I}}\right)^2 + \left(\frac{\Delta\, y^*}{\beta_{1'\sigma}\, \sigma \frac{r_I}{z_{II} - z_I}}\right)^2 = 1. \qquad (V\ 5,\ 140)$$

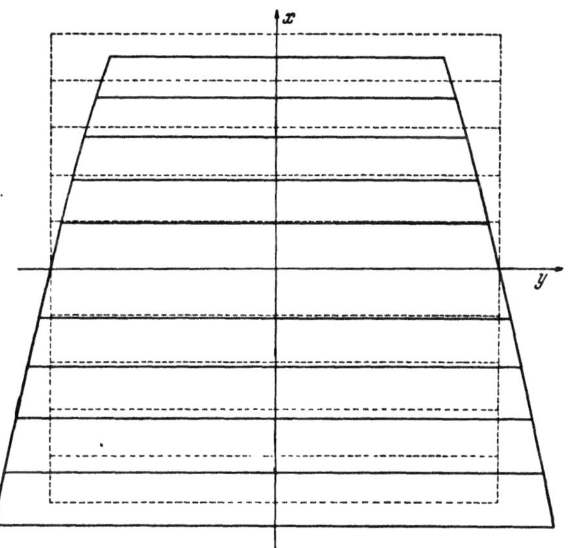

Abb. V 262 *b*. Quadratische Ablenkverzerrung und Trapezverzerrung treten gleichzeitig auf.

Die vordem ideale, stigmatische Ablenkung hat sich in eine *astigmatische* verwandelt, bei welcher in der Ebene $z = z_{II}$ von den Elektronen an Stelle des scharfen Bildpunktes ein *elliptischer Hof* entworfen wird.

2. Durch den Grenzübergang $\sigma \to 0$ bei endlichem Werte der numerischen Durchflutung $\delta = \delta\,(t)$ gelangen wir zur Elektronenoptik des rein magnetischen, einfach-symmetrischen Ablenkfeldes. Im Lichte der Gleichung (V 5, 113) findet man daher die Formeln für die Aberrationen zweiten Ranges des magnetischen Systemes, indem man in jenen des elektrischen Systemes beziehentlich σ mit δ vertauscht; da bei dieser Operation keine neuen Fehlertypen auftreten, erübrigt sich deren erneute Diskussion.

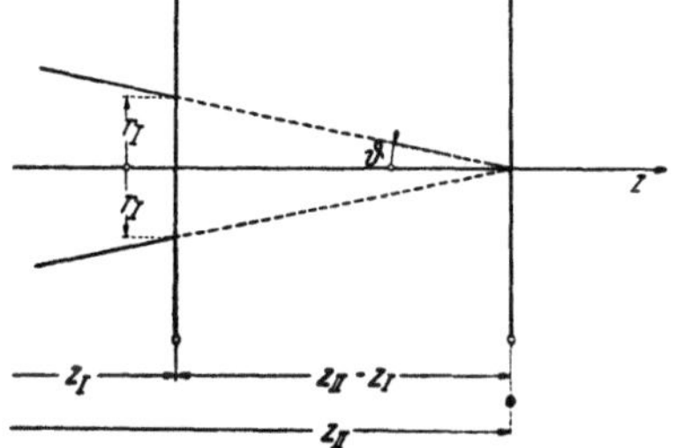

Abb. V 263. Zur Geometrie der Aberration im Ablenk-Kondensator.

i) Die vorstehend entwickelte Methode zur Berechnung der Aberrationen ist wesentlich auf jene vom Range 2 beschränkt. Will man nämlich zu den Aberrationen vom Range 3 übergehen, so darf man die Neigungen x_{Ig}', y_{Ig}' der *Gauß*schen Bahn im Einfallsorte beziehentlich den dort tatsächlich auftretenden Neigungen x_I', y_I' nicht mehr gleichsetzen; wir kommen auf diesen Sachverhalt in Ziffer V 8, f zurück.

V 6. Das Richtungseikonal.

a) Die Gesamtheit der Punkte Q eines Elektronenstrahles möge als Funktion des Parameters u durch den vom Ursprung O des jeweils gewählten Bezugssystemes nach Q weisenden Konfigurationsvektors s beschrieben werden

$$s = s(u) = 1_x x + 1_y y + 1_z z. \qquad \text{(V 6, 1)}$$

Das auf die vorgegebenen Punkte Q_1 und $Q_2 \neq Q_1$ des Strahles bezogene *Punkteikonal*

$$H = H(s_1; s_2) \qquad \text{(V 6, 2)}$$

beantwortet die Frage nach den beziehentlich in Q_1 und Q_2 auftretenden *Normalenvektoren* N_1 und N_2 mittels der *Hamilton*schen Hauptgleichung (V 4, 31)

$$\Delta H = (N \Delta s)_{u=u_2} - (N \Delta s)_{u=u_1}. \qquad \text{(V 6, 3)}$$

Man kann nun umgekehrt die *Normalenvektoren* N_1 in Q_1 und N_2 in Q_2 als *primär bekannt* ansehen und nach den je zugehörigen *Konfigurationsvektoren* s_1 und s_2 fragen; mit dieser Aufgabe beschäftigt sich das *Richtungseikonal* E, welches somit in der funktionellen Gestalt

$$E = E(N_1; N_2) \qquad \text{(V 6, 4)}$$

anzusetzen ist.

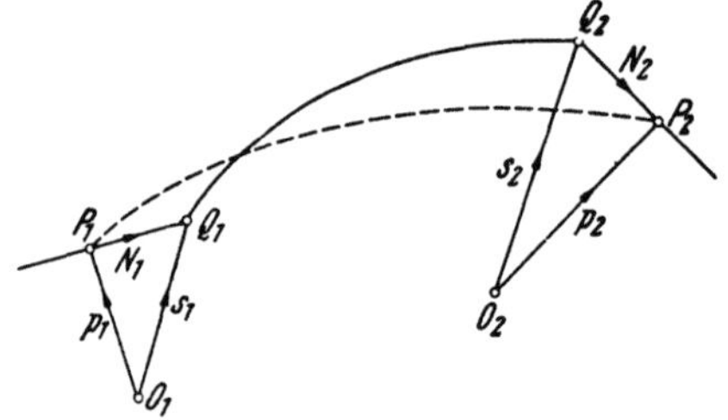

Abb. V 264. Zur Definition des Richtungseikonales.

b) Vom mathematischen Standpunkte aus verlangt der Übergang vom *Punkteikonal* zum *Richtungseikonal* die wechselseitige Vertauschung der unabhängigen und der abhängigen Veränderlichen. Operationen ähnlicher Art sind besonders im Gebiete der phänomenologischen Thermodynamik wohlbekannt; man denke beispielsweise an die Relation zwischen der *Freien Energie* und dem *Thermodynamischen Potential*.

Zunächst steht es uns frei, im Punkteikonal statt des bisher benutzten *einheitlichen Bezugssystemes* für die Lage der Punkte Q_1 und Q_2 deren *zwei unterschiedliche* zu verwenden, welchen wir beziehentlich die Ursprungsorte O_1 und O_2 zuordnen; es bedeutet also fortan s_1 den Vektor $O_1 Q_1$ und s_2 den Vektor $O_2 Q_2$. Mittels der in jedem der genannten Bezugssysteme gültigen Identität

$$(N \Delta s) \equiv \Delta (N s) - (\Delta N s) \qquad \text{(V 6, 5)}$$

finden wir dann aus (V 6, 3)

$$\Delta \{H(s_1; s_2) - (N_2 s_2) + (N_1 s_1)\} = (\Delta N_1 s_1) - (\Delta N_2 s_2). \qquad \text{(V 6, 6)}$$

Auf Grund der Definition (V 6, 4) gilt also

$$E = H - (N_2 s_2) + (N_1 s_1) \qquad \text{(V 6, 7)}$$

und (V 6, 6) liefert die Relationen

$$x_1 = \frac{\partial E}{\partial N_{1x}}; \quad y_1 = \frac{\partial E}{\partial N_{1y}}; \quad z_1 = \frac{\partial E}{\partial N_{1z}}, \qquad \text{(V 6, 8)}$$

$$x_2 = -\frac{\partial E}{\partial N_{2x}}; \quad y_2 = -\frac{\partial E}{\partial N_{2y}}; \quad z_2 = -\frac{\partial E}{\partial N_{2z}}. \qquad \text{(V 6, 9)}$$

c) Wir ergänzen die in (V 6, 7) gegebene *formale* Beziehung zwischen dem Punkteikonal und dem Richtungseikonal durch die Untersuchung des zwischen ihnen bestehenden *physikalischen Zusammenhanges.*

Im Anschluß an Abb. V 264 betrachten wir Q_1 als Endpunkt des Normalenvektors N_1 und Q_2 als Ursprung des Normalenvektors N_2. Nun fällen wir von O_1 mittels des Vektors p_1 das Lot $O_1 P_1$ auf N_1 und von O_2 mittels des Vektors p_2 das Lot $O_2 P_2$ auf N_2. Auf Grund dieser Konstruktion entstehen die beziehentlich zu N_1 und N_2 parallelen Vektoren

$$P_1 Q_1 = s_1 - p_1; \qquad Q_2 P_2 = p_2 - s_2 \tag{V 6, 10}$$

der Eigenschaften

$$(N_1 p_1) = 0; \qquad (N_2 p_2) = 0. \tag{V 6, 11}$$

Gemäß (V 6, 3) folgt nun der Elektronen-Lichtweg von P_1 nach P_2 aus jenem zwischen Q_1 und Q_2 mittels

$$\mathrm{H}(p_1; p_2) = \mathrm{H}(s_1; s_2) + \int_{Q_2}^{P_2} (N_2 \varDelta s_2) - \int_{Q_1}^{P_1} (N_1 \varDelta s_1) =$$

$$= \mathrm{H}(s_1; s_2) + \left(N_2 \int_{Q_2}^{P_2} \varDelta s_2\right) - \left(N_1 \int_{Q_1}^{P_1} \varDelta s_1\right). \tag{V 6, 12}$$

Nach (V 6, 10) und (V 6, 11) gilt hierin

$$\left(N_2 \int_{Q_2}^{P_2} \varDelta s_2\right) = (N_2 \{p_2 - s_2\}) = -(N_2 s_2), \tag{V 6, 13}$$

$$\left(N_1 \int_{Q_1}^{P_1} \varDelta s_1\right) = (N_1 \{p_1 - s_1\}) = -(N_1 s_1), \tag{V 6, 14}$$

also

$$\mathrm{H}(p_1; p_2) = \mathrm{H}(s_1; s_2) - (N_2 s_2) + (N_1 s_1). \tag{V 6, 15}$$

Daher zeigt der Vergleich von (V 6, 7) und (V 6, 15): Das auf die *Punkte* $Q_1; Q_2$ *bezogene Richtungseikonal* gleicht in seinem *Werte* [nicht jedoch in seiner *funktionellen Struktur*!] dem *auf* P_1; P_2 *bezogenen Punkteikonal.*

d) In einem elektronenoptisch *isotropen* Medium [rein elektrisches Feld] ist

$$N_1 = n_1 \cdot 1_{\sigma_1}; \qquad N_2 = n_2 \cdot 1_{\sigma_2}. \tag{V 6, 16}$$

Wir spezialisieren jetzt auf ein *zentriertes System* und legen die Punkte O_1 und O_2 auf dessen Symmetrieachse, welche wir gleichzeitig mit den z-Achsen der beiden *Kartesis*chen Systeme identifizieren. Schreibt man nun

$$1_\sigma = 1_x \cdot \alpha + 1_y \cdot \beta + 1_z \cdot \gamma, \tag{V 6, 17}$$

so reduziert sich wegen

$$\gamma = \sqrt{1 - (\alpha^2 + \beta^2)}\,; \qquad d\gamma = -\frac{\alpha\, d\alpha + \beta\, d\beta}{\gamma} \tag{V 6, 18}$$

das ursprünglich von den insgesamt *sechs* Komponenten N_{1x}, N_{1y}, N_{1z}; N_{2x}, N_{2y}, N_{2z} der Normalenvektoren abhängige *Richtungseikonal* E auf das nur noch von den *vier* Variabeln $\alpha_1, \beta_1; \alpha_2, \beta_2$ abhängige *Winkeleikonal* W

$$\mathrm{E}(N_{1x}, N_{1y}, N_{1z}; N_{2x}, N_{2y}, N_{2z}) \to \mathrm{W}(\alpha_1, \beta_1; \alpha_2, \beta_2), \tag{V 6, 19}$$

welches von *Schwarzschild* eingeführt wurde. Aus (V 6, 6) und (V 6, 7) entnehmen wir im Verein mit (V 6, 16) und (V 6, 18) den Zusammenhang

$$\Delta E = (x_1 \Delta N_{1x} + y_1 \Delta N_{1y} + z_1 \Delta N_{1z}) - (x_2 \Delta N_{2x} + y_2 \Delta N_{2y} + z_3 \Delta N_{2z}) \rightarrow$$

$$\rightarrow \Delta W = \frac{1}{n_1}\left(\left\{x_1 - \frac{\alpha_1}{\gamma_1} z_1\right\}\Delta \alpha_1 + \left\{y_1 - \frac{\beta_1}{\gamma_1}\right\}\Delta \beta_1\right) -$$

$$-\frac{1}{n_2}\left(\left\{x_2 - \frac{\alpha_2}{\gamma_2} z_2\right\}\Delta \alpha_2 + \left\{y_2 - \frac{\beta_2}{\gamma_2}\right\}\Delta \beta_2\right) \qquad \text{(V 6, 20)}$$

Wir wählen jetzt Q_1 in der achsennormalen Ebene $z_1 = 0$ durch O_1 und Q_2 in der achsennormalen Ebene $z_2 = 0$ durch O_2 und schreiben

$$x_1 \rightarrow X_1; \quad y_1 \rightarrow Y_1 \quad \text{für} \quad z_1 = 0, \qquad \text{(V 6, 21)}$$

$$x_2 \rightarrow X_2; \quad y_2 \rightarrow Y_2 \quad \text{für} \quad z_2 = 0. \qquad \text{(V 6, 22)}$$

Aus (V 6, 20) resultieren dann für die Koordinaten (V 6, 21), (V 6, 22) die Relationen

$$n_1 X_1 = \frac{\partial W}{\partial \alpha_1}; \qquad n_1 Y_1 = \frac{\partial W}{\partial \beta_1} \qquad \text{(V 6, 23)}$$

$$n_2 X_2 = -\frac{\partial W}{\partial \alpha_2}; \qquad n_2 Y_2 = -\frac{\partial W}{\partial \beta_2} \qquad \text{(V 6, 24)}$$

e) Da das Winkeleikonal in der Regel viel einfacher handzuhaben ist als das Normaleneikonal, kann man sich die Frage vorlegen, ob auch in einem elektronenoptisch anisotropen Medium eine derartige Reduktion möglich ist. In der Tat gelingt die gewünschte Umformung mittels des folgenden Gedankenganges[1]: Das reelle, durch die Struktur seines elektromagnetischen Feldes vorgegebene Medium wird mittels der Ebenen $z_1 = 0$ und $z_2 = 0$, die wir von nun ab als „*Scheitelebenen*" bezeichnen, künstlich begrenzt, um es jenseits dieser Ebenen durch je ein virtuelles, homogenes und isotropes Medium 1 und 2 beziehentlich der Brechungsindizes ν_1 und ν_2 fortzusetzen. Aus (V 4, 42) ergeben sich dann, nach passender Änderung der Bezeichnungen, die Richtungskosinus des in das ideelle Medium 1 hinein fortgesetzten Strahles

$$\alpha_1 = \frac{N_{1x}}{\nu_1}; \qquad \beta_1 = \frac{N_{1y}}{\nu_1}; \qquad \gamma_1 = \frac{1}{\nu_1}\sqrt{\nu_1^2 - (N_{1x}^2 + N_{1y}^2)} \qquad \text{(V 6, 25)}$$

und ebenso die Richtungskosinus des in das ideelle Medium 2 hinein fortgesetzten Strahles

$$\alpha_2 = \frac{N_{2x}}{\nu_2}; \qquad \beta_2 = \frac{N_{2y}}{\nu_2}; \qquad \gamma_2 = \frac{1}{\nu_2}\sqrt{\nu_2^2 - (N_{2x}^2 + N_{2y}^2)} \qquad \text{(V 6, 26)}$$

V 7. Das Winkeleikonal der sphärischen Doppelfläche.

a) Wir behandeln ein elektronenoptisches System, in welchem der Halbraum des konstanten elektrischen Skalarpotentiales φ_1 von dem Halbraum des gleichfalls konstanten elektrischen Skalarpotentiales $\varphi_2 \neq \varphi_1$ durch eine *monoton gekrümmte Rotationsfläche* getrennt wird. Innerhalb des Feldes von sonst überall verschwindender Intensität definiert diese Grenze eine homogene *elektrische Doppelschicht* vom Potentialsprunge

$$\Delta \varphi = \varphi_2 - \varphi_1. \qquad \text{(V 7, 1)}$$

[1] *Picht Johannes:* Einführung in die Theorie der Elektronenoptik. S. 164. Leipzig: Johann Ambrosius Barth. 1939.

Legt man dem Orte verschwindender Elektronengeschwindigkeit das Potential $\varphi = 0$ zu, so beherrscht man mit der Elektronenoptik der sphärischen Doppelfläche grundsätzlich *jedes singularitätenfreie rein elektrische* Abbildungssystem: Man zerlege es zunächst in eine endliche Zahl aufeinanderfolgender, je durch eine Doppelschicht voneinander getrennter „*Feldschalen*" und führe dann den Grenzübergang zu unendlich vielen, je infinitesimal dünnen Schalen dieser Art aus.

b) Im Bezugssystem der rechtsläufigen *Kartesi*schen Koordinaten x, y, z setzen wir abkürzend

$$r^2 = x^2 + y^2. \qquad (V\ 7,\ 2)$$

Nachdem die z-Achse mit der Symmetrieachse der Doppelfläche identifiziert wurde, legen wir den Scheitel dieser Fläche in den Ursprung. Ausgehend von der Gleichung der in $z > 0$ gelegenen Kugel vom Halbmesser R

$$(z - R)^2 + r^2 = R^2; \qquad R > 0 \qquad (V\ 7,\ 3)$$

finden wir in der Umgebung des Ursprunges als Darstellung der Kugelfläche die binomische Entwicklung

$$z = R\left[\frac{1}{2}\frac{r^2}{R^2} + \frac{1}{8}\frac{r^4}{R^4} + \ldots\right] \qquad (V\ 7,\ 4)$$

Für die Gestalt der Doppelschicht wählen wir nun den Ansatz

$$z = R\left[\frac{1}{2}\frac{r^2}{R^2} + \frac{1}{8}\frac{r^4}{R^4}(1 + \delta) + \ldots\right] \qquad (V\ 7,\ 5)$$

einer Fläche, welche die Kugel (V 7, 3) im Ursprung des Bezugssystemes oskuliert, mit wachsendem Abstand von der Rotationsachse dagegen nach Maßgabe der *Deformationszahl* δ von der Kugelfläche abweicht.

c) Wir denken uns die Fläche (V 7, 5) aus zwei infinitesimal benachbarten, metallischen Blättern zusammengesetzt, welche voneinander elektrisch isoliert sind und die Potentiale φ_1 [äußere Elektrode] und φ_2 [innere Elektrode] führen. Diese Potentiale regeln ihrerseits die elektronenoptischen Brechungsindizes n_1 und n_2 der jeweils an die Elektroden angrenzenden Gebiete: Es sei φ_0 das Potentialäquivalent der „eingeprägten" kinetischen Elektronen-Energie am Orte verschwindenden Skalarpotentiales φ; falls dann die Potentiale $(\varphi_0 + \varphi_1)$ und $(\varphi_0 + \varphi_2)$ gleichzeitig als positiv vorausgesetzt werden, während durch Wahl hinreichend niedriger Beträge dieser Potentiale im Existenzgebiet der Elektronenbewegung die Gültigkeit der *Newton*schen Mechanik sichergestellt wird, so folgen aus der jeweiligen Bahngeschwindigkeit der Elektronen einerseits, der Ausbreitungsgeschwindigkeit c des Lichtes im leeren Raume andererseits die Formeln

$$n_1 = \frac{1}{c}\sqrt{2\,\frac{q_0}{m_0}(\varphi_0 + \varphi_1)}\,; \qquad n_2 = \frac{1}{c}\sqrt{2\,\frac{q_0}{m_0}(\varphi_0 + \varphi_2)} \qquad (V\ 7,\ 6)$$

Doch sind die weiteren Überlegungen von dieser Potentialbeschränkung frei, sofern man nur bei der Berechnung der Brechungsindizes n_1 und n_2 die *relativistische Veränderlichkeit der trägen Elektronenmasse* berücksichtigt.

d) Zufolge der konstanten Größe der Brechungsindizes $n = n_1$ und $n = n_2$ in ihren jeweiligen Existenzgebieten verläuft dort der Elektronenstrahl je längs einer *geraden Linie*; wir ergänzen diese kinematische Angabe durch die allerdings nicht streng realisierbare Voraussetzung, daß die Doppelflächen-Elektroden die Elektronen widerstandsfrei passieren lassen.

Im Anschluß an Abb. V 265 verfolgen wir nun den Elektronenstrahl von dem Punkte $Q_1 = (x_1, y_1, z_1)$ des „Objektraumes" der Eigenschaft $n = n_1$ durch den Punkt $Q = (x, y, z)$ der brechenden Doppelfläche bis zum Punkte $Q_2 = (x_2, y_2, z_2)$ des „Bildraumes" der Eigenschaft $n = n_2$. In den Ebenen $z = z_1$ und $z = z_2$ suchen wir die beziehentlich zu Q_1 und Q_2 gehörigen Achsenpunkte $O_1 = (0, 0, z_1)$ und $O_2 = (0, 0, z_2)$ auf und fällen von ihnen die Lotvektoren $p_1 = O_1 P_1$ auf den einfallenden und $p_2 = O_2 P_2$ auf den gebrochenen Strahl. Dann gleicht der Wert W des Winkeleikonales dem elektronenoptischen Lichtweg von P_1 über P nach P_2

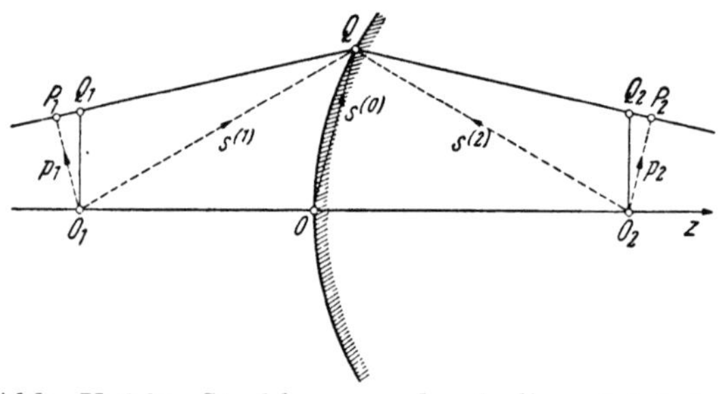

Abb. V 265. Strahlengang durch die sphärische Doppelfläche

$$W = n_1 \cdot (P_1 Q) + n_2 \cdot (Q P_2). \tag{V 7, 7}$$

Bei gegebener Lage der Ebenen $z = z_1$ und $z = z_2$ verlangt nun die funktionelle Definition des Winkeleikonals seine Darstellung allein mittels der Komponenten α_1, β_1 des parallel zum einfallenden Strahl weisenden Einheitsvektors

$$\mathit{1}_{\sigma_1} = \mathit{1}_x \alpha_1 + \mathit{1}_y \beta_1 + \mathit{1}_z \gamma_1; \qquad \gamma_1 = \sqrt{1 - (\alpha_1^2 + \beta_1^2)} \tag{V 7, 8}$$

und der Komponenten α_2, β_2 des parallel zum gebrochenen Strahl parallel weisenden Einheitsvektors

$$\mathit{1}_{\sigma_2} = \mathit{1}_x \alpha_2 + \mathit{1}_y \beta_2 + \mathit{1}_z \gamma_2; \qquad \gamma_2 = \sqrt{1 - (\alpha_1^2 + \beta_1^2)}. \tag{V 7, 9}$$

Um diese Operation durchzuführen, bezeichnen wir durch

$$s^{(1)} = \mathit{1}_x x + \mathit{1}_y y + \mathit{1}_z (z - z_1) \tag{V 7, 10}$$

und

$$s^{(2)} = \mathit{1}_x x + \mathit{1}_y y + \mathit{1}_z (z - z_2) \tag{V 7, 11}$$

die beziehentlich von O_1 und O_2 nach Q ziehenden Vektoren. Dann ist

$$P_1 Q = (\mathit{1}_{\sigma_1} s^{(1)}) = \alpha_1 x + \beta_1 y + \sqrt{1 - (\alpha_1^2 + \beta_1^2)}\,(z - z_1) \tag{V 7, 12}$$

und

$$Q P_2 = -(\mathit{1}_{\sigma_2} s^{(2)}) = -[\alpha_2 x + \beta_2 y + \sqrt{1 - (\alpha_2^2 + \beta_2^2)}\,(z - z_2)] \tag{V 7, 13}$$

Durch Substitution der Ausdrücke (V 7, 12) und (V 7, 13) in (V 7, 7) folgt nach binomischer Entwicklung der jeweils auftretenden Wurzeln

$$\begin{aligned} W = n_1 &\left[\alpha_1 x + \beta_1 y + \left\{1 - \frac{\alpha_1^2 + \beta_1^2}{2} - \frac{(\alpha_1^2 + \beta_1^2)^2}{8} - \ldots\right\}(z - z_1)\right] - \\ - n_2 &\left[\alpha_2 x + \beta_2 y + \left\{1 - \frac{\alpha_2^2 + \beta_2^2}{2} - \frac{(\alpha_2^2 + \beta_2^2)^2}{8} - \ldots\right\}(z - z_2)\right]. \end{aligned} \tag{V 7, 14}$$

Hierin gilt nach (V 7, 2) und (V 7, 5)

$$z = R\left[\frac{1}{2}\frac{x^2 + y^2}{R^2} + \frac{1}{8}\frac{(x^2 + y^2)^2}{R^4}(1 + \delta) + \ldots\right]. \tag{V 7, 15}$$

Betrachten wir nun die Fläche (V 7, 5) ihrer geometrischen Natur nach als das für $C = 0$ resultierende Individuum der Flächenschar

$$F(x, y, z) \equiv R\left[\frac{1}{2}\frac{x^2 + y^2}{R^2} + \frac{1}{8}\frac{(x^2 + y^2)^2}{R^4}(1 + \delta) + \ldots\right] - z = C, \tag{V 7, 16}$$

so steht der Vektor

$$\operatorname{grad} F = 1_x \frac{x}{R}\left\{1 + \frac{1}{2}\frac{r^2}{R^2}(1+\delta) + \ldots\right\} + 1_y \frac{y}{R}\left\{1 + \frac{1}{2}\frac{r^2}{R^2}(1+\delta)\right\} + 1_z(-1) \tag{V 7, 17}$$

in Q auf der brechenden Doppelschicht senkrecht. Da nun Gl. (V 4, 36) ohne Änderung ihres sachlichen Inhaltes mit einem beliebigen, von Null verschiedenen skalaren Faktor erweitert werden darf, schließen wir aus ihr in Verbindung mit (V 4, 31) auf

$$[\operatorname{grad} F \{n_2 1_{\sigma_2} - n_1 1_{\sigma_1}\}] = 0 =$$

$$\begin{vmatrix} 1_x & 1_y & 1_z \\ \frac{x}{R}\left\{1+\frac{1}{2}\frac{r^2}{R^2}(1+\delta)+\ldots\right\}, & \frac{y}{R}\left\{1+\frac{1}{2}\frac{r^2}{R^2}(1+\delta)+\ldots\right\}, & -1 \\ n_2\alpha_2 - n_1\alpha_1 & n_2\beta_2 - n_1\beta_1 & n_2\sqrt{1-(\alpha_2^2+\beta_2^2)} - n_1\sqrt{1-(\alpha_1^2+\beta_1^2)}. \end{vmatrix} \tag{V 7, 18}$$

Diese Vektorgleichung zerfällt in die drei Komponentengleichungen

$$\frac{x}{R}\left\{1 + \frac{1}{2}\frac{r^2}{R^2}(1+\delta) + \ldots\right\}\cdot\left\{n_2\sqrt{1-(\alpha_2^2+\beta_2^2)} - n_1\sqrt{1-(\alpha_1^2+\beta_1^2)}\right\} = = n_1\alpha_1 - n_2\alpha_2, \tag{V 7, 19}$$

$$\frac{y}{R}\left\{1 + \frac{1}{2}\frac{r^2}{R^2}(1+\delta) + \ldots\right\}\cdot\left\{n_2\sqrt{1-(\alpha_2^2+\beta_2^2)} - n_1\sqrt{1-(\alpha_1^2+\beta_1^2)}\right\} = = n_1\beta_1 - n_2\beta_2, \tag{V 7, 20}$$

$$\frac{x}{R}\left\{1 + \frac{1}{2}\frac{r^2}{R^2}(1+\delta) + \ldots\right\}\cdot\{n_2\beta_2 - n_1\beta_1\} = \frac{y}{R}\left\{1 - \frac{1}{2}\frac{r^2}{R^2}(1+\delta) + \ldots\right\}\cdot \cdot\{n_2\alpha_2 - n_1\alpha_1\}, \tag{V 7, 21}$$

deren letzte indes aus den beiden vorangehenden durch Division folgt und daher nichts neues besagt.

Bei der Auflösung der hiernach allein verbleibenden Gleichungen (V 7, 19) und (V 7, 20) nach x und y beschränken wir uns auf so flache Strahlen, daß gleichzeitig die Ungleichungen

$$\alpha_1^2 + \beta_1^2 \ll 1; \qquad \alpha_2^2 + \beta_2^2 \ll 1 \tag{V 7, 22}$$

und

$$\frac{r^2}{R^2} \ll 1 \tag{V 7, 23}$$

erfüllt sind. Daher erhalten wir die erste Näherungslösung $x_{(0)}$, $y_{(0)}$ der Gleichungen (V 7, 19) und (V 7, 20), indem wir in ihnen sowohl $(\alpha_1^2 + \beta_1^2)$ und $(\alpha_2^2 + \beta_2^2)$ wie r^2/R^2 überall gegen 1 streichen:

$$x_{(0)} = -\frac{n_2\alpha_2 - n_1\alpha_1}{n_2 - n_1} R; \qquad y_{(0)} = -\frac{n_2\beta_2 - n_1\beta_1}{n_2 - n_1} R. \tag{V 7, 24}$$

Berücksichtigt man die vordem vernachlässigten Glieder, so entsteht mittels einer nach α_1; α_2 fortschreitenden Potenzentwicklung

$$x = x_{(0)} + \Delta x; \qquad y = y_{(0)} + \Delta y, \tag{V 7, 25}$$

wobei die Korrekturen Δ x und Δ y mit Gliedern dritter Ordnung in α_1, β_1; α_2, β_2 beginnen.

e) Wir kehren zum Winkeleikonal W nach Gl. (V 6, 14) zurück, mit dem Ziel, es in eine nach Potenzen von α_1, β_1; α_2, β_2 fortschreitende Reihe zu entwickeln:

$$W = W_0 + W_2 + W_4 + \ldots \qquad \text{(V 7, 26)}$$

Der rechter Hand angeschriebene Postenindex soll auf den Grad des jeweils auftretenden Produktes der unabhängigen Veränderlichen hinweisen.

Wir führen von jetzt ab die für alle weiteren Überlegungen wesentliche Beschränkung auf die *Glieder höchstens vierten Grades* im Winkeleikonal ein. Auf Grund dieser Anweisung reduziert sich (V 7, 14) nach Substitution von (V 7, 15) zunächst auf

$$\left.\begin{aligned} W = &- n_1 z_1 + n_2 z_2 \\ &+ n_1 \left[\alpha_1 x + \beta_1 y + \frac{z_1}{2}(\alpha_1^2 + \beta_1^2) + \frac{x^2 + y^2}{2R}\right] \\ &- n_2 \left[\alpha_2 x + \beta_2 y + \frac{z_2}{2}(\alpha_2^2 + \beta_2^2) + \frac{x^2 + y^2}{2R}\right] \\ &+ n_1 \left[\frac{z_1}{8}(\alpha_1^2 + \beta_1^2)^2 - \frac{x^2 + y^2}{4R}(\alpha_1^2 + \beta_1^2) + \frac{(x^2 + y^2)^2}{8R^3}(1 + \delta)\right] \\ &- n_2 \left[\frac{z_2}{8}(\alpha_2^2 + \beta_2^2)^2 - \frac{x^2 + y^2}{4R}(\alpha_2^2 + \beta_2^2) + \frac{(x^2 + y^2)^2}{8R^3}(1 + \delta)\right] \end{aligned}\right\} \text{(V 7, 27)}$$

und wenn nun, abermals unter Beschränkung auf die Glieder vierten Grades, die Gleichungen (V 7, 25) für x und y eingeführt werden

$$\left.\begin{aligned} W = &- n_1 z_1 + n_2 z_2 \\ &+ n_1 \left[\alpha_1 x_{(0)} + \beta_1 y_{(0)} + \frac{z_1}{2}(\alpha_1^2 + \beta_1^2) + \frac{x_{(0)}^2 + y_{(0)}^2}{2R}\right] \\ &- n_2 \left[\alpha_2 x_{(0)} + \beta_2 y_{(0)} + \frac{z_2}{2}(\alpha_2^2 + \beta_2^2) + \frac{x_{(0)}^2 + y_{(0)}^2}{2R}\right] \\ &+ n_1 \left[\frac{z_1}{8}(\alpha_1^2 + \beta_1^2)^2 - \frac{x_{(0)}^2 + y_{(0)}^2}{4R}(\alpha_1^2 + \beta_1^2) + \frac{x_{(0)}^2 + y_{(0)}^2}{8R^3}(1 + \delta)\right] \\ &- n_2 \left[\frac{z_2}{8}(\alpha_2^2 + \beta_2^2)^2 - \frac{x_{(0)}^2 + y_{(0)}^2}{4R}(\alpha_2^2 + \beta_2^2) + \frac{x_{(0)}^2 + y_{(0)}^2}{8R^3}(1 + \delta)\right] \\ &+ n_1 \left[\alpha_1 \Delta x + \beta_1 \Delta y + \frac{x_{(0)} \Delta x + y_{(0)} \Delta y}{R}\right] \\ &- n_2 \left[\alpha_2 \Delta x + \beta_2 \Delta y + \frac{x_{(0)} \Delta x + y_{(0)} \Delta y}{R}\right] \end{aligned}\right\} \text{(V 7, 28)}$$

Nach (V 6, 24) bestehen nun die Relationen

$$n_1 \alpha_1 - n_2 \alpha_2 = (n_2 - n_1) \frac{x_{(0)}}{R}; \qquad n_1 \beta_1 - n_2 \beta_2 = (n_2 - n_1) \frac{y_{(0)}}{R} \qquad \text{(V 7, 29)}$$

so daß sich die beiden letzten Zeilen der Summe (V 6, 28) annullieren. Man erhält demnach

$$W_0 = - n_1 z_1 + n_2 z_2, \qquad \text{(V 7, 30)}$$

$$W_2 = R\left[(n_1 \alpha_1 - n_2 \alpha_2)\frac{x_{(0)}}{R} + (n_1 \beta_1 - n_2 \beta_2)\frac{y_{(0)}}{R} + \frac{n_1 z_1}{2R}(\alpha_1^2 + \beta_1^2) - \right.$$

$$\left. - \frac{n_2 z_2}{2R}(\alpha_2^2 + \beta_2^2) + (n_1 - n_2)\frac{x_{(0)}^2 + y_{(0)}^2}{2R^2}\right] =$$

$$= R\left[(n_2 - n_1)\frac{x_{(0)}^2 + y_{(0)}^2}{2R^2} + n_1 \frac{z_1}{2R}(\alpha_1^2 + \beta_1^2) - n_2 \frac{z_2}{2R}(\alpha_2^2 + \beta_2^2)\right] =$$

$$= R\left[\frac{n_1}{2}\left(\frac{z_1}{R} + \frac{n_1}{n_2 - n_1}\right)(\alpha_1^2 + \beta_1^2) - \right.$$

$$\left. - \frac{n_2}{2}\left(\frac{z_2}{R} - \frac{n_2}{n_2 - n_1}\right)(\alpha_2^2 + \beta_2^2) - \frac{n_2 n_1}{n_2 - n_1}(\alpha_1 \alpha_2 + \beta_1 \beta_2)\right] \quad (V\ 7,\ 31)$$

$$W_4 = R\left[\frac{n_1 z_1}{8R}(\alpha_1^2 + \beta_1^2)^2 - \frac{n_2 z_2}{8R}(\alpha_2^2 + \beta_2^2)^2 - \right.$$

$$- \frac{x_{(0)}^2 + y_{(0)}^2}{4R^2}\{n_1(\alpha_1^2 + \beta_1^2) - n_2(\alpha_2^2 + \beta_2^2)\} +$$

$$\left. + (n_1 - n_2)\frac{(x_{(0)}^2 + y_{(0)}^2)^2}{8R^4}(1 + \delta)\right] = \ldots \quad (V\ 7,\ 32)$$

f) Nachdem wir gezeigt haben, daß sich unter den Posten der Summe (V 7, 32) keine befinden, welche den Korrekturen dritter Ordnung Δx und Δy verhältnisgleich sind, dürfen wir nachträglich bei der Berechnung des Teil-Winkeleikonales vierter Ordnung W_4 die Summe $(\alpha^2 + \beta^2)$ schon im Ansatz des elektronenoptischen Lichtweges gegen 1 streichen oder, kurz gesagt, den Richtungskosinus γ des Strahles gegen die Zentralachse mit der Einheit vertauschen. Obwohl wir diesen wichtigen Satz zunächst nur für eine einzige brechende Doppelschicht bewiesen haben, läßt er sich doch sogleich auf eine Folge hintereinandergeschalteter Flächen dieser Art erweitern. Denn aus der Deutung des Winkeleikonales als elektronenoptischer Lichtweg geht hervor, daß das Winkeleikonal eines solchen zusammengesetzten Systemes gleich der Summe der Winkeleikonale der Teilsysteme ist; vermöge des oben angedeuteten Grenzüberganges zu einem beliebigen, rein elektrischen Felde mit Rotationssymmetrie ist dann die Gültigkeit der bei Berechnung des Teil-Winkeleikonales W_4 anzuwendenden Regel allgemein nachzuweisen.

g) Es erübrigt sich, an Hand des Winkeleikonals der sphärischen Doppelfläche ihren Abbildungseigenschaften nachzugehen. Indem wir uns hierbei auf die der Achse infinitesimal benachbarten Strahlen beschränken, behalten wir in W nur die Anfangsglieder W_0 und W_2 bei und finden mittels der Abkürzungen

$$v_{11} = n_1\left(\frac{z_1}{R} + \frac{n_1}{n_2 - n_1}\right); \qquad v_{22} = - n_2\left(\frac{z_2}{R} - \frac{n_2}{n_2 - n_1}\right);$$

$$v_{12} = - \frac{n_2 n_1}{n_2 - n_1} \quad (V\ 7,\ 33)$$

aus (V 7, 30) und (V 7, 31)

$$W = W_0 + W_2 = - n_1 z_1 + n_2 z_2 + \quad (V\ 7,\ 34)$$

$$+ R\left[\frac{v_{11}}{2}(\alpha_1^2 + \beta_1^2) + \frac{v_{22}}{2}(\alpha_2^2 + \beta_2^2) + v_{12}(\alpha_1 \alpha_2 + \beta_1 \beta_2)\right]$$

Wir bilden aus diesem Eikonal gemäß (V 6, 23) die Strahlkoordinaten in der Ebene $z = z_1$

$$n_1 \frac{X_1}{R} = v_{11} \alpha_1 + v_{12} \alpha_2; \qquad n_1 \frac{Y_1}{R} = v_{11} \beta_1 + v_{12} \beta_2 \qquad \text{(V 7, 35)}$$

und ebenso nach (V 6, 24) die Strahlkoordinaten in der Ebene $z = z_2$

$$-n_2 \frac{X_2}{R} = v_{22} \alpha_2 + v_{12} \alpha_1; \qquad -n_2 \frac{Y_2}{R} = v_{22} \beta_2 + v_{12} \beta_1 \quad \text{(V 7, 36)}$$

Aus (V 7, 35) entnehmen wir die Relationen

$$\alpha_2 = \frac{1}{v_{12}} \left[n_1 \frac{X_1}{R} - v_{11} \alpha_1 \right]; \qquad \beta_2 = \frac{1}{v_{12}} \left[n_1 \frac{Y_1}{R} - v_{11} \beta_1 \right] \quad \text{(V 7, 37)}$$

durch deren Substitution in (V 7, 36) die Gleichungen

$$-n_2 \frac{X_2}{R} = \frac{v_{22}}{v_{12}} n_1 \frac{X_1}{R} + \frac{v_{12}^2 - v_{11} v_{22}}{v_{12}} \alpha_1;$$

$$-n_2 \frac{Y_2}{R} = \frac{v_{22}}{v_{12}} n_1 \frac{Y_1}{R} + \frac{v_{12}^2 - v_{11} v_{22}}{v_{12}} \beta_1 \qquad \text{(V 7, 38)}$$

resultieren.

Von nun an definieren wir die Ebene $z = z_1 \rightarrow Z_1$ als *Objektebene* und verlangen, daß ihr die Ebene $z = z_2 \rightarrow Z_2$ als *Bildebene* zugeordnet sei. Da dann die Bildkoordinaten X_2, Y_2 von der Einfallsrichtung α_1, β_1 des abbildenden Strahles unabhängig sein müssen, folgt aus den zwei Gleichungen (V 7, 38) für die Lage $z = z_2$ der Bildebene die einheitliche Bedingung

$$v_{12}^2 - v_{11} v_{22} = 0, \qquad \text{(V 7, 39)}$$

welche im Verein mit (V 7, 32) die Relationen

$$\left.\begin{aligned} \frac{Z_2}{R} = \frac{\frac{Z_1}{R} \cdot n_2}{\frac{Z_1}{R}(n_2 - n_1) + n_1}; \qquad \frac{Z_1}{R} = -\frac{\frac{Z_2}{R} \cdot n_1}{\frac{Z_2}{R}(n_2 - n_1) - n_2}; \\ -\frac{n_1}{Z_1} + \frac{n_2}{Z_2} = \frac{n_2 - n_1}{R} \end{aligned}\right\} \qquad \text{(V 7, 40)}$$

und also

$$v_{22} = \frac{n_1 n_2^2}{n_2 - n_1} \frac{1}{\frac{Z_1}{R}(n_2 - n_1) + n_1}; \qquad v_{11} = -\frac{n_2 n_1^2}{n_2 - n_1} \frac{1}{\frac{Z_2}{R}(n_2 - n_1) - n_2} \qquad \text{(V 7, 41)}$$

liefert. Aus (V 7, 38) resultieren dann auf Grund von (V 7, 39) die Transformationsgleichungen

$$\frac{X_2}{R} = \frac{n_1}{\frac{Z_1}{R}(n_2 - n_1) + n_1} \cdot \frac{X_1}{R}; \qquad \frac{Y_2}{R} = \frac{n_1}{\frac{Z_1}{R}(n_2 - n_1) + n_1} \frac{Y_1}{R} \qquad \text{(V 7, 42)}$$

deren Umkehrung wegen (V 7, 40)

$$\frac{X_1}{R} = -\frac{n_2}{\frac{Z_2}{R}(n_2 - n_1) - n_2} \frac{X_2}{R}; \quad \frac{Y_1}{R} = -\frac{n_1}{\frac{Z_2}{R}(n_2 - n_1) - n_2} \frac{Y_2}{R} \quad \text{(V 7, 43)}$$

lautet. Sie erweist sich somit als eine *kollineare, zentrierte Abbildung*, deren konjugierte Punktpaare sich jeweils in derselben Meridianebene befinden. Für die Lage Z_{2F} ihres bildseitigen und Z_{1F} ihres objektseitigen Brennpunktes entnimmt man den Gleichungen (V 7, 40) die Aussagen

$$\frac{Z_{2F}}{R} = \lim_{\frac{Z_1}{R} \to \infty} \frac{Z_2}{R} = \frac{n_2}{n_2 - n_1}\,; \qquad \frac{Z_{1F}}{R} = \lim_{\frac{Z_2}{R} \to \infty} \frac{Z_1}{R} = -\frac{n_1}{n_2 - n_1}\,. \tag{V 7, 44}$$

Die *Lateralvergrößerung* M berechnet sich nach (V 7, 42) zu

$$M = \frac{X_2}{X_1} = \frac{Y_2}{Y_1} = \frac{n_1}{\frac{Z_1}{R}(n_2 - n_1) + n_1}\,. \tag{V 7, 45}$$

Die durch $M = 1$ definierten *Hauptebenen* werden somit miteinander identisch und koinzidieren mit der Scheitelebene $Z_1 = 0$ der sphärischen Doppelfläche. Daher resultiert als ***bildseitige Brennweite*** f_2 und als *objektseitige Brennweite* f_1

$$f_2 = Z_{2F} - 0 = \frac{n_2}{n_2 - n_1} R\,;$$

$$-f_1 = 0 - Z_{1F} = \frac{n_1}{n_2 - n_1} R\,. \tag{V 7, 46}$$

Sie genügen somit, wie es sein muß, der allgemeinen Relation (IV 7, 34) der *Gauß*schen Dioptrik rein elektrischer Linsen

$$-\frac{f_2}{f_1} = \frac{n_2}{n_1}\,. \tag{V 7, 47}$$

Die Angularvergrößerung a der hier untersuchten Abbildung beträgt nach ihrer in (IV 1, 85) gegebenen Definition

$$a = \frac{Z_1}{Z_2}\,. \tag{V 7, 48}$$

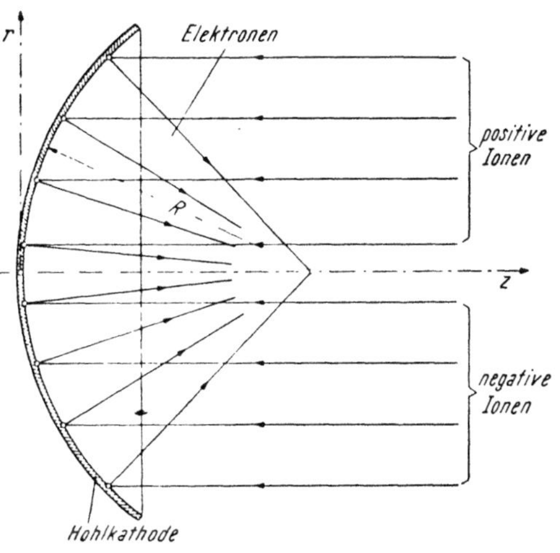

Abb. V 266. Hohlkathode.

Daher resultiert aus (V 7, 45) und (V 7, 48) die *Helmholtz-Laplace*sche Relation

$$a\,M\,\frac{n_2}{n_1} = 1\,. \tag{V 7, 49}$$

h) Wir wenden die entwickelten Formeln auf die Elektronenemission aus *Hohlkathoden* an. Elektroden dieser Art werden in neuzeitlichen Elektronen-Relais benutzt, welche mit Gas von äußerst niedrigem Drucke gefüllt sind. Die Kathode wird als Kugelkalotte ausgeführt, welche nach Abb. V 266 ihre konkave Seite dem Entladungsgebiet zukehrt; aus ihr werden die Elektronen durch den Stoß positiver Ionen befreit. Im stationären Strömungszustande bildet die Gesamtheit der auf die Kathode zuwandernden positiven Ionen zusammen mit der aktiven Kathodenoberfläche eine elektrische Doppelschicht, deren Halbmesser R jenem der Kugelkalotte merklich gleichzusetzen ist. Sei φ_1 die Voltenergie der eben emittierten Elektronen und $\Delta\varphi = \varphi_2 - \varphi_1$ der Potentialsprung an der Doppelschicht, so darf

$$\varphi_2 = \varphi_1 + \Delta\varphi \gg \varphi_1 \qquad \text{(V 7, 50)}$$

vorausgesetzt werden; vermöge (V 7, 6) folgt hieraus

$$\mathrm{n}_2 \gg \mathrm{n}_1. \qquad \text{(V 7, 51)}$$

Mit der aus (V 7, 40) zu entnehmenden Aussage

$$\lim_{\frac{n_2}{n_1}\to\infty} \mathrm{Z}_2 = \mathrm{R} \qquad \text{(V 7, 52)}$$

liefert (V 7, 43) den Grenzwert

$$\lim_{\frac{n_2}{n_1}\to\infty} \mathrm{M} = \lim_{\frac{n_2}{n_1}\to\infty} \frac{\mathrm{n}_1}{\mathrm{n}_2} = 0. \qquad \text{(V 7, 53)}$$

Im Verein mit (V 7, 51) schließen wir aus (V 7, 52) und (V 7, 53): Die Elektronen werden im Zentrum O der Kalottenkugel fokussiert.

i) Um die Abbildungsgesetze der sphärischen Doppelschicht auch auf das Interelektrodengebiet eines rotationssymmetrisch gebauten Elektronengerätes anwenden zu können, müssen wir den Halbmesser R kennen, welcher für die Krümmung der Äquipotentialflächen maßgeblich ist. Wir beziehen uns auf ein im Geräte ruhendes Zylinder-Koordinatensystem z [Achse], r [Radialdistanz] und α [Azimut], dessen z-Achse mit der Achse des Entladungsraumes koinzidiert; in ihm wird das von den Elektrodenladungen diktierte primäre elektrische Skalarpotential $\varphi = \varphi(\mathrm{z}, \mathrm{r})$ vermittels seines funktionalen Verlaufes $\Phi(\mathrm{z}) = \varphi(\mathrm{z}, 0)$ längs der z-Achse durch die in deren Umgebung gültige Entwicklung (IV 3, 23)

$$\varphi(\mathrm{z}, \mathrm{r}) = \Phi(\mathrm{z}) - \Phi''(\mathrm{z}) \cdot \frac{\mathrm{r}^2}{4} + \Phi^{\mathrm{IV}}(\mathrm{z}) \cdot \frac{\mathrm{r}^4}{64} - + \ldots \qquad \text{(V 7, 54)}$$

dargestellt. Wir wählen nun zunächst das Zentrum der gesuchten Äquipotentialfläche zum Ursprung des Bezugssystemes. In der Umgebung dieses Punktes gilt dann die *Taylor*sche Entwicklung

$$\Phi(\mathrm{z}) = \Phi(0) + \frac{\mathrm{z}}{1!}\Phi'(0) + \frac{\mathrm{z}^2}{2!}\Phi''(0) + \ldots \qquad \text{(V 7, 55)}$$

Unter Beschränkung auf die Glieder höchstens der zweiten Potenz von z und r folgt durch Substitution von (V 7, 55) in (V 7, 54)

$$\varphi(\mathrm{z}, \mathrm{r}) = \Phi(0) + \mathrm{z}\,\Phi'(0) + \frac{1}{2}\left(\mathrm{z}^2 - \frac{\mathrm{r}^2}{2}\right)\Phi''(0), \qquad \text{(V 7, 56)}$$

so daß die Gleichung der den Ursprung enthaltenden Äquipotentialfläche $[\varphi = \Phi(0)]$ durch

$$\mathrm{z}\,\Phi'(0) + \frac{1}{2}\left(\mathrm{z}^2 - \frac{\mathrm{r}^2}{2}\right)\Phi''(0) = 0 \qquad \text{(V 7, 57)}$$

gegeben ist. Wir berechnen aus ihr

$$\mathrm{z} = -\frac{\Phi'(0)}{\Phi''(0)}\left[1 - \sqrt{1 + \left(\frac{\Phi''(0)}{\Phi'(0)}\right)^2 \frac{\mathrm{r}^2}{2}}\right] = \frac{1}{4}\frac{\Phi''(0)}{\Phi'(0)}\mathrm{r}^2 + \ldots \qquad \text{(V 7, 58)}$$

und finden durch Vergleich mit (V 7, 5)

$$\mathrm{R} = 2\,\frac{\Phi'(0)}{\Phi''(0)}. \qquad \text{(V 7, 59)}$$

Nach Rückkehr zu einem beliebig gelegenen Ursprung des Bezugssystemes möge die in Rede stehende Äquipotentialfläche die Symmetrieachse des Systemes im Punkte $(z_0, 0)$ schneiden; wir passen uns dieser veränderten Bezeichnung an, indem wir (V 7, 59) zu

$$R = 2\frac{\Phi'(z_0)}{\Phi''(z_0)} \qquad \text{(V 7, 60)}$$

verallgemeinern.

j) Als Beispiel behandeln wir einen parallel der z-Achse zentrisch mit dieser justierten *Elektronenwerfer*, welchen wir durch die planparallele Lochblenden-Triode nach Abb. V 267 modellmäßig darstellen. Die Trägerebene des Gitters werde mit der Ebene $z = 0$ identifiziert, während sich die aktive Kathodenoberfläche in $z = -g$ und die Trägerebene der Anode in $z = +a$ befinde.

Die Äquipotentialflächen $\varphi = \varphi(z, r) = \text{const.}$ dieser Anordnung sind gemäß Ziffer IV 11, h allgemein berechenbar: Abb. V 267 veranschaulicht ihre Struktur im Falle verschwindenden Potentiales

$$\varphi = \varphi_k = 0 \qquad \text{(V 7, 61)}$$

der Kathode und $\varphi = \varphi_g = 0$ des Gitters bei gleichzeitig positivem Potentiale $\varphi = \varphi_a > 0$ der Anode. Um die Aussagen dieses Feldbildes auf endliche Werte des Gitterpotentiales zu verallgemeinern, fassen wir φ_g und φ_a nach Maßgabe des Durchgriffes D der Anode durch das Gitter zum *Steuerpotential* φ_{st} zusammen

Abb. V 267. Zur Optik des Elektronenwerfers.

$$\varphi_{st} = \varphi_g + D\,\varphi_a. \qquad \text{(V 7, 62)}$$

Unter den weiterhin einzuhaltenden Voraussetzungen

$$\varphi_{st} > 0\,; \qquad \varphi_a > \varphi_{st} \qquad \text{(V 7, 63)}$$

können wir dann die Gemeinschaftswirkung des Gitters und der Anode auf die Optik des Elektronenwerfers angenähert durch eine homogene elektrische Doppelschicht von sphärischer Gestalt erfassen; der Scheitel dieser Sphäre liege im Zentrum der Gitter-Trägerebene. Der Halbmesser R der Sphäre ist nach (V 7, 60) zu bestimmen, wobei deren konvexe Seite der Kathode und deren konkave Seite der Anode zugekehrt ist; wir weisen der erstgenannten das Potential φ_{st}, der letztgenannten das Potential φ_a zu, so daß

$$\Delta\varphi = \varphi_a - \varphi_{st} = (1 - D)\,\varphi_a - \varphi_g > 0 \qquad \text{(V 7, 64)}$$

den Potentialsprung der Doppelschicht mißt.

Wir beschäftigen uns zunächst mit der Elektronenbewegung im Kathoden-Gitterraum. Unter der Voraussetzung einer Glühkathode der gleichförmigen Absoluttemperatur T vertauschen wir der Einfachheit halber die in Wahrheit von Elektron zu Elektron veränderliche Emissionsgeschwindigkeit mit jenem *Effektivwert* v_{eff}, welcher der Gleichverteilung der mittleren kinetischen Startenergie entspricht; es gilt dann

$$\frac{1}{2} m_0 v_{eff}^2 = \frac{3}{2} k T = q_0 \varphi_T, \qquad \text{(V 7, 65)}$$

wobei k die *Boltzmann*sche Konstante bezeichnet und φ_T das Spannungsäquivalent jener mittleren Energie definiert. Am Orte (z, r) seiner Bahn besitzt somit das Elektron die kinetische Energie

$$\frac{1}{2} m_0 v^2 = q_0 (\varphi_T + \varphi), \tag{V 7, 66}$$

so daß es dort, in elektronenoptischer Terminologie, den Brechungsindex

$$n = \frac{1}{c} \sqrt{2 \frac{q_0}{m_0} (\varphi_T + \varphi)} \tag{V 7, 67}$$

antrifft.

Ungeachtet der durch $1/R$ gemessenen Krümmung der sphärischen Doppelschicht dürfen wir das elektrische Feld in der Nachbarschaft der aktiven Kathodenoberfläche durch ein Homogenfeld vom Betrage

$$E = \frac{\varphi_{st}}{g} \tag{V 7, 68}$$

ersetzen, welches zufolge (V 7, 63) antiparallel der z-Achse weist. Wir kontrollieren ein drehimpulsfrei startendes Elektron längs seiner Bahn von der Kathode zur Gitter-Trägerebene und erhalten seinen Elektronen-Lichtweg aus

$$H = \int_{z=-g}^{0} n^* \, dz, \tag{V 7, 69}$$

wobei die Funktion n^* der Veränderlichen z, r und $r' = dr/dz$ durch

$$n^* = \frac{v_{eff}}{c} \sqrt{1 + \frac{E(g+z)}{\varphi_T}} \sqrt{1 + r'^2} \tag{V 7, 70}$$

definiert ist. Das *Fermat*sche Prinzip liefert somit durch asynchrone Variation des Punkteikonales (V 7, 69) bei festgehaltenem Start und Ziel als Differentialgleichung des Elektronenstrahles

$$\frac{d}{dz}\left(\sqrt{1 + \frac{E(g+z)}{\varphi_T}} \frac{r'}{\sqrt{1 + r'^2}}\right) = 0, \tag{V 7, 71}$$

welche wir den Anfangsbedingungen

$$r = 0; \qquad r' = \operatorname{tg} \vartheta_0 \left[0 \leqq \vartheta_0 \leqq \frac{\pi}{2}\right] \qquad \text{für} \qquad z = -g \tag{V 7, 72}$$

unterwerfen. Die ihnen angepaßte Lösung lautet

$$r = 2 \frac{\varphi_T}{E} \sin \vartheta_0 \left[\sqrt{\frac{E(g+z)}{\varphi_T} + \cos^2 \vartheta_0} - \cos \vartheta_0\right]; \; r' = \frac{\sin \vartheta_0}{\sqrt{\frac{E(g+z)}{\varphi_T} + \cos^2 \vartheta_0}} \tag{V 7, 73}$$

Demnach kreuzt das kontrollierte Elektron die Gitter-Trägerebene $z = 0$ im Radialabstande

$$r_g = 2 \frac{\varphi_T}{E} \sin \vartheta_0 \left[\sqrt{\frac{E g}{\varphi_T} + \cos^2 \vartheta_0} - \cos \vartheta_0\right], \tag{V 7, 74}$$

mit der Neigung

$$r_g' = \frac{\sin \vartheta_0}{\sqrt{\frac{E g}{\varphi_T} + \cos^2 \vartheta_0}} < \operatorname{tg} \vartheta_0, \tag{V 7, 75}$$

gegen die Einfallsgerade, so daß die Gleichung

$$r - r_g = r_g' z \tag{V 7, 76}$$

die dort konstruierte Bahntangente nach Abb. V 268 schildert; sie trifft die Systemachse $[r = 0]$ in

$$z_0 = -\frac{r_g}{r_g'} = -2\,\frac{\varphi_T}{E}\sqrt{\frac{E\,g}{\varphi_T} + \cos^2\vartheta_0}\left[\sqrt{\frac{E\,g}{\varphi_T} + \cos^2\vartheta_0} - \cos\vartheta_0\right] =$$

$$= -2\,g\left[1 - \left(\sqrt{1 + \left(\frac{\varphi_T}{E\,g}\cos\vartheta_0\right)^2} - \frac{\varphi_T}{E\,g}\cos\vartheta_0\right]\quad (V\ 7,\ 77)$$

so daß

$$Z_0 = \lim_{\vartheta_0 \to \frac{\pi}{2}} z_0 = -2\,g \leqq z_0 \quad (V\ 7,\ 78)$$

ausfällt: Alle tatsächlich dem Zentrum der aktiven Kathodenoberfläche entstammenden Kathodenstrahlen scheinen relativ zu einem in der Gitter-Trägerebene postierten Beobachter, der das Kraftfeld zwischen Kathode und Gitter ignoriert, einen *Kegel* zu erfüllen, dessen Spitze in $(-2\,g, 0)$ gelegen ist, während

$$\Theta_0 = \lim_{\vartheta_0 \to \frac{\pi}{2}} r' = \sqrt{\frac{\varphi_T}{E\,g}} = \sqrt{\frac{\varphi_T}{\varphi_{st}}} \quad (V\ 7,\ 79)$$

seinen halben Öffnungswinkel gegen die z-Achse aufweist.

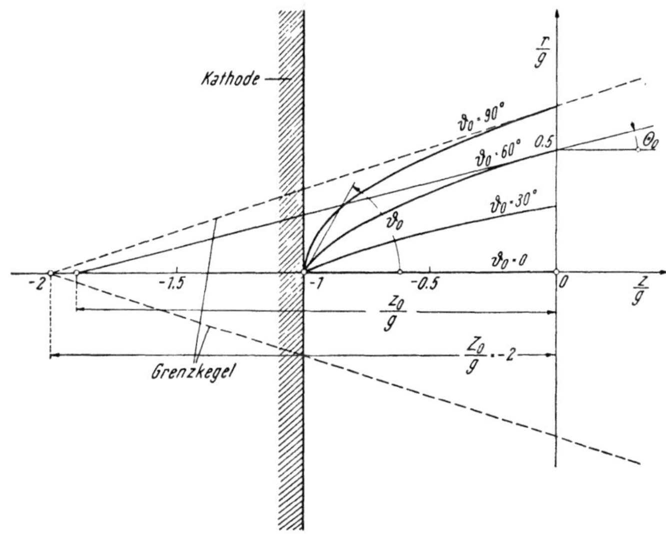

Abb. V 268. Optik der Emission im Elektronenwerfer.

Seiner Herleitung nach ist dieser kinematische Satz an die Vertauschbarkeit der sphärischen Doppelfläche mit einer Ebene gebunden. Da er jedoch im Rahmen eben dieser Näherung für jede Kegelachse gilt, welche auf der Kathodenoberfläche senkrecht steht, können wir uns nachträglich von der Bezugnahme gerade auf die Zentrale des rotationssymmetrisch gebauten Gerätes befreien: Wir führen jeden Punkt $r < r_k$ der elektronenemittierenden Ebene $z = -g$ durch eine parallel der z-Achse ausgeführte Translation in die Ebene $z = Z_0 = -2\,g$ über und gelangen hierdurch von der wahren zu einer „*virtuellen*" *Kathode*, deren *Grenzstrahlen* die Gitter-

Trägerebene längs eines Kegelmantels vom halben Öffungswinkel Θ_0 erreichen.

Nach diesen Vorbereitungen wenden wir uns den Brechungserscheinungen zu, welche durch die sphärische Doppelschicht verursacht werden. In der Umgebung ihres Scheitels richten wir unser Augenmerk auf die Gesamtheit aller jener Strahlen, welche in einer festen Meridianebene von verschiedenen Punkten der virtuellen Kathode ausgehend, die Doppelschicht unter dem einheitlichen Winkel Θ_0 treffen. Als Gesamtheit eines parallelen Strahlenbündels werden sie durch die brechende Sphäre sämtlich in ein und denselben Punkte $r = r_B$ der *Brennebene* $z = z_B$ abgebildet. Da nun die gleiche Überlegung für alle Meridianebenen gilt, kreuzen sich alle von der Kathode her einfallenden Strahlen innerhalb des kreisförmigen *Brennfleckes* $r \leqq r_B$. Es ist gewiß bemerkenswert, daß hiernach die *Größe des Brennfleckes* und seine Gestalt *weder von der Verteilung der Emission über die Elemente der aktiven Kathodenoberfläche noch von deren Randkurve* abhängt; vielmehr kommen diese Kathodeneigenschaften erst in der *Mikrostruktur der Stromverteilung* innerhalb des Brennfleckes zum Ausdruck.

Um die *Bestimmungsstücke* (z_B, r_B) *des Brennfleckes* zu berechnen, bilden wir gemäß (V 7, 6) das Verhältnis des unmittelbar hinter der Doppelfläche gemessenen elektronenoptischen Brechungsindex n_2 zum Brechungsexponenten n_1 vor dieser Fläche

$$\frac{n_2}{n_1} = \sqrt{\frac{\varphi_T + \varphi_a}{\varphi_T + \varphi_{st}}} \qquad \text{(V 7, 80)}$$

In der Regel darf man φ_T sowohl gegen φ_{st} wie gegen φ_a vernachlässigen; in der hierdurch angezeigten Genauigkeit vereinfacht sich (V 7, 80) zu

$$\frac{n_2}{n_1} = \sqrt{\frac{\varphi_a}{\varphi_{st}}} \qquad \text{(V 7, 81)}$$

so daß aus (V 7, 44) für die *Lage der Brennebene*

$$z_B = R \frac{\sqrt{\frac{\varphi_a}{\varphi_{st}}}}{\sqrt{\frac{\varphi_a}{\varphi_{st}}} - 1} \qquad \text{(V 7, 82)}$$

folgt. Unter der Gesamtheit der jeweils ein und denselben Punkt der Brennebene kreuzenden Strahlen befindet sich nun gewiß jener singuläre Strahl, welcher von der Doppelfläche nicht gebrochen wird; da die letztgenannte Eigenschaft allen Strahlen durch das Zentrum der Sphäre zukommt, entnimmt man aus Abb. V 269 die geometrische Relation

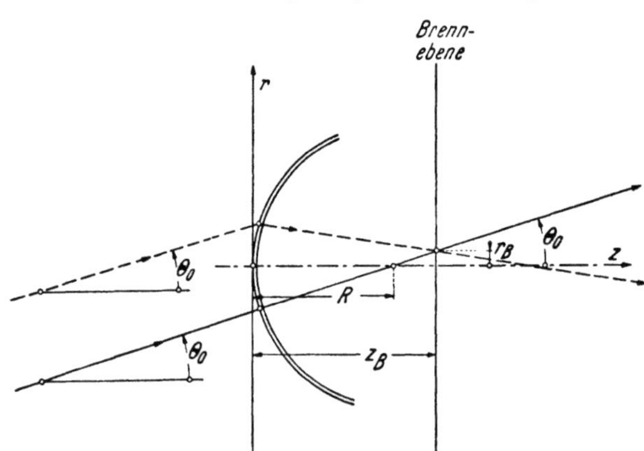

Abb. V 269. Bildung des Brennfleckes im Elektronenwerfer.

$$\frac{r_B}{z_B - R} = \operatorname{tg} \Theta_0 \qquad \text{(V 7, 83)}$$

so daß man im Verein mit (V 7, 79) und (V 7, 82) für den Halbmesser des Brennfleckes die Abschätzung

$$r_B = (z_B - R)\,\mathrm{tg}\,\Theta_0 = R\,\frac{\sqrt{\frac{\varphi_T}{\varphi_{st}}}}{\sqrt{\frac{\varphi_a}{\varphi_{st}} - 1}} \qquad (V\ 7,\ 84)$$

findet.

Selbst unter dem Vorbehalt einer gegebenenfalls erforderlichen numerischen Verschärfung dieser Formel an Hand des wirklichen Feldverlaufes im Elektronenwerfer haben wir vor ihrer *kritiklosen Anwendung nachdrücklichst zu warnen.* Denn bei ihrer Herleitung haben wir jenes *Sekundärfeld* außer acht gelassen, welches der von den Elektronen transportierten Raumladung genetisch verbunden ist. Sucht man bei fester Strahlstromstärke die Fläche des Brennfleckes durch passende Wahl der Potentiale φ_{st} und φ_a zu verkleinern, so wächst dort gleichzeitig die Stromdichte im umgekehrten Verhältnis der Fleckfläche an. Da dieser kinematische Prozeß seinerseits eine erhöhte Dichte der Raumladung nach sich zieht, so stoßen die Elektronen einander schließlich so stark ab, daß hierdurch der fortschreitenden Einschnürung des Brennfleckes Einhalt geboten wird; in diesem Arbeitsbereich versagt die Formel (V 7, 84).

V 8. Das gemischte Eikonal.

a) Im Bezugssystem der rechtsläufigen, *Kartesischen* Koordinaten x, y, z begleiten wir ein Elektron längs seines Weges vom Orte $Q_1 = (x_1, y_1, z_1)$ zum Orte $Q_2 = (x_2, y_2, z_2)$ im stationären Felde des elektrischen Skalarpotentiales φ und des magnetischen Vektorpotentiales V. Das bestimmte Integral (V 4, 1), welches den während dieser Bewegung durchlaufenen Elektronen-Lichtweg mißt, definiert in seiner funktionellen Abhängigkeit von den Koordinaten sowohl des Anfangspunktes Q_1 wie des Endpunktes Q_2 gemäß (V 4, 2) das *Punkteikonal* H als Erzeugende der Normalenvektoren N_1 in Q_1 und N_2 in Q_2 mittels der in (V 4, 34) und (V 4, 35) angegebenen Differentialoperationen. Das aus dem Punkteikonal nach der Vorschrift (V 6, 7) gebildete *Richtungseikonal* E löst die kinematisch duale Aufgabe der Elektronenoptik: Es liefert mittels der Gleichungen (V 6, 8), (V 6, 9) die Koordinaten der Punkte Q_1 und Q_2 je als Funktionen der *Kartesischen* Komponenten der Normalenvektoren N_1 und N_2.

Wir wählen nun, zwischen den beiden vorgenannten Darstellungen vermittelnd, als unabhängige Veränderliche die Koordinaten x_1, y_1, z_1 des Anfangspunktes Q_1 im Verein mit den *Kartesischen* Komponenten N_{2x}, N_{2y}, N_{2z} des Normalenvektors N_2 im Endpunkt Q_2 der Elektronenbahn und suchen das *gemischte Eikonal*

$$G = G\,(x_1, y_1, z_1;\ N_{2x}, N_{2y}, N_{2z}) \qquad (V\ 8,\ 1)$$

als integrale Mutterfunktion der Koordinaten x_2, y_2, z_2 von Q_2 einerseits und der *Kartesischen* Komponenten N_{1x}, N_{1y}, N_{1z} in Q_1 zu ermitteln.

b) Wir kehren zur Beschreibung (V 4, 14) der Bahnkoordinaten x, y, z je als Funktion des gemeinsamen Parameters u zurück und behaupten, daß das gemischte Eikonal G aus dem Punkteikonal H durch die Gleichung

$$G = H - (N\,s)_{u=u_2} \qquad (V\ 8,\ 2)$$

hervorgeht, in welcher

$$s = 1_x\,x + 1_y\,y + 1_z\,z \qquad (V\ 8,\ 3)$$

den aus x, y, z resultierenden Konfigurationsvektor bezeichnet.

Zum Beweise fassen wir die Ausgangsbahn durch Q_1 und Q_2 als das durch (V 4, 18) individualisierte Mitglied der Kurvenschar (V 4, 17) auf. An der Voraussetzung (V 4, 24) einheitlicher „Elektronenfarbe“ festhaltend, ist dann der Wert H* des Punkteikonales für den von Q_1^* nach Q_2^* verlaufenden wahren Strahl durch (V 4, 26) im Verein mit (V 4, 27) gegeben. Setzen wir also

$$s^* = \mathit{1}_x x^* + \mathit{1}_y y^* + \mathit{1}_z z^* \qquad \text{(V 8, 4)}$$

und

$$N^* = \mathit{1}_x \frac{\partial n^*}{\partial x^{*\prime}} + \mathit{1}_y \frac{\partial n^*}{\partial y^{*\prime}} + \mathit{1}_z \frac{\partial n^*}{\partial z^{*\prime}} \qquad \text{(V 8, 5)}$$

so folgt für die gemäß (V 8, 2) gebildete Funktion G* des von Q_1^* nach Q_2^* führenden Weges

$$G^*(x_1^*, y_1^*, z_1^*;\ N_{2x}^*, N_{2y}^*, N_{2z}^*) = \int\limits_{u_1}^{u_2} n^*\, du - (N^* s^*)_{u=u_2} \qquad \text{(V 8, 6)}$$

und also mit Rücksicht auf (V 4, 31) deren asynchrone Variation

$$\varDelta G = \lim_{\varepsilon \to 0} \{G^*_{\varepsilon+\delta\varepsilon} - G_\varepsilon^*\} = (N \cdot \varDelta s)_2 - (N \varDelta s)_1 - \varDelta (N s)_2 =$$
$$= -(N \varDelta s)_1 - (\varDelta N \cdot s)_2. \qquad \text{(V 8, 7)}$$

An Hand der hieraus fließenden Formeln

$$N_{1x} = -\frac{\partial G}{\partial x_1}; \qquad N_{1y} = -\frac{\partial G}{\partial y_1}; \qquad N_{1z} = -\frac{\partial G}{\partial z_1} \qquad \text{(V 8, 8)}$$

und

$$x_2 = -\frac{\partial G}{\partial N_{2x}}; \qquad y_2 = -\frac{\partial G}{\partial N_{2y}}; \qquad z_2 = -\frac{\partial G}{\partial N_{2z}} \qquad \text{(V 8, 9)}$$

offenbart also G in der Tat die bei der Konzeption des gemischten Eikonales beabsichtigten Eigenschaften dieser Funktion.

Unterwerfen wir die asynchronen Variationen der Konfigurationskoordinaten in Q_1 und des Normalenvektors in Q_2 gleichzeitig den Bedingungen

$$\varDelta s_1 = 0 \qquad \text{(V 8, 10)}$$

und

$$\varDelta N_2 = 0, \qquad \text{(V 8, 11)}$$

so liefert (V 8, 7) das „modifizierte“ *Fermat*sche Prinzip

$$\varDelta G = 0, \qquad \text{(V 8, 12)}$$

falls die Koordinaten x, y, z des Ausgangsstrahles den Differentialgleichungen (V 4, 32) gehorchen.

c) Nach Wahl der Leitkurve (V 4, 48) beschränken wir uns auf das ihr benachbarte Strahlenbündel der Koordinaten $\overline{x}, \overline{y}, \overline{z}$ nach (V 4, 49), welche wir an Hand der Funktion (V 4, 51) durch die entsprechend (V 8, 5) gebildeten *Kartesi*schen Komponenten des Normalenvektors

$$\overline{N}_x = \frac{\partial \overline{n}^*}{\partial \overline{x}'}; \qquad \overline{N}_y = \frac{\partial \overline{n}^*}{\partial \overline{y}'}; \qquad \overline{N}_z = \frac{\partial \overline{n}^*}{\partial \overline{z}'} \qquad \text{(V 8, 13)}$$

ergänzen.

Wir stellen uns im Augenblick vor, daß wir die Integrale der Strahl-Differentialgleichungen (V 4, 63) bereits kennen. In der Entwicklung (V 4, 59) des Punkteikonales läßt sich dann jeder Posten $\overline{H}_k$ nach Ersatz der zunächst in ihm auftretenden Koordinaten $(\overline{x}_1, \overline{y}_1, \overline{z}_1; \overline{x}_2, \overline{y}_2, \overline{z}_2)$ durch die Veränderlichen $(\overline{x}_1, \overline{y}_1, \overline{z}_1; \overline{N}_{2x}, \overline{N}_{2y}, \overline{N}_{2z})$ als Funktion der letztgenannten darstellen. Verfährt man ebenso mit den Komponenten des Vektors $\overline{s}_2$, so gelangt man zu der Reihe des gemischten Eikonales:

$$\overline{G} = \overline{G}(\overline{x}_1, \overline{y}_1, \overline{z}_1; \overline{N}_{x2}, \overline{N}_{y2}, \overline{N}_{z2}) = \\ = \overline{H}_0 + \overline{H}_1 + \overline{H}_2 + \overline{H}_3 + \overline{H}_4 + \ldots - (N s)_{u=u_2} \qquad (V\ 8,\ 14)$$

Insbesondere entsteht aus ihm die *Gauß*sche Dioptrik [Index g] des untersuchten Strahlenbündels — im Sinne des verallgemeinerten Begriffes der *Gauß*schen Bahnen als Lösungen je linearer Differentialgleichungen — durch Beschränkung auf das gemischte Teileikonal

$$\overline{G}_2 = \overline{H}_0 + \overline{H}_1 + \overline{H}_2 - (N_g\, s_g)_{u=u_2}. \qquad (V\ 8,\ 15)$$

Den tatsächlich auftretenden Aberrationen

$$\Delta\overline{x} = \overline{x} - \overline{x}_g; \quad \Delta\overline{y} = \overline{y} - \overline{y}_g; \quad \Delta\overline{z} = \overline{z} - \overline{z}_g \qquad (V\ 8,\ 16)$$

der Konfigurationskoordinaten stellen wir die Aberrationen

$$\Delta\overline{N}_x = \overline{N}_x - \overline{N}_{x,g}; \quad \Delta\overline{N}_y = \overline{N}_y - \overline{N}_{y,g}; \quad \Delta\overline{N}_z = \overline{N}_z - \overline{N}_{z,g} \qquad (V\ 8,\ 17)$$

der Normalenvektoren zur Seite und unterwerfen sie gemäß (V 8, 10) und (V 8, 11) den Randbedingungen

$$\Delta\overline{x} = 0; \quad \Delta\overline{y} = 0; \quad \Delta\overline{z} = 0 \quad \text{in} \quad u = u_1 \qquad (V\ 8,\ 18)$$

und

$$\Delta\overline{N}_x = 0; \quad \Delta\overline{N}_y = 0; \quad \Delta\overline{N}_z = 0 \quad \text{in} \quad u = u_2. \qquad (V\ 8,\ 19)$$

Dagegen folgen für die Aberrationen $\Delta\overline{x}_2, \Delta\overline{y}_2, \Delta\overline{z}_2$ in Q_2 und die Aberrationen $\Delta\overline{N}_{1x}, \Delta\overline{N}_{1y}, \Delta\overline{N}_{1z}$ in Q_1 die Formeln

$$\Delta\overline{x}_2 = -\frac{\partial(\overline{G} - \overline{G}_2)}{\partial\overline{N}_{2x}}; \quad \Delta\overline{y}_2 = -\frac{\partial(\overline{G} - \overline{G}_2)}{\partial\overline{N}_{2y}}; \quad \Delta\overline{z}_2 = -\frac{\partial(\overline{G} - \overline{G}_2)}{\partial\overline{N}_{2z}} \qquad (V\ 8,\ 20)$$

und

$$\Delta\overline{N}_{1x} = -\frac{\partial(\overline{G} - \overline{G}_2)}{\partial\overline{x}_1}; \quad \Delta\overline{N}_{1y} = -\frac{\partial(\overline{G} - \overline{G}_2)}{\partial\overline{y}_1}; \quad \Delta\overline{N}_{1z} = -\frac{\partial(\overline{G} - \overline{G}_2)}{\partial\overline{z}_1}. \qquad (V\ 8,\ 21)$$

d) Zur Darstellung (V 8, 14) des gemischten Eikonales zurückkehrend, entspricht jedem Posten $\overline{H}_k$ der Ordnungszahl $k > 2$ eine Teilaberration vom Range $j = k - 1$. Wir beschränken uns weiterhin auf die jeweils niedrigstrangige, nicht verschwindende Aberration; sie resultiert aus den Gleichungen (V 8, 20) und (V 8, 21), nachdem man in ihnen das gesamte gemischte Eikonal $\overline{G}$ durch den Anteil

$$\overline{G}_k = \overline{H}_0 + \ldots \overline{H}_k - (N s)_{u=u_2} \qquad (V\ 8,\ 22)$$

ersetzt hat.

Ihrer Herleitung nach verlangen nun die genannten Formeln zunächst die Kenntnis der wahren Elektronenbahn mit Einschluß der eben gesuchten Aberration. Wir behaupten jedoch:

Man findet die Aberration des jeweils niedersten Ranges schon dann gerade in der verlangten Genauigkeit, falls man sowohl in $\overline{G}_k$ wie in $\overline{G}_2$ die Koordinaten $\overline{x}, \overline{y}, \overline{z}$ und ihre Ableitungen $\overline{x}', \overline{y}', \overline{z}'$ beziehentlich mit ihren *Gauß*schen Werten $\overline{x}_g, \overline{y}_g, \overline{z}_g; \overline{x}_g', \overline{y}_g', \overline{z}_g'$ vertauscht; nur diese werden also für die Berechnung jener Aberration benötigt.

Zum Beweise dieses Satzes gehen wir von dem gesamten Punkteikonal $\overline{H}_g$ der *Gauß*schen Bahn mittels (V 8, 2) auf das gesamte gemischte Eikonal $\overline{G}_g$ derselben Bahn über

$$\overline{G}_g = \overline{H}_g - (\overline{N}_g\, \overline{s}_g)_{u=u_2}. \qquad \text{(V 8, 23)}$$

Nun folgt mit Rücksicht auf (V 8, 19)

$$(\overline{N}_g\, \overline{s}_g) = (\overline{N}_2\, \overline{s}_{2g}) = (\overline{N}_2\, \overline{s}_2) + (\overline{N}_2 \{\overline{s}_{2g} - s_2\}) = (\overline{N}\, \overline{s})_{u=u_2} - (\overline{N}\, \Delta\, \overline{s})_{u=u_2}, \qquad \text{(V 8, 24)}$$

so daß auf Grund von (V 4, 61) die Relation

$$\overline{G}_g = \overline{H}_g - (\overline{N}_g\, \overline{s}_g)_{u=u_2} =$$

$$= \overline{H} - (\overline{N}\, \overline{s})_{u=u_2} + (\overline{N}\, \Delta\, \overline{s})_{u=u_2} - \int\limits_{u_1}^{u_2} \left[\frac{\partial \overline{n}^*}{\partial \overline{x}} \Delta\, \overline{x} + \ldots + \frac{\partial \overline{n}^*}{\partial \overline{z}'} \Delta\, \overline{z}' \right] du + R \qquad \text{(V 8, 25)}$$

entsteht. Mittels der Umformung (V 4, 63) resultiert hieraus die Gleichung

$$\overline{G}_g = \overline{G} + (N\, \Delta\, s)_{u=u_1} + R, \qquad \text{(V 8, 26)}$$

in welcher das skalare Produkt $(N\, \Delta\, s)_{u=u_1}$ wegen (V 8, 10) verschwindet; da nun im Restgliede R die Größen $\Delta\, \overline{x}, \Delta\, \overline{y}, \ldots \Delta\, \overline{z}'$ nur in Produkten mindestens vom zweiten Grade auftreten, welche also ihrerseits den Grad j^2 besitzen, liefert die Ungleichung $j^2 = (k-1)^2 > k > 2$ den Beweis der oben aufgestellten Behauptung.

e) Im Lichte des vorstehenden Gedankenganges darf man bei der Berechnung der Aberration des niedersten Ranges $j = k - 1$ die Funktion $\overline{G}_k$ der Gleichung (V 8, 22) durch

$$\overline{G}_{k,g} = (\overline{H}_0 + \ldots \overline{H}_k)_g - (N_g\, s_g)_{u=u_2} \qquad \text{(V 8, 27)}$$

ersetzen. Vermöge (V 8, 15) folgt hieraus die Relation

$$\overline{G}_{k,g} - \overline{G}_2 = (\overline{H}_k)_g, \qquad \text{(V 8, 28)}$$

sofern deren rechte Seite, wie früher erläutert wurde, als Funktion der Veränderlichen $(\overline{x}_1, \overline{y}_1, \overline{z}_1; \overline{N}_{2x}, \overline{N}_{2y}, \overline{N}_{2z})$ dargestellt wird. Im Verein mit den Gleichungen (V 8, 20), (V 8, 21) gewinnt man somit die Aberration selbst mittels der einfachen Regeln

$$\Delta\, \overline{x}_2 = -\frac{(\partial \overline{H}_k)_g}{\partial \overline{N}_{2x}}; \quad \Delta\, \overline{y}_2 = -\frac{(\partial \overline{H}_k)_g}{\partial \overline{N}_{2y}}; \quad \Delta\, \overline{z}_2 = -\frac{(\partial \overline{H}_k)_g}{\partial \overline{N}_{2z}} \qquad \text{(V 8, 29)}$$

und

$$\Delta\, \overline{N}_{1x} = -\frac{(\partial \overline{H}_k)_g}{\partial \overline{x}_1}; \quad \Delta\, \overline{N}_{1y} = -\frac{(\partial \overline{H}_k)_g}{\partial \overline{y}_1}; \quad \Delta\, \overline{N}_{1z} = -\frac{(\partial \overline{H}_k)_g}{\partial \overline{z}_1}. \qquad \text{(V 8, 30)}$$

f) Um auf gewisse Schwierigkeiten hinzuweisen, welche bei unscharfer Handhabung des gemischten Eikonales auftreten, behandeln wir mittels dieser Methode den einfachsten Fall der Elektronenoptik: Die Bewegung „monochromatischer" Elektronen vom einheitlichen Betrage $v_0 \ll c$ ihrer Geschwindigkeit [*Newton*sche Mechanik] durch ein kraftfreies Feld.

Wählen wir als Basis des elektrischen Skalarpotentiales $\varphi = \varphi(x, y, z)$ einen Punkt des Elektronenwerfers, aus welchem die anfangs ruhenden Elektronen in das Existenzgebiet der Trägheitsbewegung einfallen, so herrscht dort das feste elektrische Skalarpotential

$$\Phi_0 = \frac{1}{2}\frac{m_0 v_0^2}{q_0}, \qquad \text{(V 8, 31)}$$

während das magnetische Vektorpotential gleich Null gesetzt werden darf. Aus der dieser Feldstruktur angepaßten Funktion

$$n^* = \frac{1}{c}\sqrt{2\frac{q_0}{m_0}\Phi_0}\sqrt{1 + x'^2 + y'^2} = \frac{1}{c}\sqrt{2\frac{q_0}{m_0}\Phi_0}\left[1 + \right.$$
$$\left. + \frac{x'^2 + y'^2}{2} - \frac{(x'^2 + y'^2)}{8} + \ldots\right] \qquad \text{(V 8, 32)}$$

entspringen die Differentialgleichungen der *Gauß*schen Bahnkoordinaten x_g, y_g in ihrer Abhängigkeit von der Koordinate z der Leitkurve $x_0 = 0$; $y_0 = 0$:

$$\frac{dx'_g}{dz} = 0; \qquad \frac{dy'_g}{dz} = 0. \qquad \text{(V 8, 33)}$$

Nach Wahl zweier reeller Integrationskonstanten a und b folgt aus (V 8, 33)

$$x_g' = a; \qquad y_g' = b. \qquad \text{(V 8, 34)}$$

Mit Rücksicht auf (V 8, 31) liefert somit (V 4, 38) für die senkrecht zur z-Achse weisenden Komponenten N_x und N_y des Normalen-Vektors N die Darstellungen

$$N_x = \frac{1}{c}\sqrt{2\frac{q_0}{m_0}\Phi_0}\frac{a}{\sqrt{1 + a^2 + b^2}}; \qquad N_y = \frac{1}{c}\sqrt{2\frac{q_0}{m_0}\Phi_0}\frac{b}{\sqrt{1 + a^2 + b^2}}, \qquad \text{(V 8, 35)}$$

welche sich im Rahmen der *Gauß*schen Näherung auf

$$N_x = \frac{1}{c}\sqrt{2\frac{q_0}{m_0}\Phi_0}\cdot a; \qquad N_y = \frac{1}{c}\sqrt{2\frac{q_0}{m_0}\Phi_0}\, b \qquad \text{(V 8, 36)}$$

reduzieren. In der hierdurch angezeigten Genauigkeit lauten die Gleichungen eines Elektronenstrahles, welcher den Punkt $Q_1 = (x_1, y_1, z_1)$ mit den Neigungen (V 8, 34) durchkreuzt,

$$x = x_1 + \frac{c}{\sqrt{2\frac{q_0}{m_0}\Phi_0}} N_x (z - z_1); \qquad y = y_1 + \frac{c}{\sqrt{2\frac{q_0}{m_0}\Phi_0}} N_y (z - z_1). \qquad \text{(V 8, 37)}$$

Da die Aussagen (V 8, 36) von den Koordinaten (x, y, z) des jeweils auf der *Gauß*schen Elektronenbahn gewählten Aufpunktes unabhängig sind, dürfen wir diesen sowohl mit $Q_1 = (x_1, y_1, z_1)$ wie mit $Q_2 = (x_2, y_2, z_2)$ identifizieren, so daß

$$N_{1x} = N_x = N_{2x}; \qquad N_{1y} = N_y = N_{2y} \qquad \text{(V 8, 38)}$$

resultiert. Wir ergänzen die Kenntnis der senkrecht zur z-Achse weisenden Komponenten des Normalenvektors N_2 in Q_2 durch Berechnung seiner Komponente N_{2z} gemäß (V 4, 72) und bilden mittels der ersten zwei Glieder der Reihe (V 8, 32) das gemischte Teil-Eikonal

$$G_g = \int\limits_{z_1}^{z_2} \frac{1}{c} \sqrt{2\frac{q_0}{m_0}\Phi_0}\left[1 + \frac{x_g'^2 + y_g'^2}{2}\right] dz - [N_{2x} x_2 + N_{2y} y_2 + N_{2z} z_2] =$$

$$= \frac{1}{c}\sqrt{2\frac{q_0}{m_0}\Phi_0}\left[1 + \frac{c^2}{2\frac{q_0}{m_0}\Phi_0}\frac{N_{2x}^2 + N_{2y}^2}{2}(z_2 - z_1)\right] -$$

$$- N_{2x}\left\{x_1 + \frac{c}{\sqrt{2\frac{q_0}{m_0}\Phi_0}} N_{2x}(z_2 - z_1)\right\} -$$

$$- N_{2y}\left\{y_1 + \frac{c}{\sqrt{2\frac{q_0}{m_0}\Phi_0}} N_{2y}(z_2 - z_1)\right\} - N_{2z} z_2. \qquad (V\ 8,\ 39)$$

Im Einklang mit (V 8, 38) folgen aus (V 8, 8) die Relationen

$$N_{1x} = N_{2x}; \qquad N_{1y} = N_{2y}; \qquad N_{1z} = N_{2z}, \qquad (V\ 8,\ 40)$$

während man aus (V 8, 9) im Verein mit (V 8, 36) und (V 8, 38) auf

$$x_2 = x_1 + \frac{c}{\sqrt{2\frac{q_0}{m_0}\Phi_0}} N_{2x}(z_2 - z_1) = x_1 + a(z_2 - z_1), \qquad (V\ 8,\ 41)$$

$$y_2 = y_1 + \frac{c}{\sqrt{2\frac{q_0}{m_0}\Phi_0}} N_{2y}(z_2 - z_1) = y_1 + b(z_2 - z_1) \qquad (V\ 8,\ 42)$$

schließt.

Bei der Durchsicht dieser Lösung überzeugt man sich von ihrer physikalischen Exaktheit. Gerade dieser auf den ersten Blick so befriedigende Sachverhalt muß jedoch bei kritischer Prüfung der entwickelten Methode ernste Zweifel an ihrer Zuverlässigkeit in uns erregen: Wir haben ja das Ergebnis nicht durch Integration der tatsächlich für die Bahn zuständigen, nichtlinearen Differentialgleichung erzielt, sondern es aus der linearen Differentialgleichung der nur näherungsweise gültigen *Gauß*schen Bahn hergeleitet.

Um das angezeigte Paradoxon aufzuklären, ersetzen wir die in (V 8, 41), (V 8, 42) eingehenden Komponenten N_{2x}, N_{2y} des Normalenvektors $\mathfrak{N}_2$ beziehentlich durch ihre genauen Ausdrücke nach (V 8, 35) und finden durch binomische Entwicklung von $\sqrt{1 + a^2 + b^2}$ die mathematisch strengen Gleichungen

$$x_2 = x_1 + \frac{a}{\sqrt{1 + a^2 + b^2}}(z_2 - z_1) = x_1 + a(z_2 - z_1)\left[1 - \frac{a^2 + b^2}{2} + \ldots\right], \qquad (V\ 8,\ 43)$$

$$y_2 = y_1 + \frac{b}{\sqrt{1 + a^2 + b^2}}(z_2 - z_1) = y_1 + b(z_2 - z_1)\left[1 - \frac{a^2 + b^2}{2} + \ldots\right], \qquad (V\ 8,\ 44)$$

welche jedoch nunmehr physikalisch unexakt sind, in dieser Hinsicht also die früheren Ergebnisse verschlechtern!

Wir behaupten, daß dieser Effekt durch die Aberration vom Range 3 genau kompensiert wird. Denn das längs der *Gauß*schen Bahn berechnete Punkteikonal vom Range 4 lautet

$$\overline{H}_{4,g} = \int_{z_1}^{z_2} \frac{1}{c}\sqrt{2\frac{q_0}{m_0}\Phi_0}\left[-\frac{1}{8}(x_g'^2 + y_g'^2)^2\right]dz, \qquad (V\ 8,\ 45)$$

so daß sich auf Grund von (V 8, 34)

$$\overline{H}_{4,g} = -\frac{1}{8}\frac{1}{c}\sqrt{2\frac{q_0}{m_0}\Phi_0}\,(a^2 + b^2)^2 (z_2 - z_1) \qquad (V\ 8,\ 46)$$

ergibt. In der mit dieser Gleichung beabsichtigten Genauigkeit dürfen wir uns wiederum auf die Annäherung (V 8, 36) stützen und erhalten

$$\overline{H}_{4,g} = -\frac{1}{8}\left(\frac{c}{\sqrt{2\frac{q_0}{m_0}\Phi_0}}\right)^3 (N_{x_2}{}^2 + N_{y_2}{}^2)^2 (z_2 - z_1), \qquad (V\ 8,\ 47)$$

so daß gemäß (V 8, 29) für die Aberrationen vom Range 3 die Formeln

$$\Delta x_3 = \frac{1}{2}\left(\frac{c}{\sqrt{2\frac{q_0}{m_0}\Phi_0}}\right)^3 (N_{x_2}{}^2 + N_{y_2}{}^2)\, N_{x_2} (z_2 - z_1) = \frac{1}{2}(a^2 + b^2)\, a\, (z_2 - z_1), \qquad (V\ 8,\ 48)$$

$$\Delta y_3 = \frac{1}{2}\left(\frac{c}{\sqrt{2\frac{q_0}{m_0}\Phi_0}}\right)^3 (N_{x_2}{}^2 + N_{y_2}{}^2)\, N_{y_2} (z_2 - z_1) = \frac{1}{2}(a^2 + b^2)\, b\, (z_2 - z_1) \qquad (V\ 8,\ 49)$$

resultieren; ihr Vergleich mit den Ausdrücken (V 8, 43), (V 8, 44) erhält den verlangten Beweis.

V 9. Das Seidelsche Eikonal.

a) Wir kehren zur Elektronenoptik eines Gerätes zurück, welches relativ zur z-Achse des rechtsläufigen, *Kartes*ischen Koordinatensystemes x, y, z rotationssymmetrisch gebaut ist. In ihm identifizieren wir den Anfangspunkt Q_1 des kontrollierten Elektronenstrahles mit einem Punkte der Gegenstandsebene [Objektebene] und den Endpunkt Q_2 desselben Strahles mit einem Punkte der im Sinne der *Gauß*schen Dioptrik verstandenen Bildebene; demgemäß ersetzen wir den Index 1 durch O und den Index 2 durch B. Sowohl das Punkteikonal wie das Richtungseikonal oder das gemischte Eikonal erteilen dann zwar über die elektronenoptischen Eigenschaften des elektromagnetischen Feldsystemes als Träger jenes Strahles erschöpfende Auskunft; doch sind in ihr zwei Abbildungselemente von unterschiedlichem geometrischen Charakter miteinander vermischt: Die Maßstabsänderung erscheint gleichzeitig mit den Aberrationen. Für die Beurteilung der Bildgüte oder, genauer gesagt, der Bildtreue ist nun die Maßstabsänderung unwesentlich. Wir werden daher nach einem Eikonal Ausschau halten, welches die genannte Maßstabsänderung automatisch aus dem Rechengang eliminiert, und dies ist das Ziel des *Seidel*schen Eikonales.

b) Wir erläutern den Grundgedanken des *Seidel*schen Eikonales am Beispiel des Transformators, welcher mit einfach-harmonischem Einphasen-Wechselstrom betrieben wird: Im „idealen", verlustfreien und streuungslosen Gerät folgen Spannung und Strom der Sekundärseite aus ihren

Primärwerten nach Maßgabe des Übersetzungsverhältnisses der Windungszahlen. Im wirklichen Transformator jedoch weichen bei primär festgehaltenen Arbeitsbedingungen die Sekundärgrößen um die „Übersetzungsfehler" von jenen des idealen Gerätes ab. Für die zahlenmäßige Kenntnis dieser Fehler ist nun die unmittelbare Darstellung der zu vergleichenden Ströme und Spannungen in je einheitlichem Maßstabe unzweckmäßig, ja häufig technisch unausführbar, weil sich bei ihrer Aufzeichnung Größenänderung und Fehler vermischen. Man pflegt deshalb die natürlichen Betriebsgrößen mit solchen „reduzierten" zu vertauschen, welche im idealen Transformator durch seine Umrechnung auf ein sonst gleichwertiges Gerät vom Übersetzungsverhältnis 1 : 1 miteinander identisch werden.

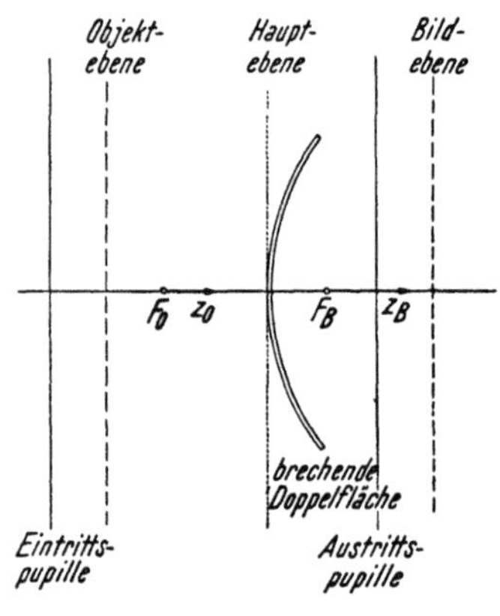

Abb. V 270. Zur Einführung *Seidel*scher Koordinaten.

Eines ähnlichen Kunstgriffes werden wir uns in der elektronenoptischen „Transformation" von der „Primärseite" [Objekt] zur „Sekundärseite" [Bild] zu bedienen haben. Statt der Konfigurationskoordinaten einerseits, der achsenparallelen Komponenten der Normalenvektoren andererseits sind solche Variabeln einzuführen, welche im „idealen" Übertragungssysteme der *Gauß*schen Dioptrik einander beziehentlich gleich werden; sie definieren die *Seidel*schen Koordinaten.

c) Wir beziehen uns zunächst auf eine sphärische Doppelschicht nach Ziffer V 7. Im Anschluß an Abb. V 270 benutzen wir im Objektraum [Index O] und im Bildraum [Index B] je ein eigenes Bezugssystem mit dem Ursprung im zugehörigen Brennpunkte F; die z_O-Achse möge mit der z_B-Achse koinzidieren, während die x_O- und die x_B-Achse sowie die y_O- und y_B-Achse einander paarweise parallelgerichtet seien. Bezeichne nun f_O die objektseitige, f_B die bildseitige Brennweite gemäß (V 7, 46), so ergibt sich die Lage $z_O \rightarrow Z_O$ der Objektebene aus ihrem Abstande Z_1 von der Scheitelebene der sphärischen Doppelschicht zu

$$Z_O = Z_1 - Z_{1F} = Z_1 + \frac{n_1}{n_2 - n_1} R \qquad \text{(V 9, 1)}$$

und ebenso die Lage $z_B \rightarrow Z_B$ der Bildebene aus deren Abstand Z_2 von der genannten Scheitelebene zu

$$Z_B = Z_2 - Z_{2F} = Z_2 - \frac{n_2}{n_2 - n_1} R. \qquad \text{(V 9, 2)}$$

Durch wechselseitige Multiplikation der Gleichungen (V 7, 40) folgt daher die Relation

$$R \frac{n_1}{Z_O} = -\frac{1}{R} \frac{Z_B}{n_2} \qquad \text{(V 9, 3)}$$

welcher man für die Lateralvergrößerung M nach (V 7, 45) die Doppelgleichung

$$M = R \frac{n_1}{Z_O} = -\frac{1}{R} \frac{Z_B}{n_2} \qquad \text{(V 9, 4)}$$

entnimmt; sie stimmt wegen (V 7, 47) mit der allgemeinen Aussage (IV 1, 82) überein. Führen wir also in der Objektebene die mit einem bestimmten Vorzeichen versehene Länge l_O und in der Bildebene die ebenso ausgestattete Länge l_B mit dem Verhältnis

$$\frac{l_B}{l_O} = M \qquad (V\ 9,\ 5)$$

als Maßeinheiten ein, so gelangen wir nach Wahl einer vorerst willkürlichen, reellen Konstanten C von den natürlichen Koordinaten X_O, Y_O des Objektpunktes und den natürlichen Koordinaten X_B, Y_B des Bildpunktes Q_B zu den entsprechenden *Seidel*schen Koordinaten ξ_O, η_O und ξ_B, η_B mittels der Umrechnungsvorschriften

$$\xi_O = C\frac{X_O}{l_O}; \qquad \eta_O = C\frac{Y_O}{l_O} \qquad (V\ 9,\ 6)$$

und

$$\xi_B = C\frac{X_B}{l_B}; \qquad \eta_B = C\frac{Y_B}{l_B}. \qquad (V\ 9,\ 7)$$

Um eine ähnliche Transformation für die Komponenten der Normalen-Vektoren zu gewinnen, müssen wir allerdings einen Umweg beschreiten.

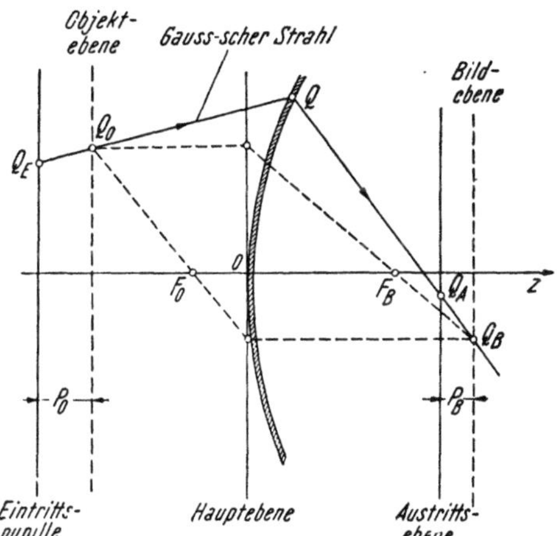

Abb. V 271. Kontrollebenen der *Seidel*schen Koordinaten.

Wir ergänzen das Paar der Objekt- und der Bildebene durch ein weiteres Paar achsennormaler, zueinander konjugierter Ebenen, welche wir, die Terminologie der Lichtoptik etwas erweiternd, als Pupillenebenen bezeichnen. Insbesondere möge der kontrollierte Elektronenstrahl gemäß Abb. V 271 die Eintrittspupille

$$z_O \rightarrow Z_E = Z_O + P_O \qquad (V\ 9,\ 8)$$

im Punkte $Q_E = (X_E, Y_E)$ des Objektraumes und die Austrittspupille

$$z_B \rightarrow Z_A = Z_B + P_B \qquad (V\ 9,\ 9)$$

im Punkte $Q_A = (X_A, Y_A)$ des Bildraumes treffen. Die diese konjugierten Punkte kennzeichnende Lateralvergrößerung folgt nach (V 9, 4) aus

$$M_P = R\frac{n_1}{Z_E} = -\frac{1}{R}\frac{Z_A}{n_2}. \qquad (V\ 9,\ 10)$$

Nun führen wir in der Eintrittspupille die neue, mit bestimmten Vorzeichen versehene Maßeinheit l_E und in der Austrittspupille die ebenso verstandene Maßeinheit l_A im Verhältnis

$$\frac{l_A}{l_E} = M_P \qquad (V\ 9,\ 11)$$

ein und ersetzen die natürlichen Koordinaten in der Eintrittspupille durch

$$\xi_E = \frac{X_E}{l_E}; \qquad \eta_E = \frac{Y_E}{l_E} \qquad (V\ 9,\ 12)$$

sowie jene der Austrittspupille durch

$$\xi_A = \frac{X_A}{l_A}; \qquad \eta_A = \frac{Y_A}{l_A}. \tag{V 9, 13}$$

Auf Grund dieser Definition wird im *Gaußschen* Strahlengang $\xi_E = \xi_A$ und $\eta_E = \eta_A$; diese Größen können somit als *Seidel*sche Koordinaten verwendet werden.

Aus (V 9, 10) resultiert in Verbindung mit (V 9, 4), (V 9, 8) und (V 9, 9) die Relation

$$Z_E Z_A \equiv (Z_O + P_O)(Z_B + P_B) = Z_O Z_B = -n_1 n_2, \tag{V 9, 14}$$

welche die Gleichung

$$\frac{Z_O}{P_O} + \frac{Z_B}{P_B} = 1 \tag{V 9, 15}$$

nach sich zieht. Daher folgt durch wechselseitige Multiplikation von (V 9, 4) und (V 9, 10) unter Beachtung von (V 9, 5) und (V 9, 11)

$$\frac{l_B}{l_O} \cdot \frac{l_A}{l_E} = M \cdot M_P = \frac{n_1}{n_2} \cdot \frac{P_B}{P_O} \tag{V 9, 16}$$

oder

$$n_1 \frac{l_O l_E}{P_O} = n_2 \frac{l_B l_A}{P_B}. \tag{V 9, 17}$$

Wir identifizieren diese Abbildungsinvariante mit der in (V 9, 6), (V 9, 7) unbestimmt gelassenen Konstanten C, setzen also endgültig

$$\xi_O = \frac{n_1 l_E}{P_O} X_O; \qquad \eta_O = \frac{n_1 l_E}{P_O} Y_O \tag{V 9, 18}$$

und

$$\xi_B = \frac{n_2 l_A}{P_B} X_B; \qquad \eta_B = \frac{n_2 l_A}{P_B} Y_B. \tag{V 9, 19}$$

Um nunmehr die Komponenten N_x, N_y des jeweils auftretenden Normalen-Vektors N durch die *Seidel*schen Koordinaten auszudrücken, stützen wir uns auf die geometrischen Beziehungen

$$\alpha_O = \gamma_O \frac{X_E - X_O}{P_O}; \qquad \beta_O = \gamma_O \frac{Y_E - Y_O}{P_O}, \tag{V 9, 20}$$

$$\alpha_B = \gamma_B \frac{X_A - X_B}{P_B}; \qquad \beta_B = \gamma_B \frac{Y_A - Y_B}{P_B}. \tag{V 9, 21}$$

Unter Beschränkung auf flache Elektronenstrahlen, deren Richtungskosinus γ_O und γ_B je nur wenig von der Einheit abweichen, ersetzen wir die Relationen (V 9, 20), (V 9, 21) nach Substitution von (V 9, 12), (V 9, 13) und (V 9, 18), (V 9, 19) durch die *linearen* Gleichungen

$$n_1 \alpha_O = n_1 \frac{l_E \xi_E}{P_O} - \frac{\xi_O}{l_E}; \qquad n_1 \beta_O = n_1 \frac{l_E \eta_E}{P_O} - \frac{\eta_O}{l_E}, \tag{V 9, 22}$$

$$n_2 \alpha_B = n_2 \frac{l_A \xi_A}{P_B} - \frac{\xi_B}{l_A}; \qquad n_2 \beta_B = n_2 \frac{l_A \eta_A}{P_B} - \frac{\eta_B}{l_A}. \tag{V 9, 23}$$

Ungeachtet ihrer *Herleitung* aus dem *Gaußschen* Strahlengange gelten von nun an die Gleichungen (V 9, 18), (V 9, 19), (V 9, 22), (V 9, 23) als *Definitionen* der *Seidel*schen Koordinaten des zu untersuchenden, in der Regel vom *Gaußschen* Wege *verschiedenen* Elektronenstrahles; dabei sind die *Seidel*schen Koordinaten ξ_O, η_O; ξ_B, η_B; ξ_E, η_E; ξ_A, η_A je als Funktionen der Konfigurationskoordinaten $X_O, Y_O; X_B, Y_B$ und der Komponenten $n_1\,\alpha_O, n_1\,\beta_O;\ n_2\,\alpha_B, n_2\,\beta_B$ der Normalenvektoren aufzufassen. Daher müssen jetzt die Konfigurationskoordinaten X_E, Y_E des Elektronenstrahles in der Eintrittspupille nach den Formeln

$$X_E = X_O + P_O \frac{\alpha_O}{\gamma_O} = \left[\frac{P_O\,\xi_O}{n_1\,l_E}\{1-\sqrt{1-(\alpha_O^2+\beta_O^2)}\} + l_E\,\xi_E\right]\frac{1}{\sqrt{1-(\alpha_O^2+\beta_O^2)}}, \tag{V 9, 24}$$

$$Y_E = Y_O + P_O \frac{\beta_O}{\gamma_O} = \left[\frac{P_O\,\eta_O}{n_1\,l_E}\{1-\sqrt{1-(\alpha_O^2+\beta_O^2)}\} + l_E\,\eta_E\right]\frac{1}{\sqrt{1-(\alpha^2_O+\beta_O^2)}} \tag{V 9, 25}$$

und die Konfigurationskoordinaten X_A, Y_A in der Austrittspupille nach den Formeln

$$X_A = X_B + P_B \frac{\alpha_B}{\gamma_B} = \left[\frac{P_B\,\xi_B}{n_2\,l_A}\{1-\sqrt{1-(\alpha_B^2+\beta_B^2)}\} + l_A\,\xi_A\right]\frac{1}{\sqrt{1-(\alpha_B^2+\beta_B^2)}}, \tag{V 9, 26}$$

$$Y_A = Y_B + P_B \frac{\beta_B}{\gamma_B} = \left[\frac{P_B\,\eta_B}{n_2\,l_A}\{1-\sqrt{1-(\alpha_B^2+\beta_B^2)}\} + l_A\,\eta_A\right]\frac{1}{\sqrt{1-(\alpha_B^2+\beta_B^2)}} \tag{V 9, 27}$$

berechnet werden. Dagegen sinken die Relationen (V 9, 12), (V 9, 13) zum Range nur angenähert gültiger Darstellungen herab: Da sie beziehentlich aus (V 9, 24), (V 9, 25), (V 9, 26), (V 9, 27) durch den Grenzprozeß $\gamma_O \to 0$, $\gamma_B \to 0$ hervorgehen, schildern sie in den Pupillenebenen nicht die Konfigurationskoordinaten des wahren Elektronenstrahles, sondern jenes virtuellen Strahles, welcher der *Gauß*schen Dioptrik [Index g] gehorcht; die Gleichungen

$$X_{E,g} = l_E\,\xi_E\,; \qquad Y_{E,g} = l_E\,\eta_E, \tag{V 9, 28}$$

$$X_{A,g} = l_A\,\xi_A\,; \qquad Y_{A,g} = l_A\,\eta_A \tag{V 9, 29}$$

beschreiben daher umgekehrt die *Seidel*schen Pupillenkoordinaten des *Gauß*schen Strahles.

d) Auf Grund der vorstehenden Definition der *Seidel*schen Koordinaten finden wir als asynchrone Variation des für den wirklichen Strahlengang zuständigen *Winkeleikonales* ohne jede Vernachlässigung den Ausdruck

$$\left.\begin{aligned} \Delta W &= n_1\,[X_O\,\Delta\,\alpha_O + Y_O\,\Delta\,\beta_O] - n_2\,[X_B\,\Delta\,\alpha_B + Y_B\,\Delta\,\beta_B] = \\ &= \xi_O\left[\Delta\,\xi_E - \frac{P_O}{n_1\,l_E^2}\Delta\,\xi_O\right] + \eta_O\left[\Delta\,\eta_E - \frac{P_O}{n_1\,l_E^2}\Delta\,\eta_O\right] - \\ &\quad - \xi_B\left[\Delta\,\xi_A - \frac{P_B}{n_2\,l_A^2}\Delta\,\xi_B\right] - \eta_B\left[\Delta\,\eta_A - \frac{P_B}{n_2\,l_A^2}\Delta\,\eta_B\right] \end{aligned}\right\} \tag{V 9, 30}$$

oder, in veränderter Anordnung und Zusammenfassung,

$$\begin{aligned} \Delta W &= (\xi_O - \xi_B)\,\Delta\,\xi_A + \xi_O\,(\Delta\,\xi_E - \Delta\,\xi_A) + (\eta_O - \eta_B)\,\Delta\,\eta_A + \eta_O\,(\Delta\,\eta_E - \Delta\,\eta_A) - \\ &\quad - \frac{P_O}{2\,n_1\,l_E^2}\Delta\,(\xi_O^2+\eta_O^2) + \frac{P_B}{2\,n_2\,l_A^2}\Delta\,(\xi_B^2+\eta_B^2) = (\xi_O - \xi_B)\,\Delta\,\xi_A + \\ &\quad + \Delta\,\{\xi_O\,(\xi_E - \xi_A)\} - (\xi_E - \xi_A)\,\Delta\,\xi_O + (\eta_O - \eta_B)\,\Delta\,\eta_A + \Delta\,\{\eta_O\,(\eta_E - \eta_A)\} - \\ &\quad - (\eta_E - \eta_A)\,\Delta\,\eta_O - \frac{P_O}{2\,n_1\,l_E^2}\Delta\,(\xi_O^2+\eta_O^2) + \frac{P_B}{2\,n_2\,l_A^2}\Delta\,(\xi_B^2+\eta_B^2). \end{aligned} \tag{V 9, 31}$$

Definiert man also als *Seidel*sches *Eikonal* die Funktion

$$S(\xi_O, \eta_O; \xi_A, \eta_A) = W - \xi_O(\xi_E - \xi_A) - \eta_O(\eta_E - \eta_A) + \\ + \frac{P_O}{2\, n_1\, l_E^2}(\xi_O^2 + \eta_O^2) - \frac{P_B}{2\, n_2\, l_A^2}(\xi_B^2 + \eta_B^2), \qquad (V\ 9,\ 32)$$

so folgt aus (V 9, 31)

$$\varDelta S = (\xi_O - \xi_B)\varDelta \xi_A + (\eta_O - \eta_B)\varDelta \eta_A - (\xi_E - \xi_A)\varDelta \xi_O - (\eta_E - \eta_A)\varDelta \eta_O. \qquad (V\ 9,\ 33)$$

Hieraus erschließen wir die Relationen

$$\xi_B - \xi_O = -\frac{\partial S}{\partial \xi_A}; \qquad \eta_B - \eta_O = -\frac{\partial S}{\partial \eta_A}, \qquad (V\ 9,\ 34)$$

$$\xi_A - \xi_E = \frac{\partial S}{\partial \xi_O}; \qquad \eta_A - \eta_E = \frac{\partial S}{\partial \eta_O}. \qquad (V\ 9,\ 35)$$

Definitionsgemäß werden nun für einen der *Gauß*schen Dioptrik gehorchenden Strahl die *Seidel*schen Koordinaten je zwei konjugierter Ebenen einander gleich. Daher messen die in (V 9, 34), (V 9, 35) auftretenden Differenzen der *Seidel*schen Koordinaten, wie es mit ihrer Konzeption beabsichtigt war, die Abweichungen des Strahlenganges von dem idealen Verlauf der *Gauß*schen Dioptrik; insbesondere werden durch (V 9, 34) die *Bildfehler* [in der Einheit $P_B/n_2\, l_A$] und durch (V 9, 35) die *Aberrationen des Strahles in der Austrittspupille* [angenähert in der Einheit l_A] gemessen.

e) Auf Grund der Linearität der weiterhin als „*Winkeltransformation*" bezeichneten Gleichungen (V 9, 22), (V 9, 23) korrespondiert jedem Gliede in der Entwicklung des Winkeleikonales

$$W = W_0 + W_2 + W_4 + \ldots \qquad (V\ 9,\ 36)$$

nach steigenden Potenzprodukten der unabhängigen Veränderlichen $\alpha_1 \to \alpha_O$, $\beta_1 \to \beta_O$; $\alpha_2 \to \alpha_B$, $\beta_2 \to \beta_B$ ein Glied gleichen Grades in der Entwicklung des *Seidel*schen Eikonales (V 9, 32) nach den Potenzprodukten der *Seidel*schen Koordinaten

$$S = S_0 + S_2 + S_4 + \ldots \qquad (V\ 9,\ 37)$$

Nun haben wir bewiesen, daß das Teil-Winkeleikonal W_2 in Strenge die *Gauß*sche Dioptrik beschreibt; daher schließen wir aus (V 9, 34), (V 9, 35) und (V 9, 37) auf

$$\frac{\partial S_2}{\partial \xi_A} = \frac{\partial S_2}{\partial \eta_A} = 0; \qquad \frac{\partial S_2}{\partial \xi_O} = \frac{\partial S_2}{\partial \eta_O} = 0, \qquad (V\ 9,\ 38)$$

also

$$S_2 = 0. \qquad (V\ 9,\ 39)$$

Die in (V 9, 32) formal auftretenden Glieder zweiter Ordnung in den *Seidel*schen Koordinaten kompensieren hiernach genau jene, die bei der Transformation von W_2 auf *Seidel*sche Koordinaten entstehen. Auf Grund dieses Satzes gehen alle *Seidel*schen Teileikonale mindestens vierter Ordnung durch bloße Anwendung der Winkeltransformation beziehentlich aus den Winkel-Teileikonalen gleicher Ordnung hervor:

$$S_4 \to W_4; \qquad S_6 \to W_6; \ldots \qquad (V\ 9,\ 40)$$

Wir beschränken uns weiterhin auf das *Seidel*sche Eikonal vierter Ordnung, welches die Aberrationen vom Range 3 liefert. Man erkennt dann aus seinem durch (V 9, 30) in Verbindung mit (V 9, 22), (V 9, 23) angegebenen Werte, daß man nach Ausführung der verlangten Winkeltransformation die für den aberrierenden Strahl maßgeblichen Werte der *Seidel*schen Koordinaten durch jene des *Gauß*schen Strahlenganges ersetzen darf, ohne die Genauigkeit des Ergebnisses zu beeinträchtigen; denn bei diesem Verfahren vernachlässigt man nur Glieder von mindestens sechster Ordnung, welche also nicht in S_4 eingehen, sondern erst die Aberrationen vom Range 5 beeinflussen.

g) Von dem bisher behandelten Eikonal der einzelnen sphärischen Doppelfläche gehen wir zum Eikonal von $K > 1$ im Zuge des Elektronenstrahles zentriert hintereinander angeordneten Doppelflächen über, welche mit den Adskripten I, II, ... K durchnumeriert werden; im Sinne der *Gauß*schen Dioptrik sollen sie derart justiert sein, daß die G-te Doppelfläche das ihr von der (G — 1)-sten Fläche übermittelte Bild gerade in die Objektebene der (G + 1)-sten Doppelfläche transformiert. Zufolge (V 9, 40) resultiert dann der Wert des *Seidel*schen Eikonales S_4 als Summe aller Teileikonale S_4^G, welche die Elektronenoptik der G-ten Doppelschicht beschreiben

$$S_4 = \sum_{G=I}^{K} S_4^G \qquad \text{(V 9, 41)}$$

Da nun die Bildebene der G-ten Doppelschicht mit der Objektebene der (G + 1)-sten Doppelschicht identisch ist, zieht die dort zu fordernde Stetigkeit des Elektronenstrahles die kinematischen Bedingungen

$$X_B^G = X_O^{G+I}; \qquad Y_B^G = Y_O^{G+I} \qquad \text{(V 9, 42)}$$

und

$$\alpha_B^G = \alpha_O^{G+I}; \qquad \beta_B^G = \beta_O^{G+I} \qquad \text{(V 9, 43)}$$

nach sich. Überdies kommt der genannten Kontaktebene der eindeutige Brechungsindex

$$n_2^G = n_1^{G+I} \qquad \text{(V 9, 44)}$$

des von den benachbarten Doppelflächen begrenzten schalenförmigen Gebietes zu, so daß die Austrittspupille der G-ten Doppelschicht mit der Eintrittspupille der (G + I)-sten Doppelschicht koinzidiert

$$P_B^G = P_O^{G+I} \qquad \text{(V 9, 45)}$$

Nach (V 9, 18), (V 9, 19) berechnen sich nun die *Seidel*schen Koordinaten ξ und η der Kontaktebene mittels der Formeln

$$\xi_B^G = \frac{n_2^G\, l_A^G}{P_B^G} X_B^G; \qquad \eta_B^G = \frac{n_2^G\, l_A^G}{P_B^G} Y_B^G, \qquad \text{(V 9, 46)}$$

$$\xi_O^{G+I} = \frac{n_1^{G+I}\, l_E^{G+I}}{P_O^{G+I}} X_O^{G+I}; \qquad \eta_O^{G+I} = \frac{n_1^{G+I}\, l_E^{G+I}}{P_O^{G+I}} Y_O^{G+I} \qquad \text{(V 9, 47)}$$

Wählt man also, im Einklang mit (V 9, 45),

$$l_A^G = l_E^{G+I} \qquad \text{(V 9, 48)}$$

so schließt man aus (V 9, 42), (V 9, 44), (V 9, 45), (V 9, 46), (V 9, 47) und (V 9, 48) auf

$$\xi_B^G = \xi_O^{G+I}; \qquad \eta_B^G = \eta_O^{G+I} \qquad \text{(V 9, 49)}$$

Weiter berechnet man nach (V 9, 22), (V 9, 23)

$$n_2^G\,\alpha_B^G = n_2^G \frac{l_A^G\,\xi_A^G}{P_B^G} - \frac{\xi_B^G}{l_A^G}; \qquad n_2^G\,\beta_B^G = n_2^G \frac{l_A^G\,\eta_A^G}{P_B^G} - \frac{\eta_B^G}{l_A^G} \qquad \text{(V 9, 50)}$$

$$n_1^{G+I}\,\alpha_O^{G+I} = n_1^{G+I} \frac{l_E^{G+I}\,\xi_E^{G+I}}{P_O^{G+I}} - \frac{\xi_O^{G+I}}{l_E^{G+I}}; \qquad n_1^{G+I}\,\beta_O^{G+I} = n_1^{G+I} \frac{l_E^{G+I}\,\eta_E^{G+I}}{P_B^{G+I}} - \frac{\eta_O^{G+I}}{l_E^{G+I}}$$
$$\text{(V 9, 51)}$$

so daß man mit (V 9, 43), (V 9, 44), (V 9, 45), (V 9, 48) und (V 9, 49)

$$\xi_A^G = \xi_E^{G+I}; \qquad \eta_A^G = \eta_E^{G+I} \qquad \text{(V 9, 52)}$$

findet. Da nun in die Darstellung von S_4 die *Seidel*schen Koordinaten des *Gauß*schen Strahlenganges eingesetzt werden dürfen, folgen aus (V 9, 49) und (V 9, 52) im Verein mit den auf $S_2 = 0$ angewandten Gleichungen (V 9, 34), (V 9, 35) die Kettenrelationen

$$\xi_{O,g}^{I} = \xi_{O,g}^{I} = \xi_{O,g}^{II} = \ldots = \xi_{O,g}^{K};\ \eta_{O,g}^{I} = \eta_{B,g}^{I} = \eta_{O,g}^{II} = \ldots = \eta_{B,g}^{K}, \qquad \text{(V 9, 53)}$$

$$\xi_{E,g}^{I} = \xi_{A,g}^{I} = \xi_{E,g}^{II} = \ldots = \xi_{E,g}^{K};\ \eta_{E\,g}^{I} = \eta_{A,g}^{I} = \eta_{E,A}^{II} = \ldots = \eta_{A,g}^{K} \qquad \text{(V 9, 54)}$$

Sie gestatten es, im *Seidel*schen Teil-Eikonal vierter Ordnung S_4^G ohne Änderung seines Wertes durch bloße Auswechselung konjugierter *Seidel*scher Koordinaten — deren in (V 9, 53), (V 9, 54) auf den *Gauß*schen Strahlengang hinweisender Index g nunmehr unterdrückt werden darf — die funktionelle Transformation

$$S_4^G = S_4^G(\xi_O^G, \eta_O^G;\ \xi_A^G, \eta_A^G). \rightarrow S_4^G(\xi_O^I, \eta_O^I;\ \xi_A^K\,\eta_A^K) \qquad \text{(V 9, 55)}$$

durchzuführen. Wir eliminieren nun alle Zwischenbilder, indem wir lediglich das Objekt am Anfang der Gesamtanordnung und sein Endbild in Betracht ziehen; die gleiche Anweisung betreffe die Lage je der Eintritts- und der Austrittspupille. Da wir dann, ohne mißverstanden zu werden, auf die gemeinsamen Adskripte I und K aller in (V 9, 55) eingehenden *Seidel*schen Koordinaten verzichten dürfen, folgt aus dieser Gleichung

$$S_4(\xi_O, \eta_O;\ \xi_A, \eta_A) = \sum_{G=1}^{K} S_4^G(\xi_O, \eta_O;\ \xi_A, \eta_A). \qquad \text{(V 9, 56)}$$

Die spätere Verallgemeinerung dieses Ergebnisses auf elektromagnetische Systeme vorausnehmend, enthält es den Satz:

Die Abbildungsfehler dritten Ranges eines zusammengesetzten elektronenoptischen Systemes resultieren aus den gleichrangigen Teilfehlern seiner Komponentensysteme. Insbesondere kann man hiernach jene Fehler, deren Vorzeichen durch die Richtung des Feldes diktiert wird, durch passende Kombination hintereinander folgender Teilsysteme kompensieren. Um jedoch Mißverständnisse auszuschließen, sei ausdrücklich bemerkt, daß die Additivitätsregel der Fehler sich nur auf die hier behandelten Aberrationen vom Range 3 bezieht, nicht jedoch auf Unvollkommenheiten der Abbildung, welche von anderen Ursachen herrühren.

h) Durch den Grenzübergang zu einer unendlich großen Zahl K der zusammenwirkenden Teilsysteme bei gleichzeitig zu infinitesimaler Schwäche verringerter Brechfähigkeit jedes einzelnen von ihnen gelangt man zu einem kontinuierlichen Systeme vom *Seidel*schen Eikonal $S_4 = S_4(\xi_O, \eta_O; \xi_A, \eta_A)$; aus diesem sind gemäß (V 9, 34), (V 9, 35) und (V 9, 37), (V 9, 39) die Bildfehler $\Delta\xi$, $\Delta\eta$ vom Range 3 nach den Vorschriften

$$\Delta\xi_B = \xi_B - \xi_O = -\frac{\partial S_4}{\partial \xi_A}; \qquad \Delta\eta_B = \eta_B - \eta_O = -\frac{\partial S_4}{\partial \eta_A} \qquad \text{(V 9, 57)}$$

zu berechnen.

V 10. Das Seidel-Glasersche Eikonal.

a) Wir suchen die vordem für diskrete Brechungsflächen entwickelten elektronenoptischen Berechnungsmethoden zu Eikonalfunktionen kontinuierlicher elektromagnetischer Abbildungssysteme von zentralsymmetrischer Feldstruktur zu erweitern. Der Kürze halber werden wir uns hierbei auf so kleine Beträge der Elektronengeschwindigkeit beschränken, daß die träge Masse m des Elektrons ihrem Ruhewerte m_0 gleichgesetzt werden darf [*Newton*sche Mechanik], während der Einfluß der relativistischen Massenveränderlichkeit später [Ziffer VI 13] behandelt werden wird.

b) Wir beschreiben das elektromagnetische Feld relativ zum Bezugssystem der rechtsläufigen, *Kartesi*schen Koordinaten x, y, z mittels des elektrischen Skalarpotentiales φ und des magnetischen Vektorpotentiales V, welche je als zeitfrei vorausgesetzt werden. Wir identifizieren ihre Symmetrieachse mit der z-Achse, welche ihrerseits die Leitlinie der zu untersuchenden Bewegung definiere. Nach (V 4, 69) unterliegen dann die Elektronenstrahlen den Differentialgleichungen

$$\frac{d}{dz}\left(\frac{\partial n^*}{\partial x'}\right) - \frac{\partial n^*}{\partial x} = 0; \qquad \frac{d}{dz}\left(\frac{\partial n^*}{\partial y'}\right) - \frac{\partial n^*}{\partial y} = 0, \qquad \text{(V 10, 1)}$$

welche aus der Mutterfunktion

$$n^* = \frac{1}{c}\sqrt{2\frac{q_0}{m_0}\varphi}\sqrt{1 + x'^2 + y'^2} - \frac{q_0}{m_0 c}(x' V_x + y' V_y + V_z) \qquad \text{(V 10, 2)}$$

hervorgehen. In der Absicht, den Bildfehlern vom Range 3 nachzugehen, haben wir n^* nach Potenzprodukten der Variabeln $x, y; x', y'$ bis zu Gliedern des vierten Grades einschließlich zu entwickeln. Wir lassen im Existenzraum der Elektronenströmung sowohl deren Raumladung wie das ihr genetisch zugehörige magnetische Sekundärfeld außer acht. Der algebraische Bau der Funktion n^* gestattet es dann, in der beabsichtigten Entwicklung zwei voneinander unabhängige Gruppen zu unterscheiden:

1. Der elektrische Anteil.

Ausgehend von der Darstellung (IV 3, 2) des elektrischen Skalarpotentiales in der Form

$$\varphi = \Phi - \Phi'' \frac{x^2 + y^2}{4} + \Phi^{IV} \frac{(x^2 + y^2)^2}{64} - + \ldots \qquad \text{(V 10, 3)}$$

berechnet man in der verlangten Genauigkeit

$$\frac{1}{c}\sqrt{2\frac{q_0}{m_0}\varphi}\sqrt{1+x'^2+y'^2}=$$

$$=\frac{1}{c}\sqrt{2\frac{q_0}{m_0}\Phi}\sqrt{1-\frac{\Phi''}{\Phi}\frac{x^2+y^2}{4}+\frac{\Phi^{IV}}{\Phi}\frac{(x^2+y^2)^2}{64}}\sqrt{1+x'^2+y'^2}=$$

$$=\frac{1}{c}\sqrt{2\frac{q_0}{m_0}\Phi}\Big[1-\frac{1}{2}\frac{\Phi''}{\Phi}\frac{x^2+y^2}{4}+\frac{1}{2}\frac{\Phi^{IV}}{\Phi}\frac{(x^2+y^2)^2}{64}-$$

$$-\frac{1}{8}\left(\frac{\Phi''}{\Phi}\right)^2\frac{(x^2+y^2)^2}{16}\Big]\Big[1+\frac{1}{2}(x'^2+y'^2)-\frac{1}{8}(x'^2+y'^2)^2\Big]=$$

$$=\frac{1}{c}\sqrt{2\frac{q_0}{m_0}\Phi}\Big[1-\frac{1}{2}\frac{\Phi''}{\Phi}\frac{x^2+y^2}{4}+\frac{1}{2}(x'^2+y'^2)+$$

$$+\frac{1}{4}\cdot\frac{1}{32}\left\{\frac{\Phi^{IV}}{\Phi}-\left(\frac{\Phi''}{\Phi}\right)^2\right\}(x^2+y^2)^2-$$

$$-\frac{1}{16}\frac{\Phi''}{\Phi}(x^2+y^2)(x'^2+y'^2)-\frac{1}{4}\cdot\frac{1}{2}(x'^2+y'^2)^2\Big] \qquad \text{(V 10, 4)}$$

2. Der magnetische Anteil.

Wir unterdrücken in der Darstellung (V 10, 6) den dort auf das Azimut α hinweisenden Index der zirkularen [physikalischen] Komponente des Vektorpotentiales, schreiben also

$$V = B\frac{\sqrt{x^2+y^2}}{2} - B''\frac{(x^2+y^2)^{3/2}}{16}+\dots;$$

$$V_z = 0. \qquad \text{(V 10, 5)}$$

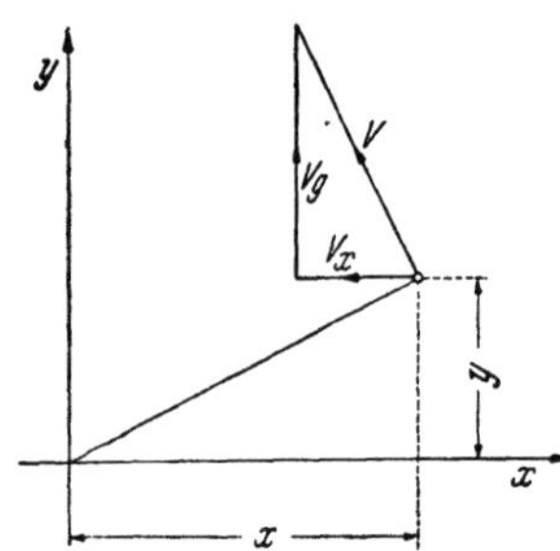

Abb. V 272. Komponentendarstellung des azimutalen Vektorpotentiales.

Mittels der aus Abb. V 272 zu entnehmenden geometrischen Relationen

$$V_x = -V\frac{y}{\sqrt{x^2+y^2}}; \qquad V_y = V\frac{x}{\sqrt{x^2+y^2}} \qquad \text{(V 10, 6)}$$

wird demnach in der oben geforderten Genauigkeit

$$\frac{1}{c}\frac{q_0}{m_0}(x'V_x+y'V_y+V_z)=\frac{1}{c}\frac{q_0}{m_0}V\frac{xy'-x'y}{\sqrt{x^2+y^2}}=$$

$$=\frac{1}{c}\frac{q_0}{m_0}\Big[\frac{B}{2}(xy'-x'y)-\frac{B''}{16}(xy'-x'y)(x^2+y^2)\Big]. \qquad \text{(V 10, 7)}$$

Wir fassen die Ergebnisse (V 10, 4) und (V 10, 7) in

$$\left.\begin{aligned} n^* = n_0 &+ \frac{1}{2}F_2(x^2+y^2)+\frac{1}{2}G_2(x'^2+y'^2)+M_2(xy'-x'y)+\\ &+\frac{1}{4}F_4(x^2+y^2)^2+H_4(x^2+y^2)(x'^2+y'^2)+\\ &+\frac{1}{4}G_4(x'^2+y'^2)^2+M_4(x^2+y^2)(xy'-x'y)\end{aligned}\right\} \qquad \text{(V 10, 8)}$$

zusammen, wobei die Koeffizienten

$$\left.\begin{aligned} n_0 &= \frac{1}{c}\sqrt{2\frac{q_0}{m_0}\Phi}\,; \qquad F_2 = -n_0\frac{1}{4}\frac{\Phi''}{\Phi}\,; \\ G_2 &= n_0; \qquad M_2 = -\frac{1}{c}\frac{q_0}{m_0}\frac{B}{2} \\ F_4 &= n_0\frac{1}{32}\left\{\frac{\Phi^{IV}}{\Phi} - \left(\frac{\Phi''}{\Phi^2}\right)^2\right\}; \qquad H_4 = -n_0\frac{1}{16}\frac{\Phi''}{\Phi}\,; \\ G_4 &= -n_0\frac{1}{2}\,; \qquad M_4 = \frac{1}{c}\frac{q_0}{m_0}\frac{B''}{16} \end{aligned}\right\} \qquad \text{(V 10, 9)}$$

als Funktionen von z durch das Primärfeld bestimmt sind, gleich diesem also weiterhin als bekannt gelten.

c) Zur Berechnung der Bildfehler vom Range 3 mittels einer Eikonalfunktion der früher genannten Arten benötigen wir immer nur jenes Teil-Eikonal vierter Ordnung, welches aus dem *Gauß*schen Strahlengange resultiert. Im Gegensatz zu Ziffer V 1 brauchen wir uns daher hier nicht mit der Lösung der Gleichungen (V 10, 1) in ihrer strengen Form zu beschäftigen, sondern haben in n^* nur die Größen höchstens zweiter Ordnung der Potenzprodukte von $x, y; x', y'$ beizubehalten: Gemäß (V 10, 8), (V 10, 9) setzen wir

$$n^* = n_0 - \frac{n_0}{8}\frac{\Phi''}{\Phi}(x^2+y^2) + \frac{n_0}{2}(x'^2+y'^2) - \frac{1}{c}\frac{q_0}{m_0}\frac{B}{2}(x\,y' - x'\,y), \qquad \text{(V 10, 10)}$$

so daß sich die Differentialgleichungen des Strahles auf

$$\frac{d}{dz}\left(n_0 x' + \frac{1}{c}\frac{q_0}{m_0}\frac{B}{2}y\right) + \frac{n_0}{4}\frac{\Phi''}{\Phi}x + \frac{1}{c}\frac{q_0}{m_0}\frac{B}{2}y' = 0, \qquad \text{(V 10, 11)}$$

$$\frac{d}{dz}\left(n_0 y' - \frac{1}{c}\frac{q_0}{m_0}\frac{B}{2}x\right) + \frac{n_0}{4}\frac{\Phi''}{\Phi}y - \frac{1}{c}\frac{q_0}{m_0}\frac{B}{2}x' = 0 \qquad \text{(V 10, 12)}$$

reduzieren. Mit Hilfe der komplexen Koordinaten

$$w = x + i\,y; \qquad w^* = x - i\,y \qquad [i = \sqrt{-1}] \qquad \text{(V 10, 13)}$$

erhalten wir durch Erweitern der Gleichung (V 10, 11) mit $\pm\, i$ und Addition des Resultates zu (V 10, 12)

$$\frac{d}{dz}(n_0 w') + \frac{n_0}{4}\frac{\Phi''}{\Phi}w - \frac{i}{c}\frac{q_0}{m_0}\left(B\,w' + \frac{B'}{2}w\right) = 0, \qquad \text{(V 10, 14)}$$

samt einer entsprechenden Differentialgleichung für die konjugiert-komplexe Größe w^*. Da (V 10, 14) mit (V 1, 28) inhaltlich identisch ist, genügt hier eine wiederholende Zusammenfassung der an der letztgenannten Gleichung durchgeführten Operationen: Die Transformation

$$w = \bar{r}\,e^{i\vartheta} \qquad \text{(V 10, 15)}$$

führt bei der Wahl

$$\vartheta' = \sqrt{\frac{q_0\,\Phi}{8\,m_0}}\frac{B}{\Phi} \qquad \text{(V 10, 16)}$$

auf die lineare, reell-koeffizientige Differentialgleichung zweiter Ordnung

$$\sqrt{\Phi}\frac{d}{dz}(\bar{r}'\sqrt{\Phi}) + \bar{r}\left(\frac{\Phi''}{4} + \frac{q_0 B^2}{8\,m_0}\right) = 0 \qquad \text{(V 10, 17)}$$

für die komplexe Amplitude $\bar{r}$ der radialen Abweichung des Elektrons von der Leitachse.

d) Wir denken uns das elektromagnetische Feld des Abbildungssystemes auf das Gebiet beschränkt, welches zwischen den feldfreien Scheitelebenen $z = z_I$ und $z = z_{II} > z_I$ eingeschlossen ist. Zufolge ihrer in (V 5, 65), (V 5, 66) gegebenen Definition führen sie beziehentlich das je konstante elektrische Skalarpotential des anschließenden, feldfreien Halbraumes, welches als positiv relativ zum Orte verschwindender Elektronenbewegung vorausgesetzt werde:

$$\left.\begin{array}{lll} \varphi = \Phi_I = \Phi_1 > 0 & \text{für} & z \leqq z_I \\ \varphi = \Phi_{II} = \Phi_2 > 0 & \text{für} & z \geqq z_{II} \end{array}\right\} \quad \text{(V 10, 18)}$$

Dagegen kann das magnetische Vektorpotential sowohl in $z \leqq z_I$ wie in $z \geqq z_{II}$ gestrichen werden. Wir dürfen dann annehmen, daß der kontrollierte Elektronenstrahl das Feldgebiet drehungsfrei betritt und ebenso verläßt

$$\vartheta' = 0 \quad \text{für} \quad z = z_I \quad \text{und} \quad z = z_{II}. \quad \text{(V 10, 19)}$$

In den beiderseits der Scheitelebenen gelegenen feldfreien Halbräumen verläuft die Elektronenbahn geradlinig [Trägheitsbewegung], so daß wir sie dort durch

$$w = w_I + w_I'(z - z_I); \quad z \leqq z_I, \quad \text{(V 10, 20)}$$

$$w = w_{II} + w_{II}'(z - z_{II}); \quad z \geqq z_{II} \quad \text{(V 10, 21)}$$

darstellen können. Zwischen diesen Strahlteilen vermittelt die Lösung der Differentialgleichung (V 10, 17), welche wir nach Wahl zweier vorerst beliebigen Konstanten K_1 und K_2 mittels der Fundamental-Integrale $g_1(z)$ und $g_2(z)$ der Eigenschaften

$$g_1(z_I) = 1; \quad g_1'(z_I) = 0, \quad \text{(V 10, 22)}$$

$$g_2(z_I) = 0; \quad g_2'(z_I) = 1 \quad \text{(V 10, 23)}$$

in der Gestalt

$$\overline{r} = K_1 g_1(z) + K_2 g_2(z) \quad \text{(V 10, 24)}$$

ansetzen. Die Stetigkeit des Elektronenstrahles beim Durchstoßen der Scheitelebene $z = z_I$ verlangt dann wegen (V 10, 20), (V 10, 22) und (V 10, 23)

$$w_I = K_1 e^{i\vartheta_I}; \quad w_I' = K_2 e^{i\vartheta_I} \quad \text{(V 10, 25)}$$

also

$$\overline{r} = [w_I g_1(z) + w_I' g_2(z)]\, e^{-i\vartheta_I}. \quad \text{(V 10, 26)}$$

Daher fordert nunmehr die Stetigkeit des Elektronenstrahles beim Durchstoßen der Scheitelebene $z = z_{II}$

$$w_{II} = \overline{r}(z_{II})\, e^{i\vartheta_{II}} = [w_I g_1(z_{II}) + w_I' g_2(z_{II})]\, e^{i(\vartheta_{II} - \vartheta_I)}, \quad \text{(V 10, 27)}$$

$$w_{II}' = \overline{r}'(z_{II})\, e^{i\vartheta_{II}} = [w_I g_1'(z_{II}) + w_I' g_2'(z_{II})]\, e^{i(\vartheta_{II} - \vartheta_I)}. \quad \text{(V 10, 28)}$$

e) Von nun ab bezeichnen wir das Gebiet $z \leqq z_I$ als *Objektraum* [Index O] und das Gebiet $z \geqq z_{II}$ als *Bildraum* [Index B]. Aus (V 10, 20), (V 10, 21) und (V 10, 27), (V 10, 28) resultiert dann nach Elimination von w_I der kinematische Zusammenhang

$$\begin{aligned} w(z_B)\, e^{-i(\vartheta_{II} - \vartheta_I)} &= w(z_O)\,[g_1(z_{II}) + (z_B - z_{II})\, g_1'(z_{II})] + \\ &+ w_I'\,[g_2(z_{II}) + (z_B - z_{II})\, g_2'(z_{II}) - (z_O - z_I)\,\{g_1(z_{II}) + (z_B - z_{II})\}\, g_1'(z_{II})]. \end{aligned}$$

(V 10, 29)

Die stigmatische Abbildung eines im Objektraum befindlichen Punktes findet genau statt, falls in (V 10, 29) der Faktor von w_I' verschwindet. Aus dieser Bedingung folgt als wechselseitige Zuordnung konjugierter, achsensenkrechter Ebenen

$$z_B - z_{II} = \frac{(z_O - z_I)\, g_1(z_{II}) - g_2(z_{II})}{g_2'(z_{II}) - (z_O - z_I)\, g_1'(z_{II})}, \qquad \text{(V 10, 30)}$$

$$z_O - z_I = \frac{(z_B - z_{II})\, g_2'(z_{II}) + g_2(z_{II})}{g_1(z_{II}) + (z_B - z_{II})\, g_1'(z_{II})}. \qquad \text{(V 10, 31)}$$

Daher lauten die Abbildungsgleichungen

$$\left.\begin{aligned} w(z_B) &= \frac{g_1(z_{II})\, g_2'(z_{II}) - g_2(z_{II})\, g_1'(z_{II})}{g_2'(z_{II}) - (z_O - z_I)\, g_1'(z_{II})}\, e^{i(\delta_{II} - \delta_I)}\, w(z_O), \\ w(z_O) &= \frac{1}{g_1(z_{II}) - (z_B - z_{II})\, g_1'(z_{II})}\, e^{i(\delta_I - \delta_{II})}\, w(z_B). \end{aligned}\right\} \qquad \text{(V 10, 32)}$$

Aus (V 10, 30), (V 10, 31) entnimmt man die Lage $z_O = z_{F,O}$ des *objektseitigen Brennpunktes* $[z_B \to \infty]$ sowie die Lage $z_B = z_{F,B}$ des *bildseitigen Brennpunktes* $[z_O \to \infty]$ zu

$$z_{F,O} = z_I + \frac{g_2'(z_{II})}{g_1'(z_{II})}; \qquad z_{F,B} = z_{II} - \frac{g_1(z_{II})}{g_1'(z_{II})}. \qquad \text{(V 10, 33)}$$

Ähnlich ergibt sich für die Lagen $z_O = z_{H,O}$ und $z_B = z_{H,B}$ der durch $|w(z_O)| = |w(z_B)|$ ausgezeichneten *Hauptebenen*

$$z_{H,O} = z_I + \frac{g_2'(z_{II})\{1 - g_1(z_{II})\} + g_2(z_{II})\, g_1'(z_{II})}{g_1'(z_{II})};$$

$$z_{H,B} = z_{II} + \frac{1 - g_1(z_{II})}{g_1'(z_{II})}. \qquad \text{(V 10, 34)}$$

Aus (V 10, 33), (V 10, 34) resultieren die Werte f_O der objektseitigen und f_B der bildseitigen Brennweite

$$\left.\begin{aligned} f_O &= z_{H,O} - z_{F,O} = \frac{g_1'(z_{II})\, g_2(z_{II}) - g_2'(z_{II})\, g_1(z_{II})}{g_1'(z_{II})}, \\ f_B &= z_{H,B} - z_{F,B} = \frac{1}{g_1'(z_{II})}. \end{aligned}\right\} \qquad \text{(V 10, 35)}$$

Nun besteht nach (V 10, 17) mit Rücksicht auf (V 10, 22), (V 10, 23) die Relation

$$g_1'(z)\, g_2(z) - g_1(z)\, g_2'(z) = -\sqrt{\frac{\Phi(z_I)}{\Phi(z)}}, \qquad \text{(V 10, 36)}$$

so daß wir aus (V 10, 35) mit Rücksicht auf (V 10, 18)

$$\frac{f_O}{f_B} = -\sqrt{\frac{\Phi_2}{\Phi_1}} = -\sqrt{\frac{\Phi_{II}}{\Phi_I}} \qquad \text{(V 10, 37)}$$

finden; daher kann man die Abbildungsgleichungen (V 10, 32) mit Benutzung von (V 10, 33) und (V 10, 35) in die Form

$$\frac{\bar{r}(z_B)}{\bar{r}(z_O)} = \frac{f_O}{z_{F,O} - z_O} = \frac{z_{F,B} - z_B}{f_B} \qquad \text{(V 10, 38)}$$

bringen.

f) Wir wählen im Objektraum die feste Ebene $z_O \to Z_O$ als Objektebene, so daß die ihr nach (V 10, 30) konjugierte Ebene $z_B \to Z_B$ die *Gauß*sche Bildebene darstellt, und ergänzen diese Ebenen durch die Eintrittspupille

$z_O \to Z_E = Z_O + P_O$ und die ihr konjugierte Austrittspupille $z_B \to Z_A = Z_B + P_B$. Seien jetzt l_O und l_B beziehentlich für die Objektebene und die Bildebene maßgebende, mit bestimmtem Vorzeichen versehene Längeneinheiten, welche wir entsprechend (V 9, 5) mit der Lateralvergrößerung M nach (V 10, 38) verknüpfen

$$\left.\begin{aligned} M &= \frac{l_B}{l_O} = \frac{\overline{r}_B}{\overline{r}_O} = \frac{f_O}{z_{F,O} - Z_O} = \frac{z_{F,B} - Z_B}{f_B}, \\ \overline{r}_O &= w(Z_O)\, e^{-i\delta_I}; \qquad \overline{r}_B = w(Z_B)\, e^{-i\delta_{II}}, \end{aligned}\right\} \qquad (V\ 10,\ 39)$$

so definieren die gemäß (V 9, 6) gebildeten, in der Regel komplexen Größen

$$\overline{\varrho}_O = C \cdot \frac{\overline{r}_O}{l_O}; \qquad \overline{\varrho}_B = C\, \frac{\overline{r}_B}{l_B} \qquad (V\ 10,\ 40)$$

die *Seidel*schen Koordinaten $\overline{\varrho}_O$ der Objekt- und $\overline{\varrho}_B$ der Bildebene. Bezeichnen weiter l_E und l_A die beziehentlich für die Eintritts- und die Austrittspupille maßgebenden, je mit bestimmtem Vorzeichen versehenen Längeneinheiten, so liefert (V 10, 38) in der Gestalt

$$\left.\begin{aligned} M_P &= \frac{l_A}{l_E} = \frac{\overline{r}_A}{\overline{r}_E} = \frac{f_O}{z_{F,O} - (Z_O + P_O)} = \frac{z_{F,B} - (Z_B + P_B)}{f_B}, \\ \overline{r}_E &= w(Z_E)\, e^{-i\delta_I}; \qquad \overline{r}_A = w(Z_A)\, e^{-i\delta_{II}} \end{aligned}\right\} \qquad (V\ 10,\ 41)$$

die — auf den *Gauß*schen Strahlengang bezogenen — *Seidel*schen Koordinaten

$$\overline{\varrho}_E = \frac{\overline{r}_E}{l_E}; \qquad \overline{\varrho}_A = \frac{\overline{r}_A}{l_A} \qquad (V\ 10,\ 42)$$

der Pupillenebenen. Nun folgt durch wechselseitige Multiplikation von (V 10, 39) mit (V 10, 41) unter Beachtung von (V 10, 37)

$$M \cdot M_P = -\frac{f_O}{f_B} \cdot \frac{P_B}{P_O} = \frac{P_B}{P_O}\sqrt{\frac{\Phi_1}{\Phi_2}}, \qquad (V\ 10,\ 43)$$

so daß man auf die Existenz der Abbildungsinvarianten

$$\frac{1}{c}\sqrt{2\,\frac{q_0}{m_0}\,\Phi_1}\,\frac{l_O\, l_E}{P_O} = \frac{1}{c}\sqrt{2\,\frac{q_0}{m_0}\,\Phi_2}\,\frac{l_B\, l_A}{P_B} \qquad (V\ 10,\ 44)$$

schließt. Identifizieren wir sie mit der Konstanten C der Gleichungen (V 10, 40), so lauten diese

$$\overline{\varrho}_O = \frac{1}{c}\sqrt{2\,\frac{q_0}{m_0}\,\Phi_1}\,\frac{l_E\, \overline{r}_O}{P_O}; \qquad \overline{\varrho}_B = \frac{1}{c}\sqrt{2\,\frac{q_0}{m_0}\,\Phi_2}\,\frac{l_A\, \overline{r}_B}{P_B}. \qquad (V\ 10,\ 45)$$

Wir setzen

$$\overline{\varrho}_E = \xi_E + i\,\eta_E, \quad \overline{\varrho}_E^* = \xi_E - i\,\eta_E; \quad \overline{\varrho}_O = \xi_O + i\,\eta_O, \quad \overline{\varrho}_O^* = \xi_O - i\,\eta_O, \qquad (V\ 10,\ 46)$$

$$\overline{\varrho}_A = \xi_A + i\,\eta_A, \quad \overline{\varrho}_A^* = \xi_A - i\,\eta_A; \quad \overline{\varrho}_B = \xi_B + i\,\eta_B, \quad \overline{\varrho}_B^* = \xi_B - i\,\eta_B. \qquad (V\ 10,\ 47)$$

Nun liefert Gl. (V 10, 20) in Verbindung mit (V 10, 42) und (V 10, 45)

$$w_I'\, e^{-i\delta_I} = \frac{w_E - w_O}{P_O}\, e^{-i\delta_I} = \frac{\overline{r}_E - \overline{r}_O}{P_O} = \frac{l_E\, \overline{\varrho}_E}{P_O} - \frac{c}{\sqrt{2\,\frac{q_0}{m_0}\,\Phi_1}}\,\frac{\overline{\varrho}_O}{l_E} \qquad (V\ 10,\ 48)$$

und ähnlich Gl. (V 10, 21)

$$\mathrm{w_{II}}' e^{-i\vartheta_{II}} = \frac{\mathrm{w_A} - \mathrm{w_B}}{\mathrm{P_B}} e^{-i\vartheta_{II}} = \frac{\overline{\mathrm{r}}_A - \overline{\mathrm{r}}_B}{\mathrm{P_B}} = \frac{\mathrm{l_A}\,\overline{\varrho}_A}{\mathrm{P_B}} - \frac{c}{\sqrt{2\frac{\mathrm{q_0}}{\mathrm{m_0}}\Phi_2}} \frac{\overline{\varrho}_B}{\mathrm{l_A}} \qquad \text{(V 10, 49)}$$

Der $\genfrac{}{}{0pt}{}{\text{reelle}}{\text{imaginäre}}$ Teil von $\mathrm{w_I}'$ bestimmt den Kotangens des einfallenden Strahles gegen die $\genfrac{}{}{0pt}{}{x\text{-}}{y\text{-}}$ Achse; vertauschen wir diese Winkelfunktion — in der Genauigkeit der *Gauß*schen Dioptrik — beziehentlich mit dem Richtungskosinus $\genfrac{}{}{0pt}{}{\alpha_O}{\beta_O}$, so zerfällt (V 10, 48) in das Paar linearer Gleichungen

$$\alpha_O \cos\vartheta_I + \beta_O \sin\vartheta_I = \frac{\mathrm{l_E}\,\xi_E}{\mathrm{P_O}} - \frac{c}{\sqrt{2\frac{\mathrm{q_0}}{\mathrm{m_0}}\Phi_1}} \frac{\xi_O}{\mathrm{l_E}}. \qquad \text{(V 10, 50)}$$

$$-\alpha_O \sin\vartheta_I + \beta_O \cos\vartheta_I = \frac{\mathrm{l_E}\,\eta_E}{\mathrm{P_O}} - \frac{c}{\sqrt{2\frac{\mathrm{q_0}}{\mathrm{m_0}}\Phi_1}} \frac{\eta_O}{\mathrm{l_E}} \qquad \text{(V 10, 51)}$$

Auf dem gleichen Wege folgen aus (V 10, 49) für die Richtungskosinus $\genfrac{}{}{0pt}{}{\alpha_B}{\beta_B}$ des austretenden Strahles gegen die $\genfrac{}{}{0pt}{}{x\text{-}}{y\text{-}}$Achse die linearen Gleichungen

$$\alpha_B \cos\vartheta_{II} + \beta_B \sin\vartheta_{II} = \frac{\mathrm{l_A}\,\xi_A}{\mathrm{P_B}} - \frac{c}{\sqrt{2\frac{\mathrm{q_0}}{\mathrm{m_0}}\Phi_2}} \frac{\xi_B}{\mathrm{l_A}} \qquad \text{(V 10, 52)}$$

$$-\alpha_B \sin\vartheta_{II} + \beta_B \cos\vartheta_{II} = \frac{\mathrm{l_A}\,\eta_A}{\mathrm{P_B}} - \frac{c}{\sqrt{2\frac{\mathrm{q_0}}{\mathrm{m_0}}\Phi_2}} \frac{\eta_B}{\mathrm{l_A}} \qquad \text{(V 10, 53)}$$

Die Relationen (V 10, 50), (V 10, 51), (V 10, 52), (V 10, 53) gelten fortan im Verein mit (V 10, 45) als strenge Definitionen der *Seidel*schen Koordinaten ξ_E, η_E; ξ_O, η_O; ξ_A, η_A; ξ_B, η_B je in ihrer Abhängigkeit von X_O, Y_O; X_B, Y_B; α_O, β_O; α_B, β_B, während die Gleichungen (V 10, 42) nur mehr die Kenntnis des *Gauß*schen Strahlenganges in den Pupillenebenen vermitteln.

g) Um die *Seidel*schen Koordinaten in die Strahlgleichungen einzuführen, berechnen wir aus (V 10, 20), (V 10, 21) gemäß (V 10, 25)

$$K_1 = \mathrm{w_I}\, e^{-i\vartheta_I} = [\mathrm{w_O} - \mathrm{w_I}'(Z_O - z_I)]\, e^{-i\vartheta_I} \qquad \text{(V 10, 54)}$$

$$K_2 = \mathrm{w_I}'\, e^{-i\vartheta_I} = \frac{\mathrm{w_E} - \mathrm{w_O}}{\mathrm{P_O}} e^{-i\vartheta_I} = \frac{\overline{\mathrm{r}}_E - \overline{\mathrm{r}}_O}{\mathrm{P_O}}. \qquad \text{(V 10, 55)}$$

Von der aus ihrer Gleichheit folgenden Vertauschbarkeit konjugierter *Seidel*scher Koordinaten im *Gauß*schen Strahlengange Gebrauch machend, entnehmen wir aus (V 10, 48) und (V 10, 55)

$$K_2 = -\frac{c}{\sqrt{2\frac{\mathrm{q_0}}{\mathrm{m_0}}\Phi_1}} \frac{\overline{\varrho}_O}{\mathrm{l_E}} + \frac{\mathrm{l_E}\,\overline{\varrho}_A}{\mathrm{P_O}} \qquad \text{(V 10, 56)}$$

und durch Eintragen dieses Ausdruckes in (V 10, 54) im Verein mit (V 10, 48)

$$K_1 = \frac{c}{\sqrt{2\,\frac{q_0}{m_0}\,\Phi_1}}\,\frac{P_O + Z_O - z_I}{l_E}\,\overline{\varrho}_O - \frac{l_E\,(Z_O - z_I)}{P_O}\,\overline{\varrho}_A \qquad \text{(V 10, 57)}$$

Daher lautet die Strahlgleichung im Feldgebiet

$$\overline{r} = K_1\,g_1(z) + K_2\,g_2(z) = -\,g(z)\cdot\overline{\varrho}_O + h(z)\cdot\overline{\varrho}_A, \qquad \text{(V 10, 58)}$$

wobei abkürzend

$$g(z) = \frac{c}{\sqrt{2\,\frac{q_0}{m_0}\,\Phi_1}}\left[\frac{z_I - (P_O + Z_O)}{l_E}\,g_1(z) + \frac{1}{l_E}\,g_2(z)\right] \qquad \text{(V 10, 59)}$$

$$h(z) = \frac{l_E}{P_O}\cdot\left[(z_I - Z_O)\,g_1(z) + g_2(z)\right] \qquad \text{(V 10, 60)}$$

gesetzt wurde.

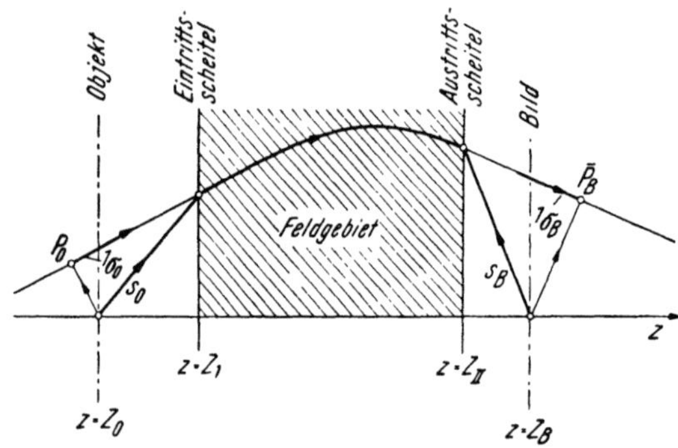

Abb. V 273. Elektronen-Lichtweg im *Seidel*schen Eikonal.

h) Wir kehren vorübergehend zum *Winkeleikonal* W zurück, dessen Wert dem Elektronen-Lichtweg zwischen den Fußpunkten $\overline{P}_O$ des von $(0, 0, Z_O)$ und $\overline{P}_B$ des von $(0, 0, Z_B)$ auf den Strahl nach Abb. V 273 gefällten Lotes gleicht:

1. Mit Hilfe des Vektors

$$s_O = 1_x\,x_I + 1_y\cdot y_I + 1_z\,(z_I - Z_O) \qquad \text{(V 10, 61)}$$

findet sich der Elektronen-Lichtweg W_O vom Punkte $\overline{P}_O$ bis zur Scheitelebene $z = z_I$ als

$$W_O = \frac{(1_{\sigma O}\cdot s_O)}{c}\sqrt{2\,\frac{q_0}{m_0}\,\Phi_1} = \frac{1}{c}\sqrt{2\,\frac{q_0}{m_0}\,\Phi_1}\,\{\alpha_O\,x_I + \beta_O\,y_I + \gamma_O\,(z_I - Z_O)\}. \qquad \text{(V 10, 62)}$$

2. Auf das Feldgebiet $z_I \leqq z \leqq z_{II}$ entfällt gemäß (V 5, 12) der Beitrag

$$W_{I,II} = \int_{z_I}^{z_{II}} n^*\,dz \qquad \text{(V 10, 63)}$$

3. Mit Hilfe des Vektors

$$s_B = 1_x\,x_{II} + 1_y\,y_{II} + 1_z\,(z_{II} - Z_B) \qquad \text{(V 10, 64)}$$

ergibt sich für den Elektronen-Lichtweg von der Scheitelebene $z = z_{II}$ bis zum Punkte $\overline{P}_B$

$$W_B = -\,\frac{(1_{\sigma B}\,s_B)}{c}\sqrt{2\,\frac{q_0}{m_0}\,\Phi_2} = -\,\frac{1}{c}\sqrt{2\,\frac{q_0}{m_0}\,\Phi_2}\,\{\alpha_B\,x_{II} + \beta_B\,y_{II} + \gamma_B\,(z_{II} - Z_B)\} \qquad \text{(V 10, 65)}$$

Aus (V 10, 62), (V 10, 63) und (V 10, 65) resultiert

$$W = W_O + W_{I,II} + W_B. \qquad \text{(V 10, 66)}$$

Der Wert S_4 des *Seidel*schen Eikonales vom Range 4 gleicht nun dem Winkeleikonal derselben Ordnung. Zufolge (V 10, 50), (V 10, 51), (V 10, 52), V(10, 53) erweisen sich die Ausdrücke $(\alpha_O x_I + \beta_O y_I)$ und $(\alpha_B x_{II} + \beta_B y_{II})$ je als Funktionen nur *zweiten* Grades der *Seidel*schen Koordinaten, so daß sie nicht in S_4 eingehen. Aus dem nämlichen Grunde sind in S_4 nur die Glieder vierter Ordnung der binomischen Reihen

$$\gamma_O = \sqrt{1-(\alpha_O^2+\beta_O^2)} = 1 - \frac{\alpha_O^2+\beta_O^2}{2} - \frac{(\alpha_O^2+\beta_O^2)^2}{8} - \ldots \qquad \text{(V 10, 67)}$$

$$\gamma_B = \sqrt{1-(\alpha_B^2+\beta_B^2)} = 1 - \frac{\alpha_B^2+\beta_B^2}{2} - \frac{(\alpha_B^2+\beta_B^2)^2}{8} - \ldots \qquad \text{(V 10, 68)}$$

in Rechnung zu stellen. Demnach reduziert sich das *Seidel*sche Eikonal vom Range 4 auf die Summe

$$\left.\begin{aligned} S_4 = \frac{1}{c}\sqrt{2\frac{q_0}{m_0}\Phi_1}\,\frac{(\alpha_O^2+\beta_O^2)^2}{8}(Z_O - z_I) + \int_{z_I}^{z_{II}} I_4\,dz - \\ -\frac{1}{c}\sqrt{2\frac{q_0}{m_0}\Phi_2}\,\frac{(\alpha_B^2+\beta_B^2)^2}{8}(Z_B - z_{II}), \end{aligned}\right\} \qquad \text{(V 10, 69)}$$

wobei die Funktion I_4 durch

$$\left.\begin{aligned} I_4 = \frac{1}{4}F_4\cdot(x^2+y^2)^2 + H_4(x^2+y^2)(x'^2+y'^2) + \\ + \frac{1}{4}G_4(x'^2+y'^2)^2 + M_4(x^2+y^2)(xy'-x'y) \end{aligned}\right\} \qquad \text{(V 10, 70)}$$

definiert ist. Auf Grund der geometrischen Relationen

$$\alpha_O^2 + \beta_O^2 = w_I' w_I^{*\prime} = x'^2 + y'^2; \qquad z \leqq z_I, \qquad \text{(V 10, 71)}$$

$$\alpha_B^2 + \beta_B^2 = w_{II}' w_{II}^{*\prime} = x'^2 + y'^2; \qquad z \geqq z_{II} \qquad \text{(V 10, 72)}$$

kann man schreiben

$$\frac{1}{c}\sqrt{2\frac{q_0}{m_0}\Phi_1}\,\frac{(\alpha_O^2+\beta_O^2)^2}{8}(Z_O - z_I) = -\int_{Z_O}^{z_I}\frac{1}{c}\sqrt{2\frac{q_0}{m_0}\Phi_1}\,\frac{(x'^2+y'^2)^2}{8}\,dz, \qquad \text{(V 10, 73)}$$

$$-\frac{1}{c}\sqrt{2\frac{q_0}{m_0}\Phi_2}\,\frac{(\alpha_B^2+\beta_B^2)^2}{8}(Z_B - z_{II}) = -\int_{z_{II}}^{Z_B}\frac{1}{c}\sqrt{2\frac{q_0}{m_0}\Phi_2}\,\frac{(x'^2+y'^2)^2}{8}\,dz. \qquad \text{(V 10, 74)}$$

Ungeachtet der physikalischen Begrenzung des elektronenoptisch aktiven Feldes auf das Gebiet $z_I \leqq z \leqq z_{II}$ darf man es mathematisch-formal in die beiderseits seiner Scheitelebenen anschließenden Halbräume hinein fortsetzen. Unter Verzicht auf Glieder, welche die Potenzprodukte der Veränderlichen $x, y; x', y'$ in höherer als vierter Ordnung enthalten, reduziert sich dann gemäß (V 10, 8) und (V 10, 9) die Funktion n^* auf

$$n^* = \frac{1}{c}\sqrt{2\frac{q_0}{m_0}\Phi_1}\left[1 + \frac{x'^2 + y'^2}{2} - \frac{(x'^2 + y'^2)^2}{8}\right] \quad \text{für} \quad z \leqq z_I, \qquad (V\ 10,\ 75)$$

$$n^* = \frac{1}{c}\sqrt{2\frac{q_0}{m_0}\Phi_2}\left[1 + \frac{x'^2 + y'^2}{2} - \frac{(x'^2 + y'^2)^2}{8}\right] \quad \text{für} \quad z \geqq z_{II}. \qquad (V\ 10,\ 76)$$

Da hiernach die jeweils in n^* auftretenden Posten vierten Grades mit den Integranden von (V 10, 73), (V 10, 74) identisch sind, kann man die dreigliedrige Summe (V 10, 69) zu dem bestimmten Integral

$$S_4 = \int_{z_O}^{z_B} I_4\, dz \qquad (V\ 10,\ 77)$$

vereinigen, welches als Funktion der *Seidel*schen Koordinaten $\overline{\varrho}_O$, $\overline{\varrho}_A$ darzustellen ist. Entsprechend (V 10, 57) ergeben sich dann mit Rücksicht auf (V 10, 46), (V 10, 47) die [komplexen] Bildfehler vom Range 3 aus

$$\Delta\overline{\varrho}_B = \overline{\varrho}_B - \overline{\varrho}_O = -\frac{\partial S_4(\overline{\varrho}_O, \overline{\varrho}_A)}{\partial\overline{\varrho}_A}. \qquad (V\ 10,\ 78)$$

i) Um die in (V 10, 77), (V 10, 78) verlangten Operationen auszuführen, stützen wir uns auf die Formeln

$$x^2 + y^2 = w\, w^{*\prime} = \overline{r}\,\overline{r}^*, \qquad (V\ 10,\ 79)$$

$$x'^2 + y'^2 = w'\, w^{*\prime} = (\overline{r}' + i\,\vartheta'\overline{r})(\overline{r}^{*\prime} - i\,\vartheta'\overline{r}^*) =$$

$$= \overline{r}'\,\overline{r}^{*\prime} + \vartheta'\,\frac{\overline{r}'\,\overline{r}^* - \overline{r}\,\overline{r}^{*\prime}}{i} + (\vartheta')^2\,\overline{r}\,\overline{r}^* \qquad (V\ 10,\ 80)$$

$$x\,y' - x'\,y = \frac{w'\,w^* - w\,w^{*\prime}}{2i} = \frac{\overline{r}'\,\overline{r}^* - \overline{r}\,\overline{r}^{*\prime}}{2i} + \vartheta'\,\overline{r}\,\overline{r}^* \qquad (V\ 10,\ 81)$$

und bilden zunächst

$$I_4 = (\overline{r}\,\overline{r}^*)^2 \cdot \frac{1}{4} L + (\overline{r}\,\overline{r}^*)(\overline{r}'\,\overline{r}^{*\prime}) \cdot \frac{1}{2} M + (\overline{r}'\,\overline{r}^{*\prime})^2 \cdot \frac{1}{4} N +$$

$$+ \frac{\overline{r}'\,\overline{r}^* - \overline{r}\,\overline{r}^{*\prime}}{2i}(\overline{r}\,\overline{r}^*) \cdot P - \frac{\overline{r}'\,\overline{r}^* - \overline{r}\,\overline{r}^{*\prime}}{2i}(\overline{r}'\,\overline{r}^{*\prime})\, Q - (\overline{r}'\,\overline{r}^* - \overline{r}\,\overline{r}^{*\prime})^2 K, \qquad (V\ 10,\ 82)$$

wobei abkürzend

$$\left.\begin{aligned} &L = F_4 + 4(\vartheta')^2 H_4 + (\vartheta')^2 G_4 + 4\vartheta' M_4, \\ &M = 2 H_4 + (\vartheta')^2 G_4; \qquad N = G_4, \\ &P = 2\vartheta' H_4 + (\vartheta')^3 G_4 + M_4; \ Q = -\vartheta' G_4; \ K = 1/4(\vartheta')^2 G_4 \end{aligned}\right\} \qquad (V\ 10,\ 83)$$

gesetzt wurde. Mittels (V 10, 58) ist hierin

$$\left.\begin{aligned} \overline{r}\,\overline{r}^* &= g^2\,\overline{\varrho}_O\,\overline{\varrho}_O^* + h^2\,\overline{\varrho}_A\,\overline{\varrho}_A^* - h\,g\,(\overline{\varrho}_O\,\overline{\varrho}_A^* + \overline{\varrho}_A\,\overline{\varrho}_O^*) = \\ &= g^2\,[\xi_O^2 + \eta_O^2] + h^2\,[\xi_A^2 + \eta_A^2] - 2gh\,[\xi_O\eta_O + \xi_A\eta_A], \end{aligned}\right\} \qquad (V\ 10,\ 84)$$

$$\overline{r}'\,\overline{r}^{*\prime} = (g')^2\,\overline{\varrho}_O\,\overline{\varrho}_O^* + (h')^2\,\overline{\varrho}_A\,\overline{\varrho}_A^* - h'\,g'\,(\overline{\varrho}_O\,\overline{\varrho}_A^* + \overline{\varrho}_A\,\overline{\varrho}_O^*) =$$

$$= (g')^2\,[\xi_O^2 + \eta_O^2] + (h')^2\,[\xi_A^2 + \eta_A^2] - 2\,g'\,h'\,[\xi_O\,\eta_O + \xi_A\,\eta_A], \qquad (V\ 10,\ 85)$$

$$\overline{r}'\,\overline{r}^* - \overline{r}\,\overline{r}^{*\prime} = (g'\,\overline{\varrho}_O - h'\,\overline{\varrho}_A)(g\,\overline{\varrho}_O^* - h\,\overline{\varrho}_A^*) - \qquad (V\ 10,\ 86)$$

$$-(g\,\overline{\varrho}_O - h\,\overline{\varrho}_A)(g'\,\overline{\varrho}_O^* - h'\,\overline{\varrho}_A^*) = (g\,h' - h\,g')(\overline{\varrho}_O\,\overline{\varrho}_A^* - \overline{\varrho}_A\,\overline{\varrho}_O^*).$$

Gemäß (V 10, 36), (V 10, 59) und (V 10, 60) findet man nun

$$g\,h' - h\,g' = \frac{1}{P_O} \cdot \frac{c}{\sqrt{2\,\frac{q_0}{m_0}\,\Phi_1}} \Big[\{(z_I - P_O - Z_O) g_1 + g_2\}\{(z_I - Z_O) g_1' + g_2'\} - $$

$$- \{(z_I - Z_O) g_1 + g_2\}\{(z_I - P_O - Z_O) g_1' + g_2'\} \Big] =$$

$$= \frac{c}{\sqrt{2\,\frac{q_0}{m_0}\,\Phi_1}} [g_1' g_2 - g_2' g_1] = - \frac{c}{\sqrt{2\,\frac{q_0}{m_0}\,\Phi}}, \qquad \text{(V 10, 87)}$$

so daß sich (V 10, 86) auf

$$\frac{\bar{r}'\,\bar{r}^* - \bar{r}\,\bar{r}^{*\prime}}{2i} = \frac{c}{\sqrt{2\,\frac{q_0}{m_0}\,\Phi}} \frac{\bar{\varrho}_A\,\bar{\varrho}_O^* - \bar{\varrho}_O\,\bar{\varrho}_A^*}{2i} = \frac{c}{\sqrt{2\,\frac{p_0}{m_0}\,\Phi}} [\xi_O \eta_A - \xi_A \eta_O] \qquad \text{(V 10, 88)}$$

reduziert. Durch Substitution von (V 10, 84), (V 10, 85) und (V 10, 88) in (V 10, 82) entsteht somit

$$I_4 = \frac{1}{4} [L\,g^4 + 2\,M\,g^2 g'^2 + N\,g'^4] (\xi_O^2 + \eta_O^2)^2 +$$

$$+ \frac{1}{4} [L\,h^4 + 2\,M\,h^2 h'^2 + N\,h'^4] (\xi_A^2 + \eta_A^2)^2 +$$

$$+ \left[L\,g^2 h^2 + 2\,M\,g\,g'\,h\,h' + N\,g'^2 h'^2 - 4\,K \frac{c^2}{2\,\frac{q_0}{m_0}\,\Phi} \right] (\xi_O \eta_O + \xi_A \eta_A)^2 +$$

$$+ \left[L\,g^2 h^2 + M\,(g^2 h'^2 + g'^2 h^2) + N\,g'^2 h'^2 + 8\,K \frac{c^2}{2\,\frac{q_0}{m_0}\,\Phi} \right] (\xi_O^2 + \eta_O^2)(\xi_A^2 + \eta_A^2) -$$

$$- [L\,g^3 h + M\,(g^2 g'\,h' + g\,g'^2 h) + N\,g'^3 h'] (\xi_O^2 + \eta_O^2)(\xi_O \eta_O + \xi_A \eta_A) -$$

$$- [L\,g\,h^3 + M\,(g\,h\,h'^2 + g'\,h^2 h') + N\,g'\,h'^3] (\xi_A^2 + \eta_A^2)(\xi_O \eta_O + \xi_A \eta_A) +$$

$$+ \frac{c}{\sqrt{2\,\frac{q_0}{m_0}\,\Phi}} [P\,g^2 - Q\,g'^2] (\xi_O^2 + \eta_O^2)(\xi_O \eta_A - \xi_A \eta_O) -$$

$$- 2 \frac{c}{\sqrt{2\,\frac{q_0}{m_0}\,\Phi}} [P\,g\,h - Q\,g'\,h'] (\xi_O \eta_O + \xi_A \eta_A)(\xi_O \eta_A - \xi_A \eta_O) +$$

$$+ \frac{c}{\sqrt{2\,\frac{q_0}{m_0}\,\Phi}} [P\,h^2 - Q\,h'^2] (\xi_A^2 + \eta_A^2)(\xi_O \eta_A - \xi_A \eta_O). \qquad \text{(V 10, 89)}$$

Diese Formel enthält das wesentliche Ergebnis der Untersuchung: Nach der Integration zwischen den Grenzen Z_O und Z_B definieren ihre Posten zusammen mit (V 10, 78) die Gesamtheit der Teilfehler, welche die elektronenoptische Abbildung entstellen; da ihre geometrische Bedeutung schon in Ziffer V 1 geschildert wurde, erübrigt sich ihre erneute Diskussion.

j) Zwischen dem *Seidel*schen Eikonal und dem gemischten Eikonal G des gleichen elektronenoptischen Systemes besteht ein enger innerer Zusammenhang, der von *Glaser* aufgedeckt worden ist.

Wir gehen von dem auf die Zentralachse als Leitlinie bezogenen gemischten Eikonal $\overline{G}$ aus

$$\overline{G} = \overline{G}\,(x_0, y_0, Z_0; N_{Bx}, N_{By}, N_{Bz}), \tag{V 10, 90}$$

welches nach Wahl von z als einheitlichem Bahnparameter u in die Funktion

$$G = G\,(x_0, y_0; N_{Bx}, N_{By}) \tag{V 10, 91}$$

übergeht. Entsprechend (V 8, 29) ergeben sich daher die Komponenten $\varDelta\, x_B$ und $\varDelta\, y_B$ der Aberration vom Range 3 in der Bildebene mittels

$$\varDelta\, x_B = -\frac{\partial(\overline{H}_4)_g}{\partial N_{Bx}}; \qquad \varDelta\, y_B = -\frac{\partial(\overline{H}_4)_g}{\partial N_{By}}, \tag{V 10, 92}$$

wobei $(\overline{H}_4)_g$ das für den *Gauß*schen Strahlengang berechnete Punkteikonal vierter Ordnung in seiner funktionellen Abhängigkeit von $x_0, y_0; N_{Bx}, N_{By}$ bedeutet. Nun liefern die Gleichungen (V 4, 38) für die senkrecht zur z-Achse weisenden Komponenten des an der Bildebene gemessenen Normalenvektors die Ausdrücke

$$N_{Bx} = \frac{1}{c}\sqrt{2\frac{q_0}{m_0}\varPhi_2}\,\alpha_B; \qquad N_{By} = \frac{1}{c}\sqrt{2\frac{q_0}{m_0}\varPhi_2}\,\beta_B \tag{V 10, 93}$$

und hierin gilt nach (V 10, 39) und (V 10, 49) in der Genauigkeit der *Gauß*schen Näherung

$$\alpha_B = \frac{x_A - x_B}{P_B} = \frac{x_A - M\, x_0}{P_B}; \qquad \beta_B = \frac{y_A - y_B}{P_B} = \frac{y_A - M\, y_0}{P_B}. \tag{V 10, 94}$$

Eliminiert man mittels dieser Gleichungen aus $(\overline{H}_4)_g$ die Komponenten N_{Bx} und N_{By} des Normalenvektors N_B, so entsteht das auf den *Gauß*schen Strahlengang bezogene *Glaser*sche Eikonal vierter Ordnung

$$\varGamma_4\,(x_0, y_0; x_A, y_A) = \overline{H}_4\left(x_0, y_0; \frac{1}{c}\sqrt{2\frac{q_0}{m_0}\varPhi_2}\,\frac{x_A - M\,x_0}{P_B}, \frac{1}{c}\sqrt{2\frac{q_0}{m_0}\varPhi_2}\,\frac{y_A - M\,y_0}{P_B}\right)_g. \tag{V 10, 95}$$

Aus seiner Definition entnimmt man mit Rücksicht auf (V 10, 92) die Relationen

$$\frac{\partial \varGamma_4}{\partial x_A} = \frac{1}{c}\sqrt{2\frac{q_0}{m_0}\varPhi_2}\,\frac{1}{P_B}\cdot\frac{\partial(\overline{H}_4)_g}{\partial N_{Bx}} = -\frac{1}{c}\sqrt{2\frac{q_0}{m_0}\varPhi_2}\,\frac{\varDelta\, x_B}{P_B}, \tag{V 10, 96}$$

$$\frac{\partial \varGamma_4}{\partial y_A} = \frac{1}{c}\sqrt{2\frac{q_0}{m_0}\varPhi_2}\,\frac{1}{P_B}\cdot\frac{\partial(\overline{H}_4)_g}{\partial N_{By}} = -\frac{1}{c}\sqrt{2\frac{q_0}{m_0}\varPhi_2}\,\frac{\varDelta\, y_B}{P_B}. \tag{V 10, 97}$$

Mit Hilfe der nach (V 10, 15) gebildeten Koordinaten

$$\overline{r}_0 = (x_0 + i\, y_0)\, e^{-i\vartheta_I}; \qquad \overline{r}_A = (x_A + i\, y_A)\, e^{-i\vartheta_{II}} \tag{V 10, 98}$$

geht Γ_4 in das komplexe *Glaser*sche Eikonal

$$\Gamma_4^* = \Gamma_4(\bar{\mathfrak{r}}_O, \bar{\mathfrak{r}}_A) \tag{V 10, 99}$$

über, und die Gleichungen (V 10, 96), (V 10, 97) lassen sich zu

$$\frac{1}{c}\sqrt{2\frac{q_0}{m_0}\Phi_2}\,\frac{\Delta\,\bar{\mathfrak{r}}_B}{p_B} = -\frac{\partial\Gamma_4^*}{\partial\bar{\mathfrak{r}}_A} \tag{V 10, 100}$$

zusammenfassen. Durch Vergleich dieser Darstellung mit (V 10, 78) entsteht also mit Rücksicht auf (V 10, 45) die Relation

$$\frac{\partial\Gamma_4^*}{\partial\bar{\mathfrak{r}}_A} = \frac{1}{l_A}\frac{\partial S_4}{\partial\bar{\varrho}_A}. \tag{V 10, 101}$$

Das *Seidel*sche Eikonal geht somit aus dem [komplexen] *Glaser*schen Eikonal gleichen Ranges mittels der Transformationen (V 10, 42), (V 10, 54) hervor.

Sechstes Kapitel.

Die Grundlagen der relativistischen Elektronik.

VI 1. Der Kraftbegriff der beschränkten Relativitätstheorie.

a) Gegeben zwei *Kartesi*sche Bezugssysteme:

1. Das „*ungestrichene*" System B der Koordinaten x, y, z; in ihm wird — mittels eines Satzes optisch synchronisierter Federuhren — die einheitliche Zeit t definiert.

2. Das „gestrichene" System B' der Koordinaten x', y', z' und der einheitlichen Zeit t'.

B' bewege sich gegen B mit der gleichförmigen Geschwindigkeit v; als kinematische Bedingungen dieses Vorganges setzen wir fest:

1. Der Betrag der Geschwindigkeit v ist kleiner als jener der Lichtgeschwindigkeit im leeren Raume

$$\beta = \frac{v}{c} < 1. \qquad \text{(VI 1, 1)}$$

2. Im Augenblicke $t = 0$ ist auch $t' = 0$.

3. Für $t = t' = 0$ koinzidiert der Ursprung O von B mit dem Ursprung O' von B'.

4. Die gleichnamigen Konfigurationsachsen der beiden Bezugssysteme sind einander stets parallel gerichtet.

5. Der in B gemessene Vektor $\mathfrak{v}$ der Translationsgeschwindigkeit von B' weist parallel der positiven x-Achse.

Die Beziehungen zwischen den ungestrichenen und den gestrichenen Koordinaten und Zeiten sind dann durch die *spezielle Lorentztransformation* gegeben

$$x' = \frac{x - v\,t}{\sqrt{1-\beta^2}}; \qquad y' = y; \qquad z' = z; \qquad t' = \frac{t - \frac{v}{c^2}\,x}{\sqrt{1-\beta^2}} \qquad \text{(VI 1, 2)}$$

b) Wir setzen

$$x^1 \equiv x; \qquad x^2 \equiv y; \qquad x^3 \equiv z; \qquad x^4 \equiv \sqrt{-1}\,c\,t \qquad \text{(VI 1, 3)}$$

sowie

$$x'^1 \equiv x'; \qquad x'^2 \equiv y'; \qquad x'^3 \equiv z'; \qquad x'^4 \equiv \sqrt{-1}\,c\,t' \qquad \text{(VI 1, 4)}$$

Die *Lorentz*-Transformation (VI 1, 2) nimmt hiernach die Gestalt an

$$x'^i = \alpha^i{}_k\, x^k; \qquad i, k = 1, 2, 3, 4, \qquad \text{(VI 1, 5)}$$

wobei die 16 Koeffizienten $\alpha^i{}_k$ der Matrix

$$[\alpha_k^{\,i}] = \begin{pmatrix} \frac{1}{\sqrt{1-\beta^2}} & 0 & 0 & \sqrt{-1}\,\frac{\beta}{\sqrt{1-\beta^2}} \\ 0 & 1 & 0 & 0 \\ 0 & 0 & 1 & 0 \\ -\sqrt{-1}\,\frac{\beta}{\sqrt{1-\beta^2}} & 0 & 0 & \frac{1}{\sqrt{1-\beta^2}} \end{pmatrix} \qquad \text{(VI 1, 6)}$$

zu entnehmen sind. Aus der Gleichheit

$$(R')^2 \equiv (x'^1)^2 + (x'^2)^2 + (x'^3)^2 + (x'^4)^2 = $$
$$= (x^1)^2 + (x^2)^2 + (x^3)^2 + (x^4)^2 \equiv (R)^2 \qquad \text{(VI 1, 7)}$$

folgt nunmehr, daß die x^i einerseits, die x'^i andererseits je die Komponenten eines „*Vierervektors*" $R \equiv R'$ [*Minkowski*scher Koordinaten-Weltvektor] definieren, dessen Norm durch $(R)^2 = (R')^2$ gemessen wird.

c) Wir bilden den infinitesimalen Weltvektor $d\mathfrak{r}$ der Komponenten dx^i. Seine durch $(-c^2)$ geteilte Norm

$$-\frac{1}{c^2}\{(dx^1)^2 + (dx^2)^2 + (dx^3)^2 + (dx^4)^2\} = dt^2 - \frac{dx^2 + dy^2 + dz^2}{c^2} \qquad \text{(VI 1, 8)}$$

liefert das Quadrat der infinitesimalen Invarianten

$$d\tau = dt \sqrt{1 - \frac{1}{c^2}\frac{dx^2 - dy^2 + dz^2}{dt^2}}. \qquad \text{(VI 1, 9)}$$

Zum Zwecke ihrer physikalischen Interpretation rufen wir ein Bezugssystem zu Hilfe, welches sich zur Zeit t relativ zu B mit der dreidimensional-vektoriellen Geschwindigkeit $\mathfrak{w}$ der Konfigurationskomponenten

$$w^x = \frac{dx}{dt}; \qquad w^y = \frac{dy}{dt}; \qquad w^z = \frac{dz}{dt} \qquad \text{(VI 1, 10)}$$

bewegt. Identifizieren wir es, nach passend gewählten Drehungen im Konfigurationsraum, mit B', so wird

$$d\tau = dt' \sqrt{1 - \frac{1}{c^2}\frac{dx'^2 + dy'^2 + dz'^2}{dt'^2}}. \qquad \text{(VI 1, 11)}$$

Demnach mißt $d\tau$ das Differential der „*Eigenzeit*" einer in B' ruhenden [$dx' = dy' = dz' = 0$] *Federuhr*

$$d\tau = dt' = dt \sqrt{1 - \frac{|\mathfrak{w}|^2}{c^2}} = dt\sqrt{1-\beta^2}. \qquad \text{(VI 1, 12)}$$

d) Mit Hilfe der Komponenten dx^i des Vektors $d\mathfrak{r}$ und der Invarianten $d\tau$ bilden wir den Weltvektor $\mathfrak{u}$ der *Vierergeschwindigkeit* nach der Vorschrift

$$u^i = \frac{dx^i}{d\tau} \qquad \text{(VI 1, 13)}$$

Seine räumlichen Komponenten lauten nach (VI 1, 10) und (VI 1, 12)

$$u^1 = \frac{w^x}{\sqrt{1-\beta^2}}; \qquad u^2 = \frac{w^y}{\sqrt{1-\beta^2}}; \qquad u^3 = \frac{w^z}{\sqrt{1-\beta^2}} \qquad \text{(VI 1, 14)}$$

während man für seine zeitliche Komponente

$$u^4 = \sqrt{-1}\,\frac{c\,dt}{d\tau} = \sqrt{-1}\,\frac{c}{\sqrt{1-\beta^2}} \qquad \text{(VI 1, 15)}$$

findet; als Norm der Vierergeschwindigkeit resultiert somit

$$(u)^2 = \frac{(w^x)^2 + (w^y)^2 + (w^z)^2 - c^2}{1-\beta^2} = -c^2. \qquad \text{(VI 1, 16)}$$

e) Durch Multiplikation der Vierergeschwindigkeit u mit der invarianten Ruhmasse m_0 eines materiellen Punktes gelangen wir zu dessen *Viererimpuls P* mit den Komponenten

$$P^i = m_0\,u^i \qquad \text{(VI 1, 17)}$$

Definieren wir

$$m = \frac{m_0}{\sqrt{1-\beta^2}} \qquad \text{(VI 1, 18)}$$

als die von dem Betrage seiner Geschwindigkeit abhängige *Masse* des materiellen Punktes, so erhalten wir gemäß (VI 1, 14) als räumliche Komponenten des Viererimpulses

$$P^1 = m\,w^x\,; \qquad P^2 = m\,w^y\,; \qquad P^3 = m\,w^z\,, \qquad \text{(VI 1, 19)}$$

während sich seine zeitliche Komponente zu

$$P^4 = m_0\sqrt{-1}\,\frac{c}{\sqrt{1-\beta^2}} = \sqrt{-1}\,c\cdot m \qquad \text{(VI 1, 20)}$$

berechnet; sie unterscheidet sich also lediglich durch den universellen Faktor $\sqrt{-1}\,c$ von der Masse m.

f) Mittels der Gleichung

$$\frac{dP}{d\tau} = \frac{d\{m_0\,u\}}{d\tau} = K \qquad \text{(VI 1, 21)}$$

definieren wir den Weltvektor K der *Minkowskikraft*. Mit abermaliger Benutzung von (VI 1, 12) bringen wir ihre räumlichen Komponenten in die Gestalt

$$\frac{d}{dt}(m\,w^x) = K^1\sqrt{1-\beta^2}\,; \qquad \frac{d}{dt}(m\,w^y) = K^2\sqrt{1-\beta^2}\,;$$

$$\frac{d}{dt}(m\,w^z) = K^3\sqrt{1-\beta^2} \qquad \text{(VI 1, 22)}$$

und bezeichnen die Größen

$$\overline{K}^x = K^1\sqrt{1-\beta^2}\,; \qquad \overline{K}^y = K^2\sqrt{1-\beta^2}\,; \qquad \overline{K}^z = K^3\sqrt{1-\beta^2} \qquad \text{(VI 1, 23)}$$

als Komponenten des dreidimensionalen Vektors $\overline{K}$ der *Newtonkraft*.

Um den physikalischen Charakter von K^4 zu offenbaren, erweitern wir (VI 1, 21) auf skalarem Wege mit u und erhalten mit Rücksicht auf (VI 1, 16)

$$\left(u\,\frac{d\{m_0\,u\}}{d\tau}\right) \equiv \frac{d}{d\tau}\left\{\frac{m_0}{2}(u)^2\right\} = 0 = (K\,u) \qquad \text{(VI 1, 24)}$$

Mit Hilfe von (VI 1, 14) und (VI 1, 15) schließen wir hieraus auf

$$K^1 w^x + K^2 w^y + K^3 w^z = -K^4\sqrt{-1}\,c, \qquad \text{(VI 1, 25)}$$

so daß also K^4, von dem universellen Faktor $\{-\sqrt{-1}\,c\}$ abgesehen, die *Leistung* der räumlichen Komponenten der *Minkowski*-Kraft mißt. Durch Substitution dieses Ergebnisses in (VI 1, 21) folgt mit Rücksicht auf (VI 1, 20)

$$\frac{d}{d\tau}(m\,c^2) = K^1\,w^x + K^2\,w^y + K^3\,w^z \qquad \text{(VI 1, 26)}$$

und wenn wir jetzt die *Newton*schen Kraftkomponenten einführen und (VI 1, 12) beachten

$$\frac{d}{dt}(m\,c^2) = K^x\,w^x + K^y\,w^y + K^z\,w^z\,. \qquad \text{(VI 1, 27)}$$

Demnach repräsentiert

$$T = m\,c^2 = \frac{m_0\,c^2}{\sqrt{1-\beta^2}} \qquad \text{(VI 1, 28)}$$

die um den Betrag der *Ruhenergie*

$$T_0 = m_0\,c^2 \qquad \text{(VI 1, 29)}$$

vermehrte *kinetische Energie* des materiellen Massenpunktes; wir bezeichnen sie als *kinetische Gesamtenergie.*

g) Als Vierervektor unterliegt die *Minkowski*-Kraft den nämlichen Transformationsgesetzen (VI 1, 6), welche für die Komponenten des Koordinaten-Weltvektors gelten. Identifizieren wir nun den dreidimensionalen Vektor $\mathfrak{w}$ nach Größe und Richtung mit der Relativgeschwindigkeit von B′ gegen B, so erhalten wir mit Rücksicht auf (VI 1, 25)

$$K'^1 = K^1\sqrt{1-\beta^2}; \qquad K'^2 = K^2; \qquad K'^3 = K^3; \qquad K'^4 = 0. \qquad \text{(VI 1, 30)}$$

Da nun der kontrollierte materielle Punkt in B′ ruht, sind in diesem System die räumlichen Komponenten der *Minkowski*-Kraft mit jeweils gleichgerichteten Komponenten der *Newton*-Kraft identisch:

$$K'^1 = \overline{K}'^x\,; \qquad K'^2 = \overline{K}'^y\,; \qquad K'^3 = \overline{K}'^z \qquad \text{(VI 1, 31)}$$

Aus (VI 1, 30) und (VI 1, 31) folgen demnach mit Rücksicht auf (VI 1, 23) die Komponenten der *Newton*-Kraft im ungestrichenen Systeme im Verhältnis zu jenen im gestrichenen Systeme:

$$\overline{K}^x = \overline{K}'^x\,; \qquad \overline{K}^y = \overline{K}'^y\sqrt{1-\beta^2}; \qquad \overline{K}^z = \overline{K}'^z\sqrt{1-\beta^2}. \qquad \text{(VI 1, 32)}$$

VI 2. Elektromagnetische Feldkräfte auf bewegte Ladungsträger.

a) In einem *Kartesi*schen Bezugssysteme der Koordinaten x, y, z und der Zeit t werden von einem ruhenden Beobachter folgende Vektoren gemessen.

1. Die elektrische Feldstärke $\mathfrak{E}$.
2. Die elektrische Induktion $\mathfrak{D}$.
3. Die elektrische Stromdichte $\mathfrak{j}$.
4. Die magnetische Feldstärke $\mathfrak{H}$
5. Die magnetische Induktion $\mathfrak{B}$.

Zwischen ihnen bestehen die *Maxwellschen Gleichungen*

$$\operatorname{rot}\mathfrak{H} = \frac{\partial\mathfrak{D}}{\partial t} + \mathfrak{j} \qquad \text{(VI 2, 1)}$$

und

$$\operatorname{rot} E = -\frac{\partial B}{\partial t}. \tag{VI 2, 2}$$

Wir spezialisieren sie auf den leeren Raum: Die Stromdichte verschwindet

$$j = 0 \tag{VI 2, 3}$$

und die Vektoren E und H einerseits, D und B andererseits sind durch die universellen Relationen

$$D = \varDelta E; \qquad \varDelta = \frac{1}{4\pi \cdot 9 \cdot 10^{11}} \frac{\text{Coulomb}}{\text{Volt cm}} \tag{VI 2, 4}$$

und

$$B = \varPi \cdot H; \qquad \varPi = 4\pi \cdot 10^{-9} \frac{\text{Voltsec}}{\text{Amp cm}} \tag{VI 2, 5}$$

miteinander verknüpft.

b) Durch Anwendung der div-Operation auf (VI 2, 2) schließen wir auf

$$\operatorname{div} \frac{\partial B}{\partial t} = \frac{\partial \operatorname{div} B}{\partial t} = 0. \tag{VI 2, 6}$$

Wir verschärfen diese Gleichung zu der Aussage

$$\operatorname{div} B = 0, \tag{VI 2, 7}$$

welche also die *Existenz wahren Magnetismus in Abrede stellt*; gegenteilige Behauptungen, welche vor einigen Jahren erhoben wurden, ermangeln eines zwingenden experimentellen Beweises.

Wir verwandeln (VI 2, 7) in eine Identität, indem wir die magnetische Induktion B aus dem *Vektorpotential* V nach der Vorschrift

$$B = \operatorname{rot} V \tag{VI 2, 8}$$

herleiten. Damit entsteht aus (VI 2, 2) die Gleichung

$$\operatorname{rot} E = -\frac{\partial}{\partial t} \operatorname{rot} V = -\operatorname{rot} \left(\frac{\partial V}{\partial t}\right). \tag{VI 2, 9}$$

Zu ihrer Lösung rufen wir das *elektrische Skalarpotential* φ zu Hilfe und erhalten wegen $\operatorname{rot} \operatorname{grad} \varphi \equiv 0$ aus (VI 2, 9)

$$E = -\frac{\partial V}{\partial t} - \operatorname{grad} \varphi. \tag{VI 2, 10}$$

Durch Eintragen von (VI 2, 8) und (VI 2, 10) in (VI 2, 1) folgt mit Rücksicht auf (VI 2, 3) und (VI 2, 5)

$$\frac{1}{\varPi} \operatorname{rot} \operatorname{rot} V = -\varDelta \frac{\partial^2 V}{\partial t^2} - \varDelta \frac{\partial (\operatorname{grad} \varphi)}{\partial t}. \tag{VI 2, 11}$$

Unter Berufung auf die hier benutzten *Kartesi*schen Koordinaten gilt die Identität

$$\operatorname{rot} \operatorname{rot} V \equiv \operatorname{grad} \operatorname{div} V - \nabla^2 V, \tag{VI 2, 12}$$

so daß (VI 2, 11) in

$$\frac{1}{\varPi} (\operatorname{grad} \operatorname{div} V - \nabla^2 V) = -\varDelta \left(\frac{\partial^2 V}{\partial t^2} + \frac{\partial (\operatorname{grad} \varphi)}{\partial t}\right) \tag{VI 2, 13}$$

übergeht. Verknüpfen wir nun das magnetische Vektorpotential V mit dem elektrischen Skalarpotential φ durch die Bedingungsgleichung

$$\operatorname{div} V + \varPi \varDelta \frac{\partial \varphi}{\partial t} = 0, \tag{VI 2, 14}$$

so reduziert sich (VI 2, 13) auf

$$\nabla^2 V = \Delta \Pi \frac{\partial^2 V}{\partial t^2}. \quad \text{(VI 2, 15)}$$

Nun gilt im leeren Raume

$$\operatorname{div} D = \Delta \operatorname{div} E = 0, \quad \text{(VI 2, 16)}$$

also nach (VI 2, 10)

$$\operatorname{div} \frac{\partial V}{\partial t} + \nabla^2 \varphi \equiv \frac{\partial}{\partial t} \operatorname{div} V + \nabla^2 \varphi = 0. \quad \text{(VI 2, 17)}$$

Im Verein mit (VI 2, 14) folgt hieraus für das elektrische Skalarpotential die Differentialgleichung

$$\nabla^2 \varphi = \Delta \Pi \frac{\partial^2 \varphi}{\partial t^2}. \quad \text{(VI 2, 18)}$$

c) Bezeichnet c den Betrag der Lichtgeschwindigkeit im leeren Raum, so entnimmt man aus (VI 2, 4) und (VI 2, 5) die Relation

$$c^2 = \frac{1}{\Pi \Delta}. \quad \text{(VI 2, 19)}$$

Damit nimmt (VI 2, 14) die Gestalt an

$$\operatorname{div} V + \frac{1}{c^2} \frac{\partial \varphi}{\partial t} = 0, \quad \text{(VI 2, 20)}$$

während (VI 2, 15) in

$$\nabla^2 V - \frac{1}{c^2} \frac{\partial^2 V}{\partial t^2} = 0 \quad \text{(VI 2, 21)}$$

und (VI 2, 18) in

$$\nabla^2 \varphi - \frac{1}{c^2} \frac{\partial^2 \varphi}{\partial t^2} = 0 \quad \text{(VI 2, 22)}$$

übergeht.

d) Wir vereinigen die *Kartesi*schen Koordinaten x, y, z mit der Zeit t zu dem *Minkowski*schen Weltvektor R der Komponenten x^i $[i = 1, 2, 3, 4]$ nach der Vorschrift

$$x^1 = x; \qquad x^2 = y; \qquad x^3 = z; \qquad x^4 = \sqrt{-1}\, c\, t. \quad \text{(VI 2, 23)}$$

Aus den *Kartesi*schen Komponenten V_x, V_y, V_z des magnetischen Vektorpotentiales und dem elektrischen Skalarpotential φ bilden wir die Größen Φ^i mittels der Definitionen

$$\Phi^1 = V_x; \qquad \Phi^2 = V_y; \qquad \Phi^3 = V_z; \qquad \Phi^4 = \sqrt{-1} \frac{\varphi}{c}. \quad \text{(VI 2, 24)}$$

Durch Substitution von (VI 2, 23) und (VI 2, 24) in (VI 2, 20) entsteht die skalare Gleichung

$$\frac{\partial \Phi^1}{\partial x^1} + \frac{\partial \Phi^2}{\partial x^2} + \frac{\partial \Phi^3}{\partial x^3} + \frac{\partial \Phi^4}{\partial x^4} = 0. \quad \text{(VI 2, 25)}$$

Wir führen neben dem ungestrichenen System der Koordinaten (VI 2, 23) jenes gestrichene, *Minkowski*sche Welt-Koordinatensystem x'^i ein, welches dem erstgenannten durch die spezielle *Lorentz*-Transformation (VI 1, 5) verbunden ist. Da sich nun beim Übergang vom ungestrichenen auf das gestrichene System das vierdimensionale, differentielle Operationssymbol $\Box$

mit den Komponenten $\partial/\partial x^i$ wie der Weltvektor R transformiert, darf man $\square$ formal gleichfalls als Weltvektor behandeln; daher definieren gemäß (VI 2, 25) die vier Größen Φ^i die [kontravarianten] Komponenten eines weiteren Weltvektors Φ; er wird als *elektromagnetisches Viererpotential* bezeichnet. Im Lichte dieses Satzes kann man (VI 2, 25) in die Form kleiden

$$\square\,\Phi = 0. \qquad \text{(VI 2, 26)}$$

Erklärt man das skalare Operationssymbol $\square^2$ durch

$$\square^2 = \frac{\partial^2}{(\partial x^1)^2} + \frac{\partial^2}{(\partial x^2)^2} + \frac{\partial^2}{(\partial x^3)^2} + \frac{\partial^2}{(\partial x^4)^2} \qquad \text{(VI 2, 27)}$$

so lassen sich nunmehr (VI 2, 21) und (VI 2, 22) mit Rücksicht auf (VI 2, 24) in die *eine* Aussage

$$\square^2 \Phi = 0 \qquad \text{(VI 2, 28)}$$

zusammenfassen.

e) Aus formalen Gründen gehen wir von den kontravarianten Komponenten Φ^i des elektromagnetischen Viererpotentiales zu dessen kovarianten Komponenten Φ_i über; nach (VI 1, 7) sind, in dem von uns gewählten Bezugssysteme, je die gleichnamigen Komponenten der einen Art mit jenen der anderen identisch, die *Kartesi*schen Komponenten E_x, E_y, E_z des elektrischen Feldes folgen dann aus den kovarianten Komponenten des elektromagnetischen Viererpotentiales entsprechend (VI 2, 10) nach der Vorschrift

$$\left.\begin{aligned}
E_x &= -\frac{\partial V_x}{\partial t} - \frac{\partial \varphi}{\partial x} = \sqrt{-1}\,c\left\{\frac{\partial \Phi_4}{\partial x^1} - \frac{\partial \Phi_1}{\partial x^4}\right\}\\
E_y &= -\frac{\partial V_y}{\partial t} - \frac{\partial \varphi}{\partial y} = \sqrt{-1}\,c\left\{\frac{\partial \Phi_4}{\partial x^2} - \frac{\partial \Phi_2}{\partial x^4}\right\}\\
E_z &= -\frac{\partial V_z}{\partial t} - \frac{\partial \varphi}{\partial z} = \sqrt{-1}\,c\left\{\frac{\partial \Phi_4}{\partial x^3} - \frac{\partial \Phi_3}{\partial x^4}\right\}
\end{aligned}\right\} \qquad \text{(VI 2, 29)}$$

Dagegen berechnen sich die *Kartesi*schen Komponenten B_x, B_y, B_z der magnetischen Induktion gemäß (VI 2, 8) zu

$$\left.\begin{aligned}
B_x &= \frac{\partial V_z}{\partial y} - \frac{\partial V_y}{\partial z} = \frac{\partial \Phi_3}{\partial x^2} - \frac{\partial \Phi_2}{\partial x^3}\\
B_y &= \frac{\partial V_x}{\partial z} - \frac{\partial V_z}{\partial x} = \frac{\partial \Phi_1}{\partial x^3} - \frac{\partial \Phi_3}{\partial x^1}\\
B_z &= \frac{\partial V_y}{\partial x} - \frac{\partial V_x}{\partial y} = \frac{\partial \Phi_2}{\partial x^1} - \frac{\partial \Phi_1}{\partial x^2}
\end{aligned}\right\} \qquad \text{(VI 2, 30)}$$

Wir führen den antimetrischen Tensor zweiter Stufe F mit den kovarianten Komponenten $F_{ik} = -F_{ki}$ durch die Definition ein

$$F = \mathrm{Rot}\,\Phi; \qquad F_{ik} = \frac{\partial \Phi_k}{\partial x^i} - \frac{\partial \Phi_i}{\partial x^k}. \qquad \text{(VI 2, 31)}$$

Auf Grund von (VI 2, 29) und (VI 2, 30) läßt die Matrix der F_{ik} die Deutung zu

$$[F_{ik}] = \begin{pmatrix} 0 & B_z & -B_y & \frac{1}{\sqrt{-1}\,c} E_x \\ -B_z & 0 & B_x & \frac{1}{\sqrt{-1}\,c} E_y \\ B_y & -B_x & 0 & \frac{1}{\sqrt{-1}\,c} E_z \\ -\frac{1}{\sqrt{-1}\,c} E_x & -\frac{1}{\sqrt{-1}\,c} E_y & -\frac{1}{\sqrt{-1}\,c} E_z & 0. \end{pmatrix} \quad \text{(VI 2, 32)}$$

Das — mit dem universellen Faktor $1/\sqrt{-1}\,c$ multiplizierte — elektrische Feld einerseits, die magnetische Induktion andererseits sind hiernach nicht wesensverschieden, sondern manifestieren sozusagen die zwei Seiten ein und desselben, vierdimensionalen Obergebildes: Des Tensors F, der somit den Namen des *elektromagnetischen Feldtensors* verdient.

f) Wir gehen auf das gestrichene Bezugssystem über und erhalten in ihm die Komponenten F'_{ik} des elektromagnetischen Feldtensors mittels der zu (VI 1, 5) kontragradienten Transformation

$$\overline{\alpha}^{i}_{k} = \alpha^{k}_{i} \quad \text{(VI 2, 33)}$$

gemäß der folgenden, die Tensoren zweiter Stufe definierenden Vorschrift

$$F'_{ik} = \overline{\alpha}^{j}_{i}\,\overline{\alpha}^{l}_{k}\,F_{jl}. \quad \text{(VI 2, 34)}$$

Mit Rücksicht auf die spezielle *Lorentz*-Transformation (VI 1, 6) resultiert hieraus für F'_{ik} die Matrix

$$[F'_{ik}] = \begin{pmatrix} 0 & \frac{F_{12} + \sqrt{-1}\,\beta F_{42}}{\sqrt{1-\beta^2}} & \frac{F_{13} + \sqrt{-1}\,\beta F_{43}}{\sqrt{1-\beta^2}} & \frac{F_{14} + \beta^2 F_{41}}{1-\beta^2} \\ \frac{F_{21} + \sqrt{-1}\,\beta F_{24}}{\sqrt{1-\beta^2}} & 0 & F_{23} & \frac{-\sqrt{-1}\,\beta F_{21} + F_{24}}{\sqrt{1-\beta^2}} \\ \frac{F_{31} - \sqrt{-1}\,\beta F_{34}}{\sqrt{1-\beta^2}} & F_{32} & 0 & \frac{-\sqrt{-1}\,\beta F_{31} + F_{34}}{\sqrt{1-\beta^2}} \\ \frac{F_{41} + \beta^2 F_{14}}{1-\beta^2} & \frac{-\sqrt{-1}\,\beta F_{12} + F_{42}}{\sqrt{1-\beta^2}} & \frac{-\sqrt{-1}\,\beta F_{13} + F_{43}}{\sqrt{1-\beta^2}} & 0 \end{pmatrix} \quad \text{(VI 2, 35)}$$

Indem wir die Komponenten F_{ik} des elektromagnetischen Feldtensors der Matrix (VI 2, 32) entnehmen und das Produkt $c\,\beta$ durch die Geschwindigkeit v ersetzen, liefert (VI 2, 35)

$$[F'_{ik}] = \begin{pmatrix} 0 & \frac{B_z - \frac{v}{c^2} E_y}{\sqrt{1-\beta^2}} & \frac{-B_y - \frac{v}{c^2} E_z}{\sqrt{1-\beta^2}} & \frac{1}{\sqrt{-1}\,c} E_x \\ -\frac{-\frac{v}{c^2} E_y + B_z}{\sqrt{1-\beta^2}} & 0 & B_x & \frac{-v B_z + E_y}{\sqrt{-1}\,c\sqrt{1-\beta^2}} \\ -\frac{\frac{v}{c^2} E_z - B_y}{\sqrt{1-\beta^2}} & -B_x & 0 & \frac{v B_y + E_z}{\sqrt{-1}\,c\sqrt{1-\beta^2}} \\ -\frac{1}{\sqrt{-1}\,c} E_x & -\frac{E_y - v B_z}{\sqrt{-1}\,c\sqrt{1-\beta^2}} & -\frac{E_z + v B_y}{\sqrt{-1}\,c\sqrt{1-\beta^2}} & 0 \end{pmatrix} \quad \text{(VI 2, 36)}$$

Denkt man sich jetzt (VI 2, 32) für das gestrichene System angeschrieben, so erhält man durch Vergleich entsprechender Matrixelemente die Transformationsformeln der *Kartesi*schen Feldkomponenten

$$E_x' = E_x; \qquad E_y' = \frac{E_y - v\,B_z}{\sqrt{1-\beta^2}}; \qquad E_z' = \frac{E_z + v\,B_y}{\sqrt{1-\beta^2}} \qquad \text{(VI 2, 37)}$$

und jene der *Kartesi*schen Induktionskomponenten

$$B_x' = B_x; \qquad B_y' = \frac{B_y + \frac{v}{c^2} E_z}{\sqrt{1-\beta^2}}; \qquad B_z' = \frac{B_z - \frac{v}{c^2} E_y}{\sqrt{1-\beta^2}}. \qquad \text{(VI 2, 38)}$$

g) Wir beobachten einen Elektrizitätsträger der invarianten Ladung e, welcher relativ zum gestrichenen Systeme ruht. An ihm greift sonach die *Newton*sche Kraft $\overline{K}'$ mit den Komponenten an

$$\overline{K}_x' = e\,E_x'; \qquad \overline{K}_y' = e\,E_y'; \qquad \overline{K}_z' = e\,E_z'. \qquad \text{(VI 2, 39)}$$

Wir transformieren sie mittels der Formeln (VI 1, 32) auf das ungestrichene System und finden dort, mit Rücksicht auf (VI 2, 37), die Kraftkomponenten vor

$$\overline{K}_x = e\,E_x; \qquad \overline{K}_y = e\,\{E_y - v\,B_z\}; \qquad \overline{K}_z = e\,\{E_z + v\,B_y\}. \qquad \text{(VI 2, 40)}$$

Diese drei Gleichungen lassen sich in der Terminologie der dreidimensionalen Vektorrechnung zu

$$\overline{K} = e\,\{E + [v\,B]\} \qquad \text{(VI 2, 41)}$$

vereinigen. Mit diesem Ergebnis sind wir zu jener strengen Herleitung des *Lorentz*schen Kraftgesetzes für bewegte Ladungsträger gelangt, welche wir in Ziffer II 1 in Aussicht stellten, nachdem sich dort die *Newton*sche Mechanik für den gleichen Zweck als unzureichend erwiesen hatte.

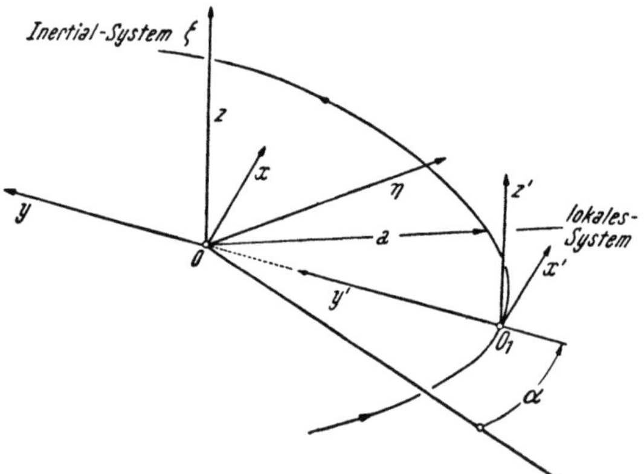

Abb. VI 274. Inertial-Bezugssystem im magnetischen Doppelstern.

h) Wir wenden die vorstehenden Sätze auf das Feld eines magnetischen Doppelsternes an, welches von *H. Alfvén* als möglicher Erzeuger kosmischer Elektronenstrahlen angegeben wurde.

Im Anschluß an Abb. VI 274 orientieren wir uns zunächst im Inertialsystem der *Kartesi*schen Koordinaten ξ, η, ζ [achsenparallele Einheitsvektoren $1_\xi, 1_\zeta, 1_\eta$], in welchem die laufende Zeit t gezählt wird; sein Ursprung O soll mit dem Schwerpunkt der umeinander kreisenden Himmelskörper 1 und 2 koinzidieren, deren je homogen verteilte Massen ebenso wie die entsprechenden Trägheitsmomente um die körperfeste Achse ihrer Eigendrehung als einander gleich vorausgesetzt werden. Die Zentren O_1 und O_2 des Zwillingsgestirnes mögen in der invariablen Ebene $\zeta = 0$ längs der Kreisbahn vom Halbmesser a mit der gleichförmigen Winkelgeschwindigkeit Ω im mathematisch-positiven Sinne rotieren, bei passender Wahl des Zeitursprunges wird also im Augenblick t die Lage von O_1 durch

$$\xi_1 = a \cos \Omega t; \qquad \eta_1 = a \sin \Omega t; \qquad \zeta_1 = 0 \qquad \text{(VI 2, 42)}$$

und jene von O_2 durch

$$\xi_2 = -a \cos \Omega t; \qquad \eta_2 = -a \sin \Omega t; \qquad \zeta_2 = 0 \qquad \text{(VI 2, 43)}$$

geschildert. Die in der Drehachse jedes Einzelsternes gelegenen Vektoren ω_1 und ω_2 ihrer Eigenrotation vom einheitlichen Betrage ω mögen zum Zeitpunkt $t = 0$ entsprechend Abb. VI 275 in der Ebene $\eta = 0$ die Neigungswinkel $\gamma_1 = \gamma = -\gamma_2$ gegen die positive ζ-Achse aufweisen; sie werden demnach durch die Gleichungen

$$\frac{\omega_1}{\omega} = 1_\xi \sin\gamma + 1_\eta \cdot 0 + 1_\zeta \cos\gamma \qquad \text{(VI 2, 44)}$$

und

$$\frac{\omega_2}{\omega} = 1_\xi (-\sin\gamma) + 1_\eta \cdot 0 + 1_\zeta \cos\gamma \qquad \text{(VI 2, 45)}$$

dargestellt, welche zufolge der Kreiselwirkung der rotierenden Himmelskörper ungeachtet der Bewegung ihrer Zentren längs der gemeinsamen Kreisbahn für lange Zeitspannen merklich invariant bleiben.

Wir ergänzen die kinematischen Daten des Sternpaares durch die Angabe ihrer magnetischen Momente M_1 und M_2 vom einheitlichen Betrage M, welche durch die zeitfreien Relationen

$$\frac{M_1}{M} = \frac{\omega_1}{\omega}; \qquad \frac{M_2}{M} = \frac{\omega_2}{\omega} \qquad \text{(VI 2, 46)}$$

mit der Eigendrehung ihrer Träger genetisch verknüpft seien.

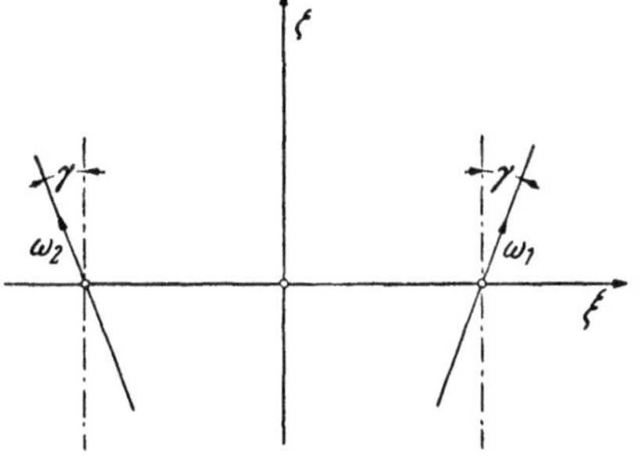

Abb. VI 275. Orientierung der magnetischen Achsen im Doppelstern.

Wir richten unsere Aufmerksamkeit vorerst auf den Stern 1 und identifizieren sein Zentrum O_1 zum Zeitpunkt t mit dem Ursprung des „lokalen" Bezugssystemes der *Kartesi*schen Koordinaten x', y', z'; seine x'-Achse koinzidiere mit der momentanen Bahntangente, die y'-Achse weise nach O, die z'-Achse sei parallel der ζ-Achse orientiert. Setzen wir

$$\alpha = \Omega t, \qquad \text{(VI 2, 47)}$$

so lauten also die achsenparallelen Komponenten des magnetischen Momentes M_1 im lokalen Bezugssysteme

$$M_{1,x'} = -M \sin\gamma \sin\alpha; \qquad M_{1,y'} = -M \sin\gamma \cos\alpha;$$
$$M_{1,z'} = M \cos\gamma. \qquad \text{(VI 2, 48)}$$

Sie erregen im Aufpunkt $P' = (x', y', z')$ das magnetische Skalarpotential

$$\varphi_{1'} = \frac{M}{4\pi\Pi} \cdot \frac{1}{(x'^2 + y'^2 + z'^2)^{3/2}} [-x' \sin\gamma \sin\alpha - y' \sin\gamma \cos\alpha + z' \cos\gamma]$$
$$\text{(VI 2, 49)}$$

Aus ihm berechnen wir die achsenparallelen Komponenten der magnetischen Feldstärke H zu

$$H_{1,x'} = -\frac{\partial \varphi_{1'}}{\partial x'} = \frac{M}{4\pi\Pi} \frac{1}{(x'^2 + y'^2 + z'^2)^{5/2}} [(-2x'^2 + y'^2 + z'^2) \sin\gamma \sin\alpha - 3x'y' \sin\gamma \cos\alpha + 3x'z' \cos\gamma], \quad \text{(VI 2, 50)}$$

$$H_{1,y'} = -\frac{\partial \varphi_1}{\partial y'} = \frac{M}{4\pi\Pi} \frac{1}{(x'^2 + y'^2 + z'^2)^{5/2}} [-3x'y' \sin\gamma \sin\alpha + (x'^2 - 2y'^2 + z'^2) \sin\gamma \cos\alpha + 3y'z' \cos\gamma], \quad \text{(VI 2, 51)}$$

$$H_{1,z'} = -\frac{\partial \varphi_1}{\partial z'} = \frac{M}{4\pi\Pi} \frac{1}{(x'^2 + y'^2 + z'^2)^{5/2}} [-3x'z' \sin\gamma \sin\alpha - 3y'z' \sin\gamma \cos\alpha - (x'^2 + y'^2 - 2z'^2) \cos\gamma]. \quad \text{(VI 2, 52)}$$

Durch die Wahl

$$x' = 0; \qquad y' = a; \qquad z' \equiv z' \quad \text{(VI 2, 53)}$$

auf einen Punkt der Doppelstern-Rotationsachse spezialisierend, finden wir in ihm

$$H'_{1,x'} = \frac{M}{4\pi\Pi} \cdot \frac{1}{(a^2 + z'^2)^{5/2}} (a^2 + z'^2) \sin\gamma \sin\alpha, \quad \text{(VI 2, 54)}$$

$$H'_{1,y'} = \frac{M}{4\pi\Pi} \cdot \frac{1}{(a^2 + z'^2)^{5/2}} [(-2a^2 + z'^2) \sin\gamma \cos\alpha + 3az' \cos\gamma], \quad \text{(VI 2, 55)}$$

$$H'_{1,z'} = \frac{M}{4\pi\Pi} \cdot \frac{1}{(a^2 + z'^2)^{5/2}} [-3az' \sin\gamma \cos\alpha - (a^2 - 2z'^2) \cos\gamma]. \quad \text{(VI 2, 56)}$$

Wir übertragen diese Ergebnisse auf das Magnetfeld des Sternes 2, indem wir sein Zentrum O_2 zum Ursprung des *Kartes*ischen Bezugssystemes x'', y'', z'' machen, dessen Lage relativ zum Stern 2 jener des Systemes x', y', z' relativ zum Stern 1 gleicht; denn zufolge der vorausgesetzten Zwillingseigenschaften beider Himmelskörper und ihrer symmetrischen Lage relativ zur gemeinsamen Rotationsachse gelten dann die Gleichungen (VI 2, 54), (VI 2, 55) und (VI 2, 56) auch für die magnetische Feldstärke des Sternes 2, sofern man nur überall x' mit x'', y' mit y'' und z' mit z'' vertauscht.

Wir kehren nun zum Inertialsystem ξ, η, ζ zurück, welches wir durch eine im mathematisch-positiven Sinne ausgeführte Drehung vom Winkelbetrage $(\pi/2 + \alpha)$ um die ζ-Achse in das Inertialsystem x, y, z verwandeln. Während einer hinreichend kurzen Zeitspanne bewegt sich das System x', y', z' parallel der positiven x-Achse mit der gleichförmigen Translationsgeschwindigkeit

$$v' = \Omega a \equiv v, \quad \text{(VI 2, 57)}$$

das System x'', y'', z'' dagegen mit der Geschwindigkeit

$$v'' = -\Omega a = -v. \quad \text{(VI 2, 58)}$$

Überdies ist während der genannten Epoche die x''-Achse der x- und x'-Achse, die y''-Achse der y- und y'-Achse antiparallel gerichtet, während $z \equiv z' \equiv z''$ gilt.

Im Aufpunkte P = (0, 0, z) resultieren daher gemäß (VI 2, 38) als achsenparallele Komponenten der magnetischen Induktion $B = \Pi H$

$$B_x = B'_{x',1} - B''_{x'',2} = 0, \qquad \text{(VI 2, 59)}$$

$$B_y = \frac{B'_{y',1} - B''_{y'',2}}{\sqrt{1-\beta^2}} = 0, \qquad \text{(VI 2, 60)}$$

$$B_z = \frac{B'_{z',1} + B''_{z'',2}}{\sqrt{1-\beta^2}} = \frac{M}{2\pi\sqrt{1-\beta^2}} \frac{1}{(a^2+z^2)^{5/2}} [-3\,a\,z \sin\gamma \cos\alpha - $$
$$- (a^2 - 2\,z^2)\cos\gamma], \qquad \text{(VI 2, 61)}$$

während für die achsenparallelen Komponenten der elektrischen Feldstärke E aus (VI 2, 37) die Ausdrücke

$$E_x = 0, \qquad \text{(VI 2, 62)}$$

$$E_y = \frac{v' B'_{z',1} + v'' B''_{z'',2}}{\sqrt{1-\beta^2}} = 0, \qquad \text{(VI 2, 63)}$$

$$E_z = \frac{-v' B''_{y',1} - v'' B''_{y'',2}}{\sqrt{1-\beta^2}} =$$
$$= \frac{M v}{2\pi\sqrt{1-\beta^2}} \frac{1}{(a^2+z^2)^{5/2}} \cdot$$
$$\cdot [(-2\,a^2 + z^2)\sin\gamma\cos\alpha +$$
$$+ 3\,a\,z\cos\gamma] \qquad \text{(VI 2, 64)}$$

folgen [Abb. VI 276]. Ein zum Zeitpunkt t in P befindliches Elektron wird also längs der Symmetrieachse des Doppelsternes beschleunigt, so daß es, bei passender „Anfangsphase", die Äquatorebene des Sternsystemes passiert. Da nun E_z mit wachsendem Abstand von dieser Ebene rasch auf sehr kleine Beträge absinkt, wird dem beschleunigten Elektron merklich die Arbeit

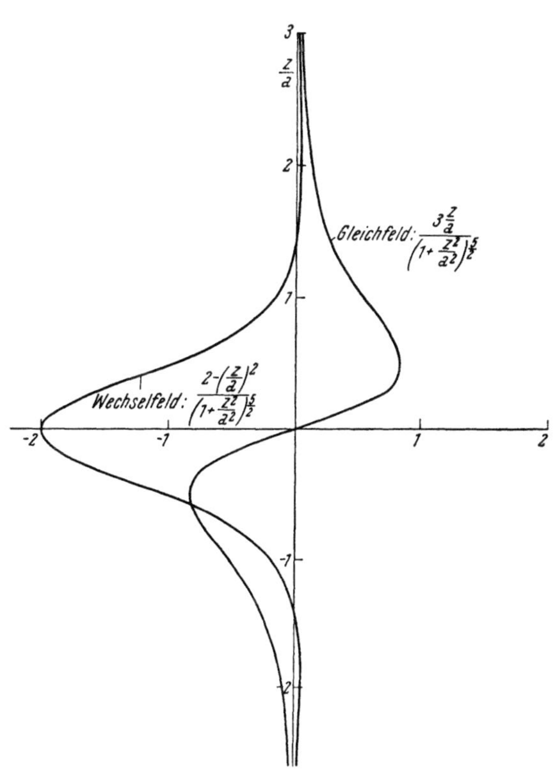

Abb. VI 276. Elektrische Felder in der Achse des Doppelsternes.

$$A = q_0 U; \qquad U = -\int_{-\infty}^{\infty} E_z\,dz \qquad \text{(VI 2, 65)}$$

zugeführt. Zur Berechnung des bestimmten Integrales substituiere man

$$\frac{z}{a} = \operatorname{tg} w \qquad \text{(VI 2, 66)}$$

und erhält wegen

$$\left.\begin{aligned} \int\limits_{-\infty}^{\infty} \frac{2\,a^2 - z^2}{(a^2 + z^2)^{5/2}}\,dz &= \frac{1}{a^2}\int\limits_{-\pi/2}^{\pi/2} (2 - 3\sin^2 w)\cos w\,dw = \frac{2}{a^2}, \\ \int\limits_{-\infty}^{\infty} \frac{3\,a\,z}{(a^2 + z^2)^{5/2}}\,dz &= \frac{3}{a^2}\int\limits_{-\pi/2}^{\pi/2} \sin w \cos^2 w\,dw = 0, \end{aligned}\right\} \qquad \text{(VI 2, 67)}$$

mit Rücksicht auf (VI 2, 47) als integrale Wirkung des Doppelsternsystemes auf das kontrollierte Elektron die Wechselspannung

$$U = U_{max} \cdot \cos\alpha = U_{max} \cdot \cos\Omega\,t; \qquad U_{max} = \frac{M\,v\,\sin\gamma}{\pi\,a^2\sqrt{1-\beta^2}}. \qquad \text{(VI 2, 68)}$$

Auf Grund der uns bekannten astronomischen Daten kann die Amplitude U_{max} in der Tat die Größenordnung einiger Milliarden Volt erreichen, welche die Energie der kosmischen Strahlen charakterisiert. Da jedoch Himmelskörper der genannten Art im Heer der Sterne nur relativ selten vertreten sind, wird man der Annahme magnetischer Doppelsterne als „kosmischen Zyklotrons" zur Erzeugung ultraenergiereicher Elektronen nur eine beschränkte Bedeutung im Mechanismus der kosmischen Strahlung zuerkennen.

VI 3. Transformation der Konvektionsstromdichte.

a) Wir betrachten zwei *Minkowski*sche Bezugssysteme x^i und x'^i [$i = 1, 2, 3, 4$], welche durch die spezielle *Lorentz*-Transformation (VI 1, 6) miteinander verbunden sind. In dem gestrichenen System konstruieren wir, von dessen Ursprung beginnend, einen starren rechteckigen Kasten der Kantenlängen X', Y' und Z'; sein Rauminhalt ist, relativ zum gestrichenen System, ein für allemal durch

$$T' = X'\,Y'\,Z' \qquad \text{(VI 3, 1)}$$

gegeben.

Ein im ungestrichenen System ruhender Beobachter mißt gemäß (VI 1, 2) zu einem festen Zeitpunkt t [„Momentaufnahme"] als Kantenlängen des Kastens

$$X = X'\sqrt{1-\beta^2}; \qquad Y = Y'; \qquad Z = Z', \qquad \text{(VI 3, 2)}$$

so daß dessen Rauminhalt zu

$$T = X\,Y\,Z = \sqrt{1-\beta^2}\,T' \qquad \text{(VI 3, 3)}$$

gefunden wird; diese Relation bringt die sogenannte *Lorentz-Kontraktion* bewegter Körper zum analytischen Ausdruck.

b) Wir führen in den Kasten N Ionen je der invarianten Ladung e ein, welche in ihm verbleiben. Die Invariante

$$\varrho' \equiv \varrho_0 = \frac{N\,e}{T'} \qquad \text{(VI 3, 4)}$$

definiert die *Eigendichte der Ionen-Raumladung* innerhalb des Kastens in Bezug auf einen relativ zu diesem ruhenden Beobachter. Dagegen konstatiert ein im ungestrichenen System postierter Beobachter die Raumladungsdichte

$$\varrho = \frac{N\,e}{T} = \frac{\varrho_0}{\sqrt{1-\beta^2}}. \qquad \text{(VI 3, 5)}$$

c) Wir verallgemeinern die kinematische Grundlage der Raumladungstransformation, indem wir dem Kasten samt den in ihm eingeschlossenen Ionen relativ zum ungestrichenen System die dreidimensional-vektorielle Geschwindigkeit w der Komponenten w^x, w^y und w^z erteilen. Indem wir diesen Fall durch passende Drehung der Konfigurationsachsen x^i und x'^i $[i = 1, 2, 3]$ stets auf den vorher behandelten zurückführen können, überzeugen wir uns von der allgemeinen Gültigkeit der Gl. (VI 3, 5), sofern wir für β^2 den Wert

$$\beta^2 = \frac{(w)^2}{c^2} \qquad \text{(VI 3, 6)}$$

benützen.

d) Aus der Eigendichte ϱ_0 und der Vierergeschwindigkeit u gemäß (VI 3, 13) bilden wir den Weltvektor J der *Viererstromdichte* [abkürzend häufig als *Viererstrom* bezeichnet]

$$\mathrm{J} = \varrho_0\, \mathrm{u}. \qquad \text{(VI 3, 7)}$$

Seine *Minkowski*schen Komponenten lauten nach (VI 1, 14) und (VI 1, 5)

$$\mathrm{J}^1 = \varrho_0\, \mathrm{u}^1 = \varrho\, \mathrm{w}^x; \qquad \mathrm{J}^2 = \varrho_0\, \mathrm{u}^2 = \varrho\, \mathrm{w}^y; \qquad \mathrm{J}^3 = \varrho_0\, \mathrm{u}^3 = \varrho\, \mathrm{w}^z;$$
$$\mathrm{J}^4 = \varrho\, \mathrm{u}^4 = \sqrt{-1}\, \varrho\, \mathrm{c}. \qquad \text{(VI 3, 8)}$$

Die räumlichen Komponenten des Weltvektors J sind also mit den *Kartesi*schen Komponenten des dreidimensinalen Vektors j der Konvektionsstromdichte identisch

$$\mathrm{J}^1 = \mathrm{j}_x; \qquad \mathrm{J}^2 = \mathrm{j}_y; \qquad \mathrm{J}^3 = \mathrm{j}_z, \qquad \text{(VI 3, 9)}$$

während die zeitliche Komponente der Viererstromdichte sich lediglich um den universellen Faktor $\sqrt{-1}\,\mathrm{c}$ von der Raumladungsdichte ϱ selbst unterscheidet.

e) Wir kehren zu dem ursprünglichen gestrichenen System zurück, welches relativ zum ungestrichenen mit der Geschwindigkeit v längs der positiven x-Achse fortschreitet. Verstehen wir unter β jetzt wieder das Verhältnis v/c, so finden wir durch erneute Anwendung der speziellen *Lorentz*-Transformation (VI 1, 6) als *Minkowski*sche Komponenten der Viererstromdichte im gestrichenen System

$$\mathrm{J}'^1 = \frac{\varrho\,(\mathrm{w}^x - \mathrm{v})}{\sqrt{1-\beta^2}}; \qquad \mathrm{J}'^2 = \varrho\, \mathrm{w}^y; \qquad \mathrm{J}'^3 = \varrho\, \mathrm{w}^z;$$
$$\mathrm{J}'^4 = \sqrt{-1}\,\mathrm{c}\,\varrho\,\frac{1-\beta\dfrac{\mathrm{w}^x}{\mathrm{c}}}{\sqrt{1-\beta^2}}. \qquad \text{(VI 3, 10)}$$

Spezialisieren wir hierin auf

$$\mathrm{w}^x = \mathrm{v}; \qquad \mathrm{w}^y = 0; \qquad \mathrm{w}^z = 0, \qquad \text{(VI 3, 11)}$$

so entnehmen wir aus (VI 3, 10) mit Rücksicht auf (VI 3, 8) und (VI 3, 9) für die *Eigendichte der Raumladung* die Relation

$$\varrho' \equiv \varrho_0 = \varrho\sqrt{1-\beta^2} = \frac{\mathrm{j}_x}{\mathrm{v}}\sqrt{1-\beta^2} \qquad \text{(VI 3, 12)}$$

VI 4. Die Potentialfunktionen der relativistischen Mechanik.

a) Die Konstruktion der Potentialfunktionen der relativistischen Mechanik verlangt die gegen *Lorentz*-Transformationen invariante Definition der *Energie* und des *Impulses*; diese Forderung wird durch Zusammenfassung beider Begriffe zu einem Vierervektor im *Minkowski*schen Weltkoordinatensystem $x^1 = x$, $x^2 = y$, $x^3 = z$, $x^4 = \sqrt{-1}\, c\, t$ erfüllt:

Wir begleiten einen materiellen Punkt der Ruhmasse m_0 und der invarianten Ladung e bei seiner Bewegung durch ein beliebiges elektromagnetisches Feld. Seien w_x, w_y, w_z die Komponenten des dreidimensionalen Geschwindigkeitsvektors w, welcher das kontrollierte Ion relativ zum *Kartesi*schen System x, y, z zur Zeit t auszeichnet, so wird der kinematische Zustand des Ions vierdimensional gemäß (VI 1, 17), (VI 1, 19) und (VI 1, 20) durch den Weltvektor P der Komponenten

$$P^1 = P_1 = m\, w_x; \qquad P^2 = P_2 = m\, w_y; \qquad P^3 = P_3 = m\, w_z;$$

$$P^4 = P_4 = \sqrt{-1}\, m\, c \tag{VI 4, 1}$$

beschrieben. Seine zeitliche Komponente definiert, nach Multiplikation mit $c/\sqrt{-1}$, die *kinetische Gesamtenergie des Ions*; daher bezeichnen wir $P^1 = P_1$, $P^2 = P_2$, $P^3 = P_3$ als seine *kinetischen Impulskomponenten* und P als *kinetischen Impuls-Energievektor*.

b) Aus dem elektromagnetischen Viererpotential Φ der Komponenten (VI 2, 24) bilden wir durch Multiplikation mit der Invarianten e den Weltvektor $e\,\Phi$ mit den Komponenten

$$e\,\Phi^1 = e\,\Phi_1 = e\, V_x; \qquad e\,\Phi^2 = e\,\Phi_2 = e\, V_y; \qquad e\,\Phi^3 = e\,\Phi_3 = e\, V_z;$$

$$e\,\Phi^4 = e\,\Phi_4 = \sqrt{-1}\,\frac{e\,\varphi}{c} \tag{VI 4, 2}$$

Durch Addition von (VI 4, 1) und (VI 4, 2) gelangen wir zu den Komponenten eines weiteren Vierervektors Ψ

$$\Psi^1 = \Psi_1 = m\, w_x + e\, V_x; \qquad \Psi^2 = \Psi_2 = m\, w_y + e\, V_y;$$

$$\Psi^3 = \Psi_3 = m\, w_z + e\, V_z; \qquad \Psi^4 = \Psi_4 = \sqrt{-1}\,\frac{m\,c^2 + e\,\varphi}{c} \tag{VI 4, 3}$$

Welches ist seine physikalische Bedeutung?

Wir spezialisieren vorübergehend auf ein stationäres elektromagnetisches Feld. In ihm mißt auf Grund des Gesetzes (VI 2, 41) der *Lorentz*-Kraft die Größe

$$H = m\,c^2 + e\,\varphi \tag{VI 4, 4}$$

die konstante *dynamische Energie* des kontrollierten Ions, als Summe seiner *kinetischen Gesamtenergie* und seiner *potentiellen Energie*. Wir dürfen nun Gl. (VI 4, 4) als *Definition der im Zeitpunkt t jeweils vorhandenen dynamischen Energie* des Ions auch für den Fall *zeitlich veränderlicher Felder* übernehmen, in denen der Satz von der Erhaltung der dynamischen Energie nicht mehr gilt. Läßt man nämlich das Ion aus dem Gebiet des *zeitabhängigen Feldes* mit dem Augenblickswert H seiner dynamischen Energie in ein *stationäres Feld* übertreten, so steht uns in diesem die weiterhin konstant bleibende Ionenenergie vom Betrage H zur Verfügung. Stellen wir jetzt den Größen $P^1 = P_1$, $P^2 = P_2$, $P^3 = P_3$ des kinetischen Impulses die Größen $\Psi^1 = \Psi_1$, $\Psi^2 = \Psi_2$, $\Psi^3 = \Psi_3$ des „dynamischen Impulses" ergänzend zur Seite, so darf, zusammenfassend, der Vierervektor Ψ als *dynamischer Impuls-Energievektor* bezeichnet werden.

c) Als *kanonische Koordinaten* der relativistischen Mechanik definieren wir, in dem bisher benutzten Bezugssystem, die *kontravarianten Komponenten* x^i des *Koordinaten-Weltvektors* einerseits, die *kovarianten Komponenten* Ψ_i des *dynamischen Impuls-Energievektors* andererseits. Ihre räumlichen Anteile lauten

$$\begin{aligned} x^1 &= x; & x^2 &= y; & x^3 &= z, \\ \Psi_1 &= m\,w_x + e\,V_x; & \Psi_2 &= m\,w_y + e\,V_y; & \Psi_3 &= m\,w_z + e\,V_z \end{aligned} \qquad \text{(VI 4, 5)}$$

und ihre zeitlichen Anteile

$$\left. \begin{aligned} x^4 &= \sqrt{-1}\,c\,t \\ \Psi_4 &= \sqrt{-1} \cdot \frac{m\,c^2 + e\,\varphi}{c} \end{aligned} \right\} \qquad \text{(VI 4, 6)}$$

Wir behaupten, daß die dynamische Energie H nach Gl. (VI 4, 4), aufgefaßt als skalare Funktion der räumlichen kanonischen Koordinaten (VI 4, 5) und der Zeit t, die Mutterfunktion der *Hamilton*schen kanonischen Gleichungen

$$\frac{d\Psi_i}{dt} = -\frac{\partial H}{\partial x^i}; \qquad \frac{dx^i}{dt} = \frac{\partial H}{\partial \Psi_i} \qquad [i = 1, 2, 3] \qquad \text{(VI 4, 7)}$$

definiert.

Um zunächst die angegebene Gestalt der *Hamilton*schen Funktion explizit herzustellen, schreiben wir $\Psi_1 = \Psi_x$, $\Psi_2 = \Psi_y$, $\Psi_3 = \Psi_z$ und bilden aus (VI 4, 5)

$$\frac{1}{\sqrt{1-\beta^2}}\frac{w_x}{c} = \frac{\Psi_x - e\,V_x}{m_0\,c}; \qquad \frac{1}{\sqrt{1-\beta^2}}\frac{w_y}{c} = \frac{\Psi_y - e\,V_y}{m_0\,c};$$

$$\frac{1}{\sqrt{1-\beta^2}}\frac{w_z}{c} = \frac{\Psi_z - e\,V_z}{m_0\,c} \qquad \text{(VI 4, 8)}$$

Durch Quadrieren und Addieren dieser drei Gleichungen entsteht

$$\frac{\beta^2}{1-\beta^2} = \frac{1}{m_0^2\,c^2}\{(\Psi_x - e\,V_x)^2 + (\Psi_y - e\,V_y)^2 + (\Psi_z - e\,V_z)^2\} \qquad \text{(VI 4, 9)}$$

also

$$\beta^2 = \frac{(\Psi_x - e\,V_x)^2 + (\Psi_y - e\,V_y)^2 + (\Psi_z - e\,V_z)^2}{m_0^2\,c^2 + \{(\Psi_x - e\,V_x)^2 + (\Psi_y - e\,V_y)^2 + (\Psi_z - e\,V_z)^2} \qquad \text{(VI 4, 10)}$$

Durch Eintragen dieses Ergebnisses in (VI 4, 4) folgt

$$H = m\,c^2 + e\,\varphi = \frac{m_0\,c^2}{\sqrt{1-\beta^2}} + e\,\varphi = \qquad \text{(VI 4, 11)}$$

$$= \sqrt{m_0^2\,c^4 + c^2\{(\Psi_x - e\,V_x)^2 + (\Psi_y - e\,V_y)^2 + (\Psi_z - e\,V_z)^2\}} + e\,\varphi$$

Gemäß (VI 4, 7) erhalten wir nunmehr etwa für i = 1 die Bewegungsgleichungen

$$\frac{d\Psi_x}{dt} = e\,c^2 \frac{(\Psi_x - e\,V_x)\dfrac{\partial V_x}{\partial x} + (\Psi_y - e\,V_y)\dfrac{\partial V_y}{\partial x} + (\Psi_z - e\,V_z)\dfrac{\partial V_z}{\partial x}}{\sqrt{m_0^2\,c^4 + c^2\{(\Psi_x - e\,V_x)^2 + (\Psi_y - e\,V_y)^2 + (\Psi_z - e\,V_z)^2\}}} - e\,\frac{\partial \varphi}{\partial x}$$

und (VI 4, 12)

$$\frac{dx}{dt} = c^2 \frac{\Psi_x - e\,V_x}{\sqrt{m_0^2\,c^4 + c^2\{(\Psi_x - e\,V_x)^2 + (\Psi_y - e\,V_y)^2 + (\Psi_z - e\,V_z)^2\}}}. \qquad \text{(VI 4, 13)}$$

Wir zeigen, daß sie, und die aus ihnen durch zyklische Vertauschung der Indizes hervorgehenden Gleichungen für Ψ_y; y und Ψ_z; z inhaltlich mit den aus (VI 1, 23) und (VI 2, 41) folgenden Aussagen identisch sind. Denn wegen $dx/dt = w_x$; $dy/dt = w_y$; $dz/dt = w_z$ entnimmt man aus (VI 4, 12) und (VI 4, 13) samt ihren nicht explizit angeschriebenen zyklischen Ergänzungen für die y- und z-Richtung

$$\frac{d\Psi_x}{dt} = e\left\{w_x \frac{\partial V_x}{\partial x} + w_y \frac{\partial V_y}{\partial x} + w_z \frac{\partial V_z}{\partial x} - \frac{\partial \varphi}{\partial x}\right\} \qquad \text{(VI 4, 14)}$$

und mit Rücksicht auf (VI 4, 5)

$$\frac{d\,(m\,w_x)}{dt} = e\left\{-\frac{dV_x}{dt} + w_x \frac{\partial V_x}{\partial x} + w_y \frac{\partial V_y}{\partial x} + w_z \frac{\partial V_z}{\partial x} - \frac{\partial \varphi}{\partial x}\right\} =$$

$$= e\left\{-\frac{\partial V_x}{\partial t} - \frac{\partial \varphi}{\partial x} + w_y\left(\frac{\partial V_y}{\partial x} - \frac{\partial V_x}{\partial y}\right) - w_z\left(\frac{\partial V_x}{\partial z} - \frac{\partial V_z}{\partial x}\right)\right\}. \qquad \text{(VI 4, 15)}$$

Nach (VI 2, 8) und (VI 2, 10) ist also tatsächlich

$$\frac{d\,(m\,w_x)}{dt} = e\,\{E_x + [w\,B]_x\}, \qquad \text{(VI 4, 16)}$$

so daß hiermit der Beweis für die oben behauptete dynamische Bedeutung der Funktion $H = H\,(x^i, \Psi_i)$ erbracht ist.

d) Von der *Hamilton*schen Funktion gehen wir mittels der Gleichung

$$L = \dot{x}^i\,\Psi_i - H\,; \qquad \dot{x}^i = \frac{dx^i}{dt}\,; \qquad [i = 1, 2, 3] \qquad \text{(VI 4, 17)}$$

zur *Lagrange*schen Funktion des Ions über, als deren unabhängige Veränderliche wir x^i, $\dot{x}^i$ und t zu benutzen haben. Mit Rücksicht auf (VI 1, 18), (VI 4, 5) und (VI 4, 11) folgt also, an Hand der skalaren Produktbildung dreidimensionaler Vektoren des Konfigurationsraumes,

$$L = m\,(w)^2 + e\,(w\,V) - m\,c^2 - e\,\varphi = -m_0\,c^2\sqrt{1-\beta^2} - e\,\{\varphi - (w\,V)\}\,;$$

$$\beta^2 = \frac{(w)^2}{c^2}\,. \qquad \text{(VI 4, 18)}$$

Wir erinnern nun an die Definition der *Lagrange*schen Funktion in der *Newton*schen Mechanik:

$$L_{\text{Newton}} = \frac{1}{2}\,m_0\,(w)^2 - e\,\{\varphi - (w\,V)\}. \qquad \text{(VI 4, 19)}$$

Man könnte vermeinen, von L_{Newton} zur *Lagrange*schen Funktion der beschränkten Relativitätstheorie aufzusteigen, indem man den *Newton*schen Ausdruck der kinetischen Energie durch die kinetische Gesamtenergie nach (VI 1, 28) ersetzt; die Struktur der Gl. (VI 4, 18) zeigt jedoch, daß der vermutete, einfache Zusammenhang zwischen der klassischen und der relativistischen *Lagrange*schen Funktion *nicht* besteht.

e) Aus der Existenz der kanonischen Gleichungen (VI 4, 7) folgt das *Hamilton*sche *Prinzip*

$$\int_{t_1}^{t_2} \delta\,L\,dt = 0. \qquad \text{(VI 4, 20)}$$

Zum Beweise dieses Satzes bilden wir aus (VI 4, 17)

$$\delta\,L = \delta\,\dot{x}^i\,\Psi_i + \dot{x}^i\,\delta\,\Psi_i - \frac{\partial H}{\partial x^i}\,\delta\,x^i - \frac{\partial H}{\partial \Psi_i}\,\delta\,\Psi_i. \qquad \text{(VI 4, 21)}$$

Da nun verabredungsgemäß die synchronen Variationen δx^i an den Grenzen der Kontrollepoche $t_1 \leqq t \leqq t_2$ verschwinden, findet man wegen $\delta \dot{x}^i = d\delta x^i/dt$ mittels partieller Integration

$$\int_{t_1}^{t_2} \Psi_i \, \delta \dot{x}^i \, dt = \int_{t_1}^{t_2} \Psi_i \frac{d\delta x^i}{dt} \, dt = \Psi_i \, \delta x^i \Big|_{t_1}^{t_2} - \int_{t_1}^{t_2} \frac{d\Psi_i}{dt} \delta x^i \, dt =$$

$$= - \int_{t_1}^{t_2} \frac{d\Psi_i}{dt} \delta x^i \, dt. \qquad \text{(VI 4, 22)}$$

Demnach wird

$$\int_{t_1}^{t_2} \delta L \, dt = \int_{t_1}^{t_2} \left\{ \left(\frac{dx^i}{dt} - \frac{\partial H}{\partial \Psi_i} \right) \delta \Psi_i - \left(\frac{d\Psi_i}{dt} + \frac{\partial H}{\partial x^i} \right) \delta x^i \right\} dt, \qquad \text{(VI 4, 23)}$$

so daß wir auf Grund von (VI 4, 7) in der Tat zu (VI 4, 20) gelangen.

f) Das *Hamilton*sche Prinzip (VI 4, 20) erlaubt es, die *Kartes*ischen Koordinaten x, y, z des Konfigurationsraumes mit *allgemeinen Koordinaten* q^i $[i = 1, 2, 3]$ zu vertauschen, welche aus den erstgenannten durch eine *Punkttransformation* hervorgehen. Daher resultieren für die in den allgemeinen Koordinaten angeschriebene Bewegung des kontrollierten Ions gemäß der beschränkten Relativitätstheorie formal die nämlichen *Lagrange*schen Gleichungen, welche wir in der klassischen Mechanik aus dem *Hamilton*schen Prinzip herleiteten:

$$\frac{d}{dt}\left(\frac{\partial L}{\partial \dot{q}^i}\right) - \frac{\partial L}{\partial q^i} = 0. \qquad \text{(VI 4, 24)}$$

Man beachte jedoch den bereits oben betonten wesentlichen Unterschied der *Lagrange*schen Funktionen der *Newton*schen Mechanik einerseits, der relativistischen Mechanik andererseits.

VI 5. Die Hyperbel-Bewegung.

a) Wir beobachten ein Elektron [Ruhmasse m_0, Ladung $e = -q_0$] bei seiner Bewegung durch ein elektrostatisches Homogenfeld vom Betrage E, welches antiparallel der x-Achse eines *Kartes*ischen Bezugssystemes x, y, z weist; etwa gleichzeitig vorhandene magnetische Felder seien mittels geeigneter Panzer gegen das Existenzgebiet der Elektronenbewegung abgeschirmt. Nach (VI 4, 16) samt den entsprechenden Gleichungen in Richtung der y- und der z-Achse gehorcht sonach die Elektronenbewegung den Differentialgleichungen

$$\frac{d(m\, w_x)}{dt} = q_0 E, \qquad \text{(VI 5, 1)}$$

$$\frac{d(m\, w_y)}{dt} = 0, \qquad \text{(VI 5, 2)}$$

$$\frac{d(m\, w_z)}{dt} = 0. \qquad \text{(VI 5, 3)}$$

b) Wir setzen voraus, daß das kontrollierte Elektron zur Zeit $t = 0$ im Ursprung des Bezugssystemes ruhe:

$$\left.\begin{aligned} x = y = z = 0 \\ w_x = w_y = w_z = 0 \end{aligned}\right\} \quad \text{für} \quad t = 0. \tag{VI 5, 4}$$

Vermöge dieser Anfangsbedingung folgt aus (VI 5, 2) und (VI 5, 3) für $t \geqq 0$

$$w_y = 0; \qquad w_z = 0. \tag{VI 5, 5}$$

Daher liefert (VI 5, 1), abermals mit Rücksicht auf die Anfangsbedingungen, durch einmalige Integration

$$m\,w_x = \frac{m_0}{\sqrt{1-\beta^2}}\,w_x = q_0\,E\,t; \qquad \beta = \frac{w_x}{c} \tag{VI 5, 6}$$

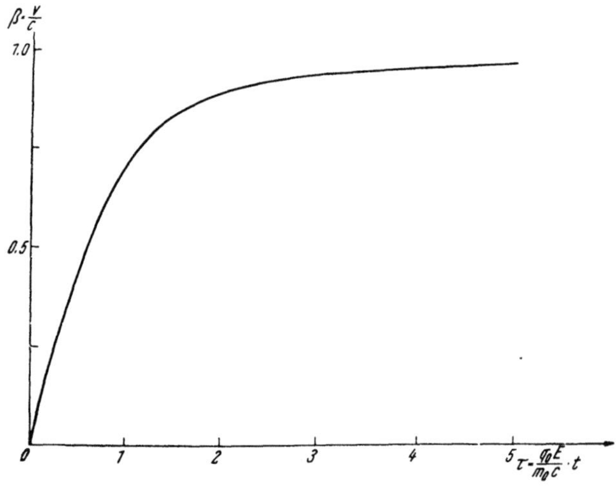

Abb. VI 277. Hyperbelbewegung: Die numerische Geschwindigkeit als Funktion der numerischen Zeit.

Für die numerische Geschwindigkeit β als Funktion der numerischen Zeit

$$\tau = \frac{q_0\,E}{m_0\,c}\,t \tag{VI 5, 7}$$

resultiert aus (VI 5, 6) die Gleichung

$$\beta = \frac{\tau}{\sqrt{1+\tau^2}} \tag{VI 5, 8}$$

Gemäß Abb. VI 277 nimmt β zunächst linear mit τ zu, wie man es nach der klassischen Mechanik erwartet; dagegen strebt für $\tau \gg 1$ die numerische Geschwindigkeit β asymptotisch gegen den Grenzwert 1: *Die Lichtgeschwindigkeit c kann von dem beschleunigten Ion nie erreicht, geschweige denn überschritten werden.*

Für den numerischen Weg des Elektrons

$$\xi = \frac{q_0\,E}{m_0\,c^2}\,x \tag{VI 5, 9}$$

folgt durch Integration der Gl. (VI 5, 6)

$$\xi = \int_0^\tau \frac{\tau' \, d\tau'}{\sqrt{1 + \tau'^2}} = \sqrt{1 + \tau^2} - 1 \qquad \text{(VI 5, 10)}$$

oder

$$(\xi + 1)^2 - \tau^2 = 1. \qquad \text{(VI 5, 11)}$$

Dies ist die Gleichung einer *Hyperbel*; ihr in Abb. VI 278 dargestellter Ast schildert den Verlauf der Elektronenbewegung und rechtfertigt hierdurch deren Bezeichnung als „*Hyperbelbewegung*".

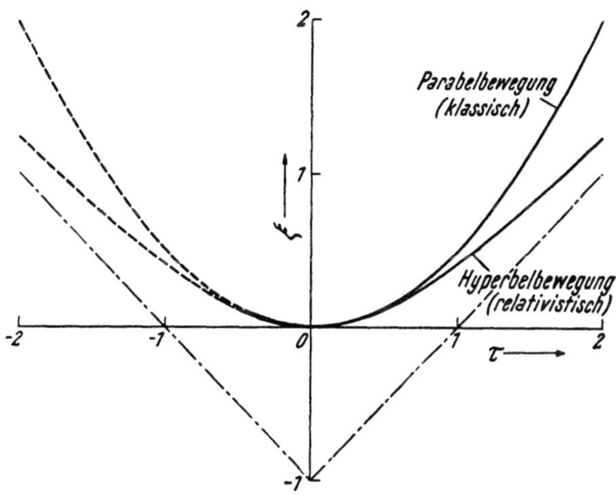

Abb. VI 278. Hyperbelbewegung: Der numerische Weg als Funktion der numerischen Zeit.

Für $\tau \ll 1$ schmiegt sich die Hyperbel (VI 5, 11) der Parabel

$$2\,\xi = \tau^2 \qquad \text{(VI 5, 12)}$$

an; die Oskulation beider Kurven im Ursprunge des (ξ, τ) Systemes setzt den stetigen Übergang von den Bewegungsgesetzen der *Newton*schen Mechanik zu jenem der beschränkten Relativitätstheorie in Evidenz.

c) Das in (VI 5, 9) auftretende Produkt

$$U = E\,x \qquad \text{(VI 5, 13)}$$

definiert die *Beschleunigungsspannung des Elektrons* vom Startort bis zum Kontrollpunkt der Abszisse x. Führt man nun

$$U = \frac{m_0\,c^2}{q_0} \qquad \text{(VI 5, 14)}$$

als sozusagen *natürliche Spannungseinheit* vom numerischen Werte

$$U_0 = \frac{9{,}106 \cdot 10^{-35} \cdot 9 \cdot 10^{20}}{1{,}602 \cdot 10^{-19}} = 512\,\text{kV} = 0{,}512\,\text{MV} \qquad \text{(VI 5, 15)}$$

ein, so verwandelt sich ξ in die *numerische Beschleunigungsspannung*

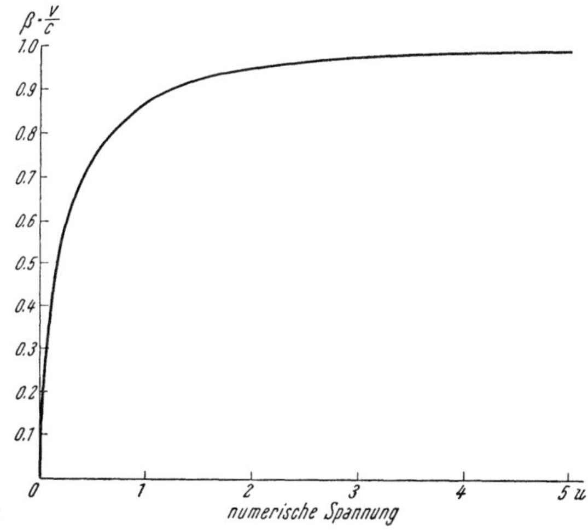

Abb. VI 279. Hyperbelbewegung: Die numerische Geschwindigkeit als Funktion der numerischen Spannung.

$$u = \frac{U}{U_0} \qquad \text{(VI 5, 16)}$$

Durch Elimination von τ aus (VI 5, 8) und (VI 5, 10) folgt nun

$$u = \frac{1}{\sqrt{1 - \beta^2}} - 1 \qquad \text{(VI 5, 17)}$$

Daher berechnet sich die relative Geschwindigkeit β des Elektrons aus der numerischen Beschleunigungsspannung nach der Vorschrift

$$\beta = \sqrt{1 - \frac{1}{(1+u)^2}} \qquad \text{(VI 5, 18)}$$

Die graphische Darstellung dieser Gleichung gemäß Abb. VI 279 offenbart aufs neue die *Lichtgeschwindigkeit* c *als unüberschreitbare Grenze der Elektronengeschwindigkeit*; für Zahlenrechnungen vgl. Abb. VI 280 und VI 281.

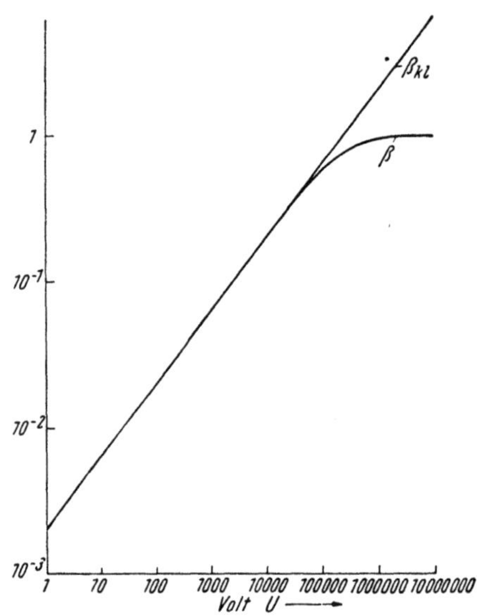

Abb. VI 280. Entwicklung der Elektronengeschwindigkeit bei mäßigen Beschleunigungs-Spannungen.

d) Mit

$$\varphi_P = E\,x \equiv U \qquad \text{(VI 5, 19)}$$

bezeichnen wir das *Primärpotential des beschleunigenden elektrischen Feldes*. Wegen $\varphi = 0$ für $x = 0$ [Startort des Elektrons] gleicht die dynamische Gesamtenergie des Elektrons in jedem Stadium seiner Bewegung der Ruhenergie:

$$m\,c^2 - q_0\,\varphi = m_0\,c^2. \qquad \text{(VI 5, 20)}$$

Hieraus folgt, übereinstimmend mit (VI 5, 17)

$$\frac{1}{\sqrt{1-\beta^2}} - 1 = \frac{q_0\,\varphi}{m_0\,c^2} = u. \qquad \text{(VI 5, 21)}$$

e) Wir ergänzen das elektrostatische Primärfeld des Beschleunigungssystemes durch das *elektrodynamische Sekundärfeld des bewegten Elektrons* selbst. Zu diesem Zwecke führen wir neben den *Minkowski*schen Koordinaten $x^1 = x$, $x^2 = y$, $x^3 = z$, $x^4 = \sqrt{-1}\,c\,t$ jene gestrichenen Koordinaten $x'^1 = x'$, $x'^2 = y'$, $x'^3 = z'$, $x'^4 = \sqrt{-1}\,c\,t'$ ein, welche aus den ungestrichenen durch die spezielle *Lorentz*-Transformation (VI 1, 6) hervorgehen. Identifizieren wir die Relativgeschwindigkeit v des gestrichenen gegen das ungestrichene Bezugssystem mit w_x, so ruht das kontrollierte Elektron relativ zum gestrichenen Bezugssystem. In ihm reduziert sich das gesuchte Sekundärfeld auf das kugelsymmetrisch um das Elektron als Zentrum verteilte elektrische Skalarpotential

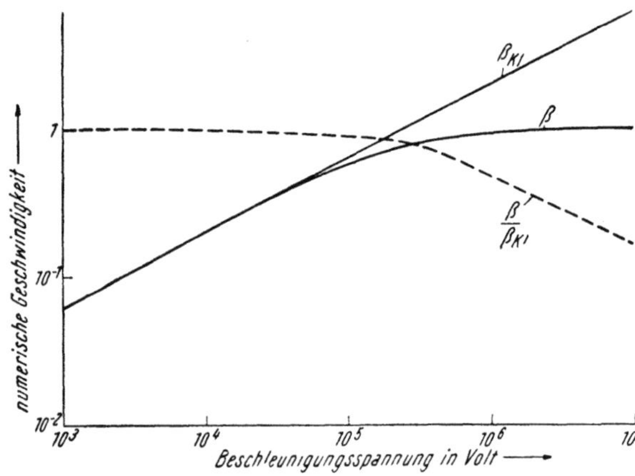

Abb. VI 281. Entwicklung der Elektronengeschwindigkeit bei Beschleunigung durch Hochspannung.

$$\varphi' = -\frac{q_0}{4\pi\Delta} \cdot \frac{1}{\sqrt{x'^2 + y'^2 + z'^2}} \tag{VI 5, 22}$$

Daher lautet das elektromagnetische Viererpotential im gestrichenen Bezugssystem

$$\Phi'^1 = 0; \qquad \Phi'^2 = 0; \qquad \Phi'^3 = 0; \qquad \Phi'^4 = \frac{\sqrt{-1}\,\varphi'}{c}. \tag{VI 5, 23}$$

Demnach berechnen sich seine Komponenten im ungestrichenen System durch abermalige Anwendung der speziellen *Lorentz*-Transformation (VI 1, 6) zu

$$\Phi^1 = V_x = \frac{\beta\varphi'}{c\sqrt{1-\beta^2}} = -\frac{w_x}{c^2}\frac{q_0}{4\pi\Delta} \cdot \frac{1}{\sqrt{(x-w_x t)^2 + (y^2+z^2)(1-\beta^2)}}$$

$$\Phi^2 = V_y = 0; \qquad \Phi^3 = V_z = 0, \tag{VI 5, 24}$$

$$\Phi^4 = \frac{\sqrt{-1}\,\varphi}{c} = \frac{\sqrt{-1}\,\varphi'}{c\sqrt{1-\beta^2}} = \frac{\sqrt{-1}\,q_0}{c\cdot 4\pi\Delta} \cdot \frac{1}{\sqrt{(x-w_x t)^2 + (y^2+z^2)(1-\beta^2)}}$$

Wir konstruieren im *Kartes*ischen Koordinatensystem x, y, z zu einem festen Zeitpunkt t den Radiusvektor r vom momentanen Ort des Elektrons nach dem Aufpunkt (x, y, z); mit ϑ bezeichnen wir den Winkel zwischen r und der positiven x-Achse, mit α das Azimut der durch den Radiusvektor und die x-Achse gelegten Ebene gegen die Ebene $y = 0$:

$$\left.\begin{aligned} \sin\vartheta &= \frac{\sqrt{y^2+z^2}}{\sqrt{(x-vt)^2+y^2+z^2}}; & \cos\vartheta &= \frac{x-vt}{\sqrt{(x-vt)^2+y^2+z^2}}, \\ \sin\alpha &= \frac{y}{\sqrt{y^2+z^2}}; & \cos\alpha &= \frac{z}{\sqrt{y^2+z^2}}. \end{aligned}\right\} \tag{VI 5, 25}$$

Für die *Kartes*ischen Komponenten des elektrischen Feldes im ungestrichenen System findet man jetzt die Gleichungen

$$\left.\begin{aligned} E_x &= -\frac{\partial V_x}{\partial t} - \frac{\partial\varphi}{\partial x} = -\frac{q_0}{4\pi\Delta} \cdot \frac{1}{(r)^2} \cdot \frac{(1-\beta^2)\cos\vartheta}{(1-\beta^2\sin^2\vartheta)^{3/2}}, \\ E_y &= -\frac{\partial\varphi}{\partial y} = -\frac{q_0}{4\pi\Delta} \cdot \frac{1}{(r)^2} \frac{(1-\beta^2)\sin\vartheta\sin\alpha}{(1-\beta^2\sin^2\vartheta),^{3/2}}, \\ E_z &= -\frac{\partial\varphi}{\partial z} = -\frac{q_0}{4\pi\Delta} \cdot \frac{1}{(r)^2} \cdot \frac{(1-\beta^2)\sin\vartheta\cos\alpha}{(1-\beta^2\sin^2\vartheta)^{3/2}}, \end{aligned}\right\} \tag{VI 5, 26}$$

deren vektorielle Zusammenfassung

$$E = -\frac{q_0}{4\pi\Delta}\frac{1-\beta^2}{(1-\beta^2\sin^2\vartheta)^{3/2}} \cdot \frac{r}{|r|^3} \tag{VI 5, 27}$$

liefert. Die *Kartes*ischen Komponenten des Magnetfeldes berechnen sich zu

$$\left.\begin{aligned} H_x &= 0, \\ H_y &= \frac{1}{\Pi} \cdot \frac{\partial V_x}{\partial z} = -\frac{q_0 w_x}{4\pi} \cdot \frac{1}{(r)^2} \cdot \frac{(1-\beta^2)\sin\vartheta\cos\alpha}{(1-\beta^2\sin^2\vartheta)^{3/2}}, \\ H_z &= -\frac{1}{\Pi}\frac{\partial V_x}{\partial y} = \frac{q_0 w_x}{4\pi} \cdot \frac{1}{(r)^2} \cdot \frac{(1-\beta^2)\sin\vartheta\sin\alpha}{(1-\beta^2\sin^2\vartheta)^{3/2}}. \end{aligned}\right\} \tag{VI 5, 28}$$

Die Vektorform dieser Gleichungen

$$H = -\frac{q_0}{4\pi} \cdot \frac{1-\beta^2}{(1-\beta^2 \sin^2 \vartheta)^{3/2}} \cdot \frac{[\mathfrak{w}\, \mathfrak{r}]}{|\mathfrak{r}|^3} \qquad \text{(VI 5, 29)}$$

formuliert das *Biot-Savart*sche Elementargesetz der beschränkten Relativitätstheorie.

f) Die vorstehend für Elektronen entwickelten Formeln lassen sich auf [punktförmige] Elektrizitätsträger beliebiger Art verallgemeinern, sofern man überall die Elektronenladung q_0 durch den Betrag $|e|$ der jeweiligen Ionenladung und die Ruhmasse m_0 des Elektrons durch die Ruhmasse $m_{J,0}$ des Ions ersetzt. An Stelle der natürlichen Spannungseinheit U_0 der Elektronen nach (VI 5, 14) tritt dann die Spannungseinheit

$$U_J = \frac{m_{J,0} \cdot c^2}{|e|}. \qquad \text{(VI 5, 30)}$$

Zum Zwecke numerischer Rechnungen empfiehlt es sich, die jeweilige Ionenmasse $m_{J,0}$ als Vielfaches der atomaren Masseneinheit [Symbol 1 ME] auszudrücken, die ihrerseits als genau 1/16 der Masse des häufigsten O-Isotopes [99,76% im natürlich vorkommenden Sauerstoff] definiert ist und zu

$$1\,\text{ME} = 1{,}67 \cdot 10^{-24}\,\text{g} = 1{,}67 \cdot 10^{-31} \frac{\text{Joule sec}^2}{\text{cm}^2} = 1834\, m_0 \qquad \text{(VI 5, 31)}$$

bestimmt wurde. Daher findet man für einwertige Ionen $[|e| = q_0]$ aus (VI 5, 30) die Zahlenwert-Gleichung

$$U_J = (m_{J,0})_{ME} = \frac{1{,}67 \cdot 10^{-31} \cdot 9 \cdot 10^{20}}{1{,}602 \cdot 10^{-19}} (\text{V}) = (m_{J,0})_{ME} \cdot 931\,(\text{MV}). \qquad \text{(VI 5, 32)}$$

Die nämliche Relation drückt das *Einstein*sche Energie-Äquivalent der Ionen-Ruhmasse in Elektronenvolt [oder Mega-Elektronenvolt] aus; in diesem Sinne mag man U_J geradezu als „Schöpfungsspannung" des Ions deuten, dessen Gesamtladung, sozusagen vom Unendlichen her auf seine Oberfläche zusammengefegt, eben jene Spannung zu überwinden hat.

VI 6. Strahlungsdruck auf bewegte Ladungkörper.

a) Wir bringen ein [punktförmiges] Ion der Ladung e und der Ruhmasse m_0 in das Feld einer ebenen, monochromatischen elektromagnetischen Welle der Kreisfrequenz [„Farbe"] ω; welche Kraft übt sie auf das Ion aus?

b) Wir begeben uns zunächst in das „ungestrichene" Bezugssystem der *Kartesi*schen Koordinaten x, y, z und der laufenden Zeit t; in ihm möge die vorgegebene „Primärwelle" längs der x-Achse fortschreiten. Gemäß Abb. VI 282 weise die elektrische Primärfeldstärke $\vec{E}$ [Amplitude $\vec{E}_{max}$] parallel der y-Achse, die magnetische Primärfeldstärke $\vec{H}$ [Amplitude $\vec{H}_{max}$] parallel der z-Achse; nach passender Wahl des Zeitursprunges kann dann die Welle durch

$$\vec{E} = \vec{E}_{max} \cdot \sin \omega \left(t - \frac{x}{c}\right), \qquad \text{(VI 6, 1)}$$

$$\vec{H} = \vec{H}_{max} \cdot \sin \omega \left(t - \frac{x}{c}\right) \qquad \text{(VI 6, 2)}$$

beschrieben werden. Beide Feldanteile sind durch die Relation

$$\vec{H} = \frac{\vec{E}}{\sqrt{\frac{\Pi}{\Delta}}} \tag{VI 6, 3}$$

miteinander verknüpft; ihrem Zusammenwirken entspringt der parallel zur x-Achse gerichtete Strahlungsvektor

$$\vec{S} = \vec{E}\,\vec{H} \tag{VI 6, 4}$$

mit dem zeitlichen Mittelwert

$$\overline{\vec{S}} = \frac{1}{2}\vec{E}_{max} \cdot \vec{H}_{max}. \tag{VI 6, 5}$$

c) Wir rufen vorübergehend Zusatzkräfte nichtelektromagnetischer Natur zu Hilfe, welche das kontrollierte Ion an die Ebene $x = 0$ binden; nur in ihr soll es sich reibungsfrei zu bewegen vermögen. Die relativistische Mechanik des materiellen Massenpunktes liefert dann für die Ionenbewegung zunächst die Differentialgleichung

$$\frac{d}{dt}\left(m\frac{dy}{dt}\right) = e\,\vec{E}_{(x=0)} = e\,\vec{E}_{max} \cdot \sin\omega t. \tag{VI 6, 6}$$

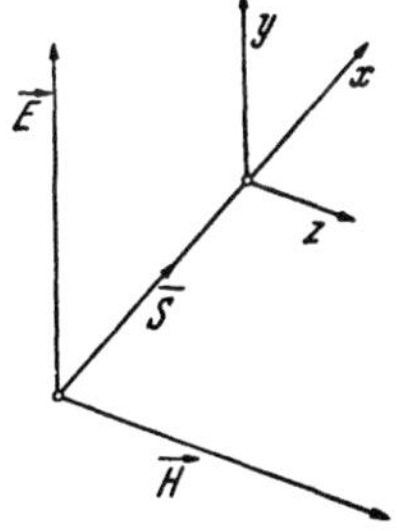

Abb. VI 282. Orientierung im Strahlungsfelde.

Wir beschränken uns weiterhin auf so schwache Feldintensitäten der Primärwelle, daß wir die träge Masse m des Ions mit seiner Ruhmasse m_0 vertauschen dürfen; in der hierdurch angezeigten Genauigkeit verwandelt sich (VI 6, 6) in die Gleichung

$$m_0\frac{d^2y}{dt^2} = e\,\vec{E}_{max} \cdot \sin\omega t, \tag{VI 6, 7}$$

welche durch die harmonischen Schwingungen

$$y = -y_{max} \cdot \sin\omega t; \qquad y_{max} = \frac{e}{m_0}\frac{\overline{E}_{max}}{\omega^2} \tag{VI 6, 8}$$

befriedigt wird. Aus der zugehörigen Geschwindigkeit

$$v_y = \frac{dy}{dt} = -\frac{e}{m_0}\frac{\vec{E}_{max}}{\omega}\cos\omega t \tag{VI 6, 9}$$

berechnet sich die Leistung N des Feldes am Ion zu

$$N = N(t) = v_y\,\vec{E}_{(x=0)} = -\frac{e}{m_0}\frac{\vec{E}^2_{max}}{\omega}\sin\omega t\cos\omega t. \tag{VI 6, 10}$$

Ihr zeitlicher Mittelwert verschwindet:

$$\overline{N} = 0. \tag{VI 6, 11}$$

d) Wir behaupten, daß das Ergebnis (VI 6, 11) mit der Elektrodynamik des schwingenden Ions *unvereinbar* ist. Denn der gemäß (VI 6, 8) pendelnde Ladungsträger definiert einen *Hertz*schen Oszillator; dieser erregt seinerseits eine parallel der y-Achse polarisierte elektromagnetische Sekundärwelle, welche sich vom Zentrum des Oszillators kugelförmig ausbreitet. Die von ihr im Zeitmittel transportierte *Strahlungsleistung* $\overline{N}_{str}$ geht aus (E 2,63) nach Ersatz von q_0 durch e hervor

$$\overline{N}_{str} = \frac{8\pi}{3}\left(\frac{e^2}{4\pi\Delta m_0 c^2}\right)^2 \cdot \overline{\vec{S}}. \tag{VI 6, 12}$$

Im quasistationären Zustande ist sie durch eine Leistung gleichen Betrages zu decken, welche der Primärwelle entzogen wird; daher gelangen wir zu der Bilanz

$$\overline{N}_{str} = \overline{N}, \tag{VI 6, 13}$$

welche in der Tat der früheren Angabe (VI 6, 11) widerspricht.

Um die angezeigte Schwierigkeit zu überwinden, bringen wir den Ausdruck (VI 6, 12) mit Rücksicht auf (VI 6, 3), (VI 6, 5) und (VI 6, 8) in die Gestalt

$$\overline{N}_{str} = \frac{1}{2}\sqrt{\frac{\Delta}{\Pi}}\,\frac{8\pi}{3}\left(\frac{e\,y_{max}}{4\pi\Delta}\right)^2\left(\frac{\omega}{c}\right)^4. \tag{VI 6, 14}$$

Sie legt es nahe, die in (VI 6, 6) allein auftretende *elektrische Triebkraft* $K_{el} = e\,\vec{E}_{(x=0)}$ durch die *Kraft* K_{str} der *Strahlungsdämpfung* zu ergänzen, welche mittels einer noch zu bestimmenden, reellen Konstanten $\varkappa > 0$ durch den Ansatz

$$K_{str} = \varkappa\,\frac{d^2 v_y}{dt^2} = \varkappa\,\frac{d^3 y}{dt^3} \tag{VI 6, 15}$$

beschrieben werden kann. Denn sie entzieht dem Felde in jedem Augenblick die Leistung

$$-v_y K_{str} = -\varkappa\, v_y\,\frac{d^2 v_y}{dt^2}, \tag{VI 6, 16}$$

deren zeitlicher Mittelwert aus

$$-\frac{\varkappa}{2\pi}\int_{-\pi}^{\pi} v_y\,\frac{d^2 v_y}{dt^2}\,d(\omega t) = -\frac{\varkappa}{2\pi}\left[\omega\, v_y\,\frac{dv_y}{dt}\Big|_{-\pi}^{\pi} - \int_{-\pi}^{\pi}\left(\frac{dv_y}{dt}\right)^2 d(\omega t)\right] \tag{VI 6, 17}$$

zu bestimmen ist; da der integralfreie Posten auf Grund des periodischen Charakters von y verschwindet, reduziert sich der Ausdruck (VI 6, 17) auf

$$\frac{\varkappa}{2\pi}\int_{-\pi}^{\pi}\left(\frac{dv_y}{dt}\right)^2 d(\omega t) = \frac{\varkappa}{2}\,(\omega^2 y_{max})^2, \tag{VI 6, 18}$$

so daß er bei der Wahl

$$\varkappa = \sqrt{\frac{\Delta}{\Pi}}\,\frac{8\pi}{3}\left(\frac{e}{4\pi\Delta}\right)^2\frac{1}{c^4} \tag{VI 6, 19}$$

genau die Strahlungsleistung (VI 6, 14) schildert. Im Lichte dieses Ergebnisses gelangen wir also zu der richtigen Energiebilanz des kontrollierten Ions, indem wir die Differentialgleichung (VI 6, 7) durch

$$m_0\,\frac{d^2 y}{dt^2} = K_{el} + K_{str} = e\,\vec{E}_{max}\cdot\sin\omega t + \varkappa\,\frac{d^3 y}{dt^3} \tag{VI 6, 20}$$

ersetzen. Ihre quasistationäre Lösung lautet

$$y = -\frac{e}{m_0}\,\frac{\vec{E}_{max}}{\omega^2}\,\frac{1}{\sqrt{1+\left(\frac{\omega\varkappa}{m_0}\right)^2}}\sin(\omega t + \psi); \qquad \operatorname{tg}\psi = \frac{\omega\varkappa}{m_0} \tag{VI 6, 21}$$

Definiert man nun an Hand der Gleichung (VI 6, 12) den Wirkungshalbmesser a des kontrollierten Ions mittels

$$\pi a^2 = \frac{\overline{N}_{str}}{\overline{\vec{S}}} = \frac{8\pi}{3}\left(\frac{e^2}{4\pi \Delta m_0 c^2}\right)^2 = \sqrt{\frac{\Pi}{\Delta}}\left(\frac{e}{m_0}\right)^2 \varkappa \qquad \text{(VI 6, 22)}$$

und ersetzt die Kreisfrequenz ω der Primärwelle durch deren Wellenlänge

$$\lambda = 2\pi \cdot \frac{c}{\omega} \qquad \text{(VI 6, 23)}$$

so kann man schreiben

$$\operatorname{tg}\psi = \frac{\pi}{2}\sqrt{\frac{8}{3}}\frac{a}{\lambda}. \qquad \text{(VI 6, 24)}$$

Identifiziert man insbesondere den Betrag von e mit jenem der Elektronenladung, so schildert a den *Born*schen Modellhalbmesser des Elektrons, welcher nach Ausweis der Zahlengleichung (E 2, 71) nur die Größenordnung von $4{,}62 \cdot 10^{-13}$ cm erreicht; unter Beschränkung auf den Spektralbereich elektromagnetischer Wellen von mindestens der Länge der γ-Strahlen wird dann

$$\operatorname{tg}\psi \ll 1. \qquad \text{(VI 6, 25)}$$

e) Zu der elektrischen Triebkraft $K_{el} = e\,\vec{E}_{(x=0)}$, welche dauernd in der Ebene $x = 0$ gelegen ist, gesellt sich die am bewegten Ladungsträger angreifende *Lorentz*-Kraft K_L; sie ist zufolge ihrer Proportionalität mit dem äußeren Produkt des Vektors v der Teilchengeschwindigkeit mit dem Vektor der magnetischen Induktion $B = \Pi H$ dem Strahlvektor $\vec{S}$ parallel gerichtet. Bezeichnen wir daher die im vorliegenden Falle allein verbleibende x-Komponente der *Lorentz*-Kraft durch das Symbol K_L, so folgt mit Rücksicht auf (VI 6, 3)

$$K_L = e\, v_y \vec{B}_{(x=0)} = e\, v_y \pi \vec{H}_{(x=0)} = \frac{e}{c} v_y \vec{E}_{(x=0)}. \qquad \text{(VI 6, 26)}$$

Auf Grund von (VI 6, 1), (VI 6, 21) und (VI 6, 22) berechnet sich daher ihr zeitlicher Mittelwert zu

$$\overline{K}_L = \frac{1}{2}\frac{e^2}{m_0}\frac{\vec{E}^2_{max}}{\omega c}\frac{\sin\psi}{\sqrt{1+\left(\frac{\omega\varkappa}{m_0}\right)^2}} = \frac{\overline{\vec{S}}}{c}\cdot\frac{\pi a^2}{1+\left(\frac{\omega\varkappa}{m_0}\right)^2} \qquad \text{(VI 6, 27)}$$

so daß man

$$\overline{p} = \frac{\overline{\vec{S}}}{c}\cdot\frac{1}{1+\left(\frac{\omega\varkappa}{m_0}\right)^2} \qquad \text{(VI 6, 28)}$$

als *Strahlungsdruck der Primärwelle auf den kontrollierten Ladungsträger* definieren kann; er reduziert sich im Falle (VI 6, 25) auf

$$\overline{p}_0 = \lim_{\frac{\omega\varkappa}{m_0}\to 0} \overline{p} = \frac{\overline{\vec{S}}}{c} \qquad \text{(VI 6, 29)}$$

Um uns die Größenordnung der Kraft $\overline{K}_L$ zu veranschaulichen, ersetzen wir ihre Wirkung durch den Angriff einer *virtuellen, zeitfreien elektrischen Longitudinalfeldstärke* $\overline{E}_{Lg}$ an der ruhend gedachten Punktladung e, indem wir schreiben

$$\overline{E}_{Lg} = \frac{\overline{K}_L}{e} = \frac{\pi a^2}{e} \cdot \frac{\vec{S}}{c} \cdot \frac{1}{1 + \left(\frac{\omega \varkappa}{m_0}\right)^2} \qquad \text{(VI 6, 30)}$$

Mißt man den Betrag des Strahlungsvektors in Watt/cm², so erhält man für Ionen der Ladung $|e| = q_0$ unter der Voraussetzung (VI 6, 25) zahlenmäßig

$$\overline{E}_{Lg} = \frac{\pi \cdot 4{,}62^2 \cdot 10^{-26}}{1{,}602 \cdot 10^{-19} \cdot 3 \cdot 10^{10}} \overline{\vec{S}} = 1{,}4 \cdot 10^{-12} \overline{\vec{S}} \frac{\text{Volt}}{\text{cm}} \qquad \text{(VI 6, 31)}$$

Sie bleibt selbst in den überaus starken Strahlungsfeldern von Radargeräten, welche im Innern zylindrischer Hohlleiter bis zu $100 \cdot 10^6$ Watt/cm² heranreichen mögen, mit

$$\overline{E}_{Lg} \approx 0{,}14 \frac{\text{m V}}{\text{cm}} \qquad \text{(VI 6, 32)}$$

äußerst schwach gegen die sonst üblichen Intensitäten elektrischer Beschleunigungsfelder der Elektronik; erst längs Laufstrecken von astronomischer Länge resultieren Spannungen von technisch interessierendem Betrage. Beispielsweise erhält man aus (VI 6, 31) für die Strecke eines Lichtjahres $[31{,}1 \cdot 10^6 \cdot 3 \cdot 10^{10} = 0{,}933 \cdot 10^{18}\,\text{cm}]$

$$\overline{E}_{Lg} = 1{,}31 \cdot \vec{S} \frac{\text{MV}}{\text{Lichtjahr}} \qquad \text{(VI 6, 33)}$$

so daß den aus Riesensternen emittierten Ionen durch das *kosmische Strahlungsfeld* sehr große Energiebeträge zugeführt werden können.

f) Befreien wir den kontrollierten Ladungsträger von seiner Bindung an die Ebene $x = 0$, so wird er, dem Strahlungsdrucke gehorchend, sich in Richtung des Strahlungsvektors in Bewegung setzen. Wie beeinflußt dieser Vorgang die am Ion angreifende Kraft?

Wir verlassen das ungestrichene Bezugssystem und beobachten das elektrodynamische Feld relativ zu dem System der gestrichenen Koordinaten x', y', z' und der laufenden Zeit t', welches dem wandernden Ladungsträger dauernd verbunden bleibt; im Augenblicke $t = t' = 0$ sollen beide Systeme koinzidieren, und ihre je gleichnamigen Konfigurationsachsen sollen einander stets parallel gerichtet sein. Sei dann v_x die zum Zeitpunkt t gemessene Geschwindigkeit des kontrollierten Ions relativ zum ungestrichenen System, so übersetzt die spezielle *Lorentz*-Transformation (VI 1, 5) die Darstellung eines im ungestrichenen System registrierten Weltereignisses in die Sprache des gestrichenen Systemes. Da nun im letztgenannten der kontrollierte Ladungsträger definitionsgemäß ruht, ergibt sich die dort an ihm angreifende *Newton*sche Kraft $\overline{K}_L'$ aus Gl. (VI 6, 27), nachdem man in ihr den Strahlvektor $\vec{S}$ durch $\vec{S}'$ und die Kreisfrequenz ω durch ω' ersetzt hat.

Setzt man daher

$$\beta = \frac{v_x}{c} \qquad \text{(VI 6, 34)}$$

so folgt aus (VI 6, 1), (VI 6, 2) und (VI 6, 3) gemäß (VI 2, 37) und (VI 2, 38)

$$\vec{E}' = \sqrt{\frac{\Pi}{\Delta}}\,\vec{H}' = \sqrt{\frac{1-\beta}{1+\beta}}\,\vec{E}_{max} \sin \omega' \left(t' - \frac{x'}{c}\right) \tag{VI 6, 35}$$

wobei die Invarianzbedingung der Phase

$$\omega' \left(t' - \frac{x'}{c}\right) = \omega \left(t - \frac{x}{c}\right) \tag{VI 6, 36}$$

im Verein mit der *Lorentz*-Transformation auf die Relation

$$\omega' = \sqrt{\frac{1-\beta}{1+\beta}}\,\omega \tag{VI 6, 37}$$

führt.

Aus (VI 6, 35) entnehmen wir für die Transformation des Strahlvektors die Vorschrift

$$\vec{S}' = \frac{1-\beta}{1+\beta}\,\vec{S} \tag{VI 6, 38}$$

Ihr physikalischer Inhalt wird der Anschauung durch den *Übergang vom Wellenbilde* der elektromagnetischen Strahlung auf die *Photonenvorstellung* erschlossen. Mittels des *Planck*schen Wirkungsquantums berechnet sich die Energie W jedes Photons im ungestrichenen Systeme zu

$$W = \frac{h}{2\pi}\,\omega \tag{VI 6, 39}$$

so daß sie relativ zum gestrichenen System auf

$$W' = \frac{h}{2\pi}\,\omega' = W \sqrt{\frac{1-\beta}{1+\beta}} \tag{VI 6, 40}$$

herabsinkt. Da nun die Photonen den Raum mit Lichtgeschwindigkeit durcheilen, folgt ihre Konzentration n im ungestrichenen Systeme aus

$$n = \frac{\vec{S}}{c\,W}. \tag{VI 6, 41}$$

Welche Konzentration n' zeichnet den Photonenstrom relativ zum gestrichenen System aus?

Wir ersetzen die Photonen vorübergehend durch individualisierbare, virtuelle Teilchen, welche sich relativ zum gestrichenen System mit der einheitlichen Geschwindigkeit

$$\frac{dx'}{dt'} = w' < c \tag{VI 6, 42}$$

parallel der positiven x'-Achse bewegen. Ein sie dauernd begleitender Beobachter möge die „Eigenkonzentration" n_0 dieser relativ zu ihm ruhenden „Quasiphotonen" messen. Die Konzentration n' der Quasiphotonen im gestrichenen System folgt dann wegen der *Lorentz*-Kontraktion eines den Quasiphotonen verbundenen starren Maßstabes zu

$$n' = \frac{n_0}{\sqrt{1 - \frac{w'^2}{c^2}}}. \tag{VI 6, 43}$$

Mittels der zu (VI 1, 2) dualen Relationen

$$x = \frac{x' + v\,t'}{\sqrt{1-\beta^2}}; \qquad y = y'; \qquad z = z'; \qquad t = \frac{t' + \frac{v}{c^2}\,x'}{\sqrt{1-\beta^2}} \qquad \text{(VI 6, 44)}$$

berechnet sich nun die parallel der x-Achse weisende Geschwindigkeit w der Quasiphotonen im ungestrichenen System zu

$$w = \frac{dx}{dt} = \left[\frac{d\,(x' + v\,t')}{d\left(t' + \frac{v}{c^2}\,x'\right)}\right]_{x' = w' t'} = \frac{w' + v}{1 + \frac{w'\,v}{c^2}}, \qquad \text{(VI 6, 45)}$$

so daß man dort die Quasiphotonen in der Konzentration

$$n = \frac{n_0}{\sqrt{1 - \frac{w^2}{c^2}}} \qquad \text{(VI 6, 46)}$$

antrifft. Durch den Grenzübergang $w' \to c$ von den Quasiphotonen zu den wahren Lichtquanten zurückkehrend, resultiert somit aus (VI 6, 43) und (VI 6, 46) für die Transformation der Photonen-Konzentration die Regel

$$\frac{n'}{n} = \lim_{w' \to c} \sqrt{\frac{1 - \frac{w^2}{c^2}}{1 - \frac{w'^2}{c^2}}} = \lim_{w' \to c} \sqrt{\frac{1 + \frac{w}{c}}{1 + \frac{w'}{c}}} \sqrt{\frac{1 - \frac{w}{c}}{1 - \frac{w'}{c}}} =$$

$$= \lim_{w' \to c} \sqrt{\frac{1 + \frac{w}{c}}{1 + \frac{w'}{c}}} \sqrt{\frac{1 - \frac{v}{c}}{1 + \frac{w'\,v}{c^2}}} = \sqrt{\frac{1-\beta}{1+\beta}}, \qquad \text{(VI 6, 47)}$$

welche man mit Rücksicht auf (VI 6, 23) und (VI 6, 37) in die Gestalt

$$n\,\lambda = n'\,\lambda' = \text{const.} \qquad \text{(VI 6, 48)}$$

bringen kann; in ihrer Anwendung auf die jeweilige „Länge“ des einzelnen Photons als Kehrwert seiner entsprechenden Konzentration veranschaulicht diese Gleichung die physikalische Wesenheit des Lichtquantes mittels der invarianten Zahl der in ihm enthaltenen Wellenlängen. Schreiben wir nun, gemäß (VI 6, 41),

$$n' = \frac{\overline{\vec{S'}}}{c\,W'}, \qquad \text{(VI 6, 49)}$$

so folgt mit Rücksicht auf (VI 6, 40) und (VI 6, 47)

$$\overline{\vec{S'}} = c\,W'\,n' = c\,W\,n\,\frac{1-\beta}{1+\beta} = \overline{\vec{S}}\,\frac{1-\beta}{1+\beta} \qquad \text{(VI 6, 50)}$$

im Einklang mit der Aussage (VI 6, 38) der Feldtheorie. Daher resultiert aus den in (VI 6, 27) vereinigten Überlegungen für die Kraft $\overline{K_L}'$, welche im gestrichenen System am Ladungsträger in Richtung der positiven x'-Achse angreift, die Formel

$$\overline{K_L}' = \frac{\overline{\vec{S'}}}{c}\,\frac{\pi\,a^2}{1 + \left(\frac{\omega'\,\varkappa}{m_0}\right)^2} = \frac{\overline{\vec{S}}}{c}\,\frac{\pi\,a^2}{1 + \left(\frac{\omega\,\varkappa}{m_0}\right)^2 \cdot \frac{1-\beta}{1+\beta}} \cdot \frac{1-\beta}{1+\beta} \qquad \text{(VI 6, 51)}$$

Nach (VI 1, 32) stimmt nun die parallel der x-Achse gerichtete Komponente $\overline{K_L}$ der im ungestrichenen System gemessenen *Newton*-Kraft mit der gleichorientierten Komponente $\overline{K_L}'$ der *Newton*-Kraft im gestrichenen System überein

$$\overline{K_L} = \overline{K_L}'. \qquad \text{(VI 6, 52)}$$

Daher definiert

$$\overline{p} = \frac{\overline{K_L}}{\pi a^2} = \frac{\overline{\vec{S}}}{c} \frac{1-\beta}{(1+\beta) + \left(\frac{\omega \varkappa}{m_0}\right)^2 (1-\beta)} \qquad \text{(VI 6, 53)}$$

den *Strahlungsdruck auf den bewegten Ladungsträger*; im Falle (VI 6, 25) reduziert er sich auf

$$\overline{p}_0 = \lim_{\frac{\omega \varkappa}{m_0} \to 0} \overline{p} = \frac{\overline{\vec{S}}}{c} \frac{1-\beta}{1+\beta}. \qquad \text{(VI 6, 54)}$$

g) Im homogenen Strahlungsfelde der Primärintensität $\overline{\vec{S}}$ des gemäß (VI 6, 25) eingeschränkten Frequenzbereiches unterliegt die strahlparallele Longitudinalbewegung des Ladungsträgers der Differentialgleichung

$$\frac{d}{dt}\left(m_0 c \frac{\beta}{\sqrt{1-\beta^2}}\right) = \frac{\overline{\vec{S}}}{c} \pi a^2 \frac{1-\beta}{1+\beta}, \qquad \text{(VI 6, 55)}$$

welche wir unter den Anfangsbedingungen

$$x = 0; \qquad \beta = \frac{1}{c}\frac{dx}{dt} = 0 \qquad \text{für} \qquad t = 0 \qquad \text{(VI 6, 56)}$$

integrieren wollen. Zu diesem Zwecke wählen wir die Substitution

$$\beta = \operatorname{tgh} u, \qquad \text{(VI 6, 57)}$$

definieren mittels

$$T = \frac{m_0 c^2}{\overline{\vec{S}} \pi a^2} \qquad \text{(VI 6, 58)}$$

die *Zeitkonstante* des Beschleunigungsvorganges und erhalten für die *numerische Zeit*

$$\tau = \frac{t}{T}, \qquad \text{(VI 6, 59)}$$

durch Integration von (VI 6, 55) mit Rücksicht auf (VI 6, 56) die Darstellung

$$\tau = \int_0^{\operatorname{artgh} \beta} e^{2u} \cosh u \, du = \frac{1}{2}\left[\frac{1}{3}\left\{\left(\frac{1+\beta}{1-\beta}\right)^{3/2} - 1\right\} + \left\{\left(\frac{1+\beta}{1-\beta}\right)^{1/2} - 1\right\}\right]. \qquad \text{(VI 6, 60)}$$

Der *numerische Weg*

$$\xi = \frac{x}{c T} \qquad \text{(VI 6, 61)}$$

ergibt sich dann mittels nochmaliger Integration zu

$$\xi = \int_0^\tau \beta\, d\tau = \int_0^{\operatorname{artgh}\beta} e^{2u} \sinh u\, du = \frac{1}{2}\left[\frac{1}{3}\left\{\left(\frac{1+\beta}{1-\beta}\right)^{3/2} - 1\right\} - \left\{\left(\frac{1+\beta}{1-\beta}\right)^{1/2} - 1\right\}\right] \tag{VI 6, 62}$$

Damit ist für die Longitudinalbewegung des strahlungsbeschleunigten Ladungsträgers eine Parameterdarstellung gewonnen, deren dynamische Aussagen durch Abb. VI 283 veranschaulicht werden.

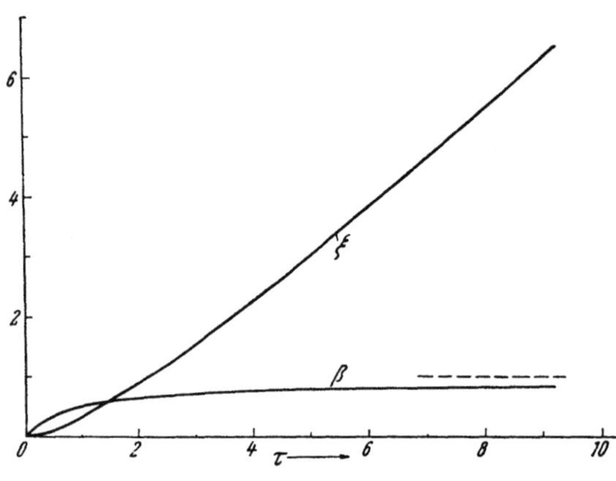

Abb. VI 283. Dynamik eines Ladungsträgers im homogenen Strahlungsfeld.

h) Wir überlagern der primären elektromagnetischen Welle ein homogenes, zeitunabhängiges Magnetfeld, dessen Induktion B parallel zum primären Strahlvektor gerichtet sei. In dem von uns benutzten gestrichenen Bezugssysteme resultieren dann zufolge (VI 2, 37) und (VI 2, 38) im Verein mit (VI 2, 3) die *Kartesi*schen Feldkomponenten des elektrischen Feldes

$$E_x' = 0; \qquad E_y' = \sqrt{\frac{1-\beta}{1+\beta}}\,\vec{E}_{max} \sin \omega' \left(t' - \frac{x'}{c}\right); \qquad E_z' = 0 \tag{VI 6, 63}$$

und jene der magnetischen Induktion

$$B_x' = B; \qquad B_y' = 0; \qquad B_z' = \sqrt{\frac{1-\beta}{1+\beta}}\,\frac{\vec{E}_{max}}{c} \sin \omega' \left(t' - \frac{x'}{c}\right). \tag{VI 6, 64}$$

Daher berechnen sich die Komponenten der *Lorentz*-Kraft auf ein Elektron $[e = -q_0]$ aus

$$K_{L,x}' = -q_0 \frac{v_y'}{c} \sqrt{\frac{1-\beta}{1+\beta}}\,\vec{E}_{max} \sin \omega' \left(t' - \frac{x'}{c}\right);$$

$$K_{L,y}' = q_0 v_z' B; \qquad K_{L,z}' = -q_0 v_y' B, \tag{VI 6, 65}$$

so daß die Bewegungsgleichungen des kontrollierten Elektrons lauten

$$\frac{d}{dt'}\left(m \frac{dx'}{dt'}\right) = -q_0 \frac{dy'}{dt'} \frac{1}{c} \sqrt{\frac{1-\beta}{1+\beta}}\,\vec{E}_{max} \cdot \sin \omega' t' + \varkappa \frac{d^3x'}{dt'^3} \tag{VI 6, 66}$$

$$\frac{d}{dt'}\left(m \frac{dy'}{dt'}\right) = -q_0 \left[\sqrt{\frac{1-\beta}{1+\beta}}\,\vec{E}_{max} \cdot \sin \omega' t' - \frac{dz'}{dt'} B\right] + \varkappa \frac{d^3y'}{dt'^3} \tag{VI 6, 67}$$

$$\frac{d}{dt'}\left(m \frac{dz'}{dt'}\right) = -q_0 \frac{dy'}{dt'} B + \varkappa \frac{d^3z'}{dt'^3}. \tag{VI 6, 68}$$

Definitionsgemäß gelten sie allerdings nur solange, als sich x' nicht merklich von Null unterscheidet. Während der von dieser Bedingung diktierten, hinreichend kurzen Zeitspanne richten wir unser Augenmerk zunächst auf die y'- und z'-Komponente der Bewegung und setzen den

Betrag der hieraus resultierenden Geschwindigkeit $v = \sqrt{v_y'^2 + v_z'^2}$ als so klein im Vergleich zur Lichtgeschwindigkeit voraus, daß wir — im gestrichenen Bezugssysteme — die Elektronenmasse m mit ihrem Ruhewert m_0 vertauschen dürfen. Schreiben wir dann abkürzend

$$\omega_0 = \frac{q_0}{m_0} B; \qquad R = \frac{\vec{E}_{max}}{\omega_0 B} \sqrt{\frac{1-\beta}{1+\beta}} = \frac{m_0}{q_0} \frac{\vec{E}_{max}}{B^2} \sqrt{\frac{1-\beta}{1+\beta}} \tag{VI 6, 69}$$

und führen statt der Koordinaten y', z' und t' beziehentlich ihre numerischen Werte ein

$$\eta = \frac{y'}{R}; \qquad \zeta = \frac{z'}{R}; \qquad \tau = \omega_0 t', \tag{VI 6, 70}$$

so nehmen die Gleichungen (VI 6, 67), (VI 6, 68) die dimensionsfreie Gestalt an

$$\frac{d^2\eta}{d\tau^2} - \frac{d\zeta}{d\tau} - \frac{\omega_0 \varkappa}{m_0} \frac{d^3\eta}{d\tau^3} = \frac{i}{2}\left(e^{i\frac{\omega'}{\omega_0}\tau} - e^{-i\frac{\omega'}{\omega_0}\tau}\right) \tag{VI 6, 71}$$

$$\frac{d^2\zeta}{d\tau^2} + \frac{d\eta}{d\tau} - \frac{\omega_0 \varkappa}{m_0} \frac{d^3\zeta}{d\tau^3} = 0. \tag{VI 6, 72}$$

Der Lösungsansatz

$$\eta = C_+ e^{i\frac{\omega'}{\omega_0}\tau} + C_- e^{-i\frac{\omega'}{\omega_0}\tau} \tag{VI 6, 73}$$

$$\zeta = D_+ e^{i\frac{\omega'}{\omega_0}\tau} + D_- e^{-i\frac{\omega'}{\omega_0}\tau} \tag{VI 6, 74}$$

liefert für die Konstanten C_+, C_-, D_+, D_- die vier linearen Gleichungen

$$-C_\pm \left(\frac{\omega'}{\omega_0}\right)^2 \left[1 \mp i \frac{\omega_0 \varkappa}{m_0} \frac{\omega'}{\omega_0}\right] \mp D_\pm i \frac{\omega'}{\omega_0} = \pm \frac{i}{2} \tag{VI 6, 75}$$

$$\pm C_\pm i \frac{\omega'}{\omega_0} - D_\pm \left(\frac{\omega'}{\omega_0}\right)^2 \left[1 \mp i \frac{\omega_0 \varkappa}{m_0} \frac{\omega'}{\omega_0}\right] = 0, \tag{VI 6, 76}$$

welchen wir

$$C_\pm = \pm \frac{i}{2} \frac{1 \mp i \frac{\omega_0 \varkappa}{m_0} \frac{\omega'}{\omega_0}}{1 - \left(\frac{\omega'}{\omega_0}\right)^2 \left(1 \mp i \frac{\omega_0 \varkappa}{m_0} \frac{\omega'}{\omega_0}\right)^2} \tag{VI 6, 77}$$

$$D_\pm = -\frac{1}{2} \frac{\omega_0}{\omega'} \frac{1}{1 - \left(\frac{\omega'}{\omega_0}\right)^2 \left(1 \mp i \frac{\omega_0 \varkappa}{m_0} \frac{\omega'}{\omega_0}\right)^2} \tag{VI 6, 78}$$

entnehmen. Mit der Abkürzung

$$N = \left[1 - \left(\frac{\omega'}{\omega_0}\right)^2 \left\{1 - \left(\frac{\omega_0 \varkappa}{m_0} \frac{\omega'}{\omega_0}\right)^2\right\}\right]^2 + \left[2 \frac{\omega_0 \varkappa}{m_0} \left(\frac{\omega'}{\omega_0}\right)^3\right]^2 \tag{VI 6, 79}$$

können wir schreiben

$$C_\pm = \pm \frac{i}{2N} \left\{1 - \left(\frac{\omega'}{\omega_0}\right)^2 \left\{1 + \left(\frac{\omega_0 \varkappa}{m_0} \frac{\omega'}{\omega_0}\right)^2\right\} \mp i \frac{\omega_0 \varkappa}{m_0} \frac{\omega'}{\omega_0} \left[1 + \right.\right.$$

$$\left.\left. + \left(\frac{\omega'}{\omega_0}\right)^2 \left\{1 + \left(\frac{\omega_0 \varkappa}{m_0} \frac{\omega'}{\omega_0}\right)^2\right\}\right]\right\} \tag{VI 6, 80}$$

und

$$D_\pm = -\frac{1}{2N}\frac{\omega_0}{\omega'}\left\{1-\left(\frac{\omega'}{\omega_0}\right)^2\left\{1-\left(\frac{\omega_0\,\varkappa}{m_0}\frac{\omega'}{\omega_0}\right)^2\right\}\mp 2i\frac{\omega_0\,\varkappa}{m_0}\left(\frac{\omega'}{\omega_0}\right)^3\right\} \tag{VI 6, 81}$$

Durch Restitution dieser Ausdrücke in (VI 6, 73), (VI 6, 74) finden wir somit

$$\eta = -\left[1-\left(\frac{\omega'}{\omega_0}\right)^2\left\{1+\left(\frac{\omega_0\,\varkappa}{m_0}\frac{\omega'}{\omega_0}\right)^2\right\}\right]\frac{\sin\frac{\omega'}{\omega_0}\tau}{N} + \tag{VI 6, 82}$$

$$+\frac{\omega_0\,\varkappa}{m_0}\frac{\omega'}{\omega_0}\left[1+\left(\frac{\omega'}{\omega_0}\right)^2\left\{1+\left(\frac{\omega_0\,\varkappa}{m_0}\frac{\omega'}{\omega_0}\right)^2\right\}\right]\frac{\cos\frac{\omega'}{\omega_0}\tau}{N}$$

$$\zeta = -\frac{\omega_0}{\omega'}\left[1-\left(\frac{\omega'}{\omega_0}\right)^2\left\{1-\left(\frac{\omega_0\,\varkappa}{m_0}\frac{\omega'}{\omega_0}\right)^2\right\}\right]\frac{\cos\frac{\omega'}{\omega_0}\tau}{N} -$$

$$-2\frac{\omega_0\,\varkappa}{m_0}\left(\frac{\omega'}{\omega_0}\right)^2\frac{\sin\frac{\omega'}{\omega_0}\tau}{N}. \tag{VI 6, 83}$$

Aus (VI 6, 82) berechnen wir mit Rücksicht auf (VI 6, 69) und (VI 6, 70)

$$\frac{dy'}{dt'} = \omega_0 R\frac{d\eta}{d\tau} = -\frac{\omega'}{\omega_0^2}\frac{q_0}{m_0}\vec{E}_{max}\sqrt{\frac{1-\beta}{1+\beta}}\left[\left(1-\left(\frac{\omega'}{\omega_0}\right)^2\left\{1+\right.\right.\right.$$

$$\left.\left.\left.+\left(\frac{\omega_0\,\varkappa}{m_0}\frac{\omega'}{\omega_0}\right)^2\right\}\right)\frac{\cos\omega' t'}{N}+\frac{\omega_0\,\varkappa}{m_0}\frac{\omega'}{\omega_0}\left(1+\left(\frac{\omega'}{\omega_0}\right)^2\left\{1+\left(\frac{\omega_0\,\varkappa}{m_0}\frac{\omega'}{\omega_0}\right)^2\right\}\right)\frac{\sin\omega' t'}{N}\right]. \tag{VI 6, 84}$$

Daher folgt aus (VI 6, 66) als zeitlicher Mittelwert $\overline{K}_L$ der parallel zur x-Achse gerichteten *Lorentz*-Kraft

$$\overline{K}_L = \frac{\omega'}{\omega_0^2}\frac{q_0^2}{m_0}\frac{\vec{E}^2_{max}}{2c}\frac{1-\beta}{1+\beta}\frac{\omega_0\,\varkappa}{m_0}\frac{\omega'}{\omega_0}\left(1+\left(\frac{\omega'}{\omega_0}\right)^2\left\{1+\left(\frac{\omega_0\,\varkappa}{m_0}\frac{\omega'}{\omega_0}\right)^2\right\}\right)\frac{1}{N}. \tag{VI 6, 85}$$

Sie reduziert sich bei Ausschaltung des longitudinalen Magnetfeldes $[\omega_0 \to 0]$ auf

$$\overline{K}_{L,0} = \lim_{\omega_0\to 0}\overline{K}_L = \frac{q_0^2}{m_0^2}\frac{\vec{E}^2_{max}}{2c}\frac{1-\beta}{1+\beta}\frac{\varkappa}{1+\left(\frac{\omega'\,\varkappa}{m_0}\right)^2}, \tag{VI 6, 86}$$

welche, wie es sein muß, vermöge (VI 6, 22) mit (VI 6, 51) übereinstimmt. Unter sonst gleichen Bedingungen äußert sich somit die Wirkung des longitudinalen Magnetfeldes auf das Elektron durch eine Vergrößerung der mittleren, longitudinalen Triebkräfte im Verhältnis

$$\frac{\overline{K}_L}{\overline{K}_{L,0}} = \left(\frac{\omega'}{\omega_0}\right)^2\left(1+\left(\frac{\omega'\,\varkappa}{m_0}\right)^2\right)\left[1+\left(\frac{\omega'}{\omega_0}\right)^2\left(1+\left(\frac{\omega'\,\varkappa}{m_0}\right)^2\right)\right]\frac{1}{N}. \tag{VI 6, 87}$$

Schließt man den Bereich sehr kurzwelliger Strahlen [γ-Strahlen] von der Untersuchung aus, so darf man in (VI 6, 87) überall $\omega' \varkappa/m_0$ gegen 1 streichen und erhält mit hinreichender Genauigkeit

$$\frac{\overline{K_L}}{\overline{K_{L,0}}} = \left(\frac{\omega'}{\omega_0}\right)^2 \frac{1 + \left(\frac{\omega'}{\omega_0}\right)^2}{\left[1 - \left(\frac{\omega'}{\omega_0}\right)^2\right]^2 + \left[2 \frac{\omega' \varkappa}{m_0}\left(\frac{\omega'}{\omega_0}\right)^2\right]^2}, \qquad \text{(VI 6, 88)}$$

so daß im Falle der Resonanz [$\omega' \to \omega_0$]

$$\lim_{\omega' \to \omega_0} \frac{\overline{K_L}}{\overline{K_{L,0}}} = \frac{1}{2}\left(\frac{m_0}{\omega_0 \varkappa}\right)^2 \qquad \text{(VI 6, 89)}$$

resultiert. Sei beispielsweise

$$B = 8 \cdot 10^{-6} \frac{m\,Vs}{cm^2}; \qquad \omega_0 = 2\pi f_0 = 1{,}41 \cdot 10^{10} \frac{rad}{sec};$$
$$f_0 = 225\,MHz; \qquad \lambda_0 = 13{,}3\,cm,$$

so berechnet sich gemäß (VI 6, 21) und (VI 6, 24)

$$\frac{\omega_0 \varkappa}{m_0} = \frac{\pi}{2}\sqrt{\frac{8}{3}}\frac{4{,}62 \cdot 10^{-13}}{13{,}3} = 0{,}89 \cdot 10^{-13}.$$

Daher fällt $\overline{K_L}$ um das

$$\frac{1}{2} \cdot \frac{10^{26}}{0{,}89^2} = 6{,}4 \cdot 10^{25}\text{-}$$

fache größer als $\overline{K_{L,0}}$ aus! Wählt man nun

$$\omega > \omega_0, \qquad \text{(VI 6, 90)}$$

so nähert sich während des Beschleunigungsprozesses ω' gemäß (VI 6, 38) der Resonanzfrequenz ω_0 und erreicht diese bei jener numerischen Longitudinalgeschwindigkeit $\beta = \beta_R$, welche der Bedingung

$$\omega_0 = \omega \sqrt{\frac{1 - \beta_R}{1 + \beta_R}}; \qquad \beta_R = \frac{\omega^2 - \omega_0^2}{\omega^2 + \omega_0^2} \qquad \text{(VI 6, 91)}$$

genügt; auf die Translation des Elektrons entfällt dann die Gesamtenergie

$$W = \frac{m_0 c^2}{\sqrt{1 - \beta_R^2}} = \frac{m_0 c^2}{\sqrt{1 - \left(\frac{\omega^2 - \omega_0^2}{\omega^2 + \omega_0^2}\right)^2}} = m_0 c^2 \frac{\frac{\omega}{\omega_0} + \frac{\omega_0}{\omega}}{2}. \qquad \text{(VI 6, 92)}$$

Die technische Anwendung des hier theoretisch untersuchten Mechanismus auf Elektronen oder positive Elektrizitätsträger mag zur Konstruktion eines asynchronen „Strahlungszyklotrons" führen. In der Natur treffen wir ähnliche Vorgänge in der stark magnetisierten Ionosphäre strahlender Himmelskörper an, wie sie etwa in den Sonnenflecken herrscht, allerdings werden dort die elektrisch geladenen Elementarteilchen nicht durch eine monochromatische Strahlung angetrieben, sondern unterliegen dem Einfluß eines kontinuierlichen Wellenspektrums, dessen energetischem Maximum ein nur verwaschenes Resonanzphänomen korrespondiert.

VI 7. Relativistische Keplerbewegung.

a) Im Felde der ortsfesten elektrischen Punktladung $e \gtrless 0$ orientieren wir uns mittels der relativ zu einem passend definierten Inertialsystem ruhenden ebenen Polarkoordinaten r [Radialdistanz] und α [Azimut]; der Ursprung von r wird mit der Ladungsquelle identifiziert. Gesucht wird die in der Bezugsebene liegende Bahn eines Elektrons, welches sich gemäß Abb. VI 284 von $r \to \infty$ her mit der Geschwindigkeit v_∞ längs der im Abstande p des Quadranten $0 < \alpha < \pi/2$ antiparallel zum Strahle $\alpha = 0$ verlaufenden Geraden in das Wirkungsgebiet der Punktladung einfällt.

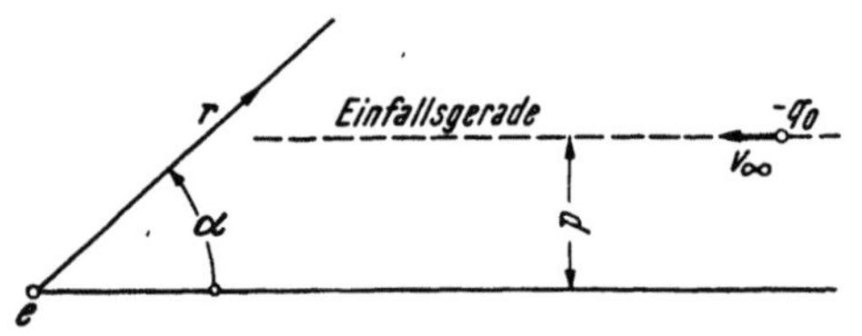

Abb. VI 284. Zur Analyse der relativistischen *Kepler*-Bewegung.

b) Die Geschwindigkeit v des zum Zeitpunkt t in (r, α) befindlichen Elektrons berechnet sich aus

$$v^2 = \dot r^2 + r^2 \dot\alpha^2. \qquad \text{(VI 7, 1)}$$

Daher lautet seine *Lagrange*sche Funktion

$$L = -m_0 c^2 \sqrt{1 - \frac{\dot r^2 + r^2 \dot\alpha^2}{c^2}} + \frac{q_0 e}{4\pi\Delta r} \qquad \text{(VI 7, 2)}$$

Bezeichnet also

$$m = \frac{m_0}{\sqrt{1-\beta^2}} = \frac{m_0}{\sqrt{1-\frac{v^2}{c^2}}} = \frac{m_0}{\sqrt{1-\frac{\dot r^2 + r^2\dot\alpha^2}{c^2}}} \qquad \text{(VI 7, 3)}$$

die träge Masse des Elektrons, so ergeben sich aus (VI 7, 2) als Differentialgleichungen seiner Bewegung

$$\frac{d}{dt}(m\,\dot r) - m\,r\,\dot\alpha^2 + \frac{q_0 e}{4\pi\Delta r^2} = 0 \qquad \text{(VI 7, 4)}$$

und

$$\frac{d}{dt}(m\,r^2\,\dot\alpha) = 0. \qquad \text{(VI 7, 5)}$$

c) Im Einklang mit dem aus (VI 7, 2) hervorgehenden Charakter des Azimutes als zyklischer Koordinate liefert (VI 7, 5) das Flächenintegral

$$m\,r^2\,\dot\alpha = K, \qquad \text{(VI 7, 6)}$$

dessen Konstante K den kinematischen Anfangsbedingungen des kontrollierten Elektrons durch

$$K = \frac{m_0}{\sqrt{1-\left(\frac{v_\infty}{c}\right)^2}}\, v_\infty\, p = m_0\, c\, p\, \frac{\beta_\infty}{\sqrt{1-\beta_\infty^2}}; \qquad \beta_\infty = \frac{v_\infty}{c} \qquad \text{(VI 7, 7)}$$

angepaßt wird. Setzt man nun

$$\dot r = \dot\alpha\, r'; \qquad r' = \frac{dr}{d\alpha}, \qquad \text{(VI 7, 8)}$$

so folgt aus (VI 7, 1) die Gleichung

$$\dot\alpha = \frac{v}{\sqrt{r'^2 + r^2}} = \frac{c\,\beta}{\sqrt{r'^2 + r^2}}, \qquad \text{(VI 7, 9)}$$

deren Substitution in (VI 7, 6) mit Rücksicht auf (VI 7, 3) die Relation

$$\beta^2 = \frac{\left(\frac{K}{m_0 c}\right)^2 \frac{r'^2 + r^2}{r^4}}{1 + \left(\frac{K}{m_0 c}\right)^2 \frac{r'^2 + r^2}{r^4}} = \frac{p^2 \cdot \frac{r'^2 + r^2}{r^4} \frac{\beta_\infty^2}{1 - \beta_\infty^2}}{1 + p^2 \frac{r'^2 + r^2}{r^4} \frac{\beta_\infty^2}{1 - \beta_\infty^2}} \qquad \text{(VI 7, 10)}$$

liefert.

d) Wir ergänzen das Flächenintegral (VI 7, 6) durch das Energieintegral

$$m c^2 - \frac{q_0 e}{4\pi \Delta r} = \frac{m_0 c^2}{\sqrt{1 - \beta^2}} - \frac{q_0 e}{4\pi \Delta r} = W, \qquad \text{(VI 7, 11)}$$

dessen feste Gesamtenergie W sich mittels des Grenzüberganges $r \to \infty$ zu

$$W = \frac{W_0}{\sqrt{1 - \beta_\infty^2}}; \qquad W_0 = m_0 c^2 \qquad \text{(VI 7, 12)}$$

bestimmt. Schreiben wir nun (VI 7, 11) in der Gestalt

$$\frac{m_0^2 c^4}{1 - \beta^2} = \left(W + \frac{q_0 e}{4\pi \Delta r}\right)^2, \qquad \text{(VI 7, 13)}$$

so erhalten wir mit Benutzung von (VI 7, 10) für die gesuchte Elektronenbahn die Differentialgleichung

$$\frac{r'^2 + r^2}{r^4} = \frac{1}{(K c)^2}\left(W + \frac{q_0 e}{4\pi \Delta r}\right)^2 - \left(\frac{m_0 c}{K}\right)^2. \qquad \text{(VI 7, 14)}$$

Nach Einführung der Längeneinheit

$$r_0 = \frac{q_0 e}{4\pi \Delta W_0} \gtrless 0 \qquad \text{bei} \qquad e \gtrless 0 \qquad \text{(VI 7, 15)}$$

ersetzen wir die Radialdistanz r vorübergehend durch die dimensionsfreie Veränderliche

$$u = \frac{r_0}{r} = \frac{q_0 e}{4\pi \Delta W_0} \cdot \frac{1}{r}, \qquad \text{(VI 7, 16)}$$

so daß mit der Abkürzung

$$\gamma = \frac{r_0 W_0}{K c} = \frac{r_0}{p} \frac{\sqrt{1 - \beta_\infty^2}}{\beta_\infty} \qquad \text{(VI 7, 17)}$$

Gl. (VI 7, 14) in

$$u'^2 + u^2 = \gamma^2 \left(\frac{1}{\sqrt{1 - \beta_\infty^2}} + u\right)^2 - \gamma^2 \qquad \text{(VI 7, 18)}$$

übergeht.

e) Die Integration der Gleichung (VI 7, 18) wird erleichtert, indem wir sie zunächst nach α differenzieren und mit $2u'$ kürzen. Denn durch diese Operation entsteht

$$u'' + (1 - \gamma^2)\, u = \frac{\gamma^2}{\sqrt{1 - \beta_\infty^2}}, \qquad \text{(VI 7, 19)}$$

so daß wir weiterhin drei Fälle zu unterscheiden haben:

1. Sei

$$\gamma^2 < 1, \qquad \text{(VI 7, 20)}$$

so lautet nach Wahl zweier vorerst unbestimmten Konstanten A und α_0 das Integral der Gleichung (VI 7, 19)

$$u = \frac{\gamma^2}{1-\gamma^2} \frac{1}{\sqrt{1-\beta_\infty{}^2}} + A \cos \sqrt{1-\gamma^2}\,(\alpha - \alpha_0). \qquad \text{(VI 7, 21)}$$

Durch seine Restitution in (VI 7, 18) ergibt sich für A die Bedingung

$$A^2 (1-\gamma^2) = \frac{\gamma^2}{1-\gamma^2} \frac{1}{1-\beta_\infty{}^2} [\gamma^2 + (1-\gamma^2)\,\beta_\infty{}^2]. \qquad \text{(VI 7, 22)}$$

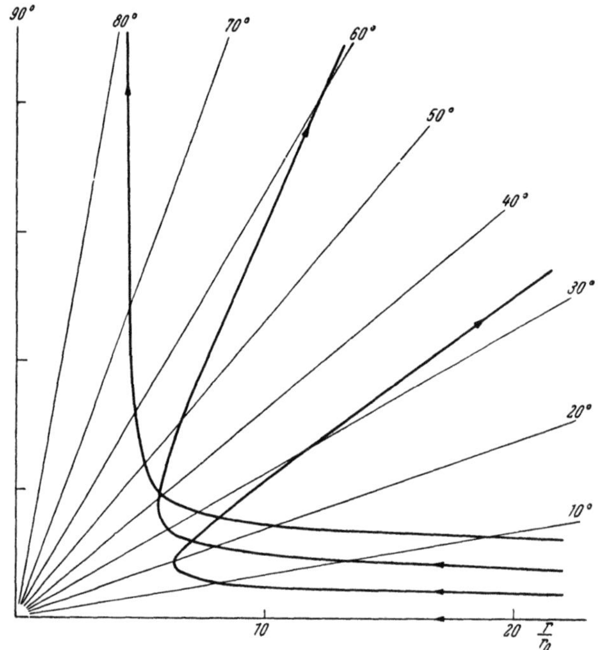

Abb. VI 285. Relativistische *Kepler*-Bahnen eines Elektrons, welches sich einem im Ursprung ruhenden negativen Ion nähert [*Abstoßung*].

Daher folgt aus (VI 7, 21) und (VI 7, 16) als Gleichung der Elektronenbahn

$$\frac{r}{r_0} = \frac{1-\gamma^2}{\gamma^2} \sqrt{1-\beta_\infty{}^2} \frac{1}{1 - \sqrt{1 + \frac{(1-\gamma^2)\,\beta_\infty{}^2}{\gamma^2}} \cos \sqrt{1-\gamma^2}\,(\alpha - \alpha_0)}, \qquad \text{(VI 7, 23)}$$

wobei zufolge der vorgeschriebenen Einfallsrichtung $\alpha = 0$ die Integrationskonstante α_0 gemäß

$$\alpha_0 = \arccos \frac{\gamma}{\sqrt{\gamma^2 + (1-\gamma^2)\,\beta_\infty{}^2}} \qquad \text{(VI 7, 24)}$$

zu bestimmen ist. Wir besprechen folgende Unterfälle:

I. Eine im Ursprung ruhende *negative* Punktladung stößt das einfallende Elektron ab. Da dann nach (VI 7, 15) $r_0 < 0$ wird, haben wir $0 < \alpha_0 < \pi/2$ und $0 \leqq \alpha \leqq 2\,\alpha_0$ zu wählen. Demgemäß resultieren hyperbelähnliche Elektronenbahnen entsprechend Abb. VI 285, welche sich bei Azimut $\alpha = \alpha_0$ dem Ursprung jeweils bis auf den Minimalabstand

$$\mathrm{r}_{\min} = (-\mathrm{r}_0)\frac{\sqrt{1-\beta_\infty^2}}{\beta_\infty^2}\left[1+\sqrt{1+\frac{(1-\gamma^2)\,\beta_\infty^2}{\gamma^2}}\right] \qquad \text{(VI 7, 25)}$$

nähern.

II. Eine im Ursprung ruhende *positive* Ladung zieht das einfallende Elektron an; nach (VI 7, 16) wird nunmehr $\mathrm{r}_0 > 0$. Um uns diesem Sachverhalt anzupassen, wählen wir $(-\pi/2) < \alpha_0 < 0$ und $(-\alpha_0) \leqq \alpha \leqq 2\pi - (-\alpha_0)$. Die nach dieser Anweisung in Abb. VI 286 gezeichneten Elektronenbahnen zeigen nur für hinreichend kleine Beträge von γ eine hyperbelähnliche Gestalt, während bei $\gamma \to 1$ schleifenartige Trajektorien resultieren; sie bilden das unserer Aufgabe entsprechende Analogon jener präzessierenden Ellipsenbahnen im *Bohr*schen planetarischen Atommodell, welche in quantisierter Form von *Sommerfeld* zur Erklärung der Feinstruktur der Spektrallinien herangezogen wurden.

2. Sei, im Gegensatz zu (VI 7, 20)

$$\gamma^2 > 1, \qquad \text{(VI 7, 26)}$$

so verwandelt sich (VI 7, 23) in

$$\frac{\mathrm{r}}{\mathrm{r}_0} = \frac{1-\gamma^2}{\gamma^2}\sqrt{1-\beta_\infty^2}\,1-\sqrt{1-\frac{(\gamma^2-1)\,\beta_\infty^2}{\gamma^2}}\cosh\sqrt{\gamma^2-1}\,(\alpha-\alpha_0)\,. \qquad \text{(VI 7, 27)}$$

Auch hier liegen zwei Unterfälle verschiedenen kinematischen Charakters vor:

I. Unter der Voraussetzung $\mathrm{e} < 0$ [Abstoßung] bleibt auch bei $\gamma^2 > 1$ die für $\gamma^2 < 1$ resultierende hyperbelähnliche Form der Elektronenbahnen erhalten [Abb. VI 285].

II. Im Falle $\mathrm{e} > 0$ [Anziehung] gehen die Elektronenbahnen in Kurven über, welche sich gemäß Abb. VI 286 in immer enger werdenden Spiralen um den Ursprung winden; daher muß das einfallende Elektron schließlich mit dem positiven Ion zusammenstoßen.

3. Für

$$\gamma^2 = 1 \qquad \text{(VI 7, 28)}$$

versagen die Gleichungen (VI 7, 23) und (VI 7, 27); doch liefert der Prozeß $\gamma \to 1$ als ihren gemeinsamen Grenzwert

$$\frac{\mathrm{r}}{\mathrm{r}_0} = -\frac{2\sqrt{1-\beta_\infty^2}}{\alpha\,(2\,\beta_\infty-\alpha)}\,; \qquad \mathrm{e} < 0, \qquad \text{(VI 7, 29)}$$

$$\frac{\mathrm{r}}{\mathrm{r}_0} = \frac{2\sqrt{1-\beta_\infty^2}}{\alpha\,(2\,\beta_\infty+\alpha)}\,; \qquad \mathrm{e} > 0. \qquad \text{(VI 7, 30)}$$

Entsprechend Abb. VI 287 wird (VI 7, 29) durch eine hyperbelähnliche Bahn, (VI 7, 30) dagegen durch eine den Ursprung umschlingende Spirale graphisch dargestellt.

f) Wie verhalten sich die Aussagen der relativistischen Rechnung zu jenen der *Newton*schen Mechanik?

1. Zur Definition (VI 7, 17) zurückkehrend finden wir durch den mathematisch-formalen Übergang zu unbegrenzt großer Lichtgeschwindigkeit

$$\lim_{\mathrm{c}\to\infty}\gamma = \lim_{\mathrm{c}\to\infty}\frac{\mathrm{q}_0\,\mathrm{e}}{4\pi\,\mathrm{p}\,\Delta}\cdot\frac{\sqrt{1-\left(\frac{\mathrm{v}_\infty}{\mathrm{c}}\right)^2}}{\mathrm{m}_0\,\mathrm{c}\,\mathrm{v}_\infty} = 0 \qquad \text{(VI 7, 31)}$$

und

$$\lim_{c\to\infty} \frac{\beta_\infty}{\gamma} = \lim_{c\to\infty} \frac{v_\infty}{c\,\gamma} = \frac{4\pi\,\Delta\,p}{q_0\,e} \cdot m_0\,v_\infty{}^2. \qquad \text{(VI 7, 32)}$$

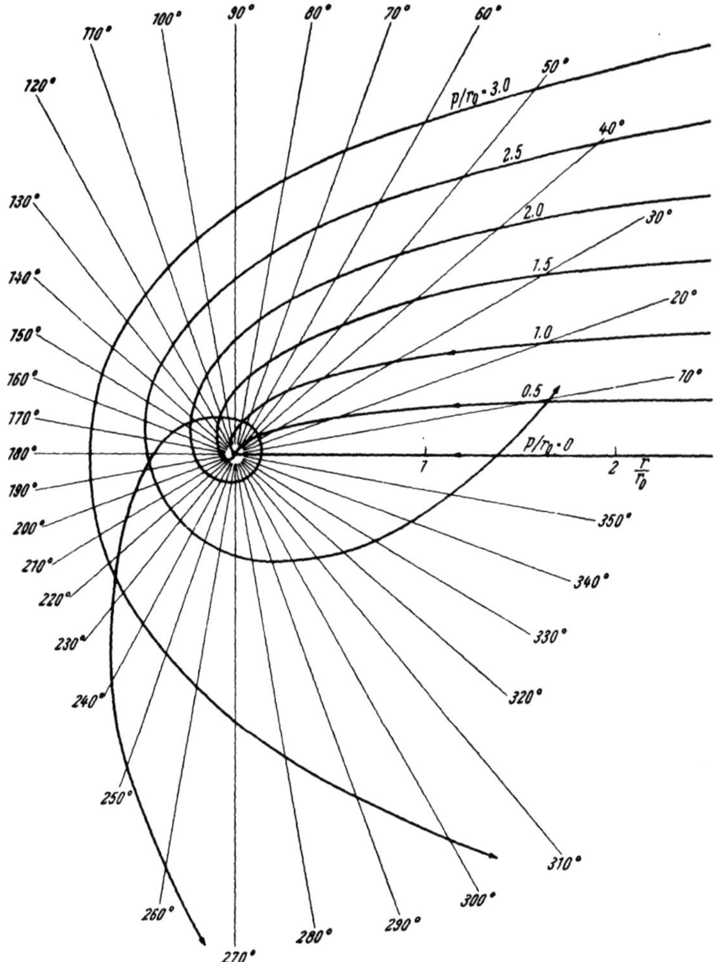

Abb. VI 286. Relativistische *Kepler*-Bahnen eines Elektrons, welches sich einem im Ursprung ruhenden *positiven* Ion nähert [*Anziehung*].

Daher folgt aus VI 7, 24

$$\lim_{c\to\infty} \alpha_0 = \arccos \frac{1}{\sqrt{1 + \left(\frac{4\pi\,\Delta\,p}{q_0\,e}\,m_0\,v_\infty{}^2\right)^2}} \qquad \text{(VI 7, 33)}$$

während (VI 7, 23) mit Rücksicht auf (VI 7, 15) die Gleichung

$$\lim_{c\to\infty} \frac{r}{p} = \frac{\frac{4\pi\,\Delta\,p}{q_0\,e}\,m_0\,v_\infty{}^2}{1 - \sqrt{1 + \left(\frac{4\pi\,\Delta\,p}{q_0\,e}\,m_0\,v_\infty{}^2\right)^2}\,\cos(\alpha - \alpha_0)} \qquad \text{(VI 7, 34)}$$

liefert. Die Ergebnisse (VI 7, 33), (VI 7, 34) sind, wie es sein muß, mit Gl. (I 8, 29) im Verein mit (I 8, 31) und (I 8, 35) inhaltlich identisch.

2. Man sollte meinen, daß man durch den Grenzübergang $v_\infty \to 0$ bei festem c ebenfalls zu den Aussagen der *Newton*schen Mechanik zurückgelangt. Diese Mutmaßung trifft jedoch lediglich für das dynamische Verhalten eines Paares gleichnamiger Ladungsträger [Abstoßung] zu, während die relativistische Kinetik der Anziehung ungleichnamiger Ladungsträger umso mehr von den *Newton*schen Gesetzen der *Kepler*-Bewegung abweicht, je *kleiner* die Anfangsgeschwindigkeit des einfallenden Teilchens ist.

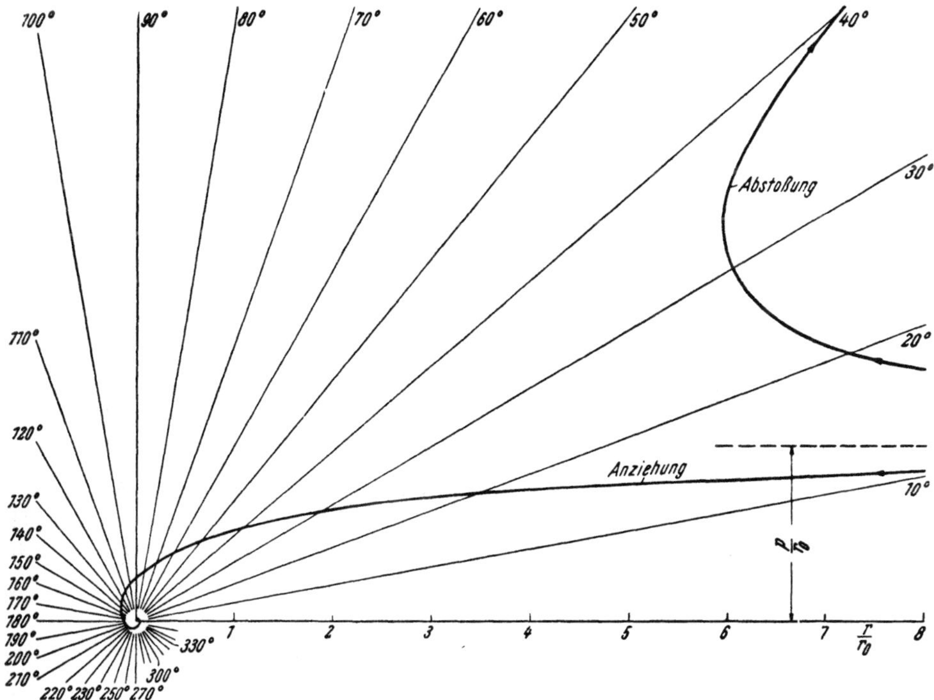

Abb. VI 287. Relativistische *Kepler*-Bahnen eines Elektrons im Falle $\gamma^2 = 1$. Die Abstoßungsbahn behält ihren hyperbelartigen Charakter bei, die Anziehungsbahn ist eine im Ursprung mündende Spirale.

Um diese merkwürdige, ja zunächst geradezu paradox erscheinende Behauptung zu beweisen, stützen wir uns abermals auf die Definition (VI 7, 17) der Zahl γ, welche jedoch, im Gegensatz zu (VI 7, 31), unter den hier vorliegenden Bedingungen auf die Entwicklung

$$\frac{1}{\gamma} = \frac{4\pi\, p\Delta}{q_0\, e} \frac{m_0\, c^2\, \beta_\infty}{\sqrt{1-\beta_\infty^2}} = \frac{4\pi\, \Delta\, p}{q_0\, e} m_0\, c^2\, \beta_\infty + \ldots \qquad \text{(VI 7, 35)}$$

führt. Daher schließen wir aus

$$\cosh \sqrt{\gamma^2 - 1}\, \alpha_0 = \frac{1}{\sqrt{1 - \frac{\gamma^2-1}{\gamma^2}\beta_\infty^2}} = 1 + \frac{1}{2}\beta_\infty^2 + \ldots \qquad \text{(VI 7, 36)}$$

auf

$$\alpha_0 = \pm\left(\frac{\beta_\infty}{\gamma} + \ldots\right) = \pm\left(\frac{4\pi\,\Delta\, p}{q_0\, e} m_0\, c^2\, \beta_\infty^2 + \ldots\right) \qquad \text{(VI 7, 37)}$$

Im Abstoßungsfalle $[e < 0,\ \alpha_0 > 0]$ folgt somit aus (VI 7, 27) für den Minimalabstand des einfallenden Elektrons vom Ursprung die Relation

$$\frac{r_{min}}{r_0} = \frac{1-\gamma^2}{\gamma^2}\sqrt{1-\beta_\infty^2}\,\frac{1}{1-\sqrt{1-\frac{\gamma^2-1}{\gamma^2}\beta_\infty^2}} = -\frac{2}{\beta_\infty^2} + \ldots \qquad \text{(VI 7, 38)}$$

oder

$$r_{min} = -\frac{q_0 e}{4\pi\Delta}\cdot\frac{2}{m_0 v_\infty^2} + \ldots \qquad \text{(VI 7, 39)}$$

Unter den gleichen Bedingungen resultiert aus (VI 7, 34) durch Spezialisierung auf $\alpha = \alpha_0$ die Aussage

$$r_{min} = p\,\frac{\frac{4\pi\Delta p}{q_0 e} m_0 v_\infty^2}{1-\left\{1+\frac{1}{2}\left(\frac{4\pi\Delta p}{q_0 e} m_0 v_\infty^2\right)^2 + \ldots\right\}} = -\frac{q_0 e}{4\pi\Delta}\frac{2}{m_0 v_\infty^2} + \ldots \qquad \text{(VI 7, 40)}$$

welche in der Tat mit (VI 7, 39) identisch ist.

Im Falle der Anziehung $[e > 0,\ \alpha_0 < 0]$ dagegen entwickelt man aus (VI 7, 27) im Verein mit (VI 7, 36)

$$\frac{r}{r_0} = \frac{1}{\cosh\left\{\frac{q_0 e}{4\pi\Delta p}\frac{\alpha}{m_0 c^2 \beta_\infty^2}\right\} - 1} + \ldots \qquad \text{(VI 7, 41)}$$

Statt der Klassischen *Kepler*-Hyperbel, längs derer sich das einfallende Elektron nach Passage des Minimalabstandes vom Anziehungszentrum wieder ins Unendliche entfernt, resultiert somit in Wahrheit eine jener Spiralbahnen, welche mit dem Zusammenstoß der agierenden Teilchen ihr Ende findet. Wir erschließen diesen Einfangeffekt der Anschauung, indem wir als Wirkungshalbmesser R des im Ursprung ruhenden, positiven Ions gegenüber dem Elektron jenen kritischen Einfallsabstand $p = p_{kr}$ definieren, welcher dem Grenzwert $\gamma \to 1$ dieses Bahnparameters entspricht. Aus (VI 7, 17) folgt somit in Verbindung mit (VI 7, 3) und (VI 7, 25)

$$R = r_0\frac{\sqrt{1-\beta_\infty^2}}{\beta_\infty} = \frac{q_0 e}{4\pi\Delta}\cdot\frac{1}{m v_\infty c}. \qquad \text{(VI 7, 42)}$$

Nun mißt

$$\lambda = \frac{h}{m v_\infty} \qquad \text{(VI 7, 43)}$$

die *de Broglie*-Wellenlänge des einfallenden Elektrons; daher entspringt aus (VI 7, 42) die Relation

$$\frac{R}{\lambda} = \frac{q_0 e}{4\pi\Delta h c} \qquad \text{(VI 7, 44)}$$

Für $e = q_0$ erhält man zahlenmäßig

$$\frac{R}{\lambda} = \frac{(1{,}602\cdot 10^{-19})^2\cdot 9\cdot 10^{11}}{6{,}632\cdot 10^{-34}\cdot 3\cdot 10^{10}} = 1{,}16\cdot 10^{-3} \qquad \text{(VI 7, 45)}$$

das $1/2\,\pi$-fache der von *Sommerfeld* in die Spektroskopie eingeführten Feinstrukturkonstanten 1/137. Ein „langsames" Elektron, welches aus einer

Glühkathode der absoluten Temperatur $T_K = 3000^0$ K emittiert wurde, bewegt sich im statistischen Mittel mit der Geschwindigkeit

$$v = \sqrt{3 \frac{k T_K}{m_0}} = \sqrt{3 \frac{1{,}381 \cdot 10^{-23} \cdot 3000}{9 \cdot 10^{-35}}} = 3{,}72 \cdot 10^7 \frac{cm}{sec} \cdot \quad \text{(VI 7, 46)}$$

Identifizieren wir sie mit der Einfallsgeschwindigkeit v_∞, so errechnet sich die *de Broglie* Wellenlänge des Elektrons zu

$$\lambda = \frac{6{,}632 \cdot 10^{-34}}{9 \cdot 10^{-35} \cdot 3{,}72 \cdot 10^7} = 19{,}7 \cdot 10^8 \, \text{cm}. \quad \text{(VI 7, 47)}$$

Im Verein mit (VI 7, 45) folgt aus (VI 7, 47) als Wirkungshalbmesser des positiven Ions

$$R = 1{,}16 \cdot 10^{-3} \cdot 19{,}7 \cdot 10^{-8} = 228 \cdot 10^{-12} \, \text{cm}. \quad \text{(VI 7, 48)}$$

Er übertrifft den Halbmesser a_0 des kugelförmigen Elektronenmodelles subelektronischer Oberflächenladungen nach (E 2, 34) um etwa das 1500-fache und den *Born*schen Elektronenhalbmesser a nach (E 2, 71) um rund das 500-fache.

Im Lichte dieser Überlegungen hält die *Rutherford*sche Theorie der α-Teilchenstreuung am Atomkern der relativistischen Verfeinerung stand; dagegen bedarf die Klassische Theorie der Rekombination antipolarer Ionen im Plasma elektrischer Entladungen einer grundsätzlichen Revision.

g) Falls die miteinander agierenden Teilchen frei beweglich sind, kann die Voraussetzung einer im Ursprung ruhenden Ladung nur solange als brauchbare Annäherung an das wahre Verhalten des Systemes angesehen werden, als die träge Masse des einfallenden Elektrons klein gegen jene seines Partners bleibt. Im Abstoßungsfalle kann diese Bedingung durch Wahl einer hinreichend großen Ruhmasse des im Ursprung befindlichen Ions stets innegehalten werden. Dagegen wächst im Anziehungsfalle beim Auftreten von Spiralbahnen die träge Masse des einfallenden Elektrons mit dessen Annäherung an das positive Ion dauernd an. Daher verlangt die strenge Behandlung dieses Vorganges prinzipiell seinen Ansatz als relativistisches Zweikörper-Problem; eine geschlossene Lösung dieser Aufgabe ist jedoch nicht bekannt. Des weiteren müßte man einer genaueren Analyse des untersuchten Prozesses die elektromagnetische Strahlung der beschleunigten Ladungsträger einfügen.

VI 8. Relativistische Elektronenbahnen im ebenen Magnetron.

a) Im Bezugssystem der rechtsläufigen *Kartesi*schen Koordinaten x, y, z ruhe ein ebenes Magnetron. Die elektronenemittierende Oberfläche der Kathode wird mit der Ebene $x = 0$ identifiziert, die ihr zugekehrte Seite der Anode mit der Ebene $x = a > 0$; die Anode führe das feste Potential $U \geqq 0$ gegen die Kathode. Das außerhalb der Röhre erregte, primäre Magnetfeld sei parallel der z-Achse gerichtet und weise im Interelektrodengebiet die stationäre Induktion des homogenen Betrages B auf. Gesucht wird die Bahn des Elektrons, welches im Zeitpunkt $t = 0$ den Ursprung des Bezugssystemes ohne merkliche Startgeschwindigkeit verläßt

$$x = 0; \quad y = 0; \quad z = 0 \quad \text{für} \quad t = 0, \quad \text{(VI 8, 1)}$$

$$\frac{dx}{dt} = \dot{x} = 0; \quad \frac{dy}{dt} = \dot{y} = 0; \quad \frac{dz}{dt} = \dot{z} = 0 \quad \text{für} \quad t = 0. \quad \text{(VI 8, 2)}$$

Im Gegensatz zu der elementaren Behandlung dieser Aufgabe in Ziffer II 6, in welcher die träge Masse des Elektrons seiner Ruhmasse gleichgestellt wurde, lassen wir im folgenden *beliebige Geschwindigkeiten des kontrollierten Ladungsträgers* zu.

b) Die Raumladung der Elektronen bleibe ebenso außer Betracht wie das sekundäre Magnetfeld, welches vom Konvektionsstrom dieser Elektronen erregt wird. Dann lautet das elektrische Skalarpotential $\varphi = \varphi\,(x)$ im Existenzgebiet der freien Elektronenbewegung

$$\varphi = U\frac{x}{a} \qquad \text{(VI 8, 3)}$$

während sich das magnetische Vektorpotential V auf seine parallel der y-Achse gerichtete Komponente

$$V_y = B \cdot x \qquad \text{(VI 8, 4)}$$

reduziert.

Da sich die Bewegung des kontrollierten Elektrons zufolge der Anfangsbedingungen (VI 8, 1), (VI 8, 2) in der Ebene

$$z = 0 \qquad \text{(VI 8, 5)}$$

abspielt, lautet die *Lagrange*sche Funktion des Problemes gemäß (VI 4, 18)

$$L = -m_0 c^2 \sqrt{1 - \frac{\dot{x}^2 + \dot{y}^2}{c^2}} + q_0 \left[U\frac{x}{a} - \dot{y}\,B\,x \right]. \qquad \text{(VI 8, 6)}$$

Aus ihrer analytischen Gestalt geht der Charakter von y als *verborgener Koordinate* hervor. Daher liefert die auf sie bezogene *Lagrange*sche Gleichung sofort das Integral

$$\frac{\partial L}{\partial \dot{y}} = m\,\dot{y} - q_0\,B\,x = \text{const.}; \qquad m = \frac{m_0}{\sqrt{1 - \frac{\dot{x}^2 + \dot{y}^2}{c^2}}} \qquad \text{(VI 8, 7)}$$

also, nach (VI 8, 1) und (VI 8, 2)

$$\dot{y} = \frac{q_0}{m} B\,x. \qquad \text{(VI 8, 8)}$$

Für die Bewegung parallel der x-Achse finden wir aus (VI 8, 6) die Differentialgleichung

$$\frac{d}{dt}[m\,\dot{x}] - q_0 \left[\frac{U}{a} - \dot{y}\,B \right] = 0, \qquad \text{(VI 8, 9)}$$

welche sich durch Substitution von (VI 8, 8) in

$$\frac{d}{dt}[m\,\dot{x}] - q_0 \left[\frac{U}{a} - \frac{q_0}{m} B^2 x \right] = 0 \qquad \text{(VI 8, 10)}$$

verwandelt.

c) Wir rufen das *Energie-Integral* zu Hilfe

$$m\,c^2 = m_0\,c^2 + q_0\,U\frac{x}{a}, \qquad \text{(VI 8, 11)}$$

welches mittels der Definition der *numerischen* Masse

$$\mu = \frac{m}{m_0} \geqq 1 \qquad \text{(VI 8, 12)}$$

und der *numerischen Spannung*

$$u = \frac{q_0\,U}{m_0\,c^2} \geqq 0 \qquad \text{(VI 8, 13)}$$

die dimensionsfreie Gestalt

$$\mu = 1 + \mathrm{u}\frac{\mathrm{x}}{\mathrm{a}}; \qquad \frac{\mathrm{x}}{\mathrm{a}} = \frac{\mu - 1}{u} \qquad \text{(VI 8, 14)}$$

annimmt.

Durch $\mu \to 1$ vorübergehend zum Klassischen Fall des Magnetrons zurückkehrend, führen wir die Winkelgeschwindigkeit

$$\omega_0 = \frac{\mathrm{q}_0}{\mathrm{m}_0}\mathrm{B} \qquad \text{(VI 8, 15)}$$

ein, mit welcher sich der erzeugende Rollkreis vom Halbmesser

$$\mathrm{R} = \frac{\mathrm{m}_0\,\mathrm{U}}{\mathrm{q}_0\,\mathrm{B}^2\,\mathrm{a}} \qquad \text{(VI 8, 16)}$$

der dann resultierenden Zykloidenbahn des kontrollierten Elektrons längs der y-Achse abwälzt. Das Verhältnis

$$\gamma = \frac{\omega_0\,\mathrm{R}}{\mathrm{c}} = \frac{\mathrm{U}}{\mathrm{B\,a\,c}} = \frac{\mathrm{u\,c}}{\omega_0\,\mathrm{a}} \geqq 0 \qquad \text{(VI 8, 17)}$$

mißt die Translationsgeschwindigkeit des Rollkreiszentrums als Bruchteil der Lichtgeschwindigkeit. Nun kann man diesem Parameter gemäß (VI 8, 17) durch Wahl passender Betriebsbedingungen jeden beliebigen, positiven Wert [mit Einschluß der Null] erteilen. Da indes bei allen physikalisch realisierbaren Bewegungen jenes Geschwindigkeitsverhältnis gewiß kleiner als 1 bleiben muß, hat man im Falle $\gamma \geqq 1$ Bahnformen zu erwarten, welche von der klassischen Zykloide gänzlich abweichen; die frühere kinematische Deutung des Parameters γ verliert dann ihren Sinn.

Um diese qualitative Einsicht zu einer strengen Analyse der Elektronenbahn bei vorgeschriebener Größe von γ zu verschärfen, kürzen wir (VI 8, 10) mit $\mathrm{m}_0\,\mathrm{a}\,\omega_0^2$ und erhalten nach Einführung der *numerischen Zeit*

$$\tau = \omega_0\,\mathrm{t}, \qquad \text{(VI 8, 18)}$$

mit Rücksicht auf (VI 8, 14) für die numerische Masse des kontrollierten Elektrons die nichtlineare Differentialgleichung zweiter Ordnung

$$\frac{1}{2}\frac{\mathrm{d}^2(\mu^2)}{\mathrm{d}\tau^2} = \gamma^2 - 1 + \frac{1}{\mu} \qquad \text{(VI 8, 19)}$$

unter den aus (VI 8, 1) und (VI 8, 2) im Verein mit (VI 8, 14) hervorgehenden Anfangsbedingungen

$$\mu = 1; \qquad \frac{\mathrm{d}\mu}{\mathrm{d}\tau} = 0 \qquad \text{für} \qquad \tau = 0. \qquad \text{(VI 8, 20)}$$

d) Wir setzen

$$\mathrm{w} = \mu^2; \qquad \dot{\mathrm{w}} = \frac{\mathrm{dw}}{\mathrm{d}\tau} = 2\mu\frac{\mathrm{d}\mu}{\mathrm{d}\tau}. \qquad \text{(VI 8, 21)}$$

Mit Beachtung der Identität

$$\frac{\mathrm{d}^2\mathrm{w}}{\mathrm{d}\tau^2} \equiv \frac{\mathrm{d}}{\mathrm{dw}}\left[\frac{1}{2}\dot{\mathrm{w}}^2\right] \qquad \text{(VI 8, 22)}$$

nimmt dann (VI 6, 19) die Gestalt an

$$\frac{1}{4}\frac{\mathrm{d}}{\mathrm{dw}}[\dot{\mathrm{w}}^2] = \gamma^2 - 1 + \frac{1}{\sqrt{\mathrm{w}}}. \qquad \text{(VI 8, 23)}$$

Aus (VI 8, 20) un (VI 8, 21) schließt man

$$\dot{\mathrm{w}} = 0 \qquad \text{für} \qquad \mathrm{w} = 1, \qquad \text{(VI 8, 24)}$$

so daß einmalige Integration von (VI 8, 23) die Relation

$$\frac{1}{4}\dot{w}^2 = 2(\sqrt{w}-1)-(1-\gamma^2)(w-1) \qquad \text{(VI 8, 25)}$$

liefert. Durch Restitution von μ gemäß (VI 8, 21) und Trennung der Veränderlichen folgt dann für das Differential $d\tau$ der numerischen Zeit

$$d\tau = \frac{\mu\, d\mu}{\sqrt{2(\mu-1)-(1-\gamma^2)(\mu^2-1)}}. \qquad \text{(VI 8, 26)}$$

Da $d\tau > 0$ zu verlangen ist, hat man stets das Vorzeichen der in (VI 8, 26) auftretenden Wurzel gleich jenem von $d\mu$ zu wählen. Im Einklang mit der früheren Deutung des Parameters γ sind dann zwei Fälle zu unterscheiden:

1. Sei

$$0 < \gamma < 1, \qquad \text{(VI 8, 27)}$$

so substituieren wir

$$\frac{1}{\gamma^2} - \frac{1-\gamma^2}{\gamma^2}\mu = \cos\vartheta \qquad \text{(VI 8, 28)}$$

und erhalten

$$\tau = \frac{1}{(1-\gamma^2)^{3/2}} \int\limits_0^{\arccos\left(\frac{1}{\gamma^2}-\frac{1-\gamma^2}{\gamma^2}\mu\right)} (1-\gamma^2\cos\vartheta)\, d\vartheta =$$

$$= \frac{1}{(1-\gamma^2)^{3/2}}\left[\arccos\left(\frac{1}{\gamma^2}-\frac{1-\gamma^2}{\gamma^2}\mu\right) \mp \gamma^2\sqrt{1-\left(\frac{1}{\gamma^2}-\frac{1-\gamma^2}{\gamma^2}\mu\right)^2}\right], \qquad \text{(VI 8, 29)}$$

wobei das $\frac{\text{obere}}{\text{untere}}$ Vorzeichen für $\frac{\text{zunehmende}}{\text{abnehmende}}$ numerische Masse zu benutzen ist. Sie erreicht ihren Höchstwert μ_{max} bei verschwindender Wurzel

$$\mu \to \mu_{max} = \frac{1+\gamma^2}{1-\gamma^2} \qquad \text{(VI 8, 30)}$$

zum numerischen Zeitpunkt

$$\tau_{max} = \frac{\pi}{(1-\gamma^2)^{3/2}}. \qquad \text{(VI 8, 31)}$$

Dem Extremum der numerischen Masse korrespondiert nach (VI 8, 14) der größte Abstand x_{max} des kontrollierten Elektrons von der Kathodenebene

$$\left(\frac{x}{a}\right) \to \left(\frac{x}{a}\right)_{max} = \frac{2\gamma^2}{u}\cdot\frac{1}{1-\gamma^2}. \qquad \text{(VI 8, 32)}$$

Nun ist gemäß (VI 8, 13) und (VI 8, 17)

$$\frac{\gamma^2}{u} = \frac{u\, c^2}{\omega_0{}^2 a^2} = \frac{R}{a}, \qquad \text{(VI 8, 33)}$$

so daß (VI 8, 32) inhaltlich mit

$$x_{max} = \frac{2R}{1-\gamma^2} \qquad \text{(VI 8, 34)}$$

identisch ist. Unter der Voraussetzung (VI 8, 27) bewirkt die relativistische Massenzunahme des gegen die Anode fliegenden Elektrons unter sonst gleichen Umständen eine Vergrößerung seines Kulminationsabstandes im Verhältnis

$$\frac{x_{max}}{\lim\limits_{\mu \to 1} x_{max}} = \frac{1}{1-\gamma^2}. \qquad \text{(VI 8, 35)}$$

Dieser korrigierten Gleichung also sind jene kritischen Betriebsdaten des Magnetrons anzupassen, welche den Zustand des Elektronenstrom-Überganges zwischen den Elektroden vom Zustand des Stromunterbruches trennen. Insbesondere fragen wir nach jener kritischen Induktion B_{kr}, bei welcher der Kulminationspunkt der Elektronenbahn gerade in die Anodenoberfläche fällt. Bei klassischer Rechnung [Adskript (Kl)] liefert die Bedingung $2\,R \to a$ vermittels (VI 8, 16)

$$B_{kr}^{(Kl)} = \frac{1}{a}\sqrt{2\frac{m_0}{q_0}U}. \qquad \text{(VI 8, 36)}$$

Um die bei festgehaltener Betriebsspannung U bei relativistischer Rechnung tatsächlich erforderliche Induktion B_{kr} zu ermitteln, bilden wir aus (VI 8, 16) und (VI 8, 17) im Verein mit (VI 8, 34) die Gleichung

$$a = \frac{2\dfrac{m_0\,U}{q_0\,B_{kr}^2\,a}}{1-\left(\dfrac{U}{B_{kr}\cdot a\,c}\right)^2}, \qquad \text{(VI 8, 37)}$$

der wir mit Rücksicht auf (VI 8, 13) und (VI 8, 36) die Relation

$$B_{kr} = \frac{1}{a}\sqrt{2\,\frac{m_0}{q_0}U + \left(\frac{U}{c}\right)^2} = B_{kr}^{(Kl)}\sqrt{1+\frac{u}{2}} \qquad \text{(VI 8, 38)}$$

entnehmen.

2. Es werde nun, im Gegensatz zu (VI 8, 27)

$$\gamma > 1 \qquad \text{(VI 8, 39)}$$

vorausgesetzt. Zu (VI 8, 26) zurückkehrend, substituiere man jetzt an Stelle von μ die Variable $\varkappa$ mittels

$$\frac{1}{\gamma^2} + \frac{\gamma^2-1}{\gamma^2}\mu = \cosh\varkappa \qquad \text{(VI 8, 40)}$$

und erhält durch Integration

$$\tau = \frac{1}{(\gamma^2-1)^{3/2}}\int\limits_0^{\operatorname{arcosh}\left(\frac{1}{\gamma^2}+\frac{\gamma^2-1}{\gamma^2}\mu\right)} (\gamma^2\cosh\varkappa - 1)\,d\varkappa = \qquad \text{(VI 8, 41)}$$

$$= \frac{1}{(\gamma^2-1)^{3/2}}\left[\gamma^2\sqrt{\left(\frac{1}{\gamma^2}+\frac{\gamma^2-1}{\gamma^2}\mu\right)^2-1} - \operatorname{arcosh}\left(\frac{1}{\gamma^2}+\frac{\gamma^2-1}{\gamma^2}\mu\right)\right]$$

Für $\mu > 1$ verschwindet der Radikand in (VI 8, 41) niemals; Mit wachsender numerischer Zeit nimmt die numerische Masse monoton zu; wie aus dem Zusammenhange (VI 8, 14) hervorgeht, entfernt sich demnach das kontrollierte Elektron im Laufe seiner Bewegung mehr und mehr von der Kathodenebene, bis es schließlich zur Anode gelangt und damit den Entladungsraum verläßt.

e) Um die Kinematik der Elektronenbewegung zu beschreiben, vertauschen wir die Koordinaten x und y beziehentlich mit den numerischen Bahnkoordinaten

$$\xi = \frac{\mathrm{x}}{\mathrm{a}}\frac{\mathrm{u}}{\gamma^2} = \frac{\mathrm{x}}{\mathrm{R}}; \qquad \eta = \frac{\mathrm{y}}{\mathrm{a}}\frac{\mathrm{u}}{\gamma^2} = \frac{\mathrm{y}}{\mathrm{R}} \tag{VI 8, 42}$$

Aus (VI 8, 14) berechnen wir dann zunächst

$$\xi = \gamma^2 (\mu - 1). \tag{VI 8, 43}$$

Unter Benutzung von (VI 8, 28) schreiben wir hierfür

$$\xi = \frac{1 - \cos\vartheta}{1 - \gamma^2}; \qquad 0 \leqq \gamma < 1 \tag{VI 8, 44}$$

und ähnlich mit Hilfe von (VI 8, 40)

$$\xi = \frac{\cosh\varkappa - 1}{\gamma^2 - 1}; \qquad \gamma > 1. \tag{VI 8, 45}$$

Zum Zwecke der Berechnung von η bilden wir aus (VI 8, 8) mit Rücksicht auf (VI 8, 12), (VI 8, 15) und (VI 8, 42)

$$\frac{d\eta}{d\tau} = \frac{1}{\omega_0}\frac{\mathrm{u}}{\mathrm{a}\,\gamma^2}\dot{\mathrm{y}} = \frac{1}{\mu}\xi \tag{VI 8, 46}$$

und weiter, in Verbindung mit (VI 8, 26) und (VI 8, 43)

$$d\eta = \frac{1}{\mu}\xi\, d\tau = \frac{1}{\mu}\xi\frac{d\tau}{d\mu}d\mu = \gamma^2 \frac{\mu - 1}{\sqrt{2(\mu-1) - (1-\gamma^2)(\mu^2 - 1)}}d\mu \tag{VI 8, 47}$$

Mittels der Substitution (VI 8, 28) und anschließender Integration ergibt sich aus (VI 8, 47)

$$\eta = \frac{1}{(1-\gamma^2)^{3/2}}\int\limits_0^{\vartheta}(1 - \cos\vartheta')\,d\vartheta' = \frac{\vartheta - \sin\vartheta}{(1-\gamma^2)^{3/2}}; \quad 0 \leqq \gamma < 1 \tag{VI 8, 48}$$

und ähnlich mit Hilfe der Substitution (VI 8, 40)

$$\eta = \frac{1}{(\gamma^2 - 1)^{3/2}}\int\limits_0^{\varkappa}(\cosh\varkappa' - 1)\,d\varkappa' = \frac{\sinh\varkappa - \varkappa}{(\gamma^2 - 1)^{3/2}}; \quad \gamma > 1 \tag{VI 8, 49}$$

Das Gleichungspaar (VI 8, 44), (VI 8, 48) liefert für $0 \leqq \gamma < 1$ die gesuchten Trajektorien des Elektrons als Funktion des Parameters ϑ. Im klassischen Grenzfall $\gamma \to 0$ resultiert, wie es sein muß, die wohlbekannte Darstellung einer Zykloide; zufolge der Definition (VI 8, 42) der numerischen Koordinaten repräsentiert der Halbmesser des zykloidenerzeugenden Rollkreises die Einheit der Länge. Aus der klassischen Zykloide gehen die Bahnkurven des Bereiches $0 < \gamma < 1$ durch eine affine Transformation hervor, deren Längsdehnung in Richtung Kathode—Anode gemäß Abb. VI 288 mit zunehmendem γ beträchtlich kleiner als die Querdilatation in Richtung des magnetischen Driftes ausfällt; das spezielle Ergebnis (VI 8, 34) ist in diesen Aussagen enthalten.

Im Falle $\gamma > 1$ werden die Elektronenbahnen durch das Gleichungspaar (VI 8, 45), (VI 8, 49) als Funktion des Parameters $\varkappa$ dargestellt: mit wachsendem $\varkappa$ konvergieren daher die Trajektorien gegen die Geraden

$$\lim_{\varkappa\to\infty}\frac{\eta}{\xi} = \frac{1}{\sqrt{\gamma^2 - 1}} \tag{VI 8, 50}$$

wie es Abb. VI 288 veranschaulicht: Im Einklang mit den schon früher aus (VI 8, 17) gezogenen Schlüssen qualitativer Art lassen die Bahnkurven des Bereiches $\gamma > 1$ jede Ähnlichkeit mit den Zykloiden des klassischen Magnetrons vermissen.

Die angegebenen Parameterdarstellungen der Bahnkurven versagen für $\gamma = 1$. Um die entsprechende, singuläre Trajektorie zu finden, entwickeln wir (VI 8, 44) und (VI 8,48) je nach Potenzen von ϑ

$$\xi = \frac{1}{1-\gamma^2}\left[\frac{\vartheta^2}{2} - \ldots\right]; \qquad \eta = \frac{1}{(1-\gamma^2)^{3/2}}\left[\frac{\vartheta^3}{3!} - \ldots\right] \qquad \text{(VI 8, 51)}$$

Beschränkt man sich nun auf die explizit angeschriebenen Glieder, so folgt durch Elimination von ϑ der Gegenwert

$$\lim_{\gamma \to 1} \eta = \sqrt{\frac{2}{9}}\,\xi^{3/2} \qquad \text{(VI 8, 52)}$$

und zu demselben Ergebnis führt die entsprechend aus (VI 8, 45) und (VI 8, 49) je durch Potenzentwicklung nach $\varkappa$ vorgenommene Operation. Wie aus diesem Rechengang hervorgeht, oskulieren die Bahnkurven beliebiger Parameterwerte γ in der Umgebung des Ursprunges sämtlich die Trajektorie (VI 8, 52).

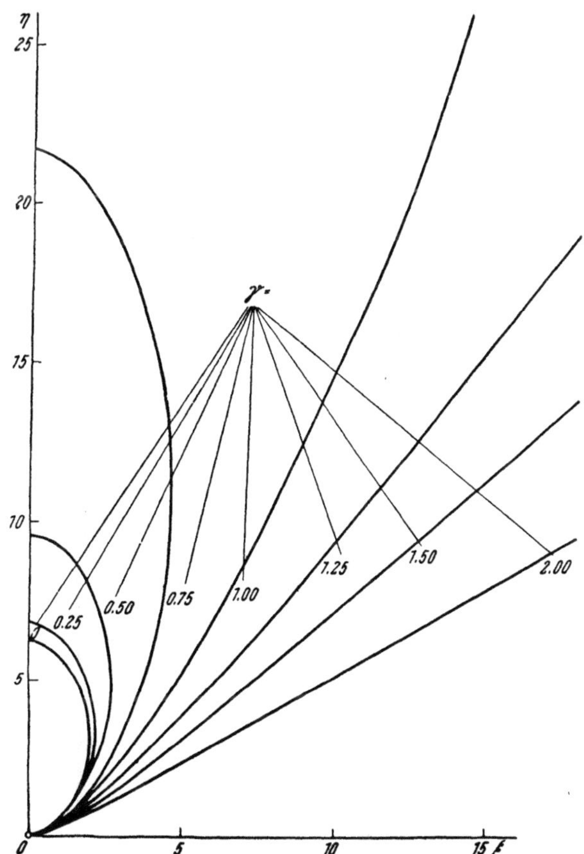

Abb. VI 288. Die relativistischen Elektronenbahnen im ebenen Magnetron. Parameter $\gamma = \frac{U}{B \cdot a \cdot c}$

Um uns zu überzeugen, daß die gefundene Lösung allen Bedingungen der Aufgabe genügt, bringen wir (VI 8, 14) mit Rücksicht auf (VI 8, 13) und (VI 8, 17) in die Gestalt

$$\mu = 1 + u\frac{x}{R} \cdot \frac{R}{a} = 1 + \gamma^2 \xi, \qquad \text{(VI 8, 53)}$$

also, wenn wir uns der Kürze halber auf den Fall $0 < \gamma < 1$ beschränken, auf Grund von (VI 8, 44)

$$\mu = \frac{1-\gamma^2 \cos\vartheta}{1-\gamma^2}. \qquad \text{(VI 8, 54)}$$

Nun gilt nach (VI 8, 28) und (VI 8, 29)

$$\tau = \frac{1}{(1-\gamma^2)^{3/2}}(\vartheta - \gamma^2 \sin\vartheta); \qquad \frac{d\tau}{d\vartheta} = \frac{1-\gamma^2\cos\vartheta}{(1-\gamma^2)^{3/2}} \qquad \text{(VI 8, 55)}$$

Wir berechnen hiermit aus (VI 8, 44) und (VI 8, 48)

$$\dot{\xi} = \frac{d\xi}{d\tau} = \frac{d\xi}{d\vartheta} \cdot \frac{d\vartheta}{d\tau} = \frac{\sin\vartheta}{1-\gamma^2\cos\vartheta}\sqrt{1-\gamma^2} \qquad \text{(VI 8, 56)}$$

$$\dot{\eta} = \frac{d\eta}{d\tau} = \frac{d\eta}{d\vartheta} \cdot \frac{d\vartheta}{d\tau} = \frac{1-\cos\vartheta}{1-\gamma^2\cos\vartheta} \qquad \text{(VI 8, 57)}$$

und somit, unter Beachtung von (VI 8, 17), (VI 8, 18) und (VI 8, 42)

$$1 - \frac{\dot{x}^2 + \dot{y}^2}{c^2} = 1 - \gamma^2(\dot{\xi}^2 + \dot{\eta}^2) = \left(\frac{1-\gamma^2}{1-\gamma^2\cos\vartheta}\right)^2. \qquad \text{(VI 8, 58)}$$

Diese Relation ist in der Tat mit der Definition der numerischen Masse nach (VI 8, 7), (VI 8, 12) und (VI 8, 54) identisch.

f) Als Anwendungsbeispiel behandeln wir ein Magnetron vom Elektrodenabstand

$$a = 0.8\,\text{cm},$$

welches mit einer Spannung von

$$U = 60\,\text{kV}$$

betrieben wird. Aus (VI 8, 36) folgt für die „klassische" kritische Induktion

$$B_{kr}^{(Kl)} = 10{,}25 \cdot 10^{-6}\,\frac{\text{Vs}}{\text{cm}^2}$$

Da jedoch das Magnetron mit der numerischen Spannung

$$u = 0{,}12$$

betrieben wird, hat man die kritische Induktion gleich

$$B_{kr} = B_{kr}^{(Kl)}\,1{,}03$$

einzustellen.

VI 9. Theorie des Betatrons.

a) Gleich dem Zyklotron bildet das *Betatron* eine elektromagnetische Ionenzentrifuge zur Erzeugung elektrischer Ladungsträger von sehr großer dynamischer Gesamtenergie. Welches sind die wesentlichen Unterschiede der verglichenen Maschinen?

1. Das *Zyklotron* ist mit einem *stationären Magnetfelde* ausgestattet, welches lediglich als energetisch wirkungsloses *Führungsfeld* fungiert. Die Energie wird mittels eines elektrischen Feldes auf die Ionen übertragen, welches vom vorgenannten Magnetfelde unabhängig ist. Dagegen arbeitet das *Betatron* mit einem *zeitlich veränderlichen Magnetfelde*, welches das elektrische Beschleunigungsfeld auf induktivem Wege selbst erzeugt: *Führungs-* und *Arbeitsfeld* sind genetisch miteinander *verknüpft*.

2. Das *Zyklotron* dient in der Regel der Beschleunigung materiebehafteter *Ionen*, das Betatron dagegen der Beschleunigung von *Elektronen*.

b) Abb. VI 289 zeigt, unter Verzicht auf konstruktive Einzelheiten, die aktiven Elemente des Betatrons:

1. Das Magnetsystem besteht aus zwei einander spiegelbildlich gleichen, konzentrischen Kreiszylinderpolen, welche zwischen sich einen ferromagnetischen Kern später zu analysierender Eigenschaften einschließen; der magnetische Kreis wird durch Joche und äußere Schenkel geschlossen.

2. Das Magnetsystem wird durch zwei Hauptspulen erregt, welche durch einen Strom von willkürlich vorschreibbarem zeitlichen Verlaufe gespeist

werden; in der Umgebung der Polkanten werden häufig Hilfswicklungen vorgesehen, welche dort entsprechend ihrer Durchflutung die raum-zeitliche Feinstruktur des Magnetfeldes zu regeln gestatten.

3. Das Arbeitsgefäß besteht aus einem evakuierten Hohlring [Torus]; seine Äquatorebene koinzidiert mit der Symmetrie-Ebene zwischen den Magnetpolen, seine Achse mit deren Achse. Die zu beschleunigenden Elektronen werden einer außerhalb des Ringes befindlichen Kathodenstrahlröhre entnommen und an einem passend gewählten Orte des Ringumfanges zu einem beliebig festzusetzenden Zeitpunkt in das Arbeitsgefäß injiziert.

4. Nach beendeter Beschleunigung werden die nunmehr energiereichen Elektronen etwa durch das oben genannte magnetische Hilfsfeld oder auf einem gleichwertigen anderen Wege im Innern des Arbeitsgefäßes gegen dort angeordnete Prallelektroden gelenkt. An ihnen wird die — um ihren Ruhewert verminderte — Ionenenergie in solche kurzwelliger elektromagnetischer Strahlung umgesetzt, welche die Wände des Arbeitsgefäßes nahezu ungehindert durchdringen kann und daher außerhalb desselben beliebigen Zwecken zur Verfügung steht.

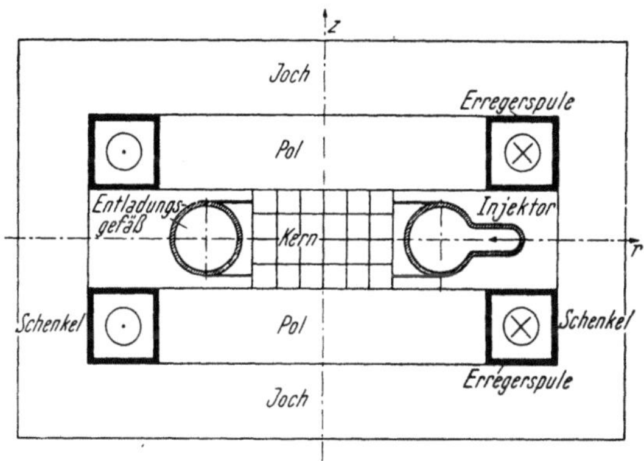

Abb. VI 289. Modell des Betatrons, welches die aktiven Teile dieser Ionenzentrifuge zeigt.

c) Wir orientieren uns im Betatron an einem Zylinder-Koordinatensysteme z [Achse], r [Radialdistanz] und α [Azimut]; sein Ursprung wird in das Zentrum der Maschine gelegt, die z-Achse mit deren Polachse identifiziert, während die Meridianebene $\alpha = 0$ das Arbeitsgefäß am Orte der Elektronen-Injektion schneiden möge.

Wie lauten im Innern des Torus die Bewegungsgleichungen eines punktförmigen Ladungsträgers der Ruhmasse m_0 und der invarianten Ladung e [für das Elektron ist $e = -q_0$] während der Epoche seiner Beschleunigung?

Wir bezeichnen mit t die relativ zu dem gewählten Zylinder-Koordinatensystem gemessene Zeit. Aus der Norm des Linienelementes

$$ds^2 = dz^2 + dr^2 + r^2\,d\alpha^2 \tag{VI 9, 1}$$

folgt durch Division mit dem infinitesimalen Element dt der Zeit die Norm des dreidimensionalen Vektors v der Geschwindigkeit zu

$$(v)^2 = \dot{z}^2 + \dot{r}^2 + r^2\,\dot{\alpha}^2; \qquad \dot{z} = \frac{dz}{dt}, \quad \dot{r} = \frac{dr}{dt}, \quad \dot{\alpha} = \frac{d\alpha}{dt}. \tag{VI 9, 2}$$

Auf Grund der vorausgesetzten Rotationssymmetrie des Magnetfeldes besitzt dessen Vektorpotential V lediglich in Richtung wachsenden Azimutes eine von Null verschiedene Komponente; wir benutzen weiterhin ihren physikalischen Wert

$$V^{\alpha} \equiv V(z, r). \tag{VI 9, 3}$$

Falls der Sinn zunehmenden Azimutes die Richtung der positiven z-Achse zu einer Rechtsschraube ergänzt, berechnen sich die physikalischen Komponenten der magnetischen Induktion B aus V^{α} nach den Vorschriften

$$B^z = \frac{1}{r}\frac{\partial (r\,V)}{\partial r}; \qquad B^r = -\frac{\partial V}{\partial z}; \qquad B^\alpha = 0 \qquad \text{(VI 9, 4)}$$

und das skalare Produkt $(v\,V)$ reduziert sich auf

$$(v\,V) = r\,\dot{\alpha}\,V. \qquad \text{(VI 9, 5)}$$

Bezeichnen wir mit

$$\varphi = \varphi\,(z, r, \alpha) \qquad \text{(VI 9, 6)}$$

zunächst allgemein das elektrische Skalarpotential des Entladungsraumes, so resultiert gemäß (VI 4, 18) als *Lagrange*sche Funktion des kontrollierten Ladungsträgers, abgesehen von einem dessen elektromagnetische Strahlung erfassenden Gliede,

$$L = -m_0\,c^2 \sqrt{1 - \frac{\dot{z}^2 + \dot{r}^2 + r^2\,\dot{\alpha}^2}{c^2}} - e\,\{\varphi - r\,\dot{\alpha}\,V\}. \qquad \text{(VI 9, 7)}$$

In der hierdurch angezeigten Genauigkeit folgt aus (VI 9, 7) die Gleichung der *achsialen Bewegung*

$$\frac{d}{dt}(m\,\dot{z}) = -e\left\{\frac{\partial\varphi}{\partial z} - r\,\dot{\alpha}\,\frac{\partial V}{\partial z}\right\} = -e\left\{\frac{\partial\varphi}{\partial z} + r\,\dot{\alpha}\,B^r\right\}, \qquad \text{(VI 9, 8)}$$

die Gleichung der *radialen Bewegung*

$$\frac{d}{dt}(m\,\dot{r}) - m\,r\,\dot{\alpha}^2 = -e\left\{\frac{\partial\varphi}{\partial r} - \dot{\alpha}\,\frac{\partial (r\,V)}{\partial r}\right\} = -e\left\{\frac{\partial\varphi}{\partial r} - r\,\dot{\alpha}\,B^z\right\} \qquad \text{(VI 9, 9)}$$

und die Gleichung der *azimutalen Bewegung*

$$\frac{d}{dt}(m\,r^2\,\dot{\alpha} + e\,r\,V) = -e\,\frac{\partial\varphi}{\partial\alpha}. \qquad \text{(VI 9, 10)}$$

Auf Grund der Identität

$$\frac{d}{dt}(r\,V) \equiv r\left\{\frac{\partial V}{\partial t} + \frac{\partial V}{\partial z}\,\dot{z} + \frac{1}{r}\frac{\partial (r\,V)}{\partial r}\,\dot{r}\right\} \qquad \text{(VI 9, 11)}$$

läßt sich (VI 9, 10) in die Gestalt bringen

$$\frac{1}{r}\frac{d}{dt}(m\,r^2\,\dot{\alpha}) = -e\left\{\left(\frac{1}{r}\frac{\partial\varphi}{\partial\alpha} + \frac{\partial V}{\partial t}\right) - \dot{z}\,B^r + \dot{r}\,B^z\right\}. \qquad \text{(VI 9, 12)}$$

c) Wir setzen voraus, daß das elektrische Feld sich auf seinen Wirbelanteil beschränkt:

$$\varphi = 0; \qquad E = -\frac{\partial V}{\partial t}. \qquad \text{(VI 9, 13)}$$

Ist dann im Betatron eine konzentrisch zur Maschinenachse gelegene Kreisbahn des Ladungsträgers mit dessen Bewegungsgleichungen verträglich?

Aus den kinematischen Eigenschaften

$$r = r_0 = \text{const.}; \qquad \dot{r} = 0 \qquad \text{(VI 9, 14)}$$

und

$$z = z_0 = \text{const.}; \qquad \dot{z} = 0 \qquad \text{(VI 9, 15)}$$

der gefragten Bahn im Verein mit der elektrodynamischen Bedingung (VI 9, 13) schließt man vermöge (VI 9, 8) auf

$$\dot{\alpha}\,(B^r)_{z=z_0,\,r=r_0} = 0, \qquad \text{(VI 9, 16)}$$

vermöge (VI 9, 9) auf

$$m\,\dot{\alpha} = -e\,(B^z)_{z=z_0,\,r=r_0} \qquad \text{(VI 9, 17)}$$

und vermöge (VI 9, 10) auf

$$\frac{d}{dt}\left(m\, r_0\, \dot{\alpha} + e\,(V)_{z=z_0,\, r=r_0}\right) = 0. \qquad \text{(VI 9, 18)}$$

Wir erfüllen zunächst (VI 9, 16) mit Rücksicht auf die vorausgesetzten geometrischen Symmetrieeigenschaften des magnetischen Feldes, indem wir (VI 9, 15) zu

$$z_0 = 0 \qquad \text{(VI 9, 19)}$$

verschärfen. Schreiben wir nun für die achsiale Induktion in der Äquatorebene abkürzend

$$(B^z)_{z=0} = B\,(r), \qquad \text{(VI 9, 20)}$$

so entsteht aus (VI 9, 17)

$$m\, \dot{\alpha} = -\, e\, B\,(r_0). \qquad \text{(VI 9, 21)}$$

Nunmehr regeln wir die Injektion des Elektrizitätsträgers in das Entladungsgefäß $[t = t_0]$ durch die Vorschrift verschwindenden Gesamt-Drehimpulses als Summe seines mechanischen Anteiles $m\, r_0\, \dot{\alpha}$ und seines magnetischen Anteiles $(e\, V)_{z=0,\, r=r_0}$; vermöge (VI 9, 18) gilt dann für alle $t > t_0$

$$m\, \dot{\alpha} = -\, e\, \frac{V}{r_0}. \qquad \text{(VI 9, 22)}$$

Unter Berufung auf den *Stokes*schen Integralsatz finden wir für den vom Kreise $r = r_0$ der Äquatorebene umschlungenen magnetischen Induktionsfluß Φ_0 die Relation

$$\Phi_0 = \int_0^{r_0} B\,(r)\, 2\pi\, r\, dr = 2\pi\, r_0\, V_{z=0,\, r=r_0}. \qquad \text{(VI 9, 23)}$$

Definieren wir nun den räumlichen Mittelwert der Induktion innerhalb der genannten Kreisfläche durch

$$\overline{B}_0 = \frac{\Phi_0}{\pi\, r_0^2} = 2\, \frac{V_{z=0,\, r=r_0}}{r_0}, \qquad \text{(VI 9, 24)}$$

so erhalten wir an Stelle von (VI 9, 22)

$$m\, \dot{\alpha} = -\, e\, \frac{\overline{B}_0}{2}. \qquad \text{(VI 9, 25)}$$

Gemäß (VI 9, 21) und (VI 9, 25) ist also die Realisierung der gewünschten Kreisbahn (VI 9, 17), (VI 9, 18) an die Konstruktion eines Magnetfeldes der Eigenschaft

$$B\,(r_0) = \frac{1}{2}\, \overline{B}_0 = \frac{1}{2}\, \frac{1}{\pi\, r_0^2} \int_0^{r_0} B\,(r)\, 2\pi\, r\, dr \qquad \text{(VI 9, 26)}$$

gebunden.

d) Es ist zu betonen, daß die Regel (VI 9, 26) von dem jeweils gewählten zeitlichen Verlaufe der magnetischen Induktion gänzlich unabhängig bleibt, sofern man nur für deren Synchronismus innerhalb der gesamten Äquatorebene Sorge trägt; doch enthält sie, über diese Vorschrift hinaus, keine eindeutige Anweisung für den Bau des Magnetsystemes. Wir begnügen uns daher mit der Anwendung der Gl. (VI 9, 26) auf zwei typische Beispiele:

1. Im Anschluß an Abb. VI 290 denken wir uns den Luftspalt der Weite 2 h zwischen den planparallelen Stirnflächen vollkommen permeabler Pole je vom Halbmesser $r_P > r_0$ durch einen zentral gelegenen Zylinderkern vom Halbmesser $r_k < r_0$ überbrückt; dieser „Nebenschluß" sei nach Art eines ferromagnetischen Massekernes derart aufgebaut, daß er eine makroskopische Permeabilität μ endlichen und merklich konstanten Betrages aufweist. Sei D die zwischen den genannten Polflächen wirksame Differenz des magnetischen Skalarpotentiales φ, so findet man hiernach

Abb. VI 290. Befriedigung der Betatron-Bedingung (VI 9, 26) durch einen ferromagnetischen Zylinderkern der endlichen Permeabilität $\mu > 1$.

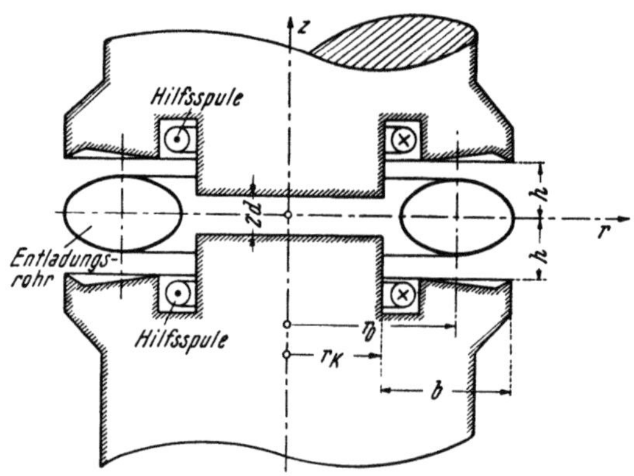

Abb. VI 291. Befriedigung der Betatron-Bedingung (VI 9, 26) durch Kern-Luftspalt in Verbindung mit ringförmigen Polschuhen.

$$B(r) = \Pi \mu \frac{D}{2h} \qquad \text{für} \qquad 0 \leqq r \leqq r_k \qquad \text{(VI 9, 27)}$$

und weiter, unter Vernachlässigung von Randeffekten,

$$B(r) = \Pi \frac{D}{2h} \qquad \text{für} \qquad r_k < r < r_P \qquad \text{(VI 9, 28)}$$

Demnach folgt die mittlere Induktion $\overline{B}_0$ innerhalb der Kreisfläche $0 \leqq r \leqq r_0$ zu

$$\overline{B}_0 = \Pi \frac{D}{2h} \frac{\mu r_k^2 + (r_0^2 - r_k^2)}{r_0^2} = \Pi \frac{D}{2h}\left[1 + (\mu - 1)\frac{r_k^2}{r_0^2}\right] \qquad \text{(VI 9, 29)}$$

Die Bedingung (VI 9, 26) führt nunmehr auf

$$\Pi \frac{D}{2h} = \frac{1}{2} \Pi \frac{D}{2h}\left[1 + (\mu - 1)\frac{r_k^2}{r_0^2}\right] \qquad \text{(VI 9, 30)}$$

so daß wir ihr durch

$$r_0 = r_k \sqrt{\mu - 1} \qquad \text{(VI 9, 31)}$$

genüge leisten.

2. Gemäß Abb. VI 291 vertauschen wir den massiven Massekern-Nebenschluß mit einem vollkommen permeablen Zylinder gleichen Halbmessers, welcher beiderseits seiner Äquatorebene durch den Luftspalt der konstanten Weite $2d < 2h$ unterbrochen ist; gleichzeitig werden die

Stirnflächen der Hauptpole je durch einen ringförmigen Polschuh abgeschlossen, und zwischen ihm und dem Kern befinden sich die früher erwähnten Hilfsspulen zur Feinstrukturregelung des Feldes.

Um das entstehende Magnetfeld der analytischen Behandlung zu erschließen, richten wir unsere Aufmerksamkeit auf jenen „aktiven" Bereich, welcher das Entladungsgefäß enthält; in ihm darf die azimutale Krümmung des Systemes vernachlässigt werden, so daß wir, vom Gebiet der Hilfsspulen abgesehen, das Magnetfeld mit Hilfe des in jeder Meridianebene $\alpha = \text{const.}$ zu definierende komplexe Skalarpotentiales

$$\chi = \varphi + i\psi \qquad \text{(VI 9, 32)}$$

der *Gauß*schen Meridiankoordinate

$$w = u + i v \qquad \text{(VI 9, 33)}$$

beschreiben können.

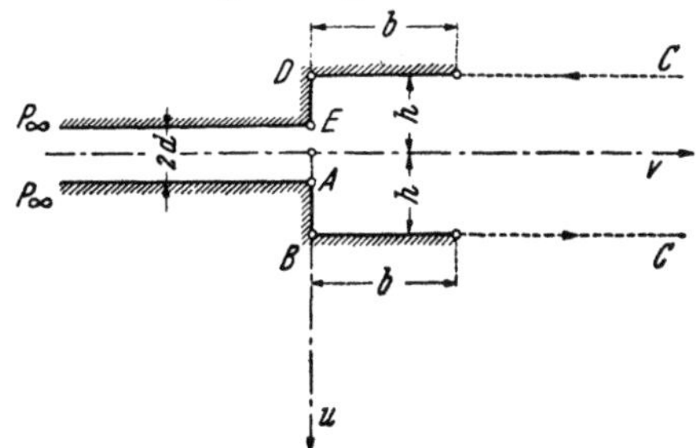

Abb. VI 292. Zur Berechnung des Magnetfeldes in der Umgebung der Elektronenbahn des Betatrons.

Aus mathematischen Gründen gehen wir von der konstruktiv vorgegebenen Anordnung zu dem Modell der Abb. VI 292 über: Das Feldgebiet wird von dem im mathematisch-positiven Sinne umlaufenen Polygon

$$\left.\begin{array}{c} P_{-\infty} = d - i\,\infty; \qquad A = d + i\,0; \qquad B = h + i\,0; \\ C = h + i\,\infty = -h + i\,\infty; \qquad D = -h + i\,0; \\ E = -d + i\,0; \qquad P_{+\infty} = -d - i\,\infty \end{array}\right\} \qquad \text{(VI 9, 34)}$$

eingeschlossen, wobei die Spitzen der Polschuhe beziehentlich mit den Punkten

$$B' = h + i\,b; \qquad D' = -h + i\,b \qquad \text{(VI 9, 35)}$$

identifiziert werden mögen. Bei der Formulierung der längs des Polygones herrschenden Randbedingungen unterscheiden wir zwei Fälle:

I. Das „*Primärfeld*" [Index p] wird von der Hauptdurchflutung D_p bei stromloser Hilfswicklung erregt. Demgemäß gilt

$$\left.\begin{array}{l} \varphi_p = \dfrac{D_p}{2} \text{ längs } P_{-\infty} \to A \to B \to B' \\[2ex] \varphi_p = -\dfrac{D_p}{2} \text{ längs } D' \to D \to E \to P_{+\infty} \end{array}\right\} \qquad \text{(VI 9, 36)}$$

während wir die Strahlen $B'C$ und CD' mit ein und derselben Kraftlinie identifizieren, welche durch die Vorschrift

$$\psi_p = 0 \quad \text{längs} \quad B'C \quad \text{und} \quad CD' \qquad \text{(VI 9, 37)}$$

festgelegt werden darf.

II. Das „*Sekundärfeld*" [Index s] wird von der Hilfsdurchflutung D_s bei stromloser Hauptspule erregt; demnach gilt nunmehr

$$\left.\begin{array}{l} \varphi_s = \dfrac{D_s}{2} \text{ längs } P_{-\infty} \to A \to B \\[2ex] \varphi_s = 0 \text{ längs } B \to B' \text{ und } D' \to D \\[2ex] \varphi_s = -\dfrac{D_s}{2} \text{ längs } D \to E \to P_{+\infty} \end{array}\right\} \qquad \text{(VI 9, 38)}$$

sowie $\psi_s = 0$ längs B′C und CD′. (VI 9, 39)

Wir rufen die komplexe Ebene der *Gaußschen* Koordinate

$$\zeta = \xi + \mathrm{i}\,\eta \qquad \text{(VI 9, 40)}$$

zu Hilfe und suchen, nach Einführung einer vorerst noch unbekannten positiv-reellen Zahl $k < 1$, diejenige konforme Abbildung, welche die Ecken des Polygones (VI 9, 34) beziehentlich in die Punkte [Abb. VI 293]

$$\left.\begin{aligned} &\xi_{P-\infty} \to -\infty; \quad \xi_A = -\frac{1}{k}; \quad \xi_B = -1; \quad \xi_C = 0 \\ &\xi_D = 1; \quad \xi_E = \frac{1}{k}; \quad \xi_{P+\infty} \to \infty \end{aligned}\right\} \qquad \text{(VI 9, 41)}$$

der ξ-Achse überführt, während das Innere des in der w-Ebene umfahrenen Polygones in die Halbebene $\eta > 0$ transformiert werde. Die *Schwarz-Christoffel*sche Differentialgleichung der gesuchten Abbildung lautet

$$\frac{dw}{d\zeta} = C\,\frac{\sqrt{1 - k^2\zeta^2}}{\zeta\sqrt{1 - \zeta^2}} \qquad \text{(VI 9, 42)}$$

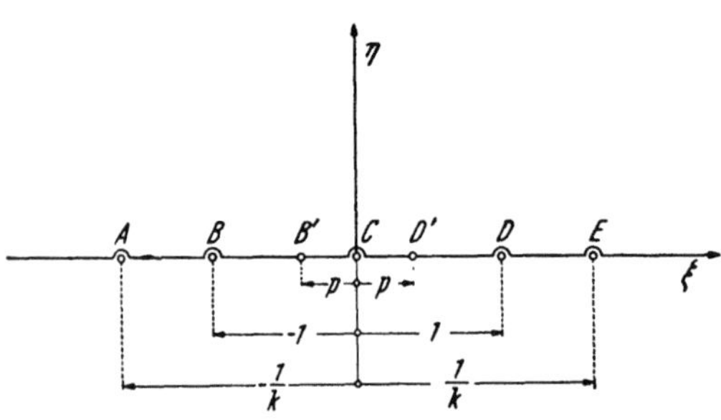

Abb. VI 293. Konforme Abbildung der Betatron-Pole auf die ζ-Ebene.

wobei sich die Verzweigungsschnitte der zweideutigen Funktion $\sqrt{\dfrac{1 - k^2\zeta^2}{1 - \zeta^2}}$ längs der Strecken $1 < |\xi| < 1/k$ vorfinden; die weiterhin benutzten Argumentwerte der genannten Funktion sind aus Abb. VI 294 zu entnehmen. Die Substitution

$$\zeta^2 = \frac{1}{k^2}\,\frac{k^2 + s^2}{1 + s^2} \qquad \text{(VI 9, 43)}$$

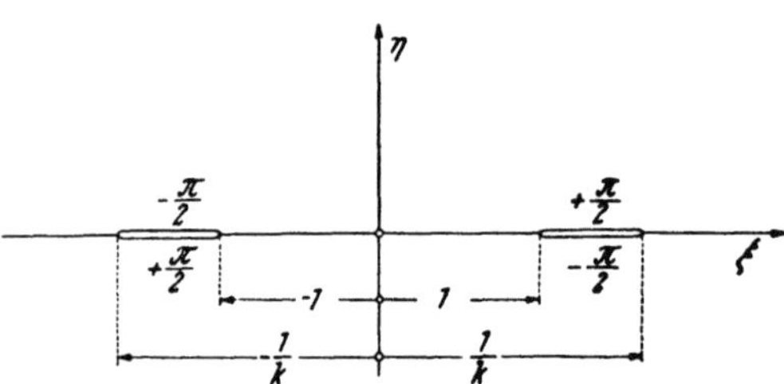

Abb. VI 294. Verzweigungscharakter der Funktion $\sqrt{\dfrac{1 - k^2\zeta^2}{1 - \zeta^2}}$

liefert mit der Abkürzung $k'^2 = 1 - k^2$ nach passender Umbenennung der dann verbleibenden multiplikativen Konstanten

$$\frac{dw}{ds} = \frac{C'}{(k^2 + s^2)(1 + s^2)} = \frac{C'}{k^2}\left[\frac{1}{k^2 + s^2} - \frac{1}{1 + s^2}\right]. \qquad \text{(VI 9, 44)}$$

Daher finden wir durch Integration

$$w = \frac{C'}{k'^2}\left[\frac{1}{k}\operatorname{arctg}\frac{s}{k} - \operatorname{arctg} s\right] + C'' \qquad \text{(VI 9, 45)}$$

und nach Rückkehr zu ζ, bei geeigneter Verfügung über die Integrationskonstanten,

$$w = C'''\left[\frac{1}{2k}\ln\frac{\sqrt{\dfrac{1-\zeta^2}{1-k^2\zeta^2}} + 1}{\sqrt{\dfrac{1-\zeta^2}{1-k^2\zeta^2}} - 1} - \frac{1}{2}\ln\frac{1 + k\sqrt{\dfrac{1-\zeta^2}{1-k^2\zeta^2}}}{1 - k\sqrt{\dfrac{1-\zeta^2}{1-k^2\zeta^2}}}\right], \qquad \text{(VI 9, 46)}$$

falls man unter dem Zeichen ln jenen Zweig der Funktion versteht, dessen Imaginärteil zwischen $(-\pi)$ und $(+\pi)$ eingeschlossen ist Insbesondere wird in der Umgebung des Nullpunktes $[\zeta = \varrho\, e^{i\vartheta};\ \pi > \vartheta > 0]$

$$w = C''' \left[\frac{1}{2\,k} \ln \frac{2}{-\frac{1}{2}\,k^2 \varrho^2 e^{2i\vartheta}} - \frac{1}{2} \ln \frac{1+k}{1-k} + \ldots \right], \qquad \text{(VI 9, 47)}$$

also

$$\lim_{\vartheta \to \pi} u = C''' \frac{1}{2\,k} (-i\pi); \qquad \lim_{\vartheta \to 0} u = C''' \frac{1}{2\,k} (i\pi), \qquad \text{(VI 9, 48)}$$

so daß wir uns den geometrischen Daten des Magnetsystemes in der w-Ebene durch

$$\lim_{\vartheta \to \pi} u - \lim_{\vartheta \to 0} u = -C''' i \frac{\pi}{k} = 2\,h\,; \qquad C''' = i \frac{2}{\pi} k\,h \qquad \text{(VI 9, 49)}$$

anpassen. Ähnlich finden wir für $\zeta = 1/k + \varrho\, e^{i\vartheta}$ $[\pi > \vartheta > 0]$ wegen

$$\sqrt{\frac{1-h^2\zeta^2}{1-\zeta^2}} = \sqrt{\frac{2\,\varrho\,k\,e^{i\vartheta}}{1/k^2-1}} + \ldots = \frac{k}{k'} \sqrt{2\,\varrho\,k}\; e^{i\vartheta/2} + \ldots \qquad \text{(VI 9, 50)}$$

aus (VI 9, 46) den „Modul“ k mittels

$$\lim_{\zeta \to 1/k} w = C''' i \frac{\pi}{2} = -k\,h = -d; \qquad k = \frac{d}{h}. \qquad \text{(VI 9, 51)}$$

Mit Rücksicht auf (VI 9, 49) und (VI 9, 51) können wir die Abbildungsfunktion in die Gestalt bringen

$$\frac{\pi}{i} \frac{w}{h} = \ln \frac{\sqrt{\frac{1-\zeta^2}{1-k^2\zeta^2}} + 1}{\sqrt{\frac{1-\zeta^2}{1-k^2\zeta^2}} - 1} - k \ln \frac{1+k\sqrt{\frac{1-\zeta^2}{1-k^2\zeta^2}}}{1-k\sqrt{\frac{1-\zeta^2}{1-k^2\zeta^2}}}, \qquad \text{(VI 9, 52)}$$

welche, im Einklang mit (VI 9, 42), die Gleichung

$$\frac{\pi}{i} \frac{1}{h} \cdot \frac{dw}{d\zeta} = -\frac{2}{\zeta} \sqrt{\frac{1-k^2\zeta^2}{1-\zeta^2}} \qquad \text{(VI 9, 53)}$$

nach sich zieht. Aus (VI 9, 52) entnimmt man für die Orte $\xi_{B'} = -p$ und $\xi_{D'} = +p$ der Polkanten in der ζ-Ebene die Relation

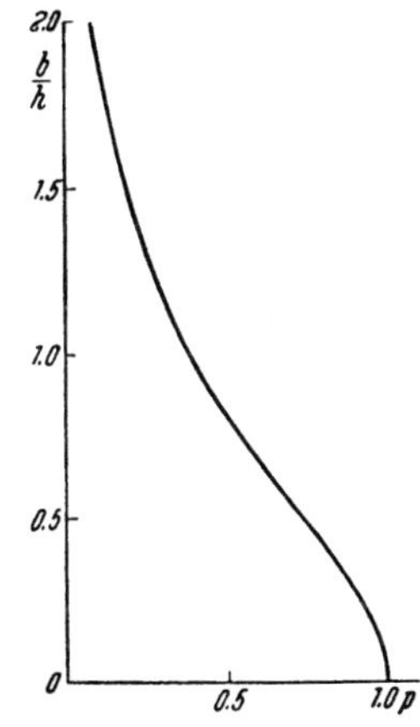

Abb. VI 295. Betatron. Ermittelung des Parameters p [Polkanten in der ζ-Ebene] aus den Konstruktionsdaten der Polschuhe.

$$\frac{b}{h} = \frac{1}{\pi} \left[\ln \frac{1+\sqrt{\frac{1-p^2}{1-k^2p^2}}}{1-\sqrt{\frac{1-p^2}{1-k^2p^2}}} - k \ln \frac{1+k\sqrt{\frac{1-p^2}{1-k^2p^2}}}{1-k\sqrt{\frac{1-p^2}{1-k^2p^2}}} \right], \qquad \text{(VI 9, 54)}$$

welche in Abb. VI 295 für den Fall $k = 1/3$ dargestellt ist.

An Hand dieser Ergebnisse behandeln wir zunächst das *Primärfeld.* Gemäß (VI 9, 36) und (VI 9, 37) lauten seine in die ζ-Ebene übertragenen Randbedingungen

$$\left.\begin{aligned} \varphi_P &= \frac{D_p}{2} \quad \text{für} \quad -\infty < \xi \leqq -p; \quad \eta = 0, \\ \varphi_P &= -\frac{D_p}{2} \quad \text{für} \quad p \leqq \xi < \infty; \quad \eta = 0 \end{aligned}\right\} \qquad \text{(VI 9, 55)}$$

und

$$\psi_P = 0 \quad \text{für} \quad -p \leqq \xi \leqq p; \quad \eta = 0. \qquad \text{(VI 9, 56)}$$

Das sie in der χ-Ebene repräsentierende Polygon [Abb. VI 296] wird durch die Funktion

$$\zeta = -p \sin \pi \frac{\chi}{D_p} \qquad \text{(VI 9, 57)}$$

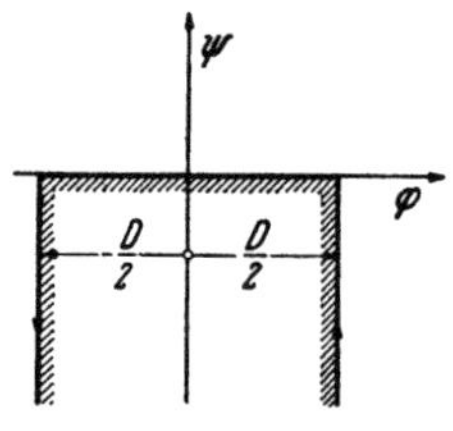

Abb. VI 296. Betatron. Darstellung des Primärpotentiales in der komplexen χ-Ebene.

konform auf die ξ-Achse abgebildet. Daher ist χ mit dem komplexen Primärpotential identisch, und die Substitution von (VI 9, 57) in (VI 9, 52) liefert die *Gauß*sche Koordinate w als Funktion von $\chi = \chi_P$. Insbesondere reduziert sich χ_P längs der Symmetrie-Achse u = 0 auf

$$\chi_P = 0 + i\,\psi_P, \qquad \text{(VI 9, 58)}$$

so daß die in Abb. VI 297 dargestellte Transformationsgleichung

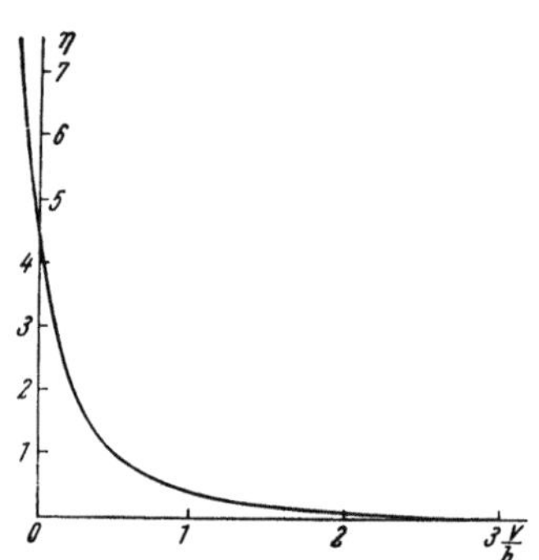

Abb. VI 297. Betatron. Transformation der y-Achse auf die η-Achse.

$$\frac{v}{h} = \frac{1}{\pi}\left[\ln \frac{\sqrt{\frac{1+\eta^2}{1+k^2\eta^2}}+1}{\sqrt{\frac{1+\eta^2}{1+k^2\eta^2}}-1} - k \ln \frac{1+k\sqrt{\frac{1+\eta^2}{1+k^2\eta^2}}}{1-k\sqrt{\frac{1+\eta^2}{1+k^2\eta^2}}}\right] \qquad \text{(VI 9, 59)}$$

im Verein mit

$$\eta = -p \sinh \pi \frac{\psi_P}{D_p} \qquad \text{(VI 9, 60)}$$

über den Gang der primären Stromfunktion längs der genannten Symmetrieachse Auskunft erteilt. Für hinreichend große η wird

$$\frac{v}{h} = \frac{1}{\pi}\left[\ln \frac{1+k}{1-k} - 2k \ln \frac{2k\eta}{k'} + \ldots\right] \qquad \text{(VI 9, 61)}$$

und

$$\eta = p \cdot \frac{1}{2} e^{-\pi \frac{\psi_P}{D_p}} + \ldots; \qquad \ln 2\eta = \ln p - \pi \frac{\psi_P}{D_p}, \qquad \text{(VI 9, 62)}$$

so daß das asymptotische Verhalten von ψ_P entsprechend Abb. VI 298 durch die lineare Gleichung

$$\lim_{v \to -\infty} \psi_P = \frac{D_P}{h} \cdot \frac{1}{2k}\left[v - \frac{h}{\pi}\left\{\ln \frac{1+k}{1-k} + 2k \ln \frac{k'}{kp}\right\}\right] \qquad \text{(VI 9, 63)}$$

geschildert wird. Hiernach konvergiert die magnetische Primärfeldstärke an der Symmetrieachse

$$H_{p,u} = \left|\frac{d\chi}{dw}\right|_{u=0} = \left|\frac{d\chi}{d\zeta}\right|_{\xi=0} \cdot \left|\frac{d\zeta}{dw}\right|_{\xi=0} = H_{p,\infty} \cdot \frac{k\eta}{\sqrt{p^2+\eta^2}} \sqrt{\frac{1+\eta^2}{1+k^2\eta^2}}$$

$$H_{p,\infty} = \frac{D_p}{h} \cdot \frac{1}{2k} = \frac{D_p}{2d} \qquad \text{(VI 9, 64)}$$

gemäß Abb. VI 299 für $v \to -\infty$, also $\eta \to \infty$, gegen den Wert $H_{p,\infty}$ jenes virtuellen Homogenfeldes, das die Primärdurchflutung D_p bei unbegrenzter Vergrößerung der planparallelen Polflächen vom Abstande $2d$ zwischen diesen erregen würde. In dem krümmungsfrei gedachten Magnetsysteme mißt somit

$$\Delta\psi = H_{p,\infty} \cdot \frac{h}{\pi}\left\{\ln\frac{1+k}{1-k} + 2k\ln\frac{k'}{kp}\right\} \qquad \text{(VI 9, 65)}$$

den Zusatz-Kraftfluß des aktiven Feldbereiches einschließlich der Polschuhe je Längeneinheit senkrecht zur w-Ebene. Welcher Anteil $\Delta\psi_0$ dieses Zusatzflusses ist mit der Elektronenbahn

$$u = u_0 = 0; \quad v = v_0 \qquad \text{(VI 9, 66)}$$

verkettet?

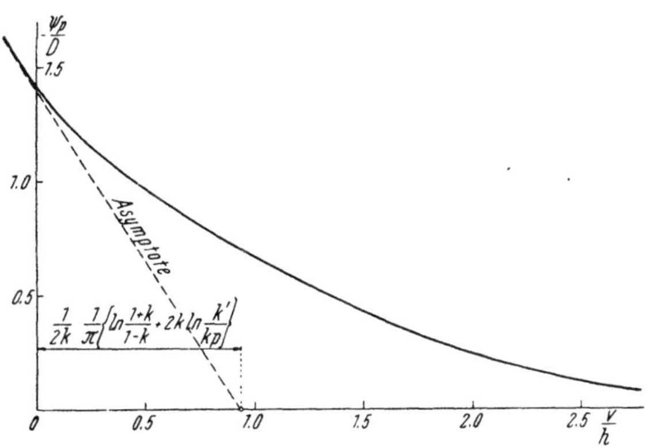

Abb. VI 298. Betatron. Gang der primären Stromfunktion im Polschuh-Bereich der Äquatorebene.

Mittels (VI 9, 59) übertragen wir die Spur der Elektronenbahn aus der w-Ebene in die ζ-Ebene

$$\xi = \xi_0 = 0; \quad \eta = \eta_0 = \eta_0(v_0). \qquad \text{(VI 9, 67)}$$

Gemäß (VI 9, 60) verbleibt somit je Längeneinheit senkrecht zur w-Ebene der Streu-Kraftfluß

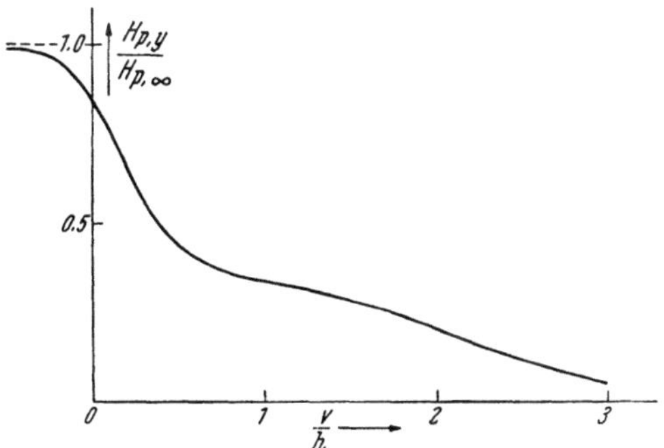

Abb. VI 299. Betatron. Gang der magnetischen Primärfeldstärke im Polschuh-Bereich der Äquatorebene.

$$\Delta\psi_{str} = -\psi_p(\eta_0) = \frac{D_p}{\pi}\operatorname{arsinh}\frac{\eta_0}{p} = H_{p,\infty}\frac{h}{\pi}\ln\left\{\frac{\eta_0}{p} + \sqrt{\frac{\eta_0^2}{p^2}+1}\right\} \qquad \text{(VI 9, 68)}$$

außerhalb der Elektronenbahn, so daß sich der Zusatzfluß zu

$$\Delta\psi_0 = \Delta\psi - \Delta\psi_{str} = H_{p,\infty} \cdot \frac{h}{\pi}\left\{\ln\frac{1+k}{1-k} + 2k\ln\frac{k'}{k(\eta_0+\sqrt{p^2+\eta_0^2})}\right\} \qquad \text{(VI 9, 69)}$$

findet; er entwickelt innerhalb seines Existenzbereiches die mittlere Feldstärke

$$\overline{H}_{p,0} = \frac{\Delta\psi_0}{v_0} = H_{p,\infty}\frac{h}{\pi v_0}\left\{\ln\frac{1+k}{1-k} + 2k\ln\frac{k'}{k(\eta_0+\sqrt{p^2+\eta_0^2})}\right\} \qquad \text{(VI 9, 70)}$$

Zu dem wirklichen Magnetsysteme zurückkehrend, setzen wir den von der kreisförmigen Elektronenbahn des Halbmessers

$$r = r_0 = r_k + v_0; \qquad 0 < v_0 < b \tag{VI 9, 71}$$

umfaßten Kraftfluß Ψ_0 aus dem Kern-Kraftfluß

$$\Psi_k \approx H_{p,\infty} \cdot \pi r_k^2 \tag{VI 9, 72}$$

und dem Zusatzfluß des aktiven Feldbereiches

$$\Delta \Psi_0 \approx \overline{H}_{p,0} \cdot \pi (r_0^2 - r_k^2) \tag{VI 9, 73}$$

zusammen und erhalten mit Rücksicht auf (VI 9, 73)

$$\Psi_0 = \Psi_k + \Delta \Psi_0 = H_{p,\infty} \left[\pi r_k^2 + \pi (r_0^2 - r_k^2) \frac{h}{\pi v_0} \left\{ \ln \frac{1+k}{1-k} + 2k \ln \frac{k'}{k(\eta_0 + \sqrt{p^2 + \eta_0^2})} \right\} \right]. \tag{VI 9, 74}$$

An der Elektronenbahn selbst herrscht gemäß (VI 9, 67) und (VI 9, 64) die magnetische Primärfeldstärke

$$H_{p,0} = (H_{p,u})_{\eta=\eta_0} = H_{p,\infty} \frac{k \eta_0}{\sqrt{p^2 + \eta_0^2}} \sqrt{\frac{1 + \eta_0^2}{1 + k^2 \eta_0^2}}. \tag{VI 9, 75}$$

Daher liefert (VI 9, 26) die Bedingung

$$\frac{r_k^2}{r_0^2} + \left(1 - \frac{r_k^2}{r_0^2}\right) \frac{h}{\pi v_0} \left\{ \ln \frac{1+k}{1-k} + 2k \ln \frac{k'}{k(\eta_0 + \sqrt{p^2 + \eta_0^2})} \right\} = 2 \frac{k \eta_0}{\sqrt{p^2 + \eta_0^2}} \sqrt{\frac{1 + \eta_0^2}{1 + k^2 \eta_0^2}} \tag{VI 9, 76}$$

welcher man die Konstruktionsangabe

$$\frac{r_k}{r_0} = \sqrt{\frac{2 \frac{k \eta_0}{\sqrt{p^2 + \eta_0^2}} \sqrt{\frac{1 + \eta_0^2}{1 + k^2 \eta_0^2}} - \frac{h}{\pi v_0} \left\{ \ln \frac{1+k}{1-k} + 2k \ln \frac{k'}{k(\eta_0 + \sqrt{p^2 + \eta_0^2})} \right\}}{1 - \frac{h}{\pi v_0} \left\{ \ln \frac{1+k}{1-k} + 2k \ln \frac{k'}{k(\eta_0 + \sqrt{p^2 + \eta_0^2})} \right\}}} \tag{VI 9, 77}$$

entnimmt. Beispielsweise ergibt sich für

$$k = \frac{1}{3}; \qquad p = 0{,}1; \qquad \frac{b}{h} = 1{,}88; \qquad \frac{v_0}{h} = 1; \qquad \eta_0 = 0{,}4$$

aus (VI 9, 78)

$$\frac{r_k}{r_0} = \sqrt{\frac{2 \cdot 0{,}344 - \frac{1}{\pi} \cdot 1{,}526}{1 - \frac{1}{\pi} \cdot 1{,}526}} = \sqrt{\frac{0{,}202}{0{,}514}} = 0{,}624$$

und demnach

$$\frac{v_0}{r_0} = 1 - \frac{r_k}{r_0} = 0{,}376; \qquad \frac{r_0}{h} = \frac{r_0}{v_0} \frac{v_0}{h} = \frac{1}{0{,}376} = 2{,}66; \qquad \frac{r_k}{h} = \frac{r_0}{h} - \frac{v_0}{h} = 1{,}66.$$

Wir gehen nunmehr zum komplexen Sekundärpotential $\chi_s = \varphi_s + i\,\psi_s$ über und erhalten aus (VI 9, 38) seine Randbedingungen in der ζ-Ebene zu

$$\left.\begin{aligned} \varphi_s &= \frac{D_s}{2} \quad \text{für} \quad -\infty < \xi < -1; \quad \eta = 0, \\ \varphi_s &= 0 \quad \text{für} \quad p \leqq |\xi| < 1; \quad \eta = 0, \\ \varphi_s &= -\frac{D_s}{2} \quad \text{für} \quad 1 < \xi < \infty; \quad \eta = 0 \end{aligned}\right\} \tag{VI 9, 78}$$

und

$$\psi_s = 0 \quad \text{für} \quad -p \leqq \xi \leqq p; \quad \eta = 0. \tag{VI 9, 79}$$

Ihre Realisierung verlangt die Existenz zweier Sattelpunkte

$$\chi_s = \varphi_s + i \cdot 0 = \pm \varphi_{max} \quad \text{in} \quad \xi = \mp \xi_s; \quad \eta = 0 \tag{VI 9, 80}$$

gemäß Abb. VI 300. Daher gehorcht χ_s der *Schwarz-Christoffel*schen Differentialgleichung

$$\frac{d\chi_s}{d\zeta} = C\,\frac{\xi_s^2 - \zeta^2}{(1-\zeta^2)\sqrt{p^2-\zeta^2}} \equiv C\left[\frac{1}{\sqrt{p^2-\zeta^2}} - \frac{1-\xi_s^2}{(1-\zeta^2)\sqrt{p^2-\zeta^2}}\right], \tag{VI 9, 81}$$

in welcher neben C auch ξ_s vorerst unbekannt ist; die Verzweigungsschnitte der Funktion $\frac{1}{\sqrt{p^2-\zeta^2}}$ verlaufen gemäß Abb. VI 301 längs der beiden Halbstrahlen $p < |\xi| < \infty$; $\eta = 0$ mit den jeweils dort angegebenen Werten des weiterhin zu benutzenden Funktionszweiges. Um nun zunächst C zu ermitteln, konstruieren wir den infinitesimalen Halbkreis $\zeta = 1 + \lim\limits_{\varrho \to 0} \varrho\, e^{i\vartheta}$ $[\pi > \vartheta > 0]$ und finden durch Integration längs seiner Peripherie

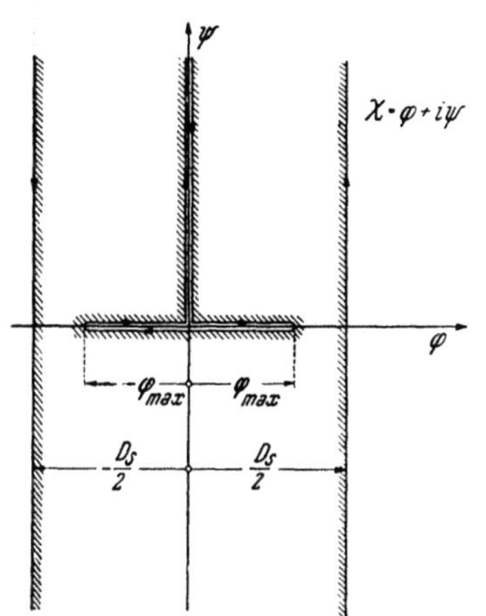

Abb. VI 300. Betatron. Darstellung des Sekundärpotentiales in der komplexen χ-Ebene.

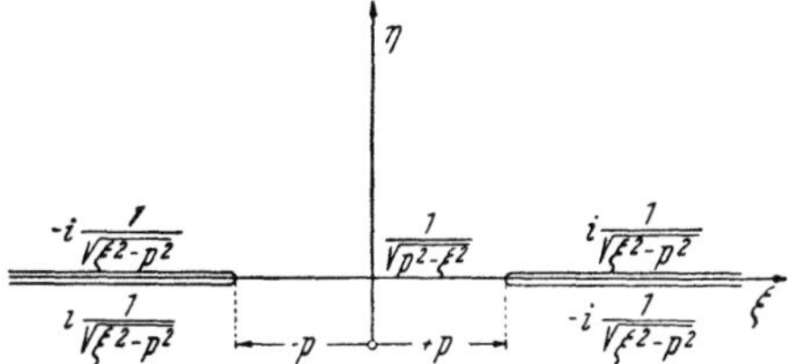

Abb. VI 301. Verzweigungscharakter der Funktion $\frac{1}{\sqrt{p^2-\zeta^2}}$.

$$\varDelta\,\chi_s = -\frac{D_s}{2} = C\,i\,\frac{1-\xi_s^2}{2\sqrt{1-p^2}} \int\limits_{\pi}^{0} i\,d\vartheta = C\,\frac{\pi}{2}\,\frac{1-\xi_s^2}{\sqrt{1-p^2}}; \quad C = -\frac{D_s}{\pi}\,\frac{\sqrt{1-p^2}}{1-\xi_s^2}. \tag{VI 9, 82}$$

Lassen wir den Nullpunkt des komplexen Sekundärpotentiales mit dem Ursprung der ζ-Ebene zusammenfallen, so folgt demnach

$$\chi_s = -\frac{D_s}{\pi}\,\frac{\sqrt{1-p^2}}{1-\xi_s^2}\left[\arcsin\frac{\zeta}{p} - (1-\xi_s^2)\,J\right]; \quad J = \int\limits_0^{\zeta} \frac{d\zeta'}{(1-\zeta'^2)\sqrt{p^2-\zeta'^2}}. \tag{VI 9, 83}$$

Zur Berechnung von J substituiere man

$$p = \sin\gamma_0; \qquad \zeta = \sin\gamma_0 \sin\gamma \qquad \text{(VI 9, 84)}$$

und erhält bei unbestimmter Integration

$$J = J_I + J_{II}; \quad J_I = \frac{1}{2}\int \frac{d\gamma}{1 - \sin\gamma_0 \sin\gamma}; \quad J_{II} = \frac{1}{2}\int \frac{d\gamma}{1 + \sin\gamma_0 \sin\gamma}, \qquad \text{(VI 9, 85)}$$

so daß J_{II} aus J_I durch Vorzeichenwechsel von γ_0 hervorgeht. Mit

$$\nu = e^{i\gamma} \qquad \text{(VI 9, 86)}$$

findet man nun

$$J_I = -\frac{1}{\sin\gamma_0}\int \frac{d\nu}{\nu^2 - 2\frac{i}{\sin\gamma_0}\nu - 1} \equiv -\frac{1}{2\,i\cos\gamma_0}\left[\int \frac{d\nu}{\nu - i\,\mathrm{cotg}\frac{\gamma_0}{2}} - \int \frac{d\nu}{\nu - i\,\mathrm{tg}\frac{\gamma_0}{2}}\right] = -\frac{1}{2\,i\cos\gamma_0}\ln\frac{\nu - i\,\mathrm{cotg}\frac{\gamma_0}{2}}{\nu - i\,\mathrm{tg}\frac{\gamma_0}{2}};$$

$$J_{II} = -\frac{1}{2\,i\cos\gamma_0}\ln\frac{\nu + i\,\mathrm{cotg}\frac{\gamma_0}{2}}{\nu + i\,\mathrm{tg}\frac{\gamma_0}{2}}. \qquad \text{(VI 9, 87)}$$

Mit Rücksicht auf die in (VI 9, 83) angegebenen Grenzen resultiert als Summe von J_I und J_{II}

$$J = -\frac{1}{2\,i\cos\gamma_0}\ln\frac{\nu^2\sin^2\frac{\gamma_0}{2} + \cos^2\frac{\gamma_0}{2}}{\nu^2\cos^2\frac{\gamma_0}{2} + \sin^2\frac{\gamma_0}{2}} = -\frac{1}{2\,i\cos\gamma_0}\ln\frac{\cos\gamma - i\cos\gamma_0\sin\gamma}{\cos\gamma + i\cos\gamma_0\sin\gamma} =$$

$$= \frac{1}{\cos\gamma_0}\,\mathrm{arctg}\,\{\cos\gamma_0\,\mathrm{tg}\,\gamma\} = \frac{1}{\sqrt{1-p^2}}\,\mathrm{arctg}\left\{\sqrt{1-p^2}\,\frac{\zeta}{\sqrt{p^2-\zeta^2}}\right\} \equiv$$

$$\equiv \frac{1}{\sqrt{1-p^2}}\arcsin\left\{\frac{\zeta}{p}\sqrt{\frac{1-p^2}{1-\zeta^2}}\right\}, \qquad \text{(VI 9, 88)}$$

so daß das komplexe Sekundärpotential explizit durch

$$\chi_s = -\frac{D_s}{\pi}\frac{\sqrt{1-p^2}}{1-\xi_s^2}\left[\arcsin\frac{\zeta}{p} - \frac{1-\xi_s^2}{\sqrt{1-p^2}}\arcsin\left\{\frac{\zeta}{p}\sqrt{\frac{1-p^2}{1-\zeta^2}}\right\}\right] \qquad \text{(VI 9, 89)}$$

dargestellt wird. Die Bedingung $\chi_s = 0$ für $\zeta = p$ liefert nun für ξ_s die Relation

$$\frac{1-\xi_s^2}{\sqrt{1-p^2}} = 1; \qquad \xi_s = \sqrt{1-\sqrt{1-p^2}} = \sqrt{2}\sin\frac{\gamma_0}{2}, \qquad \text{(VI 9, 90)}$$

mit deren Hilfe sich (VI 9, 89) zu

$$\chi_s = -\frac{D_s}{\pi}\left[\arcsin\frac{\zeta}{p} - \arcsin\left\{\frac{\zeta}{p}\sqrt{\frac{1-p^2}{1-\zeta^2}}\right\}\right] \equiv$$

$$\equiv -\frac{D_s}{\pi}\arcsin\left\{\frac{1-\sqrt{1-p^2}}{p}\cdot\frac{\zeta}{p}\sqrt{\frac{p^2-\zeta^2}{1-\zeta^2}}\right\} \qquad \text{(VI 9, 91)}$$

vereinfacht. Insbesondere resultiert längs der Symmetrieachse des Magnetsystemes [$\xi = 0$] die sekundäre Stromfunktion

$$\psi_S = -\frac{D_S}{\pi} \operatorname{arsinh}\left\{\frac{1-\sqrt{1-p^2}}{p}\cdot\frac{\eta}{p}\sqrt{\frac{p^2+\eta^2}{1+\eta^2}}\right\}. \quad \text{(VI 9, 92)}$$

Man berechnet hieraus für hinreichend große η

$$\ln 2\eta = -\frac{\pi\psi_S}{D_S} + \ln\frac{p^2}{1-\sqrt{1-p^2}} + \ldots \quad \text{(VI 9, 93)}$$

Im Verein mit (VI 9, 59) folgt hieraus für den Verlauf der sekundären Stromfunktion mit $v \to \infty$ das asymptotische Geradliniengesetz [Abb. VI 302]

$$\lim_{v\to-\infty}\psi_S = -\frac{D_S}{h}\cdot\frac{1}{2k}\left[v - \frac{h}{\pi}\cdot\left\{\ln\frac{1+k}{1-k} + 2k\ln\frac{k'}{k}\frac{1-\sqrt{1-p^2}}{p^2}\right\}\right]. \quad \text{(VI 9, 94)}$$

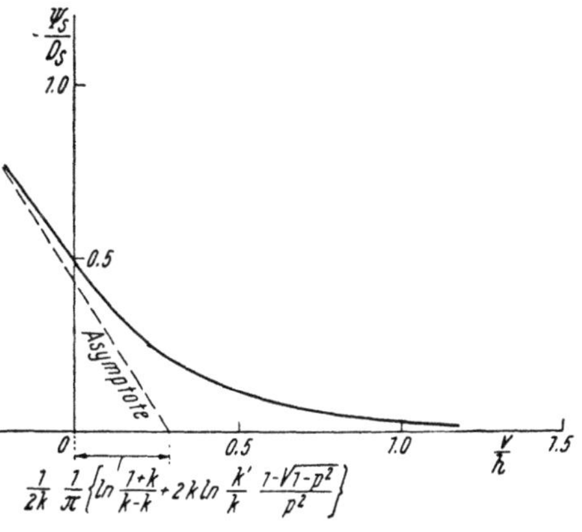

Abb. VI 302. Betatron. Gang der sekundären Stromfunktion im Polschuh-Bereich der Äquatorebene.

Mit Rücksicht auf (VI 9, 81), (VI 9, 82), (VI 9, 46) und (VI 9, 47) findet man für den absoluten Betrag der magnetischen Sekundärfeldstärke an der Symmetrieachse

$$H_{S,u} = \left|\frac{d\chi_S}{dw}\right|_{u=0} = \left|\frac{d\chi_S}{d\zeta}\right|_{\xi=0}\cdot\left|\frac{d\zeta}{dw}\right|_{\xi=0} = H_{S,\infty}\frac{k\eta\,(1-\sqrt{1-p^2}+\eta^2)}{\sqrt{1+k^2\eta^2}\,\sqrt{1+\eta^2}\sqrt{p^2+\eta^2}}$$

$$H_{S,\infty} = \frac{D_S}{h}\cdot\frac{1}{2k} = \frac{D_S}{2d}. \quad \text{(VI 9, 95)}$$

Sie konvergiert also gegen die Intensität $H_{S,\infty}$ jenes virtuellen Homogenfeldes, das die Sekundärdurchflutung D_S zwischen den unbegrenzt gedachten planparallelen Polflächen vom Abstand 2 d erregen würde. Gemäß Abb. VI 303 konzentriert sich das Sekundärfeld, im Gegensatz zum Primärfelde, wesentlich auf den Kern des Magnetsystemes, während es im Bereiche des Entladungsgefäßes rasch auf sehr kleine Beträge absinkt. Wir dürfen daher mit ausreichender Genauigkeit den Sekundärkraftfluß der Ebene $z = 0$ durch

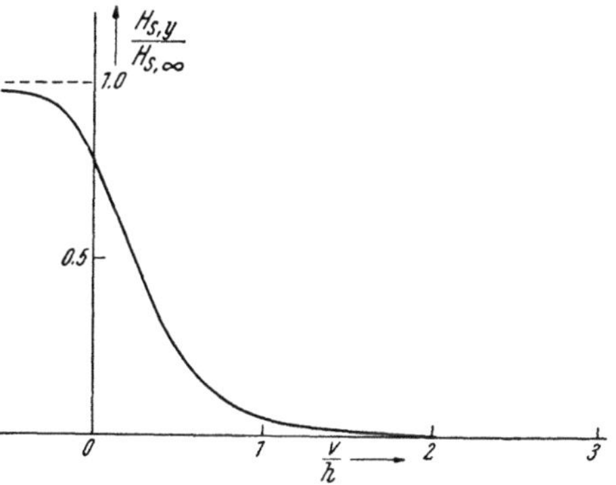

Abb. VI 303. Betatron. Gang des magnetischen Sekundärfeldes im Polschuh-Bereich der Äquatorebene.

$$\Psi_S = H_{S,\infty}\left[\pi r_k^2 + 2\pi r_k\frac{h}{\pi}\left\{\ln\frac{1+k}{1-k} + 2k\ln\frac{k'}{k}\frac{1-\sqrt{1-p^2}}{p^2}\right\}\right] \quad \text{(VI 9, 96)}$$

darstellen und ihn zur Gänze als inneren Fluß der Elektronenbahn buchen; im Einklang mit dieser Approximation darf die Sekundärfeldstärke am Orte der Elektronenbahn vernachlässigt werden.

Zufolge des aufgezeigten Strukturunterschiedes zwischen dem primären und dem sekundären Felde wird die „primär" längs des Kreises $r = r_0$ fixierte Elektronenbahn durch die Zuschaltung des Sekundärfeldes in eine Kreisbahn vom Halbmesser $r_1 \neq r_0$ überführt. Schreiben wir $v_1 = r_1 - r_k$ und bezeichnen durch $\eta_1 = \eta_1(v_1)$ die zu v_1 gemäß (VI 9, 59) gehörige Ordinate der Bahnspur in der ζ-Ebene, so resultiert also bei gleichzeitiger Wirkung beider Felder aus Gl. (VI 9, 26) — in welcher nunmehr der Index 0 jedesmal durch 1 zu ersetzen ist — die Stationaritätsbedingung

$$\Psi_{p\,1} + \Psi_{s,1} = \Psi_{p,k} + \Delta\Psi_{p,1} + \Psi_s = 2\pi r_1^2 H_{p,1}; \; H_{p,1} = (H_{p,u})_{\eta=\eta_1} \qquad \text{(VI 9, 97)}$$

Wir setzen weiterhin voraus, daß das Sekundärfeld der einschränkenden Betriebsvorschrift

$$\left|\frac{H_{s,\infty}}{H_{p,\infty}}\right| = \left|\frac{D_s}{D_p}\right| \ll 1 \qquad \text{(VI 9, 98)}$$

unterworfen werde, welche in der Regel die Ungleichung

$$\left|\frac{\Delta r}{r_0}\right| = \left|\frac{r_1 - r_0}{r_0}\right| = \left|\frac{v_1 - v_0}{r_0}\right| = \left|\frac{\Delta v}{r_0}\right| \ll 1 \qquad \text{(VI 9, 99)}$$

nach sich zieht. Dann folgt

$$\Delta\Psi_{p,1} = \Delta\Psi_{p,0} + H_{p,0} \cdot 2\pi r_0 \Delta r \qquad \text{(VI 9, 100)}$$

und also mit Rücksicht auf (VI 9, 77), bei Ausschluß aller Potenzen mindestens des zweiten Grades in D_s/D_p und $\Delta r/r_0$,

$$H_{p,0} \cdot 2\pi r_0 \cdot \Delta r + H_{s,\infty}\left[\pi r_k^2 + 2\pi r_k \frac{h}{\pi}\left\{\ln\frac{1+k}{1-k} + \right.\right. \qquad \text{(VI 9, 101)}$$

$$\left.\left. + 2k\ln\frac{k'}{k}\frac{1-\sqrt{1-p^2}}{p}\right\}\right] = H_{p,0}\, 4\pi r_0 \Delta r + \left(\frac{dH_{p,n}}{d\eta}\cdot\frac{d\eta}{dv}\right)_{\eta=\eta_0} \cdot 2\pi r_0^2 \Delta r$$

Aus (VI 9, 53) und (VI 9, 64) ergibt sich nun die Relation

$$\left(\frac{d\,H_{p,n}}{d\eta}\cdot\frac{d\eta}{dv}\right)_{\eta=\eta_0} = -H_{p,\infty}\frac{\pi}{2h}\cdot \qquad \text{(VI 9, 102)}$$

$$\cdot\frac{k\eta_0}{(1+k^2\eta_0^2)\sqrt{p^2+\eta_0^2}}\left[p^2\frac{1+\eta_0^2}{p^2+\eta_0^2} + k'^2\frac{\eta_0^2}{1+k^2\eta_0^2}\right]$$

durch deren Substitution in (VI 9, 101) wir auf die relative Bahndeformation

$$\frac{\Delta r}{r_0} = \frac{1}{2}\left(\frac{r_k}{r_0}\right)^2 \frac{\sqrt{p^2+\eta_0^2}}{k\eta_0}\sqrt{\frac{1+k^2\eta_0^2}{1+\eta_0^2}}\cdot \qquad \text{(VI 9, 103)}$$

$$\cdot\frac{1+\dfrac{2h}{\pi r_k}\left\{\ln\dfrac{1+k}{1-k} + 2k\ln\dfrac{k'}{k}\dfrac{1-\sqrt{1-p^2}}{p}\right\}}{1-\dfrac{\pi r_0}{2h}\dfrac{1}{\sqrt{1+k^2\eta_0^2}\sqrt{1+\eta_0^2}}\left\{p^2\dfrac{1+\eta_0^2}{p^2+\eta_0^2} + k'^2\dfrac{\eta_0^2}{1+k^2\eta_0^2}\right\}}\cdot\frac{D_s}{D_p}$$

schließen.

Im Bau ihres Nenners weist Gl. (VI 9, 103) auf die Konkurrenz zwischen der [einfachen] Abnahme der *durchschnittlichen* Feldstärke *innerhalb* der Elektronenbahn und der [doppelten] Abnahme der *örtlichen* Feldstärke *an* der Elektronenbahn je Einheit des Bahnhalbmessers hin. Je nach dem Überwiegen des Durchschnitts- oder des Lokaleffektes fällt bei $D_s/D_p > 0$

die relative Bahndeformation $(\Delta r)/r_0 \gtrless 0$ aus, und bei genauer Kompensation beider Effekte würde schon eine im Verhältnis zur primären infinitesimal schwache Sekundärdurchflutung eine endliche Änderung des Bahnhalbmessers nach sich ziehen; in diesem singulären Falle entwickelt das Magnetsystem eine theoretisch unbegrenzt hohe Steuerempfindlichkeit bezüglich der Lage der stationären Elektronenbahn. Sei beispielsweise

$$k = \frac{1}{3}; \qquad p = 0{,}1; \qquad \frac{r_0}{h} = 2{,}66; \qquad \frac{r_k}{h} = 1{,}66; \qquad \frac{v_0}{h} = 1,$$

so ergibt sich zahlenmäßig

$$\frac{\Delta r}{r_0} = \frac{1}{2} 0{,}624^2 \frac{0{,}41 \cdot 1{,}008}{0{,}133 \cdot 1{,}183} \cdot$$

$$\cdot \frac{1 + \frac{2}{\pi}\frac{1}{1{,}66} \cdot 1{,}526}{1 - \frac{\pi}{2} 2{,}66 \frac{1}{1{,}008 \cdot 1{,}183}\left\{0{,}01 \frac{1{,}16}{0{,}17} + \frac{8}{9}\frac{0{,}16}{1{,}0167}\right\}} \frac{D_s}{D_p} = 3{,}04 \frac{D_s}{D_p}$$

entsprechend einem vorherrschenden Durchschnittseffekt. Um also die Elektronen nach Beendigung des Schleuderprozesses längs des Kreises $r = r_0$ auf die etwa in $r_E = r_0 + 1/2\, v_0$ zu denkende Prallelektrode gelangen zu lassen, hat man das zunächst allein arbeitende Primärfeld durch Einschalten der Sekundärdurchflutung im Verhältnis

$$\frac{D_s}{D_p} = \frac{1}{2{,}66} \cdot \frac{1}{3{,}04} \cdot \frac{1}{2} = 6{,}16\%$$

zu verstärken.

e) Wir kehren zur Elektronenbewegung im Primärfelde zurück und fragen nach der Wirkung äußerer Störkräfte [örtliche Irregularitäten des Magnetfeldes oder parasitäre elektrische Felder von Streuelektronen-Ladungen an der Wandung des Entladungsrohres] auf die Elektronenbahn.

Die genannten Störkräfte mögen durch ihre [physikalische] Komponente K^z parallel der Systemachse und ihre radiale [physikalische] Komponente K^r beschrieben werden, welche weiterhin als bekannt gelten; von ihrer etwa gleichzeitig wirksamen azimutalen Komponente sehen wir der Einfachheit halber ab. Innerhalb des Entladungsgefäßes ist nun der Abstand z des Elektrons von der Äquatorebene des Magnetsystemes auf so kleine Beträge beschränkt, daß wir dort die [physikalische] Radialkomponente B^r der magnetischen Induktion aus deren äquatorialer Achsialkomponente B (r) hinreichend genau mittels der Relation

$$B^r(r, z) = z \cdot \frac{dB}{dr} \qquad \text{(VI 9, 104)}$$

beschreiben dürfen, welche in Ziffer II 11, d bewiesen wurde. Bezeichnen wir dann durch $V = V(r)$ die physikalische Azimutalkomponente des Vektorpotentiales in der Äquatorebene, so folgt im Gültigkeitsbereich der Darstellung (VI 9, 104) für die achsiale Komponente der Störbewegung mit Hilfe der Formeln

$$B = \frac{1}{r}\frac{d(rV)}{dr}; \qquad \frac{dB}{dr} = \frac{d}{dr}\left(\frac{1}{r}\frac{d(rV)}{dr}\right) \qquad \text{(VI 9, 105)}$$

die Gleichung

$$\frac{d}{dt}(m\,\dot{z}) = -e\,r\,\dot{\alpha}\,z\frac{d}{dr}\left(\frac{1}{r}\frac{d\,(r\,V)}{dr}\right) + K^z \qquad \text{(VI 9, 106)}$$

und ebenso aus (VI 9, 9) für die radiale Störbewegung

$$\frac{d}{dt}(m\,\dot{r}) = m\,r\,\dot{\alpha}^2 + e\,\dot{\alpha}\,\frac{d\,(r\,V)}{dr} + K^r \qquad \text{(VI 9, 107)}$$

während (VI 9, 10) — bei drehimpulsfreier Injektion der Elektronen — das Flächenintegral

$$\dot{\alpha} = -\frac{e}{m}\frac{V}{r} \qquad \text{(VI 9, 108)}$$

liefert. An Hand dieser Relationen definieren wir die achsiale Rückführkraft Z durch

$$Z = e\,r\,\dot{\alpha}\,\frac{dB}{dr} = -\frac{e^2}{m}\,z\,V\,\frac{d}{dr}\left(\frac{1}{r}\frac{d\,(r\,V)}{dr}\right) \qquad \text{(VI 9, 109)}$$

und die radiale Rückführkraft R durch

$$R = -\left[m\,r\,\dot{\alpha}^2 + e\,\dot{\alpha}\,\frac{d\,(r\,V)}{dr}\right] = -\left[\frac{e^2}{m}\frac{V^2}{r} - \frac{e^2}{m}\frac{V}{r}\frac{d\,(r\,V)}{dr}\right] = \frac{e^2}{m}\,V\,\frac{dV}{dr}. \qquad \text{(VI 9, 110)}$$

Insbesondere ist hiernach die „Betatronbedingung“ (VI 9, 26) mit der Extremaleigenschaft

$$\frac{dV}{dr} = 0 \quad \text{für} \quad r = r_0 \qquad \text{(VI 9, 111)}$$

der ungestörten stationären Elektronenbahn identisch. In deren Umgebung $r = r_0 + \Delta\,r$ gilt daher die Entwicklung

$$V(r) = V(r_0) + \frac{\Delta\,r^2}{2!}\left(\frac{d^2V}{dr^2}\right)_{r=r_0} + \ldots \qquad \text{(VI 9, 112)}$$

Daher schließt man aus

$$B(r) = \frac{1}{r}\frac{d\,(r\,V)}{dr} = \frac{dV}{dr} + \frac{V}{r}; \qquad B(r_0) = \frac{V(r_0)}{r_0} \qquad \text{(VI 9, 113)}$$

durch Differentiation auf

$$\left.\begin{aligned} \frac{dB}{dr} &= \frac{d^2V}{dr^2} + \frac{1}{r}\frac{dV}{dr} - \frac{V}{r^2}, \\ \left(\frac{d^2V}{dr^2}\right)_{r=0} &= \left(\frac{dB}{dr}\right)_{r=r_0} + \frac{V(r_0)}{r_0{}^2} = \left(\frac{dB}{dr}\right)_{r=r_0} + \frac{B(r_0)}{r_0} = \frac{\Pi}{r_0}\left(\frac{d(r\,H_{p,u})}{dr}\right)_{r=r_0}. \end{aligned}\right\} \qquad \text{(VI 9, 114)}$$

Drücken wir nun $V(r_0)$ durch den von der stationären Elektronenbahn umschlossenen Kraftfluß Ψ_0 aus

$$V(r_0) = \Pi\,\frac{\Psi_0}{2\,\pi\,r_0}, \qquad \text{(VI 9, 115)}$$

so folgen also bei Beschränkung auf die in z und Δ r höchstens linearen Glieder die Rückführkräfte zu

$$Z = -\Pi^2\,\frac{e^2}{m}\frac{\Psi_0}{2\,\pi\,r_0}\left(\frac{dH_{p,u}}{dr}\right)_{r=r_0}\cdot z \qquad \text{(VI 9, 116)}$$

und

$$R = \Pi^2 \frac{e^2}{m} \frac{\Psi_0}{2\pi r_0} \left(\frac{1}{r} \frac{d(r H_{p,u})}{dr} \right)_{r=r_0} \Delta r. \qquad \text{(VI 9, 117)}$$

Daher ist die Stabilität der Bahn dann und nur dann gewährleistet, falls das magnetische Feld gleichzeitig den beiden Strukturbedingungen

$$\frac{\Psi_{p,0}}{r_0} \left(\frac{dH_{p,n}}{dr} \right)_{r=r_0} < 0 \qquad \text{(VI 9, 118)}$$

und

$$\frac{\Psi_{p,0}}{r_0} \left[\frac{1}{r} \frac{d(r H_{p,n})}{dr} \right]_{r=r_0} > 0 \qquad \text{(VI 9, 119)}$$

genügt. Sei $H_{p,0} > 0$ vorausgesetzt, so verlangt also (VI 9, 118) eine radiale Abnahme der Feldstärke; gemäß (VI 9, 119) wird jedoch diese Forderung durch die Vorschrift, daß der Betrag der Feldstärke mit wachsendem r langsamer als 1/r falle, verschärft und eingeschränkt.

Nach ihrer Erweiterung mit 2 läßt sich die Ungleichung (VI 9, 119) in die Gestalt bringen

$$\frac{\Psi_{p,0}}{r_0} \left[2 \left(\frac{dH_{p,n}}{dr} \right)_{r=r_0} + 2 \frac{H_{p,0}}{r_0} \right] > 0. \qquad \text{(VI 9, 120)}$$

Nun gilt nach (VI 9, 26)

$$\frac{d\overline{B}_0}{dr} = 2 \left[\frac{d}{dr} \left(\frac{1}{2\pi r^2} \right) \int_0^r B(r')\, 2\pi r'\, dr' \right]_{r=r_0} = 2 \left[-\frac{\overline{B}_0}{r_0} + \frac{B(r_0)}{r_0} \right] = -2 \frac{B(r_0)}{r_0}.$$

(VI 9, 121)

Daher verlangt (VI 9, 119): Die [einfache] Abnahme des durchschnittlichen Feldes innerhalb der Elektronenbahn muß größer sein als die [doppelte] Abnahme des örtlichen Feldes an der Elektronenbahn. Durch Anwendung dieses Satzes auf die Deformation der primären Bahn durch das Sekundärfeld ergibt sich, daß eine zur primären gleichphasige Sekundärdurchflutung der ursprünglich stabilen Elektronenbahn stets zu deren Expansion führt; der vordem diskutierte singuläre Fall einer theoretisch unbegrenzt hohen Steuerempfindlichkeit definiert somit die Stabilitätsgrenze der stationären Bahn.

f) Wir begleiten ein Elektron längs seiner im Primärfelde stationären Bahn und fragen nach seiner hierbei sich entwickelnden Bewegungsenergie.

Die im Augenblick $t = t_0$ seiner Injektion in das Entladungsrohr herrschende Geschwindigkeit des Elektrons werde vernachlässigt. Aus (VI 9, 22) folgt dann die „magnetische" Anfangsbedingung des Vektorpotentiales

$$V = 0 \qquad \text{für} \qquad t = t_0. \qquad \text{(VI 9, 122)}$$

Um die nunmehr allein wesentliche Zeitabhängigkeit des längs des Kreises $r = r_0$ wirksamen Vektorpotentiales formal zu betonen, schreiben wir abkürzend

$$V(z, r, t)_{z=0, r=r_0} = V_0(t); \qquad V_0(t_0) = 0, \qquad \text{(VI 9, 123)}$$

so daß sich der mechanische Drehimpuls des kontrollierten Elektrons für alle $t \geqq t_0$ zu

$$m r_0^2 \dot{\alpha} = -e r_0 V_0(t) = q_0 r_0 V_0(t) \qquad \text{(VI 9, 124)}$$

findet. Um also das Elektron bis auf eine möglichst große Geschwindigkeit zu beschleunigen, hat man den Schleuderprozeß dort abzubrechen, wo der absolute Betrag $|V_0(t)|$ des Vektorpotentiales seinen Höchstwert $V_{0,\max}$ erreicht; drücken wir diesen durch das gleichzeitige Maximum $\overline{B}_{0,\max}$ der innerhalb $r = r_0$ herrschenden, räumlich gemittelten Induktion aus

$$V_{0,\max} = \frac{1}{2} r_0 \overline{B}_{0,\max}, \qquad \text{(VI 9, 125)}$$

so resultiert aus (VI 9, 124) für den Betrag $\beta_{\max}$ der größten Elektronengeschwindigkeit im Verhältnis zur Lichtgeschwindigkeit c die Gleichung

$$\frac{\beta_{\max}}{\sqrt{1-\beta_{\max}^2}} = \frac{1}{2}\frac{r_0}{c}\frac{q_0}{m_0}\overline{B}_{0,\max} \qquad \text{(VI 9, 126)}$$

welcher wir

$$\beta_{\max} = \frac{\frac{1}{2}\frac{r_0}{c}\frac{q_0}{m_0}\overline{B}_{0,\max}}{\sqrt{1+\left(\frac{1}{2}\frac{r_0}{c}\frac{q_0}{m_0}\overline{B}_{0,\max}\right)^2}} \qquad \text{(VI 9, 127)}$$

entnehmen. Daher erreicht die dynamische Gesamtenergie des Elektrons den Wert

$$m c^2 = \frac{m_0 c^2}{\sqrt{1-\beta_{\max}^2}} = m_0 c^2 \sqrt{1+\left(\frac{1}{2}\frac{r_0}{c}\frac{q_0}{m_0}\overline{B}_{0,\max}\right)^2}. \qquad \text{(VI 9, 128)}$$

Falls man also in dem entsprechenden Zeitpunkte das Elektron durch Einschaltung des Sekundärfeldes auf die Prallelektrode lenkt, wird dort [günstigsten Falles] die Energie

$$W = m_0 c^2 \left[\sqrt{1+\left(\frac{1}{2}\frac{r_0}{c}\frac{q_0}{m_0}\overline{B}_{0,\max}\right)^2} - 1\right] = q_0 U \qquad \text{(VI 9, 129)}$$

in elektromagnetische Strahlung umgesetzt, wobei U das Spannungsäquivalent von W definiert.

Wir wenden das Ergebnis (VI 9, 128) zunächst auf ein Betatron an, welches mit einem harmonisch pulsierenden Wechselfluß der Kreisfrequenz $\omega = 2\pi f$ betrieben wird: Aus

$$\overline{B}_0 = \overline{B}_0(t) = \overline{B}_{0,\max} \sin \omega t \qquad \text{(VI 9, 130)}$$

folgt der Injektionszeitpunkt zu

$$t_0 = 0 \bmod \frac{\pi}{\omega} = \frac{1}{2f} \qquad \text{(VI 9, 131)}$$

so daß während jeder primitiven Periode des speisenden Netzes zwei gegenläufige Elektronen-Schleuderprozesse ausgeführt werden können; bei passender, zweiseitiger Gestaltung der Prallelektrode gehen also von dieser abwechselnd entgegengesetzt gerichtete Röntgenblitze aus. Um uns die Größe der bei dieser Betriebsart erreichbaren Spannung U zu veranschaulichen, vergleichen wir sie mit dem Maximalwert U_W derjenigen virtuellen Windungsspannung, welche von dem Flusse der Induktion $\overline{B}_0$ nach Gl. (VI 9, 130) längs des Kreisumfanges vom Halbmesser r_0 erregt wird

$$U_W = \omega \pi r_0^2 \overline{B}_{0,\max} \qquad \text{(VI 9, 132)}$$

und finden mit Rücksicht auf (VI 9, 129)

$$U = \frac{m_0 c^2}{q_0} \sqrt{1 + \frac{U_W^2}{\left(\frac{2\pi r_0 \omega}{c}\right)^2 \left(\frac{m_0 c^2}{q_0}\right)^2}}. \qquad \text{(VI 9, 133)}$$

Für hinreichend starke Magnetfelder fällt

$$\frac{U_W^2}{\left(\frac{2\pi r_0 \omega}{c}\right)^2 \left(\frac{m_0 c^2}{q_0}\right)} \gg 1 \qquad \text{(VI 9, 134)}$$

aus; man erhält dann aus (VI 9, 132) die Abschätzung

$$\frac{U}{U_W} \approx \frac{c}{2\pi r_0 \omega} \equiv w \qquad \text{(VI 9, 135)}$$

in welcher man w als „Windungszahl" der vom kreisenden Elektron kinematisch erzeugten „Sekundärspule" des „Strahlentransformators" bezeichnen darf. Als Beispiel behandeln wir ein Wechselfeld-Betatron von der Betriebsfrequenz

$$f = 50\,\text{Hz}.$$

Sei

$$r_0 = 25\,\text{cm}$$

der Halbmesser der Elektronenbahn und

$$\overline{B}_{0,\max} = 0{,}09\,\frac{\text{mVsec}}{\text{cm}^2}$$

der Maximalwert der mittleren Induktion, so wird

$$U_W = 2\pi \cdot 50 \cdot \pi \cdot 25^2 \cdot 0{,}09 \cdot 10^{-3}\,\text{V} = 56\,\text{V}$$

und

$$w = \frac{3 \cdot 10^{10}}{2\pi \cdot 25 \cdot 314} = 0{,}61 \cdot 10^6$$

also

$$U = 34\,\text{MV}.$$

Bei Verzicht auf den Zwillingsbetrieb des Betatrons mit abwechselnd gegenläufigen Elektronenstrahlen läßt sich mit gegebenen Abmessungen des Magnetsystemes die durch Einsatz einer bestimmten Wechselinduktions-Amplitude erzielbare Höchstspannung U mittels Gleichstrom-Vormagnetisierung der Pole erheblich steigern. Sei etwa der konstanten Induktion $\overline{B}_0^{(g)} = \overline{B}_{0,\max}$ die harmonisch schwingende Wechselinduktion $\overline{B}_0^{(w)} = -\overline{B}_0^{(y)} \cos \omega t$ überlagert, so resultiert die Induktion

$$\overline{B}_0 = \overline{B}_0^{(g)} + \overline{B}_0^{(w)} = \overline{B}_0^{(g)} [1 - \cos \omega t]. \qquad \text{(VI 9, 136)}$$

Daher sind jetzt die Elektronen je zum Zeitpunkt

$$t_0 = 0 \bmod \frac{2\pi}{\omega} = \frac{1}{f} \qquad \text{(VI 9, 137)}$$

zu injizieren, so daß auf jede primitive Periode der pulsierenden Induktion nur ein Schleuderprozeß entfällt; da jedoch die Induktion $\overline{B}_0$ nach (VI 9, 135) den Scheitelwert

$$\overline{B}'_{0,\max} = 2\,\overline{B}_{0,\max} \qquad \text{(VI 9, 138)}$$

erreicht, wird die resultierende Endspannung U — in der Genauigkeit der Relation (VI 9, 134) — doppelt so groß wie jene des lediglich durch Wechselinduktion erregten Betatrons. Allerdings darf man bei der Beurteilung der verglichenen Betriebsarten nicht übersehen, daß die Vormagnetisierung des Magnetsystemes dessen Eisen übersättigen kann, sofern man nicht $|B_0^{(g)}|$ von vornherein hinreichend niedrig wählt; daher ist die theoretisch zu erwartende Verdoppelung der verfügbaren Elektronenenergie durch die überlagerte Gleichinduktion praktisch nicht voll ausnutzbar.

VI 10. Das Synchro-Zyklotron.

a) Die stufenweise Beschleunigung elektrischer Ladungsträger im *Zyklotron* beruht wesentlich auf der Resonanz der erzwungenen Schwingungsdauer T^a des elektrischen Arbeitsfeldes mit der Eigenschwingungsdauer T^j der im stationären magnetischen Führungsfelde umlaufenden Ionen

$$T^a = T^j \tag{VI 10, 1}$$

Wir handeln im folgenden von der Dynamik der Ionen von der Ladung e und der Ruhmasse m_R in einem Zyklotron der in Ziffer II 11 geschilderten Bauart. Bei der dort durchgeführten Untersuchung haben wir uns indessen auf so kleine Beträge der Ionengeschwindigkeit v im Vergleich zur Ausbreitungsgeschwindigkeit c des Lichtes im leeren Raume beschränkt, daß wir die relativistische Veränderlichkeit der Ionenmasse

$$m = \frac{m_R}{\sqrt{1-\beta^2}}\,; \qquad \beta = \frac{v}{c} \tag{VI 10, 2}$$

während des Schleuderprozesses außer acht lassen durften. Diese Voraussetzung geben wir hier auf: Läßt sich die Arbeitsweise des Zyklotrons so modifizieren, daß es die Ionen — innerhalb des physikalisch realisierbaren Bereiches $0 \leqq \beta < 1$ — auf beliebig hohe Geschwindigkeiten zu beschleunigen vermag?

b) Wir orientieren uns im Zyklotron mittels des schon in Ziffer VI 9 benutzten, relativ zur Maschine ruhenden Bezugssystemes der Zylinderkoordinaten z [Achse], r [Radialdistanz] und α [Azimut].

Das magnetische Führungsfeld wird wiederum als stationär vorausgesetzt. Der Nordpol liege in $z > 0$, der Südpol in $z < 0$, die Ebene $z = 0$ koinzidiere mit der Symmetrieebene zwischen beiden Polen; in dieser reduziert sich daher die magnetische Induktion *B* auf ihre parallel der z-Achse gerichtete, physikalische Komponente B^z, welche, analog der in (VI 9, 20) eingeführten Bezeichnungsweise, rotationssymmetrisch um die Systemachse verteilt sei, zufolge der vereinbarten Lage der Pole jedoch in der Form

$$B^z = -B(r) \qquad \text{für} \qquad z = 0 \tag{VI 10, 3}$$

erscheine.

Die beiden elektrisch jeweils antipolaren Schleuderkammern mögen längs der isolierenden Ebene

$$\sin\alpha = 0 \tag{VI 10, 4}$$

miteinander kommunizieren. Wir weisen den Bereich

$$0 < \alpha < \pi \tag{VI 10, 5}$$

der „positiven" und den Bereich

$$\pi < \alpha < 2\pi \tag{VI 10, 6}$$

der „negativen" Kammer zu. Diese Namen enthalten indessen noch keine unmittelbare Angabe über die jeweilige *Polarität* der Kammern, sondern definieren zunächst nur den *Zählsinn* der von der „positiven" zur „negativen" Kammer weisenden Arbeitsspannung U; daher gelangen wir zur expliziten Kenntnis der Kammerpolaritäten erst durch den Gang dieser Spannung, welche sich nach Maßgabe der festen Amplitude U_{max} und der zeitabhängigen Phase

$$\psi = \psi(t), \tag{VI 10, 7}$$

entsprechend der Vorschrift

$$U = U_{max} \sin[\psi(t)] \tag{VI 10, 8}$$

ändern möge. Falls sich insbesondere $\psi(t)$ auf die lineare Funktion

$$\psi = \psi_0 + \omega_0 t \tag{VI 10, 9}$$

reduziert, stellt (VI 10, 8) eine periodische Wechselspannung der festen Schwingungsdauer T_0^a dar, welche sich aus der Relation

$$\omega_0 T_0^a = 2\pi \tag{VI 10, 10}$$

berechnet. Wir haben indessen weiterhin für den zeitlichen Verlauf der Phase zunächst beliebige Funktionen in Betracht zu ziehen, welche wir nur durch die Forderung der Eindeutigkeit und der Stetigkeit einschränken wollen. Die Spannung U wird dann in der Regel zwar oszillieren, verliert aber ihre Periodizität. Ungeachtet dieses Sachverhaltes definieren wir durch

$$\omega(t) = \frac{d\psi}{dt} \tag{VI 10, 11}$$

den *Augenblickswert der nunmehr im allgemeinen veränderlichen Kreisfrequenz*; aus ihr finden wir rückwärts

$$\psi = \psi_0 + \int_0^t \omega(t')\,dt'. \tag{VI 10, 12}$$

Setzen wir überdies voraus, daß die Funktionalgleichung

$$\psi(t + T^a) = \psi(t) + 2\pi \tag{VI 10, 13}$$

für alle t eine eindeutige Lösung

$$T^a = T^a(t) \tag{VI 10, 14}$$

besitze, so ist hierdurch auch der *Augenblickswert der [primitiven] erzwungenen Schwingungsdauer erklärt.* Der Vergleich von (VI 10, 12) und (VI 10, 13) führt zu der Relation

$$2\pi = \int_t^{t+T^a} \omega(t')\,dt'. \tag{VI 10, 15}$$

c) Im Einklang mit dem wichtigsten Anwendungsgebiet des Zyklotrons, der Beschleunigung *positiver Ionen*, werde weiterhin $e > 0$ vorausgesetzt.

Wir richten unsere Aufmerksamkeit auf jenen Ladungsträger, welcher zum Zeitpunkt $t = 0$ das „positive" Ufer der Meridianebene $\alpha = 0$ mit der Geschwindigkeit v_0 im mathematisch-positiven Sinne kreuzt. Bis zum Zeitpunkte $t > 0$ möge das kontrollierte Ion die Systemachse $k \geqq 0$ volle Male umlaufen haben, wobei es $l \geqq 0$ Male die Ebene $\sin\alpha = 0$ passierte; ein gerader Wert von l definiert somit den Aufenthalt des Ions in der positiven Kammer, während ein ungerader Wert von l den Aufenthalt des Ions in der negativen Kammer kennzeichnet.

Das elektrische Feld der Arbeitsspannung konzentriert sich auf die Nachbarschaft der Ebene $\sin \alpha = 0$, vermag jedoch nicht merklich in das Innere der Schleuderkammern einzudringen. Dort unterliegt daher das kontrollierte Ion lediglich der *Lorentz*-Kraft des magnetischen Führungsfeldes, welche zufolge ihrer Orthogonalität auf der jeweiligen Bahn des Ladungsträgers an diesem keine Arbeit zu leisten vermag: Solange das Ion in einer der beiden Kammern verweilt [$l = \text{const.}$], bleibt seine jeweilige Gesamtenergie

$$W_l = m c^2 = \frac{m_R c^2}{\sqrt{1 - \beta_l^2}} \qquad \text{(VI 10, 16)}$$

konstant, so daß während der gleichen Zeitspanne auch der Betrag der Geschwindigkeit invariant ist

$$v = v_l = \text{const.} \qquad \text{(VI 10, 17)}$$

Wir zeigen, daß diese Bedingung längs des Halbkreises

$$z = 0; \qquad r = r_l; \qquad l\pi < \alpha < (l+1)\pi \qquad \text{(VI 10, 18)}$$

befriedigt werden kann, welcher von dem Ladungsträger mit der gleichförmigen Winkelgeschwindigkeit

$$\dot{\alpha} = \dot{\alpha}_l = \frac{v_l}{r_l} \qquad \text{(VI 10, 19)}$$

durchlaufen wird. Denn da der Gradient des elektrischen Skalarpotentiales φ im Kammerinnern verschwindet, während das magnetische Vektorpotential V nach Voraussetzung nicht explizit von der Zeit abhängt, wird (VI 9, 12) durch (VI 10, 18) und (VI 10, 19) identisch erfüllt, und (VI 9, 9) liefert mit Rücksicht auf (VI 10, 3) die Relation

$$m r_l \cdot (\dot{\alpha}_l)^2 = e r_l \dot{\alpha}_l B(r_l), \qquad \text{(VI 10, 20)}$$

aus welcher wir

$$\dot{\alpha}_l = \frac{e}{m} B(r_l) = \frac{e}{m_R} \sqrt{1 - \beta_l^2}\, B(r_l); \qquad \beta_l = \frac{v_l}{c} \qquad \text{(VI 10, 21)}$$

berechnen.

d) Durch die Operation

$$\beta_l \to 0 \qquad \text{(VI 10, 22)}$$

kehren wir vorübergehend zum „klassischen“ Zyklotron zurück, welches mit Ionen konstanter Masse arbeitet, und erhalten aus (VI 10, 21)

$$\dot{\alpha}_l^{(Kl)} = \lim_{\beta \to 0} \dot{\alpha}_l = \frac{e}{m_R} B(r_l). \qquad \text{(VI 10, 23)}$$

Falls man also den Schleuderprozeß im homogenen Magnetfeld

$$B(r_l) = B = \text{const.} \qquad \text{(VI 10, 24)}$$

vornimmt, resultiert aus (VI 10, 23) für die Winkelgeschwindigkeit des umlaufenden Ions der feste Wert

$$\dot{\alpha}^{(Kl)} = \frac{e}{m_R} B \qquad \text{(VI 10, 25)}$$

welchem die gleichfalls feste Umlaufdauer

$$T^{j\,(Kl)} = \frac{2\pi}{\dot{\alpha}^{(Kl)}} = \frac{m_R}{e B} \qquad \text{(VI 10, 26)}$$

zugeordnet ist. Die Resonanzbedingung (VI 10, 1) wird somit befriedigt, indem man den Generator der Arbeitsspannung mit der festen Kreisfrequenz

$$\omega^{(Kl)} = \dot{\alpha}^{(Kl)} = \frac{e}{m_R} \cdot B \qquad \text{(VI 10, 27)}$$

betreibt, welche sich mit relativ einfachen Mitteln herstellen läßt.

Ist diese Betriebsart des Zyklotrons auf den Beschleunigungsvorgang von Ionen relativistisch veränderlicher Masse übertragbar?

Auf den ersten Blick scheint es, als ob sich der Verwirklichung dieses Wunsches keine Schwierigkeiten in den Weg stellen. Denn aus

$$\dot{\alpha}_l = \dot{\alpha}^{(Kl)} = \frac{e}{m_R} B \qquad \text{(VI 10, 28)}$$

folgt durch Substitution in (VI 10, 21)

$$B(r_l) = \dot{\alpha}^{(Kl)} \cdot \frac{m_R}{e} \frac{1}{\sqrt{1-\beta_l^2}} = \frac{B}{\sqrt{1-\left(\frac{\dot{\alpha}^{(Kl)}}{c} r_l\right)^2}} \qquad \text{(VI 10, 29)}$$

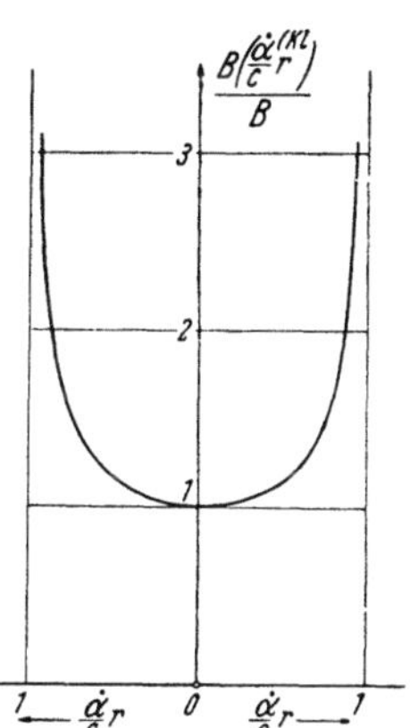

Abb. VI 304. Unbrauchbarer Vorschlag zur Anpassung des Zyklotrons an die relativistisch veränderliche Masse des beschleunigten Ladungsträgers: Die dargestellte Feldform führt auf labile Bahnen!

Man wird hierdurch auf ein Führungsfeld verwiesen, dessen Induktion in der Symmetrie-Ebene zwischen den Polen von der Mitte nach dem Rande hin gemäß Abb. VI 304 anwächst. Wie nun in Ziffer II 11, d gezeigt wurde, lassen sich aus (VI 10, 29) auf potentialtheoretischem Wege die zugehörigen „erzeugenden“ Polprofile entwickeln.

Obgleich die angegebene Lösung formal einwandfrei ist, taugt doch ein Führungsfeld der vorgeschlagenen Struktur nicht zur Konstruktion eines betriebsfähigen Zyklotrons: Denn nach Ziffer II 12 ist die Ionenbahn im Innern der Schleuderkammern nur dann *stabil*, wenn der absolute Betrag der magnetischen Induktion in der Ebene $z = 0$ nach dem Feldrande hin abnimmt — in striktem Gegensatze zu der in (VI 10, 29) ausgesprochenen Forderung.

e) Nachdem, wenn man so sagen darf, die beabsichtigte Kompensation der relativistischen Massenzunahme durch ein Magnetfeld von zunehmender Induktion an der *Stabilitätsfrage* gescheitert ist, legen wir den weiteren Untersuchungen eine im Schleuderbereich der Ionen merklich *homogene Induktion* gemäß (VI 10, 24) als Grenzfall eines nach dem Rande hin schwach abnehmenden Feldes zugrunde. Aus (VI 10, 21) entsteht somit

$$\dot{\alpha}_l = \frac{e}{m_l} B = \frac{e B}{m_R} \sqrt{1-\beta_l^2} \qquad \text{(VI 10, 30)}$$

Daraus berechnet sich die *Verweilzeit* des Ions in der l-ten Kammer zu

$$\Delta t_l = \frac{\pi}{\dot{\alpha}_l} = \pi \frac{m_l}{e B} \qquad \text{(VI 10, 31)}$$

Die zum $(k+1)$-sten Umlauf des Ions erforderliche Zeitspanne T^j_{k+1} folgt somit aus

$$T^j_{k+1} = \Delta t_l + \Delta t_{l+1} = \frac{\pi}{e B} [m_l + m_{l+1}]; \quad l = 2k. \qquad \text{(VI 10, 32)}$$

Sie nimmt während des Beschleunigungsprozesses von Umlauf zu Umlauf zu, so daß auch der Generator des elektrischen Arbeitsfeldes mit einer *zeitlich veränderlichen Frequenz* zu betreiben ist. Die aus dieser Anweisung hervorgehende Ionenschleuder wird als „*Synchro-Zyklotron*" terminologisch von dem mit fester Frequenz arbeitenden „klassischen" Zyklotron unterschieden.

f) Wir bezeichnen durch

$$t = t_l; \qquad l = 2\,k \tag{VI 10, 33}$$

den Zeitpunkt, in welchem das kontrollierte Ion nach Vollendung von k Umläufen in die positive Kammer und mit

$$t = t_{l+1} = t_l + \Delta\, t_l \tag{VI 10, 34}$$

jenen Zeitpunkt, in welchem es anschließend in die negative Kammer eintritt. Die in (VI 10, 32) genannte Zeitspanne genügt somit der Gleichung

$$\int\limits_{t'=t_l}^{t_l+\Delta t_l} \dot{\alpha}\,(t')\,dt' + \int\limits_{t'=t_{l+1}}^{t_{l+1}+\Delta t_{l+1}} \dot{\alpha}\,(t')\,dt' = \int\limits_{t'=t_l}^{t_l+T^j_{k+1}} \dot{\alpha}\,(t')\,dt' = 2\,\pi. \tag{VI 10, 35}$$

Mit Rücksicht auf (VI 10, 15) und (VI 10, 33) führt daher die Resonanzbedingung (VI 10, 1) auf die Relation

$$\int\limits_{t'=t_l}^{t_l+T^j_{k+1}} [\dot{\alpha}\,(t') - \omega\,(t')]\,dt' = 0. \tag{VI 10, 36}$$

Sie wird von der zwar nicht notwendigen, doch gewiß hinreichenden Gleichung

$$\chi\,(t) = \alpha\,(t) - \psi\,(t) = \text{const.} \equiv \gamma \tag{VI 10, 37}$$

befriedigt. Da nun für das kontrollierte Ion verabredungsgemäß

$$\alpha\,(0) = 0 \tag{VI 10, 38}$$

ist, liefert (VI 10, 37)

$$\gamma = \chi\,(0) = -\psi\,(0). \tag{VI 10, 39}$$

Auf Grund des in (VI 10, 8) gegebenen zeitlichen Verlaufes der Arbeitsspannung im Verein mit der Gleichlaufbedingung (VI 10, 36) finden wir nun als *Energiegewinn* des Ions beim Durchfliegen der Meridianebene $\alpha = l\pi = 2\,k\pi$

$$\delta\, W_l = -e\, U_{max} \cdot \sin\,[\psi\,(t_l)] = -e\, U_{max} \cdot \sin\,[\psi\,(0)] = e\, U_{max} \cdot \sin \gamma. \tag{VI 10, 40}$$

Ebenso ergibt sich beim Durchfliegen der Meridianebene $\alpha = (l + 1)\,\pi = (2\,k + 1)\,\pi$ als Energiegewinn des Ions

$$\delta\, W_{l+1} = e\, U_{max} \sin\,[\psi\,(t_l)] = e\, U_{max} \sin\,[\psi\,(0) + \pi] = e\, U_{max} \sin \gamma = \delta\, W_l. \tag{VI 10, 41}$$

Daher nimmt die *träge Masse* des Ions je Passage der Arbeitsebene $\sin \alpha = 0$ um den festen Betrag

$$\delta\, m = \frac{e\, U_{max} \sin \gamma}{c^2} \tag{VI 10, 42}$$

zu; gemäß (VI 10, 31) verlängert sich demzufolge die Verweilzeit des Ions in je einer Kammer um

$$\delta t = \frac{\pi\,\delta m}{e B} = \frac{\pi\, U_{max}}{B c^2} \sin\gamma. \qquad \text{(VI 10, 43)}$$

Kennt man also vermöge der Startbedingungen des kontrollierten Ions seine Verweilzeit in der Kammer $l = 0$

$$\Delta t_0 = \frac{\pi\, m_0}{e B} \qquad \text{(VI 10, 44)}$$

und definiert die „*numerische Arbeitsspannung*" durch

$$u = \frac{e\, U_{max}}{m_0 c^2} \qquad \text{(VI 10, 45)}$$

gleich dem Verhältnis der je Passage der Arbeitsebene größtmöglichen Energieaufnahme zur gesamten Anfangsenergie des Ions, so resultiert aus (VI 10, 43), (VI 10, 44) und (VI 10, 45)

$$\Delta t_l = \Delta t_0 + l \cdot \delta t = \Delta t_0\,[1 + l \cdot u \sin\gamma]. \qquad \text{(VI 10, 46)}$$

Mittels dieser Relation berechnet man

$$t_l = \sum_{l'=0}^{l-1} \Delta t_{l'} = \Delta t_0 \left[1 + \frac{l\,(l-1)}{2}\, u \sin\gamma\right]. \qquad \text{(VI 10, 47)}$$

Mit der Abkürzung

$$\tau_l = \frac{t_l}{\Delta t_0} \qquad \text{(VI 10, 48)}$$

folgt durch Auflösung von (VI 10, 47) nach l

$$l = -\left(\frac{1}{u \sin\gamma} - \frac{1}{2}\right) + \sqrt{\left(\frac{1}{u \sin\gamma} - \frac{1}{2}\right)^2 + \frac{2\,\tau_l}{u \sin\gamma}} \qquad \text{(VI 10, 49)}$$

und durch Substitution von (VI 10, 49) in (VI 10, 46)

$$\Delta t_l = \Delta t_0 \left[\frac{u \sin\gamma}{2} + \sqrt{\left(1 - \frac{u \sin\gamma}{2}\right)^2 + 2\,\tau_l\, u \sin\gamma}\right]. \qquad \text{(VI 10, 50)}$$

Wir entnehmen den Gleichungen (VI 10, 46) und (VI 10, 50) die jeweilige Winkelgeschwindigkeit des kontrollierten Ions während seines Aufenthaltes in der l-ten Kammer

$$\dot{\alpha}_l = \frac{\pi}{\Delta t_l} = \frac{\omega_0}{1 + l\, u \sin\gamma} = \frac{\omega_0}{\dfrac{u \sin\gamma}{2} + \sqrt{\left(1 - \dfrac{u \sin\gamma}{2}\right)^2 + \dfrac{2}{\pi}\, \omega_0\, t \cdot u \sin\gamma}};$$

$$\omega_0 = \frac{\pi}{\Delta t_0} = \frac{e B}{m_0}. \qquad \text{(VI 10, 51)}$$

Wie aus der Definition (VI 10, 45) der numerischen Arbeitsspannung hervorgeht, gilt in allen technisch realisierbaren Ionenschleudern

$$u \ll 1. \qquad \text{(VI 10, 52)}$$

Daher darf man (VI 10, 51) durch

$$\dot{\alpha}_l = \frac{\omega_0}{\sqrt{1 + \dfrac{2}{\pi}\, \omega_0\, t\, u \sin\gamma}} \qquad \text{(VI 10, 53)}$$

approximieren und in gleicher Genauigkeit mag die jedesmal beim Übergang von l zu (l + 1) sich unstetig ändernde Funktion $\dot{\alpha} = \dot{\alpha}$ (t) durch Gl. (VI 10, 53) dargestellt werden, nachdem man in dieser den Index l löscht. Im Hinblick auf (VI 10, 11) ergibt sich dann durch Differentiation von (VI 10, 37) als *Vorschrift für die Frequenzmodulation des Arbeitsgenerators*

$$\omega(t) = \dot{\alpha}(t) = $$
$$= \frac{\omega_0}{\sqrt{1 + \frac{2}{\pi}\,\omega_0\, t\, u \sin\gamma}} \qquad \text{(VI 10, 54)}$$

gemäß Abb. VI 305.

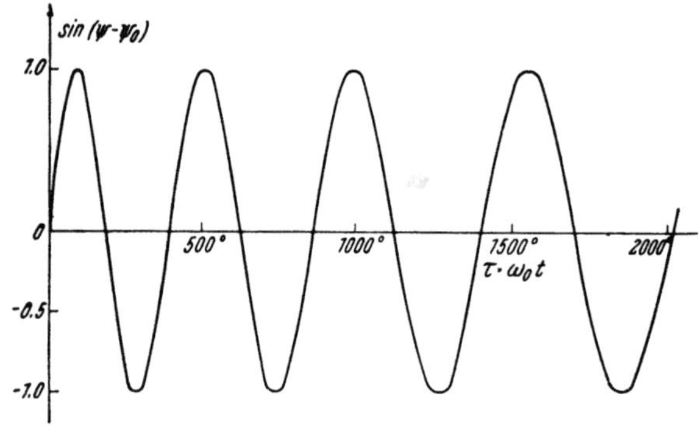

Abb. VI 305. Synchro-Zyklotron. Frequenz-Modulation zwecks Kompensation der während des Schleuderprozesses stattfindenden Zunahme der trägen Masse des Ladungsträgers.

g) Wir ergänzen die Berechnung der Winkelgeschwindigkeiten $\dot{\alpha}_l$ durch Angabe der jeweils zugehörigen Kreisbogen-Halbmesser r_l.

Ausgehend von

$$r_l = \frac{v_l}{\dot{\alpha}_l} = c\,\frac{\beta_l}{\dot{\alpha}_l} = \frac{c\, m_0}{e\, B}\cdot\beta_l\cdot\frac{m_l}{m_0} \qquad \text{(VI 10, 55)}$$

finden wir mittels (VI 10, 2)

$$\beta_l = \sqrt{1 - \left(\frac{m_R}{m_l}\right)^2} \qquad \text{(VI 10, 56)}$$

also

$$r_l = \frac{c\, m_0}{e\, B}\sqrt{\left(\frac{m_l}{m_0}\right)^2 - (1 - \beta_0^2)}. \qquad \text{(VI 10, 57)}$$

Hierin ist mit Rücksicht auf (VI 10, 41) und (VI 10, 45)

$$\frac{m_l}{m_0} = \frac{W_l}{W_0} = 1 + l\, u \sin\gamma, \qquad \text{(VI 10, 58)}$$

so daß

$$r_l = \frac{c\, m_0}{e\, B}\sqrt{(1 + l\, u\sin\gamma)^2 - (1 - \beta_0^2)} \qquad \text{(VI 10, 59)}$$

resultiert. Nun hat das kontrollierte Ion bis zu seinem Eintritt in die l-te Kammer den Schleuderwinkel

$$\alpha_l = \pi\, l \qquad \text{(VI 10, 60)}$$

durchlaufen. Indem man diese Relation in (VI 8, 59) substituiert und dann den Index l löscht, gelangt man zu der Gleichung der Spiralkurve

$$r = \frac{c\, m_0}{e\, B}\sqrt{\left(1 + \frac{\alpha}{\pi}\, u \sin\gamma\right)^2 - (1 - \beta_0^2)}. \qquad \text{(VI 10, 61)}$$

In ihren Schnittpunkten mit der Arbeitsebene $\sin\alpha = 0$ koinzidiert sie genau mit der Bahn des kontrollierten Ions und weicht von dieser im Kammerinnern wegen (VI 10, 52) nur äußerst wenig ab.

h) Die Vorschrift (VI 10, 54) für die Frequenzmodulation des Arbeitsfeld-Generators als Funktion des Verhältnisses $t/(\Delta t_0)$ enthält neben der numerischen Arbeitsspannung u als wesentlichen Parameter die *Startphase* $\gamma = -\psi(0)$ des zu beschleunigenden Ions. Um daher immer nach Vollendung eines vollen Schleuderspieles den gesamten Prozeß wiederholen zu können, hat man zwei *zusätzliche Betriebsvorschriften* zu beachten:

1. Die *Generatorfrequenz* ist von ihrem *niedrigsten Wert* am Schlusse des Schleuderspieles auf ihren *Anfangswert* zurückzuführen.

2. Beim Beginn jedes neuen Schleuderspieles sind die zu beschleunigenden Ionen genau bei der *Phase* $\psi = -\gamma$ in das Synchro-Zyklotron zu injizieren.

Während man der ersten dieser Bedingungen leicht nachkommen kann, läßt sich die strikte Innehaltung der zweiten nicht garantieren: Man muß damit rechnen, daß ein Teil der injizierten Ladungsträger mit *falscher Phase* in den Schleuderprozeß eintritt. Können diese dennoch vom Arbeitsfelde im Gleichlauf erhalten und bis zu den höchsten Geschwindigkeiten beschleunigt werden, oder sind sie dazu verurteilt, früher oder später aus dem Ionenreigen ausgeschieden zu werden?

Zur Entscheidung dieser für den Erfolg des Synchro-Zyklotrons grundlegenden Frage richten wir unser Augenmerk auf eines der falschphasigen Ionen, welches wir durch den Anfangswert

$$\chi(0) = \gamma^*; \qquad t = 0 \qquad \text{(VI 10, 62)}$$

der Funktion

$$\chi(t) = \alpha(t) - \psi(t) = [\alpha(t) - \alpha_0(t)] + [\alpha_0(t) - \psi(t)] = [\alpha(t) - \alpha_0(t)] + \gamma \qquad \text{(VI 10, 63)}$$

kennzeichnen. Auf Grund dieser Definition mißt $[\chi(t) - \gamma]$ jene *Azimut-Differenz des falschphasigen gegen das richtigphasige Ion*, welche von einer im Zeitpunkt t ausgeführten „Blitzlichtaufnahme" registriert wird. Im Gegensatz zu (VI 10, 37) ist also $\chi(t)$ nicht einer Konstanten gleichzusetzen — denn dieses Verhalten kennzeichnet ja die durch (VI 10, 62) ausgeschlossenen richtigphasigen Ionen —, sondern ist als *„adiabatisch" veränderlich* anzusehen: Man darf zwar während der Verweilzeit Δt_l des kontrollierten Ions in der l-ten Kammer die Änderungen von $\chi(t)$ außer acht lassen, nicht jedoch, falls sich die Kontrollepoche über viele Umläufe erstreckt. Wählen wir als Kontrollort $\alpha = l\pi$, so finden wir also in der Umgebung des Zeitpunktes $t = t_l$ mit hinreichender Genauigkeit

$$\chi(t) \approx \chi(t_l) = l\pi - \psi(t_l); \quad |t - t_l| \leqq \Delta l_l. \qquad \text{(VI 10, 64)}$$

Bei der Passage der Meridianebene $\alpha = l\pi$ wird dem Ion die *Energie*

$$\delta W_l = \mp e\, U_{max} \cdot \sin\{l\pi - \psi(t_l)\} = e\, U_{max} \cdot \sin[\chi(t_l)] \text{ für } l \begin{matrix}\text{gerade}\\ \text{ungerade}\end{matrix} \qquad \text{(VI 10, 65)}$$

zugeführt; ihr korrespondiert die *Massenzunahme*

$$\delta m_l = \frac{\delta W_l}{c^2} = m_0\, u \sin[\chi(t_l)]. \qquad \text{(VI 10, 66)}$$

Wir ersetzen nun diesen *unstetigen* Vorgang durch eine während der Epoche Δt_l *gleichförmige Massenzunahme* und erhalten für deren Änderung je Zeiteinheit, indem wir (VI 8, 31) heranziehen und im Ergebnis der Rechnung den Index l unterdrücken dürfen,

$$\frac{dm}{dt} \approx \frac{\delta m_l}{\Delta t_l} = \frac{m_0}{m} \frac{e B}{\pi} u \sin \chi. \qquad \text{(VI 10, 67)}$$

In der gleichen, im Sinne von (VI 10, 64) „adiabatischen" Genauigkeit liefert (VI 10, 30) die Aussage

$$\dot{\alpha} \equiv \frac{d\alpha}{dt} = \frac{e}{m} B; \qquad m = m(t), \qquad \text{(VI 10, 68)}$$

also

$$\frac{d^2\alpha}{dt^2} = -\frac{e}{m^2} B \frac{dm}{dt}. \qquad \text{(VI 10, 69)}$$

Durch Elimination von dm/dt aus (VI 10, 67) und (VI 10, 69) folgt wegen $\omega_0 = e B/m_0$

$$\frac{d^2\alpha}{dt^2} + \left(\frac{m_0}{m}\right)^3 \frac{\omega_0{}^2}{\pi} u \sin \chi = 0 \qquad \text{(VI 10, 70)}$$

oder, mit Rücksicht auf die Definition (VI 10, 63) der Funktion χ,

$$\frac{d^2\chi}{dt^2} + \left(\frac{m_0}{m}\right)^3 \frac{\omega_0{}^2}{\pi} u \sin \chi = -\frac{d^2\psi}{dt^2}. \qquad \text{(VI 10, 71)}$$

Wir erinnern uns nun, daß die Phase $\psi = \dot{\psi}(t)$ der Arbeitsspannung dem festen Wert $\chi = \gamma$ jener Ionen angepaßt ist, welche dem Zyklotron genau in der richtigen Phase injiziert werden. Dieser Sachverhalt kommt in der Gleichung

$$\left(\frac{m_0}{m}\right)^3 \frac{\omega_0{}^2}{\pi} u \sin \gamma = -\frac{d^2\psi}{dt^2} \qquad \text{(VI 10, 72)}$$

zum Ausdruck. Um uns von ihrer Richtigkeit zu überzeugen, bilden wir aus (VI 10, 31) und (VI 10, 50) unter der Bedingung (VI 10, 52)

$$\frac{m_l}{m_0} = \frac{\Delta t_l}{\Delta t_0} = \sqrt{1 + 2\tau_l u \sin \gamma} = \sqrt{1 + \frac{2}{\pi} \omega_0 t_l \sin \gamma} \qquad \text{(VI 10, 73)}$$

also, nachdem abermals der Index l gelöscht wurde,

$$\left(\frac{m_0}{m}\right)^3 = \left[1 + \frac{2}{\pi} \omega_0 t u \sin \gamma\right]^{-3/2} \qquad \text{(VI 10, 74)}$$

Andererseits resultiert aus (VI 10, 54)

$$-\frac{d^2\psi}{dt^2} = -\frac{d\omega}{dt} = \frac{\omega_0{}^2}{\pi} u \sin \gamma \left[1 + \frac{2}{\pi} \omega_0 t u \sin \gamma\right]^{-3/2} = \left(\frac{m_0}{m}\right)^3 \cdot \frac{\omega_0{}^2}{\pi} u \sin \gamma \qquad \text{(VI 10, 75)}$$

in der Tat identisch mit (VI 10, 72). Setzt man daher abkürzend

$$\Omega^2 = \omega_0{}^2 \left(\frac{m_0}{m}\right)^3 \frac{u}{\pi} = \frac{\Omega_0{}^2}{\left[1 + \frac{2}{\pi} \omega_0 t u \sin \gamma\right]^{3/2}}; \qquad \Omega_0 = \omega_0 \sqrt{\frac{u}{\pi}}. \qquad \text{(VI 10, 76)}$$

so geht (VI 10, 71) in

$$\frac{d^2\chi}{dt^2} + \Omega^2 \sin \chi = \Omega^2 \sin \gamma \qquad \text{(VI 10, 77)}$$

über. Diese Differentialgleichung ist dem Elektrotechniker wohlbekannt: Sie beschreibt die *Dynamik eines Synchronmotors, dessen Induktor* [Läufer] *gegen das magnetische Drehfeld des Ankers* [Ständer] durch ein *zeitlich konstantes Lastmoment* stationär um den [elektrischen] Winkel γ zurückgedrückt wird; in diesem System mißt Ω die *mechanische Eigen-Kreisfrequenz infinitesimaler Pendelungen* der unbelasteten Maschine. An Stelle des belasteten *Läufers* tritt im *Synchro-Zyklotron* das zu beschleunigende *Ion*, während das relativ zum Ständer des Motors umlaufende Drehfeld beim Synchro-Zyklotron durch das kinetische Zusammenspiel des elektrischen Arbeitsfeldes mit dem magnetischen Führungsfelde ersetzt ist. Allerdings ist bei diesem Vergleiche ein wichtiger Unterschied zu beachten: Die Eigen-Kreisfrequenz infinitesimaler Pendelschwingungen definiert unter sonst festen Betriebsbedingungen eine Konstante des Synchronmotors, während sie im Synchro-Zyklotron gemäß (VI 8, 76) mit wachsender Zeit langsam abnimmt. Wollte man auch in diesem Punkte die Analogie des Synchro-Zyklotrons mit der umlaufenden Maschine aufrechterhalten, so müßte man deren Trägheitsmoment mit wachsender Zeit vergrößern.

Dem Übergang des *Synchronmotors* zum *Synchrongenerator* [Vorzeichenwechsel des Winkels γ] entspricht im *Synchro-Zyklotron* die *Umkehrung seiner regulären Arbeitsweise*: Statt die energiearm injizierten Ionen mittels der Leistung des elektrischen Feldes zu beschleunigen, kann man durch Verzögerung primär energiereicher Ionen elektrische Wechselspannungen erregen; doch besitzt diese Möglichkeit wohl vorwiegend theoretisches Interesse.

i) Bei der Integration der Gl. (VI 10, 77) sehen wir von einer etwa dem Synchro-Zyklotron vorgeschalteten Ionenschleuder anderer Art ab. Auf Grund dieser Voraussetzung wird

$$\beta_0 = 0; \qquad m_0 \to m_R; \qquad \omega_0 \to \omega_R; \qquad \Omega_0 \to \Omega_R = \omega_R \sqrt{\frac{u}{\pi}}, \qquad \text{(VI 10, 78)}$$

so daß das kontrollierte Ion den Anfangsbedingungen

$$\chi = \gamma^*; \qquad \frac{d\chi}{dt} = \dot{\alpha}(0) - \omega_R = 0 \qquad \text{für} \qquad t = 0 \qquad \text{(VI 10, 79)}$$

genügt, deren zweite aus (VI 10, 30) hervorgeht; damit sie dem vorausgesetzten Ruhezustande des eben injizierten Ions nicht widerspricht, hat man die Angaben (VI 10, 79) durch

$$r = 0 \qquad \text{für} \qquad t = 0 \qquad \text{(VI 10, 80)}$$

zu ergänzen.

j) Wir behandeln zunächst Phasenfehler

$$\delta\gamma = \gamma^* - \gamma \qquad \text{(VI 10, 81)}$$

von nur kleinem Betrage

$$|\delta\gamma| \ll \frac{\pi}{2}. \qquad \text{(VI 10, 82)}$$

Auf Grund von (VI 10, 78) genügt dann zu Beginn der Bewegung des falschphasigen Ions auch

$$\delta\chi = \chi - \gamma \qquad \text{(VI 10, 83)}$$

der Beschränkung

$$|\delta\chi| \ll \frac{\pi}{2}, \qquad \text{(VI 10, 84)}$$

so daß sich Gl. (VI 10, 77) für $t \to 0$ auf

$$\frac{d^2 \delta x}{dt^2} + [\Omega_0^2 \cos\gamma]\, \delta\chi = 0 \qquad \text{(VI 10, 85)}$$

reduziert. Bei ihrer Lösung sind zwei Fälle zu unterscheiden:

1. Für

$$\cos\gamma > 0; \qquad -\frac{\pi}{2} < \gamma < \frac{\pi}{2} \bmod 2\pi \qquad \text{(VI 10, 86)}$$

wird mit Berücksichtigung von (VI 10, 79) und (VI 10, 81)

$$\delta\chi = \delta\gamma \cos\left[(\Omega_0 \sqrt{\cos\gamma})\, t\right]. \qquad \text{(VI 10, 87)}$$

Das kontrollierte Ion führt also relativ zur Bewegung des richtigphasigen Ions einfach *harmonische Schwingungen* aus, deren Frequenz nach (VI 10, 52) und (VI 10, 76) stets niedrig gegen jene des Arbeitsgenerators bleibt. Durch hier nicht näher zu besprechende elektromagnetische Nebeneffekte [Strahlung, Wirbelströme in den Kammerwänden] wird diese Pendelung im Laufe der Zeit auf unmerklich kleine Amplituden abgedämpft, so daß das anfangs gemäß $\delta\gamma$ falschphasige Ion schließlich in die richtige Phasenlage hineinkommt.

2. Im Falle

$$\cos\gamma < 0; \qquad \frac{\pi}{2} < \gamma < 3\,\frac{\pi}{2} \bmod 2\pi \qquad \text{(VI 10, 88)}$$

lautet die Lösung der Gl. (VI 10, 85) unter den Bedingungen (VI 10, 79) und (VI 10, 81)

$$\delta\chi = \delta\gamma \cosh\left[(\Omega_0 \sqrt{-\cos\gamma})\, t\right]. \qquad \text{(VI 10, 89)}$$

Innerhalb ihrer durch (VI 10, 84) angezeigten Gültigkeitsgrenzen entfernt sich also das falschphasige Ion mehr und mehr von der jeweils gleichzeitigen Lage des richtigphasigen Ions; daher ist auch dessen Bewegung selbst gegen die niemals ganz vermeidbaren Störungen *labil*, so daß wir den Fall (VI 10, 88) als *nicht realisierbar* aus unseren weiteren Überlegungen auszuschließen haben.

k) Wir gehen, nachdem wir nunmehr die stationären Phasen γ dem Bereiche (VI 10, 86) zuzuweisen haben, zu *endlichen Phasenfehlern* beliebiger Größe über. Mit Benutzung der Identität

$$\frac{d^2\chi}{dt^2} \equiv \frac{d}{d\chi}\left[\frac{1}{2}\dot{\chi}^2\right]; \qquad \dot{\chi} = \frac{d\chi}{dt} \qquad \text{(VI 10, 90)}$$

bringen wir (VI 10, 77) in die Gestalt

$$\frac{d}{d\chi}\left[\frac{1}{2}\dot{\chi}^2\right] = \Omega^2 [\sin\gamma - \sin\chi]. \qquad \text{(VI 10, 91)}$$

Bei der Integration dieser Gleichung beschränken wir uns auf nicht zu lange Epochen. Dann darf die nur langsam veränderliche Funktion Ω^2 vor das Integral gezogen werden, so daß wir mit Rücksicht auf (VI 10, 79)

$$\frac{1}{2}\dot{\chi}^2 = \Omega^2 \int\limits_{\gamma^*}^{\chi} [\sin\gamma - \sin\chi^*]\, d\chi^* \qquad \text{(VI 10, 92)}$$

erhalten. Auf Grund des positiv-definiten Charakters der linken Seite dieser Gleichung unterliegen daher alle physikalisch realisierbaren Bewegungen des kontrollierten Ions der Bedingung

$$J = \int_{\gamma^*}^{\chi} [\sin\gamma - \sin\chi^*]\, d\chi^* = (\chi - \gamma^*)\sin\gamma + \cos\chi - \cos\gamma^* \geqq 0. \qquad \text{(VI 10, 93)}$$

Zum Zwecke ihrer Diskussion beziehen wir uns auf Abb. VI 306. Es zeigt die Gerade $f_1 = \sin\gamma$ und die Kurve $f_2 = \sin\chi^*$ als Funktion von χ^* im Bereiche $-\pi \leqq \chi^* \leqq \pi$, so daß der in (VI 10, 93) auftretende Integrand durch die Differenz $f_1 - f_2$ gegeben ist; die Abszisse des mit P bezeichneten Schnittpunktes beider Linien definiert die „richtige" Phase γ. Für jede „falsche" Anfangsphase γ^* wird dann J durch die Fläche dargestellt, welche von den Abszissen $\chi^* = \gamma^*$ und $\chi^* = \chi$ im Verein mit den Linien f_1 und f_2 begrenzt wird.

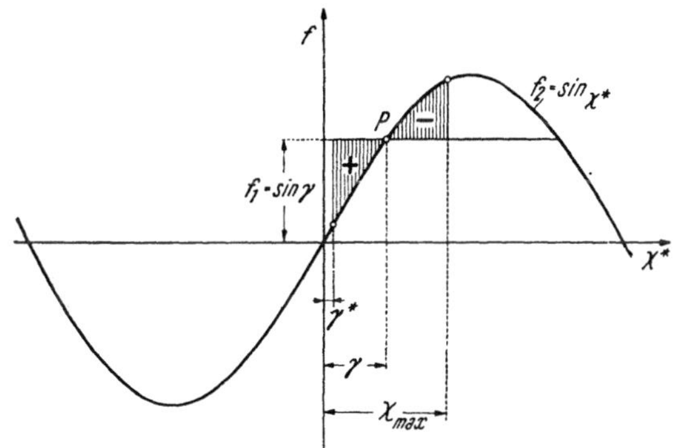

Abb. VI 306. Synchro-Zyklotron: Phasenstabilität.

Sei etwa $\gamma^* < \gamma$ angenommen, so kann (VI 10, 93) nur befriedigt werden, falls χ^* von γ^* aus zunächst anwächst $[d\chi^* > 0]$. In $\chi^* = \gamma$ erreicht das Integral J seinen Höchstwert: Im Gegensatz zu den richtigphasigen Ionen, welche dort stationär verbleiben, schießt jedoch das kontrollierte, falschphasige Ion über diesen Punkt hinaus in das Gebiet $\chi^* > \gamma$ hinein, wo es wegen $f_1 < f_2$ gebremst wird. In der weiteren Entwicklung dieses Vorganges sind folgende Möglichkeiten zu unterscheiden:

1. Für $\chi^* = \chi_{\max} > \gamma$ möge J verschwinden

$$(\chi_{\max} - \gamma^*)\sin\gamma + \cos\chi_{\max} - \cos\gamma^* = 0. \qquad \text{(VI 10, 94)}$$

Dort kommt also das kontrollierte Ion relativ zum richtigphasigen Ion momentan zur Ruhe; dann jedoch wird die Bewegung rückläufig, und von $\chi^* = \gamma^*$ ab wiederholt sich das Spiel: Das falschphasige Ion führt im Bereich $\gamma^* < \chi < \chi_{\max}$ relativ zum richtigphasigen Ion *unharmonische Schwingungen* aus, welche indes zufolge der früher erwähnten, dämpfenden Nebeneffekte allmählich absterben; daher kommt das anfangs falschphasige Ion schließlich in die richtige Phasenlage hinein.

2. Unter der Voraussetzung

$$-\frac{\pi}{2} < \gamma < 0 \qquad \text{(VI 10, 95)}$$

[Betrieb des Synchro-Zyklotrons als Wechselspannungs-Erreger] ist die vorstehend diskutierte Phasenstabilität auch dann noch gesichert, wenn sich γ^* von oben her der Grenze

$$\gamma^*_{\min} = -(\pi + \gamma) \qquad \text{(VI 10, 96)}$$

nähert. Beim regulären Betrieb des Synchro-Zyklotrons als Beschleunigungsgerät gehört jedoch γ dem Bereiche

$$0 < \gamma < \frac{\pi}{2} \qquad \text{(VI 10, 97)}$$

an. Es kann dann vorkommen, daß J selbst an der Grenze $\chi^* = \pi - \gamma$ des Gebietes $f_1 < f_2$ noch positiv ist [Abb. VI 307]

$$(\pi - \gamma - \gamma^*) \sin \gamma - \cos \gamma - \cos \gamma^* > 0. \qquad \text{(VI 10, 98)}$$

Das kontrollierte Ion gelangt dann in den Bereich $\chi > (\pi - \gamma)$, in welchem wegen $f_1 > f_2$ und $d\chi^* > 0$ das Integral J wieder zunimmt. Durch sinngemäße Fortsetzung dieses Gedankenganges überzeugt man sich, daß nunmehr $1/2\, \dot{\chi}^2$ dauernd positiv bleibt: Das kontrollierte Ion ist *aus dem Tritt des richtigphasigen Ions gefallen*, so daß es also für den gemäß (VI 10, 97) beabsichtigten Schleuderprozeß als verloren zu betrachten ist.

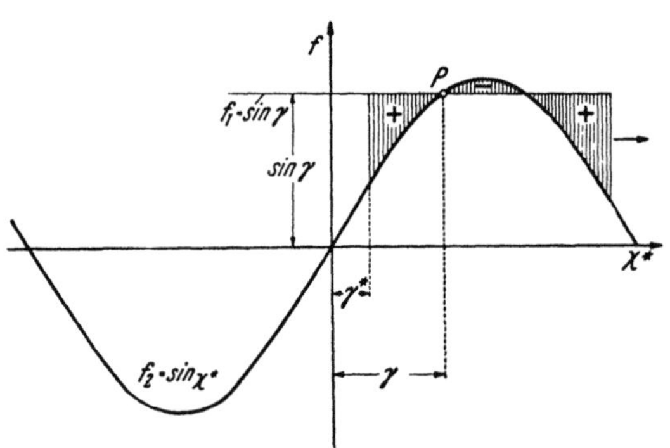

Abb. VI 307. Synchro-Zyklotron: Phasenlabilität.

3. Der aus (VI 10, 98) hervorgehende Grenzfall

$$(\pi - \gamma - \gamma^*) \sin \gamma - \cos \gamma - \cos \gamma^* \to 0 \qquad \text{(VI 10, 99)}$$

definiert — für jede „richtige" Phase γ des Bereiches (VI 10, 97) — jene „falsche" Phase $\overset{*}{\gamma}_{\min} < \gamma$, welche eben noch den schließlichen Gleichlauf des falschphasigen Ions mit dem richtigphasigen verbürgt. Für $\overset{*}{\gamma}_{\min}$ resultiert somit die transzendente Gleichung

$$(\pi - \gamma) \sin \gamma - \cos \gamma - \overset{*}{\gamma}_{\min} \sin \gamma = \cos \overset{*}{\gamma}_{\min} \qquad \text{(VI 10, 100)}$$

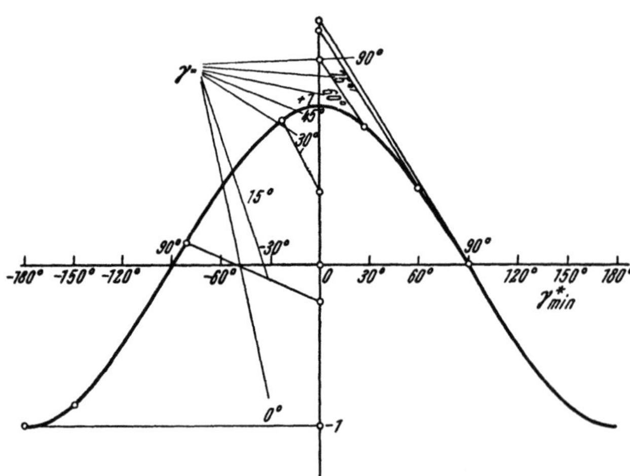

Abb. VI 308. Synchro-Zyklotron. Graphische Lösung der Gleichung (VI 10, 100).

Wir lösen sie graphisch, indem wir gemäß Abb. VI 308 die Geraden

$$g_1 (\overset{*}{\gamma}_{\min}) = (\pi - \gamma) \sin \gamma - \cos \gamma - \overset{*}{\gamma}_{\min} \sin \gamma \qquad \text{(VI 10, 101)}$$

je mit der Kurve

$$g_2 (\overset{*}{\gamma}_{\min}) = \cos \overset{*}{\gamma}_{\min} \qquad \text{(VI 10, 102)}$$

zum Schnitt bringen. Als Ergebnis finden wir den funktionellen Zusammenhang

$$\gamma^*_{\min} = \mathrm{s}(\gamma) \tag{VI 10, 103}$$

nach Abb. VI 309.

Wir haben die vorstehende Stabilitätsuntersuchung auf Ionen auszudehnen, deren Anfangsphase γ^* größer als γ ist:

1. Im Falle des regulär betriebenen Synchro-Zyklotrons bleibt die Phasenstabilität auch dann noch erhalten, wenn γ^* von unten her gegen

$$\gamma^*_{\max} = \pi - \gamma \tag{VI 10, 104}$$

konvergiert.

2. Arbeitet das Synchro-Zyklotron als Wechselspannungs-Erreger $[-\pi/2 < \gamma < 0]$, so kann ein relativ zum richtigphasigen Ion schwingendes Kontrollion äußerstens bis zur Grenze

$$\chi \to -(\pi + \gamma) \tag{VI 10, 105}$$

gelangen, ohne außer Tritt mit dem erstgenannten zu fallen. Daher resultiert aus (VI 10, 93) durch Wahl des Gleichheitszeichens für den höchstzulässigen Phasenwinkel $\gamma^*_{\max} > \gamma$ der falschphasigen Ionen die transzendente Gleichung

$$-(\pi + \gamma)\sin\gamma - \cos\gamma - \gamma^*_{\max}\cdot\sin\gamma = \cos\gamma^*_{\max} \tag{VI 10, 106}$$

Sie geht durch die Substitution

$$\gamma = -\gamma'; \qquad \gamma^*_{\max} = -(\gamma^*_{\max})' \tag{VI 10, 107}$$

in

$$(\pi-\gamma')\sin\gamma' - \cos\gamma' - (\gamma^*_{\max})'\sin\gamma' = \cos(\gamma^*_{\max})' \tag{VI 10, 108}$$

über; daher liefert der Vergleich von (VI 10, 100) und (VI 10, 108) unter Benutzung von (VI 10, 103) die Relation

$$\gamma^*_{\max} = -\mathrm{s}(-\gamma) \tag{VI 10, 109}$$

im Einklang mit dem dualen Verhalten beider Betriebsarten des Synchro-Zyklotrons.

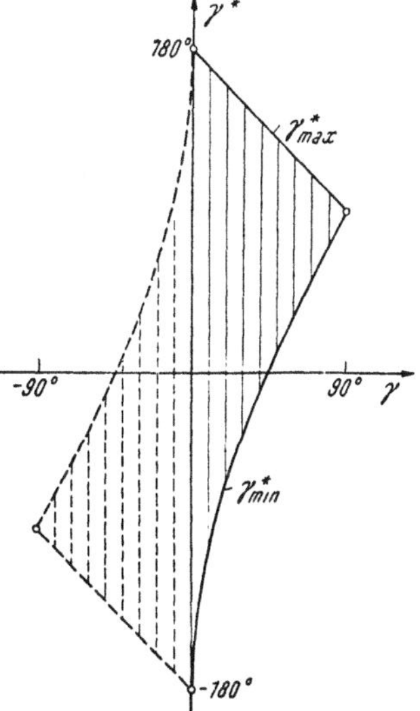

Abb. VI 309. Synchro-Zyklotron. Toleranzviereck für den stabilen Verlauf des Beschleunigungsvorganges.

Zusammenfassend zeigt Abb. VI 309 das aus (VI 10, 96), (VI 10, 103), (VI 10, 104) und (VI 10, 109) hervorgehende „*Toleranzviereck*", welches den Bereich der im *Synchro-Zyklotron zulässigen Anfangsphasen* der aktiven, am gemeinsamen Reigen teilnehmenden Ionen umgrenzt. Für $\gamma = 0$ sind hiernach alle Ionen phasenstabil; doch hat man es dann mit einem leerlaufenden Synchro-Zyklotron zu tun, welches energetisch ohne Interesse ist. Je größer man den Winkel γ wählt, welcher unter sonst gleichen Betriebsbedingungen die Größe der je Passage der Arbeitsebene auf die richtigphasigen Ionen übertragene Energie regelt, desto mehr schränkt sich die Toleranz ein, welche man sich bei der Injektion der Ionen in das Synchro-Zyklotron gestatten darf; der theoretisch günstigste Fall $\gamma = \pi/2$ ist nur mit eben dieser Injektionsphase vereinbar, welche mit mathematischer Exaktheit innezuhalten wäre, daher also nicht verwirklicht werden kann.

Indessen hindert dieser Mangel nicht die Verwendung des Synchro-Zyklotrons als überaus mächtiger Ionenschleuder; denn nach Wahl einer passenden Phase $0 < \gamma < \pi/2$ verbürgt die Arbeitsweise des Gerätes allen innerhalb des Toleranzwinkels gelegenen Ionen eine grundsätzlich unbegrenzte Zahl energieanreichender Umläufe.

l) In dem vorstehend beschriebenen [zweipoligen] Synchro-Zyklotron durchlaufen die Ladungsträger zwischen je zwei aufeinanderfolgenden, energiesteigernden Spaltpassagen stets den nämlichen azimutalen Flug*winkel* vom Betrage π; da jedoch die träge Masse des umgeschleuderten Teilchens entsprechend dieser Energiezunahme gleichfalls fortgesetzt anwächst, verlängert sich die Flug*dauer* von Mal zu Mal, und eben dem hierdurch diktierten „*ritardando*" im Takte des Arbeitsprozesses hat man sich durch die *Frequenzmodulation* des elektrischen Triebfeldes anzupassen. Man kann jedoch dieser Komplikation aus dem Wege gehen und zu einem *Synchro-Zyklotron mit fester Betriebsfrequenz* gelangen, indem man den Flug*winkel* zwischen je zwei aufeinanderfolgenden Triebspielen entsprechend der hierdurch bewirkten Massenzunahme des umgeschleuderten Teilchens gesetzmäßig *verkleinert*, sozusagen die *zeitliche Modulation* des Arbeitsfeldes mit seiner *räumlichen* vertauschend[1]. Der frühere Diametralschnitt zwischen den antipolaren Kammern des [zweipoligen] Entladungsgefäßes, der zufolge der hierdurch entstehenden geometrischen Gestalt gelegentlich zur kurzen Bezeichnung der Kammern als „die zwei D's" führte, geht dann in ein gekrümmtes Profil über; doch bleiben die Bedingungen der Phasenstabilität von dieser Maßnahme wesentlich unberührt.

VI 11. Das Synchrotron.

a) Der im Zyklotron wirksame Schleuderprozeß wird von der *Resonanz* der erzwingenden Kreisfrequenz ω des [zweipoligen] elektrischen Arbeitsfeldes mit der erzwungenen Winkelgeschwindigkeit $\dot{\alpha}$ des im Felde der magnetischen Induktion B umlaufenden Teilchens [Ladung e, träge Masse m] beherrscht:

$$\omega = \dot{\alpha} = \frac{e}{m} B. \qquad \text{(VI 11, 1)}$$

Um diese Bedingung zu erfüllen, betreibt man das *Synchro-Zyklotron* mit einer *stationären Induktion* B, während man sich der relativistischen Änderung der Teilchenmasse im Verhältnis zu deren Ruhwert m_R

$$m = \frac{m_R}{\sqrt{1 - \beta^2}} \qquad \text{(VI 11, 2)}$$

durch eine entsprechende *Modulation der Kreisfrequenz* ω anpaßt. Demgegenüber beruht das *Synchrotron* auf dem Gedanken, die *magnetische Induktion* B unter Wahrung ihrer aus Stabilitätsgründen erforderlichen räumlichen Struktur im Laufe der Zeit t eines jeden Schleuderspieles so zu *verstärken*, daß zufolge des nach (VI 11, 2) gleichzeitig stattfindenden relativistischen Massenzuwachses gerade gemäß (VI 11, 1) eine *feste Kreisfrequenz* $\omega = \dot{\alpha}$ resultiert.

---

[1] *F. Ollendorff*, Ein Synchro-Zyklotron mit fester Betriebsfrequenz. Elektrotechnik und Maschinenbau [Wien], Bd. **71**, 1954, S. 10.

Ungeachtet der inneren Verwandtschaft zwischen dem Synchro-Zyklotron und dem Synchrotron ist ein funktionell wesentlicher Unterschied der verglichenen Maschinen zu betonen: Während dem *zeitfreien Magnetfeld* des Synchro-Zyklotrons nur die Rolle eines energetisch inaktiven *Führungsfeldes* zufällt, entwickelt das zeitlich *veränderliche* Magnetfeld des Synchrotrons ein *arbeitsfähiges elektrisches Wirbelfeld,* dessen energetische Wirkung auf das umgeschleuderte Teilchen sich mit jener des skalaren elektrischen Potentialfeldes der Elektroden vereinigt: Das Synchrotron faßt die dynamischen Prinzipe des Zyklotrons mit denen des Betatrons zusammen und rechtfertigt eben durch diese besondere Arbeitsweise seine eigene Bezeichnung als selbständiger Maschinentyp.

b) Wir kontrollieren eines der umgeschleuderten Teilchen auf seinem Wege längs des Kreises vom Halbmesser r mit der linearen Geschwindigkeit

$$v = r \cdot \omega. \qquad \text{(VI 11, 3)}$$

Mit wachsender [kinetischer] Gesamtenergie

$$W = m c^2 = \frac{m_R c^2}{\sqrt{1-\beta^2}}; \qquad \beta = \frac{v}{c} \qquad \text{(VI 11, 4)}$$

konvergiert daher der Halbmesser

$$r = \frac{v}{\omega} = \frac{c}{\omega}\beta \qquad \text{(VI 11, 5)}$$

gegen den Grenzwert

$$r_\infty = \lim_{\beta \to 1} r = \frac{c}{\omega}. \qquad \text{(VI 11, 6)}$$

Falls also das Teilchen schon bei seinem Eintritt in das Synchrotron die Geschwindigkeit $v_0 = c\,\beta_0 > 0$ aufweist, beschränkt sich das Arbeitsgebiet der Maschine wesentlich auf den Ringbereich

$$\beta_0 r_\infty \leqq r < r_\infty. \qquad \text{(VI 11, 7)}$$

Hiernach eignet sich das Synchrotron insbesondere zur Energieübertragung an Teilchen, welche durch ein Vorsatzgerät auf eine nahe an 1 liegende [numerische] Geschwindigkeit β_0 beschleunigt wurden; wählt man als solches ein Betatron, so kann unter geeigneten Bedingungen seines Betriebes die in (VI 11, 7) angezeigte Toleranz so klein gehalten werden, daß das nämliche, wesentlich toroidförmige Entladungsgefäß sowohl für den Betatron- wie für den anschließenden Synchrotron-Prozeß taugt. In der Bilanz der resultierenden Teilchenenergie spielt der Übergang von der einen zur anderen Form der Ionenschleuder eine entscheidende Rolle; die Kenntnis dieses dynamischen Vorganges, welcher der Synchronisierung einer asynchron anlaufenden Synchronmaschine ähnelt, ist daher für den ordnungsmäßigen Betrieb des Synchrotrons unerläßlich.

c) Wir behandeln die Theorie des Synchrotrons an Hand eines vereinfachenden Modelles:

In der Äquatorebene $z = 0$ des Zylinder-Koordinatensystemes z [Achse], r [Radialdistanz], γ [Azimut] wählen wir den Kreis vom Halbmesser

$$r = R \qquad \text{(VI 11, 8)}$$

des Gebietes (VI 11, 7) als Achse des Entladungsgefäßes. Dieses selbst bestehe gemäß Abb. VI 310 aus 2 p kongruenten, elektrisch vollkommen leitfähigen Rohrsektoren je vom festen Radius

$$a \ll R \qquad \text{(VI 11, 9)}$$

ihres kreisförmigen Querschnittes, welche in den Meridianebenen

$$\alpha = 0; \quad \frac{\pi}{p}; \quad 2\frac{\pi}{p}; \ldots, \quad (2\,p - 1)\frac{\pi}{p} \tag{VI 11, 10}$$

durch Fugen von je infinitesimaler azimutaler Weite bei gleichzeitig unbegrenzt hohem Isolationsvermögen getrennt seien. Zu ihrer Erregung bedienen wir uns eines Generators der einfach-harmonisch pulsierenden Spannung

$$U = U(t) = U_{max} \sin \omega t, \tag{VI 11, 11}$$

welcher den Toroidsektoren längs ihres Mantels das Randpotential

$$\varphi_a = \pm \frac{1}{2} U_{max} \cdot \sin \omega t; \qquad 0 \lessgtr \alpha \lessgtr \pm \frac{\pi}{p} \bmod \frac{2\pi}{p} \tag{VI 11, 12}$$

aufprägt.

Bei der Untersuchung des elektrischen Skalarpotentiales im Innern des Entladungsgefäßes dürfen wir wegen (VI 11, 9) die Krümmung der Torusachse außer acht lassen: Wir schneiden das Entladungsgefäß mittels der Meridianebene $\alpha = \pi \bmod 2\pi$ auf und verbringen die Gesamtheit der Punkte αR seiner gekrümmten Achse durch verzerrungsfreie Rektifizierung in die Punkte

$$z^* = \alpha R \tag{VI 11, 13}$$

einer Geraden; diese werde mit der Symmetrieachse eines vorübergehend eingeführten, neuen Zylinder-Koordinatensystemes identifiziert, in welchem r^* den Radialabstand und α^* das Azimut des Aufpunktes bezeichne. Auf Grund der periodischen Struktur des ursprünglichen Toroides korrespondieren dann jedem Einzelsektor $k\pi/p < \alpha < (k+1)\pi/p$ der Ordnungszahl $0 \leqq k \leqq (2\,p - 1)$ die unendlich vielen Zylinderabschnitte

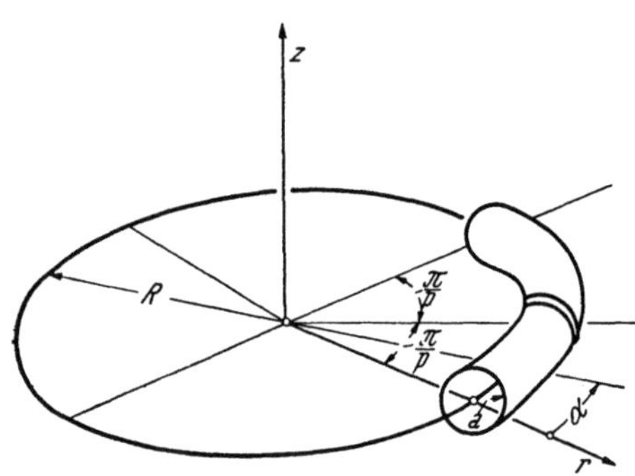

Abb. VI 310. Modell des Synchrotrons.

$$k\frac{\pi}{p} R < z^* < (k+1)\frac{\pi}{p} R \bmod 2\pi R; \qquad r^* = a. \tag{VI 11, 14}$$

Von nun ab werde die Kreisfrequenz ω als so niedrig vorausgesetzt, daß in $r^* \leqq a$ das elektrische Skalarpotential φ als quasistationär gelten darf. Wird überdies die Raumladung der im Toroid umgeschleuderten Elektrizitätsträger außer acht gelassen, so genügt φ im „aufgebogenen" Arbeitsgefäß der *Laplace*schen Gleichung

$$\frac{\partial^2 \varphi}{\partial z^{*2}} + \frac{\partial^2 \varphi}{\partial r^{*2}} + \frac{1}{r^*}\frac{\partial \varphi}{\partial r^*} + \frac{1}{r^{*2}}\frac{\partial^2 \varphi}{\partial \alpha^{*2}} = 0 \tag{VI 11, 15}$$

unter der „eigentlichen" Randbedingung

$$\varphi \to \varphi_a = \pm \frac{1}{2} U; \qquad 0 \lessgtr z^* \lessgtr \frac{\pi}{p} R \bmod 2\frac{\pi}{p} R; \qquad r^* = a, \tag{VI 11, 16}$$

welche wir durch die „uneigentliche" Forderung

$$\varphi_0 = \lim_{r^* \to 0} \varphi \to \text{endlich} \tag{VI 11, 17}$$

ergänzen. Schreiben wir daher (VI 11, 16) als *Fourier*sche Reihe

$$\varphi_a = U \frac{2}{\pi} \sum_{n=0}^{\infty} \frac{\sin (2n+1) p \frac{z^*}{R}}{2n+1}, \qquad \text{(VI 11, 18)}$$

so lautet das gesuchte Potentialfeld in $0 \leqq r^* \leqq a$

$$\varphi = U \frac{2}{\pi} \sum_{n=0}^{\infty} \frac{J_0 \left\{ \sqrt{-1} (2n+1) p \frac{r^*}{R} \right\}}{J_0 \left\{ \sqrt{-1} (2n+1) p \frac{a}{R} \right\}} \frac{\sin (2n+1) p \frac{z^*}{R}}{2n+1}. \qquad \text{(VI 11, 19)}$$

Wir spezialisieren diese Gleichung auf $r^* \to 0$, kehren mittels (VI 11, 13) zur Metrik der gekrümmten Toroidachse zurück und erhalten für das dort wirksame elektrische Skalarpotential φ_0 die Näherungsdarstellung

$$\varphi_0 = U \frac{2}{\pi} \sum_{n=0}^{\infty} \frac{1}{J_0 \left\{ \sqrt{-1} (2n+1) p \frac{a}{R} \right\}} \frac{\sin (2n+1) p \alpha}{2n+1}. \qquad \text{(VI 11, 20)}$$

Jeder Posten dieser Reihe schildert gemäß (VI 11, 11) eine stehende Welle von örtlich und zeitlich einfach harmonischem Verlaufe; wir spalten sie mittels der Identität

$$\sin \omega t \sin (2n+1) p \alpha \equiv$$

$$\equiv \frac{1}{2} [\cos \{\omega t - (2n+1) p \alpha\} - \cos \{\omega t + (2n+1) p \alpha\}] \qquad \text{(VI 11, 21)}$$

in die Differenz zweier beziehentlich mit der Phasen-Winkelgeschwindigkeit

$$\frac{d\alpha}{dt} = \pm \Omega_n ; \qquad \Omega_n = \frac{\omega}{(2n+1) p} \qquad \text{(VI 11, 22)}$$

längs $\genfrac{}{}{0pt}{}{\text{wachsenden}}{\text{fallenden}}$ Azimutes umlaufender Drehfelder je der halben Wechselfeld-Amplitude auf:

$$\varphi_0 = \frac{U_{max}}{\pi} \sum_{n=0}^{\infty} \frac{\cos \omega \left(t - \frac{\alpha}{\Omega_n} \right) - \cos \omega \left(t + \frac{\alpha}{\Omega_n} \right)}{(2n+1) J_0 \left(\sqrt{-1} (2n+1) p \frac{a}{R} \right)}. \qquad \text{(VI 11, 23)}$$

Gemäß (VI 11, 19) unterscheidet sich nun das Potential φ längs des der Toroidachse benachbarten Kreises

$$r = R + \Delta r \qquad \text{(VI 11, 24)}$$

von φ_0 nur um Glieder von mindestens dem zweiten Grade der Radialabweichung Δr. Da wir uns jedoch weiterhin auf deren erste Potenz beschränken werden, dürfen wir in der hierdurch angezeigten Genauigkeit

$$\varphi \to \varphi_0 \qquad \text{(VI 11, 25)}$$

setzen.

Wir ergänzen die Analyse des elektrischen Skalarpotentiales φ durch eine solche des magnetischen Vektorpotentiales V. Bei seiner Berechnung werde das „sekundäre" Magnetfeld des von den umgeschleuderten Ionen gebildeten Konvektionsstromes gegenüber dem „primären" Feld jener Leitungsströme vernachlässigt, welche den Wicklungen des Synchrotrons seitens hierfür vorgesehener äußerer Quellen zugeführt werden. Unter der

Voraussetzung wesentlich nur azimutal fließender Erregerströme reduziert sich dann das Vektorpotential auf seine in Richtung wachsenden Azimutes α gemessene physikalische Komponente, welche wir abkürzend durch

$$V^{\alpha} \equiv V(t) \tag{VI 11, 26}$$

bezeichnen. Betrachten wir sie weiterhin als quasistationär, so genügt sie innerhalb des Arbeitsgefäßes der partiellen Differentialgleichung

$$\frac{\partial^2 V}{\partial z^2} + \frac{\partial^2 V}{\partial r^2} + \frac{1}{r}\frac{\partial V}{\partial r} - \frac{V}{r^2} = 0. \tag{VI 11, 27}$$

Ihrer in der Form

$$V = V(z, r, t) \tag{VI 11, 28}$$

dargestellten Lösung entnehmen wir die achsiale Komponente B^z der magnetischen Induktion B und deren Radialkomponente B^r mittels der Formeln

$$B^z = \frac{1}{r}\frac{\partial(r\,V)}{\partial r}; \qquad B^r = -\frac{\partial V}{\partial z}. \tag{VI 11, 29}$$

Wir handeln weiterhin von einer Ionenschleuder, welche nach dem Muster des Proton-Synchrotrons der Beschleunigung positiver Elementarteilchen $[e > 0]$ dient. Aus formalen Gründen empfiehlt es sich dann, die positive Zählrichtung der achsialen Induktionskomponente antiparallel zur positiven z-Achse zu wählen; demnach schreiben wir der Äquatorebene die Eigenschaften

$$B^z = -B(r, t); \qquad B^r = 0 \qquad \text{für} \qquad z = 0 \tag{VI 11, 30}$$

zu. Um diese allgemeinen Angaben zu einer quantitativen Beschreibung der magnetischen Feldstruktur zu verschärfen, stellen wir den Verlauf der Funktion $B(r, t)$ in der Umgebung der Toroidachse $r = R$ durch den Produktansatz

$$B(r, t) = B_0(t)\left(\frac{R}{r}\right)^{\nu} \tag{VI 11, 31}$$

dar, in welchem ν als Konstante angesehen wird; sie genügt der Relation

$$\nu = -\frac{r}{B}\frac{\partial B}{\partial r}. \tag{VI 11, 32}$$

Nun folgt aus (VI 11, 27) und (VI 11, 29)

$$\frac{\partial B^r}{\partial z} = \frac{\partial B^z}{\partial r}, \tag{VI 11, 33}$$

so daß man mit Rücksicht auf (VI 11, 30) und (VI 11, 31) für die Radialkomponente der Induktion in der Umgebung der Toroidachse die Entwicklung

$$B^r = z\left(\frac{\partial B^z}{\partial r}\right)_{z=0} + \ldots = -z\frac{\nu}{R}\cdot B_0(t)\cdot\left(\frac{R}{r}\right)^{\nu+1} + \ldots = -\nu\frac{z}{R}B(r, t) + \ldots \tag{VI 11, 34}$$

findet; wir begnügen uns fortan mit ihrem hier explizit angegebenen Anfangsgliede.

d) Unter Vernachlässigung der während des Schleuderprozesses auftretenden Strahlungsverluste resultiert aus (VI 11, 23), (VI 11, 25) und (VI 11, 26) als *Lagrange*sche Funktion der zu untersuchenden Bewegung

$$L = -m_R \cdot c^2 \sqrt{1 - \frac{\dot{z}^2 + \dot{r}^2 + r^2 \dot{\alpha}^2}{c^2}} -$$

$$-e \left[\frac{U_{max}}{\pi} \sum_{n=0}^{\infty} \frac{\cos \omega \left(t - \frac{\alpha}{\Omega_n}\right) - \cos \omega \left(t + \frac{\alpha}{\Omega_n}\right)}{(2n+1) J_0 \left(\sqrt{-1}(2n+1) p \frac{a}{R}\right)} - r \dot{\alpha} V(z, r, t) \right].$$

(VI 11, 35)

Aus dem kinetischen Potential L als Mutterfunktion entspringen mit Rücksicht auf (VI 11, 2), (VI 11, 22) und (VI 11, 29) die drei Differentialgleichungen der Teilchenbahn

$$\frac{d}{dt}(m \dot{z}) = e r \dot{\alpha} \frac{\partial V}{\partial z} = -e r \dot{\alpha} B^r, \quad \text{(VI 11, 36)}$$

$$\frac{d}{dt}(m \dot{r}) - m r \dot{\alpha}^2 = e \dot{\alpha} \frac{\partial (r V)}{\partial r} = e r \dot{\alpha} B^z, \quad \text{(VI 11, 37)}$$

$$\frac{d}{dt}(m r^2 \dot{\alpha} + e r V) = -e \frac{U_{max}}{\pi} p \sum_{n=0}^{\infty} \frac{\sin \omega \left(t - \frac{\alpha}{\Omega_n}\right) + \sin \omega \left(t + \frac{\alpha}{\Omega_n}\right)}{J_0 \left(\sqrt{-1}(2n+1) p \frac{a}{R}\right)}.$$

(VI 11, 38)

Beim Übergang zum Energie-Integral dieses Gleichungstripels haben wir zu beachten, daß die genetisch an den Vektor B der magnetischen Induktion geknüpfte *Lorentz*-Kraft stets senkrecht zum Vektor v der jeweiligen Teilchengeschwindigkeit weist, so daß allein die elektrische Feldstärke

$$E = -\left\{ \operatorname{grad} \varphi + \frac{\partial V}{\partial t} \right\} \quad \text{(VI 11, 39)}$$

als leistungsbildender Faktor der Ionenladung e zu buchen ist. Da nun, in der hier beabsichtigten Genauigkeit, nur die azimutal gerichtete [physikalische] elektrische Feldkomponente

$$E^\alpha = -\left\{ \frac{1}{r} \frac{\partial \varphi}{\partial \alpha} + \frac{\partial V^\alpha}{\partial t} \right\} \quad \text{(VI 11, 40)}$$

von Null verschieden ausfällt, reduziert sich die Energie-Bilanz auf die Aussage

$$\frac{d}{dt}(m c^2) = e(v E) = -e r \dot{\alpha} \left(\frac{1}{r} \frac{\partial \varphi}{\partial \alpha} + \frac{\partial V^\alpha}{\partial t} \right) =$$

$$= -e \dot{\alpha} \left[\frac{U_{max}}{\pi} p \sum_{n=0}^{\infty} \frac{\sin \omega \left(t - \frac{\alpha}{\Omega_n}\right) + \sin \omega \left(t + \frac{\alpha}{\Omega_n}\right)}{J_0 \left(\sqrt{-1}(2n+1) p \frac{a}{R}\right)} + r \frac{\partial V}{\partial t} \right].$$

(VI 11, 41)

Nun ist $V = V(z, r, t)$ mit dem magnetischen Induktionsfluß $\Phi = \Phi(z, r, t)$, welcher in der Ebene $z = \text{const.}$ von dem Kreise $r = \text{const.}$

zum Zeitpunkt t umfaßt wird, durch den *Stokes*schen Integralsatz verbunden

$$2\pi r \cdot V(z, r, t) = \int_0^r B_z(z, r', t)\, 2\pi r'\, dr' = \Phi(z, r, t), \qquad \text{(VI 11, 42)}$$

so daß man (VI 11, 41) in die Form bringen kann

$$\frac{d}{dt}(m c^2) = -e\left[\dot{a}\,\frac{U_{max}}{\pi}\,p \sum_{n=0}^{\infty} \frac{\sin\omega\left(t - \frac{a}{\Omega_n}\right) + \sin\omega\left(t + \frac{a}{\Omega_n}\right)}{J_0\left(\sqrt{-1}\,(2n+1)\,p\,\frac{a}{R}\right)} + \frac{\dot{a}}{2\pi}\frac{\partial\Phi}{\partial t}\right]. \qquad \text{(VI 11, 43)}$$

In dieser Gleichung schildert der erste Posten der rechten Seite die zyklotronische, der zweite die betatronische Leistung des Synchrotrons.

e) Im Betriebsfalle

$$\varphi \to 0 \qquad \text{(VI 11, 44)}$$

soll die Ionenschleuder funktionell in jenes Betatron übergehen, welches die später in das Synchrotron einzuführenden Ladungsträger vorbeschleunigt. Wir wählen den Augenblick verschwindenden Magnetfeldes als Ursprung der laufenden Zeit

$$V = 0 \quad \text{für} \quad t = 0 \qquad \text{(VI 11, 45)}$$

und setzen zunächst voraus, daß eben dann das zu beschleunigende Teilchen mittels des in $z = 0$, $r = R$, $a = 0$ angeordneten Injektors ohne merkliche Startgeschwindigkeit in das Entladungsgefäß geworfen wird

$$z = 0, \quad r = R, \quad a = 0; \quad \dot{z} = 0, \quad \dot{r} = 0, \quad \dot{a} = 0 \quad \text{für} \quad t = 0. \qquad \text{(VI 11, 46)}$$

Nun verlangen wir, daß die stationäre Betatron-Kreisbahn des kontrollierten Ions mit der Mittellinie

$$z = 0; \qquad r = R; \qquad 0 \leqq a \leqq 2\pi \bmod 2\pi \qquad \text{(VI 11, 47)}$$

des toroidischen Arbeitsraumes zusammenfalle. Auf Grund der Feldstruktur (VI 11, 34) wird (VI 11, 36) durch (VI 11, 46), (VI 11, 47) identisch befriedigt; dagegen entstehen aus (VI 11, 37), (VI 11, 38) mit Rücksicht auf (VI 11, 30) und (VI 11, 31) die Forderungen

$$\dot{a} = -\frac{e}{m} B_z \to \frac{e}{m} B_0(t) = \dot{a}_0 \qquad \text{(VI 11, 48)}$$

und

$$\frac{d}{dt}\left(m R^2 \dot{a} + e R V_0(t)\right) = \text{const.} \to 0; \quad \dot{a} \to -\frac{e}{m}\frac{V_0(t)}{R} = \dot{a}_0 \qquad \text{(VI 11, 49)}$$

mit

$$V_0(t) = \frac{\Phi_0(t)}{2\pi R} = -\frac{1}{R}\int_0^R B(r, t)\, r\, dr. \qquad \text{(VI 11, 50)}$$

Der Vergleich von (VI 11, 48) und (VI 11, 49) führt auf die „Betatronbedingung“ (VI 9, 26) zurück, deren erneute Diskussion sich daher erübrigt. Dagegen wollen wir hier die in Ziffer VI 9, e lediglich vom Standpunkt der wirksamen Kräfte her skizzierte Theorie der Bahnstörungen näher entwickeln: In der Regel können wir nur den Zeitpunkt der Injektion hinreichend genau innehalten und die gleichzeitige azimutale Komponente der Geschwindigkeit unterdrücken, so daß dann der gesamte, aus seinem mechanischen und seinem magnetischen Anteil resultierende Drehimpuls des eingeworfenen Elektrizitätsträgers verschwindet

$$m\,r^2\,\dot{\alpha} + e\,r\,V(z, r, t) = 0 \qquad \text{für} \qquad t = 0. \qquad \text{(VI 11, 51)}$$

Dagegen haben wir sowohl in achsialer wie in radialer Richtung mit *endlichen Beträgen der Startgeschwindigkeit* zu rechnen

$$\dot{z} = \dot{z}_0; \qquad \dot{r} = \dot{r}_0 \qquad \text{für} \qquad t = 0. \qquad \text{(VI 11, 52)}$$

Demzufolge sind die Gleichungen (VI 11, 47), (VI 11, 48) mit den funktionellen Ansätzen

$$z = z(t); \qquad r = R + \Delta r(t); \qquad \dot{\alpha} = \dot{\alpha}_0(t) + \Delta\dot{\alpha}(t) \qquad \text{(VI 11, 53)}$$

zu vertauschen; in ihnen sollen die absoluten Beträge $|z|$, $|\Delta r|$ und $|\Delta\dot{\alpha}|$ als so klein gelten, daß wir uns weiterhin je mit den ersten Potenzen dieser Veränderlichen begnügen dürfen. Wir verschärfen diese Annahme zu der einschränkenden Voraussetzung so schwacher Störungen, daß die träge Masse des kontrollierten Teilchens merklich jener gleichgesetzt werden kann, welche die Bewegung längs der ungestörten Bahn auszeichnet:

$$m = \frac{m_R}{\sqrt{1 - \frac{\dot{\alpha}_0{}^2 R^2}{c^2}}}. \qquad \text{(VI 11, 54)}$$

Auf Grund der vorgenannten Vereinfachungen finden wir aus (VI 11, 34), (VI 11, 36) und (VI 11, 48) als Differentialgleichung der achsialen Bewegung

$$\frac{d}{dt}(m\,\dot{z}) + \frac{\nu}{m}(e\,B_0)^2 z = 0. \qquad \text{(VI 11, 55)}$$

Um der radialen Störung nachzugehen, erweitern wir die Anfangsbedingung (VI 11, 51) mit Rücksicht auf (VI 11, 38) und (VI 11, 44) zu dem für alle $t > 0$ verbindlichen Flächenintegral

$$m\,r^2\,\dot{\alpha} + e\,r\,V(z, r, t) = 0; \qquad \dot{\alpha} = -\frac{e}{m}\frac{r\,V(z, r, t)}{r^2}. \qquad \text{(VI 11, 56)}$$

Aus ihm erschließen wir mit Beachtung von (VI 11, 48) und (VI 11, 50) die Relation

$$\Delta\dot{\alpha} = -\frac{e}{m}\frac{B_0}{R}\Delta r. \qquad \text{(VI 11, 57)}$$

Mittels (VI 11, 37) berechnen wir nunmehr zunächst

$$\frac{d}{dt}\left(m\frac{d\Delta r}{dt}\right) - m\,(\dot{\alpha}^2{}_0\,\Delta r - R\,2\,\dot{\alpha}_0\,\Delta\dot{\alpha}) =$$

$$= e\left[\dot{\alpha}_0\,B_z\,\Delta r + R\,B_z\,\Delta\dot{\alpha} + R\,\dot{\alpha}_0\frac{\partial B_z}{\partial r}\Delta r\right]_{z=0, r=R}, \qquad \text{(VI 11, 58)}$$

so daß nach Elimination von $\Delta\dot{\alpha}$ und mit Benutzung von (VI 11, 30) im Verein mit (VI 11, 32) für Δr die Differentialgleichung

$$\frac{d}{dt}\left(m\frac{d\Delta r}{dt}\right) + \frac{1-\nu}{m}(e\,B_0)^2\,\Delta r = 0 \qquad \text{(VI 11, 59)}$$

resultiert. Die Stabilität der Betatron-Kreisbahn wird somit durch die Struktureigenschaft

$$0 < \nu < 1 \qquad \text{(VI 11, 60)}$$

der magnetischen Induktion gewährleistet: Diese Ungleichung prägt den Lösungen der Differentialgleichungen (VI 11, 55) und (VI 11, 59) gleichzeitig oszillatorischen Charakter auf; die dann im Rahmen unserer Theorie formal ungedämpften Störschwingungen werden durch die tatsächlich auftretenden Strahlungsverluste gedämpft, so daß sie mit wachsender Zeit erlöschen.

f) Nach Beendigung der Betatron-Epoche möge die Maschine im Augenblick $t_0 > 0$ durch Einschaltung des skalaren elektrischen Potentiales φ auf den Betrieb als Synchrotron umgestellt werden. Nach Ausweis der Gleichung (VI 11, 43) nimmt dann die kinetische Energie W des kontrollierten Elektrizitätsträgers während der Zeitspanne $t_0 \leqq t' \leqq t$ um

$$\varDelta W = -e\left[\frac{U_{max}}{\pi} p \int_{t_0}^{t} \dot{\alpha} \sum_{n=0}^{\infty} \frac{\sin\omega\left(t - \frac{\alpha}{\Omega_n}\right) + \sin\omega\left(t + \frac{\alpha}{\Omega_n}\right)}{J_0\left(\sqrt{-1}\,(2n+1)\,p\frac{a}{R}\right)} dt' + \right.$$

$$\left. + \frac{1}{2\pi}\int_{t_0}^{t} \dot{\alpha}\,\frac{\partial\Phi}{\partial t'}\,dt'\right] \qquad \text{(VI 11, 61)}$$

zu.

Wir lassen vorerst den von der Umschaltung der Maschine vom Betatron- auf Synchrotronbetrieb ausgelösten mechanischen *Übergangsvorgang* des beschleunigten Ions außer acht. Im Lichte der kinematischen Relationen (VI 11, 22) kann dann in der anschließenden, quasistationären Umlaufbewegung des Teilchens die das Synchrotron als solches kennzeichnende Resonanz der mechanischen Schleuderschwingung des Elektrizitätsträgers mit seinem Antrieb seitens des skalaren Potentialfeldes φ dadurch verwirklicht werden, daß man $\dot{\alpha}$ einem der Werte $\pm\,\Omega_n$ angleicht. Wir entscheiden uns für das im Sinne wachsenden Azimutes fortschreitende Drehfeld der Ordnungszahl $n = 0$, setzen also, die zunächst für die nur zweipolige Maschine angeschriebene Gl. (VI 11, 1) auf beliebige Polpaarzahlen $p \geqq 1$ erweiternd,

$$\dot{\alpha} = \frac{\omega}{p}. \qquad \text{(VI 11, 62)}$$

Bezeichne jetzt α_0 das Azimut des kontrollierten Teilchens im Zeitpunkte t_0, so folgt aus (VI 11, 62) durch Integration

$$\alpha = \alpha_0 + \frac{\omega}{p}(t - t_0). \qquad \text{(VI 11, 63}$$

Wir lassen nun die Epoche $(t - t_0)$ derart zunehmen, daß sie sich über eine große Zahl primitiver Perioden je der Dauer $2\pi/\omega$ erstreckt:

$$\frac{\omega}{2\pi}(t - t_0) \gg 1. \qquad \text{(VI 11, 64)}$$

Vertauschen wir dann in dem zyklotronischen Anteil der Bilanz (VI 11, 61) die Reihenfolge von Summation und Integration, so wird der absolute Betrag des aus der Wahl (VI 11, 62), (VI 11, 63) hervorgehenden Postens

$$\frac{\omega}{p}\int_{t_0}^{t}\frac{\sin(\omega\,t_0-p\,\alpha_0)}{J_0\left(\sqrt{-1}\,p\,\frac{a}{R}\right)}\,dt'=\frac{\omega}{p}(t-t_0)\frac{\sin(\omega\,t_0-p\,\alpha_0)}{J_0\left(\sqrt{-1}\,p\,\frac{a}{R}\right)} \quad \text{(VI 11, 65)}$$

für alle Teilchen der Synchrotron-Starteigenschaft

$$\sin(\omega\,t_0-p\,\alpha_0)\neq 0 \quad \text{(VI 11, 66)}$$

beliebig groß gegen den absoluten Betrag der übrigen, je zwischen festen Grenzen oszillierenden Posten. In diesem asymptotischen Sinne erschließen wir aus (VI 11, 61) die unter den Bedingungen (VI 11, 64) und (VI 11, 66) gültige Näherungsformel

$$\Delta W=-e\left[\frac{U_{max}}{\pi}\,\omega\,(t-t_0)\frac{\sin(\omega\,t_0-p\,\alpha_0)}{J_0\left(\sqrt{-1}\,p\,\frac{a}{R}\right)}+\frac{\omega}{2\pi p}\int_{t_0}^{t}\frac{\partial\Phi}{\partial t'}\,dt'\right] \quad \text{(VI 11, 67)}$$

Insbesondere definiert die Ungleichung

$$\sin(\omega\,t_0-p\,\alpha_0)<0;\qquad -\pi<(\omega\,t_0-p\,\alpha_0)<0 \bmod 2\pi \quad \text{(VI 11, 68)}$$

die Gesamtheit der Ladungsträger, welchen durch den Zyklotron-Effekt Energie zugeführt wird, während der Gruppe

$$\sin(\omega\,t_0-p\,\alpha_0)>0;\qquad 0<(\omega\,t_0-p\,\alpha_0)<\pi \bmod 2\pi \quad \text{(VI 11, 69)}$$

durch den gleichen Mechanismus Energie entzogen wird; nur die erstgenannten dienen dem Ziele des Synchrotrons, während die Existenz der zweiten Gruppe auf die Möglichkeit der Erzeugung elektromagnetischer Wellen hinweist, welche in neuzeitlichen Magnetronröhren realisiert wird.

g) Bis zum Zeitpunkte $t=t_0$ hat das kontrollierte Teilchen am Betatron-Prozeß teilgenommen; zufolge der während dieser Epoche auftretenden Störschwingungen wird es daher im Umschaltaugenblicke selbst den Ort

$$z(t_0)=z_0;\qquad r(t_0)=R+\Delta r_0;\qquad \alpha(t_0)=e\int_0^t\frac{B_0(t')}{m}\,dt'+\Delta\alpha_0 \quad \text{(VI 11, 70)}$$

mit der Geschwindigkeit

$$\dot z(t_0)=\dot z_0;\qquad \dot r(t_0)=\Delta\dot r_0;\qquad \dot\alpha(t_0)=\dot\alpha_0(t_0)+\Delta\dot\alpha_0 \quad \text{(VI 11, 71)}$$

durcheilen. Es muß hiernach als ausgeschlossen gelten, den Zeitpunkt t_0 so genau einzuregeln, daß man einen hinreichend großen Schwarm vorbeschleunigter Teilchen gleichzeitig gerade auf die synchrone Winkelgeschwindigkeit $\dot\alpha$ nach (VI 11, 62) bringt und überdies der Phasenungleichung (VI 11, 68) genügt. Auf Grund dieser Erkenntnis tut man besser, von vornherein auf diesen aussichtslosen Versuch zu verzichten und an seiner Stelle nach einem anderen Synchronisierverfahren zu suchen: Der Schaltaugenblick wird absichtlich so *vorverlegt*, daß zwar gewiß

$$\dot\alpha(t_0)<\frac{\omega}{p} \quad \text{(VI 11, 72)}$$

ausfällt, die entsprechende *Schlüpfung*

$$s_0=1-\frac{p\,\dot\alpha(t_0)}{\omega} \quad \text{(VI 11, 73)}$$

jedoch klein gegen 1 bleibt. Da nun während des Synchrotronbetriebes die numerische Geschwindigkeit β des Teilchens im Verhältnis zur Lichtgeschwindigkeit c stets nahe an 1 bleibt, können wir diese Aussage zu der Ungleichung

$$|s| = \left|1 - \frac{p\,\dot{\alpha}(t)}{\omega}\right| \ll 1 \qquad \text{für} \qquad t \geqq t_0 \qquad \text{(VI 11, 74)}$$

erweitern. Diese kinematische Eigenschaft legt zusammen mit (VI 11, 70) und (VI 11, 71) jene *Übergangsbahn* fest, welche das Teilchen in eine quasistationäre Synchrotronbewegung leiten soll. Ist das gesteckte Ziel erreichbar?

Wir betrachten den in $t = t_0$ einsetzenden dynamischen Vorgang als das Ergebnis schwacher Störungen der in den Zeitraum $t > t_0$ hinein fortgesetzten Betatron-Bahn, welche gemäß (VI 11, 38) wesentlich von dem elektrischen Potentialfelde verursacht werden. In diesem definiert zufolge (VI 11, 74) der in Richtung wachsenden Azimutes umlaufende Drehfeldanteil der Ordnung $n = 0$

$$-e\frac{U_{max}}{\pi}\,p\,\frac{\sin\omega\left(t - \frac{\alpha}{\Omega_0}\right)}{J_0\left(\sqrt{-1}\,p\frac{a}{R}\right)} \equiv -e\frac{U_{max}}{\pi}\,p\,\frac{\sin(\omega t - p\,\alpha)}{J_0\left(\sqrt{-1}\,p\frac{a}{R}\right)} \qquad \text{(VI 11, 75)}$$

am jeweiligen Orte des kontrollierten Ions eine Funktion der Zeit, welche sich im Vergleich zu allen übrigen Anteilen des genannten Potentialfeldes nur sehr langsam ändert. Verzichten wir also auf die Einsicht in die von diesen Feldkomponenten herrührenden, rasch pulsierenden Mikrodeformationen der Übergangsbahn, so dürfen wir (VI 11, 38) durch die wesentlich einfachere Gleichung

$$\frac{d}{dt}(m\,r^2\,\dot{\alpha} + e\,r\,V) = -e\frac{U_{max}}{\pi}\,p\,\frac{\sin(\omega t - p\,\alpha)}{J_0\left(\sqrt{-1}\,p\frac{a}{R}\right)} \qquad \text{(VI 11, 76)}$$

ersetzen; in derselben Genauigkeit ist es gerechtfertigt, die Trägheitsreaktion $d/dt\,(m\,\dot{r})$ der Radialbeschleunigung gegen die Zentrifugalkraft $m\,r\,\dot{\alpha}^2$ zu vernachlässigen, so daß (VI 11, 37) in

$$\dot{\alpha} = -\frac{e}{m}B_z \qquad \text{(VI 11, 77)}$$

übergeht, während die Teilchenmasse m als Funktion der Bahnkoordinaten einschließlich ihrer Ableitungen nach der Zeit durch

$$m = \frac{m_R}{\sqrt{1 - \frac{r^2\,\dot{\alpha}^2}{c^2}}} \qquad \text{(VI 11, 78)}$$

approximiert werden kann. Diese Aussage ist trotz ihrer formalen Verwandtschaft mit Gleichung (VI 11, 54) doch inhaltlich wesentlich von dieser verschieden: Solange die Ionenschleuder als *Betatron* arbeitete, durften wir die träge Masse des Elektrizitätsträgers nach seiner Bewegung längs der *ungestörten Bahn* beurteilen; im *Synchrotron* dagegen hat sich die Teilchengeschwindigkeit v der Lichtgeschwindigkeit c so stark angenähert, daß selbst kleine Änderungen des Verhältnisses $\beta = v/c$ starke Massenänderungen nach sich ziehen, welche deshalb mit der *gestörten Bahn* funktionell zu verknüpfen sind. In Kürze: Die Dynamik des *Betatrons* wird vorwiegend von der *Beschleunigung*, jene des *Synchrotrons* von der *Beschwerung* des umgeschleuderten Teilchens her bestimmt.

Von der ungestörten Betatronbahn (VI 11, 47) ausgehend, haben wir die gesuchte Übergangsbewegung wiederum in der Gestalt (VI 11, 53) anzusetzen. Aus (VI 11, 77) und (VI 11, 78) finden wir daher mit Rücksicht auf (VI 11, 31), (VI 11, 32) und (VI 11, 48)

$$\Delta\,\dot{\alpha} = \left[\frac{e}{m^2}\Delta\, m\, B_z - \frac{e}{m}\frac{\partial B_z}{\partial r}\Delta\, r\right]_{z=0,\, r=R} =$$

$$= -\dot{\alpha}_0 \frac{\dfrac{R\,\dot{\alpha}_0^2\,\Delta\, r + R^2\,\dot{\alpha}_0\,\Delta\,\dot{\alpha}}{c^2}}{1 - \dfrac{R^2\,\dot{\alpha}_0^2}{c^2}} - \frac{e}{m}\frac{\nu}{R}\Delta\, r, \qquad \text{(VI 11, 79)}$$

so daß als Zusammenhang zwischen $\Delta\,\dot{\alpha}$ und $\Delta\, r$ die Relation

$$\Delta\,\dot{\alpha} = -\dot{\alpha}\left[\frac{R^2\,\dot{\alpha}_0^2}{c^2} + \nu\left(1 - \frac{R^2\,\dot{\alpha}_0^2}{c^2}\right)\right]\frac{\Delta\, r}{R} \qquad \text{(VI 11, 80)}$$

resultiert; sie reduziert sich im Arbeitsbereiche $R^2\,\dot{\alpha}_0^2/c^2 \to 1$ des Synchrotrons auf

$$\Delta\,\dot{\alpha} = -\frac{R\,\dot{\alpha}_0^3}{c^2}\Delta\, r. \qquad \text{(VI 11, 81)}$$

Während des regulären Betatronbetriebes $[0 \leqq t \leqq t_0]$ wird zufolge (VI 11, 48) und (VI 11, 50)

$$r\, V(t) \to R\, V_0(t) = \frac{\Phi_0(t)}{2\pi} = -R^2\, B_0(t). \qquad \text{(VI 11, 82)}$$

Nach dem Umschalten auf den Synchrotronprozeß sind wir jedoch nicht mehr an diese Bedingung gebunden. Von dieser Freiheit in der Betriebsführung der Maschine Gebrauch machend, dürfen wir daher von $t = t_0$ an dem magnetischen Induktionsfluß $\Phi_0 = 2\pi\, R\, V_0$ das Änderungsgesetz

$$\Phi_0(t) = 2\pi\, R\, V_0(t) = -\sigma(t)\cdot 2\pi\, R^2\, B_0(t) \qquad \text{(VI 11, 83)}$$

auferlegen; in ihm definiert die numerische Erregung $\sigma = \sigma(t)$ des Synchrotrons eine Funktion der Zeit, welche sich von ihrem Anfangswert

$$\sigma(t_0) = 1 \qquad \text{(VI 11, 84)}$$

aus mit wachsendem $t > t_0$ nach einer weiterhin als bekannt angenommenen Vorschrift langsam ändere, in der Regel abnehme.

Kehren wir nun zu (VI 11, 76) zurück, so finden wir zunächst mittels (VI 11, 77) für den Gesamt-Drehimpuls den Ausdruck

$$m\, r^2\,\dot{\alpha} + e\, r\, V = e\left[-r^2\, B_z + r\, V\right]. \qquad \text{(VI 11, 85)}$$

Mit Rücksicht auf (VI 11, 29), (VI 11, 32) und (VI 11, 83) lautet seine längs der Übergangsbahn gültige Entwicklung nach $\Delta\, r$ und z bei Beschränkung auf die in diesen Störvariabeln linearen Glieder

$$m\, r^2\,\dot{\alpha} + e\, r\, V = e\, R^2\, B_0\left[(1-\sigma) + \frac{1-\nu}{R}\Delta\, r\right] \qquad \text{(VI 11, 86)}$$

oder, nach Substitution von (VI 11, 81)

$$m\, r^2\,\dot{\alpha} + e\, r\, V = e\, R^2\, B_0\left[(1-\sigma) - \frac{c^2}{R^2\,\dot{\alpha}_0^3}(1-\nu)\,\Delta\,\dot{\alpha}\right]. \qquad \text{(VI 11, 87)}$$

Daher entsteht aus (VI 11, 76) die Differentialgleichung

$$\frac{d}{dt}\left[\frac{c^2 B_0}{\dot{\alpha}_0^3}\Delta\dot{\alpha}\right]=\frac{1}{1-\nu}\left[\frac{d}{dt}\{R^2 B_0(1-\sigma)\}+\frac{U_{max}}{\pi}\,p\,\frac{\sin(\omega t-p\alpha)}{J_0\left(\sqrt{-1}\,p\frac{a}{R}\right)}\right], \qquad \text{(VI 11, 88)}$$

welche den zeitlichen Verlauf der Azimutalstörung beherrscht.

h) Für den Beginn der Übergangsbahn vereinfacht sich (VI 11, 88) wegen (VI 11, 84) zu

$$\frac{d}{dt}\left[\frac{c^2 B_0}{\dot{\alpha}_0^3}\Delta\dot{\alpha}\right]=\frac{p\,U_{max}}{(1-\nu)\pi\,J_0\left(\sqrt{-1}\,p\frac{a}{R}\right)}\sin(\omega t-p\alpha). \qquad \text{(VI 11, 89)}$$

Hierin mißt die Funktion

$$\chi=\omega t-p\alpha \qquad \text{(VI 11, 90)}$$

vom Anfangswerte

$$\chi_0=\chi(t_0)=\omega t_0-p\alpha_0 \qquad \text{(VI 11, 91)}$$

den *Phasenfehler* des im Zeitpunkt $t > t_0$ kontrollierten Teilchens im Vergleich zu jenem „musterhaften“ Ion, welches im Falle des optimalen Umschaltaugenblickes $[s_0 = 0]$ genau die Bedingung (VI 11, 63) bei $\chi_0 = 0$ erfüllen würde.

Dem *Phasenfehler* stellen wir mittels der Definition

$$\dot{\chi}=\frac{d\chi}{dt}=\omega-p\dot{\alpha}=\omega-p\dot{\alpha}_0-p\Delta\dot{\alpha}=\omega s-p\Delta\dot{\alpha}, \qquad \text{(VI 11, 92)}$$

den *Frequenzfehler vom* Anfangswert

$$\dot{\chi}_0=\dot{\chi}(t_0)=\omega s_0-p\Delta\dot{\alpha}_0 \qquad \text{(VI 11, 93)}$$

zur Seite. Daher verwandelt sich (VI 11, 89) in

$$\frac{d}{dt}\left[\frac{c^2 B_0}{\dot{\alpha}_0^3}\frac{d\chi}{dt}\right]+\frac{p^2 U_{max}}{(1-\nu)\pi\,J_0\left(\sqrt{-1}\,p\frac{a}{R}\right)}\sin\chi=-\frac{d}{dt}\left[\frac{c^2 B_0}{\dot{\alpha}_0^3}\,\omega s\right]. \qquad \text{(VI 11, 94)}$$

Wir betrachten hierin das Verhältnis $c^2 B_0/\dot{\alpha}_0^3$ als langsam veränderliche Funktion der Zeit und übertragen die gleiche Annahme auf die Schlüpfung s. Demzufolge dürfen wir die rechte Seite der Gl. (VI 11, 94) mit Null vertauschen. Setzen wir dann abkürzend

$$\Omega^2=\frac{\dot{\alpha}_0^3}{c^2 B_0}\frac{p^2 U_{max}}{(1-\nu)\pi\,J_0\left(\sqrt{-1}\,p\frac{a}{R}\right)}, \qquad \text{(VI 11, 95)}$$

so entsteht aus (VI 11, 94) die Differentialgleichung eines *Pendels*

$$\frac{d^2\chi}{dt^2}+\Omega^2\sin\chi=0, \qquad \text{(VI 11, 96)}$$

dessen Eigenschwingungen im Falle infinitesimal kleiner Amplituden mit der Kreisfrequenz Ω pulsieren.

Mittels der Identität

$$\frac{d^2\chi}{dt^2}\equiv\frac{d}{d\chi}\left(\frac{1}{2}\dot{\chi}^2\right) \qquad \text{(VI 11, 97)}$$

erhält man nun unter den Anfangsbedingungen (VI 11, 91) und (VI 11, 93) aus (VI 11, 96) durch einmalige Integration

$$\frac{1}{2}\left[\dot{\chi}^2 - \dot{\chi}_0^3\right] = -\Omega^2\left[\cos\chi_0 - \cos\chi\right] \equiv 2\,\Omega^2\left[\sin^2\frac{\chi_0}{2} - \sin^2\frac{\chi}{2}\right]. \qquad \text{(VI 11, 98)}$$

Wir berechnen hieraus

$$\left(\frac{1}{2}\dot{\chi}\right)^2 = \left[\left(\frac{1}{2}\dot{\chi}_0\right)^2 + \left(\Omega\sin\frac{\chi_0}{2}\right)^2\right] - \left(\Omega\sin\frac{\chi}{2}\right)^2. \qquad \text{(VI 11, 99)}$$

Daher gelingt die Synchronisierung dann und nur dann, falls man den Fehlerbereich

$$\left(\frac{1}{2}\dot{\chi}_0\right)^2 + \left(\Omega\sin\frac{\chi_0}{2}\right)^2 \leqq \Omega^2 \qquad \text{(VI 11, 100)}$$

[Abb. VI 311] nicht verläßt. Unter den Ionen, welche als Angehörige eben dieses Bereiches ordnungsmäßig in den Synchronprozeß eintreten, gestatten unter sonst gleichen Umständen die phasenfehlerfreien $[\chi_0 = 0]$ den größten Frequenzfehler

$$|\dot{\chi}_0|_{\max} = 2\,\Omega. \qquad \text{(VI 11, 101)}$$

Schreibt man ihnen überdies noch die Anfangseigenschaft $\Delta\,\dot{\alpha}_0 = 0$ zu, so ergibt sich also gemäß (VI 11, 93) aus (VI 11, 101) die höchstzulässige Anfangsschlüpfung

$$|s_0|_{\max} = \frac{|\dot{\chi}_0|_{\max}}{\omega} = 2\,\frac{\Omega}{\omega}. \qquad \text{(VI 11, 102)}$$

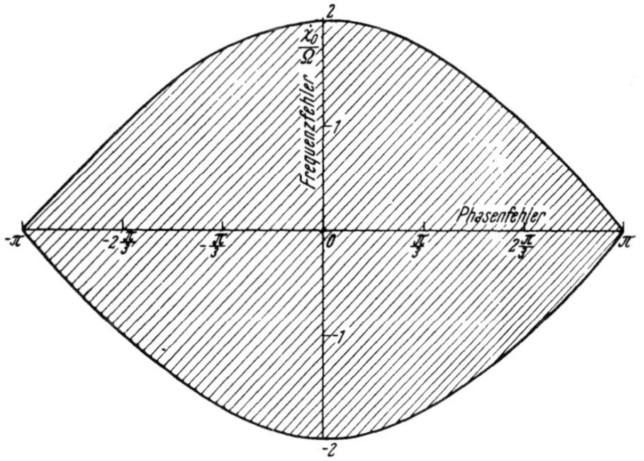

Abb. VI 311. Synchrotron. Toleranz-Zweieck für Synchronisierung.

Bei der Auswertung dieser Formel darf man in Ω nach (VI 11, 95) auf Grund der Voraussetzung (VI 11, 74) $\dot{\alpha}_0$ mit ω/p vertauschen; ersetzt man dann ω durch die entsprechende Vakuum-Wellenlänge

$$\lambda = \frac{2\pi c}{\omega} \qquad \text{(VI 11, 103)}$$

so gelangt man also zu der Umschalt-Vorschrift

$$|s_0|_{\max} = 2\sqrt{\frac{\omega}{c^2 B_0 p}\cdot\frac{U_{\max}}{(1-\nu)\,\pi\, J_0\left(\sqrt{-1}\,p\,\frac{a}{R}\right)}} =$$

$$= \sqrt{\frac{U_{\max}}{\lambda\, c\, B_0}\cdot\frac{8}{p\,(1-\nu)\,\pi\, J_0\left(\sqrt{-1}\,p\,\frac{a}{R}\right)}}. \qquad \text{(VI 11, 104)}$$

i) Von nun an richten wir unsere Aufmerksamkeit auf eines der synchronisierten Ionen. Um seine dann noch mögliche Bewegung zu beschreiben, erweitern wir den Ansatz (VI 11, 63) zu

$$\alpha = \alpha_0 + \frac{\omega}{p}(t - t_0) + \Delta\,\alpha; \qquad \dot{\alpha} = \dot{\alpha}_0 + \Delta\,\dot{\alpha} = \frac{\omega}{p} + \Delta\,\dot{\alpha} \qquad \text{(VI 11, 105)}$$

und erhalten aus (VI 11; 88)

$$\frac{d}{dt}\left[\frac{c^2 B_0 p^3}{\omega^3}\,\Delta\,\dot{\alpha}\right] =$$

$$= \frac{1}{1-\nu}\left[\frac{d}{dt}\{R^2 B_0 (1-\sigma)\} + \frac{U_{max}}{\pi}\,p\,\frac{\sin(\omega\,t_0 - p\,\alpha_0 - p\,\Delta\,\alpha)}{J_0\left(\sqrt{-1}\,p\,\frac{a}{R}\right)}\right]. \qquad \text{(VI 11, 106)}$$

Im Synchronlaufe kennzeichnen wir die „richtigphasigen" Elektrizitätsträger durch ihren festen, dem Bereiche (VI 11, 68) zu entnehmenden Arbeitswinkel

$$\gamma = \omega\,t_0 - p\,\alpha_0; \qquad \sin\gamma < 0. \qquad \text{(VI 11, 107)}$$

Damit er ein partikulares Integral der Differentialgleichung (VI 11, 106) definiere, müssen wir das magnetische Feld der Maschine der Steuervorschrift

$$\frac{d}{dt}\{R^2 B_0 (1-\sigma)\} = -\frac{U_{max}}{\pi}\,p\,\frac{\sin\gamma}{J_0\left(\sqrt{-1}\,p\,\frac{a}{R}\right)} > 0 \qquad \text{(VI 11, 108)}$$

unterwerfen. Ausgehend vom Umschaltzeitpunkt $t = t_0$ der Maschine in den Betrieb als Synchrotron ist also dessen numerische Erregung $\sigma = \sigma(t)$ vom Anfangswerte $\sigma(t_0) = 1$ aus so zu schwächen, daß

$$R^2 B_0 (1-\sigma) = -\frac{U_{max}}{\pi}\,p\,\frac{\sin\gamma}{J_0\left(\sqrt{-1}\,p\,\frac{a}{R}\right)}(t - t_0) \qquad \text{(VI 11, 109)}$$

ausfällt. Mit Rücksicht auf (VI 11, 48) läßt sich diese Bedingung in die Form bringen

$$1 - \sigma = -\frac{e\,U_{max}}{\pi\,R^2\,\dot{\alpha}_0^{\,2}\,m}\,\frac{\sin\gamma}{J_0\left(\sqrt{-1}\,p\,\frac{a}{R}\right)}\,\omega\,(t - t_0). \qquad \text{(VI 11, 110)}$$

Im Arbeitsbereich des Synchrotrons unterscheidet sich

$$R^2\,\dot{\alpha}_0^{\,2} = \beta_0^{\,2}\,c^2; \qquad \beta_0 = \frac{R\,\dot{\alpha}_0}{c} \qquad \text{(VI 11, 111)}$$

nur wenig von c^2. Da nun zufolge (VI 11, 7) das in (VI 11, 67) eingehende Integral $\int_{t_0}^{t} \partial\Phi/\partial t'\,dt'$ auch für $t \to \infty$ beschränkt bleibt, führt der Vergleich dieser Energiebilanz mit (VI 11, 110) zu der Aussage

$$\lim_{\omega(t-t_0)\to\infty} (1-\sigma) = 1; \qquad \lim_{\omega(t-t_0)\to\infty} \sigma = 0. \qquad \text{(VI 11, 112)}$$

Um sie zu verwirklichen, bringt man nach dem Umschalten der Maschine in den Synchrotronbetrieb den Induktionsfluß Φ_0 in den Zustand der magnetischen Sättigung, während die örtliche Induktion B_0 Hand in Hand mit der beabsichtigten Massenzunahme des geschleuderten Teilchens zu steigern ist.

Falls das kontrollierte Ion mit einem von (VI 11, 107) verschiedenen Phasenwinkel in den Synchronlauf eintritt, wird

$$\chi = \gamma - p \Delta \alpha \tag{VI 11, 113}$$

eine Funktion der laufenden Zeit $t > t_0$ vom Anfangswerte

$$\gamma^* = \chi(t_0) = \gamma - p \Delta \alpha_0. \tag{VI 11, 114}$$

Demnach definiert die Differenz $(\gamma - \chi)$ das p-fache der Azimut-Differenz, welche jeweils das falschphasige Ion von seinem etwa mittels einer „Momentaufnahme" gleichzeitig beobachteten, richtigphasigen Partner trennt.

Durch Substitution von (VI 11, 113) in (VI 11, 106) entsteht mit Rücksicht auf (VI 11, 108) für χ die Differentialgleichung

$$\frac{d}{dt}\left[\frac{c^2 B_0 p^3}{\omega^3}\frac{d\chi}{dt}\right] + \frac{1}{1-\nu}\frac{U_{max}}{\pi} p \frac{\sin\chi}{J_0\left(\sqrt{-1}\, p \frac{a}{R}\right)} = \frac{1}{1-\nu}\frac{U_{max}}{\pi} p \frac{\sin\gamma}{J_0\left(\sqrt{-1}\, p \frac{a}{R}\right)}. \tag{VI 11, 115}$$

In ihr betrachten wir, wie früher, B_0 als langsam veränderlich. Spezialisieren wir daher die Definition (VI 11, 95) mittels $\dot{\alpha}_0 = \omega/p$ auf den Synchronlauf des kontrollierten Ions, so dürfen wir (VI 11, 115) hinreichend genau durch die Differentialgleichung

$$\frac{d^2\chi}{dt^2} + \Omega^2 \sin\chi = \Omega^2 \sin\gamma \tag{VI 11, 116}$$

ersetzen, welche formal mit der Arbeitsgleichung (VI 8, 77) des Synchro-Zyklotrons identisch ist. Ungeachtet des in den verglichenen Maschinen wesentlich unterschiedlichen dynamischen Baues des Parameters Ω^2, welcher für die Eigenfrequenz infinitesimal kleiner Schwingungen maßgebend ist, sind daher die für das Synchro-Zyklotron entwickelten Stabilitätskriterien der falschphasigen Ionen auch für das Synchrotron verbindlich.

VI 12. Der Linearbeschleuniger.

a) Das *Synchro-Zyklotron* bedarf zur Führung der umgeschleuderten Ladungsträger eines *starken Elektromagneten,* welcher nur mit großem Materialaufwande hergestellt werden kann. Um dieser Schwierigkeit aus dem Wege zu gehen, muß man auf die *Krümmung der Ionenbahnen zu eng aufeinanderfolgenden Spiralen verzichten* und gelangt so zu einem Gerät, in welchem die Ladungsträger längs einer *Geraden* beschleunigt werden. Doch unterscheidet sich ein *„Linearbeschleuniger"* dieser Art von einem demselben Zwecke dienenden *statischen* Beschleunigungsfelde wesentlich durch die Verwendung eines *dynamischen Arbeitsfeldes* von der Struktur einer *wandernden Welle,* welche das Ion während des Beschleunigungsprozesses begleitet; der Betrag der zu ihrer Erregung notwendigen Wechselspannung fällt bei gleicher Endenergie des beschleunigten Ions um ein vielfaches kleiner als die äquivalente Gleichspannung aus.

b) In seiner grundsätzlichen Gestalt besteht der Linearbeschleuniger aus einer Reihe konzentrisch hintereinander angeordneter kreiszylindrischer Rohrelektroden von gesetzmäßig veränderlicher Länge. Wird zwischen je zwei benachbarte Elektroden eine Wechselspannung gelegt, so erzeugt das entstehende elektromagnetische Feld im Rohrinnern eine achsial gerichtete Komponente der elektrischen Feldstärke, welche dem gewünschten Antrieb der Ladungsträger dient. Um eine bestimmte Bewegungsrichtung der Ionen von der einheitlichen Ruhmasse m_0 und der gleichfalls einheitlichen Ladung e zu gewährleisten, ist ein *Injektor* vorzusehen, welcher die Ionen in einer willkürlich wählbaren Phase der Arbeitswelle überliefert [Abb. VI 312].

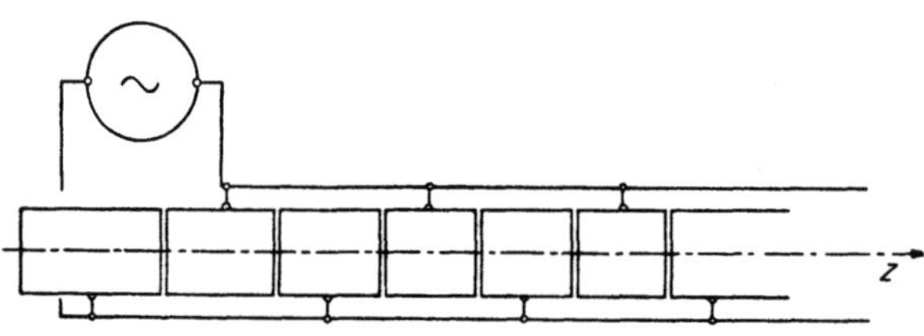

Abb. VI 312. Linearbeschleuniger. Anordnung der Beschleunigungs-Kammern [schematisch].

c) Wir orientieren uns im Linearbeschleuniger am System der Zylinderkoordinaten z [Achse], r [Radialdistanz] und α [Azimut], in welchem die laufende Zeit t gemessen wird. Die Ebene $z = 0$ wird mit jener des Injektors identifiziert; die positive z-Achse möge in die Richtung der beabsichtigten Ionenbeschleunigung weisen und mit der Bahn der Ionen koinzidieren. Statt nun an Hand einer vorgelegten Form der Rohrelektroden deren längs der positiven z-Achse herrschende elektrische Feldkomponente

$$E^z = E^z(z, t) \tag{VI 12, 1}$$

zu berechnen, wählen wir für sie von vornherein den Ansatz

$$E^z = E_0 \sin\left[\omega\left(t - \int_0^z \frac{dz'}{v(z')}\right)\right]; \qquad E_0 > 0. \tag{VI 12, 2}$$

Er schildert eine Welle der *Amplitude* E_0, welche überall mit der festen Kreisfrequenz ω einfach-harmonisch pulsiert, während die Funktion

$$v = v(z) \tag{VI 12, 3}$$

die am Orte z zur Zeit t herrschende *Phasengeschwindigkeit* dieser Welle mißt; wir sehen sie vorerst als willkürlich regelbar an. Während des Beschleunigungsvorganges gehorchen also die Ionen der Differentialgleichung

$$\frac{d}{dt}\left[m\frac{dz}{dt}\right] = e\,E_0 \sin\left[\omega\left(t - \int_0^z \frac{dz'}{v(z')}\right)\right], \tag{VI 12, 4}$$

wobei die träge Masse m aus

$$m = \frac{m_0}{\sqrt{1-\beta^2}}; \qquad \beta = \frac{1}{c}\frac{dz}{dt} \tag{VI 12, 5}$$

zu berechnen ist. Gefragt wird nach der Bewegung jenes Kontrollions, welches zum Zeitpunkt $t = t_0$ ohne merkliche Anfangsgeschwindigkeit dem Geräte injiziert wird:

$$z = 0; \qquad \frac{dz}{dt} = 0 \qquad \text{für} \qquad t = t_0. \tag{VI 12, 6}$$

d) Kann man die Phasengeschwindigkeit v (z) der längs des Linearbeschleunigers fortschreitenden Welle so regeln, daß das kontrollierte Ion eine *Hyperbelbewegung* ausführt?

Da die genannte Bewegung nach Ziffer VI als *relativistischer Beschleunigungsprozeß* unter dem Einflusse einer *konstanten Newton*schen *Kraft* definiert ist, involviert die oben formulierte Frage die *Existenz einer festen Phase*

$$\gamma = \omega \left(t - \int_0^z \frac{dz'}{v(z')} \right). \tag{VI 12, 7}$$

Setzen wir nun abkürzend

$$\tau = \omega t \tag{VI 12, 8}$$

als *numerische Zeit* und bezeichnen durch

$$\varepsilon = \frac{e E_0}{\omega m_0 c} = \frac{c e E_0}{\omega} \cdot \frac{1}{m_0 c^2} \tag{VI 12, 9}$$

die *numerische Feldstärke* gleich dem Verhältnis der von E_0 längs des Weges c/ω [dem $1/2\pi$-fachen der zu ω gehörigen *Vakuumwellenlänge*] am Ion geleisteten Arbeit zu dessen Ruheenergie, so geht (VI 12, 4) mit Rücksicht auf (VI 12, 5) in

$$\frac{d}{d\tau} \frac{\beta}{\sqrt{1-\beta^2}} = \varepsilon \sin \gamma \tag{VI 12, 10}$$

über. Durch einmalige Integration folgt hieraus mit Rücksicht auf die Anfangsbedingungen (VI 12, 6)

$$\frac{\beta}{\sqrt{1-\beta^2}} = (\tau - \tau_0)\, \varepsilon \sin \gamma. \tag{VI 12, 11}$$

Stellen wir nun der numerischen Zeit τ die *numerische Achsenkoordinate*

$$\zeta = \frac{\omega z}{c} \tag{VI 12, 12}$$

zur Seite, so schließen wir durch Auflösung von (VI 12, 11) nach β auf die Gleichung

$$\beta = \frac{d\zeta}{d\tau} = \frac{(\tau - \tau_0)\, \varepsilon \sin \gamma}{\sqrt{1 + (\tau - \tau_0)^2\, \varepsilon^2 \sin^2 \gamma}}. \tag{VI 12, 13}$$

Ihre Integration liefert, unter nochmaliger Berufung auf (VI 12, 6), in

$$\zeta = \frac{1}{\varepsilon \sin \gamma} \left[\sqrt{1 + (\tau - \tau_0)^2\, \varepsilon^2 \sin^2 \gamma} - 1 \right] \tag{VI 12, 14}$$

den zeitlichen Ablauf der angenommenen Hyperbelbewegung. Durch Substitution von (VI 12, 14) in (VI 12, 13) findet sich

$$\beta = \frac{\sqrt{(1 + \zeta\, \varepsilon \sin \gamma)^2 - 1}}{\zeta\, \varepsilon \sin \gamma}. \tag{VI 12, 15}$$

Nun folgt aus (VI 12, 7) mit Rücksicht auf (VI 12, 8) und (VI 12, 12) durch Differentiation nach τ

$$1 = \frac{\omega}{v(z)} \cdot \frac{dz}{d\tau} = \frac{c}{v(z)}\, \beta. \tag{VI 12, 16}$$

Behalten wir der Kürze halber das Symbol v auch für die als Funktion von ζ aufgefaßte Phasengeschwindigkeit bei, so entnehmen wir für ihre Regelung längs ζ aus (VI 12, 15) und (VI 12, 16) die einfache Anweisung

$$v(\zeta) = c\, \frac{\sqrt{(1 + \zeta\, \varepsilon \sin \gamma)^2 - 1}}{\zeta\, \varepsilon \sin \gamma} \tag{VI 12, 17}$$

welche also nur von dem Parameter $\varepsilon \sin \gamma$ abhängt.

e) Nach Wahl einer bestimmten Phase γ verlangt die Realisierung der zugehörigen Hyperbelbewegung die Injektion der zu beschleunigenden Ionen exakt zu dem durch

$$\omega\, t_0 \equiv \tau_0 = \gamma \tag{VI 12, 18}$$

bestimmten [numerischen] Zeitpunkte. Diese Bedingung ist jedoch nur ideell erfüllbar; tatsächlich hat man für den Startzeitpunkt des kontrollierten Ladungsträgers eine gewisse *Ungenauigkeit* in Rechnung zu stellen, so daß es mit einer von γ verschiedenen, „*falschen*" *Phase* in die Bewegung eintritt. Wird es ungeachtet dieses Fehlers von der Welle des Arbeitsfeldes im beabsichtigten Sinne beschleunigt oder fällt es außer Tritt?

Wir richten unsere Aufmerksamkeit auf eines der falschphasigen Ionen, dessen Lage z zur Zeit t die Phase

$$\chi = \omega\left(t - \int_0^z \frac{dz'}{v(z')}\right) \tag{VI 12, 19}$$

der an ihm angreifenden elektrischen Feldkraft bestimmt. Im Gegensatz zu dem nach Definition festen Werte γ der „richtigen" Phase sehen wir χ als *langsam veränderliche* Funktion der numerischen Zeit an

$$\left|\frac{d\chi}{d\tau}\right| \ll 1. \tag{VI 12, 20}$$

Den Ort z des kontrollierten Ions mit dem gleichzeitigen Ort z_H jenes ideellen Ions vergleichend, das vermöge seiner richtigen Anfangsphase die Hyperbelbewegung ausführt, schreiben wir mit Rücksicht auf (VI 12, 7)

$$\chi = \omega\left(t - \int_0^{z_H} \frac{dz'}{v(z')} - \int_{z_H}^{z} \frac{dz'}{v(z')}\right) = \gamma - \omega \int_{z_H}^{z} \frac{dz'}{v(z')} \tag{VI 12, 21}$$

In dem verbleibenden Integral ersetzen wir, unter Beschränkung auf nicht zu große Beträge der numerischen Abweichungen

$$\varDelta\,\zeta = \frac{\omega\,(z - z_H)}{c} \tag{VI 12, 22}$$

die im Integrationsbereiche tatsächlich veränderliche Phasengeschwindigkeit durch ihren Wert am Orte z_H und erhalten mit den Abkürzungen

$$\beta_H = \frac{v(z_H)}{c}\,; \qquad \varDelta\,\zeta = \frac{\omega\,(z - z_H)}{c} \tag{VI 12, 23}$$

aus (VI 12, 21)

$$\chi = \gamma - \frac{\varDelta\,\zeta}{\beta_H} \tag{VI 12, 24}$$

also

$$\beta = \frac{d\zeta}{d\tau} = \beta_H + \frac{d\varDelta\,\zeta}{d\tau} = \beta_H\left(1 - \frac{d\chi}{d\tau}\right). \tag{VI 12, 25}$$

Daher entsteht aus (VI 12, 4) nach Kürzen mit $\omega\, m_0\, c$ für χ die Differentialgleichung

$$\frac{d}{dt}\left\{\frac{\beta_H\left(1 - \frac{d\chi}{d\tau}\right)}{\sqrt{1 - \beta_H{}^2\left(1 - \frac{d\chi}{d\tau}\right)^2}}\right\} = \varepsilon \sin\chi. \tag{VI 12, 26}$$

Mit Rücksicht auf (VI 12, 20) dürfen wir uns in der nach Potenzen von $d\chi/d\tau$ fortschreitenden Entwicklung

$$\frac{\beta_H\left(1-\frac{d\chi}{d\tau}\right)}{\sqrt{1-\beta_H^2\left(1-\frac{d\chi}{d\tau}\right)^2}}=\frac{\beta_H}{\sqrt{1-\beta_H^2}}-\frac{\beta_H\frac{d\chi}{d\tau}}{(1-\beta_H^2)^{3/2}}+\dots \qquad \text{(VI 12, 27)}$$

mit den explizit angegebenen Gliedern begnügen, so daß (VI 9, 26) in

$$\frac{d}{d\tau}\left\{\frac{\beta_H}{\sqrt{1-\beta_H^2}}\right\}-\frac{d}{d\tau}\left\{\frac{\beta_H}{(1-\beta_H^2)^{3/2}}\cdot\frac{d\chi}{d\tau}\right\}=\varepsilon\sin\chi \qquad \text{(VI 12, 28)}$$

übergeht. Da diese Gleichung sich für $\chi \to \gamma$ auf die *differentielle Beschreibung der Hyperbelbewegung* reduziert

$$\frac{d}{d\tau}\left\{\frac{\beta_H}{\sqrt{1-\beta_H^2}}\right\}=\varepsilon\sin\gamma, \qquad \text{(VI 12, 29)}$$

läßt sich (VI 12, 28) in die Form bringen

$$\left\{\frac{d}{d\tau}\frac{\beta_H}{(1-\beta_H^2)^{3/2}}\frac{d\chi}{d\tau}\right\}+\varepsilon\sin\chi=\varepsilon\sin\gamma. \qquad \text{(VI 12, 30)}$$

Nun werde, über (VI 12, 20) hinausgehend, die numerische Geschwindigkeit β_H der Hyperbelbewegung als *langsam veränderlich* im Vergleich zur Änderungsgeschwindigkeit $d\chi/d\tau$ vorausgesetzt. In der hierdurch angezeigten Genauigkeit darf man (VI 12, 30) durch

$$\frac{\beta_H}{(1-\beta_H^2)^{3/2}}\frac{d^2\chi}{d\tau^2}+\varepsilon\sin\chi=\varepsilon\sin\gamma \qquad \text{(VI 12, 31)}$$

ersetzen. Mit der Abkürzung

$$\Omega^2=\varepsilon\,\frac{(1-\beta_H^2)^{3/2}}{\beta_H}\cdot\omega^2 \qquad \text{(VI 12, 32)}$$

schreiben wir Gl. (VI 12, 31) in der Gestalt

$$\frac{d^2\chi}{dt^2}+\Omega^2\sin\chi=\Omega^2\sin\gamma, \qquad \text{(VI 12, 33)}$$

welche mit der für das *Synchro-Zyklotron* maßgeblichen Gleichung (VI 12, 77) identisch ist. Auch der *Linearbeschleuniger* kann daher mit einer *Synchronmaschine* verglichen werden, wobei die Alternative $\sin\gamma \gtrless 0$ dem Betriebe der Maschine als $\genfrac{}{}{0pt}{}{\text{Motor}}{\text{Generator}}$ entspricht: Bei *Umkehr der Phase* verwandelt sich der *Linearbeschleuniger* in einen *Erzeuger elektrischer Schwingungen*, deren Energie der Bewegungsenergie der verzögerten Ionen entstammt; wir kommen später auf die Anwendung dieses Mechanismus zum Bau von *Wanderfeld-Verstärkern* zurück.

f) Statt die Phasengeschwindigkeit der Arbeitswelle bis zum Betrage der Lichtgeschwindigkeit zu steigern, werde sie auf den festen Wert $v_0 < c$ begrenzt. Setzen wir dann

$$\beta_0=\frac{v_0}{c} \qquad \text{(VI 12, 34)}$$

so liefert (VI 12, 19), nach Wahl eines passenden Ursprunges der Zeitzählung, mit Rücksicht auf (VI 12, 8) und (VI 12, 12) den Zusammenhang

$$\chi = \omega\left(t - \int_0^z \frac{dz'}{v_0}\right) = \tau - \frac{\zeta}{\beta_0}. \qquad \text{(VI 12, 35)}$$

Wir entnehmen ihm die Relation

$$\beta = \frac{d\zeta}{d\tau} = \beta_0\left(1 - \frac{d\chi}{d\tau}\right), \qquad \text{(VI 12, 36)}$$

durch deren Substitution in (VI 12, 4), nach Kürzen mit $\omega\, m_0\, c$, für die Ionenbewegung die Differentialgleichung

$$\frac{d}{d\tau}\frac{\beta}{\sqrt{1-\beta^2}} = \varepsilon \sin\chi \qquad \text{(VI 12, 37)}$$

resultiert. Zum Zwecke ihrer Integration suchen wir zunächst das zugehörige *kinetische Potential*

$$L = L(\chi, \dot\chi); \qquad \dot\chi = \frac{d\chi}{d\tau} \qquad \text{(VI 12, 38)}$$

auf, welches definitionsgemäß [*Lagrange*sche Gleichungen] den Bedingungen

$$\frac{\partial L}{\partial \dot\chi} = \frac{\beta}{\sqrt{1-\beta^2}} = \frac{\beta_0(1-\dot\chi)}{\sqrt{1-\beta_0^2(1-\dot\chi)^2}}; \qquad \frac{\partial L}{\partial \chi} = \varepsilon \sin\chi \qquad \text{(VI 12, 39)}$$

zu genügen hat; sie werden von

$$L = \frac{1}{\beta_0}\sqrt{1-\beta^2_0(1-\dot\chi)^2} - \varepsilon\cos\chi \qquad \text{(VI 12, 40)}$$

befriedigt. Definieren wir nun den [*numerischen*] *Impuls* durch

$$p = \frac{\partial L}{\partial \dot\chi} = \frac{\beta}{\sqrt{1-\beta^2}}, \qquad \text{(VI 12, 41)}$$

so folgt umgekehrt

$$\beta = \frac{p}{\sqrt{1+p^2}}; \qquad \sqrt{1-\beta^2} = \frac{1}{\sqrt{1+p^2}} \qquad \text{(VI 12, 42)}$$

also

$$\dot\chi = 1 - \frac{\beta}{\beta_0} = 1 - \frac{1}{\beta_0}\frac{p}{\sqrt{1+p^2}}; \qquad L = \frac{1}{\beta_0}\frac{1}{\sqrt{1+p^2}} - \varepsilon\cos\chi. \qquad \text{(VI 12, 43)}$$

Mit Hilfe der Relationen (VI 12, 43) bilden wir die *Hamilton*sche *Funktion*

$$H(p, \chi) = p\,\dot\chi - L = p - \frac{1}{\beta_0}\sqrt{1+p^2} + \varepsilon\cos\chi, \qquad \text{(VI 12, 44)}$$

die sich somit als unabhängig von der numerischen Zeit τ erweist. Aus den *kanonischen Gleichungen* der Ionenbewegung

$$\frac{dp}{dt} = -\frac{\partial H}{\partial \chi}; \qquad \frac{d\chi}{d\tau} = \frac{\partial H}{\partial p}, \qquad \text{(VI 12, 45)}$$

welche vermöge (VI 12, 42) inhaltlich mit (VI 12, 36), (VI 12, 37) identisch sind, folgt daher

$$\frac{dH}{d\tau} = \frac{\partial H}{\partial p}\cdot\frac{dp}{d\tau} + \frac{\partial H}{\partial \chi}\cdot\frac{d\chi}{d\tau} = 0, \qquad \text{(VI 12, 46)}$$

so daß wir in

$$p - \frac{1}{\beta_0}\sqrt{1+p^2} + \varepsilon\cos\chi = H_0 = \text{const.} \qquad \text{(VI 12, 47)}$$

ein *Integral* der Bewegungsgleichungen gefunden haben. Wir veranschaulichen seine physikalischen Aussagen mittels der „*Phasenbahnen*" des kontrollierten Ions im [zweidimensionalen] „Phasenraum" der kanonischen Koordinaten entsprechend Abb. VI **313**, welches die Existenz *zweier Bewegungsformen unterschiedlichen Charakters* offenbart:

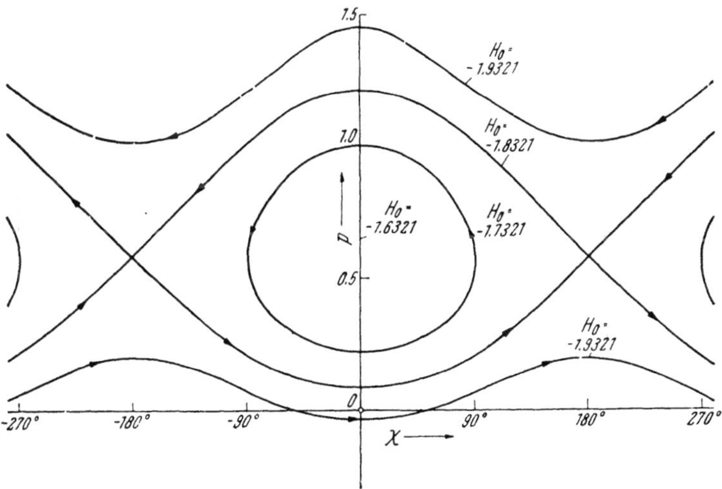

Abb. VI 313. Linearbeschleuniger. Die Phasenbahnen des beschleunigten Elementarteilchens.

1. Jede in sich *geschlossene Phasenbahn* schildert einen *periodischen Vorgang*, dessen Stadien nach Ausweis der Gleichungen (VI 12, 45) einander zeitlich so folgen wie die Punkte der im mathematisch positiven Sinne durchlaufenen Phasenbahn.

2. Die *offenen Phasenbahnen* korrespondieren je einer *einsinnigen Bewegung* des kontrollierten Iones relativ zur gleichförmig fortschreitenden Arbeitswelle, wobei nach (VI 12, 36) entsprechend $\dot{\chi} \gtreqless 0$ wegen $\beta \lesseqgtr \beta_0$ das Ion $\begin{matrix}\text{langsamer}\\ \text{rascher}\end{matrix}$ als die Welle läuft, jedenfalls also „aus dem Tritt" gefallen ist.

Zwischen den genannten Bewegungszuständen vermittelt jene *singuläre Phasenbahn*, welche sich in $\chi = \pm\pi$ [mod 2π] selbst überschneidet; sie definiert in der Dynamik der Ionenbewegung die *Grenze des stabilen Schwingungszustandes*.

Wendet man die nämliche Methodik [Bildung der *Hamilton*schen Funktion mit Hilfe des kinetischen Potentiales] auf Gl. (VI 12, 30) an, so gelangt man zu dem „klassischen" Energieintegral

$$\frac{\beta_H}{(1-\beta_H{}^2)^{3/2}}\cdot\frac{1}{2}\,\dot{\chi}^2 - \varepsilon(\cos\chi - \chi\sin\gamma) = H_0 = \text{const.} \qquad \text{(VI 12, 48)}$$

Da die aus ihm herzuleitenden Stabilitätsbedingungen im wesentlichen mit jenen des Synchro-Zyklotrons übereinstimmen, dürfen wir hier auf ihre erneute Diskussion verzichten.

VI 13. Relativistische Elektronenoptik zentrierter Felder.

a) Gegeben sei ein stationäres elektromagnetisches Feld, welches den Gang der Kathodenstrahlen eines elektronenoptischen Gerätes regelt. Im Existenzgebiet der Elektronenbewegung orientieren wir uns an einem relativ zum Entladungsgefäß ruhenden Bezugssystem der Zylinder-Koordinaten z [Achse], r [Radialdistanz], α [Azimut], in welchem die laufende Zeit t gemessen wird. Es wird vorausgesetzt, daß das Feld rotationssymmetrisch um die Achse verteilt sei. Sein elektrisches Skalarpotential φ genügt somit der Eigenschaft

$$\varphi = \varphi(z, r). \qquad \text{(VI 13, 1)}$$

Gleichzeitig reduziert sich das magnetische Vektorpotential V auf seine azimutale Komponente, deren physikalische Größe V^{α} durch

$$V^{\alpha} = V(z, r) \qquad \text{(VI 13, 2)}$$

dargestellt wird.

Den Elektronen wird die Aufgabe zugewiesen, ein in der Ebene $z = z_O$ vorgegebenes Objekt in die Ebene $z = z_B > z_O$ abzubilden; gesucht wird die Kinematik der Strahlbahnen.

b) Das *kinetische Potential* L der abbildungsaktiven Elektronen geht aus (VI 9, 7) hervor, sofern man dort die Ionenladung e mit der Ladung $(-q_0)$ der Elektronen vertauscht und unter m_0 die Ruhmasse des Elektrons versteht:

$$L = -m_0 c^2 \sqrt{1 - \frac{\dot{z}^2 + \dot{r}^2 + r^2 \dot{\alpha}^2}{c^2}} + q_0 \{\varphi - r \dot{\alpha} V\}. \qquad \text{(VI 13, 3)}$$

Mit den gleichen Änderungen liefert (VI 9, 8) die Differentialgleichung der Achsialbewegung

$$\frac{d}{dt}(m \dot{z}) = q_0 \left\{\frac{\partial \varphi}{\partial z} - r \dot{\alpha} \frac{\partial V}{\partial z}\right\} \qquad \text{(VI 13, 4)}$$

und Gl. (VI 9, 9) die Differentialgleichung der radialen Bewegung

$$\frac{d}{dt}(m \dot{r}) - m r \dot{\alpha}^2 = q_0 \left\{\frac{\partial \varphi}{\partial r} - \dot{\alpha} \frac{\partial (r V)}{\partial r}\right\}, \qquad \text{(VI 13, 5)}$$

während Gl. (VI 9, 10), mit Rücksicht auf (VI 13, 1), in

$$\frac{d}{dt}(m r^2 \dot{\alpha} - q_0 r V) = 0 \qquad \text{(VI 13, 6)}$$

übergeht.

c) Um von den *dynamischen Differentialgleichungen* der Bewegung zu den *zeitfreien Differentialgleichungen* der *Elektronenbahn* zu gelangen, stützen wir uns auf das *Energie-Integral*

$$H = m c^2 - q_0 \varphi = \text{const.} \qquad \text{(VI 13, 7)}$$

Die Elektronen mögen die Kathode $[\varphi = 0]$ ohne merkliche Geschwindigkeit verlassen: H gleicht der *Ruhenergie*

$$H = m_0 c^2. \qquad \text{(VI 13, 8)}$$

Mit Benutzung der Spannung U_0 nach Gl. (VI 5, 14) berechnet sich dann m aus

$$m = m_0 + \frac{q_0 \varphi}{c^2} = m_0 \left[1 + \frac{\varphi}{U_0}\right] \qquad \text{(VI 13, 9)}$$

Der dynamische Zusammenhang

$$m = \frac{m_0}{\sqrt{1-\beta^2}}; \qquad \beta^2 = \frac{\dot z^2 + \dot r^2 + r^2 \dot\alpha^2}{c^2} \qquad \text{(VI 13, 10)}$$

liefert somit

$$\beta = \frac{\sqrt{\left(1+\frac{\varphi}{U_0}\right)^2 - 1}}{1+\frac{\varphi}{U_0}} \equiv \sqrt{2\frac{\varphi}{U_0}}\,\frac{\sqrt{1+\frac{1}{2}\frac{\varphi}{U_0}}}{1+\frac{\varphi}{U_0}}. \qquad \text{(VI 13, 11)}$$

Schreiben wir nun

$$r' = \frac{dr}{dz}; \qquad \alpha' = \frac{d\alpha}{dz} \qquad \text{(VI 13, 12)}$$

so wird

$$\beta = \frac{\dot z}{c}\sqrt{1+(r')^2 + r^2(\alpha')^2} \qquad \text{(VI 13, 13)}$$

und demnach

$$\dot z = \frac{\sqrt{\left(1+\frac{\varphi}{U_0}\right)^2 - 1}}{1+\frac{\varphi}{U_0}}\,\frac{c}{\sqrt{1+(r')^2 + r^2(\alpha')^2}}. \qquad \text{(VI 13, 14)}$$

Aus (VI 13, 6) erhalten wir nach Wahl einer vorerst beliebigen Konstanten C das „*Flächenintegral*"

$$m\,r^2\,\dot\alpha - q_0\,r\,V = C. \qquad \text{(VI 13, 15)}$$

Wir beschränken uns weiterhin auf die Kinetik von Elektronen verschwindenden Gesamtdrehimpulses

$$C = 0. \qquad \text{(VI 13, 16)}$$

Sie beschreiben gemäß (VI 13, 15) die [relativistische] *Larmor-Präzession*

$$\dot\alpha = \frac{q_0}{m}\,\frac{V}{r} \qquad \text{(VI 13, 17)}$$

Daher ergibt sich aus (VI 13, 14) und (VI 13, 17) für α' die Gleichung

$$\alpha' = \frac{q_0}{m_0 c}\,\frac{V}{r}\sqrt{\frac{1+(r')^2 + r^2(\alpha')^2}{\left(1+\frac{\varphi}{U_0}\right)^2 - 1}} \qquad \text{(VI 13, 18)}$$

Ihrer Lösung

$$(\alpha')^2 = \frac{[1+(r')^2]\left[\frac{q_0}{m_0}\,\frac{V}{c}\right]^2}{\left[\left(1+\frac{\varphi}{U_0}\right)^2 - 1\right] - \left[\frac{q_0}{m_0}\,\frac{V}{c}\right]^2} \qquad \text{(VI 13, 19)}$$

entnehmen wir mittels (VI 13, 14) die Relation

$$\dot z = \frac{c}{\left(1+\frac{\varphi}{U_0}\right)\sqrt{1+(r')^2}}\sqrt{\left[\left(1+\frac{\varphi}{U_0}\right)^2 - 1\right] - \left[\frac{q_0}{m_0}\,\frac{V}{c}\right]^2} \qquad \text{(VI 13, 20)}$$

Wegen $\dot{r} = \dot{z}\, r'$ und $d/dt = \dot{z}\, d/dz$ ergibt sich nunmehr aus (VI 13, 5) und (VI 13, 17) als *Differentialgleichung der Elektronenbahn*

$$\dot{z}\frac{d}{dz}(m\,\dot{z}\,r') - m\,r\left(\frac{q_0}{m}\frac{V}{r}\right)^2 = q_0\left[\frac{\partial\varphi}{\partial r} - \frac{q_0}{m}\frac{V}{r}\frac{\partial}{\partial r}(r\,V)\right] \qquad \text{(VI 13, 21)}$$

oder

$$\dot{z}\frac{d}{dz}(m\,\dot{z}\,r') = q_0\frac{\partial}{\partial r}\left[\varphi - \frac{1}{2}\frac{q_0}{m}(V)^2\right]. \qquad \text{(VI 13, 22)}$$

Mit Rücksicht auf (VI 13, 9) und (VI 13, 20) entsteht hieraus

$$\frac{1}{\sqrt{1+(r')^2}}\sqrt{\left[\left(1+\frac{\varphi}{U_0}\right)^2 - 1\right] - \left[\frac{q_0}{m_0}\frac{V}{c}\right]^2}\;\cdot$$

$$\cdot\frac{d}{dz}\left\{\frac{r'}{\sqrt{1+(r')^2}}\sqrt{\left[\left(1+\frac{\varphi}{U_0}\right)^2 - 1\right] - \left[\frac{q_0}{m_0}\frac{V}{c}\right]^2}\right\} =$$

$$= \left(1+\frac{\varphi}{U_0}\right)\frac{\partial}{\partial z}\left\{\frac{\varphi}{U_0} - \frac{1}{2\,U_0}\frac{q_0}{m_0}\frac{(V)^2}{1+\dfrac{\varphi}{U_0}}\right\}. \qquad \text{(VI 13, 23)}$$

d) Wir richten unsere Aufmerksamkeit auf ein Bündel *monochromatischer Kathodenstrahlen*, welche in infinitesimaler Nachbarschaft von der Systemachse verlaufen. Gehorcht die von ihnen vermittelte elektronenoptische Abbildung auch in der relativistischen Mechanik den Gesetzen der *Gauß*schen Dioptrik?

Es sei

$$\varphi(z, 0) = \Phi(z) \qquad \text{(VI 13, 24)}$$

das längs der Systemachse gemessene *elektrische Skalarpotential* und

$$B^z(z, 0) = B(z) \qquad \text{(VI 13, 25)}$$

die dort herrschende *Achsialkomponente* der *magnetischen Induktion.* In der Nachbarschaft der Achse gelten dann nach Ziffer IV 3 die Entwicklungen

$$\varphi(z, r) = \Phi - \left(\frac{r}{2}\right)^2\Phi'' + \ldots \qquad \text{(VI 13, 26)}$$

und

$$V(z, r) = \frac{r}{2}B + \ldots \qquad \text{(VI 13, 27)}$$

Indem wir nun in (VI 13, 23) die bezüglich der Radialabweichung r samt deren Ableitungen höchstens linearen Glieder beibehalten, gelangen wir zu

$$\sqrt{\left(1+\frac{\Phi}{U_0}\right)^2 - 1}\,\frac{d}{dz}\left\{r'\sqrt{\left(1+\frac{\Phi}{U_0}\right)^2 - 1}\right\} + \left[\frac{1}{2}\left(1+\frac{\Phi}{U_0}\right)\frac{\Phi''}{U_0} + \frac{q_0}{m_0}\frac{B^2}{4\,U_0}\right]r = 0 \qquad \text{(VI 13, 28)}$$

oder

$$r'' + \frac{1}{2}\frac{\Phi'}{\Phi}\cdot\frac{1+\dfrac{\Phi}{U_0}}{1+\dfrac{1}{2}\dfrac{\Phi}{U_0}}\,r' + \left\{\frac{1}{4}\frac{\Phi''}{\Phi}\frac{1+\dfrac{\Phi}{U_0}}{1+\dfrac{1}{2}\dfrac{\Phi}{U_0}} + \frac{1}{8}\frac{q_0}{m_0}\frac{B^2}{\Phi\left(1+\dfrac{1}{2}\dfrac{\Phi}{U_0}\right)}\right\}r = 0. \qquad \text{(VI 13, 29)}$$

Dies ist eine homogene, lineare Differentialgleichung zweiter Ordnung für $r = r(z)$, welche sich von jener der Elektronenoptik der *Newton*schen Mechanik $[\Phi/U_0 \to 0]$ lediglich im funktionellen Bau ihrer Koeffizienten unterscheidet: *Auch innerhalb der relativistischen Mechanik gehorcht die elektronenoptische Abbildung durch achsennahe Strahlen der Gaußschen Dioptrik.*

e) Wir spezialisieren zunächst auf *rein magnetische Linsen*, in deren Wirkungsbereich

$$z_L - \varepsilon \leqq z \leqq z_L + \varepsilon \tag{VI 13, 30}$$

das elektrische Skalarpotential den merklich konstanten Wert

$$\Phi = \Phi_L \tag{VI 13, 31}$$

aufweise. Dort reduziert sich also (VI 13, 29) auf

$$r'' + \frac{1}{8}\frac{q_0}{m_0}\frac{B^2}{\Phi\left(1 + \frac{1}{2}\frac{\Phi}{U_0}\right)} r = 0. \tag{VI 13, 32}$$

Daher gehen die Brechungseigenschaften der „relativistisch" betriebenen magnetischen Linse aus den entsprechenden Formeln für langsame Kathodenstrahlen hervor, indem man dort das wahre elektrische Achsenpotential Φ_L mit

$$\Phi_L{}^* = \Phi_L\left(1 + \frac{1}{2}\frac{\Phi_L}{U_0}\right) \tag{VI 13, 33}$$

vertauscht; insbesondere vergrößert sich die *Brennweite* f einer kurzen magnetischen Linse infolge der Massenzunahme des bewegten Elektrons auf

$$f^* = f \cdot \frac{\Phi_L{}^*}{\Phi_L} = f\left(1 + \frac{1}{2}\frac{\Phi_L}{U_0}\right) \tag{VI 13, 34}$$

proportional zu der jeweils vor dem Eintritt des Elektrons in die Linse angewandten Beschleunigungsspannung.

f) Der Strahlengang in einer *rein elektrischen Linse* $[B \equiv 0]$ unterliegt der Differentialgleichung

$$r'' + \frac{1}{2}\frac{\Phi'}{\Phi}\frac{1 + \frac{\Phi}{U_0}}{1 + \frac{1}{2}\frac{\Phi}{U_0}} r' + \frac{1}{4}\frac{\Phi''}{\Phi} \cdot \frac{1 + \frac{\Phi}{U_0}}{1 + \frac{1}{2}\frac{\Phi}{U_0}} r = 0. \tag{VI 13, 35}$$

Im Grenzfalle $\Phi/U_0 \to 0$ wird diese Gleichung auch bezüglich Φ linear: Die Abbildungsgesetze der Linse bleiben gegen eine gleichzeitige Änderung aller elektrischen Potentiale um einen einheitlichen, positiv-reellen Faktor invariant. Diese Eigenschaft der Linse geht jedoch bei ihrem Betrieb mit Hochspannung verloren, so daß man dann alle elektronenoptisch wirksamen Elektrodenspannungen streng konstant zu halten hat; nur die zur Steuerung des Kathodenstrahles als ganzes vorgesehenen Elektroden sind von dieser Vorschrift ausgenommen.

Literaturhinweise.

Zur Ergänzung des im vorliegenden Buche gebotenen Stoffes wird der Leser nachdrücklich auf die im folgenden genannten Bücher und Einzelaufsätze verwiesen. Das Literaturverzeichnis kann jedoch leider keinen Anspruch auf Vollständigkeit erheben, so daß weder die Angabe einer Arbeit noch ihr Fehlen irgendein Werturteil über deren Inhalt anzeigt.

Bücher allgemeinen Inhaltes.

Advances in Electronics I — V. New York Academic Press, ab 1949.

Bauer, H. A.: Grundlagen der Atomphysik. Wien, Springer 1951.

Beck, A. H. W.: Thermionic Valves. Cambridge University Press 1953.

Becker, R.: Theorie der Elektrizität II [Elektronentheorie]. Leipzig, Teubner 1933.

Beeching, R.: Elektron Diffraction. London, Methuen 1950.

Blanc-Lapierre, A., Goudet, G., Lapostolle, P.: Electronique Générale. Paris, Eyrolles 1953.

Born, M.: Moderne Physik. Berlin, Springer 1933.

Borries, B. v.: Die Übermikroskopie. Aulendorf Cantor 1949.

Broglie L. de: L'Optique électronique. Ed. Rev. d'optique théorique et instrumentale. Paris 1946.

Brueche, E. und *Recknagel, A.:* Elektronengeräte. Berlin, Springer 1941.

Brueche, E. und *Scherzer, O.:* Geometrische Elektronenoptik. Berlin, Springer 1934.

Bruining, H.: Die Sekundär-Elektronen Emission fester Körper. Berlin, Springer 1941.

Busch, H. und *Brueche, E.:* Beiträge zur Elektronenoptik. Leipzig, Barth 1937.

Cosslett, V. B.: Introduction in Electron Optics. Oxford, University Press 1946.

Engel, A. v. und *Steenbeck, M.:* Elektrische Gasentladungen. Berlin, Springer 1932.

Gabor, D.: The Electron Microscope. London, Hulton 1945.

Glaser, W.: Elektronenoptik. Wien, Springer 1952.

Hall, C. E.: Introduction to Electron Microscopie. New York, McGraw Hill 1953.

Harman, Willis. F.: Fundamentals of Electron Motion. New York, McGraw Hill, 1953.

Jacob, L.: An Introduction to Electron Optics. London, Methuen 1951.

Klemperer, O.: Electron Optics. Cambridge, University Press 1939.

Knoll, M., Ollendorff, F. und *Rompe, R.:* Gasentladungstabellen. Berlin, Springer 1935.

Knoll, M. and *Kazan, B.:* Storage Tubes. New York, Wiley 1952.

Mark, H.: Teilchenstrahlen. Leipzig, Walter de Gruyter 1934.

Maloff, G. and *Epstein, D. W.:* Electron Optics in Television. New York und London, *Wiley* 1939.

Myers, L. M.: Electron Optics. New York, Van Nostrand 1939.

Ollendorff, F.: Potentialfelder der Elektrotechnik. Berlin, Springer 1932.

Ollendorff, F.: Die Welt der Vektoren. Wien, Springer 1950.

Ollendorff, F.: Berechnung magnetischer Felder. Wien, Springer 1952.

Picht, J.: Einführung in die Theorie der Elektronenoptik. Leipzig, Barth 1939.

Pierce, J. R.: Theory and Design of Electron Beams. New York, Van Nostrand 1949.

Rosenfeld, L.: Theory of Electrons. New York, Interscience Publishers Inc. 1951.
Ruesterholz, A. A.: Elektronenoptik. Basel, Birkhaeuser 1950.
Slater, John S.: Microwave Electronics. New York, D. van Nostrand 1950.
Spangenberg, Karl R.: Vacuum Tubes. New York, McGraw Hill 1953.
Zworykin, V. K. and *Morton, G. A.:* Television. New York, Wiley 1940.
Zworykin, V. K., Morton, G. A., Ramberg, E. G., Hillier, J. and *Vauce, A. W.:* Electron Optics and the Electron Microskope. New York, Wiley 1945.

Einleitung.

Broglie, L. d.: Ann. Phys. Paris **3**, 22 (1923).
Davisson, C. R. and *Germer, L. H.:* Proc. nat. Acad. Soc. USA. **14**, 317, 619 (1928). — Phys. Rev. **30**, 205 (1927).
Grotrian und *Kopff, A.:* Zur Erforschung des Weltalls. Berlin, Springer 1934.
Heisenberg, W.: Die physikalischen Prinzipien der Quantentheorie. Leipzig, Hirzel 1930.
Hittorf, W.: Pogg. Ann. **136**, 8, 17, 197 (1869).
Schaefer, Cl.: Einführung in die theoretische Physik III, 2. Berlin, W. de Gruyter 1951.
Schrödinger, E.: Abhandlungen zur Wellenmechanik. Leipzig, Barth 1928. — Der Grundgedanke der Wellenmechanik in: Die moderne Atomtheorie. Leipzig, Hirzel 1934.
Thomson, G. P.: Proc. Roy. Soc. London **117**, 600 (1928).
Weisskopf, V. F.: Rev. Mod. Phys. **21**, 305 (1949).

Ablenk-Kondensator.

Alberti, E.: Die *Braun*sche Röhre und ihre Anwendung. Berlin, Springer 1932.
Benham, W.: Wireless Eng. **13** (No. 148), p. 10 (1936).
Brüche, E. und *Scherzer, O.:* Geom. Elektronenoptik, S. 130. Berlin, Springer 1934.
Bucherer, A. H.: Ann. Phys. **28**, 513 (1909).
Coffin, J. G.: Proc. Amer. Acad. **39**, No. 19 (1903).
Gabor, D.: Forsch. Hefte Stud. Ges. Höchstspg. **1**, 7, 47, 62 (1927).
Glaser, W.: Grundl. d. Elektronenoptik, Kap. XXIII. Wien, Springer 1952.
Hinterberger, O.: Z. Phys. **105**, 561 (1937).
Ruesterholz, A. A.: Elektronenoptik, Kap. VIII. Basel, Birkhäuser 1950.

Kathodenstrahl-Oszillograph.

Alberti, E.: Die *Braun*sche Röhre und ihre Anwendung. Berlin, Springer 1932.
Ardenne, M. v.: Die Kathodenstrahlröhre und ihre Anwendung in der Schwachstromtechnik. Berlin, Springer 1933.
Bowie, R. M.: Electronics **11**, 18 (1938).
Braun, F.: Wied. Ann. **60**, 552 (1897).
Brüche, E. und *Scherzer, O.:* Geometrische Elektronenoptik, S. 166. Berlin, Springer 1934.
Christaldi, P. S.: Proc. Inst. Radio Engrs. **33**, 373 (1945).
De Geier, J. A.: Philips Techn. Rev. **5**, 245 (1940).
Hollmann, H. E.: Hochfrequenztechnik und Elektroakustik **40**, 97 (1932). — Proc. Inst. Radio Engrs. **28**, 213 (1940).
Liebmann, G.: Proc. Inst. Radio Engrs. **33**, 381 (1945).
Moss, H.: Advances in Electronics II, 2 (1950). New York, Academic Press 1950.
Pierce, J. R.: Proc. Inst. Radio Engrs. **29**, 28 (1941).
Soller, Th., Starr, M. A. and *Valley, G. E.:* Cathode Ray Display. M.I.T. series No. 22. New York, McGraw Hill 1948.
Spangenberg, K. R.: Vacuum Tubes. Chapter 15. New York, McGraw Hill 1948.

Röntgenröhre.

Bouwers, A.: Elektrische Höchstspannungen. Berlin, Springer 1939.
Clark, G. L.: Applied X-Rays. Chapter II. New York, McGraw Hill 1940.
Glocker, R.: Materialprüfung mit Röntgenstrahlen. 2. Aufl. Berlin, Springer 1936.
Ollendorff, F.: Helvetica Physica Acta XXI, Fasciculus Primus, 3 [1948].

Paßfeld und Elektronenspiegel.

Brüche, E. und *Henneberg, W.:* Erg. d. ex. Naturwiss. **15**, 365 (1936).
Henneberg, W. und *Recknagel, A.:* Z. Techn. Phys. **16**, 621 (1935).
Hottenroth, G.: Ann. Phys. (5) **30**, 689 (1937).
Picht, J.: Einführung in die Theorie der Elektronenoptik, S. 147. Leipzig, Barth 1939.
Recknagel, A.: Z. Phys. **104**, 381 (1937). — *Busch* und *Brüche:* Beiträge zur Elektronenoptik, S. 42. Leipzig, *Barth* 1937. — Hochfrequenztechn. u. Elektroakustik **51**, 66 (1938).
Regenstreif, E.: Ann. Radioélectr. **2**, 348 (1947).
Ruesterholz, A. A.: Elektronenoptik, Kap. IX. Basel, Birkhäuser 1950.

Auflade-Erscheinungen.

Bey, H.: Phys. Z. **39**, 605 (1938).
Hagen, C.: Phys. Z. **40**, 621 (1939).
Hagen, C. und *Bey, H.:* Z. Phys. **104**, 681 (1937).
Knoll, M.: Z. Techn. Phys. **16**, 467 (1935); **19**, 307 (1938). — Naturwissenschaften **24**, 345 (1936); **29**, 335 (1941).
Knoll, M. und *Kazan, B.:* Storage Tubes Part I. New York, Wiley 1952.
Parker, C. V.: Proc. Inst. Radio Engrs. **39**, 900 (1951).
Salow, H.: Z. Techn. Phys. **21**, 8 (1940).
Strübig, H.: Phys. Z. **37**, 402 (1936).

Magnetron.

Allis, W. P.: M.I.T. Radiation Laboratory Report V—9 S (1941).
Brillouin, L.: Advances in Electronics III, 85 (1951). — New York Academic Press 1951. — Electr. Commun. **20**, 112 (1941). — Phys. Rev. **60**, 385 (1941); **62**, 166 (1942); **63**, 127 (1943). — Proc. Inst. Radio Engrs. **32**, 216 (1944).
Brillouin, L. and *Bloch, F.:* Advances in Electronics III, 145 (1951). New York, Academic Press 1951.
Collins, G. B.: Microwave Magnetrons. M.I.T. series No. 6. New York, McGraw Hill 1948.
Engbert, W.: Hochfrequenztechn. u. Elektroakustik **51**, 44 (1938).
Fisk, B., Hagstrum, H. D. and *Hartman, P. L.:* Radar Systems and Components, S. 56. New York, Van Nostrand 1949.
Groos, O.: Einführung in die Theorie und Technik der Dezimeterwellen. Leipzig, Hirzel 1945.
Groszkowski, J. und *Ryzko, S.:* Hochfrequenztechn. **47**, 35 (1936).
Gundlach, F. W.: Grundlagen der Höchstfrequenztechnik. Berlin, Springer 1950. — El. Nachrichtentechnik **15**, 183 (1938).
Habann, E.: Hochfrequenztechn. **24**, 115, 135 (1924).
Hok, G.: Advances in Elektronics II, 220 (1950). — New York, Academic Press 1950.
Hull, A. W.: Phys. Rev. **18**, 31 (1921).
Kleen, W.: Einführung in die Mikrowellen-Elektronik, S. 12. Zürich, Hirzel 1952.
Kleinwächter, H.: Arch. Elektrotechn. **33**, 479 (1939).

Lerbs, A. und *Lämmchen, K.:* Hochfrequenztechn. **51**, 60 (1938).
Slater, John. S.: Microwave Electronics, S. 302. New York, Van Nostrand 1950.
Twiss, R. Q.: Advances in Electronics V, 247 (1953). — New York, Academic Press 1953.
Weimer, P. H. and *Rose, A.:* Proc. Inst. Radio Engrs. **35**, 1273 (1947).

Der Massen-Spektrograph.

Aston, F. W.: Phil. Mag. **38**, 709 (1919); **45**, 941 (1923); **47**, 385 (1923).
Aston, F. W.: Mass Spectra and Isotopes. London, Edward Arnold 1942.
Bainbridge, K. J. and *Jordan, E. B.:* Phys. Rev. **50**, 282 (1916).
Bartky, W. and *Dempster, A. J.:* Phys. Rev. **33**, 1019 (1920).
Becker, R.: Theorie d. Elektr. Bd. II, S. 21. Leipzig, Teubner 1933.
Becquerel, H.: Compt. rend. **130**, 206, 372 (1900).
Bleakney, W. and *Hipple, J. A.:* Phys. Rev. **53**, 521 (1938).
Bondy, H., Johannsen, G. und *Popper, K.:* Z. Phys. **95**, 46 (1935).
Brown, H., Mitchel, J. and *Fowler, R. D.:* Rev. Sci. Instr. **12**, 435 (1941).
Camac, M.: Journ. Appl. Phys. **22**, 197 (1951).
Classen, J.: Phys. Z. **9**, 762 (1908).
Coggeshall, N. D.: Journ. Appl. Phys. **18**, 855 (1947).
Coggeshall, N. D. and *Jordan, E. B.:* Rev. Sci. Inst. **14**, 125 (1943).
Costa, J. L.: Ann. Phys. Paris **4**, 425 (1925).
Danysz, J.: Comp. rend. **153** (II), 339, 1066 (1911). — Radium **9**, 1 (1911). — Ann. Chim. Phys. **30**, 241 (1913).
Dempster, A.: Phys. Rev. **11**, 316 (1918); **20**, 631 (1922). — Proc. Amer. Phil. Soc. **75**, 755 (1935).
Dorn, F.: Phys. Z. **1**, 337 (1900).
Forester, A. T. and *Whalley, W. B.:* Rev. Sci. Instrum. **17**, 549 (1946).
Frank, J.: Trans. Faraday Soc. **21**, 536 (1926).
Groffrion, C.: Rev. Sci. Instr. **23**, 224 (1952).
Herzog, R.: Z. Phys. **89**, 447 (1934).
Hintersberger, H. und *Mattauch, J.:* Z. Phys. **106**, 279 (1937).
Hipple, J. H., Grove, D. and *Hickam, W.:* Rev. Sci. Instrum. **16**, 69 (1945).
Inghram, M. G.: Advances in Electronics I, p. 219. — New York, Academic Press 1948.
Jacobs, R. and *Zuhr, R.:* Rev. Sci. Instr. **18**, 36 (1947).
Jordan, E. B. and *Coggeshall, N. D.:* Journ. Appl. Phys. **13**, 539 (1942).
Judd, D. L.: Rev. Sci. Instr. **21**, 213 (1950).
Kaufmann, W.: Ann. Phys. **62**, 569 (1897).
Kennard, E. H.: Kinetic Theory of Gases. New York, McGraw Hill.
Kervin, L.: Rev. Sci. Instr. **21**, 96 (1950).
Knudsen, M.: Ann. Phys. (4) **28**, 75, 199 (1909).
Koeb, J. and *Bendt-Nielsen, B.:* Kgl. Danske Videnskab Selskab Math-fys. Medd. **21**, No. 8 (1944).
Langmuir, L. and *Kingdom, K. H.:* Proc. Roy. Soc. A **107**, 61 (1925).
Mattauch, J.: Phys. Z. **33**, 899 (1932).
Mattauch, W. und *Herzog, R.:* Z. Phys. **89**, 786 (1939).
Meyer, S. und *Schweidler, E.:* Phys. Z. **1**, 90 (1899).
Moon, P. B. and *Oliphant, M. L.:* Proc. Roy. Soc. A **137**, 463 (1932).
Nier, A. O.: Rev. Sci. Instr. **11**, 212 (1940); **18**, 398 (1947). — Phys. Rev. **50**, 1041 (1936).
Nier, A. O., Ney, E. P. and *Inghram, M. G.:* Rev. Sci. Instrum. **18**, 191, 294 (1947).

Nier, A. O., Stevens, C. M., Hnstrulid, A. and *Abbet, T. A.:* Journ. Appl. Phys. **18**, 30 (1947).
Oliphant, M. L., Shire, E. S. and *Crowther, B. M.:* Proc. Roy. Soc. A **146**, 922 (1934).
Palersky, H., Swank, R. K. and *Grenchik, R.:* Rev. Sci. Instr. **18**, 208 (1947).
Penning, F. M.: Physica **3**, 873 (1936); **4**, 71 (1937).
Pollard, E. and *Davison, W. L.:* Applied Nuclear Physics. New York, Wiley 1942.
Rogers, F. T.: Rev. Sci. Instrum. **11**, 19 (1940).
Rutherford, E., Robinson, H. and *Rowlinson, W. F.:* Phil. Mag. **28**, 281 (1914).
Sampson, M. B. and *Bleakney, W.:* Phys. Rev. **50**, 456 (1936).
Shaw, A. E. and *Rall, W.:* Rev. Sci. Instrum. **18**, 278 (1947).
Siri, W.: Rev. Sci. Instrum. **18**, 540 (1947).
Smith, P. I., Lozier, W. W., Smith, L. and *Bleakney, W.:* Rev. Sci. Instrum. **8**, 51 (1937).
Smoluchowski, M.: Ann. Phys. (4) **33**, 1559 (1910).
Smythe, W. R., Rumbaugh, L. H. and *West, S. S.:* Phys. Rev. **45**, 724 (1934).
Stephens, W. E.: Phys. Rev. **45**, 513 (1934).
Strauss, H. A.: Phys. Rev. **59**, 430 (1941).
Tate, J. I., Smith, P. T. and *Vaugham, A. I.:* Phys. Rev. **48**, 525 (1935).
Taylor, J. E.: Rev. Sci. Instrum. **15**, 1 (1944).
Thomas, H. A., Williams, T. W. and *Hipple, J. A.:* Rev. Sci. Instrum. **17**, 368 (1946).
Thomson, J. J.: Phil. Mag. **44**, 293 (1897); **48**, 547 (1899); **13**, 561 (1907); **21**, 225 (1918).
Washburn, H. W.: Phys. Methods in Chem. and Metall. Analysis edited by W. Berl. New York, Academic Press 1950/51.
Whiddington, R.: Proc. Roy. Soc. London **86**, 360 (1912).
Wilson, W.: Proc. Roy. Soc. London **84**, 141 (1911).

Sekundärelektronen-Vervielfacher.

Farnsworth, P. T.: Journ. Franklin Inst. **218**, 411 (1934).
Knoll, M. and *Kazan, B.:* Storage Tubes. New York, Wiley 1952.
McKay, K. G.: Advances in Electronics I, 66 (1948). — New York, Academic Press 1948.
Weiß, G. in *Busch* und *Brüche:* Beiträge zur Elektronenoptik, S. 112. Leipzig, Barth 1937.
Zworykin, V. K.: Journ. Franklin Inst. **93**, 109 (1934). — Z. f. techn. Phys. **17**, 170 (1936).
Zworykin, V. K. and *Morton:* Journ. Opt. Soc. Amer. **26**, 181 (1936).
Zworykin, Morton and *Malter:* Proc. Inst. Radio Engrs. **24**, 351 (1936).
Zworykin and *Rajchman:* Proc. Inst. Radio Engrs. **27**, 558 (1939).

Polarlicht.

Angenheister, G.: *Müller-Pouillets* Lehrbuch der Physik, 11. Aufl. Fünfter Band. — Erste Hälfte, S. 485.
Birkeland, K.: The Norwegian Aurora Polaris Expedition 1901—1903, Sect. I (1908), Sect. II (1913). Kristiania.
Brüche, E.: Terr. Magn. und Atm. El. **36**, 41 (1931).
Meixner, J., Heisenberg, W.: Cosmic Radiation, p. 159. New York, Dover 1946.
Solberg, H.: Abh. Norske Videnshab. No. **4**. Oslo 1926.
Stoermer, C.: Vid. selsk. skr. No. 3 (1904), No. 4 (1913), No. 10 (1913), No. 14 (1913).

Analytische Mechanik.

Born, M.: Probleme der Atomdynamik. Berlin, Springer 1926.
Glaser, W.: Z. Phys. **104**, 157 (1938).
Goldstein, H.: Classical Mechanics. Cambridge, Mass. Addison Wesley 1951.
Hamilton, W. R.: Phil. Trans. 307 (1834), 95 (1835). — Brit. Ass. Rep. 513 (1834).
Hölder, O.: Nachr. d. kgl. Ges. der Wiss. zu Göttingen. Math. phys. Klasse 1860, S. 122.
Jacobi, C. G. J.: Journ. f. Math. **27**, 97 (1837).
Lagrange, J. L.: Mécanique Analytique, Sec. Partie, Section IV, 1788. Oeuvres Bd. I, S. 365.
Maupertuis, P. L.: Mem de l'Acad. 417 (1744).
Schaefer, Cl.: Die Prinzipe der Dynamik. Leipzig, Walter de Gruyter 1919.
Sommerfeld, A.: Atombau und Spektrallinien. Braunschweig, Vieweg. — Mechanik, Kap. VI, VII und VIII. Leipzig, Akademische Verlagsgesellschaft 1949.
Whittaker, E. T.: Analytische Mechanik. Berlin, Springer 1924.

Der *Larmor*sche Satz.

Becker, R.: Theorie d. Elektr. II, S. 88. Leipzig, Teubner 1933.
Larmor, J. J.: Aether and Matter, p. 341. Cambridge, University Press 1900.
Ollendorff, F.: Die Welt d. Vektoren, S. 77. Wien, Springer 1950.

Das Zyklotron.

Bethe, H. A. und *Rose, M. E.:* Phys. Rev. **52**, 1234 (1937).
Bouwers, A.: Elektrische Höchstspannungen, S. 63. Berlin, Springer 1939.
Cockcroft, J. D. and *Walton, E. T. S.:* Proc. Roy. Soc. **136** A, 619 (1932); **137** A, 229 (1932).
Lawrence, E. O. and *Edlefsen, N. E.:* Science **72**, 376 (1930).
Lawrence, E. O and *Livingston, M. S.:* Phys. Rev. **40**, 19 (1932).
Livingston, M. S.: Rev. Sci. Instr. **7**, 55 (1936). — Advances in Electronics I, 269 (1948). — New York, Academic Press 1948.
Mann, W. B.: The Cyclotron. 2 ed. London, Methuen 1947.
Rose, M. E.: Phys. Rev. **53**, 329 (1938).
Stäger, A.: Bull. Oerlikon **1936**, 984.
Thomas, L. H.: Phys. Rev. **54**, 580, 588 (1938).
Wilson, R. R.: Phys. Rev. **53**, 408 (1938).

Membranmodell.

Jonker, J. L. M.: Philips Res. Rep. **1**, 19 (1945).
Kleynen, P. H. J. A.: Philips Techn. Rdsch. **11**, 338 (1937).
Pierce, J. R.: Theory and Design of Electron Beams, S. 54. New York, Van Nostrand 1949.
Smythe, W. R., Rumbaugh, L. H. and *West, S. S.:* Phys. Rev. **45**, 724 (1934).
Zworykin, V. K. and *Rajchman, J. A.:* Proc. Inst. Radio Engrs. **27**, 558 (1939).

Dioptrik.

Born, M.: Optik, Kap. II. Berlin, Springer 1933.
Drude, P.: Lehrbuch der Optik. Leipzig, Hirzel 1906.
Fermat, P.: Oeuvres, Bd. II, S. 354. Paris 1894.
Gauß, C. F.: Abh. kgl. Ges. Wiss. zu Göttingen, Bd. I (1843). Werke, Bd. 5, S. 245.
Herzberger, M.: Strahlenoptik. Berlin, Springer 1931.
Lummer, O.: Die Lehre von der strahlenden Energie. *Müller-Pouillets* Lehrbuch der Physik, Bd. II. Braunschweig, Vieweg 1926.

Potentialfelder.

Durand, E.: Electrostatique et Magnétostatique. Paris, Masson 1953.
Glaser, W.: Grundl. d. Elektronenoptik, Kap. V. Wien, Springer 1952.
Ollendorff, F.: Potentialfelder der Elektrotechnik. Berlin, Springer 1932. — Berechnung magnetischer Felder. Wien, Springer 1952.
Rothe, R., Ollendorff, F. und *Pohlhausen, K.:* Funktionentheorie und ihre Anwendung in der Technik. Berlin, Springer 1931.

Magnetische Linsen.

Borries, B. v., Ruska, E., Krumm, J. und *Müller, H. D.:* Naturwissenschaften **28**, 350 (1940).
Busch, H.: Ann. Phys. **81**, 974 (1926). — Arch. Elektrotechn. **18**, 583 (1927).
Coslett, V. E.: Journ. Sci. Instrum. **17**, 259 (1940).
Dosse, J.: Z. Phys. **117**, 437, 722 (1941).
Glaser, W.: Z. Phys. **117**, 285 (1941); **118**, 264 (1941).
Hull, A. W.: Phys. Rev. **18**, 31 (1921).
Kinder, E. and *Pendzich, A.:* Jahrb. AEG. Forsch. **7**, 23 (1940).
Lenz, F.: Ann. Phys. **8**, 124 (1950).
Rose, A.: Proc. Inst. Radio Engrs. **28**, 30 (1940).
Samuel, Proc. Inst. Radio Engrs. **37**, 1252 (1949).
Thomson, J. J.: Phil. Mag. **4**, 293 (1897).

Lochblende.

Glaser, A.: Z. techn. Phys. **13**, 549 (1932).
Glaser, A. und *Henneberg, W.:* Z. techn. Phys. **8**, 222 (1935).
Henneberg, W.: Z. Phys. **22**, 92 (1935).
Ollendorff, F.: Potentialfelder der Elektrotechnik, S. 297.

Rohrlinsen.

Bertram, S.: Proc. Inst. Radio Engrs. **23**, 418 (1940). — Journ. Appl. Phys. **13**, 496 (1942).
Convert, Journ. de Physique et de Radium (6) **9**, 551 (1950).
Epstein. D. W.: Proc. Inst. Radio Engrs. **24**, 1095 (1936).
Goddart, L. S.: Proc. Cambr. Phil. Soc. **24**, 106 (1946).
Gray, F.: Bell. Syst. Techn. Journ. **28**, 1 (1939).
Nicoll, F. H.: Proc. Phys. Soc. London **50**, 888 (1938).
Recknagel, A.: Jahrb. AEG. Forsch. **7**, 17 (1940).

Objektive.

Johannsen, H.: Ann. Phys. **18**, 385 (1933); **21**, 274 (1934).
Moss, H.: Advances in Elektronics II, 2 (1950). — New York, Academic Press 1950.
Pierce, J. R.: Journ. Appl. Phys. **11**, 548 (1940).
Ruska, E.: Z. Phys. **83**, 684 (1933).

Eikonalbegriff.

Born, M.: Optik, Kap. II. Berlin, Springer 1933.
Bruns, H.: Das Eikonal. Leipzig, Hirzel 1895.
Hamilton, W. R.: Trans. Irish. Acad. **15**, 6 (1828); **16**, 93 (1830); **17**, 1 (1837).
Schwarzschild, K.: Astron. Mitt. kgl. Sternwarte zu Göttingen, I, II, II (1905).

Seidel, L.: Astron. Nachr. Nr. 1027—1029 (1856).
Sommerfeld, A. und *Runge, I.:* Ann. Phys. (4) **35**, 277 (1911).

Bildfehler.

Becker, H. und *Wallraff, A.:* Arch. Elektrotechn. **32**, 664 (1938).
Bertrein, F.: Ann. Radioélectr. **2**, 379 (1947).
Buchdahl, H. A. Optical Aberration Coefficients Oxford University Press 1954.
Cotte, M.: Comp. rend. Acad. Sci. Paris **204**, 170 (1937); **205**, 129, 1145 (1937).
Dosse, J.: Z. Phys. **117**, 722 (1941).
Glaser, W.: *Busch* und *Brüche*, Beiträge zur Elektronenoptik, S. 24. Leipzig, *Barth* 1937. — Z. Phys. **97**, 177 (1935); **111**, 357 (1938); **116**, 56 (1940); **117**, 412 (1941); **120**, 1 (1942).
Gratsiados, J.: Z. Phys. **102**, 641 (1936).
Grivet, P.: Advances in Electronics II, 48 (1950). New York, Academic Press 1950.
Gundert, E.: Telefunkenröhre **19**, 61 (1941).
Hillier, J. und *Ramberg, E. G.:* Journ. Appl. Phys. **18**, 48 (1947).
Liebmann, G.: Phil. Mag. **37**, 677 (1946).
Marton, L. and *Bol, K.:* Journ. Appl. Phys. **18**, 522 (1947).
Plass, G. N.: Journ. Appl. Phys. **13**, 49, 524 (1942).
Ramberg, E. G.: Journ. Appl. Phys. **13**, 582 (1942).
Rebsch, R.: Ann. Phys. (5) **31**, 551 (1938).
Rebsch, R. und *Schneider, W.:* Z. Phys. **107**, 138 (1937).
Recknagel, A.: Jahrb. AEG. Forsch. **7**, 15 (1940).
Riedl, H.: Z. Phys. **107**, 210 (1937).
Rogowski, W.: Arch. Elektrotechn. **31**, 555 (1937).
Scherzer, O.: *Busch* und *Brüche*, Beiträge zur Elektronenoptik, S. 33. Leipzig, *Barth* 1937.
Sturrock, P. A.: Proc. Roy. Soc. **210**, 269 (1952).
Voit, H.: Z. Instrumentenkunde **59**, 71 (1939).

Chromatische Aberration.

Glaser, W.: Z. Phys. **116**, 56 (1940).
Ramberg, E. G.: Journ. Appl. Phys. **13**, 582 (1942).
Recknagel, A.: Jahrb. AEG-Forsch. **7**, 15 (1940).
Scherzer, O.: Z. Phys. **118**, 461 (1941).
Wendt, G.: Z. Phys. **116**, 436 (1940).

Ablenkfehler.

Glaser, W.: Z. Phys. **111**, 357 (1938); **117**, 412 (1941). — Grundl. d. Elektronenoptik, Kap. XXIII. Wien, Springer 1952.
Hutter, R. G. E.: Journ. Appl. Phys. **18**, 740, 797 (1947). — Advances in Electronics I, 167 (1948). — New York, Academic Press 1948.
Picht, J.: Ann. Phys. (5) **43**, 53 (1943). — Einführung in die Theorie der Elektronenoptik. Leipzig, Barth 1939.
Picht, J. und *Himpan, J.:* Ann. Phys. (5) **39**, 409, 436, 478 (1941).
Wendt, G.: Z. Phys. **118**, 593 (1942); **119**, 423 (1942); **120**, 720 (1943). — Ann. Phys. (6) **1**, 83 (1947). — Telefunkenröhre **15**, 100 (1939).

Relativistische Kräfte.

Alfrén, A.: Cosmical Electrodynamics. Oxford, Clarendon 1950.
Einstein, A., *Lorentz, H. A.* und *Minkowski, H.:* Das Relativitätsprinzip. Leipzig, Teubner 1920.

Laue, M. v.: Die Relativitätstheorie. Braunschweig, Vieweg 1921—1925.
Ollendorff, F.: Die Welt der Vektoren, Kap. VI. Wien, Springer 1950. — Bull. Res. Council Israel III, Nr. **4**, 348 (1954).
Sommerfeld, A.: Elektrodynamik. Wiesbaden, Klemm 1948.

Das relativistische Magnetron.

Ollendorff, F.: E. u. M. **70**, 213 (1953).

Das Betatron.

Blewett, J. P.: Phys. Rev. **69**, 87 (1946).
Brown-Boveri: Mitteilungen XXXVIII, 260 (1951).
Kaiser, H. F.: Journ. Appl. Phys. **15**, 2 (1944).
Kerst, D. W.: Phys. Rev. **58**, 841 (1940); **60**, 47 (1941).
Kerst, D. W. and *Serber, R.:* Phys. Rev. **60**, 53 (1941).

Synchro-Zyklotron und Synchrotron.

Brobeck, W. M., Lawrence, E. O., MacKenzie, V. R., McMillan, E. M., Sorber, R., Scwell, D. C., Simpson, K. M. and *Thornton, R. L.:* Phys. Rev. **71**, 449 (1947).
Bohm, D. and *Feldy, F.:* Phys. Rev. **70**, 249 (1946).
Crane, H. R.: Phys. Rev. **69**, 542 (1946).
Dennison, D. M.: Phys. Rev. **70**, 58 (1946).
Elder, F. R., Gurewitsch, A. M., Langmuir, R. V and *Pollack, H. C.:* Journ. Appl. Phys. **18**, 810 (1947).
Frank, N. H.: Phys. Rev. **70**, 689 (1946).
Livingston, M. S.: Advances in Electronics I, 269 (1948). —New York, Academic Press 1948.
McMillan, M.: Phys. Rev. **68**, 143 (1945).
Ollendorff, F.: E. u. M. **71**, 10 (1954).
Richardson, J. R., Mackenzie, K. R., Lofaren, E. J. and *Wright, B. T.:* Phys. Rev. **69**, 669 (1946).
Saxon, D. S. and *Schwinger, J.:* Phys. Rev. **68**, 702 (1946).
Veksler, V.: Journ. Physik USSR **9**, 153 (1945).

Der Linearbeschleuniger.

Alvarez, L. W.: Phys. Rev. **70**, 799 (1940).
Fry, D. W.: Philips Techn. Rev. XIV, 1 (1952).
Halpern, J., Everhard, E., Rapnano, R. A and *Slater, J. C.:* Phys. Rev. **69**, 688 (1946).
Livingston, M. S.: Advances in Electronics I, 269 (1948). — New York, Academic Press 1948.
Slater, J. C.: Rev. Mod. Physics **20**, 473 (1948). — Microwave Electronics. New York, Van Nostrand 1950.
Sloan, D. H. and *Coates, W. M.;* Phys. Rev. **46**, 539 (1934).
Sloan, D. H. and *Lawrence, E.: O.* Phys. Rev. **38**, 2021 (1931).
Wideroe, R.: Arch. Elektrotechnik **21**, 387 (1928).

Relativistische Elektronenoptik.

Glaser, W.: Z. Phys. **80**, 451 (1933).
Hansen, W. W. and *Webster, D. L.:* Rev. Sci. Instr. **7**, 17 (1936).

Namen- und Sachverzeichnis.

MIX
Papier aus verantwortungsvollen Quellen
Paper from responsible sources
FSC® C105338

If you have any concerns about our products,
you can contact us on
ProductSafety@springernature.com

In case Publisher is established outside the EU,
the EU authorized representative is:
Springer Nature Customer Service Center GmbH
Europaplatz 3, 69115 Heidelberg, Germany

Printed by Libri Plureos GmbH
in Hamburg, Germany